Harald Klingbeil
Elektromagnetische Feldtheorie

Harald Klingbeil

Elektromagnetische Feldtheorie

Ein Lehr- und Übungsbuch

B. G. Teubner Stuttgart · Leipzig · Wiesbaden

Bibliografische Information der Deutschen Bibliothek
Die Deutsche Bibliothek verzeichnet diese Publikation in der Deutschen Nationalbibliographie;
detaillierte bibliografische Daten sind im Internet über <http://dnb.ddb.de> abrufbar.

Dr.-Ing. Harald Klingbeil
Geboren 1968 in Frankfurt am Main. Von 1987 bis 1992 Studium der Elektrotechnik an der Technischen Hochschule Darmstadt. 1992 Diplomprüfung Elektrotechnik mit Studienrichtung Nachrichtentechnik. Von 1994 bis 1997 Wissenschaftlicher Mitarbeiter am Institut für Hochfrequenztechnik der TH Darmstadt, 1997 Promotion. Von 1997 bis 2001 Tätigkeit in der Industrie. Seit 2002 Mitarbeiter der Gesellschaft für Schwerionenforschung in Darmstadt.
Arbeitsgebiete: Theorie elektromagnetischer Felder, Hochfrequenztechnik, Regelungstechnik.

1. Auflage März 2003

Alle Rechte vorbehalten
© B. G. Teubner GmbH, Stuttgart/Leipzig/Wiesbaden, 2003

Der Verlag Teubner ist ein Unternehmen der Fachverlagsgruppe BertelsmannSpringer.
www.teubner.de

Das Werk einschließlich aller seiner Teile ist urheberrechtlich geschützt. Jede Verwertung außerhalb der engen Grenzen des Urheberrechtsgesetzes ist ohne Zustimmung des Verlags unzulässig und strafbar. Das gilt insbesondere für Vervielfältigungen, Übersetzungen, Mikroverfilmungen und die Einspeicherung und Verarbeitung in elektronischen Systemen.

Das vorliegende Werk wurde sorgfältig erarbeitet. Dennoch übernehmen Autor und Verlag für die Richtigkeit von Angaben, Hinweisen und Ratschlägen sowie für eventuelle Druckfehler keine Haftung.

Die Wiedergabe von Gebrauchsnamen, Handelsnamen, Warenbezeichnungen usw. in diesem Werk berechtigt auch ohne besondere Kennzeichnung nicht zu der Annahme, dass solche Namen im Sinne der Warenzeichen- und Markenschutz-Gesetzgebung als frei zu betrachten wären und daher von jedermann benutzt werden dürften.

Umschlaggestaltung: Ulrike Weigel, www.CorporateDesignGroup.de
Druck und buchbinderische Verarbeitung: Lengericher Handelsdruckerei, Lengerich/Westfalen
Gedruckt auf säurefreiem und chlorfrei gebleichtem Papier.
Printed in Germany

ISBN 3-519-00431-3

Vorwort

Das vorliegende Buch wendet sich in erster Linie an Studenten der Elektrotechnik, der Physik und der Mathematik, die ihre Kenntnisse der Theorie elektromagnetischer Felder vertiefen möchten.
An Vorkenntnissen beim Leser vorausgesetzt werden Grundlagen, wie sie im naturwissenschaftlich-technischen Grundstudium an einer Universität vermittelt werden. Hierzu gehört im mathematischen Bereich die Differential- und Integralrechnung mehrerer Veränderlicher, die Funktionentheorie, damit auch das Rechnen mit komplexen Größen sowie der Umgang mit Matrizen und Determinanten. Im ingenieurwissenschaftlichen bzw. physikalischen Bereich wird ein erster Kontakt mit den Maxwellgleichungen erwartet und ein Verständnis von Größen aus der klassischen Newtonschen Mechanik wie Masse, Kraft, Geschwindigkeit und Beschleunigung.
Ziel des Buches ist es, eine Brücke zwischen verwandten Gebieten der Elektrotechnik, der Mathematik und der Physik zu schlagen. Wie im folgenden ausgeführt wird, unterscheidet es sich deshalb von vielen anderen Büchern durch die Darstellung und die Auswahl des Stoffes.

Darstellung des Stoffes

Das Ziel vieler Vorlesungsreihen an Universitäten und auch zahlreicher Lehrbücher besteht darin, eine Fülle an Wissen in möglichst kompakter Form zu vermitteln. Dies führt dazu, daß eine möglichst elegante Darstellung des Stoffes gewählt wird. Insbesondere bei mathematischen Lehrbüchern resultiert dies in einem sehr strukturierten Aufbau, der durch Definitionen, Sätze und Beweise geprägt ist. In anderen, eher naturwissenschaftlich-technischen Büchern hingegen wird oft darauf verzichtet, bestimmte Grundlagen zu erläutern. Die Beweggründe hierfür sind einerseits durchaus nachvollziehbar, und oft ist eine solche Vorgehensweise auch sinnvoll — andererseits führt eine besonders kompakte Darstellung bisweilen zu Verständnisproblemen beim Leser. Ein indirekter Beweis in einem mathematischen Lehrbuch beispielsweise ermöglicht es dem Leser, sofort einzusehen, *daß* ein bestimmter Sachverhalt gilt, nicht jedoch, *warum* er gilt. Dies kann manchmal nur der direkte Beweis leisten, auch wenn dieser länger ist. Bisweilen wird die Darstellung so abstrakt, daß die Tatsache in Vergessenheit gerät, daß viele Sachverhalte sich sehr anschaulich deuten lassen. Auch in naturwissenschaftlich-technischen Büchern lassen sich ähnliche Fälle finden. Beispielsweise sind den meisten Studenten nach dem Grundstudium Phänomene aus der speziellen Relativitätstheorie wie der Dopplereffekt des Lichtes, die Zeitdilatation und die Längenkontraktion durchaus bekannt. Auch die zugehörigen Formeln sind ihnen geläufig und ermöglichen eine quantitative Bestimmung der Effekte. Weniger bekannt ist jedoch in der Regel, *wie* sich die qualitativen und quantitativen Aussagen gewinnen lassen. Dies ist jedoch unerläßlich, um ein tieferes Verständnis des jeweiligen Gebietes zu erlangen. Manchmal führt das reine Erlernen von Fakten sogar zu Mißverständnissen bei der Anwendung.
Aus den genannten Gründen soll in diesem Buch ein andere Art der Darstellung gewählt werden. Es wird bei allen angesprochenen Themen versucht, eine möglichst plausible Erklärung zu geben, warum eine bestimmte Vorgehensweise gewählt wird. Oft liefern einfache Beispiele

weitere Beweggründe für den jeweils folgenden Stoff. Auch Wege, die *nicht* zum Ziel führen, werden bisweilen angedeutet oder sogar beschritten. Auf diese Weise soll die Verständlichkeit für den Leser erhöht werden und eine Antwort auf die häufig gestellte Frage „Wie kommt man eigentlich darauf?" gegeben werden. Dem direkten Beweis wird stets gegenüber dem indirekten der Vorzug gegeben, da bei letzterem unklar ist, woher die zu beweisende Vermutung kommt. Zwangsläufig ergeben sich bei dieser Art der Darstellung auch Nachteile. Einen bestimmten Sachverhalt zu erläutern nimmt mehr Platz in Anspruch als unbedingt erforderlich. Durch den größeren Umfang der Einzelthemen ist es nicht möglich, auf alle Aspekte des jeweiligen Gebietes einzugehen. Statt dessen habe ich nur die mir persönlich am interessantesten und am lehrreichsten erscheinenden Themen ausgewählt. In den meisten Feldtheorie-Büchern werden zum Beispiel die verschiedenen Hohlleiterwellentypen und ihre Feldlinienbilder ausführlich diskutiert. Da dabei aber erfahrungsgemäß keine grundsätzlichen Verständnisprobleme auftreten, werden in diesem Buch Hohlleiter nur relativ kurz behandelt. Hingegen wird beispielsweise das Gesetz von Biot-Savart sehr ausführlich hergeleitet, da die in vielen Büchern zu findende Kurz-Herleitung zahlreiche Fragen aufwirft.

Ich denke, daß es sich lohnt, die mit der ausführlichen Darstellung verbundenen Defizite in Kauf zu nehmen. Nur so wird es möglich, die Materie ohne Gedankensprünge Schritt für Schritt darzustellen. Die Vorgehensweise, die berühmte Wissenschaftler in der Vergangenheit wählen mußten, um zu heute bekannten Ergebnissen zu gelangen, war oft auch nicht die eleganteste und kürzeste, sondern eine sehr beschwerliche, da viele Dinge erst im nachhinein transparent werden. Es schadet deshalb nichts, jemandem, der eine Theorie kennenlernen will, auch mögliche Fehlschläge auf dem Weg dorthin darzustellen.

Alle Rechenwege sind ausführlich dargestellt, damit der Leser sie ohne Schwierigkeiten nachvollziehen kann. Dies gilt sowohl für den Hauptteil des Buches als auch für die Musterlösungen zu den Übungsaufgaben. Zu *allen* Übungsaufgaben sind solche Musterlösungen angegeben, da dem Leser nur so über eventuelle Hürden bei der Bearbeitung hinweggeholfen werden kann.

Die wichtigsten Formeln werden eingerahmt und in Tabellen zusammengefaßt. Ein Tabellenverzeichnis soll dafür sorgen, daß das Buch auch als übersichtliches Nachschlagewerk dienen kann. Alle Ausführungen basieren ausschließlich auf dem jeweils vorangegangenen Stoff; es gibt keine Vorwärtsreferenzen, wenn man die Anhänge an den Stellen liest, an denen sie im laufenden Text zum ersten Mal erwähnt sind.

Es wird versucht, viele Zusammenhänge, die oft als selbstverständlich hingenommen werden, mathematisch zu beweisen. Die Darstellung ist somit an vielen Stellen exakter als in vergleichbaren Büchern. Damit die dadurch bedingte Erweiterung des Umfanges in Grenzen bleibt, können andererseits nicht alle Voraussetzungen erwähnt werden, die diesen Herleitungen zugrunde liegen. Beispielsweise werden Integralsätze angewandt, ohne die an die beteiligten Funktionen und Gebiete zu stellenden Anforderungen zu erwähnen. Ebenso wird oft Differentiation und Integration vertauscht, ohne auf die dafür nötigen Voraussetzungen einzugehen. An einigen Stellen, an denen eine solche Vorgehensweise zu Problemen führen kann, wird hierauf ausdrücklich hingewiesen. Dies soll das Kritikvermögen des Lesers bezüglich solcher „Nachlässigkeiten" wecken, ohne einen allzu strengen und umfangreichen mathematischen Formalismus zu benutzen. Von einer Theorie souverän Gebrauch machen zu können setzt nämlich voraus, dieser auch kritisch gegenüberzustehen, um eventuelle Fehlschlüsse vermeiden zu können. Um eine solche Kritikfähigkeit zu erreichen, müssen auch die Ergebnisse benachbarter Fachgebiete mit einbezogen werden. Wie bereits erwähnt wurde, kann auch in diesem Buch nicht mit äußerster mathematischer Strenge vorgegangen werden; aber es wird versucht, ein Bewußtsein dafür zu schaffen, wo detailliertere Untersuchungen wünschenswert sind und welche Mittel man dafür benötigt. In diesem Sinne stellt das Buch eine Verbindung zwischen Mathematik, theoretischer Physik und Elektrotechnik dar.

Auswahl des Stoffes

Bedingt durch die ausführliche Darstellung des Stoffes muß die Auswahl des Stoffes beschränkt bleiben. Während Lehrbücher der theoretischen Physik in der Regel versuchen, möglichst vollständig alle physikalischen Phänomene zu beschreiben, geht es in ingenieurwissenschaftlichen Werken meist darum, die Grundlagen zur Lösung technischer Probleme zu legen. Das vorliegende Buch enthält eine Mischung aus beiden Richtungen — sowohl interessante physikalische Phänomene als auch Lösungsmethoden werden vorgestellt.
In diesem Buch werden für alle Größen und Formeln die heute gängigen Formelzeichen und das international genormte SI (Système International d'Unités)-Maßsystem[1] verwendet (Leider wird noch heute in einigen Büchern über theoretische Physik das Gaußsche Maßsystem[2] zugrunde gelegt, so daß ein Umschreiben der Formeln in das SI-System erforderlich wird).
Doch nun zum Inhalt des Buches. In Kapitel 1 werden die Grundlagen vermittelt, auf die im weiteren Verlauf des Buches zurückgegriffen wird. Viele Dinge sind dem Leser vermutlich bereits vertraut; durch die auf Allgemeingültigkeit bedachte Darstellung werden aber sicherlich einige Lücken geschlossen und ein besserer Überblick ermöglicht.
Kapitel 2 zeigt anhand von Beispielen auf, wie Koordinatentransformationen in der Theorie elektromagnetischer Felder gewinnbringend eingesetzt werden können. Als spezielle Gruppe von Koordinatentransformationen werden konforme Abbildungen und deren Anwendung zur Bestimmung des Kapazitäts- oder Widerstandsbelages längshomogener Strukturen erläutert. Näher betrachtet wird hierbei die Schwarz-Christoffel-Transformation.
Kapitel 3 hat zum Ziel, dem Leser die Vorzüge einer vom betrachteten Koordinatensystem unabhängigen (also invarianten) Formulierung physikalischer Gesetze nahezubringen. Zunächst werden die Differentialoperatoren Gradient, Divergenz und Rotation in invarianter Form vorgestellt. Unter anderem eröffnet dies eine einfache Möglichkeit, die Differentialoperatoren für ein spezielles Koordinatensystem herzuleiten. Die genannten Erörterungen führen den Leser Schritt für Schritt zum Tensorkalkül, ohne daß Tensoren abstrakt definiert werden müssen.
Mit der Tensoranalysis ist schließlich die Möglichkeit geschaffen, in Kapitel 4 die Lorentztransformation zu entwickeln. Hierzu wird die experimentell bestätigte Tatsache vorausgesetzt, daß sich die Wellenfront des Lichtes in allen Inertialsystemen kugelförmig ausbreitet. Durch Anwendung der Lorentztransformation werden schließlich die wichtigsten Erkenntnisse der speziellen Relativitätstheorie hergeleitet, soweit sie die Elektrodynamik betreffen. Insbesondere sind zu nennen: Zeitdilatation, Längenkontraktion, Additionstheorem der Geschwindigkeiten, Dopp-

---
[1] auch MKSA (Meter-Kilogramm-Sekunde-Ampere)-System genannt
[2] auch cgs (Zentimeter-Gramm-Sekunde)-System genannt

lereffekt und Äquivalenz von Masse und Energie. Die Maxwellschen Gleichungen werden in vierdimensionaler Form angegeben, und das Transformationsverhalten der Feldkomponenten wird hergeleitet. Es zeigt sich, daß magnetisches und elektrisches Feld Ausprägungen ein und desselben Feldes sind, das lediglich aus unterschiedlicher Perspektive betrachtet wird. In diesem Zusammenhang wird unter anderem dem Induktionsgesetz für bewegte Medien breiter Raum eingeräumt, da dieses oft falsch angewandt wird.

Kapitel 5 schließlich widmet sich verschiedenen Paradoxa, die den Stoff der vorangegangenen Kapitel betreffen. Es wird gezeigt, daß Paradoxa oft auf eine unpräzise bzw. von vornherein widersprüchliche Formulierung des Problems zurückzuführen sind und somit keineswegs unerklärbar sind.

Den Mitarbeitern des Verlages, insbesondere Herrn Dipl.-Phys. U. Sandten, danke ich für die gute Betreuung sowie dafür, daß die Veröffentlichung überhaupt möglich gemacht wurde. Da das Buch in meiner Freizeit entstand, danke ich meiner Frau Anna für ihr Verständnis und die ermutigenden Worte in schwierigen Phasen. Ihr und meinen Eltern ist dieses Buch gewidmet.

Langen, im Februar 2003

Harald Klingbeil

Inhaltsverzeichnis

1	**Grundlagen**	**1**
1.1	Mathematische Grundlagen	1
	1.1.1 Ausdrücke aus der Vektoralgebra	1
	1.1.2 Differentialoperatoren	2
	1.1.2.1 Gradient	3
	1.1.2.2 Divergenz	3
	1.1.2.3 Rotation	3
	1.1.3 Linearität der Differentialoperatoren	4
	1.1.4 Mehrfache Anwendung von Differentialoperatoren	4
	1.1.5 Transformation von Differentialoperatoren	7
	1.1.5.1 Gradient in Kugelkoordinaten	10
	1.1.5.2 Divergenz in Kugelkoordinaten	14
	1.1.5.3 Rotation in Kugelkoordinaten	16
	1.1.5.4 Laplaceoperator in Kugelkoordinaten	17
	1.1.5.5 Gefahren bei der Anwendung des Nablaoperators	17
	1.1.6 Integrale	19
	1.1.6.1 Kurvenintegrale	19
	1.1.6.2 Umlaufintegrale	21
	1.1.6.3 Flächenintegrale	21
	1.1.6.4 Raumintegrale	24
	1.1.7 Integralsätze	26
	1.1.7.1 Gaußscher Integralsatz	26
	1.1.7.2 Stokesscher Integralsatz	26
	1.1.7.3 Erste Greensche Integralformel	27
	1.1.7.4 Zweite Greensche Integralformel	29
	1.1.8 Distributionen	30
	1.1.9 Separationsansätze	34
1.2	Feldtheoretische Grundlagen	35
	1.2.1 Differentialform der Maxwellgleichungen	36
	1.2.2 Integralform der Maxwellgleichungen	38
	1.2.3 Spannung und Strom	40
	1.2.4 Stetigkeitsbedingungen	40
	1.2.4.1 Stetigkeit der elektrischen Feldstärke	40

		1.2.4.2	Stetigkeit der elektrischen Verschiebungsdichte	43
		1.2.4.3	Stetigkeit der magnetischen Erregung	44
		1.2.4.4	Stetigkeit der magnetischen Flußdichte	45
		1.2.4.5	Stetigkeit der Stromdichte	45
	1.2.5	\multicolumn{2}{l}{Elektrisch und magnetisch ideal leitende Wände}	46
		1.2.5.1	Elektrisch ideal leitende Wände	46
		1.2.5.2	Magnetisch ideal leitende Wände	47
	1.2.6	\multicolumn{2}{l}{Energie}	47
	1.2.7	\multicolumn{2}{l}{Mechanische Einflüsse elektromagnetischer Felder}	49
1.3	\multicolumn{3}{l}{Lösungsmethoden und Vertiefung der Grundlagen}	49
	1.3.1	\multicolumn{2}{l}{Potentialansätze}	51
		1.3.1.1	Elektrostatik	51
		1.3.1.2	Stationäres Strömungsfeld	57
		1.3.1.3	Magnetostatik	59
		1.3.1.4	Wellengleichung	62
	1.3.2	\multicolumn{2}{l}{Skineffekt}	70
	1.3.3	\multicolumn{2}{l}{Verallgemeinerung ideal leitender Wände}	73
		1.3.3.1	Harmonisch zeitveränderliche Felder	73
		1.3.3.2	Statische Felder	74
		1.3.3.3	Leiteroberflächen im stationären Strömungsfeld	75
	1.3.4	\multicolumn{2}{l}{Power-Loss-Methode}	76
	1.3.5	\multicolumn{2}{l}{Bezüge zur Optik}	76
	1.3.6	\multicolumn{2}{l}{Elektrostatisches Potential für eine beliebige Ladungsverteilung}	78
		1.3.6.1	Symmetriebetrachtung bei der Punktladung	78
		1.3.6.2	Feld einer Punktladung	79
		1.3.6.3	Potential einer Punktladung	81
		1.3.6.4	Potential einer beliebigen Ladungsverteilung	81
		1.3.6.5	Delta-Distribution und Fundamentallösung der Poissongleichung	83
	1.3.7	\multicolumn{2}{l}{Lösung der Wellengleichung}	85
		1.3.7.1	Eindimensionale homogene Wellengleichung	85
		1.3.7.2	Dreidimensionale homogene Wellengleichung	86
		1.3.7.3	Dreidimensionale inhomogene Wellengleichung	87
	1.3.8	\multicolumn{2}{l}{Greensche Funktionen}	90
		1.3.8.1	Dreidimensionaler Fall	91
		1.3.8.2	Zweidimensionaler Fall	93
		1.3.8.3	Beispiel	95
		1.3.8.4	Magnetischer Multipol	100
	1.3.9	\multicolumn{2}{l}{Inverse Operatoren}	104
		1.3.9.1	Inverser Laplaceoperator	105
		1.3.9.2	Inverser Operator für die Divergenz	107
		1.3.9.3	Inverser Operator für den Gradienten	108
		1.3.9.4	Inverser Operator für die Rotation	108
	1.3.10	\multicolumn{2}{l}{Ohmscher Widerstand, Kapazität und Induktivität}	110

INHALTSVERZEICHNIS

        1.3.10.1 Kapazität 110
        1.3.10.2 Ohmscher Widerstand 112
        1.3.10.3 Induktivität 113
   1.3.11 Definition von ohmschem Widerstand, Kapazität und Induktivität mit Hilfe der Energie 115
        1.3.11.1 Kapazität 116
        1.3.11.2 Ohmscher Widerstand 119
        1.3.11.3 Induktivität 120
   1.3.12 Kapazitätsbelag, Induktivitätsbelag und Widerstandsbelag 123

2 Koordinatentransformationen   125
2.1 Wahl des Koordinatensystems 125
   2.1.1 Kartesische Koordinaten 126
   2.1.2 Kugelkoordinaten 128
   2.1.3 Vergleich der Koordinatensysteme 129
2.2 Anwendungsbeispiel 129
   2.2.1 Berechnung des Potentials 130
   2.2.2 Widerstandsberechnung 136
2.3 Konforme Abbildungen 139
   2.3.1 Eigenschaften 139
   2.3.2 Laplaceoperator und Laplacegleichung 140
   2.3.3 Elektrisches Feld 142
   2.3.4 Anwendungsbeispiel 144
        2.3.4.1 Berechnung des Potentials 146
        2.3.4.2 Berechnung der elektrischen Feldstärke 146
   2.3.5 Stromstärke, Spannung und Widerstand 148
   2.3.6 Anwendungsbeispiel 152
   2.3.7 Schwarz-Christoffel-Transformation 153
        2.3.7.1 Transformationsvorschrift 153
        2.3.7.2 Anwendungsbeispiel: Koplanare Zweibandleitung 156
2.4 Dualität zwischen magnetischem und elektrischem Feld 163
2.5 Leitungstheorie 173

3 Tensoranalysis   181
3.1 Vektoren 181
3.2 Auswirkungen der Summationskonvention 184
3.3 Gradient 185
3.4 Weitere Abkürzungen 190
3.5 Anwendungsbeispiele 196
   3.5.1 Elektrisches Feld 196
   3.5.2 Gradient in Kugelkoordinaten 198
   3.5.3 Gradient in Zylinderkoordinaten 201
3.6 Differentiationsregeln 202

		3.6.1	Produktregel	202
		3.6.2	Kettenregel	203
	3.7	Divergenz		205
		3.7.1	Christoffelsymbol	207
		3.7.2	Praktische Berechnung der Christoffelsymbole	209
		3.7.3	Divergenz in Kugelkoordinaten	211
		3.7.4	Divergenz in Zylinderkoordinaten	213
	3.8	Rotation		213
		3.8.1	Rotation in Kugelkoordinaten	216
		3.8.2	Rotation in Zylinderkoordinaten	218
	3.9	Vereinfachte Berechnung der Divergenz		218
	3.10	Laplaceoperator		220
		3.10.1	Laplaceoperator in Kugelkoordinaten	224
		3.10.2	Laplaceoperator in Zylinderkoordinaten	224
	3.11	Transformationseigenschaften		224
		3.11.1	Transformation der Basisvektoren	225
		3.11.2	Transformation der Komponenten eines Vektors	228
		3.11.3	Transformation der Metrikkoeffizienten	229
	3.12	Kovariante Ableitung von Vektorkomponenten		230
	3.13	Kovariante Ableitung eines Skalars		233
	3.14	Transformationsverhalten		235
		3.14.1	Transformationsverhalten des Christoffelsymbols	235
		3.14.2	Transformationsverhalten der partiellen Ableitung	237
		3.14.3	Transformationsverhalten der kovarianten Ableitung	237
	3.15	Gradient mit Hilfe der kovarianten Ableitung		239
	3.16	Divergenz mit Hilfe der kovarianten Ableitung		240
	3.17	Rotation mit Hilfe der kovarianten Ableitung		241
	3.18	Invarianz		243
	3.19	Invariante Darstellung von Produkten		244
		3.19.1	Skalarprodukt	245
		3.19.2	Vektorprodukt	245
	3.20	Definition von Tensorkomponenten		247
		3.20.1	Heben und Senken von Indizes	251
		3.20.2	Äquivalenz von Hin- und Rücktransformation	252
		3.20.3	Heben und Senken von Indizes bei Transformationen	253
	3.21	Tensoren nullter Stufe		255
	3.22	Spezielle Tensoren		256
		3.22.1	Metriktensor	256
		3.22.2	e^{ikl} als Tensor dritter Stufe	257
		3.22.3	Gradient als Tensor erster Stufe	258
		3.22.4	Divergenz als Tensor nullter Stufe	260
		3.22.5	Rotation als Tensor erster Stufe	261
	3.23	Tensorgleichungen		262

INHALTSVERZEICHNIS

- 3.23.1 Invarianz von Tensorgleichungen 262
- 3.23.2 Heben und Senken von Indizes in Tensorgleichungen 265
- 3.24 Kovariante Ableitung von Tensoren zweiter Stufe 267
- 3.25 Kovariante Ableitung des Metriktensors 270
- 3.26 Kovariante Ableitung von Tensoren höherer Stufe 272
- 3.27 Produktregeln für kovariante Ableitungen 273
- 3.28 Ableitung des vollständig antisymmetrischen Tensors 276
- 3.29 Tensorielles Produkt 279
- 3.30 Verjüngendes Produkt 286
- 3.31 Tensorgleichungen 288
- 3.32 Nablaoperator 289
  - 3.32.1 Divergenz mit Hilfe des Nablaoperators 290
  - 3.32.2 Gradient mit Hilfe des Nablaoperators 290
  - 3.32.3 Rotation mit Hilfe des Nablaoperators 291
  - 3.32.4 Besonderheiten des Nablaoperators 292
- 3.33 Anwendung des Nablaoperators auf Tensoren 292
  - 3.33.1 Divergenz von Tensoren zweiter und höherer Stufe 293
  - 3.33.2 Gradient von Tensoren erster und höherer Stufe 293
  - 3.33.3 Rotation von Tensoren höherer Stufe 294
- 3.34 Mehrfache Anwendungen von Differentialoperatoren 294
  - 3.34.1 Der Operator *grad div* 294
  - 3.34.2 Der Operator *Div Grad* 296
  - 3.34.3 Der Operator *rot rot* 297
- 3.35 Anwendung von Differentialoperatoren auf Produkte 299
  - 3.35.1 Rotation eines Vektorproduktes 299
  - 3.35.2 Divergenz eines Vektorproduktes 301
  - 3.35.3 Gradient eines Skalarproduktes 302
- 3.36 Orthogonale Transformation 305
- 3.37 Drehmatrix 309

4 Lorentztransformation und Relativitätstheorie 313
- 4.1 Spezielle Lorentztransformation 315
- 4.2 Drehungen und Verschiebungen 320
- 4.3 Zeitdilatation 323
- 4.4 Längenkontraktion 324
- 4.5 Dopplereffekt 326
  - 4.5.1 Spezialfall 326
  - 4.5.2 Allgemeiner Fall 329
- 4.6 Transformation der Geschwindigkeit 334
- 4.7 Transformation der Beschleunigung 338
- 4.8 Die vierdimensionale Form der Maxwellschen Gleichungen 339
  - 4.8.1 Maxwellgleichungen für das Vektorpotential und das skalare Potential . . 339
  - 4.8.2 Maxwellgleichungen für das elektrische und das magnetische Feld 344

- 4.9 Transformation des elektromagnetischen Feldes 349
- 4.10 Rücktransformation 353
- 4.11 Transformation von Ladung und Stromdichte 355
- 4.12 Beispiel Plattenkondensator/Bandleitung 358
- 4.13 Dielektrische und permeable Medien 362
- 4.14 Gleichförmig bewegte Ladung 365
- 4.15 Gesetz von Biot-Savart 367
  - 4.15.1 Herleitung 367
  - 4.15.2 Vergleich mit bewegter Ladung 373
- 4.16 Induktionsgesetz für bewegte Körper 378
  - 4.16.1 Leiterschleife im Magnetfeld 379
  - 4.16.2 Unipolare Induktion 381
- 4.17 Induktion bei Materie-abhängiger Geschwindigkeit 384
  - 4.17.1 Leiterschleife im Magnetfeld 385
  - 4.17.2 Unipolare Induktion 386
- 4.18 Magnetischer Fluß und Induktion 387
  - 4.18.1 In z-Richtung bewegte, rechteckige Integrationsfläche . 387
  - 4.18.2 Gleichförmig bewegte Integrationsfläche beliebiger Form . 389
  - 4.18.3 Zeitveränderliche Integrationsfläche 393
    - 4.18.3.1 Leiterschleife im Magnetfeld 398
    - 4.18.3.2 Unipolare Induktion 398
    - 4.18.3.3 Anwendungsbeispiel 399
  - 4.18.4 Fazit 401
- 4.19 Kraft und bewegte Masse 402
  - 4.19.1 Beispiel 403
  - 4.19.2 Transformationsgesetz für die Kraft 409
  - 4.19.3 Transformationsgesetz für den Impuls 412
  - 4.19.4 Vierervektor des Ortes 414
  - 4.19.5 Vierervektor der Geschwindigkeit, Eigenzeit 415
  - 4.19.6 Viererimpuls 422
  - 4.19.7 Äquivalenz von Masse und Energie 426
  - 4.19.8 Viererbeschleunigung und Viererkraft 428
  - 4.19.9 Lorentzkraft und Viererkraft 429
  - 4.19.10 Lorentz-Faktoren 432
- 4.20 Vierdimensionale Potentialtheorie 434
  - 4.20.1 Lösung der Wellengleichung 434
  - 4.20.2 Raumintegral über die Viererstromdichte einer Punktladung 435
  - 4.20.3 Vierdimensionales Potential einer bewegten Punktladung .. 438
    - 4.20.3.1 Magnetisches Feld 446
    - 4.20.3.2 Elektrisches Feld 449
  - 4.20.4 Schwingende Punktladungen und Hertzsche Dipole 450
    - 4.20.4.1 Schwingende Punktladung in Kugelkoordinaten 451
    - 4.20.4.2 Verschiebung des Koordinatensystems 453

INHALTSVERZEICHNIS	XV

    4.20.4.3 Elektrisches Feld 460
    4.20.4.4 Magnetisches Feld 465
    4.20.4.5 Vergleich mit dem Hertzschen Dipol 465
  4.20.5 Strahlungsverluste 466
  4.20.6 Lösung der vierdimensionalen Poissongleichung 475
    4.20.6.1 Skalares Potential 475
    4.20.6.2 Vektorpotential 478
    4.20.6.3 Anwendung auf die Maxwellgleichungen 478
    4.20.6.4 Anwendung des Residuensatzes 479

5 Paradoxa   **485**
 5.1 Definition der imaginären Einheit 486
 5.2 Heringsches Experiment 488
  5.2.1 Geschwindigkeit als Konstante 491
  5.2.2 Geschwindigkeit als Eigenschaft des Raumpunktes 493
 5.3 Uhrenparadoxon 494
  5.3.1 Erste Hypothese 496
  5.3.2 Schlagartige Richtungsumkehr 497
  5.3.3 Zweite Hypothese 498
  5.3.4 Fazit 498

6 Anhang   **501**
 6.1 Tangentenvektor und Basisvektoren 501
 6.2 Spatprodukt dreier Vektoren 503
 6.3 Flächenintegrale 503
 6.4 Differentiation von Parameterintegralen 508
 6.5 Konzentrierte Bauelemente in der Feldtheorie 510
  6.5.1 Energie, Spannung und Ladung im elektrostatischen Feld 510
  6.5.2 Verlustleistung im stationären Strömungsfeld 512
  6.5.3 Energie, Magnetischer Fluß und Strom in der Magnetostatik 513
 6.6 Umkehrfunktion einer analytischen Funktion 514
 6.7 Transformation der Basisvektoren 516
 6.8 Verschiedene konforme Abbildungen 518
  6.8.1 Potenzfunktion 518
  6.8.2 Summe zweier analytischer Funktionen 520
  6.8.3 Produkt zweier analytischer Funktionen 521
  6.8.4 Verkettung zweier analytischer Funktionen 522
  6.8.5 Polynome und rationale Funktionen 523
 6.9 Elliptische Integrale; Schwarz-Christoffel-Transformation 524
 6.10 Summationskonvention 528
 6.11 Vollständig antisymmetrischer Tensor und Metriktensor 530
 6.12 Kovariante Ableitung als Tensor 534
  6.12.1 Heben und Senken von Indizes bei der kovarianten Ableitung 534

6.12.2 Transformationsverhalten der kovarianten Ableitung 536
6.12.3 Vertauschen der Differentiationsreihenfolge 540
6.13 Divergenz als Tensor 543
6.14 Gradient als Tensor 544
6.15 Invarianz des Abstandes bei orthogonaler Transformation 545
6.16 Ableitung von Determinanten 547
6.17 Vollst. antisymmetrischer Tensor im n-dimensionalen Raum 548
6.18 Christoffelsymbole und Determinante des Metiktensors 554
6.19 Duale Tensoren 556
6.20 Banachscher Fixpunktsatz 560
6.21 Vierdimensionale Kugeln 562
6.22 Mehrdimensionale Kugeln 568

7 Lösung der Übungsaufgaben   573

8 Literatur   673

Kapitel 1

Grundlagen

In diesem Kapitel werden kurz einige Grundlagen der Vektoranalysis und der Theorie elektromagnetischer Felder zusammengefaßt. Auf diese Grundlagen wird im Verlaufe dieses Buches immer wieder zurückgegriffen. Da der größte Teil dieses Kapitels dem Leser bereits bekannt sein sollte, sind die Ausführungen sehr kurz gehalten.

1.1 Mathematische Grundlagen

Das mathematische Handwerkszeug der elektromagnetischen Feldtheorie ist zweifellos die Vektoranalysis. Sie beschäftigt sich mit der Differentiation und der Integration von Vektorfeldern. Einige wichtige Grundlagen dieses Kalküls werden in diesem Abschnitt zusammengefaßt, denn magnetische und elektrische Feldstärken lassen sich als orts- und zeitabhängige Vektoren, also als Vektorfelder darstellen.

1.1.1 Ausdrücke aus der Vektoralgebra

Ausdrücke aus der Vektoralgebra können leicht mit Hilfe der kartesischen Einheitsvektoren $\vec{e}_x$, $\vec{e}_y$ und $\vec{e}_z$ ausgewertet werden. Das Skalarprodukt zweier gleicher Einheitsvektoren ist gleich 1, das Skalarprodukt zweier unterschiedlicher Einheitsvektoren ist gleich 0. Das Vektorprodukt zweier gleicher Einheitsvektoren ist gleich dem Nullvektor, ansonsten ergeben sich für Koordinatensysteme, in denen x, y und z in dieser Reihenfolge ein Rechtssystem bilden, die Beziehungen

$$\vec{e}_x \times \vec{e}_y = \vec{e}_z \qquad \vec{e}_y \times \vec{e}_x = -\vec{e}_z$$
$$\vec{e}_y \times \vec{e}_z = \vec{e}_x \qquad \vec{e}_z \times \vec{e}_y = -\vec{e}_x$$
$$\vec{e}_z \times \vec{e}_x = \vec{e}_y \qquad \vec{e}_x \times \vec{e}_z = -\vec{e}_y.$$

Diese einfachen Beziehungen sind unmittelbar einleuchtend, und man kann sie sich leicht merken. Sie haben den Vorteil, daß man Gleichungen der Form

$$\vec{A} \times \vec{B} = (A_x \vec{e}_x + A_y \vec{e}_y + A_z \vec{e}_z) \times (B_x \vec{e}_x + B_y \vec{e}_y + B_z \vec{e}_z)$$

durch einfaches Ausmultiplizieren berechnen kann:

$$\vec{A} \times \vec{B} = \vec{e}_x(A_y B_z - A_z B_y) + \vec{e}_y(A_z B_x - A_x B_z) + \vec{e}_z(A_x B_y - A_y B_x)$$

Dasselbe gilt für das Skalarprodukt zweier Vektoren. Mit einigem Rechenaufwand kann man die folgenden nützlichen Formeln auf diese Weise herleiten:

$$\boxed{\vec{A} \times (\vec{B} \times \vec{C}) = \vec{B}(\vec{A} \cdot \vec{C}) - \vec{C}(\vec{A} \cdot \vec{B})} \tag{1.1}$$

$$\boxed{(\vec{A} \times \vec{B}) \cdot (\vec{C} \times \vec{D}) = (\vec{A} \cdot \vec{C})(\vec{B} \cdot \vec{D}) - (\vec{A} \cdot \vec{D})(\vec{B} \cdot \vec{C})} \tag{1.2}$$

Die erste dieser beiden Gleichungen, den sogenannten Entwicklungssatz, kann man sich als „BAC-CAB"-Regel einprägen. Gleichung (1.2) ist die Lagrangesche Identität. Oft benötigt wird auch das Spatprodukt, dessen Vektoren man zyklisch vertauschen darf:

$$\boxed{\vec{A} \cdot (\vec{B} \times \vec{C}) = \vec{B} \cdot (\vec{C} \times \vec{A}) = \vec{C} \cdot (\vec{A} \times \vec{B})} \tag{1.3}$$

1.1.2 Differentialoperatoren

Die Differentialoperatoren der Vektoranalysis lassen sich sehr einfach mit Hilfe des symbolischen „Nablaoperators" darstellen. Der Nablaoperator wird hierzu rein formal definiert als

$$\boxed{\nabla = \vec{e}_x \frac{\partial}{\partial x} + \vec{e}_y \frac{\partial}{\partial y} + \vec{e}_z \frac{\partial}{\partial z}.} \tag{1.4}$$

Hierbei ist zu beachten, daß eine solche Schreibweise des Nablaoperators als Vektor rein symbolisch zu verstehen ist. In Wirklichkeit ist ∇ kein Vektor. Dies sieht man schnell, wenn man beispielsweise versucht, die Summe von ∇ und einem Vektor $\vec{V}$ zu bilden. Der entstehende Ausdruck ergibt keinen Sinn, obwohl er einen Vektor liefern müßte, wenn ∇ auch ein Vektor wäre. Alle Rechenregeln der Vektoralgebra sind somit zunächst in Frage zu stellen, wenn sie auf den Nablaoperator angewandt werden. Rechenregeln in Verbindung mit dem Nablaoperator müssen also mit Hilfe konventioneller Methoden verifiziert werden, bevor man sie anwendet. Da wir den Nablaoperator in diesem Abschnitt nur zur Definition der Differentialoperatoren Gradient, Divergenz und Rotation benötigen, ist dies nicht hinderlich. Um keine Fehler zu machen, muß man sich diesen Sachverhalt jedoch stets vor Augen führen, wie auch in Abschnitt 1.1.5.5 auf Seite 17 gezeigt wird.

1.1. MATHEMATISCHE GRUNDLAGEN

1.1.2.1 Gradient

Der Gradient eines skalaren Feldes Φ ist folgendermaßen definiert:

$$\boxed{grad\ \Phi = \nabla \Phi = \frac{\partial \Phi}{\partial x}\ \vec{e}_x + \frac{\partial \Phi}{\partial y}\ \vec{e}_y + \frac{\partial \Phi}{\partial z}\ \vec{e}_z} \qquad (1.5)$$

1.1.2.2 Divergenz

Die Divergenz eines Vektors $\vec{V} = V_x\ \vec{e}_x + V_y\ \vec{e}_y + V_z\ \vec{e}_z$ läßt sich als Skalarprodukt des Nablavektors mit diesem Vektor schreiben:

$$\boxed{div\ \vec{V} = \nabla \cdot \vec{V} = \frac{\partial V_x}{\partial x} + \frac{\partial V_y}{\partial y} + \frac{\partial V_z}{\partial z}} \qquad (1.6)$$

1.1.2.3 Rotation

Die Rotation eines Vektors $\vec{V} = V_x\ \vec{e}_x + V_y\ \vec{e}_y + V_z\ \vec{e}_z$ hingegen ist definiert als das Vektorprodukt des Nablavektors mit diesem Vektor:

$$rot\ \vec{V} = \nabla \times \vec{V} = \left(\vec{e}_x\ \frac{\partial}{\partial x} + \vec{e}_y\ \frac{\partial}{\partial y} + \vec{e}_z\ \frac{\partial}{\partial z}\right) \times (V_x\ \vec{e}_x + V_y\ \vec{e}_y + V_z\ \vec{e}_z)$$

$$\Rightarrow \boxed{rot\ \vec{V} = \nabla \times \vec{V} = \vec{e}_x \left(\frac{\partial V_z}{\partial y} - \frac{\partial V_y}{\partial z}\right) + \vec{e}_y \left(\frac{\partial V_x}{\partial z} - \frac{\partial V_z}{\partial x}\right) + \vec{e}_z \left(\frac{\partial V_y}{\partial x} - \frac{\partial V_x}{\partial y}\right)} \qquad (1.7)$$

Die drei soeben definierten Differentialoperatoren der Vektoranalysis kann man nun auf verschiedene Produkte, beispielsweise Multiplikationen mit einem Skalar, Skalarprodukte oder Vektorprodukte, anwenden. Daraus ergeben sich verschiedene vektoranalytische Ausdrücke, wie die Übungsaufgaben 1.1 bis 1.3 exemplarisch zeigen. Die Berechnung solcher Ausdrücke kann mit herkömmlichen Methoden sehr aufwendig werden, so daß wir sie vorerst zurückstellen. In Kapitel 3 über die Tensoranalysis werden wir Methoden kennenlernen, wie solche Ausdrücke deutlich einfacher gefunden werden können, so daß die Berechnung dort nachgeholt wird.

Übungsaufgabe 1.1   *Anspruch:* ● ○ ○   *Aufwand:* ● ○ ○

Zeigen Sie, daß in kartesischen Koordinaten die Beziehung

$$div\ \left(\Phi\ \vec{V}\right) = \Phi\ div\ \vec{V} + \vec{V} \cdot grad\ \Phi \qquad (1.8)$$

gilt.

Übungsaufgabe 1.2   *Anspruch:* ● ○ ○   *Aufwand:* ● ○ ○

Zeigen Sie, daß in kartesischen Koordinaten die Beziehung

$$grad\,(\Phi\,\Psi) = \Phi\,grad\,\Psi + \Psi\,grad\,\Phi \tag{1.9}$$

gilt.

Übungsaufgabe 1.3   *Anspruch:* ● ○ ○   *Aufwand:* ● ○ ○

Zeigen Sie, daß in kartesischen Koordinaten die Beziehung

$$div\left(\vec{V}_1 \times \vec{V}_2\right) = \vec{V}_2 \cdot rot\,\vec{V}_1 - \vec{V}_1 \cdot rot\,\vec{V}_2 \tag{1.10}$$

gilt.

1.1.3 Linearität der Differentialoperatoren

Betrachtet man die Gleichungen (1.5), (1.6) und (1.7), so sieht man sofort, daß die Operatoren Gradient, Divergenz und Rotation linear sind. Es gilt also:

$$\begin{aligned} grad\,(k\,\Phi) &= k\,grad\,\Phi \\ div\left(k\,\vec{V}\right) &= k\,div\,\vec{V} \\ rot\left(k\,\vec{V}\right) &= k\,rot\,\vec{V} \\ grad\,(\Phi_1 + \Phi_2) &= grad\,\Phi_1 + grad\,\Phi_2 \\ div\left(\vec{V}_1 + \vec{V}_2\right) &= div\,\vec{V}_1 + div\,\vec{V}_2 \\ rot\left(\vec{V}_1 + \vec{V}_2\right) &= rot\,\vec{V}_1 + rot\,\vec{V}_2 \end{aligned}$$

Hierbei steht k für einen ortsunabhängigen Skalar, also für eine Konstante.

Diese Gleichungen werden in diesem Buch ohne explizite Erwähnung angewandt, also als grundlegend vorausgesetzt.

1.1.4 Mehrfache Anwendung von Differentialoperatoren

Die Differentialoperatoren *grad*, *div* und *rot* lassen sich auch mehrmals hintereinander ausführen, wobei darauf zu achten ist, daß[1]

- der Gradient nur auf Skalare angewandt werden darf und einen Vektor liefert.

---

[1] In Kapitel 3 werden die Operatoren Gradient, Divergenz und Rotation im Rahmen des Tensorkalküls so verallgemeinert, daß auch andere Argumente und Ergebnisse auftreten können.

1.1. MATHEMATISCHE GRUNDLAGEN

Tabelle 1.1: Mehrfache Anwendung von Differentialoperatoren

$div\ grad\ \Phi = \Delta\Phi = \frac{\partial^2 \Phi}{\partial x^2} + \frac{\partial^2 \Phi}{\partial y^2} + \frac{\partial^2 \Phi}{\partial z^2}$	(1.12)
$div\ rot\ \vec{V} = 0$	(1.13)
$rot\ grad\ \Phi = 0$	(1.14)
$\Delta\vec{V} = \frac{\partial^2 \vec{V}}{\partial x^2} + \frac{\partial^2 \vec{V}}{\partial y^2} + \frac{\partial^2 \vec{V}}{\partial z^2} = \Delta V_x\ \vec{e}_x + \Delta V_y\ \vec{e}_y + \Delta V_z\ \vec{e}_z$	(1.15)
$rot\ rot\ \vec{V} = grad\ div\ \vec{V} - \Delta\vec{V}$	(1.16)

- die Divergenz nur auf Vektoren angewandt werden darf und einen Skalar liefert.
- die Rotation nur auf Vektoren angewandt werden darf und einen Vektor liefert.

Damit ist klar, daß

- der Gradient auf die Divergenz angewandt werden darf.
- die Divergenz auf den Gradienten und die Rotation angewandt werden darf.
- die Rotation auf den Gradienten und die Rotation angewandt werden darf.

Wir beginnen mit der Berechnung des Ausdruckes $grad\ div\ \vec{V}$ und erhalten mit den Gleichungen (1.6) und (1.5):

$$
\begin{aligned}
grad\ div\ \vec{V} & = grad\left(\frac{\partial V_x}{\partial x} + \frac{\partial V_y}{\partial y} + \frac{\partial V_z}{\partial z}\right) = \\
& = \left(\frac{\partial^2 V_x}{\partial x^2} + \frac{\partial^2 V_y}{\partial x \partial y} + \frac{\partial^2 V_z}{\partial x \partial z}\right)\vec{e}_x + \\
& + \left(\frac{\partial^2 V_x}{\partial x \partial y} + \frac{\partial^2 V_y}{\partial y^2} + \frac{\partial^2 V_z}{\partial y \partial z}\right)\vec{e}_y + \\
& + \left(\frac{\partial^2 V_x}{\partial x \partial z} + \frac{\partial^2 V_y}{\partial y \partial z} + \frac{\partial^2 V_z}{\partial z^2}\right)\vec{e}_z \quad (1.11)
\end{aligned}
$$

Als nächstes bestimmen wir den Ausdruck $div\ grad\ \Phi$ mit Hilfe der Gleichungen (1.6) und (1.5):

$$
\begin{aligned}
div\ grad\ \Phi & = div\left(\frac{\partial \Phi}{\partial x}\vec{e}_x + \frac{\partial \Phi}{\partial y}\vec{e}_y + \frac{\partial \Phi}{\partial z}\vec{e}_z\right) = \\
& = \frac{\partial^2 \Phi}{\partial x^2} + \frac{\partial^2 \Phi}{\partial y^2} + \frac{\partial^2 \Phi}{\partial z^2}
\end{aligned}
$$

Dieser Ausdruck ist so wichtig, daß man ihm einen eigenen Differentialoperator, nämlich den Laplaceoperator Δ zuordnet:

$$\boxed{\Delta \Phi = div\ grad\ \Phi = \frac{\partial^2 \Phi}{\partial x^2} + \frac{\partial^2 \Phi}{\partial y^2} + \frac{\partial^2 \Phi}{\partial z^2}} \tag{1.12}$$

Der nächste zu bestimmende Ausdruck ist $div\ rot\ \vec{V}$, wobei von den Gleichungen (1.6) und (1.7) Gebrauch zu machen ist:

$$\begin{aligned} div\ rot\ \vec{V} &= div\left[\vec{e}_x\left(\frac{\partial V_z}{\partial y} - \frac{\partial V_y}{\partial z}\right) + \vec{e}_y\left(\frac{\partial V_x}{\partial z} - \frac{\partial V_z}{\partial x}\right) + \vec{e}_z\left(\frac{\partial V_y}{\partial x} - \frac{\partial V_x}{\partial y}\right)\right] = \\ &= \frac{\partial}{\partial x}\left(\frac{\partial V_z}{\partial y} - \frac{\partial V_y}{\partial z}\right) + \frac{\partial}{\partial y}\left(\frac{\partial V_x}{\partial z} - \frac{\partial V_z}{\partial x}\right) + \frac{\partial}{\partial z}\left(\frac{\partial V_y}{\partial x} - \frac{\partial V_x}{\partial y}\right) \end{aligned}$$

Wegen der Vertauschbarkeit der Reihenfolge zweier partieller Differentiationen folgt hieraus:

$$\boxed{div\ rot\ \vec{V} = 0} \tag{1.13}$$

Ebenfalls zulässig ist der Ausdruck $rot\ grad\ \Phi$, den man mit Hilfe der Gleichungen (1.7) und (1.5) bestimmt:

$$\begin{aligned} rot\ grad\ \Phi &= rot\left[\frac{\partial \Phi}{\partial x}\vec{e}_x + \frac{\partial \Phi}{\partial y}\vec{e}_y + \frac{\partial \Phi}{\partial z}\vec{e}_z\right] = \\ &= \vec{e}_x\left(\frac{\partial}{\partial y}\frac{\partial \Phi}{\partial z} - \frac{\partial}{\partial z}\frac{\partial \Phi}{\partial y}\right) + \vec{e}_y\left(\frac{\partial}{\partial z}\frac{\partial \Phi}{\partial x} - \frac{\partial}{\partial x}\frac{\partial \Phi}{\partial z}\right) + \vec{e}_z\left(\frac{\partial}{\partial x}\frac{\partial \Phi}{\partial y} - \frac{\partial}{\partial y}\frac{\partial \Phi}{\partial x}\right) \end{aligned}$$

$$\Rightarrow \boxed{rot\ grad\ \Phi = 0} \tag{1.14}$$

Als letztes soll der Ausdruck $rot\ rot\ \vec{V}$ berechnet werden. Aus Gleichung (1.7) folgt:

$$\begin{aligned} rot\ rot\ \vec{V} &= rot\left[\vec{e}_x\left(\frac{\partial V_z}{\partial y} - \frac{\partial V_y}{\partial z}\right) + \vec{e}_y\left(\frac{\partial V_x}{\partial z} - \frac{\partial V_z}{\partial x}\right) + \vec{e}_z\left(\frac{\partial V_y}{\partial x} - \frac{\partial V_x}{\partial y}\right)\right] = \\ &= \vec{e}_x\left[\frac{\partial}{\partial y}\left(\frac{\partial V_y}{\partial x} - \frac{\partial V_x}{\partial y}\right) - \frac{\partial}{\partial z}\left(\frac{\partial V_x}{\partial z} - \frac{\partial V_z}{\partial x}\right)\right] + \\ &+ \vec{e}_y\left[\frac{\partial}{\partial z}\left(\frac{\partial V_z}{\partial y} - \frac{\partial V_y}{\partial z}\right) - \frac{\partial}{\partial x}\left(\frac{\partial V_y}{\partial x} - \frac{\partial V_x}{\partial y}\right)\right] + \\ &+ \vec{e}_z\left[\frac{\partial}{\partial x}\left(\frac{\partial V_x}{\partial z} - \frac{\partial V_z}{\partial x}\right) - \frac{\partial}{\partial y}\left(\frac{\partial V_z}{\partial y} - \frac{\partial V_y}{\partial z}\right)\right] \end{aligned}$$

1.1. MATHEMATISCHE GRUNDLAGEN

Wir sortieren die Ausdrücke nun nach ihren Vorzeichen und erhalten:

$$rot\ rot\ \vec{V} = \left(\frac{\partial^2 V_y}{\partial x \partial y} + \frac{\partial^2 V_z}{\partial x \partial z}\right)\vec{e}_x + \left(\frac{\partial^2 V_x}{\partial x \partial y} + \frac{\partial^2 V_z}{\partial y \partial z}\right)\vec{e}_y + \left(\frac{\partial^2 V_x}{\partial x \partial z} + \frac{\partial^2 V_y}{\partial y \partial z}\right)\vec{e}_z -$$
$$- \left(\frac{\partial^2 V_x}{\partial y^2} + \frac{\partial^2 V_x}{\partial z^2}\right)\vec{e}_x - \left(\frac{\partial^2 V_y}{\partial z^2} + \frac{\partial^2 V_y}{\partial x^2}\right)\vec{e}_y - \left(\frac{\partial^2 V_z}{\partial x^2} + \frac{\partial^2 V_z}{\partial y^2}\right)\vec{e}_z$$

Die positiven Ausdrücke treten auch in Gleichung (1.11) auf, so daß wir diese Gleichung hier einsetzen können:

$$rot\ rot\ \vec{V} = grad\ div\ \vec{V} - \left(\frac{\partial^2 V_x}{\partial x^2} + \frac{\partial^2 V_x}{\partial y^2} + \frac{\partial^2 V_x}{\partial z^2}\right)\vec{e}_x -$$
$$- \left(\frac{\partial^2 V_y}{\partial x^2} + \frac{\partial^2 V_y}{\partial y^2} + \frac{\partial^2 V_y}{\partial z^2}\right)\vec{e}_y -$$
$$- \left(\frac{\partial^2 V_z}{\partial x^2} + \frac{\partial^2 V_z}{\partial y^2} + \frac{\partial^2 V_z}{\partial z^2}\right)\vec{e}_z =$$
$$= grad\ div\ \vec{V} - \left(\frac{\partial^2 \vec{V}}{\partial x^2} + \frac{\partial^2 \vec{V}}{\partial y^2} + \frac{\partial^2 \vec{V}}{\partial z^2}\right)$$

Wegen der Ähnlichkeit zu Gleichung (1.12) definieren wir nun den Laplaceoperator für Vektoren

$$\boxed{\Delta \vec{V} = \frac{\partial^2 \vec{V}}{\partial x^2} + \frac{\partial^2 \vec{V}}{\partial y^2} + \frac{\partial^2 \vec{V}}{\partial z^2} = \Delta V_x\ \vec{e}_x + \Delta V_y\ \vec{e}_y + \Delta V_z\ \vec{e}_z} \quad (1.15)$$

und erhalten:

$$\boxed{rot\ rot\ \vec{V} = grad\ div\ \vec{V} - \Delta \vec{V}} \quad (1.16)$$

Tabelle 1.1 enthält die wichtigsten Ergebnisse dieses Abschnitts.

1.1.5 Transformation von Differentialoperatoren

Für viele Anwendungen ist es zweckmäßig, anstelle von kartesischen Koordinaten x, y, z andere Koordinatensysteme einzuführen. Wenn eine Anordnung beispielsweise völlig kugelsymmetrisch ist, bieten sich zu ihrer Behandlung Kugelkoordinaten an. Ein an die Aufgabenstellung angepaßtes Koordinatensystem mit den Koordinaten θ^1, θ^2, θ^3 bietet in der Regel allerdings nur dann Vorteile, wenn die zu lösende Gleichung ebenfalls mit Hilfe der Koordinaten θ^1, θ^2, θ^3 dargestellt wird. Wenn die zu lösende Gleichung weder Integrale noch Ableitungen enthält, ist dies einfach zu bewerkstelligen. Man muß lediglich x, y und z durch θ^1, θ^2 und θ^3 ausdrücken und in die zu lösende Gleichung einsetzen.

Problematischer wird die Situation, wenn in der zu lösenden Gleichung Differentialoperatoren wie zum Beispiel die Divergenz oder der Gradient auftreten. Um solche Differentialoperatoren mit Hilfe krummliniger Koordinaten darstellen zu können, benötigt man die Kettenregel. Sie lautet in allgemeiner Form:

$$\frac{\partial f}{\partial \alpha^i} = \frac{\partial f}{\partial \beta^1}\frac{\partial \beta^1}{\partial \alpha^i} + \frac{\partial f}{\partial \beta^2}\frac{\partial \beta^2}{\partial \alpha^i} + ... + \frac{\partial f}{\partial \beta^n}\frac{\partial \beta^n}{\partial \alpha^i} \tag{1.17}$$

Um bei ihrer Anwendung Fehler zu vermeiden, ist es wichtig, sich folgende Zusammenhänge klar zu machen: Die Funktion f hängt von den n Parametern β^1, β^2, ..., β^n ab. Jeder dieser Parameter wiederum hängt von den m Parametern α^1, α^2, ..., α^m ab. Indirekt hängt also f auch von den α^i ab, wenn man die β^i entsprechend substituiert. Bei einer konkreten Aufgabenstellung empfiehlt es sich, diese Abhängigkeiten folgendermaßen darzustellen:

$$f \quad \Bigg| \quad \begin{matrix} \beta^1 \\ \beta^2 \\ ... \\ \beta^n \end{matrix} \quad \Bigg| \quad \begin{matrix} \alpha^1 \\ \alpha^2 \\ ... \\ \alpha^m \end{matrix}$$

Eine solche Schematisierung zahlt sich insbesondere dann aus, wenn mehrfache Ableitungen vorliegen. Eine Ableitung der Form

$$\frac{\partial^2 f}{\partial \alpha^i \partial \beta^k},$$

bei der nach Variablen aus zwei verschiedenen Parametersätzen differenziert wird, ergibt nämlich keinen Sinn. Die Funktion f darf nur entweder von den m Parametern α^i oder von den n Parametern β^i abhängen, nicht jedoch von einer Mischung aus beiden. Die genannte Schematisierung hilft dabei, solche fehlerhaften Ausdrücke zu vermeiden.

Bei der Kettenregel in der Form (1.17) ist zu beachten, daß die Funktion f auf der linken Seite als Funktion der Parameter α^i zu betrachten ist, während sie auf der rechten Seite als Funktion der Parameter β^i anzusehen ist. Betrachtet man die obige schematische Darstellung, so sind auf der linken Seite also zunächst alle β^i, die als Argumente der Funktion f auftreten, durch die α^i auszudrücken, bevor die Ableitung gebildet wird. Diesen Sachverhalt kann man dadurch verdeutlichen, daß man jeweils unterschiedliche Funktionsbezeichner auf der linken und der rechten Seite der Gleichung (1.17) verwendet, also etwa

$$f(\beta^1, \beta^2, ..., \beta^n)$$

auf der rechten Seite und

$$g(\alpha^1, \alpha^2, ..., \alpha^m) = f(\beta^1(\alpha^1, \alpha^2, ..., \alpha^m), \beta^2(\alpha^1, \alpha^2, ..., \alpha^m), ..., \beta^n(\alpha^1, \alpha^2, ..., \alpha^m))$$

auf der linken Seite. Im Grunde genommen handelt es sich jedoch bei f und g in beiden Fällen um dieselbe Funktion, so daß in diesem Buch keine solche Unterscheidung vorgenommen wird.

1.1. MATHEMATISCHE GRUNDLAGEN

Wenn man sich die erwähnten Abhängigkeiten stets vor Augen hält, treten dabei keine Probleme auf.

Abschließend ist ein Spezialfall von Interesse, nämlich der Fall, daß die β^i allesamt von einer einzigen Variablen α abhängen. In diesem Fall sind in Gleichung (1.17) alle partiellen Ableitungen nach den α^i durch totale Ableitungen nach α zu ersetzen:

$$\frac{df}{d\alpha} = \frac{\partial f}{\partial \beta^1}\frac{d\beta^1}{d\alpha} + \frac{\partial f}{\partial \beta^2}\frac{d\beta^2}{d\alpha} + ... + \frac{\partial f}{\partial \beta^n}\frac{d\beta^n}{d\alpha} \qquad (1.18)$$

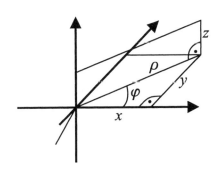
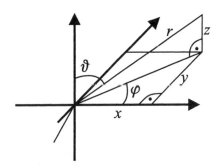

(a) Zylinderkoordinaten (b) Kugelkoordinaten

Abbildung 1.1: Zylinder- und Kugelkoordinaten

Die Anwendung der Kettenregel soll im folgenden anhand einiger Differentialoperatoren demonstriert werden. Als krummlinige Koordinaten sind vor allem Zylinderkoordinaten nach Abbildung 1.1 a mit

$$\begin{aligned} x &= \rho\,\cos\varphi \\ y &= \rho\,\sin\varphi \\ z &= z \end{aligned} \qquad\begin{aligned}(1.19)\\(1.20)\\(1.21)\end{aligned}$$

und Kugelkoordinaten nach Abbildung 1.1 b mit

$$\begin{aligned} x &= r\,\cos\varphi\,\sin\vartheta \\ y &= r\,\sin\varphi\,\sin\vartheta \\ z &= r\,\cos\vartheta \end{aligned} \qquad\begin{aligned}(1.22)\\(1.23)\\(1.24)\end{aligned}$$

von Interesse.

Übungsaufgabe 1.4   *Anspruch:* • ○ ○   *Aufwand:* • ○ ○

Bestimmen Sie die Zylinderkoordinaten ρ, φ und z in Abhängigkeit von den kartesischen Koordinaten x, y und z, wobei $\rho \geq 0$ und $0 \leq \varphi < 2\pi$ gelten soll.

Übungsaufgabe 1.5   *Anspruch:* • ○ ○   *Aufwand:* • ○ ○

Bestimmen Sie die Kugelkoordinaten r, ϑ und φ in Abhängigkeit von den kartesischen Koordinaten x, y und z, wobei $r \geq 0$, $0 \leq \varphi < 2\pi$ und $0 \leq \vartheta \leq \pi$ gelten soll.

Das Ziel der folgenden Abschnitte besteht darin zu zeigen, wie es mit der Kettenregel möglich ist, Differentialoperatoren in verschiedenen Koordinatensystemen darzustellen. Es sei aber vorweg bereits darauf hingewiesen, daß die Rechenwege sehr aufwendig sind, so daß es dem Leser überlassen bleibt, wie ausführlich er den Ausführungen folgen will. Wenn die prinzipielle Vorgehensweise bekannt ist, wie man Differentialoperatoren in krummlinige Koordinatensysteme transformiert, kann man sich die Rechnungen vollständig ersparen und mit Abschnitt 1.1.6 fortfahren.

In Kapitel 3 werden Methoden dargestellt, wie man mit Hilfe der Tensoranalysis dieselben Ergebnisse mit deutlich geringerem Aufwand herleiten kann. Es ist also auch in dieser Hinsicht nicht zwingend erforderlich, die Differentialoperatoren schon hier in krummlinige Koordinatensysteme zu transformieren. Die folgenden, etwas zähen Rechnungen sollen aber trotzdem nicht ausgespart werden, um die Erleichterung zu dokumentieren, die die Tensoranalysis bringen wird.

1.1.5.1 Gradient in Kugelkoordinaten

Um den Gradienten mit Hilfe der Kugelkoordinaten r, ϑ und φ auszudrücken, gehen wir von Gleichung (1.5)

$$grad\,\Phi = \frac{\partial \Phi}{\partial x}\,\vec{e}_x + \frac{\partial \Phi}{\partial y}\,\vec{e}_y + \frac{\partial \Phi}{\partial z}\,\vec{e}_z$$

aus und formen die partiellen Ableitungen nach den kartesischen Koordinaten mit Hilfe der Kettenregel um:

$$\begin{aligned}\frac{\partial \Phi}{\partial r} &= \frac{\partial \Phi}{\partial x}\frac{\partial x}{\partial r} + \frac{\partial \Phi}{\partial y}\frac{\partial y}{\partial r} + \frac{\partial \Phi}{\partial z}\frac{\partial z}{\partial r} \\ \frac{\partial \Phi}{\partial \vartheta} &= \frac{\partial \Phi}{\partial x}\frac{\partial x}{\partial \vartheta} + \frac{\partial \Phi}{\partial y}\frac{\partial y}{\partial \vartheta} + \frac{\partial \Phi}{\partial z}\frac{\partial z}{\partial \vartheta} \\ \frac{\partial \Phi}{\partial \varphi} &= \frac{\partial \Phi}{\partial x}\frac{\partial x}{\partial \varphi} + \frac{\partial \Phi}{\partial y}\frac{\partial y}{\partial \varphi} + \frac{\partial \Phi}{\partial z}\frac{\partial z}{\partial \varphi}\end{aligned}$$

1.1. MATHEMATISCHE GRUNDLAGEN

Mit den Gleichungen (1.22) bis (1.24) folgt daraus:

$$\frac{\partial \Phi}{\partial r} = \frac{\partial \Phi}{\partial x} \cos \varphi \sin \vartheta + \frac{\partial \Phi}{\partial y} \sin \varphi \sin \vartheta + \frac{\partial \Phi}{\partial z} \cos \vartheta \qquad (1.25)$$

$$\frac{\partial \Phi}{\partial \vartheta} = \frac{\partial \Phi}{\partial x} r \cos \varphi \cos \vartheta + \frac{\partial \Phi}{\partial y} r \sin \varphi \cos \vartheta - \frac{\partial \Phi}{\partial z} r \sin \vartheta \qquad (1.26)$$

$$\frac{\partial \Phi}{\partial \varphi} = -\frac{\partial \Phi}{\partial x} r \sin \varphi \sin \vartheta + \frac{\partial \Phi}{\partial y} r \cos \varphi \sin \vartheta \qquad (1.27)$$

Um diese Gleichungen nach $\frac{\partial \Phi}{\partial x}$, $\frac{\partial \Phi}{\partial y}$ und $\frac{\partial \Phi}{\partial z}$ aufzulösen, multiplizieren wir die erste Gleichung mit $r \sin \vartheta$, die zweite mit $\cos \vartheta$ und bilden die Summe der Ergebnisse, so daß $\frac{\partial \Phi}{\partial z}$ eliminiert wird[2]:

$$\frac{\partial \Phi}{\partial r} r \sin \vartheta + \frac{\partial \Phi}{\partial \vartheta} \cos \vartheta = \frac{\partial \Phi}{\partial x} r \cos \varphi + \frac{\partial \Phi}{\partial y} r \sin \varphi$$

Um $\frac{\partial \Phi}{\partial x}$ zu eliminieren, wird diese Gleichung als nächstes mit $\sin \varphi \sin \vartheta$ sowie Gleichung (1.27) mit $\cos \varphi$ multipliziert. Die Summe der resultierenden Gleichungen lautet:

$$\frac{\partial \Phi}{\partial r} r \sin \varphi \sin^2 \vartheta + \frac{\partial \Phi}{\partial \vartheta} \sin \varphi \sin \vartheta \cos \vartheta + \frac{\partial \Phi}{\partial \varphi} \cos \varphi = \frac{\partial \Phi}{\partial y} r \sin \vartheta$$

$$\Rightarrow \frac{\partial \Phi}{\partial y} = \frac{\partial \Phi}{\partial r} \sin \varphi \sin \vartheta + \frac{\partial \Phi}{\partial \vartheta} \frac{\sin \varphi \cos \vartheta}{r} + \frac{\partial \Phi}{\partial \varphi} \frac{\cos \varphi}{r \sin \vartheta} \qquad (1.28)$$

Dies können wir in Gleichung (1.27) einsetzen, um auch $\frac{\partial \Phi}{\partial x}$ zu berechnen:

$$\frac{\partial \Phi}{\partial x} r \sin \varphi \sin \vartheta = \frac{\partial \Phi}{\partial r} r \sin \varphi \cos \varphi \sin^2 \vartheta + \frac{\partial \Phi}{\partial \vartheta} \sin \varphi \cos \varphi \sin \vartheta \cos \vartheta + \frac{\partial \Phi}{\partial \varphi} \left(\cos^2 \varphi - 1 \right)$$

$$\Rightarrow \frac{\partial \Phi}{\partial x} = \frac{\partial \Phi}{\partial r} \cos \varphi \sin \vartheta + \frac{\partial \Phi}{\partial \vartheta} \frac{\cos \varphi \cos \vartheta}{r} - \frac{\partial \Phi}{\partial \varphi} \frac{\sin \varphi}{r \sin \vartheta} \qquad (1.29)$$

Diese Gleichung und Gleichung (1.28) kann man in Gleichung (1.25) einsetzen, um $\frac{\partial \Phi}{\partial z}$ zu erhalten:

$$\frac{\partial \Phi}{\partial z} \cos \vartheta = \frac{\partial \Phi}{\partial r} \left(1 - \cos^2 \varphi \sin^2 \vartheta - \sin^2 \varphi \sin^2 \vartheta \right) +$$
$$+ \frac{\partial \Phi}{\partial \vartheta} \left(-\frac{\cos^2 \varphi \sin \vartheta \cos \vartheta}{r} - \frac{\sin^2 \varphi \sin \vartheta \cos \vartheta}{r} \right) +$$
$$+ \frac{\partial \Phi}{\partial \varphi} \left(\frac{\sin \varphi \cos \varphi}{r} - \frac{\sin \varphi \cos \varphi}{r} \right) = \frac{\partial \Phi}{\partial r} \cos^2 \vartheta - \frac{\partial \Phi}{\partial \vartheta} \frac{\sin \vartheta \cos \vartheta}{r}$$

$$\Rightarrow \frac{\partial \Phi}{\partial z} = \frac{\partial \Phi}{\partial r} \cos \vartheta - \frac{\partial \Phi}{\partial \vartheta} \frac{\sin \vartheta}{r} \qquad (1.30)$$

---
[2] Ab hier wird mehrfach von der Beziehung $sin^2 x + cos^2 x = 1$ Gebrauch gemacht.

Mit den Gleichungen (1.28) bis (1.30) sind die Differentialquotienten $\frac{\partial \Phi}{\partial x}$, $\frac{\partial \Phi}{\partial y}$ und $\frac{\partial \Phi}{\partial z}$ vollständig bestimmt.

Betrachtet man nun Gleichung (1.5), so ist klar, daß auch die kartesischen Einheitsvektoren durch die Einheitsvektoren des Kugelkoordinatensystems ausgedrückt werden müssen. Im Anhang 6.1 wird gezeigt, daß man die drei Basisvektoren gemäß Gleichung (6.5) folgendermaßen erhält:

$$\begin{aligned} \vec{g}_r &= \frac{\partial x}{\partial r} \vec{e}_x + \frac{\partial y}{\partial r} \vec{e}_y + \frac{\partial z}{\partial r} \vec{e}_z = \vec{e}_x \cos\varphi \sin\vartheta + \vec{e}_y \sin\varphi \sin\vartheta + \vec{e}_z \cos\vartheta \\ \vec{g}_\vartheta &= \frac{\partial x}{\partial \vartheta} \vec{e}_x + \frac{\partial y}{\partial \vartheta} \vec{e}_y + \frac{\partial z}{\partial \vartheta} \vec{e}_z = \vec{e}_x\, r \cos\varphi \cos\vartheta + \vec{e}_y\, r \sin\varphi \cos\vartheta - \vec{e}_z\, r \sin\vartheta \\ \vec{g}_\varphi &= \frac{\partial x}{\partial \varphi} \vec{e}_x + \frac{\partial y}{\partial \varphi} \vec{e}_y + \frac{\partial z}{\partial \varphi} \vec{e}_z = -\vec{e}_x\, r \sin\varphi \sin\vartheta + \vec{e}_y\, r \cos\varphi \sin\vartheta \end{aligned}$$

Durch Normierung auf Einheitslänge erhält man:

$$\vec{e}_r = \vec{e}_x \cos\varphi \sin\vartheta + \vec{e}_y \sin\varphi \sin\vartheta + \vec{e}_z \cos\vartheta \tag{1.31}$$
$$\vec{e}_\vartheta = \vec{e}_x \cos\varphi \cos\vartheta + \vec{e}_y \sin\varphi \cos\vartheta - \vec{e}_z \sin\vartheta \tag{1.32}$$
$$\vec{e}_\varphi = -\vec{e}_x \sin\varphi + \vec{e}_y \cos\varphi \tag{1.33}$$

Um diese drei Gleichungen nach $\vec{e}_x$, $\vec{e}_y$ und $\vec{e}_z$ aufzulösen, kann man die erste mit $\sin\vartheta$ und die zweite mit $\cos\vartheta$ multiplizieren und die Summe bilden:

$$\vec{e}_r \sin\vartheta + \vec{e}_\vartheta \cos\vartheta = \vec{e}_x \cos\varphi + \vec{e}_y \sin\varphi$$

Diese Gleichung multiplizieren wir mit $\sin\varphi$ und addieren das Ergebnis zu der mit $\cos\varphi$ multiplizierten Gleichung (1.33):

$$\vec{e}_y = \vec{e}_r \sin\varphi \sin\vartheta + \vec{e}_\vartheta \sin\varphi \cos\vartheta + \vec{e}_\varphi \cos\varphi \tag{1.34}$$

Setzt man dies in Gleichung (1.33) ein, so folgt:

$$\vec{e}_x \sin\varphi = \vec{e}_r \sin\varphi \cos\varphi \sin\vartheta + \vec{e}_\vartheta \sin\varphi \cos\varphi \cos\vartheta + \vec{e}_\varphi \left(\cos^2\varphi - 1\right)$$
$$\Rightarrow \vec{e}_x = \vec{e}_r \cos\varphi \sin\vartheta + \vec{e}_\vartheta \cos\varphi \cos\vartheta - \vec{e}_\varphi \sin\varphi \tag{1.35}$$

Schließlich setzen wir diese Gleichung und Gleichung (1.34) in Gleichung (1.31) ein und erhalten:

$$\begin{aligned} \vec{e}_z \cos\vartheta &= \vec{e}_r \left(1 - \cos^2\varphi \sin^2\vartheta - \sin^2\varphi \sin^2\vartheta\right) + \\ &+ \vec{e}_\vartheta \left(-\cos^2\varphi \sin\vartheta \cos\vartheta - \sin^2\varphi \sin\vartheta \cos\vartheta\right) + \\ &+ \vec{e}_\varphi \left(\sin\varphi \cos\varphi \sin\vartheta - \sin\varphi \cos\varphi \sin\vartheta\right) = \\ &= \vec{e}_r \cos^2\vartheta - \vec{e}_\vartheta \sin\vartheta \cos\vartheta \end{aligned}$$

$$\Rightarrow \vec{e}_z = \vec{e}_r \cos\vartheta - \vec{e}_\vartheta \sin\vartheta \tag{1.36}$$

1.1. MATHEMATISCHE GRUNDLAGEN

Nachdem nun auch die kartesischen Einheitsvektoren durch die Einheitsvektoren des Kugelkoordinatensystems ausgedrückt wurden, können wir die Gleichungen (1.28) bis (1.30) sowie die Gleichungen (1.34) bis (1.36) in Gleichung (1.5) einsetzen:

$$\begin{aligned} grad\ \Phi &= \left(\frac{\partial \Phi}{\partial r} \cos \varphi \sin \vartheta + \frac{\partial \Phi}{\partial \vartheta} \frac{\cos \varphi \cos \vartheta}{r} - \frac{\partial \Phi}{\partial \varphi} \frac{\sin \varphi}{r \sin \vartheta} \right) \cdot \\ &\quad \cdot (\vec{e}_r \cos \varphi \sin \vartheta + \vec{e}_\vartheta \cos \varphi \cos \vartheta - \vec{e}_\varphi \sin \varphi) + \\ &+ \left(\frac{\partial \Phi}{\partial r} \sin \varphi \sin \vartheta + \frac{\partial \Phi}{\partial \vartheta} \frac{\sin \varphi \cos \vartheta}{r} + \frac{\partial \Phi}{\partial \varphi} \frac{\cos \varphi}{r \sin \vartheta} \right) \cdot \\ &\quad \cdot (\vec{e}_r \sin \varphi \sin \vartheta + \vec{e}_\vartheta \sin \varphi \cos \vartheta + \vec{e}_\varphi \cos \varphi) + \\ &+ \left(\frac{\partial \Phi}{\partial r} \cos \vartheta - \frac{\partial \Phi}{\partial \vartheta} \frac{\sin \vartheta}{r} \right) \cdot \\ &\quad \cdot (\vec{e}_r \cos \vartheta - \vec{e}_\vartheta \sin \vartheta) \end{aligned}$$

Wir sortieren die Ausdrücke nun nach den Einheitsvektoren:

$$\begin{aligned} grad\ \Phi &= \vec{e}_r \left(\frac{\partial \Phi}{\partial r} \left[\cos^2 \varphi \sin^2 \vartheta + \sin^2 \varphi \sin^2 \vartheta + \cos^2 \vartheta \right] + \right.\\ &+ \frac{\partial \Phi}{\partial \vartheta} \left[\frac{\cos^2 \varphi \sin \vartheta \cos \vartheta}{r} + \frac{\sin^2 \varphi \sin \vartheta \cos \vartheta}{r} - \frac{\sin \vartheta \cos \vartheta}{r} \right] + \\ &\left. + \frac{\partial \Phi}{\partial \varphi} \left[-\frac{\sin \varphi \cos \varphi}{r} + \frac{\sin \varphi \cos \varphi}{r} \right] \right) + \\ &+ \vec{e}_\vartheta \left(\frac{\partial \Phi}{\partial r} \left[\cos^2 \varphi \sin \vartheta \cos \vartheta + \sin^2 \varphi \sin \vartheta \cos \vartheta - \sin \vartheta \cos \vartheta \right] + \right.\\ &+ \frac{\partial \Phi}{\partial \vartheta} \left[\frac{\cos^2 \varphi \cos^2 \vartheta}{r} + \frac{\sin^2 \varphi \cos^2 \vartheta}{r} + \frac{\sin^2 \vartheta}{r} \right] + \\ &\left. + \frac{\partial \Phi}{\partial \varphi} \left[-\frac{\sin \varphi \cos \varphi \cos \vartheta}{r \sin \vartheta} + \frac{\sin \varphi \cos \varphi \cos \vartheta}{r \sin \vartheta} \right] \right) + \\ &+ \vec{e}_\varphi \left(\frac{\partial \Phi}{\partial r} \left[-\sin \varphi \cos \varphi \sin \vartheta + \sin \varphi \cos \varphi \sin \vartheta \right] + \right.\\ &+ \frac{\partial \Phi}{\partial \vartheta} \left[-\frac{\sin \varphi \cos \varphi \cos \vartheta}{r} + \frac{\sin \varphi \cos \varphi \cos \vartheta}{r} \right] + \\ &\left. + \frac{\partial \Phi}{\partial \varphi} \left[\frac{\sin^2 \varphi}{r \sin \vartheta} + \frac{\cos^2 \varphi}{r \sin \vartheta} \right] \right) \end{aligned}$$

$$\Rightarrow \boxed{grad\ \Phi = \vec{e}_r \frac{\partial \Phi}{\partial r} + \vec{e}_\vartheta \frac{1}{r} \frac{\partial \Phi}{\partial \vartheta} + \vec{e}_\varphi \frac{1}{r \sin \vartheta} \frac{\partial \Phi}{\partial \varphi}} \qquad (1.37)$$

Dies ist die Darstellung des Gradienten in Kugelkoordinaten. Wie man sieht, ist der hier eingeschlagene Rechenweg sehr aufwendig.

1.1.5.2 Divergenz in Kugelkoordinaten

Die Divergenz eines Vektors $\vec{V}$ in kartesischen Koordinaten lautet gemäß Gleichung (1.6):

$$div\, \vec{V} = \frac{\partial V_x}{\partial x} + \frac{\partial V_y}{\partial y} + \frac{\partial V_z}{\partial z}$$

Um sie in Kugelkoordinaten transformieren zu können, muß man die Komponenten V_x, V_y und V_z durch V_r, V_ϑ und V_φ ausdrücken. Dies ist sehr einfach möglich, indem man die Gleichungen (1.34) bis (1.36) skalar mit $\vec{V}$ multipliziert, wobei man für die linke Seite $\vec{V} = V_x\, \vec{e}_x + V_y\, \vec{e}_y + V_z\, \vec{e}_z$ und für die rechte Seite $\vec{V} = V_r\, \vec{e}_r + V_\vartheta\, \vec{e}_\vartheta + V_\varphi\, \vec{e}_\varphi$ verwendet[3]:

$$\begin{aligned} V_x &= V_r\, cos\, \varphi\, sin\, \vartheta + V_\vartheta\, cos\, \varphi\, cos\, \vartheta - V_\varphi\, sin\, \varphi \\ V_y &= V_r\, sin\, \varphi\, sin\, \vartheta + V_\vartheta\, sin\, \varphi\, cos\, \vartheta + V_\varphi\, cos\, \varphi \\ V_z &= V_r\, cos\, \vartheta - V_\vartheta\, sin\, \vartheta \end{aligned}$$

Ersetzt man in den Gleichungen (1.29), (1.28) bzw. (1.30) Φ durch V_x, V_y bzw. V_z, und setzt man außerdem die letzten drei Gleichungen ein, so erhält man:

$$\begin{aligned} \frac{\partial V_x}{\partial x} &= cos\, \varphi\, sin\, \vartheta \left(\frac{\partial V_r}{\partial r} cos\, \varphi\, sin\, \vartheta + \frac{\partial V_\vartheta}{\partial r} cos\, \varphi\, cos\, \vartheta - \frac{\partial V_\varphi}{\partial r} sin\, \varphi \right) + \\ &+ \frac{cos\, \varphi\, cos\, \vartheta}{r} \left(\frac{\partial V_r}{\partial \vartheta} cos\, \varphi\, sin\, \vartheta + V_r\, cos\, \varphi\, cos\, \vartheta + \right. \\ &+ \left. \frac{\partial V_\vartheta}{\partial \vartheta} cos\, \varphi\, cos\, \vartheta - V_\vartheta\, cos\, \varphi\, sin\, \vartheta - \frac{\partial V_\varphi}{\partial \vartheta} sin\, \varphi \right) - \\ &- \frac{sin\, \varphi}{r\, sin\, \vartheta} \left(\frac{\partial V_r}{\partial \varphi} cos\, \varphi\, sin\, \vartheta - V_r\, sin\, \varphi\, sin\, \vartheta + \right. \\ &+ \left. \frac{\partial V_\vartheta}{\partial \varphi} cos\, \varphi\, cos\, \vartheta - V_\vartheta\, sin\, \varphi\, cos\, \vartheta - \frac{\partial V_\varphi}{\partial \varphi} sin\, \varphi - V_\varphi\, cos\, \varphi \right) \\ \frac{\partial V_y}{\partial y} &= sin\, \varphi\, sin\, \vartheta \left(\frac{\partial V_r}{\partial r} sin\, \varphi\, sin\, \vartheta + \frac{\partial V_\vartheta}{\partial r} sin\, \varphi\, cos\, \vartheta + \frac{\partial V_\varphi}{\partial r} cos\, \varphi \right) + \end{aligned}$$

---

[3] An dieser Stelle wird ausgenutzt, daß die Skalarprodukte $\vec{e}_x \cdot \vec{e}_y$, $\vec{e}_x \cdot \vec{e}_z$, $\vec{e}_y \cdot \vec{e}_z$ sowie die Skalarprodukte $\vec{e}_r \cdot \vec{e}_\vartheta$, $\vec{e}_r \cdot \vec{e}_\varphi$ und $\vec{e}_\vartheta \cdot \vec{e}_\varphi$ gleich null sind. Letzteres kann man anhand der Gleichungen (1.31) bis (1.33) leicht verifizieren; das kartesische Koordinatensystem und das Kugelkoordinatensystem sind sogenannte orthogonale Koordinatensysteme.

$$+ \frac{\sin\varphi\cos\vartheta}{r}\left(\frac{\partial V_r}{\partial\vartheta}\sin\varphi\sin\vartheta + V_r\sin\varphi\cos\vartheta + \right.$$

$$+ \frac{\partial V_\vartheta}{\partial\vartheta}\sin\varphi\cos\vartheta - V_\vartheta\sin\varphi\sin\vartheta + \frac{\partial V_\varphi}{\partial\vartheta}\cos\varphi\right) +$$

$$+ \frac{\cos\varphi}{r\sin\vartheta}\left(\frac{\partial V_r}{\partial\varphi}\sin\varphi\sin\vartheta + V_r\cos\varphi\sin\vartheta + \frac{\partial V_\vartheta}{\partial\varphi}\sin\varphi\cos\vartheta + \right.$$

$$+ V_\vartheta\cos\varphi\cos\vartheta + \frac{\partial V_\varphi}{\partial\varphi}\cos\varphi - V_\varphi\sin\varphi\right)$$

$$\frac{\partial V_z}{\partial z} = \cos\vartheta\left(\frac{\partial V_r}{\partial r}\cos\vartheta - \frac{\partial V_\vartheta}{\partial r}\sin\vartheta\right) -$$

$$- \frac{\sin\vartheta}{r}\left(\frac{\partial V_r}{\partial\vartheta}\cos\vartheta - V_r\sin\vartheta - \frac{\partial V_\vartheta}{\partial\vartheta}\sin\vartheta - V_\vartheta\cos\vartheta\right)$$

Addiert man nun diese drei Gleichungen und sortiert die Ausdrücke nach den verschiedenen Ableitungen, so erhält man:

$$\begin{aligned}
\text{div }\vec{V} &= \frac{\partial V_r}{\partial r}\left(\cos^2\varphi\sin^2\vartheta + \sin^2\varphi\sin^2\vartheta + \cos^2\vartheta\right) + \\
&+ \frac{\partial V_\vartheta}{\partial r}\left(\cos^2\varphi\sin\vartheta\cos\vartheta + \sin^2\varphi\sin\vartheta\cos\vartheta - \sin\vartheta\cos\vartheta\right) + \\
&+ \frac{\partial V_\varphi}{\partial r}\left(-\sin\varphi\cos\varphi\sin\vartheta + \sin\varphi\cos\varphi\sin\vartheta\right) + \\
&+ \frac{\partial V_r}{\partial \vartheta}\left(\frac{\cos^2\varphi\sin\vartheta\cos\vartheta}{r} + \frac{\sin^2\varphi\sin\vartheta\cos\vartheta}{r} - \frac{\sin\vartheta\cos\vartheta}{r}\right) + \\
&+ \frac{\partial V_\vartheta}{\partial \vartheta}\left(\frac{\cos^2\varphi\cos^2\vartheta}{r} + \frac{\sin^2\varphi\cos^2\vartheta}{r} + \frac{\sin^2\vartheta}{r}\right) + \\
&+ \frac{\partial V_\varphi}{\partial \vartheta}\left(-\frac{\sin\varphi\cos\varphi\cos\vartheta}{r} + \frac{\sin\varphi\cos\varphi\cos\vartheta}{r}\right) + \\
&+ \frac{\partial V_r}{\partial \varphi}\left(-\frac{\sin\varphi\cos\varphi}{r} + \frac{\sin\varphi\cos\varphi}{r}\right) + \\
&+ \frac{\partial V_\vartheta}{\partial \varphi}\left(-\frac{\sin\varphi\cos\varphi\cos\vartheta}{r\sin\vartheta} + \frac{\sin\varphi\cos\varphi\cos\vartheta}{r\sin\vartheta}\right) + \\
&+ \frac{\partial V_\varphi}{\partial \varphi}\left(\frac{\sin^2\varphi}{r\sin\vartheta} + \frac{\cos^2\varphi}{r\sin\vartheta}\right) + \\
&+ V_r\left(\frac{\cos^2\varphi\cos^2\vartheta}{r} + \frac{\sin^2\varphi}{r} + \frac{\sin^2\varphi\cos^2\vartheta}{r} + \frac{\cos^2\varphi}{r} + \frac{\sin^2\vartheta}{r}\right) + \\
&+ V_\vartheta\left(-\frac{\cos^2\varphi\sin\vartheta\cos\vartheta}{r} + \frac{\sin^2\varphi\cos\vartheta}{r\sin\vartheta} - \frac{\sin^2\varphi\sin\vartheta\cos\vartheta}{r} + \right.\\
&\left.+ \frac{\cos^2\varphi\cos\vartheta}{r\sin\vartheta} + \frac{\sin\vartheta\cos\vartheta}{r}\right) +
\end{aligned}$$

$$+ V_\varphi \left(\frac{sin\,\varphi\,cos\,\varphi}{r\,sin\,\vartheta} - \frac{sin\,\varphi\,cos\,\varphi}{r\,sin\,\vartheta} \right)$$

Wendet man nun mehrfach die Beziehung $sin^2 x + cos^2 x = 1$ an, so fallen die meisten Terme weg, und man erhält:

$$\boxed{div\,\vec{V} = \frac{\partial V_r}{\partial r} + \frac{\partial V_\vartheta}{\partial \vartheta}\frac{1}{r} + \frac{\partial V_\varphi}{\partial \varphi}\frac{1}{r\,sin\,\vartheta} + V_r \frac{2}{r} + V_\vartheta \frac{cot\,\vartheta}{r}} \qquad (1.38)$$

1.1.5.3 Rotation in Kugelkoordinaten

Auf dieselbe Weise, wie in den vorangegangenen Abschnitten der Gradient und die Divergenz mit Hilfe von Kugelkoordinaten dargestellt wurde, kann man auch die Rotation in Kugelkoordinaten berechnen. Hierzu geht man von Gleichung (1.7) aus und bestimmt die Differentialquotienten $\frac{\partial V_x}{\partial y}$, $\frac{\partial V_x}{\partial z}$, $\frac{\partial V_y}{\partial x}$, $\frac{\partial V_y}{\partial z}$, $\frac{\partial V_z}{\partial x}$ und $\frac{\partial V_z}{\partial y}$ mit der gleichen Methode wie $\frac{\partial V_x}{\partial x}$, $\frac{\partial V_y}{\partial y}$ und $\frac{\partial V_z}{\partial z}$ bei der Berechnung der Divergenz. Diese Ergebnisse und die Einheitsvektoren aus den Gleichungen (1.34) bis (1.36) setzt man dann in Gleichung (1.7) ein und erhält schließlich:

$$\begin{aligned} rot\,\vec{V} &= \vec{e}_r \frac{1}{r\,sin\,\vartheta} \left(\frac{\partial (sin\,\vartheta\,V_\varphi)}{\partial \vartheta} - \frac{\partial V_\vartheta}{\partial \varphi} \right) + \\ &+ \vec{e}_\vartheta \left(\frac{1}{r\,sin\,\vartheta} \frac{\partial V_r}{\partial \varphi} - \frac{1}{r} \frac{\partial (r\,V_\varphi)}{\partial r} \right) + \\ &+ \vec{e}_\varphi \frac{1}{r} \left(\frac{\partial (r\,V_\vartheta)}{\partial r} - \frac{\partial V_r}{\partial \vartheta} \right) \end{aligned} \qquad (1.39)$$

$$\boxed{\begin{aligned} \Rightarrow rot\,\vec{V} &= \vec{e}_r \left(\frac{1}{r} \frac{\partial V_\varphi}{\partial \vartheta} + \frac{cot\,\vartheta}{r} V_\varphi - \frac{1}{r\,sin\,\vartheta} \frac{\partial V_\vartheta}{\partial \varphi} \right) + \\ &+ \vec{e}_\vartheta \left(\frac{1}{r\,sin\,\vartheta} \frac{\partial V_r}{\partial \varphi} - \frac{\partial V_\varphi}{\partial r} - \frac{1}{r} V_\varphi \right) + \\ &+ \vec{e}_\varphi \left(\frac{\partial V_\vartheta}{\partial r} + \frac{1}{r} V_\vartheta - \frac{1}{r} \frac{\partial V_r}{\partial \vartheta} \right) \end{aligned}} \qquad (1.40)$$

Es ist offensichtlich, daß der Rechenweg, der zu dieser Gleichung führt, noch aufwendiger ist als der für die Divergenz, da 6 Differentialquotienten anstelle von nur dreien zu betrachten sind. Er soll deshalb hier nicht ausgeführt werden. Wer den Aufwand nicht scheut, kann die Rechnung zur Übung durchführen. In jedem Falle ist es wünschenswert, den Rechenweg stärker zu systematisieren, um unnötige Schreibarbeit zu sparen. Deshalb wird in Kapitel 3 eine stark verkürzte Schreibweise eingeführt, die Schritt für Schritt zum Tensorkalkül führen wird.

1.1. MATHEMATISCHE GRUNDLAGEN

1.1.5.4 Laplaceoperator in Kugelkoordinaten

Als letztes wollen wir den Laplaceoperator in Kugelkoordinaten ausdrücken. Gemäß Gleichung (1.12) ist er definiert als

$$\Delta \Phi = div \; grad \; \Phi$$

Wir definieren nun

$$\vec{V} = grad \; \Phi,$$

so daß

$$\Delta \Phi = div \; \vec{V}$$

gilt.

Wegen Gleichung (1.37) gilt dann:

$$\vec{V} = grad \; \Phi = \vec{e}_r \frac{\partial \Phi}{\partial r} + \vec{e}_\vartheta \frac{1}{r} \frac{\partial \Phi}{\partial \vartheta} + \vec{e}_\varphi \frac{1}{r \sin \vartheta} \frac{\partial \Phi}{\partial \varphi}$$

Dies setzt man in Gleichung (1.38)

$$div \; \vec{V} = \frac{\partial V_r}{\partial r} + \frac{\partial V_\vartheta}{\partial \vartheta} \frac{1}{r} + \frac{\partial V_\varphi}{\partial \varphi} \frac{1}{r \sin \vartheta} + V_r \frac{2}{r} + V_\vartheta \frac{\cot \vartheta}{r}$$

ein und erhält:

$$\boxed{\Delta \Phi = div \; \vec{V} = \frac{\partial^2 \Phi}{\partial r^2} + \frac{1}{r^2} \frac{\partial^2 \Phi}{\partial \vartheta^2} + \frac{\partial^2 \Phi}{\partial \varphi^2} \frac{1}{r^2 \sin^2 \vartheta} + \frac{\partial \Phi}{\partial r} \frac{2}{r} + \frac{\partial \Phi}{\partial \vartheta} \frac{\cot \vartheta}{r^2}} \quad (1.41)$$

Damit ist der Laplaceoperator in Kugelkoordinaten bestimmt.

1.1.5.5 Gefahren bei der Anwendung des Nablaoperators

Im Zusammenhang mit dem Laplaceoperator in Kugelkoordinaten sei auf eine Gefahr hingewiesen, die die Darstellung von Differentialoperatoren mit Hilfe des Nablaoperators mit sich bringt. Aus Gleichung (1.37) kann man durch einfaches Weglassen von Φ die symbolische Darstellung des Nablaoperators in Kugelkoordinaten ablesen:

$$\boxed{\nabla = \vec{e}_r \frac{\partial}{\partial r} + \vec{e}_\vartheta \frac{1}{r} \frac{\partial}{\partial \vartheta} + \vec{e}_\varphi \frac{1}{r \sin \vartheta} \frac{\partial}{\partial \varphi}} \quad (1.42)$$

Wie in Aufgabe 1.6 gezeigt wird, ist es dann beispielsweise möglich, die Divergenz in Kugelkoordinaten wie in kartesischen Koordinaten gemäß

$$div \; \vec{V} = \nabla \cdot \vec{V}$$

als Skalarprodukt des Nablaoperators mit dem Vektor $\vec{V}$ zu berechnen.

Man könnte deshalb versucht sein, auch den Laplaceoperator auf ähnliche Weise in Kugelkoordinaten zu berechnen. Aus Gleichung (1.12) kann man nämlich durch Weglassen von Φ die Definition

$$\Delta = \frac{\partial^2}{\partial x^2} + \frac{\partial^2}{\partial y^2} + \frac{\partial^2}{\partial z^2}$$

gewinnen. Zieht man nun noch Gleichung (1.4) zu Rate, so gilt offenbar in kartesischen Koordinaten:

$$\Delta = \nabla \cdot \nabla = \nabla^2$$

In Kugelkoordinaten gilt unter Berücksichtigung von Gleichung (1.42):

$$\nabla^2 = \frac{\partial^2}{\partial r^2} + \frac{1}{r^2}\frac{\partial^2}{\partial \vartheta^2} + \frac{1}{r^2\,sin^2\vartheta}\frac{\partial^2}{\partial \varphi^2}$$

Durch Vergleich mit Gleichung (1.41) findet man nun im Gegensatz zu kartesischen Koordinaten, daß im allgemeinen

$$\Delta \neq \nabla^2$$

gilt. Es ist also in krummlinigen Koordinatensystemen im allgemeinen nicht möglich, den Laplaceoperator als ∇^2 zu berechnen.

Dies ist nicht weiter verwunderlich, wenn man sich vor Augen führt, daß es sich beim Nablaoperator nicht um einen Vektor handelt, wie bereits in Abschnitt 1.1.2 hervorgehoben wurde. Man kann ihn lediglich rein symbolisch als Vektor schreiben. Damit ist auch klar, daß man die Analogie zu Vektoren nicht zu weit treiben darf.

Strenggenommen wird der Rahmen des Überschaubaren bereits verlassen, wenn man aus Gleichung (1.37) den Nablaoperator abliest und daraus die Divergenz als $\nabla \cdot \vec{V}$ berechnet. Daß hierbei das richtige Ergebnis erzielt wird, ist momentan also eher als Zufall anzusehen. Wir sehen, daß zum Umgang mit dem Nablaoperator eine solidere Theorie vonnöten ist. Diese werden wir in Kapitel 3 kennenlernen.

Übungsaufgabe 1.6   *Anspruch:* • • ○   *Aufwand:* • • ○

Berechnen Sie unter Verwendung von Gleichung (1.42) den Ausdruck $\nabla \cdot \vec{V}$ und vergleichen Sie ihn mit der Divergenz in Kugelkoordinaten gemäß Gleichung (1.38). Stellen Sie auf diese Weise fest, ob die symbolische Schreibweise (1.42) auch für die Divergenz gerechtfertigt ist.

Übungsaufgabe 1.7   *Anspruch:* • • ○   *Aufwand:* • • ○

Zeigen Sie, daß sich der Gradient in Zylinderkoordinaten wie folgt darstellen läßt:

$$grad\,\Phi = \vec{e}_\rho \frac{\partial \Phi}{\partial \rho} + \vec{e}_\varphi \frac{1}{\rho}\frac{\partial \Phi}{\partial \varphi} + \vec{e}_z \frac{\partial \Phi}{\partial z} \qquad (1.43)$$

Gehen Sie hierzu wie folgt vor:

1. Bestimmen Sie die Einheitsvektoren $\vec{e}_x$, $\vec{e}_y$ und $\vec{e}_z$ des kartesischen Koordinatensystems in Abhängigkeit von den Einheitsvektoren $\vec{e}_\rho$, $\vec{e}_\varphi$ und $\vec{e}_{z'}$ des Zylinderkoordinatensystems.

2. Berechnen Sie die partiellen Ableitungen $\frac{\partial \Phi}{\partial x}$, $\frac{\partial \Phi}{\partial y}$ und $\frac{\partial \Phi}{\partial z}$ in Abhängigkeit von den partiellen Ableitungen $\frac{\partial \Phi}{\partial \rho}$, $\frac{\partial \Phi}{\partial \varphi}$ und $\frac{\partial \Phi}{\partial z'}$.

3. Geben Sie nun den Gradienten in Zylinderkoordinaten an.

1.1.6 Integrale

In der Vektoranalysis sind Integrale über Gebiete im dreidimensionalen Raum von besonderem Interesse, also Kurven-, Flächen-, und Raumintegrale.

Bevor wir diese definieren, rufen wir uns die Darstellung des Riemannschen Integrals durch Riemannsche Summen ins Gedächtnis zurück. Sie lautet

$$\int_{x_{min}}^{x_{max}} f(x)\, dx = \lim_{n \to \infty} \sum_{i=0}^{n-1} f(x_i)\, \Delta x_i,$$

wobei man sich das Intervall $[x_{min}, x_{max}]$ in n Teilintervalle mit der jeweiligen Länge Δx_i zerlegt denkt. Ist x_i ein beliebiger Punkt des i-ten Teilintervalles und ist die Funktion $f(x)$ beschränkt und integrierbar, dann konvergiert die Reihe für $n \to \infty$ und $\Delta x_i \to 0$ stets gegen denselben Wert, so daß die obige Definition des Integrals sinnvoll ist.

Wählt man eine äquidistante Zerlegung des Intervalls mit

$$\Delta x_i = \Delta x = \frac{x_{max} - x_{min}}{n}$$

und wählt man

$$x_i = x_{min} + i\, \Delta x$$

als Anfangspunkt des i-ten Intervalls, so erhält man die folgende spezielle Riemannsche Summendarstellung:

$$\int_{x_{min}}^{x_{max}} f(x)\, dx = \lim_{n \to \infty} \sum_{i=0}^{n-1} f(x_i)\, \Delta x \qquad (1.44)$$

Auf diese Definition werden wir im folgenden zurückgreifen.

1.1.6.1 Kurvenintegrale

Ein wichtiges Integral im Rahmen der Theorie elektromagnetischer Felder ist das Kurvenintegral. Mit seiner Hilfe wird beispielsweise die elektrische Spannung entlang einer Kurve definiert.

Zum Kurvenintegral gelangt man, indem man eine Kurve C in einzelne Teilkurven der Länge Δs_i zerlegt und jede dieser Teillängen mit der zu integrierenden ortsabhängigen Funktion $\Phi(x, y, z)$ multipliziert. Als Argument von Φ darf hierbei ein beliebiger Punkt innerhalb der Teilkurve verwandt werden. Summiert man nun über alle n Teilkurven, so erhält man im Grenzfall unendlich vieler, unendlich kleiner Teilkurven das Kurvenintegral erster Art:

$$\int_C \Phi(x, y, z)\, ds = \lim_{n \to \infty} \sum_{i=0}^{n-1} \Phi(x_i, y_i, z_i)\, \Delta s_i \qquad (1.45)$$

Eine Kurve im dreidimensionalen Raum läßt sich beschreiben, indem man die kartesischen Koordinaten x, y und z als Funktionen eines Parameters α darstellt. Beispielsweise läßt sich eine Gerade darstellen durch die Funktionen

$$x = a_x \alpha + b_x, \qquad y = a_y \alpha + b_y, \qquad z = a_z \alpha + b_z,$$

wobei a_x, a_y, a_z, b_x, b_y und b_z konstante Werte sind. Allgemein kann man die drei Funktionen zur Berechnung von x, y und z zu einer Vektorfunktion $\vec{s}(\alpha) = x(\alpha)\, \vec{e}_x + y(\alpha)\, \vec{e}_y + z(\alpha)\, \vec{e}_z$ zusammenfassen.

Die Kurve sei nun durch den Anfangswert α_{min} und den Endwert α_{max} von α gegeben, so daß $\vec{s}(\alpha_{min})$ der Ortsvektor des Kurvenanfangspunktes und $\vec{s}(\alpha_{max})$ der Ortsvektor des Kurvenendpunktes ist. Wir zerlegen das Gesamtintervall $[\alpha_{min}, \alpha_{max}]$ nun in n Teilintervalle der Größe $\Delta \alpha = \frac{\alpha_{max} - \alpha_{min}}{n}$ mit den Grenzen

$$\alpha_i = \alpha_{min} + i\, \Delta \alpha \qquad i = 0, 1, 2, ..., n-1$$

und

$$\alpha_{i+1} = \alpha_i + \Delta \alpha.$$

Dann ist klar, daß der Betrag des Vektors

$$\vec{s}(\alpha_i + \Delta \alpha) - \vec{s}(\alpha_i)$$

eine Näherung für die Länge Δs_i der i-ten Teilstrecke darstellt. Eine Näherung für das Kurvenintegral läßt sich also folgendermaßen berechnen:

$$\sum_{i=0}^{n-1} \Phi(x_i, y_i, z_i)\, \Delta s_i = \sum_{i=0}^{n-1} \Phi(x(\alpha_i), y(\alpha_i), z(\alpha_i))\, |\vec{s}(\alpha_i + \Delta \alpha) - \vec{s}(\alpha_i)|$$

Wir erweitern nun mit $\Delta \alpha$ und erhalten:

$$\sum_{i=0}^{n-1} \Phi(x_i, y_i, z_i)\, \Delta s_i = \sum_{i=0}^{n-1} \Phi(x(\alpha_i), y(\alpha_i), z(\alpha_i))\, \left| \frac{\vec{s}(\alpha_i + \Delta \alpha) - \vec{s}(\alpha_i)}{\Delta \alpha} \right| \Delta \alpha$$

Bildet man nun den Grenzwert für $n \to \infty$ und somit $\Delta \alpha \to 0$, so geht die linke Seite gemäß Gleichung (1.45) in das Kurvenintegral über. Auf der rechten Seite entsteht wegen

$$\frac{d\vec{s}}{d\alpha} = \lim_{\Delta \alpha \to 0} \frac{\vec{s}(\alpha + \Delta \alpha) - \vec{s}(\alpha)}{\Delta \alpha}$$

1.1. MATHEMATISCHE GRUNDLAGEN

und Gleichung (1.44) ein gewöhnliches Integral[4]:

$$\int_C \Phi(x,y,z)\, ds = \int_{\alpha_{min}}^{\alpha_{max}} \Phi(x(\alpha), y(\alpha), z(\alpha)) \left|\frac{d\vec{s}}{d\alpha}\right| d\alpha \qquad (1.46)$$

Von besonderem Interesse ist die Wahl $\Phi = 1$. In diesem Fall werden einfach die Längen der einzelnen Teilstrecken aufaddiert, was im Grenzfall unendlich vieler Teilstrecken zur Kurvenlänge l führt:

$$l = \int_C ds = \int_{\alpha_{min}}^{\alpha_{max}} \left|\frac{d\vec{s}}{d\alpha}\right| d\alpha \qquad (1.47)$$

Anstelle der skalaren Funktion $\Phi(x,y,z)$ kann man auch eine Vektorfunktion $\vec{V}(x,y,z)$ über eine Kurve integrieren, wenn man die Betragsbildung unterläßt und das Skalarprodukt bildet:

$$\int_C \vec{V} \cdot d\vec{s} = \int_{\alpha_{min}}^{\alpha_{max}} \vec{V} \cdot \frac{d\vec{s}}{d\alpha} d\alpha \qquad (1.48)$$

1.1.6.2 Umlaufintegrale

Ein Umlaufintegral ist ein Kurvenintegral, bei dem Anfangs- und Endpunkt der Kurve übereinstimmen. Im Integralzeichen kennzeichnet man diesen geschlossenen Umlauf mit einem Kreis. Dementsprechend läßt sich ein Umlaufintegral folgendermaßen schreiben:

$$\oint_C \vec{V} \cdot d\vec{s} = \int_{\alpha_{min}}^{\alpha_{max}} \vec{V} \cdot \frac{d\vec{s}}{d\alpha} d\alpha \qquad (1.49)$$

Da die Kurve C hierbei eine geschlossene Kurve ist und Anfangs- und Endpunkt der Kurve übereinstimmen müssen, muß also gelten:

$$\vec{s}(\alpha_{min}) = \vec{s}(\alpha_{max})$$

1.1.6.3 Flächenintegrale

Zum Flächenintegral gelangt man, indem man eine Fläche A in einzelne Teilflächen mit dem Flächeninhalt ΔA_i zerlegt und jede dieser Teilflächen mit der zu integrierenden ortsabhängigen

---

[4] An dieser Stelle ist strenggenommen genau zu analysieren, unter welchen Bedingungen eine Konvergenz der Reihe und des Differenzenquotienten vorliegt; dies soll hier jedoch unterbleiben, da wir nur die Sinnhaftigkeit der *Definitionen* (1.46) und (1.48) demonstrieren wollen.

Funktion $\Phi(x,y,z)$ multipliziert. Als Argument von Φ darf hierbei ein beliebiger Punkt innerhalb der Teilfläche verwandt werden. Summiert man nun über alle n Teilflächen, so erhält man im Grenzfall unendlich vieler, unendlich kleiner Teilflächen das Flächenintegral erster Art:

$$\int_A \Phi(x,y,z)\, dA = \lim_{n\to\infty} \sum_{i=0}^{n-1} \Phi(x_i, y_i, z_i)\, \Delta A_i$$

Wie berechnet man nun ein solches Flächenintegral, wenn eine konkrete Funktion und eine konkrete Integrationsfläche gegeben sind?

Im Gegensatz zu einer Kurve, deren sämtliche Punkte (x,y,z) sich in Abhängigkeit von einem Parameter darstellen lassen, sind zur Beschreibung einer Fläche im Raum zwei Parameter erforderlich. Bezeichnet man diese Parameter mit α und β, so läßt sich jeder Ortsvektor der Fläche durch die Vektorfunktion $\vec{f}(\alpha,\beta) = x(\alpha,\beta)\,\vec{e}_x + y(\alpha,\beta)\,\vec{e}_y + z(\alpha,\beta)\,\vec{e}_z$ bestimmen. Eine ebene Fläche läßt sich beispielsweise durch

$$\begin{aligned} x &= a_x \alpha + b_x \beta + c_x \\ y &= a_y \alpha + b_y \beta + c_y \\ z &= a_z \alpha + b_z \beta + c_z \end{aligned}$$

beschreiben, wobei die a_i, b_i und c_i für $i \in \{x,y,z\}$ konstante Werte sind.

Wenn eine solche Parametrisierung der Integrationsfläche vorliegt, dann läßt sich ein Flächenintegral erster Art gemäß Anhang 6.3 folgendermaßen als Doppelintegral schreiben:

$$\boxed{\int_A \Phi\, dA = \int_{\alpha_{min}}^{\alpha_{max}} \int_{\beta_{min}}^{\beta_{max}} \Phi \left| \frac{\partial \vec{f}}{\partial \alpha} \times \frac{\partial \vec{f}}{\partial \beta} \right| d\beta\, d\alpha} \quad (1.50)$$

Auch Vektorfelder lassen sich über Flächen integrieren. Wenn man hierbei das Skalarprodukt bildet, so daß nur die zur Fläche senkrechten Vektorkomponenten aufintegriert werden, gelangt man zum Flächenintegral zweiter Art:

$$\boxed{\int_A \vec{V} \cdot d\vec{A} = \int_{\alpha_{min}}^{\alpha_{max}} \int_{\beta_{min}}^{\beta_{max}} \vec{V} \cdot \left(\frac{\partial \vec{f}}{\partial \alpha} \times \frac{\partial \vec{f}}{\partial \beta} \right) d\beta\, d\alpha} \quad (1.51)$$

Eine Begründung hierfür findet sich ebenfalls in Anhang 6.3.

Ein Flächenintegral zweiter Art kann unter bestimmten Bedingungen übergehen in ein Flächenintegral erster Art. Steht nämlich der Vektor $\vec{V}$ überall auf der Fläche A senkrecht, so gilt:

$$\vec{V} \cdot d\vec{A} = |\vec{V}|\, |d\vec{A}| = |\vec{V}|\, dA$$

1.1. MATHEMATISCHE GRUNDLAGEN

Wählt man also die Fläche A überall senkrecht zum Vektorfeld $\vec{V}$, so gilt:

$$\int_A \vec{V} \cdot d\vec{A} = \int_A |\vec{V}| \, dA$$

Nimmt man nun außerdem an, daß der Vektor $\vec{V}$ überall auf der Fläche A denselben Betrag $|\vec{V}|$ besitzt, so läßt sich dieser vor das Integral ziehen. Man erhält dann:

$$\int_A \vec{V} \cdot d\vec{A} = \int_A |\vec{V}| \, dA = |\vec{V}| \int_A dA$$

Das verbleibende Flächenintegral erster Art

$$\int_A dA$$

liefert dann den Flächeninhalt der — im allgemeinen gekrümmten — Fläche A. Die Summe über die Beträge der im Anhang 6.3 definierten Teilflächenvektoren $\Delta \vec{A}_1$ und $\Delta \vec{A}_2$ muß nämlich im Grenzfall gleich dem Flächeninhalt sein.

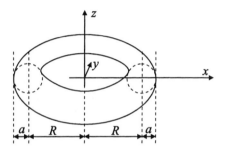

Abbildung 1.2: Torus

Übungsaufgabe 1.8   *Anspruch:* ● ● ○   *Aufwand:* ● ● ●

Gegeben sei ein Torus nach Abbildung 1.2, den man sich dadurch erzeugt denken kann, daß man einen in der x-z-Ebene liegenden Kreis mit dem Radius a und dem Mittelpunkt $(x, y, z) = (R, 0, 0)$ um die z-Achse rotieren läßt.

1. Finden Sie eine Parameterdarstellung für die Oberfläche des Torus.
2. Berechnen Sie nun den Flächeninhalt seiner Oberfäche.
3. Berechnen Sie nun den Flächeninhalt des Körpers, der entsteht, wenn man vom oben genannten Vollkreis nur die Punkte mit $x \geq R$ betrachtet, also einen Halbkreis um die z-Achse rotieren läßt.
4. Prüfen Sie das Ergebnis des vorangegangenen Aufgabenteils auf seine Plausibilität für $R = 0$.

1.1.6.4 Raumintegrale

Ein Raumintegral erhält man völlig analog zum Flächenintegral, indem man ein Volumen V in n einzelne Teilvolumina mit dem Rauminhalt ΔV_i zerlegt und diesen mit der zu integrierenden, ortsabhängigen Funktion $\Phi(x, y, z)$ multipliziert. Als Argument von Φ wird dabei ein beliebiger Punkt (x_i, y_i, z_i) im Innern des jeweiligen Teilvolumens gewählt. Das Raumintegral ist dann definiert als Grenzwert der Summe über diese einzelnen Produkte:

$$\int_V \Phi(x,y,z)\, dV = \lim_{n \to \infty} \sum_{i=0}^{n-1} \Phi(x_i, y_i, z_i)\, \Delta V_i \qquad (1.52)$$

Um eine Berechnungsvorschrift für das Raumintegral zu finden, kann man ähnlich verfahren wie in Anhang 6.3 für das Flächenintegral. Dies soll hier jedoch nicht durchgeführt werden. Statt dessen wollen wir anschaulich argumentieren.

Das wesentliche Ergebnis des Anhangs 6.3 war, daß sich ein infinitesimal kleines Flächenelement dA darstellen läßt als

$$dA = \left| \frac{\partial \vec{f}}{\partial \alpha} \times \frac{\partial \vec{f}}{\partial \beta} \right| d\beta\, d\alpha.$$

Dieser Ausdruck läßt sich leicht veranschaulichen: Der Betrag des Kreuzproduktes zweier Vektoren $\vec{A}$ und $\vec{B}$ liefert bekanntlich den Flächeninhalt des von diesen Vektoren aufgespannten Parallelogrammes. Obwohl die einzelnen in Anhang 6.3 aufsummierten Teilflächen zunächst nicht die Form eines Parallelogrammes besitzen, darf man sie also im Grenzfall unendlich vieler Teilflächen als Parallelogramme ansehen.

Wir wollen diese Überlegungen nun auf Volumina übertragen. Ähnlich wie im Anhang 6.3 eine Fläche mit Hilfe zweier Parameter α und β beschrieben wurde, kann man ein Volumen mit drei Variablen α, β und γ parametrisieren. Führt man dann eine ähnliche unendliche Summation wie in Abschnitt 6.3 durch, so erhält man als Definition für ein Raumintegral:

$$\boxed{\int_V \Phi\, dV = \int_{\alpha_{min}}^{\alpha_{max}} \int_{\beta_{min}}^{\beta_{max}} \int_{\gamma_{min}}^{\gamma_{max}} \Phi \left| \frac{\partial \vec{f}}{\partial \alpha} \cdot \left(\frac{\partial \vec{f}}{\partial \beta} \times \frac{\partial \vec{f}}{\partial \gamma} \right) \right| d\gamma\, d\beta\, d\alpha} \qquad (1.53)$$

Nach der oben beschriebenen Veranschaulichung des Flächenelementes dA sollte die hier auftretende Darstellung des Raumelementes

$$dV = \left| \frac{\partial \vec{f}}{\partial \alpha} \cdot \left(\frac{\partial \vec{f}}{\partial \beta} \times \frac{\partial \vec{f}}{\partial \gamma} \right) \right| d\gamma\, d\beta\, d\alpha$$

den Leser nicht mehr verwundern — ein Spatprodukt $\vec{A} \cdot (\vec{B} \times \vec{C})$ liefert nämlich den Rauminhalt des von den Vektoren $\vec{A}$, $\vec{B}$ und $\vec{C}$ aufgespannten Spats. Gemäß Anhang 6.2 läßt sich das

1.1. MATHEMATISCHE GRUNDLAGEN

Spatprodukt auch als Determinante darstellen, so daß man die Darstellung

$$\int_V \Phi \, dV = \int_{\alpha_{min}}^{\alpha_{max}} \int_{\beta_{min}}^{\beta_{max}} \int_{\gamma_{min}}^{\gamma_{max}} \Phi \left| \frac{\partial(x,y,z)}{\partial(\alpha,\beta,\gamma)} \right| d\gamma \, d\beta \, d\alpha \qquad (1.54)$$

mit der Funktionaldeterminante

$$\frac{\partial(x,y,z)}{\partial(\alpha,\beta,\gamma)} = \begin{vmatrix} \frac{\partial x}{\partial \alpha} & \frac{\partial x}{\partial \beta} & \frac{\partial x}{\partial \gamma} \\ \frac{\partial y}{\partial \alpha} & \frac{\partial y}{\partial \beta} & \frac{\partial y}{\partial \gamma} \\ \frac{\partial z}{\partial \alpha} & \frac{\partial z}{\partial \beta} & \frac{\partial z}{\partial \gamma} \end{vmatrix} \qquad (1.55)$$

erhält.

In Tabelle 1.2 sind die Darstellungen der verschiedenen Kurven-, Flächen- und Raumintegrale durch gewöhnliche Riemannsche Integrale zusammengefaßt. Diese werden im Rahmen dieses Buches als *Definitionen* betrachtet. Die Riemannschen Summen wurden nur benutzt, um die Sinnhaftigkeit dieser Definitionen zu veranschaulichen, so daß Nachlässigkeiten bei den Grenzübergängen akzeptabel sind. Der Leser sollte sich aber darüber im klaren sein, daß die zu integrierenden Funktionen und die Integrationsgebiete bestimmte Voraussetzungen erfüllen müssen, wenn die Existenz der Integrale sichergestellt sein soll.

Übungsaufgabe 1.9   *Anspruch:* ● ○ ○   *Aufwand:* ● ● ○

Zeigen Sie mit Hilfe der Formeln (1.51) und (1.53), daß sich in Kugelkoordinaten die Flächen- bzw. Volumenelemente folgendermaßen darstellen lassen:

$$d\vec{A} = \vec{e}_r \, r^2 \sin \vartheta \, d\vartheta \, d\varphi \qquad (1.56)$$

$$dV = r^2 \sin \vartheta \, dr \, d\vartheta \, d\varphi \qquad (1.57)$$

Wie groß sind demnach die Oberfläche bzw. das Volumen einer Kugel vom Radius R?

Übungsaufgabe 1.10   *Anspruch:* ● ● ○   *Aufwand:* ● ● ○

Gegeben sei derselbe Torus wie in Aufgabe 1.8.

1. Berechnen Sie das Volumen des Torus.

2. Berechnen Sie das Volumen des im Teil 3 der Aufgabe 1.8 beschriebenen Körpers.

3. Prüfen Sie das Ergebnis des vorangegangenen Aufgabenteils auf seine Plausibilität für $R = 0$.

Hinweis:

Lösen Sie zunächst Aufgabe 1.8.

1.1.7 Integralsätze

Die bis hier eingeführten Differentialoperatoren stehen mit den ebenfalls vorgestellten Integralen in enger Beziehung. Einige Integralsätze, die sie miteinander verknüpfen, werden in diesem Abschnitt vorgestellt. Die Integralsätze lassen sich veranschaulichen, wenn man Definitionen wie zum Beispiel die mit Gleichung (1.6) verträgliche Beziehung

$$div\ \vec{V} = \lim_{V_i \to 0} \frac{\oint_{\partial V_i} \vec{V} \cdot d\vec{A}}{V_i}$$

verwendet. Aus dieser Gleichung läßt sich die Gültigkeit von Gleichung (1.58) erahnen, wenn man das Gesamtvolumen V in Teilvolumina V_i zerlegt und deren Anteile aufsummiert. Die im Innern des Gesamtvolumens liegenden Flächen ∂V_i liefern dann keinen Beitrag, da die zugehörigen Flächenvektoren zweier angrenzender Teilvolumina jeweils in die entgegengesetzte Richtung zeigen. Wegen der zahlreichen, gleichzeitig auftretenden Grenzübergänge ist eine solche anschauliche Argumentation aber noch mathematisch zu untermauern. Deshalb sei für exakte Beweise der nun folgenden Integralsätze auf die einschlägige mathematische Literatur (beispielsweise [1]) verwiesen, in der stets auch die — hier nicht erwähnten — Voraussetzungen angegeben sind (In der Regel ist stetige Differenzierbarkeit der Felder vorauszusetzen).

1.1.7.1 Gaußscher Integralsatz

Integriert man die Divergenz eines Vektors $\vec{V}$ über ein Volumen V, so erhält man das gleiche Ergebnis, wie wenn man das Flächenintegral des Vektors $\vec{V}$ über die Oberfläche des Volumens V bildet. Dies ist die Aussage des Gaußschen Integralsatzes:

$$\boxed{\oint_{\partial V} \vec{V} \cdot d\vec{A} = \int_V div\ \vec{V}\ dV} \quad (1.58)$$

Man beachte, daß hier $\vec{V}$ ein beliebiges Vektorfeld bezeichnet, während V ein davon völlig unabhängiges Volumen ist. Obwohl der gleiche Buchstabe verwendet wird, sollte aufgrund des Vektorpfeiles keine Verwechslungsgefahr bestehen. Das Zeichen ∂ im Integrationsgebiet ∂V steht für die Phrase „Rand von ..." — mit ∂V ist somit der Rand des Volumens V, also seine Oberfläche gemeint.

1.1.7.2 Stokesscher Integralsatz

Integriert man die Rotation eines Vektors über eine Fläche A, so erhält man das gleiche Ergebnis, wie wenn man das Umlaufintegral des Vektors $\vec{V}$ über den Rand dieser Fläche bildet. Dies besagt der Stokessche Integralsatz:

$$\boxed{\oint_{\partial A} \vec{V} \cdot d\vec{s} = \int_A rot\ \vec{V} \cdot d\vec{A}} \quad (1.59)$$

1.1. MATHEMATISCHE GRUNDLAGEN

Auch hier steht das Zeichen ∂ für „Rand von ...".

1.1.7.3 Erste Greensche Integralformel

Neben den Integralsätzen von Gauß und von Stokes benötigen wir in diesem Buch auch die erste Greensche Formel. Sie lautet:

$$\int_V (\Delta \Phi_1)\Phi_2 \, dV = \oint_{\partial V} \Phi_2 \, (grad \, \Phi_1) \cdot d\vec{A} - \int_V (grad \, \Phi_1) \cdot (grad \, \Phi_2) \, dV \qquad (1.60)$$

Übungsaufgabe 1.11 *Anspruch:* ● ● ○   *Aufwand:* ● ○ ○

Leiten Sie die erste Greensche Integralformel (1.60) aus dem Gaußschen Integralsatz (1.58) ab, indem Sie in Gleichung (1.8)
$$\Phi = \Phi_2$$
und
$$\vec{V} = grad \, \Phi_1$$
setzen.

Zerlegt man in der ersten Greenschen Integralformel (1.60) das Flächenelement $d\vec{A}$ in den Betrag dA und den senkrecht auf der Integrationsfläche stehenden Einheitsvektor $\vec{e}_n$, so entsteht das Skalarprodukt $\vec{e}_n \cdot grad \, \Phi_1$. Dieses soll nun untersucht werden.

Hierzu führen wir ein krummliniges Koordinatensystem ein, dessen Koordinate α senkrecht zur Integrationsfläche verläuft, während die Koordinaten β und γ entlang der Integrationsfläche gezählt werden. Die Basisvektoren dieses Koordinatensystems errechnen sich dann gemäß Gleichung (6.5) aus Anhang 6.1 folgendermaßen:

$$\begin{aligned} \vec{g}_\alpha &= \frac{\partial x}{\partial \alpha} \vec{e}_x + \frac{\partial y}{\partial \alpha} \vec{e}_y + \frac{\partial z}{\partial \alpha} \vec{e}_z \\ \vec{g}_\beta &= \frac{\partial x}{\partial \beta} \vec{e}_x + \frac{\partial y}{\partial \beta} \vec{e}_y + \frac{\partial z}{\partial \beta} \vec{e}_z \\ \vec{g}_\gamma &= \frac{\partial x}{\partial \gamma} \vec{e}_x + \frac{\partial y}{\partial \gamma} \vec{e}_y + \frac{\partial z}{\partial \gamma} \vec{e}_z \end{aligned} \qquad (1.61)$$

Für eine skalare Funktion Φ gilt außerdem:

$$\begin{aligned} \frac{\partial \Phi}{\partial x} &= \frac{\partial \Phi}{\partial \alpha}\frac{\partial \alpha}{\partial x} + \frac{\partial \Phi}{\partial \beta}\frac{\partial \beta}{\partial x} + \frac{\partial \Phi}{\partial \gamma}\frac{\partial \gamma}{\partial x} \\ \frac{\partial \Phi}{\partial y} &= \frac{\partial \Phi}{\partial \alpha}\frac{\partial \alpha}{\partial y} + \frac{\partial \Phi}{\partial \beta}\frac{\partial \beta}{\partial y} + \frac{\partial \Phi}{\partial \gamma}\frac{\partial \gamma}{\partial y} \\ \frac{\partial \Phi}{\partial z} &= \frac{\partial \Phi}{\partial \alpha}\frac{\partial \alpha}{\partial z} + \frac{\partial \Phi}{\partial \beta}\frac{\partial \beta}{\partial z} + \frac{\partial \Phi}{\partial \gamma}\frac{\partial \gamma}{\partial z} \end{aligned}$$

Hiermit läßt sich der Gradient schreiben als:

$$\begin{aligned}
grad\ \Phi &= \frac{\partial \Phi}{\partial x}\vec{e}_x + \frac{\partial \Phi}{\partial y}\vec{e}_y + \frac{\partial \Phi}{\partial z}\vec{e}_z = \\
&= \frac{\partial \Phi}{\partial \alpha}\left(\frac{\partial \alpha}{\partial x}\vec{e}_x + \frac{\partial \alpha}{\partial y}\vec{e}_y + \frac{\partial \alpha}{\partial z}\vec{e}_z\right) + \\
&+ \frac{\partial \Phi}{\partial \beta}\left(\frac{\partial \beta}{\partial x}\vec{e}_x + \frac{\partial \beta}{\partial y}\vec{e}_y + \frac{\partial \beta}{\partial z}\vec{e}_z\right) + \\
&+ \frac{\partial \Phi}{\partial \gamma}\left(\frac{\partial \gamma}{\partial x}\vec{e}_x + \frac{\partial \gamma}{\partial y}\vec{e}_y + \frac{\partial \gamma}{\partial z}\vec{e}_z\right)
\end{aligned}$$

Bildet man nun das Skalarprodukt mit $\vec{g}_\alpha$, so erhält man unter Verwendung von Gleichung (1.61):

$$\begin{aligned}
\vec{g}_\alpha \cdot grad\ \Phi &= \frac{\partial \Phi}{\partial \alpha}\left(\frac{\partial \alpha}{\partial x}\frac{\partial x}{\partial \alpha} + \frac{\partial \alpha}{\partial y}\frac{\partial y}{\partial \alpha} + \frac{\partial \alpha}{\partial z}\frac{\partial z}{\partial \alpha}\right) + \\
&+ \frac{\partial \Phi}{\partial \beta}\left(\frac{\partial \beta}{\partial x}\frac{\partial x}{\partial \alpha} + \frac{\partial \beta}{\partial y}\frac{\partial y}{\partial \alpha} + \frac{\partial \beta}{\partial z}\frac{\partial z}{\partial \alpha}\right) + \\
&+ \frac{\partial \Phi}{\partial \gamma}\left(\frac{\partial \gamma}{\partial x}\frac{\partial x}{\partial \alpha} + \frac{\partial \gamma}{\partial y}\frac{\partial y}{\partial \alpha} + \frac{\partial \gamma}{\partial z}\frac{\partial z}{\partial \alpha}\right)
\end{aligned}$$

Hieraus folgt sofort[5]

$$\vec{g}_\alpha \cdot grad\ \Phi = \frac{\partial \Phi}{\partial \alpha}. \qquad (1.62)$$

---

[5]Zum genauen Verständnis ist hervorzuheben, daß α, β und γ von x, y und z abhängen. Umgekehrt sind x, y und z Funktionen von α, β und γ:

$$\begin{aligned}
x &= x(\alpha,\beta,\gamma) \\
y &= y(\alpha,\beta,\gamma) \\
z &= z(\alpha,\beta,\gamma) \\
\\
\alpha &= \alpha(x,y,z) \\
\beta &= \beta(x,y,z) \\
\gamma &= \gamma(x,y,z)
\end{aligned}$$

Differenziert man die letzten drei Gleichungen nach α, so erhält man unter Benutzung der Kettenregel:

$$\begin{aligned}
1 &= \frac{\partial \alpha}{\partial x}\frac{\partial x}{\partial \alpha} + \frac{\partial \alpha}{\partial y}\frac{\partial y}{\partial \alpha} + \frac{\partial \alpha}{\partial z}\frac{\partial z}{\partial \alpha} \\
0 &= \frac{\partial \beta}{\partial x}\frac{\partial x}{\partial \alpha} + \frac{\partial \beta}{\partial y}\frac{\partial y}{\partial \alpha} + \frac{\partial \beta}{\partial z}\frac{\partial z}{\partial \alpha} \\
0 &= \frac{\partial \gamma}{\partial x}\frac{\partial x}{\partial \alpha} + \frac{\partial \gamma}{\partial y}\frac{\partial y}{\partial \alpha} + \frac{\partial \gamma}{\partial z}\frac{\partial z}{\partial \alpha}
\end{aligned}$$

Die rechten Seiten dieser drei Gleichungen entsprechen den gesuchten Klammerausdrücken.

1.1. MATHEMATISCHE GRUNDLAGEN

Da $\vec{g}_\alpha$ nicht notwendigerweise ein Einheitsvektor ist, kann man durch die Transformation

$$n = |\vec{g}_\alpha|\,\alpha$$
$$\beta' = \beta$$
$$\gamma' = \gamma$$

erreichen, daß $\vec{g}_n = \vec{e}_n$ ein Einheitsvektor wird[6]. In diesem Falle gilt:

$$\frac{\partial \Phi}{\partial \alpha} = \frac{\partial \Phi}{\partial n}\frac{\partial n}{\partial \alpha} + \frac{\partial \Phi}{\partial \beta'}\frac{\partial \beta'}{\partial \alpha} + \frac{\partial \Phi}{\partial \gamma'}\frac{\partial \gamma'}{\partial \alpha} = \frac{\partial \Phi}{\partial n}|\vec{g}_\alpha|$$

Setzt man dies in Gleichung (1.62) ein, so folgt schließlich

$$\vec{g}_\alpha \cdot \text{grad } \Phi = \frac{\partial \Phi}{\partial n}|\vec{g}_\alpha|$$

$$\to \vec{e}_n \cdot \text{grad } \Phi = \frac{\partial \Phi}{\partial n} \tag{1.63}$$

Offenbar handelt es sich beim Skalarprodukt $\vec{e}_n \cdot \text{grad } \Phi$ um die Ableitung der Funktion Φ entlang der durch die Koordinate n vorgegebenen Richtung. Diesen Ausdruck bezeichnet man deshalb auch als „Richtungsableitung".

Mit Hilfe dieser Richtungsableitung erhält man folgende Alternativdarstellung für die erste Greensche Integralformel (1.60):

$$\boxed{\int_V (\Delta \Phi_1)\Phi_2\,dV = \oint_{\partial V} \Phi_2\,\frac{\partial \Phi_1}{\partial n}\,dA - \int_V (\text{grad } \Phi_1) \cdot (\text{grad } \Phi_2)\,dV} \tag{1.64}$$

1.1.7.4 Zweite Greensche Integralformel

Die zweite Greensche Integralformel erhält man aus der ersten, indem man in Gleichung (1.64) Φ_1 mit Φ_2 vertauscht und Gleichung (1.64) davon subtrahiert:

$$\boxed{\int_V (\Phi_1\,\Delta \Phi_2 - \Phi_2\,\Delta \Phi_1)\,dV = \oint_{\partial V} \left(\Phi_1\,\frac{\partial \Phi_2}{\partial n} - \Phi_2\,\frac{\partial \Phi_1}{\partial n}\right)dA} \tag{1.65}$$

---

[6]Es gilt

$$\vec{g}_n = \frac{\partial x}{\partial n}\vec{e}_x + \frac{\partial y}{\partial n}\vec{e}_y + \frac{\partial z}{\partial n}\vec{e}_z = \frac{\partial x}{\partial \alpha}\frac{\partial \alpha}{\partial n}\vec{e}_x + \frac{\partial y}{\partial \alpha}\frac{\partial \alpha}{\partial n}\vec{e}_y + \frac{\partial z}{\partial \alpha}\frac{\partial \alpha}{\partial n}\vec{e}_z = \frac{\partial \alpha}{\partial n}\vec{g}_\alpha,$$

so daß wegen

$$\frac{\partial \alpha}{\partial n} = |\vec{g}_\alpha|^{-1}$$

die Beziehung $|\vec{g}_n| = 1$ folgt.

Tabelle 1.2: Integrale über räumliche Bereiche und Integralsätze

$$\int_C \Phi \, ds = \int_{\alpha_{min}}^{\alpha_{max}} \Phi \left|\frac{d\vec{s}}{d\alpha}\right| d\alpha \qquad (1.46)$$

$$\int_C \vec{V} \cdot d\vec{s} = \int_{\alpha_{min}}^{\alpha_{max}} \vec{V} \cdot \frac{d\vec{s}}{d\alpha} d\alpha \qquad (1.48)$$

$$\int_A \Phi \, dA = \int_{\alpha_{min}}^{\alpha_{max}} \int_{\beta_{min}}^{\beta_{max}} \Phi \left|\frac{\partial \vec{f}}{\partial \alpha} \times \frac{\partial \vec{f}}{\partial \beta}\right| d\beta \, d\alpha \qquad (1.50)$$

$$\int_A \vec{V} \cdot d\vec{A} = \int_{\alpha_{min}}^{\alpha_{max}} \int_{\beta_{min}}^{\beta_{max}} \vec{V} \cdot \left(\frac{\partial \vec{f}}{\partial \alpha} \times \frac{\partial \vec{f}}{\partial \beta}\right) d\beta \, d\alpha \qquad (1.51)$$

$$\int_V \Phi \, dV = \int_{\alpha_{min}}^{\alpha_{max}} \int_{\beta_{min}}^{\beta_{max}} \int_{\gamma_{min}}^{\gamma_{max}} \Phi \left|\frac{\partial \vec{f}}{\partial \alpha} \cdot \left(\frac{\partial \vec{f}}{\partial \beta} \times \frac{\partial \vec{f}}{\partial \gamma}\right)\right| d\gamma \, d\beta \, d\alpha \qquad (1.53)$$

$$\int_V \Phi \, dV = \int_{\alpha_{min}}^{\alpha_{max}} \int_{\beta_{min}}^{\beta_{max}} \int_{\gamma_{min}}^{\gamma_{max}} \Phi \left|\frac{\partial(x,y,z)}{\partial(\alpha,\beta,\gamma)}\right| d\gamma \, d\beta \, d\alpha \qquad (1.54)$$

$$\oint_{\partial V} \vec{V} \cdot d\vec{A} = \int_V div \, \vec{V} \, dV \qquad (1.58)$$

$$\oint_{\partial A} \vec{V} \cdot d\vec{s} = \int_A rot \, \vec{V} \cdot d\vec{A} \qquad (1.59)$$

$$\int_V (\Delta \Phi_1)\Phi_2 \, dV = \oint_{\partial V} \Phi_2 \frac{\partial \Phi_1}{\partial n} dA - \int_V (grad \, \Phi_1) \cdot (grad \, \Phi_2) \, dV \qquad (1.64)$$

$$\int_V (\Phi_1 \Delta \Phi_2 - \Phi_2 \Delta \Phi_1) \, dV = \oint_{\partial V} \left(\Phi_1 \frac{\partial \Phi_2}{\partial n} - \Phi_2 \frac{\partial \Phi_1}{\partial n}\right) dA \qquad (1.65)$$

1.1.8 Distributionen

In der Theorie elektromagnetischer Felder ist man oft auf Idealisierungen angewiesen, bei denen bestimmte Größen lokal unendlich groß werden. Ein Beispiel hierfür sind unendlich dünne, vom Strom I durchflossene Leiter, die zum Beispiel in der Magnetostatik häufig angewandt werden (s. Abschnitt 1.3.1.3). In ihnen ist die Stromdichte nämlich unendlich groß, der Leiterquerschnitt hingegen unendlich klein. Während solche Leiter in zwei Raumdimensionen unendlich dünn sind[7], sind Punktladungen ein Beispiel für ein in drei Raumdimensionen unendlich stark eingeschränktes Gebiet. Ist die Punktladung Q endlich, so muß die zugehörige Raumladungsdichte unendlich groß sein. Als letztes Beispiel sei eine Flächenladung erwähnt, die in nur einer Raumdimension unendlich stark eingeengt ist. Auch hier muß die Ladungsdichte unendlich groß sein, um eine endliche Gesamtladung zu ermöglichen — man kann aber eine endliche Flächenladungsdichte definieren, die nur noch über die Fläche zu integrieren ist, um die Gesamtladung zu erhalten (s. Abschnitt 1.2.4.2).

Bei allen diesen Idealisierungen hilft die Distributionentheorie weiter, da sich die genannten Vorstellungen nicht mit Hilfe klassischer Funktionen in mathematische Modelle umsetzen lassen. Insbesondere die Diracsche Delta-Distribution[8] ermöglicht es, alle soeben geschilderten Beispiele

---

[7]Auch Linienladungen mit der Linienladungsdichte λ fallen in diese Kategorie. Da man λ nur entlang der Längsachse integrieren muß, um die Ladung zu erhalten, muß die Raumladungsdichte unendlich groß sein.

[8]Die Delta-Distribution wird oft als Delta-Funktion bezeichnet, was aber die Tatsache verwischt, daß es sich

1.1. MATHEMATISCHE GRUNDLAGEN

mathematisch korrekt zu beschreiben.

Im eindimensionalen Fall verlangt man von der Delta-Distribution, daß sie die Beziehung

$$\int \delta(x - x_0)\, f(x)\, dx = f(x_0) \tag{1.66}$$

erfüllen soll, wenn das Integrationsintervall den Punkt x_0 beinhaltet. Eine klassische Funktion kann dies nicht erfüllen, da sie bei $x = x_0$ unendlich groß werden müßte, während sie für $x \neq x_0$ gleich null sein müßte. Auch die Integration kann demzufolge keine im klassischen Riemannschen Sinne sein.

In der Mathematik definiert man deshalb Distributionen als Funktionale. Funktionale sind Abbildungen, die einer Funktion $f(x)$ einen bestimmten Wert zuordnen, im obigen Falle also den Wert $f(x_0)$, den die Funktion $f(x)$ an der Stelle x_0 annimmt. Damit umgeht man die soeben genannten Schwierigkeiten mit Gleichung (1.66), und es wird möglich, die Distributionentheorie ohne Widersprüche aufzubauen.

Trotzdem hat Gleichung (1.66) ihre Berechtigung. Sie stellt quasi ein Modell für das dar, was man mit der Distributionentheorie erreichen möchte. Man definiert beispielsweise auch Distributionen, die eine Funktion $f(x)$ auf den Wert

$$\int g(x)\, f(x)\, dx \tag{1.67}$$

abbilden, wobei $g(x)$ eine gewöhnliche Funktion[9] ist. Solche Distributionen werden als reguläre Distributionen bezeichnet — alle anderen als singuläre. Die Diracsche Delta-Distribution ist zwar keine reguläre, sondern eine singuläre Distribution, so daß die Schreibweise (1.67) und damit auch (1.66) nicht im klassischen Sinne zulässig ist. Man definiert die Rechenregeln für Distributionen aber so, daß man auch dann korrekte Ergebnisse erhält, wenn man Gleichung (1.66) so behandelt, als ob es sich bei $\delta(x)$ um eine normale Funktion handeln würde. Auf diese Weise stellt die Distributionentheorie sicher, daß man viele Umformungen, die man aus der klassischen Analysis kennt, auch auf Gleichung (1.66) anwenden darf.

Zum Beispiel definiert man die Anwendung der Delta-Distribution auf eine Funktion $u(x)$ so, daß die folgende aus der klassischen Analysis bekannte Variablentransformation

$$z = u(x) \Leftrightarrow x = u^{-1}(z)$$

möglich ist:

$$\int_a^b \delta(u(x))\, f(x)\, dx = \int_{u(a)}^{u(b)} \delta(z)\, f(u^{-1}(z))\, \frac{1}{u'(x = u^{-1}(z))} dz \tag{1.68}$$

Aus Gleichung (1.66) würde im klassischen Sinne für $x_0 = 0$ folgen, daß

$$\int \delta(x)\, f(x)\, dx = f(0)$$

---

dabei nicht um eine klassische Funktion handelt.

[9]Unter einer gewöhnlichen Funktion wird in diesem Zusammenhang eine lokal integrierbare Funktion verstanden, also eine Funktion, die in jedem beschränkten Gebiet absolut integrierbar ist.

gilt. Voraussetzung ist, daß die untere Integrationsgrenze kleiner als 0 und die obere größer als 0 ist.

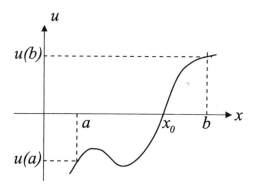

Abbildung 1.3: Funktion mit $u'(x_0) > 0$

Wenn $u(x)$ nur eine Nullstelle $x_0 = u^{-1}(0)$ mit $a < x_0 < b$ besitzt, kann man dieses Ergebnis auf den nun vorliegenden Fall übertragen:

$$\int_a^b \delta(u(x))\, f(x)\, dx = f(u^{-1}(0))\, \frac{1}{u'(x=u^{-1}(0))} \qquad \text{für } u(a) < u(b) \text{ bzw. } u'(x_0) > 0$$

Allerdings muß die untere Integrationsgrenze dann auch kleiner als die obere sein, so daß $u(a) < u(b)$ gilt. In diesem Fall ist $u'(x_0) > 0$, denn da $u(x)$ nur eine Nullstelle x_0 zwischen a und b hat, wird die x-Achse von unten nach oben durchstoßen (s. Abbildung 1.3).

Gilt hingegen $u'(x_0) < 0$, so muß man die Integrationsgrenzen in Gleichung (1.68) gegeneinander austauschen, damit die untere kleiner als die obere wird. Konsequenterweise erhält man dann

$$\int_a^b \delta(u(x))\, f(x)\, dx = -f(u^{-1}(0))\, \frac{1}{u'(x=u^{-1}(0))} \qquad \text{für } u(a) > u(b) \text{ bzw. } u'(x_0) < 0.$$

Bezeichnet man die Nullstelle von $u(x)$ mit x_0 und faßt man die Ergebnisse für $u'(x_0) < 0$ und $u'(x_0) > 0$ zusammen, so erhält man:

$$\int_a^b \delta(u(x))\, f(x)\, dx = f(x_0)\, \frac{1}{|u'(x_0)|} \qquad (1.69)$$

Die rechte Seite könnte man sich nun entstanden denken aus

$$\int \frac{\delta(x-x_0)}{|u'(x_0)|}\, f(x)\, dx.$$

1.1. MATHEMATISCHE GRUNDLAGEN

Im klassischen Sinne würde man nun durch Vergleich der letzten beiden Formeln folgern, daß

$$\delta(u(x)) = \frac{\delta(x - x_0)}{|u'(x_0)|} \qquad (1.70)$$

gilt.

Obwohl es nun schon mehrfach erwähnt wurde, soll es nochmals betont werden: Die soeben durchgeführten Rechenschritte können nicht als Herleitung gelten. Vielmehr werden in der Mathematik beim Aufbau der Distributionentheorie die Definitionen so gewählt, daß die daraus abgeleiteten Ergebnisse den Ergebnissen entsprechen, die man mit klassischer Methodik gewinnen würde.

Damit werden die hier gezeigten Rechenwege nachträglich gerechtfertigt, und Formeln wie (1.66) oder (1.70) können als symbolische Schreibweise bzw. Gedächtnisstütze für die mathematisch korrektere Funktionaldarstellung angesehen werden. Diese Bemerkung gilt für alle in diesem Abschnitt und im gesamten Buch noch folgenden Formeln für die Delta-Distribution. Wenn man sich dessen bewußt ist, daß es sich lediglich um eine symbolische Schreibweise handelt, kann man sie relativ bedenkenlos benutzen, was wir im folgenden auch tun werden.

Bevor wir damit fortfahren, soll jedoch noch eine andere Einschränkung erwähnt werden, die beim Rechnen mit Distributionen zu beachten ist. Die symbolische Gleichung (1.66) erweckt beim Leser den Eindruck, daß sie für beliebige Funktionen $f(x)$ gültig ist. In der Distributionentheorie zeigt sich jedoch, daß man sich auf sogenannte „Grundfunktionen", auch „Testfunktionen" genannt, beschränken muß, die beliebig oft stetig differenzierbar sind und außerhalb eines endlichen Intervalls gleich null sind[10]. Solche Einschränkungen werden in der Praxis bisweilen vergessen, was zu fehlerhaften Herleitungen oder Widersprüchen führen kann. Im Zweifelsfalle sind deshalb Bücher über Distributionen wie zum Beispiel [2] zu Rate zu ziehen, da die Distributionentheorie nur am Rande vom Inhalt dieses Buches berührt wird. Distributionen werden in [2] auch als verallgemeinerte Funktionen bezeichnet, was ihren eigentlichen Zweck etwas schöner beschreibt. In [2] sind auch die in diesem Abschnitt angegebenen Formeln zu finden.

Zum Abschluß dieses Abschnitts geben wir noch die Definition der Funktion $\delta(u(x))$ für den Fall an, daß $u(x)$ mehrere Nullstellen x_i im Intervall $[a, b]$ besitzt. Wir argumentieren wieder mit einer klassischen Vorstellung, nach der man das Integral

$$\int_a^b \delta(u(x)) \, f(x) \, dx$$

in eine Summe von n Teilintegralen zerlegen kann, deren Integrationsgrenzen nur jeweils eine der n Nullstellen x_i einschließen. Für jedes Teilintervall kann man dann die Gleichung (1.69)

---

[10]Die Integration erfolgt in der Distributionentheorie — im Gegensatz zu den endlichen Integrationsgrenzen in diesem Abschnitt — dann von $-\infty$ bis $+\infty$ bzw. über den gesamten Raum. Die Ergebnisse dieses Abschnitts werden dadurch nicht geändert, zumal die Grundfunktionen sowieso nur in einem endlichen Intervall ungleich null sind.

anwenden, so daß sich die Beziehung

$$\int_a^b \delta(u(x))\, f(x)\, dx = \sum_{i=1}^n \frac{f(x_i)}{|u'(x_i)|}$$

ergibt. Diese läßt sich symbolisch in der Form

$$\delta(u(x)) = \sum_{i=1}^n \frac{\delta(x - x_i)}{|u'(x_i)|} \tag{1.71}$$

schreiben.

1.1.9 Separationsansätze

Am Beispiel der Helmholtzgleichung, die unter anderem bei Wellenausbreitungsproblemen auftritt, soll im folgenden der zur Lösung partieller Differentialgleichungen oft erfolgreich anwendbare Separationsansatz erläutert werden:

Die Helmholtzgleichung

$$\frac{\partial^2 \Phi}{\partial x^2} + \frac{\partial^2 \Phi}{\partial y^2} + \frac{\partial^2 \Phi}{\partial z^2} + k^2\, \Phi = 0$$

läßt sich mit Hilfe des Separationsansatzes

$$\Phi = f_x(x)\, f_y(y)\, f_z(z) \tag{1.72}$$

lösen. Durch Einsetzen dieses Ansatzes folgt:

$$\frac{\partial^2 f_x}{\partial x^2}\, f_y\, f_z + \frac{\partial^2 f_y}{\partial y^2}\, f_x\, f_z + \frac{\partial^2 f_z}{\partial z^2}\, f_x\, f_y + k^2\, f_x\, f_y\, f_z = 0$$

$$\Rightarrow \frac{\partial^2 f_x}{\partial x^2}\, \frac{1}{f_x} + \frac{\partial^2 f_y}{\partial y^2}\, \frac{1}{f_y} + \frac{\partial^2 f_z}{\partial z^2}\, \frac{1}{f_z} + k^2 = 0$$

Der erste Summand kann dem Ansatz gemäß nur von x, der zweite nur von y und der dritte nur von z abhängen; der vierte ist von x, y und z unabhängig. Die Gleichung muß aber für beliebige x, y und z gelten. Dies ist nur möglich, wenn keiner der ersten drei Summanden von x, y oder z abhängt, also jeder konstant ist. Die partielle Differentialgleichung zerfällt somit in drei gewöhnliche lineare Differentialgleichungen mit konstanten Koeffizienten:

$$\frac{1}{f_x}\frac{d^2 f_x}{dx^2} = C_x \tag{1.73}$$

$$\frac{1}{f_y}\frac{d^2 f_y}{dy^2} = C_y \tag{1.74}$$

$$\frac{1}{f_z}\frac{d^2 f_z}{dz^2} = C_z \tag{1.75}$$

$$C_x + C_y + C_z + k^2 = 0 \tag{1.76}$$

Aus der Theorie linearer Differentialgleichungen ist bekannt, daß sich beispielsweise die erste homogene Differentialgleichung (1.73)

$$\frac{d^2 f_x}{dx^2} - C_x f_x = 0$$

durch die Ansätze $f_x = sin(k_x x)$, $f_x = cos(k_x x)$ oder $f_x = e^{\pm j k_x x}$ erfüllen läßt. Durch Einsetzen bestätigt man, daß jeder dieser Ansätze auf

$$-k_x^2 - C_x = 0 \quad \Rightarrow C_x = -k_x^2$$

führt. Wegen der Linearität der Differentialgleichung sind auch die Linearkombinationen

$$f_x = a_x \, cos(k_x x) + b_x \, sin(k_x x)$$

Lösungen derselben. Völlig analog erhält man $C_y = -k_y^2$, $C_z = -k_z^2$ und

$$f_y = a_y \, cos(k_y y) + b_y \, sin(k_y y)$$
$$f_z = a_z \, cos(k_z z) + b_z \, sin(k_z z).$$

Zusammenfassend ergibt sich wegen der Beziehungen (1.72) und (1.76) die Lösung

$$\Phi = (a_x \, cos(k_x x) + b_x \, sin(k_x x)) \, (a_y \, cos(k_y y) + b_y \, sin(k_y y)) \, (a_z \, cos(k_z z) + b_z \, sin(k_z z))$$

mit

$$k_x^2 + k_y^2 + k_z^2 = k^2.$$

Aufgrund der Eulerschen Formel

$$e^{\pm j k_x x} = cos(k_x x) \pm j \, sin(k_x x)$$

kann man zum Beispiel den ersten Faktor auch durch die Linearkombination

$$\left(\tilde{a}_x \, e^{j k_x x} + \tilde{b}_x \, e^{-j k_x x} \right)$$

ersetzen. Auch die anderen Faktoren lassen sich natürlich ersetzen, wenn man x durch y oder z austauscht. Die dadurch entstehenden Lösungen sind völlig äquivalent — unabhängig davon, ob man einen oder mehrere Faktoren umschreibt.

Die Alternativlösungen hätte man auch direkt erhalten können, wenn man anstelle der Sinus-Kosinus-Ansätze gleich die Exponentialfunktionen benutzt hätte.

1.2 Feldtheoretische Grundlagen

Die grundlegenden Gleichungen der Theorie elektromagnetischer Felder sind die Maxwellgleichungen. Sie lassen sich sowohl in einer Differentialform als auch in einer Integralform schreiben, die im folgenden beide angegeben werden. Die Maxwellgleichungen lassen sich nicht beweisen, sondern nur experimentell verifizieren — sie stellen quasi die Axiome der Theorie elektromagnetischer Felder dar.

1.2.1 Differentialform der Maxwellgleichungen

Zunächst sollen die Maxwellschen Gleichungen in Differentialform angegeben werden. Sie lauten für ruhende Medien:

$$\begin{aligned} rot\,\vec{H} &= \vec{J} + \dot{\vec{D}} & (1.77) \\ rot\,\vec{E} &= -\dot{\vec{B}} & (1.78) \\ div\,\vec{B} &= 0 & (1.79) \\ div\,\vec{D} &= \rho & (1.80) \end{aligned}$$

Hierbei ist $\vec{E}$ die elektrische Feldstärke, $\vec{D}$ die elektrische Verschiebungsdichte[11], $\vec{H}$ die magnetische Erregung[12] und $\vec{B}$ die magnetische Flußdichte[13]. Bei $\vec{J}$ handelt es sich um die Stromdichte, bei ρ um die Raumladungsdichte, kurz auch Ladungsdichte genannt.

Unter $\dot{\vec{A}}$ ist die zeitliche Ableitung des Vektors $\vec{A}$ zu verstehen:

$$\dot{\vec{A}} = \frac{\partial \vec{A}}{\partial t} \qquad (1.81)$$

Da $\dot{\vec{D}}$ dieselbe Einheit wie die Stromdichte $\vec{J}$ hat und an derselben Stelle in den Maxwellgleichungen auftaucht, bezeichnet man $\dot{\vec{D}}$ als Verschiebungsstromdichte im Gegensatz zur Leitungsstromdichte $\vec{J}$.

Bekanntlich sind die vier Maxwellschen Gleichungen nicht unabhängig voneinander. Bildet man nämlich die Divergenz der zweiten Gleichung (1.78), so erhält man wegen Gleichung (1.13)

$$div\,\dot{\vec{B}} = 0 \quad \Rightarrow \quad \frac{\partial}{\partial t}\left(div\,\vec{B}\right) = 0$$

oder

$$div\,\vec{B} = const.$$

Die zweite Maxwellsche Gleichung beinhaltet also, daß die Divergenz der magnetischen Flußdichte zeitlich konstant sein muß. Die dritte Maxwellsche Gleichung (1.79) präzisiert diese Aussage in der Weise, daß diese Konstante stets gleich null ist.

Analog läßt sich auch die Divergenz der ersten Gleichung (1.77) bilden, so daß man mit Gleichung (1.13) erhält:

$$div\left(\vec{J} + \dot{\vec{D}}\right) = 0$$

---

[11] auch dielektrische Verschiebungsdichte oder elektrische Flußdichte genannt
[12] auch magnetische Feldstärke genannt
[13] auch magnetische Induktion genannt

1.2. FELDTHEORETISCHE GRUNDLAGEN

Setzt man hier Gleichung (1.80) ein, so ergibt sich

$$\boxed{div\,\vec{J} = -\frac{\partial\rho}{\partial t}}. \tag{1.82}$$

Dies ist die Kontinuitätsgleichung, die besagt, daß ein elektrischer Strom stets eine zeitliche Änderung der Ladung zur Folge hat.

Ladungen können nur verschoben, aber nicht generiert oder vernichtet werden. Dies ist der Ladungserhaltungssatz.

Die Maxwellgleichungen werden ergänzt durch verschiedene Materialgleichungen:

$$\boxed{\vec{D} = \epsilon\vec{E}} \tag{1.83}$$

$$\boxed{\vec{B} = \mu\vec{H}} \tag{1.84}$$

$$\boxed{\vec{J} = \kappa\vec{E}} \tag{1.85}$$

Die letzte dieser drei Materialgleichungen bezeichnet man als das Ohmsche Gesetz in Differentialform. Im allgemeinen sind die Zusammenhänge zwischen $\vec{D}$ und $\vec{E}$, zwischen $\vec{B}$ und $\vec{H}$ sowie zwischen $\vec{J}$ und $\vec{E}$ nicht linear. Selbst Hysterese-Erscheinungen können auftreten[14]. Auch müssen die beiden miteinander verknüpften Vektoren keineswegs dieselbe Richtung aufweisen. Beispielsweise kann D_x neben E_x auch von E_y und von E_z abhängen. In diesem Falle richtungsabhängiger Eigenschaften spricht man von anisotropen Medien; die Materialgrößen ϵ, μ und κ haben dann Tensorcharakter[15]. Sind die beiden miteinander verknüpften Vektoren stets parallel zueinander, liegen isotrope Medien vor, und die Materialgrößen sind skalar. In diesem Buch betrachten wir ausschließlich den Fall, daß die Materialgrößen außerdem konstant, also unabhängig von der Feldstärke sind.

Bei den Materialkonstanten handelt es sich dann um die Dielektrizitätskonstante[16] ϵ, die Permeabilitätskonstante μ und die (für das Material spezifische) elektrische Leitfähigkeit κ, die natürlich ortsabhängig sein können.

---

[14]Beispielsweise nimmt die magnetische Flußdichte im Eisen andere Werte an, wenn man die magnetische Erregung zunächst ansteigen und anschließend wieder auf den ursprünglichen Wert sinken läßt. Trägt man B über H auf, so bezeichnet man die Durchtrittspunkte der Hysterese-Kurve durch die Abszisse (B=0) als Koerzitiverregung. Die Durchtrittspunkte durch die Ordinate (H=0) nennt man Remanenzflußdichte. Dauermagnete bzw. Permanentmagnete, von denen trotz fehlender Erregung ein Magnetfeld ausgeht, weisen eine nicht verschwindende Remanenzflußdichte auf.

[15]Der Begriff des Tensors wird in Kapitel 3 eingeführt; an dieser Stelle genügt es, sich die Materialgrößen als Matrizen vorzustellen.

[16]auch Permittivität genannt

Den Kehrwert $1/\kappa$ nennt man den spezifischen elektrischen Widerstand des Materials; er wird in der Regel auch mit ρ bezeichnet, darf aber mit der Raumladungsdichte nicht verwechselt werden.

In Materialspezifikationen gibt man meist auf das Vakuum bezogene dimensionslose Größen, nämlich die relative Dielektrizitätskonstante ϵ_r und die relative Permeabilität μ_r an, so daß

$$\epsilon = \epsilon_0\, \epsilon_r \quad \text{und} \quad \mu = \mu_0\, \mu_r$$

gilt. Die durch den Index 0 gekennzeichneten Größen gelten für das Vakuum und näherungsweise auch für Luft.

1.2.2 Integralform der Maxwellgleichungen

Es ist nun möglich, die Differentialform der Maxwellgleichungen in eine Integralform zu überführen. Hierzu ersetzen wir im Stokesschen Integralsatz (1.59) $\vec{V}$ durch $\vec{H}$:

$$\oint_{\partial A} \vec{H} \cdot d\vec{s} = \int_A \operatorname{rot} \vec{H} \cdot d\vec{A}$$

Mit Gleichung (1.77) folgt dann:

$$\boxed{\oint_{\partial A} \vec{H} \cdot d\vec{s} = \int_A \left(\vec{J} + \dot{\vec{D}} \right) \cdot d\vec{A}} \tag{1.86}$$

Dies ist die erste Maxwellsche Gleichung in Integralform. Sie stellt das Durchflutungsgesetz in seiner allgemeinsten Form[17] dar.

Analog kann man im Stokesschen Integralsatz (1.59) $\vec{V}$ durch $\vec{E}$ ersetzen:

$$\oint_{\partial A} \vec{E} \cdot d\vec{s} = \int_A \operatorname{rot} \vec{E} \cdot d\vec{A}$$

Mit Gleichung (1.78) folgt daraus die zweite Maxwellsche Gleichung in Integralform:

$$\boxed{\oint_{\partial A} \vec{E} \cdot d\vec{s} = -\int_A \dot{\vec{B}} \cdot d\vec{A}} \tag{1.87}$$

Wenn Form und Ort der Integrationsfläche A nicht von der Zeit abhängen[18], darf die partielle Zeitableitung als totale Zeitableitung vor das Integral gezogen werden, so daß gilt:

$$\oint_{\partial A} \vec{E} \cdot d\vec{s} = -\frac{d}{dt} \int_A \vec{B} \cdot d\vec{A}$$

---

[17]Vom Durchflutungsgesetz im engeren Sinne (s. Seite 59) spricht man, wenn der Verschiebungsstrom $\int_A \dot{\vec{D}} \cdot d\vec{A}$ gleich null ist und nur der Leitungsstrom $\int_A \vec{J} \cdot d\vec{A}$ vorhanden ist.

[18]s. auch Anhang 6.4

1.2. FELDTHEORETISCHE GRUNDLAGEN

Man kann nun den magnetischen (Induktions-)Fluß

$$\Phi = \int_A \vec{B} \cdot d\vec{A}$$

durch die Fläche A definieren, so daß weiter folgt:

$$\oint_{\partial A} \vec{E} \cdot d\vec{s} = -\frac{d\Phi}{dt} \tag{1.88}$$

Die zweite Maxwellsche Gleichung und insbesondere diese letzte Darstellung ist auch als Induktionsgesetz oder Faradaysches Gesetz bekannt.

Im Gaußschen Integralsatz (1.58) ersetzen wir nun $\vec{V}$ durch $\vec{B}$ und erhalten:

$$\oint_{\partial V} \vec{B} \cdot d\vec{A} = \int_V \operatorname{div} \vec{B} \, dV$$

Mit Gleichung (1.79) folgt hieraus:

$$\boxed{\oint_{\partial V} \vec{B} \cdot d\vec{A} = 0} \tag{1.89}$$

Dies ist die dritte Maxwellsche Gleichung in Integralform. Zu beachten ist, daß keine Integrationskonstante entsteht — Raumintegrale dürfen nicht mit unbestimmten Integralen in Verbindung gebracht werden.

Ersetzt man im Gaußschen Satz (1.58) schließlich $\vec{V}$ durch $\vec{D}$, was auf die Gleichung

$$\oint_{\partial V} \vec{D} \cdot d\vec{A} = \int_V \operatorname{div} \vec{D} \, dV$$

führt, so erhält man wegen Gleichung (1.80) die vierte Maxwellsche Gleichung

$$\boxed{\oint_{\partial V} \vec{D} \cdot d\vec{A} = \int_V \rho \, dV.} \tag{1.90}$$

Aufgrund ihrer Entstehung aus dem Gaußschen Satz bezeichnet man sie auch als Gaußschen Satz der elektromagnetischen Feldtheorie.

Die Integration der Raumladungsdichte ρ über das Volumen liefert selbstverständlich die Ladung Q in diesem Volumen. Es gilt also

$$\boxed{Q = \int_V \rho \, dV,} \tag{1.91}$$

so daß sich die letzte Maxwellsche Gleichung auch schreiben läßt als:

$$\oint_{\partial V} \vec{D} \cdot d\vec{A} = Q \tag{1.92}$$

Hier muß allerdings zusätzlich erwähnt werden, daß es sich bei Q um die von der Hüllfläche ∂V umschlossene Gesamtladung handelt.

1.2.3 Spannung und Strom

Nachdem wir nun die Ladung Q definiert haben, holen wir noch die Definition von Spannung und Strom nach. Die Spannung U entlang einer Kurve C ist definiert als Kurvenintegral der elektrischen Feldstärke entlang dieser Kurve:

$$U = \int_C \vec{E} \cdot d\vec{s} \qquad (1.93)$$

Die Spannung ist im allgemeinen nicht nur von den Endpunkten der Kurve C abhängig, sondern auch vom Kurvenverlauf dazwischen.

Die Stromstärke[19] I durch eine Fläche A ist definiert als das Flächenintegral der Stromdichte über diese Fläche:

$$I = \int_A \vec{J} \cdot d\vec{A} \qquad (1.94)$$

Übungsaufgabe 1.12   *Anspruch:* ● ● ○   *Aufwand:* ● ○ ○

Zeigen Sie, daß ein in ein Volumen V hineinfließender Strom I die darin befindliche Ladung Q gemäß

$$I = \frac{dQ}{dt} \qquad (1.95)$$

ändert.

1.2.4 Stetigkeitsbedingungen

Die Integralform der Maxwellgleichungen ist in gewisser Weise allgemeingültiger als die Differentialform. Aus der Integralform lassen sich nämlich Stetigkeitsbedingungen für die Feldkomponenten an Grenzflächen herleiten, die nicht in der Differentialform der Maxwellgleichungen enthalten sind[20].

1.2.4.1 Stetigkeit der elektrischen Feldstärke

Abbildung 1.4 zeigt die Grenzfläche zwischen zwei Medien mit unterschiedlichen Materialeigenschaften im Querschnitt. Außerdem ist ein rechteckiger Umlauf eingezeichnet, der einen Teil

---

[19] kurz Strom genannt

[20] In Abschnitt 1.2.2 wurden die Maxwellgleichungen in Integralform aus der Differentialform abgeleitet, indem Integralsätze angewandt wurden. Herleitungen dieser Integralsätze setzen in der Regel voraus, daß die Integranden stetig differenzierbar sind [1]. Die Maxwellgleichungen in Integralform lassen sich aber auch erfolgreich auf

1.2. FELDTHEORETISCHE GRUNDLAGEN

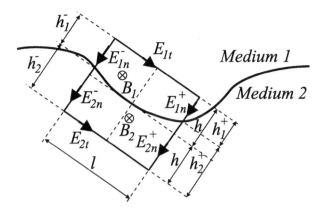

Abbildung 1.4: Umlauf um Grenzfläche zwischen zwei Medien

der Grenzfläche umschließt. Der Mittelpunkt dieses Rechteckes liege auf einem Punkt P der Grenzfläche. Zwei Seiten des Rechteckes seien parallel zur Tangentialebene der Grenzfläche im Punkte P, die anderen beiden Seiten seien senkrecht zu dieser Tangentialebene ausgerichtet. Wie Abbildung 1.4 zeigt, ist auf jeder Teilkurve des Umlaufes eine elektrische Feldkomponente definiert. Es soll nun die zweite Maxwellsche Gleichung (1.87)

$$\oint_{\partial A} \vec{E} \cdot d\vec{s} = - \int_A \dot{\vec{B}} \cdot d\vec{A}$$

ausgewertet werden. Wenn der Umlauf hinreichend klein gewählt wird, kann diese Gleichung wie folgt approximiert werden:

$$E_{1t}\, l + E_{1n}^+ \, h_1^+ + E_{2n}^+ \, h_2^+ - E_{2t}\, l - E_{2n}^- \, h_2^- - E_{1n}^- \, h_1^- \approx -\dot{B}_1\, A_1 - \dot{B}_2\, A_2$$

Hierbei ist A_1 die vom Umlauf umschlossene Fläche, die im Medium 1 liegt, und A_2 die vom Umlauf umschlossene Fläche, die im Medium 2 liegt. Die einzelnen elektrischen Feldkomponenten befinden sich an beliebiger Stelle auf der jeweiligen Teilkurve, die magnetischen Flußdichtekomponenten an beliebiger Stelle auf der Fläche. Wir dividieren nun auf beiden Seiten durch l und

---

unstetige Felder anwenden. Beispielsweise kann man über

$$Q = \oint_{\partial V} \vec{D} \cdot d\vec{A}$$

auch dann die Ladung in einem Kugelkondensator bestimmen, wenn die beiden Kugelhälften des Kondensators mit verschiedenen Dielektrika gefüllt sind, so daß $\vec{D}$ auf der Hüllfläche unstetig ist. Auch hier zeigt sich, daß die Maxwellgleichungen in Integralform allgemeiner als die in Differentialform sind. Mathematisch präziser ist es daher, die Integralform als gegeben anzunehmen und dann die Differentialform für solche Gebiete herzuleiten, in denen die Felder aufgrund der Materialkonstanten tatsächlich stetig differenzierbar sind. Den Übergang zwischen mehreren solchen Gebieten vermitteln dann die in diesem Abschnitt hergeleiteten Stetigkeitsbedingungen.

erhalten:

$$E_{1t} + \frac{h_1^+}{l} E_{1n}^+ + \frac{h_2^+}{l} E_{2n}^+ - \frac{h_1^-}{l} E_{1n}^- - \frac{h_2^-}{l} E_{2n}^- - E_{2t} \approx -\dot{B}_1 \frac{A_1}{l} - \dot{B}_2 \frac{A_2}{l} \qquad (1.96)$$

Als nächstes verkleinern wir den rechteckigen Umlauf immer weiter, wobei sein Mittelpunkt stets im Punkt P bleiben soll und der Quotient h/l konstant bleiben soll. Alle Seiten des Umlaufes werden also in gleicher Weise gestaucht. Dieser Grenzübergang bewirkt natürlich $\frac{A_1}{l} \to 0$ und $\frac{A_2}{l} \to 0$. Die beiden Integrale werden in immer besserer Weise angenähert, so daß schließlich ein Gleichheitszeichen geschrieben werden darf. Wir erhalten also:

$$E_{1t} + \frac{h_1^+}{l} E_{1n}^+ + \frac{h_2^+}{l} E_{2n}^+ - \frac{h_1^-}{l} E_{1n}^- - \frac{h_2^-}{l} E_{2n}^- - E_{2t} = 0 \qquad (1.97)$$

Hierbei ist vorauszusetzen, daß $\dot{B}_1$ und $\dot{B}_2$ endlich sind. Da der Umlauf nun zu einem Punkt degeneriert ist, sind auch alle Feldkomponenten in diesem Punkt P lokalisiert. Es gelten also die Gleichungen

$$E_{1n}^+ = E_{1n}^- \qquad (1.98)$$
$$E_{2n}^+ = E_{2n}^- \qquad (1.99)$$
$$h_1^+ = h_1^- = h \qquad (1.100)$$
$$h_2^+ = h_2^- = h. \qquad (1.101)$$

Die Gleichung $E_{1t} = E_{2t}$ hingegen folgt nicht sofort, da beide Feldkomponenten zwar im gleichen Punkt P lokalisiert sind, aber auf verschiedenen Seiten der Grenzfläche gemessen werden. Aus Gleichung (1.97) folgt aber unter Berücksichtigung der letzten vier Gleichungen

$$E_{1t} - E_{2t} = 0$$

oder

$$\boxed{E_{1t} = E_{2t}.} \qquad (1.102)$$

Die tangentiale elektrische Feldstärke an einer Grenzschicht zweier Medien verläuft also stetig[21].

Oftmals wird bei der Herleitung dieser Stetigkeitsbedingung der Umlauf so gewählt, daß er von Anfang an senkrecht zur Grenzschicht eine infinitesimal kleine Ausdehnung besitzt. Dann wird argumentiert, daß die Beiträge der Normalkomponenten des elektrischen Feldes keinen Beitrag liefern können. Man erhält in diesem Fall folgende Näherungsgleichung:

$$E_{1t}\, l - E_{2t}\, l \approx 0$$

Vergessen wird bei dieser einfachen Herleitung aber, daß auch der Grenzübergang $l \to 0$ durchzuführen ist. Dann erhält man eine Gleichung der Form $0 = 0$, die keine Aussage über das Verhältnis zwischen E_{1t} und E_{2t} zuläßt. Dies ist der Grund, warum die Herleitung oben so ausführlich dargestellt wurde.

---

[21]Handelt es sich bei der Grenzschicht um eine Doppelschicht, die ortsabhängige Ladungen mit entgegengesetztem Vorzeichen in geringem Abstand aufweist, so ist im allgemeinen $E_{2t} - E_{1t} \neq 0$. Solche Doppelschichten sollen in diesem Buch aber nicht behandelt werden.

1.2. FELDTHEORETISCHE GRUNDLAGEN

1.2.4.2 Stetigkeit der elektrischen Verschiebungsdichte

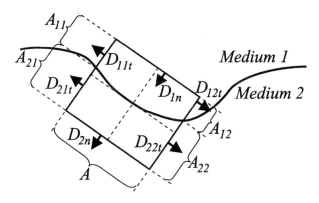

Abbildung 1.5: Querschnitt durch die Hüllfläche um eine Grenzfläche zwischen zwei Medien

Ähnlich wie für die elektrische Feldstärke kann man auch für die elektrische Verschiebungsdichte eine Stetigkeitsbedingung herleiten. Hierzu ist die vierte Maxwellsche Gleichung (1.92)

$$\oint_{\partial V} \vec{D} \cdot d\vec{A} = Q$$

zu diskretisieren. Hierfür betrachten wir wieder einen Punkt P der Grenzfläche zwischen den beiden Medien. Um diesen Punkt wird nun kein rechteckiger Umlauf, sondern eine quaderförmige Hüllfläche gelegt. Abbildung 1.5 zeigt einen Querschnitt durch diese Hüllfläche. Der Punkt P befinde sich im Mittelpunkt des Quaders. Die im Punkt P anliegende Tangentialebene an die Grenzfläche sei im folgenden mit A_t bezeichnet. Zwei Seiten des Quaders sollen parallel zur Tangentialebene A_t ausgerichtet sein — sie besitzen den Flächeninhalt A, und auf ihnen seien die Komponenten D_{1n} bzw. D_{2n} der elektrischen Verschiebungsdichte als Normalkomponenten definiert. Die Indizes 1 bzw. 2 bezeichnen hierbei die Nummer des Mediums, in dem sie definiert sind. Die übrigen vier Seiten des Quaders sind senkrecht zur Tangentialebene ausgerichtet. Diese vier Seiten werden nun mit dem Index i indiziert ($i \in \{1, 2, 3, 4\}$). Auf jeder Seite i sind zwei nach außen zeigende Komponenten der elektrischen Verschiebungsdichte definiert, nämlich D_{1it} im Medium 1 und D_{2it} im Medium 2. In Abbildung 1.5 sind nur die Seiten $i = 1$ und $i = 2$ zu sehen — die Seiten 3 und 4 liegen oberhalb bzw. unterhalb der Papierebene. Jede Seite i wird durch die Grenzfläche in zwei Teile geteilt. Der Teil, der im Medium 1 liegt, habe den Flächeninhalt A_{1i}, der im Medium 2 den Flächeninhalt A_{2i}.

Als Diskretisierung von Gleichung (1.92) erhält man also:

$$-D_{1n} A + D_{2n} A + \sum_{i=1}^{4} (D_{1it} A_{1i} + D_{2it} A_{2i}) \approx Q$$

Hierbei ist Q die von der Hüllfläche umschlossene, auf der Grenzfläche befindliche Ladung. Wir dividieren die Näherungsgleichung durch A und erhalten:

$$-D_{1n} + D_{2n} + \sum_{i=1}^{4}\left(D_{1it}\frac{A_{1i}}{A} + D_{2it}\frac{A_{2i}}{A}\right) \approx \frac{Q}{A} \qquad (1.103)$$

Nun verkleinern wir die quaderförmige Hüllfläche immer weiter, wobei der Punkt P stets im Mittelpunkt bleiben soll und die Seitenverhältnisse konstant bleiben sollen. Die Quotienten $\frac{A_{1i}}{A}$ und $\frac{A_{2i}}{A}$ bleiben also endlich. Im Grenzfall eines unendlich kleinen Quaders gelten folgende Gleichungen, wenn i und k gegenüberliegende Seiten sind:

$$\begin{aligned} D_{1it} &= -D_{1kt} \\ D_{2it} &= -D_{2kt} \\ A_{1i} &= A_{1k} \\ A_{2i} &= A_{2k} \end{aligned}$$

Somit fällt die Summe in Gleichung (1.103) weg. Der Quotient $\frac{Q}{A}$ ist im Grenzfall einer unendlich kleinen Fläche A gleich der Flächenladungsdichte σ. Aus Gleichung (1.103) folgt also im Grenzfall:

$$\boxed{D_{2n} - D_{1n} = \sigma} \qquad (1.104)$$

Im Fall einer ladungsfreien Grenzschicht ist also die Normalkomponente der elektrischen Verschiebungsdichte stetig.

Vektoriell kann man

$$\vec{e}_{n1} \cdot (\vec{D}_2 - \vec{D}_1) = \sigma$$

schreiben, wenn $\vec{e}_{n1}$ ein Normalenvektor ist, der vom Medium 1 zum Medium 2 zeigt.

1.2.4.3 Stetigkeit der magnetischen Erregung

Die Herleitung dieser Stetigkeitsbedingung basiert auf der ersten Maxwellgleichung (1.86)

$$\oint_{\partial A} \vec{H} \cdot d\vec{s} = \int_A \left(\vec{J} + \dot{\vec{D}}\right) \cdot d\vec{A}$$

und erfolgt völlig analog zur Herleitung für die elektrische Feldstärke. Es gilt

$$\boxed{H_{1t} - H_{2t} = J_F,} \qquad (1.105)$$

wobei die Flächenstromdichte J_F als Grenzwert $\lim_{h \to 0} Jh$ definiert ist (Nutzt man die Analogie zu Abschnitt 1.2.4.1, so ist in Gleichung (1.96) jeweils E durch H sowie auf der rechten Seite

1.2. FELDTHEORETISCHE GRUNDLAGEN

$-\dot{B}$ durch $J + \dot{D}$ zu ersetzen. Wenn $\dot{D}$ für $A_1/l \to 0$ und $A_2/l \to 0$ endlich bleibt, dann bleibt auf der rechten Seite ausschließlich der Term $J_1 \frac{A_1}{l} + J_2 \frac{A_2}{l}$ übrig, der dann auf den Grenzwert $\lim_{h \to 0} Jh$ führt[22]). Überträgt man Abbildung 1.4 auf den hier vorliegenden Fall, so wird klar, daß die Vektoren $\vec{e}_t$, $\vec{e}_{n1}$ und $\vec{J}_F$ in dieser Reihenfolge ein Rechtssystem bilden, wenn der Normalenvektor $\vec{e}_{n1}$ vom Medium 1 zum Medium 2 zeigt. Vektoriell geschrieben ergibt sich somit:

$$(\vec{H}_1 - \vec{H}_2) \times \vec{e}_{n1} = \vec{J}_F$$

Benutzt man statt $\vec{e}_{n1}$ den Einheitsvektor $\vec{e}_{n2} = -\vec{e}_{n1}$, der vom Medium 2 ins Medium 1 zeigt, so gilt:

$$\vec{e}_{n2} \times (\vec{H}_1 - \vec{H}_2) = \vec{J}_F$$

1.2.4.4 Stetigkeit der magnetischen Flußdichte

Die Herleitung dieser Stetigkeitsbedingung basiert auf der dritten Maxwellgleichung (1.89)

$$\oint_{\partial V} \vec{B} \cdot d\vec{A} = 0$$

und erfolgt völlig analog zur Herleitung für die elektrische Verschiebungsdichte. Es gilt:

$$\boxed{B_{1n} = B_{2n}} \qquad (1.108)$$

1.2.4.5 Stetigkeit der Stromdichte

Die Kontinuitätsgleichung (1.82)

$$\operatorname{div} \vec{J} = -\frac{\partial \rho}{\partial t}$$

---

[22]Ein Grenzwert $\lim_{h \to 0} Jh$ kann sich nur unter Zuhilfenahme der Distributionentheorie einstellen, da J dann unendlich groß werden muß. Liegt die Grenzfläche bei $z = 0$ und fließt der Strom I parallel zu ihr in y-Richtung, so gilt

$$J = J_F \delta(z). \qquad (1.106)$$

Für den Strom gilt dann offenbar

$$I = \int \vec{J} \cdot d\vec{A} = \int \int J \, dz \, dx = \int J_F \, dx. \qquad (1.107)$$

Anstelle von $J_F = \lim_{h \to 0} Jh$ schreibt man dann im Sinne der Distributionentheorie

$$J_F = \int J \, dz.$$

läßt sich mit Hilfe des Gaußschen Satzes integrieren:

$$\oint_{\partial V} \vec{J} \cdot d\vec{A} = - \int_V \frac{\partial \rho}{\partial t} \, dV$$

Sieht man, wie in Fußnote 20 auf Seite 40 angemerkt, diese Integralform als allgemeingültig an, so läßt sich eine zu Abschnitt 1.2.4.2 völlig analoge Herleitung durchführen, und man erhält:

$$\boxed{J_{2n} - J_{1n} = -\frac{\partial \sigma}{\partial t}} \qquad (1.109)$$

1.2.5 Elektrisch und magnetisch ideal leitende Wände

Um bestimmte Probleme der elektromagnetischen Feldtheorie mit erträglichem Aufwand lösen zu können, sind Vereinfachungen bzw. Idealisierungen nötig. Eine häufig benötigte Idealisierung besteht darin, als Ränder eines Gebietes elektrisch oder magnetisch ideal leitende Wände anzunehmen.

1.2.5.1 Elektrisch ideal leitende Wände

Die grundlegenden Eigenschaften solcher idealisierter Wände erkennt man sofort, wenn man analog zur Herleitung der Stetigkeitsbedingungen vorgeht. Für die Grenzschicht zwischen zwei Materialien lautet Gleichung (1.102):

$$E_{1t} = E_{2t}$$

Bei Material 1 handle es sich nun um ein leitfähiges Material mit der Leitfähigkeit κ. Es gilt

$$\vec{J} = \kappa \vec{E}$$

Läßt man nun κ gegen unendlich streben, so daß das Material 1 eine elektrisch ideal leitende Wand darstellt, so würde auch $\vec{J}$ unendlich groß werden, wenn $\vec{E}$ ungleich null ist. Es kann sich nur dann ein sinnvoller Grenzwert einstellen, wenn im Material 1 die Gleichung $\vec{E} = 0$ gilt. Deshalb definiert man, daß in einer elektrisch ideal leitenden Wand kein elektrisches Feld vorhanden ist. Wegen der genannten Stetigkeitsbedingung verschwindet dann im angrenzenden Material 2 die Tangentialkomponente des elektrischen Feldes:

$$E_t = 0$$

Aus Gleichung (1.104) folgt entsprechend — wenn man den Normalenvektor und damit auch die Komponente D_n vom elektrisch ideal leitenden Material zum Material 2 zeigen läßt:

$$D_n = \sigma$$

1.2. FELDTHEORETISCHE GRUNDLAGEN

Die Normalkomponente der elektrischen Verschiebungsdichte ist also gleich der Flächenladungsdichte auf der Oberfläche der elektrisch ideal leitenden Wand.

Hierbei wurde angenommen, daß bei endlichem ϵ wegen $\vec{D} = \epsilon \vec{E}$ in der elektrisch ideal leitenden Wand auch $\vec{D} = 0$ gilt.

1.2.5.2 Magnetisch ideal leitende Wände

Völlig analog zur elektrisch ideal leitenden Wand definiert man für magnetisch ideal leitende Wände, daß in ihnen
$$\vec{H} = 0$$
gelten soll, damit für $\mu \to \infty$ nicht auch $\vec{B}$ unendlich groß wird. Aus Gleichung (1.105) folgt dann sofort, daß die Tangentialkomponente der magnetischen Erregung verschwindet:
$$H_t = 0$$
Für die magnetische Flußdichte erhält man trotz der bekannten Gleichung (1.108) keine Aussage, da sie im Innern der magnetisch ideal leitenden Wand zwar endlich, aber unbekannt ist.

1.2.6 Energie

Im Rahmen der Defintion von Kapazität, Induktivität und ohmschem Widerstand werden wir folgende Ausdrücke für die Energie benötigen[23]:

Die in einem Volumen V gespeicherte elektrische Energie ist gegeben durch

$$\boxed{W_{el} = \frac{1}{2} \int_V \vec{D} \cdot \vec{E} \, dV.} \qquad (1.110)$$

---

[23] Bei allen Ausdrücken wird von reellen Momentanwerten der Felder ausgegangen; es ergeben sich somit Momentanwerte für die Leistung bzw. für die Energie. Geht man hingegen zu komplexen Amplituden (auch Phasoren genannt) über, so ist der zweite Faktor unter dem Integral als konjugiert komplexe Amplitude zu schreiben und der Realteil des Integrales zu bilden. Außerdem tritt ein zusätzlicher Faktor $1/2$ auf, der durch die zeitliche Mittelung entsteht. Für die in einem Volumen gespeicherte elektrische Energie tritt dann beispielsweise

$$W_{el} = \frac{1}{4} Re \left\{ \int_V \vec{D} \cdot \vec{E}^* \, dV \right\}$$

an die Stelle der Gleichung (1.110). Für die im Mittel durch eine Fläche transportierte Wirkleistung erhält man anstelle von Gleichung (1.114)

$$P = \frac{1}{2} Re \left\{ \int_A (\vec{E} \times \vec{H}^*) \cdot d\vec{A} \right\}.$$

Die Realteilbildung entfällt, wenn man anstelle der Wirkleistung die Scheinleistung betrachtet. Das Vorgehen ist völlig analog zur Wechselstromlehre mit komplexen Amplituden, so daß hier nicht näher darauf eingegangen werden soll.

Die in einem Volumen V gespeicherte Energie des Magnetfeldes wird durch die Gleichung

$$\boxed{W_{magn} = \frac{1}{2} \int_V \vec{B} \cdot \vec{H} \, dV}$$
(1.111)

bestimmt. Die Integranden dieser beiden Formeln einschließlich des Vorfaktors bezeichnet man als Energiedichten des elektrischen bzw. magnetischen Feldes.

In Medien mit einer endlichen Leitfähigkeit $\kappa > 0$, also verlustbehafteten Medien, läßt sich die Verlustleistung wie folgt darstellen:

$$\boxed{P_{verl} = \int_V \vec{E} \cdot \vec{J} \, dV}$$
(1.112)

Der durch das elektromagnetische Feld verursachte Energiefluß wird durch den sogenannten Poynting-Vektor

$$\vec{S} = \vec{E} \times \vec{H}$$
(1.113)

quantifiziert. Die durch eine Fläche A transportierte Leistung P erhält man nämlich folgendermaßen:

$$\boxed{P = \int_A \vec{S} \cdot d\vec{A} = \int_A (\vec{E} \times \vec{H}) \cdot d\vec{A}}$$
(1.114)

Wie in der Lösung zu Übungsaufgabe 1.13 angedeutet wird, gilt diese Gleichung immer, während den Energieformeln (1.110) und (1.111) spezielle Annahmen für ϵ und μ zugrunde liegen.

Übungsaufgabe 1.13 *Anspruch:* ● ● ○ *Aufwand:* ● ○ ○

Zeigen Sie, daß für die aus einem Volumen V herausfließende Leistung P der folgende Poyntingsche Satz in Integralform gilt[24]:

$$\boxed{P = \int_{\partial V} \vec{S} \cdot d\vec{A} = -\dot{W}_{el} - \dot{W}_{magn} - P_{verl}}$$
(1.115)

Gehen Sie hierbei davon aus, daß die Materialgleichungen (1.83) und (1.84) mit skalarem, zeitunabhängigem ϵ und μ gelten. Interpretieren Sie Gleichung (1.115).

---

[24]Während sich der Ableitungspunkt bisher gemäß Gleichung (1.81) auf eine partielle Ableitung $\frac{\partial}{\partial t}$ bezog, liegen hier totale Ableitungen $\frac{d}{dt}$ vor, da die Argumente nicht ortsabhängig sind.

1.2.7 Mechanische Einflüsse elektromagnetischer Felder

Ein elektromagnetisches Feld übt gemäß

$$\vec{F} = Q\left(\vec{E} + \vec{v} \times \vec{B}\right) \tag{1.116}$$

Kräfte auf Ladungen Q aus, die sich am Orte $\vec{s}$ befinden. Hierbei ist

$$\vec{v} = \frac{d\vec{s}}{dt} \tag{1.117}$$

der Vektor der Momentangeschwindigkeit der Punktladung. Kräfte führen gemäß

$$\vec{F} = \frac{d\vec{p}}{dt} \tag{1.118}$$

zu Änderungen des Impulses $\vec{p}$. Wegen der Impulsdefinition

$$\vec{p} = m\,\vec{v} \tag{1.119}$$

läßt sich dies für konstante Massen auch in der Form

$$\vec{F} = m\,\frac{d\vec{v}}{dt} = m\,\vec{a} \tag{1.120}$$

schreiben. Hierbei ist

$$\vec{a} = \frac{d\vec{v}}{dt} \tag{1.121}$$

die Momentanbeschleunigung des geladenen Teilchens.

Die wichtigsten grundlegenden Beziehungen der vorangegangenen Abschnitte sind in Tabelle 1.3 zusammengefaßt.

1.3 Lösungsmethoden und Vertiefung der Grundlagen

Nachdem wir nun die wesentlichsten Grundlagen zusammengefaßt haben, steigen wir tiefer in die Materie ein; unter anderem werden in diesem Abschnitt grundlegende Methoden zur Lösung spezieller feldtheoretischer Probleme wie zum Beispiel Potentialansätze, Separationsmethoden, Fundamentallösungen oder Greensche Funktionen behandelt.

Tabelle 1.3: Grundlegende Gleichungen der Feldtheorie

$rot\,\vec{H} = \vec{J} + \dot{\vec{D}}$	(1.77)	$\oint_{\partial A} \vec{H} \cdot d\vec{s} = \int_A \left(\vec{J} + \dot{\vec{D}}\right) \cdot d\vec{A}$	(1.86)
$rot\,\vec{E} = -\dot{\vec{B}}$	(1.78)	$\oint_{\partial A} \vec{E} \cdot d\vec{s} = -\int_A \dot{\vec{B}} \cdot d\vec{A}$	(1.87)
$div\,\vec{B} = 0$	(1.79)	$\oint_{\partial V} \vec{B} \cdot d\vec{A} = 0$	(1.89)
$div\,\vec{D} = \rho$	(1.80)	$\oint_{\partial V} \vec{D} \cdot d\vec{A} = \int_V \rho\, dV$	(1.90)
$\vec{D} = \epsilon \vec{E}$	(1.83)	$Q = \int_V \rho\, dV$	(1.91)
$\vec{B} = \mu \vec{H}$	(1.84)	$U = \int_C \vec{E} \cdot d\vec{s}$	(1.93)
$\vec{J} = \kappa \vec{E}$	(1.85)	$I = \int_A \vec{J} \cdot d\vec{A}$	(1.94)
$div\,\vec{J} = -\frac{\partial \rho}{\partial t}$	(1.82)	$I = \frac{dQ}{dt}$	(1.95)
$E_{1t} = E_{2t}$	(1.102)	$H_{1t} - H_{2t} = J_F$	(1.105)
$D_{2n} - D_{1n} = \sigma$	(1.104)	$B_{1n} = B_{2n}$	(1.108)
$J_{2n} - J_{1n} = -\frac{\partial \sigma}{\partial t}$			(1.109)
$W_{el} = \frac{1}{2} \int_V \vec{D} \cdot \vec{E}\, dV$			(1.110)
$W_{magn} = \frac{1}{2} \int_V \vec{B} \cdot \vec{H}\, dV$			(1.111)
$P_{verl} = \int_V \vec{E} \cdot \vec{J}\, dV$			(1.112)
$P = \int_A \vec{S} \cdot d\vec{A} = \int_A (\vec{E} \times \vec{H}) \cdot d\vec{A}$			(1.114)
$P = \int_{\partial V} \vec{S} \cdot d\vec{A} = -\dot{W}_{el} - \dot{W}_{magn} - P_{verl}$			(1.115)
$\vec{F} = Q\left(\vec{E} + \vec{v} \times \vec{B}\right)$	(1.116)	$\vec{F} = \frac{d\vec{p}}{dt}$	(1.118)
$\vec{p} = m\,\vec{v}$			(1.119)
$\vec{v} = \frac{d\vec{s}}{dt}$	(1.117)	$\vec{a} = \frac{d\vec{v}}{dt}$	(1.121)

1.3. LÖSUNGSMETHODEN UND VERTIEFUNG DER GRUNDLAGEN

1.3.1 Potentialansätze

In den folgenden Abschnitten werden Vereinfachungen der Maxwell-Gleichungen besprochen, die sich unter Zugrundelegung bestimmter Annahmen ergeben.

1.3.1.1 Elektrostatik

Die grundlegende Vereinfachung, die man in der Elektrostatik macht, besteht darin, daß keine Ströme, kein zeitveränderliches Feld und somit auch keine Magnetfelder vorhanden sein sollen. Es gilt also $\vec{B} = 0$, $\vec{H} = 0$, $\dot{\vec{D}} = 0$ und $\vec{J} = 0$. Damit sind die erste Maxwellsche Gleichung (1.77) bzw. (1.86) und die dritte (1.79) bzw. (1.89) trivialerweise erfüllt.

In Differentialform gilt unter Berücksichtigung dieser Annahmen der Elektrostatik:

$$\boxed{\begin{aligned} rot\,\vec{E} &= 0 \\ div\,\vec{D} &= \rho \end{aligned}}$$

(1.122)
(1.123)

Gleichung (1.122) läßt sich durch den Potentialansatz

$$\boxed{\vec{E} = -grad\,\Phi}$$

(1.124)

erfüllen, da wegen Gleichung (1.14)

$$rot\,grad\,\Phi = 0$$

gilt. Mit $\vec{D} = \epsilon\,\vec{E}$ folgt aus der zweiten Gleichung:

$$div\,(\epsilon\,grad\,\Phi) = -\rho$$

Für homogene Medien, bei denen ϵ nicht vom Ort abhängt, gilt also

$$div\,grad\,\Phi = -\frac{\rho}{\epsilon}$$

oder

$$\boxed{\Delta\Phi = -\frac{\rho}{\epsilon}.}$$

(1.125)

Dies ist die Poissonsche Gleichung für das elektrostatische Feld.

Anhand der Integralform können noch weitere Erkenntnisse gewonnen werden. Die beiden erwähnten Maxwellschen Gleichungen lauten mit den Vereinfachungen der Elektrostatik in Integralform:

$$\oint \vec{E} \cdot d\vec{s} = 0 \qquad (1.126)$$

$$\oint \vec{D} \cdot d\vec{A} = Q \qquad (1.127)$$

Die erste dieser Gleichungen beinhaltet die Erkenntnis, daß in der Elektrostatik Spannungen wegunabhängig sind. Definiert man nämlich die Spannung entlang der Kurve C_1 als

$$U_1 = \int_{C_1} \vec{E} \cdot d\vec{s}$$

und die Spannung entlang der Kurve C_2 als

$$U_2 = \int_{C_2} \vec{E} \cdot d\vec{s},$$

wobei die Anfangs- und Endpunkte von C_1 und C_2 übereinstimmen sollen, so ergeben die Kurven C_1 und C_2 einen geschlossenen Umlauf — allerdings mit gegenläufigen Zählrichtungen. Es gilt also:

$$\oint \vec{E} \cdot d\vec{s} = \int_{C_1} \vec{E} \cdot d\vec{s} - \int_{C_2} \vec{E} \cdot d\vec{s} = U_1 - U_2$$

Mit Gleichung (1.126) folgt daraus

$$U_1 = U_2,$$

das heißt, die Spannung zwischen zwei Punkten ist in der Tat unabhängig vom Integrationsweg.

Wir wollen nun die Spannung zwischen zwei Punkten berechnen. Hierzu setzen wir in die Definitionsgleichung

$$U = \int_C \vec{E} \cdot d\vec{s}$$

die elektrische Feldstärke aus Gleichung (1.124) ein:

$$U = -\int_C (grad\ \Phi) \cdot d\vec{s}$$

Wir gehen nun davon aus, daß die Kurve C wie im Abschnitt 1.1.6.1 über Kurvenintegrale parametrisiert wird. Der auf die Kurve zeigende Ortsvektor $\vec{s} = x\ \vec{e}_x + y\ \vec{e}_y + z\ \vec{e}_z$ hängt also vom Parameter α ab; es gilt:

$$U = -\int_{\alpha_{min}}^{\alpha_{max}} (grad\ \Phi) \cdot \frac{d\vec{s}}{d\alpha}\, d\alpha$$

Wir stellen den Gradienten und den Ortsvektor in Abhängigkeit von den kartesischen Koordinaten dar und erhalten:

$$\begin{aligned} U &= -\int_{\alpha_{min}}^{\alpha_{max}} \left(\frac{\partial \Phi}{\partial x}\vec{e}_x + \frac{\partial \Phi}{\partial y}\vec{e}_y + \frac{\partial \Phi}{\partial z}\vec{e}_z \right) \cdot \left(\frac{dx}{d\alpha}\vec{e}_x + \frac{dy}{d\alpha}\vec{e}_y + \frac{dz}{d\alpha}\vec{e}_z \right) d\alpha = \\ &= -\int_{\alpha_{min}}^{\alpha_{max}} \left(\frac{\partial \Phi}{\partial x}\frac{dx}{d\alpha} + \frac{\partial \Phi}{\partial y}\frac{dy}{d\alpha} + \frac{\partial \Phi}{\partial z}\frac{dz}{d\alpha} \right) d\alpha \end{aligned}$$

1.3. LÖSUNGSMETHODEN UND VERTIEFUNG DER GRUNDLAGEN

Mit Hilfe der Kettenregel folgt weiter:

$$\begin{aligned} U &= -\int_{\alpha_{min}}^{\alpha_{max}} \frac{d\Phi}{d\alpha} d\alpha = \\ &= -[\Phi(\alpha_{max}) - \Phi(\alpha_{min})] = \\ &= -[\Phi(x(\alpha_{max}), y(\alpha_{max}), z(\alpha_{max})) - \Phi(x(\alpha_{min}), y(\alpha_{min}), z(\alpha_{min}))] \end{aligned}$$

Berücksichtigt man, daß die Koordinaten $x(\alpha_{min})$, $y(\alpha_{min})$, $z(\alpha_{min})$ den Anfangspunkt der Kurve C bezeichnen, während $x(\alpha_{max})$, $y(\alpha_{max})$, $z(\alpha_{max})$ für den Endpunkt stehen, so erhält man

$$U = \Phi_1 - \Phi_2,$$

wobei Φ_1 das Potential am Anfangspunkt und Φ_2 das Potential am Endpunkt der Kurve ist. Spannungen sind also Potentialdifferenzen. Gibt man nun das Potential Φ_1 am Anfang einer Kurve C vor, so läßt sich das Potential an jedem beliebigen Endpunkt (x, y, z) berechnen als:

$$\Phi(x, y, z) - \Phi_2 = \Phi_1 - U = \Phi_1 - \int_C \vec{E} \cdot d\vec{s} \qquad (1.128)$$

Die meisten Aufgabenstellungen der Elektrostatik lassen sich dadurch charakterisieren, daß Ladungsverteilungen im Raum gegeben sind, die zu einer bestimmten Potentialverteilung im übrigen Raum führen. In diesem übrigen Raum gilt $\rho = 0$, so daß als Spezialfall der Poissongleichung (1.125) die Laplacegleichung

$$\boxed{\Delta\Phi = 0} \qquad (1.129)$$

zu lösen ist. Im Gegensatz zur ursprünglichen Aufgabenstellung kann man dann annehmen, daß das Potential Φ auf verschiedenen Elektroden vorgegeben[25] ist, so daß sich eine bestimmte Ladungsverteilung einstellt.

Die Vorgabe von Φ auf den Elektroden stellt somit eine Randbedingung für die Laplacegleichung (1.129) dar — und zwar eine Dirichletsche. Dirichletsche Randbedingungen liegen vor, wenn die gesuchte Funktion auf dem Rand vorgegeben ist; Neumannsche Randbedingungen bzw. Neumannsche Randwertprobleme liegen vor, wenn nur ihre Richtungsableitung senkrecht zum Rand festgelegt ist.

Neben den Randbedingungen unterscheidet man zwischen dem sogenannten Innenraumproblem, bei dem das vom Rand eingeschlossene Gebiet endlich ist und dem Außenraumproblem, bei dem das Gebiet unendlich groß ist.

---

[25] Auf der Oberfläche von Leitern muß das Potential konstant sein, da sich ansonsten gemäß $\vec{E} = -grad\ \Phi$ ein elektrisches Feld ausbilden würde, das zu einer Verschiebung der Ladungen führen würde. Diese Ladungsbewegung widerspricht aber der Annahme statischer Bedingungen. In der Elektrostatik müssen solche Ausgleichsvorgänge also bereits abgeschlossen sein, die Oberfläche der Elektrode ist eine Äquipotentialfläche; unabhängig davon, ob deren Leitfähigkeit endlich oder unendlich ist.

Aus der Mathematik ist bekannt, daß sich mögliche Lösungen der Laplacegleichung im Falle Neumannscher oder Dirichletscher Randbedingungen höchstens durch eine additive Konstante unterscheiden können — und zwar unabhängig davon, ob es sich um ein Innen- oder ein Außenraumproblem handelt.

Eindeutigkeit der Lösung der Laplacegleichung beim Innenraumproblem Dies kann man für Innenraumprobleme wie folgt zeigen: Man nimmt an, daß zwei unterschiedliche, die Randbedingungen erfüllende Lösungen Φ_1 und Φ_2 der Laplacegleichung existieren, so daß $\Delta \Phi_1 = 0$ und $\Delta \Phi_2 = 0$ gilt. Wendet man nun die erste Greensche Integralformel (1.60) auf zwei identische Skalarfelder Ψ an, so erhält man

$$\int_V (\Delta \Psi) \Psi \, dV = \oint_{\partial V} \Psi \, (grad \, \Psi) \cdot d\vec{A} - \int_V |grad \, \Psi|^2 \, dV.$$

Definiert man nun Ψ gemäß $\Psi = \Phi_1 - \Phi_2$ als Differenz der beiden Lösungen, so gilt offenbar $\Delta \Psi = 0$; es folgt:

$$\int_V |grad \, \Psi|^2 \, dV = \oint_{\partial V} \Psi \, (grad \, \Psi) \cdot d\vec{A} = \oint_{\partial V} \Psi \, (grad \, \Psi) \cdot \vec{e}_n \, dA \qquad (1.130)$$

Für Dirichletsche Randbedingungen ist Φ auf dem Rand vorgegeben, so daß Φ_1 und Φ_2 dort identisch sein müssen. In diesem Fall verschwindet Ψ auf dem Rand ∂V.

Für Neumannsche Randbedingungen ist $\frac{\partial \Phi}{\partial n} = \vec{e}_n \cdot grad \, \Phi$ auf dem Rand vorgegeben, so daß $\frac{\partial \Phi_1}{\partial n}$ und $\frac{\partial \Phi_2}{\partial n}$ dort identisch sein müssen. In diesem Fall verschwindet also $\vec{e}_n \cdot grad \, \Psi$ auf dem Rand.

In beiden Fällen folgt aus Gleichung (1.130):

$$\int_V |grad \, \Psi|^2 \, dV = 0 \qquad (1.131)$$

Hierbei spielt es keine Rolle, ob nur Dirichletsche, nur Neumannsche oder eine Mischung beider Sorten von Randbedingungen vorliegen. Gleichung (1.131) läßt sich nur erfüllen, wenn im gesamten Gebiet V

$$grad \, \Psi = 0$$

gilt, so daß Ψ konstant sein muß. Die Differenz der beiden Lösungen Φ_1 und Φ_2 muß also konstant sein. Wenn das Innenraumproblem überhaupt eine Lösung besitzt, dann ist diese offenbar bis auf eine additive Konstante eindeutig bestimmt. Wenn irgendwo auf dem Rand Dirichletsche Randbedingungen vorliegen, dann muß diese Konstante gleich null sein, da dann dort auf dem Rand keine zwei unterschiedlichen Werte von Φ zulässig sind — die Lösung wird völlig eindeutig, wenn überhaupt eine existiert. Nur im Falle reiner Neumannscher Randbedingungen kann die Konstante ungleich null sein.

1.3. LÖSUNGSMETHODEN UND VERTIEFUNG DER GRUNDLAGEN

Eindeutigkeit der Lösung der Laplacegleichung beim Außenraumproblem Im Falle des Außenraumproblemes läßt sich die Eindeutigkeit der Lösung nur durch zusätzliche Randbedingungen im Unendlichen erzwingen. Beispielsweise erfüllen die Funktionen

$$\Phi = 1V,$$

$$\Phi = \frac{1Vm}{|\vec{r}|} = \frac{1Vm}{\sqrt{x^2+y^2+z^2}}$$

und

$$\Phi = 2V - \frac{1Vm}{|\vec{r}|} = 2V - \frac{1Vm}{\sqrt{x^2+y^2+z^2}}$$

die Laplacegleichung $\Delta\Phi = 0$, obwohl alle dieselbe Randbedingung $\Phi = 1$ V auf der Kugel $|\vec{r}| = 1\ m$ erfüllen.

Verlangt man nun, daß

$$\Phi = \mathcal{O}(|\vec{r}|^{-1})$$

gilt, daß also eine Konstante C existiert, so daß für hinreichend große $|\vec{r}|$ stets $|\Phi| \leq C\,|\vec{r}|^{-1}$ ist, dann kann man die Eindeutigkeit der Lösung nachweisen[26]. $\mathcal{O}$ ist hierbei das Landau-Symbol. Die Randbedingung im Unendlichen, die ein Abklingen gemäß $\mathcal{O}(|\vec{r}|^{-1})$ fordert, läßt sich physikalisch leicht einsehen: Quellen im Endlichen sollten im Unendlichen keine Wirkung mehr ausüben.

Eindeutigkeit der Lösung der Poissongleichung Wir betrachten nun ein Dirichletsches Randwertproblem und gehen davon aus, zwei Lösungen Φ_1 und Φ_2 mit

$$\Delta\Phi_1 = -\rho/\epsilon$$

bzw.

$$\Delta\Phi_2 = -\rho/\epsilon$$

---

[26]Hierzu betrachtet man vom äußeren Gebiet V den Teil, der innerhalb einer Kugel mit dem Radius R liegt. Wählt man den Radius R hinreichend groß, dann kann man den Rand dieses neuen Gebietes in den Rand des Inneren ∂G_i sowie in den Rand der Kugel ∂K zerlegen. Das Integral auf der rechten Seite von Gleichung (1.130) zerfällt dann in zwei Integrale über ∂G_i und ∂K. Für das Integral über ∂G_i kann man über die Randbedingungen wie beim Innenraumproblem zeigen, daß es verschwindet. Beim Integral über ∂K kann man die Randbedingung

$$\Phi = \mathcal{O}(|\vec{r}|^{-1}) \Rightarrow \frac{\partial \Phi}{\partial n} = \frac{\partial \Phi}{\partial r} = \mathcal{O}(|\vec{r}|^{-2})$$

im Unendlichen ausnutzen, so daß

$$\left|\int_{\partial K} \Psi \frac{\partial \Psi}{\partial n}\,dA\right| \leq \int_{\partial K} |\Psi| \left|\frac{\partial \Psi}{\partial n}\right|\,dA \leq \int_{\partial K} \frac{C}{R^3}\,dA \leq \frac{4\pi R^2}{R^3}$$

gilt. Das Integral über ∂K verschwindet also für $R \to \infty$. Diese Beweisskizze zeigt somit, wie man die Eindeutigkeit der Lösung auch für Außenraumprobleme nachweist.

zu kennen, die die Randbedingungen erfüllen. Für die Differenz $\Psi = \Phi_1 - \Phi_2$ dieser beiden Lösungen desselben Randwertproblemes gilt dann offenbar die Laplacegleichung

$$\Delta\Psi = 0.$$

Da beide Lösungen die Randbedingungen desselben Randwertproblemes erfüllen, gilt auf dem Rand $\Phi_1 = \Phi_2$, so daß für Ψ die Dirichletsche Randbedingung

$$\Psi = 0$$

vorliegt. Nach den obigen Eindeutigkeitsuntersuchungen für die Laplacegleichung muß damit im gesamten Gebiet $\Psi = 0$ gelten — Φ_1 und Φ_2 müssen also identisch sein. Das Dirichletsche Randwertproblem für die Poissongleichung kann also nur eine Lösung besitzen.

Liegt ein Neumannsches Randwertproblem mit

$$\frac{\partial\Phi_1}{\partial n} = \frac{\partial\Phi_2}{\partial n} = const.$$

auf dem Rand vor, so erfüllt Ψ offenbar die Laplacegleichung

$$\Delta\Psi = 0$$

und die Neumannsche Randbedingung

$$\frac{\partial\Psi}{\partial n} = 0.$$

Nach den obigen Eindeutigkeitsuntersuchungen für die Laplacegleichung muß dann Ψ im gesamten Gebiet konstant sein, so daß sich die beiden Lösungen Φ_1 und Φ_2 lediglich durch eine additive Konstante voneinander unterscheiden können.

Sowohl für Neumannsche als auch für Dirichletsche Randbedingungen lassen sich die Eindeutigkeitsaussagen, die für die Laplacegleichung gelten, unmittelbar auf die Poissongleichung übertragen.

Fazit Wir haben festgestellt, daß sowohl das Innenraum- als auch das Außenraumproblem abgesehen von additiven Konstanten höchstens eine Lösung haben kann. Man müßte nun strenggenommen für die verschiedenen Randwertprobleme nachweisen, daß eine solche Lösung existiert. Auf diesen Nachweis soll hier aber verzichtet werden, da die Existenz der Lösung aus physikalischen Gründen evident ist, wenn das jeweilige Problem korrekt gestellt ist. Wir fassen also zusammen:

> **Regel 1.1** *Elektrostatische Probleme haben stets eine eindeutige Lösung, sofern sie korrekt gestellt sind.*

1.3. LÖSUNGSMETHODEN UND VERTIEFUNG DER GRUNDLAGEN

Die Eindeutigkeit ist hierbei so zu verstehen, daß es stets möglich ist, das Potential irgendwo auf dem Rand willkürlich vorzugeben, da in der Praxis ohnehin nur Spannungen, also Potentialdifferenzen von Interesse sind.

Regel 1.1 ist keineswegs selbstverständlich, wie wir in Abschnitt 1.3.1.4 über Wellen sehen werden.

Zum Abschluß dieses Abschnitts stellen wir die Frage, welche Bedingung das Feld erfüllen muß, damit ein bis auf eine additive Konstante eindeutig bestimmtes Potential existieren kann. Diese Frage beantwortet uns ein aus der Potentialtheorie bekannter Satz:

> **Regel 1.2** *Ein Vektorfeld $\vec{A}$ auf einem Gebiet V besitzt genau dann ein bis auf eine additive Konstante eindeutig bestimmtes Potential Φ, wenn alle Kurvenintegrale über geschlossene Kurven C in V verschwinden, also wenn*
> $$\oint_C \vec{A} \cdot d\vec{s} = 0$$
> *gilt.*

Wären nicht alle Umlaufintegrale gleich null, dann könnte man den Umlauf in zwei Kurven zerlegen, die trotz desselben Potentials am Anfangspunkt der Kurven zu unterschiedlichen Potentialen am Endpunkt der Kurven führen — die Eindeutigkeit wäre nicht gegeben.

Glücklicherweise gilt in der Elektrostatik stets Gleichung (1.126), die gerade diesen Sachverhalt zum Ausdruck bringt:

$$\oint \vec{E} \cdot d\vec{s} = 0$$

Da als Umlauf beliebige Kurven gewählt werden können, ist mit Hilfe der Regel 1.2 klar, daß in der Elektrostatik immer ein (bis auf eine additive Konstante) eindeutig bestimmtes Potential existiert.

Daß auch diese Argumentation keineswegs überflüssig ist, werden wir noch in Abschnitt 1.3.1.3 über die Magnetostatik sehen.

1.3.1.2 Stationäres Strömungsfeld

Beim stationären Strömungsfeld und in der Magnetostatik geht man davon aus, daß Ströme fließen, die sich zeitlich nicht ändern. Somit entfallen die Größen $\dot{\vec{D}}$ und $\dot{\vec{B}}$ in den Maxwell-Gleichungen, und es gilt:

$$\begin{aligned} \operatorname{rot} \vec{H} &= \vec{J} \\ \operatorname{rot} \vec{E} &= 0 \\ \operatorname{div} \vec{B} &= 0 \\ \operatorname{div} \vec{D} &= \rho \end{aligned}$$

Wie schon in der Elektrostatik läßt sich die zweite Gleichung

$$\boxed{rot\ \vec{E} = 0} \qquad (1.132)$$

durch den Potentialansatz

$$\boxed{\vec{E} = -grad\ \Phi} \qquad (1.133)$$

erfüllen, da Gleichung (1.14)

$$rot\ grad\ \Phi = 0$$

gilt. Nun muß die erste Maxwell-Gleichung erfüllt werden. Bildet man die Divergenz der ersten Gleichung, so erhält man wegen

$$div\ rot\ \vec{H} = 0$$

die Gleichung

$$\boxed{div\ \vec{J} = 0} \qquad (1.134)$$

Mit Hilfe der Materialgleichung (1.85) folgt hieraus

$$div(\kappa\ \vec{E}) = 0.$$

Unter der Annahme, daß $\kappa \neq 0$ ein Skalar und außerdem ortsunabhängig ist (homogene Füllung des betrachteten leitfähigen Gebietes), erhält man

$$div\ \vec{E} = 0$$

und für konstante ϵ auch

$$div\ \vec{D} = 0.$$

Wir sehen also, daß im Falle des stationären Strömungsfeldes wegen der letzten Maxwellschen Gleichung die Ladungsdichte ρ im Leiter gleich null sein muß. Mit Hilfe von (1.133) folgt weiter:

$$\boxed{div\ grad\ \Phi = \Delta\Phi = 0} \qquad (1.135)$$

Dies ist die Laplacegleichung für das stationäre Strömungsfeld. Offenbar gehorcht das stationäre Strömungsfeld der gleichen Differentialgleichung wie das elektrostatische Feld für den ladungsfreien Raum. Dies ist der Grund, warum ohmsche Widerstände, in denen ein stationäres Strömungsfeld herrscht, mit ähnlichen Methoden berechnet werden können wie Kapazitäten, in denen ein elektrostatisches Feld vorliegt.

Wie die Herleitung von Gleichung (1.135) zeigt, beinhaltet die Laplacegleichung für das stationäre Strömungsfeld die zweite und die vierte Maxwellsche Gleichung für $\rho = 0$. Die erste und

1.3. LÖSUNGSMETHODEN UND VERTIEFUNG DER GRUNDLAGEN

dritte Maxwellsche Gleichung ermöglichen es, das Magnetfeld zu bestimmen, was in Abschnitt 1.3.1.3 behandelt wird.

Wir stellen fest, daß aus der Beziehung

$$div\ \vec{J} = 0$$

mit Hilfe des Gaußschen Satzes die Beziehung

$$\oint \vec{J} \cdot d\vec{A} = 0 \tag{1.136}$$

folgt, die als erster Kirchhoffscher Satz bekannt ist. Alle in ein Volumen hineinfließenden Ströme müssen auch wieder herausfließen.

Wegen $\dot{\vec{B}} = 0$ folgt aus der zweiten Maxwellschen Gleichung

$$\oint \vec{E} \cdot d\vec{s} = 0.$$

Dies ist der zweite Kirchhoffsche Satz, nach dem die Summe aller Spannungen in einem geschlossenen Umlauf verschwindet.

Wegen $\dot{\vec{D}} = 0$ folgt aus der ersten Maxwellschen Gleichung

$$\oint_{\partial A} \vec{H} \cdot d\vec{s} = \int_A \vec{J} \cdot d\vec{A} = I. \tag{1.137}$$

Dies ist das Durchflutungsgesetz, demzufolge stationäre Ströme von Magnetfeldlinien umgeben sind, was die Überleitung zur Magnetostatik bildet.

1.3.1.3 Magnetostatik

Stromdurchflossene Gebiete Wie bereits im Abschnitt über das stationäre Strömungsfeld erwähnt wurde, sind in der Magnetostatik die Gleichungen

$$\boxed{\begin{aligned} rot\ \vec{H} &= \vec{J} \\ div\ \vec{B} &= 0 \end{aligned}} \tag{1.138}$$
$$\tag{1.139}$$

zu erfüllen. Die zweite Gleichung wird mit dem Vektorpotential $\vec{A}$ durch den Ansatz

$$\boxed{\vec{B} = rot\ \vec{A}} \tag{1.140}$$

wegen Gleichung (1.13)

$$div\ rot\ \vec{A} = 0$$

implizit erfüllt. Die erste Gleichung liefert dann:

$$rot\left(\frac{1}{\mu}rot\ \vec{A}\right) = \vec{J}$$

Beschränkt man sich auf homogene Medien, in denen μ ortsunabhängig ist, so folgt

$$rot\ rot\ \vec{A} = \mu\ \vec{J}$$

oder, mit Hilfe von Gleichung (1.16):

$$grad\ div\ \vec{A} - \Delta\vec{A} = \mu\ \vec{J}$$

Aus der Vektoranalysis ist bekannt, daß ein Vektorfeld nur dann eindeutig bestimmt ist, wenn sowohl seine Quellen als auch seine Wirbel definiert sind. Mit Gleichung (1.140) ist nur die Rotation, sind also nur die Wirbel des Vektorfeldes $\vec{A}$ bestimmt. Die Divergenz darf also noch frei gewählt werden. Die Forderung nach einem quellenfreien Feld mit

$$\boxed{div\ \vec{A} = 0} \qquad (1.141)$$

ist also legitim[27], so daß man erhält:

$$\boxed{\Delta\vec{A} = -\mu\ \vec{J}} \qquad (1.142)$$

Die Magnetostatik führt also auf eine ähnliche Differentialgleichung wie die Elektrostatik, wobei jedoch zu beachten ist, daß das Argument des Laplaceoperators im einen Fall ein Vektorpotential, im anderen Fall ein Skalarpotential ist.

Stromfreie Gebiete Interessiert man sich in der Magnetostatik lediglich für stromfreie Gebiete, so sind weitere Vereinfachungen möglich. Gleichung (1.138) vereinfacht sich in diesen Gebieten nämlich zu

$$\boxed{rot\ \vec{H} = 0,} \qquad (1.143)$$

so daß diese Gleichung durch

$$\boxed{\vec{H} = -grad\ \Psi} \qquad (1.144)$$

implizit erfüllt werden kann. Einsetzen in Gleichung (1.139) liefert dann für homogene Raumteile

$$div\ grad\ \Psi = 0$$

---

[27]Diese Festlegung der Divergenz des Vektorpotentials nach Gleichung (1.141) bezeichnet man als Coulomb-Eichung.

1.3. LÖSUNGSMETHODEN UND VERTIEFUNG DER GRUNDLAGEN

oder

$$\boxed{\Delta \Psi = 0.} \quad (1.145)$$

Ähnlich wie in der Elektrostatik kann man aus der Integralform der Maxwellschen Gleichungen noch zusätzliche Informationen gewinnen:

$$\oint \vec{H} \cdot d\vec{s} = 0 \quad (1.146)$$

$$\oint \vec{B} \cdot d\vec{A} = 0 \quad (1.147)$$

In derselben Weise wie beim Abschnitt über Elektrostatik kann man dann das Potential Ψ als Kurvenintegral über die magnetische Erregung bestimmen:

$$\Psi(x,y,z) = \Psi_1 - \int \vec{H} \cdot d\vec{s} \quad (1.148)$$

Wir sehen also, daß für stromfreie Gebiete eine sehr weitreichende Analogie zur Elektrostatik vorhanden ist. Einen wesentlichen Unterschied gibt es jedoch, wenn man Regel 1.2 beachtet. Für die eindeutige Existenz eines Potentials ist nach dieser Regel erforderlich, daß die Kurvenintegrale über eine geschlossene Kurve verschwinden, was im Falle der Magnetostatik durch Gleichung (1.146) zum Ausdruck gebracht wird. Während in der Elektrostatik die entsprechende Gleichung (1.126) für beliebige Gebiete prinzipiell immer erfüllt ist, sind in der Magnetostatik besondere Anforderungen an das zu betrachtende Gebiet zu stellen. Es muß nämlich sichergestellt sein, daß das Kurvenintegral über *jede* geschlossene Kurve verschwindet. Hierzu genügt es keineswegs, daß das Gebiet selbst keine Ströme enthält. Sind nämlich im eigentlichen Gebiet V Löcher vorhanden, die wiederum Ströme enthalten, so ist das Gebiet selbst zwar stromfrei. Wählt man nun aber einen Umlauf um dieses Loch als Integrationsweg, so liefert das Umlaufintegral den im Loch fließenden Strom, obwohl der Integrationsweg komplett im stromfreien Gebiet V liegt.

Das soeben betrachtete Gebiet darf somit nicht gewählt werden, wenn man mit einem skalaren magnetischen Potential Ψ arbeiten möchte. Man kann sich aber mit einem Trick helfen. Wählt man nämlich die Löcher im betrachteten Gebiet V so, daß sie sowohl den hinfließenden Strom als auch den zurückfließenden Strom enthalten, so muß das Kurvenintegral über einen Umlauf um ein Loch die Summe der umschlossenen Ströme, also 0 liefern. Damit ist sichergestellt, daß Gleichung (1.146) für alle denkbaren Umläufe in V erfüllt ist. Gemäß Regel 1.2 existiert dann auch ein (bis auf eine Konstante eindeutig bestimmtes) Potential. Damit man durch diesen Trick keine größeren Raumteile aussparen muß, kann man die Löcher an den Stellen, an denen keine Ströme vorhanden sind, sehr schmal machen — im Grenzfall sogar unendlich schmal. Von diesem Trick werden wir in Abschnitt 1.3.11.3 Gebrauch machen. Abbildung 1.11 auf Seite 120 zeigt ein Beispiel für die soeben beschriebene Wahl des Loches.

1.3.1.4 Wellengleichung

Im allgemeinen Fall der Elektrodynamik lassen sich keine Vereinfachungen wie in der Elektro- oder Magnetostatik machen — die Maxwellgleichungen (1.77) bis (1.80) müssen in ihrer allgemeinen Form gelöst werden. Zur Berechnung der magnetischen Flußdichte macht man dann folgenden Ansatz mit dem Vektorpotential $\vec{A}$:

$$\vec{B} = rot\,\vec{A} \tag{1.149}$$

Damit erreicht man, daß die dritte Maxwellsche Gleichung (1.79) wegen Gleichung (1.13)

$$div\,rot\,\vec{A} = 0$$

automatisch erfüllt ist. Es verbleiben somit die Maxwellgleichungen (1.77), (1.78) und (1.80):

$$\begin{aligned} rot\,\vec{H} &= \vec{J} + \dot{\vec{D}} \\ rot\,\vec{E} &= -\dot{\vec{B}} \\ div\,\vec{D} &= \rho \end{aligned}$$

Setzt man nun Gleichung (1.149) in die zweite Gleichung ein, so erhält man:

$$rot\,\vec{E} = -rot\,\dot{\vec{A}}$$

$$\Rightarrow rot\left(\vec{E} + \dot{\vec{A}}\right) = 0$$

Dies läßt sich durch den Potentialansatz

$$\vec{E} + \dot{\vec{A}} = -grad\,\Phi \tag{1.150}$$

wegen Gleichung (1.14)

$$rot\,grad\,\Phi = 0$$

erfüllen. Mit Hilfe der Gleichungen (1.149) und (1.150) lassen sich alle Feldgrößen durch das Vektorpotential und das skalare Potential ausdrücken:

$$\boxed{\begin{aligned} \vec{B} &= rot\,\vec{A} \\ \vec{H} &= \frac{1}{\mu}\,rot\,\vec{A} \\ \vec{E} &= -\dot{\vec{A}} - grad\,\Phi \\ \vec{D} &= -\epsilon\left(\dot{\vec{A}} + grad\,\Phi\right) \end{aligned}} \tag{1.151} \tag{1.152} \tag{1.153} \tag{1.154}$$

1.3. LÖSUNGSMETHODEN UND VERTIEFUNG DER GRUNDLAGEN

Da die zweite Maxwellsche Gleichung durch den Potentialansatz schon implizit erfüllt ist, verbleiben nur noch die erste und die letzte Maxwellsche Gleichung. Wir substituieren nun aus diesen beiden Gleichungen alle Feldgrößen, indem die letzten vier Gleichungen eingesetzt werden. Aus der letzten Maxwell-Gleichung

$$div\,\vec{D} = \rho$$

folgt auf diese Weise:

$$div\left[\epsilon\left(\dot{\vec{A}} + grad\,\Phi\right)\right] = -\rho$$

Wir gehen wieder von einem homogenen Medium aus, so daß ϵ ortsunabhängig ist. Dann folgt weiter:

$$div\,\dot{\vec{A}} + div\,grad\,\Phi = -\frac{\rho}{\epsilon} \quad (1.155)$$

Nun betrachten wir die erste Maxwellsche Gleichung

$$rot\,\vec{H} = \vec{J} + \dot{\vec{D}}.$$

Substituiert man hier $\vec{H}$ und $\vec{D}$ mit den oben angegebenen Ausdrücken, so erhält man:

$$\frac{1}{\mu}rot\,rot\,\vec{A} = \vec{J} - \epsilon\left(\ddot{\vec{A}} + grad\,\dot{\Phi}\right)$$

Mit Gleichung (1.16)

$$rot\,rot\,\vec{A} = grad\,div\,\vec{A} - \Delta\vec{A}$$

folgt weiter:

$$grad\,div\,\vec{A} - \Delta\vec{A} = \mu\,\vec{J} - \mu\epsilon\left(\ddot{\vec{A}} + grad\,\dot{\Phi}\right)$$

$$\Rightarrow \Delta\vec{A} - \mu\epsilon\,\ddot{\vec{A}} = -\mu\,\vec{J} + grad\,div\,\vec{A} + \mu\epsilon\,grad\,\dot{\Phi} \quad (1.156)$$

Wir haben nun sämtliche Maxwellschen Gleichungen auf diese Gleichung und Gleichung (1.155) zurückgeführt. Aus der Vektoranalysis ist bekannt, daß sich ein Vektorfeld durch seine Quellen und Wirbel eindeutig bestimmen läßt. Bisher hatten wir mit Gleichung (1.149) nur die Rotation des Vektorpotentiales $\vec{A}$, also seine Wirbel festgelegt. Wir dürfen seine Quellen, also seine Divergenz, noch frei wählen. Betrachtet man Gleichung (1.156), so stellt man fest, daß sich die rechte Seite deutlich vereinfachen läßt, wenn man die Divergenz von $\vec{A}$ folgendermaßen wählt[28]:

$$\boxed{div\,\vec{A} = -\mu\epsilon\,\dot{\Phi}} \quad (1.157)$$

---

[28]Diese Festlegung der Divergenz des Vektorpotentials nach Gleichung (1.157) bezeichnen die meisten Bücher als Lorentz-Eichung. In [3] wird darauf hingewiesen, daß diese Eichung nicht auf H. A. Lorentz, sondern auf L. V. Lorenz zurückgeht.

Dann folgt aus Gleichung (1.156):

$$\Delta \vec{A} - \mu\epsilon \, \ddot{\vec{A}} = -\mu \, \vec{J}$$

Diese Differentialgleichung ist aus der Mathematik als inhomogene Wellengleichung bekannt, wobei sich die Wellen mit der Geschwindigkeit $\frac{1}{\sqrt{\mu\epsilon}}$ ausbreiten[29]. Wir definieren somit die Geschwindigkeit

$$c = \frac{1}{\sqrt{\mu\epsilon}} \tag{1.158}$$

und erhalten als Wellengleichung

$$\boxed{\Delta \vec{A} - \frac{1}{c^2} \ddot{\vec{A}} = -\mu \, \vec{J}.} \tag{1.159}$$

Um alle Feldkomponenten bestimmen zu können, benötigen wir nun noch eine Gleichung für das skalare Potential. Hierzu setzen wir Gleichung (1.157) in Gleichung (1.155) ein:

$$-\mu\epsilon \, \ddot{\Phi} + div \, grad \, \Phi = -\frac{\rho}{\epsilon}$$

Mit Gleichung (1.158) und Gleichung (1.12)

$$\Delta \Phi = div \, grad \, \Phi$$

folgt hieraus:

$$\boxed{\Delta \Phi - \frac{1}{c^2} \ddot{\Phi} = -\frac{\rho}{\epsilon}} \tag{1.160}$$

Wir sehen nun, daß die Wellengleichungen (1.159) für das Vektorpotential und (1.160) für das skalare Potential die gleiche Form besitzen, wobei der Operator Δ allerdings einmal auf einen Vektor und einmal auf einen Skalar anzuwenden ist. Beide Gleichungen zusammen können als Ersatz für die vier Maxwellschen Gleichungen (1.77) bis (1.80) dienen, da die Maxwellschen Gleichungen automatisch erfüllt werden, wenn die Wellengleichungen gelten.

Abschließend sei angemerkt, daß im freien Raum (Luft oder Vakuum) die Gleichungen $\mu = \mu_0$ und $\epsilon = \epsilon_0$ gelten, so daß sich die Vakuumlichtgeschwindigkeit als

$$c_0 = \frac{1}{\sqrt{\mu_0 \, \epsilon_0}}$$

berechnet.

---

[29]Daß es sich bei c tatsächlich um die Ausbreitungsgeschwindigkeit der Welle handelt, wenn $-1/c^2$ der Koeffizient von $\ddot{\vec{A}}$ ist, wird in Abschnitt 1.3.7 bestätigt werden.

1.3. LÖSUNGSMETHODEN UND VERTIEFUNG DER GRUNDLAGEN

Oft wird als Lösung der Wellengleichung eine zeitharmonische Funktion angesetzt, also etwa

$$\vec{A} = \underline{\vec{A}}\, e^{j\omega t},$$

so daß $\underline{\vec{A}}$ eine komplexe Amplitude ist. Die Wellengleichung (1.159) geht dann für stromfreie Gebiete über in die Helmholtzgleichung

$$\Delta \underline{\vec{A}} + \frac{\omega^2}{c^2} \underline{\vec{A}} = 0. \qquad (1.161)$$

Obwohl diese Gleichung eng verwandt mit der Laplacegleichung ist, da man lediglich $\omega = 0$ setzen muß, um diese zu erhalten, hat sie andere Eigenschaften, wie ein Beispiel zeigen soll.

Rechteckhohlleiter Wir betrachten einen Rechteckhohlleiter mit ideal leitfähigen Wänden bei $x = 0$, $x = a$, $y = 0$ und $y = b$. Die Randbedingung des Problems besteht also gemäß Abschnitt 1.2.5.1 darin, daß das tangentiale elektrische Feld an den Wänden gleich null sein muß.

Wir benutzen den Ansatz eines Vektorpotentials $\vec{A} = A_x\, \vec{e}_x$ mit nur einer x-Komponente[30]. Außerdem nehmen wir an, daß A_x nicht von x abhängig ist. Gleichung (1.157) lautet unter Berücksichtigung der harmonischen Zeitabhängigkeit:

$$div\, \vec{A} = -j\omega\, \mu\epsilon\, \Phi$$

Da A_x nicht von x abhängt, gilt $div\, \vec{A} = 0$, was mit der letzten Gleichung sofort auf

$$\Phi = 0$$

führt. Gleichung (1.160) ist also durch den Ansatz trivialerweise erfüllt (Im Innern des Hohlleiters gilt $\rho = 0$).

Die Gleichung (1.153)

$$\vec{E} = -\dot{\vec{A}} - grad\, \Phi$$

geht dann über in

$$\vec{E} = -j\omega\, A_x\, \vec{e}_x.$$

Die Randbedingung $E_t = 0$ an den Wänden des Rechteckhohlleiters bedeutet also im Rahmen dieser speziellen Annahmen, daß

$$A_x = 0$$

für $y = 0$ und $y = b$ gelten muß.

Ein Separationsansatz zur Lösung der Helmholtzgleichung (1.161) liefert gemäß Abschnitt 1.1.9 als mögliche Lösungen die Funktionen

$$A_x = (a_y\, cos(k_y\, y) + b_y\, sin(k_y\, y)) \cdot (a_z\, cos(k_z\, z) + b_z\, sin(k_z\, z))$$

---

[30] $\vec{A}$ und A_x sind komplexe Amplituden; auf den Unterstrich wird der Einfachheit wegen verzichtet.

mit
$$k_y^2 + k_z^2 = \frac{\omega^2}{c^2}.$$

Wenn nun die Randbedingung $A_x = 0$ für $y = 0$ und $y = b$ erfüllt werden soll, muß $a_y = 0$ und $k_y = \frac{n\pi}{b}$ gelten, wobei n ganzzahlig ist. Mögliche Lösungen der Aufgabenstellung sind also

$$A_x = sin\left(\frac{n\pi}{b}\, y\right)\, (a_z\, cos(k_z\, z) + b_z\, sin(k_z\, z))$$

mit
$$k_z = \sqrt{\frac{\omega^2}{c^2} - \left(\frac{n\pi}{b}\right)^2}. \tag{1.162}$$

Mit dieser Lösung sind alle relevanten Gleichungen inklusive der Randbedingungen erfüllt. Es gibt keine weiteren Einschränkungen. Man sieht, daß $n = 1, 2, 3, ...$ beliebig gewählt werden kann. Es existieren also unendlich viele mögliche Lösungen, sogenannte Feldtypen (engl.: „modes"). Durch unsere spezielle Annahme, daß das Vektorpotential nur eine von x unabhängige Komponente A_x hat, haben wir die denkbaren Lösungen sogar noch eingeschränkt, so daß mehr als die hier angegebenen Feldtypen existieren. Im allgemeinen tritt die Superposition, also die Überlagerung mehrerer Feldtypen als Gesamtlösung auf. Das Superponieren mehrerer Einzellösungen liefert nämlich aufgrund der Linearität der Wellengleichung bzw. der Helmholtzgleichung stets eine neue Lösung.

Wir kommen also zu dem Schluß, daß die Helmholtzgleichung mehrere Lösungen haben kann. Die Elektrodynamik unterscheidet sich somit grundlegend von der Elektrostatik, bei der gemäß Regel 1.1 nur eine Lösung möglich ist.

Allgemein unterscheidet man beim Rechteckhohlleiter zwischen TE-Wellen (transversal-elektrisch) und TM-Wellen (transversal-magnetisch), je nachdem, ob die E- oder die H-Komponente in Ausbreitungsrichtung verschwindet. Da wir bei der soeben hergeleiteten Welle von Gleichung (1.152) ausgegangen sind, gilt

$$\vec{H} = \frac{1}{\mu}\, rot\, \vec{A} = \frac{1}{\mu}\left(\frac{\partial A_x}{\partial z}\, \vec{e}_y - \frac{\partial A_x}{\partial y}\, \vec{e}_z\right). \tag{1.163}$$

Während E_z bereits durch den Ansatz verschwindet, gilt im allgemeinen $H_z \neq 0$; es liegt eine TE-Welle vor. Eine TM-Welle hätte man aus einem Potentialansatz $\vec{E} \sim rot\, \vec{A}$ erhalten[31]. Die Anzahl der in x- und y-Richtung vorliegenden Wellenbäuche schreibt man als Indizes. Wenn man im betrachteten Beispiel also beispielsweise $n = 1$ setzt, dann liegt eine TE_{01}-Welle vor. TE-Wellen bezeichnet man auch als H-Wellen. Analog sind TM-Wellen dasselbe wie E-Wellen.

Wie man Gleichung (1.162) entnehmen kann, breitet sich erst für $\omega > c\pi/b$ eine ungedämpfte TE_{01}- bzw. H_{01}-Welle aus, da k_z dann reell ist. Unterhalb der sogenannten Cut-Off-Frequenz $f_c = \frac{c}{2b}$ ist die H_{01}-Welle nicht ausbreitungsfähig, also evaneszent. Die Cut-Off-Frequenz nennt

---
[31]Ein solcher Ansatz, der $div\, \vec{E} = 0$ impliziert, ist möglich, weil das Innere des Hohlleiters ladungsfrei ist.

1.3. LÖSUNGSMETHODEN UND VERTIEFUNG DER GRUNDLAGEN

man auch Grenzfrequenz. Anschaulich gesprochen „paßt die Welle" erst ab einer bestimmten Frequenz in den Hohlleiter, da die Wellenlänge dann hinreichend klein wird. Für $a > b$ ist die H_{10}-Welle die sogenannte Grundwelle des Rechteckhohlleiters, da ihre Cut-Off-Frequenz die geringstmögliche ist. Erst bei höhern Frequenzen werden andere Wellentypen wie zum Beispiel die H_{01}-Welle ausbreitungsfähig.

Fünfkomponentenwellen Gleichung (1.163) gibt ganz allgemein die H-Feld-Komponenten für ein Vektorpotential $\vec{A} = A_x\,\vec{e}_x$ in homogenen Medien an. A_x darf also entgegen der Annahme in unserem speziellen Beispiel auch von x abhängen. Der Vollständigkeit wegen sollen jetzt auch die E-Feld-Komponenten für diesen allgemeineren Fall bestimmt werden.

Aus Gleichung (1.157) folgt unter Berücksichtigung der komplexen Schreibweise

$$\Phi = -\frac{1}{j\omega\mu\epsilon}\frac{\partial A_x}{\partial x}.$$

Aus Gleichung (1.153) folgt dann entsprechend

$$\begin{aligned}\vec{E} &= -j\omega A_x\,\vec{e}_x - \operatorname{grad}\Phi = \\ &= -j\omega A_x\,\vec{e}_x + \frac{1}{j\omega\mu\epsilon}\left(\frac{\partial^2 A_x}{\partial x^2}\,\vec{e}_x + \frac{\partial^2 A_x}{\partial x\partial y}\,\vec{e}_y + \frac{\partial^2 A_x}{\partial x\partial z}\,\vec{e}_z\right).\end{aligned}$$

Abschließend kann man noch die Beziehung $\frac{\partial^2 A_x}{\partial x^2} = -k_x^2\,A_x$ ausnutzen, die schon aus dem Separationsansatz folgt:

$$\vec{E} = \frac{1}{j\omega\mu\epsilon}\left[\left(\omega^2\mu\epsilon - k_x^2\right)A_x\,\vec{e}_x + \frac{\partial^2 A_x}{\partial x\partial y}\,\vec{e}_y + \frac{\partial^2 A_x}{\partial x\partial z}\,\vec{e}_z\right] \qquad (1.164)$$

Aus den Gleichungen (1.163) und (1.164) kann man leicht auch analoge Beziehungen generieren, die man für Ansätze $\vec{A} = A_y\,\vec{e}_y$ bzw. $\vec{A} = A_z\,\vec{e}_z$ erhält. Man muß lediglich alle x, y und z zyklisch vertauschen.

Wie bereits in Fußnote 31 erwähnt wurde, kann man für raumladungs- und stromfreie Gebiete auch $\vec{E} \sim \operatorname{rot}\vec{A}$ ansetzen[32]. Der Vollständigkeit wegen sollen auch für einen solchen Ansatz die Feldkomponenten in Abhängigkeit vom Vektorpotential angegeben werden. Für homogene Medien mit $\rho = 0$ und $\vec{J} = 0$ lauten die Maxwellgleichungen in komplexer Schreibweise:

$$\begin{aligned}\operatorname{rot}\vec{H} &= j\omega\epsilon\,\vec{E} \\ \operatorname{rot}\vec{E} &= -j\omega\mu\,\vec{H} \\ \operatorname{div}\vec{E} &= 0 \\ \operatorname{div}\vec{H} &= 0\end{aligned}$$

---

[32] Der Ansatz $\vec{H} \sim \operatorname{rot}\vec{A}$ ist allerdings allgemeiner, da keine Raumladungsfreiheit vorausgesetzt werden muß.

Anstelle des Ansatzes
$$\vec{H} = \frac{1}{\mu} \, rot \, \vec{A},$$
der die letzte Gleichung implizit erfüllt, soll nun
$$\vec{E}' = rot \, \vec{A}'$$
angesetzt werden, was die vorletzte Gleichung implizit erfüllt. Die Striche wurden hinzugefügt, um zu verdeutlichen, daß es sich um einen anderen Potentialansatz handelt als zuvor. Man könnte nun völlig äquivalent wie am Anfang von Abschnitt 1.3.1.4 vorgehen, um die Helmholtzgleichung für das Vektorpotential herzuleiten. Dies kann man sich aber ersparen, wenn man die Symmetrie der Maxwellgleichungen ausnutzt. Vergleicht man die letzten beiden Gleichungen, so stellt man nämlich fest, daß der alte Ansatz in den neuen übergeht, wenn man $\vec{H}$ durch $\vec{E}'$ und $\vec{A}/\mu$ durch $\vec{A}'$ ersetzt. Schreibt man die Größen so um, so wird aus der vierten Maxwellgleichung die dritte:
$$div \, \vec{E}' = 0$$
Wenn aus der ersten Maxwellgleichung durch Umschreiben die zweite werden soll, muß man $j\omega\epsilon \, \vec{E}$ durch $-j\omega\mu \, \vec{H}'$, also $\vec{E}$ durch $-\mu/\epsilon \, \vec{H}'$ ersetzen. Damit geht auch die dritte Maxwellgleichung in die vierte über. Wie man leicht überprüft, wird durch alle diese Umbenennungen auch die zweite Maxwellgleichung zur ersten:
$$-\mu/\epsilon \, rot \, \vec{H}' = -j\omega\mu \, \vec{E}' \qquad \Rightarrow rot \, \vec{H}' = j\omega\epsilon \, \vec{E}'$$
Gleichung (1.159), die für $\vec{J} = 0$
$$\Delta\vec{A} + \omega^2\mu\epsilon \, \vec{A} = 0$$
lautet, bleibt durch die Umbenennung $\vec{A} \to \mu \vec{A}'$ unverändert:
$$\Delta\vec{A}' + \omega^2\mu\epsilon \, \vec{A}' = 0$$

Da durch die Umbenennungen nicht nur die Maxwellgleichungen in sich selbst überführt wurden, sondern auch die Helmholtzgleichung für das Vektorpotential, kann man auch die Zusammenhänge zwischen den Komponenten und dem Vektorpotential einfach umschreiben. Gleichung (1.163) geht dann über in
$$\vec{E}' = rot \, \vec{A}' = \frac{\partial A'_x}{\partial z} \, \vec{e}_y - \frac{\partial A'_x}{\partial y} \, \vec{e}_z, \tag{1.165}$$
und aus Gleichung (1.164) folgt
$$\vec{H}' = -\frac{1}{j\omega\mu} \left[\left(\omega^2\mu\epsilon - k_x^2\right) \, A'_x \, \vec{e}_x + \frac{\partial^2 A'_x}{\partial x \partial y} \, \vec{e}_y + \frac{\partial^2 A'_x}{\partial x \partial z} \, \vec{e}_z \right]. \tag{1.166}$$

Auch aus diesen beiden Gleichungen kann man durch zyklisches Vertauschen von x, y und z Beziehungen für eine andere Raum-Orientierung von $\vec{A}'$ gewinnen. Betrachtet man die Gleichungen (1.163) bis (1.166) für alle zyklischen Vertauschungen, so ergibt sich zusammenfassend Tabelle 1.4.

1.3. LÖSUNGSMETHODEN UND VERTIEFUNG DER GRUNDLAGEN

Tabelle 1.4: Fünfkomponentenwellen

$\vec{A}$	$\vec{H} = \frac{1}{\mu} \, rot \, \vec{A}$			$\vec{E} = rot \, \vec{A}$		
	$A_x \, \vec{e}_x$	$A_y \, \vec{e}_y$	$A_z \, \vec{e}_z$	$A_x \, \vec{e}_x$	$A_y \, \vec{e}_y$	$A_z \, \vec{e}_z$
H_x	0	$-\frac{1}{\mu}\frac{\partial A_y}{\partial z}$	$\frac{1}{\mu}\frac{\partial A_z}{\partial y}$	$-\frac{k^2-k_x^2}{j\omega\mu} A_x$	$-\frac{1}{j\omega\mu}\frac{\partial^2 A_y}{\partial y \partial x}$	$-\frac{1}{j\omega\mu}\frac{\partial^2 A_z}{\partial z \partial x}$
H_y	$\frac{1}{\mu}\frac{\partial A_x}{\partial z}$	0	$-\frac{1}{\mu}\frac{\partial A_z}{\partial x}$	$-\frac{1}{j\omega\mu}\frac{\partial^2 A_x}{\partial x \partial y}$	$-\frac{k^2-k_y^2}{j\omega\mu} A_y$	$-\frac{1}{j\omega\mu}\frac{\partial^2 A_z}{\partial z \partial y}$
H_z	$-\frac{1}{\mu}\frac{\partial A_x}{\partial y}$	$\frac{1}{\mu}\frac{\partial A_y}{\partial x}$	0	$-\frac{1}{j\omega\mu}\frac{\partial^2 A_x}{\partial x \partial z}$	$-\frac{1}{j\omega\mu}\frac{\partial^2 A_y}{\partial y \partial z}$	$-\frac{k^2-k_z^2}{j\omega\mu} A_z$
E_x	$\frac{k^2-k_x^2}{j\omega\mu\epsilon} A_x$	$\frac{1}{j\omega\mu\epsilon}\frac{\partial^2 A_y}{\partial y \partial x}$	$\frac{1}{j\omega\mu\epsilon}\frac{\partial^2 A_z}{\partial z \partial x}$	0	$-\frac{\partial A_y}{\partial z}$	$\frac{\partial A_z}{\partial y}$
E_y	$\frac{1}{j\omega\mu\epsilon}\frac{\partial^2 A_x}{\partial x \partial y}$	$\frac{k^2-k_y^2}{j\omega\mu\epsilon} A_y$	$\frac{1}{j\omega\mu\epsilon}\frac{\partial^2 A_z}{\partial z \partial y}$	$\frac{\partial A_x}{\partial z}$	0	$-\frac{\partial A_z}{\partial x}$
E_z	$\frac{1}{j\omega\mu\epsilon}\frac{\partial^2 A_x}{\partial x \partial z}$	$\frac{1}{j\omega\mu\epsilon}\frac{\partial^2 A_y}{\partial y \partial z}$	$\frac{k^2-k_z^2}{j\omega\mu\epsilon} A_z$	$-\frac{\partial A_x}{\partial y}$	$\frac{\partial A_y}{\partial x}$	0
$k^2 = \omega^2 \mu \epsilon = \omega^2/c^2$						

TEM-Welle Nicht unerwähnt bleiben sollen TEM-Wellen, bei denen sowohl das elektrische als auch das magnetische Feld transversal zur Ausbreitungsrichtung verläuft, also keine Feldkomponenten in Ausbreitungsrichtung vorhanden sind. TEM-Wellen können nicht im Rechteckhohlleiter auftreten, wohl aber im freien Raum (ϵ und μ seien konstant, $\rho = 0$ und $\vec{J} = 0$). Da man dort nicht durch Randbedingungen eingeschränkt wird, kann man annehmen, daß keinerlei x- und y-Abhängigkeit vorliegt. Man kann dann für eine sich in z-Richtung ausbreitende TEM-Welle beispielsweise das Vektorpotential als komplexe Amplitude

$$\vec{A} = A_0 \, e^{-jkz} \, \vec{e}_x$$

ansetzen — der Faktor $e^{j\omega t}$ ist nicht enthalten, ihm muß aber bei der Zeitableitung durch einen Faktor $j\omega$ Rechnung getragen werden. Wie man leicht durch Einsetzen in die Helmholtzgleichung (1.161) nachprüft, muß dann

$$k = \omega/c = \omega \, \sqrt{\mu\epsilon} \tag{1.167}$$

gelten. Für $\Phi = 0$ erhält man dann aus den Gleichungen (1.153) und (1.152) die Felder:

$$\vec{E} = -j\omega \, \vec{A} = -j\omega \, A_0 \, e^{-jkz} \, \vec{e}_x \tag{1.168}$$

$$\vec{H} = \frac{1}{\mu} \, rot \, \vec{A} = \frac{1}{\mu}\frac{\partial A_x}{\partial z} \, \vec{e}_y = \frac{-jk}{\mu} \, A_0 \, e^{-jkz} \, \vec{e}_y \tag{1.169}$$

Kürzt man die Koeffizienten mit $E_h = -j\omega \, A_0$ und $H_h = \frac{-jk}{\mu} A_0$ ab, so ergibt sich das Verhältnis

$$Z_F = \frac{E_h}{H_h} = \frac{\omega\mu}{k} = \sqrt{\frac{\mu}{\epsilon}},$$

das man als Feldwellenwiderstand bezeichnet. Schreibt man die soeben betrachtete, in z-Richtung hinlaufende Welle als

$$\vec{E} = E_h\, e^{-jkz}\, \vec{e}_x, \tag{1.170}$$

$$\vec{H} = H_h\, e^{-jkz}\, \vec{e}_y = \frac{E_h}{Z_F}\, e^{-jkz}\, \vec{e}_y, \tag{1.171}$$

so ist zu beachten, daß für eine rücklaufende Welle beim Magnetfeld ein Vorzeichenwechsel auftritt:

$$\vec{E} = E_r\, e^{+jkz}\, \vec{e}_x \tag{1.172}$$

$$\vec{H} = H_r\, e^{+jkz}\, \vec{e}_y = -\frac{E_r}{Z_F}\, e^{+jkz}\, \vec{e}_y \tag{1.173}$$

Das Vorzeichen erhält man, wenn man überall k durch $-k$ ersetzt (Der Feldwellenwiderstand $Z_F = \sqrt{\frac{\mu}{\epsilon}}$ ist definitionsgemäß stets positiv). Man kann es aber auch leicht erklären, wenn man die Welle geometrisch um 180° um die x-Achse dreht. Dann ändert sich nicht nur die Ausbreitungsrichtung, sondern auch die Orientierung des H-Feldes.

Polarisation Zusätzlich zur Klassifikation nach TE-, TM- oder TEM-Wellen teilt man Wellen auch nach ihrer Polarisation ein. Eine Welle nennt man beispielsweise linear polarisiert, wenn die Spitze des Feldstärkevektors eine gerade Strecke beschreibt. Vertikale und horizontale Polarisation sind Spezialfälle der linearen Polarisation, wobei man als Referenz die Erdoberfläche heranzieht. Auch elliptische Polarisation ist möglich, wenn die Spitze des Vektors eine Ellipse beschreibt. Meistens bezieht man sich bei der Polarisation auf den elektrischen Feldstärkevektor.

Die Potentialansätze der Elektrostatik, der Magnetostatik und der Elektrodynamik sind in Tabelle 1.5 einander gegenübergestellt. Man sieht, daß die Gleichungen der Elektrostatik und der Magnetostatik aus denen der Elektrodynamik folgen, wenn man die zeitlichen Ableitungen gleich null setzt.

In Tabelle 1.6 sind die für die Elektrostatik ladungsfreier Gebiete, die Magnetostatik stromfreier Gebiete und das stationäre Strömungsfeld gültigen Gleichungen einander gegenübergestellt. Die Gegenüberstellung macht die Analogie offensichtlich — Wenn man in der Spalte der Elektrostatik Φ, $\vec{D}$, $\vec{E}$ und ϵ gegen Ψ, $\vec{B}$, $\vec{H}$ und μ bzw. gegen Φ, $\vec{J}$, $\vec{E}$ und κ austauscht, ergeben sich nämlich die jeweils anderen Spalten. Aufgrund dieser Analogie lassen sich Problemstellungen dieser einzelnen Teilbereiche mit denselben Methoden lösen.

1.3.2 Skineffekt

Elektrische und magnetische Feldkomponenten sind bei zeitveränderlichen Feldern miteinander gekoppelt. Schreibt man für harmonische Zeitabhängigkeit die Maxwellgleichungen in komple-

1.3. LÖSUNGSMETHODEN UND VERTIEFUNG DER GRUNDLAGEN

Tabelle 1.5: Potentialansätze

Elektrostatik		Magnetostatik		Elektrodynamik	
$rot\ \vec{E} = 0$	(1.122)			$rot\ \vec{E} = -\dot{\vec{B}}$	(1.78)
		$rot\ \vec{H} = \vec{J}$	(1.138)	$rot\ \vec{H} = \vec{J} + \dot{\vec{D}}$	(1.77)
$div\ \vec{D} = \rho$	(1.123)			$div\ \vec{D} = \rho$	(1.80)
		$div\ \vec{B} = 0$	(1.139)	$div\ \vec{B} = 0$	(1.79)
$\vec{E} = -grad\ \Phi$	(1.124)			$\vec{E} = -\dot{\vec{A}} - grad\ \Phi$	(1.153)
$\vec{D} = -\epsilon\ grad\ \Phi$				$\vec{D} = -\epsilon\left(\dot{\vec{A}} + grad\ \Phi\right)$	(1.154)
		$\vec{H} = \frac{1}{\mu} rot\ \vec{A}$		$\vec{H} = \frac{1}{\mu} rot\ \vec{A}$	(1.152)
		$\vec{B} = rot\ \vec{A}$	(1.140)	$\vec{B} = rot\ \vec{A}$	(1.151)
$\Delta\Phi = -\frac{\rho}{\epsilon}$	(1.125)			$\Delta\Phi - \frac{1}{c^2}\ddot{\Phi} = -\frac{\rho}{\epsilon}$	(1.160)
		$\Delta\vec{A} = -\mu\ \vec{J}$	(1.142)	$\Delta\vec{A} - \frac{1}{c^2}\ddot{\vec{A}} = -\mu\ \vec{J}$	(1.159)
		$div\ \vec{A} = 0$	(1.141)	$div\ \vec{A} = -\mu\epsilon\ \dot{\Phi}$	(1.157)

Tabelle 1.6: Analogie zwischen Elektrostatik, Magnetostatik und stationärem Strömungsfeld

Elektrostatik für ladungsfreie Gebiete		Magnetostatik für stromfreie Gebiete		Stationäres Strömungsfeld	
$rot\ \vec{E} = 0$	(1.122)	$rot\ \vec{H} = 0$	(1.143)	$rot\ \vec{E} = 0$	(1.132)
$div\ \vec{D} = 0$		$div\ \vec{B} = 0$	(1.139)	$div\ \vec{J} = 0$	(1.134)
$\vec{E} = -grad\ \Phi$	(1.124)	$\vec{H} = -grad\ \Psi$	(1.144)	$\vec{E} = -grad\ \Phi$	(1.133)
$\Delta\Phi = 0$	(1.129)	$\Delta\Psi = 0$	(1.145)	$\Delta\Phi = 0$	(1.135)
$\vec{D} = \epsilon\vec{E}$	(1.83)	$\vec{B} = \mu\vec{H}$	(1.84)	$\vec{J} = \kappa\vec{E}$	(1.85)

xer Form (Die Zeitableitung geht dann in eine Multiplikation mit $j\,\omega$ über), so erhält man:

$$\text{rot } \vec{H} = (\kappa + j\,\omega\,\epsilon)\vec{E} \qquad (1.174)$$
$$\text{rot } \vec{E} = -j\,\omega\,\mu\vec{H} \qquad (1.175)$$

Die komplexe Darstellung ist sehr oft vorteilhaft. Für leitende Materialien mit $\kappa > 0$ kann man beispielsweise trotz der Ströme wie gewohnt $\text{rot }\vec{H} = j\omega\underline{\epsilon}\vec{E}$ schreiben, wenn man die komplexe Dielektrizitätskonstante

$$\underline{\epsilon} = \epsilon + \frac{\kappa}{j\omega} \approx \frac{\kappa}{j\omega}$$

definiert; dies ist aus Gleichung (1.174) ersichtlich. Die Näherung gilt natürlich nur für hinreichend gut leitende Materialien. Eine TEM-Welle, die sich im Leiter ausbreitet, hat dann nach wie vor die Abhängigkeit e^{-jkz}, wobei anstelle von Gleichung (1.167)

$$k = \omega\,\sqrt{\mu\underline{\epsilon}}$$

gilt. Mit der Näherung folgt

$$k = \sqrt{\omega\mu\kappa}\,\frac{1-j}{\sqrt{2}},$$

wobei der letzte Term die Wurzel aus $-j$ ist. Die Zerlegung $k = \beta - j\alpha$ liefert also

$$\alpha = \beta = \sqrt{\frac{\omega\mu\kappa}{2}}.$$

Den amplitudenbestimmenden Term in $e^{-jkz} = e^{-\alpha z}e^{-j\beta z}$ schreibt man oft auch als $e^{-\alpha z} = e^{-z/\delta}$, wobei

$$\delta = \frac{1}{\alpha} = \sqrt{\frac{2}{\omega\mu\kappa}} \qquad (1.176)$$

die sogenannte Eindringtiefe ist, bei der das Feld auf $1/e$ des Wertes an der Leiteroberfläche abgeklungen ist.

Das für gute Leiter schnelle Abklingen des Feldes zum Leiterinneren hin bezeichnet man als Skineffekt, da die Ströme zum größten Teil nur an der Oberfläche fließen. Man spricht in diesem Zusammenhang auch von Stromverdrängung oder Feldverdrängung, da das Feld mit steigender Frequenz immer mehr an die Leiteroberfläche verdrängt wird. Die Eindringtiefe δ nennt man auch „äquivalente Leitschichtdicke", da man für eine Abschätzung des Widerstandes eines Leiters bei hohen Frequenzen näherungsweise annehmen kann, daß der Strom in einem Streifen δ unter der Leiteroberfläche gleichverteilt ist und im Inneren verschwindet[33].

---

[33]Dies ist deshalb möglich, weil die Fläche unter einer Exponentialfunktion $f(z) = f(0)e^{-z/\delta}$ genauso groß ist wie die eines Rechtecks mit der Höhe $f(0)$ und der Breite δ:

$$\int_0^\infty J\,dz = \int_0^\infty J_0 e^{-z/\delta}\,dz = J_0\delta$$

Der insgesamt fließende Strom ist also derselbe; für kleine δ kann man die Integrale auch als Flächenstromdichte J_F deuten.

1.3. LÖSUNGSMETHODEN UND VERTIEFUNG DER GRUNDLAGEN

1.3.3 Verallgemeinerung ideal leitender Wände

In diesem Abschnitt sollen einige Überlegungen zu ideal leitenden Wänden angestellt werden, die für zeitveränderliche Felder einerseits und statische bzw. stationäre Felder andererseits relevant sind.

1.3.3.1 Harmonisch zeitveränderliche Felder

Wir legen nun in Gedanken das Koordinatensystem lokal so, daß für $z < 0$ eine elektrisch ideal leitende Wand vorliegt und die x- und y-Achsen tangential zur Grenzfläche bei $z = 0$ verlaufen. Dann gilt $E_x = 0$ und $E_y = 0$, so daß wegen Gleichung (1.7) und der zweiten Maxwellschen Gleichung (1.175) die z-Komponente der magnetischen Erregung verschwindet:

$$H_z = 0$$

Dies ist aber nichts anderes als die Normalkomponente H_n:

$$H_n = 0$$

Wie schon in Abschnitt 1.2.5.1 erwähnt wurde, ist in einer elektrisch ideal leitenden Wand kein elektrisches Feld vorhanden. Gemäß Gleichung (1.175) führt dies dazu, daß auch das magnetische Feld im Innern der elektrisch ideal leitenden Wand verschwindet. Handelt es sich bei der elektrisch ideal leitenden Wand um Medium 2, so daß $H_2 = 0$ gilt, so folgt für die Feldstärke im angrenzenden Medium 1 aus Gleichung (1.105)

$$H_{1t} = J_F.$$

Für die Tangentialkomponente der magnetischen Erregung an einer elektrisch ideal leitenden Wand gilt also

$$H_t = J_F.$$

Für die Oberfläche einer elektrisch ideal leitenden Wand erhält man damit zusammenfassend:

$$E_t = 0 \qquad (1.177)$$
$$D_n = \sigma \qquad (1.178)$$
$$H_t = J_F \qquad (1.179)$$
$$H_n = 0 \qquad (1.180)$$

Nimmt man anstelle der elektrisch ideal leitenden Wand eine magnetisch ideal leitende an, so folgt wegen $H_x = 0$ und $H_y = 0$ aus der ersten Maxwell-Gleichung (1.174) unter Verwendung von Gleichung (1.7), daß die Normalkomponente des elektrischen Feldes verschwindet:

$$E_z = 0$$

Für die magnetisch ideal leitende Wand gilt also zusammenfassend:

$$H_t = 0 \qquad (1.181)$$
$$E_n = 0 \qquad (1.182)$$

1.3.3.2 Statische Felder

Obwohl die Überlegungen des vorangegangenen Abschnitts eigentlich nur für zeitveränderliche Felder richtig sind, verwendet man die Definitionen (1.177) bis (1.180) für elektrisch und (1.181) bis (1.182) für magnetisch ideal leitende Wände gerne auch völlig allgemein.

In diesem Falle setzt man sich darüber hinweg, daß im statischen Fall elektrisches und magnetisches Feld voneinander entkoppelt sind. Obwohl beispielsweise in der Elektrostatik eine magnetische Wand mangels magnetischen Feldes gegenstandslos erscheint, definiert man trotzdem eine, auf der dann

$$E_n = 0$$

gilt. Diese Definition ist durchaus sinnvoll; sie stellt nämlich nichts anderes als eine Randbedingung für das elektrische Feld dar.

Die Sinnhaftigkeit der Verallgemeinerung unserer Definitionen ideal leitender Wände wird in Abschnitt 2.4 besonders deutlich. Dort wird nämlich in Aufgabe 2.5 gezeigt, daß in der Leitungstheorie trotz der Zeitabhängigkeit der Felder in jedem Leitungsquerschnitt die Grundgleichungen der Elektrostatik Gültigkeit besitzen. Dann ist es durchaus sinnvoll, den Leitungsquerschnitt mit den Methoden der Elektrostatik zu behandeln und trotzdem aufgrund der Zeitabhängigkeit der Felder magnetisch ideal leitende Wände zu berücksichtigen.

Nicht nur der soeben beschriebene Übergang von zeitveränderlichen zu statischen Feldern rechtfertigt unsere Definition. Die Normalkomponente E_n läßt sich nämlich in der Elektrostatik wegen $\vec{E} = -grad\,\Phi$ wie folgt aus dem Potential errechnen:

$$E_n = (-grad\,\Phi) \cdot \vec{e}_n = -\frac{\partial \Phi}{\partial n}$$

Die Randbedingung $E_n = 0$ auf der magnetisch ideal leitenden Wand geht somit über in die Neumannsche Randbedingung

$$\frac{\partial \Phi}{\partial n} = 0.$$

Oft betrachtet man in der Elektrostatik Innenraumprobleme, bei denen das interessierende Gebiet von magnetisch und elektrisch ideal leitenden Wänden begrenzt ist. Bei der genannten Definition der magnetisch ideal leitenden Wände liegen dann demnach ausschließlich Dirichletsche oder Neumannsche Randbedingungen vor. Gemäß Abschnitt 1.3.1.1 stellt dies die Eindeutigkeit der Lösung sicher. Auch aus dieser Sicht ist die Definition magnetischer Wände in der Elektrostatik also sinnvoll.

Völlig analog lassen sich in der Magnetostatik elektrisch ideal leitende Wände definieren, auf denen dann konsequenterweise $H_n = 0$ gilt.

1.3.3.3 Leiteroberflächen im stationären Strömungsfeld

Gemäß Gleichung (1.134) gilt im stationären Strömungsfeld

$$div \vec{J} = 0,$$

was wegen der Kontinuitätsgleichung (1.82)

$$div \vec{J} = -\frac{\partial \rho}{\partial t}$$

auf

$$\frac{\partial \rho}{\partial t} = 0$$

führt. Damit kann die auf einer Grenzfläche vorhandene Flächenladung $\sigma = \int \rho \, dn$ ebenfalls nicht von der Zeit abhängen:

$$\frac{\partial \sigma}{\partial t} = 0$$

Für die Grenzfläche zwischen zwei Medien folgt damit aus der Stetigkeitsbedingung (1.109) der Spezialfall

$$J_{2n} - J_{1n} = 0.$$

Betrachtet man nun die Grenzfläche zwischen einem Leiter und einem Nichtleiter, so folgt hieraus, daß auch im Leiter an der Oberfläche

$$J_n = 0$$

gilt. Wegen $\vec{J} = \kappa \vec{E}$ gilt damit zwangsläufig auch

$$E_n = 0.$$

Wenn man hier dieselbe Definition für magnetisch ideal leitende Wände zugrunde legt wie im letzten Abschnitt, dann kommt man zu dem Schluß, daß man im stationären Strömungsfeld die dem umgebenden Nichtleiter zugewandte Leiteroberfläche durch eine magnetisch ideal leitende Wand ersetzen darf. Wegen des auch beim stationären Strömungsfeld gültigen Ansatzes (1.133)

$$\vec{E} = -grad \, \Phi$$

gilt dann an der Leiteroberfläche

$$\frac{\partial \Phi}{\partial n} = 0;$$

die magnetisch ideal leitende Wand stellt also wie in der Elektrostatik eine Neumannsche Randbedingung dar.

1.3.4 Power-Loss-Methode

In Abschnitt 1.3.2 über den Skineffekt wurde erwähnt, daß man für die Abschätzung des Widerstandes eines Leiters bei hohen Frequenzen näherungsweise annehmen kann, daß der Strom in einem Streifen δ unter der Leiteroberfläche gleichverteilt ist und im Inneren verschwindet. Diese Annahme liegt auch der sogenannten „Power-Loss-Methode" zugrunde. Bei ihr bestimmt man zunächst das Magnetfeld an der Leiteroberfläche für den Fall verlustloser Leiter. Man nimmt dann an, daß dieses Magnetfeld durch die endliche Leitfähigkeit nicht wesentlich gestört wird. Das Magnetfeld liefert dann den Strom an der Leiteroberfläche, die äquivalente Leitschichtdicke δ eine Annahme für seine Verteilung. So lassen sich näherungsweise Verlustleistung und ohmscher Widerstand bestimmen. Näherungsweise gilt $H_t = J_F = \int J dz \approx J\delta$, wenn senkrecht zur Leiteroberfläche integriert wird. Für die Verlustleistung einer Leitung erhält man bei Benutzung komplexer Amplituden näherungsweise

$$P_{verl} = \frac{1}{2} \int \frac{|\vec{J}|^2}{\kappa} dV \approx \frac{1}{2} \int \frac{|\vec{H}_t|^2}{\kappa \, \delta^2} dV \approx \frac{1}{2} \int \frac{|\vec{H}_t|^2}{\kappa \, \delta} dA = \frac{1}{2} \int |\vec{H}_t|^2 \sqrt{\frac{\omega\mu}{2\kappa}} \, dA.$$

Es ist also im Leitungsquerschnitt nur noch über die Leiteroberfläche zu integrieren.

1.3.5 Bezüge zur Optik

Wir betrachten elektromagnetische Wellen in Raumteilen mit konstantem μ, konstantem ϵ sowie $\rho = 0$ und $\vec{J} = 0$, so daß es legitim ist, $\Phi = 0$ zu setzen. Wegen Gleichung (1.153) gilt dann $\vec{E} = -j\omega \vec{A}$, wenn man mit komplexen Amplituden arbeitet. Gemäß Gleichung (1.159) ist dann die Helmholtzgleichung

$$\Delta \vec{E} + \frac{\omega^2}{c^2} \vec{E} = 0$$

zu erfüllen, die man natürlich auch ohne Umweg über das Vektorpotential aus den Maxwellgleichungen ableiten kann. Der aus einem Separationsansatz gewonnene Ausdruck

$$\vec{E} = \vec{E}_0 \, e^{-jk_x x} \, e^{-jk_y y} \, e^{-jk_z z} = \vec{E}_0 \, e^{-j\vec{k}\cdot\vec{r}}$$

mit konstantem $\vec{E}_0$ erfüllt die Helmholtzgleichung $\Delta \vec{E} + k^2 \vec{E} = 0$ für $k^2 = \frac{\omega^2}{c^2} = k_x^2 + k_y^2 + k_z^2$. Die zugehörige magnetische Erregung erhält man aus der zweiten Maxwellschen Gleichung in komplexer Schreibweise:

$$rot \, \vec{E} = -j\omega\mu\vec{H}$$

Für H_x führt dies auf

$$H_x = -\frac{1}{j\omega\mu} \left(\frac{\partial E_z}{\partial y} - \frac{\partial E_y}{\partial z} \right) = -\frac{1}{j\omega\mu} \left(-jk_y E_z + jk_z E_y \right) = \frac{1}{\omega\mu} \left(k_y E_z - k_z E_y \right).$$

Die anderen Komponenten erhält man analog, und es gilt

$$\vec{H} = \frac{\vec{k} \times \vec{E}}{\omega\mu}. \tag{1.183}$$

1.3. LÖSUNGSMETHODEN UND VERTIEFUNG DER GRUNDLAGEN

Hieraus folgt $\vec{E} \cdot \vec{H} = 0$, so daß Magnetfeld und elektrisches Feld senkrecht aufeinander stehen. Aus $\text{div } \vec{E} = 0$ folgt

$$(-jk_x E_{0x} - jk_y E_{0y} - jk_z E_{0z}) e^{-jk_x x} e^{-jk_y y} e^{-jk_z z} = 0,$$

also $\vec{k} \cdot \vec{E}_0 = 0$ und $\vec{k} \cdot \vec{E} = 0$. Analog folgen aus $\text{div } \vec{H} = 0$ die Beziehungen $\vec{k} \cdot \vec{H}_0 = 0$ und $\vec{k} \cdot \vec{H} = 0$.

Der Poynting-Vektor, der die Richtung der transportierten Leistung festlegt, lautet gemäß Gleichung (1.183)

$$\vec{S} = \vec{E} \times \vec{H}^* = \frac{\vec{E} \times (\vec{k} \times \vec{E}^*)}{\omega \mu} = \frac{\vec{k}(\vec{E} \cdot \vec{E}^*) - \vec{E}^*(\vec{E} \cdot \vec{k})}{\omega \mu} = \vec{k}\frac{|\vec{E}|^2}{\omega \mu}.$$

Somit legt der sogenannte Wellenvektor $\vec{k}$ die Ausbreitungsrichtung der Welle fest. Wegen $\vec{k} \cdot \vec{E} = 0$ und $\vec{k} \cdot \vec{H} = 0$ haben wir mit unserem Ansatz offenbar eine TEM-Welle erzeugt[34]. Im Gegensatz zu früher hat die TEM-Welle jetzt aber eine beliebige Ausrichtung im Raum.

Lichtstrahlen sind bekanntlich elektromagnetische Wellen. Deshalb müssen die Gesetze der geometrischen Optik mit der elektromagnetischen Feldtheorie im Einklang stehen. Wir zeigen deshalb kurz, daß das aus der geometrischen Optik bekannte Reflexionsgesetz „Einfallswinkel gleich Ausfallswinkel" mit der Feldtheorie kompatibel ist, wenn man das Licht als TEM-Welle modelliert. Als Beispiel betrachten wir eine ideal leitende, spiegelnde Wand bei $z = 0$. Die TEM-Welle

$$\vec{E}_h = \vec{E}_{0h} \, e^{-j\vec{k}_h \cdot \vec{r}}$$

falle aus negativer z-Richtung kommend auf diese Wand, wobei

$$\vec{k}_h = k_{hx} \, \vec{e}_x + k_{hy} \, \vec{e}_y + k_{hz} \, \vec{e}_z$$

mit $k_{hz} > 0$ beliebig orientiert sei. Wenn das Reflexionsgesetz gilt, muß der Wellenvektor der reflektierten Welle durch

$$\vec{k}_r = k_{rx} \, \vec{e}_x + k_{ry} \, \vec{e}_y + k_{rz} \, \vec{e}_z = k_{hx} \, \vec{e}_x + k_{hy} \, \vec{e}_y - k_{hz} \, \vec{e}_z$$

gegeben sein, denn die Beträge von $\vec{k}_h$ und $\vec{k}_r$ müssen gleich sein, da hinlaufende und reflektierte Welle sich im selben Medium ausbreiten. Mit

$$\vec{E}_r = \vec{E}_{0r} \, e^{-j\vec{k}_r \cdot \vec{r}}$$

folgt für das gesamte elektrische Feld

$$\vec{E} = \vec{E}_h + \vec{E}_r = e^{-jk_{hx}x} \, e^{-jk_{hy}y} \left(\vec{E}_{0h} \, e^{-jk_{hz}z} + \vec{E}_{0r} \, e^{+jk_{hz}z} \right).$$

---

[34]TEM-Wellen sind ebene Wellen; ihre Felder hängen nur der Ausbreitungsrichtung ab. In Gebieten mit Raumladung sind auch ebene Wellen mit Longitudinalkomponenten möglich.

Die Tangentialkomponente verschwindet nur dann bei $z = 0$ für alle x und alle y, wenn $E_{0rx} = -E_{0hx}$ und $E_{0ry} = -E_{0hy}$ gilt. Man kann leicht prüfen, daß damit auch die Randbedingung $H_z = H_{hz} + H_{rz} = 0$ erfüllt ist. E_{0rz} kann nicht frei gewählt werden, da aus $div\,\vec{E} = 0$

$$e^{-jk_{hx}x}e^{-jk_{hy}y} \cdot \left[e^{-jk_{hz}z}(-jk_{hx}E_{0hx} - jk_{hy}E_{0hy} - jk_{hz}E_{0hz}) + \right. \\ \left. + \; e^{+jk_{hz}z}(-jk_{hx}E_{0rx} - jk_{hy}E_{0ry} + jk_{hz}E_{0rz}) \right] = 0$$

folgt. Beide Klammerausdrücke verschwinden nur für $E_{0hz} = E_{0rz}$. Damit ist gezeigt, daß sich die Randbedingung $E_t = 0$ erfüllen läßt, wenn man den Ausfallswinkel für die reflektierte Welle gleich dem Einfallswinkel für die ursprüngliche Welle setzt.

Dieses einfache Beispiel zeigt, wie man mit Hilfe von TEM-Wellen einen Bezug zur geometrischen Optik herstellen kann. Auf ähnliche Weise läßt sich auch das Brechungsgesetz verifizieren, wenn man für $z < 0$ ein Medium 1 und für $z > 0$ ein Medium 2 vorgibt. Man muß dann zusätzlich zur im Medium 1 hinlaufenden und reflektierten Welle eine gebrochene Welle im Medium 2 ansetzen. Anstelle der Randbedingung $E_t = 0$ sind dann die Stetigkeitsbedingungen $E_{t1} = E_{t2}$, $D_{n1} = D_{n2}$, $H_{t1} = H_{t2}$ und $B_{n1} = B_{n2}$ zu überprüfen.

Es ist zwar beruhigend, überprüft zu haben, daß TEM-Wellen und das Licht in der geometrischen Optik denselben Gesetzmäßigkeiten unterliegen. Man sollte solche Herleitungen aber auch nicht überbewerten. Eine TEM-Welle ist schließlich nur eine grobe Näherung für einen Lichtstrahl endlicher Ausdehnung — insbesondere, wenn das Licht auf eine gekrümmte Fläche wie eine Linsenoberfläche fällt. Außerdem können mit der geometrischen Optik Beugungserscheinungen nicht erfaßt werden, wie sie zum Beispiel in [3, 4] behandelt werden.

1.3.6 Elektrostatisches Potential für eine beliebige Ladungsverteilung

Um einige grundlegende Methoden der Theorie elektromagnetischer Felder darzustellen, soll in diesem Abschnitt das elektrostatische Potential einer beliebigen Ladungsverteilung hergeleitet werden. Hierzu wird das elektrische Feld einer Punktladung und das zugehörige Potential berechnet. Eine allgemeine Ladungsverteilung kann man sich dann aus einzelnen Punktladungen zusammengesetzt vorstellen. Das Gesamtfeld und damit das resultierende Potential gewinnt man per Superposition, was aufgrund der Linearität der Poissongleichung zulässig ist.

1.3.6.1 Symmetriebetrachtung bei der Punktladung

In der Theorie elektromagnetischer Felder spielen Symmetrieüberlegungen oft eine große Rolle. Besonders deutlich wird dies beim elektrostatischen Feld einer Punktladung Q. Im folgenden ist zu beachten, daß elektrostatische Probleme gemäß Regel 1.1 immer nur eine eindeutige Lösung besitzen können.

1.3. LÖSUNGSMETHODEN UND VERTIEFUNG DER GRUNDLAGEN

Wir nehmen zunächst an, daß das elektrische Feld der Punktladung nicht kugelsymmetrisch ist. Dann würde man von zwei verschiedenen Positionen aus zwar aufgrund der Kugelsymmetrie der Punktladung die gleiche Anordnung sehen, jedoch zwei unterschiedliche Felder beobachten. Ein und dieselbe Anordnung hätte also zwei verschiedene elektrische Felder. Die Annahme, daß das Feld der Punktladung nicht kugelsymmetrisch ist, muß also falsch sein. Wir haben somit einen indirekten Beweis dafür gefunden, daß das Feld der Punktladung kugelsymmetrisch sein muß.

Die elektrische Verschiebungsdichte kann also in Kugelkoordinaten nur von r abhängen, nicht von φ oder ϑ:

$$\vec{D} = \vec{D}(r) = D_r(r)\,\vec{e}_r + D_\varphi(r)\,\vec{e}_\varphi + D_\vartheta(r)\,\vec{e}_\vartheta$$

Die Komponenten D_φ und D_ϑ müssen aufgrund derselben Argumentation gleich null sein; wären sie es nicht, so ließen sich aus zwei verschiedenen Blickrichtungen auf die Punktladung verschiedene Felder beobachten (z.B. wenn sich der Beobachter einmal bei $\vartheta = 0$ und einmal bei $\vartheta = \pi/2$ befindet).

Der Leser mag vielleicht bezweifeln, daß die Symmetrie-Argumentation tatsächlich stichhaltig ist, da auf die Anschauung zurückgegriffen wurde; bisweilen trügt der „gesunde Menschenverstand", wie exakte mathematische Herleitungen zeigen. Solche Zweifel stören hier aber nicht, da wir die Gleichung

$$\vec{D} = D_r(r)\,\vec{e}_r \tag{1.184}$$

lediglich als Arbeitshypothese benötigen. Wie wir gleich sehen werden, führt diese Arbeitshypothese tatsächlich auf ein gültiges elektrostatisches Feld, und da es gemäß Regel 1.1 nur eine Lösung geben kann, wird die Hypothese a posteriori gerechtfertigt.

1.3.6.2 Feld einer Punktladung

Im folgenden soll die elektrische Verschiebungsdichte einmal mit der Integralform und einmal mit der Differentialform der Maxwellschen Gleichungen berechnet werden.

Berechnung mit Hilfe der Maxwellschen Gleichungen in Integralform Wir setzen Gleichung (1.184) in die vierte Maxwellsche Gleichung (1.92) ein und erhalten:

$$\oint_{\partial V} D_r(r)\,\vec{e}_r \cdot d\vec{A} = Q$$

Als Volumen V wählen wir eine Kugel vom Radius r, in deren Mittelpunkt die Punktladung Q liegt. Dann gilt $d\vec{A} = dA\,\vec{e}_r$, und $D_r(r)$ ist auf der Hüllfläche konstant. Es folgt also:

$$\oint_{\partial V} D_r(r)\,dA = Q$$

$$\Rightarrow D_r(r) \oint_{\partial V} dA = Q$$

Die Hüllfläche ist die Kugeloberfläche, so daß ihr Flächeninhalt $\oint_{\partial V} dA$ gleich $4\pi r^2$ ist:

$$D_r(r)\, 4\pi r^2 = Q$$

Mit Gleichung (1.184) folgt schließlich:

$$\vec{D} = \frac{Q}{4\pi r^2}\, \vec{e}_r \qquad (1.185)$$

Berechnung mit Hilfe der Maxwellschen Gleichungen in Differentialform Zur Berechnung des Feldes können wir von Gleichung (1.123), also von

$$div\, \vec{D} = \rho$$

ausgehen. Für $r > 0$ sind keine Ladungen vorhanden, so daß $\rho = 0$ gilt:

$$div\, \vec{D} = 0$$

In Kugelkoordinaten erhält man daraus mit Gleichung (1.38):

$$\frac{\partial D_r}{\partial r} + \frac{\partial D_\vartheta}{\partial \vartheta}\frac{1}{r} + \frac{\partial D_\varphi}{\partial \varphi}\frac{1}{r\, sin\, \vartheta} + D_r\frac{2}{r} + D_\vartheta \frac{cos\, \vartheta}{r\, sin\, \vartheta} = 0$$

Da die Komponenten D_ϑ und D_φ gemäß Gleichung (1.184) gleich null sind und D_r nur von r abhängen kann, erhält man hieraus:

$$\frac{dD_r}{dr} + D_r\frac{2}{r} = 0$$

Diese Differentialgleichung löst man am besten durch Separation der Veränderlichen, indem man mit dr multipiziert, durch D_r dividiert und anschließend integriert[35]:

$$\int \frac{dD_r}{D_r} = -\int \frac{2\, dr}{r}$$

$$\Rightarrow ln\, |D_r| = -2\, ln\, |r| + C_3$$

$$\Rightarrow |D_r| = e^{-2\, ln\, |r| + C_3} = C_4 \cdot \left(e^{ln\, |r|}\right)^{-2} = C_4 \cdot |r|^{-2}$$

Hierbei wurde $C_4 = e^{C_3}$ definiert. Man erhält schließlich:

$$D_r(r) = \frac{const}{r^2}$$

---

[35] Aus der Theorie gewöhnlicher Differentialgleichungen ist bekannt, daß eine solche Vorgehensweise zulässig ist, obwohl Differentialquotienten keine echten Quotienten sind.

1.3. LÖSUNGSMETHODEN UND VERTIEFUNG DER GRUNDLAGEN

Man erhält also dieselbe Abhängigkeit von r wie mit der Integralform der Maxwellschen Gleichungen. Allerdings ist die Konstante im Zähler nicht bestimmbar, wenn keine Stetigkeitsbedingung vorliegt, die den Übergang zwischen dem unendlich kleinen ladungserfüllten Raum und dem restlichen Raum für $r > 0$ beschreibt.

Man kann also festhalten: Die Maxwellschen Gleichungen in Integralform sind allgemeingültiger als die in Differentialform, da sie die Stetigkeitsbedingungen zwischen verschiedenen Raumteilen beinhalten. Trotzdem hat auch die Differentialform ihre Berechtigung. Wir haben nämlich gesehen, daß sich die Integralform nur dann anwenden läßt, wenn bestimmte Symmetrien der Anordnung vorliegen, da dann die Hüllflächen so speziell gewählt werden können, daß sich die Integrale direkt berechnen lassen. Die Differentialform läßt sich hingegen auch dann gut anwenden, wenn keine Symmetrien erkennbar sind. Dies wird in Kapitel 2 besonders deutlich.

1.3.6.3 Potential einer Punktladung

Aus der elektrischen Verschiebungsdichte läßt sich das Potential einfach bestimmen. Mit Gleichung (1.128) gilt nämlich

$$\Phi = \Phi_1 - \int \vec{E} \cdot d\vec{s} = \Phi_1 - \int \frac{\vec{D}}{\epsilon} \cdot d\vec{s}$$

Setzt man Gleichung (1.185) ein, so erhält man:

$$\Phi = \Phi_1 - \int \frac{Q}{4\pi\epsilon r^2} \vec{e}_r \cdot d\vec{s}$$

Wir wissen, daß das Potential ebenso wie die Spannung nicht vom Integrationsweg abhängt, sondern lediglich vom Anfangs- und Endpunkt der gewählten Kurve. Deshalb können wir das Integral vereinfachen, indem wir stets $d\vec{s} = dr\,\vec{e}_r$ setzen, also in radialer Richtung integrieren:

$$\Phi = \Phi_1 - \int \frac{Q}{4\pi\epsilon r^2}\, dr = \frac{Q}{4\pi\epsilon r} + const.$$

In der Regel fordert man, daß im Unendlichen das Potential gleich null sein soll, so daß die Integrationskonstante wegfällt:

$$\Phi = \frac{Q}{4\pi\epsilon r} \qquad (1.186)$$

1.3.6.4 Potential einer beliebigen Ladungsverteilung

Wie oben bereits angedeutet wurde, soll nun aus dem Potential der Punktladung das Potential einer beliebigen Ladungsverteilung durch Superposition hergeleitet werden. Hierzu verallgemeinern wir das Ergebnis zunächst für den Fall, daß sich die Ladung Q nicht im Ursprung des

Koordinatensystemes befindet, sondern an einem Punkt, der durch den Ortsvektor $\vec{r}_0$ gekennzeichnet ist. Den Aufpunkt, an dem die Feldstärke gemessen wird, bezeichnen wir mit dem Ortsvektor $\vec{r}\,'$. Es ist dann klar, daß der Vektor

$$\vec{r} = \vec{r}\,' - \vec{r}_0$$

von der Punktladung zum Aufpunkt zeigt. Die Komponenten von $\vec{r}$ entsprechen also den Koordinaten, für die Gleichung (1.186)

$$\Phi = \frac{Q}{4\pi\epsilon r}$$

hergeleitet wurde. Mit

$$r = |\vec{r}| = |\vec{r}\,' - \vec{r}_0|$$

folgt daraus:

$$\Phi = \frac{Q}{4\pi\epsilon\,|\vec{r}\,' - \vec{r}_0|}$$

Wenn nun statt Q mehrere Teilladungen ΔQ_i an verschiedenen Orten $\vec{r}_0 = \vec{r}_{0i}$ vorliegen, erhält man das Gesamtpotential durch Superposition:

$$\Phi_{ges} = \sum_{i=1}^{n} \frac{\Delta Q_i}{4\pi\epsilon\,|\vec{r}\,' - \vec{r}_{0i}|}$$

Wir nehmen nun an, daß jede der n Ladungen ΔQ_i in einem Volumen ΔV_i gleichmäßig verteilt ist. Dies ist natürlich nur für unendlich kleine Volumina ΔV_i richtig, so daß die Annahme zunächst nur näherungsweise gültig ist. Dann läßt sich eine Raumladungsdichte

$$\rho_i = \frac{\Delta Q_i}{\Delta V_i}$$

definieren, was auf die Näherungsgleichung

$$\Phi_{ges} \approx \sum_{i=1}^{n} \frac{\rho_i\,\Delta V_i}{4\pi\epsilon\,|\vec{r}\,' - \vec{r}_{0i}|}$$

führt. Definiert man nun $\rho_i = 0$ für alle Raumteile, in denen keine Ladung enthalten ist, so ist diese Näherungsgleichung auch für andere Raumteile außer den bisher betrachteten n Volumina gültig. Wir summieren jetzt also nicht mehr bloß über die n einzelnen Ladungen, sondern über alle $m > n$ Raumteile eines beliebigen Volumens V, das alle Ladungen enthält:

$$\Phi_{ges} \approx \sum_{i=1}^{m} \frac{\rho_i\,\Delta V_i}{4\pi\epsilon\,|\vec{r}\,' - \vec{r}_{0i}|}$$

Im nächsten Schritt lassen wir die Volumina ΔV_i gegen null und damit $m \to \infty$ gehen, so daß aus der Näherungsgleichung eine exakte Gleichung wird. Die Summe geht dabei gemäß Gleichung (1.52) in ein Raumintegral über:

$$\Phi_{ges} = \int_V \frac{\rho(\vec{r}_0)\,dV_0}{4\pi\epsilon\,|\vec{r}\,' - \vec{r}_0|} \tag{1.187}$$

1.3. LÖSUNGSMETHODEN UND VERTIEFUNG DER GRUNDLAGEN

Damit haben wir das elektrostatische Potential einer beliebigen Ladungsverteilung vollständig bestimmt. Es handelt sich dabei zwangsläufig um die allgemeine Lösung der Poissongleichung (1.125)

$$\Delta \Phi = -\frac{\rho}{\epsilon}.$$

Bemerkenswert dabei ist, daß wir zur Lösung dieser partiellen Differentialgleichung nicht von der Gleichung selbst ausgegangen sind, sondern von den Maxwellgleichungen. Das mathematische Ganzraumproblem konnte also aus der physikalischen Anschauung heraus gelöst werden.

1.3.6.5 Delta-Distribution und Fundamentallösung der Poissongleichung

Das soeben erzielte Ergebnis, nämlich die Darstellung einer Lösung der Poissongleichung durch ein Integral über eine Anregungsfunktion, läßt sich mit Hilfe der Distributionentheorie sehr anschaulich deuten.

Gemäß Gleichung (1.66) darf man als Definition für die Diracsche Delta-Distribution symbolisch schreiben:

$$f(x_0) = \int f(x)\, \delta(x - x_0)\, dx$$

Das Intervall, über das integriert wird, muß natürlich den Wert x_0 beinhalten, an dem die Delta-Distribution quasi unendlich groß wird — ansonsten wäre das Integral gleich null.

Die dreidimensionale Delta-Distribution definiert man als

$$\delta(\vec{r}) = \delta(x)\, \delta(y)\, \delta(z),$$

wobei $\vec{r} = (x, y, z)$ gesetzt wurde. Damit ergibt das Raumintegral

$$\int f(\vec{r})\, \delta(\vec{r} - \vec{r}_0)\, dV$$

den Wert $f(\vec{r}_0)$, wenn das Integrationsgebiet den Punkt $\vec{r}_0$ beinhaltet.

Nimmt man nun in der Gleichung

$$\Delta \Phi = -\frac{\rho}{\epsilon}$$

gemäß

$$-\frac{\rho}{\epsilon} = \delta(\vec{r})$$

als Anregung die Diracsche Delta-Distribution an, so erhält man aus Gleichung (1.187) folgende Lösung:

$$\begin{aligned} \Phi(\vec{r}) &= \int_V \frac{\rho(\vec{r}_0)\, dV_0}{4\pi\epsilon\, |\vec{r} - \vec{r}_0|} = \\ &= -\int_V \frac{\delta(\vec{r}_0)\, dV_0}{4\pi\, |\vec{r} - \vec{r}_0|} = \\ &= -\frac{1}{4\pi\, |\vec{r}|} \end{aligned}$$

Als Lösung der Gleichung
$$\Delta\Phi = \delta(\vec{r})$$
erhält man also
$$\Phi(\vec{r}) = -\frac{1}{4\pi\,|\vec{r}|}. \tag{1.188}$$

Diesen Ausdruck bezeichnet man auch als eine Fundamentallösung bzw. Grundlösung der Poissongleichung, da als Anregung bzw. rechte Seite der Differentialgleichung die Diracsche Delta-Distribution genommen wurde.

Zusammengefaßt gilt offenbar:
$$\Delta\frac{1}{|\vec{r}|} = -4\pi\,\delta(\vec{r}) \tag{1.189}$$

Die Arbeit mit Fundamentallösungen besitzt den Vorteil, daß man daraus relativ leicht die Lösung für beliebige Anregungen konstruieren kann. Hierzu geht man wie folgt vor:

Zunächst führen wir in Gleichung (1.188) eine Koordinatenverschiebung durch, so daß die Anregung bei $\vec{r} = \vec{r}_L$ statt bei $\vec{r} = 0$ ist. Dann ist

$$\Phi(\vec{r} - \vec{r}_L) = -\frac{1}{4\pi\,|\vec{r} - \vec{r}_L|} \tag{1.190}$$

die Lösung von
$$\Delta\Phi(\vec{r} - \vec{r}_L) = \delta(\vec{r} - \vec{r}_L). \tag{1.191}$$

Wegen
$$f(\vec{r}) = \int f(\vec{r}_L)\,\delta(\vec{r} - \vec{r}_L)\,dV_L$$

folgt aus Gleichung (1.191) nach Multiplikation mit $f(\vec{r}_L)$ und Integration:

$$\int f(\vec{r}_L)\,\Delta\Phi(\vec{r} - \vec{r}_L)\,dV_L = f(\vec{r})$$

$$\Rightarrow \Delta\left(\int \Phi(\vec{r} - \vec{r}_L)\,f(\vec{r}_L)\,dV_L\right) = f(\vec{r})$$

Damit ist klar, daß man die Lösung Ψ der inhomogenen Poissongleichung

$$\Delta\Psi(\vec{r}) = f(\vec{r})$$

erhält, indem man das Faltungsintegral der Fundamentallösung Φ mit der Anregung f bildet:

$$\Psi(\vec{r}) = \int \Phi(\vec{r} - \vec{r}_L)\,f(\vec{r}_L)\,dV_L$$

1.3. LÖSUNGSMETHODEN UND VERTIEFUNG DER GRUNDLAGEN

Setzt man nun die Fundamentallösung (1.188) ein, so folgt:

$$\Psi(\vec{r}) = -\int \frac{1}{4\pi|\vec{r}-\vec{r}_L|}\, f(\vec{r}_L)\, dV_L$$

Wir sehen, daß diese allgemeine Lösung mit Gleichung (1.187) übereinstimmt, wenn man $f = -\frac{\rho}{\epsilon}$ setzt.

Der soeben aufgezeigte Weg, wie man aus einer Fundamentallösung mit Hilfe der Faltung eine allgemeine Lösung einer Differentialgleichung gewinnt, läßt sich natürlich auch auf andere partielle Differentialgleichungen übertragen.

1.3.7 Lösung der Wellengleichung

In diesem Abschnitt soll eine Lösung für die inhomogene Wellengleichung

$$\Delta\Phi - \frac{1}{c_0^2}\frac{\partial^2\Phi}{\partial t^2} = -\frac{\rho}{\epsilon} \qquad (1.192)$$

gefunden werden. Um den Weg dorthin für den Leser besonders anschaulich zu machen, soll in kleinen Schritten vorangegangen werden. Hier — wie bei vielen anderen Dingen auch — ist es ratsam, anstelle des eigentlichen Problems zunächst Vereinfachungen desselben zu betrachten.

1.3.7.1 Eindimensionale homogene Wellengleichung

Wir gehen deshalb zunächst von der homogenen Wellengleichung aus und betrachten nur eine Veränderliche:

$$\frac{\partial^2\Phi}{\partial x^2} - \frac{1}{c_0^2}\frac{\partial^2\Phi}{\partial t^2} = 0$$

$$\Rightarrow \frac{\partial^2\Phi}{\partial x^2} = \frac{1}{c_0^2}\frac{\partial^2\Phi}{\partial t^2} \qquad (1.193)$$

Wäre c_0 nicht vorhanden, so könnte man durch den Ansatz

$$\Phi(x,t) = f(x+t)$$

erreichen, daß die Ableitung von Φ nach x und die von Φ nach t gleich sind, was durch Anwendung der Kettenregel bestätigt wird. Von dieser Überlegung ausgehend, ist es nicht schwer, bei jeder Ableitung nach t den Faktor c_0 zu erzeugen. Man braucht nämlich nur

$$\Phi(x,t) = f(x+c_0 t)$$

zu setzen, und Gleichung (1.193) ist erfüllt. Ersetzt man hier c_0 durch $-c_0$, so wird bei jedem Ableiten nach t der Faktor $-c_0$ erzeugt, was ebenfalls die homogene eindimensionale Wellengleichung (1.193) erfüllt.

$$\Phi(x,t) = f(x - c_0 t)$$

ist also auch eine mögliche Lösung. Welche Funktion $f(\xi)$ man ansetzt, ist hierbei offenbar völlig gleichgültig. Die Welle kann also eine beliebige Form haben, festgelegt ist nur ihr Fortschreiten entlang der x-Achse. Das Fortschreiten erfolgt offenbar mit der Geschwindigkeit c_0, die durch den Koeffizienten $-1/c_0^2$ von $\frac{\partial^2 \Phi}{\partial t^2}$ in Gleichung (1.192) festgelegt ist.

1.3.7.2 Dreidimensionale homogene Wellengleichung

Wir gehen nun zum uns eigentlich interessierenden, dreidimensionalen Fall über, betrachten jedoch weiterhin nur die homogene Wellengleichung:

$$\Delta \Phi - \frac{1}{c_0^2} \frac{\partial^2 \Phi}{\partial t^2} = 0$$

In der Elektrostatik hatten wir festgestellt, daß eine kugelförmige oder punktförmige Ladung ein Feld erzeugt, dessen Betrag nur vom Abstand r zwischen Ladung und Aufpunkt abhängt. Es ist naheliegend, dies auch hier als Annahme auszuprobieren. Wir gehen also davon aus, daß Φ nur von r und t abhängt. Dann müssen wir allerdings zu Kugelkoordinaten übergehen. Wegen Gleichung (1.41) folgt:

$$\frac{\partial^2 \Phi}{\partial r^2} + \frac{2}{r} \frac{\partial \Phi}{\partial r} - \frac{1}{c_0^2} \frac{\partial^2 \Phi}{\partial t^2} = 0$$

Im Vergleich mit der eindimensionalen Wellengleichung ist der Term $\frac{2}{r} \frac{\partial \Phi}{\partial r}$ hinzugekommen. Glücklicherweise gilt:

$$\frac{\partial (r\Phi)}{\partial r} = \Phi + r \frac{\partial \Phi}{\partial r}$$

$$\Rightarrow \frac{\partial^2 (r\Phi)}{\partial r^2} = \frac{\partial \Phi}{\partial r} + \frac{\partial \Phi}{\partial r} + r \frac{\partial^2 \Phi}{\partial r^2} = 2 \frac{\partial \Phi}{\partial r} + r \frac{\partial^2 \Phi}{\partial r^2}$$

Damit läßt sich die Differentialgleichung umwandeln zu:

$$\frac{1}{r} \frac{\partial^2 (r\Phi)}{\partial r^2} - \frac{1}{c_0^2} \frac{\partial^2 \Phi}{\partial t^2} = 0$$

$$\Rightarrow \frac{\partial^2 (r\Phi)}{\partial r^2} - \frac{1}{c_0^2} \frac{\partial^2 (r\Phi)}{\partial t^2} = 0$$

Wir erhalten also die eindimensionale Wellengleichung angewandt auf $r\Phi$ statt auf Φ. Überträgt man die im eindimensionalen Fall erhaltene Lösung, so folgt:

$$r\, \Phi(r,t) = f(r \pm c_0 t) \qquad \Rightarrow \Phi(r,t) = \frac{f(r \pm c_0 t)}{r} \qquad (1.194)$$

1.3. LÖSUNGSMETHODEN UND VERTIEFUNG DER GRUNDLAGEN

Aufgrund der bisherigen Überlegungen ist sichergestellt, daß diese Lösung die homogene dreidimensionale Wellengleichung erfüllt. Allerdings muß $r = 0$ ausgeschlossen werden, da die Lösung hier offenbar singulär werden kann.

Wenn dies der Fall ist, bedeutet das, daß der Ausdruck

$$\Delta\Phi - \frac{1}{c_0^2}\frac{\partial^2\Phi}{\partial t^2}$$

bei $r = 0$ einen Wert ungleich null liefern kann. Dann wäre Φ aber die Lösung einer *inhomogenen* Wellengleichung mit bisher unbekannter Anregung, obwohl wir die der *homogenen* gesucht hatten. Deshalb soll im folgenden Abschnitt der soeben genannte Ausdruck berechnet werden.

1.3.7.3 Dreidimensionale inhomogene Wellengleichung

Setzt man die soeben gefundene Lösung (1.194) in die linke Seite der Wellengleichung (1.192) ein, so erhält man:

$$-\frac{\rho}{\epsilon} = \Delta\Phi - \frac{1}{c_0^2}\frac{\partial^2\Phi}{\partial t^2} =$$
$$= div\ grad\left(\frac{1}{r}f(r \pm c_0 t)\right) - \frac{1}{c_0^2}\frac{\partial^2}{\partial t^2}\left(\frac{f(r \pm c_0 t)}{r}\right)$$

Wegen der Gleichungen (1.8) und (1.9) folgt weiter:

$$-\frac{\rho}{\epsilon} = div\left(\frac{1}{r}grad(f(r \pm c_0 t)) + f(r \pm c_0 t)\ grad\ \frac{1}{r}\right) - \frac{1}{c_0^2}\frac{\partial^2}{\partial t^2}\left(\frac{f(r \pm c_0 t)}{r}\right) =$$
$$= grad(f(r \pm c_0 t)) \cdot grad\ \frac{1}{r} + \frac{1}{r}div\ grad(f(r \pm c_0 t)) +$$
$$+ grad\ \frac{1}{r} \cdot grad(f(r \pm c_0 t)) + f(r \pm c_0 t)\ div\ grad\ \frac{1}{r} - \frac{1}{r}\frac{\partial^2}{\partial r^2}(f(r \pm c_0 t))$$

Beim letzten Term wurde davon Gebrauch gemacht, daß die Ableitung von f nach t wegen des speziellen Argumentes $r \pm c_0 t$ bis auf den Faktor c_0 der Ableitung nach r entspricht.

Wegen Gleichung (1.41) gilt

$$div\ grad(f(r \pm c_0 t)) = \frac{\partial^2}{\partial r^2}(f(r \pm c_0 t)) + \frac{2}{r}\frac{\partial}{\partial r}(f(r \pm c_0 t)),$$

und es folgt weiter:

$$-\frac{\rho}{\epsilon} = 2\ grad(f(r \pm c_0 t)) \cdot grad\ \frac{1}{r} + \frac{2}{r^2}\frac{\partial}{\partial r}(f(r \pm c_0 t)) + f(r \pm c_0 t)\ div\ grad\ \frac{1}{r}$$

Wegen
$$\operatorname{grad} \frac{1}{r} = \vec{e}_r \frac{\partial}{\partial r}\left(\frac{1}{r}\right) = -\frac{1}{r^2} \vec{e}_r$$
und
$$\operatorname{grad}(f(r \pm c_0 t)) = \frac{\partial}{\partial r}(f(r \pm c_0 t)) \vec{e}_r$$
heben sich die ersten beiden Terme auf, und man erhält schließlich:
$$-\frac{\rho}{\epsilon} = f(r \pm c_0 t) \operatorname{div} \operatorname{grad} \frac{1}{r}$$

Wir wissen aus Abschnitt 1.3.6.5, Gleichung (1.189), daß der Ausdruck $\operatorname{div} \operatorname{grad} \frac{1}{|\vec{r}|}$ gleich $-4\pi \, \delta(\vec{r})$ ist, so daß die Beziehung
$$-\frac{\rho}{\epsilon} = -4\pi \, \delta(\vec{r}) f(r \pm c_0 t)$$
gilt. Offenbar löst der Ansatz (1.194)
$$\Phi(r, t) = \frac{f(r \pm c_0 t)}{r}$$

also nicht — wie ursprünglich beabsichtigt — die homogene Wellengleichung, sondern die inhomogene Wellengleichung
$$\Delta \Phi - \frac{1}{c_0^2} \frac{\partial^2 \Phi}{\partial t^2} = -4\pi \, \delta(\vec{r}) \, f(r \pm c_0 t). \tag{1.195}$$

Anzumerken ist an dieser Stelle allerdings, daß der Weg, der uns zu dieser Lösung führte, noch sorgfältig mit Hilfe der Distributionentheorie untermauert werden müßte, da immer wieder r im Nenner auftrat. Es bleiben also Zweifel, ob alle Umformungen für $r \to 0$ gültig sind.

Strenggenommen haben wir also nur eine Vermutung erhalten, wie eine Lösung der inhomogenen Wellengleichung lautet. Die Ausführungen wurden trotzdem hier aufgenommen, da sie zeigen, wie man ohne Vorkenntnisse zur genannten Lösung kommen kann; ein streng mathematischer Beweis, der mit einer solchen Vermutung beginnt und erst nachträglich ihre Gültigkeit bestätigt, läßt im Gegensatz hierzu den Anschein zurück, daß das Ergebnis „vom Himmel gefallen" ist. Wie schon im Vorwort angemerkt wurde, werden in diesem Buch deshalb direkte Beweise vorgezogen — selbst wenn es dazu führt, daß Unkorrektheiten bei der Herleitung durch einen nachträglichen strengen Beweis ausgeräumt werden müssen.

Da in Gleichung (1.195) die rechte Seite wegen der Diracschen Delta-Distribution nur für $\vec{r} = 0$ Werte ungleich null annimmt, kann im Argument von f
$$r = |\vec{r}| = 0$$

1.3. LÖSUNGSMETHODEN UND VERTIEFUNG DER GRUNDLAGEN

gesetzt werden:

$$\Delta\Phi - \frac{1}{c_0^2}\frac{\partial^2\Phi}{\partial t^2} = -4\pi\,\delta(\vec{r})\,f(\pm c_0 t)$$

Wählen wir nun als spezielle Funktion f ebenfalls die Diracsche Delta-Distribution, so ergibt sich

$$\Phi(r,t) = -\frac{1}{4\pi}\frac{\delta(r \pm c_0 t)}{r}$$

als Lösung von

$$\Delta\Phi - \frac{1}{c_0^2}\frac{\partial^2\Phi}{\partial t^2} = \delta(\vec{r})\,\delta(c_0 t).$$

Da auf der rechten Seite der Wellengleichung nun nur die Delta-Distribution der vier Veränderlichen x, y, z und $c_0 t$ auftritt, haben wir offenbar eine Fundamentallösung (bzw. zwei wegen des wählbaren Vorzeichens) der Wellengleichung gefunden.

Durch Faltung mit einer vorgegebenen Anregungsfunktion ergibt sich eine spezielle Lösung für diese Anregung. Hierzu geht man völlig analog wie bei der Poissongleichung in Abschnitt 1.3.6.5 vor: Man verschiebt Ort und Zeit der Anregung zunächst und erhält

$$\Phi(\vec{r} - \vec{r}_L, t - t_L) = -\frac{1}{4\pi}\frac{\delta(|\vec{r} - \vec{r}_L| \pm c_0(t - t_L))}{|\vec{r} - \vec{r}_L|} \quad (1.196)$$

als Lösung von

$$\Delta\Phi(\vec{r} - \vec{r}_L, t - t_L) - \frac{1}{c_0^2}\frac{\partial^2\Phi(\vec{r} - \vec{r}_L, t - t_L)}{\partial t^2} = \delta(\vec{r} - \vec{r}_L)\,\delta(c_0 t - c_0 t_L).$$

Nun multipliziert man beide Seiten der Gleichung mit $f(\vec{r}_L, t_L)$ und integriert über die Variablen x_L, y_L, z_L und t_L: Wegen[36]

$$\int\int f(\vec{r}_L, t_L)\delta(\vec{r} - \vec{r}_L)\,\delta(c_0(t - t_L))\,dV_L\,dt_L = \frac{1}{c_0}f(\vec{r}, t)$$

folgt:

$$\int\int f(\vec{r}_L, t_L)\left(\Delta\Phi(\vec{r} - \vec{r}_L, t - t_L) - \frac{1}{c_0^2}\frac{\partial^2\Phi(\vec{r} - \vec{r}_L, t - t_L)}{\partial t^2}\right)dV_L\,dt_L = \frac{1}{c_0}f(\vec{r}, t)$$

Den Operator $\Delta - \frac{1}{c_0^2}\frac{\partial^2}{\partial t^2}$ kann man in Gedanken vor das Integral ziehen, so daß die Lösung

$$\Psi(\vec{r}, t) = c_0 \int\int f(\vec{r}_L, t_L)\,\Phi(\vec{r} - \vec{r}_L, t - t_L)\,dV_L\,dt_L$$

die Wellengleichung

$$\Delta\Psi - \frac{1}{c_0^2}\frac{\partial^2\Psi}{\partial t^2} = f(\vec{r}, t) \quad (1.197)$$

---

[36]Hier wird von Gleichung (1.69) Gebrauch gemacht.

erfüllt. Setzt man die obige Lösung (1.196) ein, so ergibt sich:

$$\Psi = c_0 \int \int f(\vec{r}_L, t_L) \, \Phi(\vec{r} - \vec{r}_L, t - t_L) \, dV_L \, dt_L =$$
$$= -\frac{c_0}{4\pi} \int \int f(\vec{r}_L, t_L) \frac{\delta(|\vec{r} - \vec{r}_L| \pm c_0(t - t_L))}{|\vec{r} - \vec{r}_L|} \, dV_L \, dt_L \qquad (1.198)$$

In Abschnitt 1.1.8 wurde gezeigt, daß Gleichung (1.71)

$$\delta(g(x)) = \sum_i \frac{\delta(x - x_i)}{\left|\frac{\partial g}{\partial x}\right|_{x_i}}$$

gilt, wobei die x_i die Nullstellen von $g(x)$ sind. Hier gilt:

$$g(t_L) = |\vec{r} - \vec{r}_L| \pm c_0(t - t_L)$$

Diese Funktion hat — wenn das Vorzeichen gewählt ist — genau eine Nullstelle, da hinsichtlich der Integration über t_L die Variablen $\vec{r}$, $\vec{r}_L$ und t als konstant anzusehen sind. Die Nullstelle lautet

$$t_L = t \pm \frac{|\vec{r} - \vec{r}_L|}{c_0},$$

und es gilt:

$$\frac{\partial g}{\partial t_L} = \mp c_0$$

Wir erhalten also

$$\delta(g(t_L)) = \frac{\delta\left(t_L - \left[t \pm \frac{|\vec{r} - \vec{r}_L|}{c_0}\right]\right)}{c_0}$$

Aus Gleichung (1.198) folgt somit als Lösung für das Ganzraumproblem:

$$\Psi = -\frac{1}{4\pi} \int \frac{f(\vec{r}_L, t \pm \frac{|\vec{r} - \vec{r}_L|}{c_0})}{|\vec{r} - \vec{r}_L|} \, dV_L \qquad (1.199)$$

Dies ist die sogenannte Kirchhoffsche Formel, die eine Lösung der Wellengleichung (1.197) angibt. Im Zusammenhang mit dieser Formel spricht man oft von einem retardierten Potential, wenn die Ursache — nämlich die Anregung f — der Wirkung — nämlich dem Potential Ψ — zeitlich vorausgeht, was durch das Argument $t - \frac{|\vec{r} - \vec{r}_L|}{c_0}$ beschrieben wird. Andernfalls, also für das Argument $t + \frac{|\vec{r} - \vec{r}_L|}{c_0}$ spricht man von einem avancierten Potential, das mathematisch zwar seine Berechtigung hat, physikalisch gesehen jedoch das Kausalitätsprinzip verletzt.

1.3.8 Greensche Funktionen

Zur Lösung von Randwertproblemen sind die sogenannten „Greenschen Funktionen" bisweilen hilfreich. Um die prinzipielle Idee zu erläutern, die hinter dieser Methodik steckt, wollen wir uns auf Dirichletsche Randwertprobleme in Verbindung mit der Poissongleichung beschränken.

1.3. LÖSUNGSMETHODEN UND VERTIEFUNG DER GRUNDLAGEN

1.3.8.1 Dreidimensionaler Fall

Ausgangspunkt der Betrachtung sei die zweite Greensche Integralformel (1.65):

$$\int_V (\Phi_1 \Delta\Phi_2 - \Phi_2 \Delta\Phi_1)\, dV = \oint_{\partial V} \left(\Phi_1 \frac{\partial \Phi_2}{\partial n} - \Phi_2 \frac{\partial \Phi_1}{\partial n}\right) dA$$

Gesucht sei eine Lösung Φ_2 der Poissongleichung:

$$\Delta\Phi_2 = -\rho/\epsilon$$

Betrachtet man als spezielle Funktion Φ_1 das Potential

$$\Phi_1 = \frac{1}{4\pi |\vec{r} - \vec{r}_L|}, \qquad (1.200)$$

so gilt wegen der Gleichungen (1.190) und (1.191) die Beziehung

$$\Delta\Phi_1 = -\delta(\vec{r} - \vec{r}_L).$$

Setzt man diese Beziehungen in die zweite Greensche Integralformel ein, so erhält man

$$\Phi_2(\vec{r}_L) = \int_V \Phi_1 \frac{\rho}{\epsilon} dV + \oint_{\partial V} \left(\Phi_1 \frac{\partial \Phi_2}{\partial n} - \Phi_2 \frac{\partial \Phi_1}{\partial n}\right) dA. \qquad (1.201)$$

Es ist an dieser Stelle nicht schwer, unter Anwendung der Randbedingungen im Unendlichen zu zeigen, daß das Flächenintegral verschwindet und daß sich somit Gleichung (1.187) ergibt. An dieser Stelle interessiert uns aber vielmehr die Methode, mit der wir zu Gleichung (1.201) gelangt sind: Indem wir die Singularität einer speziellen Funktion $\Phi_1(\vec{r}, \vec{r}_L)$ ausnutzen, gelang es uns, die Greensche Integralformel nach Φ_2 aufzulösen. Die speziell gewählte Funktion Φ_1 erfüllte hierbei die Randbedingung im Unendlichen.

Wenn es uns nun gelänge, anstelle der Funktion $\Phi_1(\vec{r}, \vec{r}_L)$ eine andere Funktion $G(\vec{r}, \vec{r}_L)$ zu finden, die eine vergleichbare Singularität mit $\Delta G = -\delta(\vec{r} - \vec{r}_L)$ bei $\vec{r} = \vec{r}_L$ aufweist, aber die Dirichletsche Randbedingung $G = 0$ auf dem Rand ∂V erfüllt, dann würde aus Gleichung (1.201) folgen:

$$\Phi_2(\vec{r}_L) = \int_V G \frac{\rho}{\epsilon} dV - \oint_{\partial V} \Phi_2 \frac{\partial G}{\partial n} dA \qquad (1.202)$$

Der große Vorteil dieser Darstellung besteht darin, daß man bei bekanntem $G(\vec{r}, \vec{r}_L)$ sowie gegebenen Randwerten Φ_2 auf dem Rand ∂V die Lösung der Poissongleichung $\Delta\Phi_2 = -\rho/\epsilon$ unmittelbar angeben kann. Man kennt in diesem Falle sogar die Lösung einer ganzen Klasse von Problemen, da die Randwerte sowie die Anregung erst bei der Auswertung von Gleichung (1.202), nicht jedoch schon bei der Bestimmung der Funktion $G(\vec{r}, \vec{r}_L)$ eine Rolle spielen.

Es ist offensichtlich, daß das Auffinden der speziellen Funktion $G(\vec{r}, \vec{r}_L)$ das Hauptproblem bei dieser Methode darstellt, aber dies soll zunächst nicht weiter stören. Die spezielle Funktion

$G(\vec{r}, \vec{r}_L)$, die die Randbedingung $G = 0$ auf dem Rand erfüllt, bezeichnet man als Greensche Funktion. Da man inzwischen den Index von Φ zur Unterscheidung nicht mehr benötigt, kann man für das Dirichletsche Randwertproblem

$$\Delta \Phi = -\rho/\epsilon \qquad \text{mit } \Phi = f \text{ auf dem Rand}$$

anstelle von Gleichung (1.202)

$$\Phi(\vec{r}_L) = \int_V G(\vec{r}, \vec{r}_L) \frac{\rho(\vec{r})}{\epsilon} dV - \oint_{\partial V} \Phi(\vec{r}) \frac{\partial G}{\partial n} dA \qquad (1.203)$$

schreiben. Wie bereits oben erwähnt wurde, muß $G(\vec{r}, \vec{r}_L)$ nicht nur die Randbedingung $G = 0$ auf dem Rand, sondern auch die Beziehung

$$\Delta G = -\delta(\vec{r} - \vec{r}_L)$$

erfüllen, damit Gleichung (1.65) nach Φ_2 aufgelöst werden kann und sich Gleichung (1.203) ergibt. Dies mag zunächst als etwas zu viel verlangt zu erscheinen. Man kann jedoch zeigen[37], daß eine solche Greensche Funktion stets existiert — wenn auch ihr Auffinden problematisch sein kann. Die Greensche Funktion läßt sich sogar als Summe unserer ursprünglichen Funktion Φ_1 mit einer neuen Funktion φ schreiben:

$$G(\vec{r}, \vec{r}_L) = \frac{1}{4\pi |\vec{r} - \vec{r}_L|} + \varphi(\vec{r}, \vec{r}_L)$$

Der erste Summand sorgt dann für die nötige Singularität im Gebiet V, während für den zweiten Summanden im gesamten Gebiet V die Laplacegleichung

$$\Delta \varphi = 0$$

gilt. Dies wird anhand eines Beispieles sofort verständlich. Gesucht sei die Greensche Funktion für den Halbraum $z > 0$. Der erste Summand

$$\Phi_1(\vec{r}, \vec{r}_L) = \frac{1}{4\pi |\vec{r} - \vec{r}_L|} = \frac{1}{4\pi \sqrt{(x - x_L)^2 + (y - y_L)^2 + (z - z_L)^2}}$$

sorgt für die nötige Singularität im Gebiet V an der Stelle (x_L, y_L, z_L). Der zweite Summand φ muß nun so gewählt werden, daß G die Randbedingung $G = 0$ auf dem Rand ∂V, also bei $z = 0$ erfüllt. Die Methode, dies zu erreichen, ist in der Elektrostatik sehr verbreitet:

Liegt eine Ladung Q mit dem Potential

$$\frac{Q}{4\pi\epsilon |\vec{r} - \vec{r}_L|}$$

---

[37] Vgl. [1], Band V, Abschnitt 5.4.1

1.3. LÖSUNGSMETHODEN UND VERTIEFUNG DER GRUNDLAGEN

vor, so kann man leicht eine Äquipotentialebene bei $z = 0$ erzeugen, indem man eine sogenannte Spiegelladung[38] $-Q$ hinzufügt, deren Position sich aus der Spiegelung der ursprünglichen Ladung Q an der Ebene $z = 0$ ergibt. Der einzige Unterschied zum vorliegenden Fall besteht darin, daß wir es mit einer „normierten Ladung" mit $Q/\epsilon = 1$ zu tun haben.

Der zweite Summand muß also lauten:

$$\varphi(\vec{r}, \vec{r}_L) = -\frac{1}{4\pi\sqrt{(x-x_L)^2 + (y-y_L)^2 + (z+z_L)^2}}$$

Für die Greensche Funktion des Halbraumes ergibt sich damit

$$G(\vec{r}, \vec{r}_L) = \frac{1}{4\pi\sqrt{(x-x_L)^2 + (y-y_L)^2 + (z-z_L)^2}} - \frac{1}{4\pi\sqrt{(x-x_L)^2 + (y-y_L)^2 + (z+z_L)^2}}.$$

Es mag nun den Anschein haben, daß diese Lösung aufgrund der Singularität des zweiten Summanden unsere ursprünglichen Forderungen an die Greensche Funktion verletzt. Dies ist aber ein Trugschluß, da die Singularität des zweiten Summanden außerhalb des Gebietes V, nämlich bei $z < 0$ liegt. Wir haben also in der Tat eine gültige Greensche Funktion mit $G = 0$ bei $z = 0$ gefunden. Daß für $\vec{r} \neq \vec{r}_L$ die Gleichung $\Delta G = 0$ gilt, prüft man durch Differenzieren leicht nach.

Die Funktion Φ_1 aus Gleichung (1.200) bezeichnet man übrigens auch als Greensche Funktion des freien Raumes, da sie die Randbedingungen im Unendlichen erfüllt. Die Fundamentallösungen aus den Abschnitten 1.3.6.5 und 1.3.7.3 sind also auch Greensche Funktionen für die jeweiligen Ganzraumprobleme. Von Fundamentallösungen spricht man nur bei Ganzraumproblemen, während der Begriff „Greensche Funktion" sowohl bei Ganzraumproblemen als auch bei Randwertaufgaben benutzt wird.

1.3.8.2 Zweidimensionaler Fall

Um die Rechnungen möglichst einfach zu halten, beschränken wir uns bei den folgenden Beispielen auf den zweidimensionalen Fall. Hierbei ist allerdings zu beachten, daß dann eine andere Funktion an die Stelle der Funktion Φ_1 tritt. Den zweidimensionalen Fall erhält man aus dem dreidimensionalen, wenn man alle Ableitungen nach z gleich null setzt. Da die Ladungsdichte dann auch nicht von z abhängen kann, haben wir es offenbar anstelle der Punktladung mit einer Linienladung zu tun. Durch Anwendung des Gaußschen Satzes auf einen konzentrisch um die Linienladung gelegten Zylinder erhält man

$$D_n \, 2\pi R = \lambda \quad \Rightarrow E_n = \frac{\lambda}{2\pi\epsilon R} \quad \Rightarrow \Phi = -\int E_n \, dR = -\frac{\lambda}{2\pi\epsilon} \ln|R|$$

mit der Linienladungsdichte λ. Die Integrationskonstante wurde hierbei gleich null gesetzt. Für eine Linienladung an der Stelle $\vec{r} = \vec{r}_L$ erhält man somit das Potential

---
[38] auch Bildladung oder Ersatzladung genannt

$$\Phi = -\frac{\lambda}{2\pi\epsilon} ln|\vec{r} - \vec{r}_L|.$$

Wegen[39] $\rho = \lambda\, \delta(\vec{r} - \vec{r}_L)$ ist Φ die Lösung der Poissongleichung

$$\Delta\Phi = -\frac{\rho}{\epsilon} = -\frac{\lambda}{\epsilon}\, \delta(\vec{r} - \vec{r}_L).$$

Im zweidimensionalen Fall gilt also offenbar

$$\Delta\left(ln|\vec{r} - \vec{r}_L|\right) = 2\pi\, \delta(\vec{r} - \vec{r}_L),$$

während sich im dreidimensionalen Fall aus den Beziehungen (1.190) und (1.191) die Gleichung

$$\Delta\left(\frac{1}{|\vec{r} - \vec{r}_L|}\right) = -4\pi\, \delta(\vec{r} - \vec{r}_L)$$

ergibt. Möchte man im zweidimensionalen Fall wieder wie oben

$$\Delta\Phi_1 = -\delta(\vec{r} - \vec{r}_L)$$

erreichen, so ist

$$\Phi_1 = -\frac{1}{2\pi} ln|\vec{r} - \vec{r}_L| \qquad (1.204)$$

zu setzen. Man überzeugt sich nun leicht davon, daß in der Ebene, also für längshomogene Anordnungen, anstelle von Gleichung (1.203) völlig analog die Beziehung

$$\Phi(\vec{r}_L) = \int_A G(\vec{r}, \vec{r}_L)\, \frac{\rho(\vec{r})}{\epsilon} dA - \oint_{\partial A} \Phi(\vec{r})\, \frac{\partial G}{\partial n}\, ds \qquad (1.205)$$

gilt — es entfällt lediglich die Integration in z-Richtung. Damit sind alle Grundlagen gelegt, die wir für die folgenden Beispiele benötigen.

Aufgrund der Bedeutung der Spiegelungsmethode zum Auffinden Greenscher Funktionen sind in Tabelle 1.7 die wichtigsten Parameter bei der Spiegelung an Gerade, Ebene, Kreis und Kugel aufgelistet. Der Begriff „Spiegelung" ist bei Kreis und Kugel natürlich nicht allzu wörtlich zu nehmen. Es steht vielmehr die Frage im Vordergrund, wo eine wie große zweite Ladung zu plazieren ist, damit als Äquipotentialfläche ein Kreis bzw. Kugel entsteht. Vom Ursprung des Kreises bzw. der Kugel aus gesehen, muß die Spiegelladung auf derselben Seite und auf derselben radialen Achse liegen wie die Original-Ladung — nicht etwa auf der gegenüberliegenden Seite. Radius und Wert der Spiegelladung können der Tabelle 1.7 entnommen werden.

Falls das Gebiet von mehreren leitenden Ebenen bzw. Geraden begrenzt ist, sind so lange Spiegelladungen anzubringen, bis bezüglich aller Ebenen Symmetrie vorliegt. Je nach Anordnung können dazu endlich viele oder unendlich viele Spiegelladungen nötig sein. Es kann natürlich auch vorkommen, daß sich keine Symmetrie für alle Ebenen herstellen läßt, so daß die Spiegelungsmethode versagt. Beim Erfolg der Methode ergibt sich die insgesamt influenzierte Ladung als die Summe aller Spiegelladungen.

---

[39] Die Vektoren $\vec{r}$ und $\vec{r}_L$ seien zweidimensional, so daß $\int \rho\, dA = \lambda$ gilt.

1.3. LÖSUNGSMETHODEN UND VERTIEFUNG DER GRUNDLAGEN

Tabelle 1.7: Grundlösung der Poissongleichung, Spiegelungsmethode

Raum-dimension	Grundlösung der Poissongleichung	Spiegelladung			
2	$G_0 = -\frac{1}{2\pi}ln|\vec{r}-\vec{r}_L|$	$\lambda_2 = -\lambda_1$	$\rho_2 = \frac{R^2}{\rho_1}$		Spiegelung am Kreis bzw. am unendlich langen Zylinder (Radius R)
	$\Delta G_0 = -\delta(\vec{r}-\vec{r}_L)$	$\lambda_2 = -\lambda_1$		$x_2 = -x_1$	Spiegelung an der Geraden bzw. an der Ebene $x=0$
3	$G_0 = \frac{1}{4\pi|\vec{r}-\vec{r}_L|}$	$Q_2 = -\sqrt{\frac{r_2}{r_1}}Q_1$	$r_2 = \frac{R^2}{r_1}$		Spiegelung an der Kugel (Radius R)
	$\Delta G_0 = -\delta(\vec{r}-\vec{r}_L)$	$Q_2 = -Q_1$		$x_2 = -x_1$	Spiegelung an der Ebene $x=0$

1.3.8.3 Beispiel

Gegeben sei die Halbebene mit $y > 0$. Die aus Tabelle 1.7 ersichtliche Grundlösung der Poissongleichung für zwei Dimensionen lautet

$$G_0 = -\frac{1}{2\pi}ln|\vec{r}-\vec{r}_L| = -\frac{1}{2\pi}ln\left[\sqrt{(x-x_L)^2+(y-y_L)^2}\right] = -\frac{1}{4\pi}ln\left[(x-x_L)^2+(y-y_L)^2\right].$$

Ergänzt man sie um einen an der Geraden $y = 0$ gespiegelten Anteil, so erhält man die Greensche Funktion für die Halbebene:

$$\begin{aligned} G &= -\frac{1}{4\pi}ln\left[(x-x_L)^2+(y-y_L)^2\right] + \frac{1}{4\pi}ln\left[(x-x_L)^2+(y+y_L)^2\right] = \\ &= \frac{1}{4\pi}ln\left[\frac{(x-x_L)^2+(y+y_L)^2}{(x-x_L)^2+(y-y_L)^2}\right] \end{aligned}$$

Man sieht sofort, daß auf dem Rand bei $y = 0$ in der Tat $G = 0$ gilt, wie es für die Greensche Funktion beim Dirichletschen Randwertproblem obligatorisch ist.

Die als Gebiet betrachtete Halbebene mit $y > 0$ sei frei von Ladungen, so daß man das Potential gemäß Gleichung (1.205) folgendermaßen schreiben darf:

$$\Phi(\vec{r}_L) = -\oint_{\partial A} \Phi(\vec{r})\frac{\partial G}{\partial n}\,ds$$

Um das Potential bestimmen zu können, benötigen wir somit die Ableitung $\frac{\partial G}{\partial n}$ auf dem Rand des Gebietes[40]. Der Normalenvektor zeigt hierbei vom Gebiet nach außen, auf der Geraden $y = 0$ also in negative y-Richtung. Es folgt:

$$\begin{aligned}\frac{\partial G}{\partial n} &= -\frac{\partial G}{\partial y} = \\ &= -\frac{1}{4\pi}\frac{(x-x_L)^2+(y-y_L)^2}{(x-x_L)^2+(y+y_L)^2} \cdot \\ &\quad \cdot \frac{2(y+y_L)\left[(x-x_L)^2+(y-y_L)^2\right] - 2(y-y_L)\left[(x-x_L)^2+(y+y_L)^2\right]}{\left[(x-x_L)^2+(y-y_L)^2\right]^2}\end{aligned}$$

Für die Normalenableitung auf dem Rand erhält man:

$$\left.\frac{\partial G}{\partial n}\right|_{y=0} = -\frac{1}{\pi}\frac{y_L}{(x-x_L)^2+y_L^2}$$

Wir erhalten also

$$\Phi(\vec{r}_L) = \frac{y_L}{\pi}\int_{-\infty}^{+\infty}\frac{\Phi(\vec{r})|_{y=0}}{(x-x_L)^2+y_L^2}\,dx. \tag{1.206}$$

Wir können nun eine beliebige Potentialverteilung auf der x-Achse vorgeben und erhalten mit Hilfe dieser Gleichung das Potential in der gesamten oberen Halbebene.

Da sich das Integral dann analytisch auswerten läßt, nehmen wir an, daß das Potential auf der x-Achse den Verlauf

$$\Phi(x)|_{y=0} = \Phi_0\, cos(kx)$$

hat. Die sich daraus ergebende Anordnung kann aus folgenden Gründen in der Realität nur näherungsweise aufgebaut werden:

- Die Struktur muß in z-Richtung längshomogen sein. Da man in der Praxis keine unendlich langen Anordnungen bauen kann, müßte die z-Abmessung hinreichend lang sein, so daß Effekte an den Enden nicht ins Gewicht fallen.

- Dasselbe gilt für die in x-Richtung theoretisch unendlich weit ausgedehnte Potentialfunktion bei $y = 0$.

- Die x-z-Ebene kann keine leitende Ebene sein, da sie sonst eine Äquipotentialebene wäre. Man könnte die vorgegebene Potentialverteilung aber trotzdem näherungsweise realisieren, indem man bei $x = k\Delta x$ schmale Schnitte in eine ansonsten metallische Platte einbringt (k durchlaufe die ganzen Zahlen, soweit es die Größe der Platte zuläßt). Jeder der so erzeugten schmalen Streifen (Breite Δx) kann dann auf ein separates Potential gezwungen werden.

---

[40]Wegen $\Phi = \mathcal{O}(r^{-1})$ und $\frac{\partial G}{\partial n} = \mathcal{O}(r^{-1})$ liefert nur die x-Achse einen Beitrag zum Integral.

1.3. LÖSUNGSMETHODEN UND VERTIEFUNG DER GRUNDLAGEN

Trotz dieser Probleme bei der praktischen Realisierbarkeit eignet sich das Beispiel gut, um die prinzipielle Vorgehensweise zu verdeutlichen. Wir setzen die Randwert-Funktion in Gleichung (1.206) ein und erhalten:

$$\Phi(\vec{r}_L) = \frac{\Phi_0 \, y_L}{\pi} \int_{-\infty}^{+\infty} \frac{cos(kx)}{(x-x_L)^2 + y_L^2} \, dx = \frac{\Phi_0}{\pi \, y_L} \int_{-\infty}^{+\infty} \frac{cos(kx)}{1 + (\frac{x-x_L}{y_L})^2} \, dx$$

Die Substitution $u = \frac{x-x_L}{y_L}$ mit $\frac{du}{dx} = \frac{1}{y_L}$ liefert:

$$\Phi(\vec{r}_L) = \frac{\Phi_0}{\pi} \int_{-\infty}^{+\infty} \frac{cos(k y_L u + k x_L)}{1 + u^2} \, du$$

Wir wenden den Kosinussatz an und stellen fest, daß nur die geraden Funktionen einen Beitrag liefern:

$$\Phi(\vec{r}_L) = \frac{\Phi_0}{\pi} \int_{-\infty}^{+\infty} \frac{cos(k y_L u) \, cos(k x_L) - sin(k y_L u) \, sin(k x_L)}{1 + u^2} \, du$$

$$\Rightarrow \Phi(\vec{r}_L) = \frac{2 \, \Phi_0}{\pi} cos(k x_L) \int_0^\infty \frac{cos(k y_L u)}{1 + u^2} \, du$$

Laut [5] hat dieses uneigentliche Integral den Wert $\frac{\pi}{2} e^{-|k y_L|}$. Ohne Beschränkung der Allgemeinheit nehmen wir an, daß k positiv ist, und erhalten

$$\Phi(\vec{r}_L) = \Phi_0 \, cos(k x_L) \, e^{-k y_L}$$

bzw.

$$\Phi(x,y) = \Phi_0 \, cos(kx) \, e^{-ky}.$$

Man kann nun durch Differenzieren leicht nachprüfen, daß diese Lösung in der Tat die Laplacegleichung erfüllt. Noch offensichtlicher ist, daß sie die vorgegebenen Randbedingungen erfüllt.

Obwohl das Beispiel damit abgeschlossen ist, wollen wir noch auf einen wichtigen Zusammenhang bei den Ladungen hinweisen. Hierzu berechnen wir den Ladungsbelag[41] Q' der Anordnung im Bereich $-\pi/2 < kx < +\pi/2$. Es gilt:

$$E_y = -\frac{\partial \Phi}{\partial y} = \Phi_0 \, k \, cos(kx) \, e^{-ky}.$$

$$\Rightarrow \sigma = D_n|_{y=0} = \Phi_0 \, k \epsilon \, cos(kx)$$

$$\Rightarrow Q' = \int_{-\pi/(2k)}^{+\pi/(2k)} \sigma \, dx = \Phi_0 \, \epsilon \, [sin(kx)]_{-\pi/(2k)}^{+\pi/(2k)} = 2 \, \Phi_0 \, \epsilon$$

---

[41] Als Ladungsbelag bezeichnet man die Ladung pro Längeneinheit.

Schreibt man die Feldstärke E_y in Abhängigkeit von diesem Ladungsbelag Q', so erhält man:

$$E_y = \frac{kQ'}{2\epsilon} \cos(kx) \, e^{-ky} \qquad (1.207)$$

Man könnte nun vermuten, daß man nur das Feld unendlich vieler Linienladungen $d\lambda_0$ überlagern muß, um dasselbe elektrische Feld zu erzeugen. Setzt man nämlich

$$d\lambda_0 = k\frac{Q'}{2}\cos(kx_0)dx_0,$$

so ergibt sich dieselbe Gesamtladung im Bereich $-\pi/2 < kx < +\pi/2$ wie zuvor:

$$\lambda = \int d\lambda_0 = \int_{-\pi/(2k)}^{+\pi/(2k)} k\frac{Q'}{2}\cos(kx_0)dx_0 = Q'$$

Der Vermutung folgend, überlagern wir nun die Felder der einzelnen Linienladungen $d\lambda_0$. Für eine einzelne Linienladung gilt:

$$d\vec{E} = \frac{d\lambda_0}{2\pi\epsilon|\vec{r}-\vec{r}_0|} \vec{e}_r$$

Befindet sich die Linienladung an der Stelle $\vec{r}_0 = x_0 \, \vec{e}_x$, dann gilt:

$$\begin{aligned}
\vec{r}-\vec{r}_0 &= (x-x_0)\,\vec{e}_x + y\,\vec{e}_y \\
|\vec{r}-\vec{r}_0| &= \sqrt{(x-x_0)^2 + y^2} \\
\vec{e}_r &= \frac{(x-x_0)\,\vec{e}_x + y\,\vec{e}_y}{\sqrt{(x-x_0)^2 + y^2}}
\end{aligned}$$

Wir erhalten somit:

$$\vec{E} = \int \frac{1}{2\pi\epsilon} \frac{(x-x_0)\,\vec{e}_x + y\,\vec{e}_y}{(x-x_0)^2 + y^2} d\lambda_0$$

Mit Hilfe der oben genannten Verteilung der Linienladungen folgt weiter:

$$\vec{E} = \int_{-\infty}^{+\infty} \frac{kQ'}{4\pi\epsilon} \frac{(x-x_0)\,\vec{e}_x + y\,\vec{e}_y}{(x-x_0)^2 + y^2} \cos(kx_0)dx_0$$

$$\Rightarrow E_y = \frac{kQ'y}{4\pi\epsilon} \int_{-\infty}^{+\infty} \frac{\cos(kx_0)}{(x-x_0)^2 + y^2} dx_0$$

$$\Rightarrow E_y = \frac{kQ'}{4\pi\epsilon y} \int_{-\infty}^{+\infty} \frac{\cos(kx_0)}{1 + \left(\frac{x-x_0}{y}\right)^2} dx_0$$

Die Substitution $u = \frac{x_0 - x}{y}$ mit $\frac{du}{dx_0} = \frac{1}{y}$ liefert:

$$\begin{aligned}
E_y &= \frac{kQ'}{4\pi\epsilon} \int_{-\infty}^{+\infty} \frac{\cos(kyu + kx)}{1+u^2} du = \\
&= \frac{kQ'\cos(kx)}{2\pi\epsilon} \int_0^\infty \frac{\cos(kyu)}{1+u^2} du = \\
&= \frac{kQ'\cos(kx)}{2\pi\epsilon} \frac{\pi}{2} e^{-|ky|}
\end{aligned}$$

1.3. LÖSUNGSMETHODEN UND VERTIEFUNG DER GRUNDLAGEN

$$\Rightarrow E_y = \frac{kQ'}{4\epsilon} \cos(kx)\, e^{-|ky|} \qquad (1.208)$$

Vergleicht man diese Beziehung mit Gleichung (1.207), so stellt man fest, daß wir jetzt nur die halbe Feldstärke erhalten haben.

Dies mag auf den ersten Blick verwundern, hat aber eine einfache Ursache. Bei der Überlagerung der Felder einzelner Linienladungen haben wir ein Ganzraumproblem gelöst, während die ursprüngliche Lösung auf ein Randwertproblem bezogen war; wir hatten dort die Greensche Funktion für die obere Halbebene mit $y > 0$ herangezogen.

Geht man vom Randwertproblem für die obere Halbebene aus, so ist es leicht, eine Lösung für die untere Halbebene anzugeben — die y-Komponente des elektrischen Feldes ist dann einfach zu spiegeln. Für die obere Halbebene gilt Gleichung (1.207)

$$E_y = \frac{kQ'}{2\epsilon} \cos(kx)\, e^{-ky} \qquad \text{mit } y > 0,$$

für die untere

$$E_y = \frac{kQ'}{2\epsilon} \cos(kx)\, e^{+ky} \qquad \text{mit } y < 0.$$

Man kann nun die Felder beider Halbebenen zusammenfügen und erhält damit

$$E_y = \frac{kQ'}{2\epsilon} \cos(kx)\, e^{-|ky|}.$$

Hierbei ist aber zu beachten, daß durch das Überlagern beider Felder auch die auf der z-Achse liegenden Ladungen superponiert werden. Nach der Überlagerung herrscht im Bereich $-\pi/2 < kx < +\pi/2$ also nicht mehr der Ladungsbelag Q', sondern der doppelte Ladungsbelag $2Q'$. Die Spannungen zwischen zwei beliebigen Punkten auf der x-Achse bleiben aber dieselben, da es keine Rolle spielt, durch welche Halbebene der Integrationsweg verläuft. Im Sinne einer Kapazitätsberechnung wurden die Halbebenen also „parallelgeschaltet".

Um dieselbe Anordnung zu erzeugen wie bei der Feldüberlagerung, müssen wir Q' durch $Q'/2$ ersetzen, da nur dann dieselbe Ladung auf der x-Achse vorliegt. Dies führt dann in der Tat zum Ergebnis (1.208).

Noch anschaulicher argumentierend, könnte man im Falle des Ganzraumproblemes davon sprechen, daß die Ladung die gesamte Ebene mit dem Feld erfüllen muß. Da dieselbe Ladung im Falle des Randwertproblemes nur eine Halbebene zu versorgen hat, fällt die Feldstärke doppelt so groß aus.

Im nächsten Abschnitt tritt ein ähnlicher Effekt auf. Aufgrund der komplizierteren Geometrie ist er aber nicht so transparent wie hier.

1.3.8.4 Magnetischer Multipol

Wir betrachten nun ein Dirichletsches Randwertproblem der Magnetostatik. Gegeben sei ein in z-Richtung längshomogener Zylinder mit dem Radius R. Die Grundlösung lautet wie im letzten Beispiel

$$G_0(\vec{r}, \vec{r}_L) = -\frac{1}{2\pi} ln|\vec{r} - \vec{r}_L|,$$

wobei wieder nur ein Querschnitt durch den Zylinder betrachtet wird (zweidimensionales Problem). Verwendet man Zylinderkoordinaten, dann erhält man

$$\vec{r} = \vec{e}_x\, r\, cos\, \varphi + \vec{e}_y\, r\, sin\, \varphi$$

und

$$\vec{r}_L = \vec{e}_x\, r_L\, cos\, \varphi_L + \vec{e}_y\, r_L\, sin\, \varphi_L.$$

Somit gilt:

$$\begin{aligned}|\vec{r} - \vec{r}_L|^2 &= (r cos\, \varphi - r_L\, cos\, \varphi_L)^2 + (r\, sin\, \varphi - r_L\, sin\, \varphi_L)^2 = \\ &= r^2 + r_L^2 - 2 r r_L (cos\, \varphi\, cos\, \varphi_L + sin\, \varphi\, sin\, \varphi_L) = \\ &= r^2 + r_L^2 - 2 r r_L\, cos(\varphi - \varphi_L)\end{aligned}$$

$$\Rightarrow G_0(\vec{r}, \vec{r}_L) = -\frac{1}{4\pi} ln\left[r^2 + r_L^2 - 2 r r_L\, cos(\varphi - \varphi_L)\right]$$

Die Greensche Funktion repräsentiert in der Magnetostatik einen normierten Strom und nicht wie in der Elektrostatik eine normierte Ladung. Um die Greensche Funktion des Kreises zu bestimmen, muß zu G_0 wieder ein Term G_s addiert werden, der dafür sorgt, daß $G = G_0 + G_s$ auf dem Kreis verschwindet. Gemäß Tabelle 1.7 ist hierzu eine zusätzliche Anregung (Spiegelstrom) mit entgegengesetztem Vorzeichen beim Radius R^2/r_L anzubringen. Der Winkel φ_L, der den Ort des Spiegelstromes beschreibt, ist derselbe wie der des ursprünglichen Stromes. Das Potential

$$\begin{aligned}&-\frac{1}{4\pi} ln\left[r^2 + r_L^2 - 2 r r_L\, cos(\varphi - \varphi_L)\right] + \frac{1}{4\pi} ln\left[r^2 + \frac{R^4}{r_L^2} - 2 r \frac{R^2}{r_L}\, cos(\varphi - \varphi_L)\right] = \\ &= \frac{1}{4\pi} ln\frac{r^2 + \frac{R^4}{r_L^2} - 2 r \frac{R^2}{r_L}\, cos(\varphi - \varphi_L)}{r^2 + r_L^2 - 2 r r_L\, cos(\varphi - \varphi_L)}\end{aligned}$$

ist somit auf dem Zylinder konstant. Da es auf dem Zylinder bei $r = R$ den Wert

$$\frac{1}{4\pi} ln\frac{R^2}{r_L^2}$$

annimmt, muß dieser Term subtrahiert werden, um eine Greensche Funktion mit $G = 0$ auf dem Zylindermantel zu konstruieren:

$$G(\vec{r}, \vec{r}_L) = \frac{1}{4\pi} ln\frac{r^2 + \frac{R^4}{r_L^2} - 2 r \frac{R^2}{r_L}\, cos(\varphi - \varphi_L)}{r^2 + r_L^2 - 2 r r_L\, cos(\varphi - \varphi_L)} - \frac{1}{4\pi} ln\frac{R^2}{r_L^2}$$

1.3. LÖSUNGSMETHODEN UND VERTIEFUNG DER GRUNDLAGEN

$$\Rightarrow G(\vec{r}, \vec{r}_L) = \frac{1}{4\pi} \ln \frac{\frac{r_L^2 r^2}{R^2} + R^2 - 2rr_L \cos(\varphi - \varphi_L)}{r^2 + r_L^2 - 2rr_L \cos(\varphi - \varphi_L)}$$

Wir sehen sofort, daß für $r = R$ die Randbedingung $G = 0$ erfüllt ist. Wie schon im vorigen Beispiel benötigen wir die Ableitung von G senkrecht zum Rand. Es gilt:

$$\frac{\partial G}{\partial n} = \frac{\partial G}{\partial r} = \frac{1}{4\pi} \frac{r^2 + r_L^2 - 2rr_L \cos(\varphi - \varphi_L)}{\frac{r_L^2 r^2}{R^2} + R^2 - 2rr_L \cos(\varphi - \varphi_L)} \cdot$$

$$\cdot \left(\frac{\left[2r\frac{r_L^2}{R^2} - 2r_L \cos(\varphi - \varphi_L)\right] [r^2 + r_L^2 - 2rr_L \cos(\varphi - \varphi_L)]}{[r^2 + r_L^2 - 2rr_L \cos(\varphi - \varphi_L)]^2} - \frac{[2r - 2r_L \cos(\varphi - \varphi_L)] \left[\frac{r_L^2 r^2}{R^2} + R^2 - 2rr_L \cos(\varphi - \varphi_L)\right]}{[r^2 + r_L^2 - 2rr_L \cos(\varphi - \varphi_L)]^2} \right)$$

$$\Rightarrow \left. \frac{\partial G}{\partial n} \right|_{r=R} = \frac{1}{4\pi} \frac{\left[2\frac{r_L^2}{R} - 2r_L \cos(\varphi - \varphi_L)\right] - [2R - 2r_L \cos(\varphi - \varphi_L)]}{R^2 + r_L^2 - 2Rr_L \cos(\varphi - \varphi_L)}$$

$$\Rightarrow \left. \frac{\partial G}{\partial n} \right|_{r=R} = \frac{1}{2\pi} \frac{\frac{r_L^2}{R} - R}{R^2 + r_L^2 - 2Rr_L \cos(\varphi - \varphi_L)}$$

Das Innere des Zylinders sei frei von Strömen, so daß man das magnetische Potential Ψ gemäß Gleichung (1.205) folgendermaßen schreiben darf:

$$\Psi(\vec{r}_L) = - \oint_{\partial A} \Psi(\vec{r}) \frac{\partial G}{\partial n} ds$$

Für die Stromverteilung auf dem Zylindermantel gelte

$$J_F = J_{F0} \cos(n\varphi)$$

und deshalb[42]

$$\Psi = -\int J_F ds = -\int J_F R d\varphi = -J_{F0} \frac{R}{n} \sin(n\varphi)$$

$$\Rightarrow \Psi = I_0 \sin(n\varphi) \quad \text{mit } I_0 = -J_{F0} \frac{R}{n}.$$

Insgesamt erhalten wir:

$$\Psi(\vec{r}_L) = -\int_{-\pi}^{+\pi} \frac{1}{2\pi R} \frac{r_L^2 - R^2}{R^2 + r_L^2 - 2Rr_L \cos(\varphi - \varphi_L)} I_0 \sin(n\varphi) R d\varphi$$

---

[42] Wegen $\Psi = \Psi_1 - \int \vec{H} \cdot d\vec{s}$ und der Randbedingung $H_t = J_F$ folgt bei Integration über den Rand $\Psi = -\int J_F ds$ ($\Psi_1 = 0$).

Wir substituieren $\xi = \varphi - \varphi_L$ und erhalten[43]

$$\Psi(\vec{r}_L) = \frac{I_0(R^2 - r_L^2)}{2\pi} \int_{-\pi}^{+\pi} \frac{sin(n\varphi_L + n\xi)}{R^2 + r_L^2 - 2Rr_L \cos \xi} d\xi$$

$$\Rightarrow \Psi(\vec{r}_L) = \frac{I_0(R^2 - r_L^2)}{2\pi R^2} \int_{-\pi}^{+\pi} \frac{sin(n\varphi_L)\cos(n\xi) + \cos(n\varphi_L)\sin(n\xi)}{1 + \frac{r_L^2}{R^2} - 2\frac{r_L}{R}\cos \xi} d\xi.$$

Nur die geraden Anteile des Integranden liefern einen Beitrag:

$$\Psi(\vec{r}_L) = \frac{I_0(R^2 - r_L^2)}{\pi R^2} sin(n\varphi_L) \int_0^\pi \frac{\cos(n\xi)}{1 + \frac{r_L^2}{R^2} - 2\frac{r_L}{R}\cos \xi} d\xi$$

Laut [5] hat das Integral für $n \geq 0$ und $\left|\frac{r_L}{R}\right| < 1$ den Wert

$$\frac{\pi \left(\frac{r_L}{R}\right)^n}{1 - \left(\frac{r_L}{R}\right)^2},$$

so daß man die Lösung

$$\Psi(\vec{r}_L) = I_0 \, sin(n\varphi_L) \left(\frac{r_L}{R}\right)^n$$

bzw.

$$\Psi(r, \varphi) = I_0 \, sin(n\varphi) \left(\frac{r}{R}\right)^n$$

erhält.

Hieraus erhält man unter Zuhilfenahme von Gleichung (1.43) das Magnetfeld

$$\begin{aligned}\vec{H} &= -grad\,\Psi = \\ &= -\left(\frac{\partial \Psi}{\partial r}\vec{e}_r + \frac{1}{r}\frac{\partial \Psi}{\partial \varphi}\vec{e}_\varphi\right) = \\ &= -I_0\,n\,sin(n\varphi)\frac{r^{n-1}}{R^n}\vec{e}_r - I_0\,n\,cos(n\varphi)\frac{r^{n-1}}{R^n}\vec{e}_\varphi.\end{aligned}$$

Anordnungen, die ein solches Magnetfeld erzeugen, dessen Stärke proportional zu Potenzen von r ist, nennt man magnetische Multipole. Für $n = 1$ erhält man einen magnetischen Dipol (der Strom auf dem Zylindermantel hat nur ein Maximum und ein Minimum), für $n = 2$ einen magnetischen Quadrupol (zwei Maxima und zwei Minima) und für $n = 3$ einen magnetischen Sextupol (drei Strommaxima und drei Stromminima).

Ähnlich wie im vorangegangenen Beispiel könnte man anstelle des Randwertproblems auch ein Ganzraumproblem betrachten, bei dem man die Potentiale bzw. Felder einzelner Stromfäden

---

[43] Durch die Substitution entstehen die Integrationsgrenzen $-\pi - \varphi_L$ und $+\pi - \varphi_L$. Für ganzzahlige $n > 0$ kann man die Integrationsgrenzen aber wegen der Periodizität des Integranden wieder in den Bereich $[-\pi, \pi]$ verschieben.

1.3. LÖSUNGSMETHODEN UND VERTIEFUNG DER GRUNDLAGEN

superponiert. Führt man eine solche Überlagerung durch, so erhält man wieder ein Feld der halben Stärke. Da nun keine zwei Halbebenen vorliegen, sondern das Innere und das Äußere eines Kreises, ist nicht unmittelbar klar, warum auch hier der Faktor 2 auftritt. Dies wird erst im Abschnitt 2.3 über konforme Abbildungen transparent werden und ist Gegenstand von Übungsaufgabe 2.3.

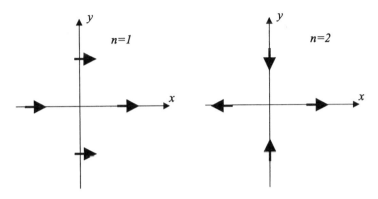

Abbildung 1.6: Von einem magnetischen Multipol auf in z-Richtung fliegende, geladene Teilchen ausgeübte Kräfte (Annahme: $Q, v, I_0 > 0$)

Zum Abschluß dieses Abschnittes wollen wir noch kurz auf die praktische Bedeutung magnetischer Multipole in der Elektronen- bzw. Ionenoptik eingehen. Bei solchen Anwendungen fliegt ein Strahl geladener Teilchen mit der Geschwindigkeit $\vec{v} = v\,\vec{e}_z$ parallel zur z-Achse des betrachteten Zylinderkoordinatensystems. Es stellt sich nun die Frage, in welcher Weise der Teilchenstrahl vom Magnetfeld des magnetischen Multipols beeinflußt wird. Hierzu berechnen wir gemäß Gleichung (1.116) die auf ein Teilchen mit der Ladung Q ausgeübte Kraft $\vec{F}$ und berücksichtigen die Beziehungen $\vec{e}_z \times \vec{e}_r = \vec{e}_\varphi$ und $\vec{e}_z \times \vec{e}_\varphi = -\vec{e}_r$:

$$\vec{F} = Q\,\vec{v} \times \vec{B} = Qv\mu_0 I_0 n \frac{r^{n-1}}{R^n} \left(-sin(n\varphi)\,\vec{e}_\varphi + cos(n\varphi)\,\vec{e}_r\right) \qquad (1.209)$$

Zeichnet man die resultierenden Kraftvektoren nun für verschiedene Werte von φ in ein Diagramm ein, so erhält man die in Abbildung 1.6 dargestellten Grafiken. Für $n = 1$, also für magnetische Dipole, wirkt die Kraft offenbar stets in x-Richtung[44]. Man verwendet magneti-

---

[44] Mit Hilfe der Sinus- und Kosinus-Additionstheoreme sowie der Gleichungen (7.68) und (7.69) kann man aus Gleichung (1.209) leicht die Beziehung

$$\vec{F} = Qv\mu_0 I_0 n \frac{r^{n-1}}{R^n} \left(cos((n-1)\varphi)\,\vec{e}_x - sin((n-1)\varphi)\,\vec{e}_y\right)$$

gewinnen — für $n = 1$ gilt also tatsächlich bei konstantem F_x stets $F_y = 0$. Der Leser möge sich nicht daran stören, daß die Beziehungen (7.68) und (7.69) erst im Rahmen von Aufgabe 3.2 hergeleitet werden; die Resultate lassen sich auch mit herkömmlicher Vektoranalysis und geometrischen Überlegungen leicht verifizieren.

sche Dipole daher zur Strahlablenkung in Richtung der Sollbahn. Für $n = 2$ hingegen liegt ein horizontal defokussierendes, aber vertikal fokussierendes Element vor. Magnetische Quadrupole werden daher in der Ionenoptik zur Strahlfokussierung eingesetzt. Um eine Fokussierung sowohl in horizontaler als auch in vertikaler Richtung zu erreichen, setzt man zwei Quadrupole hintereinander, die um 90° gegeneinander gedreht sind.

1.3.9 Inverse Operatoren

Ein Operator wird in der Mathematik definiert als eine Abbildung, die jedem Element aus dem Definitionsbereich eindeutig ein Element aus dem Wertebereich zuordnet. Durch diese Definition des Operators im allgemeinen Sinne werden zahlreiche Abbildungen bzw. Transformationen umfaßt, so daß die Begriffe „Operator", „Abbildung" und „Transformation" synonym gebraucht werden dürfen.

Im engeren Sinne beschränkt man sich beim Definitionsbereich und beim Wertebereich auf Mengen von Funktionen mit bestimmten Eigenschaften. Durch einen Operator wird dann eine Funktion auf eine andere Funktion abgebildet. Damit ist sofort klar, daß es sich bei den Differentialoperatoren Gradient, Divergenz und Rotation tatsächlich um Operatoren im engeren Sinne handelt. Beispielsweise wird der Funktion

$$\Phi(x) = x^2 y - z\, x^3$$

durch

$$\vec{V} = grad\, \Phi$$

eindeutig die vektorielle Funktion

$$\vec{V} = (2xy - 3x^2 z)\, \vec{e}_x + x^2\, \vec{e}_y - x^3 \vec{e}_z$$

zugeordnet.

Zu den Operatoren im weiteren Sinne gehören auch die sogenannten Funktionale, die wir schon in Abschnitt 1.1.8 über Distributionen angesprochen haben. Funktionale ordnen jeder Funktion aus dem Definitionsbereich eine Zahl aus dem Wertebereich zu.

Im folgenden betrachten wir nur Operatoren im engeren Sinne, also Abbildungen, die Funktionen eindeutig andere Funktionen zuordnen.

Wenn die durch einen Operator T definierte Abbildung nicht nur eindeutig, sondern auch umkehrbar eindeutig ist, dann existiert natürlich auch ein Operator, der jeder Funktion aus dem Wertebereich von T eine Funktion aus dem Definitionsbereich von T zuordnet. Diesen Operator bezeichnet man dann als den zu T inversen Operator T^{-1}.

1.3.9.1 Inverser Laplaceoperator

In den vergangenen Abschnitten haben wir festgestellt, daß die Poissongleichung

$$\Delta \Phi = -\rho/\epsilon \tag{1.210}$$

in vielen Fällen eine eindeutige Lösung hat. Hierzu gehörte sowohl das Ganzraumproblem, wenn man die Randbedingungen im Unendlichen zugrunde legt, als auch verschiedene Randwertprobleme. Offenbar handelt es sich beim Laplaceoperator Δ um eine Abbildungsvorschrift, die jeder Lösung Φ der Poissongleichung eindeutig eine Anregung $-\rho/\epsilon$ zuordnet. Da in den genannten Fällen die Lösung der Poissongleichung eindeutig ist, kann man umgekehrt jeder Anregung $-\rho/\epsilon$ eine Lösung Φ zuordnen. Somit existiert der inverse Laplaceoperator Δ^{-1}, und es gilt

$$\Phi = \Delta^{-1}(-\rho/\epsilon). \tag{1.211}$$

Setzt man dies in Gleichung (1.210) ein, so folgt

$$\Delta \Delta^{-1}(-\rho/\epsilon) = -\rho/\epsilon.$$

Da diese Gleichung für beliebige Anregungen $-\rho/\epsilon$ gilt, darf man formal

$$\Delta \Delta^{-1} = I$$

schreiben, wobei I der Identitäts-Operator ist, der jeder Funktion dieselbe Funktion zuordnet.

Man kann den Operator Δ^{-1} auch formal auf beide Seiten der Gleichung (1.210) anwenden, so daß

$$\Delta^{-1} \Delta \Phi = \Delta^{-1}(-\rho/\epsilon) = \Phi$$

gilt. Deshalb gilt

$$\Delta^{-1} \Delta = I.$$

Im Falle des Ganzraumproblemes läßt sich die Abbildungsvorschrift des inversen Laplaceoperators aus Gleichung (1.187) ablesen:

$$\Delta^{-1}(...) = -\int_V \frac{(...) \, dV_0}{4\pi \, |\vec{r} - \vec{r}_0|} \tag{1.212}$$

Liegt hingegen ein Dirichletsches Randwertproblem vor, so gilt wegen Gleichung (1.202):

$$\Delta^{-1}(...) = -\int_V G\,(...)dV - \oint_{\partial V} \Phi \, \frac{\partial G}{\partial n} \, dA \tag{1.213}$$

In diesem Falle enthält der inverse Laplaceoperator offenbar ein additives Glied, das von den Randwerten Φ auf ∂V herrührt. Strenggenommen müßte man deshalb den inversen Laplaceoperator entsprechend kennzeichnen, damit offensichtlich wird, auf welche Randbedingungen er sich bezieht. Die Definition des inversen Laplaceoperators für andere Randwertprobleme kann in [6] nachgeschlagen werden.

Nachdem wir soeben festgestellt haben, daß der inverse Laplaceoperator in Abhängigkeit von der Problemstellung eine unterschiedliche Gestalt annimmt, ist ein weiterer Punkt von entscheidender Bedeutung bei der Anwendung: Wie man am Beispiel des Dirichletschen Randwertproblemes sofort sieht, ist der inverse Laplaceoperator im Falle von Randwertproblemen nicht linear. Dies führt zum Beispiel dazu, daß der inverse Laplaceoperator selbst dann eine Funktion ungleich null liefern kann, wenn er auf null angewandt wird. Das wird aus Gleichung (1.213) sofort ersichtlich, da für nicht-triviale Randwerte stets das Flächenintegral über den Rand ∂V übrigbleibt.

Ein weiteres Beispiel für die Nichtlinearität des inversen Laplaceoperators besteht darin, daß die Summe zweier Lösungen ein und desselben Randwertproblemes im allgemeinen keine Lösung dieses Randwertproblemes ist. Dies ist auch sofort einleuchtend, da beispielsweise das Dirichletsche Randwertproblem nur eine Lösung besitzt, so daß die Summe zweier Lösungen desselben Dirichlet-Problems die doppelte Lösung ergibt. Diese paßt dann natürlich nicht mehr zu den Randbedingungen; die Summenfunktion ist keine Lösung des Randwertproblemes. In Formeln ausgedrückt, läßt sich dies folgendermaßen schreiben: Für zwei Lösungen Φ_1 und Φ_2 ein und desselben Dirichletschen Randwertproblemes der Laplacegleichung gilt

$$\Delta \Phi_1 = 0 \qquad (1.214)$$

und

$$\Delta \Phi_2 = 0. \qquad (1.215)$$

Beide Gleichungen kann man mit Hilfe des inversen Operators Δ_D^{-1} auflösen:

$$\Phi_1 = \Delta_D^{-1} \Delta \Phi_1 = \Delta_D^{-1}(0) \qquad (1.216)$$

$$\Phi_2 = \Delta_D^{-1} \Delta \Phi_2 = \Delta_D^{-1}(0) \qquad (1.217)$$

Aufgrund der Linearität des Laplaceoperators ist es erlaubt, die Summe der Gleichungen (1.214) und (1.215) folgendermaßen zu bilden:

$$\Delta(\Phi_1 + \Phi_2) = \Delta \Phi_1 + \Delta \Phi_2 = 0$$

Wenn man diese Gleichung mit Hilfe des inversen Laplaceoperators nach $\Phi_1 + \Phi_2$ auflösen will, muß man berücksichtigen, daß die Randwerte zu verdoppeln sind, was wir durch den Index andeuten wollen:

$$\Phi_1 + \Phi_2 = \Delta_{2D}^{-1} \Delta(\Phi_1 + \Phi_2) = \Delta_{2D}^{-1}(0)$$

Hätte man hier auf die Indizierung des inversen Laplaceoperators verzichtet, dann hätte man durch Vergleich dieser Gleichung mit den Beziehungen (1.216) und (1.217) fälschlicherweise folgern können, daß die Terme Φ_1, Φ_2 und $\Phi_1 + \Phi_2$ alle gleich sind, was sofort auf die Falschaussage

1.3. LÖSUNGSMETHODEN UND VERTIEFUNG DER GRUNDLAGEN

$\Phi_1 = 0$ und $\Phi_2 = 0$ geführt hätte. Aufgrund der korrekten Indizierung hingegen kann man aus den Gleichungen (1.216) und (1.217) lediglich folgern, daß $\Phi_1 = \Phi_2$ gilt, was auch stimmt, da das Dirichletsche Randwertproblem nur eine Lösung haben kann.

Glücklicherweise tritt diese Problematik beim Ganzraumproblem nicht auf, so daß man dort auf die Kennzeichnung verzichten kann. Der in Gleichung (1.212) definierte inverse Laplaceoperator ist nämlich offensichtlich linear. Nach diesen Vorbemerkungen sollten Fehler durch die falsche Anwendung inverser Operatoren ausgeschlossen sein, so daß wir einen Schritt weiter gehen können.

In [6] wurden nämlich aufbauend auf dem inversen Laplaceoperator auch inverse Operatoren für den Gradienten, die Divergenz und die Rotation angegeben, die im folgenden diskutiert werden sollen.

1.3.9.2 Inverser Operator für die Divergenz

Hat man mit Gleichung (1.211) die Lösung der Gleichung (1.210) gefunden, dann ist es nicht schwer, den Gradienten dieser Lösung zu bestimmen:

$$grad\ \Phi = grad\ \Delta^{-1}(-\rho/\epsilon).$$

Ausführlich geschrieben läßt sich Gleichung (1.210) folgendermaßen darstellen:

$$div\ grad\ \Phi = -\rho/\epsilon$$

Durch Vergleich der letzten beiden Gleichungen läßt sich

$$div\ grad\ \Delta^{-1}(-\rho/\epsilon) = -\rho/\epsilon$$

folgern — die durch den Operator $grad\ \Delta^{-1}$ vermittelte Abbildung wird durch die Divergenzbildung also für beliebige Anregungen $-\rho/\epsilon$ wieder aufgehoben. Deshalb darf man im Rahmen der untersuchten Probleme die Definition

$$div^{-1} = grad\ \Delta^{-1} \tag{1.218}$$

verwenden, so daß

$$div\ div^{-1} = I$$

und

$$div^{-1}\ div = I$$

gilt. Da wir uns hier auf Ganzraum- und Randwertprobleme für die Poisson- oder Laplacegleichung beschränken, ist der Operator div^{-1} ebenso wie schon Δ^{-1} nur in diesem Kontext zu verwenden.

Dies erklärt auch, warum die Anwendung der Rotation auf Gleichung (1.218) wegen

$$rot\ grad = 0$$

stets
$$rot\, div^{-1} = 0$$
liefert. Die im Argument enthaltenen Informationen reichen nicht aus, um das Wirbelfeld zu bestimmen. Lediglich der wirbelfreie Anteil läßt sich aus der Anregung $-\rho/\epsilon$ ermitteln.

Was zunächst wie ein Nachteil aussieht, kann aber auch von großem Vorteil sein. Die Poisson- bzw. Laplacegleichung tritt nämlich vor allem in der Elektrostatik auf, wo ohnehin $rot\, \vec{E} = 0$ gilt. Der inverse Divergenz-Operator erfüllt diese Wirbelfreiheit also implizit.

1.3.9.3 Inverser Operator für den Gradienten

In den Fällen, in denen ein eindeutig definiertes Potential Φ mit
$$\vec{E} = -grad\, \Phi$$
existiert, also auch in der Elektrostatik, läßt sich dieses gemäß Gleichung (1.128) bestimmen. Man braucht also nicht auf den inversen Laplaceoperator zurückzugreifen, um
$$grad^{-1}(...) = \Phi_0 + \int_C (...) \cdot d\vec{s}$$
zu definieren. Auch hier darf man also die Gleichung
$$\vec{E} = -grad\, \Phi$$
gemäß
$$\Phi = grad^{-1}(-\vec{E})$$
auflösen, so daß
$$grad\, grad^{-1} = I$$
und
$$grad^{-1}\, grad = I$$
gilt. Bei nicht verschwindender Integrationskonstante Φ_0 wird der Operator $grad^{-1}$ nichtlinear.

1.3.9.4 Inverser Operator für die Rotation

Bei vielen feldtheoretischen Problemen hat man es mit der vektoriellen Poissongleichung zu tun. Hierzu zählen magnetostatische Probleme mit homogenen Medien, für die Gleichung (1.142)
$$\Delta \vec{A} = -\mu\, \vec{J}$$
mit der Bedingung (1.141)
$$div\, \vec{A} = 0$$

1.3. LÖSUNGSMETHODEN UND VERTIEFUNG DER GRUNDLAGEN

abgeleitet wurde. Für das Ganzraumproblem und für verschiedene Randwertprobleme läßt sich auch hier nachweisen, daß die Lösung eindeutig ist und sich mit Hilfe Greenscher Funktionen angeben läßt. Für den Beweis sei auf [6] und die dort zitierte Literatur verwiesen.

Aufgrund der Eindeutigkeit der Lösung läßt sich analog zum skalaren Fall ein inverser vektorieller Laplaceoperator angeben, so daß sich Gleichung (1.142) gemäß

$$\vec{A} = \Delta^{-1}(-\mu \vec{J})$$

auflösen läßt. Man darf also wieder formal

$$\Delta \Delta^{-1} = I$$

und

$$\Delta^{-1} \Delta = I$$

schreiben. Für die Rotation des Vektorpotentiales erhält man

$$rot\,\vec{A} = rot\,\Delta^{-1}(-\mu \vec{J}).$$

Aus der vektoriellen Poissongleichung folgt mit $rot\,rot\,\vec{A} = grad\,div\,\vec{A} - \Delta \vec{A}$ wegen $div\,\vec{A} = 0$ die Beziehung

$$-rot\,rot\,\vec{A} = -\mu \vec{J}.$$

Setzt man die vorletzte Gleichung in die letzte ein, so erhält man für beliebige Anregungen $-\mu \vec{J}$ die Gleichung

$$-rot\,rot\,\Delta^{-1}(-\mu \vec{J}) = -\mu \vec{J}.$$

Dies motiviert zur Definition

$$rot^{-1} = -rot\,\Delta^{-1},$$

so daß

$$rot\,rot^{-1} = I$$

und

$$rot^{-1}\,rot = I$$

gilt.

Während der Operator div^{-1} stets wirbelfreie Felder liefert, stellt man wegen $div\,rot = 0$ fest, daß der Operator rot^{-1} nur quellenfreie Felder liefern kann:

$$div\,rot^{-1} = 0$$

1.3.10 Ohmscher Widerstand, Kapazität und Induktivität

Unser Kapitel über feldtheoretische Grundlagen wollen wir mit der feldtheoretischen Definition des ohmschen Widerstandes, der Kapazität und der Induktivität beenden. Dabei gehen wir zunächst auf die am weitesten verbreiteten Definitionen ein. Bei der Induktivität werden wir allerdings feststellen, daß diese Definition oftmals nicht allgemein genug ist. Deshalb geben wir in den weiteren Abschnitten allgemeingültige Definitionen an. Abschließend werden wir zeigen, daß die zuerst genannten Definitionen als Spezialfälle aus den allgemeinen Definitionen folgen.

1.3.10.1 Kapazität

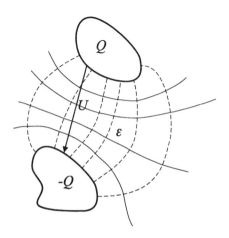

Abbildung 1.7: Kondensator

Ein Kondensator besteht aus zwei gegeneinander isolierten, beliebig geformten Elektroden. Die eine trägt die Ladung $+Q$, die andere die Ladung $-Q$. Durch diese beiden Ladungen wird ein elektrostatisches Feld erzeugt, so daß zwischen den beiden Elektroden eine Potentialdifferenz, also eine Spannung U auftritt. Der Zählpfeil für die Spannung U beginnt hierbei an der Elektrode, die die Ladung $+Q$ trägt, und endet an der, die die Ladung $-Q$ trägt (Siehe Abbildung 1.7). Ausgehend von dieser Anordnung definiert man die Kapazität C folgendermaßen:

$$C = \frac{Q}{U} \qquad (1.219)$$

Unter Berücksichtigung von Gleichung (1.95) resultiert hieraus für Kapazitäten, die nicht von der Spannung U abhängen, das für die Schaltungstechnik wichtige Gesetz

$$I = \frac{dQ}{dt} = C\frac{dU}{dt}$$

1.3. LÖSUNGSMETHODEN UND VERTIEFUNG DER GRUNDLAGEN

bzw. die imaginäre Impedanz

$$Z_C = \frac{1}{j\omega C}.$$

Oftmals (beispielsweise in der Leitungstheorie) sind Kondensatoren von Interesse, die in einer Raumrichtung homogen aufgebaut sind. Solche längshomogenen Kondensatoren kann man sich dadurch entstanden denken, daß man die beiden Elektroden eines beliebigen Kondensators parallel zu einer Geraden verschiebt. Die von den beiden Elektroden überstrichenen Raumteile stellen dann die Elektroden des längshomogenen Kondensators dar. Es entsteht also eine Leitung mit zwei Leitern. Ist die Länge l der beiden Leiter hinreichend lang, so fallen die an den Enden auftretenden Effekte (Streukapazitäten) nicht ins Gewicht. Die Ladung Q ist dann in Längsrichtung praktisch gleichverteilt.

Für einen längshomogenen Kondensator der Länge l_0, der auf seinen Elektroden die Ladungen $+Q_0$ und $-Q_0$ trägt, gilt:

$$C_0 = \frac{Q_0}{U}$$

Verlängert man den Kondensator nun auf die Länge l und möchte man, daß die Spannung zwischen den Elektroden gleich bleibt, so muß man die Ladung so erhöhen, daß auf jedem Streckenabschnitt die gleiche Ladung vorhanden ist wie zuvor. Es muß also gelten:

$$\frac{Q}{Q_0} = \frac{l}{l_0}$$

Die Ladung muß also proportional zur Länge l sein. Den Proportionalitätsfaktor $\frac{Q_0}{l_0}$ bezeichnet man als Ladungsbelag Q':

$$Q = Q' \, l$$

Daraus folgt:

$$C = \frac{Q}{U} = \frac{Q'}{U} l$$

Wir sehen, daß auch die Kapazität proportional zur Länge l ist. Die Proportionalitätskonstante $\frac{Q'}{U}$ bezeichnet man dann als Kapazitätsbelag C':

$$C = C' \, l$$

Abschließend soll noch einmal hervorgehoben werden, daß in der Formel für die Kapazitätsberechnung nur die Ladung der positiv geladenen Elektrode einzusetzen ist und nicht etwa die Summe der Beträge beider Ladungen.

Außerdem ist zu beachten, daß die Beträge der Ladungen auf den beiden Elektroden stets gleich sein müssen und das Vorzeichen stets entgegengesetzt sein muß. Ist eine dieser Bedingungen nicht erfüllt, dann liegt kein Kondensator vor.

1.3.10.2 Ohmscher Widerstand

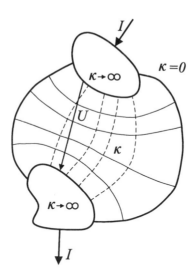

Abbildung 1.8: Ohmscher Widerstand

Ein ohmscher Widerstand ist aus Sicht der Feldtheorie sehr ähnlich wie ein Kondensator aufgebaut. Auch hier liegen zwei beliebig geformte Elektroden vor, die jetzt jedoch nicht gegeneinander isoliert sind, sondern zwischen denen ein leitfähiges Material eingebracht wird, wobei die Elektroden eine deutlich höhere Leitfähigkeit besitzen als das eingebrachte Material. Speist man nun in eine Elektrode einen Strom I ein, so wird dieser wegen des ersten Kirchhoffschen Satzes (1.136) aus der anderen Elektrode wieder austreten. Im leitfähigen Material entsteht hierbei ein stationäres Strömungsfeld, das wiederum zu einem Spannungsabfall U zwischen den Elektroden führt. Der Zählpfeil der Spannung zeige gemäß Abbildung 1.8 von der Elektrode, in die der Strom hineinfließt, zu der Elektrode, aus der er wieder herausfließt. Den Quotienten aus U und I bezeichnet man dann als ohmschen Widerstand der Anordnung. Dies ist das Ohmsche Gesetz:

$$R = \frac{U}{I} \qquad (1.220)$$

Ein ohmscher Widerstand hat offenbar eine reelle Impedanz:

$$Z_R = R$$

Wie schon beim Kondensator kann man auch längshomogene Widerstände betrachten. Man verschiebt hierzu eine beliebige Fläche parallel zu einer Geraden und denkt sich den überstrichenen Raum mit dem leitfähigen Material gefüllt. Die ursprüngliche Fläche sowie die Abschlußfläche wählt man als metallisierte Elektroden.

1.3. LÖSUNGSMETHODEN UND VERTIEFUNG DER GRUNDLAGEN

In ähnlicher Weise wie beim längshomogenen Kondensator stellt man dann fest, daß der ohmsche Widerstand proportional zur Länge l ist, sofern diese hinreichend groß ist, und definiert einen Widerstandsbelag R':

$$R = R' l$$

1.3.10.3 Induktivität

Eine Induktivität entsteht, wenn man eine n-fach gewundene, geschlossene Drahtschleife von einem Strom I durchfließen läßt. Die Drahtschleife wird dann von einem Magnetfeld und damit auch von einem magnetischen Fluß Φ durchsetzt. Ist der Strom und damit auch das Magnetfeld zeitlich veränderlich, dann wird in jedem einzelnen Drahtschleifenumlauf gemäß dem Induktionsgesetz (1.88)

$$\oint_{\partial A} \vec{E} \cdot d\vec{s} = -\frac{d\Phi}{dt}$$

eine Umlaufspannung erzeugt. Da die n einzelnen Drahtschleifenumläufe quasi in Serie geschaltet sind, ergibt sich eine gesamte Umlaufspannung von

$$U_{Umlauf} = -n\frac{d\Phi}{dt}$$

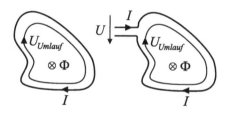

Abbildung 1.9: Leiterschleife als Induktivität

Trennt man die Drahtschleife an einer Stelle auf und ist der Draht ideal leitend, so ist gemäß Abbildung 1.9 die Trennstelle die einzige Stelle, an der eine Spannung U abfallen kann. Der Zählpfeil der Spannung sei hier wie beim ohmschen Widerstand gewählt — er zeige von dem Drahtende, in das der Strom hineinfließt, zu dem Drahtende, aus dem er herausfließt. Dann gilt

$$U = -U_{Umlauf} = n\frac{d\Phi}{dt}$$

Wenn der magnetische Fluß proportional zum Strom I ist, dann ist der Ausdruck

$$L = \frac{n\Phi}{I} \tag{1.221}$$

konstant. Man bezeichnet ihn als Selbstinduktivität oder kurz als Induktivität. Im Falle einer konstanten Induktivität L folgt aus den letzten beiden Gleichungen das für die Schaltungstechnik wichtige Gesetz[45]

$$U = L \frac{dI}{dt}$$

und damit auch die imaginäre Impedanz

$$Z_L = j\omega L.$$

Wir kommen nun zurück auf die in Abschnitt 1.3.10.1 beim Kondensator besprochene längshomogene Leitung. Man kann sie am einen Ende mit einem Kurzschluß, also einer ideal leitfähigen Verbindung zwischen den Leitern, versehen und am anderen Ende einen Strom einspeisen. Dann liegt offenbar eine Induktivität mit einer einzigen Windung vor ($n = 1$). Es ist leicht einzusehen, daß der die Leiterschleife durchsetzende Fluß dann proportional zur Leitungslänge l ist, so daß wir analog zum Widerstandsbelag R' und zum Kapazitätsbelag C' einen Induktivitätsbelag L' definieren können:

$$L = L'\, l$$

Abschließend sei angemerkt, daß die hier vorgestellte Definition für die Induktivität aus folgenden Gründen deutlich weniger allgemeingültig ist als die oben besprochenen Definitionen von Kapazität und ohmschem Widerstand:

- Jede einzelne Leiterschleife muß von demselben magnetischen Fluß Φ durchsetzt sein.

- Der Weg, entlang dem die Spannung U gemessen wird, beeinflußt die Gesamtfläche, über die der magnetische Fluß integriert werden muß. Damit er keinen Einfluß hat, sollte er außerhalb des vom Magnetfeld durchsetzen Raumes liegen.

- Die vom Fluß Φ durchströmte Fläche muß eindeutig definierbar sein, zum Beispiel durch unendlich dünne Leiter.

Mit Hilfe der Definition (1.221) kann man sehr leicht in der Praxis benutzte Spulen berechnen (zum Beispiel auf Ferritkerne gewickelte Spulen), aber für etwas kompliziertere Anordnungen ist die Definition aus den genannten Gründen nicht tauglich. Wir suchen daher im folgenden nach einer allgemeineren Definition.

---

[45]Die sogenannte Lenzsche Regel wird in diesem Zusammenhang oft falsch interpretiert. Sie besagt, daß die Induktion ihrer Ursache, nämlich dem Strom, entgegenwirkt. Deshalb könnte man auf die Idee kommen, in der Gleichung $U = L \frac{dI}{dt}$ ein Minuszeichen einzuführen. Wie Abbildung 1.9 aber in Verbindung mit der Rechnung zweifelsfrei zeigt, bezieht sich das Minuszeichen auf die Umlaufspannung, die der an der Induktivität anliegenden Spannung entgegengerichtet ist.

1.3.11 Definition von ohmschem Widerstand, Kapazität und Induktivität mit Hilfe der Energie

Auf die Idee zur Verallgemeinerung der Induktivitätsdefinition kommt man leicht, wenn man anstelle des Zusammenhangs

$$U = L \frac{dI}{dt}$$

die aus der Theorie konzentrierter Bauelemente bekannte magnetische Energie[46]

$$W_{magn} = \frac{1}{2} L I^2$$

betrachtet. Sie legt die Vermutung nahe, daß man die Induktivität auch als

$$L = 2 \frac{W_{magn}}{I^2}$$

definieren kann. Übertragen auf die Theorie elektromagnetischer Felder bedeutet dies unter Zuhilfenahme der Gleichungen (1.94) und (1.111):

$$L = \frac{\int_V \vec{B} \cdot \vec{H}\, dV}{\left[\int_A \vec{J} \cdot d\vec{A}\right]^2} \qquad (1.222)$$

Hierbei ist A eine beliebige Querschnittsfläche des Leiters, deren Flächenvektor in Richtung des Stromes I zeigt. V ist der gesamte felderfüllte Raum.

Analog kann man aus der Gleichung

$$W_{el} = \frac{1}{2} \frac{Q^2}{C}$$

die Definition

$$C = \frac{Q^2}{2 W_{el}}$$

und unter Verwendung der Gleichungen (1.92) und (1.110)

$$C = \frac{\left[\oint_{A_1} \vec{D} \cdot d\vec{A}\right]^2}{\int_V \vec{D} \cdot \vec{E}\, dV} \qquad (1.223)$$

---

[46]Die magnetische Energie berechnet man in der Theorie konzentrierter Bauelemente aus der Leistung gemäß

$$W_{magn} = \int P_{magn}\, dt = \int U I\, dt = L \int I \frac{dI}{dt}\, dt = L \frac{I^2}{2}$$

Den letzten Schritt kann man mit Hilfe einer partiellen Integration vollziehen.

gewinnen. Hierbei ist A_1 die Hüllfläche (Flächenvektor zeigt nach außen), die die positive Ladung Q umschließt.

Schließlich folgt aus der Gleichung
$$P_{verl} = I^2 R$$
die Defintion
$$R = \frac{P_{verl}}{I^2},$$
was unter Zuhilfenahme der Gleichungen (1.94) und (1.112) auf folgende Darstellung führt:
$$R = \frac{\int_V \vec{J} \cdot \vec{E} \, dV}{\left[\int_A \vec{J} \cdot d\vec{A}\right]^2} \tag{1.224}$$

Hierbei ist A eine beliebige Querschnittsfläche des Widerstandes, deren Flächenvektor in Richtung des Stromes I zeigt.

Wir müssen uns nun darüber im klaren sein, daß wir die Definitionsgleichungen (1.222), (1.223) und (1.224) mit Hilfe der Energieformeln für konzentrierte Bauelemente gewonnen haben. Durch die Übertragung auf die Feldtheorie haben wir nun zwar die Vermutung, daß diese Definitionen sinnvoll sein könnten, aber es liegt noch kein Beweis dafür vor, daß die neuen Definitionen mit unseren alten Definitionen (1.219), (1.220) und (1.221) verträglich sind. In der Theorie konzentrierter Bauelemente werden nämlich so viele Vereinfachungen gemacht, daß wir nicht sicher sein können, daß zwei Definitionen, die in dieser Theorie äquivalent sind, auch in der Feldtheorie äquivalent sind.

Die nächsten Abschnitte sind daher dem Beweis gewidmet, daß sich die bisherigen Definitionsgleichungen (1.219), (1.220) und (1.221) aus den neuen (1.222), (1.223) und (1.224) ableiten lassen. Wir beginnen mit der Kapazitätsdefinition.

1.3.11.1 Kapazität

Wir gehen von der Definitionsgleichung (1.223) aus und nehmen an, daß die für die Elektrostatik erforderlichen Bedingungen erfüllt sind. Außerdem sei die Dielektrizitätskonstante ortsunabhängig. Um die elektrische Energie aus Gleichung (1.223) zu entfernen, müssen wir einen Alternativausdruck für das im Nenner auftretende Integral
$$W_{el} = \frac{1}{2} \int_V \vec{D} \cdot \vec{E} \, dV$$
finden. Zunächst setzen wir $\vec{D} = \epsilon \vec{E}$, um dann den in der Elektrostatik verwandten Ansatz (1.124)
$$\vec{E} = -grad \, \Phi$$

1.3. LÖSUNGSMETHODEN UND VERTIEFUNG DER GRUNDLAGEN

einzusetzen. Es gilt also:

$$W_{el} = \frac{1}{2} \int_V \epsilon \, (grad \, \Phi) \cdot (grad \, \Phi) \, dV \qquad (1.225)$$

Ein Raumintegral, das das Produkt zweier Gradienten enthält, haben wir bereits in der ersten Greenschen Integralformel (1.60) kennengelernt. Da hier beide Gradienten gleich sind, lautet die erste Greensche Formel:

$$\int_V (\Delta \Phi) \Phi \, dV = \oint_{\partial V} \Phi \, (grad \, \Phi) \cdot d\vec{A} - \int_V (grad \, \Phi) \cdot (grad \, \Phi) \, dV$$

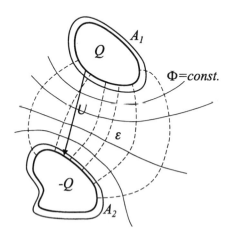

Abbildung 1.10: Kondensator

Als Gebiet betrachten wir nun den gesamten Raum, wobei die beiden ladungstragenden Elektroden ausgespart werden sollen (Abbildung 1.10). Das Gebiet V ist also ladungsfrei, so daß die Poissongleichung (1.125) in die Laplacegleichung

$$\Delta \Phi = 0$$

übergeht. Das Integral auf der linken Seite der Greenschen Formel entfällt somit, und wir erhalten:

$$\int_V (grad \, \Phi) \cdot (grad \, \Phi) \, dV = \oint_{\partial V} \Phi \, (grad \, \Phi) \cdot d\vec{A} \qquad (1.226)$$

Der Rand ∂V von V ist einerseits die unendlich weit entfernte Hüllfläche des Volumens V und andererseits die Oberfläche der ausgesparten Elektroden. Da im Unendlichen das Potential definitionsgemäß gleich null sein soll[47], sind also nur die Oberflächen A_1 und A_2 der Elektroden

---
[47] Im Unendlichen sind strenggenommen genauere Untersuchungen nötig, da nicht nur der Integrand gegen null strebt, sondern auch die Integrationsfläche unendlich groß wird (s. auch Aufgabe 1.14). Ist der felderfüllte Raum von einer magnetisch ideal leitenden Wand begrenzt, dann stellt dies kein Problem dar, da $\vec{E} = -grad \, \Phi$ dann tangential zur Wand verläuft und das Flächenintegral deshalb verschwindet (Man beachte die Verallgemeinerung magnetisch ideal leitender Wände aus Abschnitt 1.3.3.2).

zu berücksichtigen. Es gilt:

$$\int_V (grad\ \Phi) \cdot (grad\ \Phi)\, dV = \int_{A_1} \Phi\, (grad\ \Phi) \cdot d\vec{A} + \int_{A_2} \Phi\, (grad\ \Phi) \cdot d\vec{A}$$

Auf der Oberfläche A_1 der ersten Elektrode hat das Potential Φ den konstanten[48] Wert Φ_1, auf der Oberfläche A_2 den Wert Φ_2. Die beiden Werte können wir daher vor das Integral ziehen:

$$\int_V (grad\ \Phi) \cdot (grad\ \Phi)\, dV = \Phi_1 \int_{A_1} (grad\ \Phi) \cdot d\vec{A} + \Phi_2 \int_{A_2} (grad\ \Phi) \cdot d\vec{A}$$

Es ist nun naheliegend, für $-grad\ \Phi$ wieder $\vec{E} = \frac{\vec{D}}{\epsilon}$ zu schreiben, da uns das Oberflächenintegral über $\vec{D}$ geläufig ist:

$$\epsilon \int_V (grad\ \Phi) \cdot (grad\ \Phi)\, dV = -\Phi_1 \int_{A_1} \vec{D} \cdot d\vec{A} - \Phi_2 \int_{A_2} \vec{D} \cdot d\vec{A}$$

Wir nehmen nun an, daß sich in der Hüllfläche A_1 die positive Ladung Q verbirgt und in A_2 die negative $-Q$. Zu beachten ist, daß die Flächenvektoren der Hüllflächen A_1 und A_2 vom Gebiet V gesehen nach außen gerichtet sind, so daß sie in die ladungsgefüllte Aussparung *hineinzeigen*. Es gilt also

$$\int_{A_1} \vec{D} \cdot d\vec{A} = -Q$$

und

$$\int_{A_2} \vec{D} \cdot d\vec{A} = Q,$$

so daß weiter folgt:

$$\epsilon \int_V (grad\ \Phi) \cdot (grad\ \Phi)\, dV = \Phi_1\, Q - \Phi_2\, Q$$

Die Potentialdifferenz $\Phi_1 - \Phi_2$ ist definitionsgemäß gleich unserer Spannung $U = \int_C \vec{E} \cdot d\vec{s}$, so daß schließlich gilt:

$$\epsilon \int_V (grad\ \Phi) \cdot (grad\ \Phi)\, dV = Q\, U$$

Aufgrund der Ortsunabhängigkeit von ϵ läßt sich ϵ in das Integral ziehen, und wir erkennen — bis auf den Faktor $\frac{1}{2}$ — unseren Ausdruck für W_{el} aus Gleichung (1.225) wieder.

Damit folgt aus Gleichung (1.223) direkt:

$$C = \frac{Q^2}{\int_V \vec{D} \cdot \vec{E}\, dV} = \frac{Q^2}{Q\, U} = \frac{Q}{U}$$

Wir erhalten also denselben Ausdruck wie in Definition (1.219). Die Ladungs-Spannungs-Definition folgt also nicht nur in der Theorie diskreter Bauelemente aus der Energiedefinition, sondern auch in der Feldtheorie.

---

[48]Hier greift wieder dieselbe Argumentation wie schon in Fußnote 25 des Abschnitts 1.3.1.1: Das Innere von Leitern ist feldfrei, das Potential an ihrer Oberfläche konstant.

1.3. LÖSUNGSMETHODEN UND VERTIEFUNG DER GRUNDLAGEN

Die Energiedefinition ist allerdings allgemeiner anwendbar, da sie auch dann eindeutig ist, wenn die Bedingungen der Elektrostatik nicht mehr gelten und die Spannung zwischen den Elektroden nicht mehr eindeutig definiert, also wegabhängig ist.

Die hier beschriebene Herleitung basierte darauf, mit Hilfe der ersten Greenschen Integralformel zu zeigen, daß in der Elektrostatik für ladungsfreie Gebiete

$$-\oint_{\partial V} \Phi \vec{D} \cdot d\vec{A} = \int_V \vec{D} \cdot \vec{E} \, dV \qquad (1.227)$$

gilt. Nichts anderes besagt nämlich Gleichung (1.226). Leider mußten wir hierbei voraussetzen, daß ϵ ortsunabhängig ist, was den Gültigkeitsbereich unserer Herleitung stark einschränkt. Im Anhang 6.5.1 ist deshalb mit etwas höherem vektoranalytischen Aufwand gezeigt, daß Gleichung (1.227) auch für inhomogene Dielektrika Gültigkeit hat, also für ortsabhängige ϵ.

Übungsaufgabe 1.14   *Anspruch:* ● ○ ○   *Aufwand:* ● ○ ○

Zeigen Sie, daß im Falle einer Punktladung das Integral

$$\int \Phi \, (grad \, \Phi) \cdot d\vec{A}$$

über eine unendlich große Kugeloberfläche verschwindet, wenn der Kugelmittelpunkt mit der Punktladung zusammenfällt.

1.3.11.2 Ohmscher Widerstand

Da die Herleitung für den ohmschen Widerstand völlig analog zu der für die Kapazität verläuft, überlassen wir sie dem Leser:

Übungsaufgabe 1.15   *Anspruch:* ● ● ○   *Aufwand:* ● ● ○

Gegeben sei ein ohmscher Widerstand bestehend aus zwei ideal leitfähigen Elektroden und einem dazwischenliegenden Material der (im allgemeinen ortsabhängigen) Leitfähigkeit κ. Zeigen Sie, daß die Widerstands-Definition (1.224) für den Fall eines elektrostatischen Strömungsfeldes auf die Definition (1.220) führt. Gehen Sie für die Herleitung von der im Anhang 6.5.2 bewiesenen Formel (6.19)

$$-\oint_{\partial V} \Phi \vec{J} \cdot d\vec{A} = \int_V \vec{J} \cdot \vec{E} \, dV$$

aus.

1.3.11.3 Induktivität

Aufgrund der in der Magnetostatik im Abschnitt 1.3.1.3 angesprochenen Problematik, daß sich in stromfreien Gebieten nur dann ein Potential Ψ eindeutig angeben läßt, wenn Löcher im betrachteten Gebiet ebenfalls stromfrei sind, unterscheidet sich die Herleitung etwas von der in den beiden vorangegangenen Abschnitten.

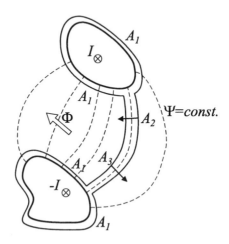

Abbildung 1.11: Querschnitt durch eine Leiterschleife

Um das Gebiet V stromlos zu machen, wählen wir das Loch im Gebiet gemäß Abbildung 1.11 so, daß es die beliebig geformte Leiterschleife komplett umfaßt. Die Oberfläche dieses Loches teilen wir in die drei Teilflächen A_1, A_2 und A_3 ein, wobei die Fläche A_1 die Leiterschleife bis auf einen unendlich kleinen Spalt vollständig umschließt. Zwischen den Flächen A_2 und A_3 liegt ein unendlich dünner stromloser Bereich.

Unter der Annahme, daß die Bedingungen der Magnetostatik erfüllt sind und daß der Raum um die Leiter die konstante Permeabilität μ aufweist, versuchen wir nun einen Alternativausdruck für die magnetische Feldenergie nach Gleichung (1.111)

$$W_{magn} = \frac{1}{2} \int_V \vec{B} \cdot \vec{H} \, dV$$

zu finden. Wegen $\vec{B} = \mu \vec{H}$ und des im stromlosen Gebiet zulässigen Ansatzes (1.144)

$$\vec{H} = -grad\,\Psi$$

gilt offenbar:

$$W_{magn} = \frac{1}{2}\mu \int_V (grad\,\Psi) \cdot (grad\,\Psi) \, dV$$

1.3. LÖSUNGSMETHODEN UND VERTIEFUNG DER GRUNDLAGEN

Auch hier tritt also das Raumintegral über das Produkt zweier Gradienten auf, so daß wir die erste Greensche Formel (1.60) für zwei gleiche Potentiale anwenden:

$$\int_V (\Delta \Psi) \Psi \, dV = \oint_{\partial V} \Psi \, (grad \, \Psi) \cdot d\vec{A} - \int_V (grad \, \Psi) \cdot (grad \, \Psi) \, dV$$

Wegen Gleichung (1.145) folgt:

$$\int_V (grad \, \Psi) \cdot (grad \, \Psi) \, dV = \oint_{\partial V} \Psi \, (grad \, \Psi) \cdot d\vec{A}$$

Da im Unendlichen das Potential Ψ wieder verschwinden soll, bleiben vom Rand von V nur die drei Flächen A_1, A_2 und A_3 zu berücksichtigen.

$$\int_V (grad \, \Psi) \cdot (grad \, \Psi) \, dV = \int_{A_1} \Psi \, (grad \, \Psi) \cdot d\vec{A} + \int_{A_2} \Psi \, (grad \, \Psi) \cdot d\vec{A} + \int_{A_3} \Psi \, (grad \, \Psi) \cdot d\vec{A}$$

Am Ende des Abschnitts 1.3.10.3 wurde bereits erwähnt, daß die Induktivitätsdefinition (1.221) nur dann brauchbar ist, wenn die vom magnetischen Fluß durchsetzte Fläche eindeutig definiert ist. Da unendlich dünne Leiter ein häufig benutztes Mittel sind, dies zu erreichen, sollen auch hier unendlich dünne Leiter angenommen werden. Die Fläche A_1 wird dann unendlich klein, so daß das erste Flächenintegral verschwindet[49]:

$$\int_V (grad \, \Psi) \cdot (grad \, \Psi) \, dV = \int_{A_2} \Psi \, (grad \, \Psi) \cdot d\vec{A} + \int_{A_3} \Psi \, (grad \, \Psi) \cdot d\vec{A}$$

Da wir nun gerne analog zu den beiden vorangegangenen Abschnitten Ψ vor das Integral ziehen würden, legen wir die Flächen A_2 und A_3 genau so, daß sie auf Äquipotentialflächen zu liegen kommen. Dann gilt:

$$\int_V (grad \, \Psi) \cdot (grad \, \Psi) \, dV = \Psi_2 \int_{A_2} (grad \, \Psi) \cdot d\vec{A} + \Psi_3 \int_{A_3} (grad \, \Psi) \cdot d\vec{A}$$

Da die beiden Flächen A_2 und A_3 unendlich nahe beieinander liegen, ihre Flächenvektoren jedoch in entgegengesetzte Richtungen (nämlich von V nach außen gerichtet) zeigen, haben beide Flächenintegrale denselben Betrag, aber umgekehrtes Vorzeichen:

$$\int_V (grad \, \Psi) \cdot (grad \, \Psi) \, dV = (\Psi_3 - \Psi_2) \int_{A_3} (grad \, \Psi) \cdot d\vec{A}$$

Betrachtet man nun als Kurve C einen Weg, der von einem Punkt auf A_3 zu einem Punkt auf A_2 führt, so stellt man fest, daß der Strom I positiv umlaufen wird. Gemäß Gleichung (1.148) gilt also:

$$\Psi_2 - \Psi_3 = -\int_C \vec{H} \cdot d\vec{s} = -I$$

---

[49] Das erste Flächenintegral verschwindet auch bei Leitern endlicher Dicke, wenn die Normalkomponente des Magnetfeldes an deren Oberfläche gleich null ist. Dann steht $\vec{H} = -grad \, \Psi$ nämlich stets senkrecht zum Flächenvektor $d\vec{A}$. Auch in diesem Fall bleibt also die Herleitung gültig.

Mit $-grad\,\Psi = \vec{H} = \frac{\vec{B}}{\mu}$ folgt somit:

$$\mu \int_V (grad\,\Psi) \cdot (grad\,\Psi)\,dV = -I \int_{A_3} \vec{B} \cdot d\vec{A}$$

Das Integral

$$\int_{A_3} \vec{B} \cdot d\vec{A}$$

ist offenbar der durch die Leiterschleife tretende Fluß, wobei allerdings der Strom I mit dem Flächenvektor $d\vec{A}$ entgegen der Rechtsschraubenregel verknüpft ist. Als Fluß Φ definieren wir aber den Fluß, der mit I gemäß der Rechtsschraubenregel verknüpft ist, so daß das Integral den Wert $-\Phi$ annimmt. Wir erhalten also:

$$\mu \int_V (grad\,\Psi) \cdot (grad\,\Psi)\,dV = I\,\Phi$$

Setzt man dies in die Definition (1.222) ein, so folgt:

$$L = \frac{\int_V \vec{B} \cdot \vec{H}\,dV}{I^2} = \frac{I\,\Phi}{I^2} = \frac{\Phi}{I}$$

Wir sehen also, daß sich für $n=1$ die ursprüngliche Induktivitätsdefinition (1.221) aus der neuen Definition (1.222) ergibt, wenn man die Gesetze der Magnetostatik zugrunde legt.

Einige Anmerkungen sollen diesen Abschnitt beenden:

- Man könnte nun meinen, daß als Integrationsfläche für den magnetischen Fluß Φ ausschließlich Äquipotentialflächen in Frage kommen, da für die Herleitung A_3 als solche vorausgesetzt werden mußte. Dies ist natürlich nicht der Fall, da wegen $\oint \vec{B} \cdot d\vec{A} = 0$ das Integral $\int_A \vec{B} \cdot d\vec{A}$ von der Form der Fläche A unabhängig ist, sofern ihr Rand gleich bleibt.

- Eine n-fache Leiterschleife, bei der die einzelnen Windungen nahe beieinander liegen, führt dazu, daß der Strom I den n-fachen magnetischen Fluß hervorruft. In diesem Fall erhält man Gleichung (1.221) auch für $n>1$.

- Ebenso wie bei den Herleitungen zur Kapazität und zum ohmschen Widerstand ist die Voraussetzung eines homogenen Mediums mit $\mu = const.$ nicht zwingend erforderlich. Dies wird in Anhang 6.5.3 gezeigt.

- Die Definition der Induktivität über die magnetische Energie ermöglicht die Unterscheidung zwischen der inneren Induktivität L_{int}, bei der nur die Feldenergie im Innern der Leiter betrachtet wird, und der äußeren Induktivität L_{ext}, bei der nur die Feldenergie außerhalb der Leiter berücksichtigt wird. Da L gemäß $L = 2\frac{W_{magn}}{I^2}$ linear von W_{magn} abhängt, gilt für die Gesamtinduktivität

$$L = L_{int} + L_{ext}.$$

Weil bei der Herleitung der Beziehung $L = \frac{\Phi}{I}$ das Integral über die Fläche A_1 gleich null gesetzt wurde, liefert diese Formel stets nur die äußere Induktivität, was anhand der Übungsaufgabe 1.17 exemplarisch bestätigt wird.

1.3. LÖSUNGSMETHODEN UND VERTIEFUNG DER GRUNDLAGEN

1.3.12 Kapazitätsbelag, Induktivitätsbelag und Widerstandsbelag

Betrachtet man längshomogene Leitungen, so ist man — wie oben bereits erwähnt wurde — am Kapazitäts-, Induktivitäts-, Widerstands- oder Ableitungsbelag interessiert.

Betrachtet man beispielsweise die Definition der Kapazität

$$C = \frac{Q}{U} = \frac{\oint_{A_1} \vec{D} \cdot d\vec{A}}{\int_C \vec{E} \cdot d\vec{s}},$$

so ist klar, daß sich wegen $d\vec{A} = \vec{e}_{n1}\, ds\, dz$ die Integration in z-Richtung direkt ausführen läßt, indem man die Leitungslänge l vor das Integral zieht, da der Integrand nicht von z abhängt:

$$C = \frac{l \oint_{C_1} \vec{D} \cdot \vec{e}_{n1}\, ds}{\int_C \vec{E} \cdot d\vec{s}}$$

Hierbei ist C_1 die Kurve, die entsteht, wenn man die Hüllfläche A_1 mit der x-y-Ebene schneidet. Bei ds handelt es sich um ein infinitesimal kleines Wegelement dieser Kurve, bei $\vec{e}_{n1}$ um einen zur Kurventangente orthogonalen, im Sinne der Hüllfläche A_1 nach außen gerichteten Einheitsvektor. Den Kapazitätsbelag erhält man nun, indem man durch l dividiert:

$$C' = \frac{\oint_{A_1} \vec{D} \cdot \vec{e}_{n1}\, ds}{\int_C \vec{E} \cdot d\vec{s}}$$

Auf ähnliche Art kann man auch Formeln für den Widerstandsbelag R', den Induktivitätsbelag L' und den Ableitungsbelag G' gewinnen.

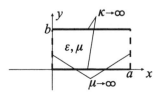

Abbildung 1.12: Ideale Bandleitung

Übungsaufgabe 1.16   Anspruch: ● ● ○   Aufwand: ● ● ○

Berechnen Sie den Kapazitäts- und Induktivitätsbelag einer idealen Bandleitung nach Abbildung 1.12. Gehen Sie hierzu wie folgt vor:

1. Überlegen Sie sich, von welcher Raumrichtung das elektrische Potential unabhängig sein kann, und berechnen Sie davon ausgehend eine Lösung für das Potential.

2. Bestimmen Sie die unbekannten Konstanten mit Hilfe der Randbedingung (1.178), indem Sie annehmen, daß der obere Bandleiter den Ladungsbelag Q' aufweist.

3. Bestimmen Sie nun den Kapazitätsbelag in Abhängigkeit von a, b und ϵ.

4. Überlegen Sie sich, von welcher Raumrichtung das magnetische Potential unabhängig sein kann, und berechnen Sie davon ausgehend eine Lösung für das Potential.

5. Bestimmen Sie die unbekannten Konstanten mit Hilfe der Definition des Stromes, indem Sie annehmen, daß der obere Bandleiter den Strom I führt.

6. Bestimmen Sie nun den Induktivitätsbelag in Abhängigkeit von a, b und μ.

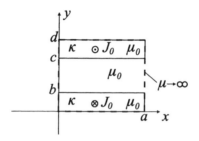

Abbildung 1.13: Bandleitung mit Leitern endlicher Leitfähigkeit κ

Übungsaufgabe 1.17 *Anspruch:* • • ○   *Aufwand:* • • ○

Gegeben sei eine Bandleitung nach Abbildung 1.13 mit Leitern der Leitfähigkeit κ und endlicher Dicke.

1. Berechnen Sie das Magnetfeld in den drei Raumteilen.

2. Welche Bedingung müssen die geometrischen Abmessungen erfüllen, damit die Rand- und Stetigkeitsbedingungen erfüllt sind?

3. Berechnen Sie den Belag der magnetischen Energie (Energie pro Längeneinheit) in den drei Raumteilen.

4. Bestimmen Sie daraus den Belag der inneren und der äußeren Induktivität.

5. Berechnen Sie den Belag der magnetischen Flußdichte zwischen den Leitern.

6. Welchen Wert für den Induktivitätsbelag liefert die Induktivitätsdefinition $L_\Phi = \frac{\Phi}{I}$? Interpretieren Sie das Ergebnis.

Kapitel 2

Koordinatentransformationen

Im letzten Kapitel wurden einige feldtheoretische und mathematische Grundlagen zusammengefaßt, wobei auch krummlinige Koordinatensysteme betrachtet wurden. Doch wie lassen sich krummlinige Koordinatensysteme in der Theorie elektromagnetischer Felder gewinnbringend einsetzen? Diese Frage soll in diesem Kapitel exemplarisch beantwortet werden.

2.1 Wahl des Koordinatensystems

Eine erste Antwort hatten wir bereits bei der Berechnung des elektrostatischen Feldes einer Punktladung erhalten. Wir hatten nämlich Kugelkoordinaten verwandt, um das Problem einfacher lösen zu können. Der Grund für die Vereinfachung, die das Kugelkoordinatensystem brachte, ist einfach zu erklären, wenn man anstelle einer Punktladung eine kugelförmige Ladung mit dem Radius R betrachtet. In diesem Fall werden nämlich die Randbedingungen durch die Verwendung von Kugelkoordinaten stark vereinfacht. Während die leitfähige Oberfläche der kugelförmigen Ladung in kartesischen Koordinaten durch die komplizierte Gleichung

$$\sqrt{x^2 + y^2 + z^2} = R$$

beschrieben werden muß, kann man in Kugelkoordinaten statt dessen einfach

$$r = R$$

schreiben. Zu lösen ist die Laplacegleichung $\Delta \Phi = 0$, die außerhalb der kugelförmigen Ladung gilt. Die Randbedingung besteht darin, daß das Potential Φ auf der Kugeloberfläche einen konstanten Wert $\Phi = \Phi_0$ annehmen muß (vgl. Fußnote 25 auf Seite 53).

2.1.1 Kartesische Koordinaten

In kartesischen Koordinaten lautet die Laplacegleichung (1.129), wenn man den Laplaceoperator aus Gleichung (1.12) einsetzt:

$$\frac{\partial^2 \Phi}{\partial x^2} + \frac{\partial^2 \Phi}{\partial y^2} + \frac{\partial^2 \Phi}{\partial z^2} = 0 \tag{2.1}$$

Lösungen für diese partielle Differentialgleichung lassen sich wie bei vielen anderen partiellen Differentialgleichungen mit Hilfe eines Separationsansatzes finden. Setzt man wie in Abschnitt 1.1.9 die Lösung Φ gemäß

$$\Phi = f_x(x) \cdot f_y(y) \cdot f_z(z)$$

als Produkt dreier Funktionen an, die jeweils ausschließlich von einer einzigen Koordinate abhängen, so erhält man nach Division durch Φ:

$$\frac{1}{f_x} \frac{\partial^2 f_x}{\partial x^2} + \frac{1}{f_y} \frac{\partial^2 f_y}{\partial y^2} + \frac{1}{f_z} \frac{\partial^2 f_z}{\partial z^2} = 0$$

Aufgrund derselben Argumentation wie in Abschnitt 1.1.9 müssen alle Summanden konstant sein. Bezeichnet man die Konstanten mit C_x, C_y und C_z, so geht die partielle Differentialgleichung über in

$$C_x + C_y + C_z = 0$$

mit

$$\frac{\partial^2 f_x}{\partial x^2} - f_x\, C_x = 0$$

$$\frac{\partial^2 f_y}{\partial y^2} - f_y\, C_y = 0$$

$$\frac{\partial^2 f_z}{\partial z^2} - f_z\, C_z = 0.$$

Diese drei gewöhnlichen Differentialgleichungen sind unabhängig voneinander lösbar. Wir beginnen mit dem Ansatz $f_x = e^{Cx}$, um die Lösung der ersten homogenen Differentialgleichung zu finden. Es folgt:

$$C^2 e^{Cx} - e^{Cx} C_x = 0$$

$$\Rightarrow C^2 = C_x$$

$$\Rightarrow C = \pm\sqrt{C_x}$$

Um nicht mit Wurzeln rechnen zu müssen, setzt man in der Regel $C_x = k_x^2$, $C_y = k_y^2$, $C_z = k_z^2$, so daß man als mögliche Lösung der ersten Differentialgleichung die Linearkombination

$$f_x(x) = a_x\, e^{k_x x} + b_x\, e^{-k_x x}$$

erhält, wobei jetzt

$$k_x^2 + k_y^2 + k_z^2 = 0$$

2.1. WAHL DES KOORDINATENSYSTEMS

gilt. Bei dieser Darstellung ist zu beachten, daß k_x, k_y und k_z auch komplex sein dürfen, da die letzte Gleichung ansonsten nur für $k_x = k_y = k_z = 0$ erfüllbar wäre.

Analog erhält man f_y und f_z:

$$f_y(y) = a_y\, e^{k_y\, y} + b_y\, e^{-k_y\, y}$$

$$f_z(z) = a_z\, e^{k_z\, z} + b_z\, e^{-k_z\, z}$$

Damit haben wir als Lösung der Laplacegleichung den Ausdruck

$$\Phi = \left(a_x\, e^{k_x\, x} + b_x\, e^{-k_x\, x}\right) \cdot \left(a_y\, e^{k_y\, y} + b_y\, e^{-k_y\, y}\right) \cdot \left(a_z\, e^{k_z\, z} + b_z\, e^{-k_z\, z}\right)$$

mit $k_x^2 + k_y^2 + k_z^2 = 0$ gefunden.

Da k_x, k_y und k_z auch komplex sein dürfen, kann man hierbei k_x durch $j\,\tilde{k}_x$, k_y durch $j\,\tilde{k}_y$ und k_z durch $j\,\tilde{k}_z$ ersetzen und erhält:

$$\Phi = \left(a_x\, e^{j\,\tilde{k}_x\, x} + b_x\, e^{-j\,\tilde{k}_x\, x}\right) \cdot \left(a_y\, e^{j\,\tilde{k}_y\, y} + b_y\, e^{-j\,\tilde{k}_y\, y}\right) \cdot \left(a_z\, e^{j\,\tilde{k}_z\, z} + b_z\, e^{-j\,\tilde{k}_z\, z}\right)$$

mit $\tilde{k}_x^2 + \tilde{k}_y^2 + \tilde{k}_z^2 = 0$.

Mit

$$e^{jx} = \cos x + j\, \sin x$$

und

$$e^{-jx} = \cos x - j\, \sin x$$

sowie $c_x = j a_x - j b_x$ und $d_x = a_x + b_x$ erhält man dann die Alternativlösung

$$\Phi = \left(c_x\, sin(\tilde{k}_x\, x) + d_x\, cos(\tilde{k}_x\, x)\right) \cdot \left(c_y\, sin(\tilde{k}_y\, y) + d_y\, cos(\tilde{k}_y\, y)\right) \cdot \left(c_z\, sin(\tilde{k}_z\, z) + d_z\, cos(\tilde{k}_z\, z)\right)$$

mit $\tilde{k}_x^2 + \tilde{k}_y^2 + \tilde{k}_z^2 = 0$.

Auch die Lösung

$$\Phi = (e_x + f_x\, x) \cdot (e_y + f_y\, y) \cdot (e_z + f_z\, z)$$

ist denkbar, wie man sofort durch Einsetzen in die Laplacegleichung überprüft. In jedem Falle sind je nach Wahl der unabhängigen Konstanten zahlreiche Lösungen möglich. Aufgrund der Linearität der Laplacegleichung ist auch jede Überlagerung dieser Funktionen ebenfalls eine Lösung.

Das Randwertproblem mit der kugelymmetrischen Ladung besitzt jedoch gemäß Regel 1.1 nur eine eindeutige Lösung. Man erkennt sofort, daß es nur dann möglich ist, die genannten Funktionen an die Randbedingung anzupassen, wenn man unendlich viele Teillösungen überlagert — unabhängig davon, welche der genannten Funktionen man auswählt. Die Gesamtlösung wäre dann nur als Reihenentwicklung[1] darstellbar. Bei komplexeren Strukturen ist eine solche Reihendarstellung oft der einzig gangbare Weg. Doch bei der betrachteten kugelsymmetrischen Ladung wäre sie sehr unbefriedigend, so daß man auf Kugelkoordinaten ausweicht.

---
[1] Eine ähnliche Problematik tritt auch auf, wenn man in zwei aneinandergrenzenden Raumteilen die Felder

2.1.2 Kugelkoordinaten

In Kugelkoordinaten lautet die Laplacegleichung gemäß Gleichung (1.41):

$$\frac{\partial^2 \Phi}{\partial r^2} + \frac{\partial^2 \Phi}{\partial \vartheta^2} \frac{1}{r^2} + \frac{\partial^2 \Phi}{\partial \varphi^2} \frac{1}{r^2 \sin^2 \vartheta} + \frac{\partial \Phi}{\partial r} \frac{2}{r} + \frac{\partial \Phi}{\partial \vartheta} \frac{\cos \vartheta}{r^2 \sin \vartheta} = 0$$

Obwohl die Differentialgleichung komplizierter aussieht, ist es nun sehr einfach, ihre Lösung an die Randbedingung anzupassen. Wenn man nämlich weiß, daß die Lösung Φ nicht von φ und ϑ abhängt, bleiben lediglich der erste und der vierte Term, also eine gewöhnliche Differentialgleichung, übrig:

$$\frac{d^2 \Phi}{dr^2} + \frac{d\Phi}{dr} \frac{2}{r} = 0$$

Wir führen die Abkürzung

$$u = \frac{d\Phi}{dr}$$

ein und erhalten die Differentialgleichung

$$\frac{du}{dr} = -\frac{2u}{r}.$$

Sie läßt sich durch Separation der Veränderlichen lösen, indem man mit $\frac{dr}{u}$ multipliziert und integriert:

$$\int \frac{du}{u} = -\int \frac{2\, dr}{r}.$$

$$\Rightarrow ln\,|u| = -2\,ln\,|r| + C$$

$$\Rightarrow |u| = e^{-2\,ln\,|r|+C} = \tilde{C}\, e^{-2\,ln\,|r|} = \tilde{C}\left(e^{ln\,|r|}\right)^{-2} = \frac{\tilde{C}}{|r|^2}$$

Da r nur positive reelle Werte annehmen kann, gilt $|r|^2 = r^2$, so daß weiter folgt:

$$\left|\frac{d\Phi}{dr}\right| = |u| = \frac{\tilde{C}}{r^2}$$

---

bestimmen will. Wenn man dann ausschließlich die Randbedingungen erfüllt, erhält man in beiden Raumteilen mehrere denkbare Lösungen, die sogenannten Eigenfunktionen. Die Gesamtlösung in jedem Raumteil erhält man dann wie oben als Reihendarstellung mit unbekannten Koeffizienten. Die Koeffizienten lassen sich bestimmen, indem man die Stetigkeitsbedingungen zwischen den beiden Raumteilen erfüllt. Eine Methode, mit der man Reihendarstellungen von Feldern an vorgegebene Stetigkeitsbedingungen anpassen kann, besteht beispielsweise darin, daß man die Gültigkeit der Stetigkeitsbedingung nur für endlich viele Punkte fordert (engl.: „point matching method"). Dann kann man die Koeffizienten der — nach endlich vielen Gliedern abgebrochenen — Reihe mit Hilfe von Gleichungssystemen berechnen. Eine Konvergenz der Reihe erhält man dann in der Regel durch ständiges Erhöhen der Anzahl der Punkte. Eine weitere Methode ist die Methode der Orthogonalreihenentwicklung (engl.: „mode matching method"). Auch hierbei bricht man die Reihendarstellung nach endlich vielen Gliedern ab. Die Koeffizienten findet man dann jedoch durch Ausnutzung einer Orthogonalitätsbeziehung.

Wenn Φ reell ist, folgt weiter:
$$\Rightarrow \frac{d\Phi}{dr} = \pm \frac{\tilde{C}}{r^2}$$
$$\Rightarrow \Phi = \mp \frac{\tilde{C}}{r} + \tilde{\Phi}$$

Da die Konstante völlig unbestimmt ist, kann man eine neue Konstante definieren, die auch das Vorzeichen enthält. Dann gilt:
$$\Phi = \frac{K}{r} + \tilde{\Phi}$$

Mit Hilfe der Integrationskonstanten $\tilde{\Phi}$ und K ist es nun möglich, die Lösung an die Randbedingung $\Phi = \Phi_0$ für $r = R$ und an die Randbedingung im Unendlichen anzupassen. Durch die Verwendung von Kugelkoordinaten ist es also gelungen, eine Lösung der Laplacegleichung unter der gegebenen Randbedingung in geschlossener Form anzugeben.

2.1.3 Vergleich der Koordinatensysteme

Selbstverständlich kann man die Lösung
$$\Phi = \frac{K}{r} + \tilde{\Phi}$$
auch wieder in Abhängigkeit von kartesischen Koordinaten darstellen. Sie lautet dann
$$\Phi = \frac{K}{\sqrt{x^2 + y^2 + z^2}} + \tilde{\Phi}$$
und ist zwangsläufig eine Lösung der kartesischen Darstellung (2.1) der Laplacegleichung. Mit den Methoden, die gewöhnlich bei partiellen Differentialgleichungen angewandt werden, wird man in der Regel jedoch nie direkt von Gleichung (2.1) zu dieser Lösung gelangen.

Man kann also zusammenfassen: Koordinatentransformationen können dazu dienen, die zu lösende Differentialgleichung so umzuwandeln, daß sich die Randbedingungen einfacher darstellen lassen. Wenn sich die entstehende Differentialgleichung mit vertretbarem Aufwand lösen läßt, ist es somit einfacher möglich, die Lösung an die Randbedingung anzupassen.

Ein etwas komplexeres Anwendungsbeispiel soll dies im folgenden demonstrieren.

2.2 Anwendungsbeispiel

In diesem Abschnitt wird als Beispiel ein kompliziert geformter Widerstand betrachtet. Die Aufgabe besteht darin, den ohmschen Widerstand zwischen den beiden Elektroden aus den Geometrie- und Materialdaten zu bestimmen.

In den weiteren Kapiteln wird wieder auf dieses Beispiel zurückgegriffen, um aufzuzeigen, wie sich bestimmte Schritte mit fortgeschritteneren mathematischen Methoden vereinfachen lassen.

2.2.1 Berechnung des Potentials

Der Widerstand habe in z-Richtung eine konstante Dicke d, wobei die Deckflächen eben sind. Des weiteren bestehe der Widerstand aus einem homogenen Material der Leitfähigkeit κ. Somit weisen das elektrische Feld und die Stromdichte keine z-Abhängigkeit auf.

Es muß also lediglich die aus Gleichung (1.135) folgende zweidimensionale Laplacegleichung

$$\Delta \Phi = \frac{\partial^2 \Phi}{\partial x^2} + \frac{\partial^2 \Phi}{\partial y^2} = 0$$

gelöst werden.

Ausgangspunkt für die Form des Widerstandes sei die Definition eines krummlinigen Koordinatensystems, dessen Koordinaten mit u und v bezeichnet werden sollen. Die Abhängigkeit dieser Koordinaten von den kartesischen Koordinaten x und y soll wie folgt definiert werden:

$$x = u^2 - v^2 \qquad (2.2)$$
$$y = 2\,u\,v \qquad (2.3)$$

Mit Hilfe dieses Koordinatensystems sollen nun die Elektroden und die übrigen Begrenzungslinien des Widerstandes definiert werden:

- Die erste Elektrode (Kurve 1) werde durch

$$v = 0$$
$$0 \leq u \leq a$$

definiert und gehorcht somit den Gleichungen

$$x = u^2$$
$$y = 0.$$

Dies ist eine einfache Strecke der Länge a^2.

- Die zweite Elektrode (Kurve 2) wird durch

$$v = b$$
$$0 \leq u \leq a$$

definiert und erfüllt somit die Gleichungen

$$x = u^2 - b^2$$
$$y = 2\,u\,b.$$

Dies ist eine Parabel.

2.2. ANWENDUNGSBEISPIEL

- Die erste seitliche Begrenzung (Kurve 3) werde durch

$$u = 0$$
$$0 \leq v \leq b$$

definiert und gehorcht somit den Gleichungen

$$x = -v^2$$
$$y = 0.$$

Dies ist wiederum eine einfache Strecke der Länge b^2.

- Die zweite seitliche Begrenzung (Kurve 4) wird durch

$$u = a$$
$$0 \leq v \leq b$$

definiert und erfüllt somit die Gleichungen

$$x = a^2 - v^2$$
$$y = 2\,a\,v.$$

Dies ist wieder eine Parabel.

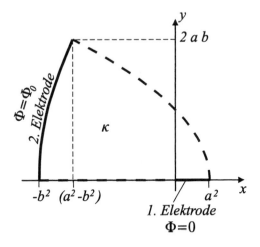

Abbildung 2.1: Widerstandsgeometrie

Die sich hieraus ergebende Geometrie des Widerstandes ist in Abbildung 2.1 dargestellt.

Zur Berechnung des ohmschen Widerstandes legen wir in Gedanken eine Spannung zwischen den beiden Elektroden an, so daß als Dirichletsche Randbedingungen Elektrode 1 das Potential 0 und Elektrode 2 das Potential Φ_0 erhält. An den seitlichen Begrenzungen des Widerstandes gelten gemäß Abschnitt 1.3.3.3 Neumannsche Randbedingungen $\frac{\partial \Phi}{\partial n} = 0$. Aus diesen Randbedingungen muß nun die Potentialverteilung im Innern des Widerstandes bestimmt werden.

Man kann zwar gemäß Abschnitt 2.1.1 schnell verschiedene Lösungen der Laplacegleichung finden. Diese werden jedoch nicht ohne weiteres die Randbedingungen erfüllen, da die Ränder recht kompliziert geformt sind. Dieses Problem kann man umgehen, indem man die von x und y abhängige Laplacegleichung transformiert in eine andere Differentialgleichung, die von den Koordinaten u und v abhängt. Dann wird zwar unter Umständen die Differentialgleichung selbst etwas komplizierter; die Randbedingungen sind aber deutlich einfacher zu formulieren — sie lauten:

- $\Phi = 0$ für

$$v = 0$$
$$0 \leq u \leq a$$
$$0 \leq z \leq d \tag{2.4}$$

- $\Phi = \Phi_0$ für

$$v = b$$
$$0 \leq u \leq a$$
$$0 \leq z \leq d \tag{2.5}$$

- $\frac{\partial \Phi}{\partial n} = 0$ für

$$u = 0, a$$
$$0 \leq v \leq b$$
$$0 \leq z \leq d$$

- $\frac{\partial \Phi}{\partial n} = 0$ für

$$0 \leq u \leq a$$
$$0 \leq v \leq b$$
$$z = 0, d$$

In Aufgabe 2.1 wird untersucht, was die Randbedingung $\frac{\partial \Phi}{\partial n} = 0$ für das u-v-Koordinatensystem bedeutet.

Um die transformierte Differentialgleichung zu finden, müssen die Ableitungen $\frac{\partial^2 \Phi}{\partial x^2}$ und $\frac{\partial^2 \Phi}{\partial y^2}$ in Abhängigkeit von u und v dargestellt werden. Hierzu werden zunächst die ersten Ableitungen gebildet:

$$\frac{\partial \Phi}{\partial x} = \frac{\partial \Phi}{\partial u}\frac{\partial u}{\partial x} + \frac{\partial \Phi}{\partial v}\frac{\partial v}{\partial x}$$

2.2. ANWENDUNGSBEISPIEL

Nochmalige Differentiation liefert:

$$\frac{\partial^2 \Phi}{\partial x^2} = \frac{\partial}{\partial u}\left(\frac{\partial \Phi}{\partial u}\frac{\partial u}{\partial x} + \frac{\partial \Phi}{\partial v}\frac{\partial v}{\partial x}\right)\frac{\partial u}{\partial x} + \frac{\partial}{\partial v}\left(\frac{\partial \Phi}{\partial u}\frac{\partial u}{\partial x} + \frac{\partial \Phi}{\partial v}\frac{\partial v}{\partial x}\right)\frac{\partial v}{\partial x}$$

$$= \left(\frac{\partial u}{\partial x}\right)^2 \frac{\partial^2 \Phi}{\partial u^2} + \left(\frac{\partial v}{\partial x}\right)^2 \frac{\partial^2 \Phi}{\partial v^2} + 2\frac{\partial u}{\partial x}\frac{\partial v}{\partial x}\frac{\partial^2 \Phi}{\partial u \partial v}$$

Analog erhält man für die zweite Ableitung nach y:

$$\frac{\partial^2 \Phi}{\partial y^2} = \left(\frac{\partial u}{\partial y}\right)^2 \frac{\partial^2 \Phi}{\partial u^2} + \left(\frac{\partial v}{\partial y}\right)^2 \frac{\partial^2 \Phi}{\partial v^2} + 2\frac{\partial u}{\partial y}\frac{\partial v}{\partial y}\frac{\partial^2 \Phi}{\partial u \partial v}$$

Für den Laplaceoperator ergibt sich somit:

$$\Delta \Phi = \left[\left(\frac{\partial u}{\partial x}\right)^2 + \left(\frac{\partial u}{\partial y}\right)^2\right]\frac{\partial^2 \Phi}{\partial u^2} + \left[\left(\frac{\partial v}{\partial x}\right)^2 + \left(\frac{\partial v}{\partial y}\right)^2\right]\frac{\partial^2 \Phi}{\partial v^2} +$$
$$+ 2\left[\frac{\partial u}{\partial x}\frac{\partial v}{\partial x} + \frac{\partial u}{\partial y}\frac{\partial v}{\partial y}\right]\frac{\partial^2 \Phi}{\partial u \partial v} \tag{2.6}$$

Um den Laplaceoperator konkret für das Beispielproblem aufstellen zu können, müssen also die Differentialquotienten $\frac{\partial u}{\partial x}$, $\frac{\partial u}{\partial y}$, $\frac{\partial v}{\partial x}$ und $\frac{\partial v}{\partial y}$ bestimmt werden. An dieser Stelle sei auf einen häufig gemachten Fehler hingewiesen. Im Gegensatz zu den Gesetzen für totale Ableitungen sind bei partiellen Ableitungen die Ausdrücke

$$\frac{\partial u}{\partial x}$$

und

$$\left(\frac{\partial x}{\partial u}\right)^{-1}$$

im allgemeinen *nicht* gleich. Die Gleichungen (2.2) und (2.3) müssen also zunächst nach u bzw. v aufgelöst werden. Löst man die Definitionsgleichung für y nach u auf, so erhält man:

$$u = \frac{y}{2\,v} \tag{2.7}$$

Dies kann man in die Definitionsgleichung für x einsetzen:

$$x = \left(\frac{y}{2\,v}\right)^2 - v^2$$

$$\Rightarrow v^4 + v^2\, x - \frac{y^2}{4} = 0$$

Betrachtet man v^2 als Unbekannte, so ist dies eine quadratische Gleichung mit den Lösungen

$$v^2 = -\frac{x}{2} \pm \sqrt{\frac{x^2 + y^2}{4}}.$$

Da v eine Koordinatenvariable ist, sind natürlich nur reelle Lösungen von Interesse:

$$v = \pm \frac{1}{\sqrt{2}} \sqrt{\sqrt{x^2 + y^2} - x}$$

Mit (2.7) erhält man:

$$\begin{aligned} u &= \pm \frac{y\sqrt{2}}{2\sqrt{\sqrt{x^2 + y^2} - x}} \\ &= \pm \frac{1}{\sqrt{2}} \sqrt{\frac{y^2}{\sqrt{x^2 + y^2} - x}} \end{aligned}$$

Erweitern des Bruches unter der Wurzel mit $\sqrt{x^2 + y^2} + x$ liefert:

$$u = \pm \frac{1}{\sqrt{2}} \sqrt{\frac{y^2(\sqrt{x^2 + y^2} + x)}{x^2 + y^2 - x^2}} = \pm \frac{1}{\sqrt{2}} \sqrt{\sqrt{x^2 + y^2} + x}$$

Ausgehend von der Formulierung der Randbedingungen müssen u und v positiv sein. Somit gilt:

$$u = \frac{1}{\sqrt{2}} \sqrt{\sqrt{x^2 + y^2} + x} \qquad (2.8)$$

$$v = \frac{1}{\sqrt{2}} \sqrt{\sqrt{x^2 + y^2} - x} \qquad (2.9)$$

Nun lassen sich die partiellen Ableitungen problemlos bestimmen:

$$\frac{\partial u}{\partial x} = \frac{1}{\sqrt{2}} \frac{1 + \frac{2x}{2\sqrt{x^2+y^2}}}{2\sqrt{\sqrt{x^2 + y^2} + x}} = \frac{1}{\sqrt{2}} \frac{\sqrt{\sqrt{x^2 + y^2} + x}}{2\sqrt{x^2 + y^2}}$$

Berücksichtigt man $x = u^2 - v^2$ und $\sqrt{x^2 + y^2} = u^2 + v^2$, so erhält man:

$$\frac{\partial u}{\partial x} = \frac{u}{2(u^2 + v^2)} \qquad (2.10)$$

Verwendet man außerdem noch die Beziehung $y = 2\,u\,v$, so ergeben sich die anderen partiellen Ableitungen:

$$\frac{\partial u}{\partial y} = \frac{1}{\sqrt{2}} \frac{\frac{2y}{2\sqrt{x^2+y^2}}}{2\sqrt{\sqrt{x^2+y^2}+x}} = \frac{1}{\sqrt{2}} \frac{uv}{(u^2+v^2)\sqrt{2\,u^2}} = \frac{v}{2(u^2+v^2)} \qquad (2.11)$$

$$\frac{\partial v}{\partial x} = \frac{1}{\sqrt{2}} \frac{-1 + \frac{2x}{2\sqrt{x^2+y^2}}}{2\sqrt{\sqrt{x^2+y^2}-x}} = \frac{1}{\sqrt{2}} \frac{-2v^2}{2(u^2+v^2)\sqrt{2\,v^2}} = -\frac{v}{2(u^2+v^2)} \qquad (2.12)$$

$$\frac{\partial v}{\partial y} = \frac{1}{\sqrt{2}} \frac{\frac{2y}{2\sqrt{x^2+y^2}}}{2\sqrt{\sqrt{x^2+y^2}-x}} = \frac{1}{\sqrt{2}} \frac{2uv}{2(u^2+v^2)\sqrt{2\,v^2}} = \frac{u}{2(u^2+v^2)} \qquad (2.13)$$

2.2. ANWENDUNGSBEISPIEL

Diese Ausdrücke kann man nun in Gleichung (2.6) einsetzen:

$$\Delta \Phi = \frac{1}{4(u^2+v^2)} \frac{\partial^2 \Phi}{\partial u^2} + \frac{1}{4(u^2+v^2)} \frac{\partial^2 \Phi}{\partial v^2}$$

Die gemischten Ableitungen sind hierbei weggefallen, was keinesfalls selbstverständlich ist. Während man bei anderen Aufgabenstellungen unter Umständen einen komplizierteren Ausdruck erhält, wird in diesem Spezialfall die Laplacegleichung für x-y-Koordinaten transformiert in die Laplacegleichung für u-v-Koordinaten:

$$\frac{\partial^2 \Phi}{\partial u^2} + \frac{\partial^2 \Phi}{\partial v^2} = 0$$

Man sieht sofort, daß der am Ende von Abschnitt 2.1.1 erwähnte Ansatz

$$\Phi = A + B\,u + C\,v + D\,u\,v$$

die Differentialgleichung erfüllt. Wir profitieren nun von der einfachen Gestalt der Randbedingungen im u-v-Koordinatensystem[2]. Aus der Randbedingung (2.4) folgt sofort $A = B = 0$. Nimmt man die Randbedingung (2.5) hinzu, so erhält man $\Phi_0 = C\,b + D\,u\,b$. Da Φ_0 nicht von u abhängen kann, muß $D = 0$ sein, was auf $C = \Phi_0/b$ führt. Man erhält also als Lösung das Potential

$$\Phi = \Phi_0 \frac{v}{b}, \tag{2.14}$$

was man unter Verwendung von Gleichung (2.9) zurücktransformieren kann:

$$\Phi = \frac{\Phi_0}{\sqrt{2}b} \sqrt{\sqrt{x^2+y^2} - x} \tag{2.15}$$

Es ist offensichtlich, daß man das Auffinden dieser Lösung der Transformation in das u-v-Koordinatensystem zu verdanken hat.

Daß auch die Randbedingung $\frac{\partial \Phi}{\partial n} = 0$ auf den beiden Seitenflächen erfüllt ist, wird in Aufgabe 2.1 gezeigt.

Übungsaufgabe 2.1   *Anspruch:* • • ○   *Aufwand:* • • ○

Transformieren Sie die für $u = 0$ und $u = a$ gültige Randbedingung $\frac{\partial \Phi}{\partial n} = 0$ in das u-v-Koordinatensystem. Gehen Sie hierzu wie folgt vor:

1. Bestimmen Sie zunächst den Normalenvektor $\vec{e}_n$, der auf der Seitenfläche bei $u = 0$ senkrecht steht. Berechnen Sie nun den Ausdruck $\frac{\partial \Phi}{\partial n} = \vec{e}_n \cdot (grad\ \Phi)$.

---
[2] In kartesischen Koordinaten hätte der Ansatz $\Phi = A + B\,x + C\,y + D\,x\,y$ natürlich auch die Laplacegleichung erfüllt; es wäre jedoch nicht möglich gewesen, die komplizierten Randbedingungen damit zu erfüllen.

2. Transformieren Sie diesen Ausdruck in das u-v-Koordinatensystem. Wie lautet nun die Randbedingung?

3. Führen Sie nun alle Schritte für die Seitenfläche bei $u = a$ durch.

4. Zeigen Sie, daß die Lösung (2.14) die an den Seitenflächen geltenden Randbedingungen erfüllt.

2.2.2 Widerstandsberechnung

Nachdem der Potentialverlauf bekannt ist, soll der ohmsche Widerstand zwischen den Elektroden bestimmt werden. Die Spannung zwischen den Elektroden ist den Vorgaben gemäß gleich dem Potential Φ_0. Zur Bestimmung von

$$R = \frac{\Phi_0}{I} \tag{2.16}$$

muß also noch der Strom

$$I = \int_A \vec{J} \cdot d\vec{A} = \kappa \int_A \vec{E} \cdot d\vec{A}$$

bestimmt werden, der durch die Querschnittsfläche A fließt. Da keine Abhängigkeit des E-Feldes in z-Richtung vorliegt, kann die Integration in dieser Richtung durch eine Multiplikation mit der Dicke d ersetzt werden:

$$I = d\,\kappa \int_C \vec{E} \cdot \vec{e}_n\, ds \tag{2.17}$$

Hierbei ist C eine beliebige Kurve, die die beiden Seitenflächen miteinander verbindet. Der Einheitsvektor $\vec{e}_n$ steht überall senkrecht auf dieser Kurve.

Zunächst muß die elektrische Feldstärke

$$\vec{E} = -\mathrm{grad}\,\Phi = -\frac{\partial \Phi}{\partial x}\vec{e}_x - \frac{\partial \Phi}{\partial y}\vec{e}_y$$

bestimmt werden. Aus Gleichung (2.15) folgt:

$$\vec{E} = -\frac{\Phi_0}{\sqrt{2}\,b}\left(\frac{\frac{2x}{2\sqrt{x^2+y^2}} - 1}{2\sqrt{\sqrt{x^2+y^2} - x}}\,\vec{e}_x + \frac{\frac{2y}{2\sqrt{x^2+y^2}}}{2\sqrt{\sqrt{x^2+y^2} - x}}\,\vec{e}_y\right)$$

$$= -\frac{\Phi_0}{2\sqrt{2}\,b}\left(-\frac{\sqrt{\sqrt{x^2+y^2} - x}}{\sqrt{x^2+y^2}}\,\vec{e}_x + \frac{y}{\sqrt{x^2+y^2}\,\sqrt{\sqrt{x^2+y^2} - x}}\,\vec{e}_y\right)$$

Die y-Komponente E_y von $\vec{E}$ kann man vereinfachen, indem man den Bruch mit $\sqrt{\sqrt{x^2+y^2}+x}$ erweitert:

$$E_y = -\frac{\Phi_0}{2\sqrt{2}\,b}\frac{y\,\sqrt{\sqrt{x^2+y^2}+x}}{\sqrt{x^2+y^2}\sqrt{\sqrt{x^2+y^2}-x^2}} = -\frac{\Phi_0}{2\sqrt{2}\,b}\frac{\sqrt{\sqrt{x^2+y^2}+x}}{\sqrt{x^2+y^2}}$$

2.2. ANWENDUNGSBEISPIEL

$$\Rightarrow \vec{E} = \frac{\Phi_0 \left(\sqrt{\sqrt{x^2+y^2} - x} \, \vec{e}_x - \sqrt{\sqrt{x^2+y^2} + x} \, \vec{e}_y \right)}{2\sqrt{2b} \sqrt{x^2+y^2}} \tag{2.18}$$

Um die Integration möglichst einfach zu machen, wählen wir als Integrationsfläche die erste, ebene Elektrode, die auf dem Potential 0 liegt. In Gleichung (2.17) ist somit $ds = dx$. Die Integrationsgrenzen sind $x = 0$ und $x = a^2$. Als Normalenvektor der stromdurchflossenen Fläche wählen wir $\vec{e}_n = -\vec{e}_y$, da der Strom von der Elektrode mit dem höheren Potential zu der mit dem niedrigeren Potential (in Abbildung 2.1 also nach unten) fließt. Für die Feldkomponente E_y gilt auf der zweiten Elektrode, also bei $y = 0$:

$$E_y = -\frac{\Phi_0}{2\sqrt{2}\,b} \frac{\sqrt{2x}}{x} = -\frac{\Phi_0}{2\,b} \frac{1}{\sqrt{x}}$$

Dies in Gleichung (2.17) eingesetzt liefert:

$$I = d\,\kappa\,\frac{\Phi_0}{2\,b} \int_0^{a^2} \frac{1}{\sqrt{x}}\,dx = \frac{\Phi_0\,d\,\kappa}{2\,b} \left[2\sqrt{x}\right]_0^{a^2} = \Phi_0 \frac{\kappa\,d\,a}{b}$$

Mit Gleichung (2.16) folgt schließlich

$$R = \frac{b}{\kappa\,a\,d}.$$

Die Schritte, die zur Berechnung von R geführt haben, lassen sich wie folgt zusammenfassen:

1. Finden eines geeigneten Koordinatensystems, so daß sich die Randbedingungen ($\Phi = \Phi_0$ bzw. $\Phi = 0$ auf den Elektroden) vereinfachen

2. Transformation der zu lösenden Differentialgleichung (Laplacegleichung) in dieses neue Koordinatensystem

3. Lösen der Differentialgleichung (Lösung Φ)

4. Rücktransformation der Lösung in das ursprüngliche Koordinatensystem

5. Berechnung des Stromes $I = \int_A \vec{J} \cdot d\vec{A} = \kappa \int_A \vec{E} \cdot d\vec{A} = -\kappa \int_A (grad\,\Phi) \cdot d\vec{A}$ durch eine beliebige Querschnittsfläche

6. Bestimmung des Quotienten $R = U/I = \Phi_0/I$

Völlig analog läßt sich die Kapazität der Anordnung berechnen, die entsteht, wenn man anstelle des Materials mit der Leitfähigkeit κ ein Dielektrikum mit der Dielektrizitätskonstante ϵ betrachtet. Man muß dann nur die Gleichungen des stationären Strömungsfeldes durch die der Elektrostatik ersetzen. Die Schritte 1 bis 4 bleiben dieselben, anschließend geht es wie folgt weiter:

5. Berechnung der Ladung $Q = \int_A \sigma\, dA$. Unter Ausnutzung der Randbedingung (1.178) $D_n = \sigma$ an der Elektrode mit dem Potential Φ_0 folgt:

$$Q = \int_A D_n\, dA = \epsilon \int_A E_n\, dA = \epsilon \int_A \vec{E} \cdot d\vec{A} = -\epsilon \int_A (grad\, \Phi) \cdot d\vec{A}$$

Hierbei ist als Integrationsfläche zwar zunächst nur die Elektrode mit dem Potential Φ_0 zulässig, aber wegen der Ladungsfreiheit im Dielektrikum gilt

$$\oint \vec{D} \cdot d\vec{A} = 0$$

$$\Rightarrow \epsilon \oint \vec{E} \cdot d\vec{A} = 0.$$

Anhand dieser Beziehung kann man sich leicht überlegen, daß auch jeder andere Querschnitt durch den Kondensator als Integrationsfläche benutzt werden darf, da an den seitlichen Rändern $E_n = 0$ gilt (magnetisch ideal leitende Wand, s. Abschnitt 1.3.3.2).

6. Bestimmung des Quotienten $C = Q/U = Q/\Phi_0$

Ersetzt man in der behandelten Anordnung das leitende Medium durch ein Dielektrikum mit der Dielektrizitätskonstante ϵ, dann erhält man so für die Kapazität des entstehenden Kondensators den Ausdruck

$$C = \frac{\epsilon a d}{b}.$$

Wie die jeweiligen Schritte 5 und 6 zeigen und das Beispiel bestätigt, braucht man also lediglich κ durch ϵ zu ersetzen und den Kehrwert zu bilden, um vom ohmschen Widerstand der ursprünglichen Anordnung zur Kapazität der neuen zu gelangen.

Die Analogie zur Magnetostatik wird in Aufgabe 2.2 behandelt.

Übungsaufgabe 2.2 *Anspruch:* • • ○   *Aufwand:* • • ○

Die in Abbildung 2.1 gezeigte Struktur werde nun als Querschnitt einer längshomogenen Leitung aufgefaßt. Zu berechnen ist die Induktivität eines Leitungsstücks der Länge d. Gehen Sie hierzu wie folgt vor:

1. Überlegen Sie zunächst allgemein, welche Bedingung das magnetische Potential Ψ auf magnetisch ideal leitenden Wänden und welche es auf elektrisch ideal leitenden Wänden erfüllen muß.

2. Wie lauten somit die Randbedingungen im hier vorliegenden Fall?

3. Bestimmen Sie das Potential Ψ so, daß es die Laplacegleichung und die Randbedingungen erfüllt.

4. Berechnen Sie den Strom I, der in Elektrode 1 (bzw. Leiter 1) fließt, in Abhängigkeit von Ψ_0.

5. Berechnen Sie den magnetischen Fluß Φ zwischen den Leitern in Abhängigkeit von Ψ_0.

6. Wie groß ist die Induktivität L?

2.3 Konforme Abbildungen

Dieses Kapitel widmet sich der konformen Abbildung. Die besondere Bedeutung der konformen Abbildung sei vorweg kurz skizziert: Wir nehmen an, die Lösung der Laplacegleichung in einem bestimmten Koordinatensystem mit bestimmten Randbedingungen zu kennen. Durch eine konforme Abbildung wird dieses Koordinatensystem in ein anderes Koordinatensystem transformiert. Damit werden auch die Ränder des betrachteten Gebietes verändert. Die konforme Abbildung liefert nun die Möglichkeit, eine Lösung der Laplacegleichung im transformierten Koordinatensystem direkt anzugeben, die dort alle Randbedingungen erfüllt. Kennt man beispielsweise die Kapazität einer bestimmten Anordnung, so kann man mit Hilfe einer konformen Abbildung diese Anordnung in eine andere Anordnung überführen und sofort die Kapazität dieser neuen Anordnung angeben.

2.3.1 Eigenschaften

Zunächst sollen verschiedene Eigenschaften analytischer Funktionen und konformer Abbildungen zusammengestellt werden, soweit sie für die hier verfolgten Anwendungen relevant sind.

- Eine Funktion $w(z)$, die eine komplexe Zahl $z = x + jy$ auf eine andere komplexe Zahl $w = u(x,y) + jv(x,y)$ abbildet und deren stetige Ableitungen $\frac{\partial u}{\partial x}, \frac{\partial u}{\partial y}, \frac{\partial v}{\partial x}, \frac{\partial v}{\partial y}$ die Cauchy-Riemannschen Differentialgleichungen

$$\frac{\partial u}{\partial x} = \frac{\partial v}{\partial y}$$
$$\frac{\partial u}{\partial y} = -\frac{\partial v}{\partial x} \qquad (2.19)$$

erfüllen, heißt analytisch[3]. Bei analytischen Funktionen spielt es keine Rolle, welche Phase die komplexe Zahl h besitzt, die zur Definition

$$w'(z) = \frac{dw}{dz} = \lim_{h \to 0} \frac{w(z+h) - w(z)}{h}$$

---
[3] Analytische Funktionen nennt man auch holomorph oder regulär.

der Ableitung von w herangezogen wird. Für reelle h erhält man beispielsweise

$$\frac{dw}{dz} = \lim_{h \to 0} \frac{u(x+h,y) - u(x,y)}{h} + j \lim_{h \to 0} \frac{v(x+h,y) - v(x,y)}{h} = \frac{\partial u}{\partial x} + j \frac{\partial v}{\partial x}. \qquad (2.20)$$

Für rein imaginäre $h = j\,k$ erhält man hingegen

$$\frac{dw}{dz} = \lim_{k \to 0} \frac{u(x,y+k) - u(x,y)}{jk} + j \lim_{k \to 0} \frac{v(x,y+k) - v(x,y)}{jk} = \frac{\partial v}{\partial y} - j \frac{\partial u}{\partial y}. \qquad (2.21)$$

In der Tat sind beide Ausdrücke gleich, wenn man die Cauchy-Riemannschen Differentialgleichungen zugrunde legt.

- Eine analytische Funktion $w(z)$ bildet den Punkt z_0 konform auf den Punkt $w(z_0)$ ab, wenn $w'(z_0) \neq 0$ gilt.

- Eine geschlossene Kurve C in der komplexen z-Ebene wird durch eine konforme Abbildung eindeutig auf eine andere geschlossene Kurve C' in der w-Ebene abgebildet. Das gemäß dem Umlaufsinn der Kurve C auf der linken Seite liegende Gebiet wird dann auf das auf der linken Seite der Kurve C' liegende Gebiet abgebildet.

- Schneiden sich zwei Kurven C_1 und C_2 unter einem Winkel α, dann schneiden sich die durch eine konforme Abbildung generierten Bildkurven C'_1 und C'_2 unter demselben Winkel α. Konforme Abbildungen sind also winkeltreu.

- Konforme Abbildungen sind lokal umkehrbar eindeutig.

2.3.2 Laplaceoperator und Laplacegleichung

Eine wichtige Anwendungsmöglichkeit der konformen Abbildungen ergibt sich aus der Tatsache, daß sie die Laplacegleichung

$$\boxed{\Delta \Phi = \frac{\partial^2 \Phi}{\partial x^2} + \frac{\partial^2 \Phi}{\partial y^2} = 0} \qquad (2.22)$$

in die Laplacegleichung

$$\frac{\partial^2 \Phi}{\partial u^2} + \frac{\partial^2 \Phi}{\partial v^2} = 0 \qquad (2.23)$$

überführen. Dies soll nun gezeigt werden. Für die erste Ableitung gilt die Kettenregel:

$$\frac{\partial \Phi}{\partial x} = \frac{\partial \Phi}{\partial u} \frac{\partial u}{\partial x} + \frac{\partial \Phi}{\partial v} \frac{\partial v}{\partial x}$$

2.3. KONFORME ABBILDUNGEN

Nochmaliges Ableiten nach x liefert:

$$\begin{aligned}\frac{\partial^2 \Phi}{\partial x^2} &= \frac{\partial}{\partial u}\left(\frac{\partial \Phi}{\partial u}\frac{\partial u}{\partial x}+\frac{\partial \Phi}{\partial v}\frac{\partial v}{\partial x}\right)\frac{\partial u}{\partial x}+\frac{\partial}{\partial v}\left(\frac{\partial \Phi}{\partial u}\frac{\partial u}{\partial x}+\frac{\partial \Phi}{\partial v}\frac{\partial v}{\partial x}\right)\frac{\partial v}{\partial x}\\ &= \left(\frac{\partial^2 \Phi}{\partial u^2}\frac{\partial u}{\partial x}+\frac{\partial^2 \Phi}{\partial u\partial v}\frac{\partial v}{\partial x}\right)\frac{\partial u}{\partial x}+\left(\frac{\partial^2 \Phi}{\partial u\partial v}\frac{\partial u}{\partial x}+\frac{\partial^2 \Phi}{\partial v^2}\frac{\partial v}{\partial x}\right)\frac{\partial v}{\partial x}\\ &= \frac{\partial^2 \Phi}{\partial u^2}\left(\frac{\partial u}{\partial x}\right)^2+\frac{\partial^2 \Phi}{\partial v^2}\left(\frac{\partial v}{\partial x}\right)^2+2\cdot\frac{\partial^2 \Phi}{\partial u\partial v}\frac{\partial u}{\partial x}\frac{\partial v}{\partial x}\end{aligned} \qquad (2.24)$$

Analog erhält man für die zweite Ableitung nach y:

$$\frac{\partial^2 \Phi}{\partial y^2}=\frac{\partial^2 \Phi}{\partial u^2}\left(\frac{\partial u}{\partial y}\right)^2+\frac{\partial^2 \Phi}{\partial v^2}\left(\frac{\partial v}{\partial y}\right)^2+2\cdot\frac{\partial^2 \Phi}{\partial u\partial v}\frac{\partial u}{\partial y}\frac{\partial v}{\partial y} \qquad (2.25)$$

Die Summe der Gleichungen (2.24) und (2.25) liefert unter Berücksichtigung der Cauchy-Riemannschen Differentialgleichungen (2.19):

$$\Delta\Phi = \left[\left(\frac{\partial u}{\partial x}\right)^2+\left(\frac{\partial u}{\partial y}\right)^2\right]\left[\frac{\partial^2 \Phi}{\partial u^2}+\frac{\partial^2 \Phi}{\partial v^2}\right]$$

Die erste eckige Klammer wird im folgenden noch öfter auftauchen. Deshalb definieren wir[4]

$$\boxed{g = \left[\left(\frac{\partial u}{\partial x}\right)^2+\left(\frac{\partial u}{\partial y}\right)^2\right]^{-2}} \qquad (2.26)$$

und erhalten:

$$\boxed{\Delta\Phi = g^{-1/2}\left[\frac{\partial^2 \Phi}{\partial u^2}+\frac{\partial^2 \Phi}{\partial v^2}\right]} \qquad (2.27)$$

Wegen der Cauchy-Riemannschen Differentialgleichungen (2.19) und Gleichung (2.20) gilt

$$\frac{dw}{dz}=\frac{\partial u}{\partial x}-j\frac{\partial u}{\partial y}.$$

Handelt es sich bei w um eine konforme Abbildung, dann gilt $\frac{dw}{dz}\neq 0$, so daß $\frac{\partial u}{\partial x}$ und $\frac{\partial u}{\partial y}$ nicht gleichzeitig gleich null werden können. Der Faktor $g^{-1/2}$ in Gleichung (2.27) kann damit nicht gleich null sein, so daß die Laplacegleichung (2.22) in x-y-Koordinaten in die Laplacegleichung (2.23) in u-v-Koordinaten überführt wird. Kennt man also eine Lösung $\Phi(x,y)$ für das Randwertproblem im x-y-Koordinatensystem, so braucht man nur x und y in Abhängigkeit

---

[4]Der Exponent -2 wurde hinzugefügt, damit die Definition von g mit der in Kapitel 3 verträglich ist. Diese Verträglichkeit wird Gegenstand von Aufgabe 3.7 auf Seite 219 sein.

von u und v einzusetzen und erhält eine gültige Lösung $\Phi(u,v)$ für die Laplacegleichung im u-v-Koordinatensystem. Liegen die Randbedingungen in Form elektrisch oder magnetisch ideal leitender Wände vor, so werden die Randbedingungen auch im u-v-Koordinatensystem erfüllt, da die Abbildung $w(z)$ winkeltreu ist. Ist $\vec{e}_n$ orthogonal zum Rand und verläuft $\vec{E}$ parallel (bzw. senkrecht) zu $\vec{e}_n$, so verläuft auch das Bild von $\vec{E}$ parallel (bzw. senkrecht) zum Bild von $\vec{e}_n$. Elektrisch (bzw. magnetisch) ideal leitende Wände werden also auf elektrisch (bzw. magnetisch) ideal leitende Wände abgebildet.

Zum Abschluß dieses Abschnitts sei angemerkt, daß die Umkehrfunktion einer analytischen Funktion wieder eine analytische Funktion ist, wie in Anhang 6.6 gezeigt wird. Sofern die jeweilige Ableitung ungleich null ist, ist dieser Schluß auch für konforme Abbildungen zulässig.

2.3.3 Elektrisches Feld

Soeben wurde festgestellt, daß die Laplacegleichung in x-y-Koordinaten überführt wird in die Laplacegleichung in u-v-Koordinaten. In diesem Abschnitt soll überprüft werden, ob für den Gradienten, den man zur Berechnung des elektrischen Feldes

$$\vec{E} = -grad\ \Phi$$

benötigt, eine ebenso einfache Transformation gilt. Hierzu betrachten wir den Gradienten

$$\boxed{grad\ \Phi = \frac{\partial \Phi}{\partial x}\vec{e}_x + \frac{\partial \Phi}{\partial y}\vec{e}_y} \qquad (2.28)$$

Dieser soll nun in das u-v-Koordinatensystem transformiert werden. Für die Ableitungen gilt:

$$\frac{\partial \Phi}{\partial x} = \frac{\partial \Phi}{\partial u}\frac{\partial u}{\partial x} + \frac{\partial \Phi}{\partial v}\frac{\partial v}{\partial x} \qquad (2.29)$$

$$\frac{\partial \Phi}{\partial y} = \frac{\partial \Phi}{\partial u}\frac{\partial u}{\partial y} + \frac{\partial \Phi}{\partial v}\frac{\partial v}{\partial y} \qquad (2.30)$$

In Gleichung (2.28) müssen jetzt noch die Einheitsvektoren ersetzt werden. Wie im Anhang 6.7 gezeigt wird, gilt:

$$\vec{e}_x = \frac{\frac{\partial u}{\partial x}\vec{e}_u + \frac{\partial v}{\partial x}\vec{e}_v}{\sqrt{\left(\frac{\partial u}{\partial x}\right)^2 + \left(\frac{\partial v}{\partial x}\right)^2}} = g^{1/4}\left(\frac{\partial u}{\partial x}\vec{e}_u + \frac{\partial v}{\partial x}\vec{e}_v\right) \qquad (2.31)$$

$$\vec{e}_y = \frac{\frac{\partial u}{\partial y}\vec{e}_u + \frac{\partial v}{\partial y}\vec{e}_v}{\sqrt{\left(\frac{\partial u}{\partial y}\right)^2 + \left(\frac{\partial v}{\partial y}\right)^2}} = g^{1/4}\left(\frac{\partial u}{\partial y}\vec{e}_u + \frac{\partial v}{\partial y}\vec{e}_v\right) \qquad (2.32)$$

2.3. KONFORME ABBILDUNGEN

Wenn man nun die Gleichungen (2.29), (2.30), (2.31) und (2.32) in Gleichung (2.28) einsetzt, erhält man:

$$grad\ \Phi = g^{1/4}\left[\left(\frac{\partial u}{\partial x}\frac{\partial \Phi}{\partial u} + \frac{\partial v}{\partial x}\frac{\partial \Phi}{\partial v}\right)\left(\frac{\partial u}{\partial x}\vec{e}_u + \frac{\partial v}{\partial x}\vec{e}_v\right) + \right.$$
$$\left. + \left(\frac{\partial u}{\partial y}\frac{\partial \Phi}{\partial u} + \frac{\partial v}{\partial y}\frac{\partial \Phi}{\partial v}\right)\left(\frac{\partial u}{\partial y}\vec{e}_u + \frac{\partial v}{\partial y}\vec{e}_v\right)\right]$$
$$= g^{1/4}\vec{e}_u\left[\left(\frac{\partial u}{\partial x}\right)^2\frac{\partial \Phi}{\partial u} + \frac{\partial u}{\partial x}\frac{\partial v}{\partial x}\frac{\partial \Phi}{\partial v} + \left(\frac{\partial u}{\partial y}\right)^2\frac{\partial \Phi}{\partial u} + \frac{\partial u}{\partial y}\frac{\partial v}{\partial y}\frac{\partial \Phi}{\partial v}\right] +$$
$$+ g^{1/4}\vec{e}_v\left[\frac{\partial u}{\partial x}\frac{\partial v}{\partial x}\frac{\partial \Phi}{\partial u} + \left(\frac{\partial v}{\partial x}\right)^2\frac{\partial \Phi}{\partial v} + \frac{\partial u}{\partial y}\frac{\partial v}{\partial y}\frac{\partial \Phi}{\partial u} + \left(\frac{\partial v}{\partial y}\right)^2\frac{\partial \Phi}{\partial v}\right]$$

Unter Verwendung der Cauchy-Riemannschen Differentialgleichungen (2.19) gilt somit:

$$\boxed{grad\ \Phi = g^{-1/4}\left(\frac{\partial \Phi}{\partial u}\vec{e}_u + \frac{\partial \Phi}{\partial v}\vec{e}_v\right)} \quad (2.33)$$

Wie man sieht, genügt es keineswegs, in Gleichung (2.28) einfach x durch u und y durch v zu ersetzen, um den Gradienten in u-v-Koordinaten auszudrücken. Zusätzlich entsteht der Faktor $g^{-1/4}$.

Dieser Zusammenhang ist sehr wichtig für eine korrekte praktische Anwendung konformer Abbildungen. Meist geht man von einer Anordnung in einem kartesischen x-y-Koordinatensystem aus. Anschließend führt man eine Koordinatentransformation durch, so daß man die Koordinaten u und v erhält. Diese Koordinaten *interpretiert* man nun als die eines anderen kartesischen Koordinatensystems. Somit wird die ursprüngliche Anordnung A im kartesischen x-y-Koordinatensystem auf eine andere Anordnung B im kartesischen u-v-Koordinatensystem abgebildet. Im folgenden wird wegen $z = x + jy$ und $w = u + jv$ auch davon gesprochen, daß die z-Ebene auf die w-Ebene abgebildet wird. Aus Abschnitt 2.3.2 ist nun bekannt, daß man aus einer Lösung $\Phi(x,y)$ für das Potential in Anordnung A durch einfaches Umschreiben ($x = x(u,v)$ und $y = y(u,v)$) eine Lösung $\Phi(u,v)$ für das Potential in Anordung B gewinnen kann.

Dieser Abschnitt zeigt nun, daß dies für das elektrische Feld $\vec{E}$ nicht möglich ist. Für das elektrische Feld in der Anordnung A im x-y Koordinatensystem gilt:

$$\boxed{\vec{E}_A = -grad\ \Phi = -\frac{\partial \Phi}{\partial x}\vec{e}_x - \frac{\partial \Phi}{\partial y}\vec{e}_y} \quad (2.34)$$

Würde man dies einfach umschreiben ($x = x(u,v)$ und $y = y(u,v)$), so erhielte man gemäß Gleichung (2.33):

$$\boxed{\vec{E}_A = -g^{-1/4}\left(\frac{\partial \Phi}{\partial u}\vec{e}_u + \frac{\partial \Phi}{\partial v}\vec{e}_v\right)} \quad (2.35)$$

Für das elektrische Feld in der Anordnung B im u-v-Koordinatensystem gilt aber

$$\vec{E}_B = -\frac{\partial \Phi}{\partial u}\vec{e}_u - \frac{\partial \Phi}{\partial v}\vec{e}_v,$$

wenn man die obige Interpretation anwendet, daß es sich bei u und v um kartesische Koordinaten handelt. Das transformierte Feld $\vec{E}_A$ der Anordnung A unterscheidet sich also von der Lösung $\vec{E}_B$ der Anordnung B durch den Faktor $g^{-1/4}$:

$$\vec{E}_A = g^{-1/4}\vec{E}_B \tag{2.36}$$

2.3.4 Anwendungsbeispiel

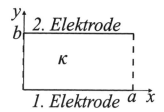

Abbildung 2.2: Widerstandsgeometrie

Wir betrachten einen quaderförmigen ohmschen Widerstand nach Abbildung 2.2. Er habe in z-Richtung die Dicke d und bestehe aus einem homogenen Material der Leitfähigkeit κ. Somit gilt:

$$R = \frac{b}{\kappa\, a\, d} \tag{2.37}$$

Außerdem ist bekannt, daß das Potential den Verlauf

$$\Phi = \Phi_0 \frac{y}{b} \tag{2.38}$$

hat, wenn man für die zweite Elektrode das Potential Φ_0 und für die erste das Potential 0 annimmt. Damit gilt für die elektrische Feldstärke

$$\vec{E}_A = -\frac{\Phi_0}{b}\vec{e}_y \tag{2.39}$$

Als Beispiel wenden wir nun die konforme Abbildung

$$w(z) = z^2,$$

2.3. KONFORME ABBILDUNGEN

die die komplexe Zahl $z = x + jy$ auf eine andere komplexe Zahl $w = u + jv$ abbildet, auf das Koordinatensystem an[5]. Um die geometrische Anordnung zu finden, in die der Widerstand überführt wird, betrachten wir Real- und Imaginärteile getrennt:

$$w = (x + jy)^2 = (x^2 - y^2) + j(2xy)$$

$$\Rightarrow u = x^2 - y^2$$
$$v = 2xy \qquad (2.40)$$

Nun werden die Begrenzungen des Widerstandes transformiert.

- Die untere (erste) Elektrode mit $0 \leq x \leq a$ und $y = 0$ wird abgebildet auf die Kurve

$$u = x^2,$$
$$v = 0.$$

- Die obere (zweite) Elektrode mit $0 \leq x \leq a$ und $y = b$ wird abgebildet auf die Kurve

$$u = x^2 - b^2,$$
$$v = 2xb.$$

- Der linke Rand mit $x = 0$ und $0 \leq y \leq b$ wird abgebildet auf

$$u = -y^2,$$
$$v = 0.$$

- Der rechte Rand mit $x = a$ und $0 \leq y \leq b$ wird schließlich abgebildet auf

$$u = a^2 - y^2,$$
$$v = 2ay.$$

Zeichnet man diese Kurven in ein u-v-Koordinatensystem ein, so erhält man die schon aus Abbildung 2.1 auf Seite 131 bekannte Anordnung.

---

[5] Daß die Funktion $w(z) = z^2$ analytisch ist, wird in Anhang 6.8.1 gezeigt. Wegen $w'(z) \neq 0$ für $z \neq 0$ handelt es sich bei dieser Funktion — abgesehen vom Koordinatenursprung — um eine konforme Abbildung. Generell wird in Abschnitt 6.8 gezeigt, wie man durch Summen- und Produktbildung sowie durch Verkettung aus einfachen analytischen Funktionen kompliziertere generieren kann.

2.3.4.1 Berechnung des Potentials

Aus Abschnitt 2.3.2 ist bekannt, daß eine Lösung Φ der Laplacegleichung im x-y Koordinatensystem auch die Laplacegleichung im u-v-Koordinatensystem erfüllt, wenn man sie mittels einer konformen Abbildung transformiert. Die Transformationsvorschrift (2.40) ist bereits als (2.2) und (2.3) aus Abschnitt 2.2 bekannt, wobei allerdings x mit u und y mit v vertauscht ist. Wir können also durch einfaches Umschreiben die Umkehrabbildungen (2.8) und (2.9) übernehmen:

$$x = \frac{1}{\sqrt{2}}\sqrt{\sqrt{u^2+v^2}+u} \tag{2.41}$$

$$y = \frac{1}{\sqrt{2}}\sqrt{\sqrt{u^2+v^2}-u} \tag{2.42}$$

Wir wissen also durch Einsetzen von y in Gleichung (2.38) ohne weitere Rechnung, daß

$$\Phi = \Phi_0 \frac{1}{\sqrt{2}\,b}\sqrt{\sqrt{u^2+v^2}-u} \tag{2.43}$$

eine Lösung der Laplacegleichung

$$\frac{\partial^2 \Phi}{\partial u^2} + \frac{\partial^2 \Phi}{\partial v^2} = 0$$

darstellt. Diese Lösung erfüllt auch die Randbedingungen $\Phi = 0$ auf der ersten Elektrode und $\Phi = \Phi_0$ auf der zweiten Elektrode, da die Kurven, die die Elektroden im x-y-Koordinatensystem darstellen, auf die Elektroden im u-v-Koordinatensystem abgebildet werden.

2.3.4.2 Berechnung der elektrischen Feldstärke

Wir können nun direkt aus dem Potential $\Phi(u,v)$ die elektrische Feldstärke $\vec{E}_B$ gemäß

$$\vec{E}_B = -\frac{\partial \Phi}{\partial u}\vec{e}_u - \frac{\partial \Phi}{\partial v}\vec{e}_v$$

bestimmen. Mit Gleichung (2.43) folgt:

$$\begin{aligned}
\vec{E}_B &= -\Phi_0 \frac{1}{\sqrt{2}\,b}\left(\frac{\frac{2u}{2\sqrt{u^2+v^2}}-1}{2\sqrt{\sqrt{u^2+v^2}-u}}\vec{e}_u + \frac{\frac{2v}{2\sqrt{u^2+v^2}}}{2\sqrt{\sqrt{u^2+v^2}-u}}\vec{e}_v\right) \\
&= -\Phi_0 \frac{1}{2\sqrt{2}\,b\sqrt{u^2+v^2}}\left(\frac{u-\sqrt{u^2+v^2}}{\sqrt{\sqrt{u^2+v^2}-u}}\vec{e}_u + \frac{v}{\sqrt{\sqrt{u^2+v^2}-u}}\vec{e}_v\right) \\
&= -\Phi_0 \frac{1}{2\sqrt{2}\,b\sqrt{u^2+v^2}}\left(-\sqrt{\sqrt{u^2+v^2}-u}\,\vec{e}_u + \frac{v\sqrt{\sqrt{u^2+v^2}+u}}{v}\vec{e}_v\right)
\end{aligned}$$

Man erhält also:

$$\vec{E}_B = \frac{\Phi_0\left(\sqrt{\sqrt{u^2+v^2}-u}\,\vec{e}_u - \sqrt{\sqrt{u^2+v^2}+u}\,\vec{e}_v\right)}{2\sqrt{2}b\,\sqrt{u^2+v^2}} \tag{2.44}$$

2.3. KONFORME ABBILDUNGEN

In Abschnitt 2.2 hatten wir das elektrische Feld der gleichen Anordnung bereits berechnet, wobei jedoch x die Rolle von u und y die Rolle von v hatte. Unter Berücksichtigung dieses Unterschiedes sieht man, daß das hier erhaltene Ergebnis (2.44) mit dem ursprünglichen in Gleichung (2.18) übereinstimmt.

Inzwischen wissen wir, daß es sich bei der Koordinatentransformation aus Abschnitt 2.2 um eine konforme Abbildung handelte. Weiterhin sehen wir jetzt, daß sich die Rechnung deutlich vereinfacht, wenn man die Eigenschaften der konformen Abbildung konsequent ausnutzt. Während die zur Berechnung des Potentials nötige Transformation des Laplaceoperators in Abschnitt 2.2 sehr aufwendig war, konnte man das Potential in diesem Abschnitt ohne längere Rechnung angeben.

Um die Zusammenhänge aus Abschnitt 2.3.3 zu verdeutlichen, soll nun $\vec{E}_A$ nach Gleichung (2.39) in Abhängigkeit von u und v ausgedrückt werden, ohne zuerst das Potential zu transformieren. Hierzu setzen wir $\vec{e}_y$ aus Gleichung (2.32) ein:

$$\vec{E}_A = -\frac{\Phi_0}{b} g^{1/4} \left(\frac{\partial u}{\partial y} \vec{e}_u + \frac{\partial v}{\partial y} \vec{e}_v \right)$$

Aus den Gleichungen (2.40) folgt $\frac{\partial u}{\partial x} = \frac{\partial v}{\partial y} = 2x$, $\frac{\partial u}{\partial y} = -2y$ und somit aus Gleichung (2.26)

$$g = \left(4x^2 + 4y^2 \right)^{-2}. \tag{2.45}$$

Damit erhält man:

$$\vec{E}_A = -\frac{\Phi_0}{b} \frac{2x \, \vec{e}_v - 2y \, \vec{e}_u}{2\sqrt{x^2 + y^2}}$$

Wir ersetzen nun x und y durch die Ausdrücke aus den Gleichungen (2.41) und (2.42) und erhalten unter Berücksichtigung von $x^2 + y^2 = \sqrt{u^2 + v^2}$:

$$\vec{E}_A = -\frac{\Phi_0}{\sqrt{2}b} \frac{\sqrt{\sqrt{u^2+v^2}+u}\,\vec{e}_v - \sqrt{\sqrt{u^2+v^2}-u}\,\vec{e}_u}{(u^2+v^2)^{1/4}} \tag{2.46}$$

Durch Vergleich mit Gleichung (2.44) sieht man sofort, daß es sich bei diesem Ausdruck für $\vec{E}_A$ nicht um das gesuchte elektrische Feld der Anordnung B handelt. Dies wäre sehr verwirrend gewesen, wenn man die Unterscheidung zwischen $\vec{E}_A$ und $\vec{E}_B$ nicht getroffen hätte und in beiden Fällen $\vec{E}$ geschrieben hätte.

Aus Abschnitt 2.3.3 wissen wir nun, wie man aus Gleichung (2.46) trotzdem die gesuchte Feldstärke $\vec{E}_B$ bestimmen kann. Mit Gleichung (2.45) und der Beziehung (2.36) folgt wegen

$$g^{-1/4} = 2\sqrt{x^2+y^2} = 2\left(u^2+v^2\right)^{1/4}$$

das Ergebnis

$$\vec{E}_B = g^{1/4}\,\vec{E}_A = -\frac{\Phi_0}{2\sqrt{2}b} \frac{\sqrt{\sqrt{u^2+v^2}+u}\,\vec{e}_v - \sqrt{\sqrt{u^2+v^2}-u}\,\vec{e}_u}{\sqrt{u^2+v^2}}. \tag{2.47}$$

Dieser Ausdruck stimmt mit Gleichung (2.44) überein.

2.3.5 Stromstärke, Spannung und Widerstand

In diesem Abschnitt soll geprüft werden, ob man ebenso einfach feststellen kann, wie groß der Widerstand der in Abb. 2.1 gezeigten Anordnung ist. Hierzu wird der Strom gemäß Gleichung (2.17) benötigt:

$$I = d\,\kappa \int_C \vec{E} \cdot \vec{e}_n\, ds \qquad (2.48)$$

Zunächst sollen die im Integral stehenden Größen in Abhängigkeit von den Koordinaten u und v dargestellt werden.

C sei eine beliebige Kurve, die in der x-y-Ebene von der einen Berandung des Widerstandes zur anderen Berandung läuft. In Parameterdarstellung gilt

$$\vec{s} = x(t)\vec{e}_x + y(t)\vec{e}_y.$$

Der Vektor $\vec{e}_n$ ist ein zu dieser Kurve senkrechter Einheitsvektor. Diesen findet man leicht, wenn man zunächst den Tangentialvektor zur Kurve C betrachtet:

$$\vec{t} = \frac{d\vec{s}}{dt} = \frac{dx}{dt}\vec{e}_x + \frac{dy}{dt}\vec{e}_y \qquad (2.49)$$

Wegen $\vec{t} \cdot \vec{n} = 0$ findet man sofort einen Normalenvektor:

$$\vec{n} = \frac{dy}{dt}\vec{e}_x - \frac{dx}{dt}\vec{e}_y$$

Normieren dieser Vektoren auf die Länge 1 liefert:

$$\vec{e}_t = \frac{\frac{dx}{dt}\vec{e}_x + \frac{dy}{dt}\vec{e}_y}{\sqrt{\left(\frac{dx}{dt}\right)^2 + \left(\frac{dy}{dt}\right)^2}}$$

$$\boxed{\vec{e}_n = \frac{\frac{dy}{dt}\vec{e}_x - \frac{dx}{dt}\vec{e}_y}{\sqrt{\left(\frac{dx}{dt}\right)^2 + \left(\frac{dy}{dt}\right)^2}}} \qquad (2.50)$$

Aus Gleichung (2.49) folgt direkt:

$$\boxed{ds = dt\sqrt{\left(\frac{dx}{dt}\right)^2 + \left(\frac{dy}{dt}\right)^2}} \qquad (2.51)$$

Wegen $\vec{E} = -grad\,\Phi$ findet man sofort:

$$\vec{E} = -\frac{\partial \Phi}{\partial x}\vec{e}_x - \frac{\partial \Phi}{\partial y}\vec{e}_y$$

2.3. KONFORME ABBILDUNGEN

Insgesamt ergibt sich für das Integral in Gleichung (2.48):

$$\int_C \vec{E}\cdot\vec{e}_n\, ds = \int \left(\frac{dx}{dt}\frac{\partial\Phi}{\partial y} - \frac{dy}{dt}\frac{\partial\Phi}{\partial x}\right) dt \qquad (2.52)$$

Als nächstes sollen die Terme im Integral in Abhängigkeit von u und v ausgedrückt werden. Zunächst soll ds bestimmt werden. Es gilt:

$$\frac{du}{dt} = \frac{\partial u}{\partial x}\frac{dx}{dt} + \frac{\partial u}{\partial y}\frac{dy}{dt} \qquad (2.53)$$

$$\frac{dv}{dt} = \frac{\partial v}{\partial x}\frac{dx}{dt} + \frac{\partial v}{\partial y}\frac{dy}{dt} \qquad (2.54)$$

Wir multiplizieren die erste Gleichung mit $\frac{\partial v}{\partial y}$, die zweite Gleichung mit $\frac{\partial u}{\partial y}$ und bilden die Differenz:

$$\frac{\partial v}{\partial y}\frac{du}{dt} - \frac{\partial u}{\partial y}\frac{dv}{dt} = \frac{\partial v}{\partial y}\frac{\partial u}{\partial x}\frac{dx}{dt} - \frac{\partial u}{\partial y}\frac{\partial v}{\partial x}\frac{dx}{dt}$$

$$\Rightarrow \frac{dx}{dt} = g^{1/2}\left(\frac{\partial v}{\partial y}\frac{du}{dt} - \frac{\partial u}{\partial y}\frac{dv}{dt}\right) \qquad (2.55)$$

Nun multiplizieren wir Gleichung (2.53) mit $\frac{\partial v}{\partial x}$ und Gleichung (2.54) mit $\frac{\partial u}{\partial x}$ und bilden die Differenz:

$$\frac{\partial v}{\partial x}\frac{du}{dt} - \frac{\partial u}{\partial x}\frac{dv}{dt} = \frac{\partial v}{\partial x}\frac{\partial u}{\partial y}\frac{dy}{dt} - \frac{\partial u}{\partial x}\frac{\partial v}{\partial y}\frac{dy}{dt}$$

$$\Rightarrow \frac{dy}{dt} = g^{1/2}\left(\frac{\partial u}{\partial x}\frac{dv}{dt} - \frac{\partial v}{\partial x}\frac{du}{dt}\right) \qquad (2.56)$$

Nun können wir das Wegelement ds berechnen. Aus Gleichung (2.51) folgt:

$$\begin{aligned}ds &= dt\, g^{1/2} \left[\left(\frac{du}{dt}\right)^2\left[\left(\frac{\partial v}{\partial y}\right)^2 + \left(\frac{\partial v}{\partial x}\right)^2\right] + \left(\frac{dv}{dt}\right)^2\left[\left(\frac{\partial u}{\partial y}\right)^2 + \left(\frac{\partial u}{\partial x}\right)^2\right] -\right.\\ &\quad \left. -2\frac{du}{dt}\frac{dv}{dt}\left[\frac{\partial u}{\partial y}\frac{\partial v}{\partial y} + \frac{\partial u}{\partial x}\frac{\partial v}{\partial x}\right]\right]^{1/2}\end{aligned}$$

Mit Verwendung der Cauchy-Riemannschen Differentialgleichungen (2.19) folgt:

$$ds = dt\, g^{1/2} \sqrt{\left(\frac{du}{dt}\right)^2 + \left(\frac{dv}{dt}\right)^2} \sqrt{\left(\frac{\partial u}{\partial x}\right)^2 + \left(\frac{\partial u}{\partial y}\right)^2}$$

$$\Rightarrow \boxed{ds = dt\, g^{1/4} \sqrt{\left(\frac{du}{dt}\right)^2 + \left(\frac{dv}{dt}\right)^2}} \qquad (2.57)$$

Der Vergleich der Gleichungen (2.51) und (2.57) zeigt, daß man nicht einfach x durch u und y durch v ersetzen kann, um das Wegelement zu transformieren. Man erhält zusätzlich den Faktor $g^{1/4}$:

$$\sqrt{\left(\frac{dx}{dt}\right)^2 + \left(\frac{dy}{dt}\right)^2} = g^{1/4}\sqrt{\left(\frac{du}{dt}\right)^2 + \left(\frac{dv}{dt}\right)^2} \qquad (2.58)$$

Der nächste Term im Integral (2.52), der in Abhängigkeit von u und v dargestellt werden soll, ist $\vec{e}_n$. Zu dessen Berechnung setzt man in Gleichung (2.50) die Beziehung (2.58), die Ausdrücke für $\frac{dx}{dt}$ aus (2.55), für $\frac{dy}{dt}$ aus (2.56), für $\vec{e}_x$ aus (2.31) und für $\vec{e}_y$ aus (2.32) ein:

$$\begin{aligned}
\vec{e}_n &= \frac{g^{1/2}\left(\frac{\partial u}{\partial x}\frac{dv}{dt} - \frac{\partial v}{\partial x}\frac{du}{dt}\right)g^{1/4}\left(\frac{\partial u}{\partial x}\vec{e}_u + \frac{\partial v}{\partial x}\vec{e}_v\right)}{g^{1/4}\sqrt{\left(\frac{du}{dt}\right)^2 + \left(\frac{dv}{dt}\right)^2}} - \\
&\quad - \frac{g^{1/2}\left(\frac{\partial v}{\partial y}\frac{du}{dt} - \frac{\partial u}{\partial y}\frac{dv}{dt}\right)g^{1/4}\left(\frac{\partial u}{\partial y}\vec{e}_u + \frac{\partial v}{\partial y}\vec{e}_v\right)}{g^{1/4}\sqrt{\left(\frac{du}{dt}\right)^2 + \left(\frac{dv}{dt}\right)^2}} \\
&= g^{1/2}\,\vec{e}_u\frac{\left(\frac{\partial u}{\partial x}\right)^2\frac{dv}{dt} - \frac{\partial u}{\partial x}\frac{\partial v}{\partial x}\frac{du}{dt} - \frac{\partial u}{\partial y}\frac{\partial v}{\partial y}\frac{du}{dt} + \left(\frac{\partial u}{\partial y}\right)^2\frac{dv}{dt}}{\sqrt{\left(\frac{du}{dt}\right)^2 + \left(\frac{dv}{dt}\right)^2}} + \\
&\quad + g^{1/2}\,\vec{e}_v\frac{\frac{\partial u}{\partial x}\frac{\partial v}{\partial x}\frac{dv}{dt} - \left(\frac{\partial v}{\partial x}\right)^2\frac{du}{dt} - \left(\frac{\partial v}{\partial y}\right)^2\frac{du}{dt} + \frac{\partial u}{\partial y}\frac{\partial v}{\partial y}\frac{dv}{dt}}{\sqrt{\left(\frac{du}{dt}\right)^2 + \left(\frac{dv}{dt}\right)^2}}
\end{aligned}$$

$$\Rightarrow \boxed{\vec{e}_n = \frac{\frac{dv}{dt}\vec{e}_u - \frac{du}{dt}\vec{e}_v}{\sqrt{\left(\frac{du}{dt}\right)^2 + \left(\frac{dv}{dt}\right)^2}}} \qquad (2.59)$$

Dieser Ausdruck ist offenbar genau identisch mit dem Ausdruck, den man erhalten hätte, wenn man zu einer Kurve $\vec{s} = u(t)\vec{e}_u + v(t)\vec{e}_v$ im kartesischen u-v-Koordinatensystem den zugehörigen orthogonalen Einheitsvektor berechnet hätte. Transformiert man also einen in der z-Ebene zu einer Kurve C_A orthogonalen Einheitsvektor in die w-Ebene, so erhält man einen Einheitsvektor, der orthogonal zur Kurve C_B verläuft[6]. Die Kurve C_B in der w-Ebene ist hierbei die Abbildung der Kurve C_A in der z-Ebene.

Die ersten fünf Ausdrücke in Tabelle 2.1 fassen die bisher erhaltenen Ergebnisse zusammen. Man erkennt, daß die in die w-Ebene transformierten Ausdrücke für $\Delta\Phi$, $\vec{E}_A$ und ds sich von dem Ausdruck unterscheiden, den man erhalten würde, wenn man die w-Ebene als kartesisches Koordinatensystem auffaßt und in diesem den entsprechenden Ausdruck aufstellt (Beispielsweise

---

[6]Daß die Orthogonalität in der z-Ebene in eine Orthogonalität in der w-Ebene überführt wird, ist eine Folge dessen, daß $w(z)$ eine konforme und damit winkeltreue Abbildung ist.

2.3. KONFORME ABBILDUNGEN

würde man für $\Delta\Phi$ den Ausdruck $\left(\frac{\partial^2\Phi}{\partial u^2} + \frac{\partial^2\Phi}{\partial v^2}\right)$ erhalten, wenn man u und v als kartesische Koordinaten interpretiert. Dieser unterscheidet sich vom transformierten Ausdruck um den Faktor $g^{-1/2}$). Hingegen stimmt bei $\vec{e}_n$ der Ausdruck, den man durch Transformation in die w-Ebene findet, mit dem Ausdruck überein, den man bei Interpretation von u und v als kartesische Koordinaten erhält.

Es ist also keineswegs selbstverständlich, daß man die Transformation von der z-Ebene in die w-Ebene durch einfaches Ersetzen von x durch u und von y durch v vollziehen kann, sondern eher die Ausnahme.

Tabelle 2.1: Transformation verschiedener Ausdrücke von der z-Ebene in die w-Ebene

Größe	Ausdruck in der z-Ebene		Transformation in die w-Ebene	
$\Delta\Phi$	$\frac{\partial^2\Phi}{\partial x^2} + \frac{\partial^2\Phi}{\partial y^2}$	(2.22)	$g^{-1/2}\left(\frac{\partial^2\Phi}{\partial u^2} + \frac{\partial^2\Phi}{\partial v^2}\right)$	(2.27)
$grad\ \Phi$	$\frac{\partial\Phi}{\partial x}\vec{e}_x + \frac{\partial\Phi}{\partial y}\vec{e}_y$	(2.28)	$g^{-1/4}\left(\frac{\partial\Phi}{\partial u}\vec{e}_u + \frac{\partial\Phi}{\partial v}\vec{e}_v\right)$	(2.33)
$\vec{E}_A$	$-\frac{\partial\Phi}{\partial x}\vec{e}_x - \frac{\partial\Phi}{\partial y}\vec{e}_y$	(2.34)	$g^{-1/4}\left(-\frac{\partial\Phi}{\partial u}\vec{e}_u - \frac{\partial\Phi}{\partial v}\vec{e}_v\right)$	(2.35)
ds	$dt\sqrt{\left(\frac{dx}{dt}\right)^2 + \left(\frac{dy}{dt}\right)^2}$	(2.51)	$g^{1/4}dt\sqrt{\left(\frac{du}{dt}\right)^2 + \left(\frac{dv}{dt}\right)^2}$	(2.57)
$\vec{e}_n$	$\frac{\frac{dy}{dt}\vec{e}_x - \frac{dx}{dt}\vec{e}_y}{\sqrt{\left(\frac{dx}{dt}\right)^2 + \left(\frac{dy}{dt}\right)^2}}$	(2.50)	$\frac{\frac{dv}{dt}\vec{e}_u - \frac{du}{dt}\vec{e}_v}{\sqrt{\left(\frac{du}{dt}\right)^2 + \left(\frac{dv}{dt}\right)^2}}$	(2.59)

$$g = \left[\left(\frac{\partial u}{\partial x}\right)^2 + \left(\frac{\partial u}{\partial y}\right)^2\right]^{-2} \qquad (2.26)$$

Anhand von Tabelle 2.1 ist es nun leicht möglich, die transformierte Darstellung des Integrals in Gleichung (2.52) zu finden. Wir sehen sofort, daß sich bei der Multiplikation der transformierten Ausdrücke für $\vec{E}$, $\vec{e}_n$ und ds die Koeffizienten $g^{-1/4}$ bei $\vec{E}$ und $g^{1/4}$ bei ds aufheben. Das Produkt dieser drei Größen ist somit identisch mit dem Ausdruck, den man erhalten hätte, wenn man in der Darstellung des Produktes in der z-Ebene x durch u und y durch v ersetzt hätte. Aus diesem Grunde ist es zulässig, in Gleichung (2.52) x durch u und y durch v zu ersetzen:

$$\int_C \vec{E} \cdot \vec{e}_n\, ds = \int \left(\frac{du}{dt}\frac{\partial\Phi}{\partial v} - \frac{dv}{dt}\frac{\partial\Phi}{\partial u}\right) dt \qquad (2.60)$$

Damit erhalten wir folgende Aussage für den Strom I, der sich gemäß Gleichung (2.48) aus dem hier betrachteten Integral errechnet:

In der z-Ebene sei eine Anordnung A definiert, die durch die konforme Abbildung auf eine Anordnung B in der w-Ebene abgebildet wird. Es sei C_A eine Kurve in der z-Ebene, die eine stromdurchflossene Fläche A_A definiert. C_B sei das Bild der Kurve C_A in der w-Ebene. Die Kurve C_B definiert somit ebenfalls eine stromdurchflossene Fläche A_B. Dann ist der Strom I, der durch die Fläche A_A in der Anordnung A fließt, identisch mit dem Strom, der durch die Fläche A_B in der Anordnung B fließt.

Beachtet man, daß in jedem Querschnitt des längshomogenen Widerstandes der Strom gleich ist, so kann man sagen, daß der Gesamtstrom in Anordnung A gleich dem Gesamtstrom in Anordnung B ist.

In Abschnitt 2.3.2 wurde bereits gezeigt, daß eine Lösung $\Phi(x,y)$ der Laplacegleichung in der z-Ebene nach der Transformation auch eine Lösung der Laplacegleichung in der w-Ebene darstellt. Da es sich bei Spannungen um Potentialdifferenzen handelt, ergibt sich folgender Zusammenhang:

Die Spannung zwischen zwei Elektroden in Anordnung A ist gleich der Spannung zwischen den Elektroden in Anordnung B. Hierbei werden die Elektroden in Anordnung A auf die Elektroden in Anordnung B abgebildet.

Da sowohl der Gesamtstrom I als auch die Spannung U in beiden Anordnungen gleich sind, muß auch der Widerstand R beider Anordnungen gleich sein. Dieses Ergebnis ist deshalb bemerkenswert, weil — wie bereits mehrfach erwähnt wurde — die Transformation anderer Größen nicht immer auf ein Ersetzen von x durch u und y durch v hinausläuft.

2.3.6 Anwendungsbeispiel

Wir setzen nun das in Abschnitt 2.3.4 begonnene Beispiel fort. Wir wissen, daß der in der z-Ebene definierte Widerstand gemäß Abbildung 2.2 den ohmschen Widerstand (2.37)

$$R = \frac{b}{\kappa\, a\, d}$$

besitzt. Außerdem ist bekannt, daß sich dieser Widerstand durch eine konforme Abbildung auf den in Abbildung 2.1 dargestellten Widerstand abbilden läßt. Aus den Ergebnissen von Abschnitt 2.3.5 folgt *ohne weitere Rechnung*, daß die Anordnung in Abbildung 2.1 dann auch den Widerstand

$$R = \frac{b}{\kappa\, a\, d}$$

haben muß. Hätte man nur R bestimmen wollen, so wäre es also überhaupt nicht nötig gewesen, das Potential und die elektrische Feldstärke mühsam zu berechnen. Ähnliche Aussagen gewinnt man für die Kapazität C und die Induktivität L, wenn man die am Ende von Abschnitt 2.2.2 erwähnten Analogien heranzieht.

Übungsaufgabe 2.3   *Anspruch:* ● ● ○   *Aufwand:* ● ● ○

Ziel dieser Aufgabe ist es, eine konforme Abbildung zu konstruieren, die die reelle Achse auf einen Kreis abbildet. Gehen Sie hierzu wie folgt vor:

2.3. KONFORME ABBILDUNGEN

1. Zeigen Sie, daß durch die konforme Abbildung $w = 1/z$ eine durch den Punkt $z = jy_0$ (mit $y_0 \neq 0$) und ansonsten zur reellen Achse parallel verlaufende Gerade auf einen Kreis mit dem Mittelpunkt bei $w = -\frac{j}{2y_0}$ abgebildet wird.

2. Geben Sie eine konforme Abbildung an, die die Halbebene $Im\{z\} > 0$ auf das Innere eines Kreises mit dem Radius R und dem Mittelpunkt im Ursprung abbildet.

3. Begründen Sie, warum das in Abschnitt 1.3.8.4 behandelte Randwertproblem die doppelte Feldstärke liefert wie das entsprechende Ganzraumproblem bei gleicher Ladung auf dem Zylindermantel.

2.3.7 Schwarz-Christoffel-Transformation

Beim bisher vorgestellten Beispiel für konforme Abbildungen wurde eine gegebene Anordnung (quaderförmiger Widerstand) mit bekannten Eigenschaften (homogenes Feld) mit Hilfe einer bekannten konformen Abbildung ($w(z) = z^2$) in eine andere Anordnung überführt, deren Eigenschaften sich dann leicht berechnen ließen. Hierbei war zunächst unklar, wie diese andere Anordnung aussieht.

In der Praxis ist es aber wünschenswert, eine gegebene Anordnung, deren Eigenschaften man nicht kennt, umzuwandeln in eine andere Anordnung, deren Eigenschaften man kennt. Hierzu ist es nötig, eine konforme Abbildung zu konstruieren, die die beiden Anordnungen ineinander überführt. Diese Aufgabe ist meist schwer, oft gar nicht lösbar. Für bestimmte Anordnungen existieren jedoch Methoden, eine solche konforme Abbildung systematisch zu konstruieren.

Ein Beispiel hierfür ist die Schwarz-Christoffel-Transformation. Mit ihrer Hilfe ist es möglich, die reelle Achse auf Polygone bzw. umgekehrt Polygone auf die reelle Achse abzubilden.

2.3.7.1 Transformationsvorschrift

Die Idee, die der Schwarz-Christoffel-Transformation zugrunde liegt, ist relativ einfach und soll im folgenden erklärt werden. Meist werden in der Analysis und auch in der Funktionentheorie Funktionen betrachtet, die sehr angenehme Eigenschaften wie Stetigkeit, Differenzierbarkeit oder ähnliches besitzen. Deshalb erscheint es zunächst erstaunlich, daß man eine so unstetige Abbildung wie die von einer Geraden auf ein Polygon mit Hilfe der Funktionentheorie durchführen können soll.

Denn wenn man den Winkel betrachtet, den eine bestimmte Teilkurve des Polygons mit der reellen Achse einschließt, dann muß dieser offenbar in bestimmten Bereichen konstant bleiben und dann immer wieder schlagartig um einen bestimmten Betrag zunehmen — und zwar genau so lange, bis die Winkelsumme 2π erreicht ist. Beschreibt man die Gerade mit Hilfe eines

Parameters t, so muß es offenbar ganz bestimmte Punkte $t = t_1$, $t = t_2$, ..., $t = t_n$ geben, bei denen diese Winkelsprünge stattfinden.

Wir suchen also nach einer Funktion, die solche Winkelsprünge erzeugen kann. Die entscheidende Idee hierbei ist, daß der Ausdruck $(t - t_k)$ sein Vorzeichen schlagartig wechselt, wenn man t stetig von Werten $t < t_k$ kommend erhöht. Betrachtet man nun anstelle der reellen Variablen t die komplexe Variable z, so kann man feststellen, daß die Phase von $(z - z_k)$ für reelle z_k von π auf 0 springt, wenn man z entlang der reellen Achse laufen läßt. Die Winkeländerung beträgt also $-\pi$. Da man jede komplexe Zahl mit Hilfe von Betrag r und Phase φ in der Form

$$z = r\, e^{j\varphi}$$

darstellen kann, ist es möglich, die Phase und damit auch die Phasenänderung durch Potenzieren zu vervielfachen. Möchte man also die Phase um $-\pi/2$ verändern statt um $-\pi$, so muß offenbar die Funktion

$$(z - z_k)^{1/2}$$

betrachtet werden. Für eine Phasenänderung um $+\pi/2$ ist analog die Funktion

$$(z - z_k)^{-1/2}$$

zu betrachten. Ganz allgemein erhält man für

$$w = (z - z_k)^{-\frac{\Delta\varphi_k}{\pi}}$$

eine Phasenzunahme um $\Delta\varphi_k$. Betrachtet man nun als Beispiel $\Delta\varphi_k = \frac{\pi}{2}$ und setzt Werte $z \in (-\infty, +\infty)$ ein, so stellt man fest, daß w zunächst von $w = 0$ (für $z = -\infty$) ausgehend entlang der negativ imaginären Achse läuft. Für $z = z_k$ erreicht w dann den unendlich fernen Punkt, springt dann quasi auf die reelle Achse und läuft entlang derselben wieder auf den Ursprung zu.

Wir haben jetzt also offenbar erreicht, daß die Phase von $-\pi/2$ auf 0 springt. Leider liegt der Punkt w, für den dies passiert, aber im Unendlichen. Wir haben also die obere Halbebene des Koordinatensystems auf den vierten Quadranten abgebildet. Damit ist unser Ziel, die reelle Achse auf ein beliebiges Polygon abzubilden, aus zwei Gründen leider noch nicht erreicht:

1. Die Halbgerade, auf die die reelle Achse durch

$$w = (z - z_k)^{-\frac{\Delta\varphi_k}{\pi}}$$

abgebildet wird, läuft stets auf den Ursprung zu oder von ihm weg.

2. Der eigentliche Phasensprung erfolgt immer für unendlich große Werte w, wenn $\Delta\varphi_k > 0$ gilt.

2.3. KONFORME ABBILDUNGEN

Das erste Problem läßt sich umgehen, wenn man den Ausdruck

$$(z - z_k)^{-\frac{\Delta\varphi_k}{\pi}}$$

nicht als die Abbildung selbst versteht, sondern lediglich als Faktor $r\, e^{j\Delta\varphi}$, der — neben einer Streckung oder Stauchung — eine Drehung bewirkt.

Betrachtet man dann nämlich ein Stück $\Delta z = z - \tilde{z}$ der reellen Achse, so kann man es gemäß

$$\Delta z\, r\, e^{j\Delta\varphi}$$

um den Koordinatenursprung drehen. Möchte man erreichen, daß das Drehzentrum nicht im Koordinatenursprung liegt, so kann man noch eine komplexe Zahl $\tilde{w}$ hinzuaddieren, also:

$$w(z) = \tilde{w} + (z - \tilde{z})\, r\, e^{j\Delta\varphi}$$

Nun tritt aber immer noch das zweite Problem auf, daß die Phase des Drehfaktors nur für $r \to \infty$ springt. Die einzige Möglichkeit, zu erreichen, daß dieses Verhalten in den endlichen Bereich verschoben wird, besteht darin, $\Delta z = z - \tilde{z}$ unendlich klein zu machen — in der Hoffnung, daß sich für $\Delta z\, r\, e^{j\Delta\varphi}$ ein endlicher Grenzwert einstellt. Hierfür schreiben wir die letzte Gleichung folgendermaßen um:

$$\frac{w(z) - \tilde{w}}{z - \tilde{z}} = r\, e^{j\Delta\varphi}$$

Bildet man nun den Grenzwert für $z \to \tilde{z}$, so erhält man auf der linken Seite offenbar den Differentialquotienten $\frac{dw}{dz}$:

$$\frac{dw}{dz} = r\, e^{j\Delta\varphi}$$

Setzt man nun für $r\, e^{j\Delta\varphi}$ den oben definierten Drehfaktor ein, so erhält man schließlich:

$$\frac{dw}{dz} = (z - z_k)^{-\frac{\Delta\varphi_k}{\pi}}$$

Will man sich außer der vom Drehfaktor herbeigeführten Streckung bzw. Stauchung noch eigene Freiheitsgrade bewahren, so fügt man einen zusätzlichen Faktor A hinzu:

$$\frac{dw}{dz} = A\, (z - z_k)^{-\frac{\Delta\varphi_k}{\pi}}$$

Wenn man den Drehfaktor nun außerdem so gestalten möchte, daß er beim Durchlaufen aller reellen z-Werte mehrmals sprungartig die Phase wechseln soll, so kann man mehrere Drehfaktoren verwenden:

$$\frac{dw}{dz} = A\, (z - z_1)^{-\frac{\Delta\varphi_1}{\pi}} \cdot (z - z_2)^{-\frac{\Delta\varphi_2}{\pi}} \cdots (z - z_n)^{-\frac{\Delta\varphi_n}{\pi}} \tag{2.61}$$

Die bis hier dargestellten Überlegungen können natürlich nicht als strenge Herleitung dieser Transformationsvorschrift gelten. Sie zeigen aber, wie man ohne jede Vorkenntnis eine Transformationsvorschrift konstruieren kann, von der man sich zu Recht erhoffen kann, daß sie die

156   KAPITEL 2. KOORDINATENTRANSFORMATIONEN

reelle Achse auf Polygone abbildet. Ob dies tatsächlich der Fall ist, muß nun von Fall zu Fall analysiert werden.

Man kann Gleichung (2.61) natürlich auch integrieren und erhält auf diese Weise:

$$w = A \int_0^z (z - z_1)^{-\frac{\Delta\varphi_1}{\pi}} \cdot (z - z_2)^{-\frac{\Delta\varphi_2}{\pi}} \cdots (z - z_n)^{-\frac{\Delta\varphi_n}{\pi}} dz + B \qquad (2.62)$$

Bei den Gleichungen (2.61) und (2.62) handelt es sich um die Transformationsvorschriften der Schwarz-Christoffel-Transformation.

2.3.7.2 Anwendungsbeispiel: Koplanare Zweibandleitung

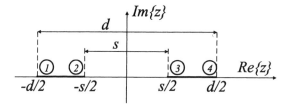

Abbildung 2.3: Koplanare Zweibandleitung

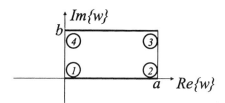

Abbildung 2.4: Plattenkondensator

Um einerseits zu zeigen, daß es mit Hilfe der angegebenen Transformationsvorschriften tatsächlich möglich ist, die reelle Achse auf ein Polygon abzubilden, und andererseits eine praktische Anwendung vor Augen zu haben, betrachten wir eine sogenannte koplanare Zweibandleitung. Sie besteht aus zwei unendlich dünnen Bandleitern der Breite $(d - s)/2$, die in einer Ebene im Abstand s parallel zueinander ausgerichtet sind. Abbildung 2.3 zeigt einen Querschnitt durch eine solche Leitung. Wir wollen nun den Kapazitätsbelag der koplanaren Zweibandleitung berechnen. Hierzu denken wir uns die beiden Bandleiter auf der reellen Achse lokalisiert, so wie es in Abbildung 2.3 schon berücksichtigt ist.

2.3. KONFORME ABBILDUNGEN

Wir gehen davon aus, daß es mit Hilfe der Schwarz-Christoffel-Transformation (2.62) möglich ist, die obere Halbebene auf das Innere eines Rechtecks abzubilden. Da dann alle Winkel $\Delta\varphi_k$ gleich $\pi/2$ sind und vier Eckpunkte vorliegen, lautet die Schwarz-Christoffel-Transformation[7]:

$$w = A \int_0^z \frac{dz}{\sqrt{z-z_1}\sqrt{z-z_2}\sqrt{z-z_3}\sqrt{z-z_4}} + B \qquad (2.63)$$

Hierbei sind z_1, z_2, z_3 und z_4 die reellen Werte, für die die Phase in der w-Ebene schlagartig um $\pi/2$ ansteigt. Diese Werte werden also offenbar auf die Eckpunkte des Rechtecks abgebildet.

Betrachtet man hierbei die reelle Achse als Kurve in der komplexen Ebene, so sollen Gebiete zu ihrer Linken in das Innere des Rechtecks abgebildet werden. Dies ist dann der Fall, wenn das Innere des Rechtecks links von der Bildkurve liegt, so daß der Umlaufsinn der Kurve, die das Rechteck beschreibt, mathematisch positiv sein muß.

Wenn dann beispielsweise der linke Bandleiter auf die untere Seite des Rechtecks abgebildet wird, dann muß zwangsläufig der Zwischenraum zwischen den Bandleitern auf die rechte Seite des Rechtecks abgebildet werden. Dies ist aus Abbildung 2.4 ersichtlich, wenn man die Zuordnung der Eckpunkte mit der in Abbildung 2.3 vergleicht. Der rechte Bandleiter stellt dann die obere Seite dar, und die äußeren beiden nichtmetallisierten Halbebenen außerhalb der Bandleiter stellen gemeinsam die linke Seite dar. Aus Symmetriegründen kann man annehmen, daß auf der reellen Achse in der z-Ebene alle nicht-metallisierten Bereiche magnetisch ideal leitend sind, so daß dann auch die rechte und linke Seite des Rechtecks magnetisch ideal leitend sind. In der w-Ebene liegt somit ein idealer Plattenkondensator vor.

Hätte das Rechteck die Breite a und die Höhe b, so ergäbe sich zwangsläufig der Kapazitätsbelag

$$C'_{Plattenkondensator} = \epsilon_0 \frac{a}{b}.$$

Da es sich beim Plattenkondensator lediglich um das Bild der oberen Halbebene der Zweibandleitung handelt, müssen wir annehmen, daß er nur die Hälfte der auf der Zweibandleitung gespeicherten Ladung trägt. Die Spannung zwischen den Bandleitern entspricht hingegen der Spannung des Plattenkondensators. Gemäß

$$C'_{Zweibandleitung} = \frac{Q'_{Zweibandleitung}}{U_{Zweibandleitung}} = \frac{2Q'_{Plattenkondensator}}{U_{Plattenkondensator}} = 2C'_{Plattenkondensator}$$

---

[7]Man erliegt leicht der Versuchung, alle Wurzeln zu einer gemeinsamen zusammenzufassen, so daß man folgendes Integral erhält:

$$\int_0^z \frac{dz}{\sqrt{(z-z_1)(z-z_2)(z-z_3)(z-z_4)}}$$

Da z jeden beliebigen Wert annehmen kann, ist dies jedoch nicht ganz korrekt. Im allgemeinen darf man nämlich $\sqrt{z-z_1}\sqrt{z-z_2}$ nicht gleich $\sqrt{(z-z_1)(z-z_2)}$ setzen. Wenn nämlich beispielsweise z reell ist und $z < z_1$ sowie $z < z_2$ gilt, folgt:

$$\sqrt{z-z_1}\sqrt{z-z_2} = \sqrt{-(z_1-z)}\sqrt{-(z_2-z)} = j\sqrt{z_1-z}\,j\sqrt{z_2-z} = -\sqrt{(z_1-z)(z_2-z)} = -\sqrt{(z-z_1)(z-z_2)}$$

Das Minuszeichen, das hier durch die Bildung des Hauptwertes entstanden ist, wäre oben offensichtlich unterschlagen worden. Generell sollte man darauf achten, stets nur den Hauptwert zu bilden und beim Übergang in den reellen Bereich das Argument von Wurzeln positiv zu machen (vgl. auch Fußnote 9 auf Seite 176).

Tabelle 2.2: Vollständiges elliptisches Integral erster Gattung

$K(k) = \int_0^1 \frac{dx}{\sqrt{(1-x^2)(1-k^2x^2)}}$ $\quad 0 \leq k \leq 1$
$k' = \sqrt{1-k^2}$

folgt:
$$C'_{Zweibandleitung} = 2\epsilon_0 \frac{a}{b} \tag{2.64}$$

Die beiden Halbebenen sind also quasi parallelgeschaltet.

Durch die konforme Abbildung wird natürlich vorgegeben, wie a und b von der Geometrie der koplanaren Zweibandleitung, also von s und d abhängen. Diesen Zusammenhang müssen wir nun mit Hilfe der Schwarz-Christoffel-Transformation herleiten.

Aufgrund der soeben angegebenen Vorstellungen, welche Strecke der reellen Achse in der z-Ebene auf welche Strecke in der w-Ebene abgebildet wird, erhalten wir eine eindeutige Zuordnung der Eckpunkte:

- Der Punkt $z = z_1 = -d/2$ soll auf $w = w_1 = 0$ abgebildet werden.

- Dem Punkt $z = z_2 = -s/2$ entspricht $w = w_2 = a$.

- Dem Punkt $z = z_3 = +s/2$ entspricht $w = w_3 = a + j\,b$.

- Der Punkt $z = z_4 = +d/2$ soll auf $w = w_4 = j\,b$ abgebildet werden.

Die Punkte z_k setzen wir in Gleichung (2.63) ein und erhalten:

$$w = A \int_0^z \frac{dz}{\sqrt{z+\frac{d}{2}}\sqrt{z+\frac{s}{2}}\sqrt{z-\frac{s}{2}}\sqrt{z-\frac{d}{2}}} + B \tag{2.65}$$

Mit Gleichung (2.65) haben wir eine allgemeine Transformationsvorschrift gefunden, die die koplanare Zweibandleitung auf einen idealen Plattenkondensator abbilden sollte. Um nun festzustellen, wie die Abmessungen des Plattenkondensators a und b von der Geometrie der Zweibandleitung, also von s und d abhängen, müssen wir diese Transformationsvorschrift spezialisieren. Hierzu setzt man nacheinander die vier ursprünglichen Punkte z_k sowie die zugehörigen Bildpunkte w_k ein.

Im Anhang 6.9 wird gezeigt, daß sich Integrale des in Gleichung (2.65) auftretenden Typs gemäß Gleichung (6.56) folgendermaßen auf vollständige elliptische Integrale erster Gattung

2.3. KONFORME ABBILDUNGEN

(Definition: siehe Tabelle 2.2) zurückführen lassen:

$$\int_0^z \frac{dz}{\sqrt{z+\beta}\sqrt{z+\alpha}\sqrt{z-\alpha}\sqrt{z-\beta}} = \frac{1}{\beta} \cdot \begin{cases} K - jK' & \text{für } z = -\beta \\ K & \text{für } z = -\alpha \\ -K & \text{für } z = \alpha \\ -K - jK' & \text{für } z = \beta \end{cases}$$

Hierbei wurden die Abkürzungen $K = K(k)$ und $K' = K(k')$ mit dem sogenannten Modul

$$k = \frac{\alpha}{\beta}$$

und dem komplementären Modul

$$k' = \sqrt{1-k^2} = \sqrt{1-\frac{\alpha^2}{\beta^2}}$$

verwandt. Da das vollständige elliptische Integral erster Gattung $K(k)$ nur für Moduln k mit $0 \leq k \leq 1$ definiert ist, mußte $\alpha \geq 0$, $\beta > 0$ sowie $\alpha \leq \beta$ vorausgesetzt werden.

Wir sehen nun, daß wir Gleichung (6.56) sofort auf unsere Transformationsgleichung (2.65) anwenden können, wenn wir

$$\alpha = s/2$$

und

$$\beta = d/2$$

und damit

$$k = \frac{s}{d} \tag{2.66}$$

setzen.

Setzt man also die vier ursprünglichen Punkte z_k und die vier Bildpunkte w_k in Gleichung (2.65) ein, so erhält man folgende vier Gleichungen:

$$0 = A'(K - jK') + B \tag{2.67}$$
$$a = A'(K) + B \tag{2.68}$$
$$a + jb = A'(-K) + B \tag{2.69}$$
$$jb = A'(-K - jK') + B \tag{2.70}$$

Hier wurde mit $A' = \frac{A}{\beta}$ eine neue Konstante eingeführt, um Schreibarbeit zu sparen.

Zu beachten ist, daß es sich bei K und K' keineswegs um beliebige Konstanten handelt, sondern um eine Abkürzung für das vollständige elliptische Integral erster Gattung — es gilt also $K = K(k)$ und $K' = K(k')$.

Unbekannte Größen in den vier Gleichungen sind A', B, a und b, denn s und d und damit auch k, k', K und K' sind bekannt.

Wir eliminieren zunächst B, indem wir die Differenz der Gleichungen (2.68) und (2.67) bilden:

$$a = A'(jK') \Rightarrow A' = -j\frac{a}{K'}$$

Die Differenz der Gleichungen (2.69) und (2.70) hätte auf dasselbe Ergebnis geführt. Setzt man dieses Ergebnis in Gleichung (2.68) ein, so folgt:

$$B = a + ja\frac{K}{K'}$$

Setzt man nun die beiden für A' und B erhaltenen Ausdrücke nacheinander in die Gleichungen (2.67) bis (2.70) ein, so stellt man fest, daß die ersten beiden automatisch erfüllt sind, während die letzten beiden Gleichungen auf dasselbe Resultat

$$jb = 2ja\frac{K}{K'} \Rightarrow \frac{b}{a} = 2\frac{K}{K'}$$

führen. Mehr Informationen liefern die vier Gleichungen nicht. Offenbar sind sie nicht linear unabhängig, so daß sich die vier Unbekannten nicht unabhängig voneinander bestimmen lassen.

Dies stört aber nicht weiter, denn gemäß Gleichung (2.64) benötigen wir zur Bestimmung des Kapazitätsbelages nur den Quotienten $\frac{a}{b}$, den wir soeben berechnet haben. Es gilt also:

$$C'_{Zweibandleitung} = \epsilon_0 \frac{K'}{K}$$

Damit ist der Kapazitätsbelag der koplanaren Zweibandleitung vollständig bestimmt. Man kann aus s und d mit Hilfe von Gleichung (2.66) den Modul k und damit auch den komplementären Modul $k' = \sqrt{1-k^2}$ bestimmen. Einsetzen dieser beiden Werte in das vollständige elliptische Integral erster Gattung liefert dann $K = K(k)$ und $K' = K(k')$. Die Funktionswerte $K(k)$ für gegebene k lassen sich in Formelsammlungen wie [5] nachschlagen oder mit Hilfe von Computern unter Verwendung mathematischer Bibliotheken berechnen.

Es sei noch angemerkt, daß man aufgrund der linearen Abhängigkeit der vier Gleichungen von Anfang an eine Unbekannte auf einen beliebigen Wert hätte setzen können, also zum Beispiel $a = 1\ cm$. Dies erleichtert unter Umständen die Rechnung.

Mit dem hier angegebenen Rechenweg läßt sich sogar der Fall behandeln, daß sich in der oberen Halbebene ein anderes Dielektrikum als in der unteren Halbebene befindet. Das elektrische Feld im Schlitz, also bei $Im\{z\} = 0$, ändert sich wegen der Stetigkeit von E_t nämlich nicht, so daß die Lösungen für die Felder in der oberen und unteren Halbebene weiterhin gültig bleiben. Hat

2.3. KONFORME ABBILDUNGEN

man in der unteren Halbebene ein Dielektrikum, so erhöht sich der zugehörige Kapazitätsbelag um den Faktor ϵ_r, während der der oberen Halbebene unverändert bleibt. Man erhält also

$$\begin{aligned}C'_{Zweibandleitung,inhom.} &= C'_{Plattenkondensator} + \epsilon_r C'_{Plattenkondensator} = \\ &= (1+\epsilon_r)C'_{Plattenkondensator} = \\ &= \frac{1+\epsilon_r}{2}C'_{Zweibandleitung}\end{aligned}$$

und damit

$$C'_{Zweibandleitung,inhom.} = \epsilon_0 \epsilon_{r,eff} \frac{K'}{K}.$$

Hierbei wurde

$$\epsilon_{r,eff} = \frac{1+\epsilon_r}{2}$$

definiert. Der Fall zweier unterschiedlicher Dielektrika läßt sich also mit Hilfe einer relativen effektiven Dielektrizitätskonstante beschreiben.

Abschließend fassen wir nochmals den Rechenweg zusammen:

- Festlegen, welcher Punkt z_k der reellen Achse in der z-Ebene auf welchen Punkt w_k der w-Ebene abgebildet werden soll (Insgesamt n Punkte). Auf diese Weise wird die ursprüngliche Anordnung in eine überführt, deren Eigenschaften man kennt oder die man einfacher behandeln kann.

- Bestimmen der Transformationsvorschrift durch Einsetzen der z_k in die allgemeine Form der Schwarz-Christoffel-Transformation.

- Einsetzen der Punktepaare (z_k, w_k) in die Transformationsvorschrift. Dies liefert ein Gleichungssystem mit n Unbekannten. Eventuell kann eine Unbekannte willkürlich bestimmt werden. Im vorliegenden Fall konnte die Funktion aufgrund der besonderen Argumente x in vollständige elliptische Integrale umgewandelt werden, was eine Vereinfachung darstellt.

- Bestimmung des für die Kapazitätsberechnung nötigen Ausdrucks.

Übungsaufgabe 2.4   *Anspruch:* ● ● ○   *Aufwand:* ● ● ●

Gegeben sei eine sogenannte koplanare Dreibandleitung nach Abbildung 2.5, auch Koplanarleitung genannt.

1. Geben Sie die Transformationsvorschrift für eine konforme Abbildung an, die die obere Halbebene der Anordnung auf das Innere eines Rechtecks nach Abbildung 2.6 abbildet.

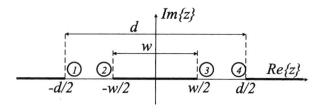

Abbildung 2.5: Koplanarleitung

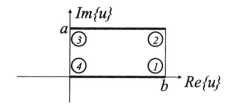

Abbildung 2.6: Plattenkondensator

2. Weshalb tauchen in Abbildung 2.5 drei Leiter auf, während in Abbildung 2.6 nur zwei zu sehen sind?

3. Bestimmen Sie die Abmessungen des Plattenkondensators in Abhängigkeit von der Geometrie der Koplanarleitung, also von w und d.

4. Wie groß ist der Kapazitätsbelag des Plattenkondensators, wie groß der der Koplanarleitung?

5. Geben Sie den Kapazitätsbelag der Koplanarleitung für den Fall an, daß die obere Halbebene mit einem Dielektrikum mit der relativen Dielektrizitätskonstante ϵ_{r1} und die untere mit einem mit der relativen Dielektrizitätskonstante ϵ_{r2} gefüllt ist.

6. Nehmen Sie nun an, daß zwischen den beiden Platten des Plattenkondensators die Spannung U_0 anliegt (Gemessen von der oberen Platte zur unteren). Wie lautet das Potential in der u-Ebene?

7. Geben Sie nun das elektrische Feld im rechten Schlitz der Koplanarleitung in Abhängigkeit von x an ($w/2 < x < d/2$).

Hinweis:

Beachten Sie, daß man — wie in Abschnitt 2.3.3 ausgeführt wurde — nicht einfach $\vec{E}$ durch Umschreiben der Koordinaten transformieren kann, während dies bei Φ erlaubt ist. Stellen Sie deshalb zunächst E_x in Abhängigkeit von Φ dar, und benutzen Sie dann die Kettenregel, um von der z-Ebene zur u-Ebene überzugehen.

8. Kontrollieren Sie das Ergebnis des vorigen Aufgabenteils durch Integration des elektrischen Feldes von $w/2$ bis $d/2$.

2.4 Dualität zwischen magnetischem und elektrischem Feld

In den letzten Abschnitten hatten wir immer wieder homogene Leitungen durch Koordinatentransformationen auf einen längshomogenen Plattenkondensator abgebildet. Letzteren kann man auch als Bandleitung auffassen.

Der Kapazitätsbelag bzw. Induktivitätsbelag einer Bandleitung nach Abbildung 1.12 beträgt gemäß Aufgabe 1.16 :

$$C' = \epsilon \frac{a}{b}$$

$$L' = \mu \frac{b}{a}$$

Offenbar ist das Produkt von L' und C' unabhängig von den Abmessungen der Bandleitung:

$$L'\, C' = \epsilon\, \mu$$

Aus den vergangenen Abschnitten wissen wir, daß sich viele längshomogene Leitungen mit Hilfe konformer Abbildungen auf Bandleitungen transformieren lassen. Da die Kapazitätsbeläge und Induktivitätsbeläge durch die konforme Abbildung unverändert bleiben, ist zu vermuten, daß diese Beziehung einen deutlich allgemeineren Gültigkeitsbereich hat. Deshalb soll im folgenden versucht werden, zu zeigen, daß diese Gleichung für alle Leitungen gilt, die mit einem homogenen Material gefüllt sind.

Die Gleichung $C'\, L' = \epsilon\, \mu$ kann man folgendermaßen interpretieren: Wenn man den Kapazitätsbelag der Bandleitung nach Bestimmung des elektrischen Feldes $\vec{E}$ berechnet hat, ergibt sich der Induktivitätsbelag automatisch, ohne daß man das Feld $\vec{H}$ berechnen muß. Vermutlich enthält in diesem Fall die Lösung für das elektrische Feld implizit die Lösung für das magnetische Feld. Den Zusammenhang zwischen $\vec{E}$ und $\vec{H}$ müssen wir nun finden.

In quellenfreien, homogen gefüllten Raumteilen lassen sich die Maxwellgleichungen (1.77) bis (1.80) wie folgt schreiben:

$$rot\, \vec{H} = \epsilon \dot{\vec{E}} \qquad (2.71)$$

$$rot\, \vec{E} = -\mu \dot{\vec{H}} \qquad (2.72)$$

$$div\, \vec{H} = 0 \qquad (2.73)$$

$$div\, \vec{E} = 0 \qquad (2.74)$$

Wir sehen, daß diese Gleichungen einen hohen Grad an Symmetrie bezüglich $\vec{E}$ und $\vec{H}$ aufweisen. Man kann deshalb vermuten, daß man $\vec{E}$ und $\vec{H}$ abgesehen von einem konstanten Faktor gegeneinander vertauschen kann, ohne daß sich die Gleichungen ändern.

Wir nehmen also an, daß die Vektorfelder $\vec{E}_1$ und $\vec{H}_1$ die Gleichungen erfüllen, und vermuten, daß sich durch den Ansatz

$$\vec{E}_2 = k\,\vec{H}_1 \tag{2.75}$$

ein Feld $\vec{E}_2$ ergibt, das die Maxwellgleichungen für quellenfreie, homogen gefüllte Raumteile ebenfalls erfüllt. Die Notwendigkeit einer Proportionalitätskonstante k ergibt sich alleine schon aus der unterschiedlichen Dimension der Größen. Aus unserem Ansatz folgt

$$rot\,\vec{E}_2 = k\,rot\,\vec{H}_1 = k\,\epsilon\dot{\vec{E}}_1$$

und

$$div\,\vec{E}_2 = k\,div\,\vec{H}_1 = 0.$$

Damit das Feld $\vec{E}_2$ die Gleichungen (2.72) und (2.74) erfüllt, muß offenbar gelten:

$$k\,\epsilon\dot{\vec{E}}_1 = -\mu\dot{\vec{H}}_2$$

Wir integrieren über die Zeit und erhalten:

$$\vec{H}_2 = -k\,\frac{\epsilon}{\mu}\,\vec{E}_1 \tag{2.76}$$

Die Integrationskonstante haben wir weggelassen, da wir vermuten, daß eine einfache Proportionalität wie in Gleichung (2.75) ausreicht, um die Maxwellgleichungen zu erfüllen.

Aus Gleichung (2.76) folgt

$$rot\,\vec{H}_2 = -k\,\frac{\epsilon}{\mu}\,rot\,\vec{E}_1 = k\,\epsilon\,\dot{\vec{H}}_1$$

und

$$div\,\vec{H}_2 = -k\,\frac{\epsilon}{\mu}\,div\,\vec{E}_1 = 0.$$

Damit das Feld $\vec{H}_2$ die Gleichungen (2.71) und (2.73) erfüllt, muß gelten:

$$k\,\epsilon\,\dot{\vec{H}}_1 = \epsilon\dot{\vec{E}}_2$$

Wir integrieren wieder und erhalten unter Auslassung der Integrationskonstante:

$$\vec{E}_2 = k\,\vec{H}_1$$

Diese Gleichung ist bereits wegen unseres ersten Ansatzes (2.75) erfüllt.

Wir sehen also, daß die Tranformationsvorschriften (2.75) und (2.76)

$$\begin{aligned}\vec{E}_2 &= k\,\vec{H}_1 \\ \vec{H}_2 &= -k\,\frac{\epsilon}{\mu}\,\vec{E}_1\end{aligned}$$

2.4. DUALITÄT ZWISCHEN MAGNETISCHEM UND ELEKTRISCHEM FELD

es tatsächlich quasi durch Vertauschung von $\vec{E}$ und $\vec{H}$ ermöglichen, aus bereits bekannten Feldlösungen neue Feldlösungen zu erzeugen.

Wendet man die Transformation zweimal hintereinander an, so sind offenbar die Gleichungen

$$\vec{E}_3 = k\,\vec{H}_2$$
$$\vec{H}_3 = -k\,\frac{\epsilon}{\mu}\vec{E}_2$$

anzuwenden, und man erhält:

$$\vec{E}_3 = -k^2\,\frac{\epsilon}{\mu}\,\vec{E}_1$$
$$\vec{H}_3 = -k^2\,\frac{\epsilon}{\mu}\,\vec{H}_1$$

Soll eine zweimalige Anwendung der Transformation — abgesehen vom Vorzeichen — das ursprüngliche Feld ergeben, so muß man offenbar

$$k = \pm\sqrt{\frac{\mu}{\epsilon}}$$

setzen. Die Transformationsvorschrift lautet dann:

$$\vec{E}_2 = \pm\sqrt{\frac{\mu}{\epsilon}}\,\vec{H}_1 \tag{2.77}$$

$$\vec{H}_2 = \mp\sqrt{\frac{\epsilon}{\mu}}\,\vec{E}_1 \tag{2.78}$$

Wir wollen nun sehen, ob und wie sich die Transformationsgleichungen (2.77) und (2.78) auf unsere Bandleitung anwenden lassen.

Im Bandleiter herrsche das Feld $\vec{E}_1 \neq 0$ und $\vec{H}_1 = 0$. Daraus folgt mit Gleichung (2.77)

$$\vec{E}_2 = 0.$$

Das elektrostatische Feld wird also erwartungsgemäß in ein magnetostatisches überführt. Auf der Leiteroberfläche als elektrisch ideal leitender Wand gilt

$$\vec{E}_{1t} = 0.$$

Durch die Transformationsgleichung (2.78) folgt daraus

$$\vec{H}_{2t} = 0.$$

Die elektrisch ideal leitende Wand wird also in eine magnetisch ideal leitende überführt. Umgekehrt gilt auf der magnetisch ideal leitenden Wand der ursprünglichen Anordnung

$$\vec{E}_{1n} = 0,$$

was auf
$$\vec{H}_{2n} = 0,$$
also eine elektrisch ideal leitende Wand führt.

Die hier beschriebene Dualität zwischen elektrischem und magnetischem Feld bildet die Grundlage für das sogenannte Babinetsche Prinzip, nach dem beispielsweise in der Antennentheorie zahlreiche Anordnungen auf komplementäre Anordnungen zurückgeführt werden können.

Der Austausch von magnetisch ideal leitenden Wänden gegen elektrisch ideal leitende Wände war aber nicht unser ursprüngliches Ziel. Wir wollten nämlich nicht den Plattenkondensator umdrehen, sondern für *denselben* Plattenkondensator aus einem gültigen elektrischen Feld ein gültiges Magnetfeld bestimmen. Daß unsere Transformationsvorschriften (2.77) und (2.78) dies nicht direkt leisten können, liegt offenbar daran, daß durch sie das Feld $\vec{H}_2$ dieselbe Richtung wie $\vec{E}_1$ hat. Wenn magnetisch und elektrisch ideal leitende Wände ihre Plätze beibehalten sollen, muß aber $\vec{H}_2$ senkrecht zu $\vec{E}_1$ verlaufen.

Durch das Kreuzprodukt mit $\vec{e}_z$ kann man einen Vektor in der x-y-Ebene um 90 Grad drehen, so daß wir auf Verdacht die Transformationsvorschriften (2.77) und (2.78) durch folgende ersetzen[8]:

$$\vec{E}_2 = -\sqrt{\frac{\mu}{\epsilon}}\, \vec{e}_z \times \vec{H}_1 \qquad (2.79)$$

$$\vec{H}_2 = \sqrt{\frac{\epsilon}{\mu}}\, \vec{e}_z \times \vec{E}_1 \qquad (2.80)$$

Da wir nun mehr oder weniger willkürlich die Transformationsvorschrift geändert haben, müssen wir erneut prüfen, ob ein Feld $\vec{E}_1, \vec{H}_1$, das die Maxwellgleichungen (2.71) bis (2.74) erfüllt, wieder zu einem Feld $\vec{E}_2, \vec{H}_2$ führt, das die Maxwellgleichungen erfüllt.

Aus Gleichung (2.79) folgt dann:

$$\begin{aligned} rot\, \vec{E}_2 &= -\sqrt{\frac{\mu}{\epsilon}}\, rot\left(\vec{e}_z \times \vec{H}_1\right) = \\ &= -\sqrt{\frac{\mu}{\epsilon}}\, rot\left(-H_{1y}\, \vec{e}_x + H_{1x}\, \vec{e}_y\right) = \\ &= -\sqrt{\frac{\mu}{\epsilon}} \left(-\frac{\partial H_{1x}}{\partial z}\, \vec{e}_x - \frac{\partial H_{1y}}{\partial z}\, \vec{e}_y + \left[\frac{\partial H_{1x}}{\partial x} + \frac{\partial H_{1y}}{\partial y}\right] \vec{e}_z\right) \end{aligned} \qquad (2.81)$$

Damit das Feld $\vec{E}_2$ die Maxwellgleichung (2.72) erfüllt, müßte sich auf der rechten Seite eigentlich $-\mu\, \dot{\vec{H}}_2$ ergeben. Man sieht nun allerdings nicht, wie dies möglich sein soll. Deshalb

---

[8] Hierbei legen wir auch das zuvor unbestimmte Vorzeichen willkürlich fest.

2.4. DUALITÄT ZWISCHEN MAGNETISCHEM UND ELEKTRISCHEM FELD

nehmen wir nun davon Abstand zu fordern, daß die Maxwellgleichungen in ihrer allgemeinen Form zu erfüllen sind. Ziel war nämlich ohnehin, einen Zusammenhang zwischen Induktivitäts- und Kapazitätsbelag herzustellen. Es sind also eigentlich nur die Gesetze der Elektrostatik und Magnetostatik relevant. In diesem Fall sind die Zeitableitungen von $\vec{E}$ und $\vec{H}$ gleich null, und die Maxwellgleichungen (2.71) bis (2.74) vereinfachen sich wie folgt:

$$rot\,\vec{H} = 0 \qquad (2.82)$$
$$rot\,\vec{E} = 0 \qquad (2.83)$$
$$div\,\vec{H} = 0 \qquad (2.84)$$
$$div\,\vec{E} = 0 \qquad (2.85)$$

Da wir nur längshomogene Strukturen betrachten, dürfen wir außerdem annehmen, daß die Felder $\vec{E}$ und $\vec{H}$ in z-Richtung konstant sind. Dann bleiben in Gleichung (2.81) nur die letzten beiden Terme übrig, und zu diesen kann man $\frac{\partial H_{1z}}{\partial z}$ hinzuaddieren, um die Divergenz zu erhalten:

$$rot\,\vec{E}_2 = -\sqrt{\frac{\mu}{\epsilon}}\,\vec{e}_z\,div\,\vec{H}_1 = 0$$

Damit ist Gleichung (2.83) für $\vec{E}_2$ automatisch erfüllt, wenn man Gleichung (2.84) für $\vec{H}_1$ zugrunde legt.

Aus Gleichung (2.79) folgt außerdem:

$$\begin{aligned} div\,\vec{E}_2 &= -\sqrt{\frac{\mu}{\epsilon}}\,div\,(\vec{e}_z \times \vec{H}_1) = \\ &= -\sqrt{\frac{\mu}{\epsilon}}\,div\,(-H_{1y}\,\vec{e}_x + H_{1x}\,\vec{e}_y) = \\ &= -\sqrt{\frac{\mu}{\epsilon}}\left(-\frac{\partial H_{1y}}{\partial x} + \frac{\partial H_{1x}}{\partial y}\right) \end{aligned}$$

Bis auf den Vorfaktor handelt es sich bei diesem Ausdruck um die z-Komponente von $rot\,\vec{H}_1$, die wegen Gleichung (2.82) verschwindet. Es folgt somit

$$div\,\vec{E}_2 = 0,$$

so daß auch Gleichung (2.85) für das Feld $\vec{E}_2$ erfüllt ist.

Wir widmen uns nun $\vec{H}_2$: Aus Gleichung (2.80) folgt:

$$\begin{aligned} rot\,\vec{H}_2 &= \sqrt{\frac{\epsilon}{\mu}}\,rot\,(\vec{e}_z \times \vec{E}_1) = \\ &= \sqrt{\frac{\epsilon}{\mu}}\,rot\,(-E_{1y}\,\vec{e}_x + E_{1x}\,\vec{e}_y) = \\ &= \sqrt{\frac{\epsilon}{\mu}}\left(-\frac{\partial E_{1x}}{\partial z}\,\vec{e}_x - \frac{\partial E_{1y}}{\partial z}\,\vec{e}_y + \left[\frac{\partial E_{1x}}{\partial x} + \frac{\partial E_{1y}}{\partial y}\right]\vec{e}_z\right) \end{aligned}$$

Macht man hier wieder Gebrauch von der Feldkonstanz in z-Richtung, so folgt:

$$rot\ \vec{H}_2 = \sqrt{\frac{\epsilon}{\mu}}\ \vec{e}_z\ div\ \vec{E}_1 = 0$$

Damit ist Gleichung (2.82) für $\vec{H}_2$ automatisch erfüllt, wenn man Gleichung (2.85) für $\vec{E}_1$ zugrunde legt.

Schließlich folgt aus Gleichung (2.80):

$$\begin{aligned} div\ \vec{H}_2 &= \sqrt{\frac{\epsilon}{\mu}}\ div\left(\vec{e}_z \times \vec{E}_1\right) = \\ &= \sqrt{\frac{\epsilon}{\mu}}\ div\left(-E_{1y}\ \vec{e}_x + E_{1x}\ \vec{e}_y\right) = \\ &= \sqrt{\frac{\epsilon}{\mu}}\left(-\frac{\partial E_{1y}}{\partial x} + \frac{\partial E_{1x}}{\partial y}\right) \end{aligned}$$

Bis auf den Vorfaktor handelt es sich bei diesem Ausdruck um die z-Komponente von $rot\ \vec{E}_1$, die wegen Gleichung (2.83) verschwindet. Es folgt somit

$$div\ \vec{H}_2 = 0,$$

so daß auch Gleichung (2.84) für das Feld $\vec{H}_2$ erfüllt ist.

Zusammenfassend stellen wir fest, daß die Transformationsgleichungen (2.79) und (2.80) tatsächlich eine statische Lösung der Maxwellschen Gleichungen (2.82) bis (2.85) in eine ebensolche überführen.

Wir untersuchen nun, wie sich die neue Transformation auf die Bandleitung auswirkt. Für elektrisch ideal leitende Wände in der Ursprungsanordnung gilt

$$E_{1t} = 0.$$

Mit Gleichung (2.80) folgt daraus:

$$\vec{H}_2 = \sqrt{\frac{\epsilon}{\mu}}\ \vec{e}_z \times (E_{1n}\ \vec{e}_n)$$

Das Ergebnis liefert einen Vektor $\vec{H}_2$, der tangential zur Wand verläuft; es gilt also

$$H_{2n} = 0.$$

Eine elektrisch ideal leitende Wand bleibt also auch nach der Transformation eine elektrisch ideal leitende Wand.

2.4. DUALITÄT ZWISCHEN MAGNETISCHEM UND ELEKTRISCHEM FELD

Für eine magnetisch ideal leitende Wand mit
$$H_{1t} = 0$$
folgt mit Gleichung (2.79):
$$\vec{E}_2 = -\sqrt{\frac{\mu}{\epsilon}}\,\vec{e}_z \times (H_{1n}\,\vec{e}_n)$$
Dies liefert einen Vektor $\vec{E}_2$, der tangential zum Rand verläuft, und es gilt:
$$E_{2n} = 0$$
Eine magnetisch ideal leitende Wand bleibt also auch nach der Transformation eine magnetisch ideal leitende Wand.

Die Anordnung bleibt also im Gegensatz zu den Transformationsgleichungen (2.77) und (2.78) dieselbe. Damit ist das am Anfang dieses Abschnitts formulierte Ziel, das bekannte elektrostatische Feld einer längshomogenen Anordnung in ein magnetostatisches derselben Anordnung zu transformieren, erreicht. Auch die Umkehrung, ein magnetostatisches Feld in ein elektrostatisches umzuwandeln, ist natürlich möglich.

Für einen Plattenkondensator mit dem Plattenabstand d zweier in der x-z-Ebene liegender Platten gilt bekanntlich
$$\vec{E} = \frac{U}{d}\,\vec{e}_y.$$
Gemäß Gleichung (2.80) müßte sich hieraus
$$\vec{H} = \sqrt{\frac{\epsilon}{\mu}}\,\vec{e}_z \times \left(\frac{U}{d}\,\vec{e}_y\right) = -\sqrt{\frac{\epsilon}{\mu}}\,\frac{U}{d}\,\vec{e}_x$$
als mögliches Magnetfeld ergeben. In der Tat erfüllt dieses Feld sowohl die Laplacegleichung als auch die Randbedingungen, wie man leicht nachprüfen kann. Möchte man das Magnetfeld in Abhängigkeit vom gegebenen Strom I in den Leitern darstellen, dann kann man U so bestimmen, daß $\vec{H}$ auch die durch den Strom I zusätzlich zu erfüllenden Randbedingungen erfüllt. U ist nämlich im Sinne des magnetischen Feldes lediglich eine willkürliche Konstante; die Spannung zwischen den Leitern beeinflußt nur das elektrostatische Feld, nicht das magnetostatische. Bei einem rein magnetostatischen Feld ist die Spannung zwischen den Leitern beispielsweise gleich null.

Statt die Transformationsvorschrift nur auf den Plattenkondensator anzuwenden, können wir sie nun bei nahezu beliebigen längshomogenen Strukturen benutzen.

Als Struktur betrachten wir eine beliebige längshomogene Leitung mit homogener Füllung nach Abbildung 2.7. Ihren Kapazitätsbelag erhält man aus
$$C' = \frac{Q'}{U} = \frac{\oint_{C_1} \vec{D}_1 \cdot \vec{e}_{n1}\,ds}{\int_{C_3} \vec{E}_1 \cdot d\vec{s}} = \frac{\epsilon \oint_{C_1} \vec{E}_1 \cdot \vec{e}_{n1}\,ds}{\int_{C_3} \vec{E}_1 \cdot d\vec{s}}. \qquad (2.86)$$

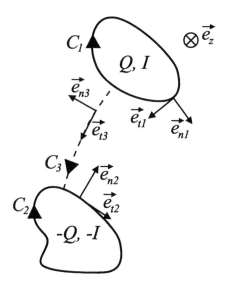

Abbildung 2.7: Querschnitt einer Leitung

Wir interessieren uns nun für den Induktivitätsbelag

$$L' = \frac{\Phi'}{I} = \frac{\int_{C_3} \vec{B}_2 \cdot \vec{e}_{n3}\, ds}{\oint_{C_1} \vec{H}_2 \cdot d\vec{s}} = \frac{\mu \int_{C_3} \vec{H}_2 \cdot \vec{e}_{n3}\, ds}{\oint_{C_1} \vec{H}_2 \cdot d\vec{s}}. \qquad (2.87)$$

Aus Gleichung (2.80) folgt

$$\begin{aligned}
\vec{H}_2 \cdot \vec{e}_{n3} &= \sqrt{\frac{\epsilon}{\mu}}\, (\vec{e}_z \times \vec{E}_1) \cdot \vec{e}_{n3} = \\
&= \sqrt{\frac{\epsilon}{\mu}}\, (\vec{e}_{n3} \times \vec{e}_z) \cdot \vec{E}_1 = \\
&= \sqrt{\frac{\epsilon}{\mu}}\, \vec{e}_{t3} \cdot \vec{E}_1
\end{aligned}$$

und

$$\vec{H}_2 \cdot \vec{e}_{t1} = \sqrt{\frac{\epsilon}{\mu}}\, (\vec{e}_z \times \vec{E}_1) \cdot \vec{e}_{t1} =$$

2.4. DUALITÄT ZWISCHEN MAGNETISCHEM UND ELEKTRISCHEM FELD

$$= \sqrt{\frac{\epsilon}{\mu}} \, (\vec{e}_{t1} \times \vec{e}_z) \cdot \vec{E}_1 =$$

$$= \sqrt{\frac{\epsilon}{\mu}} \, \vec{e}_{n1} \cdot \vec{E}_1.$$

Setzt man diese beiden Ergebnisse in Gleichung (2.87) ein, so erhält man:

$$L' = \frac{\mu \int_{C_3} \sqrt{\frac{\epsilon}{\mu}} \, \vec{e}_{t3} \cdot \vec{E}_1 \, ds}{\oint_{C_1} \sqrt{\frac{\epsilon}{\mu}} \, \vec{e}_{n1} \cdot \vec{E}_1 \, ds} = \frac{\mu \int_{C_3} \vec{E}_1 \cdot d\vec{s}}{\oint_{C_1} \vec{E}_1 \cdot \vec{e}_{n1} \, ds} \tag{2.88}$$

Durch Multiplikation mit Gleichung (2.86) stellen wir nun fest, daß in der Tat

$$C' \, L' = \epsilon \, \mu \tag{2.89}$$

erfüllt ist. Wir haben also den Gültigkeitsbereich dieser Gleichung ausgedehnt, ohne annehmen zu müssen, daß sich die betreffende längshomogene Struktur mit Hilfe konformer Abbildungen auf einen Plattenkondensator abbilden läßt.

Abschließend ist anzumerken, daß sich in Gleichung (2.88) der Koeffizient $\sqrt{\frac{\epsilon}{\mu}}$ herausgekürzt hat, da er sowohl im Zähler als auch im Nenner auftrat. Man hätte diesen Koeffizienten also gleich in den Transformationsgleichungen (2.79) und (2.80) durch einen beliebigen anderen — allerdings mit gleicher Dimension — ersetzen können, ohne das Resultat zu ändern. Dies muß auch so sein, da bei statischen Feldern elektrisches und magnetisches Feld aufgrund der Gleichungen (2.82) bis (2.85) voneinander entkoppelt sind. Ein vorgegebenes magnetostatisches Feld kann also mit einem elektrostatischen Feld beliebiger Stärke koexistieren.

Übungsaufgabe 2.5   *Anspruch:* • • •   *Aufwand:* • • •

Die in diesem Abschnitt vorgestellten Überlegungen sind in der Leitungstheorie von großer Bedeutung. In der Leitungstheorie werden allerdings harmonisch zeitveränderliche Felder betrachtet, und im Gegensatz zur hier angenommenen Konstanz der Felder in z-Richtung gilt folgende z-Abhängigkeit:

$$\vec{E}(z) = \vec{E}(0) e^{-j\,k\,z}$$

$$\vec{H}(z) = \vec{H}(0) e^{-j\,k\,z}$$

Außerdem geht man in der Leitungstheorie von Transversalfeldern aus, das heißt, im Dielektrikum gilt

$$E_z = 0 \quad \text{und} \quad H_z = 0.$$

1. Formulieren Sie die Maxwellgleichungen (1.77) bis (1.80) in komplexer Form für quellenfreie, homogen gefüllte Gebiete.

2. Zeigen Sie, daß für das magnetische und das elektrische Feld jeweils die Helmholtzgleichung

$$\Delta \vec{A} + k^2 \vec{A} = 0 \qquad (\vec{A} = \vec{E} \text{ bzw. } \vec{A} = \vec{H})$$

gilt. Bestimmen Sie k in Abhängigkeit von ω, μ und ϵ.

3. In welche drei skalaren Gleichungen zerfällt die Helmholtzgleichung für das elektrische Feld?

4. Wie vereinfachen sich die Gleichungen, wenn man nun den oben beschriebenen Ansatz für die z-Abhängigkeit der Felder macht?

5. Zeigen Sie, daß man die vereinfachten Gleichungen mit dem für die Elektrostatik typischen Ansatz $\vec{E} = -grad\ \Phi$ erfüllen kann. Interpretieren Sie das Ergebnis im Hinblick auf die Gültigkeit der Gleichung (2.89).

6. Zeigen Sie nun, daß eine Lösung $\vec{E}_1$, $\vec{H}_1$ der Maxwellgleichungen durch (2.79) und (2.80) in eine andere Lösung $\vec{E}_2$, $\vec{H}_2$ der Maxwellgleichungen überführt wird. Interpretieren Sie das Ergebnis.

Übungsaufgabe 2.6   *Anspruch:* • • •   *Aufwand:* • • •

In Aufgabe 2.5 wurde gezeigt, daß die in der Leitungstheorie verwandten Kapazitäts- und Induktivitätsbeläge mit Hilfe der Elektrostatik bzw. der Magnetostatik gewonnen werden dürfen und daß deshalb zwischen ihnen der Zusammenhang

$$L'\,C' = \mu\,\epsilon$$

besteht. In dieser Aufgabe gehen wir einen Schritt weiter und wollen zeigen, daß auch der Ableitungsbelag G', den man unter der Annahme eines stationären Strömungsfeldes zwischen den beiden Leitern errechnet, in der Leitungstheorie verwandt werden darf. Wir nehmen also an, daß das Medium zwischen den Leitern nicht nur eine Permittivität ϵ und eine Permeabilität μ besitzt, sondern auch eine Leitfähigkeit κ.

1. Stellen Sie die Maxwellgleichungen in komplexer Form für homogene Medien auf, wobei auch die Leitfähigkeit κ zu berücksichtigen ist. Eliminieren Sie alle Vektoren außer $\vec{E}$ und $\vec{H}$.

2. Nehmen Sie nun wieder folgende für Leitungen typische z-Abhängigkeit an:

$$\vec{E}(z) = \vec{E}(0) e^{-j\,k\,z}$$

$$\vec{H}(z) = \vec{H}(0) e^{-j\,k\,z}$$

Außerdem sind in der Leitungstheorie die Longitudinalkomponenten außerhalb der Leiter gleich null:

$$E_z = 0 \qquad H_z = 0$$

2.5. LEITUNGSTHEORIE

Nehmen Sie nun an, daß sich das Transversalfeld wie in der Elektrostatik bzw. der Magnetostatik gemäß

$$\vec{E}(0) = -\text{grad } \Phi$$

bzw.

$$\vec{H}(0) = -\text{grad } \Psi$$

als Gradient eines skalaren Potentials darstellen läßt. Auf welche Gleichung für Φ und Ψ führen dann die Maxwellschen Gleichungen? Interpretieren Sie das Ergebnis.

3. Ermitteln Sie aus den Ergebnissen des vorigen Aufgabenteils $\vec{E}$ in Abhängigkeit von $\vec{H}$ und umgekehrt $\vec{H}$ in Abhängigkeit von $\vec{E}$.

4. Geben Sie nun eine Berechnungsvorschrift für den Ableitungsbelag

$$G' = \frac{I'_{quer}}{U}$$

in Abhängigkeit vom transversalen Feld $\vec{E}$ auf den Kurven C_1 und C_3 an (siehe Abbildung 2.7). Substituieren Sie nun $\vec{E}$ durch $\vec{H}$ mit Hilfe der Ergebnisse des letzten Aufgabenteils.

5. Vergleichen Sie das Ergebnis des vorigen Aufgabenteils mit der Definition (2.87) des Induktivitätsbelags L'. Welcher Zusammenhang besteht offenbar zwischen L' und G', welcher zwischen C' und G'?

Hinweis:

Lösen Sie zunächst Aufgabe 2.5.

2.5 Leitungstheorie

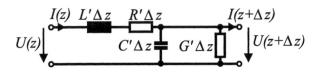

Abbildung 2.8: Leitungsersatzschaltbild

In der Leitungstheorie wird ein infinitesimal kurzes Leitungsstück durch das in Abbildung 2.8 dargestellte Ersatzschaltbild beschrieben.

Diesem Ersatzschaltbild kann man folgende Gleichungen direkt entnehmen:

$$U(z + \Delta z) = U(z) - I(z)(j\omega L' + R')\Delta z$$
$$I(z + \Delta z) = I(z) - U(z + \Delta z)(j\omega C' + G')\Delta z$$

Nach Umstellen der Gleichungen, Division durch Δz und Grenzübergang für $\Delta z \to 0$ erhält man:

$$\frac{dU}{dz} = -I(j\omega L' + R') \tag{2.90}$$

$$\frac{dI}{dz} = -U(j\omega C' + G') \tag{2.91}$$

Differenziert man die erste Gleichung nach z und setzt die zweite ein, so folgt

$$\frac{d^2U}{dz^2} = (j\omega L' + R')(j\omega C' + G')U.$$

Es ergibt sich die lineare Differentialgleichung zweiter Ordnung

$$\frac{d^2U}{dz^2} + k^2 U = 0 \tag{2.92}$$

mit

$$k = \sqrt{-(j\omega L' + R')(j\omega C' + G')} = \sqrt{\omega^2 L'C' - j\omega L'G' - j\omega C'R' - R'G'}. \tag{2.93}$$

Diese hat bekanntlich die Lösungen

$$U(z) = U(0)\, e^{\pm jkz} \tag{2.94}$$

mit

$$\frac{d^2U}{dz^2} = -k^2 U(0)\, e^{\pm jkz}.$$

Die Konstante k bezeichnet man als Ausbreitungskonstante. Bei gewöhnlichen verlustarmen Leitungen mit $\omega L' > R'$ und $\omega C' > G'$ ist der Realteil des Wurzelargumentes in Gleichung (2.93) positiv, der Imaginärteil negativ. Da der Hauptwert gebildet wird, gilt dies auch für die Wurzel selbst (die Phase wird durch die Wurzelbildung halbiert). Zerlegt man somit k gemäß $k = \beta - j\alpha$ bzw. $jk = \alpha + j\beta$ in Real- und Imaginärteil, so sind β und α positiv. Die Dämpfungskonstante α führt im Falle des unteren negativen Vorzeichens in Gleichung (2.94) dazu, daß die Spannungsamplitude entlang der z-Achse abnimmt; es liegt also eine in z-Richtung hinlaufende Welle vor. Liegt hingegen das obere positive Vorzeichen in Gleichung (2.94) vor, so nimmt die Spannungsamplitude in negativer z-Richtung ab; man spricht dann von einer rücklaufenden Welle.

2.5. LEITUNGSTHEORIE

Differenziert man nun Gleichung (2.91) und setzt Gleichung (2.90) ein, so folgt

$$\frac{d^2 I}{dz^2} = (j\omega L' + R')(j\omega C' + G')I$$

$$\Rightarrow \frac{d^2 I}{dz^2} + k^2 I = 0, \tag{2.95}$$

also eine völlig analoge Differentialgleichung wie für die Spannung. Somit erhält man die Lösungen

$$I(z) = I(0)\, e^{\pm jkz}. \tag{2.96}$$

Die Gleichungen (2.92) und (2.95) sind die sogenannten Telegraphengleichungen für harmonische Spannungs- und Stromverläufe.

Aufgrund der Gleichungen (2.90) und (2.91) sind die Lösungen für den Strom und die Spannung nicht unabhängig voneinander. Differenziert man nämlich die letzte Gleichung nach z, so ergibt sich

$$\frac{dI}{dz} = \pm jk I(0) e^{\pm jkz} = \pm jk I$$

Setzt man dies in Gleichung (2.91) ein, so folgt

$$\pm jk I = -U(j\omega C' + G')$$

$$\Rightarrow \frac{U}{I} = \mp \frac{jk}{j\omega C' + G'} = \mp \sqrt{\frac{j\omega L' + R'}{j\omega C' + G'}}.$$

Im letzten Schritt wurde Gleichung (2.93) benutzt[9]. Wir erhalten also

$$\frac{U}{I} = \mp Z_L, \qquad (2.97)$$

wobei man

$$Z_L = \sqrt{\frac{j\omega L' + R'}{j\omega C' + G'}} \qquad (2.98)$$

als Leitungswellenwiderstand bezeichnet. Die allgemeine Lösung für die Differentialgleichungen (2.92) bzw. (2.95) erhält man als Linearkombination der Lösungen (2.94) bzw. (2.96):

$$U(z) = U_h e^{-jkz} + U_r e^{+jkz}$$
$$I(z) = I_h e^{-jkz} + I_r e^{+jkz}$$

Aufgrund von Gleichung (2.97) gilt hierbei

$$U_h = I_h Z_L \quad \text{und}$$
$$U_r = -I_r Z_L.$$

Die Indizes „h" und „r" verwendet man, um die hin- und die rücklaufende Welle voneinander zu unterscheiden.

Aus diesen vier Gleichungen lassen sich sämtliche Phänomene der Leitungstheorie ableiten — so zum Beispiel die Transformation von Abschlußimpedanzen über die Leitung. Wir wollen

---

[9]Daß sich beim letzten Schritt das Vorzeichen *nicht* umdreht, kann man wie folgt zeigen: Wie oben festgestellt wurde, läßt sich für verlustarme Leitungen

$$k = \sqrt{a - jb} \quad \text{mit} \quad a, b > 0$$

schreiben. Eine Hauptwertbetrachtung liefert also

$$k = (a^2 + b^2)^{1/4} e^{-j\frac{1}{2} \arctan\frac{b}{a}}$$

$$\Rightarrow jk = e^{j\frac{\pi}{2}} k = (a^2 + b^2)^{1/4} e^{j(\frac{\pi}{2} - \frac{1}{2} \arctan\frac{b}{a})}.$$

Geht man hingegen vom negativen Wurzelargument aus, so liefert die Hauptwertbetrachtung

$$-a + jb = \sqrt{a^2 + b^2} \, e^{j(-\arctan\frac{b}{a} + \pi)}.$$

Die zusätzliche Phase π rührt daher, daß $-a + jb$ im zweiten Quadranten liegt, die Arcustangens-Funktion jedoch nur Winkel des 1. und 4. Quadranten liefert. Zieht man nun die Wurzel, so erhält man dasselbe Ergebnis wie in der Gleichung zuvor. Es gilt somit

$$jk = \sqrt{-a + jb},$$

also wegen Gleichung (2.93) $jk = \sqrt{(j\omega L' + R')(j\omega C' + G')}$. Bei voreiliger Betrachtung hätte man aus Gleichung (2.93) den Faktor -1 unter der Wurzel als j vor die Wurzel gezogen, was einem Vorzeichenfehler entsprochen hätte, wie wir nun sehen. Beim Wurzelziehen von komplexen Zahlen ist also stets etwas Vorsicht angebracht (s. auch Fußnote 7 auf Seite 157).

2.5. LEITUNGSTHEORIE

hier aber nicht weiter auf die Leitungstheorie eingehen, sondern interessieren uns vielmehr für die Bezüge zur Feldtheorie. So plausibel uns das Ersatzschaltbild in Abbildung 2.8 nämlich auch erscheinen mag, muß es doch durch die Feldtheorie untermauert werden. Nur dann ist gewährleistet, daß sich in der Realität vorkommende Leitungen auch tatsächlich wie Leitungen im Sinne der Leitungstheorie verhalten.

Wir müssen also nachweisen, daß sich die Telegraphengleichungen (2.92) und (2.95) sowie auch der Leitungswellenwiderstand gemäß (2.98) und die Ausbreitungskonstante gemäß (2.93) aus der Feldtheorie ergeben. Die Grundlage hierfür haben wir bereits in Aufgabe 2.6 gelegt. Aus den Ergebnissen dieser Aufgabe wissen wir, daß in jedem Querschnitt der Leitung statische Verhältnisse gelten und daß die Beziehungen (7.49)

$$L' G' = \mu \kappa$$

und (7.50)

$$C' L' = \epsilon \mu$$

gelten. In exakter Weise kann eine Gültigkeit des Ersatzschaltbildes nur für verlustfreie Leiter vorliegen, da in diesen ansonsten gemäß

$$\vec{J} = \kappa \vec{E}$$

eine Komponente E_z auf der Leiteroberfläche auftreten müßte. Aufgrund der Stetigkeit der tangentialen elektrischen Feldstärke gäbe es dann auch ein $E_z \neq 0$ im Medium zwischen den Leitern, was wir bei den Herleitungen in Aufgabe 2.6 ausgeschlossen hatten. Wir betrachten also elektrisch ideal leitende Wände als Leiter, so daß auf deren Oberfläche $D_n = \sigma$ gilt. Für den Ladungsbelag im Leiter 1 gilt demnach laut Abbildung 2.7

$$Q' = \oint_{C_1} \sigma \, ds = \epsilon \oint_{C_1} E_n \, ds \qquad (2.99)$$

Für den Strom im Leiter erhält man hingegen

$$I = \oint_{C_1} \vec{H} \cdot d\vec{s}.$$

Aus Aufgabe 2.6 ist Gleichung (7.47)

$$\vec{H} = \sqrt{\frac{\epsilon}{\mu}} \, \vec{e}_z \times \vec{E}$$

bekannt, mit der wir die Beziehung

$$I = \sqrt{\frac{\epsilon}{\mu}} \oint_{C_1} (\vec{e}_z \times \vec{E}) \cdot d\vec{s} = \sqrt{\frac{\epsilon}{\mu}} \oint_{C_1} (\vec{e}_z \times \vec{E}) \cdot \vec{e}_{t1} \, ds$$

erhalten. Hierbei ist $\vec{e}_{t1}$ der zu Leiter 1 tangentiale Einheitsvektor aus Abbildung 2.7. Das Spatprodukt läßt sich gemäß

$$(\vec{e}_z \times \vec{E}) \cdot \vec{e}_{t1} = (\vec{e}_{t1} \times \vec{e}_z) \cdot \vec{E} = \vec{e}_{n1} \cdot \vec{E} = E_n$$

umwandeln, so daß wir die Gleichung

$$I = \sqrt{\frac{\epsilon}{\mu}} \oint_{C_1} E_n \, ds$$

erhalten. Hier tritt also dasselbe Integral auf wie in Gleichung (2.99), so daß zwischen Q' und I die Beziehung

$$I = \sqrt{\frac{\epsilon}{\mu}} \frac{Q'}{\epsilon}$$

$$\Rightarrow I = \sqrt{\frac{\epsilon}{\mu}} \frac{C'U}{\epsilon}$$

besteht. Wir erhalten also

$$\frac{U}{I} = \sqrt{\frac{\mu}{\epsilon} \frac{\epsilon}{C'}}$$

und müssen nachweisen, daß dies mit Gleichung (2.98) übereinstimmt.

Hierzu setzen wir die aus den Gleichungen (7.49) und (7.50) folgende Beziehung

$$\underline{\epsilon} = \epsilon + \frac{\kappa}{j\omega} = \frac{L'C'}{\mu} + \frac{L'G'}{j\omega\mu} \tag{2.100}$$

ein und erhalten

$$\frac{U}{I} = \frac{\epsilon\mu}{\sqrt{L'C' + \frac{L'G'}{j\omega} C'}}.$$

Wendet man nun erneut Gleichung (7.50) an, so folgt

$$\frac{U}{I} = \sqrt{\frac{L'}{C' + \frac{G'}{j\omega}}},$$

was für $R' = 0$ offenbar mit Gleichung (2.98) übereinstimmt.

Die Ausbreitungskonstante läßt sich nun aus Gleichung (7.45) mit Hilfe von Gleichung (2.100) folgendermaßen errechnen:

$$k = \omega \sqrt{\mu \underline{\epsilon}} = \omega \sqrt{L'C' + \frac{L'G'}{j\omega}}$$

Dies deckt sich für $R' = 0$ offenbar mit Gleichung (2.93).

2.5. LEITUNGSTHEORIE

Es bleibt zu zeigen, daß auch die Telegraphengleichungen gelten. Wegen

$$U(z) = \int_{C_3} \vec{E}(z) \cdot d\vec{s}$$

und dem Ansatz

$$\vec{E}(z) = \vec{E}(0)e^{-jkz}$$

aus Aufgabe 2.6 folgt sofort

$$\frac{dU}{dz} = \int_{C_3} \frac{d\vec{E}}{dz} \cdot d\vec{s} = -jk \int_{C_3} \vec{E} \cdot d\vec{s}$$

$$\Rightarrow \frac{dU}{dz} = -jkU.$$

Differenzieren dieser Gleichung und Einsetzen derselben Gleichung in das Resultat liefert

$$\frac{d^2U}{dz^2} = -jk\frac{dU}{dz} = -k^2U.$$

Dies stimmt offenbar mit Gleichung (2.92) überein.

Dieselbe Überlegung ist nun für den Strom durchzuführen.

Wegen

$$I(z) = \oint_{C_1} \vec{H}(z) \cdot d\vec{s}$$

und dem Ansatz

$$\vec{H}(z) = \vec{H}(0)e^{-jkz}$$

aus Aufgabe 2.6 folgt sofort

$$\frac{dI}{dz} = \oint_{C_1} \frac{d\vec{H}}{dz} \cdot d\vec{s} = -jk \oint_{C_1} \vec{H} \cdot d\vec{s}$$

$$\Rightarrow \frac{dI}{dz} = -jkI.$$

Differenzieren dieser Gleichung und Einsetzen derselben Gleichung in das Resultat liefert

$$\frac{d^2I}{dz^2} = -jk\frac{dI}{dz} = -k^2I.$$

Dies stimmt offenbar mit Gleichung (2.95) überein.

Strenggenommen müßte man nun alle Überlegungen noch für eine rücklaufende Welle wiederholen, was wir uns hier aber ersparen wollen, da nur die entsprechenden Vorzeichenwechsel zu berücksichtigen sind.

Wir haben gezeigt, daß die Feldtheorie einer längshomogenen Leitung mit homogenem Medium zwischen idealen Leitern auf dieselbe Theorie führt wie die auf dem Leitungsersatzschaltbild basierende Leitungstheorie für $R' = 0$. In diesem Falle spricht man von transversalen elektromagnetischen Wellen, sogenannten TEM-Wellen. Für kleine $R' > 0$ ist nur noch eine näherungsweise Übereinstimmung zu erwarten, da dann Längskomponenten E_z auftreten. Dasselbe gilt für Leitungen, die nicht homogen mit einem Material gefüllt sind, sondern zwei oder mehr Materialien enthalten. Sofern die Längskomponenten gegenüber den Transversalkomponenten vernachlässigbar sind, spricht man von Quasi-TEM-Wellen.

Kapitel 3

Tensoranalysis

In den Kapiteln 1 und 2 wurden zahlreiche mathematische Ausdrücke, die im kartesischen Koordinatensystem definiert sind, in Abhängigkeit von krummlinigen Koordinaten ausgedrückt. Beispielsweise wurde der Gradient in Kugel- und Zylinderkoordinaten transformiert. Der Aufwand, der hierbei in Kauf genommen werden mußte, war teilweise erheblich. Deshalb soll in diesem Kapitel eine stark verkürzte Schreibweise für solche Ausdrücke eingeführt werden, was schließlich zum Tensorkalkül führen wird.

Die folgenden Abschnitte haben zum Ziel, Differentialoperatoren wie Gradient, Divergenz und Rotation mit Hilfe krummliniger Koordinaten zu formulieren. Hierfür ist zunächst eine Darstellung von Vektoren in allgemeinen krummlinigen Koordinaten anzugeben.

3.1 Vektoren

Wir beginnen mit der Darstellung eines Vektors

$$\vec{V} = V_x\,\vec{e}_x + V_y\,\vec{e}_y + V_z\,\vec{e}_z. \tag{3.1}$$

Dieser soll in Abhängigkeit von krummlinigen Koordinaten dargestellt werden. Die Koordinatenvariablen sollen nun jedoch nicht mit verschiedenen Buchstaben bezeichnet werden, sondern mit einer Zahl i indiziert werden, damit man sich nicht von Anfang an festlegen muß, ob das Koordinatensystem zwei oder drei Dimensionen[1] haben soll. Die Koordinatenvariablen des krummlinigen Koordinatensystems werden deshalb im folgenden als θ^i bezeichnet. Die Basisvektoren des krummlinigen Koordinatensystems, die nicht zwingend Einheitsvektoren sein müssen, werden ebenfalls indiziert und als $\vec{g}_i$ bezeichnet. Wenn man außerdem die Vektorkomponenten im krummlinigen Koordinatensystem mit V^i bezeichnet, dann erhält man für drei

---
[1] In Kapitel 4 werden sogar vier Raumdimensionen betrachtet.

Raumdimensionen:
$$\vec{V} = V^1\,\vec{g}_1 + V^2\,\vec{g}_2 + V^3\,\vec{g}_3 = \sum_{i=1}^{3} V^i\,\vec{g}_i \qquad (3.2)$$

Damit ist bereits das Ziel erreicht, den Vektor $\vec{V}$ mit Hilfe krummliniger Koordinaten darzustellen. Die kartesischen Koordinaten und die kartesischen Basisvektoren tauchen nämlich nicht mehr auf. Um zwischen dem kartesischen und dem krummlinigen Koordinatensystem wechseln zu können, sollen im folgenden Beziehungen zwischen den Komponenten V^1, V^2, V^3 und den Komponenten V_x, V_y, V_z bzw. zwischen den Basisvektoren $\vec{g}_1$, $\vec{g}_2$, $\vec{g}_3$ und den Vektoren $\vec{e}_x$, $\vec{e}_y$, $\vec{e}_z$ hergeleitet werden.

Um Schreibarbeit zu sparen, führen wir jedoch zunächst die sogenannte Einsteinsche Summationskonvention ein:

Regel 3.1 *Ein Produkt mehrerer indizierter Größen ist über alle Raumdimensionen zu summieren, wenn ein und derselbe Index im gleichen Produkt sowohl oben als auch unten auftritt.*

Damit kann man vereinfacht
$$\boxed{\vec{V} = V^i\,\vec{g}_i} \qquad (3.3)$$
schreiben, ohne daß man sich auf die Raumdimension festlegt.

Die kartesischen Koordinaten x, y und z und die zugehörigen Einheitsvektoren $\vec{e}_x$, $\vec{e}_y$ und $\vec{e}_z$ werden nun ebenfalls durch indizierte Größen ersetzt:
$$x^1 = x, \qquad x^2 = y, \qquad x^3 = z$$
$$\vec{e}_x = \vec{e}_1, \qquad \vec{e}_y = \vec{e}_2, \qquad \vec{e}_z = \vec{e}_3$$

Im Anhang 6.1 wird Gleichung (6.5) zur Berechnung der Basisvektoren eines krummlinigen Koordinatensystems hergeleitet. Unter Verwendung krummliniger Koordinaten θ^k erhält man:
$$\vec{g}_k = \frac{\partial x^1}{\partial \theta^k}\vec{e}_1 + \frac{\partial x^2}{\partial \theta^k}\vec{e}_2 + \frac{\partial x^3}{\partial \theta^k}\vec{e}_3$$

Ähnlich wie beim Übergang von Gleichung (3.2) zu Gleichung (3.3) ist es auch hier wünschenswert, eine Kurzschreibweise zur Verfügung zu haben, um einerseits Schreibarbeit zu sparen und andererseits die Dimension des Raumes flexibel zu halten.

Deshalb führen wir die folgende Regel ein:

Regel 3.2 *Taucht im Zähler eines Differentialquotienten ein Index als oberer Index auf, so wird dieser Index bezogen auf den gesamten Differentialquotienten ebenfalls als obenstehend angesehen.*

3.1. VEKTOREN

Damit erhält man folgende Kurzform:

$$\vec{g}_k = \frac{\partial x^i}{\partial \theta^k} \vec{e}_i \quad (3.4)$$

In $\vec{e}_i$ tritt i nämlich als unterer Index auf, während i gemäß Regel 3.2 in $\frac{\partial x^i}{\partial \theta^k}$ als oberer Index zählt. Zusammen mit Regel 3.1 bedeutet dies, daß in Gleichung (3.4) über alle i zu summieren ist.

Mit Gleichung (3.4) wurde ein Zusammenhang zwischen den krummlinigen Basisvektoren und den kartesischen Basisvektoren gefunden.

Wie oben angekündigt wurde, muß nun außerdem eine Beziehung zwischen den kartesischen Vektorkomponenten V_x, V_y und V_z einerseits und den Komponenten V^i andererseits hergestellt werden. Vergleicht man die Gleichungen (3.1) und (3.2) miteinander, so muß offensichtlich gelten:

$$\vec{V} = V_x \vec{e}_x + V_y \vec{e}_y + V_z \vec{e}_z = V^1 \vec{g}_1 + V^2 \vec{g}_2 + V^3 \vec{g}_3$$

Wir multiplizieren diese Gleichung nacheinander skalar mit $\vec{e}_x$, $\vec{e}_y$ und $\vec{e}_z$ und erhalten unter Berücksichtigung von Gleichung (3.4):

$$\begin{aligned} V_x &= V^1 \frac{\partial x^1}{\partial \theta^1} + V^2 \frac{\partial x^1}{\partial \theta^2} + V^3 \frac{\partial x^1}{\partial \theta^3} \\ V_y &= V^1 \frac{\partial x^2}{\partial \theta^1} + V^2 \frac{\partial x^2}{\partial \theta^2} + V^3 \frac{\partial x^2}{\partial \theta^3} \\ V_z &= V^1 \frac{\partial x^3}{\partial \theta^1} + V^2 \frac{\partial x^3}{\partial \theta^2} + V^3 \frac{\partial x^3}{\partial \theta^3} \end{aligned}$$

Man sieht, daß man diese Gleichung als Matrizengleichung

$$\begin{pmatrix} V_x \\ V_y \\ V_z \end{pmatrix} = \mathbf{M} \cdot \begin{pmatrix} V^1 \\ V^2 \\ V^3 \end{pmatrix}$$

mit

$$\mathbf{M} = \begin{pmatrix} \frac{\partial x^1}{\partial \theta^1} & \frac{\partial x^1}{\partial \theta^2} & \frac{\partial x^1}{\partial \theta^3} \\ \frac{\partial x^2}{\partial \theta^1} & \frac{\partial x^2}{\partial \theta^2} & \frac{\partial x^2}{\partial \theta^3} \\ \frac{\partial x^3}{\partial \theta^1} & \frac{\partial x^3}{\partial \theta^2} & \frac{\partial x^3}{\partial \theta^3} \end{pmatrix} \quad (3.5)$$

schreiben kann. Damit ist es sofort möglich, durch Matrizeninversion die Komponenten V^i aus den kartesischen Komponenten zu berechnen:

$$\begin{pmatrix} V^1 \\ V^2 \\ V^3 \end{pmatrix} = \mathbf{M}^{-1} \cdot \begin{pmatrix} V_x \\ V_y \\ V_z \end{pmatrix}$$

Damit ist unser Ziel erreicht, die Umrechnungsvorschriften herzuleiten, die nötig sind, um einen Vektor mit Hilfe kartesischer Koordinaten einerseits und krummliniger Koordinaten andererseits darzustellen.

3.2 Auswirkungen der Summationskonvention

Die bisher spärlich eingesetzte Einsteinsche Summationskonvention wird im folgenden immer häufiger verwandt werden. Deshalb werden in diesem Abschnitt einige Eigenschaften dieser Konvention behandelt.

Produkte, in denen von der Einsteinschen Summationskonvention Gebrauch gemacht wird, erfüllen nach wie vor alle Bedingungen, die an ein gewöhnliches Produkt zu stellen sind, wie im Anhang 6.10 gezeigt wird. Für den praktischen Gebrauch bedeutet dies, daß man mit ihnen umgehen kann wie mit gewöhnlichen Produkten. Man muß sich also überhaupt keine Gedanken machen, ob und über welche Indizes summiert wird.

Allerdings sind nicht alle Ausdrücke im Rahmen der Einsteinschen Summationskonvention zulässig. Folgende Einschränkungen sind zu beachten:

- *Bei Gleichungen, die mit der Einsteinschen Summationskonvention formuliert sind, sind Divisionen im allgemeinen nicht zulässig.* Beispielsweise ist klar, daß eine Gleichung der Form $\vec{V} = V^i\,\vec{g}_i$ nicht durch V^i dividiert werden kann, da die Summenbildung dies verbietet. Die Gleichung läßt sich also durch Division nicht nach $\vec{g}_i$ auflösen — die Division durch den Vektor $\vec{g}_i$ ist ohnehin unzulässig, so daß die Gleichung auch nicht nach V^i aufgelöst werden kann.

- *Bei Summen müssen wir fordern, daß die einzelnen Summanden jeweils gleiche Indizes oben und gleiche Indizes unten enthalten.* Ein Ausdruck der Form $B^i + C^k$ ist also unzulässig. Bei einer Multiplikation dieses Ausdruckes mit A_i würde das Distributivgesetz verletzt werden:
$$A_i \left(B^i + C^k \right) \neq A_i B^i + A_i C^k$$
Ausführlich geschrieben gilt nämlich:
$$\sum_i A_i \left(B^i + C^k \right) \neq \left(\sum_i A_i B^i \right) + A_i C^k$$
Eine Gleichheit wäre nur dann zu erzielen, wenn auch beim zweiten Summanden über i zu summieren wäre. Dies läßt die Einsteinsche Summationskonvention jedoch nicht zu, da im zweiten Summanden oberer Index und unterer Index nicht übereinstimmen.

- *Aus dem letzten Punkt folgt, daß auch bei Gleichungen auf der linken und der rechten Seite die gleichen Indizes oben und die gleichen Indizes unten auftreten müssen.* Eine Gleichung der Form
$$A^i = B^k - C^k$$

3.3. GRADIENT

ist also unzulässig. Man könnte nämlich auf beiden Seiten C^k addieren und hätte dann links eine Summe mit unterschiedlichen oberen Indizes i und k stehen, was wegen der vorangegangenen Regel verboten ist.

Inzwischen ist klar, daß zwei verschiedene Arten von Indizes unterschieden werden sollten: Eine mit der Einsteinschen Summationskonvention formulierte Gleichung enthält auf beiden Seiten eventuell einen oder mehrere *freie Indizes*, das heißt Indizes, über die nicht summiert wird. Andererseits enthält sie unter Umständen einen oder mehrere Indizes, die als *Summationsindizes* auftreten. Freie Indizes und Summationsindizes müssen mit unterschiedlichen Buchstaben bezeichnet sein. Mit diesen Begriffen lassen sich die letzten beiden Einschränkungen zu folgenden Regeln zusammenfassen:

> **Regel 3.3** *Die freien Indizes in den Summanden einer Summe müssen identisch sein. Die einzelnen Summanden dürfen hingegen unterschiedliche Summationsindizes enthalten.*

> **Regel 3.4** *Die freien Indizes auf den beiden Seiten einer Gleichung müssen identisch sein. Beide Seiten der Gleichung dürfen hingegen unterschiedliche Summationsindizes enthalten.*

Wendet man diese letzte Regel auf Gleichung (3.4) an, so folgt, daß k auf der rechten Seite dieser Gleichung ein untenstehender Index sein muß, da k auch auf der linken Seite unten steht. Somit ist folgende Definition naheliegend:

> **Regel 3.5** *Taucht im Nenner eines Differentialquotienten ein Index als oberer Index auf, so wird dieser Index bezogen auf den gesamten Differentialquotienten als untenstehend angesehen.*

3.3 Gradient

In diesem Abschnitt soll ein Ausdruck für den Gradienten in einem beliebigen krummlinigen Koordinatensystem gefunden werden. In kartesischen Koordinaten lautet der Gradient gemäß Gleichung (1.5):

$$grad\,\Phi = \frac{\partial \Phi}{\partial x}\,\vec{e}_x + \frac{\partial \Phi}{\partial y}\,\vec{e}_y + \frac{\partial \Phi}{\partial z}\,\vec{e}_z$$

Nun müssen die kartesischen Einheitsvektoren mit Hilfe der Basisvektoren $\vec{g}_i$ ausgedrückt werden und die partiellen Ableitungen nach x, y und z mit Hilfe solcher nach θ^i. Hierzu kann man Gleichung (3.4) formal als Matrizengleichung schreiben:

$$\begin{pmatrix} \vec{g}_1 \\ \vec{g}_2 \\ \vec{g}_3 \end{pmatrix} = \mathbf{M}^T \cdot \begin{pmatrix} \vec{e}_x \\ \vec{e}_y \\ \vec{e}_z \end{pmatrix} \quad \text{mit} \quad \mathbf{M}^T = \begin{pmatrix} \frac{\partial x^1}{\partial \theta^1} & \frac{\partial x^2}{\partial \theta^1} & \frac{\partial x^3}{\partial \theta^1} \\ \frac{\partial x^1}{\partial \theta^2} & \frac{\partial x^2}{\partial \theta^2} & \frac{\partial x^3}{\partial \theta^2} \\ \frac{\partial x^1}{\partial \theta^3} & \frac{\partial x^2}{\partial \theta^3} & \frac{\partial x^3}{\partial \theta^3} \end{pmatrix} \quad (3.6)$$

Hierbei ist $\mathbf{M}^T$ die Transponierte der bereits in Gleichung (3.5) definierten Matrix $\mathbf{M}$. Jetzt kann man diese Matrizengleichung nach den kartesischen Einheitsvektoren auflösen:

$$\begin{pmatrix} \vec{e}_x \\ \vec{e}_y \\ \vec{e}_z \end{pmatrix} = \left(\mathbf{M}^T\right)^{-1} \cdot \begin{pmatrix} \vec{g}_1 \\ \vec{g}_2 \\ \vec{g}_3 \end{pmatrix} \quad (3.7)$$

Nun müssen wir die partiellen Ableitungen von Φ umschreiben. Es gilt:

$$\begin{aligned} \frac{\partial \Phi}{\partial x} &= \frac{\partial \Phi}{\partial \theta^1} \frac{\partial \theta^1}{\partial x} + \frac{\partial \Phi}{\partial \theta^2} \frac{\partial \theta^2}{\partial x} + \frac{\partial \Phi}{\partial \theta^3} \frac{\partial \theta^3}{\partial x} \\ \frac{\partial \Phi}{\partial y} &= \frac{\partial \Phi}{\partial \theta^1} \frac{\partial \theta^1}{\partial y} + \frac{\partial \Phi}{\partial \theta^2} \frac{\partial \theta^2}{\partial y} + \frac{\partial \Phi}{\partial \theta^3} \frac{\partial \theta^3}{\partial y} \\ \frac{\partial \Phi}{\partial z} &= \frac{\partial \Phi}{\partial \theta^1} \frac{\partial \theta^1}{\partial z} + \frac{\partial \Phi}{\partial \theta^2} \frac{\partial \theta^2}{\partial z} + \frac{\partial \Phi}{\partial \theta^3} \frac{\partial \theta^3}{\partial z} \end{aligned}$$

Dies läßt sich wieder als Matrizengleichung

$$\begin{pmatrix} \frac{\partial \Phi}{\partial x} \\ \frac{\partial \Phi}{\partial y} \\ \frac{\partial \Phi}{\partial z} \end{pmatrix} = \bar{\mathbf{M}} \cdot \begin{pmatrix} \frac{\partial \Phi}{\partial \theta^1} \\ \frac{\partial \Phi}{\partial \theta^2} \\ \frac{\partial \Phi}{\partial \theta^3} \end{pmatrix} \quad (3.8)$$

mit

$$\bar{\mathbf{M}} = \begin{pmatrix} \frac{\partial \theta^1}{\partial x^1} & \frac{\partial \theta^2}{\partial x^1} & \frac{\partial \theta^3}{\partial x^1} \\ \frac{\partial \theta^1}{\partial x^2} & \frac{\partial \theta^2}{\partial x^2} & \frac{\partial \theta^3}{\partial x^2} \\ \frac{\partial \theta^1}{\partial x^3} & \frac{\partial \theta^2}{\partial x^3} & \frac{\partial \theta^3}{\partial x^3} \end{pmatrix} \quad (3.9)$$

schreiben. Betrachtet man Gleichung (1.5), so ist klar, daß sich der Gradient mit Hilfe der Spaltenvektoren folgendermaßen schreiben läßt:

$$grad\,\Phi = \begin{pmatrix} \frac{\partial \Phi}{\partial x} \\ \frac{\partial \Phi}{\partial y} \\ \frac{\partial \Phi}{\partial z} \end{pmatrix}^T \cdot \begin{pmatrix} \vec{e}_x \\ \vec{e}_y \\ \vec{e}_z \end{pmatrix}$$

3.3. GRADIENT

Nun müssen, wie oben erwähnt wurde, die Ableitungen nach x, y und z eliminiert werden, so daß nur noch solche nach θ^i auftreten. Ebenso sind die kartesischen Einheitsvektoren mit Hilfe der Basisvektoren $\vec{g}_i$ auszudrücken. Deshalb setzen wir die soeben hergeleiteten Ergebnisse (3.7) und (3.8) ein und erhalten:

$$\begin{aligned} grad\,\Phi &= \left[\bar{\mathbf{M}}\begin{pmatrix}\frac{\partial \Phi}{\partial \theta^1}\\ \frac{\partial \Phi}{\partial \theta^2}\\ \frac{\partial \Phi}{\partial \theta^3}\end{pmatrix}\right]^T \left(\mathbf{M}^T\right)^{-1}\begin{pmatrix}\vec{g}_1\\ \vec{g}_2\\ \vec{g}_3\end{pmatrix}\\ &= \begin{pmatrix}\frac{\partial \Phi}{\partial \theta^1} & \frac{\partial \Phi}{\partial \theta^2} & \frac{\partial \Phi}{\partial \theta^3}\end{pmatrix}\bar{\mathbf{M}}^T\left(\mathbf{M}^T\right)^{-1}\begin{pmatrix}\vec{g}_1\\ \vec{g}_2\\ \vec{g}_3\end{pmatrix} \end{aligned} \quad (3.10)$$

Nun stellt sich das Problem, daß zur Berechnung der Matrix $\mathbf{M}$ die kartesischen Koordinaten x^i in Abhängigkeit von den krummlinigen Koordinaten θ^i bekannt sein müssen, während zur Berechnung der Matrix $\bar{\mathbf{M}}$ umgekehrt die krummlinigen Koordinaten θ^i in Abhängigkeit von den kartesischen Koordinaten x^i gegeben sein müssen. Wir benötigen also eine Beziehung zwischen $\mathbf{M}$ und $\bar{\mathbf{M}}$. Hierzu bestimmen wir das Matrizenprodukt $\mathbf{M} \cdot \bar{\mathbf{M}}^T$ unter Berücksichtigung der Definitionen (3.5) und (3.9):

$$\mathbf{M} \cdot \bar{\mathbf{M}}^T = \begin{pmatrix} \frac{\partial x^1}{\partial \theta^1} & \frac{\partial x^1}{\partial \theta^2} & \frac{\partial x^1}{\partial \theta^3} \\ \frac{\partial x^2}{\partial \theta^1} & \frac{\partial x^2}{\partial \theta^2} & \frac{\partial x^2}{\partial \theta^3} \\ \frac{\partial x^3}{\partial \theta^1} & \frac{\partial x^3}{\partial \theta^2} & \frac{\partial x^3}{\partial \theta^3} \end{pmatrix} \cdot \begin{pmatrix} \frac{\partial \theta^1}{\partial x^1} & \frac{\partial \theta^1}{\partial x^2} & \frac{\partial \theta^1}{\partial x^3} \\ \frac{\partial \theta^2}{\partial x^1} & \frac{\partial \theta^2}{\partial x^2} & \frac{\partial \theta^2}{\partial x^3} \\ \frac{\partial \theta^3}{\partial x^1} & \frac{\partial \theta^3}{\partial x^2} & \frac{\partial \theta^3}{\partial x^3} \end{pmatrix}$$

$$= \begin{pmatrix} \frac{\partial x^1}{\partial \theta^1}\frac{\partial \theta^1}{\partial x^1} + \frac{\partial x^1}{\partial \theta^2}\frac{\partial \theta^2}{\partial x^1} + \frac{\partial x^1}{\partial \theta^3}\frac{\partial \theta^3}{\partial x^1} & \frac{\partial x^1}{\partial \theta^1}\frac{\partial \theta^1}{\partial x^2} + \frac{\partial x^1}{\partial \theta^2}\frac{\partial \theta^2}{\partial x^2} + \frac{\partial x^1}{\partial \theta^3}\frac{\partial \theta^3}{\partial x^2} & \frac{\partial x^1}{\partial \theta^1}\frac{\partial \theta^1}{\partial x^3} + \frac{\partial x^1}{\partial \theta^2}\frac{\partial \theta^2}{\partial x^3} + \frac{\partial x^1}{\partial \theta^3}\frac{\partial \theta^3}{\partial x^3} \\ \frac{\partial x^2}{\partial \theta^1}\frac{\partial \theta^1}{\partial x^1} + \frac{\partial x^2}{\partial \theta^2}\frac{\partial \theta^2}{\partial x^1} + \frac{\partial x^2}{\partial \theta^3}\frac{\partial \theta^3}{\partial x^1} & \frac{\partial x^2}{\partial \theta^1}\frac{\partial \theta^1}{\partial x^2} + \frac{\partial x^2}{\partial \theta^2}\frac{\partial \theta^2}{\partial x^2} + \frac{\partial x^2}{\partial \theta^3}\frac{\partial \theta^3}{\partial x^2} & \frac{\partial x^2}{\partial \theta^1}\frac{\partial \theta^1}{\partial x^3} + \frac{\partial x^2}{\partial \theta^2}\frac{\partial \theta^2}{\partial x^3} + \frac{\partial x^2}{\partial \theta^3}\frac{\partial \theta^3}{\partial x^3} \\ \frac{\partial x^3}{\partial \theta^1}\frac{\partial \theta^1}{\partial x^1} + \frac{\partial x^3}{\partial \theta^2}\frac{\partial \theta^2}{\partial x^1} + \frac{\partial x^3}{\partial \theta^3}\frac{\partial \theta^3}{\partial x^1} & \frac{\partial x^3}{\partial \theta^1}\frac{\partial \theta^1}{\partial x^2} + \frac{\partial x^3}{\partial \theta^2}\frac{\partial \theta^2}{\partial x^2} + \frac{\partial x^3}{\partial \theta^3}\frac{\partial \theta^3}{\partial x^2} & \frac{\partial x^3}{\partial \theta^1}\frac{\partial \theta^1}{\partial x^3} + \frac{\partial x^3}{\partial \theta^2}\frac{\partial \theta^2}{\partial x^3} + \frac{\partial x^3}{\partial \theta^3}\frac{\partial \theta^3}{\partial x^3} \end{pmatrix}$$

Betrachtet man diese Matrix genauer, so stellt man fest, daß sich die Elemente mit Hilfe der Kettenregel vereinfachen lassen. Es folgt:

$$\mathbf{M} \cdot \bar{\mathbf{M}}^T = \begin{pmatrix} \frac{\partial x^1}{\partial x^1} & \frac{\partial x^1}{\partial x^2} & \frac{\partial x^1}{\partial x^3} \\ \frac{\partial x^2}{\partial x^1} & \frac{\partial x^2}{\partial x^2} & \frac{\partial x^2}{\partial x^3} \\ \frac{\partial x^3}{\partial x^1} & \frac{\partial x^3}{\partial x^2} & \frac{\partial x^3}{\partial x^3} \end{pmatrix}$$

Da die Koordinaten x^i unabhängig voneinander sind, ist der Differentialquotient $\frac{\partial x^i}{\partial x^k}$ nur dann gleich 1, wenn $i = k$ ist — ansonsten ist er gleich null. Die Matrix ist also gleich der Einheits-

matrix[2]:
$$\mathbf{M} \cdot \bar{\mathbf{M}}^T = \mathbf{I} \tag{3.11}$$

Daraus folgen unmittelbar die Gleichungen:

$$\bar{\mathbf{M}} \cdot \mathbf{M}^T = \mathbf{I} \tag{3.12}$$

$$\left(\mathbf{M}^T\right)^{-1} = \bar{\mathbf{M}}$$

Damit läßt sich der Ausdruck (3.10) für den Gradienten vereinfachen zu:

$$grad\ \Phi = \begin{pmatrix} \frac{\partial \Phi}{\partial \theta^1} & \frac{\partial \Phi}{\partial \theta^2} & \frac{\partial \Phi}{\partial \theta^3} \end{pmatrix} \cdot \bar{\mathbf{M}}^T \cdot \bar{\mathbf{M}} \cdot \begin{pmatrix} \vec{g}_1 \\ \vec{g}_2 \\ \vec{g}_3 \end{pmatrix}$$

Es ist nun wünschenswert, den Ausdruck $\bar{\mathbf{M}}^T \cdot \bar{\mathbf{M}} \cdot \begin{pmatrix} \vec{g}_1 \\ \vec{g}_2 \\ \vec{g}_3 \end{pmatrix}$ zu einem Spaltenvektor zusammenzufassen, um zu einer Kurzschreibweise zu gelangen.

---

[2] Zum genauen Verständnis ist hervorzuheben, daß die x^i von den θ^k abhängen. Umgekehrt sind die θ^k Funktionen der x^i:

$$\begin{aligned} \theta^1 &= \theta^1(x^1, x^2, x^3) \\ \theta^2 &= \theta^2(x^1, x^2, x^3) \\ \theta^3 &= \theta^3(x^1, x^2, x^3) \end{aligned}$$

$$\begin{aligned} x^1 &= x^1(\theta^1, \theta^2, \theta^3) \\ x^2 &= x^2(\theta^1, \theta^2, \theta^3) \\ x^3 &= x^3(\theta^1, \theta^2, \theta^3) \end{aligned}$$

Mit Hilfe dieser Darstellung lassen sich die in der Matrix $(\mathbf{M} \cdot \bar{\mathbf{M}}^T)$ auftretenden Kettenregel-Ausdrücke leicht identifizieren. Differenziert man beispielsweise die vorletzte Gleichung nach x^2, so erhält man:

$$1 = \frac{\partial x^2}{\partial \theta^1} \frac{\partial \theta^1}{\partial x^2} + \frac{\partial x^2}{\partial \theta^2} \frac{\partial \theta^2}{\partial x^2} + \frac{\partial x^2}{\partial \theta^3} \frac{\partial \theta^3}{\partial x^2}$$

Differenziert man sie hingegen nach x^1, so erhält man:

$$0 = \frac{\partial x^2}{\partial \theta^1} \frac{\partial \theta^1}{\partial x^1} + \frac{\partial x^2}{\partial \theta^2} \frac{\partial \theta^2}{\partial x^1} + \frac{\partial x^2}{\partial \theta^3} \frac{\partial \theta^3}{\partial x^1}$$

Beide Ausdrücke findet man in der Matrix wieder.

3.3. GRADIENT

Wir definieren deshalb

$$\begin{pmatrix} \vec{g}^1 \\ \vec{g}^2 \\ \vec{g}^3 \end{pmatrix} = \bar{\mathbf{M}}^T \cdot \bar{\mathbf{M}} \cdot \begin{pmatrix} \vec{g}_1 \\ \vec{g}_2 \\ \vec{g}_3 \end{pmatrix}, \tag{3.13}$$

so daß wir unter Berücksichtigung der Einsteinschen Summationskonvention schreiben können[3]:

$$\boxed{grad\ \Phi = \frac{\partial \Phi}{\partial \theta^i}\ \vec{g}^i} \tag{3.14}$$

Damit haben wir eine invariante Darstellung des Gradienten, also eine Darstellung, die unabhängig von der Wahl des Koordinatensystems ist, gefunden, so daß unser ursprüngliches Ziel erreicht ist. Gleichung (3.13) liefert eine Vorschrift zur Berechnung der $\vec{g}^i$ aus den $\vec{g}_k$. Dies ist natürlich ein Umweg, so daß wir nun die Vektoren $\vec{g}^i$ in Abhängigkeit von den kartesischen Einheitsvektoren $\vec{e}_x$, $\vec{e}_y$ und $\vec{e}_z$ ausdrücken wollen, wie wir es bereits mit den Basisvektoren $\vec{g}_i$ getan haben.

Hierzu setzen wir Gleichung (3.6) in Gleichung (3.13) ein:

$$\begin{pmatrix} \vec{g}^1 \\ \vec{g}^2 \\ \vec{g}^3 \end{pmatrix} = \bar{\mathbf{M}}^T \cdot \bar{\mathbf{M}} \cdot \mathbf{M}^T \cdot \begin{pmatrix} \vec{e}_x \\ \vec{e}_y \\ \vec{e}_z \end{pmatrix}.$$

Wegen Gleichung (3.12) gilt $\mathbf{M}^T = \bar{\mathbf{M}}^{-1}$, so daß man erhält:

$$\begin{pmatrix} \vec{g}^1 \\ \vec{g}^2 \\ \vec{g}^3 \end{pmatrix} = \bar{\mathbf{M}}^T \cdot \begin{pmatrix} \vec{e}_x \\ \vec{e}_y \\ \vec{e}_z \end{pmatrix} \tag{3.15}$$

Durch Matrix-Vektor-Multiplikation erhält man wegen Definition (3.9):

$$\vec{g}^i = \frac{\partial \theta^i}{\partial x^1} \vec{e}_x + \frac{\partial \theta^i}{\partial x^2} \vec{e}_y + \frac{\partial \theta^i}{\partial x^3} \vec{e}_z \tag{3.16}$$

Wenn wir nun definieren

$$\vec{e}^{\,1} = \vec{e}_1 = \vec{e}_x, \qquad \vec{e}^{\,2} = \vec{e}_2 = \vec{e}_y, \qquad \vec{e}^{\,3} = \vec{e}_3 = \vec{e}_z,$$

---

[3]Im Differentialquotienten $\frac{\partial \Phi}{\partial \theta^i}$ in Gleichung (3.14) ist i gemäß Regel 3.5 als unterer Index anzusehen. Eine Summation gemäß Regel 3.1 über i kann somit nur stattfinden, weil i in $\vec{g}^i$ als oberer Index auftritt. Dies ist der Grund, warum in der Definition (3.13) die Vektoren $\vec{g}^i$ mit einem oberen Index eingeführt wurden.

können wir wieder von der Einsteinschen Summationskonvention Gebrauch machen:

$$\boxed{\vec{g}^i = \frac{\partial \theta^i}{\partial x^k} \vec{e}^k} \qquad (3.17)$$

Zu beachten sind hierbei die Regeln 3.1 und 3.5.

Durch Einführen der Vektoren $\vec{g}^i$ haben wir offenbar eine sehr kompakte Darstellung des Gradienten in beliebigen krummlinigen Koordinatensystemen erhalten. Damit ist das Ziel dieses Abschnittes erreicht. Trotzdem werden wir in den nächsten Abschnitten weitere Definitionen einführen und einige Beziehungen herleiten, die eine wesentlich umfassendere Bedeutung der Vektoren $\vec{g}^i$ offenbaren.

3.4 Weitere Abkürzungen

Gleichung (3.13) liefert den Zusammenhang zwischen den Vektoren $\vec{g}_i$ und den Vektoren $\vec{g}^i$. Nun soll dieser Zusammenhang in folgender Indexform dargestellt werden:

$$\boxed{\vec{g}^i = g^{ik} \vec{g}_k} \qquad (3.18)$$

Es ist klar, daß der Index k in der Größe g^{ik} oben stehen muß, wenn über k summiert werden soll. Ebenso ist zwingend, daß i ebenfalls oben stehen muß, da dieser Index auch auf der linken Seite oben steht (Regel 3.4).

Gemäß den Gesetzen der Matrizenmultiplikation handelt es sich bei k um den Spaltenindex. Die g^{ik} sind also die Elemente der i-ten Zeile und k-ten Spalte der Matrix $\bar{\mathbf{M}}^T \cdot \bar{\mathbf{M}}$:

$$(g^{ik}) = \bar{\mathbf{M}}^T \cdot \bar{\mathbf{M}} \qquad (3.19)$$

Die Koeffizienten g^{ik} findet man leicht durch Matrizenmultiplikation $\bar{\mathbf{M}}^T \cdot \bar{\mathbf{M}}$ unter Berücksichtigung der Definition (3.9):

$$g^{ik} = \frac{\partial \theta^i}{\partial x^1} \frac{\partial \theta^k}{\partial x^1} + \frac{\partial \theta^i}{\partial x^2} \frac{\partial \theta^k}{\partial x^2} + \frac{\partial \theta^i}{\partial x^3} \frac{\partial \theta^k}{\partial x^3} \qquad (3.20)$$

Mit Hilfe von Gleichung (3.16) läßt sich das Skalarprodukt

$$\vec{g}^i \cdot \vec{g}^k = \frac{\partial \theta^i}{\partial x^1} \frac{\partial \theta^k}{\partial x^1} + \frac{\partial \theta^i}{\partial x^2} \frac{\partial \theta^k}{\partial x^2} + \frac{\partial \theta^i}{\partial x^3} \frac{\partial \theta^k}{\partial x^3}$$

bilden, und ein Vergleich mit Gleichung (3.20) liefert:

$$\boxed{g^{ik} = \vec{g}^i \cdot \vec{g}^k} \qquad (3.21)$$

3.4. WEITERE ABKÜRZUNGEN

Hieraus folgt sofort

$$\boxed{g^{ik} = g^{ki}.}$$

Als nächstes wollen wir versuchen, eine Umkehrung der Gleichung (3.18) zu finden. Die beiden Gleichungen (3.6) und (3.15) zusammen ergeben:

$$\begin{pmatrix} \vec{g}_1 \\ \vec{g}_2 \\ \vec{g}_3 \end{pmatrix} = \mathbf{M}^T \cdot \left(\bar{\mathbf{M}}^T\right)^{-1} \cdot \begin{pmatrix} \vec{g}^1 \\ \vec{g}^2 \\ \vec{g}^3 \end{pmatrix}$$

Wir definieren nun

$$(g_{ik}) = \mathbf{M}^T \cdot \left(\bar{\mathbf{M}}^T\right)^{-1},$$

um mit der Einsteinschen Summationskonvention schreiben zu können[4]:

$$\boxed{\vec{g}_i = g_{ik}\,\vec{g}^k} \quad (3.22)$$

Dementsprechend handelt es sich bei i um die Zeile und bei k um die Spalte in der Matrix $\mathbf{M}^T \cdot \left(\bar{\mathbf{M}}^T\right)^{-1}$. Unter Berücksichtigung der Gleichung (3.11) erhalten wir:

$$(g_{ik}) = \mathbf{M}^T \cdot \mathbf{M} \quad (3.23)$$

Mit den Gleichungen (3.11) und (3.12) folgt außerdem:

$$(g_{ik}) = \bar{\mathbf{M}}^{-1} \cdot \left(\bar{\mathbf{M}}^T\right)^{-1} = \left(\bar{\mathbf{M}}^T \cdot \bar{\mathbf{M}}\right)^{-1}$$

Durch Vergleich mit Gleichung (3.19) sieht man:

$$(g_{ik}) = (g^{ik})^{-1}$$

Die Koeffizienten g_{ik} und g^{ik} können also durch eine Matrizeninversion ineinander umgerechnet werden. Aus der offenbar gültigen Gleichung

$$\boxed{(g_{ik}) \cdot (g^{ik}) = \mathbf{I}} \quad (3.24)$$

läßt sich für die Komponenten entnehmen:

$$\boxed{g_{il}\,g^{lk} = \delta_i^k} \quad (3.25)$$

---

[4]Von nun an wird nicht mehr explizit auf die Einsteinsche Summationskonvention hingewiesen. Die Regeln 3.1 bis 3.5 werden stillschweigend angewandt.

Hierzu wurde das Kronecker-Symbol δ_i^k folgendermaßen definiert:

$$\boxed{\delta_i^k = \begin{cases} 1 & \text{für } i = k \\ 0 & \text{für } i \neq k \end{cases}} \qquad (3.26)$$

Aus den Gleichungen (3.5) und (3.23) erhält man die Koeffizienten

$$g_{ik} = \frac{\partial x^1}{\partial \theta^i} \frac{\partial x^1}{\partial \theta^k} + \frac{\partial x^2}{\partial \theta^i} \frac{\partial x^2}{\partial \theta^k} + \frac{\partial x^3}{\partial \theta^i} \frac{\partial x^3}{\partial \theta^k}.$$

Aus Gleichung (3.4) folgt:

$$\vec{g}_i \cdot \vec{g}_k = \frac{\partial x^1}{\partial \theta^i} \frac{\partial x^1}{\partial \theta^k} + \frac{\partial x^2}{\partial \theta^i} \frac{\partial x^2}{\partial \theta^k} + \frac{\partial x^3}{\partial \theta^i} \frac{\partial x^3}{\partial \theta^k}$$

Ein Vergleich der beiden letzten Gleichungen zeigt:

$$\boxed{g_{ik} = \vec{g}_i \cdot \vec{g}_k} \qquad (3.27)$$

Daraus folgt unmittelbar:

$$\boxed{g_{ik} = g_{ki}}$$

Schließlich berechnen wir das Produkt $\vec{g}_i \cdot \vec{g}^k$. Wir setzen hierbei den Ausdruck $\vec{g}_i$ aus Gleichung (3.22) ein[5]:

$$\vec{g}_i \cdot \vec{g}^k = \left(g_{il}\, \vec{g}^l\right) \cdot \vec{g}^k = g_{il} \left(\vec{g}^l \cdot \vec{g}^k\right)$$

Hierbei wurde das Assoziativgesetz angewandt. Wie bereits erwähnt wurde und im Anhang 6.10 begründet wird, gelten die Gesetze der gewöhnlichen Multiplikation auch für Produkte, die mit der Einsteinschen Summationskonvention formuliert sind. Während die Umwandlung mit dem Assoziativgesetz hier noch explizit ausgeschrieben wurde, werden im folgenden ähnliche Umwandlungen stillschweigend angewandt.

Ersetzt man in Gleichung (3.21) i durch l, so erhält man $\vec{g}^l \cdot \vec{g}^k = g^{lk}$, und es folgt weiter:

$$\vec{g}_i \cdot \vec{g}^k = g_{il}\, g^{lk}$$

Wegen Gleichung (3.25) gilt deshalb:

$$\boxed{\vec{g}_i \cdot \vec{g}^k = \delta_i^k} \qquad (3.28)$$

---

[5] Beim Einsetzen eines Ausdruckes in einen anderen Ausdruck ist wegen der Einsteinschen Summationskonvention darauf zu achten, daß die im ersten Ausdruck verwandten Summationsindizes sich von den im zweiten Ausdruck verwandten Indizes unterscheiden. Bei der hier durchgeführten Substitution tritt jedoch in beiden Ausdrücken der Index k auf. Deshalb wurde in Gleichung (3.22) k durch l ersetzt, bevor die Substitution durchgeführt wurde. Hätte man dies nicht getan, dann würde in der resultierenden Gleichung dreimal der Index k auftreten und man wüßte nicht mehr, welche zwei k als Summationsindizes dienen.

3.4. WEITERE ABKÜRZUNGEN

Im Rahmen dieser Herleitung haben wir gesehen, daß es von fundamentaler Bedeutung ist, die Indizes umzubenennen, wenn man Gleichungen in andere Gleichungen einsetzen will.

Hierbei gilt folgende Regel:

> **Regel 3.6** *Setzt man einen Ausdruck in eine Gleichung ein, so sind die freien Indizes des Ausdruckes so umzubenennen, daß sie mit den Indizes des zu substituierenden Ausdrucks übereinstimmen. Alle übrigen Indizes sind Summationsindizes und müssen so umbenannt werden, daß sie nicht in der Gleichung auftauchen.*

Soll also beispielsweise
$$\vec{g}^i = g^{ik}\, \vec{g}_k$$
in die Gleichung
$$\vec{g}_i \cdot \vec{g}^k = \delta_i^k$$
eingesetzt werden, so muß die erste Gleichung mit der erwähnten Regel zunächst in die Form $\vec{g}^k = g^{kl}\,\vec{g}_l$ gebracht werden (Der freie Index i wird durch k ersetzt, damit der Ausdruck mit dem in der zweiten Gleichung übereinstimmt. Gleichzeitig wird der Summationsindex k durch den in der anderen Gleichung nicht auftretenden Summationsindex l ersetzt). Man erhält dann:
$$\vec{g}_i \cdot \left(g^{kl}\vec{g}_l \right) = \delta_i^k$$

Von nun an wird von Regel 3.6 stillschweigend Gebrauch gemacht.

Des weiteren ist zu bemerken, daß mit der Einsteinschen Summationskonvention formulierte Gleichungen wie gewöhnliche Gleichungen behandelt werden können:

- Man darf auf beiden Seiten der Gleichung denselben Term addieren. Die freien Indizes dieses Terms müssen allerdings wegen der Regeln 3.3 und 3.4 identisch mit den freien Indizes auf beiden Seiten der ursprünglichen Gleichung sein. Man überlegt sich leicht, daß eine solche Addition eines Termes in Wirklichkeit einer Addition von jeweils n^{m_1} einzelnen Termen zu n^{m_1} Gleichungen entspricht, wenn die einzelnen Indizes von 1 bis n laufen dürfen und m_1 die Anzahl der freien Indizes ist.

Beispiel:
Die Gleichung
$$g_{ik} = g_{ki}$$
entspricht im dreidimensionalen Raum ($n = 3$) wegen der beiden freien Indizes ($m_1 = 2$) neun skalaren Gleichungen ($n^{m_1} = 3^2 = 9$). Addiert man zu dieser Gleichung nochmals den Term g_{ik}, so erhält man:
$$2\, g_{ik} = g_{ki} + g_{ik}$$
Auch diese Indexgleichung entspricht neun skalaren Gleichungen.

- Man darf beide Seiten der Gleichung mit einem Skalar multiplizieren. Dies entspricht dann einer Multiplikation von n^{m_1} Gleichungen mit diesem Skalar.

- Man darf beide Seiten der Gleichung mit einem ein- oder mehrfach indizierten Faktor multiplizieren. Hierbei sind zwei Fälle zu unterscheiden:

  - Die m_2 Indizes dieses Faktors tauchen nicht in der Gleichung auf. Dann entspricht die Multiplikation einer Multiplikation von n^{m_1} Gleichungen mit diesem Faktor (m_1 sei wieder die Anzahl der freien Indizes der ursprünglichen Gleichung). Die entstehende Gleichung hat dann allerdings $m_1 + m_2$ freie Indizes, so daß sie $n^{m_1+m_2}$ einfachen Gleichungen entspricht.
  Beispiel:
  Die Gleichung
  $$\vec{g}^i = g^{ik}\, \vec{g}_k$$
  hat einen freien Index i — die Anzahl der freien Indizes beträgt also $m_1 = 1$. Im dreidimensionalen Raum ($n = 3$) steht diese Gleichung somit stellvertretend für $n^{m_1} = 3$ einfache Gleichungen, wenn man Vektorgleichungen trotz ihrer versteckten Mehrkomponentigkeit als einfache Gleichungen definiert. Wir multiplizieren diese Gleichung nun mit g_{lp}. Hierbei treten l und p noch nicht als freie Indizes in der Gleichung auf ($m_2 = 2$). Zusätzlich zu i werden also l und p als neue freie Indizes eingeführt. Die neue Anzahl der freien Indizes beträgt also $m_1 + m_2 = 1 + 2 = 3$; die resultierende Gleichung entspricht also $n^{m_1+m_2} = 3^3 = 27$ gewöhnlichen Gleichungen:
  $$g_{lp}\, \vec{g}^i = g_{lp} \left(g^{ik}\, \vec{g}_k \right)$$
  Die Anzahl der Summationsindizes ist auf beiden Seiten gleichgeblieben.

  - Von den insgesamt $m_2 + m_3$ Indizes des Faktors tauchen m_2 Indizes in der ursprünglichen Gleichung noch nicht auf, m_3 Indizes treten hingegen bereits in der Gleichung auf — und zwar so, daß jeder dieser m_3 Indizes im Faktor nur dann oben steht, wenn er in der Gleichung unten steht, und umgekehrt. In der entstehenden Gleichung stellen diese m_3 Indizes also Summationsindizes dar. Die entstehende Gleichung besteht also aus $n^{m_1+m_2-m_3}$ einfachen Gleichungen.
  Beispiel:
  Die Gleichung
  $$\vec{g}^i = g^{ik}\, \vec{g}_k$$
  hat einen freien Index i — die Anzahl der freien Indizes beträgt also $m_1 = 1$. Im dreidimensionalen Raum ($n = 3$) steht diese Gleichung also stellvertretend für $n^{m_1} = 3$ einfache Gleichungen, wenn man Vektorgleichungen wieder als einfache Gleichungen definiert. Wir multiplizieren diese Gleichung nun mit g_{il}. Hierbei tritt l noch nicht als freier Index in der Gleichung auf ($m_2 = 1$), während i bereits als freier Index vorhanden ist ($m_3 = 1$). Die Multiplikation entspricht also gleichzeitig

3.4. WEITERE ABKÜRZUNGEN

einer Summation über i, zusätzlich wird l als neuer freier Index eingeführt. Die neue Anzahl der freien Indizes beträgt also $m_1 + m_2 - m_3 = 1 + 1 - 1 = 1$:

$$g_{il}\,\vec{g}^{\,i} = g_{il}\left(g^{ik}\,\vec{g}_k\right)$$

Die Anzahl der Summationsindizes hat sich auf beiden Seiten um $m_3 = 1$ erhöht; es wird nicht nur über k summiert wie zuvor, sondern zusätzlich über i. Auf der rechten Seite steht also eine Doppelsumme mit insgesamt $3 \cdot 3 = 9$ Summanden.

Zum Abschluß dieses Abschnittes soll der Vektor $\vec{V}$, der gemäß Gleichung (3.3) durch die Basisvektoren $\vec{g}_i$ ausgedrückt wurde, in Abhängigkeit von den Vektoren $\vec{g}^{\,i}$ dargestellt werden. Hierzu definiert man die Komponenten V_i:

$$\boxed{\vec{V} = V_i\,\vec{g}^{\,i}} \tag{3.29}$$

Aus dieser Gleichung und Gleichung (3.3) folgt:

$$V_i\,\vec{g}^{\,i} = V^i\,\vec{g}_i \tag{3.30}$$

Wir wollen diese Gleichung nun nach V_i auflösen. Hierzu bilden wir das Skalarprodukt mit $\vec{g}_k$ und erhalten unter Verwendung der Gleichungen (3.27) und (3.28):

$$V_i\,\delta^i_k = V^i\,g_{ik}$$

$$\Rightarrow \boxed{V_k = V^i\,g_{ik}} \tag{3.31}$$

Der letzte Schritt beruht auf der Überlegung, daß bei der Summation des Ausdruckes $V_i\,\delta^i_k$ über i alle Terme wegfallen müssen, für die $i \neq k$ gilt, da in diesem Falle definitionsgemäß $\delta^i_k = 0$ ist. Somit bleibt nur der Term mit $i = k$ übrig, für den $\delta^i_k = 1$ gilt. Allgemein kann man sich deshalb merken:

Regel 3.7 *Wird ein Ausdruck mit dem Kroneckersymbol multipliziert und ist einer der beiden Indizes des Kroneckersymbols ein Summationsindex, so kann man das Kroneckersymbol weglassen, wenn man im restlichen Ausdruck diesen Summationsindex durch den anderen Index des Kroneckersymbols ersetzt.*

Auch diese Regel wird im folgenden stillschweigend angewandt.

Analog zu oben kann man Gleichung (3.30) nach V^i auflösen, indem man sie mit $\vec{g}^{\,k}$ multipliziert:

$$V_i\,g^{ik} = V^i\,\delta^k_i$$

$$\Rightarrow \boxed{V^k = V_i\,g^{ik}} \tag{3.32}$$

Tabelle 3.1: Metrikkoeffizienten und Basisvektoren

$\vec{e}_1 = \vec{e}^{\,1} = \vec{e}_x, \quad \vec{e}_2 = \vec{e}^{\,2} = \vec{e}_y, \quad \vec{e}_3 = \vec{e}^{\,3} = \vec{e}_z$	
$\vec{g}_k = \frac{\partial x^i}{\partial \theta^k}\,\vec{e}_i$ (3.4)	$\vec{g}^{\,k} = \frac{\partial \theta^k}{\partial x^i}\,\vec{e}^{\,i}$ (3.17)
$g_{ik} = g_{ki} = \vec{g}_i \cdot \vec{g}_k$ (3.27)	$g^{ik} = g^{ki} = \vec{g}^{\,i} \cdot \vec{g}^{\,k}$ (3.21)
$\vec{g}_k = g_{ki}\,\vec{g}^{\,i}$ (3.22)	$\vec{g}^{\,k} = g^{ki}\,\vec{g}_i$ (3.18)
$\vec{V} = V^i\,\vec{g}_i$ (3.3)	$\vec{V} = V_i\,\vec{g}^{\,i}$ (3.29)
$V_k = g_{ki}\,V^i$ (3.31)	$V^k = g^{ki}\,V_i$ (3.32)
$\delta_i^k = \begin{cases} 1 & \text{für } i = k \\ 0 & \text{für } i \neq k \end{cases}$	(3.26)
$\vec{g}_i \cdot \vec{g}^{\,k} = \delta_i^k$	(3.28)
$g_{il} \cdot g^{lk} = \delta_i^k$	(3.25)
$(g_{ik}) \cdot (g^{ik}) = \mathbf{I}$	(3.24)

Die wichtigsten der in diesem Abschnitt hergeleiteten Formeln sind in Tabelle 3.1 zusammengefaßt.

Wir sehen nun, daß die hergeleiteten Gleichungen sehr symmetrisch sind. Die erst später eingeführten Vektoren $\vec{g}^{\,i}$ gehorchen beispielsweise sehr ähnlichen Gesetzen wie die ursprünglich definierten Basisvektoren $\vec{g}_i$. Deshalb bezeichnet man die $\vec{g}_i$ als *kovariante Basisvektoren* und die $\vec{g}^{\,i}$ als *kontravariante Basisvektoren*. Das Wort „kovariant" kennzeichnet den unteren Index, das Wort „kontravariant" den oberen.

Dementsprechend nennen wir die V_i die *kovarianten Komponenten* des Vektors $\vec{V}$, während die V^i seine *kontravarianten Komponenten* sind.

Die g_{ik} nennt man die *kovarianten Metrikkoeffizienten*, die g^{ik} sind die *kontravarianten Metrikkoeffizienten*.

3.5 Anwendungsbeispiele

3.5.1 Elektrisches Feld

An dieser Stelle soll das Beispiel aus Abschnitt 2.2 wieder aufgegriffen werden. Mit Hilfe der im letzten Abschnitt hergeleiteten Formeln soll der Gradient in Abhängigkeit von den krummlini-

3.5. ANWENDUNGSBEISPIELE

gen Koordinaten u und v dargestellt werden. Die Transformationsvorschriften (2.2) und (2.3) in diesem Beispiel lauteten:
$$x = u^2 - v^2, \quad y = 2\,u\,v$$
Um die indizierte Schreibweise verwenden zu können, setzt man:
$$x^1 = x, \quad x^2 = y, \quad \theta^1 = u, \quad \theta^2 = v$$
Wir beginnen mit der Berechnung der Basisvektoren $\vec{g}_i$. Mit Hilfe der Formel (3.4) erhält man:
$$\vec{g}_1 = \frac{\partial x}{\partial u}\vec{e}_x + \frac{\partial y}{\partial u}\vec{e}_y = 2\,u\,\vec{e}_x + 2\,v\,\vec{e}_y \tag{3.33}$$
$$\vec{g}_2 = \frac{\partial x}{\partial v}\vec{e}_x + \frac{\partial y}{\partial v}\vec{e}_y = -2\,v\,\vec{e}_x + 2\,u\,\vec{e}_y \tag{3.34}$$
Unter Verwendung von Gleichung (3.27) folgt:
$$(g_{ik}) = \begin{pmatrix} 4(u^2 + v^2) & 0 \\ 0 & 4(u^2 + v^2) \end{pmatrix}$$

Wegen Gleichung (3.24) erhält man durch Invertieren dieser Matrix[6]:
$$\left(g^{ik}\right) = \begin{pmatrix} \frac{1}{4(u^2+v^2)} & 0 \\ 0 & \frac{1}{4(u^2+v^2)} \end{pmatrix}$$
Nun lassen sich die Basisvektoren $\vec{g}^i$ gemäß Gleichung (3.18) bestimmen:
$$\vec{g}^1 = g^{11}\vec{g}_1 + g^{12}\vec{g}_2 = \frac{1}{4(u^2+v^2)}\cdot\vec{g}_1 + 0\cdot\vec{g}_2$$
$$\vec{g}^2 = g^{21}\vec{g}_1 + g^{22}\vec{g}_2 = 0\cdot\vec{g}_1 + \frac{1}{4(u^2+v^2)}\cdot\vec{g}_2$$
Schließlich läßt sich Gleichung (3.14) auswerten:
$$grad\,\Phi = \frac{\partial\Phi}{\partial\theta^1}\vec{g}^1 + \frac{\partial\Phi}{\partial\theta^2}\vec{g}^2 = \frac{\partial\Phi}{\partial u}\frac{\vec{g}_1}{4(u^2+v^2)} + \frac{\partial\Phi}{\partial v}\frac{\vec{g}_2}{4(u^2+v^2)}$$
Da die Vektoren $\vec{g}_1$ bzw. $\vec{g}_2$ in Richtung der Koordinaten u bzw. v zeigen, erhält man aus den Gleichungen (3.33) und (3.34) durch einfaches Normieren die Einheitsvektoren
$$\vec{e}_u = \frac{\vec{g}_1}{2\sqrt{u^2+v^2}}$$

---

[6] Daran, daß die Matrix (g_{ik}) der Metrikkoeffizienten eine Diagonalmatrix ist, erkennt man, daß es sich beim u-v-Koordinatensystem um ein orthogonales Koordinatensystem handelt; unterschiedliche Basisvektoren $\vec{g}_i$ und $\vec{g}_k$ stehen orthogonal zueinander.

bzw.
$$\vec{e}_v = \frac{\vec{g}_2}{2\sqrt{u^2+v^2}}.$$

Somit folgt:
$$grad\ \Phi = \frac{1}{2\sqrt{u^2+v^2}}\left(\frac{\partial \Phi}{\partial u}\vec{e}_u + \frac{\partial \Phi}{\partial v}\vec{e}_v\right)$$

Um das Beispiel abzuschließen, soll mit Hilfe dieser Formel das elektrische Feld berechnet werden. Als Lösung für das Potential ist aus Abschnitt 2 bekannt:
$$\Phi = \Phi_0 \cdot \frac{v}{b}$$

Somit verschwindet die Ableitung nach u, und man erhält:
$$\vec{E} = -grad\ \Phi = -\frac{\Phi_0\ \vec{e}_v}{2\ b\ \sqrt{u^2+v^2}}$$

Dieses Ergebnis können wir kontrollieren, indem wir $\vec{e}_v$ durch $\vec{e}_x$ und $\vec{e}_y$ sowie u und v durch x und y ausdrücken. $\vec{e}_v$ findet man leicht durch Normieren von $\vec{g}_2$:
$$\vec{e}_v = \frac{-v\ \vec{e}_x + u\ \vec{e}_y}{\sqrt{u^2+v^2}}$$

Unter Berücksichtigung der Gleichungen (2.8) und (2.9) erhält man damit:
$$\vec{E} = \frac{\Phi_0}{2\ b}\frac{v\ \vec{e}_x - u\ \vec{e}_y}{u^2+v^2} = \frac{\Phi_0}{2\ \sqrt{2}\ b}\ \frac{\sqrt{\sqrt{x^2+y^2}-x}\ \vec{e}_x - \sqrt{\sqrt{x^2+y^2}+x}\ \vec{e}_y}{\sqrt{x^2+y^2}}$$

Dieses Ergebnis stimmt offenbar mit Gleichung (2.18) überein. Auch zu Gleichung (2.47) ist das Ergebnis äquivalent, wenn man berücksichtigt, daß gegenüber Abschnitt 2.3.4.2 x mit u und y mit v vertauscht ist.

3.5.2 Gradient in Kugelkoordinaten

In diesem Abschnitt soll der Gradient in Kugelkoordinaten dargestellt werden. Wir werden sehen, daß der Rechenweg sehr viel einfacher ist als der in Abschnitt 1.1.5.1 ausgeführte.

Ausgangspunkt ist Gleichung (3.14):
$$grad\ \Phi = \frac{\partial \Phi}{\partial \theta^i}\ \vec{g}^i$$

Wir benötigen also die Vektoren $\vec{g}^i$. Um diese berechnen zu können, beginnen wir damit, die Basisvektoren $\vec{g}_i$ zu bestimmen. Hierzu dient Gleichung (3.4):
$$\vec{g}_k = \frac{\partial x^i}{\partial \theta^k}\vec{e}_i$$

3.5. ANWENDUNGSBEISPIELE

Wir ordnen den Kugelkoordinaten gemäß

$$\theta^1 = r, \quad \theta^2 = \vartheta, \quad \theta^3 = \varphi \tag{3.35}$$

willkürlich einen Index zu und erhalten unter Berücksichtigung der Definitionsgleichungen (1.22) bis (1.24) für Kugelkoordinaten:

$$\vec{g}_1 = \vec{g}_r = \frac{\partial x^i}{\partial \theta^1}\vec{e}_i = \cos\varphi \sin\vartheta\, \vec{e}_x + \sin\varphi \sin\vartheta\, \vec{e}_y + \cos\vartheta\, \vec{e}_z \tag{3.36}$$

$$\vec{g}_2 = \vec{g}_\vartheta = \frac{\partial x^i}{\partial \theta^2}\vec{e}_i = r\cos\varphi \cos\vartheta\, \vec{e}_x + r\sin\varphi \cos\vartheta\, \vec{e}_y - r\sin\vartheta\, \vec{e}_z \tag{3.37}$$

$$\vec{g}_3 = \vec{g}_\varphi = \frac{\partial x^i}{\partial \theta^3}\vec{e}_i = -r\sin\varphi \sin\vartheta\, \vec{e}_x + r\cos\varphi \sin\vartheta\, \vec{e}_y \tag{3.38}$$

Hieraus lassen sich die Metrikkoeffizienten mit Hilfe der Gleichung (3.27)

$$g_{ik} = \vec{g}_i \cdot \vec{g}_k$$

leicht bestimmen und in Matrixform darstellen:

$$(g_{ik}) = \begin{pmatrix} 1 & 0 & 0 \\ 0 & r^2 & 0 \\ 0 & 0 & r^2 \sin^2\vartheta \end{pmatrix} \tag{3.39}$$

Da die Matrix (g_{ik}) symmetrisch ist, ist es unerheblich, ob man i als Zeilen- oder Spaltenindex wählt. Die Matrix besitzt nur Diagonalelemente, da es sich bei Kugelkoordinaten um ein orthogonales Koordinatensystem handelt.

Mit Gleichung (3.24)

$$(g_{ik}) \cdot (g^{ik}) = \mathbf{I}$$

erhält man daraus durch Matrizeninversion die Metrikkoeffizienten g^{ik} in Matrixform:

$$(g^{ik}) = \begin{pmatrix} 1 & 0 & 0 \\ 0 & \frac{1}{r^2} & 0 \\ 0 & 0 & \frac{1}{r^2 \sin^2\vartheta} \end{pmatrix} \tag{3.40}$$

Hierbei wurde ausgenutzt, daß die Matrix (g_{ik}) eine Diagonalmatrix ist, so daß man ihre Inverse durch Bildung des Kehrwertes der Diagonalelemente findet:

$$g^{ii} = \frac{1}{g_{ii}} \tag{3.41}$$

Jetzt lassen sich mit Hilfe von Gleichung (3.18)
$$\vec{g}^k = g^{ki} \cdot \vec{g}_i$$
die gesuchten Vektoren $\vec{g}^k$ bestimmen:

$$\vec{g}^1 = g^{1i} \cdot \vec{g}_i = g^{11} \vec{g}_1 = \vec{g}_1 \qquad (3.42)$$

$$\vec{g}^2 = g^{2i} \cdot \vec{g}_i = g^{22} \vec{g}_2 = \frac{1}{r^2} \vec{g}_2 \qquad (3.43)$$

$$\vec{g}^3 = g^{3i} \cdot \vec{g}_i = g^{33} \vec{g}_3 = \frac{1}{r^2 \sin^2\vartheta} \vec{g}_3 \qquad (3.44)$$

Normalerweise möchte man bei Differentialoperatoren anstelle der Basisvektoren $\vec{g}_i$ Einheitsvektoren verwenden. Diese erhält man, indem man die $\vec{g}_i$ durch ihre jeweiligen Beträge dividiert. Der Betrag des Vektors $\vec{g}_i$ ist wegen $g_{ik} = \vec{g}_i \cdot \vec{g}_k$ durch $\sqrt{g_{ii}}$ gegeben:

$$\vec{e}_r = \frac{\vec{g}_1}{|\vec{g}_1|} = \frac{\vec{g}_1}{\sqrt{g_{11}}} = \vec{g}_1$$

$$\vec{e}_\vartheta = \frac{\vec{g}_2}{|\vec{g}_2|} = \frac{\vec{g}_2}{\sqrt{g_{22}}} = \frac{\vec{g}_2}{r}$$

$$\vec{e}_\varphi = \frac{\vec{g}_3}{|\vec{g}_3|} = \frac{\vec{g}_3}{\sqrt{g_{33}}} = \frac{\vec{g}_3}{r \sin \vartheta}$$

$$\Rightarrow \vec{g}_1 = \vec{e}_r \qquad (3.45)$$

$$\vec{g}_2 = r \, \vec{e}_\vartheta \qquad (3.46)$$

$$\vec{g}_3 = r \sin \vartheta \, \vec{e}_\varphi \qquad (3.47)$$

Setzt man diese Gleichungen in die Gleichungen (3.42) bis (3.44) ein, so erhält man:

$$\vec{g}^1 = \vec{e}_r \qquad (3.48)$$

$$\vec{g}^2 = \frac{1}{r} \vec{e}_\vartheta \qquad (3.49)$$

$$\vec{g}^3 = \frac{1}{r \sin \vartheta} \vec{e}_\varphi \qquad (3.50)$$

Setzt man diese Ergebnisse in Gleichung (3.14) ein, so ergibt sich

$$grad \, \Phi = \frac{\partial \Phi}{\partial r} \vec{e}_r + \frac{\partial \Phi}{\partial \vartheta} \frac{1}{r} \vec{e}_\vartheta + \frac{\partial \Phi}{\partial \varphi} \frac{1}{r \sin \vartheta} \vec{e}_\varphi.$$

Wir erhalten also dasselbe Ergebnis wie in Abschnitt 1.1.5.1, Gleichung (1.37). Der Rechenweg ist hier jedoch deutlich kürzer und weniger fehleranfällig als in Abschnitt 1.1.5.1. Wir sehen also, daß die Indexschreibweise sehr nützlich sein kann.

3.5. ANWENDUNGSBEISPIELE

Übungsaufgabe 3.1   *Anspruch:* ● ○ ○   *Aufwand:* ● ● ○

Gegeben sei ein Koordinatensystem nach Abbildung 1.1 b mit den kartesischen Koordinaten x, y und z sowie den Kugelkoordinaten r, ϑ und φ.

1. Berechnen Sie die Einheitsvektoren $\vec{e}_r$, $\vec{e}_\vartheta$ und $\vec{e}_\varphi$ des Kugelkoordinatensystems in Abhängigkeit von den Einheitsvektoren $\vec{e}_x$, $\vec{e}_y$ und $\vec{e}_z$ des kartesischen Koordinatensystems.

2. Wie lautet die Umkehrung dieser Beziehungen?

3.5.3 Gradient in Zylinderkoordinaten

Die Berechnung des Gradienten in Zylinderkoordinaten soll Gegenstand zweier Übungsaufgaben sein:

Übungsaufgabe 3.2   *Anspruch:* ● ○ ○   *Aufwand:* ● ● ○

Gegeben sei ein Koordinatensystem nach Abbildung 1.1 a mit den kartesischen Koordinaten x, y und z sowie den Zylinderkoordinaten ρ, φ und z.

1. Berechnen Sie die Einheitsvektoren $\vec{e}_\rho$, $\vec{e}_\varphi$ und $\vec{e}_z$ des Zylinderkoordinatensystems in Abhängigkeit von den Einheitsvektoren $\vec{e}_x$, $\vec{e}_y$ und $\vec{e}_z$ des kartesischen Koordinatensystems.

2. Wie lautet die Umkehrung dieser Beziehungen?

Übungsaufgabe 3.3   *Anspruch:* ● ○ ○   *Aufwand:* ● ● ○

Gegeben sei ein Koordinatensystem nach Abbildung 1.1 a mit den Zylinderkoordinaten ρ, φ und z.

- Bestimmen Sie den Gradienten in Zylinderkoordinaten.
- Lesen Sie daraus den Nablaoperator in Zylinderkoordinaten ab.

Hinweis:

Lösen Sie zunächst Aufgabe 3.2.

3.6 Differentiationsregeln

In den nächsten Abschnitten wird immer intensiver von der Indexschreibweise analytischer Ausdrücke und der Einsteinschen Summationskonvention Gebrauch gemacht. Da in der gewöhnlichen Analysis Differentiationsregeln von fundamentaler Bedeutung sind, stellt sich nun die Frage, wie sich diese auf Ausdrücke übertragen lassen, die mit Hilfe der Einsteinschen Summationskonvention formuliert sind. Diese Frage wird im folgenden für die Produktregel und die Kettenregel beantwortet.

3.6.1 Produktregel

Aus der gewöhnlichen Analysis ist die Produktregel in der Form

$$\frac{\partial}{\partial \alpha^i}[f \cdot g] = \frac{\partial f}{\partial \alpha^i} \cdot g + f \cdot \frac{\partial g}{\partial \alpha^i} \qquad (3.51)$$

bekannt. Hierbei wird davon ausgegangen, daß die Funktionen f und g von den n Parametern $\alpha^1, \alpha^2, ..., \alpha^n$ abhängen:

$$\begin{aligned} f &= f(\alpha^1, \alpha^2, ..., \alpha^n) \\ g &= g(\alpha^1, \alpha^2, ..., \alpha^n) \end{aligned}$$

Die Funktionen f und g können selbstverständlich aus anderen Funktionen zusammengesetzt sein. Es spricht nichts dagegen, wenn diese anderen Funktionen indiziert sind, das heißt, wenn diese Funktionen Komponenten von Vektoren oder Matrizen sind — die Produktregel hat trotzdem Gültigkeit. Mit anderen Worten: Die Größen f und g dürfen beliebig viele obere und untere Indizes tragen, ohne daß die Produktregel verletzt wird.

Doch wie sieht die Situation aus, wenn als oberer und unterer Index dieselbe Variable auftritt? Wegen der Einsteinschen Summationskonvention (Regel 3.1) ist dann über diesen Index zu summieren. Gilt die Produktregel dann noch immer?

Die Antwort ist einfach. Wir nehmen an, daß auf der linken Seite von Gleichung (3.51) der Index k einmal als oberer und einmal als unterer Index auftritt. Dies bedeutet, daß die linke Seite über k zu summieren ist. Wenn nun die Produktregel weiterhin gelten soll, so müßte die rechte Seite ebenfalls über k summiert werden. Dies soll im folgenden überprüft werden:

Es gibt vier Möglichkeiten, wo k stehen kann:

1. k stehe in f als oberer und unterer Index.

    Dann ist der zweite Term $f\frac{\partial g}{\partial \alpha^i}$ in der Tat über k zu summieren. Im ersten Term $\frac{\partial f}{\partial \alpha^i}g$ wäre nur dann über k zu summieren, wenn das in f oben bzw. unten stehende k bezogen auf den gesamten Differentialquotienten ebenfalls einmal oben und einmal unten steht. Gemäß

3.6. DIFFERENTIATIONSREGELN

Regel 3.2 ist der in f oben stehende Index bezogen auf $\frac{\partial f}{\partial \alpha^i}$ ebenfalls als oben stehend anzusehen. Der Differentialquotient wäre demzufolge nur dann über k zu summieren, wenn der untere Index von f als unterer Index des Differentialquotienten zu behandeln wäre. Deshalb vereinbaren wir folgende Regel:

> **Regel 3.8** *Taucht im Zähler eines Differentialquotienten ein Index als unterer Index auf, so wird dieser Index bezogen auf den gesamten Differentialquotienten ebenfalls als untenstehend angesehen.*

Damit ist klar, daß auch der erste Term auf der rechten Seite von Gleichung (3.51) über k zu summieren ist. Alle Terme in dieser Gleichung werden also wegen der Einsteinschen Summationskonvention über alle k summiert. Eine solche Summation einzelner gültiger Gleichungen führt bekanntlich zu einer ebenfalls gültigen Gleichung. Die Produktregel bleibt somit in diesem ersten Fall gültig. Es verbleiben nun noch drei mögliche Fälle:

2. k steht in g als oberer und unterer Index.

3. k steht in f als oberer und in g als unterer Index.

4. k steht in g als oberer und in f als unterer Index.

Wegen Regel 3.8 wird auch für die letzten drei Fälle sofort ersichtlich, daß sowohl $f\frac{\partial g}{\partial \alpha^i}$ als auch $\frac{\partial f}{\partial \alpha^i}g$ über k zu summieren ist. Durch die Summation aller Terme der Gleichung (3.51) entsteht also auch hier eine gültige Gesamtgleichung. Dieselben Überlegungen lassen sich auch anstellen, wenn mehrere Summationsindizes auftreten. In diesem Falle tauchen auf beiden Seiten der Gleichung (3.51) Mehrfachsummen auf. Auch wenn der im Nenner des Differentialquotienten auftretende Index i ein Summationsindex ist, also in f oder g als oberer Index auftritt, ändert sich die Situation nicht. Es bleibt festzuhalten:

> **Regel 3.9** *Die Produktregel (3.51)*
>
> $$\frac{\partial}{\partial \alpha^i}[f \cdot g] = \frac{\partial f}{\partial \alpha^i} \cdot g + f \cdot \frac{\partial g}{\partial \alpha^i}$$
>
> *läßt sich auf alle Ausdrücke übertragen, die mit Hilfe der Einsteinschen Summationskonvention formuliert sind.*

3.6.2 Kettenregel

Die Kettenregel kommt immer dann zur Anwendung, wenn ein Differentialquotient

$$\frac{\partial f}{\partial \alpha^i}$$

so umgewandelt werden soll, daß f anstelle nach α^i nach anderen Variablen β^i zu differenzieren ist. Nimmt man nun an, daß f von den n Variablen $\beta^1, \beta^2, ..., \beta^n$ abhängt, welche wiederum von den α^i abhängen, so folgt mit Hilfe der aus der Analysis bekannten Kettenregel:

$$\frac{\partial f}{\partial \alpha^i} = \frac{\partial f}{\partial \beta^1}\frac{\partial \beta^1}{\partial \alpha^i} + \frac{\partial f}{\partial \beta^2}\frac{\partial \beta^2}{\partial \alpha^i} + ... + \frac{\partial f}{\partial \beta^n}\frac{\partial \beta^n}{\partial \alpha^i} = \sum_{k=1}^{n} \frac{\partial f}{\partial \beta^k}\frac{\partial \beta^k}{\partial \alpha^i}$$

Dies läßt sich mit Hilfe der Einsteinschen Summationskonvention folgendermaßen schreiben:

$$\frac{\partial f}{\partial \alpha^i} = \frac{\partial f}{\partial \beta^k}\frac{\partial \beta^k}{\partial \alpha^i} \qquad (3.52)$$

Betrachtet man nämlich die Regeln 3.1 bis 3.5, so wird ersichtlich, daß auf der rechten Seite über k zu summieren ist. Selbstverständlich kann es sich bei f auch um eine einfach oder mehrfach indizierte Größe handeln.

Man könnte nun vermuten, daß die Lage komplizierter wird, wenn der Index i oder die Indizes von f als Summationsindex auftreten. Beide Fälle sind im folgenden aufgeführt:

1. Der Index i tritt als Summationsindex auf, wenn der Ausdruck f den Buchstaben i als oberen Index enthält.

   Gleichung (3.52) ist für jedes einzelne i erfüllt. Der Summationsindex i führt lediglich dazu, daß diese einzelnen Gleichungen aufsummiert werden. Auf der rechten Seite wird also sowohl über i als auch über k summiert. Diese Doppelsumme ist aber nicht weiter problematisch, da die Reihenfolge der Summation bei endlichen Summen stets vertauschbar ist, so daß man festhalten kann:

   Die Kettenregel (3.52) gilt auch dann, wenn i ein Summationsindex ist.

2. Wenn f abgesehen von i einen oder mehrere Indizes enthält, über die zu summieren ist, kann man völlig analog zum ersten Fall argumentieren. Da f nämlich auf beiden Seiten der Gleichung (3.52) im Zähler eines Differentialquotienten auftritt, wird auf der linken Seite genau dann über einen Index summiert, wenn auch auf der rechten Seite über denselben Index summiert wird. Es spielt auch hier keine Rolle, daß auf der rechten Seite gleichzeitig über k summiert wird, da die Reihenfolge der Summation vertauschbar ist.

Zusammenfassend läßt sich festhalten:

Regel 3.10 *Die Kettenregel (3.52)*

$$\frac{\partial f}{\partial \alpha^i} = \frac{\partial f}{\partial \beta^k}\frac{\partial \beta^k}{\partial \alpha^i}$$

läßt sich auf alle Ausdrücke übertragen, die mit Hilfe der Einsteinschen Summationskonvention formuliert sind.

3.7 Divergenz

In diesem Abschnitt soll für die Divergenz eine ähnlich einfache Darstellung für krummlinige Koordinatensysteme gefunden werden, wie dies für den Gradienten bereits geschehen ist. In kartesischen Koordinaten gilt Gleichung (1.6):

$$\text{div } \vec{V} = \frac{\partial V_x}{\partial x} + \frac{\partial V_y}{\partial y} + \frac{\partial V_z}{\partial z}$$

Ziel muß es nun sein, die kartesischen Vektorkomponenten V_x, V_y und V_z umzuwandeln in die kovarianten Komponenten V_i oder die kontravarianten Komponenten V^i. Die Ableitungen nach x, y und z müssen in Ableitungen nach den θ^i überführt werden.

Zu diesem Zweck soll zunächst zu einer Indexschreibweise übergegangen werden. Aus den offenbar gültigen Gleichungen

$$\begin{aligned} V_x &= \vec{V} \cdot \vec{e}_x \\ V_y &= \vec{V} \cdot \vec{e}_y \\ V_z &= \vec{V} \cdot \vec{e}_z \end{aligned}$$

läßt sich folgern, daß $\vec{V} \cdot \vec{e}^{\,i}$ die Feldkomponente entlang der i-ten kartesischen Koordinatenachse ist. Damit läßt sich Gleichung (1.6) unter Verwendung der Einsteinschen Summationskonvention folgendermaßen schreiben:

$$\text{div } \vec{V} = \frac{\partial}{\partial x^i} \left(\vec{V} \cdot \vec{e}^{\,i} \right)$$

Da die kartesischen Basisvektoren $\vec{e}^{\,i}$ unabhängig von den Koordinaten x^i sind, gilt:

$$\text{div } \vec{V} = \vec{e}^{\,i} \cdot \frac{\partial}{\partial x^i} \left(\vec{V} \right)$$

Wir wenden die Kettenregel (Regel 3.10) an, um die Ableitungen nach den krummlinigen Koordinaten zu bekommen:

$$\text{div } \vec{V} = \vec{e}^{\,i} \cdot \frac{\partial \vec{V}}{\partial \theta^l} \frac{\partial \theta^l}{\partial x^i}$$

Durch Vergleich mit Gleichung (3.17) erhält man:

$$\text{div } \vec{V} = \vec{g}^{\,l} \cdot \frac{\partial \vec{V}}{\partial \theta^l} \tag{3.53}$$

Drückt man schließlich noch $\vec{V}$ durch die krummlinige Basis aus, so erhält man:

$$\text{div } \vec{V} = \vec{g}^{\,l} \cdot \frac{\partial}{\partial \theta^l} \left(V^k \, \vec{g}_k \right)$$

Beim Differenzieren läßt sich die Produktregel (Regel 3.9) anwenden:

$$\text{div } \vec{V} = \vec{g}^{\,l} \cdot \vec{g}_k \frac{\partial V^k}{\partial \theta^l} + V^k \, \vec{g}^{\,l} \cdot \frac{\partial \vec{g}_k}{\partial \theta^l}$$

Wegen $\vec{g}^l \cdot \vec{g}_k = \delta_k^l$ folgt weiter:

$$ div\ \vec{V} = \delta_k^l \frac{\partial V^k}{\partial \theta^l} + V^k\ \vec{g}^l \cdot \frac{\partial \vec{g}_k}{\partial \theta^l} $$

Wir verallgemeinern nun die Einsteinsche Summationskonvention auf Größen, die nicht in Produkten auftreten:

> **Regel 3.11** *Tritt in einer mehrfach indizierten Größe ein- und derselbe Index sowohl oben als auch unten auf, so ist über diesen Index zu summieren.*

Mit dieser Regel folgt weiter:

$$ div\ \vec{V} = \frac{\partial V^k}{\partial \theta^k} + V^k\ \vec{g}^l \cdot \frac{\partial \vec{g}_k}{\partial \theta^l} \qquad (3.54) $$

Man beachte, daß k in $\frac{\partial V^k}{\partial \theta^k}$ gemäß den Regeln 3.2 und 3.5 einmal als oberer und einmal als unterer Index auftritt, so daß dieser Ausdruck im dreidimensionalen Raum aus drei Summanden besteht:

$$ \frac{\partial V^k}{\partial \theta^k} = \frac{\partial V^1}{\partial \theta^1} + \frac{\partial V^2}{\partial \theta^2} + \frac{\partial V^3}{\partial \theta^3} $$

Damit ist die Bestimmung der Divergenz in krummlinigen Koordinaten eigentlich abgeschlossen, da weder die kartesischen Koordinaten x, y und z noch die kartesischen Vektorkomponenten V_x, V_y und V_z in Gleichung (3.54) auftreten. Alternativ zum eben vorgestellten Rechenweg hätte man den Vektor $\vec{V}$ aber auch durch seine kovarianten Komponenten ausdrücken können. Wir wollen nun sehen, was man in diesem Fall anstelle von Gleichung (3.54) erhält. Aus Gleichung (3.53) folgt dann:

$$ div\ \vec{V} = \vec{g}^l \cdot \frac{\partial}{\partial \theta^l} \left(V_k\ \vec{g}^k \right) $$

Beim Differenzieren läßt sich die Produktregel anwenden:

$$ div\ \vec{V} = \vec{g}^l \cdot \vec{g}^k \frac{\partial V_k}{\partial \theta^l} + V_k\ \vec{g}^l \cdot \frac{\partial \vec{g}^k}{\partial \theta^l} $$

Wegen $\vec{g}^l \cdot \vec{g}^k = g^{kl}$ folgt weiter:

$$ div\ \vec{V} = g^{kl} \frac{\partial V_k}{\partial \theta^l} + V_k\ \vec{g}^l \cdot \frac{\partial \vec{g}^k}{\partial \theta^l} \qquad (3.55) $$

Die Gleichungen (3.54) und (3.55) werden in dieser Form selten verwandt, da sie die Ableitungen der Basisvektoren enthalten. Im folgenden wird hierfür ein Alternativausdruck angegeben.

3.7. DIVERGENZ

3.7.1 Christoffelsymbol

Bei den soeben hergeleiteten Ausdrücken für die Divergenz tauchte die partielle Ableitung der Basisvektoren nach den krummlinigen Koordinaten auf. Diese Ableitung soll nun genauer untersucht werden[7]. Gemäß Gleichung (3.4) gilt:

$$\vec{g}_k = \frac{\partial x^i}{\partial \theta^k} \vec{e}_i$$

Partielle Ableitung nach θ^l liefert:

$$\frac{\partial \vec{g}_k}{\partial \theta^l} = \frac{\partial^2 x^i}{\partial \theta^k \partial \theta^l} \vec{e}_i$$

Wir wollen die partielle Ableitung folgendermaßen als Vektor in Abhängigkeit von den Basisvektoren darstellen:

$$\boxed{\frac{\partial \vec{g}_k}{\partial \theta^l} = \Gamma_{kl}^m \vec{g}_m} \qquad (3.56)$$

Es ist offensichtlich, daß die Größe Γ dreifach indiziert sein muß. Da auf der linken Seite k und l unten als freie Indizes stehen, muß dies auf der rechten Seite auch der Fall sein. Der dritte Index m wird als Summationsindex benötigt, um den Vektor $\frac{\partial \vec{g}_k}{\partial \theta^l}$ in seine kontravarianten Komponenten zu zerlegen. Ein Vergleich der letzten beiden Gleichungen liefert:

$$\Gamma_{kl}^m \vec{g}_m = \frac{\partial^2 x^i}{\partial \theta^k \partial \theta^l} \vec{e}_i$$

Als nächstes bestimmen wir die neu eingeführten Komponenten Γ_{kl}^m, indem wir das Skalarprodukt mit $\vec{g}^n$ bilden:

$$\Gamma_{kl}^m \delta_m^n = \frac{\partial^2 x^i}{\partial \theta^k \partial \theta^l} \vec{e}_i \cdot \vec{g}^n$$

Mit

$$\vec{g}^n = \frac{\partial \theta^n}{\partial x^p} \vec{e}^p$$

folgt weiter[8]:

$$\begin{aligned}\Gamma_{kl}^n &= \frac{\partial^2 x^i}{\partial \theta^k \partial \theta^l} \frac{\partial \theta^n}{\partial x^p} \vec{e}_i \cdot \vec{e}^p \\ &= \frac{\partial^2 x^i}{\partial \theta^k \partial \theta^l} \frac{\partial \theta^n}{\partial x^p} \delta_i^p\end{aligned}$$

---

[7] Von nun an wird von den für die Indexschreibweise gültigen Rechenregeln wie zum Beispiel der Kettenregel, der Produktregel oder Beziehungen wie $\vec{g}_i \cdot \vec{g}^k = \delta_i^k$ oder $A^i \delta_i^k = A^k$ stillschweigend Gebrauch gemacht. Dem noch ungeübten Leser sei empfohlen, jeden Schritt von Hand nachzuvollziehen und sich die benötigten Formeln aus den vorangegangenen Abschnitten, insbesondere aus Tabelle 3.1, herauszusuchen. Auch sollte er sich überlegen, wie die Formeln, die Summationsindizes enthalten, ausführlich geschrieben aussehen würden, um sich von der Zulässigkeit der Rechenschritte zu überzeugen. Die Multiplikation einer Gleichung mit einer indizierten Größe kann beispielsweise dazu führen, daß eine Summation durchzuführen ist, die in der ursprünglichen Gleichung nicht auftrat.

[8] Daß das Skalarprodukt $\vec{e}_i \cdot \vec{e}^p$ zweier kartesischer Einheitsvektoren gleich dem Kroneckersymbol δ_i^p ist, ist aufgrund der Orthogonalität offensichtlich.

$$\Rightarrow \boxed{\Gamma_{kl}^n = \frac{\partial^2 x^i}{\partial \theta^k \partial \theta^l} \frac{\partial \theta^n}{\partial x^i}} \qquad (3.57)$$

Die so definierten Größen Γ_{kl}^n nennt man Christoffelsymbole. Man erkennt anhand der letzten Gleichung sofort, daß

$$\boxed{\Gamma_{kl}^n = \Gamma_{lk}^n} \qquad (3.58)$$

gilt. Aus Gleichung (3.56) folgt durch Bildung des Skalarproduktes mit $\vec{g}^i$ sofort:

$$\Gamma_{kl}^i = \frac{\partial \vec{g}_k}{\partial \theta^l} \cdot \vec{g}^i \qquad (3.59)$$

Aufgrund von Gleichung (3.56) können wir die Definition der Divergenz (3.54) nun umformen:

$$div\,\vec{V} = \frac{\partial V^k}{\partial \theta^k} + V^k \, \vec{g}^l \cdot \Gamma_{kl}^m \vec{g}_m = \frac{\partial V^k}{\partial \theta^k} + V^k \, \Gamma_{kl}^m \delta_m^l$$

$$\Rightarrow \boxed{div\,\vec{V} = \frac{\partial V^k}{\partial \theta^k} + V^k \, \Gamma_{kl}^l} \qquad (3.60)$$

Nachdem nun die Ableitung $\frac{\partial \vec{g}_k}{\partial \theta^l}$ mit Hilfe der Christoffelsymbole ausgedrückt wurde, soll nun festgestellt werden, ob etwas ähnliches auch für die Ableitung $\frac{\partial \vec{g}^k}{\partial \theta^l}$ möglich ist. Wir wollen also diese Ableitung in Abhängigkeit von den kontravarianten Basisvektoren gemäß

$$\frac{\partial \vec{g}^k}{\partial \theta^l} = A_{ml}^k \vec{g}^m \qquad (3.61)$$

darstellen und müssen die Koeffizienten A_{ml}^k bestimmen. Hierzu bilden wir das Skalarprodukt mit $\vec{g}_i$ und erhalten wegen $\vec{g}^m \cdot \vec{g}_i = \delta_i^m$:

$$A_{il}^k = \vec{g}_i \cdot \frac{\partial \vec{g}^k}{\partial \theta^l} \qquad (3.62)$$

Um den Ausdruck auf der rechten Seite zu bestimmen, leiten wir die Gleichung

$$\vec{g}^k \cdot \vec{g}_i = \delta_i^k$$

partiell nach θ^l ab und erhalten unter Anwendung der Kettenregel:

$$\frac{\partial \vec{g}^k}{\partial \theta^l} \cdot \vec{g}_i + \vec{g}^k \cdot \frac{\partial \vec{g}_i}{\partial \theta^l} = 0$$

$$\Rightarrow \frac{\partial \vec{g}^k}{\partial \theta^l} \cdot \vec{g}_i = -\vec{g}^k \cdot \frac{\partial \vec{g}_i}{\partial \theta^l}$$

3.7. DIVERGENZ

Wegen Gleichung (3.56) gilt:
$$\frac{\partial \vec{g}_i}{\partial \theta^l} = \Gamma_{il}^m \vec{g}_m$$

Somit folgt:
$$\frac{\partial \vec{g}^k}{\partial \theta^l} \cdot \vec{g}_i = -\vec{g}^k \cdot \vec{g}_m \Gamma_{il}^m = -\Gamma_{il}^k$$

Durch Vergleich mit Gleichung (3.62) sieht man:
$$A_{il}^k = -\Gamma_{il}^k$$

Aus Gleichung (3.61) folgt damit:
$$\boxed{\frac{\partial \vec{g}^k}{\partial \theta^l} = -\Gamma_{ml}^k \vec{g}^m} \tag{3.63}$$

Damit läßt sich auch unser zweiter Ausdruck (3.55) für die Divergenz weiter umformen:
$$div\,\vec{V} = g^{kl} \frac{\partial V_k}{\partial \theta^l} - \Gamma_{ml}^k V_k\, \vec{g}^l \cdot \vec{g}^m$$
$$\Rightarrow div\,\vec{V} = g^{kl} \frac{\partial V_k}{\partial \theta^l} - g^{lm} \Gamma_{ml}^k V_k$$

Um g^{kl} ausklammern zu können, vertauscht[9] man im zweiten Term m mit k:
$$\boxed{div\,\vec{V} = g^{kl} \left(\frac{\partial V_k}{\partial \theta^l} - \Gamma_{kl}^m V_m \right)} \tag{3.64}$$

3.7.2 Praktische Berechnung der Christoffelsymbole

Die Auswertung von Gleichung (3.59)
$$\Gamma_{kl}^i = \frac{\partial \vec{g}_k}{\partial \theta^l} \cdot \vec{g}^i$$

ist oft relativ umständlich, wenn man die Christoffelsymbole berechnen will. Im Gegensatz zu den Basisvektoren lassen sich meistens die Metrikkoeffizienten einfacher differenzieren. Wegen der Kettenregel gilt:
$$\frac{\partial y_{ik}}{\partial \theta^l} = \frac{\partial (\vec{g}_i \cdot \vec{g}_k)}{\partial \theta^l} = \frac{\partial \vec{g}_i}{\partial \theta^l} \cdot \vec{g}_k + \frac{\partial \vec{g}_k}{\partial \theta^l} \cdot \vec{g}_i$$

---

[9] Ein solches Umbenennen von Summationsindizes ist stets möglich, da die freien Indizes davon nicht berührt werden.

Setzt man hier Gleichung (3.56) ein, so erhält man:

$$\frac{\partial g_{ik}}{\partial \theta^l} = \Gamma_{il}^m \, \vec{g}_m \cdot \vec{g}_k + \Gamma_{kl}^m \, \vec{g}_m \cdot \vec{g}_i$$

$$\Rightarrow \boxed{\frac{\partial g_{ik}}{\partial \theta^l} = \Gamma_{il}^m \, g_{km} + \Gamma_{kl}^m \, g_{im}} \qquad (3.65)$$

Durch zyklische Vertauschung der Indizes i, k und l erhält man hieraus

$$\frac{\partial g_{kl}}{\partial \theta^i} = \Gamma_{ki}^m \, g_{lm} + \Gamma_{li}^m \, g_{km}$$

und

$$\frac{\partial g_{li}}{\partial \theta^k} = \Gamma_{lk}^m \, g_{im} + \Gamma_{ik}^m \, g_{lm}.$$

Wir subtrahieren die letzten beiden Gleichungen voneinander, so daß $\Gamma_{ik}^m = \Gamma_{ki}^m$ wegfällt:

$$\frac{\partial g_{kl}}{\partial \theta^i} - \frac{\partial g_{li}}{\partial \theta^k} = \Gamma_{li}^m \, g_{km} - \Gamma_{lk}^m \, g_{im}$$

Addiert man nun noch Gleichung (3.65), so fällt auch $\Gamma_{lk}^m = \Gamma_{kl}^m$ weg:

$$\frac{\partial g_{ik}}{\partial \theta^l} + \frac{\partial g_{kl}}{\partial \theta^i} - \frac{\partial g_{li}}{\partial \theta^k} = 2 \, \Gamma_{il}^m \, g_{km}$$

Multiplikation mit g^{kn} liefert:

$$g^{kn} \left(\frac{\partial g_{ik}}{\partial \theta^l} + \frac{\partial g_{kl}}{\partial \theta^i} - \frac{\partial g_{li}}{\partial \theta^k} \right) = 2 \, \Gamma_{il}^m \, \delta_m^n$$

$$\Rightarrow \Gamma_{il}^n = \frac{1}{2} \, g^{kn} \left(\frac{\partial g_{ik}}{\partial \theta^l} + \frac{\partial g_{kl}}{\partial \theta^i} - \frac{\partial g_{li}}{\partial \theta^k} \right) \qquad (3.66)$$

Zum Abschluß dieses Abschnittes sei angemerkt, daß sich nicht nur die partielle Ableitung der Metrikkoeffizienten g_{ik} gemäß Gleichung (3.65) mit Hilfe der Christoffelsymbole berechnen läßt, sondern auch die partielle Ableitung der g^{ik}. Hierzu wenden wir die Produktregel auf $g^{ik} = \vec{g}^i \cdot \vec{g}^k$ an:

$$\frac{\partial g^{ik}}{\partial \theta^s} = \frac{\partial \left(\vec{g}^i \cdot \vec{g}^k \right)}{\partial \theta^s} = \vec{g}^i \cdot \frac{\partial \vec{g}^k}{\partial \theta^s} + \vec{g}^k \cdot \frac{\partial \vec{g}^i}{\partial \theta^s}$$

Hier setzen wir nun Gleichung (3.63) ein und erhalten:

$$\frac{\partial g^{ik}}{\partial \theta^s} = -\vec{g}^i \cdot \Gamma_{ms}^k \vec{g}^m - \vec{g}^k \cdot \Gamma_{ms}^i \vec{g}^m$$

3.7. DIVERGENZ

$$\Rightarrow \boxed{\frac{\partial g^{ik}}{\partial \theta^s} = -g^{im}\Gamma^k_{ms} - g^{km}\Gamma^i_{ms}} \qquad (3.67)$$

Nachdem wir nun längere Zeit abstrakt mit der Indexschreibweise hantiert haben, wollen wir die hergeleiteten Formeln praktisch anwenden, indem wir die Divergenz in Kugelkoordinaten angeben.

3.7.3 Divergenz in Kugelkoordinaten

Ausgangspunkt zur Berechnung der Divergenz in Kugelkoordinaten ist Gleichung (3.60):

$$div\ \vec{V} = \frac{\partial V^k}{\partial \theta^k} + V^k\ \Gamma^l_{kl}$$

Legt man dieselbe Zuordnung der Kugelkoordinaten r, ϑ und φ zu den θ^i zugrunde wie in Abschnitt 3.5.2, so folgt sofort:

$$div\ \vec{V} = \frac{\partial V^1}{\partial r} + \frac{\partial V^2}{\partial \vartheta} + \frac{\partial V^3}{\partial \varphi} + V^1\left(\Gamma^1_{11} + \Gamma^2_{12} + \Gamma^3_{13}\right) + V^2\left(\Gamma^1_{21} + \Gamma^2_{22} + \Gamma^3_{23}\right) + V^3\left(\Gamma^1_{31} + \Gamma^2_{32} + \Gamma^3_{33}\right) \qquad (3.68)$$

Glücklicherweise vereinfacht sich Gleichung (3.66), wenn die Matrix (g_{ik}) eine Diagonalmatrix ist. Der Koeffizient g^{kn} liefert dann nämlich nur für $k = n$ einen Beitrag:

$$\Gamma^n_{il} = \frac{1}{2}\ g^{nn}\ \left(\frac{\partial g_{in}}{\partial \theta^l} + \frac{\partial g_{nl}}{\partial \theta^i} - \frac{\partial g_{li}}{\partial \theta^n}\right)$$

Bei dieser Gleichung ist *nicht* über n zu summieren, da in Gleichung (3.66) lediglich k ein Summationsindex ist. Da g^{kn} nur für ein spezielles k (nämlich $k = n$) ungleich null ist, bleibt nur ein Summand übrig — die Summationskonvention darf hier nicht angewandt werden. Wir benötigen nun ausschließlich die Christoffelsymbole Γ^n_{in}, bei denen der obere Index mit einem der beiden unteren Indizes übereinstimmt. Es folgt also weiter:

$$\Gamma^n_{in} = \frac{1}{2}\ g^{nn}\ \left(\frac{\partial g_{in}}{\partial \theta^n} + \frac{\partial g_{nn}}{\partial \theta^i} - \frac{\partial g_{ni}}{\partial \theta^n}\right)$$

$$\Rightarrow \Gamma^n_{in} = \frac{1}{2}\ g^{nn}\ \frac{\partial g_{nn}}{\partial \theta^i} \qquad (3.69)$$

Auch bei dieser Gleichung ist zu beachten, daß weder auf der linken Seite noch auf der rechten Seite die Einsteinsche Summationskonvention anzuwenden ist. Mit ihr lassen sich nun alle benötigten Christoffelsymbole berechnen, wenn man auf die Gleichungen (3.39) und (3.40) zurückgreift:

$$\Gamma^1_{11} = \frac{1}{2}\ g^{11}\ \frac{\partial g_{11}}{\partial \theta^1} = 0$$

$$\Gamma^2_{12} = \frac{1}{2} g^{22} \frac{\partial g_{22}}{\partial \theta^1} = \frac{1}{2} \frac{1}{r^2} 2r = \frac{1}{r}$$

$$\Gamma^3_{13} = \frac{1}{2} g^{33} \frac{\partial g_{33}}{\partial \theta^1} = \frac{1}{2} \frac{1}{r^2 \sin^2\vartheta} 2r \sin^2\vartheta = \frac{1}{r}$$

$$\Gamma^1_{21} = \frac{1}{2} g^{11} \frac{\partial g_{11}}{\partial \theta^2} = 0$$

$$\Gamma^2_{22} = \frac{1}{2} g^{22} \frac{\partial g_{22}}{\partial \theta^2} = 0$$

$$\Gamma^3_{23} = \frac{1}{2} g^{33} \frac{\partial g_{33}}{\partial \theta^2} = \frac{1}{2} \frac{1}{r^2 \sin^2\vartheta} r^2 2 \sin\vartheta \cos\vartheta = \frac{\cos\vartheta}{\sin\vartheta}$$

$$\Gamma^1_{31} = \frac{1}{2} g^{11} \frac{\partial g_{11}}{\partial \theta^3} = 0$$

$$\Gamma^2_{32} = \frac{1}{2} g^{22} \frac{\partial g_{22}}{\partial \theta^3} = 0$$

$$\Gamma^3_{33} = \frac{1}{2} g^{33} \frac{\partial g_{33}}{\partial \theta^3} = 0$$

Wie man sieht, sind die Christoffelsymbole Γ^n_{in} dann gleich null, wenn die g_{nn} nicht von θ^i abhängen. Setzt man diese Ergebnisse nun in Gleichung (3.68) ein, so erhält man:

$$div\,\vec{V} = \frac{\partial V^1}{\partial r} + \frac{\partial V^2}{\partial \vartheta} + \frac{\partial V^3}{\partial \varphi} + V^1 \frac{2}{r} + V^2 \cot\vartheta \qquad (3.70)$$

Als letztes wandeln wir die Komponenten V^i um in die Komponenten V_r, V_ϑ und V_φ.

Es gilt:
$$V^k = \vec{V} \cdot \vec{g}^k$$

Mit den Gleichungen (3.48) bis (3.50) folgt hieraus:

$$V^1 = \vec{V} \cdot \vec{e}_r$$
$$V^2 = \frac{1}{r} \vec{V} \cdot \vec{e}_\vartheta$$
$$V^3 = \frac{1}{r\,\sin\vartheta} \vec{V} \cdot \vec{e}_\varphi$$

Mit der Zerlegung
$$\vec{V} = V_r\,\vec{e}_r + V_\vartheta\,\vec{e}_\vartheta + V_\varphi\,\vec{e}_\varphi$$

folgt sofort

$$V^1 = V_r, \qquad (3.71)$$
$$V^2 = \frac{1}{r} V_\vartheta, \qquad (3.72)$$
$$V^3 = \frac{1}{r\,\sin\vartheta} V_\varphi, \qquad (3.73)$$

3.8. ROTATION

Tabelle 3.2: Gradient, Divergenz und Rotation

$grad\ \Phi = \frac{\partial \Phi}{\partial \theta^i} \vec{g}^i$	(3.14)
$\Gamma_{kl}^n = \frac{\partial^2 x^i}{\partial \theta^k \partial \theta^l} \frac{\partial \theta^n}{\partial x^i}$	(3.57)
$\Gamma_{kl}^n = \Gamma_{lk}^n$	(3.58)
$\frac{\partial \vec{g}_k}{\partial \theta^l} = \Gamma_{kl}^m \vec{g}_m$ (3.56) $\qquad \frac{\partial \vec{g}^k}{\partial \theta^l} = -\Gamma_{ml}^k \vec{g}^m$	(3.63)
$div\ \vec{V} = \frac{\partial V^k}{\partial \theta^k} + V^k \Gamma_{kl}^l$ (3.60) $\qquad div\ \vec{V} = g^{kl}\left(\frac{\partial V_k}{\partial \theta^l} - \Gamma_{kl}^m V_m\right)$	(3.64)
$e^{kli} = \vec{g}^k \cdot (\vec{g}^l \times \vec{g}^i)$	(3.77)
$e^{kli} = e^{ikl} = e^{lik} = -e^{lki} = -e^{kil} = -e^{ilk}$	(3.80)
$rot\ \vec{V} = e^{kli} \frac{\partial V_i}{\partial \theta^l} \vec{g}_k$	(3.79)

wenn man berücksichtigt, daß die Vektoren $\vec{e}_r$, $\vec{e}_\vartheta$ und $\vec{e}_\varphi$ orthogonal zueinander stehen. Setzt man diese drei Ergebnisse in Gleichung (3.70) ein, so erhält man schließlich:

$$div\ \vec{V} = \frac{\partial V_r}{\partial r} + \frac{1}{r}\frac{\partial V_\vartheta}{\partial \vartheta} + \frac{1}{r\sin\vartheta}\frac{\partial V_\varphi}{\partial \varphi} + V_r \frac{2}{r} + V_\vartheta \frac{\cot\vartheta}{r} \qquad (3.74)$$

Diese Gleichung kennen wir bereits aus Abschnitt 1.1.5.2 als Gleichung (1.38), wo sie mit deutlich größerem Aufwand hergeleitet wurde.

3.7.4 Divergenz in Zylinderkoordinaten

Die Berechnung der Divergenz in Zylinderkoordinaten sei zur Übung dem Leser überlassen:

Übungsaufgabe 3.4   Anspruch: ● ○ ○   Aufwand: ● ● ○

Bestimmen Sie die Divergenz in Zylinderkoordinaten.

Hinweis:

Lösen Sie zunächst Aufgabe 3.3.

3.8 Rotation

Als dritter Differentialoperator neben dem Gradienten und der Divergenz ist nun noch die Rotation in Abhängigkeit von krummlinigen Koordinaten darzustellen. In kartesischen Koordinaten gilt gemäß Gleichung (1.7):

$$rot\ \vec{V} = \vec{e}_x \left(\frac{\partial V_z}{\partial y} - \frac{\partial V_y}{\partial z}\right) + \vec{e}_y \left(\frac{\partial V_x}{\partial z} - \frac{\partial V_z}{\partial x}\right) + \vec{e}_z \left(\frac{\partial V_y}{\partial x} - \frac{\partial V_x}{\partial y}\right)$$

Indem man die kartesischen Einheitsvektoren durch das Kreuzprodukt aus den jeweils anderen beiden Einheitsvektoren ersetzt, erhält man:

$$\begin{aligned}rot\ \vec{V} &= (\vec{e}_y \times \vec{e}_z)\frac{\partial V_z}{\partial y} + (\vec{e}_z \times \vec{e}_y)\frac{\partial V_y}{\partial z} + (\vec{e}_z \times \vec{e}_x)\frac{\partial V_x}{\partial z} + (\vec{e}_x \times \vec{e}_z)\frac{\partial V_z}{\partial x} + \\ &+ (\vec{e}_x \times \vec{e}_y)\frac{\partial V_y}{\partial x} + (\vec{e}_y \times \vec{e}_x)\frac{\partial V_x}{\partial y}\end{aligned}$$

Berücksichtigt man außerdem, daß das Kreuzprodukt zweier gleicher Vektoren gleich null ist, so kann man mit Hilfe der Einsteinschen Summationskonvention schreiben:

$$rot\ \vec{V} = (\vec{e}^k \times \vec{e}^l)\frac{\partial\left(\vec{V}\cdot\vec{e}_l\right)}{\partial x^k}$$

Hierbei wurde wie schon bei der Divergenz die l-te kartesische Komponente des Vektors $\vec{V}$ durch dessen Skalarprodukt mit dem l-ten kartesischen Einheitsvektor ausgedrückt. Der gefundene Ausdruck läßt sich weiter umwandeln[10]:

$$\begin{aligned}rot\ \vec{V} &= (\vec{e}^k \times \vec{e}^l)\left(\frac{\partial \vec{V}}{\partial x^k}\cdot\vec{e}_l\right) \\ &= (\vec{e}^k \times \vec{e}^l)\left(\frac{\partial(V_i\vec{g}^i)}{\partial x^k}\cdot\vec{e}_l\right) \\ &= (\vec{e}^k \times \vec{e}^l)\left(\frac{\partial V_i}{\partial x^k}\vec{g}^i\cdot\vec{e}_l + V_i\frac{\partial \vec{g}^i}{\partial x^k}\cdot\vec{e}_l\right)\end{aligned} \quad (3.75)$$

Die beiden Summanden sollen im folgenden getrennt betrachtet werden. Für den ersten Summanden gilt:

$$S_1 = (\vec{e}^k \times \vec{e}^l)\frac{\partial V_i}{\partial x^k}\vec{g}^i\cdot\vec{e}_l = (\vec{e}^k \times \vec{e}^l)\frac{\partial V_i}{\partial\theta^m}\frac{\partial\theta^m}{\partial x^k}\vec{g}^i\cdot\vec{e}_l$$

Gemäß Tabelle 3.1 auf Seite 196 läßt sich $\vec{e}^k\frac{\partial\theta^m}{\partial x^k}$ ersetzen durch $\vec{g}^m$:

$$S_1 = (\vec{g}^m \times \vec{e}^l)\frac{\partial V_i}{\partial\theta^m}\vec{g}^i\cdot\vec{e}_l$$

Gemäß Tabelle 3.1 gilt außerdem $\vec{g}^i = \vec{e}^k\frac{\partial\theta^i}{\partial x^k}$. Daraus folgt:

$$\vec{g}^i\cdot\vec{e}_l = \vec{e}^k\cdot\vec{e}_l\frac{\partial\theta^i}{\partial x^k} = \delta^k_l\frac{\partial\theta^i}{\partial x^k} = \frac{\partial\theta^i}{\partial x^l}$$

---

[10] Ziel der Umwandlung ist es, alle kartesischen Koordinaten, Basisvektoren und Vektorkomponenten durch krummlinige Koordinaten, Basisvektoren und Vektorkomponenten auszudrücken.

3.8. ROTATION

Somit gilt:
$$S_1 = (\vec{g}^m \times \vec{e}^l)\frac{\partial V_i}{\partial \theta^m}\frac{\partial \theta^i}{\partial x^l}$$

Wegen $\vec{g}^i = \vec{e}^l \frac{\partial \theta^i}{\partial x^l}$ folgt:
$$S_1 = (\vec{g}^m \times \vec{g}^i)\frac{\partial V_i}{\partial \theta^m}$$

Nun ist noch der zweite Summand der Gleichung (3.75) auszuwerten. Es gilt:
$$S_2 = (\vec{e}^k \times \vec{e}^l)V_i \frac{\partial \vec{g}^i}{\partial x^k} \cdot \vec{e}_l$$

Auch hier wird wieder $\vec{g}^i = \vec{e}^m \frac{\partial \theta^i}{\partial x^m}$ gesetzt, so daß man erhält:
$$S_2 = (\vec{e}^k \times \vec{e}^l)V_i \frac{\partial^2 \theta^i}{\partial x^k \partial x^m}\vec{e}^m \cdot \vec{e}_l = (\vec{e}^k \times \vec{e}^l)V_i\frac{\partial^2 \theta^i}{\partial x^k \partial x^m}\delta_l^m = (\vec{e}^k \times \vec{e}^l)V_i\frac{\partial^2 \theta^i}{\partial x^k \partial x^l}$$

Wegen $\vec{e}^k \times \vec{e}^l = -\vec{e}^l \times \vec{e}^k$ und $\frac{\partial^2 \theta^i}{\partial x^k \partial x^l} = \frac{\partial^2 \theta^i}{\partial x^l \partial x^k}$ folgt weiter:
$$S_2 = -(\vec{e}^l \times \vec{e}^k)V_i\frac{\partial^2 \theta^i}{\partial x^l \partial x^k}$$

Vertauscht man nun noch l mit k, so sieht man durch Vergleich der letzen beiden Gleichungen, daß $S_2 = -S_2$ und damit $S_2 = 0$ gilt. Somit erhält man:
$$rot\,\vec{V} = S_1 + S_2 = (\vec{g}^m \times \vec{g}^i)\frac{\partial V_i}{\partial \theta^m} \tag{3.76}$$

Abschließend wollen wir die Rotation gemäß
$$\vec{A} = rot\,\vec{V} = A^i\,\vec{g}_i$$

durch kovariante Basisvektoren darstellen. Wir multiplizieren skalar mit $\vec{g}^k$ und erhalten:
$$\vec{A} \cdot \vec{g}^k = A^i\,\delta_i^k$$
$$\Rightarrow A^k = \vec{g}^k \cdot (\vec{g}^l \times \vec{g}^i)\frac{\partial V_i}{\partial \theta^l}$$

Wir definieren
$$\boxed{e^{kli} = \vec{g}^k \cdot (\vec{g}^l \times \vec{g}^i)} \tag{3.77}$$

und erhalten:
$$(rot\,\vec{V})^k = e^{kli}\frac{\partial V_i}{\partial \theta^l} \tag{3.78}$$

Um den Vektor $\vec{A} = rot\,\vec{V}$ zu erhalten, ist lediglich mit $\vec{g}_k$ zu multiplizieren:
$$\boxed{rot\,\vec{V} = e^{kli}\frac{\partial V_i}{\partial \theta^l}\,\vec{g}_k} \tag{3.79}$$

Da es sich bei der Definition von e^{kli} um ein Spatprodukt dreier Vektoren handelt, gilt:

$$\boxed{e^{kli} = e^{ikl} = e^{lik} = -e^{lki} = -e^{kil} = -e^{ilk}} \qquad (3.80)$$

Abschließend sei erwähnt, daß die hier vorgestellte Definition der Rotation nur im dreidimensionalen Raum einen Sinn ergibt, da das Vektorprodukt, auf dem die Herleitung basiert, nur im dreidimensionalen Raum definiert ist. Damit unterscheidet sich die Rotation vom Gradienten und von der Divergenz, die sich beide problemlos auf beliebig viele Raumdimensionen erweitern lassen.

3.8.1 Rotation in Kugelkoordinaten

Ausgangspunkt für die Berechnung der Rotation in Kugelkoordinaten ist Gleichung (3.79):

$$rot\,\vec{V} = e^{kli}\frac{\partial V_i}{\partial \theta^l}\vec{g}_k$$

Die Auswertung wird dadurch erleichtert, daß e^{kli} nur dann ungleich null ist, wenn i, k und l unterschiedlich sind. Für $k = 1$ kommen also beispielsweise nur $l = 2$ und $i = 3$ oder $l = 3$ und $i = 2$ in Frage:

$$\begin{aligned}
rot\,\vec{V} &= \vec{g}_1\left(e^{123}\frac{\partial V_3}{\partial \theta^2} + e^{132}\frac{\partial V_2}{\partial \theta^3}\right) + \\
&+ \vec{g}_2\left(e^{213}\frac{\partial V_3}{\partial \theta^1} + e^{231}\frac{\partial V_1}{\partial \theta^3}\right) + \\
&+ \vec{g}_3\left(e^{312}\frac{\partial V_2}{\partial \theta^1} + e^{321}\frac{\partial V_1}{\partial \theta^2}\right)
\end{aligned}$$

Im Anhang 6.11 wird gezeigt, daß sich e^{123} gemäß Gleichung (6.64) darstellen läßt als

$$e^{123} = \frac{1}{\sqrt{g}},$$

wobei g die Determinante der Matrix (g_{ik}) ist. Mit den Symmetriebeziehungen (3.80) folgt:

$$\begin{aligned}
rot\,\vec{V} &= \frac{1}{\sqrt{g}}\left[\vec{g}_1\left(\frac{\partial V_3}{\partial \theta^2} - \frac{\partial V_2}{\partial \theta^3}\right) + \right.\\
&+ \vec{g}_2\left(\frac{\partial V_1}{\partial \theta^3} - \frac{\partial V_3}{\partial \theta^1}\right) + \\
&\left.+ \vec{g}_3\left(\frac{\partial V_2}{\partial \theta^1} - \frac{\partial V_1}{\partial \theta^2}\right)\right]
\end{aligned}$$

3.8. ROTATION

Für die Determinante g der Matrix (g_{ik}) erhält man aus Gleichung (3.39):

$$g = r^4 \sin^2\vartheta$$

Wir erhalten also:

$$\operatorname{rot} \vec{V} = \frac{1}{r^2 \sin\vartheta} \left[\vec{g}_1 \left(\frac{\partial V_3}{\partial \vartheta} - \frac{\partial V_2}{\partial \varphi} \right) + \right.$$
$$+ \vec{g}_2 \left(\frac{\partial V_1}{\partial \varphi} - \frac{\partial V_3}{\partial r} \right) +$$
$$\left. + \vec{g}_3 \left(\frac{\partial V_2}{\partial r} - \frac{\partial V_1}{\partial \vartheta} \right) \right] \qquad (3.81)$$

Als nächstes benötigen wir die Vektorkomponenten V_i. Mit $V_i = g_{ik} V^k$ folgt aus den Gleichungen (3.71) bis (3.73) unter Berücksichtigung von Gleichung (3.39):

$$V_1 = V_r \qquad (3.82)$$
$$V_2 = r V_\vartheta \qquad (3.83)$$
$$V_3 = r \sin\vartheta \, V_\varphi \qquad (3.84)$$

Die Vektoren $\vec{g}_i$ sind schon in Abschnitt 3.5.2 bestimmt worden. Setzt man die letzten drei Gleichungen und die Gleichungen (3.45) bis (3.47) in Gleichung (3.81) ein, so erhält man:

$$\operatorname{rot} \vec{V} = \frac{1}{r^2 \sin\vartheta} \left[\vec{e}_r \left(\frac{\partial (r \sin\vartheta \, V_\varphi)}{\partial \vartheta} - \frac{\partial (r V_\vartheta)}{\partial \varphi} \right) + \right.$$
$$+ r \vec{e}_\vartheta \left(\frac{\partial V_r}{\partial \varphi} - \frac{\partial (r \sin\vartheta \, V_\varphi)}{\partial r} \right) +$$
$$\left. + r \sin\vartheta \, \vec{e}_\varphi \left(\frac{\partial (r V_\vartheta)}{\partial r} - \frac{\partial V_r}{\partial \vartheta} \right) \right]$$

Dies läßt sich vereinfachen zu:

$$\operatorname{rot} \vec{V} = \vec{e}_r \frac{1}{r \sin\vartheta} \left(\frac{\partial (\sin\vartheta \, V_\varphi)}{\partial \vartheta} - \frac{\partial V_\vartheta}{\partial \varphi} \right) +$$
$$+ \vec{e}_\vartheta \left(\frac{1}{r \sin\vartheta} \frac{\partial V_r}{\partial \varphi} - \frac{1}{r} \frac{\partial (r V_\varphi)}{\partial r} \right) +$$
$$+ \vec{e}_\varphi \frac{1}{r} \left(\frac{\partial (r V_\vartheta)}{\partial r} - \frac{\partial V_r}{\partial \vartheta} \right)$$

Die Klammern in den Differentialquotienten lassen sich natürlich noch mit der Produktregel beseitigen, was dem Schritt von Gleichung (1.39) zu Gleichung (1.40) in Abschnitt 1.1.5.3 entspricht.

3.8.2 Rotation in Zylinderkoordinaten

Die Berechnung der Rotation in Zylinderkoordinaten erfolgt völlig analog zu der in Kugelkoordinaten und sei deshalb dem Leser überlassen:

Übungsaufgabe 3.5 Anspruch: • ∘ ∘ Aufwand: • • ∘

Berechnen Sie die Rotation in Zylinderkoordinaten.

Hinweis:

Lösen Sie zunächst Aufgabe 3.3.

3.9 Vereinfachte Berechnung der Divergenz

Wir haben gesehen, daß die Berechnung der Christoffelsymbole relativ aufwendig werden kann. Diesen Arbeitsaufwand kann man oftmals reduzieren, indem man die Definition

$$g = det(g_{ik}) \tag{3.85}$$

verwendet und von der im Anhang 6.11 hergeleiteten Gleichung (6.66)

$$\Gamma^k_{ki} = \frac{1}{\sqrt{g}} \frac{\partial \sqrt{g}}{\partial \theta^i}$$

Gebrauch macht. Mit Hilfe dieser Gleichung folgt aus Gleichung (3.60)

$$div \, \vec{V} = \frac{\partial V^k}{\partial \theta^k} + V^k \frac{1}{\sqrt{g}} \frac{\partial \sqrt{g}}{\partial \theta^k} = \frac{1}{\sqrt{g}} \left(\sqrt{g} \, \frac{\partial V^k}{\partial \theta^k} + V^k \frac{\partial \sqrt{g}}{\partial \theta^k} \right)$$

Auf der rechten Seite können wir die Produktregel anwenden und erhalten:

$$div \, \vec{V} = \frac{1}{\sqrt{g}} \frac{\partial}{\partial \theta^k} \left(\sqrt{g} \, V^k \right) \tag{3.86}$$

Den Vorteil dieser Darstellung erkennt man, wenn man wieder ein Kugelkoordinatensystem zugrunde legt. Gemäß Gleichung (3.39) gilt für Kugelkoordinaten:

$$g = det(g_{ik}) = r^4 \, sin^2 \vartheta$$

Somit folgt:

$$div \, \vec{V} = \frac{1}{r^2 \, sin \, \vartheta} \frac{\partial}{\partial \theta^k} \left(r^2 \, sin \, \vartheta \, V^k \right)$$

3.9. VEREINFACHTE BERECHNUNG DER DIVERGENZ

Mit den Gleichungen (3.71) bis (3.73) folgt weiter:

$$div\ \vec{V} = \frac{1}{r^2\ sin\ \vartheta} \left[\frac{\partial}{\partial r} \left(r^2\ sin\ \vartheta\ V_r \right) + \frac{\partial}{\partial \vartheta} \left(r\ sin\ \vartheta\ V_\vartheta \right) + \frac{\partial}{\partial \varphi} \left(r\ V_\varphi \right) \right]$$

$$\Rightarrow div\ \vec{V} = \frac{1}{r^2\ sin\ \vartheta} \left[2r\ sin\ \vartheta\ V_r + r^2\ sin\ \vartheta\ \frac{\partial V_r}{\partial r} + r\ cos\ \vartheta\ V_\vartheta + r\ sin\ \vartheta\ \frac{\partial V_\vartheta}{\partial \vartheta} + r\ \frac{\partial V_\varphi}{\partial \varphi} \right]$$

$$\Rightarrow div\ \vec{V} = \frac{2}{r} V_r + \frac{\partial V_r}{\partial r} + \frac{cot\ \vartheta}{r} V_\vartheta + \frac{1}{r} \frac{\partial V_\vartheta}{\partial \vartheta} + \frac{1}{r\ sin\ \vartheta} \frac{\partial V_\varphi}{\partial \varphi}$$

Wir erhalten somit dasselbe Ergebnis wie das in Abschnitt 3.7.3 mit Gleichung (3.74) erzielte. Der Rechenweg wurde jedoch nochmals vereinfacht.

Die Berechnung der Divergenz in Zylinderkoordinaten soll Gegenstand einer Übungsaufgabe sein.

Übungsaufgabe 3.6   *Anspruch:* ● ○ ○   *Aufwand:* ● ○ ○

Bestimmen Sie die Divergenz in Zylinderkoordinaten. Verwenden Sie hierzu die Gleichung (3.86).

Hinweis:

Lösen Sie zunächst Aufgabe 3.3.

Übungsaufgabe 3.7   *Anspruch:* ● ● ○   *Aufwand:* ● ○ ○

Nehmen Sie an, daß es sich bei den Koordinaten θ^1 bzw. θ^2 um den Realteil u bzw. den Imaginärteil v einer konformen Abbildung $w(z) = u(z) + j\ v(z)$ mit $z = x + j\ y$ handelt.

1. Zeigen Sie, daß die Definition (2.26)

$$g = \left[\left(\frac{\partial u}{\partial x} \right)^2 + \left(\frac{\partial u}{\partial y} \right)^2 \right]^{-2}$$

    mit der Definition (3.85)

$$g = det(g_{ik})$$

    verträglich ist.

2. Zeigen Sie nun ausgehend von Gleichung (3.14), daß die Formel (2.33)

$$grad\ \Phi = g^{-1/4} \left(\frac{\partial \Phi}{\partial u} \vec{e}_u + \frac{\partial \Phi}{\partial v} \vec{e}_v \right)$$

    für konforme Abbildungen richtig ist.

Hinweis:

Berechnen Sie hierzu zunächst die Beträge der Basisvektoren $\vec{g}^1$ und $\vec{g}^2$, so daß Sie $\vec{e}_u$ in Abhängigkeit von $\vec{g}^1$ bzw. $\vec{e}_v$ in Abhängigkeit von $\vec{g}^2$ angeben können.

Übungsaufgabe 3.8   Anspruch: • • ∘   Aufwand: • ∘ ∘

Laut Aufgabe 3.7 sollte die Definition
$$g = det(g_{ik})$$
mit der Definition
$$g = \left[\left(\frac{\partial u}{\partial x}\right)^2 + \left(\frac{\partial u}{\partial y}\right)^2\right]^{-2}$$
übereinstimmen. Berechnet man $g = det(g_{ik})$ für die in Abschnitt 3.5.1 behandelte Abbildung, so erhält man $g = 16\,(u^2 + v^2)^2$.

Gegenüber Abschnitt 3.5.1 war in Abschnitt 2.3.4 u mit x und v mit y vertauscht. Schreibt man deshalb Gleichung (2.45) entsprechend um, so erhält man $g = \frac{1}{16\,(u^2+v^2)^2}$.

Worauf ist dieser Unterschied zurückzuführen?

Hinweis:

Man beachte die Ergebnisse von Anhang 6.6.

3.10 Laplaceoperator

Der Laplaceoperator ist gemäß Gleichung (1.12) definiert als
$$\Delta \Phi = div\ grad\ \Phi.$$
Mit der Abkürzung
$$\vec{V} = grad\ \Phi$$
folgt somit
$$\Delta \Phi = div\ \vec{V}.$$
Die letzten beiden Gleichungen lassen sich gemäß den Gleichungen (3.14) bzw. (3.86) folgendermaßen schreiben:
$$\vec{V} = grad\ \Phi = \frac{\partial \Phi}{\partial \theta^i} \vec{g}^i \Rightarrow V_i = \frac{\partial \Phi}{\partial \theta^i}$$
$$\Delta \Phi = div\ \vec{V} = \frac{1}{\sqrt{g}} \frac{\partial}{\partial \theta^k} \left(\sqrt{g}\, V^k\right) = \frac{1}{\sqrt{g}} \frac{\partial}{\partial \theta^k} \left(\sqrt{g}\, g^{ki} V_i\right)$$
Wir setzen die vorletzte Gleichung in die letzte ein und erhalten:
$$\Delta \Phi = \frac{1}{\sqrt{g}} \frac{\partial}{\partial \theta^k} \left(\sqrt{g}\, g^{ki} \frac{\partial \Phi}{\partial \theta^i}\right) \qquad (3.87)$$
Damit ist der Laplaceoperator in krummlinigen Koordinaten bestimmt.

3.10. LAPLACEOPERATOR

Tabelle 3.3: Kartesische Koordinaten, Zylinder- und Kugelkoordinaten

	Kartes. Koordinaten	Zylinderkoordinaten	Kugelkoordinaten
x	x	$\rho \cos \varphi$ (1.19)	$r \cos \varphi \sin \vartheta$ (1.22)
y	y	$\rho \sin \varphi$ (1.20)	$r \sin \varphi \sin \vartheta$ (1.23)
z	z	z (1.21)	$r \cos \vartheta$ (1.24)
ρ	$\sqrt{x^2 + y^2}$ (7.1)	ρ	$r \sin \vartheta$ (7.95)
φ	$arctan\frac{y}{x}+$ $+\begin{cases} 0 & \text{für } x\geq 0 \text{ und } y\geq 0 \\ \pi & \text{für } x<0 \\ 2\pi & \text{für } x\geq 0 \text{ und } y<0 \end{cases}$ (7.2)	φ	φ (7.96)
z	z (1.21)	z	$r \cos \vartheta$ (7.97)
r	$\sqrt{x^2 + y^2 + z^2}$ (7.4)	$\sqrt{\rho^2 + z^2}$ (7.98)	r
ϑ	$arctan\frac{\sqrt{x^2+y^2}}{z}+$ $+\begin{cases} 0 & \text{für } z\geq 0 \\ \pi & \text{für } z<0 \end{cases}$ (7.5)	$arctan\frac{\rho}{z}+$ $+\begin{cases} 0 & \text{für } z\geq 0 \text{ und } \rho\geq 0 \\ \pi & \text{für } z<0 \\ 2\pi & \text{für } z\geq 0 \text{ und } \rho<0 \end{cases}$ (7.99)	ϑ
φ	$arctan\frac{y}{x}+$ $+\begin{cases} 0 & \text{für } x\geq 0 \text{ und } y\geq 0 \\ \pi & \text{für } x<0 \\ 2\pi & \text{für } x\geq 0 \text{ und } y<0 \end{cases}$ (7.6)	φ (7.96)	φ

Tabelle 3.4: Einheitsvektoren in kartesischen Koordinaten, Zylinder- und Kugelkoordinaten

	Kartes. Koordinaten	Zylinderkoordinaten	Kugelkoordinaten
$\vec{e}_x$	$\vec{e}_x$	$\cos\varphi\,\vec{e}_\rho - \sin\varphi\,\vec{e}_\varphi$ (7.71)	$\cos\varphi\sin\vartheta\,\vec{e}_r +$ $+\cos\varphi\cos\vartheta\,\vec{e}_\vartheta - \sin\varphi\,\vec{e}_\varphi$ (7.58)
$\vec{e}_y$	$\vec{e}_y$	$\sin\varphi\,\vec{e}_\rho + \cos\varphi\,\vec{e}_\varphi$ (7.72)	$\sin\varphi\sin\vartheta\,\vec{e}_r +$ $+\sin\varphi\cos\vartheta\,\vec{e}_\vartheta + \cos\varphi\,\vec{e}_\varphi$ (7.59)
$\vec{e}_z$	$\vec{e}_z$	$\vec{e}_z$ (7.70)	$\cos\vartheta\,\vec{e}_r - \sin\vartheta\,\vec{e}_\vartheta$ (7.60)
$\vec{e}_\rho$	$\cos\varphi\,\vec{e}_x + \sin\varphi\,\vec{e}_y$ (7.68)	$\vec{e}_\rho$	$\sin\vartheta\,\vec{e}_r + \cos\vartheta\,\vec{e}_\vartheta$ (7.110)
$\vec{e}_\varphi$	$-\sin\varphi\,\vec{e}_x + \cos\varphi\,\vec{e}_y$ (7.69)	$\vec{e}_\varphi$	$\vec{e}_\varphi$ (7.109)
$\vec{e}_z$	$\vec{e}_z$ (7.70)	$\vec{e}_z$	$\cos\vartheta\,\vec{e}_r - \sin\vartheta\,\vec{e}_\vartheta$ (7.111)
$\vec{e}_r$	$\cos\varphi\sin\vartheta\,\vec{e}_x +$ $\sin\varphi\sin\vartheta\,\vec{e}_y + \cos\vartheta\,\vec{e}_z$ (7.54)	$\sin\vartheta\,\vec{e}_\rho + \cos\vartheta\,\vec{e}_z$ (7.107)	$\vec{e}_r$
$\vec{e}_\vartheta$	$\cos\varphi\cos\vartheta\,\vec{e}_x +$ $\sin\varphi\cos\vartheta\,\vec{e}_y - \sin\vartheta\,\vec{e}_z$ (7.55)	$\cos\vartheta\,\vec{e}_\rho - \sin\vartheta\,\vec{e}_z$ (7.108)	$\vec{e}_\vartheta$
$\vec{e}_\varphi$	$-\sin\varphi\,\vec{e}_x + \cos\varphi\,\vec{e}_y$ (7.56)	$\vec{e}_\varphi$ (7.109)	$\vec{e}_\varphi$

3.10. LAPLACEOPERATOR

Tabelle 3.5: Differentialoperatoren in kartesischen Koordinaten, Zylinder- und Kugelkoordinaten

	Kartes. Koordinaten	Zylinderkoordinaten	Kugelkoordinaten
∇	$\vec{e}_x \frac{\partial}{\partial x} + \vec{e}_y \frac{\partial}{\partial y} + \vec{e}_z \frac{\partial}{\partial z}$ (1.4)	$\vec{e}_\rho \frac{\partial}{\partial \rho} + \vec{e}_\varphi \frac{1}{\rho} \frac{\partial}{\partial \varphi} + \vec{e}_z \frac{\partial}{\partial z}$ (7.82)	$\vec{e}_r \frac{\partial}{\partial r} + \vec{e}_\vartheta \frac{1}{r} \frac{\partial}{\partial \vartheta} + \vec{e}_\varphi \frac{1}{r \sin \vartheta} \frac{\partial}{\partial \varphi}$ (1.42)
$grad\ \Phi$	$\frac{\partial \Phi}{\partial x} \vec{e}_x + \frac{\partial \Phi}{\partial y} \vec{e}_y + \frac{\partial \Phi}{\partial z} \vec{e}_z$ (1.5)	$\frac{\partial \Phi}{\partial \rho} \vec{e}_\rho + \frac{1}{\rho} \frac{\partial \Phi}{\partial \varphi} \vec{e}_\varphi + \frac{\partial \Phi}{\partial z} \vec{e}_z$ (7.81)	$\vec{e}_r \frac{\partial \Phi}{\partial r} + \vec{e}_\vartheta \frac{1}{r} \frac{\partial \Phi}{\partial \vartheta} + \vec{e}_\varphi \frac{1}{r \sin \vartheta} \frac{\partial \Phi}{\partial \varphi}$ (1.37)
$div\ \vec{V}$	$\frac{\partial V_x}{\partial x} + \frac{\partial V_y}{\partial y} + \frac{\partial V_z}{\partial z}$ (1.6)	$\frac{\partial V_\rho}{\partial \rho} + \frac{1}{\rho} \frac{\partial V_\varphi}{\partial \varphi} + \frac{\partial V_z}{\partial z} + \frac{1}{\rho} V_\rho$ (7.87)	$\frac{\partial V_r}{\partial r} + \frac{\partial V_\vartheta}{\partial \vartheta} \frac{1}{r} + \frac{\partial V_\varphi}{\partial \varphi} \frac{1}{r \sin \vartheta} +$ $+ V_r \frac{2}{r} + V_\vartheta \frac{\cot \vartheta}{r}$ (1.38)
$rot\ \vec{V}$	$\vec{e}_x \left(\frac{\partial V_z}{\partial y} - \frac{\partial V_y}{\partial z} \right) +$ $+ \vec{e}_y \left(\frac{\partial V_x}{\partial z} - \frac{\partial V_z}{\partial x} \right) +$ $+ \vec{e}_z \left(\frac{\partial V_y}{\partial x} - \frac{\partial V_x}{\partial y} \right)$ (1.7)	$\vec{e}_\rho \left(\frac{1}{\rho} \frac{\partial V_z}{\partial \varphi} - \frac{\partial V_\varphi}{\partial z} \right) +$ $+ \vec{e}_\varphi \left(\frac{\partial V_\rho}{\partial z} - \frac{\partial V_z}{\partial \rho} \right) +$ $+ \vec{e}_z \left(\frac{\partial V_\varphi}{\partial \rho} + \frac{1}{\rho} V_\varphi -\right.$ $\left. - \frac{1}{\rho} \frac{\partial V_\rho}{\partial \varphi} \right)$ (7.90)	$\vec{e}_r \left(\frac{1}{r} \frac{\partial V_\varphi}{\partial \vartheta} + \frac{\cot \vartheta}{r} V_\varphi - \right.$ $\left. - \frac{1}{r \sin \vartheta} \frac{\partial V_\vartheta}{\partial \varphi} \right) +$ $+ \vec{e}_\vartheta \left(\frac{1}{r \sin \vartheta} \frac{\partial V_r}{\partial \varphi} -\right.$ $\left. - \frac{\partial V_\varphi}{\partial r} - \frac{1}{r} V_\varphi \right) +$ $+ \vec{e}_\varphi \left(\frac{\partial V_\vartheta}{\partial r} + \frac{1}{r} V_\vartheta - \frac{1}{r} \frac{\partial V_r}{\partial \vartheta} \right)$ (1.40)
$\Delta \Phi$	$\frac{\partial^2 \Phi}{\partial x^2} + \frac{\partial^2 \Phi}{\partial y^2} + \frac{\partial^2 \Phi}{\partial z^2}$ (1.12)	$\frac{\partial^2 \Phi}{\partial \rho^2} + \frac{1}{\rho} \frac{\partial \Phi}{\partial \rho} + \frac{1}{\rho^2} \frac{\partial^2 \Phi}{\partial \varphi^2} + \frac{\partial^2 \Phi}{\partial z^2}$ (7.93)	$\frac{\partial^2 \Phi}{\partial r^2} + \frac{1}{r^2} \frac{\partial^2 \Phi}{\partial \vartheta^2} + \frac{\partial^2 \Phi}{\partial \varphi^2} \frac{1}{r^2 \sin^2 \vartheta} +$ $+ \frac{\partial \Phi}{\partial r} \frac{2}{r} + \frac{\partial \Phi}{\partial \vartheta} \frac{\cot \vartheta}{r^2}$ (1.41)

3.10.1 Laplaceoperator in Kugelkoordinaten

Um den Laplaceoperator in Kugelkoordinaten aus Gleichung (3.87) zu errechnen, benötigen wir lediglich die Metrikkoeffizienten aus den Gleichungen (3.39) und (3.40). Aus der ersten folgt

$$g = det(g_{ik}) = r^4 \sin^2\vartheta$$

Setzt man dies in Gleichung (3.87) ein, so folgt:

$$\Delta\Phi = \frac{1}{r^2 \sin\vartheta} \frac{\partial}{\partial\theta^k}\left(r^2 \sin\vartheta \, g^{ki}\frac{\partial\Phi}{\partial\theta^i}\right)$$

Setzt man nun g^{ik} aus Gleichung (3.40) ein, so folgt:

$$\Delta\Phi = \frac{1}{r^2 \sin\vartheta}\left[\frac{\partial}{\partial r}\left(r^2 \sin\vartheta \frac{\partial\Phi}{\partial r}\right) + \frac{\partial}{\partial\vartheta}\left(\sin\vartheta \frac{\partial\Phi}{\partial\vartheta}\right) + \frac{\partial}{\partial\varphi}\left(\frac{1}{\sin\vartheta}\frac{\partial\Phi}{\partial\varphi}\right)\right]$$

Hierbei wurde ausgenutzt, daß aufgrund der Diagonalstruktur von (g^{ik}) die Koeffizienten g^{ik} nur dann ungleich null sind, wenn $i = k$ gilt. Vereinfacht man die Gleichung, so ergibt sich:

$$\Delta\Phi = \frac{2}{r}\frac{\partial\Phi}{\partial r} + \frac{\partial^2\Phi}{\partial r^2} + \frac{\cot\vartheta}{r^2}\frac{\partial\Phi}{\partial\vartheta} + \frac{1}{r^2}\frac{\partial^2\Phi}{\partial\vartheta^2} + \frac{1}{r^2 \sin^2\vartheta}\frac{\partial^2\Phi}{\partial\varphi^2}$$

Damit erhalten wir das Ergebnis (1.41) aus Abschnitt 1.1.5.4 auf einem viel einfacheren Wege.

3.10.2 Laplaceoperator in Zylinderkoordinaten

Die Berechnung des Laplaceoperators in Zylinderkoordinaten erfolgt völlig analog zu der in Kugelkoordinaten und sei deshalb dem Leser überlassen:

Übungsaufgabe 3.9   *Anspruch:* ● ○ ○   *Aufwand:* ● ○ ○

Berechnen Sie den Laplaceoperator in Zylinderkoordinaten.

Hinweis:

Lösen Sie zunächst Aufgabe 3.3.

3.11 Transformationseigenschaften

In den vorangegangenen Abschnitten wurde der Übergang von einem kartesischen Koordinatensystem mit den Koordinaten x^i zu einem krummlinigen Koordinatensystem mit den Koordinaten θ^i betrachtet. In diesem Abschnitt soll der allgemeinere Übergang von einem krummlinigen

3.11. TRANSFORMATIONSEIGENSCHAFTEN

Koordinatensystem K mit den Koordinaten θ^i zu einem anderen krummlinigen Koordinatensystem $\bar{K}$ mit den Koordinaten $\bar{\theta}^i$ betrachtet werden. So wie in Abschnitt 1.1.5 die kartesischen Koordinaten x, y und z durch krummlinige Koordinaten θ^1, θ^2, θ^3 ausgedrückt wurden, werden jetzt die krummlinigen[11] Koordinaten θ^i in Abhängigkeit von den krummlinigen Koordinaten $\bar{\theta}^i$ dargestellt:

$$\theta^i = \theta^i(\bar{\theta}^1, \bar{\theta}^2, ..., \bar{\theta}^n) \tag{3.88}$$

Auch die umgekehrte Darstellung ist natürlich möglich:

$$\bar{\theta}^i = \bar{\theta}^i(\theta^1, \theta^2, ..., \theta^n) \tag{3.89}$$

Eine Analyse der Eigenschaften solcher Transformationen wird auf den Tensorbegriff führen.

3.11.1 Transformation der Basisvektoren

Wir betrachten die Basisvektoren $\vec{g}_k$ gemäß Gleichung (3.4):

$$\vec{g}_k = \frac{\partial x^i}{\partial \theta^k} \vec{e}_i$$

Nun gehen wir davon aus, daß die θ^i in Abhängigkeit von den $\bar{\theta}^i$ und umgekehrt ausgedrückt werden können. Dann kann man die Kettenregel anwenden:

$$\vec{g}_k = \frac{\partial \bar{\theta}^l}{\partial \theta^k} \frac{\partial x^i}{\partial \bar{\theta}^l} \vec{e}_i \tag{3.90}$$

Analog zu Gleichung (3.4) sind natürlich die Basisvektoren des zweiten Koordinatensystems definiert:

$$\vec{\bar{g}}_k = \frac{\partial x^i}{\partial \bar{\theta}^k} \vec{e}_i \tag{3.91}$$

Aus Gleichung (3.90) folgt hiermit:

$$\vec{g}_k = \frac{\partial \bar{\theta}^l}{\partial \theta^k} \vec{\bar{g}}_l$$

Wir definieren den Transformationskoeffizienten

$$\boxed{\bar{a}_k^l = \frac{\partial \bar{\theta}^l}{\partial \theta^k}} \tag{3.92}$$

und erhalten:

$$\boxed{\vec{g}_k = \bar{a}_k^l \vec{\bar{g}}_l} \tag{3.93}$$

---

[11] Der Begriff „krummlinige Koordinaten" soll als Oberbegriff verstanden werden — er schließt also auch kartesische oder affine Koordinaten mit ein.

Nun gehen wir von Gleichung (3.91) aus und wenden die Kettenregel an:

$$\vec{\bar{g}}_k = \frac{\partial x^i}{\partial \bar{\theta}^k} \vec{e}_i = \frac{\partial \theta^l}{\partial \bar{\theta}^k} \frac{\partial x^i}{\partial \theta^l} \vec{e}_i$$

Gemäß Gleichung (3.4) folgt hieraus:

$$\vec{\bar{g}}_k = \frac{\partial \theta^l}{\partial \bar{\theta}^k} \vec{g}_l$$

Analog zu $\bar{a}_k^l$ definieren wir nun den Transformationskoeffizienten

$$\boxed{\underline{a}_k^l = \frac{\partial \theta^l}{\partial \bar{\theta}^k}} \tag{3.94}$$

und erhalten:

$$\boxed{\vec{\bar{g}}_k = \underline{a}_k^l \vec{g}_l} \tag{3.95}$$

Die gleichen Schritte wie soeben für $\vec{g}_k$ und $\vec{\bar{g}}_k$ werden nun für $\vec{g}^k$ und $\vec{\bar{g}}^k$ durchgeführt. Gemäß Gleichung (3.17) gelten die Beziehungen:

$$\vec{g}^k = \frac{\partial \theta^k}{\partial x^i} \vec{e}^i \qquad \vec{\bar{g}}^k = \frac{\partial \bar{\theta}^k}{\partial x^i} \vec{e}^i \tag{3.96}$$

Anwendung der Kettenregel liefert jeweils:

$$\vec{g}^k = \frac{\partial \theta^k}{\partial \bar{\theta}^l} \frac{\partial \bar{\theta}^l}{\partial x^i} \vec{e}^i \qquad \vec{\bar{g}}^k = \frac{\partial \bar{\theta}^k}{\partial \theta^l} \frac{\partial \theta^l}{\partial x^i} \vec{e}^i$$

$$\Rightarrow \vec{g}^k = \underline{a}_l^k \frac{\partial \bar{\theta}^l}{\partial x^i} \vec{e}^i \qquad \vec{\bar{g}}^k = \bar{a}_l^k \frac{\partial \theta^l}{\partial x^i} \vec{e}^i$$

Durch Vergleich mit den Gleichungen (3.96) folgt jeweils:

$$\boxed{\vec{g}^k = \underline{a}_l^k \vec{\bar{g}}^l} \tag{3.97}$$

$$\boxed{\vec{\bar{g}}^k = \bar{a}_l^k \vec{g}^l} \tag{3.98}$$

Aus der Definition von $\bar{a}_k^l$ und $\underline{a}_k^l$ geht unmittelbar hervor, daß $\underline{a}_k^l \bar{a}_l^i = \frac{\partial \theta^l}{\partial \bar{\theta}^k} \frac{\partial \bar{\theta}^i}{\partial \theta^l} = \delta_k^i$ gelten muß. Dies kann man auch zeigen, indem man Gleichung (3.93) in Gleichung (3.95) einsetzt:

$$\vec{\bar{g}}_k = \underline{a}_k^l \bar{a}_l^m \vec{\bar{g}}_m$$

Wir bilden das Skalarprodukt mit $\vec{\bar{g}}^i$ und erhalten:

$$\delta_k^i = \underline{a}_k^l \bar{a}_l^m \delta_m^i$$

3.11. TRANSFORMATIONSEIGENSCHAFTEN

Daraus folgt, wie schon erwähnt:

$$\boxed{\underline{a}_k^l \bar{a}_l^i = \delta_k^i} \qquad (3.99)$$

Umgekehrt kann man auch Gleichung (3.95) in Gleichung (3.93) einsetzen und erhält:

$$\vec{g}_k = \bar{a}_k^l \underline{a}_l^m \vec{g}_m$$

Das Skalarprodukt mit $\vec{g}^i$ liefert:

$$\delta_k^i = \bar{a}_k^l \underline{a}_l^m \delta_m^i$$

$$\Rightarrow \boxed{\bar{a}_k^l \underline{a}_l^i = \delta_k^i} \qquad (3.100)$$

Übungsaufgabe 3.10   *Anspruch:* ● ● ○   *Aufwand:* ● ● ●

Nehmen Sie an, daß es sich beim Koordinatensystem $\bar{K}$ um ein Zylinderkoordinaten- und beim Koordinatensystem K um ein Kugelkoordinatensystem handelt[12]. Gehen Sie zunächst davon aus, daß es sich beim Winkel φ' des Zylinderkoordinatensystems um einen anderen Winkel handeln könnte als beim Winkel φ des Kugelkoordinatensystems. Bestimmen Sie

1. die Zylinderkoordinaten ρ, φ' und z in Abhängigkeit von den Kugelkoordinaten r, ϑ und φ,

2. die Kugelkoordinaten r, ϑ und φ in Abhängigkeit von den Zylinderkoordinaten ρ, φ' und z,

3. die kovarianten Basisvektoren des Kugelkoordinatensystems aus denen des Zylinderkoordinatensystems und

4. die Einheitsvektoren des Kugelkoordinatensystems aus denen des Zylinderkoordinatensystems sowie

5. die Einheitsvektoren des Zylinderkoordinatensystems aus denen des Kugelkoordinatensystems.

Hinweis:

Lösen Sie zunächst die Aufgaben 3.1 und 3.2.

---

[12]Unter dem Koordinatensystem $\bar{K}$ verstehen wir in diesem Buch ein Koordinatensystem, dessen Koordinaten $\bar{\theta}^i$ durch einen Querstrich gekennzeichnet sind, während die Koordinaten θ^i des Koordinatensystems K nicht speziell markiert sein sollen.

3.11.2 Transformation der Komponenten eines Vektors

Ein Vektor $\vec{V}$ läßt sich in beiden betrachteten Koordinatensystemen durch die jeweiligen kovarianten Basisvektoren ausdrücken:

$$\vec{V} = V^k \vec{g}_k = \bar{V}^k \vec{\bar{g}}_k \tag{3.101}$$

Mit Gleichung (3.93) folgt hieraus:

$$V^k \bar{a}_k^l \vec{\bar{g}}_l = \bar{V}^k \vec{\bar{g}}_k$$

Wir bilden das Skalarprodukt mit $\vec{\bar{g}}^i$ und erhalten:

$$V^k \bar{a}_k^l \delta_l^i = \bar{V}^k \delta_k^i$$

$$\Rightarrow \boxed{\bar{V}^i = \bar{a}_k^i V^k} \tag{3.102}$$

Analog folgt aus Gleichung (3.101), wenn man Gleichung (3.95) einsetzt:

$$V^k \vec{g}_k = \bar{V}^k \underline{a}_k^l \vec{g}_l$$

Das Skalarprodukt mit $\vec{g}^i$ liefert:

$$V^k \delta_k^i = \bar{V}^k \underline{a}_k^l \delta_l^i$$

$$\Rightarrow \boxed{V^i = \underline{a}_k^i \bar{V}^k} \tag{3.103}$$

Derselbe Vektor läßt sich natürlich auch durch die kontravarianten Basisvektoren ausdrücken:

$$\vec{V} = V_k \vec{g}^k = \bar{V}_k \vec{\bar{g}}^k \tag{3.104}$$

Wir setzen Gleichung (3.97) ein und erhalten:

$$V_k \underline{a}_l^k \vec{\bar{g}}^l = \bar{V}_k \vec{\bar{g}}^k$$

Das Skalarprodukt mit $\vec{\bar{g}}_i$ lautet:

$$V_k \underline{a}_l^k \delta_i^l = \bar{V}_k \delta_i^k$$

$$\Rightarrow \boxed{\bar{V}_i = \underline{a}_i^k V_k} \tag{3.105}$$

Analog liefert das Einsetzen von Gleichung (3.98) in Gleichung (3.104):

$$V_k \vec{g}^k = \bar{V}_k \bar{a}_l^k \vec{g}^l$$

Das Skalarprodukt mit $\vec{g}_i$ lautet schließlich:

$$V_k \delta_i^k = \bar{V}_k \bar{a}_l^k \delta_i^l$$

$$\Rightarrow \boxed{V_i = \bar{a}_i^k \bar{V}_k} \tag{3.106}$$

3.11. TRANSFORMATIONSEIGENSCHAFTEN

Tabelle 3.6: Transformationsverhalten von Vektoren und Metrikkoeffizienten

$\vec{V} = V^k \vec{g}_k = \bar{V}^k \vec{\bar{g}}_k = V_k \vec{g}^k = \bar{V}_k \vec{\bar{g}}^k$			
$\bar{a}_i^k = \frac{\partial \bar{\theta}^k}{\partial \theta^i}$	(3.92)	$\underline{a}_i^k = \frac{\partial \theta^k}{\partial \bar{\theta}^i}$	(3.94)
$\underline{a}_k^l \bar{a}_l^i = \delta_k^i$	(3.99)	$\bar{a}_k^l \underline{a}_l^i = \delta_k^i$	(3.100)
$\vec{g}_i = \bar{a}_i^k \vec{\bar{g}}_k$	(3.93)	$\vec{\bar{g}}_i = \underline{a}_i^k \vec{g}_k$	(3.95)
$\vec{g}^i = \underline{a}_k^i \vec{\bar{g}}^k$	(3.97)	$\vec{\bar{g}}^i = \bar{a}_k^i \vec{g}^k$	(3.98)
$V_i = \bar{a}_i^k \bar{V}_k$	(3.106)	$\bar{V}_i = \underline{a}_i^k V_k$	(3.105)
$V^i = \underline{a}_k^i \bar{V}^k$	(3.103)	$\bar{V}^i = \bar{a}_k^i V^k$	(3.102)
$g_{ik} = \bar{a}_i^l \bar{a}_k^m \bar{g}_{lm}$	(3.107)	$\bar{g}_{ik} = \underline{a}_i^l \underline{a}_k^m g_{lm}$	(3.110)
$g^{ik} = \underline{a}_l^i \underline{a}_m^k \bar{g}^{lm}$	(3.108)	$\bar{g}^{ik} = \bar{a}_l^i \bar{a}_m^k g^{lm}$	(3.109)

3.11.3 Transformation der Metrikkoeffizienten

Setzt man in die Definitionsgleichungen (3.27)

$$g_{ik} = \vec{g}_i \cdot \vec{g}_k$$

bzw. (3.21)

$$g^{ik} = \vec{g}^i \cdot \vec{g}^k$$

die Transformationsgleichungen (3.93) bzw. (3.97) für die Basisvektoren ein, so erhält man unmittelbar die Transformationsgleichungen für die Metrikkoeffizienten:

$$g_{ik} = \vec{g}_i \cdot \vec{g}_k = \bar{a}_i^l \vec{\bar{g}}_l \cdot \bar{a}_k^m \vec{\bar{g}}_m$$

$$\Rightarrow \boxed{g_{ik} = \bar{a}_i^l \bar{a}_k^m \bar{g}_{lm}} \tag{3.107}$$

$$g^{ik} = \vec{g}^i \cdot \vec{g}^k = \underline{a}_l^i \vec{\bar{g}}^l \cdot \underline{a}_m^k \vec{\bar{g}}^m$$

$$\Rightarrow \boxed{g^{ik} = \underline{a}_l^i \underline{a}_m^k \bar{g}^{lm}} \tag{3.108}$$

Beim jeweils letzten Schritt wurde ausgenutzt, daß im Koordinatensystem $\bar{K}$ völlig analog zu K die Beziehungen

$$\bar{g}_{ik} = \vec{\bar{g}}_i \cdot \vec{\bar{g}}_k$$

und

$$\bar{g}^{ik} = \vec{\bar{g}}^i \cdot \vec{\bar{g}}^k$$

gelten. Dies ist deswegen selbstverständlich, weil die Zuordnung, welches Koordinatensystem man mit K und welches man mit $\bar{K}$ bezeichnet, willkürlich ist. K und $\bar{K}$ sind also gleichberechtigt, und in beiden Fällen müssen analoge Gleichungen gelten.

Ersetzt man in Gleichung (3.98)

$$\vec{\bar{g}}^k = \bar{a}^k_l \vec{g}^l$$

die Indizes k durch i und l durch m, so erhält man:

$$\vec{\bar{g}}^i = \bar{a}^i_m \vec{g}^m$$

Das Skalarprodukt dieser beiden Gleichungen liefert:

$$\bar{g}^{ik} = \bar{a}^i_m \, \bar{a}^k_l \, g^{ml}$$

Vertauscht man wegen der Reihenfolge im Alphabet nun noch l und m, so erhält man:

$$\boxed{\bar{g}^{ik} = \bar{a}^i_l \, \bar{a}^k_m \, g^{lm}} \qquad (3.109)$$

Ebenso kann man in Gleichung (3.95)

$$\vec{\bar{g}}_k = \underline{a}^l_k \vec{g}_l$$

die Indizes k durch i und l durch m ersetzen:

$$\vec{\bar{g}}_i = \underline{a}^m_i \vec{g}_m$$

Das Skalarprodukt der letzten beiden Gleichungen liefert dann:

$$\bar{g}_{ik} = \underline{a}^m_i \, \underline{a}^l_k \, g_{ml}$$

Auch hier vertauschen wir l und m:

$$\boxed{\bar{g}_{ik} = \underline{a}^l_i \, \underline{a}^m_k \, g_{lm}} \qquad (3.110)$$

Die in den letzten Abschnitten hergeleiteten Beziehungen sind in Tabelle 3.6 zusammengefaßt. Aus rein ästhetischen Gründen wurden hierbei noch einige Indizes umbenannt. Dadurch kann es vorkommen, daß Formeln im Text nicht exakt mit den Tabellenformeln übereinstimmen, was aber für den mit den Umbenennungen inzwischen vertrauten Leser kein Problem darstellen sollte.

3.12 Kovariante Ableitung von Vektorkomponenten

Wir wollen nun einen Vektor $\vec{V} = V^i \vec{g}_i$ partiell nach einer Koordinatenvariable ableiten:

$$\frac{\partial \vec{V}}{\partial \theta^l} = \frac{\partial}{\partial \theta^l} \left(V^i \vec{g}_i \right)$$

3.12. KOVARIANTE ABLEITUNG VON VEKTORKOMPONENTEN

$$\begin{aligned} &= \frac{\partial V^i}{\partial \theta^l}\vec{g}_i + V^i\frac{\partial \vec{g}_i}{\partial \theta^l} \\ &= \frac{\partial V^i}{\partial \theta^l}\vec{g}_i + V^i\Gamma^k_{il}\vec{g}_k \end{aligned}$$

Beim letzten Rechenschritt wurde von Gleichung (3.56) Gebrauch gemacht. Im zweiten Term vertauschen wir nun k und i, um $\vec{g}_i$ ausklammern zu können:

$$\begin{aligned} \frac{\partial \vec{V}}{\partial \theta^l} &= \frac{\partial V^i}{\partial \theta^l}\vec{g}_i + V^k\Gamma^i_{kl}\vec{g}_i \\ &= \left(\frac{\partial V^i}{\partial \theta^l} + V^k\Gamma^i_{kl}\right)\vec{g}_i \end{aligned}$$

Wir definieren nun

$$\boxed{V^i|_l = \frac{\partial V^i}{\partial \theta^l} + V^k\Gamma^i_{kl}} \qquad (3.111)$$

und erhalten damit:

$$\boxed{\frac{\partial \vec{V}}{\partial \theta^l} = V^i|_l\,\vec{g}_i} \qquad (3.112)$$

Den soeben definierten Ausdruck $V^i|_l$ nennen wir die kovariante Ableitung. Wie man sieht, unterscheidet sich die kovariante Ableitung von der partiellen Ableitung durch den Term $V^k\Gamma^i_{kl}$.

Wir können den Vektor $\vec{V}$ natürlich auch gemäß $\vec{V} = V_i\vec{g}^i$ durch seine kovarianten Komponenten darstellen. Dann erhält man analog zu oben:

$$\begin{aligned} \frac{\partial \vec{V}}{\partial \theta^l} &= \frac{\partial}{\partial \theta^l}\left(V_i\vec{g}^i\right) \\ &= \frac{\partial V_i}{\partial \theta^l}\vec{g}^i + V_i\frac{\partial \vec{g}^i}{\partial \theta^l} \\ &= \frac{\partial V_i}{\partial \theta^l}\vec{g}^i - V_i\Gamma^i_{kl}\vec{g}^k \end{aligned}$$

Im letzten Schritt wurde von Gleichung (3.63) Gebrauch gemacht. Im zweiten Term vertauschen wir wieder k und i, um $\vec{g}^i$ ausklammern zu können:

$$\begin{aligned} \frac{\partial \vec{V}}{\partial \theta^l} &= \frac{\partial V_i}{\partial \theta^l}\vec{g}^i - V_k\Gamma^k_{il}\vec{g}^i \\ &= \left(\frac{\partial V_i}{\partial \theta^l} - V_k\Gamma^k_{il}\right)\vec{g}^i \end{aligned}$$

Mit der Definition

$$\boxed{V_i|_l = \frac{\partial V_i}{\partial \theta^l} - V_k\Gamma^k_{il}} \qquad (3.113)$$

erhalten wir:

$$\boxed{\frac{\partial \vec{V}}{\partial \theta^l} = V_i|_l\, \vec{g}^i}\qquad(3.114)$$

Wir haben nun die partielle Ableitung $\frac{\partial \vec{V}}{\partial \theta^l}$ gemäß Gleichung (3.112) durch die kovarianten Basisvektoren und gemäß Gleichung (3.114) durch die kontravarianten Basisvektoren ausgedrückt. Indem wir nun die rechten Seiten dieser beiden Gleichungen gleichsetzen, erhalten wir eine Rechenvorschrift zur Umrechnung von $V_i|_l$ in $V^i|_l$:

$$V^i|_l\, \vec{g}_i = V_i|_l\, \vec{g}^i \qquad(3.115)$$

Skalare Multiplikation dieser Gleichung mit $\vec{g}^k$ liefert wegen $\vec{g}^k \cdot \vec{g}_i = \delta_i^k$ und $\vec{g}^k \cdot \vec{g}^i = g^{ki}$:

$$\boxed{V^k|_l = g^{ik}\, V_i|_l} \qquad(3.116)$$

Analog erhält man durch skalare Multiplikation der Gleichung (3.115) mit $\vec{g}_k$:

$$\boxed{V_k|_l = g_{ik}\, V^i|_l} \qquad(3.117)$$

Wir sehen also, daß sich die Indizes vor dem Ableitungsstrich mit Hilfe der Metrikkoeffizienten heben und senken lassen. Vergleicht man dies mit den Gleichungen (3.31) und (3.32), so stellt man fest, daß sich die Indizes vor dem Ableitungsstrich heben und senken lassen, als ob der Ableitungsstrich und der nachfolgende Index gar nicht vorhanden wäre. Um in der Schreibweise möglichst flexibel zu sein, definieren wir nun kovariante Ableitungen, bei denen der Index hinter dem Ableitungsstrich oben steht, wobei gefordert werden soll, daß das Heben und Senken von Indizes hinter dem Ableitungsstrich genauso wie das Heben und Senken von Indizes vor dem Ableitungsstrich erfolgt:

$$\boxed{V^k|^l = g^{il}\, V^k|_i} \qquad(3.118)$$

$$\boxed{V_k|^l = g^{il}\, V_k|_i} \qquad(3.119)$$

Indem wir diese Gleichungen mit g_{lm} multiplizieren, erhalten wir wegen $g^{il}\, g_{lm} = \delta_m^i$ die Umkehrungen:

$$\boxed{V^k|_m = g_{lm} V^k|^l} \qquad(3.120)$$

$$\boxed{V_k|_m = g_{lm} V_k|^l} \qquad(3.121)$$

Wir setzen nun die aus Gleichung (3.116) folgende Beziehung

$$V^k|_i = g^{mk}\, V_m|_i$$

3.13. KOVARIANTE ABLEITUNG EINES SKALARS

in Gleichung (3.118) ein und erhalten:

$$V^k|^l = g^{il}\, g^{mk}\, V_m|_i$$

Einsetzen der aus Gleichung (3.121) folgenden Beziehung

$$V_m|_i = g_{ni}\, V_m|^n$$

liefert:

$$V^k|^l = g^{il}\, g^{mk}\, g_{ni}\, V_m|^n = \delta^l_n\, g^{mk}\, V_m|^n$$

$$\Rightarrow \boxed{V^k|^l = g^{mk}\, V_m|^l} \qquad (3.122)$$

Schließlich multipliziert man diese Gleichung mit g_{ik} und erhält wegen $g^{mk}\, g_{ik} = \delta^m_i$ die Umkehrung:

$$\boxed{V_i|^l = g_{ik}\, V^k|^l} \qquad (3.123)$$

Betrachtet man nun die Gleichungen (3.116) bis (3.123), so stellt man folgendes fest:

Regel 3.12 *Steht vor oder hinter dem Ableitungsstrich*

- *ein Index i **oben**, so kann man ihn durch Multiplikation mit g_{ik} in einen **unteren** Index k verwandeln.*

- *ein Index i **unten**, so kann man ihn durch Multiplikation mit g^{ik} in einen **oberen** Index k verwandeln.*

Mit den acht genannten Gleichungen wird diese Regel für alle möglichen Indexpositionen verifiziert; die Indizes vor und hinter dem Ableitungsstrich können nämlich entweder oben oder unten stehen, was auf vier Kombinationsmöglichkeiten führt. Je nachdem, ob man den vorderen oder hinteren Index hebt bzw. senkt, ergibt sich dann eine von zwei zusätzlichen Wahlmöglichkeiten.

Für das Heben und Senken von Indizes braucht man also gar nicht darauf zu achten, ob der jeweilige Index vor oder hinter dem Ableitungsstrich steht. Des weiteren erfolgt das Heben und Senken von Indizes exakt in der gleichen Weise wie bei Vektorkomponenten (s. Gleichungen (3.31) und (3.32)).

3.13 Kovariante Ableitung eines Skalars

Soeben hatten wir die kovariante Ableitung von Vektorkomponenten gemäß Gleichung (3.111) definiert als:

$$V^i|_l = \frac{\partial V^i}{\partial \theta^l} + V^k \Gamma^i_{kl}$$

Um den Begriff „Ableitung" rechtfertigen zu können, fordern wir nun, daß folgende Produktregel für die kovariante Ableitung gelten soll:

$$(\Phi V^i)|_l = \Phi|_l V^i + \Phi V^i|_l \tag{3.124}$$

Eine solche Definition ist möglich, da wir bisher den Ausdruck $\Phi|_l$, also die kovariante Ableitung eines Skalars noch nicht definiert hatten. In der letzten Gleichung taucht sowohl auf der linken Seite als auch als zweiter Term auf der rechten Seite die kovariante Ableitung von Vektorkomponenten auf. Wir setzen nun auf beiden Seiten die Definitionsgleichung (3.111) für die kovariante Ableitung von Vektorkomponenten ein und erhalten:

$$\frac{\partial(\Phi V^i)}{\partial \theta^l} + \Phi V^k \Gamma^i_{kl} = \Phi|_l V^i + \Phi \left(\frac{\partial V^i}{\partial \theta^l} + V^k \Gamma^i_{kl} \right)$$

Auf der linken Seite läßt sich die Produktregel für partielle Ableitungen anwenden:

$$V^i \frac{\partial \Phi}{\partial \theta^l} + \Phi \frac{\partial V^i}{\partial \theta^l} + \Phi V^k \Gamma^i_{kl} = \Phi|_l V^i + \Phi \frac{\partial V^i}{\partial \theta^l} + \Phi V^k \Gamma^i_{kl}$$

Diese Gleichung — und damit die Produktregel (3.124) — ist für

$$\boxed{\Phi|_l = \frac{\partial \Phi}{\partial \theta^l}} \tag{3.125}$$

immer erfüllt. Bei der kovarianten Ableitung *eines Skalars* handelt es sich also um die partielle Ableitung dieses Skalars. Man beachte aber, daß die kovariante Ableitung *von Vektorkomponenten* keineswegs gleich der partiellen Ableitung von Vektorkomponenten ist, wie Gleichung (3.111) zeigt.

Wir wollen nun feststellen, ob die Produktregel (3.124) in analoger Weise auch für andere Positionen der Indizes gilt. Hierzu multiplizieren wir diese Gleichung mit g_{ik}:

$$g_{ik} (\Phi V^i)|_l = \Phi|_l \, g_{ik} \, V^i + \Phi \, g_{ik} \, V^i|_l$$

Mit Gleichung (3.117) folgt daraus:

$$(\Phi V_k)|_l = \Phi|_l V_k + \Phi V_k|_l \tag{3.126}$$

Da wir $\Phi|^k$ noch nicht definiert hatten, fordern wir die Gültigkeit der Produktregel

$$(\Phi V^i)|^k = \Phi|^k V^i + \Phi V^i|^k \tag{3.127}$$

Gemäß Gleichung (3.118) können wir hierfür schreiben:

$$g^{kl} (\Phi V^i)|_l = \Phi|^k V^i + \Phi \, g^{kl} \, V^i|_l$$

3.14. TRANSFORMATIONSVERHALTEN

Mit Gleichung (3.124) folgt hieraus:

$$g^{kl}\,\Phi|_l V^i + g^{kl}\,\Phi V^i|_l = \Phi|^k V^i + \Phi\,g^{kl}\,V^i|_l$$

$$\Rightarrow g^{kl}\,\Phi|_l V^i = \Phi|^k V^i$$

Diese Beziehung ist für

$$\boxed{\Phi|^k = g^{kl}\,\Phi|_l} \tag{3.128}$$

stets erfüllt. Wir multiplizieren mit g_{ik} und erhalten:

$$g_{ik}\,\Phi|^k = g_{ik} g^{kl}\,\Phi|_l = \delta_i^l \Phi|_l$$

$$\Rightarrow \boxed{\Phi|_i = g_{ik}\,\Phi|^k} \tag{3.129}$$

3.14 Transformationsverhalten

Als nächstes untersuchen wir das Transformationsverhalten der kovarianten Ableitung bei einem Wechsel des Koordinatensystems. Da das Christoffelsymbol und die partielle Ableitung in der kovarianten Ableitung auftauchen, bestimmen wir zunächst das Transformationsverhalten des Christoffelsymbols und danach das der partiellen Ableitung.

3.14.1 Transformationsverhalten des Christoffelsymbols

Gemäß Gleichung (3.59) gilt:

$$\Gamma_{kl}^i = \vec{g}^i \cdot \frac{\partial \vec{g}_k}{\partial \theta^l}$$

Wir transformieren nun die Basisvektoren:

$$\begin{aligned}\Gamma_{kl}^i &= \underline{a}_m^i \vec{\bar{g}}^m \cdot \frac{\partial}{\partial \theta^l}\left(\bar{a}_k^n \vec{\bar{g}}_n\right) \\ &= \underline{a}_m^i \vec{\bar{g}}^m \cdot \left(\frac{\partial \bar{a}_k^n}{\partial \theta^l}\vec{\bar{g}}_n + \bar{a}_k^n \frac{\partial \vec{\bar{g}}_n}{\partial \theta^l}\right)\end{aligned}$$

Wir multiplizieren die Klammer aus und erhalten:

$$\Gamma_{kl}^i = \underline{a}_m^i \vec{\bar{g}}^m \cdot \frac{\partial \bar{a}_k^n}{\partial \theta^l}\vec{\bar{g}}_n + \underline{a}_m^i \vec{\bar{g}}^m \cdot \bar{a}_k^n \frac{\partial \vec{\bar{g}}_n}{\partial \theta^l}$$

Im zweiten Term wenden wir die Kettenregel an:

$$\Gamma_{kl}^i = \underline{a}_m^i \delta_n^m \frac{\partial \bar{a}_k^n}{\partial \theta^l} + \underline{a}_m^i \vec{\bar{g}}^m \cdot \bar{a}_k^n \frac{\partial \bar{\theta}^p}{\partial \theta^l}\frac{\partial \vec{\bar{g}}_n}{\partial \bar{\theta}^p}$$

Das transformierte Christoffelsymbol muß gemäß Gleichung (3.59) die Darstellung

$$\bar{\Gamma}^m_{np} = \vec{\bar{g}}^m \cdot \frac{\partial \vec{\bar{g}}_n}{\partial \bar{\theta}^p}$$

haben, so daß weiter folgt:

$$\Gamma^i_{kl} = \underline{a}^i_m \frac{\partial \bar{a}^m_k}{\partial \theta^l} + \underline{a}^i_m \bar{\Gamma}^m_{np} \bar{a}^n_k \frac{\partial \bar{\theta}^p}{\partial \theta^l}$$

$$\Rightarrow \Gamma^i_{kl} = \underline{a}^i_m \frac{\partial \bar{a}^m_k}{\partial \theta^l} + \underline{a}^i_m \bar{a}^n_k \bar{a}^p_l \bar{\Gamma}^m_{np} \qquad (3.130)$$

Um die Umkehrung dieser Transformationsvorschrift zu erhalten, geht man von der Definition des Christoffelsymbols im Koordinatensystem $\bar{K}$ aus.

Gleichung (3.59) lautet dann:

$$\bar{\Gamma}^i_{kl} = \vec{\bar{g}}^i \cdot \frac{\partial \vec{\bar{g}}_k}{\partial \bar{\theta}^l}$$

Transformiert man nun die Basisvektoren, so erhält man:

$$\begin{aligned}
\bar{\Gamma}^i_{kl} &= \bar{a}^i_m \vec{g}^m \cdot \frac{\partial}{\partial \bar{\theta}^l} \left(\underline{a}^n_k \vec{g}_n \right) = \\
&= \bar{a}^i_m \vec{g}^m \cdot \left(\frac{\partial \underline{a}^n_k}{\partial \bar{\theta}^l} \vec{g}_n + \underline{a}^n_k \frac{\partial \vec{g}_n}{\partial \bar{\theta}^l} \right) = \\
&= \bar{a}^i_m \delta^m_n \frac{\partial \underline{a}^n_k}{\partial \bar{\theta}^l} + \bar{a}^i_m \vec{g}^m \cdot \underline{a}^n_k \frac{\partial \vec{g}_n}{\partial \bar{\theta}^l}
\end{aligned}$$

Im zweiten Term läßt sich die Kettenregel anwenden:

$$\bar{\Gamma}^i_{kl} = \bar{a}^i_n \frac{\partial \underline{a}^n_k}{\partial \bar{\theta}^l} + \bar{a}^i_m \vec{g}^m \cdot \underline{a}^n_k \frac{\partial \vec{g}_n}{\partial \theta^p} \frac{\partial \theta^p}{\partial \bar{\theta}^l}$$

Gemäß Gleichung (3.59) handelt es sich bei dem Ausdruck

$$\vec{g}^m \cdot \frac{\partial \vec{g}_n}{\partial \theta^p}$$

um das Christoffelsymbol Γ^m_{np}, so daß folgt:

$$\bar{\Gamma}^i_{kl} = \bar{a}^i_m \underline{a}^n_k \underline{a}^p_l \, \Gamma^m_{np} + \bar{a}^i_n \frac{\partial \underline{a}^n_k}{\partial \bar{\theta}^l} \qquad (3.131)$$

3.14.2 Transformationsverhalten der partiellen Ableitung

Das Transformationsverhalten der partiellen Ableitung

$$\frac{\partial V^i}{\partial \theta^l}$$

kann man leicht bestimmen, indem man die Transformationsvorschrift

$$V^i = \underline{a}^i_m \bar{V}^m$$

anwendet:

$$\frac{\partial V^i}{\partial \theta^l} = \frac{\partial \underline{a}^i_m}{\partial \theta^l} \bar{V}^m + \underline{a}^i_m \frac{\partial \bar{V}^m}{\partial \theta^l}$$

Mit Hilfe der Kettenregel folgt weiter:

$$\frac{\partial V^i}{\partial \theta^l} = \frac{\partial \underline{a}^i_m}{\partial \theta^l} \bar{V}^m + \underline{a}^i_m \frac{\partial \bar{\theta}^p}{\partial \theta^l} \frac{\partial \bar{V}^m}{\partial \bar{\theta}^p}$$

$$\Rightarrow \frac{\partial V^i}{\partial \theta^l} = \frac{\partial \underline{a}^i_m}{\partial \theta^l} \bar{V}^m + \underline{a}^i_m \bar{a}^p_l \frac{\partial \bar{V}^m}{\partial \bar{\theta}^p} \quad (3.132)$$

3.14.3 Transformationsverhalten der kovarianten Ableitung

Nun setzen wir die Gleichungen (3.130) und (3.132) in die Definition der kovarianten Ableitung (3.111) ein und erhalten:

$$V^i|_l = \frac{\partial \underline{a}^i_m}{\partial \theta^l} \bar{V}^m + \underline{a}^i_m \bar{a}^p_l \frac{\partial \bar{V}^m}{\partial \bar{\theta}^p} + V^k \left(\underline{a}^i_m \frac{\partial \bar{a}^m_k}{\partial \theta^l} + \underline{a}^i_m \bar{a}^n_k \bar{a}^p_l \bar{\Gamma}^m_{np} \right)$$

Mit $V^k = \underline{a}^k_q \bar{V}^q$ folgt weiter:

$$V^i|_l = \frac{\partial \underline{a}^i_m}{\partial \theta^l} \bar{V}^m + \underline{a}^i_m \bar{a}^p_l \frac{\partial \bar{V}^m}{\partial \bar{\theta}^p} + \underline{a}^k_q \bar{V}^q \underline{a}^i_m \frac{\partial \bar{a}^m_k}{\partial \theta^l} + \underline{a}^k_q \bar{V}^q \underline{a}^i_m \bar{a}^n_k \bar{a}^p_l \bar{\Gamma}^m_{np} \quad (3.133)$$

Um diesen Ausdruck zu vereinfachen, leiten wir die Gleichung

$$\bar{a}^m_k \underline{a}^i_m = \delta^i_k$$

nach θ^l ab und erhalten:

$$\frac{\partial \bar{a}^m_k}{\partial \theta^l} \underline{a}^i_m + \bar{a}^m_k \frac{\partial \underline{a}^i_m}{\partial \theta^l} = 0 \quad \Rightarrow \quad \frac{\partial \bar{a}^m_k}{\partial \theta^l} \underline{a}^i_m = -\bar{a}^m_k \frac{\partial \underline{a}^i_m}{\partial \theta^l}$$

Diesen Ausdruck können wir in den dritten Term der Gleichung (3.133) einsetzen und erhalten:

$$V^i|_l = \frac{\partial \underline{a}^i_m}{\partial \theta^l} \bar{V}^m + \underline{a}^i_m \bar{a}^p_l \frac{\partial \bar{V}^m}{\partial \bar{\theta}^p} - \underline{a}^k_q \bar{V}^q \bar{a}^m_k \frac{\partial \underline{a}^i_m}{\partial \theta^l} + \delta^n_q \bar{V}^q \underline{a}^i_m \bar{a}^p_l \bar{\Gamma}^m_{np}$$

Tabelle 3.7: Eigenschaften der kovarianten Ableitung

$\Phi\|_l = \frac{\partial \Phi}{\partial \theta^l}$	(3.125)		
$\Phi\|_i = g_{ik} \Phi\|^k$	(3.129)	$\Phi\|^i = g^{ik} \Phi\|_k$	(3.128)
$V^i\|_l = \frac{\partial V^i}{\partial \theta^l} + V^k \Gamma^i_{kl}$	(3.111)	$V_i\|_l = \frac{\partial V_i}{\partial \theta^l} - V_k \Gamma^k_{il}$	(3.113)
$\frac{\partial \vec{V}}{\partial \theta^l} = V^i\|_l \, \vec{g}_i$	(3.112)	$\frac{\partial \vec{V}}{\partial \theta^l} = V_i\|_l \, \vec{g}^i$	(3.114)
$V^i\|_k = g^{il} V_l\|_k$	(3.116)	$V_i\|_k = g_{il} V^l\|_k$	(3.117)
$V^i\|^k = g^{il} V_l\|^k$	(3.122)	$V_i\|^k = g_{il} V^l\|^k$	(3.123)
$V^i\|_k = g_{kl} V^i\|^l$	(3.120)	$V_i\|_k = g_{kl} V_i\|^l$	(3.121)
$V^i\|^k = g^{kl} V^i\|_l$	(3.118)	$V_i\|^k = g^{kl} V_i\|_l$	(3.119)
$V^i\|_k = \underline{a}^i_l \bar{a}^m_k \bar{V}^l\|_m$	(3.134)	$\bar{V}^i\|_k = \bar{a}^i_l \underline{a}^m_k V^l\|_m$	(3.135)
$V_i\|_k = \bar{a}^l_i \bar{a}^m_k \bar{V}_l\|_m$	(3.136)	$\bar{V}_i\|_k = \underline{a}^l_i \underline{a}^m_k V_l\|_m$	(3.137)
$V^i\|^k = \underline{a}^i_l \underline{a}^k_m \bar{V}^l\|^m$	(3.138)	$\bar{V}^i\|^k = \bar{a}^i_l \bar{a}^k_m V^l\|^m$	(3.139)
$V_i\|^k = \bar{a}^l_i \underline{a}^k_m \bar{V}_l\|^m$	(3.140)	$\bar{V}_i\|^k = \underline{a}^l_i \bar{a}^k_m V_l\|^m$	(3.141)

$$\Rightarrow V^i\|_l = \frac{\partial \underline{a}^i_m}{\partial \theta^l} \bar{V}^m + \underline{a}^i_m \bar{a}^p_l \frac{\partial \bar{V}^m}{\partial \bar{\theta}^p} - \delta^m_q \bar{V}^q \frac{\partial \underline{a}^i_m}{\partial \theta^l} + \bar{V}^n \underline{a}^i_m \bar{a}^p_l \bar{\Gamma}^m_{np}$$

Der erste Term und der dritte Term heben sich gegenseitig auf, und man erhält:

$$\Rightarrow V^i\|_l = \underline{a}^i_m \bar{a}^p_l \frac{\partial \bar{V}^m}{\partial \bar{\theta}^p} + \bar{V}^n \underline{a}^i_m \bar{a}^p_l \bar{\Gamma}^m_{np}$$

$$\Rightarrow V^i\|_l = \underline{a}^i_m \bar{a}^p_l \left(\frac{\partial \bar{V}^m}{\partial \bar{\theta}^p} + \bar{V}^n \bar{\Gamma}^m_{np} \right)$$

Definiert man nun die kovariante Ableitung für das transformierte Koordinatensystem genauso wie für das ursprüngliche[13], so erhält man hieraus:

$$\boxed{V^i\|_l = \underline{a}^i_m \bar{a}^p_l \bar{V}^m\|_p} \qquad (3.134)$$

---

[13]Bei der Definition

$$\bar{V}^m\|_p = \frac{\partial \bar{V}^m}{\partial \bar{\theta}^p} + \bar{V}^n \bar{\Gamma}^m_{np}$$

ist zu beachten, daß nach $\bar{\theta}^p$ abgeleitet wird und nicht nach θ^p. Obwohl der Querstrich auf der linken Seite nur bei $\bar{V}^m$ auftritt, ist er bei der Berechnung gemäß der rechten Seite auch auf die Koordinate $\bar{\theta}^p$ und das Christoffelsymbol $\bar{\Gamma}^m_{np}$ anzuwenden. Bei $\bar{V}^m\|_p$ sind also *alle* Rechenschritte in $\bar{K}$ auszuführen, während bei $V^m\|_p$ alle Rechenschritte in K durchzuführen sind. Dies ist deshalb bemerkenswert, weil man bei nur flüchtiger Kenntnis der Indexschreibweise fälschlicherweise annehmen könnte, daß in beiden Fällen derselbe Operator $(...)\|_p$ einmal auf $\bar{V}^m$ und einmal auf V^m angewandt wird.

3.15. GRADIENT MIT HILFE DER KOVARIANTEN ABLEITUNG

Die Umkehrung dieser Gleichung erhalten wir durch Multiplikation mit $\bar{a}_i^k$:

$$\bar{a}_i^k V^i|_l = \bar{a}_i^k \underline{a}_m^i \bar{a}_l^p \bar{V}^m|_p$$

Gemäß Gleichung (3.99) gilt $\bar{a}_i^k \underline{a}_m^i = \delta_m^k$, so daß weiter folgt:

$$\bar{a}_i^k V^i|_l = \delta_m^k \bar{a}_l^p \bar{V}^m|_p = \bar{a}_l^p \bar{V}^k|_p$$

Nun multiplizieren wir mit $\underline{a}_n^l$ und erhalten wegen $\underline{a}_n^l \bar{a}_l^p = \delta_n^p$:

$$\underline{a}_n^l \bar{a}_i^k V^i|_l = \underline{a}_n^l \bar{a}_l^p \bar{V}^k|_p = \delta_n^p \bar{V}^k|_p$$

$$\Rightarrow \boxed{\bar{V}^k|_n = \bar{a}_i^k \underline{a}_n^l V^i|_l} \qquad (3.135)$$

Die inzwischen hergeleiteten Gesetze für die kovariante Ableitung sind in Tabelle 3.7 zusammengefaßt, wobei wieder einige Indizes aus ästhetischen Gründen umbenannt wurden.

Übungsaufgabe 3.11   *Anspruch:* ● ○ ○   *Aufwand:* ● ○ ○

Zeigen Sie, daß die folgenden Transformationsbeziehungen gelten:

$$\boxed{\begin{aligned}
V_i|_k &= \bar{a}_i^l \bar{a}_k^m \bar{V}_l|_m & (3.136)\\
\bar{V}_i|_k &= \underline{a}_i^l \underline{a}_k^m V_l|_m & (3.137)\\
V^i|^k &= \underline{a}_l^i \underline{a}_m^k \bar{V}^l|^m & (3.138)\\
\bar{V}^i|^k &= \bar{a}_l^i \bar{a}_m^k V^l|^m & (3.139)\\
V_i|^k &= \bar{a}_i^l \underline{a}_m^k \bar{V}_l|^m & (3.140)\\
\bar{V}_i|^k &= \underline{a}_i^l \bar{a}_m^k V_l|^m & (3.141)
\end{aligned}}$$

Hinweis:
Benutzen Sie die Gleichungen (3.134), (3.107) und (3.108).

3.15 Gradient mit Hilfe der kovarianten Ableitung

Die Gleichung (3.14)

$$grad\ \Phi = \frac{\partial \Phi}{\partial \theta^i} \vec{g}^i$$

können wir nun auch mit Hilfe der kovarianten Ableitung schreiben, da wir inzwischen wissen, daß gemäß Gleichung (3.125) die kovariante Ableitung eines Skalars gleich der partiellen Ableitung ist:

$$\boxed{grad\ \Phi = \Phi|_i\ \vec{g}^i} \qquad (3.142)$$

Mit Hilfe von Gleichung (3.129) kann man hierfür schreiben:

$$grad\ \Phi = g_{ik}\ \Phi|^k\ \vec{g}^i$$

Wegen $\vec{g}_k = g_{ik}\ \vec{g}^i$ folgt:

$$\boxed{grad\ \Phi = \Phi|^k\ \vec{g}_k} \qquad (3.143)$$

In Komponentenschreibweise erhält man jeweils:

$$\boxed{(grad\ \Phi)_i = \Phi|_i} \qquad (3.144)$$

$$\boxed{(grad\ \Phi)^k = \Phi|^k} \qquad (3.145)$$

3.16 Divergenz mit Hilfe der kovarianten Ableitung

Vergleicht man nun Gleichung (3.60) mit der Definition der kovarianten Ableitung (3.111), so stellt man fest, daß man in letzterer nur $l = i$ setzen muß, um die Divergenz zu erhalten:

$$\boxed{div\ \vec{V} = V^i|_i} \qquad (3.146)$$

Analog findet man durch Vergleich von (3.64) mit (3.113):

$$\boxed{div\ \vec{V} = g^{kl}\ V_k|_l} \qquad (3.147)$$

Diese Gleichung hätte man auch erhalten, wenn man $V^k|_l$ aus (3.116) für $l = k$ in Gleichung (3.146) eingesetzt hätte.

Es ist naheliegend, daß es analog zu den Gleichungen (3.146) und (3.147) auch Ausdrücke für die Divergenz gibt, bei denen der Differentiationsindex oben steht.

Wir setzen die aus Gleichung (3.121) folgende Beziehung

$$V_k|_l = g_{ml} V_k|^m$$

in Gleichung (3.147) ein und erhalten:

$$div\ \vec{V} = g^{kl}\ g_{ml}\ V_k|^m = \delta^k_m\ V_k|^m$$

$$\Rightarrow \boxed{div\ \vec{V} = V_m|^m} \qquad (3.148)$$

Schließlich setzen wir noch Gleichung (3.123) für $l = i$ ein, so daß sich folgender Ausdruck ergibt:

$$\boxed{div\ \vec{V} = g_{ik}\ V^k|^i} \qquad (3.149)$$

3.17. ROTATION MIT HILFE DER KOVARIANTEN ABLEITUNG

Tabelle 3.8: Differentialoperatoren

$(grad\ \Phi)_i = \Phi\vert_i$	(3.144)	$(grad\ \Phi)^i = \Phi\vert^i$	(3.145)
$grad\ \Phi = \Phi\vert_i\ \vec{g}^i$	(3.142)	$grad\ \Phi = \Phi\vert^i\ \vec{g}_i$	(3.143)
$div\ \vec{V} = V^i\vert_i$	(3.146)	$div\ \vec{V} = V_i\vert^i$	(3.148)
$div\ \vec{V} = g_{ik}\ V^i\vert^k$	(3.149)	$div\ \vec{V} = g^{ik}\ V_i\vert_k$	(3.147)
$e_{kli} = \vec{g}_k \cdot (\vec{g}_l \times \vec{g}_i)$	(3.154)	$e^{kli} = \vec{g}^k \cdot (\vec{g}^l \times \vec{g}^i)$	(3.77)
$e_{mnp} = g_{mk}\ g_{nl}\ g_{pi}\ e^{kli}$	(3.153)	$e^{kli} = g^{mk}\ g^{nl}\ g^{pi}\ e_{mnp}$	(3.155)
$(rot\ \vec{V})^k = e^{kli}\ V_i\vert_l$	(3.151)	$(rot\ \vec{V})_k = e_{kli}\ V^i\vert^l$	(3.157)
$rot\ \vec{V} = e^{kli}\ V_i\vert_l\ \vec{g}_k$	(3.152)	$rot\ \vec{V} = e_{kli}\ V^i\vert^l\ \vec{g}^k$	(3.156)

3.17 Rotation mit Hilfe der kovarianten Ableitung

Als nächstes soll untersucht werden, wie sich der für die Rotation erhaltene Ausdruck (3.78) ändert, wenn man die partielle Ableitung durch die kovariante Ableitung ersetzt. Es liegt nämlich nahe anzunehmen, daß sich nicht nur Gradient und Divergenz, sondern auch die Rotation mit Hilfe der kovarianten Ableitung darstellen läßt. Zu untersuchen ist also der Ausdruck

$$e^{kli}V_i\vert_l.$$

Gemäß Gleichung (3.113) gilt:

$$e^{kli}V_i\vert_l = e^{kli}\left(\frac{\partial V_i}{\partial \theta^l} - \Gamma_{il}^m V_m\right) = e^{kli}\frac{\partial V_i}{\partial \theta^l} - e^{kli}\Gamma_{il}^m V_m \qquad (3.150)$$

Laut Gleichung (3.58) gilt:

$$\Gamma_{il}^m = \Gamma_{li}^m$$

Außerdem gilt Gleichung (3.80):

$$e^{kli} = -e^{kil}$$

Multiplikation der beiden letzten Gleichungen liefert:

$$e^{kli}\Gamma_{il}^m = -e^{kil}\Gamma_{li}^m$$

Vertauscht man auf der rechten Seite i mit l, so erhält man[14]:

$$e^{kli}\Gamma_{il}^m = -e^{kli}\Gamma_{il}^m$$

---
[14] Der hier vorgestellte Weg zu zeigen, daß $e^{kli}\Gamma_{il}^m = 0$ gilt, ist vergleichbar mit dem in Abschnitt 3.8, der auf das Ergebnis $S_2 = 0$ führte. In beiden Fällen wird durch Ausnutzung von Asymmetrien gezeigt, daß der Ausdruck gleich sich selbst multipliziert mit -1 ist.

Aus Gleichung (3.150) folgt damit:
$$\Rightarrow e^{kli}\Gamma_{il}^{m} = 0$$

$$e^{kli}V_i|_l = e^{kli}\frac{\partial V_i}{\partial \theta^l}$$

Für die Rotation nach Gleichung (3.78) können wir also schreiben:

$$\boxed{(rot\ \vec{V})^k = e^{kli}\ V_i|_l} \qquad (3.151)$$

Als Vektor geschrieben, erhält man:

$$\boxed{rot\ \vec{V} = e^{kli}\ V_i|_l\ \vec{g}_k} \qquad (3.152)$$

Es ist naheliegend, daß für die Rotation auch eine Schreibweise existiert, bei der die oberen und unteren Indizes vertauscht sind. Wir definieren:

$$\boxed{e_{mnp} = g_{mk}\ g_{nl}\ g_{pi}\ e^{kli}} \qquad (3.153)$$

Wegen Gleichung (3.77)
$$e^{kli} = \vec{g}^k \cdot (\vec{g}^l \times \vec{g}^i)$$

und Gleichung (3.22) folgt daraus unmittelbar:

$$\boxed{e_{mnp} = \vec{g}_m \cdot (\vec{g}_n \times \vec{g}_p)} \qquad (3.154)$$

Mit Gleichung (3.153) ist auch klar, daß die Beziehung

$$\boxed{e^{kli} = g^{mk}\ g^{nl}\ g^{pi}\ e_{mnp}} \qquad (3.155)$$

gelten muß. Wir setzen diese in Gleichung (3.152) ein und erhalten:

$$rot\ \vec{V} = g^{mk}\ g^{nl}\ g^{pi}\ e_{mnp}\ V_i|_l\ \vec{g}_k$$

Wegen $\vec{g}^m = g^{mk}\ \vec{g}_k$ und der aus Gleichung (3.119) folgenden Beziehung

$$V_i|^n = g^{ln}\ V_i|_l$$

ergibt sich:
$$rot\ \vec{V} = g^{pi}\ e_{mnp}\ V_i|^n\ \vec{g}^m$$

Mit Gleichung (3.122) folgt daraus

$$\boxed{rot\ \vec{V} = e_{mnp}\ V^p|^n\ \vec{g}^m} \qquad (3.156)$$

3.18. INVARIANZ

oder — in Komponentenschreibweise:

$$\boxed{(rot\ \vec{V})_m = e_{mnp}\ V^p|^n} \tag{3.157}$$

Die bisher mit Hilfe der kovarianten Ableitung hergeleiteten Darstellungen der Differentialoperatoren Gradient, Divergenz und Rotation sind in Tabelle 3.8 zusammengefaßt, wobei wieder aus Konsistenzgründen einige Indizes umbenannt wurden.

3.18 Invarianz

Ein großer Vorteil der Indexschreibweise besteht darin, daß viele damit formulierte Ausdrücke invariant gegenüber Koordinatentransformationen sind, das heißt, daß sie in allen Koordinatensystemen dieselbe Form beibehalten. Dies begründet sich damit, daß bei der Herleitung solcher Ausdrücke darauf geachtet wird, daß alle Terme, die für kartesische Koordinatensysteme spezifisch sind (zum Beispiel x^i oder $\vec{e}_i$), eliminiert werden, so daß nur noch Ausdrücke auftreten, die von den — im allgemeinen krummlinigen — Koordinaten θ^i abhängen. Betrachtet man beispielsweise Gleichung (3.14)

$$grad\ \Phi = \frac{\partial \Phi}{\partial \theta^i}\ \vec{g}^i, \tag{3.158}$$

so ist eigentlich schon klar, daß dieser Ausdruck in allen Koordinatensystemen dieselbe Gestalt hat, da bei seiner Herleitung keine speziellen Annahmen über das Koordinatensystem K mit den Koordinaten θ^i gemacht wurden. Es ist somit evident, daß in einem Koordinatensystem $\bar{K}$ mit den Koordinaten $\bar{\theta}^i$ die Beziehung

$$grad\ \Phi = \frac{\partial \Phi}{\partial \bar{\theta}^i}\ \vec{\bar{g}}^i \tag{3.159}$$

gilt. Daß beide Ausdrücke in der Tat äquivalent sind, sollte man in Zweifelsfällen trotzdem verifizieren. Bei diesem Beispiel ist das wie folgt möglich:

Die Transformationsvorschrift für den Differentialquotienten $\frac{\partial \Phi}{\partial \theta^i}$ folgt unmittelbar aus der Kettenregel:

$$\frac{\partial \Phi}{\partial \theta^i} = \frac{\partial \Phi}{\partial \bar{\theta}^k}\frac{\partial \bar{\theta}^k}{\partial \theta^i} = \frac{\partial \Phi}{\partial \bar{\theta}^k}\bar{a}^k_i$$

Die Transformation der kontravarianten Basisvektoren $\vec{g}^i$ erfolgt laut Gleichung (3.97) gemäß

$$\vec{g}^i = \underline{a}^i_l \vec{\bar{g}}^l.$$

Setzt man diese beiden Gleichungen in Gleichung (3.158) ein, so folgt:

$$grad\ \Phi = \frac{\partial \Phi}{\partial \bar{\theta}^k}\bar{a}^k_i\ \underline{a}^i_l\ \vec{\bar{g}}^l$$

Mit Gleichung (3.99) folgt hieraus:

$$grad\ \Phi = \frac{\partial \Phi}{\partial \theta^k} \delta_l^k\ \vec{g}^l = \frac{\partial \Phi}{\partial \theta^k}\ \vec{g}^k$$

Dies ist offenbar identisch mit Gleichung (3.159), was die Invarianz des Ausdrucks $\frac{\partial \Phi}{\partial \theta^i}\ \vec{g}^i$ bestätigt. Ein weiteres Beispiel eines invarianten Ausdrucks wird in Aufgabe 3.12 behandelt.

Übungsaufgabe 3.12   *Anspruch:* • • ○   *Aufwand:* • • ○

Diese Aufgabe soll zeigen, daß die Divergenz sich invariant darstellen läßt. Gehen Sie hierzu wie folgt vor:

1. Zeigen Sie, daß der Ausdruck (3.60)

$$div\ \vec{V} = \frac{\partial V^k}{\partial \theta^k} + V^k\ \Gamma_{kl}^l$$

invariant gegenüber Koordinatentransformationen ist, also gleich

$$\frac{\partial \bar{V}^k}{\partial \bar{\theta}^k} + \bar{V}^k\ \bar{\Gamma}_{kl}^l$$

ist.

Hinweis:
Benutzen Sie die Kettenregel und Gleichung (3.130).

2. Zeigen Sie nun, daß der Ausdruck (3.146)

$$div\ \vec{V} = V^i|_i$$

invariant gegenüber Koordinatentransformationen ist, also gleich

$$\bar{V}^i|_i$$

ist. Vergleichen Sie den Rechenweg mit dem ersten Aufgabenteil.

3.19 Invariante Darstellung von Produkten

Inzwischen haben wir die invariante Schreibweise verschiedener Differentialoperatoren kennengelernt. Der dabei verwendete Rechenkalkül ermöglicht es auch, das Skalarprodukt und das Vektorprodukt invariant darzustellen, wie im folgenden gezeigt wird.

3.19. INVARIANTE DARSTELLUNG VON PRODUKTEN

3.19.1 Skalarprodukt

In diesem Abschnitt soll eine invariante Komponentendarstellung für das Skalarprodukt

$$\vec{C} = \vec{A} \cdot \vec{B}$$

zweier Vektoren $\vec{A}$ und $\vec{B}$ gefunden werden. Da der entstehende Ausdruck dann besonders einfach wird, stellen wir den Vektor $\vec{A}$ durch die kontravarianten Basisvektoren dar, während der Vektor $\vec{B}$ durch die kovarianten Basisvektoren ausgedrückt wird. Damit erhält man:

$$\vec{C} = \left(A_i \vec{g}^i\right) \cdot \left(B^k \vec{g}_k\right) = A_i B^k \left(\vec{g}^i \cdot \vec{g}_k\right) = A_i B^k \delta^i_k$$

Hieraus folgt sofort:

$$\boxed{\vec{A} \cdot \vec{B} = A_i B^i} \tag{3.160}$$

Natürlich kann man das Skalarprodukt auch angeben, wenn nur die kovarianten Komponenten beider Vektoren bekannt sind. Wegen $B^i = g^{ik} B_k$ erhält man nämlich:

$$\boxed{\vec{A} \cdot \vec{B} = g^{ik} A_i B_k} \tag{3.161}$$

Diese Darstellung hätte man auch erhalten, wenn man oben den Vektor $\vec{B}$ gleich durch seine kontravarianten Basisvektoren dargestellt hätte.

Aus der letzten Gleichung folgt wegen $g^{ik} A_i = A^k$ unmittelbar

$$\boxed{\vec{A} \cdot \vec{B} = A^k B_k,} \tag{3.162}$$

und mit $B_k = g_{ik} B^i$ erhält man

$$\boxed{\vec{A} \cdot \vec{B} = g_{ik} A^k B^i.} \tag{3.163}$$

Damit sind alle vier denkbaren Darstellungen des Skalarproduktes angegeben. Am einfachsten sind natürlich die, die die kovarianten Komponenten des einen Vektors und die kontravarianten Komponenten des anderen enthalten.

3.19.2 Vektorprodukt

Als nächstes wollen wir eine invariante Komponentendarstellung für das Kreuzprodukt $\vec{A} \times \vec{B}$ finden. Hierzu stellen wir beide Vektoren durch ihre kontravarianten Basisvektoren dar:

$$\vec{C} = \vec{A} \times \vec{B} = \left(A_i \vec{g}^i\right) \times \left(B_k \vec{g}^k\right) = A_i B_k \left(\vec{g}^i \times \vec{g}^k\right) \tag{3.164}$$

Den Vektor $\vec{C}$ können wir durch seine kovarianten Basisvektoren darstellen:
$$\vec{C} = C^l \vec{g}_l$$
Wir bilden das Skalarprodukt mit $\vec{g}^m$ und erhalten:
$$\vec{C} \cdot \vec{g}^m = C^l \vec{g}_l \cdot \vec{g}^m = C^l \delta_l^m = C^m$$
Die kontravarianten Komponenten des Vektors $\vec{C}$ erhalten wir also durch skalare Multiplikation von $\vec{C}$ mit $\vec{g}^m$:
$$C^m = \vec{C} \cdot \vec{g}^m$$
Setzt man $\vec{C}$ aus Gleichung (3.164) ein, so erhält man:
$$C^m = A_i B_k \left(\vec{g}^i \times \vec{g}^k\right) \cdot \vec{g}^m$$
Der Ausdruck $\left(\vec{g}^i \times \vec{g}^k\right) \cdot \vec{g}^m$ ist gemäß Gleichung (3.77) gleich e^{mik}, so daß weiter folgt:
$$C^m = e^{mik} A_i B_k$$
Für die Komponenten des Vektorproduktes gilt also:
$$\left(\vec{A} \times \vec{B}\right)^m = e^{mik} A_i B_k \tag{3.165}$$
Durch Multiplikation mit $\vec{g}_m$ erhält man die Vektordarstellung:
$$\boxed{\vec{A} \times \vec{B} = e^{mik} A_i B_k \vec{g}_m} \tag{3.166}$$
Setzt man nun Gleichung (3.155) in der Form
$$e^{mik} = g^{lm} g^{ni} g^{pk} e_{lnp}$$
ein, so erhält man:
$$\vec{A} \times \vec{B} = g^{lm} g^{ni} g^{pk} e_{lnp} A_i B_k \vec{g}_m$$
Mit g^{lm} läßt sich der Index von $\vec{g}_m$ heben, mit g^{ni} der von A_i und mit g^{pk} der von B_k:
$$\boxed{\vec{A} \times \vec{B} = e_{lnp} A^n B^p \vec{g}^l} \tag{3.167}$$
Hieraus folgt die Komponentendarstellung:
$$\left(\vec{A} \times \vec{B}\right)_l = e_{lnp} A^n B^p \tag{3.168}$$

Natürlich lassen sich unter Verwendung der Metrikkoeffizienten auch andere Indexpositionen als die in den Gleichungen (3.166) und (3.167) angegebenen erzeugen. Dies sollte dem Leser inzwischen keine Probleme mehr bereiten, so daß wir es uns hier aus Platzgründen ersparen wollen. Für die schon in Abschnitt 1.1.1 genannte Formel (1.1) soll anhand von Übungsaufgabe 3.13 exemplarisch gezeigt werden, daß sie unabhängig vom Koordinatensystem Gültigkeit besitzt. Für die anderen in Tabelle 3.9 zusammengefaßten Formeln sind ähnliche Herleitungen möglich.

3.20. DEFINITION VON TENSORKOMPONENTEN

Übungsaufgabe 3.13 Anspruch: ● ○ ○   Aufwand: ● ○ ○

Beweisen Sie die Gültigkeit der Gleichung

$$\vec{A} \times (\vec{B} \times \vec{C}) = \vec{B}(\vec{A} \cdot \vec{C}) - \vec{C}(\vec{A} \cdot \vec{B}), \qquad (3.169)$$

indem Sie von der in Anhang 6.11 hergeleiteten Beziehung (6.60) Gebrauch machen.

Tabelle 3.9: Invariante Darstellung von Produkten

$\vec{A} \cdot \vec{B} = A_i B^i$	(3.160)	$\vec{A} \cdot \vec{B} = g^{ik} A_i B_k$	(3.161)
$\vec{A} \cdot \vec{B} = A^i B_i$	(3.162)	$\vec{A} \cdot \vec{B} = g_{ik} A^i B^k$	(3.163)
$\vec{A} \times \vec{B} = e^{lik} A_l B_k \vec{g}_l$	(3.166)	$\vec{A} \times \vec{B} = e_{lik} A^i B^k \vec{g}^l$	(3.167)
$\vec{A} \times (\vec{B} \times \vec{C}) = \vec{B}(\vec{A} \cdot \vec{C}) - \vec{C}(\vec{A} \cdot \vec{B})$			(1.1)
$(\vec{A} \times \vec{B}) \cdot (\vec{C} \times \vec{D}) = (\vec{A} \cdot \vec{C})(\vec{B} \cdot \vec{D}) - (\vec{A} \cdot \vec{D})(\vec{B} \cdot \vec{C})$			(1.2)
$\vec{A} \cdot (\vec{B} \times \vec{C}) = \vec{B} \cdot (\vec{C} \times \vec{A}) = \vec{C} \cdot (\vec{A} \times \vec{B})$			(1.3)

3.20 Definition von Tensorkomponenten

In den letzten Kapiteln wurden verschiedene einfach-indizierte und mehrfach-indizierte Größen betrachtet. Einige davon erfüllen folgende vier Regeln:

1. Multipliziert man eine Größe T, die einen **unteren** Index i enthält, mit g^{ik}, so darf man das Produkt durch die gleiche Größe T ersetzen, wobei der **untere** Index i durch einen **oberen** Index k ersetzt wird. Der Index läßt sich also durch Multiplikation mit g^{ik} **heben**.

   Beispiele:

   Für Vektorkomponenten gilt gemäß Gleichung (3.32):

   $$V^k = V_i \, g^{ik}$$

   Für die kovariante Ableitung von Vektorkomponenten gilt gemäß Gleichung (3.116):

   $$V^k|_l = g^{ik} V_i|_l$$

2. Multipliziert man eine Größe T, die einen **oberen** Index i enthält, mit g_{ik}, so darf man das Produkt durch die gleiche Größe T ersetzen, wobei der **obere** Index i durch einen

unteren Index k ersetzt wird. Der Index läßt sich also durch Multiplikation mit g_{ik} **senken**.

Beispiel:

Für Vektorkomponenten gilt gemäß Gleichung (3.31):

$$V_k = V^i \, g_{ik}$$

3. Möchte man eine Größe T, die einen **unteren** Index i enthält, in ein anderes Koordinatensystem transformieren, so geschieht dies durch Multiplikation mit $\underline{a}_k^i$. Man erhält dann die transformierte Größe $\bar{T}$, wobei der **untere** Index i durch k ersetzt wird. Die Rücktransformation erfolgt durch Multiplikation mit $\bar{a}_i^k$.

Beispiel:

Für Vektorkomponenten gilt gemäß den Gleichungen (3.105)[15] und (3.106):

$$\bar{V}_k = \underline{a}_k^i V_i$$

$$V_i = \bar{a}_i^k \bar{V}_k$$

4. Möchte man eine Größe T, die einen **oberen** Index i enthält, in ein anderes Koordinatensystem transformieren, so geschieht dies durch Multiplikation mit $\bar{a}_i^k$. Man erhält dann die transformierte Größe $\bar{T}$, wobei der **obere** Index i durch k ersetzt wird. Die Rücktransformation erfolgt durch Multiplikation mit $\underline{a}_k^i$.

Beispiel:

Für Vektorkomponenten gilt gemäß den Gleichungen (3.102)[16] und (3.103):

$$\bar{V}^k = \bar{a}_i^k V^i$$

$$V^i = \underline{a}_k^i \bar{V}^k$$

Manchmal sind die letzten beiden Regeln bei mehrfach-indizierten Größen auch gleichzeitig erfüllt:

Beispiele:

Gleichung (3.135):

$$\bar{V}^k|_n = \bar{a}_i^k \underline{a}_n^l V^i|_l$$

Gleichung (3.134):

$$V^i|_l = \underline{a}_m^i \bar{a}_l^p \bar{V}^m|_p$$

Größen, die hinsichtlich aller ihrer Indizes die genannten vier Eigenschaften besitzen, bezeichnet man als Tensoren. Ein Tensor n-ter Stufe liegt vor, wenn die Größe n-fach indiziert ist. Da für Vektorkomponenten sämtliche Regeln für alle Indexpositionen gültig sind — dies zeigen die angegebenen Beispiele — sehen wir:

---

[15] Die Indizes i und k wurden vertauscht.
[16] Die Indizes i und k wurden wieder vertauscht.

3.20. DEFINITION VON TENSORKOMPONENTEN

> **Regel 3.13** *Vektoren sind Tensoren erster Stufe.*

Ein Tensor zweiter Stufe muß offenbar die acht Transformationsregeln

$$T^{ik} = \underline{a}_l^i \underline{a}_m^k \bar{T}^{lm} \qquad \bar{T}^{ik} = \bar{a}_l^i \bar{a}_m^k T^{lm} \qquad (3.170)$$

$$T_i^{\ k} = \bar{a}_i^l \underline{a}_m^k \bar{T}_l^{\ m} \qquad \bar{T}_i^{\ k} = \underline{a}_i^l \bar{a}_m^k T_l^{\ m} \qquad (3.171)$$

$$T^i_{\ k} = \underline{a}_l^i \bar{a}_k^m \bar{T}^l_{\ m} \qquad \bar{T}^i_{\ k} = \bar{a}_l^i \underline{a}_k^m T^l_{\ m} \qquad (3.172)$$

$$T_{ik} = \bar{a}_i^l \bar{a}_k^m \bar{T}_{lm} \qquad \bar{T}_{ik} = \underline{a}_i^l \underline{a}_k^m T_{lm} \qquad (3.173)$$

erfüllen. Die Komponenten T^{ik} nennt man die kontravarianten Komponenten des Tensors T, T_{ik} sind seine kovarianten Komponenten. Die Komponenten $T_i^{\ k}$ bzw. $T^i_{\ k}$ heißen gemischt kovariant-kontravariant bzw. gemischt kontravariant-kovariant.

Aufgrund der Beispiele vermuten wir nun, daß es sich bei der kovarianten Ableitung von Vektoren um Tensoren zweiter Stufe handelt. Gemäß Regel 3.12 auf Seite 233 sind die ersten beiden Regeln erfüllt, so daß noch die Gültigkeit der dritten und vierten Regel zu zeigen ist. Um diese zu verifizieren, müßten wir die genannten Regeln für alle vier denkbaren Indexpositionen (oben-oben, oben-unten, unten-oben, unten-unten) überprüfen. Dabei wäre sowohl die Regel für die Hintransformation als auch die für die Rücktransformation zu verifizieren, was auf eine Überprüfung der acht Gleichungen (3.170) bis (3.173) hinausläuft.

In Aufgabe 3.11 wurde diese Überprüfung zwar schon durchgeführt, aber man sieht, daß diese recht aufwendig werden kann. Deshalb zeigen wir in den nächsten Abschnitten, daß folgende Sätze gültig sind:

- Die Regeln 1 und 2 sind äquivalent. Es genügt, nur eine Regel von beiden zu verifizieren, da die andere automatisch daraus folgt.

- Die Formeln für die Hin- und die Rücktransformation sind äquivalent.

- Gelten die Regeln 3 und 4 für eine bestimmte Kombination von Indexpositionen, so gelten sie auch für alle anderen Kombinationen (Bei einer n-fach indizierten Größe gibt es 2^n Kombinationen, da jeder Index entweder oben oder unten stehen kann).

Die zugehörigen Beweise wollen wir für Tensoren beliebiger Stufe durchführen, so daß wir zunächst alle Regeln in allgemeingültiger Form formulieren. Die erste Regel über das Heben von Indizes lautet in mathematischer Form:

$$\boxed{T^{\beta_1\beta_2\ldots\beta_p\ \ k\ \beta_{p+1}\beta_{p+2}\ldots\beta_q}_{\alpha_1\alpha_2\ldots\alpha_m\ \ \alpha_{m+1}\alpha_{m+2}\ldots\alpha_n} = g^{ik}\, T^{\beta_1\beta_2\ldots\beta_p\ \ \beta_{p+1}\beta_{p+2}\ldots\beta_q}_{\alpha_1\alpha_2\ldots\alpha_m\ i\ \alpha_{m+1}\alpha_{m+2}\ldots\alpha_n}} \qquad (3.174)$$

Die zweite Regel über das Senken von Indizes lautet:

$$T^{\beta_1\beta_2...\beta_p\beta_{p+1}\beta_{p+2}...\beta_q}_{\alpha_1\alpha_2...\alpha_m\,l\,\alpha_{m+1}\alpha_{m+2}...\alpha_n} = g_{lk}\,T^{\beta_1\beta_2...\beta_pk\beta_{p+1}\beta_{p+2}...\beta_q}_{\alpha_1\alpha_2...\alpha_m\alpha_{m+1}\alpha_{m+2}...\alpha_n} \qquad (3.175)$$

Faßt man die Regeln 3 und 4 zusammen, so erhält man für die Hintransformation folgende Darstellung:

$$\bar{T}^{\xi_1\xi_2...\xi_q}_{\gamma_1\gamma_2...\gamma_n} = \left(\underline{a}^{i_1}_{\gamma_1}\underline{a}^{i_2}_{\gamma_2}\cdots\underline{a}^{i_n}_{\gamma_n}\right)\left(\bar{a}^{\xi_1}_{k_1}\bar{a}^{\xi_2}_{k_2}\cdots\bar{a}^{\xi_q}_{k_q}\right)T^{k_1k_2...k_q}_{i_1i_2...i_n} \qquad (3.176)$$

Für die Rücktransformation erhält man aus den Regeln 3 und 4 folgende Beziehung:

$$T^{k_1k_2...k_q}_{i_1i_2...i_n} = \left(\bar{a}^{\alpha_1}_{i_1}\bar{a}^{\alpha_2}_{i_2}\cdots\bar{a}^{\alpha_n}_{i_n}\right)\left(\underline{a}^{k_1}_{\beta_1}\underline{a}^{k_2}_{\beta_2}\cdots\underline{a}^{k_q}_{\beta_q}\right)\bar{T}^{\beta_1\beta_2...\beta_q}_{\alpha_1\alpha_2...\alpha_n} \qquad (3.177)$$

Um zu verhindern, daß der Leser durch die große Anzahl von Indizes abgeschreckt wird, sind hier einige Bemerkungen fällig. Diese zeigen außerdem, wo die Grenzen der Indexschreibweise liegen:

- Die Indizes der Komponenten eines Tensors sind streng von links nach rechts angeordnet. Keine zwei Indizes dürfen im allgemeinen also direkt übereinander stehen; sie müssen gegeneinander versetzt sein[17].

- Jeder dieser Indizes kann entweder oben oder unten stehen.

- Leider kann man auf dem Papier einen Index nur *entweder* oben *oder* unten hinschreiben. Es ist deshalb auf diese Weise strenggenommen nicht möglich, eine allgemeingültige Schreibweise für *beliebige* mehrfach indizierte Größen anzugeben. Man kann sich aber wie folgt behelfen:

Möchte man zum Ausdruck bringen, daß vor einem Index k eine beliebige Anzahl von Indizes oben oder unten stehen kann, dann kann man die auf der linken Seite von Gleichung (3.174) benutzte Schreibweise verwenden. Man sieht, daß vor dem oberen Index k insgesamt p Indizes oben und m Indizes unten stehen. Es ist aber nicht ersichtlich, in

---

[17] Es gibt auch Spezialfälle, bei denen zwei Indizes tatsächlich direkt übereinander stehen dürfen. Definiert man beispielsweise $T^{ik} = g^{ik}$, so kann man den Index k folgendermaßen senken:

$$T^i{}_l = g_{lk}\,T^{ik} = g_{lk}\,g^{ik} = \delta^i_l$$

Völlig analog kann man den Index i senken:

$$T_l{}^k = g_{li}\,T^{ik} = g_{li}\,g^{ik} = \delta^k_l \quad \Rightarrow \quad T_l{}^i = \delta^i_l$$

Man sieht anhand der letzten beiden Gleichungen, daß in diesem Spezialfall $T^i{}_l = T_l{}^i$ gilt, so daß es auf die Reihenfolge der Indizes von links nach rechts nicht ankommt. Man könnte die Indizes deshalb hier direkt übereinander schreiben, was im allgemeinen nicht zulässig ist.

3.20. DEFINITION VON TENSORKOMPONENTEN

welcher Reihenfolge diese $p + m$ Indizes von links nach rechts auftreten. Dies ist aber meist gar nicht erforderlich. In Gleichung (3.174) beispielsweise sieht man, daß T sowohl auf der linken Seite als auch auf der rechten Seite der Gleichung dieselben $p + m$ ersten Indizes enthält. Die gewählte Schreibweise impliziert, daß die Reihenfolge dieser Indizes dann auch auf beiden Seiten der Gleichung identisch ist, obwohl sie auf dem Papier nicht ersichtlich ist. Was bisher über die ersten $p + m$ Indizes gesagt wurde, gilt natürlich auch für die letzten $q + n - p - m$ Indizes in Gleichung (3.174): Man erkennt zwar, welcher Index oben und welcher unten steht, aber nicht, an wievielter Stelle von links nach rechts ein bestimmter Index steht. Lediglich beim $m + p + 1$-ten Index ist klar, daß er auf der linken Seite oben (k) und auf der rechten Seite unten (i) steht.

- Diese Bemerkungen lassen die verwendete Schreibweise weniger „dramatisch" erscheinen. Wie in Gleichung (3.174) bleibt die Anordnung der meisten Indizes nämlich oft gleich — nur einzelne Indizes ändern im Verlaufe der Rechnung ihre Position oder ihren Namen. Hierauf sollte der Leser sein Augenmerk richten, um die Übersicht zu behalten.

- Etwas — aber nicht wesentlich — komplizierter wird es zum Beispiel in Gleichung (3.176). Obwohl sich die Namen der Indizes auf beiden Seiten der Gleichung unterscheiden, wird hier impliziert, daß die $q + n$ Indizes von $\bar{T}$ auf der linken Seite in derselben — nicht sichtbaren — Reihenfolge von links nach rechts angeordnet sind wie die Indizes von T auf der rechten Seite. Handelt es sich bei k_3 also beispielsweise um den 7. Index von T auf der rechten Seite (die Reihenfolge könnte z.B. $k_1\, i_1\, i_2\, i_3\, k_2\, i_4\, k_3...$ lauten), dann muß ξ_3 auf der linken Seite ebenfalls der 7. Index sein (die Reihenfolge wäre dann $\xi_1\, \gamma_1\, \gamma_2\, \gamma_3\, \xi_2\, \gamma_4\, \xi_3...$).

- Die Indexschreibweise unterliegt also gewissen Einschränkungen. Trotzdem ist es mit ihrer Hilfe möglich, Formeln ganz allgemein zu beweisen, wenn man sich stets klar macht, welche Gruppen von Indizes unverändert bleiben.

Diese Bemerkungen sollten es dem Leser ermöglichen, den folgenden Abschnitten problemlos zu folgen.

3.20.1 Heben und Senken von Indizes

Wir nehmen nun an, daß sich ein bestimmter unterer Index i einer mehrfach indizierten Größe mit Hilfe der Metrikkoeffizienten g^{ik} heben läßt, also daß Gleichung (3.174) gilt:

$$T^{\beta_1\beta_2...\beta_pk\beta_{p+1}\beta_{p+2}...\beta_q}_{\alpha_1\alpha_2...\alpha_m\alpha_{m+1}\alpha_{m+2}...\alpha_n} = g^{ik}\, T^{\beta_1\beta_2...\beta_p\beta_{p+1}\beta_{p+2}...\beta_q}_{\alpha_1\alpha_2...\alpha_mi\alpha_{m+1}\alpha_{m+2}...\alpha_n}$$

Diese Gleichung multiplizieren wir nun mit g_{lk} und erhalten:

$$g_{lk}\, T^{\beta_1\beta_2...\beta_pk\beta_{p+1}\beta_{p+2}...\beta_q}_{\alpha_1\alpha_2...\alpha_m\alpha_{m+1}\alpha_{m+2}...\alpha_n} = g_{lk}\, g^{ik}\, T^{\beta_1\beta_2...\beta_p\beta_{p+1}\beta_{p+2}...\beta_q}_{\alpha_1\alpha_2...\alpha_mi\alpha_{m+1}\alpha_{m+2}...\alpha_n} = \delta^i_l\, T^{\beta_1\beta_2...\beta_p\beta_{p+1}\beta_{p+2}...\beta_q}_{\alpha_1\alpha_2...\alpha_mi\alpha_{m+1}\alpha_{m+2}...\alpha_n}$$

$$\Rightarrow T^{\beta_1\beta_2...\beta_p\beta_{p+1}\beta_{p+2}...\beta_q}_{\alpha_1\alpha_2...\alpha_ml\alpha_{m+1}\alpha_{m+2}...\alpha_n} = g_{lk}\, T^{\beta_1\beta_2...\beta_pk\beta_{p+1}\beta_{p+2}...\beta_q}_{\alpha_1\alpha_2...\alpha_m\alpha_{m+1}\alpha_{m+2}...\alpha_n}$$

Dies entspricht Gleichung (3.175). Wir sehen also, daß sich der obere Index k mit Hilfe von g_{lk} senken läßt, also in einen unteren Index l verwandeln läßt. Anders ausgedrückt: Wenn sich ein unterer Index durch Multiplikation mit den kontravarianten Metrikkoeffizienten heben läßt, dann ist es auch zulässig, den entsprechenden oberen Index durch Multiplikation mit den kovarianten Metrikkoeffizienten zu senken. Auf völlig analoge Weise läßt sich die Umkehrung dieses Satzes zeigen. Die Gleichungen (3.174) und (3.175) sind also äquivalent. Daraus folgt:

Die ersten beiden Regeln aus Abschnitt 3.20 sind äquivalent. Hat man gezeigt, daß die erste Regel gilt, so gilt die zweite automatisch und umgekehrt.

3.20.2 Äquivalenz von Hin- und Rücktransformation

Wir wollen nun zeigen, daß die Hintransformation (3.176) äquivalent zur Rücktransformation (3.177) ist. Hierzu gehen wir von der Gültigkeit der Gleichung (3.177) aus und multiplizieren diese mit dem Produkt

$$\left(\underline{a}^{i_1}_{\gamma_1}\underline{a}^{i_2}_{\gamma_2}\cdots\underline{a}^{i_n}_{\gamma_n}\right)\left(\bar{a}^{\xi_1}_{k_1}\bar{a}^{\xi_2}_{k_2}\cdots\bar{a}^{\xi_q}_{k_q}\right).$$

Daraus erhalten wir unter Berücksichtigung der Formel (3.99):

$$\left(\underline{a}^{i_1}_{\gamma_1}\underline{a}^{i_2}_{\gamma_2}\cdots\underline{a}^{i_n}_{\gamma_n}\right)\left(\bar{a}^{\xi_1}_{k_1}\bar{a}^{\xi_2}_{k_2}\cdots\bar{a}^{\xi_q}_{k_q}\right)T^{k_1 k_2 \ldots k_q}_{i_1 i_2 \ldots i_n} = \left(\delta^{\alpha_1}_{\gamma_1}\delta^{\alpha_2}_{\gamma_2}\cdots\delta^{\alpha_n}_{\gamma_n}\right)\left(\delta^{\xi_1}_{\beta_1}\delta^{\xi_2}_{\beta_2}\cdots\delta^{\xi_q}_{\beta_q}\right)\bar{T}^{\beta_1 \beta_2 \ldots \beta_q}_{\alpha_1 \alpha_2 \ldots \alpha_n}$$

$$\Rightarrow \bar{T}^{\xi_1 \xi_2 \ldots \xi_q}_{\gamma_1 \gamma_2 \ldots \gamma_n} = \left(\underline{a}^{i_1}_{\gamma_1}\underline{a}^{i_2}_{\gamma_2}\cdots\underline{a}^{i_n}_{\gamma_n}\right)\left(\bar{a}^{\xi_1}_{k_1}\bar{a}^{\xi_2}_{k_2}\cdots\bar{a}^{\xi_q}_{k_q}\right)T^{k_1 k_2 \ldots k_q}_{i_1 i_2 \ldots i_n}$$

Wie man sieht, ist diese Gleichung identisch mit Gleichung (3.176). Wir haben also gezeigt, daß aus Gleichung (3.177) die Gleichung (3.176) folgt.

Umgekehrt kann man letztere mit dem Produkt

$$\left(\bar{a}^{\gamma_1}_{\alpha_1}\bar{a}^{\gamma_2}_{\alpha_2}\cdots\bar{a}^{\gamma_n}_{\alpha_n}\right)\left(\underline{a}^{\beta_1}_{\xi_1}\underline{a}^{\beta_2}_{\xi_2}\cdots\underline{a}^{\beta_q}_{\xi_q}\right)$$

multiplizieren und erhält wegen Gleichung (3.100):

$$\left(\bar{a}^{\gamma_1}_{\alpha_1}\bar{a}^{\gamma_2}_{\alpha_2}\cdots\bar{a}^{\gamma_n}_{\alpha_n}\right)\left(\underline{a}^{\beta_1}_{\xi_1}\underline{a}^{\beta_2}_{\xi_2}\cdots\underline{a}^{\beta_q}_{\xi_q}\right)\bar{T}^{\xi_1 \xi_2 \ldots \xi_q}_{\gamma_1 \gamma_2 \ldots \gamma_n} = \left(\delta^{i_1}_{\alpha_1}\delta^{i_2}_{\alpha_2}\cdots\delta^{i_n}_{\alpha_n}\right)\left(\delta^{\beta_1}_{k_1}\delta^{\beta_2}_{k_2}\cdots\delta^{\beta_q}_{k_q}\right)T^{k_1 k_2 \ldots k_q}_{i_1 i_2 \ldots i_n}$$

$$\Rightarrow T^{\beta_1 \beta_2 \ldots \beta_q}_{\alpha_1 \alpha_2 \ldots \alpha_n} = \left(\bar{a}^{\gamma_1}_{\alpha_1}\bar{a}^{\gamma_2}_{\alpha_2}\cdots\bar{a}^{\gamma_n}_{\alpha_n}\right)\left(\underline{a}^{\beta_1}_{\xi_1}\underline{a}^{\beta_2}_{\xi_2}\cdots\underline{a}^{\beta_q}_{\xi_q}\right)\bar{T}^{\xi_1 \xi_2 \ldots \xi_q}_{\gamma_1 \gamma_2 \ldots \gamma_n}$$

Ersetzt man nun nacheinander α durch i, β durch k, γ durch α und ξ durch β, so erkennt man, daß diese Beziehung identisch mit der Transformationsvorschrift (3.177) ist. Aus Gleichung (3.176) folgt also auch Gleichung (3.177). Die Umkehrung wurde bereits gezeigt, so daß die Formel für die Hintransformation äquivalent zur Formel für die Rücktransformation ist.

Regel 3.14 *Die Hintransformation (3.176) ist äquivalent zur Rücktransformation (3.177); die eine Transformationsvorschrift folgt aus der jeweils anderen.*

3.20.3 Heben und Senken von Indizes bei Transformationen

Wir gehen nun von der Formulierung (3.177) aus und betrachten einen bestimmten unteren Index γ, den wir heben wollen. Dieser untere Index γ wird natürlich wie alle anderen Indizes i_r behandelt, so daß folgende Transformationsvorschrift gilt:

$$T^{k_1 k_2 \ldots k_p k_{p+1} k_{p+2} \ldots k_q}_{i_1 i_2 \ldots i_m \gamma i_{m+1} i_{m+2} \ldots i_n} = \bar{a}^\zeta_\gamma \left(\bar{a}^{\alpha_1}_{i_1} \bar{a}^{\alpha_2}_{i_2} \cdots \bar{a}^{\alpha_n}_{i_n} \right) \left(\underline{a}^{k_1}_{\beta_1} \underline{a}^{k_2}_{\beta_2} \cdots \underline{a}^{k_q}_{\beta_q} \right) \bar{T}^{\beta_1 \beta_2 \ldots \beta_p \beta_{p+1} \beta_{p+2} \ldots \beta_q}_{\alpha_1 \alpha_2 \ldots \alpha_m \zeta \alpha_{m+1} \alpha_{m+2} \ldots \alpha_n} \quad (3.178)$$

Um den Index γ auf der linken Seite zu heben, multiplizieren wir diese Gleichung mit $g^{\gamma\xi}$ und erhalten:

$$T^{k_1 k_2 \ldots k_p \xi k_{p+1} k_{p+2} \ldots k_q}_{i_1 i_2 \ldots i_m   i_{m+1} i_{m+2} \ldots i_n} = g^{\gamma\xi} \bar{a}^\zeta_\gamma \left(\bar{a}^{\alpha_1}_{i_1} \bar{a}^{\alpha_2}_{i_2} \cdots \bar{a}^{\alpha_n}_{i_n} \right) \left(\underline{a}^{k_1}_{\beta_1} \underline{a}^{k_2}_{\beta_2} \cdots \underline{a}^{k_q}_{\beta_q} \right) \bar{T}^{\beta_1 \beta_2 \ldots \beta_p \beta_{p+1} \beta_{p+2} \ldots \beta_q}_{\alpha_1 \alpha_2 \ldots \alpha_m \zeta \alpha_{m+1} \alpha_{m+2} \ldots \alpha_n}$$

Nun heben wir den Index ζ auf der rechten Seite. Wegen

$$\bar{T}^{\beta_1 \beta_2 \ldots \beta_p \beta_{p+1} \beta_{p+2} \ldots \beta_q}_{\alpha_1 \alpha_2 \ldots \alpha_m \zeta \alpha_{m+1} \alpha_{m+2} \ldots \alpha_n} = \bar{g}_{\zeta\vartheta} \bar{T}^{\beta_1 \beta_2 \ldots \beta_p \vartheta \beta_{p+1} \beta_{p+2} \ldots \beta_q}_{\alpha_1 \alpha_2 \ldots \alpha_m   \alpha_{m+1} \alpha_{m+2} \ldots \alpha_n}$$

folgt:

$$T^{k_1 k_2 \ldots k_p \xi k_{p+1} k_{p+2} \ldots k_q}_{i_1 i_2 \ldots i_m   i_{m+1} i_{m+2} \ldots i_n} = g^{\gamma\xi} \bar{a}^\zeta_\gamma \bar{g}_{\zeta\vartheta} \left(\bar{a}^{\alpha_1}_{i_1} \bar{a}^{\alpha_2}_{i_2} \cdots \bar{a}^{\alpha_n}_{i_n} \right) \left(\underline{a}^{k_1}_{\beta_1} \underline{a}^{k_2}_{\beta_2} \cdots \underline{a}^{k_q}_{\beta_q} \right) \bar{T}^{\beta_1 \beta_2 \ldots \beta_p \vartheta \beta_{p+1} \beta_{p+2} \ldots \beta_q}_{\alpha_1 \alpha_2 \ldots \alpha_m   \alpha_{m+1} \alpha_{m+2} \ldots \alpha_n}$$
(3.179)

Die ersten drei Faktoren

$$W^\xi_\vartheta = g^{\gamma\xi} \bar{a}^\zeta_\gamma \bar{g}_{\zeta\vartheta}$$

auf der rechten Seite lassen sich vereinfachen. Gemäß Gleichung (3.108) transformieren sich die Metrikkoeffizienten wie folgt:

$$g^{\gamma\xi} = \underline{a}^\gamma_\nu \underline{a}^\xi_\eta \bar{g}^{\nu\eta}$$

Damit folgt:

$$W^\xi_\vartheta = \underline{a}^\gamma_\nu \underline{a}^\xi_\eta \bar{a}^\zeta_\gamma \bar{g}_{\zeta\vartheta} \bar{g}^{\nu\eta}$$

Mit $\underline{a}^\gamma_\nu \bar{a}^\zeta_\gamma = \delta^\zeta_\nu$ folgt weiter:

$$W^\xi_\vartheta = \delta^\zeta_\nu \underline{a}^\xi_\eta \bar{g}_{\zeta\vartheta} \bar{g}^{\nu\eta} = \underline{a}^\xi_\eta \bar{g}_{\nu\vartheta} \bar{g}^{\nu\eta}$$

Außerdem gilt $\bar{g}_{\nu\vartheta} \bar{g}^{\nu\eta} = \delta^\eta_\vartheta$, so daß wir erhalten:

$$W^\xi_\vartheta = \underline{a}^\xi_\eta \delta^\eta_\vartheta = \underline{a}^\xi_\vartheta$$

Aus Gleichung (3.179) folgt also unmittelbar

$$T^{k_1 k_2 \ldots k_p \xi k_{p+1} k_{p+2} \ldots k_q}_{i_1 i_2 \ldots i_m   i_{m+1} i_{m+2} \ldots i_n} = \underline{a}^\xi_\vartheta \left(\bar{a}^{\alpha_1}_{i_1} \bar{a}^{\alpha_2}_{i_2} \cdots \bar{a}^{\alpha_n}_{i_n} \right) \left(\underline{a}^{k_1}_{\beta_1} \underline{a}^{k_2}_{\beta_2} \cdots \underline{a}^{k_q}_{\beta_q} \right) \bar{T}^{\beta_1 \beta_2 \ldots \beta_p \vartheta \beta_{p+1} \beta_{p+2} \ldots \beta_q}_{\alpha_1 \alpha_2 \ldots \alpha_m   \alpha_{m+1} \alpha_{m+2} \ldots \alpha_n} \quad (3.180)$$

Wenn wir den vollzogenen Rechenweg rekapitulieren, stellen wir fest, daß aus der Gültigkeit der Gleichung (3.178) automatisch die Gültigkeit der Gleichung (3.180) folgt, wenn man die Indizes mit Hilfe der Metrikkoeffizienten heben und senken darf. Die erste Gleichung hatten wir aus der Forderung erhalten, daß sich die unteren Indizes γ bzw. ζ wie alle anderen unteren Indizes i_r bzw. α_r transformieren, nämlich mittels $\bar{a}^\zeta_\gamma$. Die zweite Gleichung zeigt nun, daß sich dann die oberen Indizes ξ bzw. ϑ wie alle anderen oberen Indizes k_s bzw. β_s transformieren, nämlich mittels $\underline{a}^\xi_\vartheta$.

Unsere Herleitung läßt sich leicht umdrehen, so daß aus Gleichung (3.180) auch die Gültigkeit von Gleichung (3.178) folgt. Damit ist folgender Sachverhalt gezeigt: Gilt für eine ein- oder mehrfach indizierte Größe T die Transformationsvorschrift (3.177) für eine bestimmte Positionierung der Indizes, so gilt die gleiche Transformationsvorschrift (3.177) auch dann, wenn man beliebig Indizes hebt oder senkt.

Die bisherigen Ergebnisse dieses Abschnitts 3.20 lassen sich wie folgt zusammenfassen:

Regel 3.15 *Wenn man zeigen will, daß es sich bei einer n-fach indizierten Größe um die Komponenten eines Tensors n-ter Stufe handelt, genügt es,* **für eine einzige der möglichen 2^n Indexpositionen** *(jeder Index kann entweder oben oder unten stehen) folgendes zu zeigen:*

- *Jeder untere Index läßt sich mit Hilfe der Metrikkoeffizienten g^{ik} gemäß Gleichung (3.174) heben.*

- *Jeder obere Index läßt sich mit Hilfe der Metrikkoeffizienten g_{ik} gemäß Gleichung (3.175) senken.*

- *Die Transformation in ein anderes Koordinatensystem erfolgt gemäß Gleichung (3.176) oder gemäß Gleichung (3.177). Die Überprüfung einer der beiden Gleichungen genügt, da die andere dann automatisch auch erfüllt ist.*

Diese Regel wollen wir nun anwenden. Beispielsweise folgen aus der bereits verifizierten Gleichung (3.134)
$$V^i|_l = \underline{a}^i_m \bar{a}^p_l \bar{V}^m|_p$$
automatisch die Transformationsvorschriften

$$V_i|_l = \bar{a}^m_i \bar{a}^p_l \bar{V}_m|_p, \qquad (3.181)$$
$$V^i|^l = \underline{a}^i_m \underline{a}^l_p \bar{V}^m|^p, \qquad (3.182)$$
$$V_i|^l = \bar{a}^m_i \underline{a}^l_p \bar{V}_m|^p, \qquad (3.183)$$

da ja in Abschnitt 3.12 bereits gezeigt wurde, daß sich alle Indizes der kovarianten Ableitung mit Hilfe der Metrikkoeffizienten heben und senken lassen (Regel 3.12 auf Seite 233).

Wegen Regel 3.14 folgen aus diesen Gleichungen automatisch die Umkehrtransformationen:

$$\bar{V}^i|_l = \bar{a}^i_m \underline{a}^p_l V^m|_p \qquad (3.184)$$
$$\bar{V}_i|_l = \underline{a}^m_i \underline{a}^p_l V_m|_p \qquad (3.185)$$

3.21. TENSOREN NULLTER STUFE

$$\bar{V}^i|^l = \bar{a}^i_m \bar{a}^l_p V^m|^p \tag{3.186}$$

$$\bar{V}_i|^l = \underline{a}^m_i \bar{a}^l_p V_m|^p \tag{3.187}$$

Damit ist gezeigt:

> **Regel 3.16** *Bei der kovarianten Ableitung von Vektorkomponenten handelt es sich um die Komponenten eines Tensors zweiter Stufe.*

Die Gleichungen (3.181) bis (3.183) und (3.185) bis (3.187) wurden in Aufgabe 3.11 auf Seite 239 bereits „von Hand" hergeleitet. Gemäß Regel 3.15 gelten sie aber automatisch, so daß die Rechnung in Aufgabe 3.11 eigentlich nicht erforderlich war; der Leser kann aber anhand dieser Aufgabe die Rechenschritte exemplarisch nachvollziehen, die hier ganz allgemeingültig vorgenommen wurden.

3.21 Tensoren nullter Stufe

Tensorkomponenten eines Tensors n-ter Stufe sind durch die Gültigkeit der Gleichungen (3.174), (3.175), (3.176) und (3.177) charakterisiert.

Wir wollen nun überlegen, was diese Definition für den Fall $n = 0$, also für nicht-indizierte Größen bedeutet.

Die ersten beiden Gleichungen beziehen sich auf das Heben und Senken von Indizes und sind somit für nicht-indizierte Größen irrelevant. Es verbleiben somit die beiden Gleichungen (3.176) und (3.177). Geht man nun zunächst von einer zweifach indizierten Größe aus, so enthalten diese Gleichungen jeweils zwei Koeffizienten $\underline{a}^i_k$ bzw. $\bar{a}^i_k$. Liegt hingegen eine einfach indizierte Größe vor, so enthalten die Gleichungen jeweils nur einen Koeffizienten $\underline{a}^i_k$ bzw. $\bar{a}^i_k$. Führt man diesen Gedankengang konsequent fort, so erscheint es sinnvoll, für eine nicht-indizierte Größe T zu fordern, daß kein Koeffizient $\underline{a}^i_k$ bzw. $\bar{a}^i_k$ auftritt. Die Gleichungen (3.176) und (3.177) degenerieren somit zu

$$\bar{T} = T \tag{3.188}$$

beziehungsweise

$$T = \bar{T}. \tag{3.189}$$

Diese Gleichungen stellen somit die Definition eines Tensors nullter Stufe dar. Anschaulich interpretiert bedeuten sie, daß dieselbe Größe in verschiedenen Koordinatensystemen gemessen denselben Wert liefert.

Dies ist keineswegs für alle Meßgrößen selbstverständlich. Betrachtet man beispielsweise den Abstand eines Punktes zum Koordinatenursprung als Meßgröße d, und definiert man ein gegenüber dem Koordinatensystem K verschobenes Koordinatensystem $\bar{K}$, so ist der Abstand d sicher nicht gleich dem Abstand $\bar{d}$. Somit ist d kein Tensor nullter Stufe.

Die Zahl π hat hingegen in allen Koordinatensystemen denselben Wert, da sie den Zusammenhang zwischen dem Durchmesser und dem Umfang eines Kreises herstellt. Dieser Zusammenhang kann im „gewöhnlichen" dreidimensionalen Euklidischen Raum nicht vom gewählten Koordinatensystem abhängen — π ist somit ein Tensor nullter Stufe.

Betrachtet man als Koordinatensysteme zwei gleichförmig gegeneinander bewegte Inertialsysteme, so kann man messen, daß sich das Licht in beiden mit derselben Geschwindigkeit c_0 ausbreitet. Somit handelt es sich bei der Lichtgeschwindigkeit c_0 um einen Tensor nullter Stufe. Hierauf beruht die spezielle Relativitätstheorie, deren Grundlagen in Kapitel 4 behandelt werden.

Die Konstanz der Lichtgeschwindigkeit wiederum ist nicht selbstverständlich. Die Geschwindigkeit eines Fahrzeuges beispielsweise hat in zwei gegeneinander bewegten Koordinatensystemen K und $\bar{K}$ nämlich im allgemeinen unterschiedliche Werte u und $\bar{u}$. Die Geschwindigkeit eines Fahrzeuges ist in diesem Fall also kein Tensor nullter Stufe.

Tensoren nullter Stufe bezeichnet man auch als Skalare. Hierbei ist jedoch zu beachten, daß man oft auch schon von einer skalaren Größe spricht, wenn sie nur eine Komponente besitzt. Diese Sprechweise kennzeichnet lediglich den Unterschied zwischen Skalaren und Vektoren und bezieht sich nicht auf das Transformationsverhalten. In diesem Buch wird hingegen der Begriff Skalar als Tensor nullter Stufe definiert — so wie der Vektor ein Tensor erster Stufe ist.

3.22 Spezielle Tensoren

3.22.1 Metriktensor

In Abschnitt 3.11.3 hatten wir gezeigt, daß für die Metrikkoeffizienten g_{ik} bei einem Wechsel des Koordinatensystems die Transformationsvorschrift (3.107)

$$g_{ik} = \bar{a}_i^l \bar{a}_k^m \bar{g}_{lm}$$

gilt. Diese Transformationsvorschrift ist gemäß Abschnitt 3.20, Gleichung (3.173) charakteristisch für Tensoren zweiter Stufe.

Wir wollen nun prüfen, ob sich die Indizes von g_{ik} mit Hilfe der Metrikkoeffizienten heben und senken lassen. Dies erscheint zunächst etwas seltsam, da es sich bei den g_{ik} selbst um Metrikkoeffizienten handelt — es spricht jedoch nichts dagegen, die g_{ik} wie alle anderen denkbaren doppelt-indizierten Größen auch zu behandeln. Wir fordern also, daß sich der erste untere Index i durch Multiplikation mit g^{il} heben läßt, daß also gilt:

$$g^l_{\ k} = g^{il} g_{ik}$$

3.22. SPEZIELLE TENSOREN

Gemäß Gleichung (3.25) gilt $g^{il}g_{ik} = \delta^l_k$. Um das Heben des ersten Index in gewohnter Weise zu ermöglichen, müssen wir also definieren:

$$g^l{}_k = \delta^l_k$$

Wir multiplizieren diese Gleichung nun mit g^{km} und erhalten:

$$g^{km}g^l{}_k = g^{km}\delta^l_k = g^{lm}$$

Umgekehrt gelesen ergibt sich:

$$g^{lm} = g^{km}g^l{}_k$$

Offenbar läßt sich auch der zweite Index k in gewohnter Weise heben. Somit lassen sich beide unteren Indizes in gewohnter Weise heben. In Abschnitt 3.20.1 hatten wir gezeigt, daß sich dann beide Indizes von g_{ik} unabhängig voneinander mit Hilfe der Metrikkoeffizienten beliebig heben und senken lassen. Somit sind die ersten beiden Regeln aus Abschnitt 3.20 erfüllt.

Wegen Abschnitt 3.20.3 gilt dann eine der Gleichung (3.107)

$$g_{ik} = \bar{a}^l_i \bar{a}^m_k \bar{g}_{lm}$$

entsprechende Transformationsvorschrift für alle Indexpositionen (Zum Beispiel gilt $g^i{}_k = \underline{a}^i_l \bar{a}^m_k \bar{g}^l{}_m$, was äquivalent zur offensichtlich gültigen Gleichung $\delta^i_k = \underline{a}^i_l \bar{a}^m_k \delta^l_m$ ist). Damit ist gezeigt, daß die Metrikkoeffizienten g_{ik} die kovarianten Komponenten eines Tensors zweiter Stufe sind. Diesen Tensor nennen wir dementsprechend den Metriktensor.

3.22.2 e^{ikl} als Tensor dritter Stufe

Wir zeigen nun, daß es sich bei der dreifach indizierten Größe

$$e^{lki} = \vec{g}^l \cdot (\vec{g}^k \times \vec{g}^i)$$

um die Komponenten eines Tensors dritter Stufe handelt.

Deshalb soll nun die Transformationsvorschrift hergeleitet werden. Wegen $\vec{g}^i = \underline{a}^i_k \vec{\bar{g}}^k$ folgt:

$$e^{lki} = \vec{g}^l \cdot (\vec{g}^k \times \vec{g}^i) = \underline{a}^l_m \underline{a}^k_n \underline{a}^i_p \; \vec{\bar{g}}^m \cdot (\vec{\bar{g}}^n \times \vec{\bar{g}}^p)$$

Da der Ausdruck $\vec{\bar{g}}^m \cdot (\vec{\bar{g}}^n \times \vec{\bar{g}}^p)$ die gleiche Form hat wie e^{lki}, wobei alle Größen jedoch mit einem Querstrich versehen sind, wird er mit $\bar{e}^{mnp}$ bezeichnet. Man erhält eine Transformationsvorschrift der Form:

$$e^{lki} = \underline{a}^l_m \underline{a}^k_n \underline{a}^i_p \bar{e}^{mnp} \qquad (3.190)$$

Wie schon allgemein gezeigt wurde, ist dies äquivalent zur Umkehrtransformation:

$$\bar{e}^{lki} = \bar{a}^l_m \bar{a}^k_n \bar{a}^i_p e^{mnp} \tag{3.191}$$

Schließlich müssen sich gemäß unserer Tensordefinition die Indizes mit Hilfe der Metrikkoeffizienten g_{ik} heben und senken lassen. Deshalb definieren wir nun:

$$e_{pnm} = g_{im} g_{kn} g_{lp} e^{lki} \tag{3.192}$$

$$\Rightarrow e_{pnm} = \vec{g}_p \cdot (\vec{g}_n \times \vec{g}_m)$$

Dies ist offenbar kompatibel zu unserer schon früher getroffenen Definition (3.154). Auf die gleiche Weise lassen sich natürlich auch Tensorkomponenten definieren, bei denen ein Teil der Indizes oben und der andere Teil unten steht, also beispielsweise $e_p{}^{nm}$ oder $e^p{}_n{}^m$.

Damit sind alle Forderungen der Regel 3.15 von Seite 254 erfüllt; die Komponenten e_{pnm} sind die Komponenten eines Tensors dritter Stufe. Diesen Tensor nennt man den vollständig antisymmetrischen Tensor dritter Stufe.

3.22.3 Gradient als Tensor erster Stufe

In diesem Abschnitt wollen wir zeigen, daß der Gradient eines Skalars Φ, also eines Tensors nullter Stufe, einen Vektor, also einen Tensor erster Stufe liefert. Geht man von Gleichung (3.142)

$$grad\,\Phi = \Phi|_i\,\vec{g}^i$$

aus, so ist gemäß Regel 3.15 zu zeigen, daß sich der Index der aus dieser Gleichung ersichtlichen kovarianten Komponenten

$$V_i = \Phi|_i \tag{3.193}$$

mit Hilfe der Metrikkoeffizienten heben läßt und daß V_i das für Tensoren typische Transformationsverhalten zeigt.

Gemäß Gleichung (3.143) gilt als Alternativdarstellung:

$$grad\,\Phi = \Phi|^k\,\vec{g}_k$$

Hieraus liest man die kontravarianten Komponenten

$$V^k = \Phi|^k$$

ab. Wegen Gleichung (3.128)

$$\Phi|^k = g^{kl}\,\Phi|_l$$

3.22. SPEZIELLE TENSOREN

folgt weiter:
$$V^k = g^{kl}\,\Phi|_l$$
Hier kann man Gleichung (3.193) einsetzen und erhält:
$$V^k = g^{kl}\,V_l$$
Damit ist gezeigt, daß sich der Index von V_l mit Hilfe der Metrikkoeffizienten heben läßt.

Als nächstes leiten wir das Transformationsverhalten her. Geht man von einem Alternativkoordinatensystem aus, so gilt laut Gleichung (3.142):
$$grad\ \bar{\Phi} = \bar{\Phi}|_i\,\vec{\bar{g}}^i$$
Wir lesen also ab:
$$\bar{V}_i = \bar{\Phi}|_i$$
Die kovariante Ableitung eines Skalars ist wegen Gleichung (3.125) gleich der partiellen Ableitung[18], so daß diese Gleichung äquivalent ist zu:
$$\bar{V}_i = \frac{\partial \bar{\Phi}}{\partial \bar{\theta}^i}$$
Wir wenden die Kettenregel an und erhalten:
$$\bar{V}_i = \frac{\partial \bar{\Phi}}{\partial \theta^k}\frac{\partial \theta^k}{\partial \bar{\theta}^i}$$
Gemäß Gleichung (3.94) gilt dann:
$$\bar{V}_i = \frac{\partial \bar{\Phi}}{\partial \theta^k}\,\underline{a}_i^k$$
Da es sich bei Φ um einen Skalar, also einen Tensor nullter Stufe handelt, gilt $\bar{\Phi} = \Phi$, und es ergibt sich:
$$\bar{V}_i = \frac{\partial \Phi}{\partial \theta^k}\,\underline{a}_i^k$$
Dieser Differentialquotient ist gemäß Gleichung (3.125) gleich der kovarianten Ableitung im Koordinatensystem K:
$$\bar{V}_i = \Phi|_k\,\underline{a}_i^k$$
Mit Gleichung (3.193) folgt:
$$\bar{V}_i = V_k\,\underline{a}_i^k$$
Wir sehen also, daß sich die Komponenten so transformieren, wie es für Tensoren erster Stufe, also Vektoren, typisch ist. Gemäß Regel 3.15 haben wir damit gezeigt:

Die V_i sind die Komponenten eines Tensors erster Stufe; bei $V_i\,\vec{g}^i$ handelt es sich also um einen Vektor. Damit ist bewiesen:

---

[18]Zu beachten ist, wie schon in Fußnote 13 auf Seite 238 erwähnt wurde, daß bei der kovarianten Ableitung stets die Koordinaten des Koordinatensystems zu betrachten sind, in dem die abzuleitende Größe definiert ist.

> **Regel 3.17** *Der Gradient eines skalaren Feldes, also eines Tensors nullter Stufe, liefert stets einen Vektor, also einen Tensor erster Stufe.*

3.22.4 Divergenz als Tensor nullter Stufe

In diesem Abschnitt soll gezeigt werden, daß die Divergenz eines Vektors, also eines Tensors erster Stufe, stets einen Skalar, also einen Tensor nullter Stufe liefert. Gemäß Gleichung (3.146) gilt:

$$\Phi = div\ \vec{V} = V^k|_k \tag{3.194}$$

Betrachtet man nun ein anderes Koordinatensystem, so gilt analog:

$$\bar{\Phi} = div\ \vec{\bar{V}} = \bar{V}^k|_k \tag{3.195}$$

Gleichung (3.135) beschreibt das Transformationsverhalten der kovarianten Ableitung unter der hier gegebenen Voraussetzung, daß $\vec{V}$ ein Vektor ist:

$$\bar{V}^i|_k = \bar{a}^i_l \underline{a}^m_k V^l|_m$$

Für $i = k$, also bei Summation über k folgt:

$$\bar{V}^k|_k = \bar{a}^k_l \underline{a}^m_k V^l|_m = \delta^m_l\ V^l|_m = V^l|_l$$

Setzt man dies in Gleichung (3.195) ein, so folgt weiter:

$$\bar{\Phi} = V^l|_l$$

Den Summationsindex l kann man natürlich auch in einen Summationsindex k umbenennen, so daß wir unter Verwendung von Gleichung (3.194) erhalten:

$$\bar{\Phi} = \Phi$$

Damit ist gemäß Gleichung (3.188) bzw. (3.189) gezeigt, daß es sich bei der Divergenz eines Vektors um eine skalare Größe handelt, die auch bei Koordinatentransformationen ihren Wert beibehält:

> **Regel 3.18** *Die Divergenz eines Vektors, also eines Tensors erster Stufe, liefert stets einen Skalar, also einen Tensor nullter Stufe.*

3.22. SPEZIELLE TENSOREN

3.22.5 Rotation als Tensor erster Stufe

Um zu zeigen, daß die Rotation eines Vektors wieder einen Vektor liefert, überprüfen wir wieder alle Forderungen in Regel 3.15 von Seite 254.

Wir gehen deshalb von Gleichung (3.151)

$$R^k = (rot\ \vec{V})^k = e^{kli}\ V_i|_l$$

bzw. (3.157)

$$R_k = (rot\ \vec{V})_k = e_{kli}\ V^i|^l$$

aus und versuchen zu zeigen, daß sich die beiden Komponenten R^k bzw. R_k mit Hilfe der Metrikkoeffizienten ineinander umrechnen lassen. Hierzu müssen wir zunächst den Zusammenhang zwischen $V^i|^l$ und $V_i|_l$ kennen.

Wegen Gleichung (3.118) gilt:

$$V^i|^l = g^{ml}\ V^i|_m$$

Mit Gleichung (3.116) erhält man:

$$V^i|^l = g^{ml}\ g^{in}\ V_n|_m$$

Aus Gleichung (3.157) folgt also:

$$R_k = e_{kli}\ g^{ml}\ g^{in}\ V_n|_m$$

Setzt man hier Gleichung (3.192) ein, so folgt:

$$R_k = g_{kp}\ g_{lq}\ g_{ir}\ e^{pqr}\ g^{ml}\ g^{in}\ V_n|_m$$

Hier kann man nun zweimal von Gleichung (3.25) Gebrauch machen:

$$R_k = g_{kp}\ \delta_q^m\ \delta_r^n\ e^{pqr}\ V_n|_m$$

$$\Rightarrow R_k = g_{kp}\ e^{pmn}\ V_n|_m$$

Mit Gleichung (3.151) erhält man schließlich:

$$R_k = g_{kp}\ R^p$$

Damit ist gezeigt, daß sich der Index von R mit Hilfe der Metrikkoeffizienten senken und gemäß Regel 3.15 auch wieder heben läßt.

Als nächstes muß das Transformationsverhalten überprüft werden. Betrachtet man anstelle von K das Koordinatensystem $\bar{K}$, so lautet Gleichung (3.151)

$$\bar{R}^k = \bar{e}^{kli}\ \bar{V}_i|_l$$

Wegen Gleichung (3.191) gilt dann:

$$\bar{R}^k = \bar{a}_m^k \bar{a}_n^l \bar{a}_p^i \, e^{mnp} \, \bar{V}_i|_l$$

Mit Gleichung (3.185) folgt weiter:

$$\bar{R}^k = \bar{a}_m^k \bar{a}_n^l \bar{a}_p^i \, e^{mnp} \, \underline{a}_i^q \underline{a}_l^r \, V_q|_r$$

Nun läßt sich zweimal Gleichung (3.100) anwenden:

$$\bar{R}^k = \bar{a}_m^k \delta_n^r \delta_p^q \, e^{mnp} \, V_q|_r$$

$$\Rightarrow \bar{R}^k = \bar{a}_m^k \, e^{mrq} \, V_q|_r$$

Wegen Gleichung (3.151) gilt also:

$$\bar{R}^k = \bar{a}_m^k \, R^m$$

Die einfach indizierte Größe R transformiert sich also in der für Tensoren typischen Weise. Damit sind alle Forderungen in Regel 3.15 erfüllt, so daß R ein Tensor erster Stufe ist.

Regel 3.19 *Die Rotation eines Vektors, also eines Tensors erster Stufe, liefert stets wieder einen Vektor, also einen Tensor erster Stufe.*

3.23 Tensorgleichungen

Nachdem nun Tensorkomponenten definiert wurden, ist es klar, daß man mit diesen auch Gleichungen formulieren kann. Solche Gleichungen nennt man Tensorgleichungen. In diesem Abschnitt sollen die Eigenschaften solcher Tensorgleichungen analysiert werden. Zunächst soll gezeigt werden, daß Tensorgleichungen in jedem Koordinatensystem dieselbe Form besitzen. Diese Forminvarianz bezeichnet man auch als Kovarianz. Sie ist einer der Hauptgründe, warum Tensorgleichungen eine große Bedeutung in der theoretischen Physik besitzen. Anschließend werden einige Eigenschaften der Indexschreibweise von Tensorgleichungen untersucht.

3.23.1 Invarianz von Tensorgleichungen

Wir betrachten im folgenden als Beispiel die Definition der Rotation gemäß Gleichung (3.151):

$$R^k = (rot\,\vec{V})^k = e^{kli}\,V_i|_l$$

Wir hatten bereits gezeigt, daß es sich bei der kovarianten Ableitung $V_i|_l$ um die Komponenten eines Tensors zweiter Stufe handelt. Ebenfalls wurde gezeigt, daß die e^{kli} die Komponenten eines

3.23. TENSORGLEICHUNGEN

Tensors dritter Stufe sind und daß die Rotation auf einen Tensor erster Stufe führt (R^k sind Komponenten dieses Tensors). Um nicht durch die kovariante Ableitung verwirrt zu werden, kürzen wir nun ab:

$$T_{il} = V_i|_l$$

Für die kontravarianten Komponenten der Rotation folgt somit:

$$R^k = e^{kli} T_{il}$$

Eine solche Gleichung, bei der sich beide Seiten als Produkt von Tensorkomponenten darstellen lassen, nennt man eine Tensorgleichung. Auch mehrere Summanden sind natürlich zulässig.

Wir wollen nun eine Koordinatentransformation durchführen und feststellen, wie sich diese Gleichung dabei verhält. Hierzu verwenden wir die Transformationsvorschriften

$$R^k = \underline{a}_q^k \bar{R}^q,$$

$$e^{kli} = \underline{a}_m^k \underline{a}_n^l \underline{a}_p^i \bar{e}^{mnp}$$

und

$$T_{il} = \bar{a}_i^r \bar{a}_l^s \bar{T}_{rs}$$

und erhalten:

$$\underline{a}_q^k \bar{R}^q = \underline{a}_m^k \underline{a}_n^l \underline{a}_p^i \bar{a}_i^r \bar{a}_l^s \bar{e}^{mnp} \bar{T}_{rs}$$

Nun gilt aber $\underline{a}_p^i \bar{a}_i^r = \delta_p^r$ und $\underline{a}_n^l \bar{a}_l^s = \delta_n^s$, so daß weiter folgt:

$$\underline{a}_q^k \bar{R}^q = \underline{a}_m^k \delta_p^r \delta_n^s \bar{e}^{mnp} \bar{T}_{rs}$$

$$\Rightarrow \underline{a}_q^k \bar{R}^q = \underline{a}_m^k \bar{e}^{msr} \bar{T}_{rs}$$

Wir multiplizieren diese Gleichung mit $\bar{a}_k^l$ und erhalten:

$$\delta_q^l \bar{R}^q = \delta_m^l \bar{e}^{msr} \bar{T}_{rs}$$

$$\Rightarrow \bar{R}^l = \bar{e}^{lsr} \bar{T}_{rs}$$

Man sieht nun, daß die Gleichung

$$R^k = e^{kli} T_{il}$$

überführt wird in die Gleichung

$$\bar{R}^k = \bar{e}^{kli} \bar{T}_{il}$$

Die Form dieser Gleichung bleibt also beim Wechsel des Koordinatensystems vollständig erhalten. Dies gilt für alle Tensorgleichungen und ist einer der Hauptgründe für die große Bedeutung der Tensoranalysis. Wenn es gelingt, ein physikalisches Gesetz als Tensorgleichung zu formulieren, dann ist man sicher, daß es bei einem Wechsel des Koordinatensystems die gleiche Form beibehält.

Als Abschluß dieses Abschnitts wollen wir die Invarianz von Tensorgleichungen gegenüber Koordinatentransformationen allgemein zeigen. Jede Tensorgleichung läßt sich in der Form

$$T^{\beta_1\beta_2...\beta_q}_{\alpha_1\alpha_2...\alpha_n} = U^{\beta_1\beta_2...\beta_q}_{\alpha_1\alpha_2...\alpha_n}$$

schreiben. Gemäß Gleichung (3.177) lassen sich die beiden Tensoren wie folgt in ein anderes Koordinatensystem transformieren:

$$T^{\beta_1\beta_2...\beta_q}_{\alpha_1\alpha_2...\alpha_n} = \left(\bar{a}^{i_1}_{\alpha_1}\,\bar{a}^{i_2}_{\alpha_2}\cdots\bar{a}^{i_n}_{\alpha_n}\right)\left(\underline{a}^{\beta_1}_{k_1}\,\underline{a}^{\beta_2}_{k_2}\cdots\underline{a}^{\beta_q}_{k_q}\right)\bar{T}^{k_1k_2...k_q}_{i_1i_2...i_n}$$

$$U^{\beta_1\beta_2...\beta_q}_{\alpha_1\alpha_2...\alpha_n} = \left(\bar{a}^{i_1}_{\alpha_1}\,\bar{a}^{i_2}_{\alpha_2}\cdots\bar{a}^{i_n}_{\alpha_n}\right)\left(\underline{a}^{\beta_1}_{k_1}\,\underline{a}^{\beta_2}_{k_2}\cdots\underline{a}^{\beta_q}_{k_q}\right)\bar{U}^{k_1k_2...k_q}_{i_1i_2...i_n}$$

Wir erhalten also:

$$\left(\bar{a}^{i_1}_{\alpha_1}\,\bar{a}^{i_2}_{\alpha_2}\cdots\bar{a}^{i_n}_{\alpha_n}\right)\left(\underline{a}^{\beta_1}_{k_1}\,\underline{a}^{\beta_2}_{k_2}\cdots\underline{a}^{\beta_q}_{k_q}\right)\bar{T}^{k_1k_2...k_q}_{i_1i_2...i_n} = \left(\bar{a}^{i_1}_{\alpha_1}\,\bar{a}^{i_2}_{\alpha_2}\cdots\bar{a}^{i_n}_{\alpha_n}\right)\left(\underline{a}^{\beta_1}_{k_1}\,\underline{a}^{\beta_2}_{k_2}\cdots\underline{a}^{\beta_q}_{k_q}\right)\bar{U}^{k_1k_2...k_q}_{i_1i_2...i_n}$$

Wir multiplizieren nun mit $\underline{a}^{\alpha_1}_{\gamma_1}$ und erhalten wegen $\underline{a}^{\alpha_1}_{\gamma_1}\bar{a}^{i_1}_{\alpha_1} = \delta^{i_1}_{\gamma_1}$:

$$\delta^{i_1}_{\gamma_1}\left(\bar{a}^{i_2}_{\alpha_2}\,\bar{a}^{i_3}_{\alpha_3}\cdots\bar{a}^{i_n}_{\alpha_n}\right)\left(\underline{a}^{\beta_1}_{k_1}\,\underline{a}^{\beta_2}_{k_2}\cdots\underline{a}^{\beta_q}_{k_q}\right)\bar{T}^{k_1k_2...k_q}_{i_1i_2...i_n} = \delta^{i_1}_{\gamma_1}\left(\bar{a}^{i_2}_{\alpha_2}\,\bar{a}^{i_3}_{\alpha_3}\cdots\bar{a}^{i_n}_{\alpha_n}\right)\left(\underline{a}^{\beta_1}_{k_1}\,\underline{a}^{\beta_2}_{k_2}\cdots\underline{a}^{\beta_q}_{k_q}\right)\bar{U}^{k_1k_2...k_q}_{i_1i_2...i_n}$$

Als nächstes multiplizieren wir Schritt für Schritt mit $\underline{a}^{\alpha_2}_{\gamma_2}$, $\underline{a}^{\alpha_3}_{\gamma_3}$ etc. und erhalten schließlich:

$$\delta^{i_1}_{\gamma_1}\,\delta^{i_2}_{\gamma_2}\cdots\delta^{i_n}_{\gamma_n}\left(\underline{a}^{\beta_1}_{k_1}\,\underline{a}^{\beta_2}_{k_2}\cdots\underline{a}^{\beta_q}_{k_q}\right)\bar{T}^{k_1k_2...k_q}_{i_1i_2...i_n} = \delta^{i_1}_{\gamma_1}\,\delta^{i_2}_{\gamma_2}\cdots\delta^{i_n}_{\gamma_n}\left(\underline{a}^{\beta_1}_{k_1}\,\underline{a}^{\beta_2}_{k_2}\cdots\underline{a}^{\beta_q}_{k_q}\right)\bar{U}^{k_1k_2...k_q}_{i_1i_2...i_n}$$

Analog lassen sich die Transformationskoeffizienten in der verbleibenden Klammer beseitigen, wenn man mit $\bar{a}^{\xi_1}_{\beta_1}$, $\bar{a}^{\xi_2}_{\beta_2}$ etc. multipliziert:

$$\delta^{i_1}_{\gamma_1}\,\delta^{i_2}_{\gamma_2}\cdots\delta^{i_n}_{\gamma_n}\,\delta^{\xi_1}_{k_1}\,\delta^{\xi_2}_{k_2}\cdots\delta^{\xi_q}_{k_q}\,\bar{T}^{k_1k_2...k_q}_{i_1i_2...i_n} = \delta^{i_1}_{\gamma_1}\,\delta^{i_2}_{\gamma_2}\cdots\delta^{i_n}_{\gamma_n}\,\delta^{\xi_1}_{k_1}\,\delta^{\xi_2}_{k_2}\cdots\delta^{\xi_q}_{k_q}\,\bar{U}^{k_1k_2...k_q}_{i_1i_2...i_n}$$

Wir erhalten also schließlich:

$$\bar{T}^{\xi_1\xi_2...\xi_q}_{\gamma_1\gamma_2...\gamma_n} = \bar{U}^{\xi_1\xi_2...\xi_q}_{\gamma_1\gamma_2...\gamma_n}$$

Wir können nun noch die Indizes ξ_l durch β_l und die Indizes γ_l durch α_l ersetzen und haben somit gezeigt, daß aus unserer Tensorgleichung

$$T^{\beta_1\beta_2...\beta_q}_{\alpha_1\alpha_2...\alpha_n} = U^{\beta_1\beta_2...\beta_q}_{\alpha_1\alpha_2...\alpha_n}$$

automatisch die transformierte Tensorgleichung

$$\bar{T}^{\beta_1\beta_2...\beta_q}_{\alpha_1\alpha_2...\alpha_n} = \bar{U}^{\beta_1\beta_2...\beta_q}_{\alpha_1\alpha_2...\alpha_n}$$

folgt. Die Gleichung ist also zweifellos invariant gegenüber Koordinatentransformationen.

Bei dieser Betrachtung wurden ausschließlich die $q+n$ freien Indizes betrachtet. Es stellt sich die Frage, was passiert, wenn in einem der beiden Tensoren T oder U Ausdrücke auftauchen, die auch Summationsindizes enthalten, also beispielsweise l als unterer Index in einem Tensor V

3.23. TENSORGLEICHUNGEN

und als oberer Index in einem Tensor W. In diesem Fall würde bei der Transformation wegen V der Koeffizient $\bar{a}_l^p$ auftreten und wegen W der Koeffizient $\underline{a}_m^l$. Das Produkt beider Koeffizienten liefert dann δ_m^p, so daß die neu entstandenen Indizes p in $\bar{V}$ und m in $\bar{W}$ gleichgesetzt werden können. Man kann sie auch wieder mit dem ursprünglichen Buchstaben l bezeichnen. Wir sehen also, daß Summationsindizes durch die Transformation quasi unverändert beibehalten werden dürfen, ohne daß weitere Faktoren auftreten. Lediglich die freien Indizes führen zu den Faktoren $\underline{a}_k^i$ oder $\bar{a}_k^i$. Es war also gerechtfertigt, in der obigen Rechnung nur die freien Indizes zu betrachten.

3.23.2 Heben und Senken von Indizes in Tensorgleichungen

Eine Tensorgleichung beinhaltet stets die Gleichheit aller Komponenten zweier mehrfach indizierter Größen T und U. Man kann sie also immer in der Form

$$T^{\beta_1\beta_2\ldots\beta_p k \beta_{p+1}\beta_{p+2}\ldots\beta_q}_{\alpha_1\alpha_2\ldots\alpha_m \alpha_{m+1}\alpha_{m+2}\ldots\alpha_n} = U^{\beta_1\beta_2\ldots\beta_p k \beta_{p+1}\beta_{p+2}\ldots\beta_q}_{\alpha_1\alpha_2\ldots\alpha_m \alpha_{m+1}\alpha_{m+2}\ldots\alpha_n} \qquad (3.196)$$

schreiben. Die Indizes sind dann allesamt freie Indizes. Sowohl $T^{\beta_1\beta_2\ldots\beta_p \; k \; \beta_{p+1}\beta_{p+2}\ldots\beta_q}_{\alpha_1\alpha_2\ldots\alpha_m \; \; \alpha_{m+1}\alpha_{m+2}\ldots\alpha_n}$ als auch $U^{\beta_1\beta_2\ldots\beta_p \; k \; \beta_{p+1}\beta_{p+2}\ldots\beta_q}_{\alpha_1\alpha_2\ldots\alpha_m \; \; \alpha_{m+1}\alpha_{m+2}\ldots\alpha_n}$ kann aus anderen mehrfach indizierten Größen durch Summen- oder Produktbildung zusammengesetzt sein. Liegt beispielsweise ein Produkt vor, so können die einzelnen Faktoren auch Summationsindizes enthalten, die aber nicht als freie Indizes des Produktes auftreten.

Wir wollen nun untersuchen, auf welche Weise in einer Tensorgleichung Indizes gehoben und gesenkt werden dürfen. Hierzu multiplizieren wir Gleichung (3.196) mit g_{kl}:

$$g_{lk} \, T^{\beta_1\beta_2\ldots\beta_p \; k \; \beta_{p+1}\beta_{p+2}\ldots\beta_q}_{\alpha_1\alpha_2\ldots\alpha_m \; \; \alpha_{m+1}\alpha_{m+2}\ldots\alpha_n} = g_{lk} \, U^{\beta_1\beta_2\ldots\beta_p \; k \; \beta_{p+1}\beta_{p+2}\ldots\beta_q}_{\alpha_1\alpha_2\ldots\alpha_m \; \; \alpha_{m+1}\alpha_{m+2}\ldots\alpha_n}$$

Mit Gleichung (3.175) folgt daraus unmittelbar:

$$T^{\beta_1\beta_2\ldots\beta_p \beta_{p+1}\beta_{p+2}\ldots\beta_q}_{\alpha_1\alpha_2\ldots\alpha_m \; l \; \alpha_{m+1}\alpha_{m+2}\ldots\alpha_n} = U^{\beta_1\beta_2\ldots\beta_p \beta_{p+1}\beta_{p+2}\ldots\beta_q}_{\alpha_1\alpha_2\ldots\alpha_m \; l \; \alpha_{m+1}\alpha_{m+2}\ldots\alpha_n}$$

Es spricht nichts dagegen, den Index l wieder in k umzubenennen, so daß man erhält:

$$T^{\beta_1\beta_2\ldots\beta_p \beta_{p+1}\beta_{p+2}\ldots\beta_q}_{\alpha_1\alpha_2\ldots\alpha_m \; k \; \alpha_{m+1}\alpha_{m+2}\ldots\alpha_n} = U^{\beta_1\beta_2\ldots\beta_p \beta_{p+1}\beta_{p+2}\ldots\beta_q}_{\alpha_1\alpha_2\ldots\alpha_m \; k \; \alpha_{m+1}\alpha_{m+2}\ldots\alpha_n} \qquad (3.197)$$

Vergleicht man die Gleichungen (3.196) und (3.197), so stellt man fest, daß lediglich der freie Index k auf beiden Seiten der Gleichung von oben nach unten gewechselt ist. Man hätte dies in analoger Weise natürlich auch mit jedem anderen oberen Index β_i durchführen können. Damit erhält man folgende Regel:

Regel 3.20 *Eine Tensorgleichung behält ihre Gültigkeit, wenn man ein und denselben oberen freien Index in allen Termen der Gleichung nach unten setzt.*

Umgekehrt kann man auch Gleichung (3.197) mit g^{kl} multiplizieren. Durch anschließende Umbenennung von l in k erhält man dann Gleichung (3.196). Es gilt also umgekehrt:

> **Regel 3.21** *Eine Tensorgleichung behält ihre Gültigkeit, wenn man ein und denselben unteren freien Index in allen Termen der Gleichung nach oben setzt.*

Soviel zu den freien Indizes. Doch wie verhalten sich Summationsindizes in Produkten? Hierzu betrachten wir das Produkt

$$X^{\cdots}_{\cdots} = V^{\cdots\cdots}_{\cdots k \cdots}\, W^{\cdots k \cdots}_{\cdots\cdots} \tag{3.198}$$

Die Punkte deuten hierbei beliebige obere oder untere freie Indizes oder Summationsindizes an. Wegen Gleichung (3.175) gilt

$$V^{\cdots\cdots}_{\cdots k \cdots} = g_{kl}\, V^{\cdots l \cdots}_{\cdots\cdots},$$

so daß weiter folgt:

$$X^{\cdots}_{\cdots} = g_{kl}\, V^{\cdots l \cdots}_{\cdots\cdots}\, W^{\cdots k \cdots}_{\cdots\cdots}$$

Mit Gleichung (3.175) gilt aber auch

$$W^{\cdots\cdots}_{\cdots l \cdots} = g_{kl}\, W^{\cdots k \cdots}_{\cdots\cdots},$$

so daß man erhält:

$$X^{\cdots}_{\cdots} = V^{\cdots l \cdots}_{\cdots\cdots}\, W^{\cdots\cdots}_{\cdots l \cdots}$$

Nun benennen wir l in k um und erhalten:

$$X^{\cdots}_{\cdots} = V^{\cdots k \cdots}_{\cdots\cdots}\, W^{\cdots\cdots}_{\cdots k \cdots} \tag{3.199}$$

Durch Vergleich der Gleichungen (3.198) und (3.199) stellt man fest, daß der Index k dort nach unten gewandert ist, wo er oben war und umgekehrt dort nach oben gewandert ist, wo er unten war. Man erhält die folgende Regel:

> **Regel 3.22** *Ein Produkt behält seinen Wert, wenn man ein und denselben Summationsindex in dem Faktor nach unten setzt, wo er oben steht, und gleichzeitig in dem Faktor nach oben setzt, wo er unten steht.*

Die Regeln 3.20 bis 3.22 lassen sich wie folgt zusammenfassen:

> **Regel 3.23** *Eine Tensorgleichung behält ihre Gültigkeit, wenn man ein und denselben Index überall dort, wo er oben steht, nach unten setzt und gleichzeitig überall dort, wo er unten steht, nach oben setzt. Dabei ist es unerheblich, ob es sich um einen freien Index oder einen Summationsindex handelt.*

3.24. KOVARIANTE ABLEITUNG VON TENSOREN ZWEITER STUFE 267

Diese Regel veranlaßt uns zu einer wichtigen Überlegung. Wenn man nämlich eine Tensorgleichung durch Herauf- und Herunterziehen von Indizes verändern kann, ohne daß sie ihre Gültigkeit verliert, ist zu vermuten, daß es sich dabei um mehrere Repräsentationen ein und derselben Gleichung handelt.

Wir können also mutmaßen, daß die beiden Gleichungen (3.196) und (3.197) lediglich zwei unterschiedliche Schreibweisen der Gleichung

$$T = U$$

sind. Während wir bisher nur Komponenten betrachtet haben, treten in dieser Gleichung offenbar die Tensoren selbst auf. Dies wird sich in Abschnitt 3.29 bestätigen. Dort wird definiert, was unter einem Tensor T zu verstehen ist und wie er mit seinen Komponenten zusammenhängt. Bisher haben wir es strenggenommen nämlich nur mit Tensorkomponenten, die an ihren Indizes zu erkennen sind, zu tun gehabt, nicht mit Tensoren selbst, die man ohne Indizes schreibt[19]. Dies soll uns aber vorerst nicht weiter stören, so daß wir weiterhin auch dann von Tensoren sprechen, wenn eigentlich nur ihre Komponenten gemeint sind. In Abschnitt 3.29 wird dann um so deutlicher zwischen Tensoren und Tensorkomponenten unterschieden.

3.24 Kovariante Ableitung von Tensoren zweiter Stufe

Nun soll die kovariante Ableitung von Tensoren zweiter Stufe definiert werden. Die Idee zu einer solchen Definition ist einfach: Wir betrachten die Komponenten T^{ik} eines Tensors zweiter Stufe, die sich gemäß

$$T^{ik} = A^i B^k$$

als Produkt der Komponenten zweier Tensoren erster Stufe darstellen lassen. Wir fordern nun, daß für die kovariante Ableitung die Produktregel gelten soll:

$$T^{ik}|_l = (A^i B^k)|_l = A^i|_l B^k + A^i B^k|_l$$

Mit der Definition der kovarianten Ableitung der Komponenten von Tensoren erster Stufe (3.111) erhält man:

$$\begin{aligned} T^{ik}|_l &= \left(\frac{\partial A^i}{\partial \theta^l} + A^m \Gamma^i_{ml}\right) B^k + A^i \left(\frac{\partial B^k}{\partial \theta^l} + B^m \Gamma^k_{ml}\right) \\ &= \left(\frac{\partial A^i}{\partial \theta^l} B^k + A^i \frac{\partial B^k}{\partial \theta^l}\right) + A^m B^k \Gamma^i_{ml} + A^i B^m \Gamma^k_{ml} \\ &= \frac{\partial (A^i B^k)}{\partial \theta^l} + A^m B^k \Gamma^i_{ml} + A^i B^m \Gamma^k_{ml} \\ &= \frac{\partial T^{ik}}{\partial \theta^l} + T^{mk} \Gamma^i_{ml} + T^{im} \Gamma^k_{ml} \end{aligned}$$

---

[19] Dies ist vergleichbar mit Vektoren, deren Komponenten zwar Indizes besitzen, die man aber selbst ohne Index schreibt.

Diese Definition, die wir für den speziellen Tensor $T^{ik} = A^i B^k$ aus der Forderung nach der Gültigkeit der Produktregel für die kovariante Ableitung erhalten haben, verallgemeinern wir nun:

Für alle Tensoren zweiter Stufe definieren wir die kovariante Ableitung der kontravarianten Komponenten folgendermaßen:

$$\boxed{T^{ik}|_l = \frac{\partial T^{ik}}{\partial \theta^l} + T^{mk}\Gamma^i_{ml} + T^{im}\Gamma^k_{ml}} \qquad (3.200)$$

Analog wollen wir nun die kovariante Ableitung der kovarianten Komponenten und der gemischten Komponenten von Tensoren zweiter Stufe definieren. Wir gehen also vom Produkt zweier Tensoren erster Stufe aus und verallgemeinern die Definition.

Wir betrachten
$$T_i{}^k = g_{im}T^{mk} = g_{im}A^m B^k = A_i B^k$$

und fordern:
$$T_i{}^k|_l = (A_i B^k)|_l = A_i|_l B^k + A_i B^k|_l$$

Mit Hilfe der Gleichungen (3.111) und (3.113) folgt:

$$\begin{aligned} T_i{}^k|_l &= \left(\frac{\partial A_i}{\partial \theta^l} - A_m \Gamma^m_{il}\right) B^k + A_i \left(\frac{\partial B^k}{\partial \theta^l} + B^m \Gamma^k_{ml}\right) \\ &= \left(\frac{\partial A_i}{\partial \theta^l} B^k + A_i \frac{\partial B^k}{\partial \theta^l}\right) - A_m B^k \Gamma^m_{il} + A_i B^m \Gamma^k_{ml} \end{aligned}$$

$$\Rightarrow \boxed{T_i{}^k|_l = \frac{\partial T_i{}^k}{\partial \theta^l} - T_m{}^k \Gamma^m_{il} + T_i{}^m \Gamma^k_{ml}} \qquad (3.201)$$

Diese für einen speziellen Tensor hergeleitete Beziehung verwenden wir nun wieder als Definition für die kovariante Ableitung der Komponenten eines beliebigen Tensors zweiter Stufe. Auf völlig analoge Weise erhält man für
$$T^i{}_k = A^i B_k$$
und
$$T_{ik} = A_i B_k$$

aus den Produktregeln
$$T^i{}_k|_l = (A^i B_k)|_l = A^i|_l B_k + A^i B_k|_l$$
bzw.
$$T_{ik}|_l = (A_i B_k)|_l = A_i|_l B_k + A_i B_k|_l$$

die Definitionen
$$\boxed{T^i{}_k|_l = \frac{\partial T^i{}_k}{\partial \theta^l} + T^m{}_k \Gamma^i_{ml} - T^i{}_m \Gamma^m_{kl}} \qquad (3.202)$$

3.24. KOVARIANTE ABLEITUNG VON TENSOREN ZWEITER STUFE

und

$$\boxed{T_{ik}|_l = \frac{\partial T_{ik}}{\partial \theta^l} - T_{mk}\Gamma_{il}^m - T_{im}\Gamma_{kl}^m.} \qquad (3.203)$$

Nun stellt sich die Frage, wie sich die kovarianten Ableitungen $T^{ik}|_l$, $T_i{}^k|_l$, $T^i{}_k|_l$ und $T_{ik}|_l$ ineinander umrechnen lassen. Hierzu setzen wir $T_i{}^k = g_{in} T^{nk}$ in Gleichung (3.201) ein und erhalten:

$$\begin{aligned}
T_i{}^k|_l &= \left(g_{in} T^{nk}\right)|_l \\
&= \frac{\partial \left(g_{in} T^{nk}\right)}{\partial \theta^l} - g_{mn}T^{nk}\Gamma_{il}^m + g_{in}T^{nm}\Gamma_{ml}^k \\
&= g_{in}\frac{\partial T^{nk}}{\partial \theta^l} + \frac{\partial g_{in}}{\partial \theta^l}T^{nk} - g_{mn}T^{nk}\Gamma_{il}^m + g_{in}T^{nm}\Gamma_{ml}^k \qquad (3.204)
\end{aligned}$$

Wir benötigen nun offenbar die partielle Ableitung der Metrikkoeffizienten. Aus Gleichung (3.65) folgt:

$$\begin{aligned}
T_i{}^k|_l &= g_{in}\frac{\partial T^{nk}}{\partial \theta^l} + g_{nm}T^{nk}\Gamma_{il}^m + g_{im}T^{nk}\Gamma_{nl}^m - g_{mn}T^{nk}\Gamma_{il}^m + g_{in}T^{nm}\Gamma_{ml}^k \\
&= g_{in}\frac{\partial T^{nk}}{\partial \theta^l} + g_{im}T^{nk}\Gamma_{nl}^m + g_{in}T^{nm}\Gamma_{ml}^k
\end{aligned}$$

Wir vertauschen im zweiten Term n und m, so daß wir g_{in} ausklammern können:

$$T_i{}^k|_l = g_{in}\left(\frac{\partial T^{nk}}{\partial \theta^l} + T^{mk}\Gamma_{ml}^n + T^{nm}\Gamma_{ml}^k\right)$$

Durch Vergleich mit Gleichung (3.200) findet man:

$$T_i{}^k|_l = g_{in}T^{nk}|_l \qquad (3.205)$$

Analog findet man Umrechnungsformeln für alle anderen Indexpositionen:

$$\boxed{T^{ik}|_l = g^{in} T_n{}^k|_l = g^{kn} T^i{}_n|_l = g^{im} g^{kn} T_{mn}|_l} \qquad (3.206)$$

$$\boxed{T_i{}^k|_l = g_{in} T^{nk}|_l = g^{kn} T_{in}|_l = g_{im} g^{kn} T^m{}_n|_l} \qquad (3.207)$$

$$\boxed{T^i{}_k|_l = g^{in} T_{nk}|_l = g_{kn} T^{in}|_l = g^{im} g_{kn} T_m{}^n|_l} \qquad (3.208)$$

$$\boxed{T_{ik}|_l = g_{in} T^n{}_k|_l = g_{kn} T_i{}^n|_l = g_{im} g_{kn} T^{mn}|_l} \qquad (3.209)$$

Die Herleitung einiger dieser Formeln kann man sich erleichtern, da man die Formeln durch Multiplikation mit den Metrikkoeffizienten umkehren kann. Multipliziert man beispielsweise Gleichung (3.205) mit g^{im}, so erhält man die erste der Gleichungen (3.206):

$$g^{im} T_i{}^k|_l = g^{im} g_{in} T^{nk}|_l = \delta_n^m T^{nk}|_l$$

$$\Rightarrow T^{mk}|_l = g^{im}\, T_i{}^k|_l \tag{3.210}$$

Aus der Forderung, daß die Produktregel für kovariante Ableitungen gelten soll, ergibt sich also, daß man die Indizes, die vor dem Ableitungsstrich stehen, mit Hilfe des Metriktensors heben und senken kann. Es stellt sich nun die Frage, ob der gleiche Sachverhalt auch für den Index hinter dem Ableitungsstrich gilt.

Hierzu definieren wir die kontravariante Ableitung[20] der Komponenten

$$T_{ik} = A_i\, B_k$$

so, daß die Produktregel erfüllt ist:

$$T_{ik}|^l = (A_i\, B_k)|^l = A_i|^l\, B_k + A_i\, B_k|^l$$

Wie bereits gezeigt wurde, läßt sich bei Tensoren erster Stufe gemäß Regel 3.12 auf Seite 233 auch der Index hinter dem Ableitungsstrich mit Hilfe der Metrikkoeffizienten heben und senken:

$$T_{ik}|^l = g^{lm} A_i|_m\, B_k + A_i\, g^{lm} B_k|_m = g^{lm}\left(A_i|_m\, B_k + A_i\, B_k|_m\right) = g^{lm}(A_i\, B_k)|_m$$

$$\Rightarrow \boxed{T_{ik}|^l = g^{lm} T_{ik}|_m} \tag{3.211}$$

Diese Regel zum Heben des Ableitungsindexes, die wir für den speziellen Tensor $T_{ik} = A_i\, B_k$ gewonnen haben, verwenden wir wieder als Definition für beliebige Tensoren zweiter Stufe. Analog kann man folgende Definitionen gewinnen:

$$\boxed{T^{ik}|^l = g^{lm} T^{ik}|_m} \tag{3.212}$$

$$\boxed{T^i{}_k|^l = g^{lm} T^i{}_k|_m} \tag{3.213}$$

$$\boxed{T_i{}^k|^l = g^{lm} T_i{}^k|_m} \tag{3.214}$$

Faßt man die letzten Ergebnisse dieses Abschnitts zusammen, so stellt man fest, daß sich Regel 3.12 auch auf Tensoren zweiter Stufe übertragen läßt.

3.25 Kovariante Ableitung des Metriktensors

In Abschnitt 3.22.1 wurde gezeigt, daß es sich bei den Metrikkoeffizienten g_{ik} um die Komponenten eines Tensors zweiter Stufe handelt. Deshalb kann man die kovariante Ableitung der g_{ik}

---

[20] Im engeren Sinne unterscheidet man je nach Position des Index hinter dem Ableitungsstrich zwischen kovarianter und kontravarianter Ableitung. Im weiteren Sinne bezeichnet man beide Formen als kovariante Ableitung.

3.25. KOVARIANTE ABLEITUNG DES METRIKTENSORS

Tabelle 3.10: Kovariante Ableitung von Tensoren zweiter Stufe

$T^{ik}\|_l = \frac{\partial T^{ik}}{\partial \theta^l} + T^{mk}\Gamma^i_{ml} + T^{im}\Gamma^k_{ml}$	(3.200)	$T_i{}^k\|_l = \frac{\partial T_i{}^k}{\partial \theta^l} - T_m{}^k\Gamma^m_{il} + T_i{}^m\Gamma^k_{ml}$	(3.201)
$T^i{}_k\|_l = \frac{\partial T^i{}_k}{\partial \theta^l} + T^m{}_k\Gamma^i_{ml} - T^i{}_m\Gamma^m_{kl}$	(3.202)	$T_{ik}\|_l = \frac{\partial T_{ik}}{\partial \theta^l} - T_{mk}\Gamma^m_{il} - T_{im}\Gamma^m_{kl}$	(3.203)
$T^{ik}\|_l = g^{in} T_n{}^k\|_l = g^{kn} T^i{}_n\|_l = g^{im} g^{kn} T_{mn}\|_l$			(3.206)
$T_i{}^k\|_l = g_{in} T^{nk}\|_l = g^{kn} T_{in}\|_l = g_{im} g^{kn} T^m{}_n\|_l$			(3.207)
$T^i{}_k\|_l = g^{in} T_{nk}\|_l = g_{kn} T^{in}\|_l = g^{im} g_{kn} T_m{}^n\|_l$			(3.208)
$T_{ik}\|_l = g_{in} T^n{}_k\|_l = g_{kn} T_i{}^n\|_l = g_{im} g_{kn} T^{mn}\|_l$			(3.209)
$T^{ik}\|^l = g^{lm}T^{ik}\|_m$	(3.212)	$T_i{}^k\|^l = g^{lm}T_i{}^k\|_m$	(3.214)
$T^i{}_k\|^l = g^{lm}T^i{}_k\|_m$	(3.213)	$T_{ik}\|^l = g^{lm}T_{ik}\|_m$	(3.211)
$\frac{\partial g_{ik}}{\partial \theta^l} = \Gamma^m_{il} g_{km} + \Gamma^m_{kl} g_{im}$	(3.65)	$\frac{\partial g^{ik}}{\partial \theta^s} = -g^{im}\Gamma^k_{ms} - g^{km}\Gamma^i_{ms}$	(3.67)
$g_{ik}\|_l = 0$	(3.215)	$g^{ik}\|_l = 0$	(3.216)
$g_{ik}\|^l = 0$	(3.217)	$g^{ik}\|^l = 0$	(3.218)

gemäß Gleichung (3.203) bestimmen:

$$g_{ik}|_l = \frac{\partial g_{ik}}{\partial \theta^l} - g_{mk}\Gamma^m_{il} - g_{im}\Gamma^m_{kl}$$

Die partielle Ableitung hatten wir bereits gemäß Gleichung (3.65) zu

$$\frac{\partial g_{ik}}{\partial \theta^l} = g_{km}\Gamma^m_{il} + g_{im}\Gamma^m_{kl}$$

bestimmt, so daß weiter folgt:

$$g_{ik}|_l = g_{km}\Gamma^m_{il} + g_{im}\Gamma^m_{kl} - g_{mk}\Gamma^m_{il} - g_{im}\Gamma^m_{kl}$$

$$\Rightarrow \boxed{g_{ik}|_l = 0} \qquad (3.215)$$

Indem wir diese Gleichung mit $g^{im} g^{kn}$ multiplizieren, können wir die Indizes vor dem Ableitungsstrich anheben:

$$\boxed{g^{mn}|_l = 0} \qquad (3.216)$$

Durch Multiplikation der letzten beiden Gleichungen mit g^{lp}, läßt sich auch der Index hinter dem Ableitungsstrich anheben:

$$\boxed{g_{ik}|^p = 0} \qquad (3.217)$$

$$g^{mn}|p = 0 \qquad (3.218)$$

Es zeigt sich also, daß sämtliche kovarianten und kontravarianten Ableitungen der Komponenten des Metriktensors verschwinden.

Die bisher hergeleiteten Formeln für Tensoren zweiter Stufe sind in Tabelle 3.10 zusammengefaßt.

3.26 Kovariante Ableitung von Tensoren höherer Stufe

Die kovariante Ableitung der Komponenten von Tensoren zweiter Stufe hatten wir definiert, indem wir die Gültigkeit der Produktregel gefordert hatten. Betrachtet man nun die Gleichungen (3.125), (3.111), (3.113) und (3.200) bis (3.203), so stellen wir fest, daß für Tensoren nullter, erster und zweiter Stufe folgende Aussage gilt:

Die kovariante Ableitung
$$T^{l_1 l_2 \ldots l_q}_{m_1 m_2 \ldots m_r}\Big|_s$$
enthält außer der partiellen Ableitung für jeden oberen Index l_β den Summanden
$$T^{l_1 l_2 \ldots l_{\beta-1} \alpha l_{\beta+1} \ldots l_q}_{m_1 m_2 \ldots m_r} \Gamma^{l_\beta}_{\alpha s}$$
und für jeden unteren Index m_γ den Summanden
$$-T^{l_1 l_2 \ldots l_q}_{m_1 m_2 \ldots m_{\gamma-1} \alpha m_{\gamma+1} \ldots m_r} \Gamma^{\alpha}_{m_\gamma s}.$$

Diese Aussage, die offenbar für $0 \leq q + r \leq 2$ gilt, verwenden wir nun zur Definition der kovarianten Ableitung der Komponenten von Tensoren beliebiger Stufe:

$$\boxed{\begin{aligned}
T^{l_1 l_2 \ldots l_q}_{m_1 m_2 \ldots m_r}\Big|_s &= \frac{\partial T^{l_1 l_2 \ldots l_q}_{m_1 m_2 \ldots m_r}}{\partial \theta^s} + \\
&+ T^{\alpha l_2 \ldots l_q}_{m_1 m_2 \ldots m_r} \Gamma^{l_1}_{\alpha s} + T^{l_1 \alpha l_3 l_4 \ldots l_q}_{m_1 m_2 \ldots m_r} \Gamma^{l_2}_{\alpha s} + \ldots + T^{l_1 l_2 \ldots l_{q-1} \alpha}_{m_1 m_2 \ldots m_r} \Gamma^{l_q}_{\alpha s} - \\
&- T^{l_1 l_2 \ldots l_q}_{\alpha m_2 m_3 \ldots m_r} \Gamma^{\alpha}_{m_1 s} - T^{l_1 l_2 \ldots l_q}_{m_1 \alpha m_3 m_4 \ldots m_r} \Gamma^{\alpha}_{m_2 s} - \ldots - T^{l_1 l_2 \ldots l_q}_{m_1 m_2 \ldots m_{r-1} \alpha} \Gamma^{\alpha}_{m_r s}
\end{aligned}} \qquad (3.219)$$

In den Anhängen 6.12.1 und 6.12.2 wird für Tensoren beliebiger Stufe das Transformationsverhalten dieser kovarianten Ableitung untersucht sowie das Heben und Senken von Indizes bei kovarianten Ableitungen. Als Ergebnis ist festzuhalten, daß sich kovariante Ableitungen von Tensorkomponenten wiederum als Komponenten von Tensoren auffassen lassen (Regel 6.1 auf Seite 540). Da sich alle Indizes vor dem Ableitungsstrich mit Hilfe der Metrikkoeffizienten heben und senken lassen, erscheint es sinnvoll, dies — wie schon bei Tensoren nullter bis zweiter Stufe — auch für den Index hinter dem Ableitungsstrich zu definieren:

$$T^{l_1 l_2 \ldots l_q}_{m_1 m_2 \ldots m_r}\Big|^s = g^{sp} \, T^{l_1 l_2 \ldots l_q}_{m_1 m_2 \ldots m_r}\Big|_p \qquad (3.220)$$

3.27 Produktregeln für kovariante Ableitungen

In Abschnitt 3.24 hatten wir einen Tensor zweiter Stufe als Produkt zweier Tensoren erster Stufe definiert. Aus der Forderung nach der Gültigkeit der Produktregel für kovariante Ableitungen konnte dann die kovariante Ableitung der Komponenten eines Tensors zweiter Stufe hergeleitet werden.

Bei dieser Definition handelt es sich somit um die Verallgemeinerung von Gleichung (3.128) für Skalare und der Gleichungen (3.118) bzw. (3.119) für Vektorkomponenten.

Im nächsten Abschnitt werden wir zeigen, daß für die durch Gleichung (3.219) definierte kovariante Ableitung eine sehr allgemeine Produktregel gilt.

Es stellt sich nun die Frage, ob die Produktregel auch dann gilt, wenn ein Tensor zweiter Stufe aus zwei Tensoren anderer Stufe zusammengesetzt ist. Beispielsweise könnte man die Tensorkomponenten

$$W^{ik} = T^{in}U^k{}_n$$

kovariant ableiten. Wir zeigen im folgenden, daß auch hierfür die Produktregel gilt. Im Anschluß daran wird die Herleitung auf Produkte von Tensoren beliebiger Stufe verallgemeinert.

Gesucht ist der Ausdruck $W^{ik}|_l$. Für diesen gilt gemäß Gleichung (3.200):

$$W^{ik}|_l = \frac{\partial W^{ik}}{\partial \theta^l} + W^{mk}\Gamma^i_{ml} + W^{im}\Gamma^k_{ml}$$

Wir setzen nun unseren Beispielausdruck $W^{ik} = T^{in}U^k{}_n$ ein:

$$W^{ik}|_l = \frac{\partial (T^{in} U^k{}_n)}{\partial \theta^l} + T^{mn} U^k{}_n \Gamma^i_{ml} + T^{in} U^m{}_n \Gamma^k_{ml}$$

Die Anwendung der Produktregel für partielle Ableitungen liefert:

$$W^{ik}|_l = U^k{}_n \left(\frac{\partial T^{in}}{\partial \theta^l} + T^{mn} \Gamma^i_{ml} \right) + T^{in} \left(\frac{\partial U^k{}_n}{\partial \theta^l} + U^m{}_n \Gamma^k_{ml} \right) \qquad (3.221)$$

Wir vermuten nun, daß dieser Ausdruck gleich $U^k{}_n T^{in}|_l + U^k{}_n|_l T^{in}$ ist, also daß die Produktregel gilt. Deshalb berechnen wir die beiden Summanden getrennt. Für $U^k{}_n T^{in}|_l$ gilt wegen Gleichung (3.200):

$$U^k{}_n T^{in}|_l = U^k{}_n \left(\frac{\partial T^{in}}{\partial \theta^l} + T^{mn}\Gamma^i_{ml} + T^{im}\Gamma^n_{ml} \right)$$

Für $U^k{}_n|_l T^{in}$ gilt wegen Gleichung (3.202):

$$U^k{}_n|_l T^{in} = T^{in} \left(\frac{\partial U^k{}_n}{\partial \theta^l} + U^m{}_n\Gamma^k_{ml} - U^k{}_m\Gamma^m_{nl} \right)$$

Wir addieren die letzten beiden Gleichungen und erhalten:

$$U^k{}_n T^{in}|_l + U^k{}_n|_l T^{in} = U^k{}_n \left(\frac{\partial T^{in}}{\partial \theta^l} + T^{mn}\Gamma^i_{ml}\right) +$$
$$+ T^{in}\left(\frac{\partial U^k{}_n}{\partial \theta^l} + U^m{}_n\Gamma^k_{ml}\right) + U^k{}_n T^{im}\Gamma^n_{ml} - T^{in}U^k{}_m \Gamma^m_{nl}$$

Man sieht nun, daß in den letzten beiden Summanden n und m vertauscht sind. Deren Beträge sind somit gleich groß, so daß die Glieder wegfallen. Durch Vergleich mit Gleichung (3.221) findet man:

$$W^{ik}|_l = (T^{in}U^k{}_n)|_l = T^{in}|_l U^k{}_n + T^{in} U^k{}_n|_l \qquad (3.222)$$

Die Produktregel gilt also auch für unser speziell gewähltes Beispiel.

Wir wollen sie nun auf beliebige Produkte von Tensorkomponenten verallgemeinern. Es soll also gezeigt werden:

$$\boxed{\left(U^{i_1 i_2 \ldots i_n}_{k_1 k_2 \ldots k_p} T^{l_1 l_2 \ldots l_q}_{m_1 m_2 \ldots m_r}\right)\Big|_s = U^{i_1 i_2 \ldots i_n}_{k_1 k_2 \ldots k_p}\Big|_s T^{l_1 l_2 \ldots l_q}_{m_1 m_2 \ldots m_r} + U^{i_1 i_2 \ldots i_n}_{k_1 k_2 \ldots k_p} T^{l_1 l_2 \ldots l_q}_{m_1 m_2 \ldots m_r}\Big|_s} \qquad (3.223)$$

Für den ersten Summanden gilt gemäß Gleichung (3.219):

$$T^{l_1 l_2 \ldots l_q}_{m_1 m_2 \ldots m_r} U^{i_1 i_2 \ldots i_n}_{k_1 k_2 \ldots k_p}\Big|_s = T^{l_1 l_2 \ldots l_q}_{m_1 m_2 \ldots m_r}\left(\frac{\partial U^{i_1 i_2 \ldots i_n}_{k_1 k_2 \ldots k_p}}{\partial \theta^s}+\right.$$
$$+ U^{\alpha i_2 i_3 \ldots i_n}_{k_1 k_2 \ldots k_p}\Gamma^{i_1}_{\alpha s} + U^{i_1 \alpha i_3 i_4 \ldots i_n}_{k_1 k_2 \ldots k_p}\Gamma^{i_2}_{\alpha s} + \ldots + U^{i_1 i_2 \ldots i_{n-1}\alpha}_{k_1 k_2 \ldots k_p}\Gamma^{i_n}_{\alpha s} -$$
$$\left. - U^{i_1 i_2 \ldots i_n}_{\alpha k_2 k_3 \ldots k_p}\Gamma^{\alpha}_{k_1 s} - U^{i_1 i_2 \ldots i_n}_{k_1 \alpha k_3 k_4 \ldots k_p}\Gamma^{\alpha}_{k_2 s} - \ldots - U^{i_1 i_2 \ldots i_n}_{k_1 k_2 \ldots k_{p-1}\alpha}\Gamma^{\alpha}_{k_p s}\right)$$

Wir betrachten den zweiten Summanden und erhalten aufgrund von Gleichung (3.219):

$$U^{i_1 i_2 \ldots i_n}_{k_1 k_2 \ldots k_p} T^{l_1 l_2 \ldots l_q}_{m_1 m_2 \ldots m_r}\Big|_s = U^{i_1 i_2 \ldots i_n}_{k_1 k_2 \ldots k_p}\left(\frac{\partial T^{l_1 l_2 \ldots l_q}_{m_1 m_2 \ldots m_r}}{\partial \theta^s}+\right.$$
$$+ T^{\alpha l_2 l_3 \ldots l_q}_{m_1 m_2 \ldots m_r}\Gamma^{l_1}_{\alpha s} + T^{l_1 \alpha l_3 l_4 \ldots l_q}_{m_1 m_2 \ldots m_r}\Gamma^{l_2}_{\alpha s} + \ldots + T^{l_1 l_2 \ldots l_{q-1}\alpha}_{m_1 m_2 \ldots m_r}\Gamma^{l_q}_{\alpha s} -$$
$$\left. - T^{l_1 l_2 \ldots l_q}_{\alpha m_2 m_3 \ldots m_r}\Gamma^{\alpha}_{m_1 s} - T^{l_1 l_2 \ldots l_q}_{m_1 \alpha m_3 m_4 \ldots m_r}\Gamma^{\alpha}_{m_2 s} - \ldots - T^{l_1 l_2 \ldots l_q}_{m_1 m_2 \ldots m_{r-1}\alpha}\Gamma^{\alpha}_{m_r s}\right)$$

Wir addieren die letzen beiden Gleichungen und erhalten unter Anwendung der Produktregel für partielle Ableitungen:

$$T^{l_1 l_2 \ldots l_q}_{m_1 m_2 \ldots m_r} U^{i_1 i_2 \ldots i_n}_{k_1 k_2 \ldots k_p}\Big|_s + U^{i_1 i_2 \ldots i_n}_{k_1 k_2 \ldots k_p} T^{l_1 l_2 \ldots l_q}_{m_1 m_2 \ldots m_r}\Big|_s = \frac{\partial \left(T^{l_1 l_2 \ldots l_q}_{m_1 m_2 \ldots m_r} U^{i_1 i_2 \ldots i_n}_{k_1 k_2 \ldots k_p}\right)}{\partial \theta^s} +$$
$$+ T^{\alpha l_2 l_3 \ldots l_q}_{m_1 m_2 \ldots m_r} U^{i_1 i_2 \ldots i_n}_{k_1 k_2 \ldots k_p}\Gamma^{l_1}_{\alpha s} + T^{l_1 \alpha l_3 l_4 \ldots l_q}_{m_1 m_2 \ldots m_r} U^{i_1 i_2 \ldots i_n}_{k_1 k_2 \ldots k_p}\Gamma^{l_2}_{\alpha s} + \ldots +$$
$$+ T^{l_1 l_2 \ldots l_{q-1}\alpha}_{m_1 m_2 \ldots m_r} U^{i_1 i_2 \ldots i_n}_{k_1 k_2 \ldots k_p}\Gamma^{l_q}_{\alpha s} +$$

3.27. PRODUKTREGELN FÜR KOVARIANTE ABLEITUNGEN

$$+ T^{l_1 l_2 \ldots l_q}_{m_1 m_2 \ldots m_r} U^{\alpha i_2 i_3 \ldots i_n}_{k_1 k_2 \ldots k_p} \Gamma^{i_1}_{\alpha s} + T^{l_1 l_2 \ldots l_q}_{m_1 m_2 \ldots m_r} U^{i_1 \alpha i_4 \ldots i_n}_{k_1 k_2 \ldots k_p} \Gamma^{i_2}_{\alpha s} + \ldots +$$
$$+ T^{l_1 l_2 \ldots l_q}_{m_1 m_2 \ldots m_r} U^{i_1 i_2 \ldots i_{n-1} \alpha}_{k_1 k_2 \ldots k_p} \Gamma^{i_n}_{\alpha s} -$$
$$- T^{l_1 l_2 \ldots l_q}_{\alpha m_2 m_3 \ldots m_r} U^{i_1 i_2 \ldots i_n}_{k_1 k_2 \ldots k_p} \Gamma^{\alpha}_{m_1 s} - T^{l_1 l_2 \ldots l_q}_{m_1 \alpha m_3 m_4 \ldots m_r} U^{i_1 i_2 \ldots i_n}_{k_1 k_2 \ldots k_p} \Gamma^{\alpha}_{m_2 s} - \ldots -$$
$$- T^{l_1 l_2 \ldots l_q}_{m_1 m_2 \ldots m_{r-1} \alpha} U^{i_1 i_2 \ldots i_n}_{k_1 k_2 \ldots k_p} \Gamma^{\alpha}_{m_r s} -$$
$$- T^{l_1 l_2 \ldots l_q}_{m_1 m_2 \ldots m_r} U^{i_1 i_2 \ldots i_n}_{\alpha k_2 k_3 \ldots k_p} \Gamma^{\alpha}_{k_1 s} - T^{l_1 l_2 \ldots l_q}_{m_1 m_2 \ldots m_r} U^{i_1 i_2 \ldots i_n}_{k_1 \alpha k_3 k_4 \ldots k_p} \Gamma^{\alpha}_{k_2 s} - \ldots -$$
$$- T^{l_1 l_2 \ldots l_q}_{m_1 m_2 \ldots m_r} U^{i_1 i_2 \ldots i_n}_{k_1 k_2 \ldots k_{p-1} \alpha} \Gamma^{\alpha}_{k_p s}$$
(3.224)

Man sieht nun, daß dieser Ausdruck identisch ist mit dem Ausdruck, den man erhalten hätte, wenn man direkt

$$\left(U^{i_1 i_2 \ldots i_n}_{k_1 k_2 \ldots k_p} T^{l_1 l_2 \ldots l_q}_{m_1 m_2 \ldots m_r} \right)\Big|_s$$

mit Gleichung (3.219) bestimmt hätte. Damit ist gezeigt, daß die Produktregel für kovariante Ableitungen gilt, wenn alle Indizes verschieden sind.

Es bleibt zu zeigen, daß die Produktregel auch dann gilt, wenn oben und unten gleiche Indizes auftreten, über die summiert wird, wie dies auch beim obigen Beispiel der Fall war. Wir nehmen an, daß es sich bei i_β $(1 \leq \beta \leq n)$ und bei m_γ $(1 \leq \gamma \leq r)$ um den gleichen Index handelt. Diesen bezeichnen wir nun mit

$$\xi = i_\beta = m_\gamma.$$

In diesem Fall würde bei der Auswertung des Ausdruckes

$$\left(U^{i_1 i_2 \ldots i_{\beta-1} \xi i_{\beta+1} \ldots i_n}_{k_1 k_2 \ldots k_p} T^{l_1 l_2 \ldots l_q}_{m_1 m_2 \ldots m_{\gamma-1} \xi m_{\gamma+1} \ldots m_r} \right)\Big|_s$$

gemäß Gleichung (3.219) der gleiche Ausdruck wie in Gleichung (3.224) entstehen, wobei allerdings die folgenden beiden Terme wegfallen würden, da sich durch die Summation die Stufe des Tensors um zwei vermindert hat:

$$- T^{l_1 l_2 \ldots l_q}_{m_1 m_2 m_3 \ldots m_{\gamma-1} \alpha m_{\gamma+1} \ldots m_r} U^{i_1 i_2 \ldots i_{\beta-1} \xi i_{\beta+1} \ldots i_n}_{k_1 k_2 \ldots k_p} \Gamma^{\alpha}_{\xi s}$$

$$T^{l_1 l_2 \ldots l_q}_{m_1 m_2 \ldots m_{\gamma-1} \xi m_{\gamma+1} \ldots m_r} U^{i_1 i_2 \ldots i_{\beta-1} \alpha i_{\beta+1} \ldots i_n}_{k_1 k_2 \ldots k_p} \Gamma^{\xi}_{\alpha s}$$

Man erkennt, daß sich beide Ausdrücke — abgesehen vom Vorzeichen — lediglich dadurch voneinander unterscheiden, daß ξ und α vertauscht sind. Da beides Summationsindizes sind, ist die Summe der beiden Terme gleich null. Somit ist gezeigt, daß die Produktregel auch dann gilt, wenn ein Indexpaar (i_β, m_γ) gleich ist. Logischerweise bleibt die Gültigkeit der Produktregel auch dann bestehen, wenn mehrere Indexpaare als Summationsindizes dienen, da dann für jedes Indexpaar die entsprechenden beiden Terme wegfallen.

Dieser Beweis hat natürlich auch dann Gültigkeit, wenn die Indizes k_β $(1 \leq \beta \leq p)$ und l_γ $(1 \leq \gamma \leq q)$ gleich sind:

$$\xi = k_\beta = l_\gamma$$

Stellt man nämlich den Ausdruck

$$\left(U^{i_1 i_2 \ldots i_n}_{k_1 k_2 \ldots k_{\beta-1} \xi k_{\beta+1} \ldots k_p} \, T^{l_1 l_2 \ldots l_{\gamma-1} \xi l_{\gamma+1} \ldots l_q}_{m_1 m_2 \ldots m_r}\right)\Big|_s$$

gemäß Gleichung (3.219) auf, so erhält man den gleichen Ausdruck wie in Gleichung (3.224), wobei allerdings die beiden Terme

$$-T^{l_1 l_2 \ldots l_{\gamma-1} \xi l_{\gamma+1} \ldots l_q}_{m_1 m_2 \ldots m_r} \, U^{i_1 i_2 \ldots i_n}_{k_1 k_2 \ldots k_{\beta-1} \alpha k_{\beta+1} \ldots k_p} \, \Gamma^{\alpha}_{\xi s}$$

und

$$T^{l_1 l_2 \ldots l_{\gamma-1} \alpha l_{\gamma+1} \ldots l_q}_{m_1 m_2 \ldots m_r} \, U^{i_1 i_2 \ldots i_n}_{k_1 k_2 \ldots k_{\beta-1} \xi k_{\beta+1} \ldots k_p} \, \Gamma^{\xi}_{\alpha s}$$

fehlen. Die Summe dieser beiden Terme ist aber wieder gleich null, da lediglich ξ mit α vertauscht ist und sich das Vorzeichen unterscheidet.

Damit ist gezeigt, daß die Produktregel für kovariante Ableitungen bei Tensoren beliebiger Stufe gilt, wobei auch beliebig viele Summationsindizes auftreten dürfen. Die bisher hergeleiteten Rechenregeln für die Komponenten von Tensoren beliebiger Stufe sind in Tabelle 3.11 zusammengefaßt.

3.28 Partielle und kovariante Ableitung von e^{ikl} und e_{ikl}

Zunächst bestimmen wir die partielle Ableitung des vollständig antisymmetrischen Tensors e^{ikl}. Gemäß Gleichung (3.77) gilt:

$$e^{ikl} = \vec{g}^i \cdot (\vec{g}^k \times \vec{g}^l)$$

Wir wenden zunächst die Produktregel auf das Skalarprodukt an:

$$\frac{\partial e^{ikl}}{\partial \theta^m} = \frac{\partial \vec{g}^i}{\partial \theta^m} \cdot (\vec{g}^k \times \vec{g}^l) + \vec{g}^i \cdot \frac{\partial}{\partial \theta^m}(\vec{g}^k \times \vec{g}^l)$$

Nun wenden wir die Produktregel für das Vektorprodukt an:

$$\frac{\partial e^{ikl}}{\partial \theta^m} = \frac{\partial \vec{g}^i}{\partial \theta^m} \cdot (\vec{g}^k \times \vec{g}^l) + \vec{g}^i \cdot \left(\frac{\partial \vec{g}^k}{\partial \theta^m} \times \vec{g}^l\right) + \vec{g}^i \cdot \left(\vec{g}^k \times \frac{\partial \vec{g}^l}{\partial \theta^m}\right)$$

Für die partiellen Ableitungen der Basisvektoren gilt gemäß Gleichung (3.63)

$$\frac{\partial \vec{g}^k}{\partial \theta^m} = -\Gamma^k_{nm} \vec{g}^n,$$

so daß weiter folgt:

$$\frac{\partial e^{ikl}}{\partial \theta^m} = -\Gamma^i_{nm} \vec{g}^n \cdot (\vec{g}^k \times \vec{g}^l) - \Gamma^k_{nm} \vec{g}^i \cdot (\vec{g}^n \times \vec{g}^l) - \Gamma^l_{nm} \vec{g}^i \cdot (\vec{g}^k \times \vec{g}^n)$$

3.28. ABLEITUNG DES VOLLSTÄNDIG ANTISYMMETRISCHEN TENSORS

Tabelle 3.11: Rechenregeln für die Komponenten von Tensoren beliebiger Stufe

$T^{\beta_1\beta_2...\beta_p \ k \ \beta_{p+1}\beta_{p+2}...\beta_q}_{\alpha_1\alpha_2...\alpha_m \ \ \alpha_{m+1}\alpha_{m+2}...\alpha_n} = g^{ik} \, T^{\beta_1\beta_2...\beta_p \ \ \ \beta_{p+1}\beta_{p+2}...\beta_q}_{\alpha_1\alpha_2...\alpha_m \ i \ \alpha_{m+1}\alpha_{m+2}...\alpha_n}$	(3.174)
$T^{\beta_1\beta_2...\beta_p \ \ \ \beta_{p+1}\beta_{p+2}...\beta_q}_{\alpha_1\alpha_2...\alpha_m \ l \ \alpha_{m+1}\alpha_{m+2}...\alpha_n} = y_{lk} \, T^{\beta_1\beta_2...\beta_p \ k \ \beta_{p+1}\beta_{p+2}...\beta_q}_{\alpha_1\alpha_2...\alpha_m \ \ \alpha_{m+1}\alpha_{m+2}...\alpha_n}$	(3.175)
$\bar{T}^{\xi_1\xi_2...\xi_q}_{\gamma_1\gamma_2...\gamma_n} = \left(\underline{a}^{i_1}_{\gamma_1}\underline{a}^{i_2}_{\gamma_2}\cdots\underline{a}^{i_n}_{\gamma_n}\right)\left(\bar{a}^{\xi_1}_{k_1}\bar{a}^{\xi_2}_{k_2}\cdots\bar{a}^{\xi_q}_{k_q}\right)T^{k_1k_2...k_q}_{i_1i_2...i_n}$	(3.176)
$T^{k_1k_2...k_q}_{i_1i_2...i_n} = \left(\bar{a}^{\alpha_1}_{i_1}\bar{a}^{\alpha_2}_{i_2}\cdots\bar{a}^{\alpha_n}_{i_n}\right)\left(\underline{a}^{k_1}_{\beta_1}\underline{a}^{k_2}_{\beta_2}\cdots\underline{a}^{k_q}_{\beta_q}\right)\bar{T}^{\beta_1\beta_2...\beta_q}_{\alpha_1\alpha_2...\alpha_n}$	(3.177)
$\begin{aligned}T^{l_1l_2...l_q}_{m_1m_2...m_r}\Big|_s &= \frac{\partial T^{l_1l_2...l_q}_{m_1m_2...m_r}}{\partial \theta^s} + \\ &+ T^{\alpha l_2 l_3...l_q}_{m_1m_2...m_r}\Gamma^{l_1}_{\alpha s} + T^{l_1\alpha l_3 l_4...l_q}_{m_1m_2...m_r}\Gamma^{l_2}_{\alpha s} + ... + T^{l_1l_2...l_{q-1}\alpha}_{m_1m_2...m_r}\Gamma^{l_q}_{\alpha s} - \\ &- T^{l_1l_2...l_q}_{\alpha m_2 m_3...m_r}\Gamma^{\alpha}_{m_1 s} - T^{l_1l_2...l_q}_{m_1\alpha m_3 m_4...m_r}\Gamma^{\alpha}_{m_2 s} - ... - T^{l_1l_2...l_q}_{m_1m_2...m_{r-1}\alpha}\Gamma^{\alpha}_{m_r s}\end{aligned}$	(3.219)
$\left(U^{i_1i_2...i_n}_{k_1k_2...k_p} \, T^{l_1l_2...l_q}_{m_1m_2...m_r}\right)\Big|_s = U^{i_1i_2...i_n}_{k_1k_2...k_p}\Big|_s \, T^{l_1l_2...l_q}_{m_1m_2...m_r} + U^{i_1i_2...i_n}_{k_1k_2...k_p} \, T^{l_1l_2...l_q}_{m_1m_2...m_r}\Big|_s$	(3.223)
$\frac{\partial e^{ikl}}{\partial \theta^m} = -\Gamma^i_{nm} e^{nkl} - \Gamma^k_{nm} e^{inl} - \Gamma^l_{nm} e^{ikn}$	(3.225)
$\frac{\partial e_{ikl}}{\partial \theta^m} = \Gamma^n_{im} e_{nkl} + \Gamma^n_{km} e_{inl} + \Gamma^n_{lm} e_{ikn}$	(3.227)

$e^{ikl}\big|_m = 0$ (3.226)	$e_{ikl}\big|_m = 0$ (3.228)	$e^{ikl}\big|^m = 0$ (3.229)	$e_{ikl}\big|^m = 0$ (3.230)

Die Spatprodukte der Basisvektoren kann man wieder gemäß Gleichung (3.77) ersetzen:

$$\boxed{\frac{\partial e^{ikl}}{\partial \theta^m} = -\Gamma^i_{nm} e^{nkl} - \Gamma^k_{nm} e^{inl} - \Gamma^l_{nm} e^{ikn}} \quad (3.225)$$

Nun widmen wir uns der kovarianten Ableitung von e^{ikl}. Aufgrund von Gleichung (3.219) gilt:

$$e^{ikl}|_m = \frac{\partial e^{ikl}}{\partial \theta^m} + e^{nkl} \Gamma^i_{nm} + e^{inl} \Gamma^k_{nm} + e^{ikn} \Gamma^l_{nm}$$

Setzt man nun Gleichung (3.225) ein, so sieht man sofort, daß die kovariante Ableitung des vollständig antisymmetrischen Tensors e^{ikl} verschwindet:

$$\boxed{e^{ikl}|_m = 0} \quad (3.226)$$

Eine analoge Herleitung führen wir nun für e_{ikl} durch[21]. Wegen Gleichung (3.154) gilt:

$$e_{ikl} = \vec{g}_i \cdot (\vec{g}_k \times \vec{g}_l)$$

Wir wenden die Produktregel an:

$$\frac{\partial e_{ikl}}{\partial \theta^m} = \frac{\partial \vec{g}_i}{\partial \theta^m} \cdot (\vec{g}_k \times \vec{g}_l) + \vec{g}_i \cdot \frac{\partial}{\partial \theta^m}(\vec{g}_k \times \vec{g}_l) = \frac{\partial \vec{g}_i}{\partial \theta^m} \cdot (\vec{g}_k \times \vec{g}_l) + \vec{g}_i \cdot \left(\frac{\partial \vec{g}_k}{\partial \theta^m} \times \vec{g}_l\right) + \vec{g}_i \cdot \left(\vec{g}_k \times \frac{\partial \vec{g}_l}{\partial \theta^m}\right)$$

Anwendung von Gleichung (3.56)

$$\frac{\partial \vec{g}_k}{\partial \theta^m} = \Gamma^n_{km} \vec{g}_n$$

liefert:

$$\frac{\partial e_{ikl}}{\partial \theta^m} = \Gamma^n_{im} \vec{g}_n \cdot (\vec{g}_k \times \vec{g}_l) + \Gamma^n_{km} \vec{g}_i \cdot (\vec{g}_n \times \vec{g}_l) + \Gamma^n_{lm} \vec{g}_i \cdot (\vec{g}_k \times \vec{g}_n)$$

Ein Vergleich mit Gleichung (3.154) ergibt:

$$\boxed{\frac{\partial e_{ikl}}{\partial \theta^m} = \Gamma^n_{im} e_{nkl} + \Gamma^n_{km} e_{inl} + \Gamma^n_{lm} e_{ikn}} \quad (3.227)$$

Wegen Gleichung (3.219) gilt für die kovariante Ableitung:

$$e_{ikl}|_m = \frac{\partial e_{ikl}}{\partial \theta^m} - e_{nkl} \Gamma^n_{im} - e_{inl} \Gamma^n_{km} - e_{ikn} \Gamma^n_{lm}$$

---

[21] Wegen Regel 3.23 auf Seite 266 ist diese Herleitung eigentlich nicht erforderlich, da die Gleichungen (3.228) bis (3.230) direkt aus Gleichung (3.226) folgen. Die Rechnung ist aber zu Übungszwecken hier abgedruckt.

3.29. TENSORIELLES PRODUKT

Durch Einsetzen von Gleichung (3.227) findet man:

$$\boxed{e_{ikl}|_m = 0} \qquad (3.228)$$

Abschließend multiplizieren wir die Gleichungen (3.226) und (3.228) mit g^{nm} und erhalten

$$\boxed{e^{ikl}|^n = 0} \qquad (3.229)$$

beziehungsweise

$$\boxed{e_{ikl}|^n = 0.} \qquad (3.230)$$

Auch die in diesem Abschnitt hergeleiteten Formeln sind in Tabelle 3.11 zusammengefaßt.

3.29 Tensorielles Produkt

In den letzten Abschnitten haben wir uns ausführlich mit *Tensorkomponenten* beschäftigt. Diese wurden eingeführt als mehrfach indizierte Größen, die bestimmten Transformationseigenschaften gehorchen und deren Indizes sich mit Hilfe der Metrikkoeffizienten heben und senken lassen. Als *Tensoren* haben wir bisher hingegen nur Tensoren nullter Stufe, also Skalare, und Tensoren erster Stufe, also Vektoren, kennengelernt:

- Ein Tensor nullter Stufe hat nur eine einzige Komponente; diese Komponente ist deshalb nicht indiziert. Für Transformationen zwischen zwei Koordinatensystemen gilt:

$$\Phi = \bar{\Phi}$$

- Ein Vektor erster Stufe hat im n-dimensionalen Raum n Komponenten. Diese sind einfach indiziert. Für Transformationen zwischen zwei Koordinatensystemen gilt:

$$\begin{aligned}\vec{V} &= V^i \, \vec{g}_i = \bar{V}^i \, \vec{\bar{g}}_i \\ &= V_i \, \vec{g}^i = \bar{V}_i \, \vec{\bar{g}}^i\end{aligned}$$

Unklar blieb bisher, was Tensoren höherer Stufe sind. Es wurden zwar die Komponenten von Tensoren zweiter (z. B. g_{ik}), dritter (z. B. e_{ikl}) und höherer Stufe betrachtet, ihr jeweils zugehöriger Tensor wurde jedoch nicht explizit erwähnt.

Dies wurde im Rahmen dieses Buches durchaus beabsichtigt, da zur Einführung von Tensoren das sogenannte tensorielle Produkt benötigt wird. Letzteres ist relativ abstrakt, so daß die Gefahr besteht, daß der Leser beim ersten Kontakt damit den Nutzen nicht einsieht oder gar abgeschreckt wird. Wie man bisher gesehen hat, können mit Tensorkomponenten durchaus viele nützliche Berechnungen durchgeführt werden, ohne daß Tensoren selbst definiert wurden. Doch nun soll die Definition von Tensoren und des tensoriellen Produktes nachgeholt werden. Es sei allerdings angemerkt, daß dies im Rahmen dieses Buches lediglich dazu dient, folgende Definitionen zu veranschaulichen:

- Der Gradient eines Vektors ist ein Tensor zweiter Stufe, dessen Komponenten sich folgendermaßen errechnen:
$$\left(Grad\ \vec{V}\right)^{ik} = V^k|^i \tag{3.231}$$

- Die Divergenz eines Tensors zweiter Stufe ergibt den folgenden Vektor:
$$Div\ T = \vec{g}_l\ T^{il}|_i \tag{3.232}$$

Nimmt der Leser diese Definitionen als gegeben hin, so kann er die im folgenden ausgeführten Definitionen von Tensoren und tensoriellem Produkt überspringen und mit Abschnitt 3.34 fortfahren.

Doch nun zum tensoriellen Produkt. Wir betrachten zunächst das gewöhnliche Produkt der Komponenten zweier Vektoren $\vec{A}$ und $\vec{B}$ und kürzen dieses mit T_{ik} ab:

$$T_{ik} = A_i\ B_k$$

Wie wir schon gezeigt hatten, erfüllen die Vektorkomponenten A_i und B_k folgende Transformationsvorschriften:
$$A_i = \bar{a}_i^l \bar{A}_l \qquad B_k = \bar{a}_k^m \bar{B}_m$$

Setzt man dies in die obige Definition von T_{ik} ein, so erhält man:

$$T_{ik} = \bar{a}_i^l \bar{a}_k^m \bar{A}_l \bar{B}_m = \bar{a}_i^l \bar{a}_k^m \bar{T}_{lm}$$

Man sieht nun, daß T_{ik} die Transformationsvorschriften für die Komponenten eines Tensors zweiter Stufe erfüllt. Die Indizes lassen sich auch in gewohnter Weise heben und wieder senken; die T_{ik} sind somit tatsächlich die Komponenten eines Tensors zweiter Stufe.

Da die Komponenten dieses Tensors gleich dem gewöhnlichen Produkt der Vektorkomponenten A_i und B_k sind, liegt es nahe zu fordern, daß sich der Tensor T als tensorielles Produkt der Vektoren $\vec{A}$ und $\vec{B}$ darstellen lassen soll:

$$T = \vec{A}\ \vec{B}$$

Man sieht sofort, daß es sich bei diesem tensoriellen Produkt weder um ein Skalarprodukt handeln kann, da T dann ein Skalar wäre, noch um ein Vektorprodukt, da T dann ein Vektor wäre. Dementsprechend schreibt man weder einen Punkt noch ein Kreuz als Multiplikations-Operator.

3.29. TENSORIELLES PRODUKT

Wir wollen nun überlegen, welchen Rechenregeln das tensorielle Produkt gehorchen soll. Hierzu zerlegen wir die Vektoren in ihre kovarianten Komponenten:

$$\vec{A} = A_1\vec{g}^1 + A_2\vec{g}^2 + A_3\vec{g}^3 \qquad \vec{B} = B_1\vec{g}^1 + B_2\vec{g}^2 + B_3\vec{g}^3$$

$$\Rightarrow T = \left(A_1\vec{g}^1 + A_2\vec{g}^2 + A_3\vec{g}^3\right)\left(B_1\vec{g}^1 + B_2\vec{g}^2 + B_3\vec{g}^3\right)$$

Unsere Forderung ist, daß die Komponenten des Tensors T sich in der oben angegebenen Form $T_{ik} = A_i B_k$ darstellen lassen müssen. Dies kann man erreichen, indem man definiert, daß sich die letzte angegebene Gleichung so ausmultiplizieren läßt, wie man es von gewöhnlichen Produkten gewohnt ist. Für das tensorielle Produkt sollen also folgende Gesetze gelten, wenn $\vec{x}$, $\vec{y}$, $\vec{z}$ Vektoren sind und α eine reelle oder komplexe Zahl[22] ist:

- Distributive Gesetze:

$$\vec{x}(\vec{y} + \vec{z}) = \vec{x}\vec{y} + \vec{x}\vec{z}$$

$$(\vec{x} + \vec{y})\vec{z} = \vec{x}\vec{z} + \vec{y}\vec{z}$$

- Assoziatives Gesetz:

$$(\alpha\vec{x})\vec{y} = \vec{x}(\alpha\vec{y}) = \alpha\vec{x}\vec{y}$$

Mit diesen Regeln lassen sich die obigen Klammern ausmultiplizieren:

$$\begin{aligned}
T &= \left(A_1\vec{g}^1 + A_2\vec{g}^2 + A_3\vec{g}^3\right)\left(B_1\vec{g}^1 + B_2\vec{g}^2 + B_3\vec{g}^3\right) \\
&= A_1B_1\vec{g}^1\vec{g}^1 + A_1B_2\vec{g}^1\vec{g}^2 + A_1B_3\vec{g}^1\vec{g}^3 + \\
&+ A_2B_1\vec{g}^2\vec{g}^1 + A_2B_2\vec{g}^2\vec{g}^2 + A_2B_3\vec{g}^2\vec{g}^3 + \\
&+ A_3B_1\vec{g}^3\vec{g}^1 + A_3B_2\vec{g}^3\vec{g}^2 + A_3B_3\vec{g}^3\vec{g}^3 \\
&= T_{11}\vec{g}^1\vec{g}^1 + T_{12}\vec{g}^1\vec{g}^2 + T_{13}\vec{g}^1\vec{g}^3 + \\
&+ T_{21}\vec{g}^2\vec{g}^1 + T_{22}\vec{g}^2\vec{g}^2 + T_{23}\vec{g}^2\vec{g}^3 + \\
&+ T_{31}\vec{g}^3\vec{g}^1 + T_{32}\vec{g}^3\vec{g}^2 + T_{33}\vec{g}^3\vec{g}^3
\end{aligned}$$

Dies läßt sich mit Hilfe der Einsteinschen Summationskonvention wie folgt abkürzen:

$$T = T_{ik}\vec{g}^i\vec{g}^k$$

Offenbar handelt es sich bei dem tensoriellen Produkt $\vec{g}^i\vec{g}^k$ der Basisvektoren $\vec{g}^i$ und $\vec{g}^k$ um die Basis des Tensors T. Es ist zu beachten, daß man das tensorielle Produkt $\vec{g}^i\vec{g}^k$ nicht weiter vereinfachen kann — es läßt sich auch nicht „ausrechnen" wie beispielsweise ein Skalarprodukt.

Man könnte nun weiter fordern, daß das tensorielle Produkt kommutativ sein soll. Dann müßte aber $\vec{g}^i\vec{g}^k = \vec{g}^k\vec{g}^i$ und damit auch stets $T_{ik} = T_{ki}$ gelten. Man sieht jedoch sofort, daß es zahlreiche Vektoren $\vec{A}$ und $\vec{B}$ gilt, für die $A_iB_k \neq A_kB_i$ gilt. Wie gezeigt wurde, handelt es sich

---

[22]Der Begriff „Skalar" wurde hier vermieden, da im folgenden die Vektorkomponenten A_i und B_i als Zahl α verwendet werden, die im Sinne des Transformationsverhaltens keine Skalare sind.

beim Produkt $A_i B_k$ trotzdem um die Komponenten eines Tensors zweiter Stufe. Es kann also kein kommutatives Gesetz für das tensorielle Produkt zweier Vektoren existieren.

Wir wollen kurz rekapitulieren, was wir bisher durch die Einführung des tensoriellen Produktes erreicht haben. Wir sind von zwei Vektoren $\vec{A}$ und $\vec{B}$ ausgegangen, wobei beide in ihre kovarianten Komponenten zerlegt wurden. Beim Ausmultiplizieren gemäß den vorgegebenen Gesetzen haben wir gesehen, daß der Term $A_i B_k$ entsteht, der — wie wir oben gezeigt haben — alle Eigenschaften erfüllt, die für kovariante Komponenten eines Tensors zweiter Stufe gelten müssen. Bei der Definition von Tensorkomponenten wurde bereits erwähnt, daß ein Tensor n-ter Stufe 2^n verschiedene Arten von Tensorkomponenten besitzt. Wenn $T_{ik} = A_i B_k$ die kovarianten Komponenten sind, dann ergeben sich demzufolge drei weitere Arten von Komponenten wie folgt:

$$T^i{}_k = g^{il} T_{lk} = g^{il} A_l B_k = A^i B_k$$
$$T_i{}^k = g^{kl} T_{il} = g^{kl} A_i B_l = A_i B^k$$
$$T^{ik} = g^{kl} T^i{}_l = g^{kl} A^i B_l = A^i B^k$$

Diese drei Alternativdarstellungen werfen folgende Frage auf: Wenn man für die Auswertung des Ausdrucks $T = \vec{A}\,\vec{B}$ einen oder beide Vektoren in kontravariante Komponenten zerlegt, statt wie oben für beide Vektoren kovariante Komponenten zu verwenden, wird man dann diese drei Ausdrücke $T^i{}_k, T_i{}^k$ bzw. T^{ik} erhalten? Wenn dies nicht der Fall wäre, dann könnten wir mit dem so definierten tensoriellen Produkt nicht viel anfangen. Wir müßten dann nämlich stets mit kovarianten Komponenten arbeiten und wären gezwungen, alle anderen Komponenten wieder mit den bisherigen Mitteln nachträglich zu beschaffen.

Wie der Leser leicht nachprüft, erhält man mit den für das tensorielle Produkt definierten Regeln — je nachdem, ob man nur $\vec{A}$, nur $\vec{B}$ oder beide Vektoren in kontravariante Komponenten zerlegt — folgende Ausdrücke:

$$T = A^i B_k \vec{g}_i \vec{g}^k$$
$$T = A_i B^k \vec{g}^i \vec{g}_k$$
$$T = A^i B^k \vec{g}_i \vec{g}_k$$

Glücklicherweise treten also die erhofften drei anderen Komponentenarten auf, so daß wir schreiben können:

$$T = T^i{}_k \vec{g}_i \vec{g}^k$$
$$T = T_i{}^k \vec{g}^i \vec{g}_k$$
$$T = T^{ik} \vec{g}_i \vec{g}_k$$

Mit der Definition des tensoriellen Produktes haben wir somit nicht nur erreicht, daß das tensorielle Produkt zweier Vektoren stets einen Tensor zweiter Stufe ergibt, sondern auch, daß man die verschiedenen Arten von Tensorkomponenten als Koeffizienten der verschiedenen Basen

3.29. TENSORIELLES PRODUKT

$\vec{g}^i\vec{g}^k$, $\vec{g}_i\vec{g}^k$, $\vec{g}^i\vec{g}_k$ und $\vec{g}_i\vec{g}_k$ ablesen kann. Die vier verschiedenen Komponentendarstellungen können dann zu einer einzigen Gleichung

$$T = \vec{A}\,\vec{B}$$

zusammengefaßt werden.

Stillschweigend haben wir hierbei folgende Regel verallgemeinert, die wir schon von Vektoren her kennen:

> **Regel 3.24** *Zwei Tensoren werden gleichgesetzt, indem man alle ihre Komponenten gleichsetzt. Dabei ist es gleichgültig, welche Komponentendarstellung man verwendet, solange beide Tensoren mit Hilfe derselben Basis (z.B. alle Basisvektoren kovariant) geschrieben werden.*

Damit wird klar, daß sich je nach Wahl der Basis aus der Gleichung

$$T = \vec{A}\,\vec{B}$$

die vier Komponentendarstellungen

$$\begin{aligned}T_{ik} &= A_i B_k \\ T^i{}_k &= A^i B_k \\ T_i{}^k &= A_i B^k \\ T^{ik} &= A^i B^k\end{aligned}$$

ergeben.

Bei der Gleichung

$$T = \vec{A}\,\vec{B}$$

handelt es sich offenbar um eine Tensorgleichung. Die Komponentendarstellung solcher Tensorgleichungen hatten wir bereits in Abschnitt 3.23 kennengelernt, wo außerdem gezeigt wurde, daß sie invariant sind. Wenn die verschiedenen Komponentendarstellungen einer Tensorgleichung invariant sind, folgt natürlich auch, daß die Tensorgleichung selbst invariant ist. Die Tensorgleichung

$$T = \vec{A}\,\vec{B}$$

lautet also in einem anderen Koordinatensystem

$$\bar{T} = \bar{\vec{A}}\,\bar{\vec{B}},$$

sie behält also ihre Form bei (Dies wird in Abschnitt 3.31 nochmals allgemein angesprochen).

Bevor wir mit dem tensoriellen Produkt fortfahren, stellen wir einige Überlegungen zur Addition an. So, wie wir jetzt als Ersatz für die vier Komponentengleichungen

$$\begin{aligned} T_{ik} &= A_i B_k \\ T^i{}_k &= A^i B_k \\ T_i{}^k &= A_i B^k \\ T^{ik} &= A^i B^k \end{aligned}$$

einfach

$$T = \vec{A}\,\vec{B}$$

schreiben dürfen, ist es natürlich wünschenswert, anstelle der vier Komponentengleichungen

$$\begin{aligned} T_{ik} &= V_{ik} + W_{ik} \\ T^i{}_k &= V^i{}_k + W^i{}_k \\ T_i{}^k &= V_i{}^k + W_i{}^k \\ T^{ik} &= V^{ik} + W^{ik} \end{aligned}$$

einfach

$$T = V + W$$

zu schreiben. Dies entspricht einer Verallgemeinerung der Schreibweise

$$\vec{V} = \vec{A} + \vec{B},$$

die bekanntlich die beiden Komponentendarstellungen

$$\begin{aligned} V_i &= A_i + B_i \\ V^i &= A^i + B^i \end{aligned}$$

beinhaltet.

Deshalb definieren wir:

> **Regel 3.25** *Die Summe zweier Tensoren gleicher Stufe erhält man, indem man — unabhängig von der Wahl des Koordinatensystems und unabhängig von der Position der Indizes — ihre Komponenten einzeln addiert. Dabei ist für beide Tensoren und für die Summe die gleiche Art von Komponenten zu verwenden (beispielsweise nur kovariante Komponenten).*

Mit dieser Regel ist der oben formulierte Wunsch erfüllt, die vier Komponentengleichungen durch $T = V + W$ ersetzen zu dürfen. Es ist wichtig festzustellen, daß die Summe zweier Tensoren wieder einen Tensor liefert. Dies wird in Aufgabe 3.14 gezeigt.

Bisher haben wir das tensorielle Produkt zweier Vektoren kennengelernt und damit einen Tensor zweiter Stufe erzeugt. Um Tensoren höherer Stufe darstellen zu können, erweitern wir nun die

3.29. TENSORIELLES PRODUKT

Definition des tensoriellen Produktes, indem wir bei den obigen Rechenregeln die Vektoren (also Tensoren erster Stufe) durch Tensoren beliebiger Stufe ersetzen:

Für das tensorielle Produkt sollen also folgende Gesetze gelten, wenn T, W, X Tensoren beliebiger Stufe sind und α eine reelle oder komplexe Zahl ist:

- Distributive Gesetze:
$$T(W + X) = TW + TX$$
$$(T + W)X = TX + WX$$

- Assoziative Gesetze:
$$(\alpha T)W = T(\alpha W) = \alpha TW$$
$$(XT)W = X(TW) = XTW$$

Es ist also beispielsweise erlaubt, einen Tensor zweiter Stufe durch das tensorielle Produkt mit einem Vektor zu verknüpfen:

$$T\vec{V} = \left(T_{ik}\vec{g}^i\vec{g}^k\right)\left(V_l\vec{g}^l\right) = T_{ik}V_l\vec{g}^i\vec{g}^k\vec{g}^l$$

Hierbei entsteht offenbar eine dreifach indizierte Göße. Allgemein ergibt das tensorielle Produkt eines Tensors n-ter Stufe mit einem Tensor m-ter Stufe eine Größe mit $n+m$ Indizes. In Aufgabe 3.15 wird gezeigt, daß es sich bei dieser Größe um einen Tensor handelt. Das tensorielle Produkt eines Tensors n-ter Stufe mit einem Tensor m-ter Stufe liefert also stets einen Tensor $n+m$-ter Stufe.

Als Beispiel betrachten wir nun die Tensorgleichung

$$T = \vec{V}W + X$$

W sei ein Tensor zweiter Stufe und $\vec{V}$ ein Vektor — also ein Tensor erster Stufe[23]. Da die Addition nur zwischen Tensoren gleicher Stufe definiert ist, muß X ein Tensor dritter Stufe sein, so daß T ebenfalls ein Tensor dritter Stufe ist. Wir schreiben die Tensoren nun mit Hilfe ihrer jeweiligen Basen:

$$T = \left(V_i\vec{g}^i\right)\left(W_{kl}\vec{g}^k\vec{g}^l\right) + \left(X_{mnp}\vec{g}^m\vec{g}^n\vec{g}^p\right) = V_iW_{kl}\vec{g}^i\vec{g}^k\vec{g}^l + X_{mnp}\vec{g}^m\vec{g}^n\vec{g}^p$$

Im zweiten Term ersetzen wir nun m durch i, n durch k und p durch l, so daß mit Regel 3.25 folgt:

$$T = (V_iW_{kl} + X_{ikl})\,\vec{g}^i\vec{g}^k\vec{g}^l$$

---

[23]Da ein Vektor auch nur ein Tensor ist, nämlich ein Tensor erster Stufe, ist es eigentlich nicht erforderlich, ihn durch einen Vektorpfeil zu kennzeichnen. Wir tun dies bisweilen trotzdem, um dem Leser ein schnelleres Erkennen der vertrauten Vektoren zu ermöglichen — in der Regel ist die Stufe von Tensoren aus Tensorgleichungen nicht direkt ersichtlich; sie muß stets separat erwähnt werden.

Die kovarianten Komponenten des Tensors T müssen somit wegen

$$T = T_{ikl}\vec{g}^i\vec{g}^k\vec{g}^l$$

lauten:

$$T_{ikl} = V_i W_{kl} + X_{ikl}$$

Dies ist somit die kovariante Komponentendarstellung der Tensorgleichung

$$T = VW + X.$$

Verwendet man andere Basen, so erhält man beispielsweise folgende Komponentendarstellungen derselben Gleichung (insgesamt gibt es $2^3 = 8$ mögliche Darstellungen):

$$T^i{}_{kl} = V^i W_{kl} + X^i{}_{kl}$$

oder

$$T^i{}_k{}^l = V^i W_k{}^l + X^i{}_k{}^l$$

Übungsaufgabe 3.14   *Anspruch:* • • •   *Aufwand:* • • ○

Zeigen Sie, daß die Summe zweier Tensoren n-ter Stufe wieder einen Tensor n-ter Stufe ergibt.

Übungsaufgabe 3.15   *Anspruch:* • • •   *Aufwand:* • • •

Zeigen Sie, daß das tensorielle Produkt eines Tensors n-ter Stufe mit einem Tensor m-ter Stufe wieder einen Tensor ergibt.

3.30 Verjüngendes Produkt

Inzwischen haben wir das tensorielle Produkt kennengelernt, das aus einem Tensor n-ter Stufe und einem Tensor m-ter Stufe einen Tensor $n + m$-ter Stufe erzeugt. Durch das tensorielle Produkt wird somit die Stufe grundsätzlich erhöht, oder sie bleibt gleich. Möchte man die Stufe vermindern, so benötigt man ein weiteres Produkt, das wir im folgenden definieren wollen. Da es die Stufe eines Tensors vermindert, wird es als verjüngendes Produkt bezeichnet.

Als Motivation für die Definition des verjüngenden Produktes betrachten wir die Matrizengleichung

$$T \cdot \vec{X} = \vec{V} \tag{3.233}$$

Hier wird eine Matrix mit einem Vektor multipliziert, und es entsteht ein Vektor. Wir fordern nun, daß diese Schreibweise auch dann angewendet werden darf, wenn T ein Tensor zweiter Stufe ist[24].

---

[24]Eine Matrix ist lediglich eine Zusammenfassung von Komponenten. Ein Tensor zweiter Stufe läßt sich deshalb als Matrix schreiben; er beinhaltet aber wesentlich mehr Informationen als eine Matrix, da das Transformationsverhalten seiner Komponenten feststeht.

3.30. VERJÜNGENDES PRODUKT

In Komponentenschreibweise lautet obige Gleichung unter Berücksichtigung der Einsteinschen Summationskonvention:
$$T^{ik} X_k = V^i$$

Hierbei gibt i die Zeile und k die Spalte in der Matrix (T^{ik}) an. Setzt man nun einen Tensor $T = T^{ik} \vec{g}_i \vec{g}_k$ und die Vektoren $\vec{X} = X_l \vec{g}^l$ bzw. $\vec{V} = V^m \vec{g}_m$ in Gleichung (3.233) ein, so erhält man:
$$\left(T^{ik} \vec{g}_i \vec{g}_k\right) \cdot \left(X_l \vec{g}^l\right) = (V^m \vec{g}_m) \tag{3.234}$$

Um die Klammern ausmultiplizieren zu können, fordern wir — wie schon beim tensoriellen Produkt — die Gültigkeit folgender Gesetze für das verjüngende Produkt:

T, W und X seien Tensoren beliebiger Stufe und α eine reelle oder komplexe Zahl. Dann gelten folgende Regeln:

- Distributive Gesetze:
$$T \cdot (W + X) = T \cdot W + T \cdot X$$
$$(T + W) \cdot X = T \cdot X + W \cdot X$$

- Assoziatives Gesetz:
$$(\alpha T) \cdot W = T \cdot (\alpha W) = \alpha T \cdot W$$

Mit diesen Gesetzen läßt sich Gleichung (3.234) ausmultiplizieren, und man erhält:
$$T^{ik} X_l \left(\vec{g}_i \vec{g}_k\right) \cdot \vec{g}^l = (V^m \vec{g}_m)$$

Um nun — wie oben gefordert — die Komponentendarstellung
$$T^{ik} X_k = V^i$$

zu erhalten, muß offenbar l durch k und m durch i ersetzt werden. Hieraus resultiert die Forderung:
$$(\vec{g}_i \vec{g}_k) \cdot \vec{g}^l = \delta_k^l \delta_i^m \vec{g}_m$$
$$\Rightarrow (\vec{g}_i \vec{g}_k) \cdot \vec{g}^l = \vec{g}_i \delta_k^l$$
$$\Rightarrow (\vec{g}_i \vec{g}_k) \cdot \vec{g}^l = \vec{g}_i \left(\vec{g}_k \cdot \vec{g}^l\right)$$

Man kann diese Gleichung wie folgt interpretieren: Ein tensorielles Produkt zweier Basisvektoren wird von rechts mit einem weiteren Basisvektor multipliziert. Dies führt dazu, daß der Basisvektor, der rechts im tensoriellen Produkt steht, aus dem tensoriellen Produkt herausgelöst wird und zusammen mit dem Basisvektor rechts vom Multiplikationspunkt ein Skalarprodukt bildet.

Diese Regel verallgemeinern wir nun so, daß sowohl rechts als auch links vom Multiplikationspunkt ein Tensor beliebiger Stufe stehen darf. Sie lautet dann:

> **Regel 3.26** *Es werde ein verjüngendes Produkt eines Tensors n-ter Stufe mit einem Tensor m-ter Stufe gebildet. Stellt man beide Tensoren durch ihre Basis dar, so führt dies dazu, daß ein tensorielles Produkt von n Basisvektoren von rechts mit einem tensoriellen Produkt von m Basisvektoren multipliziert wird. Dieses verjüngende Produkt berechnet man, indem man den Basisvektor, der unmittelbar links vom Multiplikationspunkt steht, mit dem Basisvektor, der unmittelbar rechts vom Multiplikationspunkt steht, zu einem Skalarprodukt zusammenfaßt.*

Insgesamt entsteht also ein tensorielles Produkt, das nur $n + m - 2$ Basisvektoren enthält, nämlich die linken $n - 1$ Vektoren des ersten tensoriellen Produktes und die rechten $m - 1$ Vektoren des zweiten Produktes.

Als Beispiel betrachten wir nun das verjüngende Produkt zweier Vektoren $\vec{V} = V^i \vec{g}_i$ und $\vec{X} = X^k \vec{g}_k$. Es lautet offenbar:

$$\vec{V} \cdot \vec{X} = \left(V^i \vec{g}_i\right) \cdot \left(X^k \vec{g}_k\right) = V^i X^k \left(\vec{g}_i \cdot \vec{g}_k\right) = V^i X^k g_{ik} = V^i X_i$$

Wie man sieht, handelt es sich beim verjüngenden Produkt zweier Vektoren um das Skalarprodukt. Deshalb ist unsere Kennzeichnung des verjüngenden Produktes durch einen Multiplikationspunkt konsistent, und es besteht keine Verwechslungsgefahr. In Aufgabe 3.16 wird gezeigt, daß das verjüngende Produkt zweier Tensoren stets einen Tensor liefert.

Übungsaufgabe 3.16 *Anspruch:* • • •   *Aufwand:* • • •

Zeigen Sie, daß das verjüngende Produkt eines Tensors n-ter Stufe mit einem Tensor m-ter Stufe wieder einen Tensor ergibt, wobei natürlich $n > 0$ und $m > 0$ zu beachten ist.

3.31 Tensorgleichungen

Da die Möglichkeit einer invarianten Darstellung physikalischer Sachverhalte eine wichtige Eigenschaft der Tensoranalysis ist, soll in diesem Abschnitt gezeigt werden, daß Tensorgleichungen invariant sind.

Jede Tensorgleichung läßt sich in der Form[25]

$$T = U$$

---

[25] Wie man sieht, enthält die Tensorgleichung selbst keinerlei Informationen darüber, welche Stufe die in ihr enthaltenen Tensoren haben. Im vorliegenden Fall ist also zusätzlich das Wissen erforderlich, daß es sich bei T und U um Tensoren n-ter Stufe handelt.

3.32. NABLAOPERATOR

darstellen. Verwendet man beispielsweise kontravariante Basisvektoren, so führt dies auf die Darstellung

$$T_{\alpha_1\alpha_2...\alpha_n}\,\vec{g}^{\alpha_1}\vec{g}^{\alpha_2}\vec{g}^{\alpha_3}\cdots\vec{g}^{\alpha_n} = U_{\alpha_1\alpha_2...\alpha_n}\,\vec{g}^{\alpha_1}\vec{g}^{\alpha_2}\vec{g}^{\alpha_3}\cdots\vec{g}^{\alpha_n}$$

Mit Regel 3.24 auf Seite 283 folgt hieraus für die Komponenten:

$$T_{\alpha_1\alpha_2...\alpha_n} = U_{\alpha_1\alpha_2...\alpha_n}$$

In Abschnitt 3.23.1 haben wir gezeigt, daß solche Komponentendarstellungen durch eine Koordinatentransformation invariant bleiben — es gilt also:

$$\bar{T}_{\alpha_1\alpha_2...\alpha_n} = \bar{U}_{\alpha_1\alpha_2...\alpha_n}$$

Diese Überlegungen können wir für alle 2^n Komponentendarstellungen durchführen. Es spricht nichts dagegen, diesen Komponentendarstellungen wieder eine Basis zuzuordnen, also für die gewählte kovariante Form kontravariante Basisvektoren:

$$\bar{T}_{\alpha_1\alpha_2...\alpha_n}\,\vec{\bar{g}}^{\alpha_1}\vec{\bar{g}}^{\alpha_2}\vec{\bar{g}}^{\alpha_3}\cdots\vec{\bar{g}}^{\alpha_n} = \bar{U}_{\alpha_1\alpha_2...\alpha_n}\,\vec{\bar{g}}^{\alpha_1}\vec{\bar{g}}^{\alpha_2}\vec{\bar{g}}^{\alpha_3}\cdots\vec{\bar{g}}^{\alpha_n}$$

Hat man dies für alle 2^n Komponentendarstellungen durchgeführt, so ist klar, daß diese sich wieder zu einer gemeinsamen Tensorgleichung

$$\bar{T} = \bar{U}$$

zusammenfassen lassen. Durch Vergleich mit der Ausgangstensorgleichung

$$T = U$$

wird die als Kovarianz bezeichnete Forminvarianz offensichtlich. Daß jeder der beiden Tensoren T und U aus mehreren anderen Tensoren durch Summenbildung, Differenzbildung, tensorielle Produkte oder verjüngende Produkte zusammengesetzt sein kann, ändert daran nichts, da diese Operationen aus den Tensoren, auf die sie angewandt werden, stets wieder Tensoren erzeugen.

Inzwischen haben wir genügend Grundlagen über Tensoren gesammelt, um mit Anhang 6.12.3 einen Ausblick auf gekrümmte Räume in der allgemeinen Relativitätstheorie wagen zu können — selbst wenn wir bisher nicht einmal die spezielle Relativitätstheorie betrachtet haben.

3.32 Nablaoperator

Aus der Vektoranalysis ist der Nablaoperator bekannt, mit dessen Hilfe man die Differentialoperatoren Divergenz, Gradient und Rotation definieren kann. Wir wollen nun feststellen, welche Darstellung dieser Nablaoperator im Rahmen des Tensorkalküls hat.

3.32.1 Divergenz mit Hilfe des Nablaoperators

Hierzu gehen wir von der aus der Vektoranalysis bekannten Divergenzdefinition

$$div\ \vec{V} = \nabla \cdot \vec{V}$$

aus und fordern nun, daß diese auch im Rahmen des Tensorkalküls Bestand haben soll. Dann handelt es sich bei dem Multiplikationspunkt offenbar um ein verjüngendes Produkt. Da die Divergenz eines Vektors ein Skalar ist, also ein Tensor nullter Stufe, muß ∇ rein formal ein Tensor erster Stufe sein, also ein Vektor. Wie man sieht, ist diese Überlegung völlig analog zur Vektoranalysis, da das Skalarprodukt zweier Vektoren einen Skalar ergibt[26].

Wir zerlegen nun sowohl $\vec{V}$ als auch ∇ in Komponenten:

$$\boxed{\nabla = \vec{g}^i\ \nabla_i} \qquad (3.235)$$

$$\vec{V} = \vec{g}_k\ V^k$$

Damit folgt:

$$div\ \vec{V} = \nabla \cdot \vec{V} = \left(\vec{g}^i\ \nabla_i\right) \cdot \left(\vec{g}_k\ V^k\right) = \nabla_i V^k \left(\vec{g}^i \cdot \vec{g}_k\right) = \nabla_i V^k \delta^i_k$$

$$\Rightarrow div\ \vec{V} = \nabla_i V^i$$

Gemäß Gleichung (3.146) gilt für die Divergenz in invarianter Schreibweise:

$$div\ \vec{V} = V^i|_i$$

Ein Vergleich der letzten beiden Gleichungen legt die Vermutung nahe, daß der Operator ∇_i identisch mit der kovarianten Ableitung $(...)|_i$ ist:

$$\boxed{\nabla_i(...) = (...)|_i} \qquad (3.236)$$

Es stellt sich nun die Frage, ob es sinnvoll ist, diese Gleichung als Definition des Operators ∇_i zu verwenden. Deshalb wollen wir im folgenden zeigen, daß sich mit dieser Darstellung des Nablaoperators auch der Gradient und die Rotation in gewohnter Weise darstellen lassen.

3.32.2 Gradient mit Hilfe des Nablaoperators

In der Vektoranalysis läßt sich der Gradient eines Skalars Φ darstellen als $\nabla\Phi$. Um zu überprüfen, ob dies auch in der Tensoranalysis gilt, berechnen wir nun den Ausdruck $\nabla\Phi$. Hierzu verwenden wir die Gleichungen (3.235) und (3.236) und erhalten:

$$\nabla\Phi = \vec{g}^i\ \nabla_i\ \Phi = \vec{g}^i \Phi|_i$$

---

[26] Es gelten natürlich wieder ähnliche Überlegungen wie in der Vektoranalysis, nach denen ∇ nur formal, nicht aber im strengen Sinne als Vektor behandelt werden darf.

3.32. NABLAOPERATOR

Den Gradienten hatten wir schon früher gemäß Gleichung (3.142) mit Hilfe der kovarianten Ableitung dargestellt:

$$grad\ \Phi = \Phi|_i\ \vec{g}^i$$

Wir sehen also, daß in der Tat

$$grad\ \Phi = \nabla\Phi$$

gilt.

3.32.3 Rotation mit Hilfe des Nablaoperators

Als nächstes wollen wir überprüfen, ob sich die Rotation eines Vektors $\vec{V}$ als $\nabla \times \vec{V}$ darstellen läßt.

Es gilt:

$$\nabla \times \vec{V} = \left(\vec{g}^i\ \nabla_i\right) \times \left(\vec{g}^k\ V_k\right) = \left(\vec{g}^i \times \vec{g}^k\right) \nabla_i V_k = \left(\vec{g}^i \times \vec{g}^k\right) V_k|_i$$

Um nun die l-te Komponente dieses Ausdrucks zu erhalten, bilden wir das Skalarprodukt (bzw. das verjüngende Produkt) dieser Gleichung mit $\vec{g}^l$:

$$\left(\nabla \times \vec{V}\right)^l = \vec{g}^l \cdot \left(\nabla \times \vec{V}\right) = \vec{g}^l \cdot \left(\vec{g}^i \times \vec{g}^k\right) V_k|_i = e^{lik} V_k|_i \quad (3.237)$$

Wir hatten bereits Gleichung (3.151) hergeleitet:

$$(rot\ \vec{V})^k = e^{kli}\ V_i|_l$$

Ersetzt man hier i durch k, l durch i und k durch l, so findet man:

$$(rot\ \vec{V})^l = e^{lik}\ V_k|_i$$

Damit folgt aus Gleichung (3.237):

$$\left(\nabla \times \vec{V}\right)^l = (rot\ \vec{V})^l$$

Wenn für beliebige l die l-ten Komponenten zweier Vektoren gleich sind, dann sind auch beide Vektoren einander gleich:

$$rot\ \vec{V} = \nabla \times \vec{V}$$

Wir haben nun gezeigt, daß die aus der Vektoranalysis bekannten Beziehungen

$$div\ \vec{V} = \nabla \cdot \vec{V}$$

$$grad\ \Phi = \nabla\Phi$$

und

$$rot\ V = \nabla \times \vec{V}$$

auch in der Tensoranalysis Gültigkeit haben. Somit sind die Gleichungen (3.235) und (3.236) als Definitionsgleichungen für den Nablaoperator geeignet.

3.32.4 Besonderheiten des Nablaoperators

Nachdem wir nun gesehen haben, daß sich Gradient, Divergenz und Rotation mit Hife der oben definierten kovarianten Komponenten ∇_i des Nablaoperators darstellen lassen, sind einige Rechenregeln hervorzuheben, die wir in den Abschnitten 3.32.1 bis 3.32.3 zwangsläufig beachten mußten, um tatsächlich das gewünschte Ergebnis zu erhalten:

Der Klammerausdruck in Gleichung (3.236) kann im allgemeinen einen oder mehrere Basisvektoren enthalten, die durch das tensorielle Produkt miteinander verknüpft sind. In diesem Falle soll folgendermaßen vorgegangen werden: Die in der Klammer befindlichen Basisvektoren werden stets aus der Klammer herausgezogen; die kovariante Ableitung wurde nämlich nur für Tensor-Komponenten definiert, nicht für Tensoren selbst. Anders ausgedrückt:

> **Regel 3.27** *Wird die kovariante Ableitung bzw. der Operator ∇_i auf einen Tensor angewandt, so wirkt er nur auf dessen Komponenten.*

Normalerweise sind Produkte zwischen Tensorkomponenten kommutativ. Für die Komponenten ∇_i darf dies jedoch nicht gelten. Beispielsweise liefern die Ausdrücke

$$\Psi \, \nabla \Phi = \Psi \vec{g}^i \nabla_i \Phi = \Psi \nabla_i \Phi \, \vec{g}^i$$

und

$$\Phi \, \nabla \Psi = \Phi \vec{g}^i \nabla_i \Psi = \Phi \nabla_i \Psi \, \vec{g}^i$$

in der Vektoranalysis unterschiedliche Ausdrücke. Wenn die Tensoranalysis die Verallgemeinerung der Vektoranalysis sein soll, dürfen wir nicht zulassen, daß ∇_i mit Φ oder Ψ vertauscht wird:

> **Regel 3.28** *Im Gegensatz zu anderen Tensorkomponenten darf auf die Komponenten ∇_i nie das Kommutativgesetz der Multiplikation angewandt werden.*

Der Leser möge sich vergewissern, daß diese beiden Regeln in den Abschnitten 3.32.1 bis 3.32.3 eingehalten wurden.

3.33 Anwendung des Nablaoperators auf Tensoren höherer Stufe

Die Darstellung des Nablaoperators im Rahmen der Tensoranalysis eröffnet die Möglichkeit, die Divergenz oder den Gradienten auf Tensoren beliebiger Stufe zu verallgemeinern. Dies wird im folgenden gezeigt.

3.33. ANWENDUNG DES NABLAOPERATORS AUF TENSOREN

3.33.1 Divergenz von Tensoren zweiter und höherer Stufe

Analog zu
$$div\ \vec{V} = \nabla \cdot \vec{V}$$
schreibt man
$$div\ T = \nabla \cdot T.$$

Die Divergenz eines Tensors beliebiger Stufe ist also gleich dem verjüngenden Produkt des Nablavektors mit diesem Tensor. In Anhang 6.13 wird gezeigt, daß die so definierte Divergenz eines Tensors n-ter Stufe stets einen Tensor $n-1$-ter Stufe liefert.

Speziell für Tensoren zweiter Stufe erhält man also[27]:

$$Div\ T = \left(\vec{g}^i\ \nabla_i\right) \cdot \left(T^{kl}\vec{g}_k\vec{g}_l\right) = \vec{g}^i \cdot (\vec{g}_k\vec{g}_l)\,\nabla_i\,T^{kl} = \delta^i_k\,\vec{g}_l\,\nabla_i\,T^{kl} = \vec{g}_l\,\nabla_i\,T^{il}$$

$$\Rightarrow Div\ T = \vec{g}_l\,T^{il}|_i$$

Die Divergenz eines Tensors zweiter Stufe ergibt also einen Tensor erster Stufe bzw. einen Vektor. Durch verjüngende Multiplikation mit $\vec{g}^k$ erhält man die Komponentendarstellung

$$(Div\ T)^k = T^{ik}|_i$$

Damit ist die in Abschnitt 3.29 getroffene Definition (3.232) bestätigt.

3.33.2 Gradient von Tensoren erster und höherer Stufe

Wie schon die Divergenz läßt sich auch die Definition des Gradienten auf Tensoren beliebiger Stufe verallgemeinern. Statt
$$grad\ \Phi = \nabla\Phi$$
schreiben wir
$$grad\ T = \nabla T.$$

Im Anhang 6.14 wird gezeigt, daß der so definierte Gradient eines Tensors n-ter Stufe stets einen Tensor $n+1$-ter Stufe liefert.

Für den speziellen Fall eines Tensors erster Stufe, also eines Vektors erhalten wir[28]:

$$Grad\ \vec{V} = \nabla\vec{V} = \left(\vec{g}^i\,\nabla_i\right)\left(\vec{g}^k\,V_k\right) = \vec{g}^i\vec{g}^k\,\nabla_i\,V_k = \vec{g}^i\vec{g}^k\,V_k|_i$$

---

[27]Die Großschreibung *Div* soll verdeutlichen, daß es sich nicht um die „normale" Divergenz eines Vektors handelt, die einen Skalar liefert, sondern um eine Divergenz, die einen Vektor liefert — prinzipiell ist aber auch die Kleinschreibung *div* zulässig.

[28]Prinzipiell wäre es auch möglich, den Gradienten eines Vektors ebenso wie den Gradienten eines Skalars mit *grad* zu bezeichnen. Mit der Großschreibung soll betont werden, daß es sich dabei nicht um den gewöhnlichen Gradienten aus der Vektoranalysis handelt, der einen Vektor liefert, sondern um einen Gradienten, der einen Tensor höherer Stufe liefert.

Der Gradient eines Vektors ergibt also einen Tensor zweiter Stufe. Wir können die Indizes natürlich auch mit Hilfe der Metrikkoeffizienten heben bzw. senken:

$$Grad\ \vec{V} = \vec{g}^i \vec{g}^k\ V_k|_i = \vec{g}_i \vec{g}^k\ V_k|^i = \vec{g}^i \vec{g}_k\ V^k|_i = \vec{g}_i \vec{g}_k\ V^k|^i$$

In Komponentendarstellung ergibt sich:

$$\left(Grad\ \vec{V}\right)_{ik} = V_k|_i \tag{3.238}$$

$$\left(Grad\ \vec{V}\right)^i_{\ k} = V_k|^i \tag{3.239}$$

$$\left(Grad\ \vec{V}\right)_i^{\ k} = V^k|_i \tag{3.240}$$

$$\left(Grad\ \vec{V}\right)^{ik} = V^k|^i \tag{3.241}$$

Damit ist die Definition (3.231) bestätigt.

3.33.3 Rotation von Tensoren höherer Stufe

Regel 3.19 auf Seite 262 besagt, daß die Rotation eines Tensors erster Stufe wieder einen Tensor erster Stufe liefert. Es stellt sich nun die Frage, ob man, analog zu Divergenz und Gradient, die Definition

$$rot\ \vec{V} = \nabla \times \vec{V}$$

auf Tensoren beliebiger Stufe oder wenigstens beliebige Raumdimensionen verallgemeinern kann. Dies ist jedoch problematisch. So, wie wir das Skalarprodukt $\nabla \cdot \vec{V}$ durch das verjüngende Produkt $\nabla \cdot T$ und das gewöhnliche Produkt $\nabla \Phi$ durch das tensorielle Produkt ∇T ersetzt haben, müßten wir nun das Kreuzprodukt für Räume beliebiger Dimension verallgemeinern. Es ist jedoch keine solche Verallgemeinerung bekannt — das Kreuzprodukt ist, von sehr speziellen Theorien abgesehen, speziell auf Vektoren im dreidimensionalen Raum bezogen.

Es besteht zwar die Möglichkeit, die Rotation auf anderem Wege zu verallgemeinern — im Rahmen dieses Buches wird eine solche Verallgemeinerung jedoch nicht benötigt.

3.34 Mehrfache Anwendungen von Differentialoperatoren

3.34.1 Der Operator *grad div*

Als erstes Beispiel für die mehrfache Anwendung von Differentialoperatoren betrachten wir den Ausdruck

$$\vec{A} = grad\ div\ \vec{V}$$

3.34. MEHRFACHE ANWENDUNGEN VON DIFFERENTIALOPERATOREN

Wir definieren nun
$$\Phi = div\ \vec{V},$$
so daß
$$\vec{A} = grad\ \Phi$$
gilt. Gemäß der Definition der Divergenz (3.148) gilt:
$$\Phi = V_i|^i$$
Für den Gradienten von Φ erhält man aus Gleichung (3.143):
$$\vec{A} = \Phi|^k \vec{g}_k$$
Setzt man nun die vorletzte Gleichung ein, so erhält man:
$$\vec{A} = \left(V_i|^i\right)|^k \vec{g}_k$$
Wir führen eine verkürzte Schreibweise

$$\boxed{\begin{aligned}(...)|^{ik} &= ((...)|^i)|^k \\ (...)|^i{}_k &= ((...)|^i)|_k \\ (...)|_i{}^k &= ((...)|_i)|^k \\ (...)|_{ik} &= ((...)|_i)|_k\end{aligned}} \qquad \begin{aligned}&(3.242)\\&(3.243)\\&(3.244)\\&(3.245)\end{aligned}$$

ein und erhalten
$$\vec{A} = V_i|^{ik} \vec{g}_k$$
bzw.
$$A^k = V_i|^{ik}.$$
Alternativ hätte man die Divergenz gemäß Gleichung (3.146) auch durch die kontravarianten Komponenten des Vektors $\vec{V}$ ausdrücken können:
$$\Phi = V^i|_i$$
Dann hätte man mit der verkürzten Schreibweise
$$V^i|_i{}^k = \left(V^i|_i\right)|^k$$
erhalten:
$$\vec{A} = V^i|_i{}^k \vec{g}_k$$
$$\Rightarrow A^k = V^i|_i{}^k$$
Wir fassen zusammen:
$$(grad\ div\ \vec{V})^k = V^i|_i{}^k = V_i|^{ik} \qquad (3.246)$$
$$grad\ div\ \vec{V} = V^i|_i{}^k\ \vec{g}_k = V_i|^{ik}\ \vec{g}_k \qquad (3.247)$$

3.34.2 Der Operator $Div\ Grad$

Wir betrachten nun den Ausdruck

$$\vec{A} = Div\ Grad\ \vec{V}$$

und definieren

$$T = Grad\ \vec{V},$$

so daß

$$\vec{A} = Div\ T$$

gilt. Hierbei ist zu beachten, daß T ein Tensor zweiter Stufe ist, da die Gradientenbildung die Stufe um eins erhöht (Der Vektor $\vec{V}$ ist ein Tensor erster Stufe). Aufgrund der Definitionen (3.231) und (3.232) gilt

$$T^{ik} = V^k|^i$$

und

$$A^k = T^{ik}|_i.$$

Daraus folgt:

$$A^k = \left(V^k|^i\right)|_i$$

Wir schreiben gemäß Gleichung (3.243)

$$V^k|^i{}_i = \left(V^k|^i\right)|_i \tag{3.248}$$

und erhalten

$$A^k = V^k|^i{}_i. \tag{3.249}$$

Wir senken nun in Gleichung (3.248) den Index hinter dem ersten Ableitungsstrich:

$$A^k = \left(g^{il} V^k|_l\right)|_i$$

Nun kann man die Produktregel (3.223) anwenden, so daß wir folgenden Ausdruck erhalten:

$$A^k = g^{il}|_i V^k|_l + g^{il} \left(V^k|_l\right)|_i$$

Gemäß Gleichung (3.216) gilt $g^{il}|_i = 0$:

$$A^k = g^{il} \left(V^k|_l\right)|_i$$

Den entstandenen Metrikkoeffizienten können wir nun dazu verwenden, den Index hinter dem zweiten Ableitungsstrich zu heben:

$$A^k = \left(V^k|_l\right)|^l$$

Wir verwenden gemäß Gleichung (3.244) wieder die Abkürzung

$$V^k|_l{}^l = \left(V^k|_l\right)|^l$$

3.34. MEHRFACHE ANWENDUNGEN VON DIFFERENTIALOPERATOREN

und erhalten:
$$A^k = V^k|_l{}^l \tag{3.250}$$

Durch Vergleich der letzen Gleichung mit Gleichung (3.249) sieht man, daß es offenbar unerheblich ist, ob der obere oder der untere Index hinter dem Ableitungsstrich zuerst kommt. Somit kann man auch beide Indizes direkt übereinander schreiben:

$$A^k = V^k|_i{}^i = V^k|^i{}_i = V^k|^i_i$$

Schreibt man sich diesen Ausdruck für ein kartesisches Koordinatensystem auf, so sieht man, daß es sich bei der Anwendung von $Div\ Grad$ um die Anwendung des Laplaceoperators auf einen Vektor handelt. Wir erhalten also:

$$(Div\ Grad\ \vec{V})^k = V^k|^i_i = (\Delta \vec{V})^k \tag{3.251}$$

$$Div\ Grad\ \vec{V} = \Delta \vec{V} = V^k|^i_i \vec{g}_k \tag{3.252}$$

An dieser Stelle ist zu erwähnen, daß man den Übergang von Gleichung (3.249) zu Gleichung (3.250) auch ohne Rechnung hätte vollziehen können. Befindet sich *hinter* dem Ableitungsstrich genau ein Index, so läßt sich dieser gemäß Gleichung (3.220) wie alle Indizes *vor* dem Ableitungsstrich heben und senken. Wegen der Gleichungen (3.242) bis (3.245) ist dies auch auf den zweiten Index hinter dem Ableitungsstrich übertragbar. Damit läßt sich Regel 3.23 von Seite 266 auf alle Indizes vor oder hinter dem Ableitungsstrich anwenden; der Schluß von Gleichung (3.249) auf Gleichung (3.250) ist dann evident. Des weiteren ist klar, daß man in Gleichungen wie der Produktregel (3.223) den Ableitungsindex s überall nach oben setzen darf.

3.34.3 Der Operator *rot rot*

Als weiteres Beispiel für die mehrfache Anwendung von Differentialoperatoren betrachten wir nun die doppelte Ausführung der Rotation:

$$\vec{A} = rot\ rot\ \vec{V}$$

Wir definieren nun $\vec{W} = rot\ \vec{V}$, so daß $\vec{A} = rot\ \vec{W}$ gilt. Gemäß Gleichung (3.151) gilt für die Komponenten des Vektors $\vec{A} = rot\ \vec{W}$:

$$A^n = (rot\ \vec{W})^n = e^{npq} W_q|_p$$

Da wir nun offenbar die kovariante Komponente des Vektors $\vec{W}$ benötigen, verwenden wir für $\vec{W} = rot\ \vec{V}$ die Definition der Rotation gemäß Gleichung (3.157):

$$W_q = (rot\ \vec{V})_q = e_{qlm} V^m|^l$$

Für die kovariante Ableitung $W_q|_p$ erhalten wir mit Hilfe der Produktregel (3.223):

$$W_q|_p = e_{qlm}|_p\ V^m|^l + e_{qlm}\ (V^m|^l)|_p$$

Gemäß Gleichung (3.228) gilt $e_{qlm}|_p = 0$. Mit Hilfe der Abkürzung (3.243) folgt somit:

$$W_q|_p = e_{qlm} V^m|^l{}_p$$
$$\Rightarrow A^n = e^{npq} e_{qlm} V^m|^l{}_p$$

Wegen der im Anhang hergeleiteten Gleichung (6.60) gilt[29]

$$e^{npq} e_{qlm} = \delta^n_l \delta^p_m - \delta^n_m \delta^p_l$$

Somit folgt weiter:

$$A^n = \delta^n_l \delta^p_m V^m|^l{}_p - \delta^n_m \delta^p_l V^m|^l{}_p$$
$$\Rightarrow A^n = V^p|^n{}_p - V^n|^p{}_p \qquad (3.253)$$

Wegen Gleichung (3.246) gilt[30]

$$V^p|^n{}_p = V^p|_p{}^n = (grad\ div\ \vec{V})^n,$$

und mit Gleichung (3.251)

$$V^n|^p{}_p = (\Delta \vec{V})^n$$

folgt sofort

$$rot\ rot\ \vec{V} = grad\ div\ \vec{V} - \Delta \vec{V}.$$

Am Ende von Abschnitt 3.8 wurde bereits erwähnt, daß die Definition der Rotation nur im dreidimensionalen Raum einen Sinn ergibt. Somit gilt die soeben hergeleitete Gleichung ebenfalls nur für drei Dimensionen. Wir können sie aber folgendermaßen verallgemeinern:

Wenn man den speziellen Tensor zweiter Stufe

$$T^{pn} = V^p|^n - V^n|^p \qquad (3.254)$$

definiert, erkennt man, daß sich Gleichung (3.253) wegen

$$T^{pn}|_p = V^p|^n{}_p - V^n|^p{}_p \qquad (3.255)$$

in der Form

$$A^n = T^{pn}|_p$$

schreiben läßt. Für diesen speziellen Tensor T gilt also im dreidimensionalen Raum:

$$rot\ rot\ \vec{V} = Div\ T \qquad (3.256)$$

Durch Vergleich von Gleichung (3.255) mit den Gleichungen (3.246) und (3.251) findet man für beliebige Raumdimensionen:

$$Div\ T = grad\ div\ \vec{V} - \Delta \vec{V} \qquad \text{mit } T^{pn} = V^p|^n - V^n|^p \qquad (3.257)$$

---

[29]In Gleichung (6.60) ist i durch l und k durch m zu ersetzen, so daß man $e_{lmq}\ e^{qnp} = \delta^n_l \delta^p_m - \delta^p_l \delta^n_m$ erhält. Wegen $e^{qnp} = e^{npq}$ und $e_{lmq} = e_{qlm}$ entspricht dies dem gesuchten Ausdruck.

[30]Im Anhang 6.12.3 wird gezeigt, daß im Euklidischen Raum die Reihenfolge der kovarianten Differentiation vertauscht werden darf, so daß

$$V^p|^n{}_p = V^p|_p{}^n \quad \Leftrightarrow \quad V^p|_{np} = V^p|_{pn}$$

gilt.

3.35. ANWENDUNG VON DIFFERENTIALOPERATOREN AUF PRODUKTE

Tabelle 3.12: Möglichkeiten bei der Anwendung von Differentialoperatoren auf Produkte

	$\varphi\psi$	$\varphi\vec{V}$	$\vec{A}\cdot\vec{B}$	$\vec{A}\times\vec{B}$
∇	$grad(\varphi\psi)$	$Grad(\varphi\vec{V})$	$grad(\vec{A}\cdot\vec{B})$	$Grad(\vec{A}\times\vec{B})$
$\nabla\cdot$		$div(\varphi\vec{V})$		$div(\vec{A}\times\vec{B})$
$\nabla\times$		$rot(\varphi\vec{V})$		$rot(\vec{A}\times\vec{B})$

3.35 Anwendung von Differentialoperatoren auf Produkte

In den letzten Abschnitten ist die zweifache Anwendung von Differentialoperatoren behandelt worden. Es besteht natürlich auch die Möglichkeit, die Differentialoperatoren auf Summen und Produkte von Tensoren anzuwenden. Aufgrund der Linearität der Differentialoperatoren rot, $grad$ und div ist die Anwendung auf eine Summe zweier Tensoren trivial. Für die Anwendung auf ein Produkt trifft dies nicht zu. Deshalb sollen im folgenden einige Spezialfälle betrachtet werden.

Denkbare Kombinationen erhält man, indem man die Operatoren rot, $grad$ und div auf verschiedene Arten von Produkten anwendet, wie dies in Tabelle 3.12 veranschaulicht ist. Zu beachten ist, daß die Divergenz eines Tensors n-ter Stufe einen Tensor $n-1$-ter Stufe liefert. Diese Eigenschaft der Divergenz, die Stufe zu vermindern, führt dazu, daß man die Divergenz nicht auf skalare Größen, also Tensoren nullter Stufe, anwenden kann. Bei der Rotation ist zu berücksichtigen, daß das Kreuzprodukt, das zur Definition dieses Differentialoperators erforderlich ist, nur für Vektoren im dreidimensionalen Raum erklärt ist. Diese Eigenschaften von Divergenz und Rotation führen zu den freien Feldern in Tabelle 3.12. Im Gegensatz hierzu liefert der Gradient eines Tensors n-ter Stufe einen Tensor $n+1$-ter Stufe, so daß er sich auf Tensoren beliebiger Stufe anwenden läßt. Deshalb ist die entsprechende Zeile in Tabelle 3.12 vollständig ausgefüllt.

Im folgenden sollen einige der in der Tabelle aufgelisteten Ausdrücke mit Hilfe des Tensorkalküls berechnet werden. Andere wiederum sollen dem Leser als Übungsaufgaben dienen.

3.35.1 Rotation eines Vektorproduktes

Wir betrachten das Kreuzprodukt
$$\vec{C} = \vec{A}\times\vec{B}$$

und interessieren uns für seine Rotation:

$$rot\,\vec{C} = rot\left(\vec{A} \times \vec{B}\right)$$

Das Kreuzprodukt läßt sich gemäß Gleichung (3.168) durch folgende Komponentendarstellung invariant darstellen:

$$C_i = e_{ikl} A^k B^l$$

Für die Rotation des Vektors $\vec{C}$ gilt laut Gleichung (3.151):

$$(rot\,\vec{C})^m = e^{mnp}\, C_p|_n$$

Setzt man die vorletzte in die letzte Gleichung ein, so erhält man:

$$(rot\,\vec{C})^m = e^{mnp}\left(e_{pkl} A^k B^l\right)|_n$$

Da die kovariante Ableitung von e_{pkl} gleich null ist, liefert die Anwendung der Kettenregel:

$$(rot\,\vec{C})^m = e^{mnp} e_{pkl}\left(A^k|_n B^l + A^k B^l|_n\right)$$

Mit der in Anhang 6.11 hergeleiteten Gleichung (6.60) folgt hieraus:

$$\begin{aligned}
(rot\,\vec{C})^m &= (\delta_k^m \delta_l^n - \delta_l^m \delta_k^n)\left(A^k|_n B^l + A^k B^l|_n\right) \\
&= \delta_k^m \delta_l^n\, A^k|_n B^l + \delta_k^m \delta_l^n\, A^k B^l|_n - \delta_l^m \delta_k^n\, A^k|_n B^l - \delta_l^m \delta_k^n\, A^k B^l|_n \\
&= A^m|_l B^l + A^m B^l|_l - A^k|_k B^m - A^k B^m|_k
\end{aligned}$$

Gemäß Gleichung (3.146) handelt es sich bei $A^k|_k$ bzw. bei $B^l|_l$ um die Divergenz des jeweiligen Vektors, so daß wir erhalten:

$$(rot\,\vec{C})^m = A^m|_l B^l + A^m\,div\,\vec{B} - B^m\,div\,\vec{A} - A^k B^m|_k$$

Wir multiplizieren mit $\vec{g}_m$, um von der Komponentendarstellung zur Tensor- bzw. Vektordarstellung überzugehen:

$$rot\,\vec{C} = A^m|_l B^l\,\vec{g}_m + \vec{A}\,div\,\vec{B} - \vec{B}\,div\,\vec{A} - A^k B^m|_k\,\vec{g}_m \qquad (3.258)$$

Bei den Ausdrücken $A^m|_l$ bzw. $B^m|_k$ handelt es sich gemäß Gleichung (3.240) um die Tensor-Komponenten des Gradienten des jeweiligen Vektors. Es gilt also beispielsweise:

$$Grad\,\vec{A} = A^m|_l\,\vec{g}^l \vec{g}_m$$

Bildet man das verjüngende Produkt mit dem Vektor $\vec{B}$, so erhält man:

$$\begin{aligned}
\vec{B} \cdot Grad\,\vec{A} &= \left(B^k \vec{g}_k\right) \cdot \left(A^m|_l\,\vec{g}^l \vec{g}_m\right) \\
&= \delta_k^l B^k A^m|_l\,\vec{g}_m \\
&= B^l A^m|_l\,\vec{g}_m
\end{aligned}$$

3.35. ANWENDUNG VON DIFFERENTIALOPERATOREN AUF PRODUKTE

Dies ist exakt der Ausdruck, den wir in Gleichung (3.258) benötigen. Analog gilt:

$$\vec{A} \cdot Grad\ \vec{B} = A^k B^m|_k\ \vec{g}_m \tag{3.259}$$

Aus Gleichung (3.258) folgt mit diesen beiden Gleichungen:

$$\boxed{rot\left(\vec{A} \times \vec{B}\right) = \vec{B} \cdot Grad\ \vec{A} + \vec{A}\ div\ \vec{B} - \vec{B}\ div\ \vec{A} - \vec{A} \cdot Grad\ \vec{B}} \tag{3.260}$$

Diese Gleichung gilt in beliebigen krummlinigen Koordinatensystemen, denn die Herleitung basierte ausschließlich auf invarianten Ausdrücken der Tensoranalysis.

Da der Ausdruck $\vec{A} \cdot Grad\ \vec{B}$ bisher noch nicht aufgetaucht ist, wollen wir ihn nun in kartesischen Koordinaten berechnen. Hierzu werten wir den Ausdruck (3.259) aus. In kartesischen Koordinaten entsprechen die Basisvektoren $\vec{g}_1$, $\vec{g}_2$ und $\vec{g}_3$ den Einheitsvektoren $\vec{e}_x$, $\vec{e}_y$ und $\vec{e}_z$. Die kovarianten Ableitungen lassen sich durch partielle Ableitungen ersetzen, so daß wir erhalten:

$$\begin{aligned}
\vec{A} \cdot Grad\ \vec{B} &= A^k B^m|_k\ \vec{g}_m \\
&= A_x\left(\frac{\partial B_x}{\partial x}\vec{e}_x + \frac{\partial B_y}{\partial x}\vec{e}_y + \frac{\partial B_z}{\partial x}\vec{e}_z\right) + \\
&+ A_y\left(\frac{\partial B_x}{\partial y}\vec{e}_x + \frac{\partial B_y}{\partial y}\vec{e}_y + \frac{\partial B_z}{\partial y}\vec{e}_z\right) + \\
&+ A_z\left(\frac{\partial B_x}{\partial z}\vec{e}_x + \frac{\partial B_y}{\partial z}\vec{e}_y + \frac{\partial B_z}{\partial z}\vec{e}_z\right)
\end{aligned}$$

Hieraus folgt sofort:

$$\vec{A} \cdot Grad\ \vec{B} = A_x\frac{\partial \vec{B}}{\partial x} + A_y\frac{\partial \vec{B}}{\partial y} + A_z\frac{\partial \vec{B}}{\partial z} \tag{3.261}$$

3.35.2 Divergenz eines Vektorproduktes

Ersetzt man die Divergenz durch das Skalarprodukt mit dem Nablaoperator und das Kreuzprodukt durch Gleichung (3.167), so erhält man:

$$div\left(\vec{A} \times \vec{B}\right) = \nabla \cdot \left(e_{lnp}A^n B^p \vec{g}^l\right) = \vec{g}^i \nabla_i \cdot \left(e_{lnp}A^n B^p \vec{g}^l\right) = \vec{g}^i \cdot \left(e_{lnp}A^n B^p \vec{g}^l\right)\Big|_i$$

Die kovariante Ableitung wird nicht auf die Basis angewandt, so daß man $\vec{g}^l$ vor die Klammer ziehen kann:

$$div\left(\vec{A} \times \vec{B}\right) = \vec{g}^i \cdot \vec{g}^l \left(e_{lnp}A^n B^p\right)\Big|_i = g^{il}\left(e_{lnp}A^n B^p\right)\Big|_i$$

Die kovariante Ableitung der Komponenten e_{lnp} des vollständig antisymmetrischen Tensors ist gemäß Gleichung (3.228) gleich null. Die Komponenten e_{lnp} lassen sich also vor die Klammer ziehen — die Produktregel liefert nur einen Term:

$$div\left(\vec{A} \times \vec{B}\right) = g^{il}\ e_{lnp}\left(A^n B^p\right)\Big|_i$$

Wendet man nun die Produktregel auf das verbleibende Produkt an, so erhält man:

$$div\left(\vec{A} \times \vec{B}\right) = g^{il}\, e_{lnp}\left(A^n|_i B^p + A^n B^p|_i\right) = g^{il}\, e_{lnp}\, A^n|_i\, B^p + g^{il}\, e_{lnp}\, A^n\, B^p|_i$$

$$\Rightarrow div\left(\vec{A} \times \vec{B}\right) = e_{lnp}\, A^n|^l\, B^p + e_{lnp}\, A^n\, B^p|^l \tag{3.262}$$

Den Ausdruck $e_{lnp}\, A^n|^l$ kennen wir bereits. Gemäß Gleichung (3.156) gilt nämlich:

$$rot\,\vec{A} = e_{pln}\, A^n|^l\, \vec{g}^p = e_{lnp}\, A^n|^l\, \vec{g}^p$$

Bildet man nun das Skalarprodukt mit $\vec{B}$, so erhält man:

$$\vec{B} \cdot rot\,\vec{A} = \left(B^k\, \vec{g}_k\right) \cdot \left(e_{lnp}\, A^n|^l\, \vec{g}^p\right) = e_{lnp}\, A^n|^l\, B^k\, \delta_k^p = e_{lnp}\, A^n|^l\, B^p$$

Analog erhält man:

$$\vec{A} \cdot rot\,\vec{B} = e_{lnp}\, B^n|^l\, A^p = e_{lpn}\, B^p|^l\, A^n = -e_{lnp}\, B^p|^l\, A^n$$

Setzt man die letzten beiden Ergebnisse in Gleichung (3.262) ein, so erhält man:

$$\boxed{div\left(\vec{A} \times \vec{B}\right) = \vec{B} \cdot rot\,\vec{A} - \vec{A} \cdot rot\,\vec{B}} \tag{3.263}$$

Wie schon im letzten Abschnitt die Rotation des Kreuzproduktes ist auch diese Beziehung unabhängig vom gewählten Koordinatensystem, da nur invariante Ausdrücke der Tensoranalysis verwandt wurden.

3.35.3 Gradient eines Skalarproduktes

Gemäß Gleichung (3.162) gilt als Komponentendarstellung für ein Skalarprodukt:

$$\varphi = \vec{A} \cdot \vec{B} = A^k B_k$$

Dies kann man unmittelbar in die Definitionsgleichung (3.142) des Gradienten einsetzen:

$$grad(\vec{A} \cdot \vec{B}) = \left(A^k B_k\right)\big|_i\, \vec{g}^i$$

Mit der Produktregel folgt weiter:

$$grad(\vec{A} \cdot \vec{B}) = A^k|_i\, B_k\, \vec{g}^i + A^k\, B_k|_i\, \vec{g}^i \tag{3.264}$$

Die beiden Summanden haben eine ähnliche Form wie Gleichung (3.259). Allerdings stimmt in Gleichung (3.259) der Index des Basisvektors mit dem Index *vor* dem kovarianten Ableitungsstrich überein, während hier der Index des Basisvektors mit dem Index *hinter* dem kovarianten

3.35. ANWENDUNG VON DIFFERENTIALOPERATOREN AUF PRODUKTE

Ableitungsstrich identisch ist. Es liegt deshalb nahe, anstelle von $\vec{A} \cdot Grad\, \vec{B}$ den umgekehrten Ausdruck $\left(Grad\, \vec{B}\right) \cdot \vec{A}$ zu betrachten. Wegen Gleichung (3.240) gilt

$$Grad\, \vec{B} = B^k|_i\, \vec{g}^i \vec{g}_k,$$

so daß weiter folgt:

$$\left(Grad\, \vec{B}\right) \cdot \vec{A} = \left(B^k|_i\, \vec{g}^i \vec{g}_k\right) \cdot \left(A_l\, \vec{g}^l\right) = B^k|_i\, A_l\, \vec{g}^i \delta^l_k$$

$$\Rightarrow \left(Grad\, \vec{B}\right) \cdot \vec{A} = B^k|_i\, A_k\, \vec{g}^i \quad (3.265)$$

Gemäß Regel 3.23 auf Seite 266 bleibt eine Tensorgleichung auch dann gültig, wenn man ein und denselben Index überall dort senkt, wo er oben steht und überall dort hebt, wo er unten steht. Führt man dies mit dem Index k durch, so erhält man:

$$\left(Grad\, \vec{B}\right) \cdot \vec{A} = B_k|_i\, A^k\, \vec{g}^i$$

Wie vermutet, handelt es sich hierbei um den zweiten Ausdruck in Gleichung (3.264). Den ersten Ausdruck erhält man durch Vertauschen von $\vec{A}$ und $\vec{B}$ in Gleichung (3.265):

$$\left(Grad\, \vec{A}\right) \cdot \vec{B} = A^k|_i\, B_k\, \vec{g}^i \quad (3.266)$$

Wir setzen also die beiden letzten Gleichungen in Gleichung (3.264) ein und erhalten:

$$\boxed{grad(\vec{A} \cdot \vec{B}) = \left(Grad\, \vec{A}\right) \cdot \vec{B} + \left(Grad\, \vec{B}\right) \cdot \vec{A}} \quad (3.267)$$

Übungsaufgabe 3.17   *Anspruch:* ● ● ○   *Aufwand:* ● ○ ○

Zeigen Sie mit Hilfe des Tensorkalküls, daß die Beziehung

$$\boxed{grad(\varphi\psi) = \psi\, grad\, \varphi + \varphi\, grad\, \psi} \quad (3.268)$$

in beliebigen krummlinigen Koordinatensystemen gültig ist.

Übungsaufgabe 3.18   *Anspruch:* ● ● ○   *Aufwand:* ● ○ ○

Stellen Sie den Ausdruck

$$\vec{V} \cdot grad\, \varphi$$

in Indexform dar.

Übungsaufgabe 3.19   *Anspruch:* ● ● ○   *Aufwand:* ● ○ ○

Zeigen Sie mit Hilfe des Tensorkalküls, daß die Beziehung

$$\boxed{div(\varphi\,\vec{V}) = \vec{V}\cdot grad\,\varphi + \varphi\,div\,\vec{V}} \tag{3.269}$$

in beliebigen krummlinigen Koordinatensystemen gültig ist. Verwenden Sie hierzu das Ergebnis aus Aufgabe 3.18.

Übungsaufgabe 3.20   *Anspruch:* ● ○ ○   *Aufwand:* ● ○ ○

Stellen Sie den Ausdruck

$$\vec{V} \times grad\,\varphi$$

in Indexform dar.

Übungsaufgabe 3.21   *Anspruch:* ● ● ○   *Aufwand:* ● ○ ○

Zeigen Sie mit Hilfe des Tensorkalküls, daß die Beziehung

$$\boxed{rot(\varphi\,\vec{V}) = \varphi\,rot\,\vec{V} - \vec{V} \times grad\,\varphi} \tag{3.270}$$

in beliebigen krummlinigen Koordinatensystemen gültig ist. Verwenden Sie hierzu das Ergebnis aus Aufgabe 3.20.

Übungsaufgabe 3.22   *Anspruch:* ● ● ○   *Aufwand:* ● ○ ○

Ziel dieser Aufgabe ist es, eine Alternativdarstellung für Gleichung (3.267) zu finden, in der keine Ausdrücke der Form $(Grad\,\vec{A})\cdot\vec{B}$ oder $(Grad\,\vec{B})\cdot\vec{A}$, sondern nur Ausdrücke der Form $\vec{B}\cdot Grad\,\vec{A}$ oder $\vec{A}\cdot Grad\,\vec{B}$ auftreten. Gehen Sie hierzu wie folgt vor:

1. Zeigen Sie, daß die Gleichung

$$\vec{B}\cdot Grad\,\vec{A} + \vec{B}\times rot\,\vec{A} = (Grad\,\vec{A})\cdot\vec{B} \tag{3.271}$$

   gilt.
   Hinweis:
   Benutzen Sie die in Anhang 6.11 hergeleitete Gleichung (6.60).

2. Wie lautet demnach der Alternativausdruck für $grad(\vec{A}\cdot\vec{B})$?

Die Ergebnisse dieses Abschnittes und der Übungsaufgaben sind in Tabelle 3.13 zusammengefaßt.

Tabelle 3.13: Anwendung von Differentialoperatoren auf Produkte

$grad(\varphi\psi) = \psi\, grad\, \varphi + \varphi\, grad\, \psi$	(3.268)
$grad(\vec{A} \cdot \vec{B}) = \left(Grad\, \vec{A}\right) \cdot \vec{B} + \left(Grad\, \vec{B}\right) \cdot \vec{A}$	(3.267)
$grad(\vec{A} \cdot \vec{B}) = \vec{B} \cdot Grad\, \vec{A} + \vec{B} \times rot\, \vec{A} + \vec{A} \cdot Grad\, \vec{B} + \vec{A} \times rot\, \vec{B}$	(7.130)
$div(\varphi\, \vec{V}) = \vec{V} \cdot grad\, \varphi + \varphi\, div\, \vec{V}$	(3.269)
$div\left(\vec{A} \times \vec{B}\right) = \vec{B} \cdot rot\, \vec{A} - \vec{A} \cdot rot\, \vec{B}$	(3.263)
$rot(\varphi\, \vec{V}) = \varphi\, rot\, \vec{V} - \vec{V} \times grad\, \varphi$	(3.270)
$rot\left(\vec{A} \times \vec{B}\right) = \vec{B} \cdot Grad\, \vec{A} + \vec{A}\, div\, \vec{B} - \vec{B}\, div\, \vec{A} - \vec{A} \cdot Grad\, \vec{B}$	(3.260)

3.36 Orthogonale Transformation

Tabelle 3.14: Orthogonale Transformation

$\sum_i (\theta^i)^2 = \sum_i \left(\bar{\theta}^i\right)^2$		(3.278)
$\underline{a}_l^m = \bar{a}_m^l$		(3.283)
$\sum_i \bar{a}_k^i \bar{a}_l^i = \delta_{kl}$ (3.281)	$\sum_i \bar{a}_i^k \bar{a}_i^l = \delta^{kl}$	(3.285)
$\sum_i \underline{a}_k^i \underline{a}_l^i = \delta_{kl}$ (3.282)	$\sum_i \underline{a}_i^k \underline{a}_i^l = \delta^{kl}$	(3.284)

In diesem Abschnitt werden die Koordinaten θ^i als kartesische Koordinaten interpretiert. Dies bedeutet, daß der Abstand zwischen zwei Punkten A und B, die durch die Koordinaten θ^i_A bzw. θ^i_B bestimmt sind, folgendermaßen berechnet werden kann:

$$d(A, B) = \sqrt{\sum_i (\theta^i_A - \theta^i_B)^2} \qquad (3.272)$$

Nun werde eine Transformation betrachtet, die die Koordinaten θ^i in die neuen Koordinaten $\bar{\theta}^i$ überführt, so daß der Punkt A auf den Punkt $\bar{A}$ und der Punkt B auf den Punkt $\bar{B}$ abgebildet wird. Die neuen Koordinaten $\bar{\theta}^i$ werden nun wieder als Koordinaten eines kartesischen Koordinatensystems aufgefaßt, so daß für den Abstand zwischen den beiden transformierten Punkten gilt:

$$d(\bar{A}, \bar{B}) = \sqrt{\sum_i \left(\bar{\theta}^i_{\bar{A}} - \bar{\theta}^i_{\bar{B}}\right)^2} \qquad (3.273)$$

Hierbei beschränken wir uns auf lineare Transformationen, also auf solche Transformationen, bei denen die Transformation der Koordinaten durch lineare Funktionen vermittelt wird. Aus den allgemeinen Tranformationsgleichungen (3.88) und (3.89) wird dann

$$\theta^i = \underline{a}^i_k \bar{\theta}^k + b^i \tag{3.274}$$

bzw.

$$\bar{\theta}^i = \bar{a}^i_k \theta^k + \bar{b}^i. \tag{3.275}$$

Wir suchen nun eine spezielle lineare Transformation, bei der der Abstand im neuen Koordinatensystem gleich dem im alten Koordinatensystem ist:

$$d(A, B) = d(\bar{A}, \bar{B}) \tag{3.276}$$

Es sollen spezielle Bedingungen für die Transformationskoeffizienten $\bar{a}^i_k$ bzw. $\underline{a}^i_k$ hergeleitet werden, so daß diese Forderung erfüllt ist.

Der Einfachheit wegen nehmen wir nun an, daß der Ursprung des Koordinatensystems K auf den Ursprung des Koordinatensystems $\bar{K}$ abgebildet wird. Es gelte also $b^i = 0$ und $\bar{b}^i = 0$. Wenn der Abstand zwischen zwei beliebigen Punkten durch die Transformation unverändert bleiben soll, dann muß in diesem Fall auch der Abstand von einem beliebigen Punkt zum Ursprung unverändert bleiben.

Um möglichst anschaulich vorzugehen, betrachten wir einen dreidimensionalen Raum. Dann lautet die soeben formulierte Forderung:

$$(\theta^1)^2 + (\theta^2)^2 + (\theta^3)^2 = (\bar{\theta}^1)^2 + (\bar{\theta}^2)^2 + (\bar{\theta}^3)^2 \tag{3.277}$$

Allgemein gilt

$$\boxed{\sum_i \left(\theta^i\right)^2 = \sum_i \left(\bar{\theta}^i\right)^2} \tag{3.278}$$

Die Transformationsvorschrift (3.275) lautet wegen $\bar{b}^i = 0$:

$$\bar{\theta}^i = \bar{a}^i_k \theta^k$$

Damit folgt aus Gleichung (3.277):

$$(\theta^1)^2 + (\theta^2)^2 + (\theta^3)^2 = \left(\bar{a}^1_1 \theta^1 + \bar{a}^1_2 \theta^2 + \bar{a}^1_3 \theta^3\right)^2 + \left(\bar{a}^2_1 \theta^1 + \bar{a}^2_2 \theta^2 + \bar{a}^2_3 \theta^3\right)^2 + \left(\bar{a}^3_1 \theta^1 + \bar{a}^3_2 \theta^2 + \bar{a}^3_3 \theta^3\right)^2 \tag{3.279}$$

Diese Gleichung soll für jeden Punkt und damit für beliebige Werte von θ^1, θ^2 und θ^3 gelten. Wir können also auch $\theta^2 = \theta^3 = 0$ setzen und erhalten:

$$\sum_i (\bar{a}^i_1)^2 = 1$$

3.36. ORTHOGONALE TRANSFORMATION

Für $\theta^1 = \theta^3 = 0$ folgt aus Gleichung (3.279):
$$\sum_i (\bar{a}_2^i)^2 = 1$$

Für $\theta^1 = \theta^2 = 0$ folgt aus Gleichung (3.279):
$$\sum_i (\bar{a}_3^i)^2 = 1$$

Wir können das Ergebnis verallgemeinern und erhalten:
$$\sum_i (\bar{a}_k^i)^2 = 1 \qquad \forall k \tag{3.280}$$

Für $\theta^3 = 0$ folgt aus Gleichung (3.279):
$$\begin{aligned}
(\theta^1)^2 + (\theta^2)^2 &= \left(\bar{a}_1^1 \theta^1\right)^2 + 2\bar{a}_1^1 \theta^1 \bar{a}_2^1 \theta^2 + \left(\bar{a}_2^1 \theta^2\right)^2 + \\
&+ \left(\bar{a}_1^2 \theta^1\right)^2 + 2\bar{a}_1^2 \theta^1 \bar{a}_2^2 \theta^2 + \left(\bar{a}_2^2 \theta^2\right)^2 + \\
&+ \left(\bar{a}_1^3 \theta^1\right)^2 + 2\bar{a}_1^3 \theta^1 \bar{a}_2^3 \theta^2 + \left(\bar{a}_2^3 \theta^2\right)^2
\end{aligned}$$

Unter Berücksichtigung von Gleichung (3.280) folgt hieraus:
$$\bar{a}_1^1 \theta^1 \bar{a}_2^1 \theta^2 + \bar{a}_1^2 \theta^1 \bar{a}_2^2 \theta^2 + \bar{a}_1^3 \theta^1 \bar{a}_2^3 \theta^2 = 0$$

Da diese Gleichung für alle θ^1 und θ^2 gelten muß, folgt:
$$\bar{a}_1^1 \bar{a}_2^1 + \bar{a}_1^2 \bar{a}_2^2 + \bar{a}_1^3 \bar{a}_2^3 = 0$$
$$\Rightarrow \sum_i \bar{a}_1^i \bar{a}_2^i = 0$$

Die soeben durchgeführte Betrachtung für $\theta^3 = 0$ läßt sich auch für $\theta^2 = 0$ bzw. $\theta^1 = 0$ durchführen, so daß man folgende Beziehungen erhält:
$$\sum_i \bar{a}_1^i \bar{a}_3^i = 0$$
$$\sum_i \bar{a}_2^i \bar{a}_3^i = 0$$

Allgemein gilt also:
$$\sum_i \bar{a}_k^i \bar{a}_l^i = 0 \qquad k \neq l$$

Faßt man diese Gleichung mit Gleichung (3.280) zusammen, so erhält man:
$$\boxed{\sum_i \bar{a}_k^i \bar{a}_l^i = \delta_{kl}} \tag{3.281}$$

Hierbei wurde δ_{kl} ebenso definiert wie δ_l^k, also:

$$\delta_{kl} = \delta^{kl} = \delta_l^k = \begin{cases} 1 & \text{für } k = l \\ 0 & \text{für } k \neq l \end{cases}$$

Analog zur hier vorgestellten Herleitung hätte man natürlich in Gleichung (3.277) auch die θ^i gemäß

$$\theta^i = \underline{a}_k^i \bar{\theta}^k$$

substituieren können. Man hätte dann folgende Beziehung erhalten:

$$\boxed{\sum_i \underline{a}_k^i \underline{a}_l^i = \delta_{kl}} \qquad (3.282)$$

Um eine Beziehung zwischen den $\underline{a}_k^i$ und den $\bar{a}_k^i$ zu erhalten, multiplizieren wir diese Gleichung mit $\bar{a}_m^k$:

$$\sum_i \bar{a}_m^k \underline{a}_k^i \underline{a}_l^i = \delta_{kl} \bar{a}_m^k$$

Gemäß Gleichung (3.100) ist $\bar{a}_m^k \underline{a}_k^i = \delta_m^i$:

$$\sum_i \delta_m^i \underline{a}_l^i = \delta_{kl} \bar{a}_m^k$$

$$\Rightarrow \boxed{\underline{a}_l^m = \bar{a}_m^l} \qquad (3.283)$$

Mit dieser Beziehung folgt aus Gleichung (3.281)

$$\boxed{\sum_i \underline{a}_i^k \underline{a}_i^l = \delta^{kl}} \qquad (3.284)$$

und aus Gleichung (3.282):

$$\boxed{\sum_i \bar{a}_i^k \bar{a}_i^l = \delta^{kl}} \qquad (3.285)$$

Die wichtigsten der hier hergeleiteten Formeln sind in Tabelle 3.14 zusammengefaßt.

Wir haben nun eine Transformationsvorschrift gefunden, bei der der Abstand zwischen dem Koordinatenursprung und einem beliebigen Punkt A durch die Transformation unverändert bleibt. Es ist nun zu zeigen, daß durch dieselbe Transformation auch der Abstand zwischen zwei beliebigen Punkten A und B gleich dem Abstand der transformierten Punkte $\bar{A}$ und $\bar{B}$ ist, daß also Gleichung (3.276) stets erfüllt ist. Da dies für das weitere Verständnis nicht unbedingt erforderlich ist, wird der Beweis im Anhang 6.15 durchgeführt.

3.37 Drehmatrix

Da die Gleichung (3.282)
$$\sum_i \underline{a}_k^i \underline{a}_l^i = \delta_{kl},$$

die die Koeffizienten $\underline{a}_k^i$ einer orthogonalen Transformation bestimmt, etwas abstrakt ist, wollen wir sie nun auf den zweidimensionalen Fall anwenden. Die Indizes k und l können dann jeweils die beiden Werte 1 und 2 annehmen, so daß man folgende vier Gleichungen erhält:

	$l = 1$	$l = 2$
$k = 1$	$\underline{a}_1^1 \underline{a}_1^1 + \underline{a}_1^2 \underline{a}_1^2 = 1$ (3.286)	$\underline{a}_1^1 \underline{a}_2^1 + \underline{a}_1^2 \underline{a}_2^2 = 0$ (3.287)
$k = 2$	$\underline{a}_2^1 \underline{a}_1^1 + \underline{a}_2^2 \underline{a}_1^2 = 0$ (3.288)	$\underline{a}_2^1 \underline{a}_2^1 + \underline{a}_2^2 \underline{a}_2^2 = 1$ (3.289)

Die Gleichungen (3.287) und (3.288) sind offenbar identisch, so daß lediglich drei Bestimmungsgleichungen für die vier Größen $\underline{a}_k^i$ vorhanden sind. Einen Parameter, also beispielsweise $\underline{a}_1^1$, können wir deshalb vorgeben. Dabei ist zu beachten, daß die $\underline{a}_k^i$ reell sein sollen. Betrachtet man unter diesem Aspekt Gleichung (3.286), so ist klar, daß

$$0 \leq \underline{a}_k^i \leq 1$$

gelten muß. Wir können also ohne Einschränkung die Substitution

$$\underline{a}_1^1 = \cos \tilde{\varphi}$$

machen — anstelle von $\underline{a}_1^1$ geben wir also $\tilde{\varphi}$ vor. Der Vorteil dieser Substitution wird ersichtlich, wenn man nun Gleichung (3.286) betrachtet:

$$\cos^2 \tilde{\varphi} + \underline{a}_1^2 \underline{a}_1^2 = 1$$

$$\Rightarrow \underline{a}_1^2 = v_1 \sqrt{1 - \cos^2 \tilde{\varphi}} = v_1 \sin \tilde{\varphi}$$

Hierbei ist $v_1 = \pm 1$ ein beliebig wählbares Vorzeichen. Gleichung (3.286) ist also erfüllt, wenn sich $\underline{a}_1^1$ und $\underline{a}_1^2$ als Kosinus bzw. Sinus ein und desselben Winkels darstellen lassen. Diese Darstellung ist eleganter als das Rechnen mit Wurzeln. Nun sind noch die Gleichungen (3.288) und (3.289) zu erfüllen. Wir setzen deshalb die Ergebnisse in Gleichung (3.288) ein und erhalten:

$$\underline{a}_2^1 \cos \tilde{\varphi} + \underline{a}_2^2 v_1 \sin \tilde{\varphi} = 0$$

$$\Rightarrow \underline{a}_2^1 \cos \tilde{\varphi} = -\underline{a}_2^2 v_1 \sin \tilde{\varphi} \qquad (3.290)$$

$$\Rightarrow \left(\underline{a}_2^1\right)^2 \cos^2 \tilde{\varphi} = \left(\underline{a}_2^2\right)^2 \sin^2 \tilde{\varphi}$$

Dies können wir in die mit $cos^2\tilde{\varphi}$ multiplizierte Gleichung (3.289) einsetzen:

$$\left(\underline{a}_2^2\right)^2 sin^2\tilde{\varphi} + \left(\underline{a}_2^2\right)^2 cos^2\tilde{\varphi} = cos^2\tilde{\varphi}$$

$$\Rightarrow \left(\underline{a}_2^2\right)^2 = cos^2\tilde{\varphi}$$

$$\Rightarrow \underline{a}_2^2 = v_2 \, cos \, \tilde{\varphi}$$

Ähnlich wie oben ist $v_2 = \pm 1$ ein beliebig wählbares Vorzeichen. Nun läßt sich aus Gleichung (3.290) auch $\underline{a}_2^1$ bestimmen:

$$\underline{a}_2^1 \, cos \, \tilde{\varphi} = -v_2 \, cos \, \tilde{\varphi} \, v_1 \, sin \, \tilde{\varphi}$$

$$\underline{a}_2^1 = -v_1 \, v_2 \, sin \, \tilde{\varphi}$$

Damit sind alle vier Parameter $\underline{a}_k^i$ bestimmt. Sie erfüllen alle vier Gleichungen (3.286) bis (3.289), wie man leicht nachprüfen kann.

Schreibt man die Gleichung $\theta^i = \underline{a}_k^i \bar{\theta}^k$ als Matrizengleichung, so erhält man:

$$\begin{pmatrix} \theta^1 \\ \theta^2 \end{pmatrix} = \begin{pmatrix} \underline{a}_1^1 & \underline{a}_2^1 \\ \underline{a}_1^2 & \underline{a}_2^2 \end{pmatrix} \begin{pmatrix} \bar{\theta}^1 \\ \bar{\theta}^2 \end{pmatrix}$$

Mit den gefundenen Ergebnissen folgt:

$$\begin{pmatrix} \theta^1 \\ \theta^2 \end{pmatrix} = \begin{pmatrix} cos \, \tilde{\varphi} & -v_1 \, v_2 \, sin \, \tilde{\varphi} \\ v_1 \, sin \, \tilde{\varphi} & v_2 \, cos \, \tilde{\varphi} \end{pmatrix} \begin{pmatrix} \bar{\theta}^1 \\ \bar{\theta}^2 \end{pmatrix}$$

Anhand dieser Darstellung erkennt man sofort, daß das Vorzeichen v_1 keinen Freiheitsgrad bringt. Man kann das Vorzeichen der Sinusfunktion nämlich über das Vorzeichen von $\tilde{\varphi}$ steuern. Wir können also

$$\varphi = v_1 \, \tilde{\varphi}$$

setzen. Außerdem berücksichtigen wir, daß die θ^i den kartesischen Koordinaten entsprechen:

$$\begin{pmatrix} x \\ y \end{pmatrix} = \begin{pmatrix} cos \, \varphi & -v_2 \, sin \, \varphi \\ sin \, \varphi & v_2 \, cos \, \varphi \end{pmatrix} \begin{pmatrix} \bar{x} \\ \bar{y} \end{pmatrix} \quad (3.291)$$

Was die hier angegebene Abbildung geometrisch bewirkt, soll nun für $v_2 = 1$ untersucht werden. Hierzu stellen wir den Punkt $(\bar{x}, \bar{y})$ gemäß

$$\bar{x} = r \, cos \, \alpha$$
$$\bar{y} = r \, sin \, \alpha$$

3.37. DREHMATRIX

in Polarkoordinaten dar. Man erhält also:

$$\begin{pmatrix} x \\ y \end{pmatrix} = \begin{pmatrix} \cos\varphi & -\sin\varphi \\ \sin\varphi & \cos\varphi \end{pmatrix} \begin{pmatrix} r\cos\alpha \\ r\sin\alpha \end{pmatrix} = \begin{pmatrix} r\cos\alpha\cos\varphi - r\sin\alpha\sin\varphi \\ r\cos\alpha\sin\varphi + r\sin\alpha\cos\varphi \end{pmatrix}$$

Mit den aus der Trigonometrie bekannten Additionstheoremen folgt:

$$\begin{pmatrix} x \\ y \end{pmatrix} = \begin{pmatrix} r\cos(\alpha+\varphi) \\ r\sin(\alpha+\varphi) \end{pmatrix}$$

Der Punkt $(\bar{x}, \bar{y})$ wird also durch die Abbildung auf einen Punkt (x, y) abgebildet, der denselben Abstand r zum Ursprung hat wie $(\bar{x}, \bar{y})$. Der Winkel, den sein Ortsvektor mit der x-Achse einschließt, ist jedoch um φ größer als der Winkel, den der Ortsvektor $(\bar{x}, \bar{y})$ mit der x-Achse einschließt. Der Punkt $(\bar{x}, \bar{y})$ wird also durch die Transformation im mathematisch positiven Sinne um den Winkel α gedreht, wobei der Ursprung das Zentrum der Drehung ist.

Die Matrix

$$\begin{pmatrix} \cos\varphi & -\sin\varphi \\ \sin\varphi & \cos\varphi \end{pmatrix}$$

ist deshalb als Drehmatrix bekannt. Jetzt wird auch anschaulich, warum es sich bei der Transformation um eine orthogonale Transformation handelt. Wir hatten nämlich ursprünglich gefordert, daß durch eine orthogonale Transformation alle Abstände invariant bleiben sollen. Wenn die gesamte Koordinatenebene um einen konstanten Winkel α gedreht wird, besitzen natürlich zwei beliebige Bildpunkte denselben Abstand voneinander wie die ursprünglichen Punkte, aus denen sie durch die Abbildung hervorgegangen sind. Drehungen müssen also in der Tat stets orthogonale Transformationen sein. Dasselbe gilt natürlich auch für Spiegelungen.

Übungsaufgabe 3.23   *Anspruch:* ● ○ ○   *Aufwand:* ● ○ ○

Um welche geometrische Abbildung handelt es sich, wenn man in der obigen Herleitung $\varphi = 0$ und $v_2 = -1$ setzt?

Übungsaufgabe 3.24   *Anspruch:* ● ● ○   *Aufwand:* ● ○ ○

Nehmen Sie an, daß in Gleichung (3.275) anstelle von $\bar{b}^i = 0$ die Gleichung $\bar{a}^i_k = K\delta^i_k$ erfüllt ist. Der Skalar K und die Komponenten $\bar{b}^i$ seien unabhängig vom Ort. Unter welcher Bedingung bleibt der Abstand zwischen zwei Punkten durch die Transformation unverändert? Welche geometrische Abbildung liegt dann vor?

Kapitel 4

Lorentztransformation, spezielle Relativitätstheorie und invariante Form der Maxwellgleichungen

Die Grundidee der Lorentztransformation beruht auf der Erkenntnis, daß sich die Wellenfront des Lichtes in *jedem* Inertialsystem[1] kugelförmig ausbreitet. Wenn sich die Wellenfront also in einem Koordinatensystem K mit den kartesischen Koordinaten x, y, z kugelförmig ausbreitet, so breitet sie sich in einem anderen Koordinatensystem $\bar{K}$ mit den Koordinaten $\bar{x}$, $\bar{y}$, $\bar{z}$, das sich gegenüber dem ersten gleichförmig bewegt, mit derselben Geschwindigkeit c_0 ebenfalls kugelförmig aus. Die Gleichung für die Wellenfront im Koordinatensystem K lautet:

$$\sqrt{x^2 + y^2 + z^2} = c_0 t \tag{4.1}$$

Wir müssen nun fordern, daß für die Gleichung der Wellenfront in $\bar{K}$ gilt:

$$\sqrt{\bar{x}^2 + \bar{y}^2 + \bar{z}^2} = c_0 \bar{t} \tag{4.2}$$

Gesucht ist also eine Transformation, die die Gleichung (4.1) in Gleichung (4.2) überführt.

Den Grundstein hierfür haben wir bereits in Abschnitt 3.36 gelegt. Dort haben wir hergeleitet, wie eine Transformation beschaffen sein muß, damit

$$\sum_i (\theta^i)^2 = \sum_i (\bar{\theta}^i)^2$$

---

[1] Als Inertialsystem bezeichnet man ein gleichförmig bewegtes, also unbeschleunigtes Koordinatensystem. Während die Frage, ob sich ein Koordinatensystem gleichförmig bewegt, nur relativ zu einem anderen Koordinatensystem gesehen beantwortet werden kann, ist die Frage, ob ein Koordinatensystem beschleunigt ist, auch absolut beantwortbar. Man benötigt kein Referenzkoordinatensystem, da sich anhand der Flugbahn von Teilchen, auf die keine Kräfte wirken, entscheiden läßt, ob das Koordinatensystem beschleunigt ist oder nicht.

gilt. Die obige Forderung läßt sich in diese Form bringen, wenn wir definieren[2]:

$$\theta^1 = x, \qquad \theta^2 = y, \qquad \theta^3 = z, \qquad \theta^4 = j\, c_0 t \tag{4.3}$$

$$\bar{\theta}^1 = \bar{x}, \qquad \bar{\theta}^2 = \bar{y}, \qquad \bar{\theta}^3 = \bar{z}, \qquad \bar{\theta}^4 = j\, c_0 \bar{t} \tag{4.4}$$

Dann lassen sich die Gleichungen (4.1) und (4.2) nach Quadrieren schreiben als:

$$\sum_{i=1}^{4} (\theta^i)^2 = 0$$

$$\sum_{i=1}^{4} (\bar{\theta}^i)^2 = 0$$

Diese beiden Gleichungen für die Wellenfront werden ineinander überführt, wenn man fordert, daß für die Transformation generell — also auch, wenn beide Summen ungleich null sind —

$$\sum_{i=1}^{4} (\theta^i)^2 = \sum_{i=1}^{4} (\bar{\theta}^i)^2$$

gelten soll.

Überträgt man nun die Definition des Abstandes auf den vierdimensionalen Raum und nimmt man an, daß es sich bei den θ^i und $\bar{\theta}^i$ um kartesische Koordinaten handelt, so zeigt diese Gleichung, daß der Abstand von einem beliebigen Punkt zum Koordinatenursprung durch die gesuchte Transformation unverändert bleiben soll. Diese Eigenschaft kennen wir — wie schon erwähnt — aus Abschnitt 3.36 als Charakteristik der orthogonalen Transformation.

Die Transformationskoeffizienten $\bar{a}_k^i$ müssen also gemäß den Gleichungen (3.281) und (3.285) die Bedingungen

$$\sum_{i=1}^{4} \bar{a}_k^i \bar{a}_l^i = \delta_{kl} \tag{4.5}$$

---

[2]Indem wir die Koordinate θ^4 als imaginäre Größe mit dem Betrag $c_0 t$ definieren, schließen wir uns dem von Einstein [7] und Sommerfeld [8] eingeschlagenen, auf Minkowski zurückgehenden Weg an. In moderneren Büchern über theoretische Physik wird das unterschiedliche Vorzeichen der räumlichen und zeitlichen Komponenten in der Regel nicht durch die Verwendung der imaginären Einheit j erzeugt, sondern durch Verwendung eines Metriktensors, dessen Diagonalelemente teilweise gleich 1 und teilweise gleich -1 sind. Die Grundlagen für das Verständnis einer solchen Vorgehensweise haben wir zwar mit der Einführung in den Tensorkalkül bereits gelegt. Für einen unvoreingenommenen Leser ist es aber naheliegender, eine imaginäre Koordinate einzuführen, um Gleichung (4.1) in die Form $\sum_{i=1}^{4}(\theta^i)^2 = 0$ zu überführen. Deshalb wird in diesem Buch der Sommerfeldsche Ansatz gewählt, der hinsichtlich der speziellen Relativitätstheorie auf dieselben Resultate führt. Nach der Lektüre dieses Buches sollte es dem Leser keine großen Schwierigkeiten mehr bereiten, der Alternativdarstellung zu folgen. Abschließend sei erwähnt, daß es natürlich auch möglich ist, die Numerierung der Komponenten anders zu wählen, so daß äquivalente Ergebnisse unterschiedlich aussehen. Beispielsweise kann man die zeitliche Komponente mit θ^0 bezeichnen statt mit θ^4.

und
$$\sum_{i=1}^{4} \bar{a}_i^k \bar{a}_i^l = \delta^{kl} \tag{4.6}$$

erfüllen. Eine solche Transformation nennt man *allgemeine Lorentztransformation*. Ein Punkt im vierdimensionalen Raum wird als *Ereignis* bezeichnet, da er nicht nur den Ort, sondern auch einen Zeitpunkt beinhaltet. Die Folgerungen, die sich aus der Lorentztransformation ableiten lassen, bilden das Grundgerüst der *speziellen Relativitätstheorie*.

4.1 Spezielle Lorentztransformation

Es ist klar, daß es zahlreiche Transformationen gibt, die die Bedingungen für eine allgemeine Lorentztransformation erfüllen. Viel übersichtlicher wird die Theorie jedoch, wenn man auf Allgemeingültigkeit verzichtet und Spezialfälle betrachtet.

Deshalb soll hier der Fall betrachtet werden, daß zwei der drei räumlichen Koordinaten durch die Transformation unverändert bleiben. Es soll also

$$x = \bar{x}, \qquad y = \bar{y}$$

oder

$$\theta^1 = \bar{\theta}^1, \qquad \theta^2 = \bar{\theta}^2$$

gelten. Wegen

$$\bar{\theta}^i = \bar{a}_k^i \theta^k$$

muß also

$$\bar{a}_1^1 = \bar{a}_2^2 = 1$$

und

$$\bar{a}_2^1 = \bar{a}_3^1 = \bar{a}_4^1 = \bar{a}_1^2 = \bar{a}_3^2 = \bar{a}_4^2 = 0$$

erfüllt sein. Schreibt man die Transformationskoeffizienten $\bar{a}_k^i$ als Matrix, so erhält man damit unter Berücksichtigung der aus Gleichung (4.5) folgenden Tatsache, daß die Summe der Quadrate aller Elemente einer Spalte gleich eins sein muß[3]:

$$(\bar{a}_k^i) = \begin{pmatrix} 1 & 0 & 0 & 0 \\ 0 & 1 & 0 & 0 \\ 0 & 0 & A & C \\ 0 & 0 & D & B \end{pmatrix} \qquad \begin{pmatrix} \bar{\theta}^1 \\ \bar{\theta}^2 \\ \bar{\theta}^3 \\ \bar{\theta}^4 \end{pmatrix} = (\bar{a}_k^i) \begin{pmatrix} \theta^1 \\ \theta^2 \\ \theta^3 \\ \theta^4 \end{pmatrix}$$

---
[3] Natürlich könnte man zunächst $\bar{a}_1^3 = j\,\bar{a}_1^4$ und $\bar{a}_2^3 = j\,\bar{a}_2^4$ ansetzen, um die Summe der Quadrate verschwinden zu lassen. Wendet man dann aber Gleichung (4.6) für $k = 1$ und $l = 3$ an, so sieht man, daß $\bar{a}_1^3 = 0$ gelten muß. Für $k = 2$ und $l = 3$ folgt $\bar{a}_2^3 = 0$. Die Koeffizienten $\bar{a}_k^i$ für $i \in \{3, 4\}$ und $k \in \{1, 2\}$ müssen also alle gleich null sein.

Der obere Index i soll hierbei die Zeilennummer angeben, der untere Index k die Spaltennummer. Mit der Gleichung

$$\bar{\theta}^i = \bar{a}^i_k \theta^k$$

folgen hieraus die Transformationsvorschriften:

$$\bar{x} = x \tag{4.7}$$
$$\bar{y} = y \tag{4.8}$$
$$\bar{z} = Az + Cjc_0 t \tag{4.9}$$
$$jc_0 \bar{t} = Dz + Bjc_0 t \tag{4.10}$$

A und B müssen reell, C und D imaginär sein, damit x, y, z, t, $\bar{x}$, $\bar{y}$, $\bar{z}$ und $\bar{t}$ reell sind. Wir fordern nun zusätzlich, daß sich das zweite Koordinatensystem gegenüber dem ersten gleichförmig mit der Geschwindigkeit v in z-Richtung bewegen soll. Somit muß der Ursprung des zweiten Koordinatensystems, für den $\bar{z} = 0$ gilt, der Bewegungsgleichung $v = z/t$ gehorchen. Für $\bar{z} = 0$ folgt aus Gleichung (4.9):

$$Az + Cjc_0 t = 0$$

$$\Rightarrow v = \frac{z}{t} = -\frac{C}{A} jc_0 \tag{4.11}$$

Wir wollen im folgenden die unbekannten Koeffizienten A, B, C und D bestimmen.

Aus Gleichung (4.5) folgt:

$$A^2 + D^2 = 1 \quad \text{für } k = l = 3 \tag{4.12}$$
$$C^2 + B^2 = 1 \quad \text{für } k = l = 4 \tag{4.13}$$
$$A \cdot C + D \cdot B = 0 \quad \text{für } k = 3 \text{ und } l = 4 \tag{4.14}$$

Hierbei wurden die Kombinationen $(k,l) = (3,3), (4,4)$ und $(3,4)$ bzw. $(4,3)$ betrachtet; alle anderen Kombinationen führen durch die Einsen und Nullen auf Gleichungen, die ohnehin erfüllt sind. Für dieselben Paare (k,l) folgt aus Gleichung (4.6):

$$A^2 + C^2 = 1 \tag{4.15}$$
$$D^2 + B^2 = 1 \tag{4.16}$$
$$A \cdot D + C \cdot B = 0 \tag{4.17}$$

Die Differenz der Gleichungen (4.12) und (4.16) liefert:

$$A^2 = B^2 \tag{4.18}$$

Mit $\delta = \pm 1$ läßt sich diese Gleichung durch

$$B = \delta A \tag{4.19}$$

4.1. SPEZIELLE LORENTZTRANSFORMATION

erfüllen. Setzt man diese Gleichung in Gleichung (4.14) ein, so erhält man:

$$C = -\delta D \tag{4.20}$$

Gleichung (4.12) behalten wir unverändert bei:

$$A^2 + D^2 = 1 \tag{4.21}$$

Man kann nun leicht überprüfen, daß die drei Gleichungen (4.19) bis (4.21) alle sechs Forderungen (4.12) bis (4.17) erfüllen. Aus Gleichung (4.11) folgt

$$C = -\frac{v}{jc_0}A. \tag{4.22}$$

Mit Gleichung (4.20) folgt weiter:

$$D = \delta \frac{v}{jc_0} A \tag{4.23}$$

Dies läßt sich in Gleichung (4.21) einsetzen:

$$A^2 \left(1 - \frac{v^2}{c_0^2}\right) = 1$$

$$\Rightarrow A = \gamma \frac{1}{\sqrt{1 - \frac{v^2}{c_0^2}}} \qquad \text{mit } \gamma = \pm 1$$

Setzt man dieses Ergebnis in die Gleichungen (4.19), (4.22) bzw. (4.23) ein, so erhält man die Koeffizienten B, C und D:

$$B = \delta\gamma \frac{1}{\sqrt{1 - \frac{v^2}{c_0^2}}}$$

$$C = -\gamma \frac{v}{jc_0} \frac{1}{\sqrt{1 - \frac{v^2}{c_0^2}}}$$

$$D = \delta\gamma \frac{v}{jc_0} \frac{1}{\sqrt{1 - \frac{v^2}{c_0^2}}}$$

Jetzt können noch die Vorzeichen δ und γ festgelegt werden. Hierzu betrachten wir den Fall, daß das ursprüngliche und das transformierte Koordinatensystem nicht gegeneinander bewegt sind, also daß $v = 0$ gilt. Hierfür erhält man:

$$\begin{aligned} A &= \gamma, \\ B &= \delta\gamma, \\ C &= 0, \\ D &= 0 \end{aligned} \tag{4.24}$$

Für diesen Fall fordern wir, daß beide Koordinatensysteme identisch sind, also daß $\bar{z} = z$ und $\bar{t} = t$ gilt. Wegen der Beziehungen (4.9) und (4.10) muß dann $A = B = 1$ gelten. Durch Vergleich mit (4.24) findet man

$$\gamma = \delta = +1.$$

Damit ergeben sich für die spezielle Lorentztransformation mit $v \neq 0$ folgende Transformations-Koeffizienten:

$$(\bar{a}_k^i) = \begin{pmatrix} 1 & 0 & 0 & 0 \\ 0 & 1 & 0 & 0 \\ 0 & 0 & \frac{1}{\sqrt{1-\frac{v^2}{c_0^2}}} & j\frac{\frac{v}{c_0}}{\sqrt{1-\frac{v^2}{c_0^2}}} \\ 0 & 0 & -j\frac{\frac{v}{c_0}}{\sqrt{1-\frac{v^2}{c_0^2}}} & \frac{1}{\sqrt{1-\frac{v^2}{c_0^2}}} \end{pmatrix} \quad (4.25)$$

Hierbei ist — wie bereits erwähnt — i die jeweilige Zeile und k die jeweilige Spalte des Elementes in der Matrix. Die Transformationsvorschrift lautet somit:

$$\bar{x} = x \quad (4.26)$$
$$\bar{y} = y \quad (4.27)$$
$$\bar{z} = \frac{z - vt}{\sqrt{1 - \frac{v^2}{c_0^2}}} \quad (4.28)$$
$$\bar{t} = \frac{t - \frac{v}{c_0^2}z}{\sqrt{1 - \frac{v^2}{c_0^2}}} \quad (4.29)$$

Die Umkehrung der letzten beiden Gleichungen erhält man sehr einfach wie folgt: Wir multiplizieren die letzte Gleichung mit v und addieren sie zur vorletzten. Dies ergibt:

$$\bar{z} + v\bar{t} = \frac{z - \frac{v^2}{c_0^2}z}{\sqrt{1 - \frac{v^2}{c_0^2}}} = z\sqrt{1 - \frac{v^2}{c_0^2}}$$

$$\Rightarrow z = \frac{\bar{z} + v\bar{t}}{\sqrt{1 - \frac{v^2}{c_0^2}}}$$

Multipliziert man Gleichung (4.28) mit $\frac{v}{c_0^2}$ und addiert sie zu Gleichung (4.29), so erhält man:

$$\bar{t} + \frac{v}{c_0^2}\bar{z} = \frac{t - \frac{v^2}{c_0^2}t}{\sqrt{1 - \frac{v^2}{c_0^2}}} = t\sqrt{1 - \frac{v^2}{c_0^2}}$$

4.1. SPEZIELLE LORENTZTRANSFORMATION

$$\Rightarrow t = \frac{\bar{t} + \frac{v}{c_0^2}\bar{z}}{\sqrt{1 - \frac{v^2}{c_0^2}}}$$

Die Umkehrtransformation lautet somit:

$$x = \bar{x} \tag{4.30}$$

$$y = \bar{y} \tag{4.31}$$

$$z = \frac{\bar{z} + v\bar{t}}{\sqrt{1 - \frac{v^2}{c_0^2}}} \tag{4.32}$$

$$t = \frac{\bar{t} + \frac{v}{c_0^2}\bar{z}}{\sqrt{1 - \frac{v^2}{c_0^2}}} \tag{4.33}$$

Man sieht nun, daß sich der Ursprung des Koordinatensystems K, für den $z = 0$ gilt, mit der Geschwindigkeit $-v$ in z-Richtung bewegt. Das Koordinatensystem K bewegt sich also gegenüber $\bar{K}$ mit der Geschwindigkeit v in negative z-Richtung. Da sich letzteres gegenüber ersterem mit der Geschwindigkeit v in $+z$-Richtung bewegt, entspricht dies unseren Vorstellungen, die wir aus der klassischen Physik her kennen; selbstverständlich ist der Sachverhalt zunächst jedoch nicht. Aus den Transformationsgleichungen ist außerdem ersichtlich, daß Geschwindigkeiten v mit $|v| > c_0$ unzulässig sind, da der Wurzelausdruck $\sqrt{1 - \frac{v^2}{c_0^2}}$ sonst imaginär wird, obwohl die Koordinaten und Zeiten reell sein müssen. Damit kommt zum Ausdruck, daß sich kein Körper relativ zu einem anderen schneller als mit Lichtgeschwindigkeit bewegen kann.

Vergleicht man die soeben hergeleiteten Beziehungen (4.30) bis (4.33) mit den Gleichungen (4.26) bis (4.29), so stellt man fest, daß man die gestrichenen Größen mit den ungestrichenen vertauschen darf, wenn man gleichzeitig v gegen $\bar{v} = -v$ austauscht. Berücksichtigt man ferner, daß sich $\bar{K}$ gegenüber K mit der Geschwindigkeit v in z-Richtung bewegt, während sich K gegenüber $\bar{K}$ mit der Geschwindigkeit $-v$ in z-Richtung bewegt, so stellt man fest, daß sich die Rollen von K und $\bar{K}$ vertauschen lassen. Beide Koordinatensysteme sind also völlig gleichberechtigt; keines ist gegenüber dem anderen ausgezeichnet. Da wir v beliebig ($0 \leq v < c_0$) wählen dürfen, kann man allgemein sagen: Alle gleichförmig bewegten Inertialsysteme sind gleichberechtigt.

Übungsaufgabe 4.1   *Anspruch:* ● ● ○   *Aufwand:* ● ● ○

Gegeben sei ein Teilchen, das zum Zeitpunkt $t = t_0$ einen Flug bei $z = z_0$ auf der z-Achse des Inertialsystems K starte. Das Teilchen bewege sich von da an gleichförmig mit der Geschwindigkeit $\vec{u} = \frac{\vec{e}_x + \vec{e}_z}{2} c_0$. Ein weiteres Koordinatensystem $\bar{K}$, das zum Zeitpunkt $t = 0$ deckungsgleich mit K sei, bewege sich mit der Geschwindigkeit $v = \frac{\sqrt{3}}{2} c_0$ in positive z-Richtung.

Berechnen Sie die Flugbahn $x(t), y(t), z(t)$ des Teilchens in K sowie die Flugbahn $\bar{x}(\bar{t}), \bar{y}(\bar{t}), \bar{z}(\bar{t})$ des Teilchens in $\bar{K}$. Lesen Sie aus der Flugbahn in $\bar{K}$ die Geschwindigkeit $\vec{\bar{u}}$ des Teilchens in $\bar{K}$ ab.

4.2 Drehungen und Verschiebungen

Zur Herleitung der speziellen Lorentztransformation waren wir von einer sehr speziellen Lage des Koordinatensystems $\bar{K}$ zum Koordinatensystem K ausgegangen. Beide Koordinaten-Dreibeine sind lediglich in z-Richtung gegeneinander verschoben[4], und zum Zeitpunkt $t = 0$ fällt der Ursprung von $\bar{K}$ mit dem Ursprung von K zusammen.

Es stellt sich nun die Frage, wie die hergeleiteten Transformationsgleichungen zu modifizieren sind, wenn man eine allgemeine Orientierung und Lage der Koordinatensysteme zulassen will.

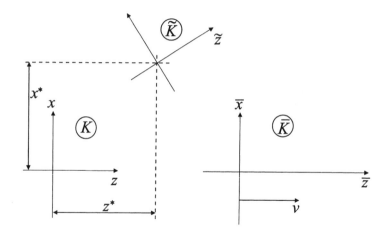

Abbildung 4.1: Drehung und Verschiebung des Koordinatensystems K

Hierzu betrachten wir das Beispiel, daß das Koordinatensystem K um einen beliebigen Winkel φ um die y-Achse gedreht werden soll. Das so entstehende Koordinatensystem soll mit $\tilde{K}$ bezeichnet werden. Es stellt sich nun die Frage, ob sich in $\tilde{K}$ das Licht ebenso kugelförmig ausbreitet wie in K und in $\bar{K}$. Nur dann wäre die Transformation im Sinne der speziellen Relativitätstheorie zulässig, da die Wahl der Orientierung eines Koordinatensystems im Raum willkürlich ist und somit keinen Einfluß haben sollte. Die Antwort auf diese Frage ist einfach.

---

[4] Die Skalierung der z-Achse unterscheidet sich zwar von der der $\bar{z}$-Achse; eine Zeichnung wie Abbildung 4.1 ist aber legitim, da $x = \bar{x}$ und $y = \bar{y}$ gilt. Deshalb muß man auch die $\bar{z}$-Richtung nicht unbedingt von der z-Richtung unterscheiden.

4.2. DREHUNGEN UND VERSCHIEBUNGEN

Beim Übergang von K zu $\tilde{K}$ bleibt nämlich die Zeit unverändert, da keine Relativbewegung von $\tilde{K}$ zu K vorliegt:
$$t = \tilde{t} \tag{4.34}$$

Lediglich die Koordinaten x und z sind der Drehmatrix unterworfen:
$$\begin{pmatrix} x \\ z \end{pmatrix} = \begin{pmatrix} \cos\varphi & -\sin\varphi \\ \sin\varphi & \cos\varphi \end{pmatrix} \cdot \begin{pmatrix} \tilde{x} \\ \tilde{z} \end{pmatrix} \tag{4.35}$$

Die dritte Achse des Koordinatensystems bleibt unverändert:
$$y = \tilde{y} \tag{4.36}$$

Da es sich bei der Drehung um eine orthogonale Transformation im dreidimensionalen Raum handelt, ist völlig klar, daß der dreidimensionale Abstand zwischen zwei Punkten durch diese Transformation gemäß
$$(x_1 - x_2)^2 + (y_1 - y_2)^2 + (z_1 - z_2)^2 = (\tilde{x}_1 - \tilde{x}_2)^2 + (\tilde{y}_1 - \tilde{y}_2)^2 + (\tilde{z}_1 - \tilde{z}_2)^2$$
unverändert bleibt. Wegen $t = \tilde{t}$ gilt außerdem
$$c_0^2 (t_1 - t_2)^2 = c_0^2 (\tilde{t}_1 - \tilde{t}_2)^2.$$

Man kann nun die Differenz der letzten beiden Gleichungen bilden und erhält die ursprünglich für die Lorentztransformation aufgestellte Forderung, daß der die Wellenfront beschreibende Ausdruck
$$(x_1 - x_2)^2 + (y_1 - y_2)^2 + (z_1 - z_2)^2 - c_0^2 (t_1 - t_2)^2$$
invariant ist. Zusammenfassend kann man sagen:

> **Regel 4.1** *Wenn $t = \tilde{t}$ gesetzt wird und der dreidimensionale Abstand zwischen zwei Punkten in K gleich dem dreidimensionalen Abstand zwischen den transformierten Punkten in $\tilde{K}$ ist, bleibt die Kugelform der Wellenfront erhalten.*

Diese Regel erfüllt nicht nur die Drehung des Koordinatensystems, sondern auch eine Verschiebung. Für eine kombinierte Drehung und Verschiebung gemäß Abbildung 4.1 erhält man ausgehend von den Gleichungen (4.34) bis (4.36) folgende Transformationsvorschrift:
$$\begin{aligned} t &= \tilde{t} \\ x &= \tilde{x} \cos\varphi - \tilde{z} \sin\varphi + x^* \\ y &= \tilde{y} + y^* \\ z &= \tilde{x} \sin\varphi + \tilde{z} \cos\varphi + z^* \end{aligned}$$

Wenn wir diese Gleichungen in die für die Lorentztransformation geltenden Gleichungen (4.26) bis (4.29) einsetzen, erhalten wir gemäß Regel 4.1 wieder eine Lorentztransformation:

$$\bar{x} = \tilde{x}\, cos\, \varphi - \tilde{z}\, sin\, \varphi + x^*$$
$$\bar{y} = \tilde{y} + y^*$$
$$\bar{z} = \frac{\tilde{x}\, sin\, \varphi + \tilde{z}\, cos\, \varphi + z^* - v\, \tilde{t}}{\sqrt{1 - \frac{v^2}{c_0^2}}}$$
$$\bar{t} = \frac{\tilde{t} - \frac{v}{c_0^2}(\tilde{x}\, sin\, \varphi + \tilde{z}\, cos\, \varphi + z^*)}{\sqrt{1 - \frac{v^2}{c_0^2}}}$$

Manchmal ist nur der Ursprung $\bar{x} = \bar{y} = \bar{z} = 0$ des Koordinatensystems $\bar{K}$ von Interesse. In diesem Fall vereinfachen sich die Gleichungen folgendermaßen:

$$\tilde{x}\, cos\, \varphi - \tilde{z}\, sin\, \varphi + x^* = 0$$
$$\tilde{y} + y^* = 0$$
$$\frac{\tilde{x}\, sin\, \varphi + \tilde{z}\, cos\, \varphi + z^* - v\, \tilde{t}}{\sqrt{1 - \frac{v^2}{c_0^2}}} = 0$$
$$\frac{\tilde{t} - \frac{v}{c_0^2}(\tilde{x}\, sin\, \varphi + \tilde{z}\, cos\, \varphi + z^*)}{\sqrt{1 - \frac{v^2}{c_0^2}}} = \bar{t}$$

Aus den letzten beiden Gleichungen läßt sich $\tilde{x}$ und $\tilde{z}$ eliminieren. Hierzu multiplizieren wir die vorletzte Gleichung mit $\frac{v}{c_0^2}$ und addieren sie zur letzten:

$$\frac{-\frac{v^2}{c_0^2}\tilde{t} + \tilde{t}}{\sqrt{1 - \frac{v^2}{c_0^2}}} = \bar{t}$$

$$\Rightarrow \bar{t} = \tilde{t}\, \sqrt{1 - \frac{v^2}{c_0^2}}$$

Vergleicht man diese Gleichung mit Gleichung (4.33) für $\bar{z} = 0$ (Koordinatenursprung), so kommt man zu dem Schluß, daß es hinsichtlich der Zeit keine Rolle spielt, daß das Koordinatensystem K gedreht wurde, da der Winkel φ nicht auftritt. Nicht einmal die Verschiebung des Koordinatensystems macht sich bemerkbar.

Es drängt sich die Vermutung auf, daß nicht nur Drehungen um die y-Achse, sondern beliebige Drehungen keinen Einfluß auf die Zeit haben. Dies läßt sich schnell verifizieren. Man kann nämlich direkt die Gleichungen (4.26) bis (4.29) betrachten:

$$\bar{x} = x$$

4.3. ZEITDILATATION

$$\bar{y} = y$$

$$\bar{z} = \frac{z - vt}{\sqrt{1 - \frac{v^2}{c_0^2}}}$$

$$\bar{t} = \frac{t - \frac{v}{c_0^2}z}{\sqrt{1 - \frac{v^2}{c_0^2}}}$$

Setzt man nun $\bar{x} = \bar{y} = \bar{z} = 0$, so kann man auch hier die mit $\frac{v}{c_0^2}$ multiplizierte vorletzte Gleichung zur letzten addieren. Dann fällt z weg, so daß $\bar{t}$ bezogen auf K ausschließlich von t abhängt. Wie wir oben angemerkt haben, gilt für einfache Drehungen und Verschiebungen stets $t = \tilde{t}$, so daß $\bar{t}$ bezogen auf $\tilde{K}$ ausschließlich von $\tilde{t}$ abhängt. Da weder x, y noch z in dieser Beziehung auftauchen, kann $\bar{t}$ auch nicht von $\tilde{x}$, $\tilde{y}$ und $\tilde{z}$ abhängen — unabhängig davon, um welche Achsen gedreht wird.

Die Gleichung

$$\bar{t} = \tilde{t}\sqrt{1 - \frac{v^2}{c_0^2}} \tag{4.37}$$

ist also für beliebige Orientierungen des Koordinatensystems $\tilde{K}$ im Raum allgemeingültig. Auf diesen Sachverhalt werden wir in Abschnitt 4.19.5 zurückgreifen.

Abschließend ist festzuhalten, daß gemäß Gleichung (4.32) der Nullpunkt der Zeit $\bar{t}$ dadurch ausgezeichnet ist, daß der Ursprung von K mit dem Ursprung von $\bar{K}$ übereinstimmt. Die Größe $\bar{t}$ kann man deshalb nicht als Eigenschaft von $\bar{K}$ alleine ansehen, sondern vielmehr ist $\bar{t}$ von $\bar{K}$ und von K abhängig. Betrachtet man statt $\bar{K}$ und K die Koordinatensysteme $\bar{K}$ und $\tilde{K}$, so ist der Nullpunkt der Zeit $\bar{t}$ konsequenterweise auf $\tilde{K}$ bezogen. Betrachtet man hingegen Zeitdifferenzen anstelle der absoluten Zeiten, dann entfällt die Abhängigkeit vom jeweils anderen Koordinatensystem. Auch hierauf kommen wir in Abschnitt 4.19.5 zurück.

4.3 Zeitdilatation

Wir nehmen nun an, daß im Koordinatensystem $\bar{K}$ an der Stelle $(\bar{x}_0, \bar{y}_0, \bar{z}_0)$ zum Zeitpunkt $\bar{t}_1$ ein Ereignis 1 eintrete. Nach einer Zeit $\Delta \bar{t}$ finde zum Zeitpunkt $\bar{t}_2$ ein weiteres Ereignis 2 am selben Ort statt. Die beiden Ereignisse werden nun vom Koordinatensystem K aus beobachtet. Gemäß Gleichung (4.33) gilt dann für die beiden Ereignisse jeweils:

$$t_1 = \frac{\bar{t}_1 + \frac{v}{c_0^2}\bar{z}_0}{\sqrt{1 - \frac{v^2}{c_0^2}}}$$

$$t_2 = \frac{\bar{t}_2 + \frac{v}{c_0^2}\bar{z}_0}{\sqrt{1 - \frac{v^2}{c_0^2}}}$$

Bildet man die Differenz dieser beiden Gleichungen, so erhält man mit $\Delta t = t_2 - t_1$ und $\Delta \bar{t} = \bar{t}_2 - \bar{t}_1$:

$$\Delta t = \frac{\Delta \bar{t}}{\sqrt{1 - \frac{v^2}{c_0^2}}} \quad \text{für Ereignisse in } \bar{K} \tag{4.38}$$

Diese Formel hängt nicht von $\bar{x}_0$, $\bar{y}_0$ oder $\bar{z}_0$ ab. Drehungen und Verschiebungen des Koordinatensystems $\bar{K}$ haben somit keinen Einfluß auf die Gültigkeit der Formel.

Offenbar ist für $|v| > 0$ der zeitliche Abstand, in dem die beiden Ereignisse von *einem Beobachter in K* wahrgenommen werden, stets größer als der zeitliche Abstand, in dem die beiden Ereignisse *in $\bar{K}$ stattfinden*. Man spricht deshalb von der Zeitdilatation.

Bei der Anwendung dieser Formel sind stets die Bedingungen zu beachten, unter denen sie hergeleitet wurde. Es wäre verfehlt, die Formel so zu interpretieren, daß in K die Zeit stets schneller vergeht als in $\bar{K}$. Vielmehr muß man sich vergegenwärtigen, daß die Ereignisse in $\bar{K}$ stattfinden und von K aus beobachtet werden. Hätte man stattdessen angenommen, daß zwei Ereignisse in K stattfinden und sich der Beobachter in $\bar{K}$ befindet, so hätte man mit Hilfe von Gleichung (4.29) erhalten:

$$\Delta \bar{t} = \frac{\Delta t}{\sqrt{1 - \frac{v^2}{c_0^2}}} \quad \text{für Ereignisse in } K \tag{4.39}$$

Auch hier nimmt also der Beobachter eine Zeitspanne wahr, die länger ist als der zeitliche Abstand der Ereignisse in K. Man sieht also, daß beide Koordinatensysteme völlig gleichberechtigt sind. Somit ist der Schluß unzulässig, daß in einem Koordinatensystem die Zeit stets langsamer oder schneller vergeht als im anderen. Dies wird in Abschnitt 5.3 von großer Relevanz sein.

Abschließend sei darauf hingewiesen, daß die Gleichungen (4.38) und (4.39) einander widersprechen, wenn keine Zusatzinformationen vorliegen. Deshalb ist hinter der jeweiligen Gleichung angegeben, in welchem Koordinatensystem die Ereignisse stattfinden. Daß die beiden Ereignisse, für die Gleichung (4.38) gilt, in $\bar{K}$ und nicht in K stattfinden, ist daran zu sehen, daß der Ort $(\bar{x}, \bar{y}, \bar{z})$ für beide Ereignisse identisch ist, was dann für (x, y, z) nicht der Fall ist.

4.4 Längenkontraktion

Als nächstes nehmen wir an, daß im Koordinatensystem $\bar{K}$ ein Quader mit den Kantenlängen $\Delta \bar{x}$, $\Delta \bar{y}$, $\Delta \bar{z}$ ruhe. Ein Eckpunkt des Quaders liege bei $(\bar{x}_1, \bar{y}_1, \bar{z}_1)$, der gegenüberliegende bei $(\bar{x}_2, \bar{y}_2, \bar{z}_2)$. Gemäß den Gleichungen (4.26) bis (4.28) gilt dann:

$$\bar{x}_1 = x_1$$

4.4. LÄNGENKONTRAKTION

$$\bar{y}_1 = y_1$$
$$\bar{z}_1 = \frac{z_1 - vt_0}{\sqrt{1 - \frac{v^2}{c_0^2}}}$$

$$\bar{x}_2 = x_2$$
$$\bar{y}_2 = y_2$$
$$\bar{z}_2 = \frac{z_2 - vt_0}{\sqrt{1 - \frac{v^2}{c_0^2}}}$$

Hierbei wurde in beiden Fällen der Zeitpunkt t_0 gewählt, da für Längenmessungen beide Quaderecken gleichzeitig beobachtet werden müssen. Wir können beispielsweise annehmen, daß in $\bar{K}$ an beiden Quaderecken Lichtblitze stattfinden, die dann zum Zeitpunkt t_0 in K beobachtet werden. Bildet man nun die Differenzen zwischen den letzten drei Gleichungen und den ersten dreien, so erhält man jeweils:

$$\Delta \bar{x} = \Delta x$$
$$\Delta \bar{y} = \Delta y$$
$$\Delta \bar{z} = \frac{\Delta z}{\sqrt{1 - \frac{v^2}{c_0^2}}}$$

Wir sehen nun, daß in den zur Bewegungsrichtung senkrechten Richtungen in K die gleiche Kantenlänge beobachtet wird wie in $\bar{K}$. In der longitudinalen Richtung hingegen gilt:

$$\boxed{\Delta z = \Delta \bar{z} \sqrt{1 - \frac{v^2}{c_0^2}}} \quad \text{(Quader ruht in } \bar{K}\text{)} \tag{4.40}$$

Der Beobachter in K beobachtet also eine kleinere Länge als die Ruhelänge des Quaders in $\bar{K}$. Man spricht deshalb von der Längenkontraktion.

Verschiebungen von K und $\bar{K}$ haben keine Auswirkung auf die Gültigkeit der Formel (4.40). Ein konstanter Vektor, der zu (x, y, z) bzw. $(\bar{x}, \bar{y}, \bar{z})$ hinzuaddiert wird, fällt nämlich bei der oben durchgeführten Differenzenbildung weg. Drehungen des Koordinatensystems hingegen haben durchaus einen Einfluß; die Längenkontraktion tritt nämlich nur entlang der Bewegungsrichtung auf.

Bei der Längenkontraktion gilt sinngemäß das gleiche wie bei der Zeitdilatation: Man muß sich stets darüber im klaren sein, in welchem Koordinatensystem der Quader ruht und von welchem aus er beobachtet wird. Hätten wir den Quader als ruhend in K angenommen und den Beobachter in $\bar{K}$, so hätte man die entgegengesetzte Gleichung

$$\boxed{\Delta \bar{z} = \Delta z \sqrt{1 - \frac{v^2}{c_0^2}}} \quad \text{(Quader ruht in } K\text{)} \tag{4.41}$$

erhalten. Auch dann nimmt der Beobachter eine kleinere Länge wahr als die Ruhelänge des Quaders.

4.5 Dopplereffekt

Nachdem die Transformationsvorschrift für die spezielle Lorentztransformation hergeleitet wurde, untersuchen wir den sogenannten Dopplereffekt. Er tritt auf, wenn sich ein Sender gegenüber einem ruhenden Beobachter bewegt, was aufgrund des Relativitätsprinzips äquivalent dazu ist, daß sich ein Beobachter gegenüber einem ruhenden Sender bewegt. Der Dopplereffekt führt in beiden Fällen dazu, daß sich die im Ruhesystem des Beobachters gemessene Empfangsfrequenz von der im Ruhesystem des Senders gemessenen Sendefrequenz unterscheidet.

4.5.1 Spezialfall

Wir nehmen an, daß im Ursprung eines Koordinatensystems $\bar{K}$ ein Sender ruht, der eine elektromagnetische Welle der Frequenz $\bar{f}$ aussendet. Der Sender befindet sich also bei $\bar{x} = \bar{y} = \bar{z} = 0$. Aus der klassischen Elektrodynamik ist bekannt, daß die elektrischen und magnetischen Feldstärken im Fernfeld proportional zu

$$f(\bar{t}, \bar{r}) = sin(\bar{\omega}\bar{t} - \bar{k}\bar{r})$$

sind, wobei $\bar{r}$ der Abstand vom Sender zu dem Punkt ist, an dem die Feldstärke gemessen wird. Die Phasenlage der Feldstärken ist für diese Herleitung nicht von Interesse; man kann den Sinus auch durch den Kosinus ersetzen oder eine beliebige Phase zum Argument hinzuaddieren.

Für die Ausbreitungskonstante $\bar{k}$ gilt bekanntlich:

$$\bar{k} = \frac{2\pi}{\bar{\lambda}} = \frac{2\pi \bar{f}}{c_0} = \frac{\bar{\omega}}{c_0} \qquad (4.42)$$

Wir nehmen nun an, daß sich der Sender und damit auch das Koordinatensystem $\bar{K}$ gegenüber einem anderen Koordinatensystem K mit der Geschwindigkeit $v > 0$ in positive z-Richtung gleichförmig bewegt. Somit gilt die in Abschnitt 4.1 hergeleitete Transformationsvorschrift. Ferner nehmen wir an, daß ein Beobachter irgendwo bei $z = z_0 < 0$ auf der z-Achse ruht. Wenn wir nur Zeiten $t > z_0/v$ betrachten, befindet sich der Beobachter also stets links vom sich entfernenden Sender, wie man anhand von Abbildung 4.2a erkennt. Der Abstand vom Beobachter zum Sender im Koordinatensystem $\bar{K}$ des Senders ist also[5] $\bar{r} = -\bar{z}_0$. Somit erhält man:

$$f = sin(\bar{\omega}\bar{t} + \bar{k}\bar{z}_0) \qquad (4.43)$$

---

[5] Wegen $t > z_0/v$ folgt aus Gleichung (4.28) die Beziehung $\bar{z}_0 = \frac{z_0 - vt}{\sqrt{1 - \frac{v^2}{c_0^2}}} < 0$, so daß $\bar{r} = |\bar{z}_0| = -\bar{z}_0$ gilt.

4.5. DOPPLEREFFEKT

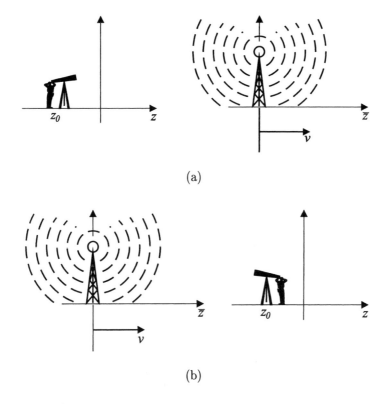

(a)

(b)

Abbildung 4.2: Dopplereffekt
(a) Sender entfernt sich vom Beobachter $\left(t > \frac{z_0}{v}\right)$
(b) Sender nähert sich dem Beobachter $\left(t < \frac{z_0}{v}\right)$

In diese Gleichung setzen wir nun die Transformationsvorschriften (4.28) und (4.29) ein, die für das interessierende Empfangsereignis am Ort $(0, 0, \bar{z}_0)$ zur Zeit $\bar{t}$ gelten:

$$f = sin\left(\bar{\omega}\frac{t - \frac{v}{c_0^2}z_0}{\sqrt{1 - \frac{v^2}{c_0^2}}} + \bar{k}\frac{z_0 - vt}{\sqrt{1 - \frac{v^2}{c_0^2}}}\right) = sin\left(\frac{t\left(\bar{\omega} - \bar{k}v\right) + z_0\left(\bar{k} - \bar{\omega}\frac{v}{c_0^2}\right)}{\sqrt{1 - \frac{v^2}{c_0^2}}}\right)$$

Gemäß Gleichung (4.42) gilt $\bar{k} = \frac{\bar{\omega}}{c_0}$ bzw. $\bar{\omega} = \bar{k}c_0$. Ersteres setzen wir in die linke Klammer ein, letzteres in die rechte:

$$f = sin\left(\frac{t\left(\bar{\omega} - \frac{\bar{\omega}}{c_0}v\right) + z_0\left(\bar{k} - \bar{k}c_0\frac{v}{c_0^2}\right)}{\sqrt{1 - \frac{v^2}{c_0^2}}}\right)$$

KAPITEL 4. LORENTZTRANSFORMATION UND RELATIVITÄTSTHEORIE

Wir sehen nun, daß der Beobachter Feldkomponenten wahrnimmt, die proportional zu

$$f = sin(\omega t + k z_0) \tag{4.44}$$

sind, wobei

$$\omega = \bar{\omega} \frac{1 - \frac{v}{c_0}}{\sqrt{1 - \frac{v^2}{c_0^2}}}$$

und

$$k = \bar{k} \frac{1 - \frac{v}{c_0}}{\sqrt{1 - \frac{v^2}{c_0^2}}}$$

gilt. Durch Vergleich von Gleichung (4.44) mit Gleichung (4.43) stellt man fest, daß ein Beobachter in K eine Zeit- und Ortsabhängigkeit des Feldes messen kann, die auch durch einen in K ruhenden Sender hervorgerufen werden könnte, wobei sich allerdings die Kreisfrequenz und die Ausbreitungskonstante von der des in Wahrheit bewegten Senders unterscheiden. Wie man es für einen ruhenden Sender erwarten würde, gilt offenbar

$$\frac{\omega}{k} = \frac{\bar{\omega}}{\bar{k}} = c_0.$$

Wegen

$$\sqrt{1 - \frac{v^2}{c_0^2}} = \sqrt{1 - \frac{v}{c_0}} \sqrt{1 + \frac{v}{c_0}}$$

lassen sich Kreisfrequenz und Ausbreitungskonstante auch folgendermaßen darstellen:

$$\omega = \bar{\omega} \frac{\sqrt{1 - \frac{v}{c_0}}}{\sqrt{1 + \frac{v}{c_0}}}$$

$$k = \bar{k} \frac{\sqrt{1 - \frac{v}{c_0}}}{\sqrt{1 + \frac{v}{c_0}}}$$

Wegen $\omega = 2\pi f$, $\bar{\omega} = 2\pi \bar{f}$, $k = \frac{2\pi}{\lambda}$ und $\bar{k} = \frac{2\pi}{\bar{\lambda}}$ erhalten wir die Formeln

$$\boxed{f = \bar{f} \frac{\sqrt{1 - \frac{v}{c_0}}}{\sqrt{1 + \frac{v}{c_0}}}} \tag{4.45}$$

$$\boxed{\lambda = \bar{\lambda} \frac{\sqrt{1 + \frac{v}{c_0}}}{\sqrt{1 - \frac{v}{c_0}}}.} \tag{4.46}$$

4.5. DOPPLEREFFEKT

Diese besagen offenbar, daß ein Beobachter, der sich von einem Sender mit der Geschwindigkeit v entfernt, statt der gesendeten Frequenz $\bar{f}$ eine niedrigere Frequenz f empfängt. Man kann nun eine analoge Rechnung für den in Abbildung 4.2b dargestellten Fall, daß sich Sender und Beobachter einander annähern ($t < z_0/v$), durchführen. In diesem Fall gilt[6] $\bar{r} = \bar{z}_0$ statt $\bar{r} = -\bar{z}_0$, und man erhält zu den Gleichungen (4.45) und (4.46) äquivalente Formeln, wobei allerdings das Vorzeichen von v vertauscht ist[7]. Wir können deshalb die Formeln (4.45) und (4.46) beibehalten, wenn wir vereinbaren, daß für sich gegenseitig annähernde Sender und Beobachter $v < 0$ und für sich voneinander entferndende Sender und Beobachter $v > 0$ gelten soll.

Handelt es sich bei der ausgesandten elektromagnetischen Welle um sichtbares Licht, so spricht man beim sich entfernenden Sender von der Rotverschiebung durch den Dopplereffekt, da rotes Licht die niedrigste Frequenz im Spektrum des sichtbaren Lichtes besitzt. Die Rotverschiebung kann bei Sternen oder Galaxien beobachtet werden, die sich infolge des Urknalls mit hoher Geschwindigkeit von der Erde wegbewegen. Sie läßt sich identifizieren, indem man Vergleiche zu charakteristischen Spektren bekannter chemischer Elemente zieht. Die entsprechenden Spektrallinien sind dann zu rot hin verschoben. Die Frequenz des auf der Erde empfangenen Lichts ist also niedriger als die Frequenz des vom Stern ausgesandten Lichtes, die empfangene Wellenlänge größer als die ausgesandte.

An dieser Stelle ist als Ausblick anzumerken, daß in der allgemeinen Relativitätstheorie neben dem Dopplereffekt noch weitere Phänomene auftreten, die zu Rotverschiebungen führen.

Das Gegenteil von der Rotverschiebung ist die Blauverschiebung. Hierbei handelt es sich um eine Verschiebung von Spektrallinien zu höheren Frequenzen hin, da blaues bzw. violettes Licht im höchstfrequentesten Bereich des sichtbaren Lichtes liegt. Trotz der Expansion des Weltalls kann man auch Galaxien finden, die sich auf unser Sonnensystem zubewegen, so daß man hier eine solche Blauverschiebung messen kann. Auch in diesem Fall wird die Doppler-Verschiebung von Effekten aus der allgemeinen Relativitätstheorie überlagert.

Bei rotierenden Systemen können Rot- und Blauverschiebungen gleichzeitig auftreten, da die Relativgeschwindigkeit zur Erde in diesem Fall vom Ort auf der Objektoberfläche abhängt.

4.5.2 Allgemeiner Fall

Bisher waren wir davon ausgegangen, daß Sender und Beobachter sich stets auf derselben Geraden befinden. Im allgemeinen wird die Flugbahn des Senders jedoch nicht durch den Standpunkt des Beobachters verlaufen. Diesen allgemeinen Fall wollen wir nun untersuchen. Der Sender ruhe deshalb im Koordinatensystem $\bar{K}$ an der Stelle $(\bar{x}_0, \bar{y}_0, \bar{z}_0)$, während der Beobachter an der Stelle (x, y, z) des Koordinatensystems K in Ruhe sei. In $\bar{K}$ sind dann — wie schon beim oben untersuchten Spezialfall — die elektrischen und magnetischen Feldstärken im Fernfeld

---

[6] Wegen $t < z_0/v$ folgt aus Gleichung (4.28) die Beziehung $\bar{z}_0 = \frac{z_0 - vt}{\sqrt{1 - \frac{v^2}{c_0^2}}} > 0$, so daß $\bar{r} = |\bar{z}_0| = \bar{z}_0$ gilt.

[7] Die Rechnung sei dem Leser als Übung empfohlen.

proportional zu
$$f(\bar{t},\bar{r}) = sin(\bar{\omega}\bar{t} - \bar{k}\bar{r}),$$
wobei
$$\bar{r} = \sqrt{(\bar{x}-\bar{x}_0)^2 + (\bar{y}-\bar{y}_0)^2 + (\bar{z}-\bar{z}_0)^2}$$
der Abstand zwischen Beobachtungspunkt und Sender ist. Bezeichnen wir das Argument des Sinus als Phase φ, so erhält man unter Berücksichtigung von $\bar{k} = \frac{\bar{\omega}}{c_0}$:

$$\varphi = \bar{\omega}\bar{t} - \frac{\bar{\omega}}{c_0}\sqrt{(\bar{x}-\bar{x}_0)^2 + (\bar{y}-\bar{y}_0)^2 + (\bar{z}-\bar{z}_0)^2}$$

Die Phase φ muß nun in Abhängigkeit von den Koordinaten des Bezugssystems K dargestellt werden. Hierzu wenden wir die Transformationsformeln (4.26) bis (4.29) einmal auf $(\bar{x},\bar{y},\bar{z},\bar{t})$ und einmal auf $(\bar{x}_0,\bar{y}_0,\bar{z}_0,\bar{t}_0)$ an:

$$\varphi = \bar{\omega}\frac{t - \frac{v}{c_0^2}z}{\sqrt{1 - \frac{v^2}{c_0^2}}} - \frac{\bar{\omega}}{c_0}\sqrt{(x-x_0)^2 + (y-y_0)^2 + \left(\frac{z - vt - z_0 + vt_0}{\sqrt{1 - \frac{v^2}{c_0^2}}}\right)^2}$$

Es kann hier ohne Beschränkung der Allgemeinheit angenommen werden, daß $\bar{z}_0 = 0$ und damit $z_0 = vt_0$ gilt, da unabhängig von der Wahl von $\bar{z}_0$ relativ zum Beobachter immer dieselbe Flugbahn zustande kommt. Lediglich der Zeitpunkt, zu dem der Sender den kleinsten Abstand zum Beobachter hat, variiert dann. Wir erhalten also:

$$\varphi = \bar{\omega}\frac{t - \frac{v}{c_0^2}z}{\sqrt{1 - \frac{v^2}{c_0^2}}} - \frac{\bar{\omega}}{c_0}\sqrt{(x-x_0)^2 + (y-y_0)^2 + \left(\frac{z - vt}{\sqrt{1 - \frac{v^2}{c_0^2}}}\right)^2}$$

Uns interessiert nun die Momentankreisfrequenz $\omega = \frac{\partial \varphi}{\partial t}$ in K:

$$\omega = \frac{\partial \varphi}{\partial t} = \frac{\bar{\omega}}{\sqrt{1 - \frac{v^2}{c_0^2}}} - \frac{\bar{\omega}(z-vt)(-v)}{\left(1 - \frac{v^2}{c_0^2}\right)c_0\sqrt{(x-x_0)^2 + (y-y_0)^2 + \left(\frac{z-vt}{\sqrt{1-\frac{v^2}{c_0^2}}}\right)^2}}$$

$$\Rightarrow \omega = \frac{\bar{\omega}}{\sqrt{1 - \frac{v^2}{c_0^2}}}\left(1 + \frac{v}{c_0}\frac{z - vt}{\sqrt{\left(1 - \frac{v^2}{c_0^2}\right)[(x-x_0)^2 + (y-y_0)^2] + (z-vt)^2}}\right) \quad (4.47)$$

Wir stellen also fest, daß sich die Momentanfrequenz mit der Zeit ändert. Dies ist nicht weiter verwunderlich, da sich die Radialgeschwindigkeit zwischen Sender und Beobachter ändert. Es sollte deshalb möglich sein, anstelle der Zeit die Radialgeschwindigkeit in diese Gleichung

4.5. DOPPLEREFFEKT

einzuarbeiten. Deshalb wollen wir nun die Radialgeschwindigkeit berechnen. Die Entfernung zwischen Beobachter und Sender in K, dem Ruhesystem des Beobachters, beträgt:

$$r = \sqrt{(x-x_0)^2 + (y-y_0)^2 + (z-z_0)^2}$$

Die Position des Senders ändert sich gemäß $z_0 = vt_0$, so daß r zeitabhängig ist:

$$r(t_0) = \sqrt{(x-x_0)^2 + (y-y_0)^2 + (z-vt_0)^2}$$

Die Radialgeschwindigkeit v_r zum Zeitpunkt t_0 erhält man dann aus

$$v_r = \frac{\partial r}{\partial t_0} = \frac{(z-vt_0)(-v)}{\sqrt{(x-x_0)^2 + (y-y_0)^2 + (z-vt_0)^2}} \tag{4.48}$$

Diese Gleichung soll nun nach der Zeit t_0 aufgelöst werden. Hierzu quadrieren wir sie zunächst und erhalten:

$$(x-x_0)^2 + (y-y_0)^2 + (z-vt_0)^2 = \frac{v^2}{v_r^2}(z-vt_0)^2$$

$$\Rightarrow (z-vt_0)^2 \left(\frac{v^2}{v_r^2} - 1\right) = (x-x_0)^2 + (y-y_0)^2$$

$$\Rightarrow (z-vt_0)^2 = \left[(x-x_0)^2 + (y-y_0)^2\right] \frac{v_r^2}{v^2 - v_r^2} \tag{4.49}$$

$$\Rightarrow z - vt_0 = \pm\sqrt{(x-x_0)^2 + (y-y_0)^2} \frac{v_r}{\sqrt{v^2 - v_r^2}} \tag{4.50}$$

Um nun zu entscheiden, welches Vorzeichen gültig ist, setzt man diese Gleichung wieder in Gleichung (4.48) ein, wobei wir die Abkürzung

$$l = \sqrt{(x-x_0)^2 + (y-y_0)^2}$$

einführen:

$$v_r = \frac{\mp l\, v_r v}{\sqrt{v^2 - v_r^2}\sqrt{l^2 + l^2 \frac{v_r^2}{v^2-v_r^2}}}$$

$$\Rightarrow v_r = \frac{\mp l\, v_r v}{\sqrt{l^2\, v^2}}$$

Für $v > 0$ erhält man

$$v_r = \mp v_r.$$

Wir stellen also fest, daß für $v > 0$ jeweils das untere der beiden Vorzeichen zu verwenden ist. Gleichung (4.50) lautet in diesem Fall:

$$\Rightarrow z - vt_0 = -\sqrt{(x-x_0)^2 + (y-y_0)^2}\frac{v_r}{\sqrt{v^2 - v_r^2}} = -l\frac{v_r}{\sqrt{v^2 - v_r^2}} \tag{4.51}$$

332 KAPITEL 4. LORENTZTRANSFORMATION UND RELATIVITÄTSTHEORIE

Nun wäre es leicht möglich, diese Gleichung nach t_0 aufzulösen. Damit ließe sich allerdings t in Gleichung (4.47) noch nicht eliminieren. Wir benötigen also noch einen Zusammenhang zwischen t und t_0. Diesen erhalten wir aufgrund der Signallaufzeit zwischen Sender und Beobachter. Ein Signal, das der Sender zum Zeitpunkt t_0 sendet, wird sich mit Lichtgeschwindigkeit c_0 ausbreiten und zum Zeitpunkt t beim Beobachter eintreffen. Es gilt also:

$$c_0 = \frac{\sqrt{(x-x_0)^2 + (y-y_0)^2 + (z-vt_0)^2}}{t-t_0} \tag{4.52}$$

Nun können wir aus den Gleichungen (4.49) und (4.52) t_0 eliminieren, um dann t in Gleichung (4.47) einsetzen zu können. Hierzu bietet es sich zunächst an, Gleichung (4.49) in Gleichung (4.52) einzusetzen, um einen linearen Zusammenhang zwischen t und t_0 zu erhalten. Mit der oben eingeführten Abkürzung

$$l = \sqrt{(x-x_0)^2 + (y-y_0)^2}$$

erhält man:

$$c_0(t-t_0) = \sqrt{l^2 + l^2 \frac{v_r^2}{v^2 - v_r^2}}$$

$$\Rightarrow t - t_0 = \frac{l}{c_0}\sqrt{\frac{v^2}{v^2 - v_r^2}}$$

$$\Rightarrow t_0 = t - \frac{l}{c_0}\frac{v}{\sqrt{v^2 - v_r^2}}$$

Dies setzen wir nun in Gleichung (4.51) ein und erhalten:

$$z - vt + \frac{l}{c_0}\frac{v^2}{\sqrt{v^2 - v_r^2}} = -l\frac{v_r}{\sqrt{v^2 - v_r^2}}$$

$$\Rightarrow z - vt = -l\frac{v_r c_0 + v^2}{c_0 \sqrt{v^2 - v_r^2}}$$

Damit ist unser Ziel erreicht, t_0 aus den Gleichungen (4.49) und (4.52) zu eliminieren. Das Ergebnis können wir nun in Gleichung (4.47) einsetzen, um aus dieser die Zeit vollständig zu eliminieren:

$$\frac{\omega}{\bar{\omega}} = \frac{1}{\sqrt{1 - \frac{v^2}{c_0^2}}} \left(1 - l\frac{v}{c_0}\frac{v_r c_0 + v^2}{c_0\sqrt{v^2 - v_r^2}\sqrt{\left(1 - \frac{v^2}{c_0^2}\right)l^2 + l^2\frac{(v_r c_0 + v^2)^2}{c_0^2(v^2 - v_r^2)}}}\right)$$

Wir sehen nun, daß l wegfällt, und bringen den Ausdruck unter der Wurzel auf einen gemeinsamen Nenner:

$$\frac{\omega}{\bar{\omega}} = \frac{1}{\sqrt{1 - \frac{v^2}{c_0^2}}} \left(1 - \frac{v}{c_0}\frac{v_r c_0 + v^2}{c_0\sqrt{v^2 - v_r^2}\sqrt{\frac{(c_0^2 v^2 - c_0^2 v_r^2 - v^4 + v^2 v_r^2) + (v_r^2 c_0^2 + 2v^2 v_r c_0 + v^4)}{c_0^2(v^2 - v_r^2)}}}\right)$$

4.5. DOPPLEREFFEKT

$$\Rightarrow \frac{\omega}{\bar{\omega}} = \frac{1}{\sqrt{1-\frac{v^2}{c_0^2}}} \left(1 - \frac{v}{c_0} \frac{v_r c_0 + v^2}{\sqrt{c_0^2 v^2 + v^2 v_r^2 + 2v^2 v_r c_0}}\right)$$

Der Ausdruck unter der Wurzel ist offenbar gleich $(c_0 v + v_r v)^2$, so daß weiter folgt:

$$\frac{\omega}{\bar{\omega}} = \frac{1}{\sqrt{1-\frac{v^2}{c_0^2}}} \left(1 - \frac{v}{c_0} \frac{v_r c_0 + v^2}{c_0 v + v_r v}\right) =$$

$$= \frac{1}{\sqrt{1-\frac{v^2}{c_0^2}}} \left(1 - \frac{v_r c_0 + v^2}{c_0^2 + v_r c_0}\right) =$$

$$= \frac{1}{\sqrt{1-\frac{v^2}{c_0^2}}} \frac{c_0^2 - v^2}{c_0^2 + v_r c_0} =$$

$$= \frac{1}{\sqrt{1-\frac{v^2}{c_0^2}}} \frac{1-\frac{v^2}{c_0^2}}{1+\frac{v_r}{c_0}}$$

$$\Rightarrow \frac{\omega}{\bar{\omega}} = \frac{\sqrt{1-\frac{v^2}{c_0^2}}}{1+\frac{v_r}{c_0}}$$

Das Verhältnis der Kreisfrequenzen ist wegen $\omega = 2\pi f$ und $\bar{\omega} = 2\pi \bar{f}$ gleich dem Verhältnis der Frequenzen:

$$\boxed{\frac{f}{\bar{f}} = \frac{\sqrt{1-\frac{v^2}{c_0^2}}}{1+\frac{v_r}{c_0}}} \tag{4.53}$$

$$\Rightarrow \boxed{\frac{\lambda}{\bar{\lambda}} = \frac{1+\frac{v_r}{c_0}}{\sqrt{1-\frac{v^2}{c_0^2}}}} \tag{4.54}$$

Diese Formeln für den Dopplereffekt sind also die Verallgemeinerung der Gleichungen (4.45) und (4.46).

Übungsaufgabe 4.2   Anspruch: ● ● ○   Aufwand: ● ● ●

Ein Koordinatensystem $\bar{K}$ sei zum Zeitpunkt $t=0$ deckungsgleich mit dem Inertialsystem K und bewege sich diesem gegenüber gleichförmig mit der Geschwindigkeit v in positive z-Richtung.

Im Koordinatensystem $\bar{K}$ werde zum Zeitpunkt $\bar{t}_{S1}$ an der Stelle $(\bar{x}_0, 0, 0)$ ein Lichtblitz ausgesandt. Zum Zeitpunkt $\bar{t}_{S2}$ werde am selben Ort ein weiterer Lichtblitz ausgesandt.

1. Berechnen Sie die Koordinaten x_{S1}, y_{S1}, z_{S1}, an denen ein Beobachter in K den ersten Lichtblitz mißt, sowie den zugehörigen Zeitpunkt t_{S1}.

2. Berechnen Sie nun den Zeitpunkt t_{E1}, zu dem ein im Ursprung von K ruhender Beobachter den ersten Lichtblitz wahrnimmt.

3. Zu welchem Zeitpunkt t_{E2} nimmt derselbe Beobachter den zweiten Lichtblitz wahr?

4. Berechnen Sie $T = t_{E2} - t_{E1}$ in Abhängigkeit von $\bar{t}_{S1}$, $\bar{x}_0$, v und $\bar{T} = \bar{t}_{S2} - \bar{t}_{S1}$.

5. Wie groß ist das Verhältnis $\frac{T}{\bar{T}}$ für den Grenzfall sehr kurz hintereinander ausgesandter Lichtblitze ($\bar{T} \to 0$)?

6. Berechnen Sie nun die Radialgeschwindigkeit des Senders in K zum Sendezeitpunkt t_{S1}. Eliminieren Sie mit Hilfe dieser Gleichung die Zeit $\bar{t}_{S1}$ aus dem im vorigen Aufgabenteil berechneten Grenzwert. Vergleichen Sie das Ergebnis mit Gleichung (4.53).

4.6 Transformation der Geschwindigkeit

Mit den Gleichungen (4.26) bis (4.29) haben wir eine Transformationsvorschrift für den Ort und die Zeit in zwei gegeneinander gleichförmig bewegten Inertialsystemen gefunden. Aus diesen Gleichungen lassen sich Transformationsvorschriften für die Geschwindigkeit und die Beschleunigung herleiten. Hierzu nehmen wir an, daß sich im Koordinatensystem K ein Punkt auf einer bestimmten (Flug-)Bahn bewegt. Somit hängen die Ortskoordinaten x, y und z von der Zeit t ab. Die Momentangeschwindigkeit in der jeweiligen Raumrichtung ist dann gegeben durch $u_x = \frac{dx}{dt}$, $u_y = \frac{dy}{dt}$ bzw. $u_z = \frac{dz}{dt}$, die Momentanbeschleunigung durch $a_x = \frac{d^2x}{dt^2}$, $a_y = \frac{d^2y}{dt^2}$ bzw. $a_z = \frac{d^2z}{dt^2}$. Wir interessieren uns nun für die Momentangeschwindigkeiten $\bar{u}_x = \frac{d\bar{x}}{d\bar{t}}$, $\bar{u}_y = \frac{d\bar{y}}{d\bar{t}}$, $\bar{u}_z = \frac{d\bar{z}}{d\bar{t}}$ und die Momentanbeschleunigungen $\bar{a}_x = \frac{d^2\bar{x}}{d\bar{t}^2}$, $\bar{a}_y = \frac{d^2\bar{y}}{d\bar{t}^2}$, $\bar{a}_z = \frac{d^2\bar{z}}{d\bar{t}^2}$, die im Koordinatensystem $\bar{K}$ für dieselbe Flugbahn gemessen werden.

Um im folgenden alle partiellen und totalen Ableitungen korrekt zu behandeln, vergegenwärtigen wir uns, daß die gestrichenen Größen $\bar{x}$, $\bar{y}$, $\bar{z}$ und $\bar{t}$ von den ungestrichenen Größen x, y, z und t abhängen. Letztere hängen wegen der Beschreibung der Flugbahn aber alle von t ab. Damit lassen sich auch $\bar{x}$, $\bar{y}$, $\bar{z}$ und $\bar{t}$ in Abhängigkeit von t als einzigem Parameter darstellen. Da also sowohl die Ortsvariablen $\bar{x}$, $\bar{y}$, $\bar{z}$ als auch die Zeit $\bar{t}$ von t abhängig sind, läßt sich t eliminieren, und man erhält $\bar{x}$, $\bar{y}$ und $\bar{z}$ in Abhängigkeit von $\bar{t}$ als einzigem Parameter. Dies ist die Flugbahn im Koordinatensystem $\bar{K}$.

Wir beginnen mit der Transformation der Zeit. Wegen der Kettenregel gilt:

$$\frac{d\bar{t}}{dt} = \frac{\partial \bar{t}}{\partial x}\frac{dx}{dt} + \frac{\partial \bar{t}}{\partial y}\frac{dy}{dt} + \frac{\partial \bar{t}}{\partial z}\frac{dz}{dt} + \frac{\partial \bar{t}}{\partial t}\frac{dt}{dt}$$

4.6. TRANSFORMATION DER GESCHWINDIGKEIT

Aufgrund der Gleichungen (4.26) bis (4.29) gilt $\frac{\partial \bar{t}}{\partial x} = 0$, $\frac{\partial \bar{t}}{\partial y} = 0$, $\frac{\partial \bar{t}}{\partial z} = -\frac{v}{c_0^2\sqrt{1-\frac{v^2}{c_0^2}}}$ und $\frac{\partial \bar{t}}{\partial t} = \frac{1}{\sqrt{1-\frac{v^2}{c_0^2}}}$, so daß weiter folgt:

$$\frac{d\bar{t}}{dt} = -\frac{v}{c_0^2\sqrt{1-\frac{v^2}{c_0^2}}} u_z + \frac{1}{\sqrt{1-\frac{v^2}{c_0^2}}}$$

$$\Rightarrow \frac{d\bar{t}}{dt} = \frac{1-\frac{vu_z}{c_0^2}}{\sqrt{1-\frac{v^2}{c_0^2}}} \tag{4.55}$$

Nun kommen wir zur Transformation der x-Komponente der Geschwindigkeit. Wegen der Kettenregel gilt:

$$\bar{u}_x = \frac{d\bar{x}}{d\bar{t}} = \frac{d\bar{x}}{dt}\frac{dt}{d\bar{t}}$$

Den Kehrwert von $\frac{dt}{d\bar{t}}$ hatten wir soeben bestimmt, so daß weiter folgt:

$$\bar{u}_x = \frac{d\bar{x}}{dt}\frac{\sqrt{1-\frac{v^2}{c_0^2}}}{1-\frac{vu_z}{c_0^2}}$$

Nochmalige Anwendung der Kettenregel liefert unter Berücksichtigung der Gleichungen (4.26) bis (4.29):

$$\frac{d\bar{x}}{dt} = \frac{\partial \bar{x}}{\partial x}\frac{dx}{dt} + \frac{\partial \bar{x}}{\partial y}\frac{dy}{dt} + \frac{\partial \bar{x}}{\partial z}\frac{dz}{dt} + \frac{\partial \bar{x}}{\partial t}\frac{dt}{dt} = \frac{\partial \bar{x}}{\partial x}\frac{dx}{dt} = \frac{dx}{dt} = u_x$$

Insgesamt ergibt sich also:

$$\bar{u}_x = u_x \frac{\sqrt{1-\frac{v^2}{c_0^2}}}{1-\frac{vu_z}{c_0^2}} \tag{4.56}$$

Die Rollen von x und y lassen sich in den Gleichungen (4.26) bis (4.29) vertauschen, so daß man analog findet:

$$\bar{u}_y = u_y \frac{\sqrt{1-\frac{v^2}{c_0^2}}}{1-\frac{vu_z}{c_0^2}} \tag{4.57}$$

Nun wenden wir uns der z-Komponente der Geschwindigkeit zu. Anwendung der Kettenregel liefert:

$$\bar{u}_z = \frac{d\bar{z}}{d\bar{t}} = \frac{d\bar{z}}{dt}\frac{dt}{d\bar{t}} = \frac{d\bar{z}}{dt}\frac{\sqrt{1-\frac{v^2}{c_0^2}}}{1-\frac{vu_z}{c_0^2}} \tag{4.58}$$

Für $\frac{d\bar{z}}{dt}$ erhält man — ebenfalls mit Hilfe der Kettenregel:

$$\frac{d\bar{z}}{dt} = \frac{\partial \bar{z}}{\partial x}\frac{dx}{dt} + \frac{\partial \bar{z}}{\partial y}\frac{dy}{dt} + \frac{\partial \bar{z}}{\partial z}\frac{dz}{dt} + \frac{\partial \bar{z}}{\partial t}\frac{dt}{dt}$$

Wegen der Gleichungen (4.26) bis (4.29) gilt $\frac{\partial \bar{z}}{\partial x} = 0$, $\frac{\partial \bar{z}}{\partial y} = 0$, $\frac{\partial \bar{z}}{\partial z} = \frac{1}{\sqrt{1-\frac{v^2}{c_0^2}}}$ und $\frac{\partial \bar{z}}{\partial t} = -\frac{v}{\sqrt{1-\frac{v^2}{c_0^2}}}$, so daß weiter folgt:

$$\frac{d\bar{z}}{dt} = \frac{u_z - v}{\sqrt{1 - \frac{v^2}{c_0^2}}}$$

Dies läßt sich in Gleichung (4.58) einsetzen, und wir erhalten:

$$\bar{u}_z = \frac{u_z - v}{1 - \frac{vu_z}{c_0^2}}$$

Wir sehen, daß das Transformationsverhalten der z-Komponente der Geschwindigkeit sich von dem der x- und y-Komponente unterscheidet. Dies wird verständlich, wenn man berücksichtigt, daß die z-Richtung dadurch ausgezeichnet ist, daß sich die beiden Koordinatensysteme entlang dieser Richtung zueinander bewegen.

Da die Gleichungen (4.56) und (4.57) der Form nach gleich sind, fassen wir u_x und u_y zu einer Transversalgeschwindigkeit $\vec{u}_\perp = u_x \vec{e}_x + u_y \vec{e}_y$ sowie $\bar{u}_x$ und $\bar{u}_y$ zu $\vec{\bar{u}}_\perp = \bar{u}_x \vec{e}_x + \bar{u}_y \vec{e}_y$ zusammen und erhalten

$$\boxed{\vec{\bar{u}}_\perp = \vec{u}_\perp \frac{\sqrt{1 - \frac{v^2}{c_0^2}}}{1 - \frac{vu_\|}{c_0^2}},} \tag{4.59}$$

wobei $u_\| = u_z$ die Longitudinalkomponente der Geschwindigkeit ist. Die z-Komponente $\bar{u}_z$ entspricht somit der Longitudinalkomponente $\bar{u}_\|$:

$$\boxed{\bar{u}_\| = \frac{u_\| - v}{1 - \frac{vu_\|}{c_0^2}}} \tag{4.60}$$

Nun sollen die Umkehrungen dieser Gleichungen bestimmt werden. Aus der letzten Gleichung folgt durch Multiplikation mit dem Nenner:

$$\bar{u}_\| - \frac{v}{c_0^2} u_\| \bar{u}_\| = u_\| - v$$

$$\Rightarrow u_\| \left(1 + \frac{v\,\bar{u}_\|}{c_0^2}\right) = \bar{u}_\| + v$$

$$\Rightarrow \boxed{u_\| = \frac{\bar{u}_\| + v}{1 + \frac{v\,\bar{u}_\|}{c_0^2}}} \tag{4.61}$$

Um auch die Gleichung für die Transversalkomponente der Geschwindigkeit umstellen zu können, setzen wir Gleichung (4.61) in den Nenner von Gleichung (4.59) ein:

$$1 - \frac{vu_\|}{c_0^2} = 1 - \frac{v\bar{u}_\| + v^2}{c_0^2 + v\,\bar{u}_\|} = \frac{c_0^2 + v\,\bar{u}_\| - v\bar{u}_\| - v^2}{c_0^2 + v\,\bar{u}_\|}$$

4.6. TRANSFORMATION DER GESCHWINDIGKEIT

$$\Rightarrow 1 - \frac{v u_\parallel}{c_0^2} = \frac{1 - \frac{v^2}{c_0^2}}{1 + \frac{v \bar{u}_\parallel}{c_0^2}} \tag{4.62}$$

Diese Beziehung können wir nun in Gleichung (4.59) einsetzen und erhalten:

$$\vec{u}_\perp = \vec{u}_\perp \frac{1 + \frac{v \bar{u}_\parallel}{c_0^2}}{\sqrt{1 - \frac{v^2}{c_0^2}}}$$

$$\Rightarrow \boxed{\vec{u}_\perp = \vec{\bar{u}}_\perp \frac{\sqrt{1 - \frac{v^2}{c_0^2}}}{1 + \frac{v \bar{u}_\parallel}{c_0^2}}} \tag{4.63}$$

Wir stellen nachträglich fest, daß wir die Umkehrung der Transformationsvorschriften erhalten, wenn wir $\vec{u}$ mit $\vec{\bar{u}}$ und v mit $-v$ vertauschen. Dies ist eine erneute Bestätigung, daß zwei Inertialsysteme K und $\bar{K}$ gleichberechtigt sind.

Gleichung (4.61) ist als Additionstheorem der Geschwindigkeit bekannt. Sie ist wie folgt zu interpretieren: Bewegt sich das Koordinatensystem $\bar{K}$ gegenüber K mit der Geschwindigkeit v und bewegt sich in $\bar{K}$ ein Gegenstand mit der Geschwindigkeit $\bar{u}_\parallel$ entlang der gleichen Achse, so bewegt sich dieser Gegenstand gegenüber K mit der Geschwindigkeit

$$\frac{\bar{u}_\parallel + v}{1 + \frac{v \bar{u}_\parallel}{c_0^2}}.$$

Offenbar ist die aus der klassischen Mechanik bekannte Vorstellung, daß sich die Geschwindigkeiten $\bar{u}_\parallel$ und v zu $\bar{u}_\parallel + v$ addieren, nur zulässig, wenn sie klein gegenüber der Lichtgeschwindigkeit sind. Dann wird der Nenner nämlich ungefähr gleich eins.

Übungsaufgabe 4.3   *Anspruch:* ● ○ ○   *Aufwand:* ● ○ ○

Gegeben sei ein Teilchen, das sich — ebenso wie in Aufgabe 4.1 auf Seite 319 — relativ zu einem Koordinatensystem K gleichförmig mit der Geschwindigkeit $\vec{u} = \frac{\vec{e}_x + \vec{e}_z}{2} c_0$ bewege. Ein weiteres Koordinatensystem $\bar{K}$, das zum Zeitpunkt $t = 0$ deckungsgleich mit K sei, bewege sich mit der Geschwindigkeit $v = \frac{\sqrt{3}}{2} c_0$ in positive z-Richtung.

Berechnen Sie mit Hilfe der in diesem Abschnitt hergeleiteten Formeln die Geschwindigkeit $\vec{\bar{u}}$ des Teilchens in $\bar{K}$.

Vergleichen Sie das Ergebnis mit dem aus Aufgabe 4.1.

4.7 Transformation der Beschleunigung

Nun sollen noch die Transformationsregeln für die Beschleunigung hergeleitet werden. Hierzu definieren wir die longitudinale und die transversale Beschleunigung wie folgt:

$$a_\| = \frac{du_\|}{dt}$$

$$\vec{a}_\perp = \frac{d\vec{u}_\perp}{dt}$$

Die senkrechte Komponente der Beschleunigung im Koordinatensystem $\bar{K}$ erhalten wir mit Hilfe der Kettenregel:

$$\bar{\vec{a}}_\perp = \frac{d\bar{\vec{u}}_\perp}{d\bar{t}} = \frac{d\bar{\vec{u}}_\perp}{dt}\frac{dt}{d\bar{t}}$$

Durch Einsetzen der mit der Quotientenregel abgeleiteten Gleichung (4.59) und der Gleichung (4.55) erhält man:

$$\bar{\vec{a}}_\perp = \frac{\vec{a}_\perp\sqrt{1-\frac{v^2}{c_0^2}}\left(1-\frac{vu_\|}{c_0^2}\right) + \frac{v}{c_0^2}a_\|\vec{u}_\perp\sqrt{1-\frac{v^2}{c_0^2}}}{\left(1-\frac{vu_\|}{c_0^2}\right)^2} \cdot \frac{\sqrt{1-\frac{v^2}{c_0^2}}}{1-\frac{vu_\|}{c_0^2}}$$

$$\Rightarrow \boxed{\bar{\vec{a}}_\perp = \vec{a}_\perp \frac{1-\frac{v^2}{c_0^2}}{\left(1-\frac{vu_\|}{c_0^2}\right)^2} + a_\|\vec{u}_\perp \frac{v}{c_0^2}\frac{1-\frac{v^2}{c_0^2}}{\left(1-\frac{vu_\|}{c_0^2}\right)^3}} \quad (4.64)$$

Für die longitudinale Komponente der Beschleunigung erhält man:

$$\bar{a}_\| = \frac{d\bar{u}_\|}{d\bar{t}} = \frac{d\bar{u}_\|}{dt}\frac{dt}{d\bar{t}}$$

Hier setzen wir die mit der Quotientenregel abgeleitete Gleichung (4.60) sowie Gleichung (4.55) ein:

$$\bar{a}_\| = \frac{a_\|\left(1-\frac{vu_\|}{c_0^2}\right) + \frac{v}{c_0^2}a_\|\left(u_\|-v\right)}{\left(1-\frac{vu_\|}{c_0^2}\right)^2} \cdot \frac{\sqrt{1-\frac{v^2}{c_0^2}}}{1-\frac{vu_\|}{c_0^2}} = \frac{a_\|\left(1-\frac{v^2}{c_0^2}\right)}{\left(1-\frac{vu_\|}{c_0^2}\right)^2} \cdot \frac{\sqrt{1-\frac{v^2}{c_0^2}}}{1-\frac{vu_\|}{c_0^2}}$$

$$\Rightarrow \boxed{\bar{a}_\| = \frac{a_\|\left(1-\frac{v^2}{c_0^2}\right)^{3/2}}{\left(1-\frac{vu_\|}{c_0^2}\right)^3}} \quad (4.65)$$

4.8. DIE VIERDIMENSIONALE FORM DER MAXWELLSCHEN GLEICHUNGEN

Übungsaufgabe 4.4   Anspruch: ● ○ ○   Aufwand: ● ● ○

Zeigen Sie, daß die Gleichungen (4.64) und (4.65) auch dann gültig bleiben, wenn man dem Relativitätsprinzip folgend v durch $-v$ ersetzt und $\vec{a}$ mit $\bar{\vec{a}}$ sowie $\vec{u}$ mit $\bar{\vec{u}}$ vertauscht, so daß sich folgende Gleichungen ergeben:

$$\boxed{\vec{a}_\perp = \bar{\vec{a}}_\perp \frac{1 - \frac{v^2}{c_0^2}}{\left(1 + \frac{v\bar{u}_\parallel}{c_0^2}\right)^2} - \bar{a}_\parallel \vec{u}_\perp \frac{v}{c_0^2} \frac{1 - \frac{v^2}{c_0^2}}{\left(1 + \frac{v\bar{u}_\parallel}{c_0^2}\right)^3}} \quad (4.66)$$

$$\boxed{a_\parallel = \frac{\bar{a}_\parallel \left(1 - \frac{v^2}{c_0^2}\right)^{3/2}}{\left(1 + \frac{v\bar{u}_\parallel}{c_0^2}\right)^3}} \quad (4.67)$$

4.8 Die vierdimensionale Form der Maxwellschen Gleichungen

Bei der Herleitung der Lorentztransformation waren wir davon ausgegangen, daß sich die Wellenfront des Lichtes in jedem Inertialsystem kugelförmig ausbreitet. Da das Licht als elektromagnetische Welle den Maxwellschen Gleichungen gehorcht, gehen wir nun einen Schritt weiter und behaupten, daß die Maxwellschen Gleichungen in jedem Inertialsystem die gleiche Form haben. Aus dieser Forderung heraus wird eine vierdimensionale Form der Maxwellschen Gleichungen hergeleitet, so daß schließlich auch die Transformationsvorschriften für das elektromagnetische Feld bekannt sind, wenn man das Inertialsystem wechselt.

4.8.1 Maxwellgleichungen für das Vektorpotential und das skalare Potential

Wie bereits erwähnt wurde, fordern wir nun, daß sich bei einer Lorentztransformation die Form der Maxwellschen Gleichungen nicht ändern soll. Dies betrifft zunächst die Wellengleichungen für das Vektorpotential (1.159) und das skalare Potential[8] (1.160):

$$\Delta \vec{A} - \frac{1}{c_0^2} \frac{\partial^2 \vec{A}}{\partial t^2} = -\mu_0 \vec{J}$$

$$\Delta \Phi - \frac{1}{c_0^2} \frac{\partial^2 \Phi}{\partial t^2} = -\frac{\rho}{\epsilon_0}$$

---

[8] Den Maxwellgleichungen für das elektrische und das magnetische Feld sieht man nicht so einfach an, wie sie sich in einer Form schreiben lassen, die invariant gegenüber Lorentztransformationen ist.

Tabelle 4.1: Lorentztransformation

$\bar{x} = x$	(4.26)	$x = \bar{x}$	(4.30)
$\bar{y} = y$	(4.27)	$y = \bar{y}$	(4.31)
$\bar{z} = \dfrac{z - vt}{\sqrt{1 - \frac{v^2}{c_0^2}}}$	(4.28)	$z = \dfrac{\bar{z} + v\bar{t}}{\sqrt{1 - \frac{v^2}{c_0^2}}}$	(4.32)
$\bar{t} = \dfrac{t - \frac{v}{c_0^2} z}{\sqrt{1 - \frac{v^2}{c_0^2}}}$	(4.29)	$t = \dfrac{\bar{t} + \frac{v}{c_0^2} \bar{z}}{\sqrt{1 - \frac{v^2}{c_0^2}}}$	(4.33)
$\Delta t = \dfrac{\Delta \bar{t}}{\sqrt{1 - \frac{v^2}{c_0^2}}}$ für Ereignisse in $\bar{K}$	(4.38)	$\Delta \bar{t} = \dfrac{\Delta t}{\sqrt{1 - \frac{v^2}{c_0^2}}}$ für Ereignisse in K	(4.39)
$\Delta z = \Delta \bar{z} \sqrt{1 - \frac{v^2}{c_0^2}}$	(4.40)	$\Delta \bar{z} = \Delta z \sqrt{1 - \frac{v^2}{c_0^2}}$	(4.41)
(Quader ruht in $\bar{K}$)		(Quader ruht in K)	
$f = \bar{f} \dfrac{\sqrt{1 - \frac{v^2}{c_0^2}}}{1 + \frac{v_r}{c_0}}$	(4.53)	$f = \bar{f} \dfrac{\sqrt{1 - \frac{v}{c_0}}}{\sqrt{1 + \frac{v}{c_0}}}$ für $v_r = v$	(4.45)
$\lambda = \bar{\lambda} \dfrac{1 + \frac{v_r}{c_0}}{\sqrt{1 - \frac{v^2}{c_0^2}}}$	(4.54)	$\lambda = \bar{\lambda} \dfrac{\sqrt{1 + \frac{v}{c_0}}}{\sqrt{1 - \frac{v}{c_0}}}$ für $v_r = v$	(4.46)
$\vec{\bar{u}}_\perp = \vec{u}_\perp \dfrac{\sqrt{1 - \frac{v^2}{c_0^2}}}{1 - \frac{v u_\parallel}{c_0^2}}$	(4.59)	$\vec{u}_\perp = \vec{\bar{u}}_\perp \dfrac{\sqrt{1 - \frac{v^2}{c_0^2}}}{1 + \frac{v \bar{u}_\parallel}{c_0^2}}$	(4.63)
$\bar{u}_\parallel = \dfrac{u_\parallel - v}{1 - \frac{v u_\parallel}{c_0^2}}$	(4.60)	$u_\parallel = \dfrac{\bar{u}_\parallel + v}{1 + \frac{v \bar{u}_\parallel}{c_0^2}}$	(4.61)
$\vec{\bar{a}}_\perp = \vec{a}_\perp \dfrac{1 - \frac{v^2}{c_0^2}}{\left(1 - \frac{v u_\parallel}{c_0^2}\right)^2} + a_\parallel \vec{u}_\perp \dfrac{v}{c_0^2} \dfrac{1 - \frac{v^2}{c_0^2}}{\left(1 - \frac{v u_\parallel}{c_0^2}\right)^3}$	(4.64)	$\vec{a}_\perp = \vec{\bar{a}}_\perp \dfrac{1 - \frac{v^2}{c_0^2}}{\left(1 + \frac{v \bar{u}_\parallel}{c_0^2}\right)^2} - \bar{a}_\parallel \vec{\bar{u}}_\perp \dfrac{v}{c_0^2} \dfrac{1 - \frac{v^2}{c_0^2}}{\left(1 + \frac{v \bar{u}_\parallel}{c_0^2}\right)^3}$	(4.66)
$\bar{a}_\parallel = \dfrac{a_\parallel \left(1 - \frac{v^2}{c_0^2}\right)^{3/2}}{\left(1 - \frac{v u_\parallel}{c_0^2}\right)^3}$	(4.65)	$a_\parallel = \dfrac{\bar{a}_\parallel \left(1 - \frac{v^2}{c_0^2}\right)^{3/2}}{\left(1 + \frac{v \bar{u}_\parallel}{c_0^2}\right)^3}$	(4.67)

4.8. DIE VIERDIMENSIONALE FORM DER MAXWELLSCHEN GLEICHUNGEN

Da das Vektorpotential mit dem skalaren Potential gemäß Gleichung (1.157)

$$div \, \vec{A} = -\frac{1}{c_0^2} \frac{\partial \Phi}{\partial t}$$

verknüpft ist und die Anregungen auf der rechten Seite der Kontinuitätsgleichung (1.82)

$$div \, \vec{J} = -\frac{\partial \rho}{\partial t}$$

gehorchen, müssen auch diese beiden Gleichungen invariant gegenüber der Lorentztransformation sein.

Wir beginnen damit, die Raum- und Zeitkoordinaten gemäß unserer Definition durch $\mathbf{x}^i$ zu ersetzen. Das $\mathbf{x}$ wurde hierbei fettgedruckt, da wir ab jetzt für Vierervektoren und deren Komponenten[9] generell Fettdruck verwenden wollen, um sie von „gewöhnlichen" Dreiervektoren unterscheiden zu können. Wegen $\mathbf{x}^4 = jc_0 t$ gilt:

$$\frac{\partial}{\partial t} = jc_0 \frac{\partial}{\partial \mathbf{x}^4} \quad \Rightarrow \quad \frac{\partial^2}{\partial t^2} = -c_0^2 \frac{\partial^2}{\partial (\mathbf{x}^4)^2}$$

Die beiden Wellengleichungen gehen also über in:

$$\sum_{i=1}^{4} \frac{\partial^2 \vec{A}}{\partial (\mathbf{x}^i)^2} = -\mu_0 \vec{J} \tag{4.68}$$

$$\sum_{i=1}^{4} \frac{\partial^2 \Phi}{\partial (\mathbf{x}^i)^2} = -\frac{\rho}{\epsilon_0} \tag{4.69}$$

Für die Normierungsbedingung und die Kontinuitätsgleichung erhält man:

$$div \, \vec{A} = -\frac{j}{c_0} \frac{\partial \Phi}{\partial \mathbf{x}^4} \tag{4.70}$$

$$div \, \vec{J} = -jc_0 \frac{\partial \rho}{\partial \mathbf{x}^4} \tag{4.71}$$

Man erkennt, daß die beiden Wellengleichungen die gleiche Form haben, auch wenn es sich bei der einen um eine Vektorgleichung und bei der anderen um eine skalare Gleichung handelt. Es liegt also der Schluß nahe, daß man beide Gleichungen zu einer einzigen vierdimensionalen Gleichung zusammenfassen kann. Man könnte also versuchen, das Vektorpotential und das skalare Potential zu einem Vierervektor (A^1, A^2, A^3, Φ) zusammenzufassen. Die rechten Seiten der

---

[9]Bei Vektorkomponenten ist der Fettdruck eher willkürlich, da man beispielsweise die Komponente $x^2 = \mathbf{x}^2$ sowohl dem Dreiervektor $\vec{r} = (x^1, x^2, x^3)$ als auch dem Vierervektor $\vec{\mathbf{r}} = (\mathbf{x}^1, \mathbf{x}^2, \mathbf{x}^3, \mathbf{x}^4)$ zuordnen kann. Wie man an diesem Beispiel sieht, ist bei den Vektoren $\vec{r}$ und $\vec{\mathbf{r}}$ die Unterscheidung hingegen obligatorisch. Trotz der Willkür bei den Vektorkomponenten kann die Übersichtlichkeit durch diese Vereinbarung erhöht werden.

Wellengleichung müßten dann zu einem weiteren Vierervektor kombiniert werden, so daß man beide Gleichungen zu einer einzigen zusammenfassen könnte. In der entstehenden Gleichung würde der vierdimensionale Laplaceoperator auftauchen, der tatsächlich invariant gegenüber der Lorentztransformation ist. Leider führt der Vektor (A^1, A^2, A^3, Φ) jedoch auf eine Normierungsbedingung, die nicht invariant gegenüber Lorentztransformationen ist. Damit ist unsere Forderung, daß bei einer Lorentztransformation alle vier Gleichungen (4.68) bis (4.71) die gleiche Form behalten müssen, nicht erfüllt.

Deshalb beginnen wir nun mit der Normierungsbedingung (4.70)

$$\text{div } \vec{A} = -\frac{j}{c_0} \frac{\partial \Phi}{\partial \mathbf{x}^4}.$$

Wir sehen sofort, daß man diese Gleichung zu

$$\text{div } \vec{\Omega} = 0$$

zusammenfassen kann, wenn man definiert:

$$\boxed{\Omega^1 = A^1, \qquad \Omega^2 = A^2, \qquad \Omega^3 = A^3, \qquad \Omega^4 = \frac{j}{c_0}\Phi} \qquad (4.72)$$

Wenn $\vec{\Omega}$ tatsächlich den Transformationsgesetzen für einen Vierervektor gehorcht, was wir noch nicht wissen können, ist die Gleichung

$$\text{div } \vec{\Omega} = 0$$

mit Sicherheit invariant gegenüber Lorentztransformationen, da der Divergenzoperator invariant ist[10]. Wir wollen nun sehen, wie sich die Definition von $\vec{\Omega}$ auf die beiden Wellengleichungen auswirkt. Während wir Gleichung (4.68) unverändert lassen, multiplizieren wir Gleichung (4.69) mit j/c_0, damit Ω^4 auftaucht:

$$\sum_{i=1}^{4} \frac{\partial^2 \Omega^k}{\partial (\mathbf{x}^i)^2} = -\mu_0 J^k \qquad \text{für } k = 1, 2, 3$$

$$\sum_{i=1}^{4} \frac{\partial^2 \Omega^4}{\partial (\mathbf{x}^i)^2} = -j \frac{\rho}{c_0 \epsilon_0}$$

Man sieht nun, daß man beide Gleichungen zu

$$\sum_{i=1}^{4} \frac{\partial^2 \Omega^k}{\partial (\mathbf{x}^i)^2} = -\mu_0 \Gamma^k \qquad \text{für } k = 1, 2, 3, 4$$

---

[10] Gemäß Abschnitt 3.22.4 ist die Divergenz eines Vektors ein Skalar, also eine invariante Größe.

4.8. DIE VIERDIMENSIONALE FORM DER MAXWELLSCHEN GLEICHUNGEN

zusammenfassen kann, wenn man definiert:

$$\boxed{\Gamma^1 = J^1 = J_x, \quad \Gamma^2 = J^2 = J_y, \quad \Gamma^3 = J^3 = J_z, \quad \Gamma^4 = j\frac{\rho}{c_0\epsilon_0\mu_0} = jc_0\rho} \qquad (4.73)$$

Mit dem vierdimensionalen Laplaceoperator[11]

$$\Delta = \sum_{i=1}^{4} \frac{\partial^2}{\partial (\mathbf{x}^i)^2}$$

erhalten wir

$$\Delta \vec{\Omega} = -\mu_0 \vec{\Gamma}. \qquad (4.74)$$

Sofern $\vec{\Omega}$ und $\vec{\Gamma}$ den Transformationsgesetzen für Vierervektoren folgen, ist diese Gleichung invariant gegenüber Lorentztransformationen, da beide Seiten sich wie Vektoren transformieren; wendet man den Laplaceoperator auf einen Vektor an, dann ergibt sich wegen $\Delta \vec{\Omega}$ = $Div\, Grad\, \vec{\Omega}$ wieder ein Vektor. Nun muß noch festgestellt werden, wie sich die Definition von $\vec{\Gamma}$ auf die Kontinuitätsgleichung (4.71) auswirkt:

$$div\, \vec{J} = -jc_0 \frac{\partial \rho}{\partial \mathbf{x}^4}$$

$$\Rightarrow \sum_{i=1}^{4} \frac{\partial \Gamma^i}{\partial \mathbf{x}^i} = 0$$

$$\Rightarrow div\, \vec{\Gamma} = 0$$

Auch bei dieser Gleichung stellt man Invarianz fest, wenn $\vec{\Gamma}$ tatsächlich ein Vierervektor ist. Wir fassen zusammen:

Mit den soeben definierten Größen $\vec{\Gamma}$ und $\vec{\Omega}$ lassen sich die Maxwellgleichungen der Potentiale in folgender Form schreiben:

$$\boxed{\Delta \vec{\Omega} = -\mu_0 \vec{\Gamma}} \qquad (4.75)$$

$$\boxed{div\, \vec{\Omega} = 0} \qquad (4.76)$$

$$\boxed{div\, \vec{\Gamma} = 0} \qquad (4.77)$$

Wenn $\vec{\Gamma}$ und $\vec{\Omega}$ Vierervektoren sind, also den Transformationsvorschriften für Vierervektoren gehorchen, dann sind diese Gleichungen zweifellos invariant gegenüber Lorentztransformationen. Da dies unsere Forderung war — die sicherstellt, daß sich elektromagnetische Wellen in

---

[11]Viele Autoren verwenden für den vierdimensionalen Laplaceoperator das Zeichen □ anstelle von Δ. Diese Schreibweise wird in diesem Buch nicht übernommen, da hier auch bei den Operatoren *grad*, *div*, *Grad* und *Div* nicht zwischen drei und vier Dimensionen unterschieden wird.

allen Inertialsystemen in gleicher Art ausbreiten — können wir davon ausgehen, daß $\vec{\Gamma}$ und $\vec{\Omega}$ tatsächlich Vierervektoren sind. Den Vierervektor $\vec{\Gamma}$ bezeichnet man als Viererstromdichte, $\vec{\Omega}$ ist das Viererpotential.

Damit ist automatisch festgelegt, wie sich die Potentiale — und damit auch die elektromagnetischen Feldkomponenten — bei einem Wechsel des Koordinatensystems transformieren müssen. Bevor wir dieses Transformationsverhalten untersuchen, sollen die Maxwellgleichungen für das elektrische und das magnetische Feld in vierdimensionaler Form geschrieben werden. Hierbei gehen wir von den Ergebnissen dieses Abschnittes aus.

4.8.2 Maxwellgleichungen für das elektrische und das magnetische Feld

Das Vektorpotential war gemäß Tabelle 1.5 auf Seite 71 mit Hilfe der Gleichung

$$\vec{B} = rot\ \vec{A}$$

definiert worden, so daß wir jetzt mit Hilfe der Definition (4.72) schreiben können:

$$\begin{aligned}
B_x &= \left(\frac{\partial \Omega^3}{\partial \mathbf{x}^2} - \frac{\partial \Omega^2}{\partial \mathbf{x}^3}\right) \\
B_y &= \left(\frac{\partial \Omega^1}{\partial \mathbf{x}^3} - \frac{\partial \Omega^3}{\partial \mathbf{x}^1}\right) \\
B_z &= \left(\frac{\partial \Omega^2}{\partial \mathbf{x}^1} - \frac{\partial \Omega^1}{\partial \mathbf{x}^2}\right)
\end{aligned} \quad (4.78)$$

Für das elektrische Feld folgt aus Gleichung (1.153) wegen $\Phi = -jc_0\Omega^4$:

$$\vec{E} = -\left(\frac{\partial \vec{A}}{\partial t} + grad\ \Phi\right) = jc_0\left(-\frac{\partial \Omega^1}{\partial \mathbf{x}^4}\vec{e}_x - \frac{\partial \Omega^2}{\partial \mathbf{x}^4}\vec{e}_y - \frac{\partial \Omega^3}{\partial \mathbf{x}^4}\vec{e}_z + \frac{\partial \Omega^4}{\partial \mathbf{x}^1}\vec{e}_x + \frac{\partial \Omega^4}{\partial \mathbf{x}^2}\vec{e}_y + \frac{\partial \Omega^4}{\partial \mathbf{x}^3}\vec{e}_z\right)$$

$$\begin{aligned}
\Rightarrow E_x &= jc_0\left(\frac{\partial \Omega^4}{\partial \mathbf{x}^1} - \frac{\partial \Omega^1}{\partial \mathbf{x}^4}\right) \\
E_y &= jc_0\left(\frac{\partial \Omega^4}{\partial \mathbf{x}^2} - \frac{\partial \Omega^2}{\partial \mathbf{x}^4}\right) \\
E_z &= jc_0\left(\frac{\partial \Omega^4}{\partial \mathbf{x}^3} - \frac{\partial \Omega^3}{\partial \mathbf{x}^4}\right)
\end{aligned} \quad (4.79)$$

Wir sehen nun, daß sowohl in den E-Feld- als auch in den B-Feldkomponenten der Ausdruck $\frac{\partial \Omega^i}{\partial \mathbf{x}^k} - \frac{\partial \Omega^k}{\partial \mathbf{x}^i}$ auftaucht. Diesen Ausdruck kennen wir bereits aus Gleichung (3.254), wobei allerdings anstelle der partiellen Ableitung eine kovariante steht. Da wir im Rahmen der speziellen

4.8. DIE VIERDIMENSIONALE FORM DER MAXWELLSCHEN GLEICHUNGEN

Relativitätstheorie ein kartesisches vierdimensionales Koordinatensystem betrachten, läßt sich die kovariante Ableitung aber durch eine partielle ersetzen, so daß es sich gemäß Abschnitt 3.34.3 beim Ausdruck

$$\mathbf{T}^{ik} = \frac{\partial \Omega^i}{\partial x_k} - \frac{\partial \Omega^k}{\partial x_i} \tag{4.80}$$

um einen Tensor zweiter Stufe handelt, wenn $\vec{\Omega}$ ein Vierervektor ist.

Wegen der Zugrundelegung eines kartesischen Koordinatensystems mit $\theta^i = \mathbf{x}^i$ gilt

$$g_{kl} = \delta_{kl}, \tag{4.81}$$

so daß folgende Gleichungen gelten:

$$\Omega_k = \Omega^k, \qquad \mathbf{x}_k = \mathbf{x}^k$$

Deshalb kann der Tensor $\mathbf{T}^{ik}$ in folgender Matrixform geschrieben werden:

$$(\mathbf{T}^{ik}) = \begin{pmatrix} 0 & \frac{\partial \Omega^1}{\partial x^2} - \frac{\partial \Omega^2}{\partial x^1} & \frac{\partial \Omega^1}{\partial x^3} - \frac{\partial \Omega^3}{\partial x^1} & \frac{\partial \Omega^1}{\partial x^4} - \frac{\partial \Omega^4}{\partial x^1} \\ \frac{\partial \Omega^2}{\partial x^1} - \frac{\partial \Omega^1}{\partial x^2} & 0 & \frac{\partial \Omega^2}{\partial x^3} - \frac{\partial \Omega^3}{\partial x^2} & \frac{\partial \Omega^2}{\partial x^4} - \frac{\partial \Omega^4}{\partial x^2} \\ \frac{\partial \Omega^3}{\partial x^1} - \frac{\partial \Omega^1}{\partial x^3} & \frac{\partial \Omega^3}{\partial x^2} - \frac{\partial \Omega^2}{\partial x^3} & 0 & \frac{\partial \Omega^3}{\partial x^4} - \frac{\partial \Omega^4}{\partial x^3} \\ \frac{\partial \Omega^4}{\partial x^1} - \frac{\partial \Omega^1}{\partial x^4} & \frac{\partial \Omega^4}{\partial x^2} - \frac{\partial \Omega^2}{\partial x^4} & \frac{\partial \Omega^4}{\partial x^3} - \frac{\partial \Omega^3}{\partial x^4} & 0 \end{pmatrix} \quad (i = \text{Zeile}, k = \text{Spalte})$$

Durch Vergleich mit den Gleichungen (4.78) und (4.79) findet man:

$$(\mathbf{T}^{ik}) = \begin{pmatrix} 0 & -B_z & B_y & -\frac{1}{jc_0}E_x \\ B_z & 0 & -B_x & -\frac{1}{jc_0}E_y \\ -B_y & B_x & 0 & -\frac{1}{jc_0}E_z \\ \frac{1}{jc_0}E_x & \frac{1}{jc_0}E_y & \frac{1}{jc_0}E_z & 0 \end{pmatrix} \quad (i = \text{Zeile}, k = \text{Spalte}) \tag{4.82}$$

Für den gemäß Gleichung (4.80) definierten speziellen Tensor zweiter Stufe wurde bereits in Abschnitt 3.34.3 Gleichung (3.257) hergeleitet:

$$Div \, \mathbf{T} = grad \, div \, \vec{\Omega} - \Delta \vec{\Omega}$$

Nun wurde aber gezeigt, daß gemäß Gleichung (4.76) $div \, \vec{\Omega} = 0$ gilt, so daß wir erhalten:

$$Div \, \mathbf{T} = -\Delta \vec{\Omega}$$

Aus Gleichung (4.75) folgt damit:

$$Div \, \mathbf{T} = \mu_0 \vec{\Gamma}$$

Um μ_0 von der rechten Seite zu entfernen, definieren wir nun den Erregungstensor

$$\mathbf{f} = \frac{1}{\mu_0}\mathbf{T}, \tag{4.83}$$

der dann gemäß Gleichung (4.80) folgendermaßen definiert ist:

$$\boxed{\mathbf{f}^{ik} = \frac{1}{\mu_0}\left(\frac{\partial\Omega^i}{\partial x_k} - \frac{\partial\Omega^k}{\partial x_i}\right)} \tag{4.84}$$

In Komponentenschreibweise gilt dann gemäß Gleichung (4.82):

$$(\mathbf{f}^{ik}) = \begin{pmatrix} 0 & -H_z & H_y & j\,c_0\,D_x \\ H_z & 0 & -H_x & j\,c_0\,D_y \\ -H_y & H_x & 0 & j\,c_0\,D_z \\ -j\,c_0\,D_x & -j\,c_0\,D_y & -j\,c_0\,D_z & 0 \end{pmatrix} \quad (i = \text{Zeile}, k = \text{Spalte})$$

Die resultierende Gleichung

$$Div\,\mathbf{f} = \vec{\Gamma}$$

soll nun komponentenweise überprüft werden. Die Divergenz eines Tensors zweiter Stufe ist in kartesischen Koordinaten gemäß Gleichung (3.232) definiert als

$$Div\,\mathbf{a} = \frac{\partial \mathbf{a}^{mn}}{\partial \mathbf{x}^m}\,\vec{e}_n.$$

Beachtet man außerdem, daß wegen der Kettenregel $\frac{\partial}{\partial x^4} = \frac{\partial t}{\partial x^4}\frac{\partial}{\partial t} = \frac{1}{j\,c_0}\frac{\partial}{\partial t}$ gilt, so erhält man für die einzelnen Komponenten von $Div\,\mathbf{f}$:

$$(Div\,\mathbf{f})^1 = \frac{\partial H_z}{\partial y} - \frac{\partial H_y}{\partial z} - \frac{\partial D_x}{\partial t}$$
$$(Div\,\mathbf{f})^2 = -\frac{\partial H_z}{\partial x} + \frac{\partial H_x}{\partial z} - \frac{\partial D_y}{\partial t}$$
$$(Div\,\mathbf{f})^3 = \frac{\partial H_y}{\partial x} - \frac{\partial H_x}{\partial y} - \frac{\partial D_z}{\partial t}$$
$$(Div\,\mathbf{f})^4 = j\,c_0\frac{\partial D_x}{\partial x} + j\,c_0\frac{\partial D_y}{\partial y} + j\,c_0\frac{\partial D_z}{\partial z}$$

Die Gleichung $Div\,\mathbf{f} = \vec{\Gamma}$ geht somit unter Verwendung von Gleichung (4.73) über in:

$$\frac{\partial H_z}{\partial y} - \frac{\partial H_y}{\partial z} = J_x + \frac{\partial D_x}{\partial t}$$
$$\frac{\partial H_x}{\partial z} - \frac{\partial H_z}{\partial x} = J_y + \frac{\partial D_y}{\partial t}$$
$$\frac{\partial H_y}{\partial x} - \frac{\partial H_x}{\partial y} = J_z + \frac{\partial D_z}{\partial t}$$

4.8. DIE VIERDIMENSIONALE FORM DER MAXWELLSCHEN GLEICHUNGEN

$$\frac{\partial D_x}{\partial x} + \frac{\partial D_y}{\partial y} + \frac{\partial D_z}{\partial z} = \rho$$

Man sieht nun, daß die Gleichung $Div\ \mathbf{f} = \mathbf{\Gamma}$ (vierdimensionaler Operator) den Maxwellschen Gleichungen

$$rot\ \vec{H} = \vec{J} + \frac{\partial \vec{D}}{\partial t}$$

und

$$div\ \vec{D} = \rho$$

(dreidimensionale Operatoren) entspricht.

Damit ist sofort klar, daß man die zweite Gruppe der Maxwellschen Gleichungen

$$rot\ \vec{E} = -\frac{\partial \vec{B}}{\partial t}$$

und

$$div\ \vec{B} = 0$$

in der Form

$$Div\ \mathbf{F}^* = 0$$

schreiben kann. Man muß im Tensor $\mathbf{f}$ hierzu lediglich die Variablen umbenennen[12] und definiert auf diese Weise den Feldstärketensor:

$$(\mathbf{F}^{*\ ik}) = \begin{pmatrix} 0 & j\,E_z & -j\,E_y & -c_0\,B_x \\ -j\,E_z & 0 & j\,E_x & -c_0\,B_y \\ j\,E_y & -j\,E_x & 0 & -c_0\,B_z \\ c_0\,B_x & c_0\,B_y & c_0\,B_z & 0 \end{pmatrix} \quad (i = \text{Zeile},\ k = \text{Spalte})$$

Wir kontrollieren das Ergebnis wieder komponentenweise: Für die einzelnen Komponenten von $Div\ \mathbf{F}^*$ erhält man:

$$(Div\ \mathbf{F}^*)^1 = -j\frac{\partial E_z}{\partial y} + j\frac{\partial E_y}{\partial z} + \frac{1}{j}\frac{\partial B_x}{\partial t}$$

$$(Div\ \mathbf{F}^*)^2 = j\frac{\partial E_z}{\partial x} - j\frac{\partial E_x}{\partial z} + \frac{1}{j}\frac{\partial B_y}{\partial t}$$

$$(Div\ \mathbf{F}^*)^3 = -j\frac{\partial E_y}{\partial x} + j\frac{\partial E_x}{\partial y} + \frac{1}{j}\frac{\partial B_z}{\partial t}$$

$$(Div\ \mathbf{F}^*)^4 = -c_0\frac{\partial D_x}{\partial x} - c_0\frac{\partial B_y}{\partial y} - c_0\frac{\partial B_z}{\partial z}$$

---

[12]Hier wurde $\vec{H}$ durch $\vec{E}$ und $\vec{D}$ durch $-\vec{B}$ ersetzt sowie ein zusätzlicher Faktor $-j$ eingeführt, um zu [8] äquivalente Ergebnisse zu erhalten. Der willkürliche Faktor $-j$ ändert die Transformationseigenschaften nicht.

Wegen $Div\,\mathbf{F}^* = 0$ folgt somit:
$$\frac{\partial E_z}{\partial y} - \frac{\partial E_y}{\partial z} = -\frac{\partial B_x}{\partial t}$$
$$\frac{\partial E_x}{\partial z} - \frac{\partial E_z}{\partial x} = -\frac{\partial B_y}{\partial t}$$
$$\frac{\partial E_y}{\partial x} - \frac{\partial E_x}{\partial y} = -\frac{\partial B_z}{\partial t}$$
$$\frac{\partial B_x}{\partial x} + \frac{\partial B_y}{\partial y} + \frac{\partial B_z}{\partial z} = 0$$

Nun sieht man sofort, daß die Gleichung $Div\,\mathbf{F}^* = 0$ (vierdimensionaler Operator) den Maxwellschen Gleichungen
$$rot\,\vec{E} = -\frac{\partial \vec{B}}{\partial t}$$
und
$$div\,\vec{B} = 0$$
(dreidimensionale Operatoren) entspricht.

Wir fassen zusammen:

Mit den durch die Matrizen

$$(\mathbf{f}^{ik}) = \begin{pmatrix} 0 & -H_z & H_y & j\,c_0\,D_x \\ H_z & 0 & -H_x & j\,c_0\,D_y \\ -H_y & H_x & 0 & j\,c_0\,D_z \\ -j\,c_0\,D_x & -j\,c_0\,D_y & -j\,c_0\,D_z & 0 \end{pmatrix} \tag{4.85}$$

und

$$(\mathbf{F}^{*\,ik}) = \begin{pmatrix} 0 & j\,E_z & -j\,E_y & -c_0\,B_x \\ -j\,E_z & 0 & j\,E_x & -c_0\,B_y \\ j\,E_y & -j\,E_x & 0 & -c_0\,B_z \\ c_0\,B_x & c_0\,B_y & c_0\,B_z & 0 \end{pmatrix} \tag{4.86}$$

definierten Tensoren $\mathbf{f}$ und $\mathbf{F}^*$ sowie der Viererstromdichte

$$\vec{\Gamma} = \begin{pmatrix} J_x \\ J_y \\ J_z \\ jc_0\rho \end{pmatrix}$$

4.9. TRANSFORMATION DES ELEKTROMAGNETISCHEN FELDES 349

lassen sich die Maxwellschen Gleichungen in folgender Form schreiben:

$$\boxed{Div\ \mathbf{f} = \vec{\Gamma}} \tag{4.87}$$

$$\boxed{Div\ \mathbf{F}^* = 0} \tag{4.88}$$

An dieser Stelle sei erwähnt, daß es sich wegen $\mathbf{f}^{ik} = -\mathbf{f}^{ki}$ bzw. $\mathbf{F}^{*\,ik} = -\mathbf{F}^{*\,ki}$ bei den Tensoren $\mathbf{f}$ und $\mathbf{F}^*$ um antisymmetrische Tensoren handelt; ein Tensor $\mathbf{T}$ mit $\mathbf{T}^{ik} = \mathbf{T}^{ki}$ heißt hingegen symmetrisch.

4.9 Transformation des elektromagnetischen Feldes

In diesem Abschnitt soll davon ausgegangen werden, daß das elektromagnetische Feld in einem Bezugssystem K mit den Koordinaten x, y, z bekannt ist. Gesucht ist das elektromagnetische Feld in einem anderen Bezugssystem $\bar{K}$ mit den Koordinaten $\bar{x}$, $\bar{y}$, $\bar{z}$, das sich gegenüber dem ersten mit der Geschwindigkeit v gleichförmig bewegt. Der Übergang vom ersten zum zweiten Koordinatensystem wird somit durch die in Abschnitt 4.1 angegebene spezielle Lorentztransformation vermittelt. Da es sich bei $\mathbf{F}^*$ um einen Tensor zweiter Stufe handelt, lautet die Transformationsvorschrift:

$$\bar{\mathbf{F}}^{*\,ik} = \bar{a}^i_m\,\bar{a}^k_n \mathbf{F}^{*\,mn}$$

Um eine Aussage über die Feldkomponenten treffen zu können, soll diese Gleichung nun komponentenweise aufgeschrieben werden. Wir beginnen mit $i = 1$ und $k = 2$:

$$\bar{\mathbf{F}}^{*\,12} = \bar{a}^1_m\,\bar{a}^2_n \mathbf{F}^{*\,mn}$$

Die einzige Kombination von m und n, für die sowohl $\bar{a}^1_m$ als auch $\bar{a}^2_n$ ungleich null sind, ist gemäß Gleichung (4.25) $m = 1$ und $n = 2$. Wegen $\bar{a}^1_1 = \bar{a}^2_2 = 1$ gilt:

$$\bar{\mathbf{F}}^{*\,12} = \mathbf{F}^{*\,12}$$

Hieraus folgt wegen Gleichung (4.86) unmittelbar:

$$\bar{E}_z = E_z$$

Die elektrische Feldkomponente, die parallel zur Bewegungsrichtung des zweiten Bezugssystemes gegenüber dem ersten (bzw. des ersten gegenüber dem zweiten) verläuft, ist somit in beiden Bezugssystemen gleich.

Die nächste Komponente lautet:

$$\bar{\mathbf{F}}^{*\,13} = \bar{a}^1_m\,\bar{a}^3_n \mathbf{F}^{*\,mn}$$

Wie bei der letzten Komponente ist auch hier $\bar{a}_m^1$ nur für $m = 1$ ungleich null. $\bar{a}_n^3$ hingegen nimmt für $n = 3$ und $n = 4$ Werte ungleich null an, wie man Gleichung (4.25) entnimmt:

$$\bar{\mathbf{F}}^{*\,13} = \bar{a}_1^1\,\bar{a}_3^3\mathbf{F}^{*\,13} + \bar{a}_1^1\,\bar{a}_4^3\mathbf{F}^{*\,14} = \frac{1}{\sqrt{1-\frac{v^2}{c_0^2}}}\mathbf{F}^{*\,13} + j\frac{\frac{v}{c_0}}{\sqrt{1-\frac{v^2}{c_0^2}}}\mathbf{F}^{*\,14}$$

Daraus folgt mit Gleichung (4.86):

$$-j\bar{E}_y = \frac{1}{\sqrt{1-\frac{v^2}{c_0^2}}}\left(-jE_y + j\frac{v}{c_0}(-c_0\,B_x)\right)$$

$$\Rightarrow \bar{E}_y = \frac{1}{\sqrt{1-\frac{v^2}{c_0^2}}}\left(E_y + v\,B_x\right) \tag{4.89}$$

Die x-Komponente des elektrischen Feldes erhält man aus $\bar{\mathbf{F}}^{*\,23}$:

$$\bar{\mathbf{F}}^{*\,23} = \bar{a}_m^2\,\bar{a}_n^3\mathbf{F}^{*\,mn}$$

Gemäß Gleichung (4.25) ist $\bar{a}_m^2$ nur für $m = 2$ ungleich null. $\bar{a}_n^3$ nimmt für $n = 3$ und $n = 4$ Werte ungleich null an:

$$\bar{\mathbf{F}}^{*\,23} = \bar{a}_2^2\,\bar{a}_3^3\mathbf{F}^{*\,23} + \bar{a}_2^2\,\bar{a}_4^3\mathbf{F}^{*\,24} = \frac{1}{\sqrt{1-\frac{v^2}{c_0^2}}}\mathbf{F}^{*\,23} + j\frac{\frac{v}{c_0}}{\sqrt{1-\frac{v^2}{c_0^2}}}\mathbf{F}^{*\,24}$$

Daraus folgt:

$$j\bar{E}_x = \frac{1}{\sqrt{1-\frac{v^2}{c_0^2}}}\left(jE_x + j\frac{v}{c_0}(-c_0\,B_y)\right)$$

$$\Rightarrow \bar{E}_x = \frac{1}{\sqrt{1-\frac{v^2}{c_0^2}}}\left(E_x - v\,B_y\right) \tag{4.90}$$

Analog können die magnetischen Flußdichtekomponenten bestimmt werden:

$$\bar{\mathbf{F}}^{*\,34} = \bar{a}_m^3\,\bar{a}_n^4\mathbf{F}^{*\,mn}$$

$$\Rightarrow \bar{\mathbf{F}}^{*\,34} = \bar{a}_3^3\left(\bar{a}_3^4\,\mathbf{F}^{*\,33} + \bar{a}_4^4\mathbf{F}^{*\,34}\right) + \bar{a}_4^3\left(\bar{a}_3^4\,\mathbf{F}^{*\,43} + \bar{a}_4^4\mathbf{F}^{*\,44}\right)$$

Mit $\mathbf{F}^{*\,33} = \mathbf{F}^{*\,44} = 0$ und $\mathbf{F}^{*\,43} = -\mathbf{F}^{*\,34}$ folgt daraus:

$$\bar{\mathbf{F}}^{*\,34} = \left(\bar{a}_3^3\bar{a}_4^4 - \bar{a}_4^3\bar{a}_3^4\right)\mathbf{F}^{*\,34}$$

$$\Rightarrow \bar{\mathbf{F}}^{*\,34} = \left(\frac{1}{\sqrt{1-\frac{v^2}{c_0^2}}}\frac{1}{\sqrt{1-\frac{v^2}{c_0^2}}} - j\frac{\frac{v}{c_0}}{\sqrt{1-\frac{v^2}{c_0^2}}}(-j)\frac{\frac{v}{c_0}}{\sqrt{1-\frac{v^2}{c_0^2}}}\right)\mathbf{F}^{*\,34} = \mathbf{F}^{*\,34}$$

4.9. TRANSFORMATION DES ELEKTROMAGNETISCHEN FELDES

$$\Rightarrow \bar{B}_z = B_z$$

$$\bar{\mathbf{F}}^{*\,14} = \bar{a}_m^1\,\bar{a}_n^4 \mathbf{F}^{*\,mn}$$

$$\Rightarrow \bar{\mathbf{F}}^{*\,14} = \bar{a}_1^1\,\bar{a}_3^4 \mathbf{F}^{*\,13} + \bar{a}_1^1\,\bar{a}_4^4 \mathbf{F}^{*\,14} = -j\frac{\frac{v}{c_0}}{\sqrt{1-\frac{v^2}{c_0^2}}}\mathbf{F}^{*\,13} + \frac{1}{\sqrt{1-\frac{v^2}{c_0^2}}}\mathbf{F}^{*\,14}$$

$$\Rightarrow -c_0 \bar{B}_x = \frac{1}{\sqrt{1-\frac{v^2}{c_0^2}}}\left(-j\frac{v}{c_0}(-j\,E_y) + (-c_0\,B_x)\right)$$

$$\Rightarrow \bar{B}_x = \frac{1}{\sqrt{1-\frac{v^2}{c_0^2}}}\left(\frac{v}{c_0^2}E_y + B_x\right) \tag{4.91}$$

$$\bar{\mathbf{F}}^{*\,24} = \bar{a}_m^2\,\bar{a}_n^4 \mathbf{F}^{*\,mn}$$

$$\Rightarrow \bar{\mathbf{F}}^{*\,24} = \bar{a}_2^2\,\bar{a}_3^4 \mathbf{F}^{*\,23} + \bar{a}_2^2\,\bar{a}_4^4 \mathbf{F}^{*\,24} = -j\frac{\frac{v}{c_0}}{\sqrt{1-\frac{v^2}{c_0^2}}}\mathbf{F}^{*\,23} + \frac{1}{\sqrt{1-\frac{v^2}{c_0^2}}}\mathbf{F}^{*\,24}$$

$$\Rightarrow -c_0 \bar{B}_y = \frac{1}{\sqrt{1-\frac{v^2}{c_0^2}}}\left(-j\frac{v}{c_0}j\,E_x + (-c_0\,B_y)\right)$$

$$\Rightarrow \bar{B}_y = \frac{1}{\sqrt{1-\frac{v^2}{c_0^2}}}\left(-\frac{v}{c_0^2}E_x + B_y\right) \tag{4.92}$$

Wir setzen nun $\vec{E}_\parallel = \vec{E}_z$ und $\vec{E}_\perp = \vec{E}_x + \vec{E}_y$, da $\vec{E}_z$ parallel zur Geschwindigkeit v gerichtet ist. Berücksichtigt man nun noch, daß

$$\vec{v} \times \vec{E}_\perp = v\vec{e}_z \times (E_x\vec{e}_x + E_y\vec{e}_y) = v\,(E_x\vec{e}_y - E_y\vec{e}_x)$$

und damit auch

$$\vec{v} \times \vec{B}_\perp = v\,(B_x\vec{e}_y - B_y\vec{e}_x)$$

gilt, so erhält man aus den Gleichungen (4.90) und (4.89) bzw. (4.91) und (4.92):

$$\vec{\bar{E}}_\perp = \frac{1}{\sqrt{1-\frac{v^2}{c_0^2}}}\left(\vec{E}_\perp + \vec{v} \times \vec{B}_\perp\right)$$

$$\vec{\bar{B}}_\perp = \frac{1}{\sqrt{1-\frac{v^2}{c_0^2}}}\left(\vec{B}_\perp - \frac{1}{c_0^2}\vec{v} \times \vec{E}_\perp\right)$$

Die bisher hergeleiteten Formeln lassen sich etwas einheitlicher schreiben, wenn man beachtet, daß $\vec{v}$ und $\vec{E}_\parallel$ gleichgerichtet sind. Dann gilt

$$\vec{v} \times \vec{E}_\parallel = 0$$

und damit

$$\vec{v} \times \vec{E} = \vec{v} \times \left(\vec{E}_\parallel + \vec{E}_\perp\right) = \vec{v} \times \vec{E}_\perp$$

Wie man leicht überprüft, hat der Ausdruck $\vec{v} \times \vec{E}_\perp$ nur Komponenten, die senkrecht zu $\vec{v}$ gerichtet sind, so daß gilt:

$$\left(\vec{v} \times \vec{E}\right)_\parallel = 0 \tag{4.93}$$

$$\left(\vec{v} \times \vec{E}\right)_\perp = \vec{v} \times \vec{E}_\perp \tag{4.94}$$

Analog erhält man:

$$\left(\vec{v} \times \vec{B}\right)_\parallel = 0 \tag{4.95}$$

$$\left(\vec{v} \times \vec{B}\right)_\perp = \vec{v} \times \vec{B}_\perp \tag{4.96}$$

Damit lassen sich die Transformationsformeln für das elektromagnetische Feld wie folgt schreiben:

$$\boxed{\vec{\bar{E}}_\parallel = \vec{E}_\parallel = \left(\vec{E} + \vec{v} \times \vec{B}\right)_\parallel} \tag{4.97}$$

$$\boxed{\vec{\bar{E}}_\perp = \frac{1}{\sqrt{1 - \frac{v^2}{c_0^2}}} \left(\vec{E}_\perp + \vec{v} \times \vec{B}_\perp\right) = \left(\frac{\vec{E} + \vec{v} \times \vec{B}}{\sqrt{1 - \frac{v^2}{c_0^2}}}\right)_\perp} \tag{4.98}$$

$$\boxed{\vec{\bar{B}}_\parallel = \vec{B}_\parallel = \left(\vec{B} - \frac{1}{c_0^2}\vec{v} \times \vec{E}\right)_\parallel} \tag{4.99}$$

$$\boxed{\vec{\bar{B}}_\perp = \frac{1}{\sqrt{1 - \frac{v^2}{c_0^2}}} \left(\vec{B}_\perp - \frac{1}{c_0^2}\vec{v} \times \vec{E}_\perp\right) = \left(\frac{\vec{B} - \frac{1}{c_0^2}\vec{v} \times \vec{E}}{\sqrt{1 - \frac{v^2}{c_0^2}}}\right)_\perp} \tag{4.100}$$

Die Feldstärken $\vec{E}$ und $\vec{B}$ werden hierbei in einem x-y-z-Koordinatensystem K gemessen, das sich gegenüber dem $\bar{x}$-$\bar{y}$-$\bar{z}$-Koordinatensystem $\bar{K}$ mit der Geschwindigkeit $-\vec{v}$ gleichförmig bewegt. Dann mißt ein im $\bar{x}$-$\bar{y}$-$\bar{z}$-Koordinatensystem ruhender Beobachter die Feldstärken $\vec{\bar{E}}$ und $\vec{\bar{B}}$.

4.10. RÜCKTRANSFORMATION

Übungsaufgabe 4.5   *Anspruch:* ● ● ○   *Aufwand:* ● ○ ○

Geben Sie Transformationsformeln für $\vec{D}$ und $\vec{H}$ an, die den Gleichungen (4.97), (4.98), (4.99) und (4.100) für $\vec{E}$ und $\vec{B}$ entsprechen.

Hinweis:

Analysieren Sie die Tensoren **f** und **F*** und schreiben Sie dann die genannten vier Gleichungen einfach um.

4.10 Rücktransformation

Die Gleichungen (4.97) bis (4.100) sollen nun nach den Vektoren $\vec{E}_\parallel$, $\vec{E}_\perp$, $\vec{H}_\parallel$ und $\vec{H}_\perp$ aufgelöst werden. Aus den Gleichungen (4.97) bis (4.100) folgt:

$$\vec{\bar{E}}_\parallel = \vec{E}_\parallel \tag{4.101}$$

$$\vec{\bar{E}}_\perp \sqrt{1 - \frac{v^2}{c_0^2}} = \vec{E}_\perp + \vec{v} \times \vec{B}_\perp \tag{4.102}$$

$$\vec{\bar{B}}_\parallel = \vec{B}_\parallel \tag{4.103}$$

$$\vec{\bar{B}}_\perp \sqrt{1 - \frac{v^2}{c_0^2}} = \vec{B}_\perp - \frac{1}{c_0^2} \vec{v} \times \vec{E}_\perp \tag{4.104}$$

Nun wird Gleichung (4.104) nach $\vec{B}_\perp$ aufgelöst und in Gleichung (4.102) eingesetzt:

$$\vec{\bar{E}}_\perp \sqrt{1 - \frac{v^2}{c_0^2}} = \vec{E}_\perp + \vec{v} \times \vec{\bar{B}}_\perp \sqrt{1 - \frac{v^2}{c_0^2}} + \frac{1}{c_0^2} \vec{v} \times \left(\vec{v} \times \vec{E}_\perp\right)$$

Wegen der in Aufgabe 3.13 auf Seite 247 hergeleiteten Beziehung $\vec{A} \times \left(\vec{B} \times \vec{C}\right) = \vec{B} \left(\vec{A} \cdot \vec{C}\right) - \vec{C} \left(\vec{A} \cdot \vec{B}\right)$ gilt

$$\vec{v} \times \left(\vec{v} \times \vec{E}_\perp\right) = \vec{v} \left(\vec{v} \cdot \vec{E}_\perp\right) - \vec{E}_\perp \left(\vec{v} \cdot \vec{v}\right) = -\vec{E}_\perp v^2$$

und damit:

$$\vec{\bar{E}}_\perp \sqrt{1 - \frac{v^2}{c_0^2}} = \vec{E}_\perp \left(1 - \frac{v^2}{c_0^2}\right) + \vec{v} \times \vec{\bar{B}}_\perp \sqrt{1 - \frac{v^2}{c_0^2}}$$

$$\Rightarrow \vec{E}_\perp = \frac{\vec{\bar{E}}_\perp - \vec{v} \times \vec{\bar{B}}_\perp}{\sqrt{1 - \frac{v^2}{c_0^2}}} \tag{4.105}$$

Um noch $\vec{B}_\perp$ zu erhalten, lösen wir Gleichung (4.102) nach $\vec{E}_\perp$ auf und setzen sie in Gleichung (4.104) ein:

$$\vec{\bar{B}}_\perp \sqrt{1 - \frac{v^2}{c_0^2}} = \vec{B}_\perp - \frac{1}{c_0^2} \vec{v} \times \vec{\bar{E}}_\perp \sqrt{1 - \frac{v^2}{c_0^2}} + \frac{1}{c_0^2} \vec{v} \times \left(\vec{v} \times \vec{B}_\perp\right)$$

Hier gilt analog zu oben $\vec{v} \times (\vec{v} \times \vec{B}_\perp) = -\vec{B}_\perp v^2$, so daß folgt:

$$\vec{\bar{B}}_\perp \sqrt{1 - \frac{v^2}{c_0^2}} = \vec{B}_\perp \left(1 - \frac{v^2}{c_0^2}\right) - \frac{1}{c_0^2} \vec{v} \times \vec{\bar{E}}_\perp \sqrt{1 - \frac{v^2}{c_0^2}}$$

$$\Rightarrow \vec{\bar{B}}_\perp = \frac{\vec{B}_\perp + \frac{1}{c_0^2} \vec{v} \times \vec{E}_\perp}{\sqrt{1 - \frac{v^2}{c_0^2}}} \qquad (4.106)$$

Berücksichtigt man die Gleichungen (4.93) bis (4.96), die natürlich auch für durch einen Querstrich gekennzeichnete Größen gelten, so kann man die Gleichungen (4.101), (4.105), (4.103) und (4.106) folgendermaßen schreiben:

$$\boxed{\vec{\bar{E}}_\parallel = \left(\vec{E} - \vec{v} \times \vec{B}\right)_\parallel} \qquad (4.107)$$

$$\boxed{\vec{\bar{E}}_\perp = \left(\frac{\vec{E} - \vec{v} \times \vec{B}}{\sqrt{1 - \frac{v^2}{c_0^2}}}\right)_\perp} \qquad (4.108)$$

$$\boxed{\vec{\bar{B}}_\parallel = \left(\vec{B} + \frac{1}{c_0^2} \vec{v} \times \vec{E}\right)_\parallel} \qquad (4.109)$$

$$\boxed{\vec{\bar{B}}_\perp = \left(\frac{\vec{B} + \frac{1}{c_0^2} \vec{v} \times \vec{E}}{\sqrt{1 - \frac{v^2}{c_0^2}}}\right)_\perp} \qquad (4.110)$$

Man sieht nun durch Vergleich mit den Gleichungen (4.97) bis (4.100), daß man die durch einen Querstrich gekennzeichneten Größen mit denen ohne Querstrich vertauschen kann, wenn man $\vec{v}$ durch $-\vec{v}$ ersetzt. Auch hier zeigt sich also wieder, daß beide Koordinatensysteme K und $\bar{K}$ gleichberechtigt sind.

Übungsaufgabe 4.6   *Anspruch:* ● ○ ○   *Aufwand:* ● ○ ○

Geben Sie die Umkehrtransformation zu den in Aufgabe 4.5 berechneten Transformationsformeln an.

4.11 Transformation von Ladung und Stromdichte

Nachdem wir das Transformationsverhalten der elektrischen und magnetischen Feldkomponenten untersucht haben, widmen wir uns nun den Transformationseigenschaften der Stromdichte und der Ladungsdichte. Da es sich bei der Viererstromdichte $\vec{\Gamma}$ um einen Vierervektor handelt, gilt für ihre Komponenten das Transformationsgesetz

$$\bar{\Gamma}^i = \bar{a}^i_k \Gamma^k$$

Mit Hilfe von Gleichung (4.25) folgt hieraus:

$$\bar{\Gamma}^1 = \Gamma^1$$
$$\bar{\Gamma}^2 = \Gamma^2$$
$$\bar{\Gamma}^3 = \frac{1}{\sqrt{1-\frac{v^2}{c_0^2}}}\Gamma^3 + j\frac{v/c_0}{\sqrt{1-\frac{v^2}{c_0^2}}}\Gamma^4$$
$$\bar{\Gamma}^4 = -j\frac{v/c_0}{\sqrt{1-\frac{v^2}{c_0^2}}}\Gamma^3 + \frac{1}{\sqrt{1-\frac{v^2}{c_0^2}}}\Gamma^4$$

Setzen wir nun die Komponenten der Viererstromdichte gemäß Gleichung (4.73) ein, so erhalten wir:

$$\bar{J}_x = J_x \tag{4.111}$$
$$\bar{J}_y = J_y \tag{4.112}$$
$$\bar{J}_z = \frac{J_z - v\rho}{\sqrt{1-\frac{v^2}{c_0^2}}} \tag{4.113}$$
$$\bar{\rho} = \frac{\rho - \frac{v}{c_0^2}J_z}{\sqrt{1-\frac{v^2}{c_0^2}}} \tag{4.114}$$

Diese Gleichungen kann man in verallgemeinerter Form folgendermaßen schreiben:

$$\boxed{\vec{\bar{J}}_\perp = \vec{J}_\perp} \tag{4.115}$$

$$\boxed{\vec{\bar{J}}_\| = \left(\frac{\vec{J} - \vec{v}\rho}{\sqrt{1-\frac{v^2}{c_0^2}}}\right)_\|} \tag{4.116}$$

$$\boxed{\bar{\rho} = \frac{\rho - \frac{1}{c_0^2}\vec{v}\cdot\vec{J}}{\sqrt{1-\frac{v^2}{c_0^2}}}} \tag{4.117}$$

Wir betrachten nun im Koordinatensystem K ein abgeschlossenes Volumen, in dem die Ladungsdichte ρ herrsche. Es sollen keine Ströme in das Volumen hinein- oder aus dem Volumen herausfließen, so daß $\vec{J} = 0$ gilt. Die Gesamtladung in dem Volumen beträgt:

$$Q = \int \rho \, dx \, dy \, dz \tag{4.118}$$

Dasselbe Volumen soll nun vom Koordinatensystem $\bar{K}$ aus beobachtet werden. Von Interesse ist dabei, welche Ladung

$$\bar{Q} = \int \bar{\rho} \, d\bar{x} \, d\bar{y} \, d\bar{z} \tag{4.119}$$

dann beobachtet wird. Aus Gleichung (4.114) folgt wegen $\vec{J} = 0$:

$$\bar{\rho} = \frac{\rho}{\sqrt{1 - \frac{v^2}{c_0^2}}}$$

Das Volumenelement erscheint dem Beobachter gemäß der Längenkontraktion verkürzt:

$$d\bar{x} = dx, \qquad d\bar{y} = dy, \qquad d\bar{z} = dz\sqrt{1 - \frac{v^2}{c_0^2}}$$

Setzt man die letzten vier Gleichungen in Gleichung (4.119) ein, so erhält man, da die Wurzel wegfällt:

$$\bar{Q} = \int \rho \, dx \, dy \, dz$$

Ein Vergleich mit Gleichung (4.118) zeigt die Gültigkeit der Gleichung

$$\boxed{Q = \bar{Q}.} \tag{4.120}$$

Die in einem Volumen eingeschlossene Ladung ist also invariant gegenüber Lorentztransformationen. Bei Q handelt es sich somit um eine skalare Größe. Im Gegensatz hierzu ist — wie noch gezeigt wird — die Masse m kein Skalar, da sie vom Bezugssystem abhängt. Lediglich die Ruhemasse m_0, die wir in Abschnitt 4.19.6 kennenlernen werden, ist invariant gegenüber Lorentztransformationen.

Der Vollständigkeit wegen leiten wir nun die Umkehrung der Gleichungen (4.111) bis (4.114) her. Multipliziert man Gleichung (4.114) mit v und addiert das Ergebnis zu Gleichung (4.113), so erhält man:

$$\bar{J}_z + v\bar{\rho} = \frac{J_z - \frac{v^2}{c_0^2}J_z}{\sqrt{1 - \frac{v^2}{c_0^2}}}$$

4.11. TRANSFORMATION VON LADUNG UND STROMDICHTE

$$\Rightarrow \bar{J}_z + v\bar{\rho} = \sqrt{1 - \frac{v^2}{c_0^2}} J_z$$

$$\Rightarrow J_z = \frac{\bar{J}_z + v\bar{\rho}}{\sqrt{1 - \frac{v^2}{c_0^2}}}$$

Multipliziert man hingegen Gleichung (4.113) mit $\frac{v}{c_0^2}$ und addiert das Ergebnis zu Gleichung (4.114), so erhält man:

$$\bar{\rho} + \frac{v}{c_0^2} \bar{J}_z = \frac{\rho - \frac{v^2}{c_0^2}\rho}{\sqrt{1 - \frac{v^2}{c_0^2}}}$$

$$\Rightarrow \bar{\rho} + \frac{v}{c_0^2} \bar{J}_z = \sqrt{1 - \frac{v^2}{c_0^2}}\, \rho$$

$$\Rightarrow \rho = \frac{\bar{\rho} + \frac{v}{c_0^2} \bar{J}_z}{\sqrt{1 - \frac{v^2}{c_0^2}}}$$

Zusammenfassend ergibt sich:

$$J_x = \bar{J}_x \qquad (4.121)$$
$$J_y = \bar{J}_y \qquad (4.122)$$
$$J_z = \frac{\bar{J}_z + v\bar{\rho}}{\sqrt{1 - \frac{v^2}{c_0^2}}} \qquad (4.123)$$
$$\rho = \frac{\bar{\rho} + \frac{v}{c_0^2} \bar{J}_z}{\sqrt{1 - \frac{v^2}{c_0^2}}} \qquad (4.124)$$

Auch hier kann man wieder verallgemeinernd schreiben:

$$\boxed{\vec{J}_\perp = \bar{\vec{J}}_\perp} \qquad (4.125)$$

$$\boxed{\vec{J}_\parallel = \left(\frac{\bar{\vec{J}} + \vec{v}\bar{\rho}}{\sqrt{1 - \frac{v^2}{c_0^2}}} \right)_\parallel} \qquad (4.126)$$

$$\boxed{\rho = \frac{\bar{\rho} + \frac{1}{c_0^2} \vec{v} \cdot \bar{\vec{J}}}{\sqrt{1 - \frac{v^2}{c_0^2}}}} \qquad (4.127)$$

Man erkennt, daß sich — wie es das Relativitätsprinzip fordert — Hin- und Rücktransformation lediglich durch das Vorzeichen des Geschwindigkeitsvektors $\vec{v}$ unterscheiden.

Tabelle 4.2: Transformation der Feldkomponenten

$\vec{\bar{E}}_\| = \vec{E}_\| = \left(\vec{E} + \vec{v} \times \vec{B}\right)_\|$	(4.97)	$\vec{E}_\| = \vec{\bar{E}}_\| = \left(\vec{\bar{E}} - \vec{v} \times \vec{\bar{B}}\right)_\|$	(4.107)
$\vec{\bar{E}}_\perp = \left(\dfrac{\vec{E}+\vec{v}\times\vec{B}}{\sqrt{1-\frac{v^2}{c_0^2}}}\right)_\perp$	(4.98)	$\vec{E}_\perp = \left(\dfrac{\vec{\bar{E}}-\vec{v}\times\vec{\bar{B}}}{\sqrt{1-\frac{v^2}{c_0^2}}}\right)_\perp$	(4.108)
$\vec{\bar{B}}_\| = \vec{B}_\| = \left(\vec{B} - \frac{1}{c_0^2}\vec{v}\times\vec{E}\right)_\|$	(4.99)	$\vec{B}_\| = \vec{\bar{B}}_\| = \left(\vec{\bar{B}} + \frac{1}{c_0^2}\vec{v}\times\vec{\bar{E}}\right)_\|$	(4.109)
$\vec{\bar{B}}_\perp = \left(\dfrac{\vec{B}-\frac{1}{c_0^2}\vec{v}\times\vec{E}}{\sqrt{1-\frac{v^2}{c_0^2}}}\right)_\perp$	(4.100)	$\vec{B}_\perp = \left(\dfrac{\vec{\bar{B}}+\frac{1}{c_0^2}\vec{v}\times\vec{\bar{E}}}{\sqrt{1-\frac{v^2}{c_0^2}}}\right)_\perp$	(4.110)
$\vec{\bar{D}}_\| = \vec{D}_\| = \left(\vec{D} + \frac{1}{c_0^2}\vec{v}\times\vec{H}\right)_\|$	(7.150)	$\vec{D}_\| = \vec{\bar{D}}_\| = \left(\vec{\bar{D}} - \frac{1}{c_0^2}\vec{v}\times\vec{\bar{H}}\right)_\|$	(7.154)
$\vec{\bar{D}}_\perp = \left(\dfrac{\vec{D}+\frac{1}{c_0^2}\vec{v}\times\vec{H}}{\sqrt{1-\frac{v^2}{c_0^2}}}\right)_\perp$	(7.151)	$\vec{D}_\perp = \left(\dfrac{\vec{\bar{D}}-\frac{1}{c_0^2}\vec{v}\times\vec{\bar{H}}}{\sqrt{1-\frac{v^2}{c_0^2}}}\right)_\perp$	(7.155)
$\vec{\bar{H}}_\| = \vec{H}_\| = \left(\vec{H} - \vec{v}\times\vec{D}\right)_\|$	(7.148)	$\vec{H}_\| = \vec{\bar{H}}_\| = \left(\vec{\bar{H}} + \vec{v}\times\vec{\bar{D}}\right)_\|$	(7.152)
$\vec{\bar{H}}_\perp = \left(\dfrac{\vec{H}-\vec{v}\times\vec{D}}{\sqrt{1-\frac{v^2}{c_0^2}}}\right)_\perp$	(7.149)	$\vec{H}_\perp = \left(\dfrac{\vec{\bar{H}}+\vec{v}\times\vec{\bar{D}}}{\sqrt{1-\frac{v^2}{c_0^2}}}\right)_\perp$	(7.153)
$\vec{\bar{J}}_\perp = \vec{J}_\perp$	(4.115)	$\vec{J}_\perp = \vec{\bar{J}}_\perp$	(4.125)
$\vec{\bar{J}}_\| = \left(\dfrac{\vec{J}-\vec{v}\rho}{\sqrt{1-\frac{v^2}{c_0^2}}}\right)_\|$	(4.116)	$\vec{J}_\| = \left(\dfrac{\vec{\bar{J}}+\vec{v}\bar{\rho}}{\sqrt{1-\frac{v^2}{c_0^2}}}\right)_\|$	(4.126)
$\bar{\rho} = \dfrac{\rho-\frac{1}{c_0^2}\vec{v}\cdot\vec{J}}{\sqrt{1-\frac{v^2}{c_0^2}}}$	(4.117)	$\rho = \dfrac{\bar{\rho}+\frac{1}{c_0^2}\vec{v}\cdot\vec{\bar{J}}}{\sqrt{1-\frac{v^2}{c_0^2}}}$	(4.127)
	$Q = \bar{Q}$		(4.120)

4.12 Beispiel Plattenkondensator/Bandleitung

Um die Transformationsformeln für das elektromagnetische Feld anwenden zu können, betrachten wir gemäß Abbildung 4.3 einen im x-y-z-Koordinatensystem ruhenden, in $\pm z$-Richtung

4.12. BEISPIEL PLATTENKONDENSATOR/BANDLEITUNG

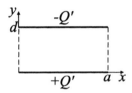

Abbildung 4.3: Plattenkondensator

unendlich ausgedehnten Plattenkondensator. Die Seitenwände bei $x = 0$ bzw. $x = a$ (in der Abbildung gestrichelt gezeichnet) seien magnetisch ideal leitend. Die untere Platte trage den Ladungsbelag

$$Q' = \frac{dQ}{dz},$$

die obere Platte den Ladungsbelag $-Q'$. Bekanntlich hat eine solche Anordnung den Kapazitätsbelag

$$C' = \frac{Q'}{U} = \epsilon_0 \frac{a}{d}$$

und erzeugt ein homogenes elektrostatisches Feld

$$\vec{E} = \frac{U}{d} \vec{e}_y.$$

Beide Formeln zusammengenommen liefern:

$$\vec{E} = \frac{Q'}{\epsilon_0 a} \vec{e}_y$$

Es seien keine sonstigen Ladungen oder Felder vorhanden, so daß $\vec{B} = 0$ gilt.

Wir stellen uns nun vor, daß sich das soeben betrachtete x-y-z-Koordinatensystem mitsamt dem Plattenkondensator mit der Geschwindigkeit $-v_0$ entlang der $\bar{z}$-Achse eines $\bar{x}$-$\bar{y}$-$\bar{z}$-Koordinatensystems bewegt. Gesucht ist das elektromagnetische Feld ($\vec{\bar{E}}$ und $\vec{\bar{B}}$), das ein im $\bar{x}$-$\bar{y}$-$\bar{z}$-Koordinatensystem ruhender Beobachter wahrnimmt. Dieses erhalten wir aus den Formeln (4.97) bis (4.100). Da sowohl $\vec{E}_\parallel$ als auch $\vec{B}$ gleich null sind, erhält man sofort:

$$\vec{\bar{E}}_\parallel = 0$$

$$\vec{\bar{B}}_\parallel = 0$$

$$\vec{\bar{E}}_\perp = \frac{\vec{E}_\perp}{\sqrt{1 - \frac{v^2}{c_0^2}}} = \frac{Q'}{\epsilon_0 a \sqrt{1 - \frac{v^2}{c_0^2}}} \vec{e}_y$$

Nun ist noch $\vec{B}_\perp$ zu bestimmen. Wegen $\vec{v} = v_0\, \vec{e}_z$ gilt[13]

$$\vec{v} \times \vec{E} = -\frac{v_0 Q'}{\epsilon_0 a}\, \vec{e}_x,$$

so daß man erhält:

$$\vec{B}_\perp = \frac{v_0 Q'}{\epsilon_0 a c_0^2 \sqrt{1 - \frac{v_0^2}{c_0^2}}}\, \vec{e}_x$$

Wegen $\vec{B} = \mu_0 \vec{H}$ und $c_0 = \frac{1}{\sqrt{\mu_0 \epsilon_0}}$ folgt:

$$\vec{H}_\perp = \frac{v_0 Q'}{a\sqrt{1 - \frac{v_0^2}{c_0^2}}}\, \vec{e}_x$$

Nun ist zu beachten, daß ein im Koordinatensystem $\bar{K}$ ruhender Beobachter nicht den Ladungsbelag $Q' = \frac{dQ}{dz}$, sondern den Ladungsbelag $\bar{Q}' = \frac{dQ}{d\bar{z}}$ wahrnimmt, also[14]:

$$\bar{Q}' = \frac{dQ}{d\bar{z}} = \frac{dQ}{dz}\frac{dz}{d\bar{z}}$$

Aufgrund der Längenkontraktion gemäß Gleichung (4.41)[15] erscheint dem Beobachter das Längenelement dz verkürzt:

$$d\bar{z} = dz\sqrt{1 - \frac{v_0^2}{c_0^2}}$$

Somit folgt

$$\bar{Q}' = Q'\frac{1}{\sqrt{1 - \frac{v_0^2}{c_0^2}}}$$

und damit:

$$\vec{E} = \vec{E}_\perp = \frac{\bar{Q}'}{\epsilon_0 a}\, \vec{e}_y$$

$$\vec{H}_\perp = \frac{v_0 \bar{Q}'}{a}\, \vec{e}_x$$

Beachtet man noch die Definition des in z-Richtung fließenden Stromes

$$\bar{I} = \frac{dQ}{d\bar{t}} = \frac{dQ}{d\bar{z}}\frac{d\bar{z}}{d\bar{t}} = \bar{Q}'\,(-v_0),$$

---

[13] Bei $\vec{v}$ handelt es sich um die Geschwindigkeit des Koordinatensystems $\bar{K}$ gegenüber K, so daß sich K gegenüber $\bar{K}$ mit der Geschwindigkeit $-\vec{v}$ bewegt.

[14] Bei der Berechnung des Ladungsbelages darf sowohl für K als auch für das Koordinatensystem $\bar{K}$ die Ladung Q eingesetzt werden, da diese gemäß Abschnitt 4.11 invariant gegenüber Lorentztransformationen ist. Demzufolge ist der Ladungsbelag nicht invariant.

[15] Man beachte, daß die Ladungen in K ruhen und nicht in $\bar{K}$, so daß Gleichung (4.41) und nicht Gleichung (4.40) angewandt werden muß.

4.12. BEISPIEL PLATTENKONDENSATOR/BANDLEITUNG

so ergibt sich:
$$\vec{\bar{H}}_\perp = -\frac{\bar{I}}{a}\vec{e}_x$$

Diese Formel hätte sich ebenfalls ergeben, wenn man die Anordnung von Anfang an aus dem $\bar{x}$-$\bar{y}$-$\bar{z}$-Koordinatensystem betrachtet hätte. Dann stellen nämlich die sich in negative $\bar{z}$-Richtung bewegenden Ladungen $+dQ$ einen Strom $-\bar{I}$ dar, während die sich in negative $\bar{z}$-Richtung bewegenden Ladungen $-dQ$ einen Strom $+\bar{I}$ bewirken. Somit liegt eine Bandleitung vor, deren Magnetfeld man leicht zu
$$\vec{\bar{H}} = -\frac{\bar{I}}{a}\vec{e}_x$$
berechnen kann. Dieses Beispiel zeigt, daß ein in einem Koordinatensystem bestehendes, rein elektrostatisches Feld sich einem bewegten Beobachter als elektromagnetisches Feld präsentieren kann.

Wir wollen jetzt die Betrachtungsweise umdrehen. Man kann dann davon ausgehen, daß das Feld der jetzt als in $\bar{K}$ ruhend angenommenen Bandleitung bekannt ist:
$$\vec{\bar{H}} = -\frac{\bar{I}}{a}\vec{e}_x$$
$$\vec{\bar{E}} = \frac{\bar{Q}'}{\epsilon_0 a}\vec{e}_y$$
Wenn man nun annimmt, daß ein Beobachter im Koordinatensystem K ruht, das sich mit der Geschwindigkeit $-v_0\vec{e}_z$ gegenüber der Bandleitung bewegt, dann mißt dieser das elektrostatische Feld des Plattenkondensators:
$$\vec{E} = \frac{Q'}{\epsilon_0 a}\vec{e}_y$$
$$\vec{B} = 0$$
Dies kann man durch Anwendung der Gleichungen (4.97) bis (4.100) bzw. ihrer Umkehrungen leicht überprüfen. Es ist allerdings eines zu beachten: Auch wenn man $\vec{\bar{v}} = -\vec{v}$ definiert, dürfen nicht alle durch einen Querstrich gekennzeichneten Größen mit denen ohne Querstrich vertauscht werden. Die Gleichung
$$\bar{Q}' = Q'\frac{1}{\sqrt{1 - \frac{v_0^2}{c_0^2}}}$$
beispielsweise behält ihre Gültigkeit in dieser Form. Sie beruht nämlich darauf, daß die Ladungen dQ auf der mit z bezeichneten Koordinatenachse ruhen, was objektiv feststellbar ist. Auf der mit $\bar{z}$ bezeichneten Koordinatenachse hingegen ruhen sie nicht. Deshalb ist die Länge $d\bar{z}$ nach wie vor gegenüber der Strecke dz, auf der dQ ruht, verkürzt:
$$d\bar{z} = dz\sqrt{1 - \frac{v_0^2}{c_0^2}}$$

4.13 Dielektrische und permeable Medien

Bei der Herleitung der vierdimensionalen Form der Maxwellgleichungen hatten wir ausschließlich den Fall des Vakuums mit den Materialkonstanten ϵ_0 und μ_0 sowie der Lichtgeschwindigkeit $c_0 = \frac{1}{\sqrt{\epsilon_0 \mu_0}}$ betrachtet. Es stellt sich nun die Frage, wie die Gleichungen zu verallgemeinern sind, wenn man dielektrische und permeable Medien zuläßt.

An dieser Stelle ist darauf hinzuweisen, daß sich in der theoretischen Physik eine andere Betrachtungsweise empfiehlt als bei den meisten ingenieurwissenschaftlichen Problemen. Aus der Sicht der theoretischen Physik beschreiben nämlich die Maxwellgleichungen des Vakuums bereits alle elektromagnetischen Felderscheinungen vollständig. Das Vorhandensein von Materie führt lediglich dazu, daß freie und gebundene Ladungsträger in bestimmter Weise verteilt sind. Dies kann dann nach wie vor mit den Vakuumgleichungen behandelt werden. Für ingenieurwissenschaftliche Aufgabenstellungen ist es hingegen praktikabler, den Materialien bestimmte Materialkonstanten wie die Dielektrizitätskonstante ϵ oder die Permeabilitätskonstante μ zuzuordnen, die den makroskopischen Einfluß sehr vieler solcher Ladungsträger auf das elektromagnetische Feld beschreiben. Dem Zusammenhang zwischen den mikroskopischen Ursachen von Polarisation, Magnetismus oder Leitfähigkeit und den makroskopischen Beschreibungsmöglichkeiten durch ϵ, μ und κ wird beispielsweise in [9] breiter Raum eingeräumt. Als Fazit läßt sich festhalten, daß die Maxwellgleichungen in Materie ein nützliches Mittel für die meisten ingenieurwissenschaftlichen Fragestellungen sind, aber im Sinne einer physikalischen Theorie nicht allgemeiner sind als die Maxwellgleichungen für das Vakuum. Daher verwundert es nicht, wenn sich die Maxwellgleichungen in Materie nicht in einer ganz so eleganten Form schreiben lassen wie die im Vakuum. Insbesondere der Begriff der Allgemeingültigkeit ist deshalb kritisch zu betrachten.

Nach diesen Vorbemerkungen soll nun versucht werden, den makroskopischen Einfluß der Materie in vierdimensionaler Form darzustellen. Im letzten Abschnitt hatten wir gezeigt, daß die vierdimensionalen Maxwellgleichungen (4.87)

$$Div\ \mathbf{f} = \vec{\Gamma}$$

und (4.88)

$$Div\ \mathbf{F}^* = 0$$

direkt auf die gewöhnlichen Maxwellgleichungen für die Feldstärken $\vec{E}, \vec{H}, \vec{D}$ und $\vec{B}$ führen. Dies bedeutet, daß keine Modifikation der vierdimensionalen Maxwellgleichungen (4.87) und (4.88) erforderlich ist, obwohl die Tensoren $\mathbf{f}$ und $\mathbf{F}^*$ nur die Vakuumlichtgeschwindigkeit c_0 und sonst keine Materialkonstanten enthalten. Die Allgemeingültigkeit ist also durch die Definition zweier Tensoren $\mathbf{f}$ und $\mathbf{F}^*$ gewährleistet[16].

Die Materialkonstanten der betrachteten Medien kommen bei den gewöhnlichen Maxwellgleichungen erst durch die Zusammenhänge

$$\vec{D} = \epsilon\ \vec{E}$$

---
[16] Bei einer Beschränkung auf das Vakuum kommt man auch mit einem einzigen Tensor aus.

4.13. DIELEKTRISCHE UND PERMEABLE MEDIEN

$$\vec{B} = \mu \vec{H}$$

ins Spiel. Da die Vektoren $\vec{D}$ und $\vec{H}$ gemäß Gleichung (4.85) Bestandteile des Tensors **f** sind, die Vektoren $\vec{E}$ und $\vec{B}$ laut Gleichung (4.86) jedoch im Tensor **F*** auftreten, besteht also ein Zusammenhang zwischen den Tensoren **f** und **F***, der durch die Materialeigenschaften vorgegeben ist. Diesen Zusammenhang herzustellen wird allerdings dadurch erschwert, daß in **f** die Vektorkomponenten von $\vec{D}$ an anderer Stelle auftreten als die Vektorkomponenten von $\vec{E}$ in **F***. Ebenso tritt $\vec{B}$ in **F*** an anderer Stelle auf als $\vec{H}$ in **f**.

Um diese Schwierigkeit zu umgehen, definiert man eine neue doppelt-indizierte Größe **F**^{ik}, die aus **F**^{*ik} dadurch hervorgeht, daß man die zum Magnetfeld gehörigen Komponenten mit den zum elektrischen Feld gehörigen Komponenten vertauscht. Auf diese Weise erhält man:

$$(\mathbf{F}^{ik}) = \begin{pmatrix} 0 & -c_0\,B_z & c_0\,B_y & j\,E_x \\ c_0\,B_z & 0 & -c_0\,B_x & j\,E_y \\ -c_0\,B_y & c_0\,B_x & 0 & j\,E_z \\ -j\,E_x & -j\,E_y & -j\,E_z & 0 \end{pmatrix} \quad (i = \text{Zeile}, k = \text{Spalte}) \quad (4.128)$$

Hierbei wurde darauf geachtet, daß die Vorzeichen den Vorzeichen im Tensor **f** entsprechen. Ohne Vorüberlegungen wäre es an dieser Stelle äußerst schwierig zu entscheiden, ob es sich bei der so definierten Größe **F** wieder um einen Tensor handelt. Im Anhang 6.19, der auf den Anhängen 6.16 bis 6.18 basiert, wird aber gezeigt, daß die Umwandlung, die von Gleichung (4.86) auf Gleichung (4.128) führt, der Bildung eines dualen Tensors entspricht; es gilt $\mathbf{F}^{ik} = \frac{1}{2}\,e^{iklm}\,\mathbf{F}^*_{lm}$ und $\mathbf{F}^{*ik} = \frac{1}{2}\,e^{iklm}\,\mathbf{F}_{lm}$. Somit ist **F** in der Tat ein Tensor zweiter Stufe. Die Dualität von **F** zu **F*** wird durch den hochgestellten Stern angedeutet[17].

Wir beginnen nun, den Zusammenhang zwischen den $\mathbf{f}^{ik}$ und den $\mathbf{F}^{ik}$ für $i=1$ und $k=2$ für isotrope Materialien zu untersuchen:
Es gilt:

$$\frac{\mathbf{F}^{12}}{\mathbf{f}^{12}} = \frac{-c_0\,B_z}{-H_z} = c_0\,\mu = \frac{1}{\sqrt{\epsilon_0\mu_0}}\mu = \sqrt{\frac{\mu_0}{\epsilon_0}}\mu_r = Z_0\,\mu_r$$

Man überzeugt sich leicht davon, daß dieser Zusammenhang für alle $i,k \in \{1,2,3\}$ gilt. Für $i=1$ und $k=4$ hingegen gilt beispielsweise:

$$\frac{\mathbf{f}^{14}}{\mathbf{F}^{14}} = \frac{j\,c_0\,D_x}{j\,E_x} = c_0\,\epsilon = \frac{1}{\sqrt{\epsilon_0\mu_0}}\epsilon = \sqrt{\frac{\epsilon_0}{\mu_0}}\epsilon_r = Z_0^{-1}\,\epsilon_r$$

---

[17] Im Rahmen dieses Buches wäre es logischer gewesen, den als erstes aufgetretenen Tensor **F*** als **F** zu bezeichnen. Hierdurch wären die Rollen von **F*** und **F** vertauscht worden. Dies wurde jedoch vermieden, um konform mit [8] zu bleiben.

Den gleichen Quotienten findet man für alle anderen Komponenten, bei denen i oder k gleich 4 ist. Insgesamt erhalten wir:

$$\boxed{\mathbf{F}^{ik} = \begin{cases} \mu_r \, Z_0 \, \mathbf{f}^{ik} & \text{für } i \neq 4 \wedge k \neq 4 \\ \frac{1}{\epsilon_r} Z_0 \, \mathbf{f}^{ik} & \text{für } i = 4 \vee k = 4 \end{cases}} \quad (4.129)$$

Für anisotrope Medien, bei denen die Vektoren $\vec{D}$ und $\vec{E}$ einerseits und die Vektoren $\vec{B}$ und $\vec{H}$ andererseits durch dreidimensionale Permittivitäts- bzw. Permeabilitäts-Tensoren miteinander verknüpft sind, gilt natürlich ein entsprechend komplizierterer Zusammenhang.

Im Vakuum folgt aus Gleichung (4.129) wegen $\epsilon_r = 1$ und $\mu_r = 1$ die einfache Tensorbeziehung

$$\mathbf{F} = Z_0 \, \mathbf{f}.$$

Nun stellt sich die Frage, wie sich die Materialgleichungen

$$\vec{D} = \epsilon \, \vec{E},$$
$$\vec{B} = \mu \, \vec{H}$$

und

$$\vec{J} = \kappa \, \vec{E},$$

die in dem Inertialsystem gelten, in dem das Medium mit den Materialkonstanten ϵ, μ bzw. κ ruht, in ein relativ dazu bewegtes Inertialsystem transformieren. Dies ist Gegenstand von Aufgabe 4.7.

Übungsaufgabe 4.7 *Anspruch:* ● ● ○ *Aufwand:* ● ● ○

Nehmen Sie an, daß im Koordinatensystem $\bar{K}$ ein Material mit der Dielektrizitätskonstante ϵ und der Permeabilitätskonstante μ ruht. Dann gelten die Beziehungen

$$\vec{\bar{D}} = \epsilon \, \vec{\bar{E}},$$
$$\vec{\bar{B}} = \mu \, \vec{\bar{H}}$$

1. Drücken Sie nun alle zu $\bar{K}$ gehörigen Feldstärken durch solche, die zu K gehören, aus. Geben Sie auf diese Weise zunächst $\vec{D}_\parallel$ und $\vec{B}_\parallel$ in Abhängigkeit von $\vec{E}_\parallel$ und $\vec{H}_\parallel$ an.

2. Geben Sie $\vec{D}_\perp$ und $\vec{B}_\perp$ in Abhängigkeit von $\vec{E}_\perp$ und $\vec{H}_\perp$ an.

3. Nehmen Sie nun an, daß das Medium leitfähig ist, so daß

$$\vec{\bar{J}} = \kappa \, \vec{\bar{E}}$$

gilt. Geben Sie jetzt $\vec{J}_\parallel$ bzw. $\vec{J}_\perp$ in Abhängigkeit von $\vec{E}_\parallel$ bzw. $\vec{E}_\perp$ und $\vec{B}_\perp$ an.

4. Interpretieren Sie die Ergebnisse.

4.14 Gleichförmig bewegte Ladung

Nachdem die Transformationsgesetze für die elektromagnetischen Feldkomponenten hergeleitet wurden, ist es einfach, das Feld einer gleichförmig bewegten Ladung herzuleiten. Hierzu nehmen wir an, daß die Punktladung Q im Ursprung des Koordinatensystems $\bar{K}$ ruht. Ein im Koordinatensystem K ruhender Beobachter sieht dann eine Ladung, die mit der Geschwindigkeit v in positiver z-Richtung fliegt.

Die ruhende Ladung verursacht bekanntlich das elektrostatische Feld

$$\vec{\bar{E}}(\vec{\bar{r}}) = \frac{Q}{4\pi\epsilon_0 \bar{r}^2} \vec{e}_{\bar{r}} \tag{4.130}$$

Hierbei ist $\vec{e}_{\bar{r}}$ ein Einheitsvektor in Richtung des Ortsvektors $\vec{\bar{r}}$. Mit

$$\vec{\bar{r}} = \bar{x}\,\vec{e}_x + \bar{y}\,\vec{e}_y + \bar{z}\,\vec{e}_z$$

gilt also

$$\vec{e}_{\bar{r}} = \frac{\bar{x}\,\vec{e}_x + \bar{y}\,\vec{e}_y + \bar{z}\,\vec{e}_z}{\sqrt{\bar{x}^2 + \bar{y}^2 + \bar{z}^2}}.$$

Damit folgt aus Gleichung (4.130):

$$\bar{E}_x = \frac{Q\,\bar{x}}{4\pi\epsilon_0\left(\bar{x}^2 + \bar{y}^2 + \bar{z}^2\right)^{3/2}} \tag{4.131}$$

$$\bar{E}_y = \frac{Q\,\bar{y}}{4\pi\epsilon_0\left(\bar{x}^2 + \bar{y}^2 + \bar{z}^2\right)^{3/2}} \tag{4.132}$$

$$\bar{E}_z = \frac{Q\,\bar{z}}{4\pi\epsilon_0\left(\bar{x}^2 + \bar{y}^2 + \bar{z}^2\right)^{3/2}} \tag{4.133}$$

Nun läßt sich das Feld, das der im Koordinatensystem K ruhende Beobachter mißt, aus den Gleichungen (4.107) bis (4.110) leicht berechnen. Zunächst bestimmen wir hierzu das Kreuzprodukt $\vec{v} \times \vec{\bar{E}}$. Wegen $\vec{v} = v\,\vec{e}_z$ folgt aus den Gleichungen (4.131) bis (4.133):

$$\vec{v} \times \vec{\bar{E}} = \frac{Q\,v}{4\pi\epsilon_0\left(\bar{x}^2 + \bar{y}^2 + \bar{z}^2\right)^{3/2}} \left(\bar{x}\,\vec{e}_y - \bar{y}\,\vec{e}_x\right)$$

Setzt man dieses Ergebnis in die Gleichungen (4.107) bis (4.110) ein, so erhält man wegen $\vec{\bar{B}} = 0$:

$$\vec{E}_\| = \frac{Q}{4\pi\epsilon_0\left(\bar{x}^2 + \bar{y}^2 + \bar{z}^2\right)^{3/2}}\,\bar{z}\,\vec{e}_z$$

$$\vec{E}_\perp = \frac{Q}{4\pi\epsilon_0\sqrt{1 - \frac{v^2}{c_0^2}}\left(\bar{x}^2 + \bar{y}^2 + \bar{z}^2\right)^{3/2}} \left(\bar{x}\,\vec{e}_x + \bar{y}\,\vec{e}_y\right)$$

$$\vec{B}_\parallel = 0$$

$$\vec{B}_\perp = \frac{1}{c_0^2 \sqrt{1-\frac{v^2}{c_0^2}}} \frac{Q\,v}{4\pi\epsilon_0\left(\bar{x}^2+\bar{y}^2+\bar{z}^2\right)^{3/2}} \left(\bar{x}\,\vec{e}_y - \bar{y}\,\vec{e}_x\right)$$

Berücksichtigt man nun die Gleichungen (4.26) bis (4.28)

$$\bar{x} = x$$
$$\bar{y} = y$$
$$\bar{z} = \frac{z-vt}{\sqrt{1-\frac{v^2}{c_0^2}}},$$

so lassen sich die beiden Gleichungen für die elektrische Feldstärke bzw. die zwei Gleichungen für die magnetische Flußdichte zu jeweils einer einzigen zusammenfassen:

$$\vec{E} = \frac{Q}{4\pi\epsilon_0 \sqrt{1-\frac{v^2}{c_0^2}} \left(x^2+y^2+\frac{(z-vt)^2}{1-\frac{v^2}{c_0^2}}\right)^{3/2}} \left(x\,\vec{e}_x + y\,\vec{e}_y + (z-vt)\,\vec{e}_z\right) \qquad (4.134)$$

$$\vec{B} = \frac{1}{c_0^2 \sqrt{1-\frac{v^2}{c_0^2}}} \frac{Q\,v}{4\pi\epsilon_0 \left(x^2+y^2+\frac{(z-vt)^2}{1-\frac{v^2}{c_0^2}}\right)^{3/2}} \left(x\,\vec{e}_y - y\,\vec{e}_x\right)$$

Damit ist das elektromagnetische Feld einer gleichförmig bewegten Ladung vollständig bestimmt. Man sieht, daß sich für kleine Geschwindigkeiten $v \ll c_0$ die elektrische Feldstärke darstellen läßt als:

$$\vec{E} \approx \frac{Q}{4\pi\epsilon_0\left(x^2+y^2+(z-vt)^2\right)^{3/2}} \left(x\,\vec{e}_x + y\,\vec{e}_y + (z-vt)\,\vec{e}_z\right)$$

Diese Näherung ist identisch mit dem Ausdruck, den man erhält, wenn man das elektrostatische Feld einer Ladung im Punkte $(0,0,vt)$ bestimmt, ohne zu berücksichtigen, daß die Ladung bewegt wird. Als Näherung für $v \ll c_0$ ist es also offenbar zulässig, die Ladung als ruhend anzunehmen. Natürlich kann man dann kein Magnetfeld bestimmen.

Zum Abschluß soll der Ausdruck für die magnetische Flußdichte weiter umgeformt werden. Mit $c_0 = \frac{1}{\sqrt{\mu_0\epsilon_0}}$ folgt:

$$\vec{B} = \frac{\mu_0}{4\pi \sqrt{1-\frac{v^2}{c_0^2}}} \frac{Q\,v}{\left(x^2+y^2+\frac{(z-vt)^2}{1-\frac{v^2}{c_0^2}}\right)^{3/2}} \left(x\,\vec{e}_y - y\,\vec{e}_x\right) \qquad (4.135)$$

4.15. GESETZ VON BIOT-SAVART

Zum Abschluß dieses Abschnitts betrachten wir den interessanten Spezialfall, daß sich eine zweite Punktladung q parallel zu Q mit derselben Geschwindigkeit $\vec{u} = v\,\vec{e}_z$ bewegt. Gemäß Gleichung (1.116) wirkt auf die Ladung q die Kraft

$$\vec{F} = q\left(\vec{E} + \vec{u} \times \vec{B}\right) =$$
$$= \frac{1}{\epsilon_0} \frac{qQ}{4\pi\sqrt{1-\frac{v^2}{c_0^2}}\left(x^2 + y^2 + \frac{(z-vt)^2}{1-\frac{v^2}{c_0^2}}\right)^{3/2}} (x\,\vec{e}_x + y\,\vec{e}_y + (z-vt)\,\vec{e}_z) +$$
$$+ \mu_0 v^2 \frac{qQ}{4\pi\sqrt{1-\frac{v^2}{c_0^2}}\left(x^2 + y^2 + \frac{(z-vt)^2}{1-\frac{v^2}{c_0^2}}\right)^{3/2}} (-x\,\vec{e}_x - y\,\vec{e}_y)$$

Hier wurden die Gleichungen (4.134) und (4.135) eingesetzt. Auffallend ist nun, daß sich die transversalen magnetischen und elektrischen Kräfte um so besser kompensieren, je genauer $1/\epsilon_0$ und $\mu_0 v^2$ übereinstimmen. Für $v = c_0 = \frac{1}{\sqrt{\epsilon_0 \mu_0}}$ schließlich verschwindet die transversale Kraft völlig. Mit anderen Worten: Je mehr sich die Geschwindigkeit beider Teilchen der Lichtgeschwindigkeit annähert, desto weniger abstoßende (im Falle gleichen Vorzeichens der Ladungen) bzw. anziehende (im Falle gegensinnigen Vorzeichens der Ladungen) Transversalkräfte wirken zwischen ihnen.

4.15 Gesetz von Biot-Savart

Das Gesetz von Biot-Savart gestattet es bekanntlich, das Magnetfeld eines unendlich dünnen, stromdurchflossenen Drahtes zu bestimmen. Wir wollen dieses Gesetz zunächst herleiten, um anschließend einen Vergleich mit bewegten Ladungen durchzuführen.

4.15.1 Herleitung

Dem Biot-Savartschen Gesetz liegt die Magnetostatik zugrunde. Es ist also Gleichung (1.142) zu erfüllen:

$$\Delta \vec{A} = -\mu \vec{J}$$

Mit Gleichung (1.15) folgen daraus drei skalare Differentialgleichungen:

$$\Delta A_x = -\mu J_x \qquad (4.136)$$
$$\Delta A_y = -\mu J_y \qquad (4.137)$$
$$\Delta A_z = -\mu J_z \qquad (4.138)$$

In Abschnitt 1.3.6.4 hatten wir bereits gesehen, daß die Differentialgleichung (1.125)

$$\Delta \Phi = -\frac{\rho}{\epsilon}$$

für das elektrostatische Potential die Lösung

$$\Phi(\vec{r}) = \frac{1}{4\pi\epsilon} \int_V \frac{\rho(\vec{r}_0)}{|\vec{r} - \vec{r}_0|} dV_0 \tag{4.139}$$

besitzt. Da jede der drei Gleichungen (4.136) bis (4.138) dieselbe Form hat wie die Poissongleichung (1.125), läßt sich deren Lösung einfach angeben. Ersetzt man in Gleichung (1.125) nämlich beispielsweise ρ durch J_x, Φ durch A_x und $\frac{1}{\epsilon}$ durch μ, so ist das Ergebnis identisch mit Gleichung (4.136). Nimmt man dieselben Umbenennungen in Gleichung (4.139) vor, so erhält man zwangsläufig eine Lösung von Gleichung (4.136):

$$A_x(\vec{r}) = \frac{\mu}{4\pi} \int_V \frac{J_x(\vec{r}_0)}{|\vec{r} - \vec{r}_0|} dV_0$$

Analog geht man für die anderen beiden Gleichungen vor und erhält:

$$A_y(\vec{r}) = \frac{\mu}{4\pi} \int_V \frac{J_y(\vec{r}_0)}{|\vec{r} - \vec{r}_0|} dV_0$$

$$A_z(\vec{r}) = \frac{\mu}{4\pi} \int_V \frac{J_z(\vec{r}_0)}{|\vec{r} - \vec{r}_0|} dV_0$$

Diese drei Gleichungen kann man wieder zu einer Vektordarstellung zusammenfassen:

$$\vec{A}(\vec{r}) = \frac{\mu}{4\pi} \int_V \frac{\vec{J}(\vec{r}_0)}{|\vec{r} - \vec{r}_0|} dV_0$$

Dies ist die Lösung der Gleichung (1.142) für eine beliebige Stromverteilung $\vec{J}$. Das Vektorpotential $\vec{A}$ war gemäß Gleichung (1.140) definiert worden als

$$\vec{B} = rot\,\vec{A},$$

so daß für die magnetische Flußdichte unter der Voraussetzung, daß ein homogenes Medium mit $\mu = const.$ vorliegt, folgt:

$$\vec{B}(\vec{r}) = \frac{\mu}{4\pi}\,rot \int_V \frac{\vec{J}(\vec{r}_0)}{|\vec{r} - \vec{r}_0|} dV_0$$

Die Rotation ist hinsichtlich der Komponenten x, y und z des Vektors $\vec{r}$ zu berechnen, da $\vec{A}$ und $\vec{B}$ von $\vec{r}$ abhängen, nicht von $\vec{r}_0$. Die Reihenfolge von Differentiation und Integration läßt sich vertauschen:

$$\vec{B}(\vec{r}) = \frac{\mu}{4\pi} \int_V rot\left(\frac{\vec{J}(\vec{r}_0)}{|\vec{r} - \vec{r}_0|}\right) dV_0 \tag{4.140}$$

Der Ausdruck

$$rot\left(\frac{\vec{J}(\vec{r}_0)}{|\vec{r} - \vec{r}_0|}\right)$$

4.15. GESETZ VON BIOT-SAVART

läßt sich gemäß Gleichung (3.270) berechnen:

$$rot\left(\frac{\vec{J}(\vec{r}_0)}{|\vec{r}-\vec{r}_0|}\right) = \frac{1}{|\vec{r}-\vec{r}_0|} rot\,\vec{J}(\vec{r}_0) - \vec{J}(\vec{r}_0) \times grad\left(\frac{1}{|\vec{r}-\vec{r}_0|}\right)$$

Die Rotation der Stromdichte ist gleich null, da sie nicht von $\vec{r}$, sondern von $\vec{r}_0$ abhängt:

$$rot\left(\frac{\vec{J}(\vec{r}_0)}{|\vec{r}-\vec{r}_0|}\right) = -\vec{J}(\vec{r}_0) \times grad\left(\frac{1}{|\vec{r}-\vec{r}_0|}\right) \qquad (4.141)$$

Nun ist nur noch der Gradient von $\frac{1}{|\vec{r}-\vec{r}_0|}$ zu bestimmen:

$$grad\left(\frac{1}{|\vec{r}-\vec{r}_0|}\right) = grad\left(\frac{1}{\sqrt{(x-x_0)^2+(y-y_0)^2+(z-z_0)^2}}\right) =$$

$$= \vec{e}_x \frac{-2(x-x_0)}{2\left((x-x_0)^2+(y-y_0)^2+(z-z_0)^2\right)^{3/2}} +$$

$$+ \vec{e}_y \frac{-2(y-y_0)}{2\left((x-x_0)^2+(y-y_0)^2+(z-z_0)^2\right)^{3/2}} +$$

$$+ \vec{e}_z \frac{-2(z-z_0)}{2\left((x-x_0)^2+(y-y_0)^2+(z-z_0)^2\right)^{3/2}}$$

$$\Rightarrow grad\left(\frac{1}{|\vec{r}-\vec{r}_0|}\right) = -\frac{\vec{r}-\vec{r}_0}{|\vec{r}-\vec{r}_0|^3}$$

Aus Gleichung (4.141) folgt hiermit:

$$rot\left(\frac{\vec{J}(\vec{r}_0)}{|\vec{r}-\vec{r}_0|}\right) = \frac{\vec{J}(\vec{r}_0) \times (\vec{r}-\vec{r}_0)}{|\vec{r}-\vec{r}_0|^3}$$

Aus Gleichung (4.140) folgt mit diesem Ergebnis schließlich:

$$\vec{B}(\vec{r}) = \frac{\mu}{4\pi} \int_V \frac{\vec{J}(\vec{r}_0) \times (\vec{r}-\vec{r}_0)}{|\vec{r}-\vec{r}_0|^3} dV_0 \qquad (4.142)$$

Dies ist das Gesetz von Biot-Savart für eine beliebige Stromverteilung. Zu beachten ist, daß als Integrationsvariablen die Komponenten x_0, y_0, z_0 des auf den Leiter[18] zeigenden Vektors $\vec{r}_0$ dienen, was durch den Index 0 des Volumenelementes dV_0 angedeutet wird. Der Vektor $\vec{r}$ hingegen zeigt zum Aufpunkt, an dem $\vec{B}$ gemessen wird, und ist im Sinne der Integration als konstant anzusehen.

---

[18] Nur auf dem Leiter ist $\vec{J}(\vec{r}_0)$ ungleich null, so daß auch nur über das vom Leiter eingenommene Volumen integriert werden muß.

Wie oben bereits angedeutet wurde, ist oft ein Spezialfall von Interesse, nämlich ein unendlich dünner Leiter. In vielen Büchern wird in diesem Zusammenhang folgendermaßen argumentiert:

Der Strom im Leiter berechnet sich aus der Stromdichte gemäß $I = J\, A_0$. Multipliziert man diese Gleichung mit ds_0, so erhält man mit $dV_0 = A_0\, ds_0$ die Beziehung

$$J\, dV_0 = I\, ds_0$$

oder — vektoriell geschrieben:

$$\vec{J}\, dV_0 = I\, d\vec{s}_0$$

Damit läßt sich Gleichung (4.142) umwandeln in

$$\vec{B}(\vec{r}) = \frac{\mu\, I}{4\pi} \int_C \frac{d\vec{s}_0 \times (\vec{r} - \vec{r}_0)}{|\vec{r} - \vec{r}_0|^3}.$$

Diese Herleitung liefert zwar das richtige Ergebnis; sie ist jedoch an mehreren Stellen unpräzise. So ist die Stromdichte unendlich groß und die Fläche A_0 unendlich klein, was Zweifel an der Richtigkeit der Grenzübergänge aufkommen läßt. Auch der Übergang von einem Raumintegral zu einem Kurvenintegral erscheint etwas überstürzt. Man kann das Raumintegral zwar gemäß

$$\vec{B}(\vec{r}) = \frac{\mu}{4\pi} \int \left[\int\int \frac{\vec{e}_s(\vec{r}_0) \times (\vec{r} - \vec{r}_0)}{|\vec{r} - \vec{r}_0|^3} J(\vec{r}_0)\, dA_0 \right] ds_0$$

als Dreifachintegral schreiben. Den Strom $I = \int\int J(\vec{r}_0)\, dA_0$ würde man allerdings nur erhalten, wenn man den Ausdruck

$$\frac{\vec{e}_s(\vec{r}_0) \times (\vec{r} - \vec{r}_0)}{|\vec{r} - \vec{r}_0|^3}$$

vor das Flächenintegral ziehen würde. Dies ist aber nur dann erlaubt, wenn der Ausdruck eine Konstante im Sinne der Integration über dA_0 ist. Der Ausdruck hängt jedoch von $\vec{r}_0$ ab, und $\vec{r}_0$ bezeichnet verschiedene Punkte der Integrationsfläche. Man könnte nun wieder einwenden, daß die Integrationsfläche unendlich klein ist, so daß $\vec{r}_0$ ohnehin nur einen Punkt beschreibt. Diese Argumentation hält aber einer streng mathematischen Analyse nicht stand.

Aufgrund der genannten Bedenken wird im folgenden ein ausführlicherer Weg gewählt.

Der unendlich dünne Leiter werde durch eine Kurve im dreidimensionalen Raum beschrieben. Als Parameter diene die Variable s_0, so daß man folgende Kurvenbeschreibung erhält:

$$\vec{r}_L(s_0) = x_0(s_0)\, \vec{e}_x + y_0(s_0)\, \vec{e}_y + z_0(s_0)\, \vec{e}_z$$

Um den Raum beschreiben zu können, der den Leiter umgibt, benötigt man zwei weitere Koordinaten α_0 und β_0. Dann kann man jeden Punkt des Raumes beschreiben durch

$$\vec{r}_0(s_0, \alpha_0, \beta_0) = x_0(s_0, \alpha_0, \beta_0)\, \vec{e}_x + y_0(s_0, \alpha_0, \beta_0)\, \vec{e}_y + z_0(s_0, \alpha_0, \beta_0)\, \vec{e}_z$$

Den Ortsvektor $\vec{r}_L$, der die Punkte des Leiters beschreibt, erhält man für spezielle Werte α_L und β_L von α_0 bzw. β_0. Es gilt also:

$$\vec{r}_L(s_0) = \vec{r}_0(s_0, \alpha_L, \beta_L) \tag{4.143}$$

4.15. GESETZ VON BIOT-SAVART

Wenn in einem unendlich dünnen Leiter ein endlicher Strom fließen soll, dann muß die Stromdichte natürlich unendlich groß sein. Es liegt somit auf der Hand, die Stromdichte mit Hilfe der Diracschen Delta-Distribution zu beschreiben. Die Stromdichte muß genau dann unendlich groß werden, wenn

$$\alpha_0 = \alpha_L \quad \text{und} \quad \beta_0 = \beta_L$$

gilt. Deshalb machen wir den Ansatz:

$$\vec{J}(s_0, \alpha_0, \beta_0) = \tilde{A}\, \delta(\alpha_0 - \alpha_L)\, \delta(\beta_0 - \beta_L)\, \vec{t} \tag{4.144}$$

Hierbei ist $\vec{t}$ ein Tangentenvektor an die durch $\vec{r}_L$ beschriebene Kurve:

$$\vec{t}(s_0) = \frac{d\vec{r}_L}{ds_0}(s_0) \tag{4.145}$$

Der Strom im Leiter muß überall gleich sein, so daß wir fordern müssen:

$$\int_A \vec{J} \cdot d\vec{A} = I$$

Zu integrieren ist hierbei über eine von den Koordinaten α_0 und β_0 aufgespannte Fläche A. Mit Gleichung (1.51) geht das Flächenintegral somit in ein Doppelintegral über:

$$\int\int \vec{J} \cdot \left(\frac{\partial \vec{r}_0}{\partial \alpha_0} \times \frac{\partial \vec{r}_0}{\partial \beta_0} \right) d\alpha_0\, d\beta_0$$

Wir setzen hier die Stromdichte aus Gleichung (4.144) ein und erhalten:

$$\int\int \tilde{A}\, \delta(\alpha_0 - \alpha_L)\, \delta(\beta_0 - \beta_L)\, \vec{t} \cdot \left(\frac{\partial \vec{r}_0}{\partial \alpha_0} \times \frac{\partial \vec{r}_0}{\partial \beta_0} \right) d\alpha_0\, d\beta_0 = I$$

Da der Leiter die Fläche A durchstoßen muß, müssen die unteren Integrationsgrenzen kleiner als α_L bzw. β_L sein, die oberen größer. Man erhält somit:

$$\left[\tilde{A}\, \vec{t} \cdot \left(\frac{\partial \vec{r}_0}{\partial \alpha_0} \times \frac{\partial \vec{r}_0}{\partial \beta_0} \right) \right]_{\substack{\alpha_0 = \alpha_L \\ \beta_0 = \beta_L}} = I$$

Mit Hilfe dieser Gleichung läßt sich $\tilde{A}$ also so bestimmen, daß der Strom im Leiter überall den Wert I hat. Das Spatprodukt läßt sich mit Hilfe von Gleichung (6.6) aus Anhang 6.2 als Determinante schreiben, wenn man Gleichung (4.145) berücksichtigt:

$$I = \left[\tilde{A} \begin{vmatrix} \frac{\partial x_0}{\partial s_0} & \frac{\partial x_0}{\partial \alpha_0} & \frac{\partial x_0}{\partial \beta_0} \\ \frac{\partial y_0}{\partial s_0} & \frac{\partial y_0}{\partial \alpha_0} & \frac{\partial y_0}{\partial \beta_0} \\ \frac{\partial z_0}{\partial s_0} & \frac{\partial z_0}{\partial \alpha_0} & \frac{\partial z_0}{\partial \beta_0} \end{vmatrix} \right]_{\substack{\alpha_0 = \alpha_L \\ \beta_0 = \beta_L}} \tag{4.146}$$

Nachdem wir nun die Stromverteilung vollständig bestimmt haben, können wir sie in Gleichung (4.142) einsetzen, wobei Gleichung (4.144) zur Anwendung kommt:

$$\vec{B}(\vec{r}) = \frac{\mu}{4\pi} \int_V \frac{\left(\tilde{A}\, \delta(\alpha_0 - \alpha_L)\, \delta(\beta_0 - \beta_L)\, \vec{t}\right) \times (\vec{r} - \vec{r}_0)}{|\vec{r} - \vec{r}_0|^3} dV_0$$

Das Raumintegral läßt sich gemäß Gleichung (1.54) in ein Dreifachintegral umwandeln:

$$\vec{B}(\vec{r}) = \frac{\mu}{4\pi} \int \int \int \delta(\alpha_0 - \alpha_L)\, \delta(\beta_0 - \beta_L)\, \tilde{A}\, \frac{\vec{t} \times (\vec{r} - \vec{r}_0)}{|\vec{r} - \vec{r}_0|^3}\, \frac{\partial(x_0, y_0, z_0)}{\partial(s_0, \alpha_0, \beta_0)}\, d\alpha_0\, d\beta_0\, ds_0$$

Damit das Volumen V den Leiter vollständig umschließt, müssen auch hier die unteren Integrationsgrenzen kleiner und die oberen größer als α_L bzw. β_L sein. Deshalb folgt weiter:

$$\vec{B}(\vec{r}) = \frac{\mu}{4\pi} \int \left[\tilde{A}\, \frac{\vec{t} \times (\vec{r} - \vec{r}_0)}{|\vec{r} - \vec{r}_0|^3}\, \frac{\partial(x_0, y_0, z_0)}{\partial(s_0, \alpha_0, \beta_0)} \right]_{\substack{\alpha_0 = \alpha_L \\ \beta_0 = \beta_L}} ds_0$$

Gemäß Gleichung (4.143) gilt

$$\vec{r}_0(\alpha_0 = \alpha_L, \beta_0 = \beta_L) = \vec{r}_L.$$

Außerdem hängen $\vec{t}$ und $\vec{r}$ nicht von α_0 und β_0 ab, so daß man erhält:

$$\vec{B}(\vec{r}) = \frac{\mu}{4\pi} \int \left[\tilde{A}\, \frac{\partial(x_0, y_0, z_0)}{\partial(s_0, \alpha_0, \beta_0)} \right]_{\substack{\alpha_0 = \alpha_L \\ \beta_0 = \beta_L}} \frac{\vec{t} \times (\vec{r} - \vec{r}_L)}{|\vec{r} - \vec{r}_L|^3}\, ds_0 \qquad (4.147)$$

Die Funktionaldeterminante $\frac{\partial(x_0,y_0,z_0)}{\partial(s_0,\alpha_0,\beta_0)}$ ist gemäß Gleichung (1.55) definiert als:

$$\frac{\partial(x_0, y_0, z_0)}{\partial(s_0, \alpha_0, \beta_0)} = \begin{vmatrix} \frac{\partial x_0}{\partial s_0} & \frac{\partial x_0}{\partial \alpha_0} & \frac{\partial x_0}{\partial \beta_0} \\ \frac{\partial y_0}{\partial s_0} & \frac{\partial y_0}{\partial \alpha_0} & \frac{\partial y_0}{\partial \beta_0} \\ \frac{\partial z_0}{\partial s_0} & \frac{\partial z_0}{\partial \alpha_0} & \frac{\partial z_0}{\partial \beta_0} \end{vmatrix}$$

Durch Vergleich mit Gleichung (4.146) folgt hieraus:

$$I = \left[\tilde{A}\, \frac{\partial(x_0, y_0, z_0)}{\partial(s_0, \alpha_0, \beta_0)} \right]_{\substack{\alpha_0 = \alpha_L \\ \beta_0 = \beta_L}}$$

Dies ist der Ausdruck, der in Gleichung (4.147) benötigt wird:

$$\vec{B}(\vec{r}) = \frac{\mu}{4\pi} \int I\, \frac{\vec{t} \times (\vec{r} - \vec{r}_L)}{|\vec{r} - \vec{r}_L|^3}\, ds_0$$

4.15. GESETZ VON BIOT-SAVART

Da I überall auf dem Leiter konstant ist und somit nicht von s_0 abhängt, kann man I vor das Integral ziehen:

$$\vec{B}(\vec{r}) = \frac{\mu I}{4\pi} \int \frac{\vec{t} \times (\vec{r} - \vec{r}_L)}{|\vec{r} - \vec{r}_L|^3} \, ds_0$$

Mit Gleichung (4.145)

$$\vec{t} = \frac{d\vec{r}_L}{ds_0} \Rightarrow d\vec{r}_L = ds_0 \, \vec{t}$$

kann man auch schreiben:

$$\vec{B}(\vec{r}) = \frac{\mu I}{4\pi} \int \frac{d\vec{r}_L \times (\vec{r} - \vec{r}_L)}{|\vec{r} - \vec{r}_L|^3} \tag{4.148}$$

Oft wird der Differenzenvektor $\vec{r} - \vec{r}_L$ selbst mit $\vec{r}$ bezeichnet:

$$\vec{B} = \frac{\mu I}{4\pi} \int \frac{d\vec{s} \times \vec{r}}{|\vec{r}|^3} \tag{4.149}$$

Dann sind $d\vec{s}$ und $\vec{r}$ wie folgt zu interpretieren: Der Vektor $d\vec{s}$ ist ein infinitesimal kurzes Stück des vom Strom I durchflossenen Leiters und $\vec{r}$ ein Vektor, der von diesem Stück zum Aufpunkt zeigt, an dem die magnetische Flußdichte $\vec{B}$ gemessen wird.

Bei der Anwendung des Biot-Savartschen Gesetzes ist zu beachten, daß seine Herleitung auf den Bedingungen der Magnetostatik beruht. Unter anderem gilt auch der erste Kirchhoffsche Satz (1.136), so daß kein Volumen existieren darf, in dem sich hinein- und herausfließende Ströme nicht die Waage halten. Der betrachtete Leiter muß also entweder eine geschlossene Schleife bilden, oder seine „Enden" müssen im Unendlichen liegen.

4.15.2 Vergleich mit bewegter Ladung

Wir betrachten nun ein infinitesimal kurzes, in z-Richtung orientiertes Leiterstück, das sich im Punkte $(0, 0, z')$ befindet[19]:

$$d\vec{s} = dz' \, \vec{e}_z$$

Mit $\vec{r} = x \, \vec{e}_x + y \, \vec{e}_y + (z - z') \, \vec{e}_z$ gilt:

$$d\vec{s} \times \vec{r} = dz' \, (x \, \vec{e}_y - y \, \vec{e}_x)$$

---

[19]Da der Aufpunkt mit (x, y, z) gekennzeichnet werden soll, wird die Position $(0, 0, z')$ und somit auch die Länge dz' des Leiterstücks durch einen Strich markiert.

Das Gesetz von Biot-Savart (4.149) liefert also:

$$d\vec{B} = \frac{\mu_0 I}{4\pi} \frac{x\,\vec{e}_y - y\,\vec{e}_x}{\left(x^2 + y^2 + (z-z')^2\right)^{3/2}} dz' \qquad (4.150)$$

Man könnte nun vermuten, daß man das vom Strom I durchflossene Leiterstück der Länge dz' ersetzen darf durch eine Ladung Q, die in der Zeit dt die Strecke dz' zurücklegt. Aus

$$I = \frac{dQ}{dt}$$

würde dann mit der Geschwindigkeit $v = \frac{dz'}{dt}$ der Ladung folgen:

$$I = \frac{dQ}{dz'}\frac{dz'}{dt} = \frac{dQ}{dz'}v$$

Aus Gleichung (4.150) erhielte man dann:

$$d\vec{B} = \frac{\mu_0\,dQ\,v}{4\pi} \frac{x\,\vec{e}_y - y\,\vec{e}_x}{\left(x^2 + y^2 + (z-z')^2\right)^{3/2}} \qquad (4.151)$$

Die exakte Lösung für eine sich momentan im Punkte $(0,0,z')$ befindende Ladung dQ, die sich mit der Geschwindigkeit v bewegt, liefert Gleichung (4.135) für $t = z'/v$:

$$d\vec{B} = \frac{\mu_0}{4\pi\sqrt{1-\frac{v^2}{c_0^2}}} \frac{dQ\,v}{\left(x^2 + y^2 + \frac{(z-z')^2}{1-\frac{v^2}{c_0^2}}\right)^{3/2}} (x\,\vec{e}_y - y\,\vec{e}_x) \qquad (4.152)$$

Wir sehen nun, daß die letzten beiden Gleichungen nur für $v \ll c_0$ übereinstimmen. Das Gesetz von Biot-Savart liefert also offenbar nur eine Näherungslösung. Hierfür sind im wesentlichen zwei Gründe verantwortlich:

1. Die zu Gleichung (4.150) gehörende Feldverteilung

$$\vec{H} \sim \frac{x\vec{e}_y - y\vec{e}_x}{[x^2 + y^2 + (z-z')^2]^{3/2}}$$

wird *nicht* durch ein kurzes Stromelement der Länge dz' mit dem Strom I verursacht. Die Stromverteilung, durch die dieses Feld erzeugt wird, ist nämlich nicht auf die kurze Strecke dz' konzentriert, sondern sie erstreckt sich über den gesamten Raum, wie man durch Anwendung der Gleichung (1.138)

$$\vec{J} = rot\,\vec{H}$$

leicht nachprüft (vgl. auch [10], Abschnitt 5.1). Erst durch die Integration entlang des Leiters ergibt sich die auf den Leiter beschränkte Stromverteilung — alle Stromanteile, die außerhalb des Leiters liegen, heben sich dann gegenseitig auf, wie in Aufgabe 4.8 exemplarisch gezeigt wird.

4.15. GESETZ VON BIOT-SAVART

2. Das Gesetz von Biot-Savart beruht auf der Annahme, daß sich das magnetische Feld zeitlich nicht ändert, da $rot\,\vec{E} = 0$ und damit $\dot{\vec{B}} = 0$ bei seiner Herleitung vorausgesetzt wird. Eine einzelne bewegte Ladung erzeugt aber ein zeitlich veränderliches Magnetfeld. Anders ausgedrückt: Eine einzelne bewegte Ladung führt dazu, daß sich die Ladungsverteilung im Raum zeitlich ändert. Das Gesetz von Biot-Savart läßt sich somit nicht auf eine einzelne bewegte Ladung anwenden, was hier versucht wurde.

Anders sieht die Situation aus, wenn sich die Ladungsverteilung im Raum zeitlich nicht ändert. Dann muß auch das Magnetfeld zeitlich konstant sein, so daß die Voraussetzung zur Anwendung des Biot-Savartschen Gesetzes erfüllt ist. Eine Anordnung, die die genannte Bedingung erfüllt, ist ein unendlich langer, gerader, vom Strom I durchflossener Leiter. Diesen kann man nämlich durch unendlich viele, mit der Geschwindigkeit v gleichförmig bewegte Teilladungen ersetzen. Obwohl sich jede einzelne Ladung bewegt, sieht die Ladungsverteilung dann zu jedem Zeitpunkt gleich aus. Im folgenden soll bestätigt werden, daß dann in der Tat das Gesetz von Biot-Savart auf das gleiche Ergebnis führt wie die Anwendung der Formel für eine gleichförmig bewegte Ladung.

Zunächst wenden wir die oben hergeleitete Formel (4.152) für eine gleichförmig bewegte Ladung dQ an. Die Ladung dQ läßt sich als Element der Linienladung

$$\lambda = \frac{dQ}{dz'}$$

auffassen, so daß aus Gleichung (4.152) folgt:

$$d\vec{B} = \frac{\mu_0}{4\pi\sqrt{1-\frac{v^2}{c_0^2}}} \frac{\lambda\,v}{\left(x^2+y^2+\frac{(z-z')^2}{1-\frac{v^2}{c_0^2}}\right)^{3/2}} (x\,\vec{e}_y - y\,\vec{e}_x)\,dz'$$

Wir integrieren auf beiden Seiten über die gesamte z-Achse und erhalten als magnetische Flußdichte:

$$\vec{B} = \frac{\mu_0}{4\pi\sqrt{1-\frac{v^2}{c_0^2}}} \lambda\,v\,(x\,\vec{e}_y - y\,\vec{e}_x) \int_{-\infty}^{\infty} \frac{1}{\left(x^2+y^2+\frac{(z-z')^2}{1-\frac{v^2}{c_0^2}}\right)^{3/2}}\,dz'$$

Wir erweitern mit $\left(1-\frac{v^2}{c_0^2}\right)^{3/2}$ und erhalten:

$$\vec{B} = \frac{\mu_0}{4\pi}\left(1-\frac{v^2}{c_0^2}\right)\lambda\,v\,(x\,\vec{e}_y - y\,\vec{e}_x) \int_{-\infty}^{\infty} \frac{1}{\left[(x^2+y^2)\left(1-\frac{v^2}{c_0^2}\right) + (z-z')^2\right]^{3/2}}\,dz'$$

Mit der Abkürzung

$$A_1^2 = (x^2+y^2)\left(1-\frac{v^2}{c_0^2}\right) \qquad (4.153)$$

und der Substitution $u = z' - z$ mit $dz' = du$ folgt weiter:

$$\vec{B} = \frac{\mu_0}{4\pi} \left(1 - \frac{v^2}{c_0^2}\right) \lambda\, v\, (x\, \vec{e}_y - y\, \vec{e}_x) \int_{-\infty}^{\infty} \frac{1}{[A_1^2 + u^2]^{3/2}}\, du$$

Der Integrand ist eine gerade Funktion, so daß man als untere Integrationsgrenze 0 wählen kann, wenn man das Ergebnis verdoppelt:

$$\vec{B} = \frac{\mu_0}{2\pi} \left(1 - \frac{v^2}{c_0^2}\right) \lambda\, v\, (x\, \vec{e}_y - y\, \vec{e}_x) \int_{0}^{\infty} \frac{1}{(A_1^2 + u^2)^{3/2}}\, du$$

Einer Formelsammlung wie [5] entnimmt man

$$\int \frac{1}{(A^2 + u^2)^{3/2}}\, du = \frac{u}{A^2\sqrt{A^2 + u^2}} + const.,$$

so daß weiter folgt:

$$\vec{B} = \frac{\mu_0}{2\pi} \left(1 - \frac{v^2}{c_0^2}\right) \lambda\, v\, (x\, \vec{e}_y - y\, \vec{e}_x) \left[\frac{u}{A_1^2\sqrt{A_1^2 + u^2}}\right]_0^{\infty}$$

$$\Rightarrow \vec{B} = \frac{\mu_0}{2\pi} \left(1 - \frac{v^2}{c_0^2}\right) \lambda\, v\, (x\, \vec{e}_y - y\, \vec{e}_x) \frac{1}{A_1^2}$$

Setzt man nun wieder A_1^2 aus Gleichung (4.153) ein, so erhält man:

$$\vec{B} = \frac{\mu_0}{2\pi\, (x^2 + y^2)} \lambda\, v\, (x\, \vec{e}_y - y\, \vec{e}_x) \tag{4.154}$$

Dies ist also das Endergebnis, das man durch die Summation der Beiträge unendlich vieler, gleichförmig bewegter Teilladungen erhält.

Als nächstes wollen wir das Magnetfeld des unendlich langen Leiters mit Hilfe des Biot-Savartschen Gesetzes bestimmen. Hierzu setzen wir in Gleichung (4.151) $dQ = \lambda\, dz'$ und integrieren über die z-Achse:

$$\vec{B} = \frac{\mu_0\, \lambda\, v}{4\pi}\, (x\, \vec{e}_y - y\, \vec{e}_x) \int_{-\infty}^{\infty} \frac{1}{\left(x^2 + y^2 + (z - z')^2\right)^{3/2}}\, dz'$$

Wir kürzen nun ab

$$A_2^2 = x^2 + y^2$$

und substituieren wieder $u = z' - z$:

$$\vec{B} = \frac{\mu_0\, \lambda\, v}{4\pi}\, (x\, \vec{e}_y - y\, \vec{e}_x) \int_{-\infty}^{\infty} \frac{1}{(A_2^2 + u^2)^{3/2}}\, du$$

4.15. GESETZ VON BIOT-SAVART

$$\Rightarrow \vec{B} = \frac{\mu_0 \lambda v}{2\pi} (x\,\vec{e}_y - y\,\vec{e}_x) \int_0^\infty \frac{1}{(A_2^2 + u^2)^{3/2}}\, du$$

$$\Rightarrow \vec{B} = \frac{\mu_0 \lambda v}{2\pi} (x\,\vec{e}_y - y\,\vec{e}_x) \left[\frac{u}{A_2^2 \sqrt{A_2^2 + u^2}} \right]_0^\infty$$

$$\Rightarrow \vec{B} = \frac{\mu_0 \lambda v}{2\pi} (x\,\vec{e}_y - y\,\vec{e}_x) \frac{1}{A_2^2}$$

$$\Rightarrow \vec{B} = \frac{\mu_0 \lambda v}{2\pi (x^2 + y^2)} (x\,\vec{e}_y - y\,\vec{e}_x) \quad (4.155)$$

Dieses, mit Hilfe des Biot-Savartschen Gesetzes hergeleitete Ergebnis ist offenbar identisch mit dem aus der Feldüberlagerung bewegter Einzelladungen gewonnenen Resultat[20] (4.154). Das Ergebnis können wir wie folgt zusammenfassen:

- Das durch das Differential $d\vec{B}$ bzw. $d\vec{H}$ im Biot-Savartschen Gesetz spezifizierte Magnetfeld wird *nicht* durch ein infinitesimal kleines Stromelement erzeugt, sondern durch eine Stromverteilung, die den gesamten Raum einnimmt. Erst durch Integration heben sich die außerhalb des Leiters vorhandenen Stromanteile gegenseitig auf — ein unendlich dünner Stromfaden bleibt übrig.

- Eine einzelne, gleichförmig bewegte Ladung erzeugt ein anderes Feld als das durch das Differential $d\vec{B}$ im Biot-Savartschen Gesetz gegebene. Die gleichförmig bewegte Ladung erzeugt nämlich ein zeitveränderliches Magnetfeld.

- Überlagert man unendlich viele auf der z-Achse verteilte und in z-Richtung gleichförmig bewegte Ladungen, so erzeugen diese dasselbe Feld wie ein Strom I, der entlang der z-Achse fließt. Da die Gesamtanordnung in diesem Falle zu jedem Zeitpunkt gleich aussieht, ist das Magnetfeld nämlich nicht mehr zeitabhängig.

Übungsaufgabe 4.8 *Anspruch:* ● ● ○   *Aufwand:* ● ● ○

Zeigen Sie, daß die Stromverteilung, die zu der durch das Differential $d\vec{B}$ im Biot-Savartschen Gesetz gegebenen Feldverteilung gehört, erst durch Integration auf einen Stromfaden beschränkt wird. Gehen Sie hierzu wie folgt vor:

1. Berechnen Sie die Stromverteilung $\vec{J'} = \mathrm{rot}\,\vec{H}$, durch die das Magnetfeld

$$\vec{H} = K \frac{x\vec{e}_y - y\vec{e}_x}{[x^2 + y^2 + (z-z')^2]^{3/2}}$$

erzeugt wird.

---

[20] Bekanntlich läßt sich das Magnetfeld eines unendlich langen, unendlich dünnen, geraden Leiters darstellen als $\vec{B} = \frac{\mu_0 I}{2\pi \rho}\vec{e}_\varphi$. Man kann leicht überprüfen, daß diese Darstellung mit beiden Ergebnissen (4.154) und (4.155) übereinstimmt, wenn man die Zylinderkoordinaten ρ, φ und z in kartesische Koordinaten x, y und z transformiert.

2. Zeigen Sie nun, daß eine Integration

$$\vec{J} = \int_{-\infty}^{+\infty} \vec{J'} dz'$$

dazu führt, daß für $x^2 + y^2 \neq 0$ überall $\vec{J} = 0$ gilt.

Hinweis:

$$\int \frac{dx}{(x^2+A^2)^{5/2}} = \frac{A^2 x + \frac{2}{3}x^3}{A^4 (x^2+A^2)^{3/2}} + C$$

$$\int \frac{x\,dx}{(x^2+A^2)^{5/2}} = -\frac{1}{3(x^2+A^2)^{3/2}} + C$$

$$\int \frac{x^2\,dx}{(x^2+A^2)^{5/2}} = \frac{x^3}{3A^2(x^2+A^2)^{3/2}} + C$$

4.16 Induktionsgesetz für bewegte Körper

In Abschnitt 1.2.1 wurden die Maxwellgleichungen für ruhende Medien angegeben. Es stellt sich nun die Frage, ob die dort angegebenen Gleichungen auch ihre Gültigkeit behalten, wenn bewegte Materie betrachtet wird. Dies ist insbesondere dann von Interesse, wenn sich elektrisch leitfähige Körper in einem Magnetfeld bewegen, so daß Spannungen induziert werden können.

Hierzu analysieren wir etwas genauer, wie sich das elektrische Feld transformiert. In den Gleichungen (4.97) und (4.98) taucht jeweils der gleiche Ausdruck

$$\boxed{\vec{E}^* = \vec{E} + \vec{v} \times \vec{B}} \tag{4.156}$$

auf, so daß sie sich folgendermaßen schreiben lassen:

$$\vec{E}_\parallel = \vec{E}^*_\parallel$$

$$\vec{E}_\perp = \left(\frac{\vec{E}^*}{\sqrt{1 - \frac{v^2}{c_0^2}}} \right)_\perp$$

Um den Sachverhalt etwas zu vereinfachen, nehmen wir im folgenden an, daß die betrachtete Relativgeschwindigkeit deutlich kleiner als die Lichtgeschwindigkeit c_0 ist; es gelte also $v \ll c_0$. Dann gehen die letzten beiden Gleichungen über in

$$\vec{E}^* \approx \vec{E}. \tag{4.157}$$

4.16. INDUKTIONSGESETZ FÜR BEWEGTE KÖRPER

Bei der oben definierten Größe $\vec{E}^*$ handelt es sich also offenbar um eine Näherung für das elektrische Feld im Koordinatensystem $\bar{K}$, wenn die Relativbewegung zwischen den Koordinatensystemen K und $\bar{K}$ klein gegenüber der Lichtgeschwindigkeit ist. Damit die im folgenden hergeleiteten Gleichungen allgemeingültig bleiben, soll trotzdem mit $\vec{E}^*$ weitergerechnet werden.

Wir lösen Gleichung (4.156) nach $\vec{E}$ auf und setzen sie in Gleichung (1.78) ein:

$$rot\left(\vec{E}^* - \vec{v} \times \vec{B}\right) = -\dot{\vec{B}}$$

Wir integrieren über die Fläche A und erhalten:

$$\Rightarrow \int_A rot\left(\vec{E}^* - \vec{v} \times \vec{B}\right) \cdot d\vec{A} = -\int_A \dot{\vec{B}} \cdot d\vec{A}$$

Mit Hilfe des Stokesschen Satzes folgt:

$$\oint_{\partial A} \left(\vec{E}^* - \vec{v} \times \vec{B}\right) \cdot d\vec{s} = -\int_A \dot{\vec{B}} \cdot d\vec{A}$$

$$\Rightarrow \oint_{\partial A} \vec{E}^* \cdot d\vec{s} = \oint_{\partial A} \left(\vec{v} \times \vec{B}\right) \cdot d\vec{s} - \int_A \dot{\vec{B}} \cdot d\vec{A} \quad (4.158)$$

Dies ist das Induktionsgesetz für bewegte Medien. Bei seiner Anwendung ist zu beachten, daß der Geschwindigkeitsvektor $\vec{v}$ eine Konstante ist, da er die Relativgeschwindigkeit zwischen den Koordinatensystemen K und $\bar{K}$ angibt. Der Vektor $\vec{v}$ ist somit *nicht* die Geschwindigkeit der Materie im Raumpunkt, über den integriert wird.

Wir wollen das Induktionsgesetz zur Veranschaulichung nun auf ein einfaches Beispiel anwenden.

4.16.1 Leiterschleife im Magnetfeld

Eine Leiterschleife bewege sich gemäß Abbildung 4.4 mit der Geschwindigkeit v in einem für $z > 0$ homogenen zeitveränderlichen Magnetfeld. Das Magnetfeld $\vec{B} = B_0\,\vec{e}_x$ kann beispielsweise durch einen ruhenden Elektromagneten erzeugt werden. Zu berechnen ist die induzierte Spannung U_x^*. Der Stern soll hierbei andeuten, daß die Spannung im Koordinatensystem $\bar{K}$ definiert ist.

Wir ordnen dem Elektromagneten das Koordinatensystem K als Ruhesystem zu, während die Leiterschleife in $\bar{K}$ in Ruhe sei. Zweckmäßigerweise wählen wir als Integrationsfläche für das Induktionsgesetz die von der Leiterschleife eingeschlossene Fläche, so daß sich der Rand ∂A aus den Kurven $C_1, C_2, ..., C_6$ zusammensetzt. Wir betrachten zunächst die linke Seite des Induktionsgesetzes (4.158). Sie lautet:

$$\oint_{\partial A} \vec{E}^* \cdot d\vec{s} = \int_{C_1} \vec{E}^* \cdot d\vec{s} + \int_{C_2} \vec{E}^* \cdot d\vec{s} + \int_{C_3} \vec{E}^* \cdot d\vec{s} + \int_{C_4} \vec{E}^* \cdot d\vec{s} + \int_{C_5} \vec{E}^* \cdot d\vec{s} + \int_{C_6} \vec{E}^* \cdot d\vec{s}$$

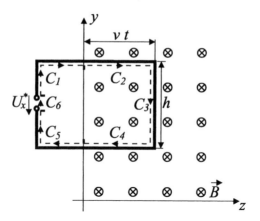

Abbildung 4.4: Bewegte Leiterschleife im Magnetfeld

Man sieht nun sofort, daß das Kurvenintegral über die ersten fünf Teilkurven gleich null ist, da das tangentiale elektrische Feld an der Leiteroberfläche verschwindet. Hierbei ist zu beachten, daß gemäß Gleichung (4.157) $\vec{E}^*$ näherungsweise die Feldstärke im Koordinatensystem $\bar{K}$ ist, in dem der Leiter ruht. Es verbleibt somit ausschließlich das Kurvenintegral über die Teilkurve C_6. Dieses hat den Wert $-U_x^*$, wie man der Abbildung 4.4 entnimmt. Wir erhalten also:

$$\oint_{\partial A} \vec{E}^* \cdot d\vec{s} = -U_x^* \tag{4.159}$$

Als nächstes wenden wir uns dem ersten Integral auf der rechten Seite von Gleichung (4.158) zu. Hierbei ist ebenfalls über die Kurven C_1 bis C_6 zu integrieren:

$$\oint_{\partial A} \left(\vec{v} \times \vec{B}\right) \cdot d\vec{s} = \int_{C_1} \left(\vec{v} \times \vec{B}\right) \cdot d\vec{s} + \int_{C_2} \left(\vec{v} \times \vec{B}\right) \cdot d\vec{s} + \int_{C_3} \left(\vec{v} \times \vec{B}\right) \cdot d\vec{s} +$$
$$+ \int_{C_4} \left(\vec{v} \times \vec{B}\right) \cdot d\vec{s} + \int_{C_5} \left(\vec{v} \times \vec{B}\right) \cdot d\vec{s} + \int_{C_6} \left(\vec{v} \times \vec{B}\right) \cdot d\vec{s}$$

Die Teilintegrale über die Kurven C_1, C_5 und C_6 sind gleich null, da hier $\vec{B} = 0$ gilt. Auch die Teilintegrale über C_2 und C_4 verschwinden, da die Kurven C_2 und C_4 senkrecht zu $\vec{v} \times \vec{B} = vB_0 \vec{e}_y$ verlaufen. Es verbleibt das Teilintegral über Kurve C_3:

$$\oint_{\partial A} \left(\vec{v} \times \vec{B}\right) \cdot d\vec{s} = -hvB_0 \tag{4.160}$$

Als letzes Integral ist das Flächenintegral im Induktionsgesetz (4.158) zu berechnen. Da $\vec{B}$ nur für $z > 0$ ungleich null ist, ist die Leiterschleife zum Zeitpunkt t bis zu einer Tiefe vt in das Magnetfeld eingedrungen. Die von B_0 durchsetzte Fläche ist also hvt, so daß man erhält:

$$\int_A \dot{\vec{B}} \cdot d\vec{A} = \dot{B}_0 hvt \tag{4.161}$$

4.16. INDUKTIONSGESETZ FÜR BEWEGTE KÖRPER

Setzt man die Teilergebnisse (4.159) bis (4.161) in das Induktionsgesetz (4.158) ein, so erhält man:

$$-U_x^* = -hvB_0 - \dot{B}_0\, hvt$$

$$\Rightarrow U_x^* = hvB_0 + \dot{B}_0\, hvt$$

Für einen harmonischen Zeitverlauf $B_0 = \hat{B}_0\, sin(\omega t)$ ergibt sich also beispielsweise die Spannung

$$U_x^* = hv\hat{B}_0\, sin(\omega t) + hvt\hat{B}_0\omega\, cos(\omega t).$$

Der Vollständigkeit wegen sei angemerkt, daß aufgrund der Stetigkeitsbedingungen ein Sprung des Magnetfeldes an der Stelle $z = 0$ von 0 auf einen endlichen Wert natürlich nicht möglich ist. Man kann einen solchen Sprung aber beliebig genau annähern, indem man die Zone, in der ein stetiger Übergang stattfindet, sehr klein macht. Aufgaben dieser Art sind in der Elektrotechnik sehr beliebt. Deshalb behalten wir die Idealisierung eines sich sprunghaft ändernden Magnetfeldes auch im nächsten Beispiel bei.

4.16.2 Unipolare Induktion

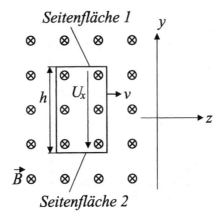

Abbildung 4.5: Bewegter ideal leitfähiger Stab im Magnetfeld

Als weiteres Beispiel betrachten wir nun einen ideal leitfähigen Stab gemäß Abbildung 4.5, der in einem homogenen statischen Magnetfeld bewegt wird. Der Permantentmagnet, der beispielsweise als Erzeuger des Magnetfeldes in Frage kommt, ruhe im Koordinatensystem K. Demzufolge ruhe der Stab im Koordinatensystem $\bar{K}$, das sich mit der Geschwindigkeit v in z-Richtung bewegt.

Wie schon im vorangegangenen Beispiel gilt im Innern des Stabes $\vec{E}^* = 0$, da der Stab in $\bar{K}$ ruht. Aufgrund von Gleichung (4.156) gilt dann

$$\vec{E} + \vec{v} \times \vec{B} = 0,$$

so daß im Koordinatensystem K in y-Richtung die Spannung

$$U_x = \int \vec{E} \cdot d\vec{s} = -\int \left(\vec{v} \times \vec{B}\right) \cdot d\vec{s}$$

gemessen werden kann. Für das Magnetfeld $\vec{B} = B_0 \, \vec{e}_x$ und die Geschwindigkeit $\vec{v} = v\vec{e}_z$ erhält man folgende Spannung zwischen den Seitenflächen 1 und 2 des Stabes:

$$U_x = -\int vB_0 \vec{e}_y \cdot (-\vec{e}_y dy) = +vB_0 h$$

Ein mitbewegter Beobachter mißt hingegen logischerweise die Spannung

$$U_x^* = \int \vec{E}^* \cdot d\vec{s} = 0$$

zwischen allen Seitenflächen des Stabes. Die Spannung U_x läßt sich messen, wenn man an den Seitenflächen 1 und 2 des Stabes Schleifkontakte anbringt, deren Zuleitungen zu einem Spannungsmeßgerät führen. Schleifkontakte, Zuleitungen und Meßgerät ruhen dann im Koordinatensystem K. Man erhält auf diese Weise eine Anordnung nach Abbildung 4.6.

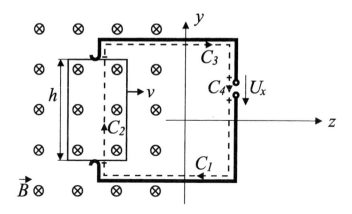

Abbildung 4.6: Bewegter ideal leitfähiger Stab mit Schleifkontakten im Magnetfeld

Die auf diese Weise induzierte Spannung kann man natürlich auch mit Hilfe des Induktionsgesetzes berechnen, was im folgenden gezeigt wird. Hierzu betrachten wir den in Abbildung 4.6 eingezeichneten Umlauf über die Teilkurven C_1 bis C_4. Wir berechnen zunächst wieder das Integral

$$\oint_{\partial A} \vec{E}^* \cdot d\vec{s} = \int_{C_1} \vec{E}^* \cdot d\vec{s} + \int_{C_2} \vec{E}^* \cdot d\vec{s} + \int_{C_3} \vec{E}^* \cdot d\vec{s} + \int_{C_4} \vec{E}^* \cdot d\vec{s}.$$

4.16. INDUKTIONSGESETZ FÜR BEWEGTE KÖRPER

Das Integral über die Teilkurve C_2 ist gleich null, da hier $\vec{E}^* = 0$ gilt. Auf den Kurven C_1 und C_3 ist $\vec{E}^*$ nicht bekannt, so daß wir $\vec{E}^*$ mit Hilfe von Gleichung (4.156) substituieren. Auf diese Weise erhält man:

$$\oint_{\partial A} \vec{E}^* \cdot d\vec{s} = \int_{C_1} \left(\vec{E} + \vec{v} \times \vec{B}\right) \cdot d\vec{s} + \int_{C_3} \left(\vec{E} + \vec{v} \times \vec{B}\right) \cdot d\vec{s} + U_x \quad (4.162)$$

Beim Integral über die Teilkurve C_4 wurde ausgenutzt, daß $\vec{v} \times \vec{B}$ wegen $\vec{B} = 0$ keinen Beitrag liefert. Als nächstes wenden wir uns dem Umlaufintegral

$$\oint_{\partial A} \left(\vec{v} \times \vec{B}\right) \cdot d\vec{s} = \int_{C_1} \left(\vec{v} \times \vec{B}\right) \cdot d\vec{s} + \int_{C_2} \left(\vec{v} \times \vec{B}\right) \cdot d\vec{s} + \int_{C_3} \left(\vec{v} \times \vec{B}\right) \cdot d\vec{s} + \int_{C_4} \left(\vec{v} \times \vec{B}\right) \cdot d\vec{s}$$

zu. Das Integral über die Kurve C_4 fällt weg, da hier kein Magnetfeld vorliegt. Das Integral über Kurve C_2 liefert den Wert $vB_0 h$, so daß wir erhalten:

$$\oint_{\partial A} \left(\vec{v} \times \vec{B}\right) \cdot d\vec{s} = \int_{C_1} \left(\vec{v} \times \vec{B}\right) \cdot d\vec{s} + vB_0 h + \int_{C_3} \left(\vec{v} \times \vec{B}\right) \cdot d\vec{s} \quad (4.163)$$

Berücksichtigen wir nun noch $\dot{\vec{B}} = 0$ und setzen die Gleichungen (4.162) und (4.163) in das Induktionsgesetz (4.158) ein, so folgt:

$$\int_{C_1} \left(\vec{E} + \vec{v} \times \vec{B}\right) \cdot d\vec{s} + \int_{C_3} \left(\vec{E} + \vec{v} \times \vec{B}\right) \cdot d\vec{s} + U_x = \int_{C_1} \left(\vec{v} \times \vec{B}\right) \cdot d\vec{s} + vB_0 h + \int_{C_3} \left(\vec{v} \times \vec{B}\right) \cdot d\vec{s}$$

$$\Rightarrow U_x = vB_0 h$$

Im letzten Schritt wurde ausgenutzt, daß im Koordinatensystem K auf den Kurven C_1 und C_3, also auf den Zuleitungen, $E_t = 0$ gilt. Wir erhalten also die gleiche Spannung wie oben, wobei der Rechenweg allerdings etwas aufwendiger war.

Bei dieser Aufgabe ist es naheliegend, den Fall eines zeitveränderlichen Magnetfeldes zu untersuchen. Man könnte dann zu dem Schluß kommen, daß in Gleichung (4.158) das Integral

$$-\int_A \dot{\vec{B}} \cdot d\vec{A},$$

das für $\dot{\vec{B}} = 0$ bisher weggefallen war, nun lediglich zum Ergebnis

$$U_x = vB_0 h$$

hinzuzuaddieren ist. Dieses Flächenintegral ist allerdings im Gegensatz zu den bisher aufgetretenen Kurvenintegralen von der Wahl der Kurve C_2 im Stab abhängig — diese beeinflußt nämlich die umschlossene Fläche A. Es scheint somit ein Widerspruch vorzuliegen, da die Spannung U_x dann nicht eindeutig bestimmbar wäre.

Diesen Überlegungen liegt jedoch ein Fehler zugrunde. Ein zeitveränderliches Magnetfeld führt nämlich zu Wirbelströmen im elektrisch leitenden Stab. Diese wiederum erzeugen Magnetfelder, die sich dem äußeren Magnetfeld überlagern. Im Falle eines zeitabhängigen Magnetfeldes ist es also unzulässig, eine homogene Feldverteilung anzunehmen. Man kann auch sagen, daß ein zeitveränderliches Magnetfeld nicht in der Lage ist, den Stab ungestört zu durchdringen. Somit ist der oben beschriebene Rechenweg nicht mehr gültig; es liegt kein Widerspruch vor.

Abschließend sei angemerkt, daß diese Überlegungen natürlich auch auf das vorige Beispiel in Abschnitt 4.16.1 anwendbar sind. Allerdings war dort angenommen worden, daß die Leiterschleife unendlich dünn ist. Deshalb kann ein zeitveränderliches Magnetfeld durch sie nicht gestört werden.

4.17 Induktionsgesetz für Materie-abhängige Geschwindigkeit

Bisher hatten wir das Induktionsgesetz in der Form (4.158) kennengelernt, in der ausschließlich das elektrische Feld $\vec{E}^* \approx \vec{\bar{E}}$ des Koordinatensystems $\bar{K}$ auftaucht. Wünschenswert wäre eine Formulierung, bei der für bewegte Materie die Feldstärke im Koordinatensystem $\bar{K}$ auftritt, für unbewegte Materie hingegen die Feldstärke im Koordinatensystem K. Diese soll im folgenden gefunden werden.

Hierzu zerlegen wir den Integrationsweg in solche Kurven C_i, die dem Koordinatensystem K zugeordnet sind, und solche Kurven $\bar{C}_k$, die dem Koordinatensystem $\bar{K}$ zugeordnet sind. Aus Gleichung (4.158) folgt dann:

$$\sum_i \int_{C_i} \vec{E}^* \cdot d\vec{s} + \sum_k \int_{\bar{C}_k} \vec{E}^* \cdot d\vec{s} = \sum_i \int_{C_i} \left(\vec{v} \times \vec{B}\right) \cdot d\vec{s} + \sum_k \int_{\bar{C}_k} \left(\vec{v} \times \vec{B}\right) \cdot d\vec{s} - \int_A \dot{\vec{B}} \cdot d\vec{A}$$

In der ersten Summe ersetzen wir nun $\vec{E}^*$ durch die Definitionsgleichung (4.156):

$$\sum_i \int_{C_i} \left(\vec{E} + \vec{v} \times \vec{B}\right) \cdot d\vec{s} + \sum_k \int_{\bar{C}_k} \vec{E}^* \cdot d\vec{s} = \sum_i \int_{C_i} \left(\vec{v} \times \vec{B}\right) \cdot d\vec{s} + \sum_k \int_{\bar{C}_k} \left(\vec{v} \times \vec{B}\right) \cdot d\vec{s} - \int_A \dot{\vec{B}} \cdot d\vec{A}$$

Nun definieren wir eine neue Feldstärke $\vec{E}^\#$, die für Raumpunkte des Koordinatensystems K gleich $\vec{E}$ und für Raumpunkte des Koordinatensystems $\bar{K}$ gleich $\vec{E}^*$ ist:

$$\vec{E}^\# = \begin{cases} \vec{E} & \text{auf den Kurven } C_i \\ \vec{E}^* & \text{auf den Kurven } \bar{C}_k \end{cases}$$

Hiermit folgt weiter:

$$\oint_{\partial A} \vec{E}^\# \cdot d\vec{s} + \sum_i \int_{C_i} \left(\vec{v} \times \vec{B}\right) \cdot d\vec{s} = \sum_i \int_{C_i} \left(\vec{v} \times \vec{B}\right) \cdot d\vec{s} + \sum_k \int_{\bar{C}_k} \left(\vec{v} \times \vec{B}\right) \cdot d\vec{s} - \int_A \dot{\vec{B}} \cdot d\vec{A}$$

$$\Rightarrow \oint_{\partial A} \vec{E}^\# \cdot d\vec{s} = \sum_k \int_{\bar{C}_k} \left(\vec{v} \times \vec{B}\right) \cdot d\vec{s} - \int_A \dot{\vec{B}} \cdot d\vec{A}$$

4.17. INDUKTION BEI MATERIE-ABHÄNGIGER GESCHWINDIGKEIT

Als nächstes definieren wir eine neue Geschwindigkeit $\vec{v}^\#$, die der Relativgeschwindigkeit des jeweiligen Raumpunktes zum Koordinatensystem K entspricht:

$$\vec{v}^\# = \begin{cases} 0 & \text{auf den Kurven } C_i \\ \vec{v} & \text{auf den Kurven } \bar{C}_k \end{cases}$$

Dann ist es zulässig, auf der rechten Seite die Integrale

$$\sum_i \int_{C_i} \left(\vec{v}^\# \times \vec{B} \right) \cdot d\vec{s}$$

zu addieren, da diese gleich null sind. Außerdem ersetzt man in den Integralen über die Teilkurven $\bar{C}_k$ den Vektor $\vec{v}$ durch $\vec{v}^\#$, da beide Vektoren auf diesen Teilkurven identisch sind. Wir erhalten:

$$\oint_{\partial A} \vec{E}^\# \cdot d\vec{s} = \sum_i \int_{C_i} \left(\vec{v}^\# \times \vec{B} \right) \cdot d\vec{s} + \sum_k \int_{\bar{C}_k} \left(\vec{v}^\# \times \vec{B} \right) \cdot d\vec{s} - \int_A \dot{\vec{B}} \cdot d\vec{A}$$

$$\Rightarrow \boxed{\oint_{\partial A} \vec{E}^\# \cdot d\vec{s} = \oint_{\partial A} \left(\vec{v}^\# \times \vec{B} \right) \cdot d\vec{s} - \int_A \dot{\vec{B}} \cdot d\vec{A}} \qquad (4.164)$$

Dieses Induktionsgesetz hat offenbar die gleiche Form[21] wie das ursprüngliche Induktionsgesetz (4.158). Die Bedeutung der elektrischen Feldstärke und der Geschwindigkeit hat sich jedoch grundlegend geändert. Deshalb sollen die beiden Anwendungsbeispiele nun nochmals behandelt werden, wobei jetzt das neue Induktionsgesetz (4.164) angewandt wird.

4.17.1 Leiterschleife im Magnetfeld

Wir betrachten erneut den in Abbildung 4.4 eingezeichneten Umlauf. Zunächst bestimmen wir das Integral

$$\oint_{\partial A} \vec{E}^\# \cdot d\vec{s}$$

über die Kurven C_1 bis C_6. Die Integrale über die Teilkurven C_1 bis C_5 sind gleich null, da das tangentiale elektrische Feld $\vec{E}_t^\#$ am Leiter (im Ruhesystem des Leiters) gleich null ist. Somit bleibt das Integral über Teilkurve C_6 übrig:

$$\oint_{\partial A} \vec{E}^\# \cdot d\vec{s} = \int_{C_6} \vec{E}^\# \cdot d\vec{s} = -U_x^* \qquad (4.165)$$

Das nächste zu berechnende Integral ist

$$\oint_{\partial A} \left(\vec{v}^\# \times \vec{B} \right) \cdot d\vec{s}.$$

---

[21] Wenn in anderen Büchern ein Induktionsgesetz der betrachteten Form angewandt wird, ist in der Regel Gleichung (4.164) und nicht Gleichung (4.158) gemeint, da der Geschwindigkeitsvektor normalerweise mit der Geschwindigkeit der Materie identifiziert wird.

Auf den Teilkurven C_1, C_5 und C_6 ist dieses Integral gleich null, da dort kein Magnetfeld vorhanden ist. Entlang den Teilkurven C_2 und C_4 verschwindet das Integral ebenfalls, weil dort $\vec{v}^\# \times \vec{B} = vB_0\,\vec{e}_y$ senkrecht zur Kurve verläuft. Somit gilt:

$$\oint_{\partial A} \left(\vec{v}^\# \times \vec{B}\right) \cdot d\vec{s} = \int_{C_3} \left(\vec{v}^\# \times \vec{B}\right) \cdot d\vec{s} = -hvB_0 \tag{4.166}$$

Mit den Gleichungen (4.165) und (4.166) sowie

$$\int_A \dot{\vec{B}} \cdot d\vec{A} = \dot{B}_0\,hvt$$

folgt aus dem Induktionsgesetz (4.164):

$$-U_x^* = -hvB_0 - \dot{B}_0\,hvt$$
$$\Rightarrow U_x^* = hvB_0 + \dot{B}_0\,hvt$$

Wir erhalten also mit dem Induktionsgesetz in der Form (4.164) erwartungsgemäß dasselbe Ergebnis wie in Abschnitt 4.16.1, wo das Induktionsgesetz in der Form (4.158) zugrunde gelegt worden war.

4.17.2 Unipolare Induktion

Als nächstes greifen wir das Beispiel aus Abschnitt 4.16.2 wieder auf und betrachten Abbildung 4.6. Hier ist auf den Kurven C_1, C_2 und C_3 das Integral

$$\int \vec{E}^\# \cdot d\vec{s}$$

gleich null, da diese Kurven ausschließlich durch ideale Leiter verlaufen, wo $\vec{E}^\# = 0$ gilt. Hierbei ist zu beachten, daß $\vec{E}^\#$ als die elektrische Feldstärke in dem Koordinatensystem definiert wurde, in dem das jeweilige Material ruht. Dies ist wichtig, da $\vec{E}$ im Gegensatz zu $\vec{E}^\#$ auf C_2 wegen der Bewegung des Stabes keineswegs verschwindet. Wir erhalten:

$$\oint_{\partial A} \vec{E}^\# \cdot d\vec{s} = \int_{C_4} \vec{E}^\# \cdot d\vec{s} = U_x \tag{4.167}$$

Ebenso ist der Unterschied zwischen der stets konstanten Geschwindigkeit $\vec{v}$ und der Materieabhängigen Geschwindigkeit $\vec{v}^\#$ zu beachten. Letztere ist auf den Kurven C_1, C_3 und C_4 gleich null, da die Leiterschleife ruht. Wir erhalten also:

$$\oint_{\partial A} \left(\vec{v}^\# \times \vec{B}\right) \cdot d\vec{s} = \int_{C_2} \left(\vec{v}^\# \times \vec{B}\right) \cdot d\vec{s} = vB_0\,h \tag{4.168}$$

Setzt man die Gleichungen (4.167) und (4.168) in das Induktionsgesetz (4.164) ein, so erhält man unter der in Abschnitt 4.16.2 getroffenen Voraussetzung $\dot{\vec{B}} = 0$:

$$U_x = vB_0\,h$$

Wir erhalten also mit dem Induktionsgesetz in der Form (4.164) auf sehr einfache Weise dasselbe Ergebnis wie in Abschnitt 4.16.2 mit dem Induktionsgesetz (4.158).

4.18 Magnetischer Fluß und Induktion

In Abschnitt 1.2.2 wurden die Maxwellgleichungen *für ruhende Körper* so umgewandelt, daß sich die induzierte Spannung als Ableitung des magnetischen Flusses Φ nach der Zeit gemäß

$$\oint_{\partial A} \vec{E} \cdot d\vec{s} = -\frac{d\Phi}{dt} \quad \text{mit } \Phi = \int_A \vec{B} \cdot d\vec{A}$$

berechnen läßt. Es stellt sich nun die Frage, ob diese Form des Induktionsgesetzes auch *für bewegte Körper* Gültigkeit besitzt. Wie wir im folgenden sehen werden, ist dies im allgemeinen nicht der Fall. Vielmehr ist das Induktionsgesetz in dieser Form nur für ganz spezielle Fälle richtig, wobei es besonders wichtig ist, alle vorkommenden Größen richtig zu interpretieren. Deshalb wird die Problematik in den folgenden Abschnitten ausführlich behandelt.

4.18.1 In z-Richtung bewegte, rechteckige Integrationsfläche

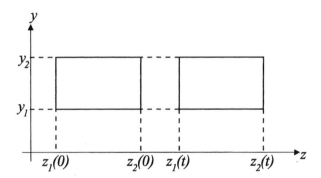

Abbildung 4.7: In z-Richtung bewegte, rechteckige Integrationsfläche

Um dem Leser die Problematik einer bewegten Integrationsfläche zu erläutern, beginnen wir mit dem Spezialfall einer rechteckigen, ebenen, in der y-z-Ebene liegenden und in z-Richtung bewegten Integrationsfläche gemäß Abbildung 4.7. Der magnetische Fluß durch die Fläche läßt sich dann durch ein Doppelintegral bestimmen:

$$\Phi(t) = \int_A \vec{B} \cdot d\vec{A} = \int_{z_1(t)}^{z_2(t)} \int_{y_1}^{y_2} B_x(y, z, t)\, dy\, dz$$

Wir kürzen das innere Integral gemäß

$$f(z, t) = \int_{y_1}^{y_2} B_x(y, z, t)\, dy \tag{4.169}$$

ab und erhalten:
$$\Phi(t) = \int_{z_1(t)}^{z_2(t)} f(z,t)\, dz$$
Besonderer Wert ist hierbei auf die Abhängigkeit der Größen von den Parametern y, z und t zu legen.

Im Anhang 6.4 wird gezeigt, daß ein Integral, bei dem die Integrationsgrenzen von einem Parameter abhängen, gemäß Gleichung (6.16) folgendermaßen nach diesem Parameter zu differenzieren ist:
$$\frac{d\Phi}{dt} = \int_{z_1(t)}^{z_2(t)} \dot{f}(z,t)\, dz + \frac{dz_2}{dt} f(z_2,t) - \frac{dz_1}{dt} f(z_1,t) \tag{4.170}$$

Hierbei sollen $z_1(t)$ und $z_2(t)$ als stetig differenzierbar und f und $\dot{f}$ als stetig vorausgesetzt werden. Wenn wir nun annehmen, daß sich die Integrationsfläche mit der Geschwindigkeit $\vec{v} = v\vec{e}_z$ in z-Richtung bewegt, gilt offenbar
$$\frac{dz_1}{dt} = \frac{dz_2}{dt} = v.$$
Wenn wir außerdem berücksichtigen, daß die Integrationsgrenzen y_1 und y_2 nicht von t abhängen, folgt aus Gleichung (4.169):
$$\dot{f}(z,t) = \int_{y_1}^{y_2} \dot{B}_x(y,z,t)\, dy$$

Hierbei soll B_x und $\dot{B}_x$ als stetig vorausgesetzt werden. Setzt man die letzten beiden Gleichungen in Gleichung (4.170) ein, so erhält man:
$$\frac{d\Phi}{dt} = \int_{z_1(t)}^{z_2(t)} \int_{y_1}^{y_2} \dot{B}_x(y,z,t)\, dy\, dz + v\int_{y_1}^{y_2} B_x(y,z_2,t)\, dy - v\int_{y_1}^{y_2} B_x(y,z_1,t)\, dy \tag{4.171}$$

Wir waren von der Vermutung ausgegangen, daß sich die induzierte Umlaufspannung durch die negative Ableitung des magnetischen Flusses nach der Zeit berechnen läßt, da dies bei ruhenden Integrationsflächen zweifelsfrei gilt. Gemäß Gleichung (4.158) müßte dann $\frac{d\Phi}{dt}$ mit dem Ausdruck
$$-\oint_{\partial A} \left(\vec{v} \times \vec{B}\right) \cdot d\vec{s} + \int_A \dot{\vec{B}} \cdot d\vec{A}$$
übereinstimmen. Wegen $\vec{v} \times \vec{B} = vB_x\vec{e}_y - vB_y\vec{e}_x$ gilt für unseren Spezialfall:
$$-\oint_{\partial A} \left(\vec{v} \times \vec{B}\right) \cdot d\vec{s} + \int_A \dot{\vec{B}} \cdot d\vec{A} =$$
$$= -\left(v\int_{y_1}^{y_2} B_x(y,z_1,t)\, dy + 0 + v\int_{y_2}^{y_1} B_x(y,z_2,t)\, dy + 0\right) + \int_{z_1(t)}^{z_2(t)} \int_{y_1}^{y_2} \dot{B}_x(y,z,t)\, dy\, dz$$

Dieser Ausdruck ist identisch mit dem Ausdruck in Gleichung (4.171), so daß in unserem Spezialfall in der Tat gilt:
$$\frac{d\Phi}{dt} = -\oint_{\partial A} \left(\vec{v} \times \vec{B}\right) \cdot d\vec{s} + \int_A \dot{\vec{B}} \cdot d\vec{A}$$

4.18. MAGNETISCHER FLUSS UND INDUKTION

Mit dieser Gleichung läßt sich das Induktionsgesetz (4.158) in folgender Form schreiben:

$$\oint_{\partial A} \vec{E}^* \cdot d\vec{s} = -\frac{d\Phi}{dt} \quad \text{mit } \Phi = \int_A \vec{B} \cdot d\vec{A}$$

Dieses Induktionsgesetz hat also die gleiche Form wie jenes, welches wir schon aus Abschnitt 1.2.2 für ruhende Integrationsflächen kennen. Es wurde nun gezeigt, daß diese Form zumindest für stetiges $\vec{B}$ und $\dot{\vec{B}}$ auch zulässig ist, wenn eine rechteckige Integrationsfläche gewählt wird, die im Koordinatensystem $\bar{K}$ ruht, sich also gegenüber K gleichförmig bewegt. Es liegt nun nahe, diese Feststellung so weit wie möglich zu verallgemeinern, was in den nächsten Abschnitten durchgeführt werden wird.

4.18.2 Gleichförmig bewegte Integrationsfläche beliebiger Form

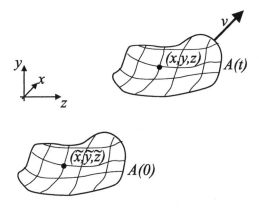

Abbildung 4.8: Beliebig geformte, in beliebige Richtung bewegte Integrationsfläche

Nachdem wir im letzten Abschnitt für eine in z-Richtung bewegte Integrationsfläche gezeigt hatten, daß sich die induzierte Umlaufspannung als Ableitung des magnetischen Flusses

$$\Phi = \int_{A(t)} \vec{B}(x, y, z, t) \cdot d\vec{A}$$

nach der Zeit darstellen läßt, wollen wir das Ergebnis auf beliebige Bewegungsrichtungen verallgemeinern. Hierzu betrachten wir die Ableitung des magnetischen Flusses:

$$\frac{d\Phi}{dt} = \frac{d}{dt} \int_{A(t)} \vec{B}(x, y, z, t) \cdot d\vec{A}'$$

Die Differentiation nach dem Parameter t läßt sich bekanntlich nur dann unter das Integral ziehen, wenn die Integrationsfläche unabhängig vom Parameter t ist. Dies ist hier nicht der

Fall. Um dieses Problem zu umgehen, setzen wir nun voraus, daß die Form der Fläche $A(t)$ stets unverändert bleibt. Die Fläche $A(t)$ hat also zu jedem Zeitpunkt die gleiche Form wie die Fläche $A(0)$ zum Zeitpunkt $t = 0$, wie in Abbildung 4.8 skizziert ist. Jeder Punkt $(\tilde{x}, \tilde{y}, \tilde{z})$ der Fläche $A(0)$ wird dann zum Zeitpunkt t zum Punkte (x, y, z) gewandert sein, wobei gilt:

$$\tilde{x} = x - v_x t, \qquad \tilde{y} = y - v_y t, \qquad \tilde{z} = z - v_z t$$

Um eine Variablensubstitution durchzuführen, ergänzen wir diese Gleichungen um die Beziehung

$$\tilde{t} = t.$$

Die Umkehrabbildung lautet dann:

$$x = \tilde{x} + v_x \tilde{t}, \qquad y = \tilde{y} + v_y \tilde{t}, \qquad z = \tilde{z} + v_z \tilde{t}, \qquad t = \tilde{t}$$

Man kann sich nun leicht überlegen, daß es völlig äquivalent ist, ob man die vom Ortsvektor $\vec{r} = x\vec{e}_x + y\vec{e}_y + z\vec{e}_z$ abhängige Vektorfunktion $\vec{B}(\vec{r}, t)$ über die Fläche $A(t)$ integriert oder ob man den Ortsvektor gemäß $\vec{B}(\vec{r} + \vec{v}t, t)$ verschiebt und diese Vektorfunktion dann über die ruhende Fläche $A(0)$ integriert. Voraussetzung hierfür ist, wie schon erwähnt, daß die Flächen $A(0)$ und $A(t)$ kongruent sind. Dann folgt also[22]:

$$\Phi = \int_{A(0)} \vec{B}(\tilde{x} + v_x \tilde{t}, \tilde{y} + v_y \tilde{t}, \tilde{z} + v_z \tilde{t}, \tilde{t}) \cdot d\vec{A}$$

Dieses Integral hängt von $\tilde{t}$ ab. Wegen der Kettenregel gilt:

$$\frac{d\Phi}{dt} = \frac{d\Phi}{d\tilde{t}} \frac{d\tilde{t}}{dt} = \frac{d\Phi}{d\tilde{t}} = \frac{d}{d\tilde{t}} \int_{A(0)} \vec{B}(\tilde{x} + v_x \tilde{t}, \tilde{y} + v_y \tilde{t}, \tilde{z} + v_z \tilde{t}, \tilde{t}) \cdot d\vec{A}$$

Da das Integrationsgebiet nun nicht mehr von der Zeit $\tilde{t}$ als Parameter abhängt, darf die totale Ableitung des Integrales nach der Zeit durch eine partielle Ableitung des Integranden ersetzt werden, was das Ziel unserer Variablensubstitution war:

$$\frac{d\Phi}{dt} = \int_{A(0)} \frac{\partial}{\partial \tilde{t}} \vec{B}(\tilde{x} + v_x \tilde{t}, \tilde{y} + v_y \tilde{t}, \tilde{z} + v_z \tilde{t}, \tilde{t}) \cdot d\vec{A} \qquad (4.172)$$

---

[22]Man fragt sich nun vielleicht, in welcher Weise das Flächenelement $d\vec{A}$ zu transformieren ist, da die Fläche $A(t)$ natürlich gekrümmt sein darf. Man kann jeden Punkt (x, y, z) der Integrationsfläche $A(t)$ durch eine Parametrisierung beschreiben, so daß die kartesischen Koordinaten Funktionen von den beiden Parametern α und β werden. Es gilt also $x = \bar{x}(\alpha, \beta)$, $y = \bar{y}(\alpha, \beta)$ und $z = \bar{z}(\alpha, \beta)$, wobei sich die kartesischen Koordinaten zu einem Ortsvektor $\vec{f} = x\vec{e}_x + y\vec{e}_y + z\vec{e}_z$ zusammenfassen lassen. Damit läßt sich das Flächenelement gemäß Gleichung (1.51) bestimmen zu $d\vec{A} = \left(\frac{\partial \vec{f}}{\partial \alpha} \times \frac{\partial \vec{f}}{\partial \beta}\right) d\alpha \, d\beta$. Das Flächenintegral geht hierbei in ein Doppelintegral über. Betrachtet man nun statt der Koordinaten x, y und z die Koordinaten $\tilde{x}$, $\tilde{y}$ und $\tilde{z}$ sowie statt der Fläche $A(t)$ die Fläche $A(0)$, so stellt man fest, daß sich diese Fläche durch exakt dieselbe Parametrisierung $\tilde{x} = \bar{x}(\alpha, \beta) - v_x t$, $\tilde{y} = \bar{y}(\alpha, \beta) - v_y t$, $\tilde{z} = \bar{z}(\alpha, \beta) - v_z t$ darstellen lassen muß, da beide Flächen kongruent sind. Es gilt also $d\vec{\tilde{A}} = \left(\frac{\partial \vec{f}}{\partial \alpha} \times \frac{\partial \vec{f}}{\partial \beta}\right) d\alpha \, d\beta$, wobei es sich bei $\frac{\partial \vec{f}}{\partial \alpha} \times \frac{\partial \vec{f}}{\partial \beta}$ um dieselbe Funktion wie oben handelt. Bei der Koordinatentransformation darf also einfach $d\vec{A}$ durch $d\vec{\tilde{A}}$ ersetzt werden.

4.18. MAGNETISCHER FLUSS UND INDUKTION

Um diesen Schritt durchführen zu dürfen, setzen wir wieder stetige Differenzierbarkeit von $\vec{B}$ voraus. Nun machen wir die Variablensubstitution wieder rückgängig, um über die alte Fläche $A(t)$ integrieren zu können. Für die partielle Ableitung der magnetischen Flußdichte gilt die Kettenregel:

$$\frac{\partial}{\partial \tilde{t}}\vec{B}(\tilde{x}+v_x\tilde{t},\tilde{y}+v_y\tilde{t},\tilde{z}+v_z\tilde{t},\tilde{t}) = \frac{\partial \vec{B}}{\partial x}\frac{\partial x}{\partial \tilde{t}} + \frac{\partial \vec{B}}{\partial y}\frac{\partial y}{\partial \tilde{t}} + \frac{\partial \vec{B}}{\partial z}\frac{\partial z}{\partial \tilde{t}} + \frac{\partial \vec{B}}{\partial t}\frac{\partial t}{\partial \tilde{t}}$$

$$= \frac{\partial \vec{B}}{\partial x}v_x + \frac{\partial \vec{B}}{\partial y}v_y + \frac{\partial \vec{B}}{\partial z}v_z + \frac{\partial \vec{B}}{\partial t}$$

Wir erhalten also aus Gleichung (4.172):

$$\frac{d\Phi}{dt} = \int_{A(0)} \left(\frac{\partial \vec{B}}{\partial x}(\tilde{x}+v_x\tilde{t},\tilde{y}+v_y\tilde{t},\tilde{z}+v_z\tilde{t},\tilde{t})\, v_x + \right.$$

$$+ \frac{\partial \vec{B}}{\partial y}(\tilde{x}+v_x\tilde{t},\tilde{y}+v_y\tilde{t},\tilde{z}+v_z\tilde{t},\tilde{t})\, v_y +$$

$$+ \frac{\partial \vec{B}}{\partial z}(\tilde{x}+v_x\tilde{t},\tilde{y}+v_y\tilde{t},\tilde{z}+v_z\tilde{t},\tilde{t})\, v_z +$$

$$+ \left. \frac{\partial \vec{B}}{\partial t}(\tilde{x}+v_x\tilde{t},\tilde{y}+v_y\tilde{t},\tilde{z}+v_z\tilde{t},\tilde{t}) \right) \cdot d\vec{\tilde{A}}$$

Wir können nun unsere obige Argumentation umkehren. Es ist unerheblich, ob man eine vom verschobenen Ortsvektor $\vec{\tilde{r}}$ abhängige Vektorfunktion über die Fläche $A(0)$ integriert oder dieselbe Vektorfunktion in Abhängigkeit von $\vec{r}$ über die Fläche $A(t)$ integriert. Somit können wir weiter folgern:

$$\frac{d\Phi}{dt} = \int_{A(t)} \left(\frac{\partial \vec{B}}{\partial x}(x,y,z,t)\, v_x + \frac{\partial \vec{B}}{\partial y}(x,y,z,t)\, v_y + \frac{\partial \vec{B}}{\partial z}(x,y,z,t)\, v_z + \frac{\partial \vec{B}}{\partial t}(x,y,z,t) \right) \cdot d\vec{A}$$

Dieses Integral können wir in zwei Integrale aufspalten:

$$\frac{d\Phi}{dt} = \int_{A(t)} \left(\frac{\partial \vec{B}}{\partial x} v_x + \frac{\partial \vec{B}}{\partial y} v_y + \frac{\partial \vec{B}}{\partial z} v_z \right) \cdot d\vec{A} + \int_{A(t)} \frac{\partial \vec{B}}{\partial t} \cdot d\vec{A} \qquad (4.173)$$

Im letzen Abschnitt wurde für einen Spezialfall gezeigt, daß sich die Ableitung des magnetischen Flusses nach der Zeit durch

$$-\oint_{\partial A} \left(\vec{v} \times \vec{B} \right) \cdot d\vec{s} + \int_A \dot{\vec{B}} \cdot d\vec{A}$$

darstellen läßt. Wir vermuten nun, daß dies auch hier der Fall ist. Vergleicht man diesen Ausdruck mit der rechten Seite in Gleichung (4.173), so wäre die Vermutung dann richtig, wenn die Integrale

$$I_1 = -\oint_{\partial A} \left(\vec{v} \times \vec{B} \right) \cdot d\vec{s}$$

und
$$I_2 = \int_{A(t)} \left(\frac{\partial \vec{B}}{\partial x} v_x + \frac{\partial \vec{B}}{\partial y} v_y + \frac{\partial \vec{B}}{\partial z} v_z \right) \cdot d\vec{A}$$

gleich sind. Das erste dieser beiden Integrale läßt sich mit Hilfe des Stokesschen Satzes in ein Flächenintegral umwandeln:

$$I_1 = -\int_A rot\left(\vec{v} \times \vec{B}\right) \cdot d\vec{A}$$

Für die Anwendung des Stokesschen Integralsatzes soll stetige Differenzierbarkeit von $\vec{B}$ vorausgesetzt werden ($\vec{v}$ wurde wegen der gleichförmigen Bewegung bereits als konstant definiert). Es wurde bereits in Abschnitt 3.35.1 gezeigt, daß sich die Rotation eines Kreuzproduktes gemäß Gleichung (3.260) wie folgt berechnen läßt:

$$rot\left(\vec{v} \times \vec{B}\right) = \vec{B} \cdot Grad\, \vec{v} + \vec{v}\, div\, \vec{B} - \vec{B}\, div\, \vec{v} - \vec{v} \cdot Grad\, \vec{B}$$

Da wir voraussetzen, daß die Geschwindigkeit $\vec{v}$ im gesamten Integrationsgebiet konstant ist, was dafür sorgt, daß die Integrationsfläche ihre Form beibehält, gilt $div\, \vec{v} = 0$ und $Grad\, \vec{v} = 0$. Aufgrund der Maxwellgleichungen gilt außerdem $div\, \vec{B} = 0$, so daß weiter folgt:

$$rot\left(\vec{v} \times \vec{B}\right) = -\vec{v} \cdot Grad\, \vec{B}$$

Mit Gleichung (3.261) läßt sich die rechte Seite in kartesischen Koordinaten folgendermaßen ausdrücken:

$$rot\left(\vec{v} \times \vec{B}\right) = -v_x \frac{\partial \vec{B}}{\partial x} - v_y \frac{\partial \vec{B}}{\partial y} - v_z \frac{\partial \vec{B}}{\partial z}$$

Wir integrieren nun über die Fläche $A(t)$ und erhalten:

$$I_1 = -\int_{A(t)} rot\left(\vec{v} \times \vec{B}\right) \cdot d\vec{A} = +\int_{A(t)} \left(v_x \frac{\partial \vec{B}}{\partial x} + v_y \frac{\partial \vec{B}}{\partial y} + v_z \frac{\partial \vec{B}}{\partial z} \right) \cdot d\vec{A}$$

Dies bestätigt unsere Vermutung, daß die Integrale I_1 und I_2 identisch sind. Wir können also in Gleichung (4.173) das Integral I_2 tatsächlich durch das Integral I_1 ersetzen und erhalten:

$$\frac{d\Phi}{dt} = \int_{A(t)} \frac{\partial \vec{B}}{\partial t} \cdot d\vec{A} - \oint_{\partial A(t)} \left(\vec{v} \times \vec{B}\right) \cdot d\vec{s} \qquad (4.174)$$

Damit ist gezeigt, daß sich der im Induktionsgesetz auftretende Ausdruck

$$\int_{A(t)} \frac{\partial \vec{B}}{\partial t} \cdot d\vec{A} - \oint_{\partial A(t)} \left(\vec{v} \times \vec{B}\right) \cdot d\vec{s}$$

durch die zeitliche Ableitung des magnetischen Flusses ersetzen läßt, *wenn die Geschwindigkeit $\vec{v}$ im gesamten Integrationsgebiet konstant ist. Diese Voraussetzung ist entscheidend.* Sie

4.18. MAGNETISCHER FLUSS UND INDUKTION

bedeutet nämlich, daß man das Induktionsgesetz in der Form (4.158) zumindest für stetig differenzierbare $\vec{B}$ umwandeln darf[23] in

$$\oint_{\partial A} \vec{E}^* \cdot d\vec{s} = -\frac{d}{dt} \int_A \vec{B} \cdot d\vec{A}. \tag{4.175}$$

Die Geschwindigkeit $\vec{v}$ ist dort nämlich als Konstante der Lorentztransformation zu verstehen und somit im gesamten Raum konstant.

Im Gegensatz hierzu handelt es sich im Induktionsgesetz (4.164) bei $\vec{v}^\#$ um die Geschwindigkeit des jeweiligen Raumpunktes in der Fläche A. Somit ist $\vec{v}^\#$ im Integrationsgebiet im allgemeinen nicht konstant. Eine Umwandlung des Induktionsgesetzes (4.164) in die Form

$$\boxed{\oint_{\partial A} \vec{E}^\# \cdot d\vec{s} = -\frac{d}{dt} \int_A \vec{B} \cdot d\vec{A}.} \tag{4.176}$$

ist deshalb durch diese Herleitung nur dann gesichert, wenn alle Punkte im Integrationsgebiet die gleiche Geschwindigkeit besitzen und $\vec{B}$ stetig differenzierbar ist.

In diesem Abschnitt haben wir gezeigt, daß Gleichung (4.174) unter folgenden, gegenüber dem letzten Abschnitt verallgemeinerten Bedingungen Gültigkeit besitzt:

- Konstanz von $\vec{v}$ im gesamten Integrationsgebiet
- Stetige Differenzierbarkeit von $\vec{B}$
- Gleichbleibende Form der Integrationsfläche
- Beliebig geformte Integrationsfläche

Damit könnten wir uns eigentlich zufriedengeben. Wenn man beispielsweise das Induktionsgesetz (4.176) nie für unstetige $\vec{B}$ und nie für variable Geschwindigkeiten einsetzt, kann man auch keinen Fehler machen. Gleichung (4.176) wird aber oft auch erfolgreich auf Anordnungen mit unstetigem Magnetfeld und variablen Geschwindigkeiten angewandt. Damit dies nicht als reiner Zufall erscheint, werden im nächsten Abschnitt die ersten drei Bedingungen aufgeweicht, wobei die vierte Bedingung geringfügig eingeschränkt wird.

4.18.3 Zeitveränderliche Integrationsfläche

Durch den letzten Abschnitt sensibilisiert, wollen wir nun analysieren, ob die Bedingungen, unter denen Gleichung (4.174) gilt, noch etwas weiter gefaßt werden können. Anstelle der

---

[23] Man beachte, daß sich die Form der Integrationsfläche zeitlich nicht ändern darf, wenn Gleichung (4.175) gelten soll.

gleichförmig bewegten Integrationsfläche, die ihre Form stets beibehält, sind nämlich oft auch Integrationsflächen von Interesse, die ihre Form zeitlich ändern.

Wir setzen voraus, daß die Integrationsfläche mit Hilfe der beiden Parameter α und β parametrisiert werden kann. Jeder Punkt der Integrationsfläche läßt sich dann durch den Ortsvektor

$$\vec{f}(\alpha, \beta) = x(\alpha, \beta)\, \vec{e}_x + y(\alpha, \beta)\, \vec{e}_y$$

beschreiben. Um die Integrationsfläche in Abhängigkeit von der Zeit zu bewegen, nehmen wir an, daß zum Zeitpunkt t für die Beschreibung der Integrationsfläche α von $\alpha_{min}(t)$ bis $\alpha_{max}(t)$ läuft. Entsprechend laufe β von $\beta_{min}(t)$ bis $\beta_{max}(t)$.

Diese Voraussetzungen werden von zahlreichen praxisrelevanten Problemstellungen erfüllt. Der magnetische Fluß läßt sich mit der gewählten Parametrisierung wie folgt darstellen:

$$\Phi = \int_A \vec{B}\cdot d\vec{A} = \int_{\alpha_{min}(t)}^{\alpha_{max}(t)} \int_{\beta_{min}(t)}^{\beta_{max}(t)} \vec{B}\cdot\left(\frac{\partial \vec{f}}{\partial \alpha}\times\frac{\partial \vec{f}}{\partial \beta}\right) d\beta\, d\alpha$$

Kürzt man das innere Integral gemäß

$$I(\alpha, t) = \int_{\beta_{min}(t)}^{\beta_{max}(t)} \vec{B}\cdot\left(\frac{\partial \vec{f}}{\partial \alpha}\times\frac{\partial \vec{f}}{\partial \beta}\right) d\beta$$

mit $I(\alpha, t)$ ab, so folgt

$$\Phi = \int_{\alpha_{min}(t)}^{\alpha_{max}(t)} I(\alpha, t)\, d\alpha.$$

Die Ableitung nach der Zeit läßt sich mit Hilfe der in Anhang 6.4 hergeleiteten Formel (6.16) berechnen:

$$\frac{d\Phi}{dt} = \int_{\alpha_{min}(t)}^{\alpha_{max}(t)} \dot{I}(\alpha, t)\, d\alpha + \frac{d\alpha_{max}}{dt} I(\alpha_{max}, t) - \frac{d\alpha_{min}}{dt} I(\alpha_{min}, t)$$

Die partielle Ableitung von $I(\alpha, t)$ nach der Zeit läßt sich mit derselben Formel bestimmen:

$$\begin{aligned}\dot{I}(\alpha, t) &= \int_{\beta_{min}(t)}^{\beta_{max}(t)} \dot{\vec{B}}\cdot\left(\frac{\partial \vec{f}}{\partial \alpha}\times\frac{\partial \vec{f}}{\partial \beta}\right) d\beta + \\ &+ \frac{d\beta_{max}}{dt}\left[\vec{B}\cdot\left(\frac{\partial \vec{f}}{\partial \alpha}\times\frac{\partial \vec{f}}{\partial \beta}\right)\right]_{\beta=\beta_{max}} - \frac{d\beta_{min}}{dt}\left[\vec{B}\cdot\left(\frac{\partial \vec{f}}{\partial \alpha}\times\frac{\partial \vec{f}}{\partial \beta}\right)\right]_{\beta=\beta_{min}}\end{aligned}$$

Damit die in Anhang 6.4 genannten Stetigkeitsforderungen sicher erfüllt werden, fordern wir:

- $\alpha_{min}(t)$, $\alpha_{max}(t)$, $\beta_{min}(t)$ und $\beta_{max}(t)$ seien stetig differenzierbar.

- $\vec{B}$ und $\dot{\vec{B}}$ seien zeitlich stetig.

4.18. MAGNETISCHER FLUSS UND INDUKTION

- $\vec{B}$ und $\dot{\vec{B}}$ dürfen räumlich eine Unstetigkeitsstelle enthalten, ihr Ort darf aber nicht von der Zeit abhängen, und sie muß stets im Integrationsgebiet liegen.

- $\frac{\partial \vec{f}}{\partial \alpha}$ und $\frac{\partial \vec{f}}{\partial \beta}$ seien stetig in Abhängigkeit von α und β.

Hierauf kommen wir noch zurück.

Setzt man die letzte Gleichung in die vorletzte ein, so erhält man:

$$\begin{aligned}
\frac{d\Phi}{dt} &= \int_A \dot{\vec{B}} \cdot d\vec{A} + \\
&+ \int_{\alpha_{min}(t)}^{\alpha_{max}(t)} \frac{d\beta_{max}}{dt} \left[\vec{B} \cdot \left(\frac{\partial \vec{f}}{\partial \alpha} \times \frac{\partial \vec{f}}{\partial \beta}\right)\right]_{\beta_{max}} d\alpha - \\
&- \int_{\alpha_{min}(t)}^{\alpha_{max}(t)} \frac{d\beta_{min}}{dt} \left[\vec{B} \cdot \left(\frac{\partial \vec{f}}{\partial \alpha} \times \frac{\partial \vec{f}}{\partial \beta}\right)\right]_{\beta_{min}} d\alpha + \\
&+ \frac{d\alpha_{max}}{dt} \left[\int_{\beta_{min}(t)}^{\beta_{max}(t)} \vec{B} \cdot \left(\frac{\partial \vec{f}}{\partial \alpha} \times \frac{\partial \vec{f}}{\partial \beta}\right) d\beta\right]_{\alpha_{max}} - \\
&- \frac{d\alpha_{min}}{dt} \left[\int_{\beta_{min}(t)}^{\beta_{max}(t)} \vec{B} \cdot \left(\frac{\partial \vec{f}}{\partial \alpha} \times \frac{\partial \vec{f}}{\partial \beta}\right) d\beta\right]_{\alpha_{min}}
\end{aligned}$$

Die Differentialquotienten $\frac{d\alpha_{min}}{dt}$ und $\frac{d\alpha_{max}}{dt}$ hängen nicht von β ab, so daß man sie ins Integral ziehen kann. Ausdrücke der Form

$$\frac{d\alpha_{min}}{dt} \left[\frac{\partial \vec{f}}{\partial \alpha}\right]_{\alpha_{min}} = \frac{\partial \vec{f}(\alpha_{min}(t), \beta)}{\partial t}$$

sind nichts anderes als die Geschwindigkeit $\vec{v}_{\alpha min}(t, \beta)$ des durch α_{min}, β beschriebenen Punktes in α-Richtung, wie man durch Anwendung der Kettenregel sieht. Um die oben aufgestellten Stetigkeitsforderungen zu erfüllen, soll an dieser Stelle gefordert werden, daß $\vec{v}_{\alpha min}(t, \beta)$, $\vec{v}_{\alpha max}(t, \beta)$, $\vec{v}_{\beta min}(t, \alpha)$ und $\vec{v}_{\beta max}(t, \alpha)$ zeitlich und räumlich entlang der vier Randkurven stetig sind. Ersetzt man nun alle Ausdrücke der soeben gezeigten Form durch die entsprechenden Geschwindigkeitsvektoren, so folgt:

$$\begin{aligned}
\frac{d\Phi}{dt} &= \int_A \dot{\vec{B}} \cdot d\vec{A} + \\
&+ \int_{\alpha_{min}(t)}^{\alpha_{max}(t)} \left[\vec{B} \cdot \left(\frac{\partial \vec{f}}{\partial \alpha} \times \vec{v}_{\beta max}\right)\right]_{\beta_{max}} d\alpha - \int_{\alpha_{min}(t)}^{\alpha_{max}(t)} \left[\vec{B} \cdot \left(\frac{\partial \vec{f}}{\partial \alpha} \times \vec{v}_{\beta min}\right)\right]_{\beta_{min}} d\alpha + \\
&+ \int_{\beta_{min}(t)}^{\beta_{max}(t)} \left[\vec{B} \cdot \left(\vec{v}_{\alpha max} \times \frac{\partial \vec{f}}{\partial \beta}\right)\right]_{\alpha_{max}} d\beta - \int_{\beta_{min}(t)}^{\beta_{max}(t)} \left[\vec{B} \cdot \left(\vec{v}_{\alpha min} \times \frac{\partial \vec{f}}{\partial \beta}\right)\right]_{\alpha_{min}} d\beta
\end{aligned}$$

Als nächstes wird die Reihenfolge im Spatprodukt vertauscht:

$$\frac{d\Phi}{dt} = \int_A \dot{\vec{B}} \cdot d\vec{A} +$$
$$+ \int_{\alpha_{min}(t)}^{\alpha_{max}(t)} \left[\left(\vec{v}_{\beta max} \times \vec{B} \right) \cdot \frac{\partial \vec{f}}{\partial \alpha} \right]_{\beta_{max}} d\alpha - \int_{\alpha_{min}(t)}^{\alpha_{max}(t)} \left[\left(\vec{v}_{\beta min} \times \vec{B} \right) \cdot \frac{\partial \vec{f}}{\partial \alpha} \right]_{\beta_{min}} d\alpha -$$
$$- \int_{\beta_{min}(t)}^{\beta_{max}(t)} \left[\left(v_{\alpha max} \times \vec{B} \right) \cdot \frac{\partial \vec{f}}{\partial \beta} \right]_{\alpha_{max}} d\beta + \int_{\beta_{min}(t)}^{\beta_{max}(t)} \left[\left(\vec{v}_{\alpha min} \times \vec{B} \right) \cdot \frac{\partial \vec{f}}{\partial \beta} \right]_{\alpha_{min}} d\beta$$

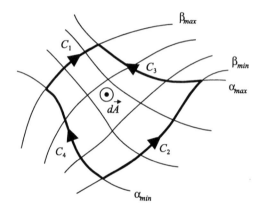

Abbildung 4.9: Parametrisierte Integrationsfläche

Bei den letzten vier Integralen handelt es sich offensichtlich um vier Kurvenintegrale:

$$\frac{d\Phi}{dt} = \int_A \dot{\vec{B}} \cdot d\vec{A} + \int_{C_1} \left(\vec{v}_{\beta max} \times \vec{B} \right) \cdot d\vec{s} - \int_{C_2} \left(\vec{v}_{\beta min} \times \vec{B} \right) \cdot d\vec{s} -$$
$$- \int_{C_3} \left(\vec{v}_{\alpha max} \times \vec{B} \right) \cdot d\vec{s} + \int_{C_4} \left(\vec{v}_{\alpha min} \times \vec{B} \right) \cdot d\vec{s}$$

Betrachtet man die Richtung der vier Kurven, so stellt man unter Zuhilfenahme von Abbildung 4.9 fest, daß sich aufgrund der Vorzeichen insgesamt ein geschlossener Umlauf um die Hüllfläche A ergibt:

$$\frac{d\Phi}{dt} = \int_A \dot{\vec{B}} \cdot d\vec{A} - \oint_{\partial A} \left(\vec{v} \times \vec{B} \right) \cdot d\vec{s}$$

Es sei nochmals ausdrücklich auf die folgenden Voraussetzungen hingewiesen:

- Die Integrationsfläche sei parametrisierbar.

4.18. MAGNETISCHER FLUSS UND INDUKTION

- $\alpha_{min}(t)$, $\alpha_{max}(t)$, $\beta_{min}(t)$ und $\beta_{max}(t)$ seien stetig differenzierbar.

- $\vec{B}$ und $\dot{\vec{B}}$ seien zeitlich stetig.

- $\vec{B}$ und $\dot{\vec{B}}$ dürfen räumlich eine Unstetigkeitsstelle enthalten, ihr Ort darf aber nicht von der Zeit abhängen, und sie muß stets im Integrationsgebiet liegen.

- $\frac{\partial \vec{f}}{\partial \alpha}$ und $\frac{\partial \vec{f}}{\partial \beta}$ seien stetig in Abhängigkeit von α und β.

- $\vec{v}_{\alpha min}$, $\vec{v}_{\alpha max}$, $\vec{v}_{\beta min}$ und $\vec{v}_{\beta max}$ seien zeitlich und räumlich entlang der vier Randkurven stetig.

Die Geschwindigkeiten $\vec{v}_{\alpha min}$, $\vec{v}_{\alpha max}$, $\vec{v}_{\beta min}$ und $\vec{v}_{\beta max}$ sind als die Geschwindigkeiten der vier Randkurven gegenüber dem als ruhend gedachten Koordinatennetz zu interpretieren.

Wenn das Magnetfeld eine Unstetigkeitsstelle besitzt und man trotzdem Gleichung (4.174) anwenden will, dann muß man die Parametrisierung (α, β) der Integrationsfläche so wählen, daß die Unstetigkeitsstelle bezüglich des von α und β aufgespannten Koordinatennetzes ruht. Außerdem muß die Bewegung bzw. Verformung der Integrationsfläche ausschließlich dadurch zustande kommen, daß die Parametergrenzen α_{min}, α_{max}, β_{min}, β_{max} zeitabhängig sind. Dadurch kann es bei einer gegebenen Anordnung passieren, daß die Integrationsfläche nicht so frei gewählt werden kann, wie man es brauchte, um die Umlaufspannung zu berechnen. Gleichung (4.174) ist dann nicht anwendbar.

In diesem Abschnitt haben wir nicht festgelegt, ob wir uns auf Gleichung (4.175) oder auf Gleichung (4.176) beziehen. Das Gesagte bezieht sich deshalb auf beide Formen des Induktionsgesetzes, wobei natürlich die unterschiedliche Bedeutung der Größen zu beachten ist:

Für Gleichung (4.175) bedeutet dies zum Beispiel, daß die Geschwindigkeit $\vec{v}$ eine globale Konstante ist, so daß auch $\vec{v}_{\alpha min}$, $\vec{v}_{\alpha max}$, $\vec{v}_{\beta min}$ und $\vec{v}_{\beta max}$ diesen Wert annehmen müssen[24]. Deshalb ist man bei Gleichung (4.175) nur für Integrationsflächen, die ihre Form zeitlich nicht ändern, auf der sicheren Seite — wie es schon in Abschnitt 4.18.2 angenommen wurde.

Für Gleichung (4.176) hingegen ist $\vec{v}^{\#}$ die Geschwindigkeit des jeweils betrachteten Raumpunktes. Damit $\vec{v}_{\alpha min}$, $\vec{v}_{\alpha max}$, $\vec{v}_{\beta min}$ und $\vec{v}_{\beta max}$ dieser Geschwindigkeit entsprechen, müssen die Randkurven der Integrationsfläche die Bewegung des Materials, durch das sie hindurchlaufen, mitmachen. Selbst wenn dies erfüllt ist, müssen strenggenommen alle oben erwähnten Voraussetzungen überprüft werden, um sicher zu sein, daß Gleichung (4.176) wirklich anwendbar ist.

Das Induktionsgesetz in der Form (4.176) soll nun auf die schon bekannten Beispiele angewandt werden.

---

[24] $\vec{v}_{\alpha min}$ und $\vec{v}_{\alpha max}$ müssen der in α-Richtung zeigenden Komponente von $\vec{v}$ entsprechen, $\vec{v}_{\beta min}$ und $\vec{v}_{\beta max}$ der in β-Richtung weisenden Komponente.

4.18.3.1 Leiterschleife im Magnetfeld

Wir betrachten wieder die in Abbildung 4.4 gezeigte Anordnung. Weil das Magnetfeld bei $z = 0$ eine Unstetigkeitsstelle aufweist, befestigen wir das von α und β aufgespannte Koordinatennetz an dieser Stelle. Da wir oben festgestellt hatten, daß die Randkurven der Integrationsfläche die Bewegung des Materials mitmachen müssen, müssen alle Kurven C_1 bis C_6 die Geschwindigkeit $\vec{v}^{\#} = v\,\vec{e}_z$ haben. Eine Parametrisierung der Kurve ist problemlos möglich, wenn man zum Beispiel α mit y und β mit z identifiziert. Damit sind alle Voraussetzungen für die Gültigkeit der Gleichung (4.176) erfüllt. Der Fluß durch die Integrationsfläche lautet

$$\Phi = hvtB_0(t).$$

Wie zuvor erhält man daraus die Spannung

$$U_x^* = -U_{Umlauf}^* = -\left(-\frac{d\Phi}{dt}\right) = hvB_0 + hvt\dot{B}_0.$$

4.18.3.2 Unipolare Induktion

Wir gehen von Abbildung 4.6 aus. Da das Magnetfeld bei $z = 0$ eine Unstetigkeitsstelle aufweist, befestigen wir das von α und β aufgespannte Koordinatennetz an dieser Stelle. Da wir oben festgestellt hatten, daß die Randkurven der Integrationsfläche die Bewegung des Materials mitmachen müssen, soll die Kurve C_2 sich gegenüber dem Koordinatennetz mit der Geschwindigkeit $\vec{v}^{\#} = v\,\vec{e}_z$ bewegen. Die Kurven C_1, C_3 und C_4 haben dann die Geschwindigkeit 0. Damit sich die Parametrisierung der Integrationsfläche wie oben beschrieben durchführen läßt, kann man vereinfachend annehmen, daß oberer und unterer Leiter ohne Zwischenraum direkt am Stab anliegen. Dann sind alle Voraussetzungen für die Gültigkeit der Gleichung (4.176) erfüllt. Da sich C_2 mit dem Stab mitbewegt, wird der Fluß gemäß

$$\Phi = h(l - vt)\,B_0$$

immer kleiner. Hierbei bezeichne $z = -l$ die Stelle, an der die Kurve C_2 zum Zeitpunkt $t = 0$ war. Damit erhalten wir übereinstimmend mit unseren bisherigen Resultaten die Spannung

$$U_x = U_{Umlauf} = -\frac{d\Phi}{dt} = vB_0h.$$

Wir sehen aber deutlich, daß die Integrationsfläche nicht beliebig gewählt werden kann. Insbesondere hätte man C_2 nicht gegenüber C_1, C_3 und C_4 ruhen lassen dürfen. Auch mußte die Aufgabenstellung dadurch vereinfacht werden, daß oberer und unterer Leiter direkt an den Stab angelegt wurden.

Die Anwendung des Induktionsgesetzes in der Form (4.176) ist hier also sehr fehleranfällig.

4.18.3.3 Anwendungsbeispiel

Anhand dieses Beispiels soll gezeigt werden, wie man auch kompliziertere Probleme durch eine geeignete Parametrisierung der Integrationsfläche behandeln kann.

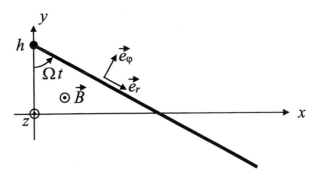

Abbildung 4.10: Drehbarer Stab

Abbildung 4.10 zeigt einen ideal leitenden, bei $y = h$ drehbar gelagerten Stab, der die x-Achse entlanggleitet. Der Stab drehe sich mit der Winkelgeschwindigkeit Ω um seinen Drehpunkt. Außerdem sei das Magnetfeld
$$\vec{B} = \vec{e}_z B_0 x \sin \omega t$$
gegeben. Berechnet werden sollen die Integrale $\int_A \vec{B} \cdot d\vec{A}$, $\int_A \dot{\vec{B}} \cdot d\vec{A}$ und $\int_{\partial A} (\vec{v} \times \vec{B}) \cdot d\vec{s}$, wobei A die vom Stab, von der x-Achse und der y-Achse gebildete Dreiecksfläche sei.

Um das erste Integral zu berechnen, lassen wir y von 0 bis h laufen. Demnach muß x von 0 bis $(h-y)\tan \Omega t$ laufen:

$$\int_A \vec{B} \cdot d\vec{A} = \int_0^h \int_0^{(h-y)\tan \Omega t} B_z \, dx \, dy = \int_0^h B_0 \sin \omega t \frac{(h-y)^2 \tan^2 \Omega t}{2} \, dy$$

Mit der Substitution $u = h - y$ folgt weiter:

$$\int_A \vec{B} \cdot d\vec{A} = -\int_h^0 B_0 \sin \omega t \frac{u^2 \tan^2 \Omega t}{2} \, du$$

$$\Rightarrow \int_A \vec{B} \cdot d\vec{A} = \frac{B_0}{6} h^3 \sin \omega t \tan^2 \Omega t$$

Für die Zeitableitung erhält man

$$\frac{d}{dt}\int_A \vec{B} \cdot d\vec{A} = \frac{B_0}{6} h^3 \omega \cos \omega t \tan^2 \Omega t + \frac{B_0}{3} h^3 \Omega \sin \omega t \frac{\tan \Omega t}{\cos^2 \Omega t}. \quad (4.177)$$

Das nächste Integral berechnet man wegen $\dot{\vec{B}} = \vec{e}_z B_0 x \omega \cos \omega t$ wie folgt:

$$\int_A \dot{\vec{B}} \cdot d\vec{A} = \int_0^h \int_0^{(h-y) \tan \Omega t} \dot{B}_z \, dx \, dy = \int_0^h B_0 \, \omega \cos \omega t \frac{(h-y)^2 \tan^2 \Omega t}{2} dy =$$
$$= -\int_h^0 \frac{B_0}{2} \omega \cos \omega t \, \tan^2 \Omega t \, u^2 \, du$$

$$\Rightarrow \int_A \dot{\vec{B}} \cdot d\vec{A} = \frac{B_0}{6} h^3 \, \omega \cos \omega t \, \tan^2 \Omega t \qquad (4.178)$$

Zum letzten Integral liefert nur das Kurvenintegral entlang des Stabes einen Beitrag. Auf den beiden Koordinatenachsen ist nämlich die Geschwindigkeit gleich null. Auf dem Stab gilt

$$\vec{v} = r \, \Omega \, \vec{e}_\varphi \qquad \text{und} \qquad d\vec{s} = dr \, \vec{e}_r.$$

Hierbei sei r der Abstand vom betrachteten Punkt auf dem Stab zur Drehachse. Damit erhält man

$$\int_{\partial A} (\vec{v} \times \vec{B}) \cdot d\vec{s} = -\int_0^{h/\cos \Omega t} B_0 \, x \, r \, \Omega \, \sin \omega t \, dr.$$

Das Minuszeichen mußte eingeführt werden, da die Integrationsrichtung von links oben nach rechts unten läuft, während der Umlauf um A genau gegensinnig ist. Wegen $\sin \Omega t = x/r$ folgt weiter:

$$\int_{\partial A} (\vec{v} \times \vec{B}) \cdot d\vec{s} = -B_0 \, \Omega \, \sin \omega t \, \sin \Omega t \int_0^{h/\cos \Omega t} r^2 \, dr = -B_0 \, \Omega \, \sin \omega t \, \sin \Omega t \frac{h^3}{3 \cos^3 \Omega t}$$

$$\Rightarrow \int_{\partial A} (\vec{v} \times \vec{B}) \cdot d\vec{s} = -\frac{B_0}{3} h^3 \, \Omega \, \sin \omega t \, \frac{\tan \Omega t}{\cos^2 \Omega t}. \qquad (4.179)$$

Durch Vergleich der Gleichungen (4.177), (4.178) und (4.179) stellt man fest, daß in der Tat

$$\frac{d}{dt} \int_A \vec{B} \cdot d\vec{A} = \int_A \dot{\vec{B}} \cdot d\vec{A} - \int_{\partial A} (\vec{v} \times \vec{B}) \cdot d\vec{s}$$

erfüllt ist — und das, obwohl die Geschwindigkeit auf dem Rand der Integrationsfläche nicht nur variabel, sondern auch unstetig ist.

Abschließend ist zu erwähnen, daß dieses Ergebnis erst dann aus unserer allgemeinen Herleitung folgt, wenn es eine Parametrisierung gibt, bei der die Integrationsgrenzen ausschließlich von der Zeit abhängen. Eine solche Parametrisierung existiert in der Tat; auch wenn wir sie nicht bei unserer Rechnung benutzt haben. Als Parameter α und β könnte man nämlich y und r verwenden. Läßt man y von 0 bis h und r von 0 bis $h/\cos \Omega t$ laufen, so wird tatsächlich die zum Zeitpunkt t geltende Integrationsfläche vollständig überstrichen.

Tabelle 4.3: Induktionsgesetze für $v \ll c_0$

Gesetz		Anmerkung
$\vec{E}^* = \vec{E} + \vec{v} \times \vec{B}$	(4.156)	Transformationsgesetz
$\oint_{\partial A} \vec{E}^\# \cdot d\vec{s} = \oint_{\partial A} \left(\vec{v}^\# \times \vec{B}\right) \cdot d\vec{s} - \int_A \dot{\vec{B}} \cdot d\vec{A}$	(4.164)	Klassisches Induktionsgesetz
$\oint_{\partial A} \vec{E}^\# \cdot d\vec{s} = -\frac{d}{dt} \int_A \vec{B} \cdot d\vec{A}$	(4.176)	Voraussetzungen gemäß Abschnitt 4.18.3

4.18.4 Fazit

Die spezielle Relativitätstheorie und damit auch die Lorentztransformation haben eine fundamentale Bedeutung in der modernen Physik. Wie wir gesehen haben, folgen die Transformationsvorschrift (4.156) und damit verbunden auch die Induktionsgesetze in den Formen (4.158) und (4.164) relativ geradlinig aus den Transformationsgesetzen der speziellen Relativitätstheorie. Deshalb kann man diesen Gleichungen — abgesehen von der Bedingung $v \ll c_0$ — eine große Allgemeingültigkeit zusprechen.

Zur Herleitung der Induktionsgesetze (4.158) und (4.164) aus der Transformationsvorschrift (4.156) wurde der Stokessche Integralsatz benutzt. Strenggenommen muß deshalb stetige Differenzierbarkeit der Felder vorausgesetzt werden. Zudem waren wir bei der Lorentztransformation immer von einem konstanten v ausgegangen. Streng mathematisch läßt sich die Allgemeingültigkeit der genannten Gleichungen hier also nicht begründen. Wir befinden uns damit in einer ähnlichen Situation wie beim Übergang von den Maxwellgleichungen in Differentialform zu denen in Integralform (vgl. Fußnote 20 auf Seite 40).

Nimmt man aber an, daß die Gleichungen (4.158) und (4.164) allgemeingültig sind, so sollte aufgrund der beiden vorangegangenen Abschnitte klargeworden sein, daß sich das Induktionsgesetz in der Form (4.175) und (4.176) aus diesen Gleichungen nur dann herleiten läßt, wenn bestimmte Forderungen (insbesondere Stetigkeit) an Felder, Geschwindigkeiten und Integrationsgebiete gestellt werden. Wie wir in Abschnitt 5.2 sehen werden, führt das Induktionsgesetz in der Form (4.176) deshalb beim Heringschen Experiment in der Tat zu einem falschen Ergebnis, wenn diese Voraussetzungen nicht beachtet werden.

Man könnte nun versuchen, die Forderungen an die Geschwindigkeit, an die Felder und an die Integrationswege so allgemein zu formulieren, daß sie nicht nur hinreichend, sondern sogar notwendig für die Gültigkeit des Induktionsgesetzes in der Form (4.176) sind. An dieser Stelle soll es aber genügen, darauf hinzuweisen, daß man ohne solche Forderungen nicht auskommt.

In Zweifelsfällen empfiehlt es sich daher, anstelle der Formeln (4.175) und (4.176) auf die Induktionsgesetze in der Form (4.158) und (4.164) oder sogar auf das Transformationsgesetz (4.156) zurückzugreifen.

4.19 Kraft und bewegte Masse

Inzwischen haben wir das Transformationsverhalten der elektrischen und magnetischen Feldkomponenten kennengelernt. Wie wir gesehen haben, genügte es hierfür zu fordern, daß die Maxwellgleichungen in allen gegeneinander gleichförmig bewegten Inertialsystemen die gleiche Form besitzen. Bekanntlich handelt es sich bei den Feldkomponenten um Größen, die einer Messung nicht direkt zugänglich sind. Vielmehr können Feldstärken nur indirekt bestimmt werden; die elektrische Feldstärke kann beispielsweise oft durch Messung einer Spannung bestimmt werden. Wir benötigen also eine Definition der elektrischen und magnetischen Feldstärke. Bekanntlich üben elektromagnetische Felder Kräfte auf Ladungen aus. Die Kräfte wiederum beeinflussen die Bewegung der Ladungen. Es erscheint somit sinnvoll, die jeweilige Feldstärke über die Kraft zu definieren, die sie auf eine Ladung ausübt. Für die Kraft, die ein elektromagnetisches Feld auf eine mit der Geschwindigkeit $\vec{u}$ bewegte Ladung Q ausübt, gilt nach der klassischen Theorie gemäß Gleichung (1.116) die Beziehung

$$\boxed{\vec{F} = Q\left(\vec{E} + \vec{u} \times \vec{B}\right).} \qquad (4.180)$$

Nun ist es theoretisch denkbar, daß wir mit dieser Formel auf Widersprüche stoßen, wenn wir die bisher hergeleiteten Transformationsgesetze aufrechterhalten wollen. Wir müssen nämlich fordern, daß ein frei fliegendes geladenes Teilchen, dessen Bahn vom elektromagnetischen Feld beeinflußt wird, eine eindeutig definierte Flugbahn vollführt — unabhängig davon, von welchem Bezugssystem aus man es beobachtet. Die Problematik sei anhand eines Gedankenexperimentes verdeutlicht: Wir nehmen an, daß sich ein Teilchen im Koordinatensystem K unter dem Einfluß eines elektromagnetischen Feldes bewegt. Dann können wir das elektromagnetische Feld im Koordinatensystem $\bar{K}$ bestimmen, indem wir die hergeleiteten Transformationsgesetze anwenden. Dieses wiederum führt dazu, daß das Teilchen in seiner Bahn beeinflußt wird. Die Beeinflussungen in den Koordinatensystemen K und $\bar{K}$ müssen nun dergestalt sein, daß Ort, Geschwindigkeit und Beschleunigung ebenfalls durch die hergeleiteten Transformationsgesetze ineinander überführbar sind. Ist dies nicht der Fall, so muß ein Fehler in unseren Annahmen vorliegen.

Deshalb wäre es, wie schon erwähnt, durchaus möglich, daß Gleichung (4.180) im allgemeinen nicht richtig ist. Dies wäre auch nicht die erste Stelle in diesem Buch, an der die Vorstellungen der klassischen Physik modifiziert werden müßten. Wir hatten nämlich bereits in Abschnitt 4.6 die Regel aufgeben müssen, daß sich Geschwindigkeiten einfach addieren lassen. Statt dessen lernten wir das Additionstheorem der Geschwindigkeiten kennen, das zwar für kleine Geschwindigkeiten einer einfachen Addition entspricht, im allgemeinen aber der klassischen Physik widerspricht.

4.19. KRAFT UND BEWEGTE MASSE

Trotzdem werden wir im folgenden annehmen, daß Gleichung (4.180) auch weiterhin Gültigkeit hat, da wir momentan keinen Anhaltspunkt haben, etwas anderes anzunehmen. Es sei an dieser Stelle schon vorweggenommen, daß sich zeigen wird, daß eine Modifikation des Kraft-Begriffes auch nicht erforderlich ist. Im Gegensatz hierzu muß aber der Begriff der Masse geändert werden.

4.19.1 Beispiel

Doch nun wollen wir — wie oben angedeutet — die Bewegung eines geladenen Teilchens in zwei zueinander gleichförmig bewegten Inertialsystemen betrachten. Der Anschaulichkeit wegen konstruieren wir ein einfaches Beispiel:

Im Koordinatensystem K herrsche ein homogenes elektrostatisches Feld

$$\vec{E} = E_0 \vec{e}_x.$$

Es sei kein Magnetfeld vorhanden:

$$\vec{B} = 0$$

Entlang der z-Achse bewege sich das Koordinatensystem $\bar{K}$ mit der Geschwindigkeit v. Gemäß den Gleichungen (4.97) bis (4.100) gilt dann für das elektromagnetische Feld im Koordinatensystem $\bar{K}$:

$$\vec{\bar{E}}_\| = 0$$

$$\vec{\bar{E}}_\perp = \frac{E_0}{\sqrt{1 - \frac{v^2}{c_0^2}}} \vec{e}_x$$

$$\vec{\bar{B}}_\| = 0$$

$$\vec{\bar{B}}_\perp = \frac{1}{\sqrt{1 - \frac{v^2}{c_0^2}}} \left(-\frac{1}{c_0^2} \vec{v} \times \vec{E}_\perp \right) = \frac{1}{\sqrt{1 - \frac{v^2}{c_0^2}}} \left(-\frac{v}{c_0^2} E_0 \, \vec{e}_z \times \vec{e}_x \right) = -\frac{v}{c_0^2 \sqrt{1 - \frac{v^2}{c_0^2}}} E_0 \vec{e}_y$$

Für die Komponenten gilt somit:

$$\bar{E}_x = \frac{E_0}{\sqrt{1 - \frac{v^2}{c_0^2}}}$$

$$\bar{E}_y = 0$$

$$\bar{E}_z = 0$$

$$\bar{B}_x = 0$$

$$\bar{B}_y = -\frac{v}{c_0^2 \sqrt{1 - \frac{v^2}{c_0^2}}} E_0$$

$$\bar{B}_z = 0$$

Wir nehmen nun an, daß zum Zeitpunkt $t = 0$ im Koordinatenursprung $(x, y, z) = (0, 0, 0)$ des Koordinatensystems K ein geladenes Teilchen mit der Ladung Q ruht. Sofern Gleichung (4.180) gilt, wirkt somit auf dieses eine Kraft

$$\vec{F} = Q\left(\vec{E} + \vec{u} \times \vec{B}\right) = QE_0\vec{e}_x. \tag{4.181}$$

Analog kann man die Kraft im Koordinatensystem $\bar{K}$ bestimmen:

$$\vec{\bar{F}} = Q\left(\vec{\bar{E}} + \vec{\bar{u}} \times \vec{\bar{B}}\right) = Q\left(\frac{E_0}{\sqrt{1 - \frac{v^2}{c_0^2}}}\vec{e}_x + (\bar{u}_x\vec{e}_x + \bar{u}_y\vec{e}_y + \bar{u}_z\vec{e}_z) \times \left(-\frac{v}{c_0^2\sqrt{1 - \frac{v^2}{c_0^2}}}E_0\vec{e}_y\right)\right)$$

$$\Rightarrow \vec{\bar{F}} = QE_0\left(\frac{1}{\sqrt{1 - \frac{v^2}{c_0^2}}}\vec{e}_x - \frac{\bar{u}_xv}{c_0^2\sqrt{1 - \frac{v^2}{c_0^2}}}\vec{e}_z + \frac{\bar{u}_zv}{c_0^2\sqrt{1 - \frac{v^2}{c_0^2}}}\vec{e}_x\right)$$

Für die Kraftkomponenten in den beiden Koordinatensystemen gilt also gemäß dieser Gleichung und gemäß Gleichung (4.181):

$$F_x = QE_0 \tag{4.182}$$

$$\bar{F}_x = QE_0 \frac{1 + \frac{\bar{u}_zv}{c_0^2}}{\sqrt{1 - \frac{v^2}{c_0^2}}} \tag{4.183}$$

$$\bar{F}_z = -QE_0 \frac{\bar{u}_xv}{c_0^2\sqrt{1 - \frac{v^2}{c_0^2}}} \tag{4.184}$$

Wir nehmen nun an, daß die bekannte Formel „Kraft ist Masse mal Beschleunigung" weiterhin Gültigkeit hat. Im Koordinatensystem K bedeutet dies gemäß Gleichung (4.181), daß nur in x-Richtung eine Beschleunigung stattfindet. Somit findet zu keinem Zeitpunkt eine Bewegung in z-Richtung statt:

$$u_z = 0$$

Gemäß Gleichung (4.60) gilt dann stets:

$$\bar{u}_z = -v$$

Wegen $\bar{u}_z = -v$ findet in $\bar{K}$ offenbar keine Beschleunigung in z-Richtung statt. Somit müßte die linke Seite von Gleichung (4.184) gleich null sein. Für die rechte Seite der Gleichung bedeutet dies, daß stets $\bar{u}_x = 0$ gelten müßte. Gemäß Gleichung (4.63) wäre dann auch stets $u_x = 0$. Dies gilt in K aber nur zum Zeitpunkt $t = 0$, da in x-Richtung eine Beschleunigung wirkt. Es liegt somit ein Widerspruch vor, so daß unsere Annahmen fehlerhaft gewesen sein müssen.

Es stellt sich die Frage, wo der Fehler liegt. Zwei Möglichkeiten kommen in Betracht: Entweder ist unsere Definition (4.180) der Kraft fehlerhaft, oder die Beziehung „Kraft ist Masse mal Beschleunigung" ist nicht allgemeingültig. Für Gleichung (4.180) sehen wir nach wie vor keine Alternative. Deshalb soll versucht werden, die Beziehung zwischen Kraft und Beschleunigung zu modifizieren.

4.19. KRAFT UND BEWEGTE MASSE

Die entscheidende Idee hierbei besteht darin, anzunehmen, daß die Masse sich in Abhängigkeit von der Zeit ändern könnte. Dann muß — bereits in der klassischen Mechanik[25] — die Beziehung „Kraft gleich Masse mal Beschleunigung" ersetzt werden durch „Kraft gleich Impulsänderung pro Zeit":

$$\boxed{\vec{F} = \frac{d\vec{p}}{dt} = \frac{d}{dt}(m\vec{u}) = \frac{dm}{dt}\vec{u} + m\vec{a}} \qquad (4.185)$$

Wenn wir eine Zeitabhängigkeit der Masse unterstellen, sollten wir uns auch die Möglichkeit offenhalten, daß sich die Masse des Teilchens im Koordinatensystem $\bar{K}$ von der im Koordinatensystem K unterscheidet, da sich auch die Zeit in beiden Koordinatensystemen unterscheidet. Wir setzen also analog zu oben an:

$$\vec{\bar{F}} = \frac{d}{d\bar{t}}\left(\bar{m}\vec{\bar{u}}\right) = \frac{d\bar{m}}{d\bar{t}}\vec{\bar{u}} + \bar{m}\vec{\bar{a}} \qquad (4.186)$$

In unserem Beispiel können wir noch von einigen Vereinfachungen profitieren: Wegen Gleichung (4.181) ist offenbar die Impulsänderung in z-Richtung gleich null:

$$\frac{d}{dt}(mu_z) = 0$$

Dies bedeutet, daß der Impuls mu_z sich nicht mit der Zeit ändert. Zum Zeitpunkt $t = 0$ gilt $u_z = 0$, so daß $mu_z = 0$ gilt. Wenn wir ausschließen, daß $m = 0$ gilt, muß offenbar auch für $t > 0$

$$u_z = 0$$

gelten. Gemäß Gleichung (4.60) gilt dann stets:

$$\bar{u}_z = -v$$

Mit Hilfe dieser beiden Gleichungen sowie der Gleichungen (4.185) und (4.186) folgt aus den Gleichungen (4.182), (4.183) und (4.184) jeweils:

$$\frac{dm}{dt}u_x + ma_x = QE_0 \qquad (4.187)$$

$$\frac{d\bar{m}}{d\bar{t}}\bar{u}_x + \bar{m}\bar{a}_x = QE_0\sqrt{1 - \frac{v^2}{c_0^2}}$$

$$\frac{d\bar{m}}{d\bar{t}}(-v) = -QE_0\frac{\bar{u}_x v}{c_0^2\sqrt{1 - \frac{v^2}{c_0^2}}} \qquad (4.188)$$

---

[25] Dieser Fall liegt zum Beispiel bei Raketen vor, die durch den zur Schuberzeugung benötigten Materieausstoß mit der Zeit an Masse verlieren.

Diese drei Gleichungen kann man als Differentialgleichungssystem zur Bestimmung der Massen m und $\bar{m}$ auffassen. Wir beginnen mit der Bestimmung von $\bar{m}$: Aus den letzten beiden Gleichungen läßt sich QE_0 eliminieren, und man erhält:

$$\frac{d\bar{m}}{d\bar{t}}v = \frac{\bar{u}_x v}{c_0^2\sqrt{1-\frac{v^2}{c_0^2}}} \frac{1}{\sqrt{1-\frac{v^2}{c_0^2}}} \left(\frac{d\bar{m}}{d\bar{t}}\bar{u}_x + \bar{m}\bar{a}_x\right)$$

$$\Rightarrow \frac{d\bar{m}}{d\bar{t}} = \frac{\bar{u}_x}{c_0^2 - v^2}\left(\frac{d\bar{m}}{d\bar{t}}\bar{u}_x + \bar{m}\bar{a}_x\right)$$

$$\Rightarrow \frac{d\bar{m}}{d\bar{t}}\left(c_0^2 - v^2 - \bar{u}_x^2\right) = \bar{m}\bar{a}_x\bar{u}_x$$

$$\Rightarrow \frac{d\bar{m}}{d\bar{t}} = \bar{m}\frac{\bar{a}_x\bar{u}_x}{c_0^2 - v^2 - \bar{u}_x^2}$$

Bei dieser Gleichung handelt es sich offenbar um eine Differentialgleichung erster Ordnung für die Masse $\bar{m}$. Wir lösen sie durch Variablenseparation. Hierzu multiplizieren wir die Gleichung mit $\frac{d\bar{t}}{\bar{m}}$ und integrieren auf beiden Seiten:

$$\int \frac{d\bar{m}}{\bar{m}} = \int \frac{\bar{a}_x\bar{u}_x}{c_0^2 - v^2 - \bar{u}_x^2}d\bar{t}$$

Das Integral auf der linken Seite ergibt offenbar $ln\,\bar{m}$. Um das Integral auf der rechten Seite zu berechnen, substituieren wir den Nenner:

$$\xi = c_0^2 - v^2 - \bar{u}_x^2$$

$$\Rightarrow \frac{d\xi}{d\bar{t}} = -2\,\bar{u}_x\,\bar{a}_x$$

$$\Rightarrow d\bar{t} = -\frac{d\xi}{2\,\bar{u}_x\,\bar{a}_x}$$

Wir erhalten also:

$$ln\,\bar{m} = -\int \frac{d\xi}{2\xi} = -\frac{1}{2}ln\,\xi + K_1$$

$$\Rightarrow \bar{m} = K_2 \cdot \xi^{-1/2}$$

Hierbei gilt $K_2 = e^{K_1}$. Setzt man nun ξ wieder ein, so erhält man:

$$\bar{m} = \frac{K_2}{\sqrt{c_0^2 - v^2 - \bar{u}_x^2}} \qquad (4.189)$$

4.19. KRAFT UND BEWEGTE MASSE

Wir sehen nun, daß die Masse des Teilchens im Koordinatensystem $\bar{K}$ von seiner Geschwindigkeit abhängt. Als nächstes wollen wir die Masse des Teilchens im Koordinatensystem K bestimmen. Diese können wir aus Gleichung (4.187) gewinnen:

$$\frac{dm}{dt}u_x + ma_x = QE_0$$

Den Ausdruck QE_0 können wir mit Hilfe von Gleichung (4.188) bestimmen:

$$QE_0 = \frac{d\bar{m}}{d\bar{t}} \frac{c_0^2 \sqrt{1 - \frac{v^2}{c_0^2}}}{\bar{u}_x}$$

Mit Hilfe von Gleichung (4.189) folgt daraus:

$$QE_0 = -\frac{K_2}{2\left(c_0^2 - v^2 - \bar{u}_x^2\right)^{3/2}} (-2\bar{u}_x\bar{a}_x) \frac{c_0^2 \sqrt{1 - \frac{v^2}{c_0^2}}}{\bar{u}_x} = \frac{K_2 c_0^2 \bar{a}_x \sqrt{1 - \frac{v^2}{c_0^2}}}{\left(c_0^2 - v^2 - \bar{u}_x^2\right)^{3/2}}$$

Da wir m bestimmen wollen, erscheint es sinnvoll, $\bar{u}_x$ und $\bar{a}_x$ durch Größen ohne Querstrich auszudrücken. Wegen $u_z = 0$ folgt aus Gleichung (4.56):

$$\bar{u}_x = u_x \sqrt{1 - \frac{v^2}{c_0^2}}$$

Aus $u_\| = u_z = 0$ folgt auch $a_\| = a_z = 0$, so daß Gleichung (4.64) liefert:

$$\bar{a}_x = a_x \left(1 - \frac{v^2}{c_0^2}\right)$$

Somit folgt weiter:

$$QE_0 = \frac{K_2 c_0^2 a_x \left(1 - \frac{v^2}{c_0^2}\right)^{3/2}}{\left(c_0^2 - v^2 - u_x^2 \left(1 - \frac{v^2}{c_0^2}\right)\right)^{3/2}}$$

$$\Rightarrow QE_0 = \frac{K_2 c_0^2 a_x \left(1 - \frac{v^2}{c_0^2}\right)^{3/2}}{\left((c_0^2 - u_x^2)\left(1 - \frac{v^2}{c_0^2}\right)\right)^{3/2}} = \frac{K_2 c_0^2 a_x}{(c_0^2 - u_x^2)^{3/2}}$$

Damit ist die rechte Seite von Gleichung (4.187) vollständig auf Größen in K zurückgeführt, und wir erhalten als Differentialgleichung für m:

$$\frac{dm}{dt}u_x + ma_x = \frac{K_2 c_0^2 a_x}{(c_0^2 - u_x^2)^{3/2}}$$

Wenn wir auf beiden Seiten durch a_x dividieren, erhalten wir wegen $a_x = \frac{du_x}{dt}$:

$$\frac{dm}{du_x}u_x + m = \frac{K_2 c_0^2}{(c_0^2 - u_x^2)^{3/2}} \quad (4.190)$$

Hierbei handelt es sich offenbar um eine inhomogene Differentialgleichung. Ihre Lösung ist bekanntlich die Summe aus der Lösung der homogenen Differentialgleichung und einer speziellen Lösung. Zunächst bestimmen wir die homogene Lösung dieser Differentialgleichung, indem wir die rechte Seite gleich null setzen. Dann gilt:

$$\frac{dm}{du_x} u_x = -m$$

$$\Rightarrow \int \frac{dm}{m} = -\int \frac{du_x}{u_x}$$

$$\Rightarrow \ln m = -\ln u_x + K_3$$

$$\Rightarrow m_{hom} = \frac{K_4}{u_x} \quad \text{mit } K_4 = e^{K_3}$$

Damit ist die Lösung der homogenen Gleichung gefunden. Die spezielle Lösung der inhomogenen Differentialgleichung finden wir durch Variation der Konstanten. Wir ersetzen also K_4 durch eine Funktion $f(u_x)$ und erhalten den Ansatz:

$$m = \frac{f(u_x)}{u_x}$$

Diesen setzen wir in die Differentialgleichung (4.190) ein:

$$\frac{\frac{df}{du_x} u_x - f}{u_x^2} u_x + \frac{f}{u_x} = \frac{K_2 c_0^2}{(c_0^2 - u_x^2)^{3/2}}$$

$$\Rightarrow \frac{df}{du_x} = \frac{K_2 c_0^2}{(c_0^2 - u_x^2)^{3/2}}$$

$$\Rightarrow f = \int \frac{K_2 c_0^2}{(c_0^2 - u_x^2)^{3/2}} du_x$$

Wie man in Formelsammlungen wie [5] nachschlagen kann, lautet die Lösung dieses Integrales:

$$f = \frac{K_2 u_x}{\sqrt{c_0^2 - u_x^2}} + K_5$$

Es ergibt sich als spezielle Lösung der Differentialgleichung

$$m_{spez} = \frac{f(u_x)}{u_x} = \frac{K_2}{\sqrt{c_0^2 - u_x^2}} + \frac{K_5}{u_x}.$$

Die allgemeine Lösung setzt sich zusammen aus spezieller und homogener Lösung und lautet somit:

$$m = m_{hom} + m_{spez} = \frac{K_2}{\sqrt{c_0^2 - u_x^2}} + \frac{K_4 + K_5}{u_x} \quad (4.191)$$

4.19. KRAFT UND BEWEGTE MASSE

Damit haben wir für unser spezielles Beispiel die Geschwindigkeitsabhängigkeit der Teilchenmasse sowohl für das Koordinatensystem K als auch für das Koordinatensystem $\bar{K}$ bestimmt. Das Beispiel ist somit beendet. Allerdings ist das Resultat etwas unbefriedigend, da es nun so aussieht, als ob man für jedes Beispiel von neuem die Masse in den Koordinatensystemen K und $\bar{K}$ bestimmen muß. Wenn die Masse eine ähnliche physikalische Bedeutung hat wie in der klassischen Mechanik, dann sollte aber eine einzige Formel existieren, die ihre Geschwindigkeitsabhängigkeit angibt. Eine solche Formel wollen wir suchen.

Zunächst betrachten wir für unser Beispiel den Spezialfall $v = 0$. Dann ist das Koordinatensystem $\bar{K}$ für alle Zeiten gleich K. In diesem Falle gilt $u_x = \bar{u}_x$, und auch die Massen m und $\bar{m}$ müssen gleich sein. Aus den Gleichungen (4.189) und (4.191) folgt somit:

$$\frac{K_2}{\sqrt{c_0^2 - \bar{u}_x^2}} = \frac{K_2}{\sqrt{c_0^2 - u_x^2}} + \frac{K_4 + K_5}{u_x}$$

Diese Gleichung läßt sich für beliebige u_x nur dann erfüllen, wenn $K_4 + K_5 = 0$ gilt. Für die Massen erhält man deshalb die Darstellung

$$\bar{m} = \frac{K_2}{\sqrt{c_0^2 - v^2 - \bar{u}_x^2}} \qquad m = \frac{K_2}{\sqrt{c_0^2 - u_x^2}}. \tag{4.192}$$

Es ist nun naheliegend, nach einer Formel für die Masse zu suchen, die in allen Koordinatensystemen Gültigkeit hat. Die soeben für das spezielle Beispiel hergeleiteten Formeln für die Massen m und $\bar{m}$ in den Koordinatensystemen K und $\bar{K}$ wären dann Spezialfälle dieser invarianten Formel. Zur Zeit ist jedoch nicht ohne weiteres erkennbar, wie eine solche allgemeine Formel für die Masse zu finden ist. Deshalb wollen wir zunächst die in diesem Beispiel gefundenen Zusammenhänge verallgemeinern.

4.19.2 Transformationsgesetz für die Kraft

Im letzten Beispiel waren wir davon ausgegangen, daß sich die Kraft, die auf eine bewegte Ladung wirkt, in allen Inertialsystemen gemäß Gleichung (4.180) aus dem elektromagnetischen Feld berechnen läßt. Darauf aufbauend haben wir festgestellt, daß das aus der klassischen Physik bekannte Gesetz „Kraft gleich Masse mal Beschleunigung" auf einen Widerspruch mit den Transformationsgesetzen für Geschwindigkeit und Beschleunigung führt und somit modifiziert werden muß. Offenbar führt die Verbindung der Transformationsgesetze für das elektromagnetische Feld mit Gleichung (4.180) auf eine Transformationsvorschrift für die Kraft, die sich mit der klassischen Mechanik nicht verträgt. Wir wollen nun versuchen, die Transformationsvorschrift für die Kraft herzuleiten.

Zunächst trennen wir Gleichung (4.180) in Transversal- und Longitudinalkomponenten auf:

$$\vec{F} = Q\left(\vec{E} + \vec{u} \times \vec{B}\right) = Q\left(\vec{E}_\perp + \vec{E}_\parallel + \left[\vec{u}_\perp + \vec{u}_\parallel\right] \times \left[\vec{B}_\perp + \vec{B}_\parallel\right]\right)$$

Für die Kräfte in den Koordinatensystemen K bzw. $\bar{K}$ gilt also:

$$\vec{F}_\perp = Q\left(\vec{E}_\perp + \vec{u}_\perp \times \vec{B}_\| + \vec{u}_\| \times \vec{B}_\perp\right) \tag{4.193}$$

$$\vec{F}_\| = Q\left(\vec{E}_\| + \vec{u}_\perp \times \vec{B}_\perp\right) \tag{4.194}$$

$$\vec{\bar{F}}_\perp = Q\left(\vec{\bar{E}}_\perp + \vec{\bar{u}}_\perp \times \vec{\bar{B}}_\| + \vec{\bar{u}}_\| \times \vec{\bar{B}}_\perp\right) \tag{4.195}$$

$$\vec{\bar{F}}_\| = Q\left(\vec{\bar{E}}_\| + \vec{\bar{u}}_\perp \times \vec{\bar{B}}_\perp\right) \tag{4.196}$$

Zunächst substituieren wir die durch den Querstrich gekennzeichneten Größen in Gleichung (4.195). Hierzu setzen wir die Gleichungen (4.98), (4.99), (4.100), (4.59) und (4.60) ein:

$$\vec{F}_\perp = Q\left(\frac{\vec{E}_\perp + \vec{v} \times \vec{B}_\perp}{\sqrt{1 - \frac{v^2}{c_0^2}}} + \vec{u}_\perp \frac{\sqrt{1 - \frac{v^2}{c_0^2}}}{1 - \frac{v u_\|}{c_0^2}} \times \vec{B}_\| + \frac{u_\| - v}{1 - \frac{v u_\|}{c_0^2}} \vec{e}_z \times \frac{1}{\sqrt{1 - \frac{v^2}{c_0^2}}}\left(\vec{B}_\perp - \frac{1}{c_0^2} \vec{v} \times \vec{E}_\perp\right)\right)$$

Wegen[26] $\vec{e}_z \times \left(\vec{v} \times \vec{E}_\perp\right) = \vec{v}(\vec{e}_z \cdot \vec{E}_\perp) - \vec{E}_\perp(\vec{e}_z \cdot \vec{v}) = -v\vec{E}_\perp$ folgt:

$$\vec{F}_\perp = \frac{Q}{\left(1 - \frac{v u_\|}{c_0^2}\right)\sqrt{1 - \frac{v^2}{c_0^2}}} \Bigg[\vec{E}_\perp\left(1 - \frac{v u_\|}{c_0^2}\right) + \left(\vec{v} \times \vec{B}_\perp\right)\left(1 - \frac{v u_\|}{c_0^2}\right) + \left(\vec{u}_\perp \times \vec{B}_\|\right)\left(1 - \frac{v^2}{c_0^2}\right) +$$

$$+ \left(u_\| - v\right)\left(\vec{e}_z \times \vec{B}_\perp\right) + \left(u_\| - v\right)\frac{v}{c_0^2} \vec{E}_\perp\Bigg]$$

$$= \frac{Q}{\left(1 - \frac{v u_\|}{c_0^2}\right)\sqrt{1 - \frac{v^2}{c_0^2}}} \Bigg[\vec{E}_\perp\left(1 - \frac{v^2}{c_0^2}\right) +$$

$$+ \left(\vec{e}_z \times \vec{B}_\perp\right)\left(v - \frac{v^2 u_\|}{c_0^2} + u_\| - v\right) + \left(\vec{u}_\perp \times \vec{B}_\|\right)\left(1 - \frac{v^2}{c_0^2}\right)\Bigg]$$

$$\Rightarrow \vec{F}_\perp = Q \frac{\sqrt{1 - \frac{v^2}{c_0^2}}}{\left(1 - \frac{v u_\|}{c_0^2}\right)} \left[\vec{E}_\perp + \vec{u}_\| \times \vec{B}_\perp + \vec{u}_\perp \times \vec{B}_\|\right] \tag{4.197}$$

Nun wenden wir uns Gleichung (4.196) zu und substituieren wieder die durch einen Querstrich gekennzeichneten Größen, indem wir die Gleichungen (4.97), (4.59) und (4.100) einsetzen:

$$\vec{F}_\| = Q\left(\vec{E}_\| + \vec{u}_\perp \frac{\sqrt{1 - \frac{v^2}{c_0^2}}}{1 - \frac{v u_\|}{c_0^2}} \times \frac{1}{\sqrt{1 - \frac{v^2}{c_0^2}}}\left(\vec{B}_\perp - \frac{1}{c_0^2} \vec{v} \times \vec{E}_\perp\right)\right)$$

---
[26]Dies folgt aus Gleichung (3.169) auf Seite 247.

4.19. KRAFT UND BEWEGTE MASSE

Wegen $\vec{u}_\perp \times (\vec{v} \times \vec{E}_\perp) = \vec{v}(\vec{u}_\perp \cdot \vec{E}_\perp) - \vec{E}_\perp(\vec{u}_\perp \cdot \vec{v}) = \vec{v}(\vec{u}_\perp \cdot \vec{E}_\perp)$ folgt hieraus:

$$\vec{F}_\| = Q\left(\vec{E}_\| + \frac{\vec{u}_\perp \times \vec{B}_\perp - \frac{1}{c_0^2}\vec{v}(\vec{u}_\perp \cdot \vec{E}_\perp)}{1 - \frac{vu_\|}{c_0^2}}\right) \qquad (4.198)$$

Wenn wir nun aus den Gleichungen (4.193), (4.194), (4.197) und (4.198) ein Transformationsgesetz für die Kraft herleiten wollen, müssen natürlich alle Feldkomponenten eliminiert werden. Für die Transversalkomponenten fällt dies nicht schwer; ein Vergleich der Gleichungen (4.193) und (4.197) liefert:

$$\boxed{\vec{\bar{F}}_\perp = \frac{\sqrt{1 - \frac{v^2}{c_0^2}}}{1 - \frac{vu_\|}{c_0^2}} \vec{F}_\perp} \qquad (4.199)$$

Etwas schwieriger gestaltet sich die Herleitung für die Longitudinalkomponente der Kraft. Hierzu schreiben wir die Gleichungen (4.193), (4.194) und (4.198) in Komponentendarstellung:

$$F_x = Q(E_x + u_y B_z - u_z B_y) \qquad (4.200)$$
$$F_y = Q(E_y - u_x B_z + u_z B_x) \qquad (4.201)$$
$$F_z = Q(E_z + u_x B_y - u_y B_x) \qquad (4.202)$$
$$\bar{F}_z = Q\left(E_z + \frac{u_x B_y - u_y B_x - \frac{1}{c_0^2}v(u_x E_x + u_y E_y)}{1 - \frac{vu_z}{c_0^2}}\right) \qquad (4.203)$$

Zunächst substituieren wir E_z, indem wir die Differenz der letzten beiden Gleichungen bilden:

$$\bar{F}_z - F_z = Q\left(\frac{\frac{vu_z}{c_0^2}u_x B_y - \frac{vu_z}{c_0^2}u_y B_x - \frac{v}{c_0^2}u_x E_x - \frac{v}{c_0^2}u_y E_y}{1 - \frac{vu_z}{c_0^2}}\right) \qquad (4.204)$$

Als nächstes kann man Gleichung (4.200) mit u_x und Gleichung (4.201) mit u_y multiplizieren, so daß B_z durch Summenbildung eliminiert wird:

$$u_x F_x + u_y F_y = Q(u_x E_x + u_y E_y - u_x u_z B_y + u_y u_z B_x)$$

Den Ausdruck auf der rechten Seite erkennt man in Gleichung (4.204) wieder, so daß man erhält:

$$\bar{F}_z - F_z = -\frac{v}{c_0^2}\frac{u_x F_x + u_y F_y}{1 - \frac{vu_z}{c_0^2}}$$

Damit erhält man folgendes Transformationsgesetz für die Longitudinalkomponente der Kraft:

$$\boxed{\bar{F}_\| = F_\| - \frac{\frac{v}{c_0^2}}{1 - \frac{vu_\|}{c_0^2}} \vec{u}_\perp \cdot \vec{F}_\perp} \qquad (4.205)$$

KAPITEL 4. LORENTZTRANSFORMATION UND RELATIVITÄTSTHEORIE

Die Ergebnisse (4.199) und (4.205) erhielten wir zusammenfassend wie folgt: Wir hatten gefordert, daß die Maxwellgleichungen in allen Inertialsystemen die gleiche Gestalt besitzen, so daß sich das Licht in allen Inertialsystemen kugelförmig ausbreitet. Dies führte auf ein Transformationsgesetz für die elektromagnetischen Feldkomponenten. Des weiteren hatten wir gefordert, daß sich die Kraft auf ein bewegtes Teilchen in allen Inertialsystemen in gewohnter Weise gemäß Gleichung (4.180) berechnen läßt. Wie die Ergebnisse dieses Abschnittes zeigen, führen diese Forderungen auf ein Transformationsgesetz für die Kraft, das der Newtonschen Mechanik widerspricht. Wir benötigen also eine neue Definition der Kraft, die mit diesen Transformationsgesetzen verträglich ist.

4.19.3 Transformationsgesetz für den Impuls

Wir wollen nun aus dem Transformationsgesetz für die Kraft das Transformationsgesetz für den Impuls herleiten. Als erstes betrachten wir die transversale Komponente des Impulses. Wegen

$$\vec{F} = \frac{d\vec{p}}{dt}$$

folgt aus Gleichung (4.199):

$$\frac{d\vec{\bar{p}}_\perp}{d\bar{t}} = \frac{\sqrt{1 - \frac{v^2}{c_0^2}}}{1 - \frac{vu_\parallel}{c_0^2}} \frac{d\vec{p}_\perp}{dt}$$

Wir integrieren über $\bar{t}$ und erhalten:

$$\vec{\bar{p}}_\perp = \int \left(\frac{\sqrt{1 - \frac{v^2}{c_0^2}}}{1 - \frac{vu_\parallel}{c_0^2}} \frac{d\vec{p}_\perp}{dt} \right) d\bar{t}$$

Eine Variablensubstitution auf der rechten Seite liefert:

$$\vec{\bar{p}}_\perp = \int \left(\frac{\sqrt{1 - \frac{v^2}{c_0^2}}}{1 - \frac{vu_\parallel}{c_0^2}} \frac{d\vec{p}_\perp}{dt} \right) \frac{d\bar{t}}{dt} dt$$

Den Differentialquotienten $\frac{d\bar{t}}{dt}$ erhält man aus Gleichung (4.29) mit Hilfe der Kettenregel:

$$\frac{d\bar{t}}{dt} = \frac{\partial \bar{t}}{\partial x}\frac{dx}{dt} + \frac{\partial \bar{t}}{\partial y}\frac{dy}{dt} + \frac{\partial \bar{t}}{\partial z}\frac{dz}{dt} + \frac{\partial \bar{t}}{\partial t}\frac{dt}{dt} = 0 + 0 - \frac{\frac{v}{c_0^2}}{\sqrt{1 - \frac{v^2}{c_0^2}}} u_z + \frac{1}{\sqrt{1 - \frac{v^2}{c_0^2}}} 1$$

$$\Rightarrow \frac{d\bar{t}}{dt} = \frac{1 - \frac{vu_z}{c_0^2}}{\sqrt{1 - \frac{v^2}{c_0^2}}} \qquad (4.206)$$

4.19. KRAFT UND BEWEGTE MASSE

Setzt man dies in obiges Integral ein, so erhält man wegen $u_z = u_\parallel$:

$$\vec{\bar{p}}_\perp = \int \frac{d\vec{p}_\perp}{dt} dt = \vec{p}_\perp + C_1$$

Diese Gleichung muß für alle v gelten, also auch für den Spezialfall $v = 0$, für den die Koordinatensysteme K und $\bar{K}$ identisch sind. Somit gilt $C_1 = 0$. Für die Transversalkomponenten des Impulses erhalten wir also folgendes erstaunlich einfache Transformationsgesetz:

$$\vec{\bar{p}}_\perp = \vec{p}_\perp \tag{4.207}$$

Auf ähnliche Weise soll nun das Transformationsgesetz für die Longitudinalkomponente bestimmt werden. Wegen

$$\vec{F} = \frac{d\vec{p}}{dt}$$

folgt aus Gleichung (4.205):

$$\frac{d\bar{p}_\parallel}{d\bar{t}} = \frac{dp_\parallel}{dt} - \frac{\frac{v}{c_0^2}}{1 - \frac{vu_\parallel}{c_0^2}} \vec{u}_\perp \cdot \frac{d\vec{p}_\perp}{dt}$$

Die linke Seite läßt sich mit Hilfe von Gleichung (4.206) in eine Ableitung nach t umwandeln:

$$\frac{d\bar{p}_\parallel}{dt} \frac{\sqrt{1 - \frac{v^2}{c_0^2}}}{1 - \frac{vu_z}{c_0^2}} = \frac{dp_\parallel}{dt} - \frac{\frac{v}{c_0^2}}{1 - \frac{vu_\parallel}{c_0^2}} \vec{u}_\perp \cdot \frac{d\vec{p}_\perp}{dt}$$

$$\Rightarrow \frac{d\bar{p}_\parallel}{dt} \sqrt{1 - \frac{v^2}{c_0^2}} = \left(1 - \frac{vu_z}{c_0^2}\right) \frac{dp_\parallel}{dt} - \frac{v}{c_0^2} \vec{u}_\perp \cdot \frac{d\vec{p}_\perp}{dt}$$

$$\Rightarrow \frac{d\bar{p}_\parallel}{dt} \sqrt{1 - \frac{v^2}{c_0^2}} = \left(1 - \frac{vu_z}{c_0^2}\right) \frac{dp_z}{dt} - \frac{v}{c_0^2} u_x \frac{dp_x}{dt} - \frac{v}{c_0^2} u_y \frac{dp_y}{dt}$$

$$\Rightarrow \frac{d\bar{p}_\parallel}{dt} \sqrt{1 - \frac{v^2}{c_0^2}} = \frac{dp_z}{dt} - \frac{v}{c_0^2} \vec{u} \cdot \frac{d\vec{p}}{dt}$$

Nun integrieren wir über t und erhalten, da v und c_0 nicht von t abhängen:

$$\bar{p}_\parallel = \frac{1}{\sqrt{1 - \frac{v^2}{c_0^2}}} \left(p_\parallel - \frac{v}{c_0^2} \int \vec{u} \cdot \frac{d\vec{p}}{dt} dt\right) \tag{4.208}$$

Das Integral auf der rechten Seite läßt sich leider nicht weiter auswerten. Wegen $\vec{F} = \frac{d\vec{p}}{dt}$ und $\vec{u} = \frac{d\vec{s}}{dt}$ gilt jedoch:

$$\int \vec{u} \cdot \frac{d\vec{p}}{dt} dt = \int \vec{F} \cdot d\vec{s}$$

Bei dem Integral handelt es sich also offenbar um die Energie des Teilchens, so daß wir definieren:

$$W = \int \vec{u} \cdot \frac{d\vec{p}}{dt} dt \qquad (4.209)$$

Für die Leistung folgt daraus:

$$P = \frac{dW}{dt} = \vec{u} \cdot \frac{d\vec{p}}{dt} = \vec{u} \cdot \vec{F} \qquad (4.210)$$

4.19.4 Vierervektor des Ortes

Für unser Vorhaben, die Newtonsche Mechanik so zu verallgemeinern, daß sie mit den aus der Elektrodynamik entwickelten Transformationsgesetzen für Kraft und Impuls verträglich ist, benötigen wir einen neuen Ansatz. Diesen finden wir durch einen Vergleich mit unserer Vorgehensweise bei der Formulierung der Maxwellgleichungen in invarianter Form. Dort hatte uns die Einführung von Vektoren und Tensoren im vierdimensionalen Raum zum Ziel gebracht. Deshalb wollen wir nun versuchen, die Grundgleichungen der Mechanik in vierdimensionaler Form zu formulieren.

Eine vierdimensionale Verallgemeinerung des Ortsvektors haben wir bereits kennengelernt. Gleich zu Beginn des Kapitels 4 wurden nämlich die vier Komponenten θ^i definiert, wobei gefordert wurde, daß das Transformationsgesetz

$$\bar{\theta}^i = \bar{a}^i_k \theta^k$$

gilt. Dies ist das Transformationsgesetz der Komponenten eines Vektors. Bei der Größe

$$\vec{s} = \theta^1 \vec{g}_1 + \theta^2 \vec{g}_2 + \theta^3 \vec{g}_3 + \theta^4 \vec{g}_4$$

handelt es sich also um einen Vierervektor. Wie schon gezeigt wurde, läßt sich ein und derselbe Vektor in verschiedenen Koordinatensystemen auf die gleiche Art darstellen. Es gilt also ebenfalls

$$\vec{s} = \bar{\theta}^1 \vec{\bar{g}}_1 + \bar{\theta}^2 \vec{\bar{g}}_2 + \bar{\theta}^3 \vec{\bar{g}}_3 + \bar{\theta}^4 \vec{\bar{g}}_4.$$

Dies ist genau die Eigenschaft, die wir benötigen. Wenn wir alle Größen als Vektoren bzw. Tensoren dargestellt haben und alle physikalischen Gesetze als Tensorgleichungen, dann gelten diese Gesetze in allen Inertialsystemen in gleicher Weise. Doch zurück zum Vierervektor des Ortes. Seine Komponenten erhält man aus Gleichung (4.3):

$$\boxed{\vec{s} = x\vec{g}_1 + y\vec{g}_2 + z\vec{g}_3 + jc_0 t \vec{g}_4} \qquad (4.211)$$

Obwohl — wie bereits erwähnt wurde — durch die Herleitung der Lorentztransformation in Abschnitt 4.1 bereits sichergestellt ist, daß $\vec{s}$ ein Vierervektor ist, wollen wir kontrollieren, daß er

4.19. KRAFT UND BEWEGTE MASSE

tatsächlich in den Koordinatensystemen K und $\bar{K}$ die gleiche Darstellung hat. Hierzu gehen wir von Gleichung (4.211) aus und drücken die Größen ohne Querstrich durch solche mit Querstrich aus. Zunächst berechnen wir die Basisvektoren. Gemäß Gleichung (3.93) gilt:

$$\vec{g}_i = \bar{a}_i^k \vec{\bar{g}}_k$$

Mit Gleichung (4.25) folgt:

$$\vec{g}_1 = \vec{\bar{g}}_1, \quad \vec{g}_2 = \vec{\bar{g}}_2, \quad \vec{g}_3 = \frac{1}{\sqrt{1-\frac{v^2}{c_0^2}}} \vec{\bar{g}}_3 - j\frac{v/c_0}{\sqrt{1-\frac{v^2}{c_0^2}}} \vec{\bar{g}}_4, \quad \vec{g}_4 = j\frac{v/c_0}{\sqrt{1-\frac{v^2}{c_0^2}}} \vec{\bar{g}}_3 + \frac{1}{\sqrt{1-\frac{v^2}{c_0^2}}} \vec{\bar{g}}_4$$

(4.212)

Setzen wir nun diese Gleichungen sowie die Gleichungen (4.30) bis (4.33) in Gleichung (4.211) ein, so erhalten wir:

$$\vec{s} = \bar{x}\vec{\bar{g}}_1 + \bar{y}\vec{\bar{g}}_2 + \frac{\bar{z}+v\bar{t}}{\sqrt{1-\frac{v^2}{c_0^2}}} \left(\frac{1}{\sqrt{1-\frac{v^2}{c_0^2}}} \vec{\bar{g}}_3 - j\frac{v/c_0}{\sqrt{1-\frac{v^2}{c_0^2}}} \vec{\bar{g}}_4 \right) +$$

$$+ jc_0 \frac{\bar{t}+\frac{v}{c_0^2}\bar{z}}{\sqrt{1-\frac{v^2}{c_0^2}}} \left(j\frac{v/c_0}{\sqrt{1-\frac{v^2}{c_0^2}}} \vec{\bar{g}}_3 + \frac{1}{\sqrt{1-\frac{v^2}{c_0^2}}} \vec{\bar{g}}_4 \right)$$

$$\Rightarrow \vec{s} = \bar{x}\vec{\bar{g}}_1 + \bar{y}\vec{\bar{g}}_2 + \frac{\vec{\bar{g}}_3}{1-\frac{v^2}{c_0^2}} \left(\bar{z}+v\bar{t} - v\left(\bar{t}+\frac{v}{c_0^2}\bar{z}\right) \right) + \frac{\vec{\bar{g}}_4}{1-\frac{v^2}{c_0^2}} \left(-\frac{jv}{c_0}(\bar{z}+v\bar{t}) + jc_0\left(\bar{t}+\frac{v}{c_0^2}\bar{z}\right) \right)$$

$$\Rightarrow \vec{s} = \bar{x}\vec{\bar{g}}_1 + \bar{y}\vec{\bar{g}}_2 + \bar{z}\vec{\bar{g}}_3 + jc_0\bar{t}\vec{\bar{g}}_4$$

Damit ist bestätigt, daß $\vec{s}$ in den Koordinatensystemen K und $\bar{K}$ die gleiche Gestalt hat, daß es sich also tatsächlich um einen Vierervektor handelt.

4.19.5 Vierervektor der Geschwindigkeit, Eigenzeit

Als nächstes wollen wir eine Verallgemeinerung des dreidimensionalen Geschwindigkeitsvektors auf vier Dimensionen finden. Als ersten Ansatz wird man versuchen, den Vierervektor des Ortes nach der Zeit abzuleiten. Berücksichtigt man, daß für eine gegebene Flugbahn des betrachteten Teilchens die Koordinaten x, y und z von t abhängen, so erhält man auf diese Weise:

$$\frac{d\vec{s}}{dt} = \frac{dx}{dt}\vec{g}_1 + \frac{dy}{dt}\vec{g}_2 + \frac{dz}{dt}\vec{g}_3 + jc_0\vec{g}_4$$

Leider handelt es sich hierbei nicht um einen Vierervektor. Substituiert man nämlich analog zum beim Ortsvektor durchgeführten Rechenweg alle Größen ohne Querstrich durch solche mit Querstrich, so erhält man nicht die Darstellung

$$\frac{d\bar{x}}{d\bar{t}}\vec{\bar{g}}_1 + \frac{d\bar{y}}{d\bar{t}}\vec{\bar{g}}_2 + \frac{d\bar{z}}{d\bar{t}}\vec{\bar{g}}_3 + jc_0\vec{\bar{g}}_4.$$

Somit ist $\frac{d\vec{s}}{dt}$ nicht invariant gegenüber der Lorentztransformation. Dies läßt sich auch ohne Rechnung sofort einsehen. Während im Zähler des Differentialquotienten die invariante Größe $\vec{s}$ steht, ist t keineswegs invariant gegen Lorentztransformationen. Wir sollten also anstelle der Zeit t eine invariante Größe τ finden, so daß wir den Vierervektor der Geschwindigkeit wie folgt definieren können:

$$\boxed{\vec{u} = \frac{d\vec{s}}{d\tau}} \qquad (4.213)$$

Doch wie findet man eine Größe τ, die invariant gegenüber Lorentztransformationen ist und die für kleine v der gewöhnlichen Zeit entspricht?

Die Antwort auf diese Frage finden wir, wenn wir ein Koordinatensystem $\tilde{K}$ betrachten, das dadurch ausgezeichnet ist, daß in seinem Ursprung das Teilchen in Ruhe ist. Zur Vereinfachung nehmen wir zunächst an, daß sich das Teilchen gleichförmig bewegt. Somit ist auch das Koordinatensystem $\tilde{K}$ gegenüber dem Koordinatensystem K und dem Koordinatensystem $\bar{K}$ gleichförmig bewegt.

Damit das Teilchen stets im Koordinatenursprung von $\tilde{K}$ ist und die $\tilde{z}$-Achse in die Bewegungsrichtung des Teilchens zeigt, sei das Koordinatensystem $\tilde{K}$ gegenüber den Koordinatensystemen $\bar{K}$ und K im Raum gedreht und verschoben, wie Abbildung 4.11 zeigt. Gemäß Abschnitt 4.2 hat dies keinen Einfluß auf die Gültigkeit der Lorentztransformation.

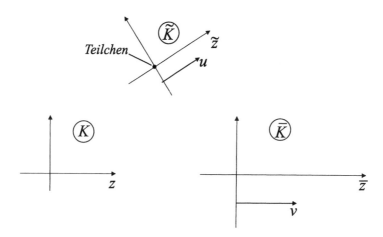

Abbildung 4.11: Veranschaulichung der Eigenzeit eines Teilchens

In Abbildung 4.11 liegt ein völlig analoger Fall vor wie der in Abschnitt 4.2 betrachtete. Allerdings war in Abschnitt 4.2 das Koordinatensystem $\bar{K}$ gegenüber dem gedrehten Koordinatensystem $\tilde{K}$ entlang der $\tilde{z}$-Achse mit der Geschwindigkeit v gleichförmig bewegt, während sich hier das Koordinatensystem $\tilde{K}$ gegenüber K entlang der $\tilde{z}$-Achse mit der Geschwindigkeit

4.19. KRAFT UND BEWEGTE MASSE

u gleichförmig bewegt. Wir können Gleichung (4.37) deshalb auf den hier vorliegenden Fall übertragen, indem wir $\bar{t}$ durch $\tilde{t}$, $\tilde{t}$ durch t und v durch u ersetzen:

$$\tilde{t} = t\sqrt{1 - \frac{u^2}{c_0^2}}$$

Wir müssen uns nun allerdings vergegenwärtigen, daß durch die Übernahme der Formel (4.37) gemäß Abschnitt 4.2 der Nullpunkt der Zeit $\tilde{t}$ auf das Koordinatensystem K bezogen ist. Somit kann $\tilde{t}$ nicht invariant sein. Deshalb definieren wir nun einen beliebigen Bezugszeitpunkt $\tilde{t}_0$, der im Koordinatensystem K der Zeit t_0 und in $\bar{K}$ der Zeit $\bar{t}_0$ entspricht. Die Zeitspanne $\Delta\tau = \tilde{t} - \tilde{t}_0$, die ab diesem Zeitpunkt vergeht, kann logischerweise weder von der Geschwindigkeit u des Teilchens gegenüber dem Bezugssystem K noch von der Relativgeschwindigkeit v zwischen den Bezugssystemen K und $\bar{K}$ abhängen. Durch die Wahl von K und $\bar{K}$ läßt sich nämlich u und v beliebig vorgeben. Die in $\tilde{K}$ vergangene Zeit $\Delta\tau$ kann von dieser Wahl nicht beinflußt werden. Deshalb bezeichnen wir die Zeitspanne $\Delta\tau$ als die Eigenzeit des Teilchens. Bei t_0 handelt es sich nur um einen bestimmten Zeitpunkt t, so daß analog zu oben gilt:

$$\tilde{t}_0 = t_0\sqrt{1 - \frac{u^2}{c_0^2}}$$

Somit folgt:

$$\Delta\tau = \tilde{t} - \tilde{t}_0 = (t - t_0)\sqrt{1 - \frac{u^2}{c_0^2}} \qquad (4.214)$$

Wenn unsere Überlegungen richtig waren, ist $\Delta\tau$ invariant. Anstelle von K hätten wir also auch das Koordinatensystem $\bar{K}$ betrachten können. Gegenüber diesem bewegt sich das Teilchen zum betrachteten Zeitpunkt mit der Geschwindigkeit $\bar{u}$. Somit muß ganz analog gelten:

$$\Delta\tau = (\bar{t} - \bar{t}_0)\sqrt{1 - \frac{\bar{u}^2}{c_0^2}}$$

Es wurden also auf der rechten Seite lediglich die Größen ohne Querstrich durch solche mit Querstrich ersetzt, ohne daß sich $\Delta\tau$ ändert. Diese Invarianz von $\Delta\tau$ hatten wir durch unser Gedankenexperiment sichergestellt. Um zu zeigen, daß wir dabei keinen Fehler gemacht haben, soll nun trotzdem nachgewiesen werden, daß beide Ausdrücke den gleichen Wert liefern müssen. Hierzu berechnen wir zunächst das Transformationsverhalten von u aus den Gleichungen (4.61) und (4.63):

$$u^2 = u_\|^2 + u_\perp^2 = \frac{(\bar{u}_\| + v)^2}{\left(1 + \frac{v\,\bar{u}_\|}{c_0^2}\right)^2} + (\bar{u}_\perp)^2 \frac{\left(\sqrt{1 - \frac{v^2}{c_0^2}}\right)^2}{\left(1 + \frac{v\,\bar{u}_\|}{c_0^2}\right)^2}$$

$$\Rightarrow u^2 = \frac{\bar{u}^2 + 2\bar{u}_\| v + v^2 - \frac{\bar{u}_\perp^2 v^2}{c_0^2}}{1 + 2\frac{v\,\bar{u}_\|}{c_0^2} + \frac{v^2\,\bar{u}_\|^2}{c_0^4}}$$

Damit folgt weiter:

$$1 - \frac{u^2}{c_0^2} = \frac{\left(1 + 2\frac{v\,\bar{u}_\parallel}{c_0^2} + \frac{v^2\,\bar{u}_\parallel^2}{c_0^4}\right) - \frac{\bar{u}^2}{c_0^2} - 2\frac{\bar{u}_\parallel v}{c_0^2} - \frac{v^2}{c_0^2} + \frac{\bar{u}_\perp^2 v^2}{c_0^4}}{1 + 2\frac{v\,\bar{u}_\parallel}{c_0^2} + \frac{v^2\,\bar{u}_\parallel^2}{c_0^4}}$$

$$\Rightarrow 1 - \frac{u^2}{c_0^2} = \frac{1 + \frac{v^2\,\bar{u}^2}{c_0^4} - \frac{\bar{u}^2}{c_0^2} - \frac{v^2}{c_0^2}}{1 + 2\frac{v\,\bar{u}_\parallel}{c_0^2} + \frac{v^2\,\bar{u}_\parallel^2}{c_0^4}}$$

$$\Rightarrow 1 - \frac{u^2}{c_0^2} = \frac{\left(1 - \frac{v^2}{c_0^2}\right)\left(1 - \frac{\bar{u}^2}{c_0^2}\right)}{\left(1 + \frac{v\,\bar{u}_\parallel}{c_0^2}\right)^2}$$

$$\sqrt{1 - \frac{u^2}{c_0^2}} = \frac{\sqrt{1 - \frac{v^2}{c_0^2}}\sqrt{1 - \frac{\bar{u}^2}{c_0^2}}}{1 + \frac{v\,\bar{u}_\parallel}{c_0^2}} \tag{4.215}$$

Aus Gleichung (4.33) folgt außerdem:

$$t - t_0 = \frac{\bar{t} - \bar{t}_0 + \frac{v}{c_0^2}(\bar{z} - \bar{z}_0)}{\sqrt{1 - \frac{v^2}{c_0^2}}}$$

$$\Rightarrow t - t_0 = (\bar{t} - \bar{t}_0)\frac{1 + \frac{v}{c_0^2}\bar{u}_z}{\sqrt{1 - \frac{v^2}{c_0^2}}}$$

Mit Hilfe dieser Gleichung und Gleichung (4.215) folgt aus Gleichung (4.214):

$$\Delta\tau = (t - t_0)\sqrt{1 - \frac{u^2}{c_0^2}} = (\bar{t} - \bar{t}_0)\frac{1 + \frac{v}{c_0^2}\bar{u}_z}{\sqrt{1 - \frac{v^2}{c_0^2}}} \cdot \frac{\sqrt{1 - \frac{v^2}{c_0^2}}\sqrt{1 - \frac{\bar{u}^2}{c_0^2}}}{1 + \frac{v\,\bar{u}_\parallel}{c_0^2}}$$

$$\Rightarrow \Delta\tau = (t - t_0)\sqrt{1 - \frac{u^2}{c_0^2}} = (\bar{t} - \bar{t}_0)\sqrt{1 - \frac{\bar{u}^2}{c_0^2}}$$

Damit ist die Invarianz von $\Delta\tau$ für gleichförmig bewegte Teilchen bewiesen.

Ursprünglich hatten wir das Ziel gehabt, eine invariante Zeit zu finden, mit deren Hilfe es möglich ist, einen Vierervektor der Geschwindigkeit zu definieren. Dabei sollten natürlich auch zeitlich veränderliche Momentan-Geschwindigkeiten zulässig sein. Deshalb stellt sich die Frage, wie man Gleichung (4.214) verallgemeinern muß, um auch für den Fall einer nicht gleichförmigen Bewegung eine invariante Zeit zu erhalten.

Wir vermuten nun, daß im Falle einer nicht gleichförmigen Bewegung, bei der sich die Geschwindigkeit des Teilchens ändert, die differentiell kleine Größe $d\tau$ eine ähnliche Bedeutung hat wie

4.19. KRAFT UND BEWEGTE MASSE

die endliche Größe $\Delta\tau$ für den Fall konstanter Teilchengeschwindigkeit. Es ist also anzunehmen, daß die als Element der Eigenzeit bezeichnete Größe

$$d\tau = dt\sqrt{1 - \frac{u^2}{c_0^2}} \qquad (4.216)$$

invariant ist. Dies sei im folgenden bewiesen:

Aus Gleichung (4.206) folgt mit Hilfe von Gleichung (4.61):

$$\frac{dt}{d\bar{t}} = \frac{\sqrt{1-\frac{v^2}{c_0^2}}}{1-\frac{vu_z}{c_0^2}} = \frac{\sqrt{1-\frac{v^2}{c_0^2}}}{1-\frac{v}{c_0^2}\frac{\bar{u}_z+v}{1+\frac{v\bar{u}_z}{c_0^2}}} = \frac{\sqrt{1-\frac{v^2}{c_0^2}}\left(1+\frac{v\bar{u}_z}{c_0^2}\right)}{1+\frac{v\bar{u}_z}{c_0^2}-\frac{v\bar{u}_z}{c_0^2}-\frac{v^2}{c_0^2}} = \frac{1+\frac{v\bar{u}_z}{c_0^2}}{\sqrt{1-\frac{v^2}{c_0^2}}}$$

$$\Rightarrow dt = d\bar{t}\,\frac{1+\frac{v\bar{u}_z}{c_0^2}}{\sqrt{1-\frac{v^2}{c_0^2}}}$$

Diese Beziehung sowie Gleichung (4.215) setzen wir in Gleichung (4.216) ein und erhalten:

$$d\tau = d\bar{t}\,\frac{1+\frac{v\bar{u}_z}{c_0^2}}{\sqrt{1-\frac{v^2}{c_0^2}}}\,\frac{\sqrt{1-\frac{v^2}{c_0^2}}\sqrt{1-\frac{\bar{u}^2}{c_0^2}}}{1+\frac{v\,\bar{u}_\parallel}{c_0^2}}$$

$$\Rightarrow d\tau = d\bar{t}\sqrt{1-\frac{\bar{u}^2}{c_0^2}}$$

Durch Vergleich mit Gleichung (4.216) stellt man fest, daß $d\tau$ — den Erwartungen entsprechend — invariant gegenüber Lorentztransformationen ist.

Übungsaufgabe 4.9   Anspruch: ● ● ○   Aufwand: ● ● ○

Wir greifen nun das Beispiel aus Aufgabe 4.1 von Seite 319 wieder auf. Bestimmen Sie aufbauend auf den Lösungen dieser Aufgabe

- die Zeit $\bar{t}_0$ in $\bar{K}$, die dem Start des Teilchens entspricht,
- die Zeit t_1 in K, zu der das Teilchen den Punkt $(x, y, z) = (z_0, 0, 2z_0)$ erreicht, sowie
- die Zeit $\bar{t}_1$ in $\bar{K}$, die diesem Ereignis in K entspricht.

Berechnen Sie als nächstes die Ausdrücke

- $t_0\sqrt{1-\frac{u^2}{c_0^2}}$

- $\bar{t}_0 \sqrt{1 - \frac{\bar{u}^2}{c_0^2}}$

- $t_1 \sqrt{1 - \frac{u^2}{c_0^2}}$

- $\bar{t}_1 \sqrt{1 - \frac{\bar{u}^2}{c_0^2}}$

- $\Delta\tau = (t_1 - t_0)\sqrt{1 - \frac{u^2}{c_0^2}}$

- $\Delta\bar{\tau} = (\bar{t}_1 - \bar{t}_0)\sqrt{1 - \frac{\bar{u}^2}{c_0^2}}$

Welche dieser Ausdrücke sind invariant gegenüber der betrachteten Lorentztransformation?

Hinweis:

Es gilt: $\sqrt{38 + 16\sqrt{3}} = 4\sqrt{2} + \sqrt{6}$

Nachdem wir also gezeigt haben, daß das Element $d\tau$ der Eigenzeit invariant ist, läßt sich unser Ansatz (4.213)

$$\vec{\mathbf{u}} = \frac{d\vec{\mathbf{s}}}{d\tau}$$

zur Definition einer invarianten Geschwindigkeit wieder aufgreifen. Wir erhalten:

$$\vec{\mathbf{u}} = \frac{d\vec{\mathbf{s}}}{dt}\frac{dt}{d\tau}$$

Mit den Gleichungen (4.211) und (4.216) folgt daraus:

$$\vec{\mathbf{u}} = \frac{\frac{dx}{dt}\vec{g}_1 + \frac{dy}{dt}\vec{g}_2 + \frac{dz}{dt}\vec{g}_3 + jc_0\vec{g}_4}{\sqrt{1 - \frac{u^2}{c_0^2}}}$$

$$\Rightarrow \boxed{\vec{\mathbf{u}} = \frac{u_x\vec{g}_1 + u_y\vec{g}_2 + u_z\vec{g}_3 + jc_0\vec{g}_4}{\sqrt{1 - \frac{u^2}{c_0^2}}}} \quad (4.217)$$

Wir wollen nun überprüfen, ob es sich bei $\vec{\mathbf{u}}$ nun tatsächlich um einen Vierervektor, also um eine invariante Größe handelt. Hierzu setzen wir die Transformationsformeln (4.212) für die

4.19. KRAFT UND BEWEGTE MASSE

Basisvektoren sowie die Transformationsformeln (4.63) und (4.61) für die Geschwindigkeiten ein:

$$\vec{\mathbf{u}} = \frac{1}{\sqrt{1-\frac{u^2}{c_0^2}}\left(1+\frac{v\bar{u}_\parallel}{c_0^2}\right)}\left[\bar{u}_x\sqrt{1-\frac{v^2}{c_0^2}}\,\vec{g}_1 + \bar{u}_y\sqrt{1-\frac{v^2}{c_0^2}}\,\vec{g}_2 + \right.$$

$$\left. + (\bar{u}_z+v)\left(\frac{1}{\sqrt{1-\frac{v^2}{c_0^2}}}\vec{g}_3 - j\frac{v/c_0}{\sqrt{1-\frac{v^2}{c_0^2}}}\vec{g}_4\right) + jc_0\left(j\frac{v/c_0}{\sqrt{1-\frac{v^2}{c_0^2}}}\vec{g}_3 + \frac{1}{\sqrt{1-\frac{v^2}{c_0^2}}}\vec{g}_4\right)\left(1+\frac{v\bar{u}_\parallel}{c_0^2}\right)\right]$$

$$\Rightarrow \vec{\mathbf{u}} = \frac{1}{\sqrt{1-\frac{u^2}{c_0^2}}\left(1+\frac{v\bar{u}_\parallel}{c_0^2}\right)}\left[\bar{u}_x\sqrt{1-\frac{v^2}{c_0^2}}\,\vec{g}_1 + \bar{u}_y\sqrt{1-\frac{v^2}{c_0^2}}\,\vec{g}_2 + \right.$$

$$\left. + \vec{g}_3\frac{\bar{u}_z+v-v-\bar{u}_z\frac{v^2}{c_0^2}}{\sqrt{1-\frac{v^2}{c_0^2}}} + \vec{g}_4\frac{-j\frac{v\bar{u}_z}{c_0}-j\frac{v^2}{c_0}+jc_0+j\frac{v\bar{u}_z}{c_0}}{\sqrt{1-\frac{v^2}{c_0^2}}}\right]$$

$$\Rightarrow \vec{\mathbf{u}} = \frac{1}{\sqrt{1-\frac{u^2}{c_0^2}}\left(1+\frac{v\bar{u}_\parallel}{c_0^2}\right)}\left[\bar{u}_x\sqrt{1-\frac{v^2}{c_0^2}}\,\vec{g}_1 + \bar{u}_y\sqrt{1-\frac{v^2}{c_0^2}}\,\vec{g}_2 + \right.$$

$$\left. + \vec{g}_3\bar{u}_z\sqrt{1-\frac{v^2}{c_0^2}} + \vec{g}_4 jc_0\sqrt{1-\frac{v^2}{c_0^2}}\right]$$

Setzt man nun noch Gleichung (4.215) ein, so erhält man:

$$\vec{\mathbf{u}} = \frac{\bar{u}_x\vec{g}_1 + \bar{u}_y\vec{g}_2 + \bar{u}_z\vec{g}_3 + jc_0\vec{g}_4}{\sqrt{1-\frac{\bar{u}^2}{c_0^2}}}$$

Durch Vergleich mit Gleichung (4.217) stellt man fest, daß $\vec{\mathbf{u}}$ in beiden Koordinatensystemen die gleiche Form hat und somit in der Tat ein Vierervektor ist.

Die Länge dieses Vierervektors ist ebenfalls unabhängig vom Bezugssystem:

$$\vec{\mathbf{u}}\cdot\vec{\mathbf{u}} = \frac{\bar{u}_x^2+\bar{u}_y^2+\bar{u}_z^2-c_0^2}{\sqrt{1-\frac{\bar{u}^2}{c_0^2}}\sqrt{1-\frac{\bar{u}^2}{c_0^2}}} = \frac{\bar{u}^2-c_0^2}{1-\frac{\bar{u}^2}{c_0^2}} = -c_0^2 \qquad (4.218)$$

4.19.6 Viererimpuls

Es liegt nun nahe, aus dem Vierervektor der Geschwindigkeit einen Vierervektor des Impulses zu konstruieren. Um das Transformationsverhalten eines Vierervektors beizubehalten, multiplizieren wir mit einer Masse m_0, die in allen Koordinatensystemen den gleichen Wert hat (wie man es von der klassischen Physik her auch gewohnt ist):

$$\boxed{\vec{\mathbf{p}} = m_0 \vec{\mathbf{u}}} \tag{4.219}$$

Wegen der Invarianz von Vierervektoren gegenüber Lorentztransformationen gilt also:

$$\bar{\mathbf{p}}^1 \vec{\bar{g}}_1 + \bar{\mathbf{p}}^2 \vec{\bar{g}}_2 + \bar{\mathbf{p}}^3 \vec{\bar{g}}_3 + \bar{\mathbf{p}}^4 \vec{\bar{g}}_4 = \mathbf{p}^1 \vec{g}_1 + \mathbf{p}^2 \vec{g}_2 + \mathbf{p}^3 \vec{g}_3 + \mathbf{p}^4 \vec{g}_4$$

Wir wollen nun die Transformationsgesetze für die einzelnen Komponenten herleiten. Hierzu setzen wir die Basisvektoren aus Gleichung (4.212) ein:

$$\begin{aligned}
\bar{\mathbf{p}}^1 \vec{\bar{g}}_1 + \bar{\mathbf{p}}^2 \vec{\bar{g}}_2 + \bar{\mathbf{p}}^3 \vec{\bar{g}}_3 + \bar{\mathbf{p}}^4 \vec{\bar{g}}_4 &= \vec{g}_1 \, \mathbf{p}^1 + \vec{g}_2 \, \mathbf{p}^2 + \\
&\quad + \vec{g}_3 \left(\mathbf{p}^3 \frac{1}{\sqrt{1 - \frac{v^2}{c_0^2}}} + \mathbf{p}^4 j \frac{v/c_0}{\sqrt{1 - \frac{v^2}{c_0^2}}} \right) + \\
&\quad + \vec{g}_4 \left(-\mathbf{p}^3 j \frac{v/c_0}{\sqrt{1 - \frac{v^2}{c_0^2}}} + \mathbf{p}^4 \frac{1}{\sqrt{1 - \frac{v^2}{c_0^2}}} \right)
\end{aligned}$$

Hieraus folgen die Transformationsgesetze:

$$\begin{aligned}
\bar{\mathbf{p}}^1 &= \mathbf{p}^1 \\
\bar{\mathbf{p}}^2 &= \mathbf{p}^2 \\
\bar{\mathbf{p}}^3 &= \mathbf{p}^3 \frac{1}{\sqrt{1 - \frac{v^2}{c_0^2}}} + \mathbf{p}^4 j \frac{v/c_0}{\sqrt{1 - \frac{v^2}{c_0^2}}} \\
\bar{\mathbf{p}}^4 &= -\mathbf{p}^3 j \frac{v/c_0}{\sqrt{1 - \frac{v^2}{c_0^2}}} + \mathbf{p}^4 \frac{1}{\sqrt{1 - \frac{v^2}{c_0^2}}}
\end{aligned}$$

Vergleicht man nun die ersten drei Gleichungen mit den Transformationsvorschriften (4.207) und (4.208) für den dreidimensionalen Impuls, so kommt die Vermutung auf, daß die ersten drei Komponenten des Viererimpulses mit den Komponenten des gewöhnlichen Dreiervektors übereinstimmen:

$$\boxed{\begin{aligned} \mathbf{p}^1 &= p_x \\ \mathbf{p}^2 &= p_y \\ \mathbf{p}^3 &= p_z \end{aligned}} \tag{4.220}$$
$$\tag{4.221}$$
$$\tag{4.222}$$

4.19. KRAFT UND BEWEGTE MASSE

$$\bar{\mathbf{p}}^1 = \bar{p}_x$$
$$\bar{\mathbf{p}}^2 = \bar{p}_y$$
$$\bar{\mathbf{p}}^3 = \bar{p}_z$$

Der Vergleich zeigt allerdings, daß das Transformationsverhalten nur dann identisch ist, wenn folgende Gleichung gilt:

$$\mathbf{p}^4 j \frac{v}{c_0} = -\frac{v}{c_0^2} \int \vec{u} \cdot \frac{d\vec{p}}{dt} dt$$

Wir nehmen nun an, daß die obigen 6 Gleichungen gelten, und überprüfen im folgenden die Gültigkeit der letzten Gleichung. Hierbei ist zu beachten, daß die vier Komponenten von $\vec{\mathbf{p}}$ keineswegs unabhängig voneinander sind. Mit Gleichung (4.218) folgt nämlich:

$$\vec{\mathbf{p}} \cdot \vec{\mathbf{p}} = -m_0^2 c_0^2$$

$$\Rightarrow \left(\mathbf{p}^1\right)^2 + \left(\mathbf{p}^2\right)^2 + \left(\mathbf{p}^3\right)^2 + \left(\mathbf{p}^4\right)^2 = -m_0^2 c_0^2$$

$$\Rightarrow \mathbf{p}^4 = \pm j \sqrt{m_0^2 c_0^2 + p_x^2 + p_y^2 + p_z^2} = \pm j \sqrt{m_0^2 c_0^2 + p^2} \qquad (4.223)$$

Zu überprüfen ist also die Gleichung

$$\pm j \sqrt{m_0^2 c_0^2 + p^2}\, j \frac{v}{c_0} = -\frac{v}{c_0^2} \int \vec{u} \cdot \frac{d\vec{p}}{dt} dt$$

$$\Leftrightarrow \mp c_0 \sqrt{m_0^2 c_0^2 + p^2} = -\int \vec{u} \cdot \frac{d\vec{p}}{dt} dt.$$

Diese ist für das obere Vorzeichen erfüllt, wenn die Beziehung

$$\sqrt{m_0^2 c_0^4 + p^2 c_0^2} = \int \vec{u} \cdot \frac{d\vec{p}}{dt} dt \qquad (4.224)$$

gültig ist. Wir definieren nun

$$P_1 = \frac{d}{dt} \sqrt{m_0^2 c_0^4 + p^2 c_0^2}$$

als die Ableitung der linken Seite nach der Zeit und

$$P_2 = \vec{u} \cdot \frac{d\vec{p}}{dt} \qquad (4.225)$$

als die Ableitung der rechten Seite, so daß wir die Gleichheit von P_1 und P_2 nachweisen müssen. Wegen der Gleichungen (4.217) und (4.219) gilt:

$$\vec{p} = \frac{m_0}{\sqrt{1 - \frac{u^2}{c_0^2}}} \vec{u} \qquad (4.226)$$

Somit folgt:

$$\begin{aligned} P_1 &= \frac{d}{dt}\sqrt{m_0^2 c_0^4 + p^2 c_0^2} \\ &= \frac{d}{dt}\sqrt{m_0^2 c_0^4 + \frac{m_0^2}{1-\frac{u^2}{c_0^2}} u^2 c_0^2} \\ &= m_0 c_0^2 \frac{d}{dt}\sqrt{1 + \frac{\frac{u^2}{c_0^2}}{1-\frac{u^2}{c_0^2}}} \\ &= m_0 c_0^2 \frac{d}{dt} \frac{1}{\sqrt{1-\frac{u^2}{c_0^2}}} \\ &= m_0 c_0^2 \frac{+\frac{2u}{c_0^2}}{2\left(1-\frac{u^2}{c_0^2}\right)^{3/2}} \frac{du}{dt} \end{aligned}$$

Wegen

$$\begin{aligned} \frac{du}{dt} &= \frac{d}{dt}\sqrt{u_x^2 + u_y^2 + u_z^2} \\ &= \frac{2u_x a_x + 2u_y a_y + 2u_z a_z}{2\sqrt{u_x^2 + u_y^2 + u_z^2}} \end{aligned}$$

$$\Rightarrow \frac{du}{dt} = \frac{\vec{u} \cdot \vec{a}}{u} \qquad (4.227)$$

folgt:

$$P_1 = m_0 \frac{1}{\left(1-\frac{u^2}{c_0^2}\right)^{3/2}} \vec{u} \cdot \vec{a} \qquad (4.228)$$

Nun wenden wir uns P_2 zu. Wegen Gleichung (4.226) folgt aus Gleichung (4.225) mit Hilfe der Produktregel:

$$P_2 = \vec{u} \cdot \left(\frac{m_0 \frac{2u}{c_0^2}}{2\left(1-\frac{u^2}{c_0^2}\right)^{3/2}} \frac{du}{dt} \vec{u} + \frac{m_0}{\sqrt{1-\frac{u^2}{c_0^2}}} \vec{a} \right)$$

Mit Gleichung (4.227) folgt weiter:

$$\begin{aligned} P_2 &= \frac{m_0 \frac{1}{c_0^2}}{\left(1-\frac{u^2}{c_0^2}\right)^{3/2}} u^2 \vec{u} \cdot \vec{a} + \frac{m_0}{\sqrt{1-\frac{u^2}{c_0^2}}} \vec{u} \cdot \vec{a} \\ &= \vec{u} \cdot \vec{a}\, m_0 \frac{\frac{u^2}{c_0^2} + \left(1-\frac{u^2}{c_0^2}\right)}{\left(1-\frac{u^2}{c_0^2}\right)^{3/2}} \end{aligned}$$

4.19. KRAFT UND BEWEGTE MASSE

$$\Rightarrow P_2 = \vec{u} \cdot \vec{a} \, \frac{m_0}{\left(1 - \frac{u^2}{c_0^2}\right)^{3/2}}$$

Ein Vergleich mit Gleichung (4.228) zeigt, daß in der Tat

$$P_1 = P_2$$

gilt. Damit ist gezeigt, daß die Annahme, daß die ersten drei Komponenten $\mathbf{p}^1$, $\mathbf{p}^2$, $\mathbf{p}^3$ des Viererimpulses mit den Komponenten des gewöhnlichen Dreiervektors übereinstimmen, auf die Transformationsgesetze (4.207) und (4.208) führt. Mit dem Vierervektor des Impulses haben wir also eine widerspruchsfreie Verallgemeinerung des Impulsbegriffes gefunden. Gleichung (4.226) zeigt, daß der aus der klassischen Mechanik bekannte Impuls um den Faktor $\frac{1}{\sqrt{1-\frac{u^2}{c_0^2}}}$ zu ergänzen ist, um eine Verträglichkeit mit der Elektrodynamik herzustellen.

Gemäß Gleichung (4.226) darf man wie in der klassischen Mechanik

$$\boxed{\vec{p} = m\,\vec{u}} \tag{4.229}$$

schreiben, wenn man

$$\boxed{m = \frac{m_0}{\sqrt{1 - \frac{u^2}{c_0^2}}}} \tag{4.230}$$

und

$$\bar{m} = \frac{m_0}{\sqrt{1 - \frac{\bar{u}^2}{c_0^2}}}$$

setzt. Da m die Masse aus der klassischen Mechanik ist und für $u = 0$ die Beziehung $m = m_0$ gilt, bezeichnet man m_0 als die Ruhemasse eines Körpers. Damit haben wir auch die schon in Abschnitt 4.19.1 gesuchte Verallgemeinerung der anhand des speziellen Beispiels hergeleiteten Gleichungen (4.192) gefunden. Für die dort geltenden Beziehungen

$$\vec{u} = u_x\,\vec{e}_x$$

und

$$\vec{\bar{u}} = \bar{u}_x\,\vec{e}_x - v\,\vec{e}_z$$

gilt nämlich

$$m = \frac{m_0}{\sqrt{1 - \frac{u^2}{c_0^2}}} = \frac{m_0 c_0}{\sqrt{c_0^2 - u^2}} = \frac{m_0 c_0}{\sqrt{c_0^2 - u_x^2}}$$

und

$$\bar{m} = \frac{m_0}{\sqrt{1 - \frac{\bar{u}^2}{c_0^2}}} = \frac{m_0 c_0}{\sqrt{c_0^2 - \bar{u}^2}} = \frac{m_0 c_0}{\sqrt{c_0^2 - \bar{u}_x^2 - v^2}}.$$

Die in Abschnitt 4.19.1 aufgetretene Konstante K_2 stellt sich jetzt also als das Produkt von Ruhemasse m_0 und Lichtgeschwindigkeit c_0 heraus, was man dort noch nicht wissen konnte.

Abschließend sei erwähnt, daß sich mit $\vec{p} = m\,\vec{u}$ die zeitliche Komponente $\mathbf{p}^4$ aus Gleichung (4.223) in folgender Form darstellen läßt[27]:

$$\mathbf{p}^4 = j\sqrt{m_0^2 c_0^2 + \frac{m_0^2 u^2}{1 - \frac{u^2}{c_0^2}}} = j\sqrt{\frac{m_0^2 c_0^2}{1 - \frac{u^2}{c_0^2}}}$$

$$\Rightarrow \boxed{\mathbf{p}^4 = jmc_0} \qquad (4.231)$$

Zusammenfassung

Die Forderung nach der Invarianz der Maxwellschen Gleichungen gegenüber Lorentztransformationen und damit auch die Forderung nach der Invarianz der Wellenausbreitung des Lichtes führt auf eine vierdimensionale Formulierung der Maxwellschen Gleichungen. Aus dieser lassen sich bestimmte Transformationsregeln für die Feldkomponenten herleiten. Fordert man weiterhin, daß die Kraft, die auf ein geladenes Teilchen wirkt, sich in allen Inertialsystemen wie bisher bekannt nach Gleichung (4.180) berechnen läßt, so erhält man aus den Transformationsregeln für die Feldkomponenten auch solche für die Kraft und den Impuls. Es zeigt sich, daß diese Transformationsformeln nicht mit den aus der Newtonschen Mechanik bekannten Definitionen von Impuls und Kraft verträglich sind. Gesucht ist also eine neue Definition des Impulses, die auf dieses Transformationsverhalten führt. Deshalb werden die Grundgleichungen der Mechanik verallgemeinert, indem — wie es schon bei den Maxwellgleichungen erfolgreich durchgeführt wurde — eine vierte Dimension eingeführt wird. Dies und die Definition der Eigenzeit ermöglichen eine Definition von Vierervektoren der Geschwindigkeit und des Impulses. Schließlich zeigt sich, daß die ersten drei Komponenten des so definierten Viererimpulses das besagte Transformationsverhalten aufweisen. Damit erhält man eine sinnvolle Verallgemeinerung des dreidimensionalen Impulses. Da sich das Transformationsgesetz für die Kraft durch Ableitung nach der Zeit aus dem Transformationsgesetz für den Impuls ergibt, erhält man durch die Verallgemeinerung des dreidimensionalen Impulses gleichzeitig eine Verallgemeinerung der dreidimensionalen Kraft.

Zusammenfassend stellt man fest, daß die klassische Mechanik in die relativistische Mechanik überführt werden muß, wenn man an der Konstanz der Lichtgeschwindigkeit und der Definition (4.180) der Kraft festhält.

4.19.7 Äquivalenz von Masse und Energie

Inzwischen hatten wir die Gültigkeit von Gleichung (4.224) gezeigt. Die tiefere Bedeutung dieser Gleichung soll im folgenden analysiert werden. Gemäß Gleichung (4.209) handelt es sich bei

---

[27]Inzwischen ist bekannt, daß in Gleichung (4.223) das obere Vorzeichen gilt.

4.19. KRAFT UND BEWEGTE MASSE

der rechten Seite von Gleichung (4.224) um die Energie W des Teilchens. Somit muß auch die linke Seite der Gleichung ein Ausdruck für die Energie sein:

$$\boxed{W = \sqrt{m_0^2 c_0^4 + p^2 c_0^2}} \qquad (4.232)$$

$$\Rightarrow W = m_0 c_0^2 \sqrt{1 + \frac{p^2}{m_0^2 c_0^2}}$$

Gemäß Gleichung (4.226) gilt

$$p^2 = \frac{m_0^2 u^2}{1 - \frac{u^2}{c_0^2}},$$

so daß weiter folgt:

$$\begin{aligned} W &= m_0 c_0^2 \sqrt{1 + \frac{m_0^2 u^2}{\left(1 - \frac{u^2}{c_0^2}\right) m_0^2 c_0^2}} \\ &= m_0 c_0^2 \sqrt{1 + \frac{u^2}{c_0^2 - u^2}} \\ &= m_0 c_0^2 \sqrt{\frac{c_0^2}{c_0^2 - u^2}} \\ &= m_0 c_0^2 \sqrt{\frac{1}{1 - \frac{u^2}{c_0^2}}} \end{aligned}$$

Mit der Masse $m = \frac{m_0}{\sqrt{1 - \frac{u^2}{c_0^2}}}$ erhalten wir Einsteins berühmte Formel

$$\boxed{W = mc_0^2.} \qquad (4.233)$$

Sie besagt, daß ein Teilchen der Masse m die Gesamtenergie mc_0^2 besitzt. Da c_0^2 eine Naturkonstante ist, spricht man auch von der Äquivalenz von Masse und Energie. Die kinetische Energie des Teilchens ergibt sich mit dieser Formel als Unterschied zwischen der Gesamtenergie des bewegten Teilchens und der Gesamtenergie des ruhenden Teilchens. Letztere ist wegen $u = 0$ gleich $m_0 c_0^2$, so daß man erhält:

$$W_{kin} = mc_0^2 - m_0 c_0^2$$

Hieraus läßt sich auch die Leistung bestimmen, die dem Teilchen zugeführt wird:

$$P = \frac{dW}{dt} = c_0^2 \frac{dm}{dt} = m_0 c_0^2 \frac{d}{dt} \frac{1}{\sqrt{1 - \frac{u^2}{c_0^2}}} = -\frac{1}{2} m_0 c_0^2 \frac{-2 \frac{u}{c_0^2} \frac{du}{dt}}{\left(1 - \frac{u^2}{c_0^2}\right)^{3/2}}$$

Mit Gleichung (4.227) erhält man:

$$\boxed{P = m_0 \frac{\vec{u} \cdot \vec{a}}{\left(1 - \frac{u^2}{c_0^2}\right)^{3/2}}} \qquad (4.234)$$

4.19.8 Viererbeschleunigung und Viererkraft

So, wie wir die Viererbeschleunigung als Differentialquotient aus dem Vierervektor des Ortes und der Eigenzeit definiert hatten, läßt sich natürlich auch eine Viererbeschleunigung als Differentialquotient aus Vierergeschwindigkeit und Eigenzeit definieren:

$$\boxed{\vec{\mathbf{a}} = \frac{d\vec{\mathbf{u}}}{d\tau}} \qquad (4.235)$$

Die Invarianz dieser Größe gegenüber Lorentztransformationen bleibt erhalten, wenn man sie mit der Ruhemasse m_0 multipliziert, da bereits gezeigt wurde, daß es sich bei m_0 um einen Skalar handelt. Deshalb läßt sich ein Vierervektor der Kraft analog zur klassischen Newtonschen Mechanik wie folgt definieren:

$$\boxed{\vec{\mathbf{F}} = m_0 \vec{\mathbf{a}}} \qquad (4.236)$$

Wir wollen nun feststellen, wie der Vierervektor der Kraft mit dem gewöhnlichen Dreiervektor der Kraft zusammenhängt. Hierzu wenden wir die Kettenregel an:

$$\vec{\mathbf{F}} = m_0 \vec{\mathbf{a}} = m_0 \frac{d\vec{\mathbf{u}}}{d\tau} = m_0 \frac{d\vec{\mathbf{u}}}{dt} \frac{dt}{d\tau}$$

Mit Gleichung (4.216) folgt hieraus:

$$\vec{\mathbf{F}} = m_0 \frac{d\vec{\mathbf{u}}}{dt} \frac{1}{\sqrt{1 - \frac{u^2}{c_0^2}}} \qquad (4.237)$$

Gemäß Gleichung (4.219) gilt $\vec{\mathbf{p}} = m_0 \vec{\mathbf{u}}$, so daß wir wegen der Zeitunabhängigkeit von m_0 schreiben dürfen:

$$\vec{\mathbf{F}} = \frac{d\vec{\mathbf{p}}}{dt} \frac{1}{\sqrt{1 - \frac{u^2}{c_0^2}}} \qquad (4.238)$$

Wir wissen inzwischen, daß die ersten drei Komponenten des Vierervektors des Impulses gemäß den Gleichungen (4.220) bis (4.222) mit den gewöhnlichen Impulskomponenten übereinstimmen. Außerdem gilt wegen Gleichung (4.185):

$$\vec{F} = \frac{d\vec{p}}{dt}$$

4.19. KRAFT UND BEWEGTE MASSE

Somit folgt aus Gleichung (4.238) für die ersten drei Komponenten des Vierervektors der Kraft:

$$\mathbf{F}^1 = \frac{F_x}{\sqrt{1 - \frac{u^2}{c_0^2}}} \qquad (4.239)$$

$$\mathbf{F}^2 = \frac{F_y}{\sqrt{1 - \frac{u^2}{c_0^2}}} \qquad (4.240)$$

$$\mathbf{F}^3 = \frac{F_z}{\sqrt{1 - \frac{u^2}{c_0^2}}} \qquad (4.241)$$

Die ersten drei Komponenten der Viererkraft sind also um den Faktor $\frac{1}{\sqrt{1-\frac{u^2}{c_0^2}}}$ größer als die klassische Dreierkraft.

Abschließend wollen wir die vierte Komponente der Viererkraft berechnen. Aus Gleichung (4.237) folgt:

$$\mathbf{F}^4 = m_0 \frac{d\mathbf{u}^4}{dt} \frac{1}{\sqrt{1 - \frac{u^2}{c_0^2}}}$$

Gemäß Gleichung (4.217) gilt

$$\mathbf{u}^4 = \frac{jc_0}{\sqrt{1 - \frac{u^2}{c_0^2}}},$$

so daß weiter folgt:

$$\mathbf{F}^4 = jc_0 m_0 \frac{1}{2} \left(1 - \frac{u^2}{c_0^2}\right)^{-3/2} \frac{2u}{c_0^2} \frac{du}{dt} \frac{1}{\sqrt{1 - \frac{u^2}{c_0^2}}}$$

Mit Gleichung (4.227) erhält man:

$$\mathbf{F}^4 = j\frac{m_0}{c_0} \frac{\vec{u} \cdot \vec{a}}{\left(1 - \frac{u^2}{c_0^2}\right)^2} \qquad (4.242)$$

Auf dieses Ergebnis werden wir noch zurückkommen.

4.19.9 Lorentzkraft und Viererkraft

Die Definition der Viererkraft erfolgte zunächst rein formal. Sie beschreibt bisher nur die mechanische Seite des Problems. Es stellt sich nun die Frage, wie die Viererkraft aus dem elektromagnetischen Feld bestimmt werden kann. Dies soll im folgenden durchgeführt werden. Für den klassischen Dreiervektor der Kraft gilt Gleichung (4.180):

$$\vec{F} = Q\left(\vec{E} + \vec{u} \times \vec{B}\right).$$

Gemäß den Gleichungen (4.239) bis (4.241) können wir daraus die ersten drei Komponenten des Vierer-Kraftvektors bestimmen:

$$\mathbf{F}^1 = \frac{Q}{\sqrt{1 - \frac{u^2}{c_0^2}}} (E_x + u_y B_z - u_z B_y) \quad (4.243)$$

$$\mathbf{F}^2 = \frac{Q}{\sqrt{1 - \frac{u^2}{c_0^2}}} (E_y + u_z B_x - u_x B_z) \quad (4.244)$$

$$\mathbf{F}^3 = \frac{Q}{\sqrt{1 - \frac{u^2}{c_0^2}}} (E_z + u_x B_y - u_y B_x) \quad (4.245)$$

Vergleicht man diese Gleichungen mit dem in Gleichung (4.82) definierten Tensor, so stellt man folgendes fest: Die erste Spalte der Matrix $(\mathbf{T}^{ik})$ enthält dieselben Feldkomponenten wie Gleichung (4.243), die zweite dieselben Feldkomponenten wie Gleichung (4.244) und die dritte dieselben wie Gleichung (4.245). Außerdem sieht man unter Berücksichtigung von Gleichung (4.217), daß die Koeffizienten der B-Komponenten in den Gleichungen (4.243) bis (4.245) den ersten drei Komponenten von $Q\,\vec{u}$ entsprechen. Es ist deshalb zu vermuten, daß sich die Komponenten des Vierervektors der Kraft wie folgt berechnen lassen:

$$Q\,\mathbf{u}_i\mathbf{T}^{ik}$$

Hierbei wurde wieder von der Einsteinschen Summationskonvention Gebrauch gemacht, so daß über i, also über die Zeilen der Matrix $(\mathbf{T}^{ik})$ zu summieren ist. Man erhält:

$$Q\,\mathbf{u}_i\mathbf{T}^{i1} = \frac{Q}{\sqrt{1 - \frac{u^2}{c_0^2}}} \left(u_y B_z - u_z B_y + jc_0 \frac{1}{jc_0} E_x\right)$$

$$Q\,\mathbf{u}_i\mathbf{T}^{i2} = \frac{Q}{\sqrt{1 - \frac{u^2}{c_0^2}}} \left(-u_x B_z + u_z B_x + jc_0 \frac{1}{jc_0} E_y\right)$$

$$Q\,\mathbf{u}_i\mathbf{T}^{i3} = \frac{Q}{\sqrt{1 - \frac{u^2}{c_0^2}}} \left(u_x B_y - u_y B_x + jc_0 \frac{1}{jc_0} E_z\right)$$

$$Q\,\mathbf{u}_i\mathbf{T}^{i4} = \frac{Q}{jc_0\sqrt{1 - \frac{u^2}{c_0^2}}} (-u_x E_x - u_y E_y - u_z E_z)$$

Durch Vergleich mit den Gleichungen (4.243) bis (4.245) sehen wir, daß der Ausdruck $Q\,\mathbf{u}_i\mathbf{T}^{ik}$ für $k = 1, 2, 3$ in der Tat mit den ersten drei Komponenten des Vierervektors $\vec{\mathbf{F}}$ übereinstimmt. Zu überprüfen ist nun lediglich, ob auch für $k = 4$ eine Übereinstimmung vorliegt.

4.19. KRAFT UND BEWEGTE MASSE

Hierzu müssen wir zeigen, daß der Ausdruck

$$Q\,\mathbf{u}_i\mathbf{T}^{i4} = -\frac{Q}{jc_0\sqrt{1-\frac{u^2}{c_0^2}}}(u_x E_x + u_y E_y + u_z E_z) = -\frac{Q}{jc_0\sqrt{1-\frac{u^2}{c_0^2}}}\vec{u}\cdot\vec{E}$$

mit dem in Gleichung (4.242) berechneten Ausdruck

$$\mathbf{F}^4 = j\frac{m_0}{c_0}\frac{\vec{u}\cdot\vec{a}}{\left(1-\frac{u^2}{c_0^2}\right)^2}$$

identisch ist.

Wegen $\vec{F}_{el} = Q\,\vec{E}$ gilt:

$$Q\,\mathbf{u}_i\mathbf{T}^{i4} = -\frac{Q}{jc_0\sqrt{1-\frac{u^2}{c_0^2}}}\vec{u}\cdot\vec{E} = j\frac{1}{c_0\sqrt{1-\frac{u^2}{c_0^2}}}\vec{u}\cdot\vec{F}_{el}$$

Mit Gleichung (4.210) folgt weiter:

$$Q\,\mathbf{u}_i\mathbf{T}^{i4} = j\frac{1}{c_0\sqrt{1-\frac{u^2}{c_0^2}}}P_{el} \tag{4.246}$$

Nun gilt aber

$$P_{magn} = \vec{u}\cdot\vec{F}_{magn} = Q\vec{u}\cdot\left(\vec{u}\times\vec{B}\right) = Q\vec{B}\cdot(\vec{u}\times\vec{u})$$
$$\Rightarrow P_{magn} = 0,$$

das heißt, mit einem Magnetfeld läßt sich einem geladenen Teilchen keine Energie zuführen. Somit gilt

$$P = P_{el} + P_{magn} = P_{el},$$

und wir können P_{el} in Gleichung (4.246) durch die Gesamtleistung P ersetzen:

$$Q\,\mathbf{u}_i\mathbf{T}^{i4} = j\frac{1}{c_0\sqrt{1-\frac{u^2}{c_0^2}}}P$$

Mit Gleichung (4.234) folgt dann weiter:

$$Q\,\mathbf{u}_i\mathbf{T}^{i4} = \frac{jm_0}{c_0}\frac{\vec{u}\cdot\vec{a}}{\left(1-\frac{u^2}{c_0^2}\right)^2}$$

Ein Vergleich mit Gleichung (4.242) zeigt, daß dieser Ausdruck tatsächlich mit der 4. Komponente des Vierervektors der Kraft übereinstimmt:

$$\mathbf{F}^4 = Q\,\mathbf{u}_i\mathbf{T}^{i4}$$

Damit ist gezeigt, daß für $1 \leq k \leq 4$ gilt:
$$\mathbf{F}^k = Q\, \mathbf{u}_i \mathbf{T}^{ik}$$
Mit Gleichung (4.83) gilt also
$$\mathbf{F}^k = \mu_0 Q\, \mathbf{u}_i \mathbf{f}^{ik}.$$
Diese Formel zeigt, wie man die Viererkraft, die auf eine mit der Vierergeschwindigkeit $\vec{\mathbf{u}}$ fliegende Ladung Q wirkt, direkt aus dem Erregungstensor $\mathbf{f}$ berechnen kann. Anstelle der Komponentenschreibweise können wir auch direkt mit Tensoren arbeiten, da offenbar ein verjüngendes Produkt vorliegt:

$$\boxed{\vec{\mathbf{F}} = \mu_0 Q\, \vec{\mathbf{u}} \cdot \mathbf{f}} \tag{4.247}$$

4.19.10 Lorentz-Faktoren

Der Vollständigkeit wegen seien noch die Lorentz-Faktoren

$$\vec{\beta} = \frac{\vec{u}}{c_0} \quad \text{und} \quad \gamma = 1/\sqrt{1-\beta^2}$$

erwähnt, mit deren Hilfe man Ausdrücke aus der relativistischen Mechanik oft einfacher schreiben kann. Beispielsweise kann man die Formeln (4.230), (4.229) und (4.233) folgendermaßen schreiben:

$$m = m_0 \gamma$$
$$\vec{p} = m_0 c_0 \gamma \vec{\beta}$$
$$W = m_0 c_0^2 \gamma$$

Als Beispiel für eine Rechnung mit β und γ soll nun die Kraft bestimmt werden, wobei die Beschleunigung entlang der Bewegungsrichtung erfolgen soll, so daß eine Rechnung mit skalarem β ausreicht. Es gilt

$$F = \frac{dp}{dt} = m_0 c_0 (\dot{\gamma}\beta + \gamma\dot{\beta}).$$

Aus der Definition von γ folgt

$$\dot{\gamma} = \frac{-(-2\beta)}{2(1-\beta^2)^{3/2}} \dot{\beta} = \gamma^3 \beta \dot{\beta},$$

so daß man die Beziehung

$$F = m_0 c_0 (\gamma^3 \beta^2 \dot{\beta} + \gamma \dot{\beta})$$

erhält. Aus der Definition von γ folgt außerdem

$$\gamma^2 - \beta^2 \gamma^2 = 1,$$

so daß im ersten Summanden $\gamma^2 \beta^2$ substituiert werden kann:

$$F = m_0 c_0 (\gamma \dot{\beta}(\gamma^2 - 1) + \gamma \dot{\beta}) = m_0 c_0 \gamma^3 \dot{\beta}$$

4.19. KRAFT UND BEWEGTE MASSE

Tabelle 4.4: Relativistische Mechanik

$m = \dfrac{m_0}{\sqrt{1-\frac{u^2}{c_0^2}}}$	(4.230)
$\vec{p} = m\,\vec{u}$	(4.229)
$\vec{F} = \dfrac{d\vec{p}}{dt} = \dfrac{d}{dt}(m\vec{u}) = \dfrac{dm}{dt}\vec{u} + m\vec{a}$	(4.185)
$\vec{F} = Q\left(\vec{E} + \vec{u}\times\vec{B}\right)$	(4.180)

$\bar{F}_\parallel = F_\parallel - \dfrac{\frac{v}{c_0^2}\bar{v}u_\parallel}{1-\frac{v u_\parallel}{c_0^2}}\,\vec{u}_\perp\cdot\vec{F}_\perp$	(4.205)	$\vec{\bar{F}}_\perp = \dfrac{\sqrt{1-\frac{v^2}{c_0^2}}}{1-\frac{v u_\parallel}{c_0^2}}\,\vec{F}_\perp$	(4.199)

$d\tau = dt\,\sqrt{1-\frac{u^2}{c_0^2}}$	(4.216)
$\vec{s} = x\vec{g}_1 + y\vec{g}_2 + z\vec{g}_3 + jc_0 t\vec{g}_4$	(4.211)
$\mathbf{\vec{u}} = \dfrac{d\vec{s}}{d\tau}$	(4.213)
$\mathbf{\vec{u}} = \dfrac{u_x\vec{g}_1 + u_y\vec{g}_2 + u_z\vec{g}_3 + jc_0\vec{g}_4}{\sqrt{1-\frac{u^2}{c_0^2}}}$	(4.217)
$\mathbf{\vec{a}} = \dfrac{d\vec{u}}{d\tau}$	(4.235)
$\vec{\mathbf{p}} = m_0 \vec{\mathbf{u}}$	(4.219)

$\mathbf{p}^1 = p_x$	(4.220)	$\mathbf{p}^2 = p_y$	(4.221)	$\mathbf{p}^3 = p_z$	(4.222)	$\mathbf{p}^4 = jmc_0$	(4.231)

$\vec{\mathbf{F}} = m_0 \vec{\mathbf{a}}$	(4.236)

$\mathbf{F}^1 = \dfrac{F_x}{\sqrt{1-\frac{u^2}{c_0^2}}}$	$\mathbf{F}^2 = \dfrac{F_y}{\sqrt{1-\frac{u^2}{c_0^2}}}$	$\mathbf{F}^3 = \dfrac{F_z}{\sqrt{1-\frac{u^2}{c_0^2}}}$	$\mathbf{F}^4 = j\dfrac{m_0}{c_0}\dfrac{\vec{u}\cdot\vec{a}}{\left(1-\frac{u^2}{c_0^2}\right)^2}$
(4.239)	(4.240)	(4.241)	(4.242)

$\vec{\mathbf{F}} = \mu_0 Q\,\vec{\mathbf{u}}\cdot\mathbf{f}$	(4.247)
$W = mc_0^2$	(4.233)
$W = \sqrt{m_0^2 c_0^4 + p^2 c_0^2}$	(4.232)
$P = \dfrac{dW}{dt} = \dfrac{dm}{dt}c_0^2 = m_0\dfrac{\vec{u}\cdot\vec{a}}{\left(1-\frac{u^2}{c_0^2}\right)^{3/2}}$	(4.234)

4.20 Vierdimensionale Potentialtheorie

Ziel dieses Abschnitts ist es, das elektromagnetische Feld von beschleunigten Ladungen im Vakuum zu berechnen. Wir wissen inzwischen, daß das vierdimensionale Vektorpotential $\vec{\Omega}$ der Poissongleichung (4.75)

$$\Delta \vec{\Omega} = -\mu_0 \vec{\Gamma}$$

gehorcht. Da sich aus dem Vektorpotential $\vec{\Omega}$ das elektromagnetische Feld gemäß Gleichung (4.84)

$$\mathbf{f}^{ik} = \frac{1}{\mu_0} \left(\frac{\partial \Omega^i}{\partial \mathbf{x}_k} - \frac{\partial \Omega^k}{\partial \mathbf{x}_i} \right)$$

berechnen läßt, besteht der erste Schritt in der Lösung der Poissongleichung.

4.20.1 Lösung der Wellengleichung

Da wir die vierdimensionale Potentialtheorie des elektromagnetischen Feldes von der gewöhnlichen dreidimensionalen Wellengleichung ausgehend aufgebaut haben, geht die vierdimensionale Poissongleichung umgekehrt natürlich wieder in eine dreidimensionale Wellengleichung über. Aus

$$\Delta \vec{\Omega} = -\mu_0 \vec{\Gamma}$$

$$\Rightarrow \frac{\partial^2 \vec{\Omega}}{\partial (\mathbf{x}^1)^2} + \frac{\partial^2 \vec{\Omega}}{\partial (\mathbf{x}^2)^2} + \frac{\partial^2 \vec{\Omega}}{\partial (\mathbf{x}^3)^2} + \frac{\partial^2 \vec{\Omega}}{\partial (\mathbf{x}^4)^2} = -\mu_0 \vec{\Gamma}$$

und

$$\mathbf{x}^1 = x, \qquad \mathbf{x}^2 = y, \qquad \mathbf{x}^3 = z, \qquad \mathbf{x}^4 = jc_0 t$$

ergibt sich wegen

$$\frac{\partial \vec{\Omega}}{\partial (\mathbf{x}^4)} = \frac{\partial \vec{\Omega}}{\partial t} \frac{\partial t}{\partial (\mathbf{x}^4)} = \frac{1}{jc_0} \frac{\partial \vec{\Omega}}{\partial t}$$

und

$$\frac{\partial^2 \vec{\Omega}}{\partial (\mathbf{x}^4)^2} = \frac{\partial}{\partial (\mathbf{x}^4)} \left(\frac{\partial \vec{\Omega}}{\partial (\mathbf{x}^4)} \right) = \frac{\partial}{\partial t} \left(\frac{1}{jc_0} \frac{\partial \vec{\Omega}}{\partial t} \right) \frac{\partial t}{\partial (\mathbf{x}^4)} = -\frac{1}{c_0^2} \frac{\partial^2 \vec{\Omega}}{\partial t^2}$$

die Wellengleichung:

$$\frac{\partial^2 \vec{\Omega}}{\partial x^2} + \frac{\partial^2 \vec{\Omega}}{\partial y^2} + \frac{\partial^2 \vec{\Omega}}{\partial z^2} - \frac{1}{c_0^2} \frac{\partial^2 \vec{\Omega}}{\partial t^2} = -\mu_0 \vec{\Gamma} \qquad (4.248)$$

Da es sich bei $\vec{\Omega}$ und $\vec{\Gamma}$ um Vierervektoren handelt, könnte man nun wegen der Gleichungen (4.72)

$$\Omega^1 = A^1, \qquad \Omega^2 = A^2, \qquad \Omega^3 = A^3, \qquad \Omega^4 = \frac{j}{c_0} \Phi$$

4.20. VIERDIMENSIONALE POTENTIALTHEORIE

und (4.73)
$$\Gamma^1 = J_x, \quad \Gamma^2 = J_y, \quad \Gamma^3 = J_z, \quad \Gamma^4 = jc_0\rho$$

diese aus vier Komponenten bestehende Gleichung in eine dreikomponentige Gleichung für das Vektorpotential $\vec{A}$ und eine skalare Wellengleichung für das Skalarpotential Φ zerlegen. Genau dies wollen wir aber nicht tun, da wir von der vereinfachten vierdimensionalen Schreibweise profitieren wollen.

Wir suchen also nach einer Lösung für die Wellengleichung (4.248).

Glücklicherweise ist uns die Kirchhoffsche Formel (1.199) als Lösung der skalaren Wellengleichung (1.197) bekannt. Da in kartesischen Koordinaten der auf einen Vektor angewandte Laplaceoperator dasselbe Ergebnis liefert wie die Anwendung je eines Laplaceoperators auf jede einzelne Vektorkomponente, läßt sich die Kirchhoffsche Formel leicht verallgemeinern. Wir können in den Gleichungen (1.197) und (1.199) also einfach Ψ durch $\vec{\Omega}$ ersetzen. Ersetzt man außerdem f durch $-\mu_0 \vec{\Gamma}$, damit Gleichung (1.197) in die hier interessierende Wellengleichung (4.248) übergeht, dann erhält man aus (1.199) folgende Lösung:

$$\vec{\Omega} = \frac{\mu_0}{4\pi} \int \frac{\vec{\Gamma}(\vec{r}_0, t \pm \frac{|\vec{r}-\vec{r}_0|}{c_0})}{|\vec{r} - \vec{r}_0|} \, dV_0$$

Hierbei ist zu beachten, daß $\vec{\Omega}$ und $\vec{\Gamma}$ Vierervektoren sind, während es sich bei $\vec{r}$ und $\vec{r}_0$ um gewöhnliche Vektoren im dreidimensionalen Raum handelt. Da wir später aus $\vec{\Omega}$ das elektromagnetische Feld gemäß Gleichung (4.84) bestimmen wollen, empfiehlt sich die Komponentenschreibweise:

$$\boxed{\Omega^i = \frac{\mu_0}{4\pi} \int \frac{\Gamma^i(\vec{r}_0, t \pm \frac{|\vec{r}-\vec{r}_0|}{c_0})}{|\vec{r} - \vec{r}_0|} \, dV_0} \qquad (4.249)$$

4.20.2 Raumintegral über die Viererstromdichte einer Punktladung

Um im nächsten Abschnitt Gleichung (4.249) für Punktladungen spezialisieren zu können, benötigen wir das Raumintegral über die Viererstromdichte einer bewegten Punktladung:

$$\int_V \vec{\Gamma} \, dV$$

Wir nehmen hierzu eine Punktladung Q an, die sich gemäß

$$x = 0, \quad y = 0, \quad z = vt$$

gleichförmig entlang der z-Achse bewegt. Im Ursprung eines Koordinatensystems $\bar{K}$ ruhe sie. Deshalb gilt:

$$\bar{J}_x = \bar{J}_y = \bar{J}_z = 0$$

Tabelle 4.5: Vierdimensionale Maxwellgleichungen

$\Omega^1 = A^1, \quad \Omega^2 = A^2, \quad \Omega^3 = A^3, \quad \Omega^4 = \frac{j}{c_0}\Phi$	(4.72)
$\Gamma^1 = J_x, \quad \Gamma^2 = J_y, \quad \Gamma^3 = J_z, \quad \Gamma^4 = jc_0\rho$	(4.73)
$div\ \vec{\Omega} = 0$	(4.76)
$div\ \vec{\Gamma} = 0$	(4.77)
$\Delta\ \vec{\Omega} = -\mu_0 \vec{\Gamma}$	(4.75)
$(\mathbf{f}^{ik}) = \begin{pmatrix} 0 & -H_z & H_y & j\,c_0\,D_x \\ H_z & 0 & -H_x & j\,c_0\,D_y \\ -H_y & H_x & 0 & j\,c_0\,D_z \\ -j\,c_0\,D_x & -j\,c_0\,D_y & -j\,c_0\,D_z & 0 \end{pmatrix}$ $(i = \text{Zeile}, k = \text{Spalte})$	(4.85)
$(\mathbf{F}^{ik}) = \begin{pmatrix} 0 & -c_0\,B_z & c_0\,B_y & j\,E_x \\ c_0\,B_z & 0 & -c_0\,B_x & j\,E_y \\ -c_0\,B_y & c_0\,B_x & 0 & j\,E_z \\ -j\,E_x & -j\,E_y & -j\,E_z & 0 \end{pmatrix}$ $(i = \text{Zeile}, k = \text{Spalte})$	(4.128)
$(\mathbf{F}^{*\,ik}) = \begin{pmatrix} 0 & j\,E_z & -j\,E_y & -c_0\,B_x \\ -j\,E_z & 0 & j\,E_x & -c_0\,B_y \\ j\,E_y & -j\,E_x & 0 & -c_0\,B_z \\ c_0\,B_x & c_0\,B_y & c_0\,B_z & 0 \end{pmatrix}$ $(i = \text{Zeile}, k = \text{Spalte})$	(4.86)
$Div\ \mathbf{f} = \vec{\Gamma}$	(4.87)
$Div\ \mathbf{F}^* = 0$	(4.88)
$\mathbf{F}^{ik} = \begin{cases} \mu_r\,Z_0\,\mathbf{f}^{ik} & \text{für } i \neq 4 \wedge k \neq 4 \\ \frac{1}{\epsilon_r}\,Z_0\,\mathbf{f}^{ik} & \text{für } i = 4 \vee k = 4 \end{cases}$	(4.129)
$\mathbf{f}^{ik} = \frac{1}{\mu_0}\left(\frac{\partial\Omega^i}{\partial x_k} - \frac{\partial\Omega^k}{\partial x_i}\right)$	(4.84)
$\Omega^i = \frac{\mu_0}{4\pi}\int \frac{\Gamma^i(\vec{r}_0, t \pm \frac{|\vec{r}-\vec{r}_0|}{c_0})}{|\vec{r}-\vec{r}_0|}\,dV_0$	(4.249)

4.20. VIERDIMENSIONALE POTENTIALTHEORIE

Aus den Gleichungen (4.121) bis (4.124) folgt hiermit:

$$J_x = 0$$
$$J_y = 0$$
$$J_z = \frac{v\bar{\rho}}{\sqrt{1 - \frac{v^2}{c_0^2}}}$$
$$\rho = \frac{\bar{\rho}}{\sqrt{1 - \frac{v^2}{c_0^2}}}$$

Zieht man die Definition (4.73) der Viererstromdichte heran, so folgt:

$$\mathbf{\Gamma}^1 = 0 \tag{4.250}$$
$$\mathbf{\Gamma}^2 = 0 \tag{4.251}$$
$$\mathbf{\Gamma}^3 = \frac{v\bar{\rho}}{\sqrt{1 - \frac{v^2}{c_0^2}}} \tag{4.252}$$
$$\mathbf{\Gamma}^4 = \frac{jc_0\bar{\rho}}{\sqrt{1 - \frac{v^2}{c_0^2}}} \tag{4.253}$$

Wir berechnen nun das Raumintegral über jede einzelne Komponente, wobei wegen Gleichung (4.40)

$$dx = d\bar{x}, \quad dy = d\bar{y}, \quad dz = d\bar{z}\sqrt{1 - \frac{v^2}{c_0^2}}$$

gilt:

$$\int_V \mathbf{\Gamma}^1 \, dV = 0$$
$$\int_V \mathbf{\Gamma}^2 \, dV = 0$$
$$\int_V \mathbf{\Gamma}^3 \, dV = \int_V \mathbf{\Gamma}^3 \, dx \, dy \, dz = \int_V \mathbf{\Gamma}^3 \sqrt{1 - \frac{v^2}{c_0^2}} \, d\bar{x} \, d\bar{y} \, d\bar{z} = \int_V v\bar{\rho} \, d\bar{x} \, d\bar{y} \, d\bar{z} = v\,Q$$
$$\int_V \mathbf{\Gamma}^4 \, dV = \int_V \mathbf{\Gamma}^4 \, dx \, dy \, dz = \int_V \mathbf{\Gamma}^4 \sqrt{1 - \frac{v^2}{c_0^2}} \, d\bar{x} \, d\bar{y} \, d\bar{z} = \int_V jc_0\bar{\rho} \, d\bar{x} \, d\bar{y} \, d\bar{z} = jc_0\,Q$$

Bei den beiden letzten Integralen wurde ausgenutzt, daß aufgrund von Gleichung (4.120)

$$\bar{Q} = Q \quad \text{mit } \bar{Q} = \int \bar{\rho} \, d\bar{x} \, d\bar{y} \, d\bar{z}$$

gilt. Zusammenfassend ergibt sich:

$$\int_V \vec{\mathbf{\Gamma}} \, dV = Q(v\vec{g}_3 + jc_0\vec{g}_4) \tag{4.254}$$

Der vierdimensionale Ortsvektor der Punktladung lautet

$$\vec{r}_L = x\vec{g}_1 + y\vec{g}_2 + z\vec{g}_3 + jc_0 t\vec{g}_4,$$

wobei aufgrund der Annahmen $x = y = 0$ und $z = vt$ gilt. Seine zeitliche Ableitung errechnet sich somit zu

$$\dot{\vec{r}}_L = \frac{d\vec{r}_L}{dt} = v\vec{g}_3 + jc_0\vec{g}_4.$$

Durch Vergleich mit Gleichung (4.254) erhält man:

$$\boxed{\int_V \vec{\Gamma}\, dV = Q\dot{\vec{r}}_L} \qquad (4.255)$$

Diese Gleichung gilt für beliebige Bewegungsrichtungen der Punktladung. Man kann nämlich durch Drehungen und Verschiebungen des Koordinatensystems stets erreichen, daß sich die Punktladung in der hier angenommenen Weise entlang der z-Achse bewegt.

Mit Hilfe der Diracschen Delta-Distribution kann man offenbar schreiben:

$$\vec{\Gamma}(\vec{r}) = Q\dot{\vec{r}}_L\, \delta(\vec{r} - \vec{r}_L)$$

4.20.3 Vierdimensionales Potential einer bewegten Punktladung

Für eine bewegte Punktladung hängt der Ort $\vec{r}_L$ von der Zeit t ab, so daß aus der soeben hergeleiteten Gleichung die Beziehung

$$\vec{\Gamma}(\vec{r}, t) = Q\dot{\vec{r}}_L\, \delta(\vec{r} - \vec{r}_L(t)) \qquad (4.256)$$

folgt. Nun wäre es naheliegend, diesen Ausdruck direkt in das Integral in Gleichung (4.249) einzusetzen. In diesem Fall würde unter dem Integral der Ausdruck

$$\delta\left(\vec{r}_0 - \vec{r}_L\left(t \pm \frac{|\vec{r} - \vec{r}_0|}{c_0}\right)\right)$$

erscheinen. Dann wäre kaum ersichtlich, wie das Integral auszuwerten ist, da das Argument der Delta-Distribution in sehr komplizierter Weise von $\vec{r}_0$ abhängt.

Deshalb empfiehlt es sich, einen anderen Weg einzuschlagen. Man kann Gleichung (4.249) so interpretieren, daß der Zeitpunkt

$$t \pm \frac{|\vec{r} - \vec{r}_0|}{c_0}$$

dadurch zustande kommt, daß über

$$\delta\left(t_0 - \left(t \pm \frac{|\vec{r} - \vec{r}_0|}{c_0}\right)\right) dt_0$$

4.20. VIERDIMENSIONALE POTENTIALTHEORIE

integriert wurde. Auf diese Weise erhält man:

$$\Omega^i = \frac{\mu_0}{4\pi} \int \int \frac{\Gamma^i(\vec{r}_0, t_0)}{|\vec{r} - \vec{r}_0|} \delta\left(t_0 - \left(t \pm \frac{|\vec{r} - \vec{r}_0|}{c_0}\right)\right) dt_0 \, dV_0$$

Durch diesen Trick haben wir erreicht, daß im Argument von Γ^i nur $\vec{r}_0$ und t_0 auftreten. Setzt man jetzt den Erregungsvektor aus Gleichung (4.256) ein, so kann man die räumliche Integration leicht durchführen:

$$\begin{aligned}\Omega^i &= \frac{\mu_0}{4\pi} \int \int \frac{Q\dot{\vec{r}}_L^i \, \delta(\vec{r}_0 - \vec{r}_L(t_0))}{|\vec{r} - \vec{r}_0|} \delta\left(t_0 - \left(t \pm \frac{|\vec{r} - \vec{r}_0|}{c_0}\right)\right) dt_0 \, dV_0 = \\ &= \frac{\mu_0}{4\pi} \int \frac{Q\dot{\vec{r}}_L^i}{|\vec{r} - \vec{r}_L(t_0)|} \delta\left(t_0 - \left(t \pm \frac{|\vec{r} - \vec{r}_L(t_0)|}{c_0}\right)\right) dt_0 \end{aligned} \quad (4.257)$$

Nun ist das Argument

$$u(t_0) = t_0 - \left(t \pm \frac{|\vec{r} - \vec{r}_L(t_0)|}{c_0}\right) \quad (4.258)$$

der Delta-Distribution zwar auch relativ kompliziert, aber es handelt sich um eine eindimensionale, nicht um eine dreidimensionale Integration. Wie in Anhang 6.20 gezeigt wird[28], hat die Funktion $u(t_0)$ genau eine Nullstelle bei $t_0 = t_x$ mit

$$\boxed{t_x = t \pm \frac{|\vec{r} - \vec{r}_L(t_x)|}{c_0}.} \quad (4.259)$$

Dann gilt wegen Gleichung (1.71):

$$\delta(u(t_0)) = \frac{\delta(t_0 - t_x)}{\left|\frac{\partial u}{\partial t_0}\right|_{t_0 = t_x}}$$

Die Ableitung $\frac{\partial u}{\partial t_0}$ läßt sich relativ leicht bestimmen:

$$\begin{aligned}\frac{\partial |\vec{r} - \vec{r}_L(t_0)|}{\partial t_0} &= \frac{\partial}{\partial t_0} \sqrt{(x - x_L(t_0))^2 + (y - y_L(t_0))^2 + (z - z_L(t_0))^2} = \\ &= -\frac{2(x - x_L)\frac{\partial x_L}{\partial t_0} + 2(y - y_L)\frac{\partial y_L}{\partial t_0} + 2(z - z_L)\frac{\partial z_L}{\partial t_0}}{2\sqrt{(x - x_L(t_0))^2 + (y - y_L(t_0))^2 + (z - z_L(t_0))^2}}\end{aligned}$$

$$\Rightarrow \frac{\partial |\vec{r} - \vec{r}_L(t_0)|}{\partial t_0} = -\frac{(\vec{r} - \vec{r}_L) \cdot \dot{\vec{r}}_L}{|\vec{r} - \vec{r}_L|}$$

---

[28] Im Anhang wird außerdem aufgezeigt, wie sich die Nullstelle t_x numerisch bestimmen läßt, da sie im allgemeinen nicht analytisch berechnet werden kann.

Daraus folgt:
$$\frac{\partial u}{\partial t_0} = 1 \pm \frac{1}{c_0} \frac{(\vec{r} - \vec{r}_L) \cdot \dot{\vec{r}}_L}{|\vec{r} - \vec{r}_L|}$$

Mit diesem Teilergebnis läßt sich in Gleichung (4.257) die Integration über t_0 ausführen, und man erhält:

$$\Omega^i = \frac{Q\mu_0}{4\pi} \left[\frac{\dot{\mathbf{r}}_\mathbf{L}^i}{|\vec{r} - \vec{r}_L| \cdot \left|1 \pm \frac{1}{c_0} \frac{(\vec{r} - \vec{r}_L) \cdot \dot{\vec{r}}_L}{|\vec{r} - \vec{r}_L|}\right|} \right]_{t_0 = t_x}$$

$$\Rightarrow \Omega^i = \frac{Q\mu_0}{4\pi} \left[\frac{\dot{\mathbf{r}}_\mathbf{L}^i}{|\vec{r} - \vec{r}_L| \pm \frac{1}{c_0}(\vec{r} - \vec{r}_L) \cdot \dot{\vec{r}}_L} \right]_{t_0 = t_x} \quad (4.260)$$

Diesen Ausdruck bzw. seine Zerlegung in ein dreidimensionales Vektorpotential $\vec{A}$ und ein skalares Potential Φ bezeichnet man als die Liénard-Wiechertschen Potentiale. Für eine vorgegebene Flugbahn $\vec{r}_L(t_0)$ einer Punktladung geben sie das Potential in Abhängigkeit vom Ort $\vec{r}$ und der Zeit t an.

Etwas störend an dieser Darstellung ist, daß im Zähler ein Vierervektor auftritt, während im Nenner gewöhnliche Dreiervektoren vorhanden sind. Deshalb soll nun untersucht werden, wie sich das Skalarprodukt

$$(\mathbf{\vec{r}} - \mathbf{\vec{r}_L}) \cdot \dot{\mathbf{\vec{r}}_L}$$

vom Skalarprodukt

$$(\vec{r} - \vec{r}_L) \cdot \dot{\vec{r}}_L$$

unterscheidet. Wegen

$$\mathbf{x}^4 = jc_0 t, \qquad \mathbf{x}_L^4 = jc_0 t_0, \qquad \dot{\mathbf{x}}_L^4 = jc_0$$

gilt:

$$(\mathbf{\vec{r}} - \mathbf{\vec{r}_L}) \cdot \dot{\mathbf{\vec{r}}_L} = (\vec{r} - \vec{r}_L) \cdot \dot{\vec{r}}_L + (\mathbf{x}^4 - \mathbf{x}_L^4) \dot{\mathbf{x}}_L^4 = (\vec{r} - \vec{r}_L) \cdot \dot{\vec{r}}_L - c_0^2(t - t_0)$$

Damit folgt aus Gleichung (4.260):

$$\Omega^i = \frac{Q\mu_0}{4\pi} \left[\frac{\dot{\mathbf{r}}_\mathbf{L}^i}{|\vec{r} - \vec{r}_L| \pm \frac{1}{c_0}\left[(\mathbf{\vec{r}} - \mathbf{\vec{r}_L}) \cdot \dot{\mathbf{\vec{r}}_L} + c_0^2(t - t_0)\right]} \right]_{t_0 = t_x}$$

An der Stelle $t_0 = t_x$ gilt wegen Gleichung (4.259):

$$t_0 = t \pm \frac{|\vec{r} - \vec{r}_L(t_0)|}{c_0} \quad (4.261)$$

$$\Rightarrow t - t_0 = \mp \frac{|\vec{r} - \vec{r}_L(t_0)|}{c_0}$$

4.20. VIERDIMENSIONALE POTENTIALTHEORIE

Damit vereinfacht sich unser Ergebnis zu:

$$\Omega^i = \pm \frac{Q\mu_0 c_0}{4\pi} \left[\frac{\dot{\mathbf{r}}_\mathbf{L}^i}{(\vec{\mathbf{r}} - \vec{\mathbf{r}}_\mathbf{L}) \cdot \dot{\vec{\mathbf{r}}}_\mathbf{L}} \right]_{t_0 = t_x}$$

Hier treten nur noch Vierervektoren auf. Da das Skalarprodukt invariant gegenüber Koordinatentransformationen ist, ist diese Darstellung für das Potential invariant gegenüber der Lorentztransformation.

Um nun Gleichung (4.84) zur Berechnung des elektromagnetischen Feldes auswerten zu können, müssen wir partiell nach x_k differenzieren[29]. Bevor wir damit beginnen, wollen wir jedoch die Abkürzung

$$\boxed{\vec{R} = \vec{r} - \vec{r}_L} \tag{4.262}$$

einführen. Da $\vec{r}$ nicht von t_0 abhängt, gilt $\dot{\vec{R}} = -\dot{\vec{r}}_L$, und wir erhalten:

$$\boxed{\Omega^i = \pm \frac{Q\mu_0 c_0}{4\pi} \left[\frac{\dot{R}^i}{\vec{R} \cdot \dot{\vec{R}}} \right]_{t_0 = t_x}} \tag{4.263}$$

Um diesen Ausdruck nach x_k ableiten zu können, muß man sich sehr genau überlegen, von welchen Variablen er abhängt. Der Vektor $\vec{R}$ hängt von $\vec{r}$ und $\vec{r}_L$ und damit von x_1, x_2, x_3, x_4, x_{L1}, x_{L2}, x_{L3} und x_{L4} ab. Da die Flugbahn $\vec{r}_L$ der Punktladung in Abhängigkeit von t_0 bekannt ist, hängen x_{L1}, x_{L2} und x_{L3} wieder von t_0 ab. Schließlich läßt sich t_0 wegen Gleichung (4.261) durch x_1, x_2, x_3 und x_4 ausdrücken. Man erhält also folgendes Schema:

$$
\begin{array}{ll}
x_1 & x_1 \\
x_2 & x_2 \\
x_3 & x_3 \\
x_4 & x_4 \\
\left.\begin{array}{l} x_{L1} \\ x_{L2} \\ x_{L3} \\ x_{L4} \end{array}\right\} & t_0 \quad \left\{\begin{array}{l} x_1 \\ x_2 \\ x_3 \\ x_4 \end{array}\right.
\end{array}
$$

Aus diesem Schema wird ersichtlich, daß $\vec{R}$ über Umwege ausschließlich von x_1, x_2, x_3 und x_4 abhängt. Dies entspricht genau den Erwartungen, da das durch $\vec{\Omega}$ bestimmte elektromagnetische

---

[29] Da wir den Ortsvektor hier mit $\vec{r}$ bezeichnet haben, handelt es sich bei den x_k um seine Komponenten — die Komponenten von $\vec{r}_L$ nennen wir konsequenterweise x_{Lk}.

442   KAPITEL 4. LORENTZTRANSFORMATION UND RELATIVITÄTSTHEORIE

Feld auch nur von Ort und Zeit abhängt. Wir sehen aber auch, daß die Abhängigkeit sich über drei Gruppen von Variablen erstreckt, die durch zwei Transformationsvorschriften miteinander verknüpft sind. In diesem Buch wurde schon früher darauf hingewiesen, daß es in solchen Fällen erforderlich ist, die Variablen in den jeweiligen Gruppen unterschiedlich zu benennen, selbst wenn es sich bei der Transformation um ein einfaches Gleichsetzen handelt.

Wir generieren aus dem bisherigen Schema deshalb durch Umbenennen der Variablen das folgende:

$$
\begin{array}{llll}
x_{A1} & x_{B1} & & \\
x_{A2} & x_{B2} & & \\
x_{A3} & x_{B3} & & \\
x_{A4} & x_{B4} & & \\
\left.\begin{array}{l} x_{L1} \\ x_{L2} \\ x_{L3} \\ x_{L4} \end{array}\right\} & t_0 & \left\{\begin{array}{l} x_1 \\ x_2 \\ x_3 \\ x_4 \end{array}\right.
\end{array}
$$

Erst durch diese Umbenennung wird es möglich, die Kettenregel aufzustellen:

$$\frac{\partial \Omega^i}{\partial x_k} = \frac{\partial \Omega^i}{\partial x_{B1}}\frac{\partial x_{B1}}{\partial x_k} + \frac{\partial \Omega^i}{\partial x_{B2}}\frac{\partial x_{B2}}{\partial x_k} + \frac{\partial \Omega^i}{\partial x_{B3}}\frac{\partial x_{B3}}{\partial x_k} + \frac{\partial \Omega^i}{\partial x_{B4}}\frac{\partial x_{B4}}{\partial x_k} + \frac{\partial \Omega^i}{\partial t_0}\frac{\partial t_0}{\partial x_k}$$

Wegen $x_{B1} = x_1$, $x_{B2} = x_2$, $x_{B3} = x_3$ und $x_{B4} = x_4$ fallen die Ableitungen $\frac{\partial x_{Bl}}{\partial x_k}$ weg, wenn l ungleich k ist. Man erhält deshalb[30]:

$$\frac{\partial \Omega^i}{\partial x_k} = \frac{\partial \Omega^i}{\partial x_{Bk}} + \frac{\partial \Omega^i}{\partial t_0}\frac{\partial t_0}{\partial x_k} \tag{4.264}$$

Um den Ausdruck auf der rechten Seite auswerten zu können, berechnen wir nacheinander die Ableitungen $\frac{\partial \Omega^i}{\partial x_{Bk}}$, $\frac{\partial \Omega^i}{\partial t_0}$ und $\frac{\partial t_0}{\partial x_k}$.

Um die erste Ableitung bestimmen zu können, benötigt man den Ausdruck

$$\frac{\partial \vec{R}}{\partial x_{Bk}}.$$

Da in $\vec{R} = \vec{r} - \vec{r}_L$ lediglich $\vec{r}$ von x_{Bk} abhängt, gilt

$$\frac{\partial \vec{R}}{\partial x_{Bk}} = \frac{\partial \vec{r}}{\partial x_{Bk}} = \vec{e}_k$$

---

[30] Hätte man keinen Unterschied zwischen x_k und x_{Bk} gemacht, so wäre fälschlicherweise der erste Differentialquotient auf der rechten Seite nicht von dem auf der linken Seite zu unterscheiden gewesen.

4.20. VIERDIMENSIONALE POTENTIALTHEORIE

und — da $\dot{\vec{R}} = -\dot{\vec{r}}_L$ nicht von $\vec{r}$ abhängt —

$$\frac{\partial \dot{\vec{R}}}{\partial x_{Bk}} = 0.$$

Mit Hilfe der Kettenregel folgt somit aus Gleichung (4.263):

$$\frac{\partial \Omega^i}{\partial x_{Bk}} = \pm \frac{Q\mu_0 c_0}{4\pi} \left[\frac{-\dot{R}^i}{\left(\vec{R} \cdot \dot{\vec{R}}\right)^2} \frac{\partial \vec{R}}{\partial x_{Bk}} \cdot \dot{\vec{R}} \right]_{t_0 = t_x} =$$

$$= \pm \frac{Q\mu_0 c_0}{4\pi} \left[\frac{-\dot{R}^i}{\left(\vec{R} \cdot \dot{\vec{R}}\right)^2} \vec{e}_k \cdot \dot{\vec{R}} \right]_{t_0 = t_x} =$$

$$= \pm \frac{Q\mu_0 c_0}{4\pi} \left[\frac{-\dot{R}^i \cdot \dot{R}^k}{\left(\vec{R} \cdot \dot{\vec{R}}\right)^2} \right]_{t_0 = t_x}$$

Die Ableitung $\frac{\partial \Omega^i}{\partial t_0}$ läßt sich sehr einfach mit Hilfe der Quotientenregel aus Gleichung (4.263) berechnen:

$$\frac{\partial \Omega^i}{\partial t_0} = \pm \frac{Q\mu_0 c_0}{4\pi} \left[\frac{\ddot{R}^i \left(\vec{R} \cdot \dot{\vec{R}}\right) - \dot{R}^i \left(\dot{\vec{R}} \cdot \dot{\vec{R}} + \vec{R} \cdot \ddot{\vec{R}}\right)}{\left(\vec{R} \cdot \dot{\vec{R}}\right)^2} \right]_{t_0 = t_x}$$

Um die Ableitung $\frac{\partial t_0}{\partial x_k}$ bestimmen zu können, muß man einen Trick anwenden, da ein direktes Ableiten von Gleichung (4.261) nicht zum Erfolg führt. Durch die Kettenregel tritt $\frac{\partial t_0}{\partial x_k}$ nämlich auch auf der rechten Seite der Gleichung auf, so daß sich dieser Differentialquotient nicht bestimmen läßt.

Der Trick besteht darin, daß man die Gleichung

$$\vec{R} \cdot \vec{R} = 0,$$

die gemäß Gleichung (4.261) an der Stelle $t_0 = t_x$ für alle x_k Gültigkeit besitzt, nach x_k differenziert. Auf diese Weise erhält man:

$$2\vec{R} \cdot \frac{\partial \vec{R}}{\partial x_k} = 0$$

Mit

$$\frac{\partial \vec{R}}{\partial x_k} = \frac{\partial \vec{R}}{\partial x_{Bk}} + \frac{\partial \vec{R}}{\partial t_0} \frac{\partial t_0}{\partial x_k} = \vec{e}_k + \dot{\vec{R}} \frac{\partial t_0}{\partial x_k}$$

folgt durch skalare Multiplikation mit $\vec{R}$:

$$\mathbf{R}^k + \left(\vec{R} \cdot \dot{\vec{R}}\right) \frac{\partial t_0}{\partial x_k} = 0$$

$$\Rightarrow \frac{\partial t_0}{\partial x_k} = -\frac{\mathbf{R}^k}{\vec{R} \cdot \dot{\vec{R}}}$$

Mit den soeben hergeleiteten drei Teilergebnissen folgt aus Gleichung (4.264):

$$\frac{\partial \Omega^i}{\partial x_k} = \pm \frac{Q\mu_0 c_0}{4\pi} \left[\frac{-\dot{\mathbf{R}}^i \cdot \dot{\mathbf{R}}^k}{\left(\vec{R} \cdot \dot{\vec{R}}\right)^2} - \frac{\ddot{\mathbf{R}}^i \left(\vec{R} \cdot \dot{\vec{R}}\right) - \dot{\mathbf{R}}^i \left(\dot{\vec{R}} \cdot \dot{\vec{R}} + \vec{R} \cdot \ddot{\vec{R}}\right)}{\left(\vec{R} \cdot \dot{\vec{R}}\right)^2} \frac{\mathbf{R}^k}{\vec{R} \cdot \dot{\vec{R}}} \right]_{t_0 = t_x}$$

Wertet man nun Gleichung (4.84) aus, so fällt der erste Term weg, da er beim Vertauschen von i und k unverändert bleibt. Man erhält schließlich:

$$\boxed{\mathbf{f}^{ik} = \mp \frac{c_0 Q}{4\pi} \left[\frac{\mathbf{R}^k \ddot{\mathbf{R}}^i - \mathbf{R}^i \ddot{\mathbf{R}}^k}{\left(\dot{\vec{R}} \cdot \vec{R}\right)^2} - \left(\mathbf{R}^k \dot{\mathbf{R}}^i - \mathbf{R}^i \dot{\mathbf{R}}^k\right) \frac{\left(\ddot{\vec{R}} \cdot \vec{R} + \dot{\vec{R}} \cdot \dot{\vec{R}}\right)}{\left(\dot{\vec{R}} \cdot \vec{R}\right)^3} \right]_{t_0 = t_x}} \quad (4.265)$$

Gemäß Gleichung (4.265) hängt das Feld von dem zum Zeitpunkt $t_0 = t_x$ herrschenden Bewegungszustand der Ladung ab, wobei t_x durch Gleichung (4.259) gegeben ist. Gilt in Gleichung (4.259) das obere positive Vorzeichen, so ist $t_x > t$. In diesem Falle spricht man von einem avancierten Potential bzw. Feld. Dies bedeutet, daß das Feld von einem in der Zukunft liegenden Bewegungszustand der Punktladung abhängt. Dies verletzt das Kausalitätsprinzip, so daß wir diese Lösung ausschließen können, obwohl sie mathematisch korrekt ist. Wir entscheiden uns also für das untere Vorzeichen in Gleichung (4.259), für das $t_x < t$ gilt. Dieses zieht ein sogenanntes retardiertes Potential bzw. Feld nach sich. Die „Ursache", nämlich der Bewegungszustand des Teilchens zum Zeitpunkt t_x führt dann offenbar zu einer „Wirkung" zum Zeitpunkt t, nämlich einem elektromagnetischen Feld. Gemäß Gleichung (4.259) entspricht die Zeitspanne zwischen Ursache und Wirkung genau der Zeit, die das Licht benötigt, um die Wegstrecke vom Ort der Ursache zum Ort der Wirkung zurückzulegen. Dies führt wieder auf die Feststellung der speziellen Relativitätstheorie, daß sich kein Signal schneller als mit Lichtgeschwindigkeit ausbreiten kann.

Nachdem wir uns in Gleichung (4.259) für das untere Vorzeichen entschieden haben, müssen wir konsequenterweise auch in Gleichung (4.265) das untere Vorzeichen verwenden.

Übungsaufgabe 4.10   *Anspruch:* • • •   *Aufwand:* • • •

Eine Punktladung Q bewege sich gemäß $z_L = vt_0$ mit konstanter Geschwindigkeit v auf der z-Achse

4.20. VIERDIMENSIONALE POTENTIALTHEORIE

eines Koordinatensystems fort. Zu berechnen ist die Komponente $H_y(x, y, z, t)$ der magnetischen Erregung. Gehen Sie hierzu wie folgt vor:

1. Bestimmen Sie die Vierervektoren $\vec{R}$, $\dot{\vec{R}}$ und $\ddot{\vec{R}}$ in Abhängigkeit von der Zeit t, zu der die Komponente $H_y(x, y, z, t)$ gemessen wird, und der Zeit t_0.

2. Berechnen Sie mit Hilfe von Gleichung (4.265) die Feldkomponente H_y in Abhängigkeit von t und t_x.

3. Berechnen Sie nun die Zeitpunkte t_0, für die $\vec{R} \cdot \vec{R} = 0$ gilt. Zeigen Sie, daß diese sich in der Form

$$t_0 = \frac{t - \frac{v}{c_0^2}z \pm \frac{1}{c_0}\sqrt{(z - vt)^2 + (x^2 + y^2)\left(1 - \frac{v^2}{c_0^2}\right)}}{1 - \frac{v^2}{c_0^2}} \quad (4.266)$$

darstellen lassen.

4. Zeigen Sie, daß wegen $|v| < c_0$ für das positive Vorzeichen in Gleichung (4.266) $t_0 > t$, für das negative hingegen $t_0 < t$ gilt. Wie groß ist demnach t_x?

5. Setzen Sie nun t_x in das Ergebnis des zweiten Aufgabenteils ein, und zeigen Sie, daß sich H_y in der durch Gleichung (4.135) gegebenen Form darstellen läßt.

Übungsaufgabe 4.11   Anspruch: ● ● ○   Aufwand: ● ○ ○

Eine Ladung Q bewege sich auf der z-Achse gemäß

$$z_L = a\,\cos(\omega t_0).$$

Zum Zeitpunkt t wird das elektromagnetische Feld an der Stelle (x, y, z) gemessen.

1. Der Bewegungszustand der Ladung zum Zeitpunkt t_x ist für die Erzeugung des Feldes entscheidend. Berechnen Sie für den Spezialfall

$$a = 10000 \text{ km}, \quad x = 0 \text{ km},$$
$$t = 10 \text{ s}, \quad y = 40000 \text{ km},$$
$$\omega = 0.5 \text{ s}^{-1}, \quad z = 200000 \text{ km}$$

den Zeitpunkt t_x mit Hilfe eines Taschenrechners (Nehmen Sie der Einfachheit halber als Lichtgeschwindigkeit den Wert $c_0 = 3 \cdot 10^8$ m/s an). Versuchen Sie, das Ergebnis auf mindestens 5 Nachkommastellen genau anzugeben.

Hinweis:

Gehen Sie so vor, wie es im Anhang 6.20 beschrieben ist.

2. Nun gelte $a = 10^{10}$ m; alle anderen Werte bleiben gleich. Wieso ist in diesem Fall auch nach 50 Rekursionsschritten noch keine Konvergenz erkennbar?

4.20.3.1 Magnetisches Feld

Wir wollen nun das magnetische Feld einer beschleunigten Punktladung berechnen, wobei wir von der vierdimensionalen Schreibweise zur gewöhnlichen dreidimensionalen zurückkehren. Ausgangspunkt hierbei ist die Gleichung (4.265).

Zunächst wollen wir die zeitlichen Ableitungen des in Gleichung (4.262) definierten Vektors $\vec{R}$ durch anschauliche Größen wie die Geschwindigkeit und Beschleunigung der Punktladung ausdrücken. Hierbei ist zu beachten, daß sich der für die zeitliche Ableitung stehende Punkt auf die Zeit t_0, jedoch nicht auf t bezieht:

$$\dot{\mathbf{R}}^1 = -\dot{x}_L$$
$$\dot{\mathbf{R}}^2 = -\dot{y}_L$$
$$\dot{\mathbf{R}}^3 = -\dot{z}_L$$
$$\dot{\mathbf{R}}^4 = -jc_0$$

$$\ddot{\mathbf{R}}^1 = -\ddot{x}_L$$
$$\ddot{\mathbf{R}}^2 = -\ddot{y}_L$$
$$\ddot{\mathbf{R}}^3 = -\ddot{z}_L$$
$$\ddot{\mathbf{R}}^4 = 0$$

Wir definieren nun den Vektor $\vec{R} = (R_x, R_y, R_z) = \vec{r} - \vec{r}_L$, der von der Punktladung zum Beobachtungspunkt zeigt. Sein Betrag sei $R = |\vec{R}|$. Bei den Größen $\dot{x}_L, \dot{y}_L, \dot{z}_L$ handelt es sich offenbar um die Komponenten des Geschwindigkeitsvektors $\vec{v} = v_x \vec{e}_x + v_y \vec{e}_y + v_z \vec{e}_z$ der Punktladung ($v = |\vec{v}|$). Analog sind $\ddot{x}_L, \ddot{y}_L, \ddot{z}_L$ die Komponenten des Beschleunigungsvektors $\vec{a} = a_x \vec{e}_x + a_y \vec{e}_y + a_z \vec{e}_z$ ($a = |\vec{a}|$). Es gilt also:

$$\begin{aligned}
\mathbf{R}^1 &= R_x(t_0) & \dot{\mathbf{R}}^1 &= -v_x(t_0) & \ddot{\mathbf{R}}^1 &= -a_x(t_0) \\
\mathbf{R}^2 &= R_y(t_0) & \dot{\mathbf{R}}^2 &= -v_y(t_0) & \ddot{\mathbf{R}}^2 &= -a_y(t_0) \\
\mathbf{R}^3 &= R_z(t_0) & \dot{\mathbf{R}}^3 &= -v_z(t_0) & \ddot{\mathbf{R}}^3 &= -a_z(t_0) \\
\mathbf{R}^4 &= jc_0(t - t_0) & \dot{\mathbf{R}}^4 &= -jc_0 & \ddot{\mathbf{R}}^4 &= 0
\end{aligned}$$

Gemäß Gleichung (4.265) interessieren nur die Ausdrücke mit $t_0 = t_x$, so daß wir sofort t_x einsetzen können:

$$\begin{aligned}
\mathbf{R}^1 &= R_x(t_x) & (4.267) & \quad & \dot{\mathbf{R}}^1 &= -v_x(t_x) & (4.271) & \quad & \ddot{\mathbf{R}}^1 &= -a_x(t_x) & (4.275) \\
\mathbf{R}^2 &= R_y(t_x) & (4.268) & \quad & \dot{\mathbf{R}}^2 &= -v_y(t_x) & (4.272) & \quad & \ddot{\mathbf{R}}^2 &= -a_y(t_x) & (4.276) \\
\mathbf{R}^3 &= R_z(t_x) & (4.269) & \quad & \dot{\mathbf{R}}^3 &= -v_z(t_x) & (4.273) & \quad & \ddot{\mathbf{R}}^3 &= -a_z(t_x) & (4.277) \\
\mathbf{R}^4 &= jR(t_x) & (4.270) & \quad & \dot{\mathbf{R}}^4 &= -jc_0 & (4.274) & \quad & \ddot{\mathbf{R}}^4 &= 0 & (4.278)
\end{aligned}$$

4.20. VIERDIMENSIONALE POTENTIALTHEORIE

Bei $\mathbf{R}^4$ wurde von Gleichung (4.259) Gebrauch gemacht[31]. Hieraus lassen sich einige in Gleichung (4.265) auftretende Skalarprodukte bestimmen:

$$\dot{\vec{R}} \cdot \vec{R} = -\vec{R} \cdot \vec{v} + R\, c_0$$

$$\vec{R} \cdot \ddot{\vec{R}} = -\vec{R} \cdot \vec{a}$$

$$\dot{\vec{R}} \cdot \dot{\vec{R}} = v^2 - c_0^2$$

Gemäß Gleichung (4.85) gilt:

$$H_x = \mathbf{f}^{32}$$
$$H_y = \mathbf{f}^{13}$$
$$H_z = \mathbf{f}^{21}$$

Damit erhält man aus Gleichung (4.265):

$$H_x = \frac{c_0 Q}{4\pi} \left[\frac{\mathbf{R}^2\,\ddot{\mathbf{R}}^3 - \mathbf{R}^3\,\ddot{\mathbf{R}}^2}{\left(\dot{\vec{R}} \cdot \vec{R}\right)^2} - \left(\mathbf{R}^2\,\dot{\mathbf{R}}^3 - \mathbf{R}^3\,\dot{\mathbf{R}}^2\right) \frac{(\ddot{\vec{R}} \cdot \vec{R} + \dot{\vec{R}} \cdot \dot{\vec{R}})}{\left(\dot{\vec{R}} \cdot \vec{R}\right)^3} \right]_{t_0 = t_x}$$

$$H_y = \frac{c_0 Q}{4\pi} \left[\frac{\mathbf{R}^3\,\ddot{\mathbf{R}}^1 - \mathbf{R}^1\,\ddot{\mathbf{R}}^3}{\left(\dot{\vec{R}} \cdot \vec{R}\right)^2} - \left(\mathbf{R}^3\,\dot{\mathbf{R}}^1 - \mathbf{R}^1\,\dot{\mathbf{R}}^3\right) \frac{(\ddot{\vec{R}} \cdot \vec{R} + \dot{\vec{R}} \cdot \dot{\vec{R}})}{\left(\dot{\vec{R}} \cdot \vec{R}\right)^3} \right]_{t_0 = t_x}$$

$$H_z = \frac{c_0 Q}{4\pi} \left[\frac{\mathbf{R}^1\,\ddot{\mathbf{R}}^2 - \mathbf{R}^2\,\ddot{\mathbf{R}}^1}{\left(\dot{\vec{R}} \cdot \vec{R}\right)^2} - \left(\mathbf{R}^1\,\dot{\mathbf{R}}^2 - \mathbf{R}^2\,\dot{\mathbf{R}}^1\right) \frac{(\ddot{\vec{R}} \cdot \vec{R} + \dot{\vec{R}} \cdot \dot{\vec{R}})}{\left(\dot{\vec{R}} \cdot \vec{R}\right)^3} \right]_{t_0 = t_x}$$

Man erkennt, daß sich die Differenzen als Komponenten eines Vektorproduktes auffassen lassen, so daß man die drei Gleichungen folgendermaßen zusammenfassen kann:

$$\vec{H} = \frac{c_0 Q}{4\pi} \left[\frac{\vec{R} \times (-\vec{a})}{\left(\dot{\vec{R}} \cdot \vec{R}\right)^2} - \left(\vec{R} \times (-\vec{v})\right) \frac{\left(\ddot{\vec{R}} \cdot \vec{R} + \dot{\vec{R}} \cdot \dot{\vec{R}}\right)}{\left(\dot{\vec{R}} \cdot \vec{R}\right)^3} \right]_{t_x}$$

Wir setzen nun die obigen Ergebnisse ein und erhalten:

---
[31] Wie auf Seite 444 festgestellt wurde, ist stets das untere Vorzeichen anzuwenden.

$$\vec{H} = -\frac{c_0 Q}{4\pi} \left[\frac{\vec{R} \times \vec{a}}{\left(R c_0 - \vec{R}\cdot\vec{v}\right)^2} - \left(\vec{R}\times\vec{v}\right) \frac{\left(-\vec{R}\cdot\vec{a} + v^2 - c_0^2\right)}{\left(R c_0 - \vec{R}\cdot\vec{v}\right)^3} \right]_{t_x}$$

Wir bringen beide Terme auf einen gemeinsamen Nenner:

$$\boxed{\vec{H} = -\frac{c_0 Q}{4\pi} \left[\frac{(R c_0)\left(\vec{R}\times\vec{a}\right) - \left(\vec{R}\cdot\vec{v}\right)\left(\vec{R}\times\vec{a}\right) + \left(\vec{R}\times\vec{v}\right)\left(\vec{R}\cdot\vec{a} + c_0^2 - v^2\right)}{\left(R c_0 - \vec{R}\cdot\vec{v}\right)^3} \right]_{t_x}} \quad (4.279)$$

Für den Spezialfall, daß die Beschleunigung stets in z-Richtung erfolgt, gilt $\vec{v} = v\vec{e}_z$ und $\vec{a} = a\vec{e}_z$ — es folgt also:

$$\begin{aligned}
\vec{H} &= -\frac{c_0 Q}{4\pi} \left[\frac{(Rc_0 a)\left(\vec{R}\times\vec{e}_z\right) - (v\vec{R}\cdot\vec{e}_z)(a\vec{R}\times\vec{e}_z) + v\left(\vec{R}\times\vec{e}_z\right)\left(a\vec{R}\cdot\vec{e}_z + c_0^2 - v^2\right)}{\left(R c_0 - \vec{R}\cdot\vec{v}\right)^3} \right]_{t_x} = \\
&= -\frac{c_0 Q}{4\pi} \left[\frac{(Rc_0 a)\left(\vec{R}\times\vec{e}_z\right) + v\left(\vec{R}\times\vec{e}_z\right)(c_0^2 - v^2)}{\left(R c_0 - \vec{R}\cdot\vec{v}\right)^3} \right]_{t_x} = \\
&= -\frac{c_0 Q}{4\pi} \left[\frac{(Rc_0)\left(\vec{R}\times\vec{a}\right) + \left(\vec{R}\times\vec{v}\right)(c_0^2 - v^2)}{\left(R c_0 - \vec{R}\cdot\vec{v}\right)^3} \right]_{t_x} = \\
&= -\frac{Q}{4\pi} \left[\frac{\frac{1}{R^2 c_0}\left(\vec{R}\times\vec{a}\right) + \frac{1}{R^3}\left(\vec{R}\times\vec{v}\right)\left(1 - \frac{v^2}{c_0^2}\right)}{\left(1 - \frac{\vec{R}\cdot\vec{v}}{R c_0}\right)^3} \right]_{t_x}
\end{aligned}$$

Zerlegt man $\vec{v}$ in einen zu $\vec{R}$ parallelen[32] Anteil v_r sowie in einen dazu senkrechten Anteil, so gilt $\vec{R}\cdot\vec{v} = Rv_r$; man erhält schließlich:

$$\vec{H} = -\frac{Q}{4\pi} \left[\frac{\frac{1}{R^2 c_0}\left(\vec{R}\times\vec{a}\right) + \frac{1}{R^3}\left(\vec{R}\times\vec{v}\right)\left(1 - \frac{v^2}{c_0^2}\right)}{\left(1 - \frac{v_r}{c_0}\right)^3} \right]_{t_x} \quad (4.280)$$

---

[32]Konsequenterweise hätte man die zu $\vec{R}$ parallele Geschwindigkeitskomponente mit v_R statt mit v_r bezeichnen müssen. Im folgenden werden jedoch die Vektoren $\vec{e}_r$, $\vec{e}_\vartheta$ und $\vec{e}_\varphi$ als Einheitsvektoren eines mit der Punktladung mitbewegten Kugelkoordinatensystems aufgefaßt.

4.20. VIERDIMENSIONALE POTENTIALTHEORIE

4.20.3.2 Elektrisches Feld

Die elektrische Verschiebungsdichte der beschleunigten Punktladung erhält man ebenfalls aus Gleichung (4.265). Wegen Gleichung (4.85) gilt nämlich

$$D^i = \frac{\mathbf{f}^{i4}}{jc_0} \quad \text{mit } i \in \{1,2,3\},$$

so daß weiter folgt:

$$D^i = \frac{\mathbf{f}^{i4}}{jc_0} = \frac{Q}{4\pi j}\left[\frac{\mathbf{R}^4\ddot{\mathbf{R}}^i - \mathbf{R}^i\ddot{\mathbf{R}}^4}{\left(\dot{\mathbf{R}}\cdot\mathbf{R}\right)^2} - \left(\mathbf{R}^4\dot{\mathbf{R}}^i - \mathbf{R}^i\dot{\mathbf{R}}^4\right)\frac{(\ddot{\mathbf{R}}\cdot\dot{\mathbf{R}} + \dot{\mathbf{R}}\cdot\dot{\mathbf{R}})}{\left(\dot{\mathbf{R}}\cdot\mathbf{R}\right)^3}\right]_{t_0-t_x}$$

Wir setzen die Ergebnisse (4.267) bis (4.278) ein und erhalten:

$$D^i = \frac{Q}{4\pi j}\left[\frac{jR(-a^i)}{(R c_0 - \vec{R}\cdot\vec{v})^2} - \left(jR(-v^i) - R^i(-jc_0)\right)\frac{-\vec{R}\cdot\vec{a} + v^2 - c_0^2}{(R c_0 - \vec{R}\cdot\vec{v})^3}\right]_{t_x}$$

Dies läßt sich in Vektorschreibweise überführen:

$$\vec{D} = \frac{Q}{4\pi}\left[\frac{-R\vec{a}}{(R c_0 - \vec{R}\cdot\vec{v})^2} + \left(R\vec{v} - \vec{R}c_0\right)\frac{-\vec{R}\cdot\vec{a} + v^2 - c_0^2}{(R c_0 - \vec{R}\cdot\vec{v})^3}\right]_{t_x}$$

$$\Rightarrow \boxed{\vec{D} = \frac{Q}{4\pi}\left[\frac{-R^2 c_0\vec{a} + R\vec{a}(\vec{R}\cdot\vec{v}) - R\vec{v}(\vec{R}\cdot\vec{a}) + R\vec{v}(v^2 - c_0^2) + c_0\vec{R}(\vec{R}\cdot\vec{a}) - \vec{R}c_0(v^2 - c_0^2)}{(R c_0 - \vec{R}\cdot\vec{v})^3}\right]_{t_x}}$$

(4.281)

Geht man nun wieder vom Spezialfall aus, daß $\vec{v}$ und $\vec{a}$ gleichgerichtet sind, daß also

$$\vec{v} = v\vec{e}_z$$

und

$$\vec{a} = a\vec{e}_z$$

gilt, so folgt weiter:

$$\vec{D} = \frac{Q}{4\pi}\left[\frac{-R^2 c_0\vec{a} + R\vec{v}(v^2 - c_0^2) + c_0\vec{R}(\vec{R}\cdot\vec{a} + c_0^2 - v^2)}{R^3 c_0^3\left(1 - \frac{\vec{R}\cdot\vec{v}}{Rc_0}\right)^3}\right]_{t_x}$$

Wegen $\vec{R} \cdot \vec{a} = R\vec{e}_r \cdot \vec{a} = Ra_r$ und $\vec{R} \cdot \vec{v} = R\vec{e}_r \cdot \vec{v} = Rv_r$ folgt weiter:

$$\vec{D} = \left[\frac{Q}{4\pi R^2 c_0^2} \frac{-R\vec{a} - c_0\vec{v}\left(1 - \frac{v^2}{c_0^2}\right) + \frac{\vec{R}}{R}(Ra_r + c_0^2 - v^2)}{\left(1 - \frac{Rv_r}{Rc_0}\right)^3} \right]_{t_x}$$

$$\Rightarrow \vec{D} = \left[\frac{Q}{4\pi R^2 c_0^2} \frac{-R\vec{a} + \vec{R}a_r + \left(1 - \frac{v^2}{c_0^2}\right)\left(c_0^2 \frac{\vec{R}}{R} - c_0\vec{v}\right)}{\left(1 - \frac{v_r}{c_0}\right)^3} \right]_{t_x} \quad (4.282)$$

Tabelle 4.6: Bewegte Punktladung

Gleichförmige Bewegung entlang der z-Achse	
$\vec{E} = \dfrac{Q}{4\pi\epsilon_0 \sqrt{1-\frac{v^2}{c_0^2}} \left(x^2+y^2+\frac{(z-vt)^2}{1-\frac{v^2}{c_0^2}}\right)^{3/2}} (x\,\vec{e}_x + y\,\vec{e}_y + (z-vt)\,\vec{e}_z)$	(4.134)
$\vec{B} = \dfrac{\mu_0}{4\pi} \sqrt{1-\frac{v^2}{c_0^2}} \dfrac{Q\,v}{\left(x^2+y^2+\frac{(z-vt)^2}{1-\frac{v^2}{c_0^2}}\right)^{3/2}} (x\,\vec{e}_y - y\,\vec{e}_x)$	(4.135)
Beschleunigte Bewegung	
$\int_V \vec{\Gamma}\,dV = Q\dot{\vec{r}}_L$	(4.255)
$\vec{R} = \vec{r} - \vec{r}_L$	(4.262)
$t_x = t \pm \frac{|\vec{r} - \vec{r}_L(t_x)|}{c_0}$	(4.259)
$\Omega^i = \pm \frac{Q\mu_0 c_0}{4\pi} \left[\frac{\dot{\mathbf{R}}^i}{\mathbf{R}\cdot\dot{\mathbf{R}}}\right]_{t_0=t_x}$	(4.263)
$\mathfrak{f}^{ik} = \mp \frac{c_0 Q}{4\pi} \left[\frac{\mathbf{R}^k \ddot{\mathbf{R}}^i - \mathbf{R}^i \ddot{\mathbf{R}}^k}{\left(\dot{\mathbf{R}}\cdot\mathbf{R}\right)^2} - \left(\mathbf{R}^k \dot{\mathbf{R}}^i - \mathbf{R}^i \dot{\mathbf{R}}^k\right)\frac{(\ddot{\mathbf{R}}\cdot\mathbf{R} + \dot{\mathbf{R}}\cdot\dot{\mathbf{R}})}{\left(\dot{\mathbf{R}}\cdot\mathbf{R}\right)^3}\right]_{t_0=t_x}$	(4.265)
$\vec{D} = \frac{Q}{4\pi} \left[\frac{-R^2 c_0 \vec{a} + R\vec{a}(\vec{R}\cdot\vec{v}) - R\vec{v}(\vec{R}\cdot\vec{a}) + R\vec{v}(v^2-c_0^2) + c_0\vec{R}(\vec{R}\cdot\vec{a}) - R c_0(v^2-c_0^2)}{(R c_0 - \vec{R}\cdot\vec{v})^3}\right]_{t_x}$	(4.281)
$\vec{H} = -\frac{c_0 Q}{4\pi} \left[\frac{(R\,c_0)(\vec{R}\times\vec{a}) - (\vec{R}\cdot\vec{v})(\vec{R}\times\vec{a}) + (\vec{R}\times\vec{v})(\vec{R}\cdot\vec{a} + c_0^2 - v^2)}{(R c_0 - \vec{R}\cdot\vec{v})^3}\right]_{t_x}$	(4.279)

4.20.4 Schwingende Punktladungen und Hertzsche Dipole

Nachdem wir das elektromagnetische Feld longitudinal beschleunigter Punktladungen bestimmt haben, liegt es nahe, das elektromagnetische Feld einer schwingenden Punktladung zu berech-

4.20. VIERDIMENSIONALE POTENTIALTHEORIE

nen. Wir nehmen an, daß die Punktladung entlang der z-Achse schwingt, wobei sie eine Länge Δl überstreicht. Ihr Ort $\vec{r}_L(t_L) = (0, 0, z_L(t_L))$ gehorcht somit der Gleichung

$$z_L(t_L) = \frac{\Delta l}{2} \cos \omega t_L. \tag{4.283}$$

Damit folgt automatisch

$$v_z(t_L) = -\frac{\Delta l}{2} \omega \sin \omega t_L \tag{4.284}$$

und

$$a_z(t_L) = -\frac{\Delta l}{2} \omega^2 \cos \omega t_L. \tag{4.285}$$

4.20.4.1 Schwingende Punktladung in Kugelkoordinaten

Es ist zu vermuten, daß schwingende Ladungen ein ähnliches elektromagnetisches Feld erzeugen wie der Hertzsche Dipol[33]. Da das Feld eines Hertzschen Dipols gewöhnlich in Kugelkoordinaten angegeben wird, wollen wir unsere bisherigen Ergebnisse ebenfalls in Kugelkoordinaten umschreiben. Den ersten Schritt hierzu haben wir im Grunde bereits vorgenommen, als wir den Einheitsvektor $\vec{e}_r$ einführten, der die Richtung von der Punktladung zum Beobachter angibt. Wir müssen somit nur noch die übrigen Einheitsvektoren umwandeln in $\vec{e}_r$, $\vec{e}_\vartheta$ und $\vec{e}_\varphi$.

Gemäß der im Rahmen von Übungsaufgabe 3.1 (Seite 201) hergeleiteten Gleichung (7.60) gilt

$$\vec{e}_z = \vec{e}_r \cos \vartheta - \vec{e}_\vartheta \sin \vartheta.$$

Daraus folgt automatisch

$$\vec{v} = v\vec{e}_z = \vec{e}_r\, v \cos \vartheta - \vec{e}_\vartheta\, v \sin \vartheta$$

$$\Rightarrow v_r = v \cos \vartheta. \tag{4.286}$$

Analog erhält man

$$\vec{a} = a\vec{e}_z = \vec{e}_r\, a \cos \vartheta - \vec{e}_\vartheta\, a \sin \vartheta$$

$$\Rightarrow a_r = a \cos \vartheta.$$

---

[33]Der Hertzsche Dipol wird gewöhnlich definiert als ein von einem Wechselstrom durchflossenes sehr kurzes Leitungsstück. Man kann ihn als elektrischen Elementardipol bzw. Elementar-Antenne betrachten, aus der sich komplexere Antennenstrukturen mittels Superposition zusammensetzen lassen. Auch die Spiegelungsmethode ist anwendbar, wenn man den Hertzschen Dipol als Pfeil darstellt. Die Pfeilspitze wird im Spiegelbild zum Pfeilschaft und umgekehrt. Man kann auch magnetische Elementardipole definieren, die kleinen Kreisströmen entsprechen. Auch sie werden als Pfeile dargestellt, die dann im Rechtsschraubensinn vom Kreisstrom umflossen werden. Bei der Spiegelung von magnetischen Elementardipolen wird Pfeilspitze auf Pfeilspitze und Pfeilschaft auf Pfeilschaft abgebildet, da die Richtung der Ströme entscheidend ist.

Setzt man diese Ergebnisse in Gleichung (4.282) ein, so folgt:

$$\vec{D} = \left[\frac{Q}{4\pi R^2 c_0^2} \frac{-R(\vec{e}_r\, a\, \cos\vartheta - \vec{e}_\vartheta\, a\, \sin\vartheta) + R\vec{e}_r a\, \cos\vartheta +}{\left(1 - \frac{v}{c_0}\cos\vartheta\right)^3} \cdots \right.$$

$$\left. \cdots \frac{+\left(1 - \frac{v^2}{c_0^2}\right)\left(c_0^2 \vec{e}_r - \vec{e}_r\, c_0 v\, \cos\vartheta + \vec{e}_\vartheta\, c_0 v\, \sin\vartheta\right)}{}\right]_{t_x}$$

$$\Rightarrow \vec{D} = \left[\frac{Q}{4\pi R^2 c_0^2} \frac{R\, a\, \vec{e}_\vartheta\, \sin\vartheta + \left(1 - \frac{v^2}{c_0^2}\right)\left(c_0^2 \vec{e}_r\left(1 - \frac{v}{c_0}\cos\vartheta\right) + \vec{e}_\vartheta\, c_0 v\, \sin\vartheta\right)}{\left(1 - \frac{v}{c_0}\cos\vartheta\right)^3}\right]_{t_x}$$

Hieraus ergeben sich sofort folgende Feldkomponenten:

$$D_r = \left[\frac{Q}{4\pi R^2} \frac{1 - \frac{v^2}{c_0^2}}{\left(1 - \frac{v}{c_0}\cos\vartheta\right)^2}\right]_{t_x} \quad (4.287)$$

$$D_\vartheta = \left[\frac{Q}{4\pi R^2 c_0^2} \frac{Ra + \left(1 - \frac{v^2}{c_0^2}\right) c_0 v}{\left(1 - \frac{v}{c_0}\cos\vartheta\right)^3} \sin\vartheta\right]_{t_x} \quad (4.288)$$

$$D_\varphi = 0 \quad (4.289)$$

Auf ähnliche Weise lassen sich die magnetischen Feldkomponenten bestimmen. Gemäß Gleichung (4.280) benötigt man die Vektorprodukte $\vec{R} \times \vec{v}$ und $\vec{R} \times \vec{a}$. Mit Hilfe von Gleichung (7.60) erhält man:

$$\vec{R} \times \vec{v} = R\,\vec{e}_r \times (v\,\vec{e}_z) =$$
$$= Rv\,\vec{e}_r \times (\vec{e}_r\, \cos\vartheta - \vec{e}_\vartheta\, \sin\vartheta)$$

$$\Rightarrow \vec{R} \times \vec{v} = -\vec{e}_\varphi\, Rv\, \sin\vartheta$$

Völlig analog erhält man

$$\vec{R} \times \vec{a} = -\vec{e}_\varphi\, Ra\, \sin\vartheta.$$

Setzt man diese beiden Gleichungen sowie Gleichung (4.286) in Gleichung (4.280) ein, so erhält man:

$$\vec{H} = \frac{Q}{4\pi} \left[\frac{\frac{a}{Rc_0}\vec{e}_\varphi\, \sin\vartheta + \frac{v}{R^2}\vec{e}_\varphi\, \sin\vartheta\left(1 - \frac{v^2}{c_0^2}\right)}{\left(1 - \frac{v}{c_0}\cos\vartheta\right)^3}\right]_{t_x}$$

4.20. VIERDIMENSIONALE POTENTIALTHEORIE

Hieraus ergeben sich unmittelbar die Feldkomponenten der magnetischen Erregung:

$$H_r = 0 \tag{4.290}$$

$$H_\vartheta = 0 \tag{4.291}$$

$$H_\varphi = \left[\frac{Q}{4\pi R^2 c_0} \frac{Ra + \left(1 - \frac{v^2}{c_0^2}\right) c_0 v}{\left(1 - \frac{v}{c_0} \cos \vartheta\right)^3} \sin \vartheta \right]_{t_x} \tag{4.292}$$

Wenn wir diese Gleichung mit dem Ausdruck (4.288) für D_ϑ vergleichen, so stellen wir fest, daß H_φ und D_ϑ stets proportional zueinander sind. Es gilt:

$$\frac{D_\vartheta}{H_\varphi} = \frac{1}{c_0} \tag{4.293}$$

Wegen $c_0 = \frac{1}{\sqrt{\mu_0 \epsilon_0}}$ folgt:

$$\frac{E_\vartheta}{H_\varphi} = \frac{1}{\epsilon_0 c_0} = \sqrt{\frac{\mu_0}{\epsilon_0}}$$

Dieses Verhältnis bezeichnet man als den Feldwellenwiderstand Z_0 im Vakuum:

$$Z_0 = \sqrt{\frac{\mu_0}{\epsilon_0}} = \frac{E_\vartheta}{H_\varphi} \tag{4.294}$$

4.20.4.2 Verschiebung des Koordinatensystems

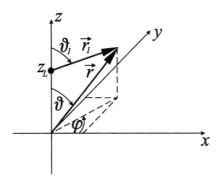

Abbildung 4.12: Momentaufnahme der schwingenden Ladung bei $z(t_L) = z_L(t_L)$

Bisher wurde das Kugelkoordinatensystem so definiert, daß sich sein Ursprung mit der Ladung mitbewegt. In der Regel geht man jedoch von einem ruhenden Koordinatensystem aus. Die Transformation, die den Übergang zwischen diesen beiden Koordinatensystemen vermittelt, wollen wir im folgenden analysieren.

Den Vektor, der von der Ladung +Q zum Aufpunkt zeigt, bezeichnen wir nun gemäß Abbildung 4.12 mit $\vec{r}_1$ statt mit $\vec{R}$. Der Vektor $\vec{r}$ hingegen markiert die Position des Punktes, an dem das elektromagnetische Feld gemessen werden soll, im neuen Kugelkoordinatensystem mit den Koordinaten r, ϑ und φ. Die Gleichungen (4.287), (4.288) und (4.292) lauten dann:

$$D_{r_1} = \left[\frac{Q}{4\pi r_1^2} \frac{1 - \frac{v^2}{c_0^2}}{\left(1 - \frac{v}{c_0}\cos\vartheta_1\right)^2}\right]_{t_{x1}} \quad (4.295)$$

$$D_{\vartheta_1} = \left[\frac{Q}{4\pi r_1^2 c_0^2} \frac{r_1 a + \left(1 - \frac{v^2}{c_0^2}\right) c_0 v}{\left(1 - \frac{v}{c_0}\cos\vartheta_1\right)^3} \sin\vartheta_1\right]_{t_{x1}} \quad (4.296)$$

$$H_{\varphi_1} = \left[\frac{Q}{4\pi r_1^2 c_0} \frac{r_1 a + \left(1 - \frac{v^2}{c_0^2}\right) c_0 v}{\left(1 - \frac{v}{c_0}\cos\vartheta_1\right)^3} \sin\vartheta_1\right]_{t_{x1}} \quad (4.297)$$

Hierbei gilt

$$t_{x1} = t - \frac{r_1}{c_0}. \quad (4.298)$$

Die Aufgabe besteht nun darin, die Größen r_1 und ϑ_1 des mitbewegten Kugelkoordinatensystems durch die Größen r und ϑ des ruhenden Kugelkoordinatensystems auszudrücken.

Als erstes versuchen wir, r_1 durch r auszudrücken. Anhand von Abbildung 4.12 erkennt man die vektoriellen Zusammenhänge zwischen $\vec{r}$ und $\vec{r}_1$:

$$\vec{r}_1 = -z_L \vec{e}_z + r\vec{e}_r$$

Bei dieser Gleichung wurde implizit vorausgesetzt, daß man die dreidimensionalen Vektoren einfach addieren darf, ohne darauf Rücksicht zu nehmen, in welchem Koordinatensystem sie definiert sind. Dies ist natürlich nur dann zulässig, wenn die Relativgeschwindigkeit der beiden Koordinatensysteme zueinander so gering ist, daß der relativistische Korrekturfaktor $\sqrt{1 - \frac{v^2}{c_0^2}}$ vernachlässigbar ist. Implizit wird hier also angenommen, daß

$$\frac{v^2}{c_0^2} \ll 1 \quad (4.299)$$

gilt. Diese Näherung werden wir im folgenden mehrfach anwenden, indem wir konsequent alle zweiten und höheren Potenzen von $\frac{v}{c_0}$ gegenüber 1 vernachlässigen.

4.20. VIERDIMENSIONALE POTENTIALTHEORIE

Mit Gleichung (7.60)
$$\vec{e}_z = \vec{e}_r \cos \vartheta - \vec{e}_\vartheta \sin \vartheta$$
folgt:
$$\vec{r}_1 = \vec{e}_r (r - z_L \cos \vartheta) + \vec{e}_\vartheta z_L \sin \vartheta \qquad (4.300)$$

Wir bilden das Betragsquadrat:
$$|\vec{r}_1|^2 = (r - z_L \cos \vartheta)^2 + z_L^2 \sin^2\vartheta = r^2 - 2rz_L \cos \vartheta + z_L^2$$

$$\Rightarrow r_1 = \sqrt{r^2 - 2rz_L \cos \vartheta + z_L^2} = r\sqrt{1 - 2\frac{z_L}{r} \cos \vartheta + \frac{z_L^2}{r^2}}$$

Im folgenden nehmen wir an, daß der Beobachtungpunkt so weit von den Ladungen entfernt ist, daß stets
$$\frac{z_L^2}{r^2} \ll 1 \qquad (4.301)$$

gilt. Wir werden also im folgenden konsequent alle Terme gegenüber 1 vernachlässigen, die den Bruch $\frac{z_L}{r}$ in quadratischer oder höherer Potenz enthalten. Man beachte, daß diese Näherung weniger scharf ist als die Aussage $r \gg z_L$, bei der schon die erste Potenz vernachlässigt wird.

Mit dieser Näherung folgt weiter:
$$r_1 \approx r\sqrt{1 - 2\frac{z_L}{r} \cos \vartheta}$$

Wegen $\sqrt{1-x} = 1 - \frac{1}{2}x - \frac{1}{8}x^2 - ...$ gilt:
$$r_1 \approx r\left(1 - \frac{z_L}{r} \cos \vartheta\right) \qquad (4.302)$$

Als nächstes widmen wir uns den Größen z_L, v und a. Aus den Gleichungen (4.283) bis (4.285) folgt:

$$[z_L(t_L)]_{t_{x1}} = \frac{\Delta l}{2} \cos(\omega t_{x1}) \qquad (4.303)$$

$$[v_z(t_L)]_{t_{x1}} = -\frac{\Delta l}{2}\omega \sin(\omega t_{x1}) \qquad (4.304)$$

$$[a_z(t_L)]_{t_{x1}} = -\frac{\Delta l}{2}\omega^2 \cos(\omega t_{x1}) \qquad (4.305)$$

Hier haben wir überall für t_L den Zeitpunkt t_{x1} eingesetzt, da die zu berechnenden Feldstärken gemäß den Gleichungen (4.295) bis (4.297) auch von dieser retardierten Zeit abhängen. Wir müssen also alle Ausdrücke, die wir in diese Gleichungen einsetzen wollen, ebenfalls an der Stelle $t_L = t_{x1}$ berechnen. Somit ist auch in Gleichung (4.302) nur dieser Zeitpunkt von Interesse:

$$[r_1]_{t_{x1}} \approx r\left(1 - \frac{\Delta l}{2}\frac{1}{r}\cos\vartheta \cos(\omega t_{x1})\right) \tag{4.306}$$

Hierbei ist anzumerken, daß die Näherung (4.301) zu allen Zeiten t und damit auch zu allen retardierten Zeiten t_{x1} Gültigkeit haben muß. Wegen Gleichung (4.303) folgt damit automatisch:

$$\left[\frac{\Delta l}{2r}\right]^2 \ll 1 \tag{4.307}$$

Um eine Beschreibung der Felder im ruhenden Koordinatensystem zu erhalten, ist es sinnvoller, anstelle der retardierten Zeit

$$t_{x1} = t - \frac{r_1}{c_0}$$

nur die retardierte Zeit

$$t_x = t - \frac{r}{c_0}$$

im Argument der trigonometrischen Funktionen auftreten zu lassen. Die den Beobachtungspunkt beschreibende Größe r ist nämlich im Gegensatz zu r_1 zeitunabhängig, wenn der Beobachtungspunkt im neuen Koordinatensystem ruht.

Wegen Gleichung (4.306) erhält man:

$$t_{x1} \approx t - \frac{r}{c_0}\left(1 - \frac{\Delta l}{2}\frac{1}{r}\cos\vartheta \cos(\omega t_{x1})\right)$$

$$\Rightarrow t_{x1} \approx t_x + \frac{\Delta l}{2}\frac{1}{c_0}\cos\vartheta \cos(\omega t_{x1})$$

In den Gleichungen (4.303) und (4.305) tritt bei z_L und a der Kosinus von ωt_{x1} auf. Für diesen erhält man:

$$cos(\omega t_{x1}) = cos\left[\omega t_x + \frac{\Delta l}{2}\frac{\omega}{c_0}\cos\vartheta \cos(\omega t_{x1})\right] \tag{4.308}$$

Das Kosinus-Additionstheorem liefert:

$$cos(\omega t_{x1}) = cos(\omega t_x)cos\left[\frac{\Delta l}{2}\frac{\omega}{c_0}\cos\vartheta \cos(\omega t_{x1})\right] - sin(\omega t_x)sin\left[\frac{\Delta l}{2}\frac{\omega}{c_0}\cos\vartheta \cos(\omega t_{x1})\right] \tag{4.309}$$

An dieser Stelle erinnern wir uns an die Näherung (4.299):

$$v^2 \ll c_0^2$$

4.20. VIERDIMENSIONALE POTENTIALTHEORIE

Hieraus folgt mit Gleichung (4.304) sofort:

$$\left[\frac{\Delta l}{2}\omega\,sin\,(\omega t_{x1})\right]^2 \ll c_0^2$$

$$\Rightarrow \left[\frac{\Delta l}{2}\frac{\omega}{c_0}sin\,(\omega t_{x1})\right]^2 \ll 1$$

Da dies für alle Zeitpunkte t und damit auch für alle retardierten Zeitpunkte t_{x1} gelten muß, folgt:

$$\left[\frac{\Delta l}{2}\frac{\omega}{c_0}\right]^2 \ll 1 \qquad (4.310)$$

Folgerichtig sind alle Terme, die den Ausdruck $\frac{\Delta l}{2}\frac{\omega}{c_0}$ in zweiter oder höherer Potenz enthalten, im folgenden gegenüber eins zu vernachlässigen.

Wir sehen also, daß die entsprechenden Argumente der Sinus- und Kosinusfunktionen in Gleichung (4.309) klein sind, so daß man die Sinus- und die Kosinus-Funktion in eine Taylorreihe gemäß

$$sin\,x = x - \frac{x^3}{3!} + \frac{x^5}{5!} - +... \qquad und \qquad cos\,x = 1 - \frac{x^2}{2!} + \frac{x^4}{4!} - +...$$

entwickeln kann. So erhält man aus Gleichung (4.309):

$$cos(\omega t_{x1}) \approx cos(\omega t_x) - sin(\omega t_x)\frac{\Delta l}{2}\frac{\omega}{c_0}cos\,\vartheta\,cos\,(\omega t_{x1})$$

Hierbei wurden gemäß Gleichung (4.310) alle Terme zweiter und höherer Ordnung vernachlässigt, was im folgenden ohne weiteren Hinweis geschieht. Es folgt weiter:

$$cos(\omega t_{x1})\left[1 + sin(\omega t_x)\frac{\Delta l}{2}\frac{\omega}{c_0}cos\,\vartheta\right] \approx cos(\omega t_x)$$

Mit

$$(1+x)^{-1} = 1 - x + x^2 - +...$$

folgt schließlich:

$$cos(\omega t_{x1}) \approx cos(\omega t_x)\left[1 - \frac{\Delta l}{2}\frac{\omega}{c_0}cos\,\vartheta\,sin(\omega t_x)\right] \qquad (4.311)$$

Eine entsprechende Näherung für die Sinus-Funktion läßt sich nun mit dem Sinus-Additionstheorem finden.

Analog zu Gleichung (4.308) gilt nämlich:

$$\begin{aligned} sin(\omega t_{x1}) &= sin\left[\omega t_x + \frac{\Delta l}{2}\frac{\omega}{c_0} \cos\vartheta \cos(\omega t_{x1})\right] = \\ &= sin(\omega t_x)\cos\left[\frac{\Delta l}{2}\frac{\omega}{c_0} \cos\vartheta \cos(\omega t_{x1})\right] + \cos(\omega t_x)\sin\left[\frac{\Delta l}{2}\frac{\omega}{c_0} \cos\vartheta \cos(\omega t_{x1})\right] \approx \\ &\approx sin(\omega t_x) + \cos(\omega t_x)\frac{\Delta l}{2}\frac{\omega}{c_0} \cos\vartheta \cos(\omega t_{x1}) \end{aligned}$$

An dieser Stelle setzen wir das Ergebnis (4.311) ein und erhalten:

$$sin(\omega t_{x1}) \approx sin(\omega t_x) + \cos(\omega t_x)\frac{\Delta l}{2}\frac{\omega}{c_0} \cos\vartheta \cos(\omega t_x)\left[1 - \frac{\Delta l}{2}\frac{\omega}{c_0} \cos\vartheta \sin(\omega t_x)\right]$$

$$\Rightarrow sin(\omega t_{x1}) \approx sin(\omega t_x)\left[1 + \frac{\Delta l}{2}\frac{\omega}{c_0} \cos\vartheta \frac{\cos^2(\omega t_x)}{\sin(\omega t_x)}\right] \quad (4.312)$$

Mit den Näherungen (4.311) und (4.312) lassen sich die Gleichungen (4.303) bis (4.305) wie folgt schreiben:

$$[z_L(t_L)]_{t_{x1}} \approx \frac{\Delta l}{2}\cos(\omega t_x)\left[1 - \frac{\Delta l}{2}\frac{\omega}{c_0} \cos\vartheta \sin(\omega t_x)\right] \quad (4.313)$$

$$[v_z(t_L)]_{t_{x1}} \approx -\frac{\Delta l}{2}\omega \sin(\omega t_x)\left[1 + \frac{\Delta l}{2}\frac{\omega}{c_0} \cos\vartheta \frac{\cos^2(\omega t_x)}{\sin(\omega t_x)}\right] \quad (4.314)$$

$$[a_z(t_L)]_{t_{x1}} \approx -\frac{\Delta l}{2}\omega^2 \cos(\omega t_x)\left[1 - \frac{\Delta l}{2}\frac{\omega}{c_0} \cos\vartheta \sin(\omega t_x)\right] \quad (4.315)$$

Mit Gleichung (4.313) läßt sich nun auch z_L in Gleichung (4.302) eliminieren:

$$r_1 \approx r\left(1 - \frac{\Delta l}{2r}\cos(\omega t_x)\left[1 - \frac{\Delta l}{2}\frac{\omega}{c_0} \cos\vartheta \sin(\omega t_x)\right]\cos\vartheta\right)$$

Hier greift nun eine weitere Näherung. Betrachten wir uns nämlich die Näherungen (4.307)

$$\left[\frac{\Delta l}{2r}\right]^2 \ll 1$$

und (4.310)

$$\left[\frac{\Delta l}{2}\frac{\omega}{c_0}\right]^2 \ll 1,$$

4.20. VIERDIMENSIONALE POTENTIALTHEORIE

so scheint es nur folgerichtig zu sein, auch

$$\frac{\Delta l}{2r} \frac{\Delta l}{2} \frac{\omega}{c_0} \ll 1$$

zu fordern[34]. Dies führt auf

$$r_1 \approx r \left(1 - \frac{\Delta l}{2r} cos(\omega t_x) \, cos \, \vartheta \right). \tag{4.316}$$

Für das Betragsquadrat erhält man folgerichtig:

$$r_1^2 \approx r^2 \left(1 - \frac{\Delta l}{r} cos(\omega t_x) \, cos \, \vartheta \right) \tag{4.317}$$

Wenn wir uns nun Gleichung (4.295) ansehen, so stellen wir fest, daß wir jetzt noch lediglich eine Näherung für $cos \, \vartheta_1$ finden müssen, da für v und r_1 bereits Näherungen hergeleitet wurden.

Gemäß Abbildung 4.12 gilt wegen der Definition des Skalarproduktes:

$$\vec{e}_z \cdot \vec{e}_{r_1} = cos \, \vartheta_1 \tag{4.318}$$

Den Vektor $\vec{e}_{r_1}$ findet man leicht aus den Gleichungen (4.300) und (4.302):

$$\vec{e}_{r_1} = \frac{\vec{r}_1}{r_1} \approx \vec{e}_r + \vec{e}_\vartheta \, \frac{z_L \, sin \, \vartheta}{r\left(1 - \frac{z_L}{r} cos \, \vartheta\right)}$$

$$\Rightarrow \vec{e}_{r_1} \approx \vec{e}_r + \vec{e}_\vartheta \, \frac{z_L}{r} \, sin \, \vartheta \left(1 + \frac{z_L}{r} cos \, \vartheta \right)$$

$$\Rightarrow \vec{e}_{r_1} \approx \vec{e}_r + \vec{e}_\vartheta \, \frac{z_L}{r} \, sin \, \vartheta \tag{4.319}$$

Dieses Ergebnis sowie die Gleichung

$$\vec{e}_z = \vec{e}_r \, cos \, \vartheta - \vec{e}_\vartheta \, sin \, \vartheta \tag{4.320}$$

können wir nun in Gleichung (4.318) einsetzen:

$$cos \, \vartheta_1 = \vec{e}_z \cdot \vec{e}_{r_1} \approx cos \, \vartheta - \frac{z_L}{r} \, sin^2 \vartheta$$

---

[34] Definiert man, daß ein Ausdruck A^2 dann gegenüber 1 vernachlässigbar ist, wenn er kleiner als x ist, so lautet die Forderung $A^2 < x$. Für einen zweiten Ausdruck B^2 folgt entsprechend $B^2 < x$. Für positive A, B gilt dann $A \cdot B < \sqrt{x}\sqrt{x} = x$, also ebenfalls $A \cdot B \ll 1$.

Mit Gleichung (4.313) folgt:

$$\cos\vartheta_1 \approx \cos\vartheta - \sin^2\vartheta \frac{\Delta l}{2r} \cos(\omega t_x) \left[1 - \frac{\Delta l}{2}\frac{\omega}{c_0} \cos\vartheta \sin(\omega t_x)\right]$$

$$\Rightarrow \cos\vartheta_1 \approx \cos\vartheta - \frac{\Delta l}{2r} \cos(\omega t_x) \sin^2\vartheta \qquad (4.321)$$

Eine Näherung für $\sin\vartheta_1$, die wir für die Gleichungen (4.303) und (4.305) benötigen, findet man mit Hilfe der aus Abbildung 4.12 und der Definition des Vektorproduktes folgenden Beziehung

$$\vec{e}_z \times \vec{e}_{r_1} = \vec{e}_\varphi \sin\vartheta_1.$$

Hier wurde berücksichtigt, daß $\vec{e}_{z_1} = \vec{e}_z$ und

$$\vec{e}_{\varphi_1} = \vec{e}_\varphi \qquad (4.322)$$

gilt, da beide Koordinatensysteme nur entlang der z-Achse gegeneinander versetzt sind. Mit den Gleichungen (4.319) und (4.320) folgt:

$$\vec{e}_\varphi \sin\vartheta_1 \approx \vec{e}_\varphi \sin\vartheta + \vec{e}_\varphi \frac{z_L}{r} \sin\vartheta \cos\vartheta$$

$$\Rightarrow \sin\vartheta_1 \approx \sin\vartheta \left(1 + \frac{z_L}{r} \cos\vartheta\right) \qquad (4.323)$$

Mit Gleichung (4.313) folgt:

$$\sin\vartheta_1 \approx \sin\vartheta \left(1 + \frac{\Delta l}{2r} \cos(\omega t_x) \left[1 - \frac{\Delta l}{2}\frac{\omega}{c_0} \cos\vartheta \sin(\omega t_x)\right] \cos\vartheta\right)$$

$$\Rightarrow \sin\vartheta_1 \approx \sin\vartheta \left(1 + \frac{\Delta l}{2r} \cos(\omega t_x) \cos\vartheta\right) \qquad (4.324)$$

4.20.4.3 Elektrisches Feld

Nun haben wir alle Größen, die in Gleichung (4.295) benötigt werden, in das neue Koordinatensystem übertragen. Im Nenner tritt der Ausdruck

$$1 - \frac{v}{c_0}\cos\vartheta_1$$

auf, der sich jetzt mit Hilfe der Näherungen (4.314) und (4.321) berechnen läßt:

4.20. VIERDIMENSIONALE POTENTIALTHEORIE

$$1 - \frac{v}{c_0} \cos \vartheta_1 \approx 1 + \frac{\Delta l}{2}\frac{\omega}{c_0} sin(\omega t_x) \left[1 + \frac{\Delta l}{2}\frac{\omega}{c_0} \cos \vartheta \, \frac{cos^2(\omega t_x)}{sin(\omega t_x)}\right] \left[\cos \vartheta - \frac{\Delta l}{2r} cos(\omega t_x) \, sin^2\vartheta\right]$$

$$\Rightarrow 1 - \frac{v}{c_0} \cos \vartheta_1 \approx 1 + \frac{\Delta l}{2}\frac{\omega}{c_0} sin(\omega t_x) \cos \vartheta \qquad (4.325)$$

Dieses Ergebnis setzen wir nun in Gleichung (4.295) ein, wobei wir

$$\frac{v^2}{c_0^2} \ll 1$$

und die Näherung (4.317) berücksichtigen:

$$D_{r_1} = \frac{Q}{4\pi \, r^2 \left(1 - \frac{\Delta l}{r} cos(\omega t_x) \cos \vartheta\right) \left(1 + \Delta l \frac{\omega}{c_0} sin(\omega t_x) \cos \vartheta\right)} \approx$$

$$\approx \frac{Q}{4\pi r^2 \left(1 - \frac{\Delta l}{r} cos(\omega t_x) \cos \vartheta + \Delta l \frac{\omega}{c_0} sin(\omega t_x) \cos \vartheta\right)}$$

$$\Rightarrow D_{r_1} \approx \frac{Q}{4\pi r^2} \left(1 + \frac{\Delta l}{r} cos(\omega t_x) \cos \vartheta - \Delta l \frac{\omega}{c_0} sin(\omega t_x) \cos \vartheta\right) \qquad (4.326)$$

Die Komponente D_{ϑ_1} zu berechnen ist nun auch nicht wesentlich schwieriger. Den Nenner haben wir nämlich mit Gleichung (4.325) praktisch schon ausgerechnet:

$$\left(1 - \frac{v}{c_0} cos \, \vartheta_1\right)^3 \approx 1 + \frac{3}{2} \Delta l \, \frac{\omega}{c_0} sin(\omega t_x) \cos \vartheta$$

$$\Rightarrow \left(1 - \frac{v}{c_0} cos \, \vartheta_1\right)^{-3} \approx 1 - \frac{3}{2} \Delta l \, \frac{\omega}{c_0} sin(\omega t_x) \cos \vartheta$$

In Gleichung (4.296) tritt dieser Ausdruck im Produkt mit r_1^{-2} auf, so daß mit Gleichung (4.317) weiter folgt:

$$r_1^{-2} \left(1 - \frac{v}{c_0} cos \, \vartheta_1\right)^{-3} \approx r^{-2} \left(1 + \frac{\Delta l}{r} cos(\omega t_x) \cos \vartheta\right) \left(1 - \frac{3}{2} \Delta l \, \frac{\omega}{c_0} sin(\omega t_x) \cos \vartheta\right)$$

$$\Rightarrow r_1^{-2} \left(1 - \frac{v}{c_0} cos \, \vartheta_1\right)^{-3} \approx r^{-2} \left(1 + \frac{\Delta l}{r} cos(\omega t_x) \cos \vartheta - \frac{3}{2} \Delta l \, \frac{\omega}{c_0} sin(\omega t_x) \cos \vartheta\right) \qquad (4.327)$$

Außerdem ist in Gleichung (4.296) der Ausdruck

$$\frac{r_1 a + c_0 v}{c_0^2}$$

enthalten. Mit den Gleichungen (4.316), (4.315) und (4.314) läßt sich dieser darstellen als:

$$\frac{r_1 a + c_0 v}{c_0^2} \approx -r\left(1 - \frac{\Delta l}{2r}\cos(\omega t_x)\cos\vartheta\right)\frac{\Delta l}{2}\frac{\omega^2}{c_0^2}\cos(\omega t_x)\left[1 - \frac{\Delta l}{2}\frac{\omega}{c_0}\cos\vartheta\,\sin(\omega t_x)\right] -$$
$$- \frac{\Delta l}{2}\frac{\omega}{c_0}\sin(\omega t_x)\left[1 + \frac{\Delta l}{2}\frac{\omega}{c_0}\cos\vartheta\,\frac{\cos^2(\omega t_x)}{\sin(\omega t_x)}\right]$$

$$\Rightarrow \frac{r_1 a + c_0 v}{c_0^2} \approx -r\frac{\Delta l}{2}\frac{\omega^2}{c_0^2}\cos(\omega t_x) - \frac{\Delta l}{2}\frac{\omega}{c_0}\sin(\omega t_x) \qquad (4.328)$$

Setzt man nun die Zwischenergebnisse (4.327) und (4.328) sowie die Näherung (4.324) in Gleichung (4.296) ein, so folgt:

$$D_{\vartheta_1} \approx \frac{Q}{4\pi}r^{-2}\left(1 + \frac{\Delta l}{r}\cos(\omega t_x)\cos\vartheta - \frac{3}{2}\Delta l\,\frac{\omega}{c_0}\sin(\omega t_x)\cos\vartheta\right)\cdot$$
$$\cdot\left(-r\frac{\Delta l}{2}\frac{\omega^2}{c_0^2}\cos(\omega t_x) - \frac{\Delta l}{2}\frac{\omega}{c_0}\sin(\omega t_x)\right)\sin\vartheta\left(1 + \frac{\Delta l}{2r}\cos(\omega t_x)\cos\vartheta\right)$$

$$\Rightarrow D_{\vartheta_1} \approx \frac{Q}{4\pi r^2}\left(-r\frac{\Delta l}{2}\frac{\omega^2}{c_0^2}\cos(\omega t_x) - \frac{\Delta l}{2}\frac{\omega}{c_0}\sin(\omega t_x)\right)\sin\vartheta \qquad (4.329)$$

Wir haben nun die Feldkomponenten D_{r_1} und D_{ϑ_1} in Abhängigkeit von den Koordinaten des neuen, ruhenden Kugelkoordinatensystems dargestellt. Diese Komponenten passen nun allerdings nicht zum neuen Kugelkoordinatensystem, da D_{r_1} in die Richtung von $\vec{e}_{r_1}$ statt $\vec{e}_r$ zeigt und D_{ϑ_1} in die Richtung von $\vec{e}_{\vartheta_1}$ statt $\vec{e}_\vartheta$.

Die gesuchten Feldkomponenten lassen sich aber leicht aus der Beziehung

$$D_{r_1}\vec{e}_{r_1} + D_{\vartheta_1}\vec{e}_{\vartheta_1} = D_r\vec{e}_r + D_\vartheta\vec{e}_\vartheta$$

berechnen ($D_\varphi = D_{\varphi_1} = 0$). Multipliziert man einmal skalar mit $\vec{e}_r$ und einmal mit $\vec{e}_\vartheta$, so erhält man

$$D_r = D_{r_1}\vec{e}_{r_1}\cdot\vec{e}_r + D_{\vartheta_1}\vec{e}_{\vartheta_1}\cdot\vec{e}_r \qquad (4.330)$$

4.20. VIERDIMENSIONALE POTENTIALTHEORIE

beziehungsweise
$$D_\vartheta = D_{r_1} \vec{e}_{r_1} \cdot \vec{e}_\vartheta + D_{\vartheta_1} \vec{e}_{\vartheta_1} \cdot \vec{e}_\vartheta. \tag{4.331}$$

Den Vektor $\vec{e}_{r_1}$ hatten wir in Gleichung (4.319) schon bestimmt. Mit Gleichung (4.313) folgt daraus:
$$\vec{e}_{r1} \approx \vec{e}_r + \vec{e}_\vartheta \frac{\Delta l}{2r} cos(\omega t_x) \left[1 - \frac{\Delta l}{2} \frac{\omega}{c_0} cos\,\vartheta\, sin(\omega t_x) \right] sin\,\vartheta$$

$$\Rightarrow \vec{e}_{r1} \approx \vec{e}_r + \vec{e}_\vartheta \left(\frac{\Delta l}{2r} cos(\omega t_x)\, sin\,\vartheta - \frac{\Delta l}{2r} \frac{\Delta l}{2} \frac{\omega}{c_0} sin(\omega t_x) cos(\omega t_x)\, sin\,\vartheta\, cos\,\vartheta \right)$$

Den Vektor $\vec{e}_{\vartheta_1}$ erhält man hieraus als einfaches Vektorprodukt, da gemäß Gleichung (4.322) $\vec{e}_{\varphi_1} = \vec{e}_\varphi$ gilt:
$$\vec{e}_{\vartheta_1} = \vec{e}_\varphi \times \vec{e}_{r_1} \approx \vec{e}_\vartheta - \vec{e}_r \left(\frac{\Delta l}{2r} cos(\omega t_x)\, sin\,\vartheta - \frac{\Delta l}{2r} \frac{\Delta l}{2} \frac{\omega}{c_0} sin(\omega t_x) cos(\omega t_x)\, sin\,\vartheta\, cos\,\vartheta \right)$$

Setzt man die letzten beiden Gleichungen in Gleichung (4.330) und (4.331) ein, so erhält man jeweils:
$$D_r \approx D_{r_1} - D_{\vartheta_1} \left(\frac{\Delta l}{2r} cos(\omega t_x)\, sin\,\vartheta - \frac{\Delta l}{2r} \frac{\Delta l}{2} \frac{\omega}{c_0} sin(\omega t_x) cos(\omega t_x)\, sin\,\vartheta\, cos\,\vartheta \right) \tag{4.332}$$

$$D_\vartheta \approx D_{\vartheta_1} + D_{r_1} \left(\frac{\Delta l}{2r} cos(\omega t_x)\, sin\,\vartheta - \frac{\Delta l}{2r} \frac{\Delta l}{2} \frac{\omega}{c_0} sin(\omega t_x) cos(\omega t_x)\, sin\,\vartheta\, cos\,\vartheta \right) \tag{4.333}$$

Dies ermöglicht es uns, nun endgültig das elektrische Feld der schwingenden Ladung im ruhenden Kugelkoordinatensystem zu bestimmen.

Setzt man nämlich die beiden Gleichungen (4.326) und (4.329) in Gleichung (4.332) ein, so erhält man:
$$D_r \approx \frac{Q}{4\pi r^2} \left(1 + \frac{\Delta l}{r} cos(\omega t_x)\, cos\,\vartheta - \Delta l \frac{\omega}{c_0} sin(\omega t_x)\, cos\,\vartheta \right) -$$
$$- \frac{Q}{4\pi r^2} \left(-\frac{\Delta l}{2} \frac{\Delta l}{2} \frac{\omega^2}{c_0^2} cos(\omega t_x) - \frac{\Delta l}{2} \frac{\Delta l}{2r} \frac{\omega}{c_0} sin(\omega t_x) \right) cos(\omega t_x)\, sin^2\vartheta$$

Wir sehen hierbei, daß die Terme in der zweiten Klammer gegenüber der Eins in der ersten Klammer vernachlässigbar sind[35]. Es folgt also:
$$D_r \approx \frac{Q}{4\pi r^2} \left(1 + \frac{\Delta l}{r} cos(\omega t_x)\, cos\,\vartheta - \Delta l \frac{\omega}{c_0} sin(\omega t_x)\, cos\,\vartheta \right)$$

---
[35] Terme, die Δl^3 enthalten, wurden gar nicht erst hingeschrieben.

$$\Rightarrow D_r \approx \frac{Q}{4\pi r^2} + \frac{Q\Delta l \omega}{4\pi c_0} \frac{\cos\vartheta}{r^2} \left(\frac{c_0}{\omega r} \cos(\omega t_x) - \sin(\omega t_x) \right)$$

Berücksichtigt man nun $\vec{E} = \frac{\vec{D}}{\epsilon_0}$, $c_0 = \frac{1}{\sqrt{\mu_0 \epsilon_0}}$ und $Z_0 = \sqrt{\frac{\mu_0}{\epsilon_0}}$, so erhält man für die elektrische Feldstärke:

$$E_r \approx \frac{Q}{4\pi \epsilon_0 r^2} - Z_0 \frac{Q\Delta l \omega}{4\pi} \frac{\cos\vartheta}{r^2} \left(\sin(\omega t_x) - \frac{c_0}{\omega r} \cos(\omega t_x) \right)$$

Mit $c_0 = \lambda f$ folgt:

$$E_r \approx \frac{Q}{4\pi \epsilon_0 r^2} - Z_0 \frac{Q\Delta l \omega}{4\pi} \frac{\cos\vartheta}{r^2} \left(\sin(\omega t_x) - \frac{\lambda}{2\pi r} \cos(\omega t_x) \right) \qquad (4.334)$$

Um D_ϑ zu erhalten, setzen wir die Ergebnisse (4.326) und (4.329) in Gleichung (4.333) ein:

$$\begin{aligned}D_\vartheta &\approx \frac{Q}{4\pi r^2} \left(-r \frac{\Delta l}{2} \frac{\omega^2}{c_0^2} \cos(\omega t_x) - \frac{\Delta l}{2} \frac{\omega}{c_0} \sin(\omega t_x) \right) \sin\vartheta + \\ &+ \frac{Q}{4\pi r^2} \left(1 + \frac{\Delta l}{r} \cos(\omega t_x) \cos\vartheta - \Delta l \frac{\omega}{c_0} \sin(\omega t_x) \cos\vartheta \right) \frac{\Delta l}{2r} \cos(\omega t_x) \sin\vartheta\end{aligned}$$

In diesem Fall ist der zweite Summand gegenüber dem ersten nicht vollständig vernachlässigbar. Er enthält nämlich auch einen zu $\frac{\Delta l}{2r}$ proportionalen Anteil, so daß weiter folgt:

$$D_\vartheta \approx \frac{Q}{4\pi r^2} \left(-r \frac{\Delta l}{2} \frac{\omega^2}{c_0^2} \cos(\omega t_x) - \frac{\Delta l}{2} \frac{\omega}{c_0} \sin(\omega t_x) + \frac{\Delta l}{2r} \cos(\omega t_x) \right) \sin\vartheta$$

$$\Rightarrow D_\vartheta \approx \frac{Q\Delta l \omega^2}{8\pi c_0^2} \frac{\sin\vartheta}{r^2} \left(-r \cos(\omega t_x) - \frac{c_0}{\omega} \sin(\omega t_x) + \frac{1}{r} \frac{c_0^2}{\omega^2} \cos(\omega t_x) \right)$$

Ähnlich wie oben bei der Radialkomponente bestimmen wir auch hier die elektrische Feldstärke:

$$E_\vartheta \approx -Z_0 \frac{Q\Delta l \omega^2}{8\pi c_0} \frac{\sin\vartheta}{r} \left(\cos(\omega t_x) + \frac{c_0}{\omega r} \sin(\omega t_x) - \frac{c_0^2}{\omega^2 r^2} \cos(\omega t_x) \right)$$

Mit $\frac{\omega}{c_0} = \frac{2\pi f}{\lambda f} = \frac{2\pi}{\lambda}$ erhält man:

$$E_\vartheta \approx -Z_0 \frac{Q\Delta l \omega}{4\lambda} \frac{\sin\vartheta}{r} \left(\cos(\omega t_x) + \frac{\lambda}{2\pi r} \sin(\omega t_x) - \left(\frac{\lambda}{2\pi r}\right)^2 \cos(\omega t_x) \right) \qquad (4.335)$$

4.20.4.4 Magnetisches Feld

Das magnetische Feld läßt sich nun viel einfacher bestimmen als das elektrische. Gleichung (4.293) lautet nämlich auf unsere neue Schreibweise, bei der der Index 1 das mit der Ladung mitbewegte Koordinatensystem kennzeichnet, übertragen:

$$\frac{D_{\vartheta 1}}{H_{\varphi 1}} = \frac{1}{c_0}$$

Wir können Gleichung (4.329) also fast abschreiben:

$$H_{\varphi_1} \approx \frac{Qc_0}{4\pi r^2} \left(-r \frac{\Delta l}{2} \frac{\omega^2}{c_0^2} \cos(\omega t_x) - \frac{\Delta l}{2} \frac{\omega}{c_0} \sin(\omega t_x) \right) \sin \vartheta$$

Das Angenehme ist nun, daß wegen $H_{r_1} = H_{\vartheta_1} = 0$ und $\vec{e}_{\varphi_1} = \vec{e}_\varphi$ aus der einfachen Beziehung

$$\vec{H} = H_{\varphi_1} \vec{e}_{\varphi_1} = H_\varphi \vec{e}_\varphi + H_r \vec{e}_r + H_\vartheta \vec{e}_\vartheta$$

automatisch

$$H_{\varphi_1} = H_\varphi$$

folgt. Es folgt also weiter:

$$H_\varphi = H_{\varphi_1} \approx \frac{Q \Delta l \omega}{8\pi r} \frac{\omega}{c_0} \left(-\cos(\omega t_x) - \frac{c_0}{\omega r} \sin(\omega t_x) \right) \sin \vartheta$$

$$\Rightarrow H_\varphi \approx -\frac{Q \Delta l \omega}{4\lambda} \frac{\sin \vartheta}{r} \left(\cos(\omega t_x) + \frac{\lambda}{2\pi r} \sin(\omega t_x) \right) \qquad (4.336)$$

4.20.4.5 Vergleich mit dem Hertzschen Dipol

Die soeben hergeleiteten Feldkomponenten (4.334), (4.335) und (4.336) sind fast identisch mit denen des aus der klassischen Elektrodynamik bekannten Feldes eines Hertzschen Dipols, wenn man $Q\omega = 2\hat{I}$ setzt. Hierbei ist $\hat{I}$ die Amplitude des Stromes im Hertzschen Dipol der Länge Δl.

Dadurch, daß wir nur *eine* schwingende Ladung betrachtet haben, tritt beim Radialfeld jedoch zusätzlich der für statische Felder charakteristische Term

$$E_{r,stat} = \frac{Q}{4\pi \epsilon_0 r^2}$$

auf.

Einen echten Hertzschen Dipol erhält man hingegen, wenn man zusätzlich zur eben betrachteten Ladung Q eine zweite Ladung $-Q$ gegensinnig schwingen läßt.

Für diese zweite Ladung ist also in den Gleichungen (4.334), (4.335) und (4.336) Q durch $-Q$ sowie Δl durch $-\Delta l$ zu ersetzen. Man sieht sofort, daß sich die beiden Vorzeichenwechsel bis auf den statischen Term überall aufheben. Bei der Überlagerung der Felder beider Ladungen fällt der statische Anteil somit weg, während sich die dynamischen Anteile verdoppeln. In diesem Fall erhält man die Felder des Hertzschen Dipols für $Q\omega = \hat{I}$:

$$E_r = -Z_0 \frac{Q\Delta l\omega}{2\pi} \frac{\cos\vartheta}{r^2} \left(sin(\omega t_x) - \frac{\lambda}{2\pi r} cos(\omega t_x) \right)$$

$$E_\vartheta = -Z_0 \frac{Q\Delta l\omega}{2\lambda} \frac{\sin\vartheta}{r} \left(cos(\omega t_x) + \frac{\lambda}{2\pi r} sin(\omega t_x) - \left(\frac{\lambda}{2\pi r}\right)^2 cos(\omega t_x) \right)$$

$$H_\varphi = -\frac{Q\Delta l\omega}{2\lambda} \frac{\sin\vartheta}{r} \left(cos(\omega t_x) + \frac{\lambda}{2\pi r} sin(\omega t_x) \right)$$

Als sogenannte Fernfeldnäherung vernachlässigt man alle Terme, die mit zunehmendem r stärker als $1/r$ abnehmen. Ist das im Fernfeld betrachtete Gebiet hinreichend klein, so kann man die Welle näherungsweise als TEM-Welle annähern.

4.20.5 Strahlungsverluste

Mit den Formeln (4.279) und (4.281) kennen wir das elektromagnetische Feld beschleunigter Punktladungen. Indem man aus den Feldern den Poyntingvektor bestimmt, ist es möglich, den Energiefluß, der von solchen Punktladungen ausgeht, zu berechnen.

Bevor wir damit beginnen, soll auf einen nützlichen Zusammenhang zwischen den Gleichungen (4.279) und (4.281) hingewiesen werden, der die Rechnung etwas vereinfacht. Hierzu bestimmen wir aus Gleichung (4.281) das Vektorprodukt $\vec{R} \times \vec{D}$:

$$\vec{R} \times \vec{D} = \frac{Q}{4\pi} \left[\frac{(\vec{R} \times \vec{a})(-R^2 c_0 + R(\vec{R}\cdot\vec{v})) + (\vec{R}\times\vec{v})(-R(\vec{R}\cdot\vec{a}) + R(v^2 - c_0^2))}{(R c_0 - \vec{R}\cdot\vec{v})^3} \right]_{t_x}$$

Vergleicht man diesen Ausdruck mit Gleichung (4.279), so stellt man fest, daß stets

$$c_0 \vec{R} \times \vec{D} = R \vec{H}$$

gilt. Es folgt weiter:

$$\frac{1}{Z_0} \vec{R} \times \vec{E} = R \vec{H}$$

$$\Rightarrow S = \vec{E} \times \vec{H} = \frac{1}{Z_0} \vec{E} \times (\vec{e}_r \times \vec{E})$$

4.20. VIERDIMENSIONALE POTENTIALTHEORIE

$$\Rightarrow \vec{S} = \vec{E} \times \vec{H} = \frac{1}{Z_0}(\vec{e}_r E^2 - \vec{E} E_r)$$

Das Ziel der folgenden Berechnungen besteht darin, den Poyntingvektor über eine unendlich große Kugeloberfläche zu integrieren, in deren Mittelpunkt die Punktladung ruht. Somit interessiert nur die Radialkomponente des Poyntingvektors:

$$S_r = \vec{S} \cdot \vec{e}_r = \frac{1}{Z_0}(E^2 - E_r^2) \tag{4.337}$$

Für die gesamte Leistung, die durch die Kugeloberfläche transportiert wird, gilt:

$$P = \int_A \vec{S} \cdot d\vec{A} = \int_A S_r dA = \lim_{R \to \infty} \int_0^\pi \int_0^{2\pi} S_r R^2 \sin \vartheta \, d\varphi \, d\vartheta \tag{4.338}$$

Man sieht nun, daß nur Terme von S_r, die von der Ordnung R^{-2} sind, einen Beitrag zum Integral liefern können. Deshalb brauchen wir nur solche Terme von E und E_r zu betrachten, die proportional zu R^{-1} abnehmen.

Außerdem betrachten wir eine Punktladung, die zwar beschleunigt, aber zum Zeitpunkt t im Koordinatensystem K momentan in Ruhe sei. Somit gilt $\vec{v} = 0$.

Aus Gleichung (4.281) folgt damit

$$\vec{E} \approx \frac{Q}{4\pi\epsilon_0} \left[\frac{-R^2 c_0 \vec{a} + c_0 \vec{R}(\vec{R} \cdot \vec{a})}{R^3 \, c_0^3} \right]_{t_x}$$

$$\vec{E} \approx \frac{Q}{4\pi\epsilon_0 R c_0^2} [-\vec{a} + \vec{e}_r \, a_r]_{t_x}$$

Das Zeichen „$\approx$" ist hierbei so zu verstehen, daß die Gleichung zwar eine Näherung darstellt, weil Terme vernachlässigt wurden, daß das Endergebnis für P aber trotzdem exakt sein wird, da nur Terme vernachlässigt wurden, die ohnehin keinen Beitrag liefern.

Wir sehen nun sofort, daß

$$E_r = 0$$

gilt, so daß in Gleichung (4.337) nur E einen Beitrag liefert. Es gilt:

$$E^2 \approx \frac{Q^2}{16\pi^2 \epsilon_0^2 R^2 c_0^4} \left[a^2 - 2a_r^2 + a_r^2 \right]_{t_x} = \frac{Q^2}{16\pi^2 \epsilon_0^2 R^2 c_0^4} \left[a^2 - a_r^2 \right]_{t_x}$$

Wir wählen nun ein Koordinatensystem, in dessen Usprung die Ladung Q momentan ruht und dessen z-Achse in Richtung der Beschleunigung $\vec{a}$ zeigt. In Kugelkoordinaten gilt $a_r = a \cos \vartheta$, so daß man schließlich

$$E^2 \approx \frac{Q^2}{16\pi^2 \epsilon_0^2 R^2 c_0^4} a^2 \sin^2 \vartheta$$

erhält. Aus Gleichung (4.337) folgt dann

$$S_r \approx \frac{Q^2}{16\pi^2\epsilon_0^2 R^2 c_0^4 Z_0} a^2 \sin^2\vartheta$$

Wir setzen dies in Gleichung (4.338) ein und erhalten:

$$\begin{aligned}
P &= \frac{Q^2}{16\pi^2\epsilon_0^2 c_0^4 Z_0} a^2 \int_0^\pi \int_0^{2\pi} \sin^3\vartheta \, d\varphi \, d\vartheta = \\
&= \frac{Q^2}{16\pi^2\epsilon_0^2 c_0^4 Z_0} a^2 \, 2\pi \int_0^\pi \sin^3\vartheta \, d\vartheta = \\
&= \frac{Q^2}{8\pi\epsilon_0^2 c_0^4 Z_0} a^2 \left[-\cos\vartheta + \frac{1}{3}\cos^3\vartheta \right]_0^\pi = \\
&= \frac{Q^2}{8\pi\epsilon_0^2 c_0^4 Z_0} a^2 \left[1 - \frac{1}{3} + 1 - \frac{1}{3} \right] = \\
&= \frac{Q^2}{8\pi\epsilon_0^2 c_0^4 Z_0} a^2 \frac{4}{3}
\end{aligned}$$

Für die pro Zeiteinheit durch die Kugelfläche tretende Energie erhalten wir also

$$P = \frac{Q^2}{6\pi\epsilon_0^2 c_0^4 Z_0} a^2 = \frac{Q^2}{6\pi\epsilon_0 c_0^3} a^2. \qquad (4.339)$$

Eine beschleunigte Ladung verliert demnach kontinuierlich Energie durch Abstrahlung; man spricht daher von Strahlungsdämpfung bzw. Strahlungsverlusten. Gleichung (4.339) ist als Larmorsche Formel bekannt.

Die Formel (4.339) läßt sich natürlich auch auf den Hertzschen Dipol anwenden. Wird er wie schon in Abschnitt 4.20.4.5 durch zwei gegensinnig schwingende Punktladungen modelliert, so gilt $z \sim \sin\omega t$ und damit $a \sim -\omega^2 \sin\omega t$. Man erkennt, daß die abgestrahlte Leistung proportional zu ω^4 ist.

Diese ω^4-Abhängigkeit macht sich bei der Streuung von Licht bemerkbar. Die Rayleigh-Streuung von elektromagnetischen Wellen kommt dadurch zustande, daß eine einfallende Welle die Molekül-Elektronen in Schwingungen versetzt, was einer Wirkung als Hertzscher Dipol entspricht. Eine aus einer Richtung einfallende Welle führt also bei ungeordnet verteilten Molekülen dazu, daß Wellen in alle Richtungen abgestrahlt werden; die ursprüngliche Welle wird gestreut.

Das Licht, das von der Sonne kommt, wird beispielsweise von den Luftmolekülen gestreut. Höherfrequentes, kurzwelliges Licht (z.B. blau) wird stärker gestreut als niederfrequentes, langwelliges Licht (z.B. rot)[36]. Der Himmel erscheint deshalb blau und nicht schwarz, wie man

---

[36] Da die Luftmoleküle deutlich kleiner sind als die Wellenlänge des Lichts und die Resonanzfrequenz der Moleküle größer ist als die Frequenz der Lichtwellen, läßt sich die ω^4-Abhängigkeit direkt auf die Streuung übertragen; man spricht von Rayleigh-Streuung.

4.20. VIERDIMENSIONALE POTENTIALTHEORIE

vermuten könnte. Morgens und abends, wenn das Sonnenlicht einen sehr langen Weg durch die Atmosphäre zurücklegen muß, bleibt durch den Streuvorgang praktisch nur das langwellige rote Licht übrig (Morgen- und Abendrot). Die Erklärung des Himmelsblaus sowie des Morgen- und Abendrots durch die Rayleigh-Streuung ist natürlich nur als erste Näherung im Rahmen genauerer Modelle anzusehen [3].

Wir suchen nun die Verallgemeinerung von Gleichung (4.339) für den Fall, daß die Geschwindigkeit der Ladung ungleich null ist. Während dies in den meisten Büchern so plausibel gemacht wird wie in Aufgabe 4.12, wird in diesem Abschnitt die Verallgemeinerung direkt aus Gleichung (4.281) hergeleitet.

Mit $\vec{R} = R\,\vec{e}_r$ folgt dann aus Gleichung (4.281)

$$\vec{E} \approx \frac{Q}{4\pi\epsilon_0} \left[\frac{-R^2 c_0 \vec{a} + R^2 \vec{a} v_r \quad R^2 \vec{v} a_r + R^2 c_0 \vec{e}_r u_r}{(R c_0 - R v_r)^3} \right]_{t_x},$$

wobei wieder alle Terme, die stärker als $\mathcal{O}(R^{-1})$ gedämpft sind, weggelassen wurden, da sie keinen Beitrag zum Integral über die unendlich große Kugelfläche liefern. Es folgt:

$$\vec{E} \approx \frac{Q}{4\pi\epsilon_0 c_0^2 R} \left[\frac{\vec{a}\left(\frac{v_r}{c_0} - 1\right) - \frac{\vec{v}}{c_0} a_r + \vec{e}_r a_r}{\left(1 - \frac{v_r}{c_0}\right)^3} \right]_{t_x} \quad (4.340)$$

Zu beachten ist, daß die Größen $\vec{v}$, v_r, $\vec{a}$ und a_r zum retardierten Zeitpunkt t_x gemessen werden, während das resultierende Feld $\vec{E}$ sich auf den späteren Zeitpunkt t bezieht. Der Abstand R gibt die Entfernung zwischen dem Punkt an, an dem die elektrische Feldstärke $\vec{E}$ gemessen wird, und dem Punkt, an dem sich die Ladung zum retardierten Zeitpunkt t_x aufhielt.

Für den Poyntingvektor gilt wieder Gleichung (4.337):

$$S_r = \vec{S} \cdot \vec{e}_r = \frac{1}{Z_0}(E^2 - E_r^2)$$

Auch für $\vec{v} \neq 0$ gilt offenbar $E_r = 0$, so daß nur $E = |\vec{E}|$ zu berücksichtigen ist.

Nun ist zu beachten, daß wir an der Leistung interessiert sind, die die Ladung während des Zeitraumes dt_x abstrahlt, in dem sie sich um die Strecke $d\vec{s}_x = \vec{u}(t_x)\,dt_x$ weiterbewegt. Der Zeitraum dt hingegen, während dem die Wellen auf der kugelförmigen Integrationsfläche eintreffen, ist in diesem Zusammenhang uninteressant. Wir benötigen also anstelle von

$$S_r = \frac{dw}{dt}$$

die Größe

$$S_{xr} = \frac{dw}{dt_x} = \frac{dw}{dt}\frac{dt}{dt_x} = S_r \frac{dt}{dt_x}.$$

Aus Gleichung (4.259)

$$t_x = t - \frac{|\vec{r} - \vec{r}_L(t_x)|}{c_0} = t - \frac{\sqrt{(x - x_L(t_x))^2 + (y - y_L(t_x))^2 + (z - z_L(t_x))^2}}{c_0}$$

folgt durch Ableitung nach t_x sofort:

$$1 = \frac{dt}{dt_x} - \frac{-2(x - x_L)\frac{dx_L}{dt_x} - 2(y - y_L)\frac{dy_L}{dt_x} - 2(z - z_L)\frac{dz_L}{dt_x}}{c_0 \, 2\sqrt{(x - x_L(t_x))^2 + (y - y_L(t_x))^2 + (z - z_L(t_x))^2}}$$

$$\Rightarrow \frac{dt}{dt_x} = 1 - \frac{(\vec{r} - \vec{r}_L) \cdot \dot{\vec{r}}_L}{c_0 \, |\vec{r} - \vec{r}_L|}$$

Mit unseren Abkürzungen $\vec{R} = \vec{r} - \vec{r}_L$ und $\vec{v} = \dot{\vec{r}}_L$ folgt

$$\frac{dt}{dt_x} = 1 - \frac{\vec{R} \cdot \vec{v}}{c_0 R} = 1 - \frac{v_r}{c_0}.$$

Damit erhalten wir

$$S_{xr} = S_r \frac{dt}{dt_x} = S_r \left(1 - \frac{v_r}{c_0}\right),$$

und mit den Gleichungen (4.337) und (4.340) ergibt sich

$$S_{xr} \approx \frac{Q^2}{16\pi^2 \epsilon_0^2 c_0^4 Z_0 R^2} \left[\frac{|\vec{Z}|^2}{\left(1 - \frac{v_r}{c_0}\right)^5} \right]_{t_x}. \tag{4.341}$$

Hierbei haben wir die Abkürzung

$$\vec{Z} = \vec{a}\left(\frac{v_r}{c_0} - 1\right) - \frac{\vec{v}}{c_0} a_r + \vec{e}_r a_r$$

eingeführt. Wir bilden das Betragsquadrat und erhalten:

$$\begin{aligned} Z^2 &= |\vec{Z}|^2 = \vec{Z} \cdot \vec{Z} = \\ &= a^2 \left(\frac{v_r}{c_0} - 1\right)^2 + \frac{v^2}{c_0^2} a_r^2 + a_r^2 - 2\vec{a} \cdot \vec{v}\left(\frac{v_r}{c_0} - 1\right)\frac{a_r}{c_0} - 2\frac{v_r}{c_0}a_r^2 + 2a_r^2\left(\frac{v_r}{c_0} - 1\right) = \\ &= a^2 \left(\frac{v_r}{c_0} - 1\right)^2 + a_r^2\left(\frac{v^2}{c_0^2} - 1\right) - 2\vec{a} \cdot \vec{v}\left(\frac{v_r}{c_0} - 1\right)\frac{a_r}{c_0} \end{aligned}$$

Um die Integration zu vereinfachen, wählen wir ein Koordinatensystem, dessen z-Achse in die Richtung des Geschwindigkeitsvektors $\vec{v}$ zum Zeitpunkt t_x zeigt und in dessen Ursprung sich die Ladung befindet. Es gelte also

$$\vec{v} = v \, \vec{e}_z,$$

4.20. VIERDIMENSIONALE POTENTIALTHEORIE

so daß

$$\vec{v} \cdot \vec{a} = v \, a_z \tag{4.342}$$

gilt. Laut Gleichung (7.54) gilt für den Einheitsvektor $\vec{e}_r$, wenn man zu Kugelkoordinaten übergeht:

$$\vec{e}_r = \cos\varphi \, \sin\vartheta \, \vec{e}_x + \sin\varphi \, \sin\vartheta \, \vec{e}_y + \cos\vartheta \, \vec{e}_z$$

Durch Bildung des Skalarproduktes mit $\vec{v}$ bzw. mit $\vec{a}$ erhält man:

$$\begin{aligned} v_r &= v \cos\vartheta \\ a_r &= a_x \cos\varphi \, \sin\vartheta + a_y \sin\varphi \, \sin\vartheta + a_z \cos\vartheta \end{aligned}$$

Mit allen diesen Beziehungen sowie der in der Physik üblichen Abkürzung

$$\beta = \frac{v}{c_0}$$

folgt

$$\begin{aligned} Z^2 &= a^2 \left(\beta \cos\vartheta - 1\right)^2 + \left(\beta^2 - 1\right) \left(a_x^2 \cos^2\varphi \, \sin^2\vartheta + a_y^2 \sin^2\varphi \, \sin^2\vartheta + a_z^2 \cos^2\vartheta + \right. \\ &\quad + \left. 2 a_x a_y \sin\varphi \cos\varphi \, \sin^2\vartheta + 2 a_y a_z \sin\varphi \, \sin\vartheta \cos\vartheta + 2 a_x a_z \cos\varphi \, \sin\vartheta \cos\vartheta \right) - \\ &\quad - 2 a_z \beta \left(\beta \cos\vartheta - 1\right) \left(a_x \cos\varphi \, \sin\vartheta + a_y \sin\varphi \, \sin\vartheta + a_z \cos\vartheta\right). \end{aligned}$$

Aus Gleichung (4.341) folgt mit den genannten Beziehungen

$$S_{xr} \approx \frac{Q^2}{16\pi^2 \epsilon_0^2 c_0^4 Z_0 R^2} \left[\frac{|\vec{Z}|^2}{(1 - \beta \cos\vartheta)^5} \right]_{t_x}. \tag{4.343}$$

Der Nenner dieser Gleichung hängt nicht von φ ab, so daß wir die Integration über φ zunächst unabhängig davon beim Zähler vornehmen können. Hierbei treten die Integrale

$$\begin{aligned} \int_0^{2\pi} \sin^2\varphi \, d\varphi &= \pi, \\ \int_0^{2\pi} \cos^2\varphi \, d\varphi &= \pi \quad \text{und} \\ \int_0^{2\pi} \sin\varphi \cos\varphi \, d\varphi &= 0 \end{aligned}$$

auf, so daß sich folgende Gleichung ergibt:

$$\begin{aligned} \int_0^{2\pi} Z^2 \, d\varphi &= 2\pi \, a^2 \left(\beta \cos\vartheta - 1\right)^2 + \left(\beta^2 - 1\right) \left(\pi \, a_x^2 \sin^2\vartheta + \pi \, a_y^2 \sin^2\vartheta + 2\pi \, a_z^2 \cos^2\vartheta\right) - \\ &\quad - 2 a_z \beta \left(\beta \cos\vartheta - 1\right) \left(2\pi \, a_z \cos\vartheta\right) \end{aligned}$$

Mit $a_x^2 + a_y^2 = a^2 - a_z^2$ folgt weiter:

$$\begin{aligned}\int_0^{2\pi} Z^2\, d\varphi &= 2\pi\, a^2\, (\beta\, cos\, \vartheta - 1)^2 + \\ &+ \left(\beta^2 - 1\right)\left(\pi\, a^2\, (1 - cos^2\vartheta) - \pi\, a_z^2\, (1 - cos^2\vartheta) + 2\pi\, a_z^2\, cos^2\vartheta\right) - \\ &- 4\pi\, a_z^2 \beta\, (\beta\, cos\, \vartheta - 1)\, cos\, \vartheta = \\ &= a^2\pi\, \left[2\beta^2\, cos^2\vartheta - 4\beta\, cos\, \vartheta + 2 + \left(\beta^2 - 1\right)(1 - cos^2\vartheta)\right] + \\ &+ a_z^2\pi\, \left[\left(\beta^2 - 1\right)(3\, cos^2\vartheta - 1) - 4\beta^2\, cos^2\vartheta + 4\beta\, cos\, \vartheta\right]\end{aligned}$$

$$\begin{aligned}\Rightarrow \int_0^{2\pi} Z^2\, d\varphi &= a^2\pi\, \left[1 + \beta^2 + cos\, \vartheta(-4\beta) + cos^2\vartheta\left(\beta^2 + 1\right)\right] + \\ &+ a_z^2\pi\, \left[1 - \beta^2 + cos\, \vartheta(4\beta) + cos^2\vartheta\left(-\beta^2 - 3\right)\right]\end{aligned}$$

Aus Gleichung (4.343) folgt hiermit

$$\lim_{R\to\infty} \int_0^{2\pi} S_{xr}\, R^2\, d\varphi = \frac{Q^2}{16\pi^2\epsilon_0^2 c_0^4 Z_0}\left(a^2\pi\frac{1 + \beta^2 + cos\, \vartheta(-4\beta) + cos^2\vartheta\left(\beta^2 + 1\right)}{(1 - \beta\, cos\, \vartheta)^5} + \right. \\ \left. + a_z^2\pi\frac{1 - \beta^2 + cos\, \vartheta(4\beta) + cos^2\vartheta\left(-\beta^2 - 3\right)}{(1 - \beta\, cos\, \vartheta)^5}\right). \qquad (4.344)$$

Um nun gemäß

$$P = \lim_{R\to\infty} \int_0^{\pi}\int_0^{2\pi} S_{xr}\, R^2\, sin\, \vartheta\, d\varphi\, d\vartheta$$

die gesamte abgestrahlte Leistung zu berechnen, ist eine Integration über ϑ erforderlich. Offenbar treten hierbei drei verschiedene Integrale auf, die im folgenden samt Lösung angegeben sind:

$$\begin{aligned}I_1 &= \int_0^{\pi} \frac{sin\, \vartheta\, d\vartheta}{(1 - \beta\, cos\, \vartheta)^5} = \frac{2 + 2\beta^2}{(1 - \beta^2)^4} \\ I_2 &= \int_0^{\pi} \frac{cos\, \vartheta\, sin\, \vartheta\, d\vartheta}{(1 - \beta\, cos\, \vartheta)^5} = \frac{\frac{10}{3}\beta + \frac{2}{3}\beta^3}{(1 - \beta^2)^4} \\ I_3 &= \int_0^{\pi} \frac{cos^2\vartheta\, sin\, \vartheta\, d\vartheta}{(1 - \beta\, cos\, \vartheta)^5} = \frac{\frac{2}{3} + \frac{10}{3}\beta^2}{(1 - \beta^2)^4}\end{aligned}$$

Die angegebenen Lösungen erhält man, indem man die Substitution

$$u = 1 - \beta\, cos\, \vartheta, \qquad \frac{du}{d\vartheta} = \beta\, sin\, \vartheta, \qquad cos\, \vartheta = \frac{1 - u}{\beta}$$

4.20. VIERDIMENSIONALE POTENTIALTHEORIE

durchführt, so daß die Terme $1-\beta$ und $1+\beta$ als Integrationsgrenzen auftreten. Die entstehenden Integranden sind dann einfache Potenzen von u. Löst man die Integrale in der hier angegebenen Reihenfolge, dann kann man sogar Teilergebnisse wiederverwenden.

Mit den angegebenen Integralen erhalten wir aus Gleichung (4.344) folgende Beziehung:

$$
\begin{aligned}
P &= \frac{Q^2}{16\pi^2 \epsilon_0^2 c_0^4 Z_0} \Big(a^2 \pi \left[(1+\beta^2) I_1 + (-4\beta) I_2 + \left(\beta^2 + 1 \right) I_3 \right] \\
&+ a_z^2 \pi \left[(1-\beta^2) I_1 + (4\beta) I_2 + \left(-\beta^2 - 3 \right) I_3 \right] \Big) = \\
&= \frac{Q^2}{16\pi \epsilon_0^2 c_0^4 Z_0} \Bigg(a^2 \frac{(1+\beta^2)(2+2\beta^2) - 4\left(\frac{10}{3}\beta^2 + \frac{2}{3}\beta^4\right) + (\beta^2+1)\left(\frac{2}{3} + \frac{10}{3}\beta^2\right)}{(1-\beta^2)^4} \\
&+ a_z^2 \frac{(1-\beta^2)(2+2\beta^2) + 4\left(\frac{10}{3}\beta^2 + \frac{2}{3}\beta^4\right) - (3+\beta^2)\left(\frac{2}{3} + \frac{10}{3}\beta^2\right)}{(1-\beta^2)^4} \Bigg) = \\
&= \frac{Q^2}{16\pi \epsilon_0^2 c_0^4 Z_0} \Bigg(a^2 \frac{2 + 4\beta^2 + 2\beta^4 - \frac{40}{3}\beta^2 - \frac{8}{3}\beta^4 + \frac{2}{3}\beta^2 + \frac{10}{3}\beta^4 + \frac{2}{3} + \frac{10}{3}\beta^2}{(1-\beta^2)^4} \\
&+ a_z^2 \frac{2 - 2\beta^4 + \frac{40}{3}\beta^2 + \frac{8}{3}\beta^4 - 2 - 10\beta^2 - \frac{2}{3}\beta^2 - \frac{10}{3}\beta^4}{(1-\beta^2)^4} \Bigg) = \\
&= \frac{Q^2}{16\pi \epsilon_0^2 c_0^4 Z_0} \left(a^2 \frac{\frac{8}{3} - \frac{16}{3}\beta^2 + \frac{8}{3}\beta^4}{(1-\beta^2)^4} + a_z^2 \frac{\frac{8}{3}\beta^2 - \frac{8}{3}\beta^4}{(1-\beta^2)^4} \right)
\end{aligned}
$$

Wir erhalten also

$$
P = \frac{Q^2}{6\pi \epsilon_0^2 c_0^4 Z_0} \left(a^2 \frac{1}{(1-\beta^2)^2} + a_z^2 \frac{\beta^2}{(1-\beta^2)^3} \right).
$$

Unsere spezielle Festlegung, die z-Achse des Koordinatensystems in Richtung des Geschwindigkeitsvektors $\vec{v}$ zu legen, hat keine Auswirkung auf die Allgemeinheit des Ergebnisses. Wir können das Resultat somit unter Verwendung von Gleichung (4.342) allgemeiner schreiben:

$$
P = \frac{Q^2}{6\pi \epsilon_0 c_0^3} \left(\frac{a^2}{\left(1 - \frac{v^2}{c_0^2}\right)^2} + \frac{(\vec{v} \cdot \vec{a})^2}{c_0^2 \left(1 - \frac{v^2}{c_0^2}\right)^3} \right) \tag{4.345}
$$

Für $\vec{v} = 0$ geht diese Gleichung erwartungsgemäß unmittelbar in die Beziehung (4.339) über.

Die als Liénardsche Formel bekannte Gleichung (4.345) kann man mit Hilfe der in Abschnitt 4.19.10 eingeführten Lorentz-Faktoren auch schreiben als

$$
P = \frac{Q^2}{6\pi \epsilon_0 c_0} \gamma^6 \left[\dot{\vec{\beta}} \cdot \dot{\vec{\beta}} - \left(\vec{\beta} \times \dot{\vec{\beta}} \right) \cdot \left(\vec{\beta} \times \dot{\vec{\beta}} \right) \right]
$$

Die eckige Klammer kann man nämlich mit Hilfe der Lagrangeschen Identität (1.2) folgendermaßen umformen:

$$\dot{\vec{\beta}} \cdot \dot{\vec{\beta}} - \left((\vec{\beta} \cdot \vec{\beta})(\dot{\vec{\beta}} \cdot \dot{\vec{\beta}}) - (\vec{\beta} \cdot \dot{\vec{\beta}})(\vec{\beta} \cdot \dot{\vec{\beta}})\right) = \dot{\vec{\beta}} \cdot \dot{\vec{\beta}}(1 - \beta^2) + (\vec{\beta} \cdot \dot{\vec{\beta}})^2 = \frac{a^2}{\gamma^2 c_0^2} + \frac{(\vec{v} \cdot \vec{a})^2}{c_0^4}$$

Somit gilt
$$P = \frac{Q^2}{6\pi\epsilon_0 c_0^3} \left[\gamma^4 a^2 + \gamma^6 \frac{(\vec{v} \cdot \vec{a})^2}{c_0^2}\right],$$
was mit Gleichung (4.345) übereinstimmt.

Als Ausblick sei an dieser Stelle auf eine Problematik im Rahmen der Strahlungsverluste hingewiesen. Betrachtet man Gleichung (4.180)

$$\vec{F} = Q\left(\vec{E} + \vec{u} \times \vec{B}\right),$$

so kommt man im Falle reiner Magnetfelder zu dem Schluß, daß die Kraft stets senkrecht zu $\vec{u}$ wirkt und sich die Teilchenenergie nicht ändern kann. Dies steht im Widerspruch zu unserer Feststellung, daß beschleunigte — also auch Kreisbahnen beschreibende — Ladungen Energie abstrahlen. Die Abstrahlung führt dazu, daß die ursprüngliche Annahme eines rein magnetischen Feldes nicht mehr haltbar ist, so daß man für die Teilchenbewegung auch nicht von einer mit konstanter Geschwindigkeit durchlaufenen Kreisbahn ausgehen kann. Man kommt zu dem Schluß, daß nicht nur das äußere Feld eine Impulsänderung bewirken kann, sondern auch das Strahlungsfeld der Ladung selbst. Möchte man trotzdem in Gleichung (4.180) wie gewohnt nur das äußere Feld einsetzen, so benötigt man zusätzlich zur Kraft $\vec{F}$ noch einen durch das Strahlungsfeld verursachten Term, um die Impulsänderung zu erhalten. Auf diese Weise gelangt man zur Lorentz-Dirac-Gleichung, einer modifizierten Bewegungsgleichung, die nicht Gegenstand dieses Buches ist. Eine Herleitung der Lorentz-Dirac-Gleichung sowie eine ausführliche Diskussion ihrer Eigenschaften und der damit verbundenen Probleme ist in [11] zu finden.

Übungsaufgabe 4.12 *Anspruch:* ● ● ○   *Aufwand:* ● ● ○

Das Ziel dieser Aufgabe besteht darin zu zeigen, daß man Gleichung (4.345) auch durch eine relativistische Verallgemeinerung von Gleichung (4.339), die zweifellos im Ruhesystem der Ladung gilt, finden kann. Gehen Sie hierzu wie folgt vor:

1. Ersetzen Sie die Größen in Gleichung (4.339) durch invariante Größen. Achten Sie darauf, daß für das Ruhesystem der Ladung, in dem $v = 0$ gilt, nach wie vor Gleichung (4.339) gilt.

2. Zeigen Sie nun, daß sich die verallgemeinerte Gleichung in die Form (4.345) bringen läßt.

3. Diskutieren Sie die Gefahren, die bei der relativistischen Verallgemeinerung von Gleichungen bestehen.

4.20.6 Lösung der vierdimensionalen Poissongleichung

In Abschnitt 4.20.1 wurde eine Lösung der vierdimensionalen Poissongleichung (4.75) konstruiert, indem sie in eine Wellengleichung umgeschrieben wurde. Alternativ kann man auch versuchen, durch Verallgemeinerung der Lösung einer dreidimensionalen Poissongleichung direkt eine Lösung zu generieren. Dies soll in diesem Abschnitt versucht werden.

4.20.6.1 Skalares Potential

Zunächst rekapitulieren wir die aus der dreidimensionalen Potentialtheorie bekannten Zusammenhänge für das skalare Potential. In der Elektrostatik gilt die Gleichung

$$div\ \vec{D} = \rho, \tag{4.346}$$

aus der mit dem Ansatz[37]

$$\vec{E} = -grad\ \Phi$$

bzw.

$$\Phi = -\int \vec{E} \cdot d\vec{s}$$

die Beziehung

$$div\ grad\ \Phi = -\rho/\epsilon_0$$

folgt[38].

Gleichung (4.346) läßt sich mit Hilfe des Gaußschen Satzes integrieren:

$$\oint_{\partial V} \vec{D} \cdot d\vec{A} = \int_V \rho\ dV$$

Für eine Punktladung ΔQ im Koordinatenursprung mit der Ladungsdichte

$$\rho(x, y, z) = \Delta Q\ \delta(x)\ \delta(y)\ \delta(z)$$

liefert das Raumintegral den Wert ΔQ, und aus Symmetriegründen entspricht das Flächenintegral einer Multiplikation mit der Kugeloberfläche:

$$D\ 4\pi\ r^2 = \Delta Q$$

Hieraus ergibt sich das elektrische Feld

$$E = \frac{D}{\epsilon_0} = \frac{\Delta Q}{4\pi\epsilon_0\ r^2}$$

---

[37] Der Ansatz wird gewählt, da er implizit die Gleichung $rot\ \vec{E} = 0$ erfüllt.
[38] In diesem Abschnitt wird die Schreibweise $div\ grad = \Delta$ vermieden, da $\Delta\Phi$ hier als Potentialdifferenz benötigt wird.

und das Teil-Potential

$$\Delta \Phi = - \int \vec{E} \cdot d\vec{s} = - \int E \, dr = \frac{\Delta Q}{4\pi\epsilon_0 \, r} + const.$$

Fordert man, daß das Potential im Unendlichen gleich null ist, so verschwindet die Integrationskonstante. Befindet sich die Punktladung nun im Punkt $\vec{r}_0$, so ist außerdem eine Verschiebung durchzuführen:

$$\Delta \Phi = \frac{\Delta Q}{4\pi\epsilon_0 |\vec{r} - \vec{r}_0|}$$

Liegen nun beliebig viele Ladungen $\Delta Q = \rho(\vec{r}_0)\Delta V_0$ an verschiedenen Stellen $\vec{r}_0$ vor, so kann man die Teil-Potentiale aufaddieren, was schließlich auf folgendes Integral führt:

$$\Phi(\vec{r}) = \frac{1}{4\pi\epsilon_0} \int_V \frac{\rho(\vec{r}_0) \, dV_0}{|\vec{r} - \vec{r}_0|}$$

Damit wurde indirekt die Lösung der Poissongleichung

$$div \, grad \, \Phi = -\frac{\rho}{\epsilon_0}$$

gefunden. Das Auftreten von ϵ_0 ist nur durch die physikalische Aufgabenstellung bedingt. Mathematisch gesehen kann man ρ/ϵ_0 natürlich auch durch eine beliebige Dichte f ersetzen, so daß

$$\Phi = \frac{1}{4\pi} \int_V \frac{f(\vec{r}_0) \, dV_0}{|\vec{r} - \vec{r}_0|} \tag{4.347}$$

die Lösung von

$$div \, grad \, \Phi = -f$$

ist.

Diesen Rechenweg übertragen wir nun auf vier Raumdimensionen. Wir nehmen an, daß im vierdimensionalen Raum eine Gleichung der Form

$$div \, \vec{\mathbf{A}} = f \tag{4.348}$$

gilt, die mit dem Ansatz

$$\vec{\mathbf{A}} = -grad \, \Phi$$

bzw.

$$\Phi = - \int \vec{\mathbf{A}} \cdot d\vec{s} \tag{4.349}$$

gelöst werden soll, so daß

$$div \, grad \, \Phi = -f$$

4.20. VIERDIMENSIONALE POTENTIALTHEORIE

gilt. Der Gaußsche Integralsatz

$$\oint_{\partial G} \vec{A} \cdot d\vec{V} = \int_G \operatorname{div} \vec{A} \, dG$$

läßt sich auch auf den n-dimensionalen Raum, also auch auf vier Dimensionen verallgemeinern (s. z.B. Burg, Haf, Wille [1], Band V, Abschnitt 5.1.1), so daß sich Gleichung (4.348) folgendermaßen integrieren läßt:

$$\oint_{\partial G} \vec{A} \cdot d\vec{V} = \int_G f \, dG$$

Konsequenterweise ist das Gebiet G vierdimensional, auf der rechten Seite steht also ein Vierfachintegral. Beim Rand ∂G des Gebietes G handelt es sich somit um ein dreidimensionales Gebiet, so daß auf der linken Seite über ein Volumen zu integrieren ist. Wenn nun f nur im Koordinatenursprung ungleich null ist, empfiehlt sich aus Symmetriegründen in Analogie zu oben als Integrationsgebiet G eine vierdimensionale Kugel um den Ursprung. Das Integral auf der rechten Seite liefert dann den Wert ΔQ (der natürlich jetzt keine Ladung ist), während sich auf der linken Seite der Betrag des Vektors vor das Integral ziehen läßt:

$$A \oint_{\partial G} dV = \Delta Q$$

Beim verbleibenden Integral handelt es sich um die „Oberfläche" der vierdimensionalen Kugel mit dem Radius r. Gemäß Anhang 6.21, Gleichung (6.115), ist diese „Oberfläche" gleich $2\pi^2 r^3$, so daß weiter folgt:

$$A = \frac{\Delta Q}{2\pi^2 r^3}$$

Mit Gleichung (4.349) läßt sich daraus das Potential ermitteln:

$$\Delta \Phi(\vec{r}) = -\int A \, dr = \frac{\Delta Q}{4\pi^2 r^2} + \mathit{const.}$$

Wenn im Unendlichen das Potential verschwinden soll, fällt die Integrationskonstante weg. Befindet sich die „Ladung" nun außerdem nicht im Ursprung, sondern bei $\vec{r}_0$, so ist eine Verschiebung vorzunehmen:

$$\Delta \Phi(\vec{r}) = \frac{\Delta Q}{4\pi^2 |\vec{r} - \vec{r}_0|^2}$$

Summiert man nun wieder unendlich viele Teilladungen $\Delta Q = f(\vec{r}_0) \Delta G_0$ auf, so erhält man folgendes Gesamtpotential:

$$\Phi(\vec{r}) = \frac{1}{4\pi^2} \int \frac{f(\vec{r}_0) \, dG_0}{|\vec{r} - \vec{r}_0|^2} \quad (4.350)$$

In Analogie zur dreidimensionalen Potentialtheorie ist dies die Lösung der Poissongleichung

$$\operatorname{div} \operatorname{grad} \Phi = -f.$$

4.20.6.2 Vektorpotential

Nun sei anstelle der skalaren Poissongleichung[39]

$$\Delta \Phi = -f$$

die Gleichung

$$\Delta \vec{A} = -\vec{B}$$

zu lösen. Letztere zerfällt im dreidimensionalen Raum in die folgenden drei skalaren Gleichungen:

$$\begin{aligned} \Delta A_x &= -B_x \\ \Delta A_y &= -B_y \\ \Delta A_z &= -B_z \end{aligned}$$

Jede dieser Gleichungen hat wieder eine Lösung in der Form der Gleichung (4.347). Diese drei Lösungen lassen sich wieder zur folgenden vektoriellen Lösung zusammenfassen:

$$\vec{A}(\vec{r}) = \frac{1}{4\pi} \int_V \frac{\vec{B}(\vec{r}_0)\, dV_0}{|\vec{r} - \vec{r}_0|}$$

In derselben Weise kann man bei vier Dimensionen vorgehen. Die Gleichung

$$\Delta \vec{\mathbf{A}} = -\vec{\mathbf{B}} \qquad (4.351)$$

zerfällt dann allerdings in vier skalare Poissongleichungen, die jeweils eine Lösung der Form (4.350) besitzen. Das Zusammenfassen dieser vier Lösungen zu einer vektoriellen Lösung liefert dann

$$\vec{\mathbf{A}}(\vec{\mathbf{r}}) = \frac{1}{4\pi^2} \int \frac{\vec{\mathbf{B}}(\vec{\mathbf{r}}_0)\, dG_0}{|\vec{\mathbf{r}} - \vec{\mathbf{r}}_0|^2} \qquad (4.352)$$

als Lösung von Gleichung (4.351).

4.20.6.3 Anwendung auf die Maxwellgleichungen

Gemäß Gleichung (4.75) gilt

$$\Delta \vec{\Omega} = -\mu_0 \vec{\Gamma}.$$

---

[39]Im Gegensatz zum vorangehenden Abschnitt wird Δ jetzt wieder als Laplaceoperator verwandt, nicht mehr als Symbol für Differenzen.

4.20. VIERDIMENSIONALE POTENTIALTHEORIE

Ein Vergleich mit den Gleichungen (4.351) und (4.352) liefert

$$\vec{\Omega}(\vec{r}) = \frac{\mu_0}{4\pi^2} \int \frac{\vec{\Gamma}(\vec{r}_0)\,dG_0}{|\vec{r} - \vec{r}_0|^2}$$

oder in Komponentenschreibweise:

$$\Omega^i(\vec{r}) = \frac{\mu_0}{4\pi^2} \int \frac{\Gamma^i(\vec{r}_0)\,dG_0}{|\vec{r} - \vec{r}_0|^2} \tag{4.353}$$

Das Potential läßt sich also durch eine Integration der Anregung über den vierdimensionalen Raum bestimmen.

4.20.6.4 Anwendung des Residuensatzes

Die bisher skizzierten Überlegungen sind leider nur dann stimmig, wenn man reelle Koordinaten, also auch reelle Vektoren $\vec{r}$ und $\vec{r}_0$ zugrunde legt. In diesem Fall ist einfach über den gesamten Raum zu integrieren, so daß als Integrationsgrenzen nur $-\infty$ und $+\infty$ in Betracht kommen.

Im vorliegenden Fall gilt aber $\mathbf{x}^4 = jc_0 t$ und $\mathbf{x}_0^4 = jc_0 t_0$, so daß eine Koordinate imaginär ist. Damit ist nicht mehr klar, ob die Integraldarstellung (4.353) überhaupt noch gültig ist bzw. wie dann der Integrationsweg über $\mathbf{x}_0^4$ zu wählen ist.

Sommerfeld [8] geht von der Integraldarstellung (4.353) aus und wählt als Integrationsweg einen Umlauf um den sogenannten Lichtpunkt, nämlich um die Singularität bei

$$\mathbf{x}_{0-}^4 = \mathbf{x}^4 - j|\vec{r} - \vec{r}_0|.$$

Auf diese Weise läßt sich die Integration über $\mathbf{x}_0^4$ mit Hilfe des Residuensatzes durchführen. Wir wollen im folgenden zeigen, daß diese Vorgehensweise tatsächlich auf die aus der Wellengleichung folgende Lösung (4.249) führt und somit gerechtfertigt ist — auch wenn die Wahl des Integrationsweges nicht a priori offensichtlich ist.

Um dies zu zeigen, trennen wir in Gleichung (4.353) den räumlichen Anteil vom zeitlichen und erhalten:

$$\Omega^i(\vec{r}, \mathbf{x}^4) = \frac{\mu_0}{4\pi^2} \int \int \frac{\Gamma^i(\vec{r}_0, \mathbf{x}_0^4)}{|\vec{r} - \vec{r}_0|^2 + (\mathbf{x}^4 - \mathbf{x}_0^4)^2}\,d\mathbf{x}_0^4\,dV_0 \tag{4.354}$$

Wie oben angekündigt wurde, betrachten wir nun die Integration über $d\mathbf{x}_0^4$ mit dem Integranden

$$f(\mathbf{x}_0^4) = \frac{\Gamma^i(\vec{r}_0, \mathbf{x}_0^4)}{|\vec{r} - \vec{r}_0|^2 + (\mathbf{x}^4 - \mathbf{x}_0^4)^2}.$$

Zunächst bestimmen wir die Nullstellen des Nenners. Für diese gilt:

$$-|\vec{r} - \vec{r}_0|^2 = (\mathbf{x}^4 - \mathbf{x}_0^4)^2$$

$$\Rightarrow \pm j \, |\vec{r} - \vec{r}_0| = \mathbf{x}^4 - \mathbf{x}_0^4$$
$$\Rightarrow \mathbf{x}_0^4 = \mathbf{x}^4 \mp j \, |\vec{r} - \vec{r}_0|$$

Diese beiden Nullstellen kürzen wir nun ab mit

$$\mathbf{x}_{0\mp}^4 = \mathbf{x}^4 \mp j \, |\vec{r} - \vec{r}_0|.$$

Den in der Funktion $f(\mathbf{x}_0^4)$ auftretenden Ausdruck

$$\frac{1}{|\vec{r} - \vec{r}_0|^2 + (\mathbf{x}^4 - \mathbf{x}_0^4)^2}$$

kann man mit Hilfe dieser Nullstellen durch Partialbruchzerlegung umwandeln:

$$\frac{1}{|\vec{r} - \vec{r}_0|^2 + (\mathbf{x}^4 - \mathbf{x}_0^4)^2} = \frac{A}{\mathbf{x}_0^4 - \mathbf{x}_{0-}^4} + \frac{B}{\mathbf{x}_0^4 - \mathbf{x}_{0+}^4}$$

Wegen

$$\left(\mathbf{x}_0^4 - \mathbf{x}_{0-}^4\right)\left(\mathbf{x}_0^4 - \mathbf{x}_{0+}^4\right) = \left(\mathbf{x}_0^4 - \mathbf{x}^4 + j\,|\vec{r} - \vec{r}_0|\right)\left(\mathbf{x}_0^4 - \mathbf{x}^4 - j\,|\vec{r} - \vec{r}_0|\right) = \left(\mathbf{x}_0^4 - \mathbf{x}^4\right)^2 + |\vec{r} - \vec{r}_0|^2$$

folgt aus diesem Ansatz:

$$1 = A\left(\mathbf{x}_0^4 - \mathbf{x}_{0+}^4\right) + B\left(\mathbf{x}_0^4 - \mathbf{x}_{0-}^4\right)$$

Durch Koeffizientenvergleich hinsichtlich $\mathbf{x}_0^4$ erhält man die beiden Gleichungen

$$A + B = 0 \qquad \Rightarrow B = -A$$

und

$$1 = -A\,\mathbf{x}_{0+}^4 - B\,\mathbf{x}_{0-}^4.$$

Setzt man die erste Beziehung in die zweite ein, so folgt:

$$1 = A\left(\mathbf{x}_{0-}^4 - \mathbf{x}_{0+}^4\right) = -2\,A\,j\,|\vec{r} - \vec{r}_0|$$

$$\Rightarrow A = \frac{1}{-2j\,|\vec{r} - \vec{r}_0|}$$

Damit sind die Unbekannten in der Partialbruchzerlegung bestimmt, und $f(\mathbf{x}_0^4)$ läßt sich folgendermaßen schreiben:

$$f(\mathbf{x}_0^4) = -\frac{\mathbf{\Gamma}^i(\vec{r}_0, \mathbf{x}_0^4)}{2j\,|\vec{r} - \vec{r}_0|} \left(\frac{1}{\mathbf{x}_0^4 - \mathbf{x}_{0-}^4} - \frac{1}{\mathbf{x}_0^4 - \mathbf{x}_{0+}^4}\right) \qquad (4.355)$$

Wie oben angekündigt wurde, interessiert uns das Umlaufintegral um die Stelle bei $\mathbf{x}_0^4 = \mathbf{x}_{0-}^4$. Dieses können wir nun mit Hilfe des Residuensatzes leicht bestimmen. Die Funktion $\mathbf{\Gamma}^i(\vec{r}_0, \mathbf{x}_0^4)$ kann man nämlich folgendermaßen in eine Taylorreihe entwickeln:

$$\mathbf{\Gamma}^i(\vec{r}_0, \mathbf{x}_0^4) = \mathbf{\Gamma}^i(\vec{r}_0, \mathbf{x}_{0-}^4) + \left.\frac{\partial \mathbf{\Gamma}^i}{\partial \mathbf{x}_0^4}\right|_{\mathbf{x}_0^4 = \mathbf{x}_{0-}^4} \left(\mathbf{x}_0^4 - \mathbf{x}_{0-}^4\right) + \cdots$$

4.20. VIERDIMENSIONALE POTENTIALTHEORIE

Ist die Funktion $\Gamma^i(\vec{r}_0, \mathbf{x}_0^4)$ nicht allzu „exotisch", so wird diese Reihe in einer Umgebung von $\mathbf{x}_{0-}^4$ konvergieren, also genau dort, wo der Integrationsweg verlaufen soll. In Verbindung mit Gleichung (4.355) läßt sich dann das Residuum als Koeffizient von $\left(\mathbf{x}_0^4 - \mathbf{x}_{0-}^4\right)^{-1}$ ablesen:

$$Res\left(f(\mathbf{x}_0^4); \mathbf{x}_{0-}^4\right) = -\frac{\Gamma^i(\vec{r}_0, \mathbf{x}_{0-}^4)}{2j\,|\vec{r} - \vec{r}_0|}$$

Für einen mathematisch negativen Umlaufsinn um die Singularität erhält man somit:

$$\oint f(\mathbf{x}_0^4)\, d\mathbf{x}_0^4 = -2\pi j\, Res\left(f(\mathbf{x}_0^4); \mathbf{x}_{0-}^4\right) = \pi\, \frac{\Gamma^i(\vec{r}_0, \mathbf{x}_{0-}^4)}{|\vec{r} - \vec{r}_0|}$$

Setzt man dieses Ergebnis in Gleichung (4.354) ein, so erhält man unter der Berücksichtigung, daß wir den Integranden mit $f(\mathbf{x}_0^4)$ bezeichnet hatten:

$$\Omega^i(\vec{r}, \mathbf{x}^4) = \frac{\mu_0}{4\pi^2} \int \pi\, \frac{\Gamma^i(\vec{r}_0, \mathbf{x}_{0-}^4)}{|\vec{r} - \vec{r}_0|}\, dV_0$$

Der Faktor π kürzt sich weg, und das Ergebnis stimmt mit Gleichung (4.249) überein. Damit ist gezeigt, daß man die Integrationsformel (4.353) für das vierdimensionale Potential verwenden darf, wenn man die vierte Integration über eine Kurve durchführt, die die Singularität bei $\mathbf{x}_0^4 = \mathbf{x}_{0-}^4$ im mathematisch negativen Umlaufsinn einschließt.

Nachdem wir gezeigt haben, daß Gleichung (4.353) benutzt werden darf, wenn man die Integration über $\mathbf{x}_0^4$ als Umlaufintegral um die Singularität bei $\mathbf{x}_0^4 = \mathbf{x}_{0-}^4$ durchführt, können wir den elektromagnetischen Feldstärketensor daraus bestimmen. Hierzu benötigt man zunächst die Ableitung $\frac{\partial \Omega^i}{\partial \mathbf{x}^k}$. Aus Gleichung (4.353) folgt nach Vertauschen von Differentiation und Integration:

$$\frac{\partial \Omega^i}{\partial \mathbf{x}^k} = \frac{\mu_0}{4\pi^2} \int \frac{-2\,\Gamma^i(\vec{r}_0)}{|\vec{r} - \vec{r}_0|^3}\, \frac{\partial |\vec{r} - \vec{r}_0|}{\partial \mathbf{x}^k}\, dG_0$$

Mit

$$\begin{aligned}
\frac{\partial |\vec{r} - \vec{r}_0|}{\partial \mathbf{x}^k} &= \frac{\partial}{\partial \mathbf{x}^k} \sqrt{(\mathbf{x}^1 - \mathbf{x}_0^1)^2 + (\mathbf{x}^2 - \mathbf{x}_0^2)^2 + (\mathbf{x}^3 - \mathbf{x}_0^3)^2 + (\mathbf{x}^4 - \mathbf{x}_0^4)^2} = \\
&= \frac{2(\mathbf{x}^k - \mathbf{x}_0^k)}{2\sqrt{(\mathbf{x}^1 - \mathbf{x}_0^1)^2 + (\mathbf{x}^2 - \mathbf{x}_0^2)^2 + (\mathbf{x}^3 - \mathbf{x}_0^3)^2 + (\mathbf{x}^4 - \mathbf{x}_0^4)^2}} = \\
&= \frac{(\mathbf{x}^k - \mathbf{x}_0^k)}{|\vec{r} - \vec{r}_0|}
\end{aligned}$$

folgt weiter:
$$\frac{\partial \Omega^i}{\partial \mathbf{x}^k} = -\frac{\mu_0}{2\pi^2} \int \frac{(\mathbf{x}^k - \mathbf{x}_0^k)\,\Gamma^i(\vec{r}_0)}{|\vec{r} - \vec{r}_0|^4}\,dG_0$$

Daraus folgt wegen Gleichung (4.84):
$$\mathbf{f}^{ik} = \frac{1}{2\pi^2} \int \frac{(\mathbf{x}^i - \mathbf{x}_0^i)\,\Gamma^k(\vec{r}_0) - (\mathbf{x}^k - \mathbf{x}_0^k)\,\Gamma^i(\vec{r}_0)}{|\vec{r} - \vec{r}_0|^4}\,dG_0$$

Betrachtet man nun schließlich den Fall, daß die Erregung $\vec{\Gamma}$ durch eine Punktladung gegeben ist, so läßt sich Gleichung (4.256) anwenden, und man erhält:

$$\mathbf{f}^{ik} = \frac{Q}{2\pi^2} \int \frac{(\mathbf{x}^i - \mathbf{x}_0^i)\,\dot{\mathbf{x}}_L^k - (\mathbf{x}^k - \mathbf{x}_0^k)\,\dot{\mathbf{x}}_L^i}{|\vec{r} - \vec{r}_0|^4}\,\delta(\vec{r}_0 - \vec{r}_L(t_0))\,dG_0$$

$$\Rightarrow \mathbf{f}^{ik} = \frac{Q}{2\pi^2} \int \frac{(\mathbf{x}^i - \mathbf{x}_L^i)\,\dot{\mathbf{x}}_L^k - (\mathbf{x}^k - \mathbf{x}_L^k)\,\dot{\mathbf{x}}_L^i}{|\vec{r} - \vec{r}_\mathbf{L}|^4}\,d\mathbf{x}_L^4$$

Im letzten Schritt hätte man wegen der Delta-Distribution eigentlich nur die räumlichen Komponenten von $\vec{r}_0$ gegen $\vec{r}_L$ austauschen dürfen. Da wir aber durch das Ersetzen von $\vec{r}_0$ durch $\vec{r}_L$ gleichzeitig auch $\mathbf{x}_0^4$ durch $\mathbf{x}_L^4$ ersetzt haben, mußte auch die Integrationsvariable $\mathbf{x}_0^4$ durch $\mathbf{x}_L^4$ ersetzt werden.

Benutzt man die früher eingeführte Abkürzung (4.262), so kann man wegen $\mathbf{R}^i = \mathbf{x}^i - \mathbf{x}_L^i$ und $\dot{\mathbf{R}}^i = -\dot{\mathbf{x}}_L^i$ auch schreiben:

$$\mathbf{f}^{ik} = \frac{Q}{2\pi^2} \int \frac{\mathbf{R}^k\,\dot{\mathbf{R}}^i - \mathbf{R}^i\,\dot{\mathbf{R}}^k}{|\vec{\mathbf{R}}|^4}\,d\mathbf{x}_L^4 \qquad (4.356)$$

Auch hier ist — ebenso wie bei Gleichung (4.353), von der wir ausgegangen sind — die Integration über eine Kurve durchzuführen, die die Singularität bei $\mathbf{x}_L^4 = \mathbf{x}_{L-}^4$ im mathematisch negativen Umlaufsinn einschließt.

Übungsaufgabe 4.13 Anspruch: • • •   Aufwand: • • •

Berechnen Sie ausgehend von Gleichung (4.356) das elektromagnetische Feld einer Punktladung, die sich gemäß $x_L = 0$, $y_L = 0$, $z_L = vt_L$ gleichförmig entlang der z-Achse bewegt. Gehen Sie hierzu wie folgt vor:

1. Bestimmen Sie die Vierervektoren $\vec{R}$, $\dot{\vec{R}}$ und $\ddot{\vec{R}}$ in Abhängigkeit von der Zeit t, zu der das elektromagnetische Feld gemessen wird, und der Zeit t_L.

4.20. VIERDIMENSIONALE POTENTIALTHEORIE

2. Setzen Sie nun die Ergebnisse des letzten Aufgabenteils in Gleichung (4.356) ein, wobei zunächst nur $\mathbf{f}^{13}$ interessieren soll.

3. Führen Sie nun Variablensubstitutionen durch, so daß das Integral

$$\int \frac{du}{(a^2 - u^2)^2}$$

entsteht.

4. Zeigen Sie, daß sich der Wurzelterm von a in der Form $\pm\sqrt{(c_0^2 - v^2)(x^2 + y^2) + c_0^2(z - vt)^2}$ darstellen läßt. Wählen Sie für die folgenden Aufgabenteile das positive Vorzeichen, so daß $a > 0$ gilt. Weshalb ist diese Festlegung möglich?

5. Zeigen Sie, daß für die Singularität bei $u = +a$ die Ungleichung $t_L > t$ gilt und bei $u = -a$ die Ungleichung $t_L < t$. Welcher Integrationsweg ist somit zu wählen?

6. Berechnen Sie nun das Umlaufintegral

$$\int \frac{du}{(a^2 - u^2)^2}$$

7. Zeigen Sie, daß sich H_y in der durch Gleichung (4.135) gegebenen Form darstellen läßt.

8. Berechnen Sie nun die übrigen Feldkomponenten und vergleichen Sie die Ergebnisse mit den Gleichungen (4.134) und (4.135).

Kapitel 5

Paradoxa

Oft werden Paradoxa so vorgestellt, als seien sie Eigenarten einer bestimmten Theorie, die man nicht näher erklären kann. Dies würde jedoch bedeuten, daß die Theorie Widersprüche in sich birgt. Eine solche Theorie ist natürlich nicht akzeptabel. In den meisten Fällen sind Paradoxa jedoch nicht auf Widersprüche in der Theorie zurückzuführen, sondern auf eine falsche Anwendung derselben.

Um dies zu verdeutlichen, beginnen wir mit einem trivialen Beispiel: Eine ideale Spannungsquelle mit der Spannung U_1 werde mit einer idealen Spannungsquelle mit der Spannung $U_2 \neq U_1$ parallelgeschaltet. Die Verbindung erfolge mit idealen Leitern. Ein Maschenumlauf liefert nun $U_1 = U_2$, was den Annahmen widerspricht. Wie jeder sofort einsehen wird, ist schon die Aufgabenstellung unzulässig. Es wurden zu viele Idealisierungen vorgenommen. Hätte man die beiden Spannungsquellen mit einem ohmschen Widerstand verbunden, so wäre kein Widerspruch zustande gekommen. Läßt man diesen Widerstand hingegen gegen null streben, so wächst der Strom ins Unendliche an, und obiger Widerspruch tritt zutage. Es ist wichtig festzuhalten, daß ideale Spannungsquellen und ideale Leiter trotzdem ihre Berechtigung haben, also Bestandteile einer widerspruchsfreien Theorie sind. Sie sind lediglich im Sinne einer korrekten Anwendung der Theorie nicht beliebig miteinander kombinierbar.

Diese Einleitung mag trivial erscheinen — doch schon eine kleine Modifikation der Aufgabenstellung kann Verwirrung stiften und die Existenz eines Paradoxons suggerieren. Anstelle der beiden idealen Spannungsquellen werden zwei anfangs auf die Spannungen $U_1 \neq 0$ bzw. $U_2 = 0$ aufgeladene Kondensatoren parallelgeschaltet. Beide Kondensatoren haben die Kapazität C. Es scheint klar zu sein, daß sich die Ladung

$$Q = CU_1$$

während des Ladungsausgleichsvorganges auf die beiden Kondensatoren verteilt, so daß die Spannung beider Kondensatoren im Endzustand

$$U = \frac{Q}{C_{ges}} = \frac{Q}{2C} = \frac{CU_1}{2C} = \frac{U_1}{2}$$

beträgt. Eine Energiebetrachtung liefert für die Energie vor der Parallelschaltung

$$W_{vorher} = \frac{1}{2}CU_1^2,$$

für die nach der Zusammenschaltung

$$W_{nachher} = \frac{1}{2}C_{ges}U^2 = \frac{1}{2}2C\left(\frac{U_1}{2}\right)^2 = C\frac{U_1^2}{4}.$$

Die Hälfte der Energie ist also verschwunden, obwohl nur verlustfreie Bauteile verwandt wurden.

Dieses scheinbare Paradoxon löst sich sofort auf, wenn man wie bei den idealen Spannungsquellen verfährt. Schaltet man die beiden Kondensatoren über einen Widerstand zusammen, so wird die Energiedifferenz im Widerstand in thermische Energie umgesetzt. Verkleinert man den Widerstand immer weiter, so fließt ein immer größerer Strom, bis er schließlich unendlich groß wird. Auch hier wurden also zu viele Idealisierungen vorgenommen.

Andere Erklärungsversuche dieses Gedankenexperimentes scheitern deshalb auch an Widersprüchen. Man könnte beispielsweise annehmen, daß die Ladung zwischen den beiden Kondensatoren hin- und herschwingt, so daß eventuell sogar Energie abgestrahlt wird. Erstens läßt die Theorie idealisierter Kondensatoren und Leiter jedoch keine Abstrahlung zu, und zweitens wäre dann die Spannung an den beiden Kondensatoren zeitweise unterschiedlich. Die Verbindung über ideale Leiter läßt jedoch zu keiner Zeit unterschiedliche Spannungen zu. So führt auch jede andere Erklärung auf Widersprüche — die Aufgabenstellung ist bereits falsch.

Diese Einleitung soll den Leser dazu motivieren, bei jedem ihm präsentierten Paradoxon nach der eigentlichen Ursache des Widerspruches zu suchen. In den folgenden Abschnitten soll gezeigt werden, daß sich diese Vorgehensweise lohnt.

5.1 Definition der imaginären Einheit

Die imaginäre Einheit wird definiert als

$$j = \sqrt{-1}.$$

Ausgehend von dieser Gleichung, läßt sich scheinbar folgern:

$$j = \sqrt{\frac{1}{-1}} = \frac{\sqrt{1}}{\sqrt{-1}} \qquad (5.1)$$

Der Zähler ist offenbar gleich 1, der Nenner gleich j. Somit folgt weiter:

$$j = \frac{1}{j}.$$

5.1. DEFINITION DER IMAGINÄREN EINHEIT

Durch Multiplikation mit j erhält man die eindeutig falsche Gleichung

$$-1 = 1.$$

Der Fehler bei dieser Herleitung ist recht offensichtlich, wenn wir vereinbaren, daß wir stets nur Hauptwerte betrachten, was wir in diesem Buch ohnehin ausschließlich tun. Betrachtet man dann den Ausdruck

$$\sqrt{-\frac{a}{b}}$$

mit reellen, positiven a und b, so folgt:

$$\sqrt{-\frac{a}{b}} = j\sqrt{\frac{a}{b}} = j\frac{\sqrt{a}}{\sqrt{b}}$$

Im ersten Schritt haben wir das Argument der Wurzel positiv gemacht, so daß der zweite Schritt $\sqrt{\frac{a}{b}} = \frac{\sqrt{a}}{\sqrt{b}}$ zulässig wurde. Wir können nun entweder $\sqrt{-a} = j\sqrt{a}$ oder $\sqrt{-b} = j\sqrt{b}$ setzen und erhalten demzufolge

$$\sqrt{-\frac{a}{b}} = \frac{\sqrt{-a}}{\sqrt{b}}$$

oder

$$\sqrt{-\frac{a}{b}} = -\frac{\sqrt{a}}{\sqrt{-b}}.$$

Das Vorzeichen unter der Wurzel auf der linken Seite können wir entweder dem Zähler oder dem Nenner zuordnen, so daß man die letzten beiden Gleichungen auch schreiben darf als

$$\sqrt{\frac{-a}{b}} = \frac{\sqrt{-a}}{\sqrt{b}}$$

oder

$$\sqrt{\frac{a}{-b}} = -\frac{\sqrt{a}}{\sqrt{-b}}.$$

Wir sehen nun, daß die Gleichung

$$\sqrt{\frac{z_1}{z_2}} = \frac{\sqrt{z_1}}{\sqrt{z_2}}$$

zwar im ersten Fall für $z_1 = -a$ und $z_2 = b$ erfüllt ist, jedoch nicht im zweiten Fall. Setzt man dort nämlich $z_1 = a$ und $z_2 = -b$, so erhält man:

$$\sqrt{\frac{z_1}{z_2}} = -\frac{\sqrt{z_1}}{\sqrt{z_2}}$$

Bei unserer obigen „Herleitung" waren wir beim letzten Schritt in Gleichung (5.1) aber stillschweigend davon ausgegangen, daß die in der Rechnung für reelle $x_1, x_2 > 0$ zweifellos gültige Gleichung

$$\sqrt{\frac{x_1}{x_2}} = \frac{\sqrt{x_1}}{\sqrt{x_2}}$$

sich auch auf den komplexen Fall übertragen läßt. Wir sehen nun, daß dieses Vorgehen falsch war, wenn man die Vereinbarung, stets Hauptwerte zu betrachten, konsequent umsetzt. Wir kommen damit für die Wurzel des Quotienten zweier komplexer Zahlen zu ähnlichen Schlüssen wie für die Wurzel des Produktes zweier komplexer Zahlen, die wir schon auf Seite 157 in Fußnote 7 in Abschnitt 2.3.7 betrachtet hatten.

Daß die Schlußfolgerung falsch ist, sieht man natürlich auch, wenn man keine Hauptwertbetrachtungen macht. Dann ist die Wurzel natürlich mehrdeutig. Für ganzzahlige k gilt:

$$\sqrt{-1} = \sqrt{e^{j(\pi+k2\pi)}} = e^{j\frac{\pi}{2}+jk\pi}$$

Für gerade k ergibt sich $\sqrt{-1} = +j$, während man für ungerade k die Beziehung $\sqrt{-1} = -j$ erhält. Somit ist die Defintion

$$j = \sqrt{-1}$$

falsch, wenn man nicht nur Hauptwerte betrachtet. Die korrekte Definitionsgleichung für j lautet dann lediglich

$$j^2 = -1.$$

Je nach Kontext kann j also gleich $+\sqrt{-1}$ oder gleich $-\sqrt{-1}$ sein. Die Gleichung

$$j = \sqrt{-1}$$

ist also nur zulässig, wenn man die Wurzel als mehrdeutig definiert. Unter diesen Bedingungen ist also schon die Ausgangsgleichung am Anfang dieses Abschnittes falsch.

Wir sehen also, daß unabhängig davon, ob man nur Hauptwerte oder alle Funktionszweige betrachtet, kein Paradoxon vorliegt.

Es sei abschließend darauf hingewiesen, daß außer dem soeben aufgeführten Exkurs in diesem Buch stets Hauptwertbetrachtungen durchgeführt werden, so daß die Definition $j = \sqrt{-1}$ eindeutig und zulässig ist.

5.2 Heringsches Experiment

Ein in der Literatur im Zusammenhang mit dem Induktionsgesetz sehr oft zitierter Versuch ist das Heringsche Experiment. Die Meßergebnisse dieses Experimentes werden leider oft nur unbefriedigend erklärt.

Betrachtet wird ein Permanentmagnet nach Abbildung 5.1, der im Idealfall zwischen seinen magnetischen Polen ein homogenes Magnetfeld hervorruft. Ferner sei eine Drahtschleife vorhanden,

5.2. HERINGSCHES EXPERIMENT

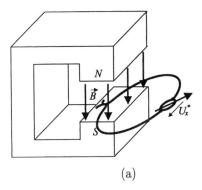
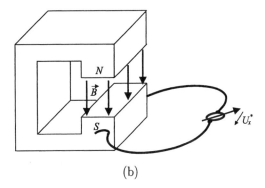

(a) (b)

Abbildung 5.1: Heringsches Experiment

die mit einem Spannungsmeßgerät verbunden ist. Das Besondere an dieser Drahtschleife ist, daß sie auf der dem Meßgerät abgewandten Seite zwei federnde Kontakte besitzt. Die Schleife läßt sich also durch Anwendung von Druck öffnen; im Ruhezustand ist sie jedoch geschlossen.

Im ersten Teil des Versuches nach Abbildung 5.1a wird die geschlossene Leiterschleife durch das Magnetfeld zwischen den beiden Polen des Permanentmagneten gezogen. Die federnden Kontakte bleiben dabei geschlossen. Das Meßgerät zeigt einen Spannungsstoß an. Dies entspricht den Erwartungen, denn der magnetische Fluß durch die Leiterschleife ist gleich null, bevor die Schleife in das Magnetfeld eindringt und nachdem sie es verläßt. In der Zeit dazwischen wird die Schleife hingegen von einem Fluß durchsetzt. Dies bedeutet, daß sich der magnetische Fluß durch die Schleife mit der Zeit ändern muß. Letzteres erklärt den Spannungsstoß.

Nun folgt der zweite Teil des Heringschen Experimentes. Die Leiterschleife wird gemäß Abbildung 5.1b nicht durch das Magnetfeld zwischen den Polen des Permanentmagneten gezogen, sondern direkt über den Permanentmagneten selbst. Dabei öffnen sich die federnden Kontakte. Trotzdem soll zwischen den Kontakten und dem Permanentmagneten stets eine leitende Verbindung bestehen bleiben. Der Permanentmagnet sei der Einfachheit wegen elektrisch ideal leitend, so daß die Leiterschleife stets elektrisch geschlossen ist. Interessanterweise zeigt das Meßgerät nun keinen Spannungsimpuls an. Man ist nun versucht, genau wie im ersten Teil des Versuches zu argumentieren: Solange die Schleife mit geschlossenen Kontakten den Permanentmagneten umschließt, wird sie von einem magnetischen Fluß durchsetzt. Nachdem die Schleife über den Permanentmagneten hinweggeglitten ist und sich die Federkontakte wieder geschlossen haben, ist der die Schleife durchsetzende Fluß gleich null. Der Fluß muß sich also mit der Zeit ändern. Hieraus müßte ein Spannungsstoß resultieren, der aber — wie bereits erwähnt — nicht auftritt. Wo liegt der Fehler in der Argumentation?

Zunächst könnte man vermuten, daß einige Idealisierungen in der Aufgabenstellung nicht zulässig sind. Um es vorwegzunehmen: Diese Idealisierungen vermögen den Widerspruch nicht zu begründen. Trotzdem sollen sie hier zunächst kritisch betrachtet werden:

- Das Magnetfeld kann nicht gleichzeitig zwischen den Polen homogen sein und außerhalb gleich null. Dann wäre die magnetische Erregung $\vec{H}$ nämlich unstetig, was den Stetigkeitsgesetzen widerspricht. Diese Idealisierung läßt sich jedoch leicht beseitigen. Man kann annehmen, daß sich die Feldstärke zwar kontinuierlich ändert, jedoch auf einem sehr engen Bereich. Dann fällt dieser schmale Bezirk gegenüber der Querschnittsfläche des Permanentmagneten nicht ins Gewicht.

- Die Leiterschleife ändert ihre Form, während die Kontakte durch den Permanentmagneten auseinandergedrückt werden. Es ist mit etwas mehr mechanischem Aufwand jedoch möglich, die Konturen der Schleife stets beizubehalten. Man könnte die Schleife beispielsweise rechteckig ausführen, so daß die Kontakte geradlinig aufeinandertreffen. Wenn die Kontakte durch den Druck nun — beispielsweise teleskopartig — ihre Länge ändern können, wird die rechteckige Form der Leiterschleife beibehalten.

- In der Weise, wie die Aufgabe gestellt ist, ist ein stetiges Gleiten der Schleife über den Permanentmagneten schwer vorstellbar. Man könnte sich jedoch auch eine Form desselben vorstellen, die dies zuläßt. Er müßte sich lediglich an den Seiten verjüngen, an denen die Leiterschleife den Magneten zuerst und zuletzt berührt; dazwischen kann er dicker sein.

- Der Permanentmagnet wurde als elektrisch ideal leitfähig angenommen. Dies verblüfft etwas, da er gleichzeitig ein magnetisches Feld führen muß. Solange sich dieses Feld nicht ändert, liegt jedoch kein Widerspruch vor, da dann keine Wirbelströme fließen. Im übrigen könnte man auch einen Permanentmagneten mit endlicher elektrischer Leitfähigkeit betrachten. Dies würde — ebenso wie die Leitfähigkeit der Leiterschleife — nichts am prinzipiellen Sachverhalt ändern. Eventuell durchzuführende Rechnungen würden lediglich komplizierter werden.

Alle diese Kritikpunkte führen keine Lösung herbei. Diese liegt auf einer völlig anderen Seite.

Durch den ersten Teil des Experimentes angeregt, wurde man nämlich dazu verleitet, die induzierte Spannung mit der zeitlichen Änderung des magnetischen Flusses zu erklären. In den Kapiteln über das Induktionsgesetz wurde jedoch gezeigt, daß es nur unter bestimmten Bedingungen zulässig ist, die induzierte Spannung als zeitliche Ableitung des magnetischen Flusses darzustellen. Im folgenden wird mit den Formen (4.158), (4.164), (4.175) und (4.176) des Induktionsgesetzes ein korrekter Lösungsweg aufgezeigt, um herauszustellen, an welcher Stelle Fehler gemacht werden können.

Hierzu ist in Abbildung 5.2 eine Anordnung gezeigt, die dem zweiten Teil des Heringschen Experimentes entspricht. Das Meßgerät, das die Spannung U_x^* mißt, befindet sich zusammen mit der Leiterschleife im bewegten Koordinatensystem. Der Permanentmagnet, in dessen Inneren das Magnetfeld $\vec{B} = B_0\, \vec{e}_x$ herrscht, ruht. Demzufolge schleifen die federnden Kontakte der Leiterschleife auf der Oberfläche des Permanentmagneten. Das Bild zeigt eine rechteckige Leiterschleife; jede andere Form ist natürlich auch denkbar.

5.2. HERINGSCHES EXPERIMENT

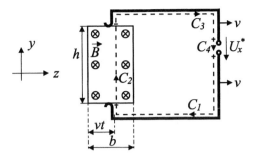

Abbildung 5.2: Leiterschleife, deren Kontakte über einen Permanentmagneten gezogen werden

5.2.1 Geschwindigkeit als Konstante

Zunächst berechnen wir die Spannung U_x^*, die bei der in Abbildung 5.2 skizzierten Anordnung entsteht, mit Hilfe des Induktionsgesetzes in der Form (4.158):

$$\oint_{\partial A} \vec{E}^* \cdot d\vec{s} = \oint_{\partial A} \left(\vec{v} \times \vec{B}\right) \cdot d\vec{s} - \int_A \dot{\vec{B}} \cdot d\vec{A}$$

Als erstes benötigen wir das Integral

$$\oint_{\partial A} \vec{E}^* \cdot d\vec{s}$$

Bei $\vec{E}^*$ handelt es sich — wie im Abschnitt über das Induktionsgesetz erwähnt — um eine Näherung für die elektrische Feldstärke im Koordinatensystem $\bar{K}$, das sich gegenüber K mit der Geschwindigkeit v bewegt. Somit ist $\vec{E}^*$ die Feldstärke in dem Koordinatensystem, das sich mit der Leiterschleife mitbewegt. Das tangentiale elektrische Feld an der ideal leitenden Schleife ist gleich null, so daß auf den Teilkurven C_1 und C_3 die Beziehung $\vec{E}_t^* = 0$ gilt. Hieraus folgt:

$$\oint_{\partial A} \vec{E}^* \cdot d\vec{s} = \int_{C_2} \vec{E}^* \cdot d\vec{s} + \int_{C_4} \vec{E}^* \cdot d\vec{s}$$

Das letzte Integral ist gleich der gesuchten Spannung U_x^*, im ersten Integral ersetzen wir $\vec{E}^*$ durch seine Definition (4.156):

$$\oint_{\partial A} \vec{E}^* \cdot d\vec{s} = \int_{C_2} \left(\vec{E} + \vec{v} \times \vec{B}\right) \cdot d\vec{s} + U_x^*$$

Die Feldstärke $\vec{E}$ wird in dem Bezugssystem gemessen, in dem der Permanentmagnet ruht. Da dieser als elektrisch ideal leitend angenommen wurde, ist sie auf C_2 gleich null, und man erhält[1]:

$$\oint_{\partial A} \vec{E}^* \cdot d\vec{s} = \int_{C_2} \left(\vec{v} \times \vec{B}\right) \cdot d\vec{s} + U_x^*$$

---

[1] Es ist zu beachten, daß v die Relativgeschwindigkeit der beiden Bezugssysteme ist und somit überall konstant ist. Obwohl der Permanentmagnet als ruhend angenommen wurde, ist v auf der Kurve C_2 also nicht gleich null.

Dieses Ergebnis können wir in das Induktionsgesetz (4.158) einsetzen, wobei zu berücksichtigen ist, daß sich das Magnetfeld zeitlich nicht ändert:

$$\int_{C_2} \left(\vec{v} \times \vec{B}\right) \cdot d\vec{s} + U_x^* = \oint_{\partial A} \left(\vec{v} \times \vec{B}\right) \cdot d\vec{s}$$

Der Umlauf, über den das Umlaufintegral zu bilden ist, setzt sich aus den Teilkurven C_1, C_2, C_3 und C_4 zusammen, so daß das Teilintegral über C_2 mit dem Integral auf der linken Seite übereinstimmt. Beide fallen also weg, und es ergibt sich:

$$U_x^* = \int_{C_1} \left(\vec{v} \times \vec{B}\right) \cdot d\vec{s} + \int_{C_3} \left(\vec{v} \times \vec{B}\right) \cdot d\vec{s} + \int_{C_4} \left(\vec{v} \times \vec{B}\right) \cdot d\vec{s}$$

Beachtet man nun noch, daß kein Magnetfeld auf den Kurven C_1, C_3 und C_4 vorhanden ist, so ergibt sich:

$$U_x^* = 0$$

Damit wird das Meßergebnis, daß keine Spannung induziert wird, bestätigt.

Als alternativen Lösungsweg betrachten wir nun das Induktionsgesetz in der Form (4.175):

$$\oint_{\partial A} \vec{E}^* \cdot d\vec{s} = -\frac{d}{dt} \int_A \vec{B} \cdot d\vec{A}$$

Gemäß den Schlußbemerkungen von Abschnitt 4.18.3 ist nun eine Parametrisierung der Integrationsfläche zu wählen. Da $\vec{B}$ am Rand des Permanentmagneten unstetig ist, muß das Koordinatennetz, das die Integrationsfläche aufspannt, an diesem Rand befestigt werden. Damit die Kurve C_2 den Schleifkontakten folgt, muß sie sich gegenüber dem Koordinatennetz mit der Geschwindigkeit v nach rechts bewegen. Auch der rechte Rand der Leiterschleife bewegt sich mit der Geschwindigkeit v nach rechts. Beides zusammen deckt sich damit, daß $\vec{v}$ im Sinne der Gleichung (4.175) eine Konstante ist. Um die Parametrisierung der Integrationsfläche in Einklang mit Abschnitt 4.18.3 zu bringen, kann man annehmen, daß oberer und unterer Leiter fast direkt am Magneten anliegen. Alles in allem ist Gleichung (4.175) also anwendbar. Ihre linke Seite kann man wie oben bestimmen:

$$\oint_{\partial A} \vec{E}^* \cdot d\vec{s} = \int_{C_2} \left(\vec{v} \times \vec{B}\right) \cdot d\vec{s} + U_x^*$$

Wegen $\vec{v} \times \vec{B} = vB_0 \vec{e}_y$ folgt hieraus:

$$\oint_{\partial A} \vec{E}^* \cdot d\vec{s} = vB_0 h + U_x^* \qquad (5.2)$$

Um die rechte Seite im Induktionsgesetz (4.175) zu bestimmen, benötigen wir den magnetischen Fluß

$$\Phi = \int_A \vec{B} \cdot d\vec{A}.$$

5.2. HERINGSCHES EXPERIMENT

Dieser ist nur im Permanentmagneten vorhanden und von der Zeit abhängig, da die Integrationsfläche sich relativ zum Permanentmagneten bewegt. Zum Zeitpunkt t ist die durchflutete Fläche gleich $h(b-vt)$, so daß man erhält:

$$\Phi = B_0\, h(b-vt)$$

Wir setzen diese Gleichung und Gleichung (5.2) in das Induktionsgesetz (4.175) ein und erhalten:

$$vB_0\, h + U_x^* = -\frac{d\Phi}{dt} = -\frac{d}{dt}(B_0\, h(b-vt))$$

$$\Rightarrow U_x^* = 0$$

Auch die Berechnung des magnetischen Flusses zeigt also, daß keine Spannung induziert wird.

5.2.2 Geschwindigkeit als Eigenschaft des Raumpunktes

Der nächsten hier betrachteten Berechnungsmethode liegt Gleichung (4.164) zugrunde:

$$\oint_{\partial A} \vec{E}^{\#} \cdot d\vec{s} = \oint_{\partial A} \left(\vec{v}^{\#} \times \vec{B}\right) \cdot d\vec{s} - \int_A \dot{\vec{B}} \cdot d\vec{A}$$

Zunächst bestimmen wir das Integral

$$\oint_{\partial A} \vec{E}^{\#} \cdot d\vec{s}.$$

Da hier $\vec{E}^{\#}$ die elektrische Feldstärke in dem Koordinatensystem ist, das sich mit dem jeweiligen Raumpunkt mitbewegt, fällt die Berechnung sehr leicht. Obwohl sich die Leiterschleife nämlich mit der Geschwindigkeit v bewegt, während der Permanentmagnet ruht, gilt sowohl auf der Teilkurve C_2 als auch auf den Teilkurven C_1 und C_3 die Gleichung

$$\vec{E}_t^{\#} = 0.$$

Durch die Definition von $\vec{E}^{\#}$ ist nämlich ausschließlich entscheidend, daß die Kurven durch elektrisch ideal leitende Materialien verlaufen. Da das Integral über die Kurve C_4 gerade die gesuchte Spannung U_x^* liefert, erhält man für das Umlaufintegral somit:

$$\oint_{\partial A} \vec{E}^{\#} \cdot d\vec{s} = \int_{C_4} \vec{E}^{\#} \cdot d\vec{s} = U_x^* \tag{5.3}$$

Das Integral

$$\oint_{\partial A} \left(\vec{v}^{\#} \times \vec{B}\right) \cdot d\vec{s}$$

ist ebenfalls leicht zu berechnen, da $\vec{v}^{\#}$ keine Konstante ist, sondern die Geschwindigkeit des jeweiligen Raumpunktes angibt. Da der Permanentmagnet sich nicht bewegt, gilt in seinem Inneren $\vec{v}^{\#} = 0$. Somit ist das Integral über die Teilkurve C_2 gleich null. Die Leiterschleife hingegen bewegt sich, so daß auf den Kurven C_1 und C_3 die Beziehung $\vec{v}^{\#} = v\,\vec{e}_z$ gilt. Jedoch ist außerhalb des Permanentmagneten kein Magnetfeld vorhanden, so daß auf den Kurven C_1, C_3 und C_4 die Gleichung $\vec{B} = 0$ gilt. Die Integrale über diese Teilkurven sind also ebenfalls gleich null. Es folgt:

$$\oint_{\partial A} \left(\vec{v}^{\#} \times \vec{B}\right) \cdot d\vec{s} = 0 \tag{5.4}$$

Wir setzen nun die Integrale aus den Gleichungen (5.3) und (5.4) in das Induktionsgesetz (4.164) ein und erhalten wegen $\dot{\vec{B}} = 0$:

$$U_x^* = 0$$

Das Induktionsgesetz in der Form (4.164) bietet also eine sehr einfache Möglichkeit nachzuweisen, daß keine Spannung induziert wird.

Um Gleichung (4.176)

$$\oint_{\partial A} \vec{E}^{\#} \cdot d\vec{s} = -\frac{d}{dt}\int_A \vec{B} \cdot d\vec{A}$$

anwenden zu dürfen, müssen wir gemäß Abschnitt 4.18.3 das Koordinatennetz der Integrationsfläche am rechten Rand des Permanentmagneten befestigen, da $\vec{B}$ dort unstetig ist. Damit C_2 den Schleifkontakten folgt, müßte auf C_2 die Beziehung $\vec{v}^{\#} = v\,\vec{e}_z$ gelten. Definitionsgemäß ist $\vec{v}^{\#}$ aber die Geschwindigkeit des Raumpunktes, auf C_2 also 0. In diesem Fall darf Gleichung (4.176) also nicht angewandt werden. Wie schon in Abschnitt 4.18.3 erwähnt wurde, müssen wir die Kurve C_2 im Permanentmagneten ruhen lassen. Um das Problem zu vereinfachen, nehmen wir wieder an, daß oberer und unterer Leiter fast direkt am Permanentmagneten anliegen. Durch die feste Lage der Kurve C_2 bleibt der Fluß durch die Integrationsfläche stets derselbe, obwohl sich die Integrationsfläche vergrößert. Damit wird auch hier klar, daß keine Spannung induziert wird.

Dieser Abschnitt zeigt ganz deutlich, daß die unbedarfte Anwendung der Induktionsgesetze (4.175) und (4.176) gefährlich ist. Erst nachdem wir alle nötigen Voraussetzungen sorgfältig geprüft und die Integrationsfläche entsprechend gewählt hatten, war eine Anwendung möglich.

5.3 Uhrenparadoxon

Ein im Zusammenhang mit der Relativitätstheorie oft zitiertes und auch in populärwissenschaftlichen Veröffentlichungen sehr beliebtes Gedankenspiel ist das sogenannte Uhrenparadoxon, das auch als Zwillingsparadoxon bezeichnet wird. Leider wird dieses noch heute bisweilen falsch interpretiert.

5.3. UHRENPARADOXON

In einer sehr anschaulichen — und wegen der Publikumswirksamkeit oft gewählten — Form läßt sich das Paradoxon wie folgt beschreiben:

Zwei Zwillinge A und B befinden sich auf der Erde. Zwilling B beginnt zum Zeitpunkt t_0 eine Reise mit einem Raumschiff. Das Raumschiff fliege mit der konstanten Geschwindigkeit v. Gemäß der speziellen Relativitätstheorie unterscheidet sich die Zeit $\bar{t}$ im Raumschiff von der Zeit t auf der Erde. Nach der Zeit $\Delta \bar{t}$ im Raumschiff kehrt Zwilling B wieder zur Erde zurück. Gemäß Gleichung (4.38) gilt wegen der Zeitdilatation

$$\Delta t = \frac{\Delta \bar{t}}{\sqrt{1 - \frac{v^2}{c_0^2}}}$$

Man sieht also, daß Δt größer ist als $\Delta \bar{t}$. Bei einer entsprechend großen Geschwindigkeit v und einer Flugzeit $\Delta \bar{t}$ von einigen Jahren wäre es also theoretisch denkbar, daß auf der Erde so viele Jahre vergangen sind, daß Zwilling A und alle seine Zeitgenossen längst verstorben sind, wenn Zwilling B wieder auf der Erde landet. Mit anderen Worten: Die Zeit auf der Erde vergeht scheinbar schneller als die Zeit im Raumschiff.

Daß diese Argumentation im Sinne der speziellen Relativitätstheorie fehlerhaft ist, zeigt sich recht schnell. Damit die spezielle Relativitätstheorie anwendbar ist, muß auf Inertialsysteme zurückgegriffen werden. Bei der Erde handelt es sich offenbar um das Inertialsystem K, beim Raumschiff um das Koordinatensystem $\bar{K}$. Nun gilt aber das Relativitätsprinzip — die Rollen von K und $\bar{K}$ lassen sich also vertauschen. Es ist also zulässig, Zwilling B im Raumschiff als ruhend anzunehmen, so daß sich die Erde und damit auch Zwilling A mit der Geschwindigkeit v relativ zu diesem bewegt. In diesem Falle kommt man jedoch zum umgekehrten Schluß wie zuvor, nämlich daß Zwilling A langsamer altert als Zwilling B. Offenbar liegt ein Widerspruch vor, der das Gedankenexperiment zu einem Paradoxon werden läßt.

Der Fehler in der Argumentation läßt sich schnell finden. Die spezielle Relativitätstheorie gilt nämlich — wie die Herleitungen in diesem Buch zeigen — nur für gleichförmig gegeneinander bewegte Inertialsysteme. Wenn man unterstellt, daß die Erde mit Zwilling A ein solches Inertialsystem ist — was wegen ihrer Bewegung natürlich nur näherungsweise der Fall sein kann — dann gilt die obige Betrachtung nur dann, wenn das Raumschiff gegenüber der Erde stets eine gleichförmige Bewegung vollführt. Damit wäre aber ausgeschlossen, daß Zwilling B jemals zur Erde zurückkehrt. Eine Rückkehr zur Erde erfordert stets eine Beschleunigung des Zwillings B. Diese kann beispielsweise in einer mehr oder minder plötzlichen Richtungsumkehr der Bewegung bestehen. Oder Zwilling B bewegt sich auf einer Kreisbahn, um wieder zur Erde zurückzukehren. In jedem Falle handelt es sich dann jedoch um eine beschleunigte Bewegung und nicht um eine gleichförmig bewegte, wie es für die Anwendbarkeit der Zeitdilatationsformel Voraussetzung ist. In der oben beschriebenen Form löst sich das Paradoxon also auf.

5.3.1 Erste Hypothese

Man kann versuchen, die Argumentation folgendermaßen zu erweitern, um die Kernaussage, nämlich ein schnelleres Altern von Zwilling A, beizubehalten: Wie soeben gezeigt wurde, befindet sich Zwilling B aufgrund der auf ihn wirkenden Beschleunigungen nicht in einem Inertialsystem. Das Koordinatensystem, in dem Zwilling B ruht, ist somit gegenüber dem Inertialsystem, das die Erde mit Zwilling A darstellt, ausgezeichnet. Diese Unsymmetrie läßt einen unterschiedlichen Alterungsprozeß nun wieder denkbar erscheinen. Doch weshalb soll ausgerechnet Zwilling A schneller altern als Zwilling B, nachdem obige Argumentation widerlegt ist? Eine Begründung hierfür wird oft basierend auf der Definition der Eigenzeit angegeben: In Abschnitt 4.19.5 hatten wir das Element $d\tau$ der Eigenzeit gemäß Gleichung (4.216) definiert als

$$d\tau = dt \sqrt{1 - \frac{u^2}{c_0^2}}.$$

Berechnet man nun das Integral über diese Größe gemäß

$$\int d\tau = \int_{t_1}^{t_2} \sqrt{1 - \frac{u^2(t)}{c_0^2}}\, dt, \tag{5.5}$$

so stellt man fest, daß es stets kleiner ist als die Zeitdifferenz $t_2 - t_1$. Interpretiert man nun das Integral $\int d\tau$ als die im Ruhesystem des Zwillings B vergangene Zeit, so kommt man daher zu dem Schluß, daß Zwilling B langsamer altert als Zwilling A, in dessen Ruhesystem die Zeit $t_2 - t_1$ vergangen ist. Die Interpretation von $\int d\tau$ als die im beschleunigten Koordinatensystem vergangene Zeit setzt voraus, daß die Geschwindigkeit $u(t)$ dieses Koordinatensystems im unbeschleunigten Inertialsystem des Zwillings A gegeben ist. Damit man nicht wieder auf denselben Widerspruch stößt wie oben, muß man verbieten, die Gleichung (5.5) in beschleunigten Koordinatensystemen anzuwenden. Ansonsten könnte man nämlich die Geschwindigkeit des Inertialsystems gegenüber dem beschleunigten Koordinatensystem betrachten und eine Zeitspanne $t_2 - t_1$ im beschleunigten Koordinatensystem vorgeben, was dann auf eine kürzere im Inertialsystem vergangene Zeit $\int d\tau$ führen würde. Die Beschränkung der Gültigkeit von Gleichung (5.5) auf Inertialsysteme mit dem Ziel, die in beschleunigten Koordinatensystemen vergangene Zeit zu berechnen, ist natürlich unbefriedigend. Eine auch für beschleunigte Koordinatensysteme geltende Formel wäre wünschenswert. Außerdem handelt es sich bei der Interpretation von $\int d\tau$ als die im beschleunigten Koordinatensystem vergangene Zeit um eine Hypothese. Im Rahmen der speziellen Relativitätstheorie sind nämlich lediglich folgende Eigenschaften des Elements $d\tau$ der Eigenzeit gesichert:

- Es ist koordinateninvariant, hat also in allen Inertialsystemen die gleiche Darstellung — selbst dann, wenn das zugehörige Teilchen eine beschleunigte Bewegung vollführt.

- Es hilft bei der Definition von Vierervektoren der Geschwindigkeit, des Impulses und der Beschleunigung.

5.3. UHRENPARADOXON

- Für den Fall gleichförmiger Bewegungen ($u = const.$) ist $\int d\tau$ identisch mit der Zeit in dem Inertialsystem, in dem das Teilchen ruht.

Ansonsten handelt es sich bei $d\tau$ um eine rein mathematische Hilfsgröße. Aus ihren genannten Eigenschaften folgt keineswegs, daß es sich *im Falle eines beschleunigten Teilchens* bei $d\tau$ um die Zeit handelt, die im Ruhesystem des Teilchens verstreicht, während im Inertialsystem die Zeit dt vergeht. Dies gilt lediglich für den Fall, daß das Teilchen eine gleichförmige Bewegung vollführt. Somit ist es im allgemeinen eine Hypothese,

$$\int d\tau$$

als die Zeit zu interpretieren, die im Ruhesystem des Teilchens bzw. des Zwillings B vergeht.

Messungen, deren Ergebnisse für die Zulässigkeit dieser Uhrenhypothese sprechen, sind in [12] beschrieben.

5.3.2 Schlagartige Richtungsumkehr

Manchmal wird zur Klärung des Zwillingsparadoxons die Reise des Zwillings B in zwei Teile zerlegt, die Hin- und die Rückreise. Es wird dabei angenommen, daß auf beiden Teilen der Reise eine konstante Geschwindigkeit herrscht; nur das Vorzeichen der Geschwindigkeit unterscheidet sich bei der Hin- und Rückreise. Der Uhrengang wird dann anhand von Lichtimpulsen, die die Zwillinge periodisch zum jeweils anderen Zwilling senden, rekonstruiert. Man kommt dann — beispielsweise mit Hilfe eines Minkowski-Diagrammes[2] — zu dem Schluß, daß von Zwilling A mehr Signale ausgesandt werden als er in der gleichen Zeit von Zwilling B empfängt [12, 11]. Umgekehrt werden von Zwilling B während seiner Reisezeit weniger Signale ausgesandt, als er von Zwilling A empfängt. Beide Betrachtungsweisen legen also den Schluß nahe, daß Zwilling B langsamer altert als Zwilling A.

Es darf aber nicht vergessen werden, daß Zwilling B im Umkehrpunkt das Inertialsystem schlagartig wechselt. Bei der soeben skizzierten Rechnung wird dieser Wechsel des Bezugssystemes so behandelt, als ob er keinen Einfluß auf die von Zwilling B ausgesandten Signale hätte; es wird einfach die Summe der Pulse bzw. Wellenzüge der Hinreise und der Rückreise gebildet. Theoretisch wäre es aber denkbar, daß im Umkehrpunkt beliebig viele Signale von Zwilling B ausgesandt werden, daß sein Uhrengang also eine Unstetigkeit erfährt, weil er einer unendlich großen Beschleunigung unterliegt. Wenn man von keiner Unstetigkeit im Uhrengang ausgeht,

---

[2]Im Minkowski-Diagramm trägt man auf der Abszisse den Ort, also beispielsweise z, und auf der Ordinate die normierte Zeit $c_0 t$ auf. Für den Zwilling A vergeht zwar die Zeit t, er ändert seinen Ort $z = 0$ jedoch nicht; die sogenannte Weltlinie des Zwillings A entspricht also der Ordinate. Die Weltlinie des Zwillings B hingegen liegt auf der Hinreise wegen $c_0 t = \frac{c_0}{v} z$ auf einer Geraden durch den Koordinatenursprung mit der Steigung $c_0/v > 1$. Im Umkehrpunkt knickt die Weltlinie dann ab und liegt fortan auf einer Geraden mit der Steigung $-c_0/v < -1$, bis sie am Ende der Reise die Weltlinie des Zwillings A trifft. Die Weltlinien der Lichtpulse schließen im Gegensatz zu denen der Zwillinge mit den Koordinatenachsen stets einen Winkel von 45° ein.

entspricht dies wieder einer Uhren*hypothese*, die nur experimentell verifiziert werden kann, aber nicht aus der speziellen Relativitätstheorie folgt.

Im Minkowski-Diagramm kann man natürlich auch eine Reise des Zwillings B betrachten, die nur stetigen Beschleunigungsvorgängen unterliegt. Dann ist man aber wieder auf die in Abschnitt 5.3.1 dargelegte Uhren*hypothese* angewiesen, um die im beschleunigten Bezugssystem vergangene Zeit berechnen zu können.

5.3.3 Zweite Hypothese

Mit Hilfe der allgemeinen Relativitätstheorie läßt sich Gleichung (5.5) so verallgemeinern, daß das Integral $\int d\tau$ auch für beschleunigte Koordinatensysteme ausgewertet werden kann, ohne daß man auf Widersprüche stößt. In diesem Fall hängt $d\tau$ nicht nur von der Teilchengeschwindigkeit, sondern auch von den Metrikkoeffizienten g_{ik} ab, die durch die Massenverteilung im Raum bestimmt werden und gleichzeitig die Raumkrümmung festlegen[3]. Nimmt man dann an, daß die Beschleunigung ausschließlich durch Gravitationswirkung hervorgerufen wird, so kann man zeigen, daß der Zeitunterschied zwischen zwei Koordinatensystemen nicht davon abhängt, in welchem Koordinatensystem man das Integral $\int d\tau$ auswertet. Die Berechnung ist also sowohl im unbeschleunigten als auch im beschleunigten Koordinatensystem zulässig. Fock ([13], Paragraph 62) hat für diesen Fall anhand eines speziellen Beispiels nachgewiesen, daß je nach Wahl der Beschleunigungsphase sowohl ein schnelleres Altern des Zwillings A gegenüber Zwilling B möglich ist als auch umgekehrt ein schnelleres Altern des Zwillings B gegenüber Zwilling A. Für eine bestimmte Dauer der Beschleunigungsphase tritt in diesem Beispiel überhaupt kein Altersunterschied auf. Auch die allgemeine Relativitätstheorie läßt also keine Pauschalaussage zu, daß in beschleunigten Koordinatensystemen die Zeit langsamer vergeht.

Hinsichtlich experimenteller Ergebnisse zum Uhrengang im Gravitationsfeld sei wieder auf [12] verwiesen.

5.3.4 Fazit

Um die in einem beschleunigten Koordinatensystem vergangene Zeit berechnen zu können, müssen mehr oder minder plausible Hypothesen aufgestellt werden, wie das auszuwertende Integral geschrieben werden soll. Die Darstellung (5.5) steht zwar nicht im Widerspruch zur speziellen Relativitätstheorie, wenn man sie stets im Inertialsystem auswertet — sie folgt aber auch nicht zwingend aus ihr.

Festzuhalten ist: Die spezielle Relativitätstheorie macht ausschließlich Aussagen über die Zeiten in gleichförmig gegeneinander bewegten Inertialsystemen. In diesem Falle sind Zwilling A und Zwilling B völlig gleichberechtigt. Der zeitliche Abstand $\Delta \bar{t}$ zweier Ereignisse im Inertialsystem des Zwillings B *erscheint*, vom Inertialsystem des Zwillings A aus gemessen, verlängert.

---

[3]Vgl. Anhang 6.12.3.

5.3. UHRENPARADOXON

Umgekehrt *erscheint* Zwilling B der zeitliche Abstand zweier Ereignisse im Inertialsystem des Zwillings A ebenfalls verlängert. An keiner Stelle wird hierbei die Aussage gemacht, daß die Zeit bei Zwilling A tatsächlich langsamer oder schneller vergeht als die Zeit bei Zwilling B. Da nur von Messungen die Rede ist, die von einem Bezugssystem aus angestellt werden, um den zeitlichen Abstand zweier Ereignisse im jeweils anderen Bezugssystem zu bestimmen, nicht jedoch von absoluten Zeiten, liegt kein Widerspruch vor. Für den Fall, daß Zwilling B zu Zwilling A zurückkehrt, kann aus der speziellen Relativitätstheorie ohne zusätzliche Hypothesen, die durch Messungen zu verifizieren sind, keine Aussage gewonnen werden.

Kapitel 6

Anhang

6.1 Tangentenvektor und Basisvektoren

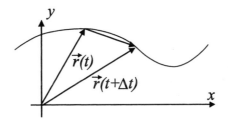

Abbildung 6.1: Berechnung eines Tangentenvektors

In diesem Abschnitt soll ein Tangentenvektor zur Kurve

$$\vec{r}(t) = x(t)\,\vec{e}_x + y(t)\,\vec{e}_y$$

im kartesischen x-y-Koordinatensystem bestimmt werden. Gemäß Abbildung 6.1 ist offensichtlich, daß der Differenzenvektor

$$\vec{r}(t+\Delta t) - \vec{r}(t) = (x(t+\Delta t) - x(t))\,\vec{e}_x + (y(t+\Delta t) - y(t))\,\vec{e}_y \qquad (6.1)$$

um so besser in Richtung der Tangente zeigt, je kleiner man Δt werden läßt. Da die Länge des Tangentenvektors zunächst uninteressant ist, können wir Gleichung (6.1) durch Δt dividieren. Dann läßt sich der Grenzwert für $\Delta t \to 0$ bilden, und man erhält:

$$\vec{t} = \frac{dx}{dt}\,\vec{e}_x + \frac{dy}{dt}\,\vec{e}_y$$

Einen Tangentenvektor, der parallel zur Kurve verläuft, erhält man also als Ableitung des Ortsvektors $\vec{r}$ nach dem Parameter t:

$$\vec{t} = \frac{d\vec{r}}{dt}$$

Diesen Vektor kann man auf Einheitslänge normieren:

$$\vec{e}_t = \frac{\frac{dx}{dt}\vec{e}_x + \frac{dy}{dt}\vec{e}_y}{\sqrt{\left(\frac{dx}{dt}\right)^2 + \left(\frac{dy}{dt}\right)^2}} \tag{6.2}$$

Nun ist es leicht möglich, die Basisvektoren $\vec{e}_u$ und $\vec{e}_v$ eines krummlinigen Koordinatensystems zu finden, das man durch die Transformation $x = x(u,v)$ und $y = y(u,v)$ erhält.

Der Basisvektor $\vec{e}_u$ beispielsweise soll nämlich stets tangential zu der Koordinatenachse verlaufen, die man erhält, wenn man u variiert und v konstant hält. Man kann also u durch t ersetzen und erhält, wenn man berücksichtigt, daß v nicht von t abhängt:

$$\frac{dx}{dt} = \frac{\partial x}{\partial u}\frac{du}{dt} + \frac{\partial x}{\partial v}\frac{dv}{dt} = \frac{\partial x}{\partial u}$$

$$\frac{dy}{dt} = \frac{\partial y}{\partial u}\frac{du}{dt} + \frac{\partial y}{\partial v}\frac{dv}{dt} = \frac{\partial y}{\partial u}$$

Setzt man dies in Gleichung (6.2) ein, so erhält man:

$$\vec{e}_u = \frac{\frac{\partial x}{\partial u}\vec{e}_x + \frac{\partial y}{\partial u}\vec{e}_y}{\sqrt{\left(\frac{\partial x}{\partial u}\right)^2 + \left(\frac{\partial y}{\partial u}\right)^2}} \tag{6.3}$$

Analog ergibt sich:

$$\vec{e}_v = \frac{\frac{\partial x}{\partial v}\vec{e}_x + \frac{\partial y}{\partial v}\vec{e}_y}{\sqrt{\left(\frac{\partial x}{\partial v}\right)^2 + \left(\frac{\partial y}{\partial v}\right)^2}} \tag{6.4}$$

Die hier dargestellten Zusammenhänge lassen sich leicht auf drei Raumdimensionen übertragen. Einen Basisvektor für eine krummlinige Koordinate t erhält man dann, indem man den Vektor $\vec{r} = x\,\vec{e}_x + y\,\vec{e}_y + z\,\vec{e}_z$ partiell nach t differenziert:

$$\vec{g}_t = \frac{\partial \vec{r}}{\partial t} = \frac{\partial x}{\partial t}\vec{e}_x + \frac{\partial y}{\partial t}\vec{e}_y + \frac{\partial z}{\partial t}\vec{e}_z \tag{6.5}$$

Den zugehörigen Einheitsvektor findet man dann durch Normierung:

$$\vec{e}_t = \frac{\vec{g}_t}{|\vec{g}_t|}$$

Die Verallgemeinerung auf mehr als drei Raumdimensionen erfolgt völlig analog.

6.2 Spatprodukt dreier Vektoren

Für ein Spatprodukt dreier Vektoren $\vec{A}$, $\vec{B}$ und $\vec{C}$ gilt wegen

$$\begin{aligned}\vec{B} \times \vec{C} &= (B_x\vec{e}_x + B_y\vec{e}_y + B_z\vec{e}_z) \times (C_x\vec{e}_x + C_y\vec{e}_y + C_z\vec{e}_z) \\ &= (B_yC_z - B_zC_y)\vec{e}_x + (B_zC_x - B_xC_z)\vec{e}_y + (B_xC_y - B_yC_x)\vec{e}_z\end{aligned}$$

die Darstellung

$$\vec{A} \cdot (\vec{B} \times \vec{C}) = (B_yC_z - B_zC_y)A_x + (B_zC_x - B_xC_z)A_y + (B_xC_y - B_yC_x)A_z.$$

Diese läßt sich in Determinantenform schreiben:

$$\vec{A} \cdot (\vec{B} \times \vec{C}) = \begin{vmatrix} A_x & B_x & C_x \\ A_y & B_y & C_y \\ A_z & B_z & C_z \end{vmatrix} \tag{6.6}$$

6.3 Flächenintegrale

Dieser Abschnitt soll die Begründung dafür liefern, daß Gleichung (1.51) als Definitionsgleichung für Flächenintegrale verwendet werden kann. Die folgenden Ausführungen sind nicht als strenge Herleitung zu verstehen, bei der alle Grenzübergänge präzise analysiert werden, sondern lediglich als anschauliche Begründung, weshalb die in Abschnitt 1.1.6.3 genannten Definitionen sinnvoll sind.

Zunächst muß die Integrationsfläche parametrisiert werden. Mit den Parametern α und β läßt sich jeder Ortsvektor der Fläche durch die Vektorfunktion $\vec{f}(\alpha,\beta) = x(\alpha,\beta)\,\vec{e}_x + y(\alpha,\beta)\,\vec{e}_y + z(\alpha,\beta)\,\vec{e}_z$ bestimmen.

Die Integrationsfläche A im Flächenintegral

$$\int_A \vec{V} \cdot d\vec{A}$$

läßt sich nun, wie in Abbildung 6.2 skizziert ist, in einzelne Teilflächen ΔA zerlegen. Die Parameter α und β kann man nämlich als Koordinaten auffassen, mit denen sich einzelne Punkte der Fläche eindeutig bestimmen lassen. Wenn man dann $\beta = \beta_k$ konstant hält und α variiert, so erhält man eine Kurve C_{β_k} im dreidimensionalen Raum, die innerhalb der Fläche A verläuft. Hält man umgekehrt $\alpha = \alpha_i$ konstant und variiert β, so erhält man ebenfalls eine Kurve C_{α_i}. Man kann auch $\alpha = \alpha_i + \Delta\alpha$ bzw. $\beta = \beta_k + \Delta\beta$ konstant halten, so daß man die Kurve $C_{\alpha_{i+1}}$ bzw. $C_{\beta_{k+1}}$ erhält. Wir sehen nun, daß die Kuven C_{α_i}, $C_{\alpha_{i+1}}$, C_{β_k} und $C_{\beta_{k+1}}$ ein kleines viereckiges Flächenstück ΔA der gesamten Fläche A einschließen. Die Eckpunkte dieses Vierecks

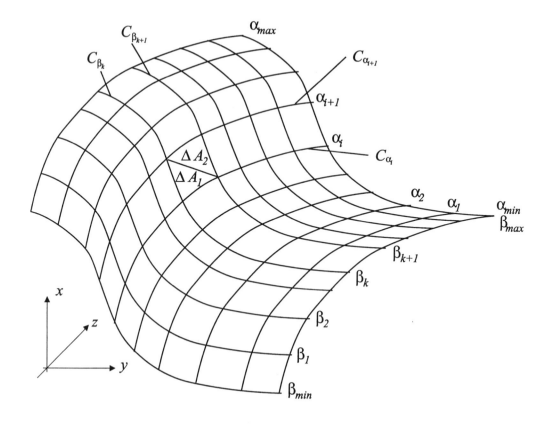

Abbildung 6.2: Parametrisierte Integrationsfläche

liegen im allgemeinen nicht in einer Ebene, so daß man keinen Flächeninhalt definieren kann. Deshalb zerlegen wir das Viereck gemäß Abbildung 6.2 in zwei Dreiecke ΔA_1 und ΔA_2, deren Flächeninhalte sich einfach bestimmen lassen, wenn man die gekrümmten Dreiecksflächen näherungsweise durch ebene Dreiecksflächen ersetzt.

Wenn man die Abstände der einzelnen α_i bzw. der β_k äquidistant wählt, also

$$\alpha_i = \alpha_{min} + i\Delta\alpha \qquad \text{mit } \Delta\alpha = \frac{\alpha_{max} - \alpha_{min}}{N_\alpha}$$

und

$$\beta_k = \beta_{min} + k\Delta\beta \qquad \text{mit } \Delta\beta = \frac{\beta_{max} - \beta_{min}}{N_\beta}$$

setzt, dann läßt sich das gesuchte Flächenintegral berechnen, indem man die Beiträge der

6.3. FLÄCHENINTEGRALE

einzelnen dreieckigen Teilflächen aufsummiert[1]:

$$\int_A \vec{V} \cdot d\vec{A} = \lim_{N_\alpha, N_\beta \to \infty} \sum_{i=0}^{N_\alpha-1} \sum_{k=0}^{N_\beta-1} \vec{V}(\alpha_i, \beta_k) \cdot \left(\Delta \vec{A}_1(\alpha_i, \beta_k) + \Delta \vec{A}_2(\alpha_i, \beta_k) \right) \tag{6.7}$$

Gemäß Gleichung (1.44) läßt sich ein gewöhnliches Integral folgendermaßen als Grenzwert einer Riemannschen Summe schreiben:

$$\int_{\gamma_{min}}^{\gamma_{max}} F(\gamma) \, d\gamma = \lim_{N \to \infty} \sum_{l=0}^{N-1} F(\gamma_l) \, \Delta\gamma$$

Hierbei gilt $\gamma_l = \gamma_{min} + l\Delta\gamma$ mit $\Delta\gamma = \frac{\gamma_{max} - \gamma_{min}}{N}$.

Wenn man die Summanden in Gleichung (6.7) mit $\Delta\alpha \cdot \Delta\beta$ erweitert, dann treten unendliche Summen ähnlicher Art auf, so daß es möglich ist, die Doppelsumme als Doppelintegral zu schreiben:

$$\begin{aligned}
\int_A \vec{V} \cdot d\vec{A} &= \lim_{N_\alpha \to \infty} \sum_{i=0}^{N_\alpha-1} \left[\lim_{N_\beta \to \infty} \sum_{k=0}^{N_\beta-1} \vec{V}(\alpha_i, \beta_k) \cdot \frac{\Delta \vec{A}_1(\alpha_i, \beta_k) + \Delta \vec{A}_2(\alpha_i, \beta_k)}{\Delta\alpha \, \Delta\beta} \Delta\beta \right] \Delta\alpha = \\
&= \lim_{N_\alpha \to \infty} \sum_{i=0}^{N_\alpha-1} \left[\int_{\beta_{min}}^{\beta_{max}} \left(\lim_{\Delta\alpha, \Delta\beta \to 0} \vec{V}(\alpha_i, \beta) \cdot \frac{\Delta \vec{A}_1(\alpha_i, \beta) + \Delta \vec{A}_2(\alpha_i, \beta)}{\Delta\alpha \, \Delta\beta} \right) d\beta \right] \Delta\alpha = \\
&= \int_{\alpha_{min}}^{\alpha_{max}} \left[\int_{\beta_{min}}^{\beta_{max}} \left(\lim_{\Delta\alpha, \Delta\beta \to 0} \vec{V}(\alpha, \beta) \cdot \frac{\Delta \vec{A}_1(\alpha, \beta) + \Delta \vec{A}_2(\alpha, \beta)}{\Delta\alpha \, \Delta\beta} \right) d\beta \right] d\alpha \tag{6.8}
\end{aligned}$$

Nun muß lediglich der Grenzwert

$$\lim_{\Delta\alpha, \Delta\beta \to 0} \vec{V}(\alpha, \beta) \cdot \frac{\Delta \vec{A}_1(\alpha, \beta) + \Delta \vec{A}_2(\alpha, \beta)}{\Delta\alpha \, \Delta\beta}$$

bestimmt werden.

Den Flächenvektor der Dreiecksflächen ΔA_1 und ΔA_2 erhält man aus dem Kreuzprodukt zweier Kantenvektoren des jeweiligen Dreiecks. Allerdings ist durch 2 zu dividieren, da man sonst die Fläche des zugehörigen Parallelogrammes erhielte. Den Flächenvektor $\Delta \vec{A}_1(\alpha_i, \beta_k)$ erhält man also wie folgt:

$$\Delta \vec{A}_1(\alpha_i, \beta_k) =$$
$$= \frac{1}{2} \left[\vec{f}(\alpha_i + \Delta\alpha, \beta_k) - \vec{f}(\alpha_i, \beta_k) \right] \times \left[\vec{f}(\alpha_i, \beta_k + \Delta\beta) - \vec{f}(\alpha_i, \beta_k) \right]$$

---

[1] $\vec{V}$ hängt natürlich nur indirekt über $\vec{f}$ von α_i und β_k ab. Anstelle von $\vec{V}(\vec{f}(\alpha_i, \beta_k))$ schreiben wir abkürzend $\vec{V}(\alpha_i, \beta_k)$.

Analog erhält man für die zweite Fläche folgenden Ausdruck:

$$\Delta \vec{A}_2(\alpha_i, \beta_k) =$$
$$= \frac{1}{2} \left[\vec{f}(\alpha_i, \beta_k + \Delta\beta) - \vec{f}(\alpha_i + \Delta\alpha, \beta_k + \Delta\beta) \right] \times \left[\vec{f}(\alpha_i + \Delta\alpha, \beta_k) - \vec{f}(\alpha_i + \Delta\alpha, \beta_k + \Delta\beta) \right]$$

Damit läßt sich der gesuchte Grenzwert leicht berechnen:

$$\lim_{\Delta\alpha, \Delta\beta \to 0} \vec{V}(\alpha_i, \beta_k) \cdot \frac{\Delta \vec{A}_1(\alpha_i, \beta_k) + \Delta \vec{A}_2(\alpha_i, \beta_k)}{\Delta\alpha \, \Delta\beta} =$$

$$\lim_{\Delta\alpha, \Delta\beta \to 0} \frac{1}{2} \vec{V}(\alpha_i, \beta_k) \cdot \left(\frac{\vec{f}(\alpha_i + \Delta\alpha, \beta_k) - \vec{f}(\alpha_i, \beta_k)}{\Delta\alpha} \times \frac{\vec{f}(\alpha_i, \beta_k + \Delta\beta) - \vec{f}(\alpha_i, \beta_k)}{\Delta\beta} + \right.$$

$$\left. + \frac{\vec{f}(\alpha_i + \Delta\alpha, \beta_k + \Delta\beta) - \vec{f}(\alpha_i, \beta_k + \Delta\beta)}{\Delta\alpha} \times \frac{\vec{f}(\alpha_i + \Delta\alpha, \beta_k + \Delta\beta) - \vec{f}(\alpha_i + \Delta\alpha, \beta_k)}{\Delta\beta} \right)$$

$$= \frac{1}{2} \vec{V}(\alpha_i, \beta_k) \cdot \left(\frac{\partial \vec{f}}{\partial \alpha}(\alpha_i, \beta_k) \times \frac{\partial \vec{f}}{\partial \beta}(\alpha_i, \beta_k) + \frac{\partial \vec{f}}{\partial \alpha}(\alpha_i, \beta_k) \times \frac{\partial \vec{f}}{\partial \beta}(\alpha_i, \beta_k) \right)$$

$$\Rightarrow \lim_{\Delta\alpha, \Delta\beta \to 0} \vec{V}(\alpha, \beta) \cdot \frac{\Delta \vec{A}_1(\alpha, \beta) + \Delta \vec{A}_2(\alpha, \beta)}{\Delta\alpha \, \Delta\beta} = \vec{V}(\alpha, \beta) \cdot \left(\frac{\partial \vec{f}}{\partial \alpha}(\alpha, \beta) \times \frac{\partial \vec{f}}{\partial \beta}(\alpha, \beta) \right)$$

Wir setzen den gefundenen Wert in Gleichung (6.8) ein und erhalten:

$$\int_A \vec{V} \cdot d\vec{A} = \int_{\alpha_{min}}^{\alpha_{max}} \int_{\beta_{min}}^{\beta_{max}} \vec{V} \cdot \left(\frac{\partial \vec{f}}{\partial \alpha} \times \frac{\partial \vec{f}}{\partial \beta} \right) d\beta \, d\alpha \qquad (6.9)$$

Dies entspricht Gleichung (1.51). Ein Flächenintegral zweiter Art läßt sich also als Doppelintegral schreiben, wenn eine Parametrisierung der Integrationsfläche vorliegt.

Eine völlig analoge Herleitung kann man auch durchführen, um Flächenintegrale erster Art in Doppelintegrale zu verwandeln. Anstelle des Vektorfeldes $\vec{V}$ ist dann ein skalares Feld Φ anzusetzen, und die Flächenelemente $\Delta \vec{A}_1$ und $\Delta \vec{A}_2$ sind durch ihre Beträge $\Delta A_1 = |\Delta \vec{A}_1|$ bzw. $\Delta A_2 = |\Delta \vec{A}_2|$ zu ersetzen. Man gelangt dann zur Darstellung

$$\int_A \Phi \, dA = \int_{\alpha_{min}}^{\alpha_{max}} \int_{\beta_{min}}^{\beta_{max}} \Phi \left| \frac{\partial \vec{f}}{\partial \alpha} \times \frac{\partial \vec{f}}{\partial \beta} \right| d\beta \, d\alpha, \qquad (6.10)$$

die mit Gleichung (1.50) übereinstimmt.

6.3. FLÄCHENINTEGRALE

Für den Fall $\Phi = 1$ werden lediglich Einzelflächen aufaddiert, was im Grenzfall unendlich vieler Flächen auf den Flächeninhalt führt:

$$A = \int_A dA = \int_{\alpha_{min}}^{\alpha_{max}} \int_{\beta_{min}}^{\beta_{max}} \left| \frac{\partial \vec{f}}{\partial \alpha} \times \frac{\partial \vec{f}}{\partial \beta} \right| d\beta\, d\alpha \tag{6.11}$$

Faßt man die Parameter α und β als Koordinaten eines krummlinigen Koordinatensystems auf, so lassen sich die Vektoren $\frac{\partial \vec{f}}{\partial \alpha}$ und $\frac{\partial \vec{f}}{\partial \beta}$, ähnlich wie in Anhang 6.1 beschrieben, als lokale Basisvektoren interpretieren, die tangential zur jeweiligen Koordinate verlaufen. Oft sind orthogonale Koordinatensysteme von Interesse, bei denen $\frac{\partial \vec{f}}{\partial \alpha}$ und $\frac{\partial \vec{f}}{\partial \beta}$ senkrecht aufeinander stehen. Ihr Skalarprodukt ist dann gleich null:

$$\frac{\partial \vec{f}}{\partial \alpha} \cdot \frac{\partial \vec{f}}{\partial \beta} = 0 \tag{6.12}$$

Unter dieser Bedingung läßt sich Gleichung (6.11) umformen. Das Quadrat des Integranden läßt sich nämlich folgendermaßen berechnen:

$$\left| \frac{\partial \vec{f}}{\partial \alpha} \times \frac{\partial \vec{f}}{\partial \beta} \right|^2 = \left(\frac{\partial \vec{f}}{\partial \alpha} \times \frac{\partial \vec{f}}{\partial \beta} \right) \cdot \left(\frac{\partial \vec{f}}{\partial \alpha} \times \frac{\partial \vec{f}}{\partial \beta} \right)$$

Mit der aus der Vektorrechnung bekannten Lagrangeschen Identität (1.2)

$$(\vec{A} \times \vec{B}) \cdot (\vec{C} \times \vec{D}) = (\vec{A} \cdot \vec{C})(\vec{B} \cdot \vec{D}) - (\vec{A} \cdot \vec{D})(\vec{B} \cdot \vec{C})$$

folgt weiter:

$$\left| \frac{\partial \vec{f}}{\partial \alpha} \times \frac{\partial \vec{f}}{\partial \beta} \right|^2 = \left(\frac{\partial \vec{f}}{\partial \alpha} \cdot \frac{\partial \vec{f}}{\partial \alpha} \right) \left(\frac{\partial \vec{f}}{\partial \beta} \cdot \frac{\partial \vec{f}}{\partial \beta} \right) - \left(\frac{\partial \vec{f}}{\partial \alpha} \cdot \frac{\partial \vec{f}}{\partial \beta} \right) \left(\frac{\partial \vec{f}}{\partial \beta} \cdot \frac{\partial \vec{f}}{\partial \alpha} \right)$$

Mit Gleichung (6.12) folgt:

$$\left| \frac{\partial \vec{f}}{\partial \alpha} \times \frac{\partial \vec{f}}{\partial \beta} \right|^2 = \left(\frac{\partial \vec{f}}{\partial \alpha} \cdot \frac{\partial \vec{f}}{\partial \alpha} \right) \left(\frac{\partial \vec{f}}{\partial \beta} \cdot \frac{\partial \vec{f}}{\partial \beta} \right) = \left| \frac{\partial \vec{f}}{\partial \alpha} \right|^2 \left| \frac{\partial \vec{f}}{\partial \beta} \right|^2$$

Dieses Ergebnis setzen wir in Gleichung (6.11) ein und erhalten:

$$A = \int_A dA = \int_{\alpha_{min}}^{\alpha_{max}} \int_{\beta_{min}}^{\beta_{max}} \left| \frac{\partial \vec{f}}{\partial \alpha} \right| \left| \frac{\partial \vec{f}}{\partial \beta} \right| d\beta\, d\alpha \tag{6.13}$$

Diese Gleichung läßt sich also unter der Bedingung

$$\frac{\partial \vec{f}}{\partial \alpha} \cdot \frac{\partial \vec{f}}{\partial \beta} = 0$$

zur Flächenberechnung heranziehen.

6.4 Differentiation von Parameterintegralen

Bekanntlich läßt sich ein Integral nach einem Parameter differenzieren, indem man den Integranden partiell nach diesem Parameter ableitet:

$$\frac{d}{dt} \int_{z_1}^{z_2} f(z,t)\,dz = \int_{z_1}^{z_2} \frac{\partial f}{\partial t}(z,t)\,dz$$

Voraussetzung hierfür ist jedoch, daß die Integrationsgrenzen nicht vom Parameter t abhängen.

Wir betrachten nun den Fall, daß die Integrationsgrenzen von t abhängen. Gesucht ist also $\frac{d\Phi}{dt}$ mit:

$$\Phi(t) = \int_{z_1(t)}^{z_2(t)} f(z,t)\,dz$$

Dieses Problem kann man lösen, indem man z_1, z_2 und t als unabhängige Variablen $\tilde{z}_1$, $\tilde{z}_2$ und $\tilde{t}$ auffaßt, die vom Parameter t abhängen:

$$\tilde{z}_1 = z_1(t), \qquad \tilde{z}_2 = z_2(t), \qquad \tilde{t} = t$$

Dann hängt Φ von diesen Größen ab:

$$\Phi(\tilde{z}_1, \tilde{z}_2, \tilde{t}) = \int_{\tilde{z}_1}^{\tilde{z}_2} f(z, \tilde{t})\,dz \tag{6.14}$$

Mit der Kettenregel folgt:

$$\frac{d\Phi}{dt} = \frac{\partial \Phi}{\partial \tilde{z}_1}\frac{d\tilde{z}_1}{dt} + \frac{\partial \Phi}{\partial \tilde{z}_2}\frac{d\tilde{z}_2}{dt} + \frac{\partial \Phi}{\partial \tilde{t}}\frac{d\tilde{t}}{dt} = \frac{\partial \Phi}{\partial \tilde{z}_1}\frac{d\tilde{z}_1}{dt} + \frac{\partial \Phi}{\partial \tilde{z}_2}\frac{d\tilde{z}_2}{dt} + \frac{\partial \Phi}{\partial \tilde{t}} \tag{6.15}$$

Die Integrationsgrenzen in Gleichung (6.14) dürfen nun als unabhängig von $\tilde{t}$ angesehen werden. Man erhält deshalb:

$$\frac{\partial \Phi}{\partial \tilde{t}} = \frac{\partial}{\partial \tilde{t}} \int_{\tilde{z}_1}^{\tilde{z}_2} f(z, \tilde{t})\,dz = \int_{\tilde{z}_1}^{\tilde{z}_2} \frac{\partial f}{\partial \tilde{t}}(z, \tilde{t})\,dz$$

Mit der Kettenregel[2]

$$\frac{\partial f}{\partial t}(z,t) = \frac{\partial f}{\partial z}(z,\tilde{t})\frac{\partial z}{\partial t} + \frac{\partial f}{\partial \tilde{t}}(z,\tilde{t})\frac{\partial \tilde{t}}{\partial t} = \frac{\partial f}{\partial \tilde{t}}(z,\tilde{t})$$

folgt hieraus:

$$\frac{\partial \Phi}{\partial \tilde{t}} = \int_{z_1(t)}^{z_2(t)} \frac{\partial f}{\partial t}(z,t)\,dz$$

---

[2] Zu beachten ist, daß z nicht von t abhängt, was auf $\frac{\partial z}{\partial t} = 0$ führt. Deshalb mußte hier auch keine neue Variable $\tilde{z}$ eingeführt werden.

6.4. DIFFERENTIATION VON PARAMETERINTEGRALEN

Die Differentiation nach der oberen Integrationsgrenze hebt nach dem Hauptsatz der Differential- und Integralrechnung die Integration auf:

$$\frac{\partial \Phi}{\partial \tilde{z}_2} = \frac{\partial}{\partial \tilde{z}_2} \int_{\tilde{z}_1}^{\tilde{z}_2} f(z,\tilde{t})\, dz = f(\tilde{z}_2,\tilde{t}) = f(z_2(t),t)$$

Die untere Integralgrenze kann durch Vorzeichenwechsel zur oberen gemacht werden, so daß dann genauso verfahren werden kann:

$$\frac{\partial \Phi}{\partial \tilde{z}_1} = \frac{\partial}{\partial \tilde{z}_1} \int_{\tilde{z}_1}^{\tilde{z}_2} f(z,\tilde{t})\, dz = -\frac{\partial}{\partial \tilde{z}_1} \int_{\tilde{z}_2}^{\tilde{z}_1} f(z,\tilde{t})\, dz = -f(\tilde{z}_1,\tilde{t}) = -f(z_1(t),t)$$

Setzt man die letzten drei Teilergebnisse in Gleichung (6.15) ein, so erhält man:

$$\frac{d\Phi}{dt} = \frac{d}{dt} \int_{z_1(t)}^{z_2(t)} f(z,t)\, dz = \int_{z_1(t)}^{z_2(t)} \dot{f}(z,t)\, dz + \frac{dz_2}{dt} f(z_2(t),t) - \frac{dz_1}{dt} f(z_1(t),t) \qquad (6.16)$$

Es sind also zwei Zusatzterme zu berücksichtigen, wenn die Integrationsgrenzen vom Parameter abhängen.

Wenn man die hier vorgestellte Herleitung unter Berücksichtigung aller nötigen Voraussetzungen wiederholt, stellt man normalerweise die folgenden Bedingungen:

- $z_1(t)$ und $z_2(t)$ sind stetig differenzierbar bezüglich t.
- $f(z,t)$ sowie $\dot{f}(z,t)$ sind stetig bezüglich z und t.

Für unsere Anwendungen sind diese Anforderungen etwas zu streng. Die Stetigkeit von $f(z,t)$ und $\dot{f}(z,t)$ bezüglich z kann man nämlich noch etwas einschränken. Wir nehmen dazu an, daß $f(z,t)$ und $\dot{f}(z,t)$ eine Unstetigkeitsstelle bei $z = z_0$ besitzen, wobei für alle t die Ungleichung $z_1(t) < z_0 < z_2(t)$ gelten soll. Die Unstetigkeitsstelle z_0 sei unabhängig von t. Die Unstetigkeit komme dadurch zustande, daß

$$f(z,t) = \begin{cases} f_1(z,t) & \text{für } z < z_0 \\ f_2(z,t) & \text{für } z > z_0 \end{cases}$$

gelte, wobei $f_1(z,t)$ und $f_2(z,t)$ auf ihren Definitionsbereichen stetig sind. Unter diesen Bedingungen gilt

$$\int_{z_1(t)}^{z_2(t)} f(z,t)\, dz = \int_{z_1(t)}^{z_0} f_1(z,t)\, dz + \int_{z_0}^{z_2(t)} f_2(z,t)\, dz.$$

Da f_1 und f_2 die obigen Stetigkeitsforderungen erfüllen, kann man zweimal Gleichung (6.16) anwenden, so daß man

$$\frac{d}{dt}\int_{z_1(t)}^{z_2(t)} f(z,t)\,dz = \int_{z_1(t)}^{z_0} \dot{f}_1(z,t)\,dz - \frac{dz_1}{dt}f_1(z_1(t),t) + \int_{z_0}^{z_2(t)} \dot{f}_2(z,t)\,dz + \frac{dz_2}{dt}f_2(z_2(t),t)$$

erhält. Die rechte Seite kann man gemäß

$$\frac{d}{dt}\int_{z_1(t)}^{z_2(t)} f(z,t)\,dz = \int_{z_1(t)}^{z_2(t)} \dot{f}(z,t)\,dz + \frac{dz_2}{dt}f(z_2(t),t) - \frac{dz_1}{dt}f(z_1(t),t)$$

zusammenfassen, so daß man feststellt, daß Gleichung (6.16) auch unter den hier angegebenen Bedingungen gilt. Diese lauten zusammengefaßt:

- $z_1(t)$ und $z_2(t)$ sind stetig differenzierbar bezüglich t.
- $f(z,t)$ sowie $\dot{f}(z,t)$ sind stetig bezüglich t.
- $f(z,t)$ sowie $\dot{f}(z,t)$ dürfen eine Unstetigkeitsstelle $z = z_0$ besitzen, die aber für alle t im Integrationsintervall (zwischen $z_1(t)$ und $z_2(t)$) liegen muß und nicht von t abhängen darf.

6.5 Konzentrierte Bauelemente in der Feldtheorie

6.5.1 Energie, Spannung und Ladung im elektrostatischen Feld

In Abschnitt 1.3.11.1 wurde gezeigt, daß für homogene, ladungsfreie Medien die Gleichung (1.227) gilt, die für Kondensatoren den Zusammenhang zwischen Energie, Spannung und Ladung vermittelt.

Diese Herleitung wollen wir nun auf inhomogene Medien erweitern. Hierzu müssen wir zunächst die Grundgleichungen der Elektrostatik verallgemeinern.

Ausgangspunkt sind wie in Abschnitt 1.3.1.1 die Gleichungen (1.122) und (1.123), die wir gleich für den ladungsfreien Raum spezialisieren:

$$rot\,\vec{E} = 0$$
$$div\,\vec{D} = 0$$

Die erste Gleichung erfüllen wir wieder implizit mit dem Ansatz

$$\vec{E} = -grad\,\Phi.$$

Setzt man dies in die zweite Gleichung ein, so folgt:

$$div\,(\epsilon\,grad\,\Phi) = 0$$

6.5. KONZENTRIERTE BAUELEMENTE IN DER FELDTHEORIE

Mit Gleichung (1.8) folgt:

$$\epsilon \, div \, grad \, \Phi + (grad \, \Phi) \cdot (grad \, \epsilon) = 0$$

$$\Rightarrow \epsilon \, \Delta \Phi + (grad \, \Phi) \cdot (grad \, \epsilon) = 0 \tag{6.17}$$

Diese Gleichung stellt somit in der Elektrostatik die Verallgemeinerung der Laplacegleichung dar, wenn in ladungsfreien Gebieten statt eines homogenen Dielektrikums ein inhomogenes vorliegt.

Doch nun zur eigentlichen Herleitung der Formel (1.227). Offenbar benötigen wir eine Art Verallgemeinerung der Greenschen Formel, da wir uns wünschen würden, anstelle des Integrals

$$\int_V (grad \, \Phi) \cdot (grad \, \Phi) \, dV$$

das Integral

$$\int_V \epsilon \, (grad \, \Phi) \cdot (grad \, \Phi) \, dV$$

vorzufinden. Wir rekapitulieren deshalb die Herleitung der ersten Greenschen Formel aus Aufgabe 1.11. Ausgangspunkt war Gleichung (1.8):

$$div \left(\Phi \, \vec{V} \right) = \Phi \, div \, \vec{V} + \vec{V} \cdot grad \, \Phi$$

Wir setzen $\vec{V} = grad \, \Phi$ und erhalten:

$$div \left(\Phi \, grad \, \Phi \right) = \Phi \, \Delta \Phi + (grad \, \Phi) \cdot (grad \, \Phi)$$

Um den gewünschten Integranden zu erhalten, multiplizieren wir mit ϵ:

$$\epsilon \, div \left(\Phi \, grad \, \Phi \right) = \epsilon \, \Phi \, \Delta \Phi + \epsilon \, (grad \, \Phi) \cdot (grad \, \Phi)$$

Aus Gleichung (1.8) folgt

$$\epsilon \, div \, \vec{V_0} = div \left(\epsilon \, \vec{V_0} \right) - \vec{V_0} \cdot grad \, \epsilon,$$

was wir auf der linken Seite für $\vec{V_0} = \Phi \, grad \, \Phi$ einsetzen:

$$div \left(\epsilon \, \Phi \, grad \, \Phi \right) - \Phi \, (grad \, \Phi) \cdot (grad \, \epsilon) = \epsilon \, \Phi \, \Delta \Phi + \epsilon \, (grad \, \Phi) \cdot (grad \, \Phi)$$

Auf der rechten Seite können wir die mit Φ multiplizierte Gleichung (6.17) einsetzen:

$$div \left(\epsilon \, \Phi \, grad \, \Phi \right) - \Phi \, (grad \, \Phi) \cdot (grad \, \epsilon) = -\Phi \, (grad \, \Phi) \cdot (grad \, \epsilon) + \epsilon \, (grad \, \Phi) \cdot (grad \, \Phi)$$

$$\Rightarrow div \left(\epsilon \, \Phi \, grad \, \Phi \right) = \epsilon \, (grad \, \Phi) \cdot (grad \, \Phi)$$

Wir wenden den Gaußschen Satz (1.58) an und erhalten:

$$\oint_{\partial V} \epsilon \, \Phi \, (grad \, \Phi) \cdot d\vec{A} = \int_V \epsilon \, (grad \, \Phi) \cdot (grad \, \Phi) \, dV$$

Setzt man nun wieder $\vec{E} = -grad\ \Phi$ und $\vec{D} = \epsilon \vec{E}$, so folgt:

$$-\oint_{\partial V} \Phi\, \vec{D} \cdot d\vec{A} = \int_V \vec{D} \cdot \vec{E}\, dV \qquad (6.18)$$

Dies entspricht in der Tat der Gleichung (1.227), die wir nur für konstante ϵ hergeleitet hatten. Ausgehend von der nun verallgemeinerten Form kann man das Gebiet V wieder wie in Abschnitt 1.3.11.1 wählen, die auf den Flächen A_1 und A_2 konstanten Potentiale vor das jeweilige Integral ziehen, um schließlich

$$-\Phi_1 \int_{A_1} \vec{D} \cdot d\vec{A} - \Phi_2 \int_{A_2} \vec{D} \cdot d\vec{A} = \int_V \vec{D} \cdot \vec{E}\, dV$$

und damit

$$-\Phi_1(-Q) - \Phi_2 Q = \int_V \vec{D} \cdot \vec{E}\, dV$$

zu erhalten. Man erhält für Kondensatoren im elektrostatischen Fall also folgenden Zusammenhang zwischen Energie, Ladung und Spannung:

$$W_{el} = \frac{1}{2} \int_V \vec{D} \cdot \vec{E}\, dV = \frac{1}{2} Q\, U$$

6.5.2 Verlustleistung, Spannung und Strom im stationären Strömungsfeld

Den Gleichungen

$$\begin{aligned} rot\ \vec{E} &= 0 \\ div\ \vec{D} &= 0 \\ \vec{D} &= \epsilon \vec{E} \\ \vec{E} &= -grad\ \Phi \end{aligned}$$

der Elektrostatik stehen beim stationären Strömungsfeld die Gleichungen

$$\begin{aligned} rot\ \vec{E} &= 0 \\ div\ \vec{J} &= 0 \\ \vec{J} &= \kappa \vec{E} \\ \vec{E} &= -grad\ \Phi \end{aligned}$$

gegenüber (s. Abschnitt 1.3.1.2 bzw. Tabelle 1.6 auf Seite 71).

6.5. KONZENTRIERTE BAUELEMENTE IN DER FELDTHEORIE

Wir sehen also, daß lediglich $\vec{D}$ durch $\vec{J}$ und ϵ durch κ zu ersetzen ist. Dies können wir auch in der Herleitung des vorangegangenen Abschnitts tun, so daß wir anstelle von Gleichung (6.18) folgendes Ergebnis erhalten:

$$-\oint_{\partial V} \Phi \, \vec{J} \cdot d\vec{A} = \int_V \vec{J} \cdot \vec{E} \, dV \tag{6.19}$$

Während bei der Elektrostatik das Gebiet V ladungsfrei sein mußte, damit $div \, \vec{D} = 0$ gilt, ist beim stationären Strömungsfeld keine solche Einschränkung vorhanden. Die entsprechende Gleichung $div \, \vec{J} = 0$ ist hier immer erfüllt.

Der aus Gleichung (6.19) folgende Zusammenhang zwischen Verlustleistung, Spannung und Strom wird in Aufgabe 1.15 behandelt.

6.5.3 Energie, Magnetischer Fluß und Strom in der Magnetostatik

Den Gleichungen

$$rot \, \vec{E} = 0$$
$$div \, \vec{D} = 0$$
$$\vec{D} = \epsilon \vec{E}$$
$$\vec{E} = -grad \, \Phi$$

der Elektrostatik stehen in der Magnetostatik für stromfreie Gebiete die Gleichungen

$$rot \, \vec{H} = 0$$
$$div \, \vec{B} = 0$$
$$\vec{B} = \mu \vec{H}$$
$$\vec{H} = -grad \, \Psi$$

gegenüber (s. Abschnitt 1.3.1.3 bzw. Tabelle 1.6 auf Seite 71).

Beide Theorien lassen sich also durch Ersetzen von $\vec{E}$ durch $\vec{H}$, $\vec{D}$ durch $\vec{B}$, ϵ durch μ und Φ durch Ψ ineinander überführen. Aus Gleichung (6.18) folgt deshalb:

$$-\oint_{\partial V} \Psi \, \vec{B} \cdot d\vec{A} = \int_V \vec{B} \cdot \vec{H} \, dV \tag{6.20}$$

Setzen wir voraus, daß das Gebiet V unter Berücksichtigung von Regel 1.2 wie in Abbildung 1.11 gewählt wird, so kommt man zu denselben Schlüssen wie in Abschnitt 1.3.11.3: Nur die Integrale über die Flächen A_2 und A_3 müssen beim ersten Integral berücksichtigt werden, und Ψ ist auf diesen Flächen jeweils konstant. Man erhält deshalb:

$$-\Psi_2 \int_{A_2} \vec{B} \cdot d\vec{A} - \Psi_3 \int_{A_3} \vec{B} \cdot d\vec{A} = \int_V \vec{B} \cdot \vec{H} \, dV$$

Das erste Flächenintegral ist wieder gleich dem magnetischen Fluß Φ, das zweite gleich $-\Phi$. Somit gilt:
$$-\Psi_2 \Phi + \Psi_3 \Phi = \int_V \vec{B} \cdot \vec{H} \, dV$$
Für die Potentialdifferenz gilt wie in Abschnitt 1.3.11.3 die Beziehung $-I = \Psi_2 - \Psi_3$:
$$\int_V \vec{B} \cdot \vec{H} \, dV = I \, \Phi$$
Wir erhalten also
$$W_{magn} = \frac{1}{2} I \, \Phi,$$
was jetzt auch für ortsabhängige μ gezeigt ist.

6.6 Umkehrfunktion einer analytischen Funktion

In diesem Abschnitt soll gezeigt werden, daß die Umkehrfunktion einer analytischen Funktion $w(z)$ ebenfalls eine analytische Funktion ist. Die analytische Funktion $w(z)$ sei gegeben durch
$$u = u(x, y) \quad \text{und} \quad v = v(x, y), \tag{6.21}$$
wobei $z = x + jy$ und $w = u + jv$ gesetzt wurde. Die Umkehrabbildung ist dann durch
$$x = x(u, v) \tag{6.22}$$
$$y = y(u, v) \tag{6.23}$$
gegeben. Wir differenzieren Gleichung (6.22) zunächst nach x und danach nach y und erhalten jeweils unter Berücksichtigung der Gleichungen (6.21):
$$1 = \frac{\partial x}{\partial u} \frac{\partial u}{\partial x} + \frac{\partial x}{\partial v} \frac{\partial v}{\partial x} \tag{6.24}$$
$$0 = \frac{\partial x}{\partial u} \frac{\partial u}{\partial y} + \frac{\partial x}{\partial v} \frac{\partial v}{\partial y} \tag{6.25}$$
Nun differenzieren wir Gleichung (6.23) ebenfalls zunächst nach x und danach nach y und erhalten:
$$0 = \frac{\partial y}{\partial u} \frac{\partial u}{\partial x} + \frac{\partial y}{\partial v} \frac{\partial v}{\partial x} \tag{6.26}$$
$$1 = \frac{\partial y}{\partial u} \frac{\partial u}{\partial y} + \frac{\partial y}{\partial v} \frac{\partial v}{\partial y} \tag{6.27}$$
Nun wird Gleichung (6.24) mit $\frac{\partial u}{\partial y}$ und Gleichung (6.25) mit $\frac{\partial u}{\partial x}$ multipliziert und die Differenz der beiden resultierenden Gleichungen gebildet:
$$\frac{\partial u}{\partial y} = \left(\frac{\partial u}{\partial y} \frac{\partial v}{\partial x} - \frac{\partial u}{\partial x} \frac{\partial v}{\partial y} \right) \frac{\partial x}{\partial v}$$

6.6. UMKEHRFUNKTION EINER ANALYTISCHEN FUNKTION

Unter Benutzung der Cauchy-Riemannschen Differentialgleichungen

$$\frac{\partial u}{\partial x} = \frac{\partial v}{\partial y}, \quad \frac{\partial u}{\partial y} = -\frac{\partial v}{\partial x}$$

und der Definition (2.26)

$$g = \left[\left(\frac{\partial u}{\partial x}\right)^2 + \left(\frac{\partial u}{\partial y}\right)^2\right]^{-2}$$

erhält man:

$$\frac{\partial u}{\partial y} = -\frac{1}{\sqrt{g}} \frac{\partial x}{\partial v} \tag{6.28}$$

Als nächstes wird Gleichung (6.24) mit $\frac{\partial v}{\partial y}$ und Gleichung (6.25) mit $\frac{\partial v}{\partial x}$ multipliziert und die Differenz der beiden resultierenden Gleichungen gebildet:

$$\frac{\partial v}{\partial y} - \left(\frac{\partial v}{\partial y}\frac{\partial u}{\partial x} - \frac{\partial v}{\partial x}\frac{\partial u}{\partial y}\right)\frac{\partial x}{\partial u}$$

$$\Rightarrow \frac{\partial v}{\partial y} = \frac{1}{\sqrt{g}} \frac{\partial x}{\partial u} \tag{6.29}$$

Multiplizieren von Gleichung (6.26) mit $\frac{\partial u}{\partial y}$ und Gleichung (6.27) mit $\frac{\partial u}{\partial x}$ und Bilden der Differenz liefert:

$$-\frac{\partial u}{\partial x} = \left(\frac{\partial u}{\partial y}\frac{\partial v}{\partial x} - \frac{\partial u}{\partial x}\frac{\partial v}{\partial y}\right)\frac{\partial y}{\partial v}$$

$$\Rightarrow \frac{\partial u}{\partial x} = \frac{1}{\sqrt{g}} \frac{\partial y}{\partial v} \tag{6.30}$$

Multiplizieren von Gleichung (6.26) mit $\frac{\partial v}{\partial y}$ und Gleichung (6.27) mit $\frac{\partial v}{\partial x}$ und Bilden der Differenz liefert:

$$-\frac{\partial v}{\partial x} = \left(\frac{\partial v}{\partial y}\frac{\partial u}{\partial x} - \frac{\partial v}{\partial x}\frac{\partial u}{\partial y}\right)\frac{\partial y}{\partial u}$$

$$\Rightarrow \frac{\partial v}{\partial x} = -\frac{1}{\sqrt{g}} \frac{\partial y}{\partial u} \tag{6.31}$$

Gemäß Abschnitt 2.3.2 können die Faktoren $g^{-1/2}$ für $w'(z) \neq 0$ nicht gleich null sein. Wendet man in diesem Falle die für $w(z)$ geltenden Cauchy-Riemannschen Differentialgleichungen auf die Gleichungen (6.30) und (6.29) bzw. auf die Gleichungen (6.28) und (6.31) an, so erhält man jeweils

$$\frac{\partial x}{\partial u} = \frac{\partial y}{\partial v}, \quad \frac{\partial x}{\partial v} = -\frac{\partial y}{\partial u}. \tag{6.32}$$

Dies sind die Cauchy-Riemannschen Differentialgleichungen für die Umkehrabbildung $z(w)$. Beachtet man noch die Stetigkeit der Differentialquotienten, so ist gezeigt, daß die Umkehrabbildung $z(w)$ einer analytischen Funktion $w(z)$ wieder analytisch ist, wenn $w'(z) \neq 0$ gilt.

Abschließend soll untersucht werden, wie sich die gemäß Gleichung (2.26)

$$g = \left[\left(\frac{\partial u}{\partial x}\right)^2 + \left(\frac{\partial u}{\partial y}\right)^2\right]^{-2}$$

definierte Größe g transformiert, wenn man statt $w(z)$ die Umkehrfunktion $z(w)$ betrachtet. Bei der Umkehrfunktion nimmt x die Rolle von u, u die Rolle von x und v die Rolle von y ein. Konsequenterweise muß man für g die Definition

$$\tilde{g} = \left[\left(\frac{\partial x}{\partial u}\right)^2 + \left(\frac{\partial x}{\partial v}\right)^2\right]^{-2} \tag{6.33}$$

heranziehen, wobei die Tilde kennzeichnen soll, daß sich g nun auf die Umkehrfunktion bezieht.

Wegen Gleichung (6.30) gilt unter Zuhilfenahme der Cauchy-Riemannschen Differentialgleichungen (6.32):

$$\frac{\partial u}{\partial x} = \frac{1}{\sqrt{g}} \frac{\partial y}{\partial v} = \frac{1}{\sqrt{g}} \frac{\partial x}{\partial u}$$

Gemäß Gleichung (6.28) gilt:

$$\frac{\partial u}{\partial y} = -\frac{1}{\sqrt{g}} \frac{\partial x}{\partial v}$$

Setzt man diese beiden Beziehungen in Gleichung (2.26) ein, so erhält man:

$$g = \left[\frac{1}{g}\left(\frac{\partial x}{\partial u}\right)^2 + \frac{1}{g}\left(\frac{\partial x}{\partial v}\right)^2\right]^{-2} = g^2 \left[\left(\frac{\partial x}{\partial u}\right)^2 + \left(\frac{\partial x}{\partial v}\right)^2\right]^{-2}$$

Ein Vergleich mit Gleichung (6.33) zeigt, daß

$$\tilde{g} = \frac{1}{g}$$

gilt. Die für eine Umkehrfunktion $z(w)$ bestimmte Größe g liefert also stets den Kehrwert der für die Funktion $w(z)$ berechneten Größe g.

6.7 Transformation der Basisvektoren bei konformen Abbildungen

In Abschnitt 6.1 wurden die Basisvektoren $\vec{e}_u$ und $\vec{e}_v$ in Abhängigkeit von $\vec{e}_x$ und $\vec{e}_y$ bestimmt, wobei vorausgesetzt wurde, daß die partiellen Ableitungen von x und y nach u bzw. v bekannt

6.7. TRANSFORMATION DER BASISVEKTOREN

sind. In diesem Abschnitt soll nun umgekehrt $\vec{e}_x$ und $\vec{e}_y$ in Abhängigkeit von $\vec{e}_u$ und $\vec{e}_v$ bestimmt werden, wobei die partiellen Ableitungen von u und v nach x bzw. y bekannt sein sollen.

Hierzu setzen wir $\frac{\partial x}{\partial u}$ aus Gleichung (6.29) und $\frac{\partial y}{\partial u}$ aus Gleichung (6.31) in Gleichung (6.3) ein:

$$\vec{e}_u = \frac{\frac{\partial v}{\partial y}\vec{e}_x - \frac{\partial v}{\partial x}\vec{e}_y}{\sqrt{\left(\frac{\partial v}{\partial y}\right)^2 + \left(\frac{\partial v}{\partial x}\right)^2}}$$

$$\Rightarrow g^{-1/4}\vec{e}_u = \frac{\partial v}{\partial y}\vec{e}_x - \frac{\partial v}{\partial x}\vec{e}_y \qquad (6.34)$$

Hierbei wurde von der Definition

$$g = \left[\left(\frac{\partial u}{\partial x}\right)^2 + \left(\frac{\partial u}{\partial y}\right)^2\right]^{-2}$$

und den Cauchy-Riemannschen Differentialgleichungen Gebrauch gemacht. Setzt man $\frac{\partial x}{\partial v}$ aus Gleichung (6.28) und $\frac{\partial y}{\partial v}$ aus Gleichung (6.30) in Gleichung (6.4) ein, so erhält man:

$$\vec{e}_v = \frac{-\frac{\partial u}{\partial y}\vec{e}_x + \frac{\partial u}{\partial x}\vec{e}_y}{\sqrt{\left(\frac{\partial u}{\partial x}\right)^2 + \left(\frac{\partial u}{\partial y}\right)^2}}$$

$$\Rightarrow g^{-1/4}\vec{e}_v = -\frac{\partial u}{\partial y}\vec{e}_x + \frac{\partial u}{\partial x}\vec{e}_y \qquad (6.35)$$

Nun multiplizieren wir Gleichung (6.34) mit $\frac{\partial u}{\partial x}$ und Gleichung (6.35) mit $\frac{\partial v}{\partial x}$ und bilden die Summe der beiden Gleichungen:

$$g^{-1/4}\left(\frac{\partial u}{\partial x}\vec{e}_u + \frac{\partial v}{\partial x}\vec{e}_v\right) = \left(\frac{\partial u}{\partial x}\frac{\partial v}{\partial y} - \frac{\partial v}{\partial x}\frac{\partial u}{\partial y}\right)\vec{e}_x$$

$$\Rightarrow \vec{e}_x = g^{1/4}\left(\frac{\partial u}{\partial x}\vec{e}_u + \frac{\partial v}{\partial x}\vec{e}_v\right)$$

Durch Vergleich mit Geichung (6.3) stellt man fest, daß man einfach u mit x und v mit y vertauschen kann. Das gleiche gilt für $\vec{e}_y$: Wenn man Gleichung (6.34) mit $\frac{\partial u}{\partial y}$ und Gleichung (6.35) mit $\frac{\partial v}{\partial y}$ multipliziert und die Summe bildet, so erhält man:

$$g^{-1/4}\left(\frac{\partial u}{\partial y}\vec{e}_u + \frac{\partial v}{\partial y}\vec{e}_v\right) = \left(-\frac{\partial u}{\partial y}\frac{\partial v}{\partial x} + \frac{\partial v}{\partial y}\frac{\partial u}{\partial x}\right)\vec{e}_y$$

$$\Rightarrow \vec{e}_y = g^{1/4}\left(\frac{\partial u}{\partial y}\vec{e}_u + \frac{\partial v}{\partial y}\vec{e}_v\right)$$

Obwohl wir ursprünglich davon ausgegangen waren, daß x und y die Koordinaten eines kartesischen Koordinatensystems sind und daß u und v durch Transformation daraus entstehen, zeigt sich jetzt, daß man zur Berechnung der Basisvektoren auch annehmen darf, daß u und v ein kartesisches Koordinatensystem bilden. Im übrigen folgt aus den Gleichungen (6.34) und (6.35) $\vec{e}_u \cdot \vec{e}_v = 0$, so daß man u und v in der Tat als kartesische Koordinaten interpretieren darf.

6.8 Verschiedene konforme Abbildungen

In diesem Abschnitt soll für verschiedene Funktionen $w(z)$, die eine komplexe Zahl $z = x + jy$ auf eine andere komplexe Zahl $w = u + jv$ abbilden, gezeigt werden, daß es sich um analytische Funktionen handelt. Dann ist nämlich klar, daß die Funktion in allen Punkten z_0, für die $w'(z_0) \neq 0$ gilt, eine konforme Abbildung vermittelt.

6.8.1 Potenzfunktion

Wir beginnen mit der Funktion $w(z) = z^n$, wobei n eine reelle Zahl sein soll. Die Funktion beinhaltet also beispielsweise auch $w(z) = \sqrt{z}$, wenn man $n = 1/2$ setzt. Man kann $z = x + jy$ in Betrag

$$r = \sqrt{x^2 + y^2} \tag{6.36}$$

und Winkel

$$\varphi = arctan\left(\frac{y}{x}\right) \tag{6.37}$$

zerlegen und erhält:

$$z = r\, e^{j\varphi}$$

Daraus folgt

$$w(z) = r^n\, e^{jn\varphi}.$$

Zerlegen in Real- und Imaginärteil liefert:

$$u = r^n\, cos(n\varphi), \qquad v = r^n\, sin(n\varphi) \tag{6.38}$$

Wir bilden nun die vier möglichen ersten Ableitungen, um die Cauchy-Riemannschen Differentialgleichungen überprüfen zu können:

$$\frac{\partial u}{\partial x} = \frac{\partial u}{\partial r}\frac{\partial r}{\partial x} + \frac{\partial u}{\partial \varphi}\frac{\partial \varphi}{\partial x} \tag{6.39}$$

$$\frac{\partial u}{\partial y} = \frac{\partial u}{\partial r}\frac{\partial r}{\partial y} + \frac{\partial u}{\partial \varphi}\frac{\partial \varphi}{\partial y} \tag{6.40}$$

$$\frac{\partial v}{\partial x} = \frac{\partial v}{\partial r}\frac{\partial r}{\partial x} + \frac{\partial v}{\partial \varphi}\frac{\partial \varphi}{\partial x} \tag{6.41}$$

$$\frac{\partial v}{\partial y} = \frac{\partial v}{\partial r}\frac{\partial r}{\partial y} + \frac{\partial v}{\partial \varphi}\frac{\partial \varphi}{\partial y} \tag{6.42}$$

Zur Bestimmung der unbekannten Ableitungen erhalten wir aus den Gleichungen (6.36) und (6.37):

$$\frac{\partial r}{\partial x} = \frac{x}{\sqrt{x^2 + y^2}} = \frac{x}{r}$$

6.8. VERSCHIEDENE KONFORME ABBILDUNGEN

$$\frac{\partial r}{\partial y} = \frac{y}{\sqrt{x^2 + y^2}} = \frac{y}{r}$$

$$\frac{\partial \varphi}{\partial x} = \frac{1}{1 + \left(\frac{y}{x}\right)^2} \frac{-y}{x^2} = \frac{-y}{r^2}$$

$$\frac{\partial \varphi}{\partial y} = \frac{1}{1 + \left(\frac{y}{x}\right)^2} \frac{1}{x} = \frac{x}{r^2}$$

Aus den Gleichungen (6.38) folgt außerdem:

$$\frac{\partial u}{\partial r} = n\, r^{n-1}\, cos(n\varphi)$$

$$\frac{\partial u}{\partial \varphi} = -n\, r^n\, sin(n\varphi)$$

$$\frac{\partial v}{\partial r} = n\, r^{n-1}\, sin(n\varphi)$$

$$\frac{\partial v}{\partial \varphi} = n\, r^n\, cos(n\varphi)$$

Die letzten 8 Gleichungen lassen sich in die Gleichungen (6.39) bis (6.42) einsetzen, so daß man folgende Ausdrücke erhält:

$$\frac{\partial u}{\partial x} = n\, r^{n-2}\, (x\, cos(n\varphi) + y\, sin(n\varphi))$$

$$\frac{\partial u}{\partial y} = n\, r^{n-2}\, (y\, cos(n\varphi) - x\, sin(n\varphi))$$

$$\frac{\partial v}{\partial x} = n\, r^{n-2}\, (x\, sin(n\varphi) - y\, cos(n\varphi))$$

$$\frac{\partial v}{\partial y} = n\, r^{n-2}\, (y\, sin(n\varphi) + x\, cos(n\varphi))$$

Man sieht nun sofort, daß die Cauchy-Riemannschen Differentialgleichungen

$$\frac{\partial u}{\partial x} = \frac{\partial v}{\partial y}, \qquad \frac{\partial u}{\partial y} = -\frac{\partial v}{\partial x}$$

erfüllt sind. Da die partiellen Ableitungen stetig sind, ist $w(z) = z^n$ eine analytische Funktion.

6.8.2 Summe zweier analytischer Funktionen

Die Funktionen
$$c(x,y) = a(x,y) + j\, b(x,y)$$
und
$$h(x,y) = f(x,y) + j\, g(x,y)$$
seien analytisch, so daß die Beziehungen

$$\frac{\partial a}{\partial x} = \frac{\partial b}{\partial y} \tag{6.43}$$

$$\frac{\partial a}{\partial y} = -\frac{\partial b}{\partial x} \tag{6.44}$$

$$\frac{\partial f}{\partial x} = \frac{\partial g}{\partial y} \tag{6.45}$$

$$\frac{\partial f}{\partial y} = -\frac{\partial g}{\partial x} \tag{6.46}$$

gelten. Bildet man nun die Summe der beiden Funktionen, so erhält man

$$w = u(x,y) + j\, v(x,y) = c(x,y) + h(x,y)$$

mit
$$u(x,y) = a(x,y) + f(x,y)$$
und
$$v(x,y) = b(x,y) + g(x,y).$$

Damit erhält man:

$$\frac{\partial u}{\partial x} = \frac{\partial a}{\partial x} + \frac{\partial f}{\partial x}$$

$$\frac{\partial u}{\partial y} = \frac{\partial a}{\partial y} + \frac{\partial f}{\partial y}$$

$$\frac{\partial v}{\partial x} = \frac{\partial b}{\partial x} + \frac{\partial g}{\partial x}$$

$$\frac{\partial v}{\partial y} = \frac{\partial b}{\partial y} + \frac{\partial g}{\partial y}$$

Ersetzt man mit Hilfe der Gleichungen (6.43) bis (6.46) konsequent alle Ableitungen nach x durch solche nach y, so folgt:

$$\frac{\partial u}{\partial x} = \frac{\partial b}{\partial y} + \frac{\partial g}{\partial y}$$

$$\frac{\partial u}{\partial y} = \frac{\partial a}{\partial y} + \frac{\partial f}{\partial y}$$

6.8. VERSCHIEDENE KONFORME ABBILDUNGEN

$$\frac{\partial v}{\partial x} = -\frac{\partial a}{\partial y} - \frac{\partial f}{\partial y}$$

$$\frac{\partial v}{\partial y} = \frac{\partial b}{\partial y} + \frac{\partial g}{\partial y}$$

Wir erkennen also, daß für die Summenfunktion w ebenfalls die Cauchy-Riemannschen Differentialgleichungen

$$\frac{\partial u}{\partial x} = \frac{\partial v}{\partial y} \quad \text{und} \quad \frac{\partial u}{\partial y} = -\frac{\partial v}{\partial x}$$

erfüllt sind. Die Summe zweier analytischer Funktionen ergibt also wieder eine analytische Funktion.

6.8.3 Produkt zweier analytischer Funktionen

Wie im vorigen Abschnitt seien die Funktionen

$$c(x,y) = a(x,y) + j\, b(x,y)$$

und

$$h(x,y) = f(x,y) + j\, g(x,y)$$

analytisch, so daß die Beziehungen (6.43) bis (6.46) gelten. Bildet man nun das Produkt der beiden Funktionen, so erhält man

$$w = u(x,y) + j\, v(x,y) = c(x,y)\, h(x,y)$$

mit

$$u(x,y) = a(x,y)\, f(x,y) - b(x,y)\, g(x,y)$$

und

$$v(x,y) = a(x,y)\, g(x,y) + b(x,y)\, f(x,y).$$

Damit erhält man:

$$\frac{\partial u}{\partial x} = \frac{\partial a}{\partial x} f + a\frac{\partial f}{\partial x} - \frac{\partial b}{\partial x} g - b\frac{\partial g}{\partial x}$$

$$\frac{\partial u}{\partial y} = \frac{\partial a}{\partial y} f + a\frac{\partial f}{\partial y} - \frac{\partial b}{\partial y} g - b\frac{\partial g}{\partial y}$$

$$\frac{\partial v}{\partial x} = \frac{\partial a}{\partial x} g + a\frac{\partial g}{\partial x} + \frac{\partial b}{\partial x} f + b\frac{\partial f}{\partial x}$$

$$\frac{\partial v}{\partial y} = \frac{\partial a}{\partial y} g + a\frac{\partial g}{\partial y} + \frac{\partial b}{\partial y} f + b\frac{\partial f}{\partial y}$$

Ersetzt man mit Hilfe der Gleichungen (6.43) bis (6.46) konsequent alle Ableitungen nach x durch solche nach y, so folgt:

$$\frac{\partial u}{\partial x} = \frac{\partial b}{\partial y}f + a\frac{\partial g}{\partial y} + \frac{\partial a}{\partial y}g + b\frac{\partial f}{\partial y}$$
$$\frac{\partial u}{\partial y} = \frac{\partial a}{\partial y}f + a\frac{\partial f}{\partial y} - \frac{\partial b}{\partial y}g - b\frac{\partial g}{\partial y}$$
$$\frac{\partial v}{\partial x} = \frac{\partial b}{\partial y}g - a\frac{\partial f}{\partial y} - \frac{\partial a}{\partial y}f + b\frac{\partial g}{\partial y}$$
$$\frac{\partial v}{\partial y} = \frac{\partial a}{\partial y}g + a\frac{\partial g}{\partial y} + \frac{\partial b}{\partial y}f + b\frac{\partial f}{\partial y}$$

Wir erkennen also, daß für die Produktfunktion w ebenfalls die Cauchy-Riemannschen Differentialgleichungen

$$\frac{\partial u}{\partial x} = \frac{\partial v}{\partial y} \quad \text{und} \quad \frac{\partial u}{\partial y} = -\frac{\partial v}{\partial x}$$

erfüllt sind. Das Produkt zweier analytischer Funktionen ergibt also wieder eine analytische Funktion.

6.8.4 Verkettung zweier analytischer Funktionen

Wir betrachten nun die Verkettung

$$w(z) = h(c(z)),$$

wobei $h(a,b) = f(a,b) + j\,g(a,b)$ und $c(x,y) = a(x,y) + j\,b(x,y)$ analytisch sein sollen, so daß folgende Cauchy-Riemannschen Differentialgleichungen erfüllt sind:

$$\frac{\partial a}{\partial x} = \frac{\partial b}{\partial y} \tag{6.47}$$

$$\frac{\partial a}{\partial y} = -\frac{\partial b}{\partial x} \tag{6.48}$$

$$\frac{\partial f}{\partial a} = \frac{\partial g}{\partial b} \tag{6.49}$$

$$\frac{\partial f}{\partial b} = -\frac{\partial g}{\partial a} \tag{6.50}$$

Aufgrund der Kettenregel gilt:

$$\frac{\partial f}{\partial x} = \frac{\partial f}{\partial a}\frac{\partial a}{\partial x} + \frac{\partial f}{\partial b}\frac{\partial b}{\partial x}$$
$$\frac{\partial f}{\partial y} = \frac{\partial f}{\partial a}\frac{\partial a}{\partial y} + \frac{\partial f}{\partial b}\frac{\partial b}{\partial y}$$

6.8. VERSCHIEDENE KONFORME ABBILDUNGEN

$$\frac{\partial g}{\partial x} = \frac{\partial g}{\partial a}\frac{\partial a}{\partial x} + \frac{\partial g}{\partial b}\frac{\partial b}{\partial x}$$
$$\frac{\partial g}{\partial y} = \frac{\partial g}{\partial a}\frac{\partial a}{\partial y} + \frac{\partial g}{\partial b}\frac{\partial b}{\partial y}$$

Ersetzt man mit Hilfe der Gleichungen (6.47) bis (6.50) konsequent alle Ableitungen nach x durch solche nach y, und jene nach a durch solche nach b, so folgt:

$$\frac{\partial f}{\partial x} = \frac{\partial g}{\partial b}\frac{\partial b}{\partial y} - \frac{\partial f}{\partial b}\frac{\partial a}{\partial y}$$
$$\frac{\partial f}{\partial y} = \frac{\partial g}{\partial b}\frac{\partial a}{\partial y} + \frac{\partial f}{\partial b}\frac{\partial b}{\partial y}$$
$$\frac{\partial g}{\partial x} = -\frac{\partial f}{\partial b}\frac{\partial b}{\partial y} - \frac{\partial g}{\partial b}\frac{\partial a}{\partial y}$$
$$\frac{\partial g}{\partial y} = -\frac{\partial f}{\partial b}\frac{\partial a}{\partial y} + \frac{\partial g}{\partial b}\frac{\partial b}{\partial y}$$

Wir erkennen also, daß für die Verkettung w ebenfalls die Cauchy-Riemannschen Differentialgleichungen

$$\frac{\partial f}{\partial x} = \frac{\partial g}{\partial y} \quad \text{und} \quad \frac{\partial f}{\partial y} = -\frac{\partial g}{\partial x}$$

erfüllt sind. Die Verkettung zweier analytischer Funktionen ergibt also wieder eine analytische Funktion.

6.8.5 Polynome und rationale Funktionen

Die Funktion $w = u + jv$ ist trivialerweise analytisch, wenn u und v konstant sind, also nicht von x oder y abhängen, da dann alle partiellen Ableitungen verschwinden, so daß die Cauchy-Riemannschen Differentialgleichungen erfüllt sind.

Da das Produkt zweier analytischer Funktionen wieder eine analytische Funktion ergibt, ist dann auch das Produkt

$$c_i z^i$$

einer Potenzfunktion mit einem konstanten Faktor analytisch. Die Summe zweier analytischer Funktionen ergibt ebenfalls wieder eine analytische Funktion, so daß Polynome

$$c(z) = \sum_{i=0}^{n} c_i z^i$$

ebenfalls analytische Funktionen sind. Verkettet man nun ein solches Polynom mit der Potenzfunktion $h = c^{-1}$, so ergibt sich wegen des letzten Abschnitts die analytische Funktion

$$w(z) = \frac{1}{\sum_{i=0}^{n} c_i z^i}$$

Da das Produkt zweier analytischer Funktionen wieder eine analytische Funktion ergibt, führt das Produkt dieser Funktion mit einem anderen Polynom wieder auf eine analytische Funktion. Gebrochen rationale Funktionen sind also auch analytisch.

Indem man wiederholt Summen, Produkte und Verkettungen von Funktionen bildet, kann man für eine immer größer werdende Klasse von Funktionen zeigen, daß sie analytisch sind. Die in diesem Abschnitt gezeigten Herleitungen sind lediglich Beispiele, um zu zeigen, wie man die Holomorphie einer gegebenen Funktion nachweisen kann. Ist Holomorphie gezeigt, so läßt sich durch Überprüfen der zusätzlichen Bedingungen auch leicht feststellen, ob eine konforme Abbildung vorliegt.

6.9 Vollständige elliptische Integrale bei Anwendung der Schwarz-Christoffel-Transformation

In Abschnitt 2.3.7.2 wurde die reelle Achse mit Hilfe der Schwarz-Christoffel-Transformation auf ein Rechteck abgebildet. Die Transformationsvorschrift wurde mit Hilfe eines Integrales vom Typ

$$\xi(z) = \int_0^z \frac{dz}{\sqrt{z+\beta}\sqrt{z+\alpha}\sqrt{z-\alpha}\sqrt{z-\beta}} \tag{6.51}$$

dargestellt. Dieses Integral wollen wir für verschiedene spezielle Werte von z berechnen. Wie bereits in der Fußnote auf Seite 157 angemerkt wurde, besteht hierbei die Gefahr, leicht Vorzeichenfehler zu machen[3]. Deshalb muß bei der Berechnung der Integrale jedes Intervall einzeln betrachtet werden, damit beim Übergang zum reellen Zahlenbereich sichergestellt ist, daß die Wurzelargumente stets positiv bleiben.

Bevor wir damit beginnen, betrachten wir zunächst zwei hierfür benötigte Integrale.

Das erste Integral lautet:

$$\xi_1 = \int_0^\alpha \frac{dz}{\sqrt{(\alpha^2 - z^2)(\beta^2 - z^2)}} \tag{6.52}$$

Hier wie im folgenden wird vorausgesetzt, daß α und β positive reelle Zahlen sind und $\alpha < \beta$ gilt. Unter diesen Annahmen ist das Argument der Wurzel stets positiv.

Die Integrationsgrenzen lassen sich mit Hilfe der Variablensubstitution

$$u = \frac{z}{\alpha} \Rightarrow \frac{du}{dz} = \frac{1}{\alpha}$$

---

[3]Übrigens kann man das Integral in Gleichung (6.51) auch mit Hilfe der Umkehrfunktion $sn^{-1}(z)$ des sogenannten Sinus amplitudinis $sn(z)$ darstellen. Die in diesem Abschnitt zu berechnenden Integrale sind dann Funktionswerte dieser Umkehrfunktion. Allerdings besteht auch bei diesem Weg die Gefahr, Vorzeichenfehler zu begehen, da der Eindeutigkeitsbereich der Funktion nicht unbedingt dem benötigten Bildbereich entspricht. Deshalb wird in diesem Buch der Weg der Berechnung von Hand gewählt.

6.9. ELLIPTISCHE INTEGRALE; SCHWARZ-CHRISTOFFEL-TRANSFORMATION

auf die Werte 0 und 1 transformieren:

$$\xi_1 = \int_0^1 \frac{\alpha \, du}{\sqrt{(\alpha^2 - \alpha^2 u^2)(\beta^2 - \alpha^2 u^2)}} =$$

$$= \int_0^1 \frac{du}{\sqrt{(1 - u^2)(\beta^2 - \alpha^2 u^2)}} =$$

$$= \frac{1}{\beta} \int_0^1 \frac{du}{\sqrt{(1 - u^2)\left(1 - \frac{\alpha^2}{\beta^2} u^2\right)}}$$

Dieses Integral definiert man als „vollständiges elliptisches Integral erster Gattung"

$$K(k) = \int_0^1 \frac{dx}{\sqrt{(1 - x^2)(1 - k^2 x^2)}} \qquad \text{mit } 0 \le k \le 1.$$

Mit dieser Definition erhält man

$$\xi_1 = \frac{K(k)}{\beta} \qquad \text{mit } k = \frac{\alpha}{\beta}. \tag{6.53}$$

Das zweite Integral ähnelt dem ersten, wobei aber jetzt von α bis β integriert werden soll. Damit das Argument der Wurzel trotzdem stets positiv bleibt, muß statt $(\alpha^2 - z^2)$ jetzt $(z^2 - \alpha^2)$ betrachtet werden:

$$\xi_2 = \int_\alpha^\beta \frac{dz}{\sqrt{(\beta^2 - z^2)(z^2 - \alpha^2)}} \tag{6.54}$$

Auch hier wollen wir die Integrationsgrenzen in 0 bzw. 1 umwandeln. Hierfür bietet sich folgende Variablensubstitution an:

$$w^2 = \frac{\beta^2 - z^2}{\beta^2 - \alpha^2}$$

$$\Rightarrow w = \frac{\sqrt{\beta^2 - z^2}}{\sqrt{\beta^2 - \alpha^2}}$$

$$\Rightarrow \frac{dw}{dz} = \frac{-z}{\sqrt{\beta^2 - \alpha^2}\sqrt{\beta^2 - z^2}}$$

Die Umkehrtransformation lautet:

$$z = \sqrt{\beta^2 - w^2(\beta^2 - \alpha^2)}$$

Mit Hilfe dieser Formeln erhält man:

$$\begin{aligned}\xi_2 &= \int_1^0 \frac{-\sqrt{\beta^2 - \alpha^2}\, dw}{z\,\sqrt{z^2 - \alpha^2}} = \\ &= \int_1^0 \frac{-\sqrt{\beta^2 - \alpha^2}\, dw}{\sqrt{\beta^2 - w^2(\beta^2 - \alpha^2)}\sqrt{\beta^2 - \alpha^2 - w^2(\beta^2 - \alpha^2)}} = \\ &= \int_0^1 \frac{dw}{\sqrt{\beta^2 - w^2(\beta^2 - \alpha^2)}\sqrt{1 - w^2}} = \\ &= \frac{1}{\beta}\int_0^1 \frac{dw}{\sqrt{1 - w^2\left(1 - \frac{\alpha^2}{\beta^2}\right)}\sqrt{1 - w^2}}\end{aligned}$$

Das entstandene Integral läßt sich wieder mit Hilfe des vollständigen elliptischen Integrals erster Gattung darstellen, wobei allerdings der sogenannte komplementäre Modul

$$k' = \sqrt{1 - k^2} = \sqrt{1 - \frac{\alpha^2}{\beta^2}}$$

auftritt:

$$\xi_2 = \frac{K(k')}{\beta} \tag{6.55}$$

Nun kehren wir zu dem uns eigentlich interessierenden Integral $\xi(z)$ aus Gleichung (6.51) zurück. Wir wollen es zunächst für $z = \alpha$ auswerten. Hierzu klammern wir in jeder Wurzel, deren Argument negativ ist, den Faktor -1 aus und ziehen ihn als Hauptwert j vor die Wurzel. Auf diese Weise erhalten wir:

$$\begin{aligned}\xi(\alpha) &= \int_0^\alpha \frac{dz}{\sqrt{z + \beta}\sqrt{z + \alpha}\sqrt{z - \alpha}\sqrt{z - \beta}} = \\ &= \int_0^\alpha \frac{dz}{\sqrt{z + \beta}\sqrt{z + \alpha}\, j\, \sqrt{\alpha - z}\, j\, \sqrt{\beta - z}} = \\ &= \int_0^\alpha \frac{-dz}{\sqrt{(\beta^2 - z^2)(\alpha^2 - z^2)}}\end{aligned}$$

Wir erkennen unser Integral ξ_1 wieder und erhalten:

$$\xi(\alpha) = -\frac{K(k)}{\beta}$$

6.9. ELLIPTISCHE INTEGRALE; SCHWARZ-CHRISTOFFEL-TRANSFORMATION

Als nächstes interessiert uns der Wert von ξ an der Stelle β. Da zwischen 0 und β eine Singularität des Integranden liegt ($z = \alpha$), berechnen wir hierzu zunächst das Integral von α bis β. Auch hier klammern wir wieder in jeder Wurzel, deren Argument negativ ist, den Faktor -1 aus und ziehen ihn als imaginäre Einheit j vor die Wurzel:

$$\int_\alpha^\beta \frac{dz}{\sqrt{z+\beta}\sqrt{z+\alpha}\sqrt{z-\alpha}\sqrt{z-\beta}} = \int_\alpha^\beta \frac{dz}{\sqrt{z+\beta}\sqrt{z+\alpha}\sqrt{z-\alpha}\,j\,\sqrt{\beta-z}} =$$
$$= \int_\alpha^\beta \frac{dz}{j\,\sqrt{(\beta^2-z^2)(z^2-\alpha^2)}} =$$
$$= \frac{K(k')}{j\,\beta}$$

Im letzten Schritt haben wir das Integral aus Gleichung (6.54) wiedererkannt und seinen Wert aus Gleichung (6.55) eingesetzt. Da sich das Integral von 0 bis β als Summe des soeben berechneten Integrals (Grenzen α und β) und dem oben berechneten Integral $\xi(\alpha)$ (Grenzen 0 und α) darstellen läßt, erhalten wir:

$$\xi(\beta) = -\frac{K(k)}{\beta} - j\,\frac{K(k')}{\beta}$$

Als nächstes betrachten wir das Intervall von $-\alpha$ bis 0. Geht man völlig analog zu oben vor, so erhält man:

$$\int_{-\alpha}^0 \frac{dz}{\sqrt{z+\beta}\sqrt{z+\alpha}\sqrt{z-\alpha}\sqrt{z-\beta}} = \int_{-\alpha}^0 \frac{dz}{\sqrt{z+\beta}\sqrt{z+\alpha}\,j\,\sqrt{\alpha-z}\,j\,\sqrt{\beta-z}} =$$
$$= \int_0^{-\alpha} \frac{dz}{\sqrt{(\beta^2-z^2)(\alpha^2-z^2)}} =$$
$$= -\int_0^\alpha \frac{dv}{\sqrt{(\beta^2-v^2)(\alpha^2-v^2)}} =$$
$$= -\frac{K(k)}{\beta}$$

Im vorletzten Schritt haben wir die Variablensubstitution $v = -z$ durchgeführt, so daß im letzten Schritt das Integral ξ_1 auftrat.

Das berechnete Integral ist wegen der vertauschten Integrationsgrenzen gleich $-\xi(-\alpha)$, so daß weiter folgt:

$$\xi(-\alpha) = \frac{K(k)}{\beta}$$

Als letztes Intervall soll nun $(-\beta, -\alpha)$ betrachtet werden:

$$\begin{aligned}
\int_{-\beta}^{-\alpha} \frac{dz}{\sqrt{z+\beta}\sqrt{z+\alpha}\sqrt{z-\alpha}\sqrt{z-\beta}} &= \int_{-\beta}^{-\alpha} \frac{dz}{\sqrt{z+\beta}\, j\sqrt{-\alpha-z}\, j\sqrt{\alpha-z}\, j\sqrt{\beta-z}} = \\
&= \int_{-\beta}^{-\alpha} \frac{j\, dz}{\sqrt{(\beta^2-z^2)(z^2-\alpha^2)}} = \\
&= \int_{\beta}^{\alpha} \frac{-j\, dv}{\sqrt{(\beta^2-v^2)(v^2-\alpha^2)}} = \\
&= \int_{\alpha}^{\beta} \frac{j\, dv}{\sqrt{(\beta^2-v^2)(v^2-\alpha^2)}} = \\
&= j\,\frac{K(k')}{\beta}
\end{aligned}$$

Auch hier wurde wieder $v = -z$ substituiert, so daß im letzten Schritt das Integral ξ_2 auftrat.

Die beiden zuletzt berechneten Integrale von $-\beta$ bis $-\alpha$ und von $-\alpha$ bis 0 kann man addieren, so daß sich $-\xi(-\beta)$ ergibt:

$$\xi(-\beta) = \frac{K(k)}{\beta} - j\,\frac{K(k')}{\beta}$$

Faßt man die vier Teilergebnisse zusammen, so ergibt sich unter Verwendung der Abkürzungen $K = K(k)$ und $K' = K(k')$:

$$\xi(z) = \int_0^z \frac{dz}{\sqrt{z+\beta}\sqrt{z+\alpha}\sqrt{z-\alpha}\sqrt{z-\beta}} = \frac{1}{\beta}\cdot\begin{cases} K - jK' & \text{für } z = -\beta \\ K & \text{für } z = -\alpha \\ -K & \text{für } z = \alpha \\ -K - jK' & \text{für } z = \beta \end{cases} \quad (6.56)$$

6.10 Summationskonvention

In diesem Abschnitt soll kurz gezeigt werden, daß ein mit der Einsteinschen Summationskonvention (Regel 3.1) formuliertes Produkt alle Anforderungen erfüllt, die an gewöhnliche

6.10. SUMMATIONSKONVENTION

Produkte zu stellen sind. Hierbei ist darauf zu achten, daß alle denkbaren Indexpositionen und -kombinationen betrachtet werden:

- **Kommutativgesetz:** Es gilt $A_i B^i = B^i A_i$, denn ausführlich geschrieben gilt:

$$\sum_i A_i B^i = \sum_i B^i A_i$$

Wenn die Indizes von A und B unterschiedlich sind, wird ohnehin nicht summiert, so daß das Kommutativgesetz selbstverständlich ist.

- **Assoziativgesetz:** Wenn alle Indizes unterschiedlich sind, ist die Gültigkeit des Assoziativgesetzes selbstverständlich, da dann nicht summiert wird. Deshalb werden im folgenden nur die Fälle betrachtet, in denen je ein oberer und ein unterer Index gleich ist:

  – Es gilt
  $$A_i \left(B_k C^i \right) = \left(A_i B_k \right) C^i,$$
  denn ausführlich geschrieben gilt:
  $$\sum_i A_i \left(B_k C^i \right) = \sum_i \left(A_i B_k \right) C^i$$

  – Die gleiche Argumentation gilt für folgende Formen des Assoziativgesetzes:
  $$A_i \left(B^k C^i \right) = \left(A_i B^k \right) C^i$$
  $$A^i \left(B_k C_i \right) = \left(A^i B_k \right) C_i$$
  $$A^i \left(B^k C_i \right) = \left(A^i B_k \right) C_i$$

  – Es gilt
  $$A_k \left(B_i C^i \right) = \left(A_k B_i \right) C^i,$$
  denn ausführlich geschrieben gilt:
  $$A_k \sum_i \left(B_i C^i \right) = \sum_i A_k \left(B_i C^i \right) = \sum_i \left(A_k B_i \right) C^i$$

  Hierbei war es erlaubt, A_k unter die Summe zu ziehen, da A_k nicht von i abhängt.

  – Die gleiche Argumentation gilt für folgende Indexpositionen:
  $$A^k \left(B_i C^i \right) = \left(A^k B_i \right) C^i$$
  $$A_k \left(B^i C_i \right) = \left(A_k B^i \right) C_i$$
  $$A^k \left(B^i C_i \right) = \left(A^k B^i \right) C_i$$

  Damit sind alle 8 Varianten überprüft, bei denen jeweils zwei Indizes gleich sind.

- **Distributivgesetz:** Wenn alle Indizes unterschiedlich sind, ist die Gültigkeit des Distributivgesetzes selbstverständlich, da dann nicht summiert wird. Deshalb werden im folgenden nur die Fälle betrachtet, in denen je ein oberer und ein unterer Index gleich ist:

    – Es gilt
    $$A_i \left(B^i + C^i\right) = A_i B^i + A_i C^i,$$
    denn ausführlich geschrieben gilt:
    $$\sum_i A_i \left(B^i + C^i\right) = \sum_i \left(A_i B^i + A_i C^i\right) = \sum_i A_i B^i + \sum_i A_i C^i$$

    – Die gleiche Argumentation gilt für folgende Indexpositionen:
    $$A^i \left(B_i + C_i\right) = A^i B_i + A^i C_i$$

Wie man sieht, erfüllen Produkte, die mit der Einsteinschen Summationskonvention formuliert sind, stets alle Axiome der Multiplikation.

6.11 e^{ikl} bzw. e_{ikl} und g^{ik} bzw. g_{ik}

Gemäß Gleichung (3.77) wurde die Größe e^{ikl} als Spatprodukt der Basisvektoren $\vec{g}^i$ definiert:
$$e^{kli} = \vec{g}^k \cdot (\vec{g}^l \times \vec{g}^i)$$

Völlig analog kann man die Größe
$$e_{kli} = \vec{g}_k \cdot (\vec{g}_l \times \vec{g}_i) \tag{6.57}$$

definieren, was Gleichung (3.154) vorwegnimmt.

Die Darstellung (6.6) wenden wir nun auf e_{ikl} bzw. e^{mnp} an, wobei die Basisvektoren gemäß
$$\vec{g}_i = g_{ix}\vec{e}_x + g_{iy}\vec{e}_y + g_{iz}\vec{e}_z$$
bzw.
$$\vec{g}^m = g^m_x \vec{e}_x + g^m_y \vec{e}_y + g^m_z \vec{e}_z$$
in ihre kartesischen Komponenten zerlegt werden müssen:

$$e_{ikl} = \vec{g}_i \cdot (\vec{g}_k \times \vec{g}_l) = \det \mathbf{M_1} \quad \text{mit } \mathbf{M_1} = \begin{pmatrix} g_{ix} & g_{kx} & g_{lx} \\ g_{iy} & g_{ky} & g_{ly} \\ g_{iz} & g_{kz} & g_{lz} \end{pmatrix} \tag{6.58}$$

6.11. VOLLSTÄNDIG ANTISYMMETRISCHER TENSOR UND METRIKTENSOR

$$e^{mnp} = \vec{g}^m \cdot (\vec{g}^n \times \vec{g}^p) = det\, \mathbf{M_2} \quad \text{mit } \mathbf{M_2} = \begin{pmatrix} g_x^m & g_x^n & g_x^p \\ g_y^m & g_y^n & g_y^p \\ g_z^m & g_z^n & g_z^p \end{pmatrix}$$

Anhand dieser Darstellung sieht man, daß das Vertauschen zweier Indizes das Vorzeichen umkehrt, da dies dem Vertauschen zweier Zeilen bzw. Spalten in der Determinante entspricht. Zweifaches Vertauschen von Indizes läßt somit den Wert unverändert:

$$e_{ikl} = e_{lik} = e_{kli} = -e_{kil} = -e_{ilk} = -e_{lki} \tag{6.59}$$

$$e^{mnp} = e^{pmn} = e^{npm} = -e^{nmp} = -e^{mpn} = -e^{pnm}$$

Wir wollen nun das Produkt $e_{ikl}\, e^{mnp}$ näher untersuchen. Offenbar gilt:

$$e_{ikl}\, e^{mnp} = det\, \mathbf{M_1}\, det\, \mathbf{M_2}$$

Eine Matrix ändert ihre Determinante bekanntlich nicht, wenn man sie transponiert. Somit folgt weiter:

$$e_{ikl}\, e^{mnp} = det\, \mathbf{M_1^T}\, det\, \mathbf{M_2} = det\left(\mathbf{M_1^T\, M_2}\right)$$

Der Grund, warum wir die erste Matrix transponiert haben, wird deutlich, wenn man die Matrizen komplett hinschreibt:

$$e_{ikl}\, e^{mnp} = det\left[\begin{pmatrix} g_{ix} & g_{iy} & g_{iz} \\ g_{kx} & g_{ky} & g_{kz} \\ g_{lx} & g_{ly} & g_{lz} \end{pmatrix} \begin{pmatrix} g_x^m & g_x^n & g_x^p \\ g_y^m & g_y^n & g_y^p \\ g_z^m & g_z^n & g_z^p \end{pmatrix}\right]$$

Nun erkennt man nämlich, daß das Produkt der ersten Zeile der ersten Matrix mit der ersten Spalte der zweiten Matrix gleich dem Skalarprodukt von $\vec{g}_i$ mit $\vec{g}^m$ ist. Entsprechendes gilt für die übrigen Produkte. Es gilt also:

$$e_{ikl}\, e^{mnp} = det\left[\begin{pmatrix} \vec{g}_i \cdot \vec{g}^m & \vec{g}_i \cdot \vec{g}^n & \vec{g}_i \cdot \vec{g}^p \\ \vec{g}_k \cdot \vec{g}^m & \vec{g}_k \cdot \vec{g}^n & \vec{g}_k \cdot \vec{g}^p \\ \vec{g}_l \cdot \vec{g}^m & \vec{g}_l \cdot \vec{g}^n & \vec{g}_l \cdot \vec{g}^p \end{pmatrix}\right] = \begin{vmatrix} \delta_i^m & \delta_i^n & \delta_i^p \\ \delta_k^m & \delta_k^n & \delta_k^p \\ \delta_l^m & \delta_l^n & \delta_l^p \end{vmatrix}$$

Diese Determinante wollen wir für den Spezialfall auswerten, daß es sich bei l und m um den gleichen Index q handelt, also daß über q summiert wird:

$$e_{ikq}\, e^{qnp} = \begin{vmatrix} \delta_i^q & \delta_i^n & \delta_i^p \\ \delta_k^q & \delta_k^n & \delta_k^p \\ 3 & \delta_q^n & \delta_q^p \end{vmatrix}$$

$$= \delta_i^q \delta_k^n \delta_q^p + 3\delta_i^n \delta_k^p + \delta_i^p \delta_k^q \delta_q^n - \delta_i^q \delta_k^p \delta_q^n - \delta_i^n \delta_k^q \delta_q^p - 3\delta_i^p \delta_k^n$$
$$= \delta_i^p \delta_k^n + 3\delta_i^n \delta_k^p + \delta_i^p \delta_k^n - \delta_i^n \delta_k^p - \delta_i^n \delta_k^p - 3\delta_i^p \delta_k^n$$

$$\Rightarrow \boxed{e_{ikq}\, e^{qnp} = \delta_i^n \delta_k^p - \delta_i^p \delta_k^n} \tag{6.60}$$

Man kann die Komponenten e^{ikl} auch aus den Metrikkoeffizienten berechnen, wie im folgenden gezeigt wird. Wir setzen in Gleichung (6.58) $i = 1$, $k = 2$ und $l = 3$, so daß folgt:

$$e_{123} = det\ \mathbf{M_1}|_{(i,k,l)=(1,2,3)} = det \begin{pmatrix} g_{1x} & g_{2x} & g_{3x} \\ g_{1y} & g_{2y} & g_{3y} \\ g_{1z} & g_{2z} & g_{3z} \end{pmatrix} \tag{6.61}$$

Wie man leicht überprüft, läßt sich aus dieser Matrix die Matrix der Metrikkoeffizienten folgendermaßen konstruieren:

$$(g_{ik}) = \left(\mathbf{M_1}|_{(i,k,l)=(1,2,3)}\right)^T \cdot \left(\mathbf{M_1}|_{(i,k,l)=(1,2,3)}\right)$$

Bildet man die Determinante dieser Gleichung, so erhält man:

$$det(g_{ik}) = det\left(\mathbf{M_1}|_{(i,k,l)=(1,2,3)}\right)^T \cdot det\left(\mathbf{M_1}|_{(i,k,l)=(1,2,3)}\right)$$

Das Transponieren hat keinen Einfluß auf den Wert der Determinante:

$$det\,(g_{ik}) = \left[det\left(\mathbf{M_1}|_{(i,k,l)=(1,2,3)}\right)\right]^2$$

Mit Gleichung (6.61) folgt schließlich:

$$det\,(g_{ik}) = (e_{123})^2$$

Definiert man nun noch

$$g = det\,(g_{ik}),$$

so folgt:

$$e_{123} = \sqrt{g} \tag{6.62}$$

Beachtet man nun noch die Symmetrieeigenschaften (6.59), so erhält man:

$$e_{ikl} = \begin{cases} \sqrt{g} & \text{für } (i,k,l) = (1,2,3), (2,3,1), (3,1,2) \\ -\sqrt{g} & \text{für } (i,k,l) = (1,3,2), (3,2,1), (2,1,3) \\ 0 & \text{sonst} \end{cases} \tag{6.63}$$

6.11. VOLLSTÄNDIG ANTISYMMETRISCHER TENSOR UND METRIKTENSOR

Wäre man von der Matrix $\mathbf{M_2}$ anstelle von $\mathbf{M_1}$ ausgegangen, so hätte man auf völlig analogem Wege

$$\left(e^{123}\right)^2 = det\left(g^{ik}\right)$$

oder, mit Gleichung (3.24),

$$\left(e^{123}\right)^2 = det\left[(g_{ik})^{-1}\right] = [det(g_{ik})]^{-1} = \frac{1}{g}$$

erhalten. Es gilt also:

$$e^{ikl} = \begin{cases} \frac{1}{\sqrt{g}} & \text{für } (i,k,l) = (1,2,3), (2,3,1), (3,1,2) \\ -\frac{1}{\sqrt{g}} & \text{für } (i,k,l) = (1,3,2), (3,2,1), (2,1,3) \\ 0 & \text{sonst} \end{cases} \qquad (6.64)$$

Nachdem wir festgestellt haben, daß die Größe $\sqrt{g}$ eine zentrale Bedeutung hat, wollen wir sie näher untersuchen. Aus den Gleichungen (6.62) und (6.57) folgt:

$$\sqrt{g} = \vec{g}_1 \cdot (\vec{g}_2 \times \vec{g}_3) \qquad (6.65)$$

Wir interessieren uns nun für die Ableitung nach θ^i. Mit der Produktregel folgt:

$$\frac{\partial \sqrt{g}}{\partial \theta^i} = \frac{\partial \vec{g}_1}{\partial \theta^i} \cdot (\vec{g}_2 \times \vec{g}_3) + \vec{g}_1 \cdot \left(\frac{\partial \vec{g}_2}{\partial \theta^i} \times \vec{g}_3\right) + \vec{g}_1 \cdot \left(\vec{g}_2 \times \frac{\partial \vec{g}_3}{\partial \theta^i}\right)$$

Die Ableitungen der Basisvektoren erhalten wir gemäß Gleichung (3.56) aus

$$\frac{\partial \vec{g}_k}{\partial \theta^i} = \Gamma^m_{ki} \vec{g}_m,$$

so daß weiter folgt:

$$\frac{\partial \sqrt{g}}{\partial \theta^i} = \Gamma^m_{1i} \vec{g}_m \cdot (\vec{g}_2 \times \vec{g}_3) + \Gamma^m_{2i} \vec{g}_1 \cdot (\vec{g}_m \times \vec{g}_3) + \Gamma^m_{3i} \vec{g}_1 \cdot (\vec{g}_2 \times \vec{g}_m)$$

Das Spatprodukt ist immer dann gleich null, wenn zwei Vektoren im Spatprodukt gleich sind[4]. Somit bleibt von der ersten Summe nur der Term für $m = 1$, von der zweiten nur der für $m = 2$ und von der dritten nur der für $m = 3$ übrig:

$$\frac{\partial \sqrt{g}}{\partial \theta^i} = \Gamma^1_{1i} \vec{g}_1 \cdot (\vec{g}_2 \times \vec{g}_3) + \Gamma^2_{2i} \vec{g}_1 \cdot (\vec{g}_2 \times \vec{g}_3) + \Gamma^3_{3i} \vec{g}_1 \cdot (\vec{g}_2 \times \vec{g}_3)$$

---

[4]Im Spatprodukt dürfen die Vektoren zyklisch vertauscht werden, so daß man die beiden gleichen Vektoren ins Kreuzprodukt ziehen kann. Das Kreuzprodukt zweier gleicher Vektoren ist aber stets gleich null, so daß auch das Spatprodukt verschwindet.

Wir erhalten also mit Gleichung (6.65):

$$\frac{\partial \sqrt{g}}{\partial \theta^i} = \sqrt{g}\left(\Gamma^1_{1i} + \Gamma^2_{2i} + \Gamma^3_{3i}\right)$$

Mit Hilfe der Einsteinschen Summationskonvention gilt

$$\frac{\partial \sqrt{g}}{\partial \theta^i} = \sqrt{g}\,\Gamma^k_{ki}$$

oder:

$$\Gamma^k_{ki} = \frac{1}{\sqrt{g}}\,\frac{\partial \sqrt{g}}{\partial \theta^i} \tag{6.66}$$

Leider gilt unsere Herleitung dieser Gleichung nur im dreidimensionalen Raum. Deshalb wird die Herleitung in Anhang 6.18 auf Räume beliebiger Dimension verallgemeinert.

6.12 Kovariante Ableitung als Tensor

Die kovariante Ableitung der Komponenten eines Tensors beliebiger Stufe wurde gemäß Gleichung (3.219) definiert. In diesem Abschnitt soll gezeigt werden, daß sich die so definierte kovariante Ableitung wiederum als Komponente eines Tensors auffassen läßt. Hierzu ist gemäß Regel 3.15 (Seite 254) einerseits zu zeigen, daß sich die einzelnen Indizes mit Hilfe der Metrikkoeffizienten heben und senken lassen und andererseits das entsprechende Transformationsverhalten vorliegt.

6.12.1 Heben und Senken von Indizes bei der kovarianten Ableitung

Wir gehen zunächst davon aus, daß alle Indizes kovariante Indizes sind. Gemäß Gleichung (3.219) gilt dann:

$$\begin{aligned} T_{m_1 m_2 \ldots m_r}\big|_s &= \frac{\partial T_{m_1 m_2 \ldots m_r}}{\partial \theta^s} - \\ &- T_{\alpha m_2 m_3 \ldots m_r}\,\Gamma^\alpha_{m_1 s} - T_{m_1 \alpha m_3 m_4 \ldots m_r}\,\Gamma^\alpha_{m_2 s} - \ldots - T_{m_1 m_2 m_3 \ldots m_{r-1} \alpha}\,\Gamma^\alpha_{m_r s} \end{aligned}$$

Nimmt man hingegen an, daß der k-te Index ein kontravarianter Index ist, so gilt gemäß Gleichung (3.219):

$$\begin{aligned} T_{m_1 m_2 \ldots m_{k-1}}{}^l{}_{m_{k+1} m_{k+2} \ldots m_r}\big|_s &= \frac{\partial T_{m_1 m_2 \ldots m_{k-1}}{}^l{}_{m_{k+1} m_{k+2} \ldots m_r}}{\partial \theta^s} + \\ &+ T_{m_1 m_2 \ldots m_{k-1}}{}^\alpha{}_{m_{k+1} m_{k+2} \ldots m_r}\,\Gamma^l_{\alpha s} - \end{aligned}$$

6.12. KOVARIANTE ABLEITUNG ALS TENSOR

$$- \sum_{i=1}^{k-1} T_{m_1 m_2 ... m_{i-1} \alpha m_{i+1} m_{i+2} ... m_{k-1}}{}^{l}{}_{m_{k+1} m_{k+2} ... m_r} \Gamma^{\alpha}_{m_i s} -$$

$$- \sum_{i=k+1}^{r} T_{m_1 m_2 ... m_{k-1}}{}^{l}{}_{m_{k+1} m_{k+2} ... m_{i-1} \alpha m_{i+1} m_{i+2} ... m_r} \Gamma^{\alpha}_{m_i s} \quad (6.67)$$

Da es sich bei T um einen Tensor handelt, gilt:

$$T_{m_1 m_2 ... m_{k-1}}{}^{l}{}_{m_{k+1} m_{k+2} ... m_r} = g^{l m_k} T_{m_1 m_2 ... m_r}$$

Dies setzt man in Gleichung (6.67) ein und erhält:

$$T_{m_1 m_2 ... m_{k-1}}{}^{l}{}_{m_{k+1} m_{k+2} ... m_r}\bigg|_s = \frac{\partial g^{l m_k}}{\partial \theta^s} T_{m_1 m_2 ... m_r} + g^{l m_k} \frac{\partial T_{m_1 m_2 ... m_r}}{\partial \theta^s} + g^{\alpha m_k} T_{m_1 m_2 ... m_r} \Gamma^{l}_{\alpha s} -$$

$$- \sum_{i=1}^{k-1} g^{l m_k} T_{m_1 m_2 ... m_{i-1} \alpha m_{i+1} m_{i+2} ... m_r} \Gamma^{\alpha}_{m_i s} -$$

$$- \sum_{i=k+1}^{r} g^{l m_k} T_{m_1 m_2 ... m_{i-1} \alpha m_{i+1} m_{i+2} ... m_r} \Gamma^{\alpha}_{m_i s}$$

Nun läßt sich die partielle Ableitung der Metrikkoeffizienten gemäß Gleichung (3.67) einsetzen:

$$T_{m_1 m_2 ... m_{k-1}}{}^{l}{}_{m_{k+1} m_{k+2} ... m_r}\bigg|_s = -g^{lp} T_{m_1 m_2 ... m_r} \Gamma^{m_k}_{sp} - g^{m_k p} T_{m_1 m_2 ... m_r} \Gamma^{l}_{sp} +$$

$$+ g^{l m_k} \frac{\partial T_{m_1 m_2 ... m_r}}{\partial \theta^s} + g^{\alpha m_k} T_{m_1 m_2 ... m_r} \Gamma^{l}_{\alpha s} -$$

$$- \sum_{i=1}^{k-1} g^{l m_k} T_{m_1 m_2 ... m_{i-1} \alpha m_{i+1} m_{i+2} ... m_r} \Gamma^{\alpha}_{m_i s} -$$

$$- \sum_{i=k+1}^{r} g^{l m_k} T_{m_1 m_2 ... m_{i-1} \alpha m_{i+1} m_{i+2} ... m_r} \Gamma^{\alpha}_{m_i s}$$

Ersetzt man im zweiten Term auf der rechten Seite p durch α, so sieht man, daß er mit dem vierten Term identisch ist. Wegen des unterschiedlichen Vorzeichens fallen also beide Terme weg. Um in allen übrigen Termen den Koeffizienten $g^{l m_k}$ zu erhalten, vertauschen wir im ersten Term p mit m_k:

$$T_{m_1 m_2 ... m_{k-1}}{}^{l}{}_{m_{k+1} m_{k+2} ... m_r}\bigg|_s = -g^{l m_k} T_{m_1 m_2 ... m_{k-1} p m_{k+1} m_{k+2} ... m_r} \Gamma^{p}_{s m_k} + g^{l m_k} \frac{\partial T_{m_1 m_2 ... m_r}}{\partial \theta^s} -$$

$$- \sum_{i=1}^{k-1} g^{l m_k} T_{m_1 m_2 ... m_{i-1} \alpha m_{i+1} m_{i+2} ... m_r} \Gamma^{\alpha}_{m_i s} -$$

$$- \sum_{i=k+1}^{r} g^{l m_k} T_{m_1 m_2 ... m_{i-1} \alpha m_{i+1} m_{i+2} ... m_r} \Gamma^{\alpha}_{m_i s}$$

Wenn man den Summanden einer der beiden Summen betrachtet und dort $i = k$ setzt, so erhält man den ersten Term auf der rechten Seite[5]. Beim ersten Term handelt es sich also exakt um den Summanden, der fehlt, um die beiden Summen zu einer einzigen zu vervollständigen:

$$T_{m_1 m_2 \ldots m_{k-1}}{}^l{}_{m_{k+1} m_{k+2} \ldots m_r}\Big|_s = g^{l m_k} \frac{\partial T_{m_1 m_2 \ldots m_r}}{\partial \theta^s} -$$
$$- \sum_{i=1}^{r} g^{l m_k} T_{m_1 m_2 \ldots m_{i-1} \alpha m_{i+1} m_{i+2} \ldots m_r} \Gamma^{\alpha}_{m_i s}$$

Klammert man nun $g^{l m_k}$ aus, so bleibt die kovariante Ableitung $T_{m_1 m_2 \ldots m_r}\big|_s$ übrig, wie man durch Vergleich mit Gleichung (3.219) sieht. Es folgt also schließlich:

$$T_{m_1 m_2 \ldots m_{k-1}}{}^l{}_{m_{k+1} m_{k+2} \ldots m_r}\Big|_s = g^{l m_k}\, T_{m_1 m_2 \ldots m_r}\big|_s$$

Damit ist gezeigt, daß sich die r Indizes vor dem Ableitungsstrich so heben und senken lassen, als ob der Ableitungsstrich nicht vorhanden wäre.

Daß sich der Index hinter dem Ableitungsstrich ebenfalls mit Hilfe der Metrikkoeffizienten heben und senken läßt, wurde durch die Definition (3.220) erreicht.

6.12.2 Transformationsverhalten der kovarianten Ableitung

Wir wollen nun feststellen, wie sich die kovariante Ableitung beim Übergang von einem Koordinatensystem zu einem anderen transformiert. Wir gehen hierzu von der allgemeinen Definition (3.219) der kovarianten Ableitung aus. In dieser Definition taucht abgesehen von der partiellen Ableitung für jeden oberen und jeden unteren Index ein zusätzlicher Summand auf. Es liegt somit nahe, diesen Summationsvorgang mit Hilfe jeweils eines weiteren Summationsindexes für obere und untere Indizes zu beschreiben. Man erhält auf diese Weise:

$$T^{l_1 l_2 \ldots l_q}_{m_1 m_2 \ldots m_r}\Big|_s = \frac{\partial T^{l_1 l_2 \ldots l_q}_{m_1 m_2 \ldots m_r}}{\partial \theta^s} +$$
$$+ \sum_{i=1}^{q} T^{l_1 l_2 l_3 \ldots l_{i-1} \alpha l_{i+1} \ldots l_q}_{m_1 m_2 \ldots m_r} \Gamma^{l_i}_{\alpha s} -$$
$$- \sum_{k=1}^{r} T^{l_1 l_2 \ldots l_q}_{m_1 m_2 m_3 \ldots m_{k-1} \alpha m_{k+1} \ldots m_r} \Gamma^{\alpha}_{m_k s} \quad (6.68)$$

Betrachtet man anstelle des Koordinatensystems K das Koordinatensystem $\bar{K}$, so erhält man völlig analog:

---
[5]Hierbei ist α durch p zu ersetzen.

6.12. KOVARIANTE ABLEITUNG ALS TENSOR

$$\bar{T}^{l_1 l_2 \ldots l_q}_{m_1 m_2 \ldots m_r}\Big|_s = \frac{\partial \bar{T}^{l_1 l_2 \ldots l_q}_{m_1 m_2 \ldots m_r}}{\partial \bar{\theta}^s} +$$

$$+ \sum_{i=1}^{q} \bar{T}^{l_1 l_2 l_3 \ldots l_{i-1} \alpha l_{i+1} \ldots l_q}_{m_1 m_2 \ldots m_r} \bar{\Gamma}^{l_i}_{\alpha s} -$$

$$- \sum_{k=1}^{r} \bar{T}^{l_1 l_2 \ldots l_q}_{m_1 m_2 m_3 \ldots m_{k-1} \alpha m_{k+1} \ldots m_r} \bar{\Gamma}^{\alpha}_{m_k s} \qquad (6.69)$$

Wenn es sich bei T um einen Tensor handelt, dann gilt gemäß Gleichung (3.176) folgendes Transformationsverhalten:

$$\bar{T}^{l_1 l_2 \ldots l_q}_{m_1 m_2 \ldots m_r} = \left(\underline{a}^{\alpha_1}_{m_1} \underline{a}^{\alpha_2}_{m_2} \cdots \underline{a}^{\alpha_r}_{m_r}\right) \left(\bar{a}^{l_1}_{\beta_1} \bar{a}^{l_2}_{\beta_2} \cdots \bar{a}^{l_q}_{\beta_q}\right) T^{\beta_1 \beta_2 \ldots \beta_q}_{\alpha_1 \alpha_2 \ldots \alpha_r}$$

Möchte man dies in Gleichung (6.69) einsetzen, so benötigt man die partielle Ableitung nach $\bar{\theta}^s$. Hierbei ist die Produktregel anzuwenden:

$$\frac{\partial \bar{T}^{l_1 l_2 \ldots l_q}_{m_1 m_2 \ldots m_r}}{\partial \bar{\theta}^s} = \sum_{k=1}^{r} \left(\underline{a}^{\alpha_1}_{m_1} \underline{a}^{\alpha_2}_{m_2} \cdots \underline{a}^{\alpha_{k-1}}_{m_{k-1}} \frac{\partial \underline{a}^{\alpha_k}_{m_k}}{\partial \bar{\theta}^s} \underline{a}^{\alpha_{k+1}}_{m_{k+1}} \cdots \underline{a}^{\alpha_r}_{m_r}\right) \left(\bar{a}^{l_1}_{\beta_1} \bar{a}^{l_2}_{\beta_2} \cdots \bar{a}^{l_q}_{\beta_q}\right) T^{\beta_1 \beta_2 \ldots \beta_q}_{\alpha_1 \alpha_2 \ldots \alpha_r} +$$

$$+ \sum_{i=1}^{q} \left(\underline{a}^{\alpha_1}_{m_1} \underline{a}^{\alpha_2}_{m_2} \cdots \underline{a}^{\alpha_r}_{m_r}\right) \left(\bar{a}^{l_1}_{\beta_1} \bar{a}^{l_2}_{\beta_2} \cdots \bar{a}^{l_{i-1}}_{\beta_{i-1}} \frac{\partial \bar{a}^{l_i}_{\beta_i}}{\partial \bar{\theta}^s} \bar{a}^{l_{i+1}}_{\beta_{i+1}} \cdots \bar{a}^{l_q}_{\beta_q}\right) T^{\beta_1 \beta_2 \ldots \beta_q}_{\alpha_1 \alpha_2 \ldots \alpha_r} +$$

$$+ \left(\underline{a}^{\alpha_1}_{m_1} \underline{a}^{\alpha_2}_{m_2} \cdots \underline{a}^{\alpha_r}_{m_r}\right) \left(\bar{a}^{l_1}_{\beta_1} \bar{a}^{l_2}_{\beta_2} \cdots \bar{a}^{l_q}_{\beta_q}\right) \frac{\partial T^{\beta_1 \beta_2 \ldots \beta_q}_{\alpha_1 \alpha_2 \ldots \alpha_r}}{\partial \bar{\theta}^s}$$

Wir setzen nun die beiden vorangehenden Gleichungen in Gleichung (6.69) ein und erhalten:

$$\bar{T}^{l_1 l_2 \ldots l_q}_{m_1 m_2 \ldots m_r}\Big|_s = \sum_{k=1}^{r} \left(\underline{a}^{\alpha_1}_{m_1} \underline{a}^{\alpha_2}_{m_2} \cdots \underline{a}^{\alpha_{k-1}}_{m_{k-1}} \frac{\partial \underline{a}^{\alpha_k}_{m_k}}{\partial \bar{\theta}^s} \underline{a}^{\alpha_{k+1}}_{m_{k+1}} \cdots \underline{a}^{\alpha_r}_{m_r}\right) \left(\bar{a}^{l_1}_{\beta_1} \bar{a}^{l_2}_{\beta_2} \cdots \bar{a}^{l_q}_{\beta_q}\right) T^{\beta_1 \beta_2 \ldots \beta_q}_{\alpha_1 \alpha_2 \ldots \alpha_r} +$$

$$+ \sum_{i=1}^{q} \left(\underline{a}^{\alpha_1}_{m_1} \underline{a}^{\alpha_2}_{m_2} \cdots \underline{a}^{\alpha_r}_{m_r}\right) \left(\bar{a}^{l_1}_{\beta_1} \bar{a}^{l_2}_{\beta_2} \cdots \bar{a}^{l_{i-1}}_{\beta_{i-1}} \frac{\partial \bar{a}^{l_i}_{\beta_i}}{\partial \bar{\theta}^s} \bar{a}^{l_{i+1}}_{\beta_{i+1}} \cdots \bar{a}^{l_q}_{\beta_q}\right) T^{\beta_1 \beta_2 \ldots \beta_q}_{\alpha_1 \alpha_2 \ldots \alpha_r} +$$

$$+ \left(\underline{a}^{\alpha_1}_{m_1} \underline{a}^{\alpha_2}_{m_2} \cdots \underline{a}^{\alpha_r}_{m_r}\right) \left(\bar{a}^{l_1}_{\beta_1} \bar{a}^{l_2}_{\beta_2} \cdots \bar{a}^{l_q}_{\beta_q}\right) \frac{\partial T^{\beta_1 \beta_2 \ldots \beta_q}_{\alpha_1 \alpha_2 \ldots \alpha_r}}{\partial \bar{\theta}^s} +$$

$$+ \sum_{i=1}^{q} \left(\underline{a}^{\alpha_1}_{m_1} \underline{a}^{\alpha_2}_{m_2} \cdots \underline{a}^{\alpha_r}_{m_r}\right) \left(\bar{a}^{l_1}_{\beta_1} \bar{a}^{l_2}_{\beta_2} \cdots \bar{a}^{l_{i-1}}_{\beta_{i-1}} \bar{a}^{\alpha}_{\beta_i} \bar{a}^{l_{i+1}}_{\beta_{i+1}} \cdots \bar{a}^{l_q}_{\beta_q}\right) T^{\beta_1 \beta_2 \ldots \beta_q}_{\alpha_1 \alpha_2 \ldots \alpha_r} \bar{\Gamma}^{l_i}_{\alpha s} -$$

$$- \sum_{k=1}^{r} \left(\underline{a}^{\alpha_1}_{m_1} \underline{a}^{\alpha_2}_{m_2} \cdots \underline{a}^{\alpha_{k-1}}_{m_{k-1}} \underline{a}^{\alpha_k}_{\alpha} \underline{a}^{\alpha_{k+1}}_{m_{k+1}} \cdots \underline{a}^{\alpha_r}_{m_r}\right) \left(\bar{a}^{l_1}_{\beta_1} \bar{a}^{l_2}_{\beta_2} \cdots \bar{a}^{l_q}_{\beta_q}\right) T^{\beta_1 \beta_2 \ldots \beta_q}_{\alpha_1 \alpha_2 \ldots \alpha_r} \bar{\Gamma}^{\alpha}_{m_k s}$$

Wir sehen nun, daß sich jeweils zwei Summen zusammenfassen lassen:

$$\bar{T}^{l_1 l_2 \ldots l_q}_{m_1 m_2 \ldots m_r}\Big|_s = \sum_{k=1}^{r} \left(\underline{a}^{\alpha_1}_{m_1} \underline{a}^{\alpha_2}_{m_2} \cdots \underline{a}^{\alpha_{k-1}}_{m_{k-1}} \underline{a}^{\alpha_{k+1}}_{m_{k+1}} \cdots \underline{a}^{\alpha_r}_{m_r}\right) \left(\bar{a}^{l_1}_{\beta_1} \bar{a}^{l_2}_{\beta_2} \cdots \bar{a}^{l_q}_{\beta_q}\right) \cdot$$

$$\cdot\; T^{\beta_1 \beta_2 \ldots \beta_q}_{\alpha_1 \alpha_2 \ldots \alpha_r} \left[\frac{\partial \underline{a}^{\alpha_k}_{m_k}}{\partial \bar{\theta}^s} - \underline{a}^{\alpha_k}_{\alpha} \bar{\Gamma}^{\alpha}_{m_k s}\right] +$$

$$+ \sum_{i=1}^{q} \left(\underline{a}^{\alpha_1}_{m_1} \underline{a}^{\alpha_2}_{m_2} \cdots \underline{a}^{\alpha_r}_{m_r}\right) \left(\bar{a}^{l_1}_{\beta_1} \bar{a}^{l_2}_{\beta_2} \cdots \bar{a}^{l_{i-1}}_{\beta_{i-1}} \bar{a}^{l_{i+1}}_{\beta_{i+1}} \cdots \bar{a}^{l_q}_{\beta_q}\right) \cdot$$

$$\cdot\; T^{\beta_1 \beta_2 \ldots \beta_q}_{\alpha_1 \alpha_2 \ldots \alpha_r} \left[\frac{\partial \bar{a}^{l_i}_{\beta_i}}{\partial \bar{\theta}^s} + \bar{a}^{\alpha}_{\beta_i} \bar{\Gamma}^{l_i}_{\alpha s}\right] +$$

$$+ \left(\underline{a}^{\alpha_1}_{m_1} \underline{a}^{\alpha_2}_{m_2} \cdots \underline{a}^{\alpha_r}_{m_r}\right) \left(\bar{a}^{l_1}_{\beta_1} \bar{a}^{l_2}_{\beta_2} \cdots \bar{a}^{l_q}_{\beta_q}\right) \frac{\partial T^{\beta_1 \beta_2 \ldots \beta_q}_{\alpha_1 \alpha_2 \ldots \alpha_r}}{\partial \bar{\theta}^s} \quad (6.70)$$

Nun haben wir zwar alle $\bar{T}$ durch T ausgedrückt, bei den Christoffelsymbolen steht dieser Schritt jedoch noch aus. Deshalb berechnen wir nun die eckigen Klammern. Für den Ausdruck

$$\left[\frac{\partial \underline{a}^{\alpha_k}_{m_k}}{\partial \bar{\theta}^s} - \underline{a}^{\alpha_k}_{\alpha} \bar{\Gamma}^{\alpha}_{m_k s}\right]$$

erhält man mit Hilfe von Gleichung (3.131):

$$\left[\frac{\partial \underline{a}^{\alpha_k}_{m_k}}{\partial \bar{\theta}^s} - \underline{a}^{\alpha_k}_{\alpha} \bar{\Gamma}^{\alpha}_{m_k s}\right] = \frac{\partial \underline{a}^{\alpha_k}_{m_k}}{\partial \bar{\theta}^s} - \underline{a}^{\alpha_k}_{\alpha} \left(\bar{a}^{\alpha}_{m} \underline{a}^{n}_{m_k} \underline{a}^{p}_{s} \Gamma^{m}_{np} + \bar{a}^{\alpha}_{n} \frac{\partial \underline{a}^{n}_{m_k}}{\partial \bar{\theta}^s}\right) =$$

$$= \frac{\partial \underline{a}^{\alpha_k}_{m_k}}{\partial \bar{\theta}^s} - \left(\delta^{\alpha_k}_{m} \underline{a}^{n}_{m_k} \underline{a}^{p}_{s} \Gamma^{m}_{np} + \delta^{\alpha_k}_{n} \frac{\partial \underline{a}^{n}_{m_k}}{\partial \bar{\theta}^s}\right) =$$

$$= \frac{\partial \underline{a}^{\alpha_k}_{m_k}}{\partial \bar{\theta}^s} - \underline{a}^{n}_{m_k} \underline{a}^{p}_{s} \Gamma^{\alpha_k}_{np} - \frac{\partial \underline{a}^{\alpha_k}_{m_k}}{\partial \bar{\theta}^s}$$

Wir erhalten also:

$$\left[\frac{\partial \underline{a}^{\alpha_k}_{m_k}}{\partial \bar{\theta}^s} - \underline{a}^{\alpha_k}_{\alpha} \bar{\Gamma}^{\alpha}_{m_k s}\right] = -\underline{a}^{n}_{m_k} \underline{a}^{p}_{s} \Gamma^{\alpha_k}_{np} \quad (6.71)$$

Völlig analog geht man bei der zweiten eckigen Klammer vor:

$$\left[\frac{\partial \bar{a}^{l_i}_{\beta_i}}{\partial \bar{\theta}^s} + \bar{a}^{\alpha}_{\beta_i} \bar{\Gamma}^{l_i}_{\alpha s}\right] = \frac{\partial \bar{a}^{l_i}_{\beta_i}}{\partial \bar{\theta}^s} + \bar{a}^{\alpha}_{\beta_i} \left(\bar{a}^{l_i}_{m} \underline{a}^{n}_{\alpha} \underline{a}^{p}_{s} \Gamma^{m}_{np} + \bar{a}^{l_i}_{n} \frac{\partial \underline{a}^{n}_{\alpha}}{\partial \bar{\theta}^s}\right) =$$

$$= \frac{\partial \bar{a}^{l_i}_{\beta_i}}{\partial \bar{\theta}^s} + \bar{a}^{l_i}_{m} \delta^{n}_{\beta_i} \underline{a}^{p}_{s} \Gamma^{m}_{np} + \bar{a}^{\alpha}_{\beta_i} \bar{a}^{l_i}_{n} \frac{\partial \underline{a}^{n}_{\alpha}}{\partial \bar{\theta}^s}$$

Leitet man die Gleichung

$$\bar{a}^{\alpha}_{\beta_i} \underline{a}^{n}_{\alpha} = \delta^{n}_{\beta_i}$$

6.12. KOVARIANTE ABLEITUNG ALS TENSOR

ab, so erhält man
$$\frac{\partial \bar{a}^\alpha_{\beta_i}}{\partial \bar{\theta}^s} \underline{a}^n_\alpha + \bar{a}^\alpha_{\beta_i} \frac{\partial \underline{a}^n_\alpha}{\partial \bar{\theta}^s} = 0,$$

so daß weiter folgt:

$$\left[\frac{\partial \bar{a}^{l_i}_{\beta_i}}{\partial \bar{\theta}^s} + \bar{a}^\alpha_{\beta_i} \bar{\Gamma}^{l_i}_{\alpha s} \right] = \frac{\partial \bar{a}^{l_i}_{\beta_i}}{\partial \bar{\theta}^s} + \bar{a}^{l_i}_m \delta^n_{\beta_i} \underline{a}^p_s \Gamma^m_{np} - \frac{\partial \bar{a}^\alpha_{\beta_i}}{\partial \bar{\theta}^s} \bar{a}^{l_i}_n \underline{a}^n_\alpha =$$

$$= \frac{\partial \bar{a}^{l_i}_{\beta_i}}{\partial \bar{\theta}^s} + \bar{a}^{l_i}_m \delta^n_{\beta_i} \underline{a}^p_s \Gamma^m_{np} - \frac{\partial \bar{a}^\alpha_{\beta_i}}{\partial \bar{\theta}^s} \delta^{l_i}_\alpha =$$

$$= \frac{\partial \bar{a}^{l_i}_{\beta_i}}{\partial \bar{\theta}^s} + \bar{a}^{l_i}_m \underline{a}^p_s \Gamma^m_{\beta_i p} - \frac{\partial \bar{a}^{l_i}_{\beta_i}}{\partial \bar{\theta}^s}$$

$$\rightarrow \left[\frac{\partial \bar{a}^{l_i}_{\beta_i}}{\partial \bar{\theta}^s} + \bar{a}^\alpha_{\beta_i} \bar{\Gamma}^{l_i}_{\alpha s} \right] = \bar{a}^{l_i}_m \underline{a}^p_s \Gamma^m_{\beta_i p} \quad (6.72)$$

Wie oben angekündigt wurde, setzen wir nun die eckigen Klammern aus den Gleichungen (6.71) und (6.72) in Gleichung (6.70) ein. Außerdem eliminieren wir den Querstrich bei $\bar{\theta}^s$, indem wir

$$\frac{\partial T^{\beta_1 \beta_2 \ldots \beta_q}_{\alpha_1 \alpha_2 \ldots \alpha_r}}{\partial \bar{\theta}^s} = \frac{\partial T^{\beta_1 \beta_2 \ldots \beta_q}_{\alpha_1 \alpha_2 \ldots \alpha_r}}{\partial \theta^p} \frac{\partial \theta^p}{\partial \bar{\theta}^s} = \frac{\partial T^{\beta_1 \beta_2 \ldots \beta_q}_{\alpha_1 \alpha_2 \ldots \alpha_r}}{\partial \theta^p} \underline{a}^p_s$$

setzen:

$$\bar{T}^{l_1 l_2 \ldots l_q}_{m_1 m_2 \ldots m_r} \Big|_s = -\sum_{k=1}^{r} \left(\underline{a}^{\alpha_1}_{m_1} \underline{a}^{\alpha_2}_{m_2} \cdots \underline{a}^{\alpha_{k-1}}_{m_{k-1}} \underline{a}^n_{m_k} \underline{a}^{\alpha_{k+1}}_{m_{k+1}} \cdots \underline{a}^{\alpha_r}_{m_r} \right) \left(\bar{a}^{l_1}_{\beta_1} \bar{a}^{l_2}_{\beta_2} \cdots \bar{a}^{l_q}_{\beta_q} \right) \underline{a}^p_s \cdot$$
$$\cdot T^{\beta_1 \beta_2 \ldots \beta_q}_{\alpha_1 \alpha_2 \ldots \alpha_r} \Gamma^{\alpha_k}_{np} +$$
$$+ \sum_{i=1}^{q} \left(\underline{a}^{\alpha_1}_{m_1} \underline{a}^{\alpha_2}_{m_2} \cdots \underline{a}^{\alpha_r}_{m_r} \right) \left(\bar{a}^{l_1}_{\beta_1} \bar{a}^{l_2}_{\beta_2} \cdots \bar{a}^{l_{i-1}}_{\beta_{i-1}} \bar{a}^{l_i}_m \bar{a}^{l_{i+1}}_{\beta_{i+1}} \cdots \bar{a}^{l_q}_{\beta_q} \right) \underline{a}^p_s \cdot$$
$$\cdot T^{\beta_1 \beta_2 \ldots \beta_q}_{\alpha_1 \alpha_2 \ldots \alpha_r} \Gamma^m_{\beta_i p} +$$
$$+ \left(\underline{a}^{\alpha_1}_{m_1} \underline{a}^{\alpha_2}_{m_2} \cdots \underline{a}^{\alpha_r}_{m_r} \right) \left(\bar{a}^{l_1}_{\beta_1} \bar{a}^{l_2}_{\beta_2} \cdots \bar{a}^{l_q}_{\beta_q} \right) \underline{a}^p_s \frac{\partial T^{\beta_1 \beta_2 \ldots \beta_q}_{\alpha_1 \alpha_2 \ldots \alpha_r}}{\partial \theta^p}$$

Schließlich stellen wir fest, daß sich in allen Summanden dieselben Koeffizienten $\underline{a}$ und $\bar{a}$ ausklammern lassen, wenn man in der ersten Summe n und α_k und in der zweiten Summe m und β_i miteinander vertauschen. Wir erhalten schließlich:

$$\bar{T}^{l_1 l_2 \ldots l_q}_{m_1 m_2 \ldots m_r} \Big|_s = \left(\underline{a}^{\alpha_1}_{m_1} \underline{a}^{\alpha_2}_{m_2} \cdots \underline{a}^{\alpha_r}_{m_r} \right) \left(\bar{a}^{l_1}_{\beta_1} \bar{a}^{l_2}_{\beta_2} \cdots \bar{a}^{l_q}_{\beta_q} \right) \underline{a}^p_s \cdot$$
$$\cdot \left[-\sum_{k=1}^{r} T^{\beta_1 \beta_2 \ldots \beta_q}_{\alpha_1 \alpha_2 \ldots \alpha_{k-1} n \alpha_{k+1} \ldots \alpha_r} \Gamma^n_{\alpha_k p} + \right.$$

$$+ \sum_{i=1}^{q} T^{\beta_1\beta_2...\beta_{i-1}m\beta_{i+1}...\beta_q}_{\alpha_1\alpha_2...\alpha_r} \Gamma^{\beta_i}_{mp} +$$

$$+ \left. \frac{\partial T^{\beta_1\beta_2...\beta_q}_{\alpha_1\alpha_2...\alpha_r}}{\partial \theta^p} \right]$$

Der Ausdruck in eckigen Klammern ist gemäß Gleichung (6.68) gleich

$$\left. T^{\beta_1\beta_2...\beta_q}_{\alpha_1\alpha_2...\alpha_r} \right|_p .$$

Es gilt also:

$$\left. \bar{T}^{l_1l_2...l_q}_{m_1m_2...m_r} \right|_s = \left(\underline{a}^{\alpha_1}_{m_1} \underline{a}^{\alpha_2}_{m_2} \cdots \underline{a}^{\alpha_r}_{m_r} \right) \left(\bar{a}^{l_1}_{\beta_1} \bar{a}^{l_2}_{\beta_2} \cdots \bar{a}^{l_q}_{\beta_q} \right) \underline{a}^p_s \cdot \left. T^{\beta_1\beta_2...\beta_q}_{\alpha_1\alpha_2...\alpha_r} \right|_p \qquad (6.73)$$

Damit ist gezeigt, daß sich die kovariante Ableitung in der für Tensoren typischen Weise transformiert. Der untere Index s hinter dem Ableitungsstrich bewirkt den Transformationskoeffizienten $\underline{a}^p_s$ in derselben Weise, wie die unteren Indizes m_k die Transformationskoeffizienten $\underline{a}^{\alpha_k}_{m_k}$ bewirken. Bei der letzten Gleichung ist zu beachten, daß die kovariante Ableitung auf der linken Seite hinsichtlich der Koordinaten $\bar{\theta}^s$ des Koordinatensystems $\bar{K}$ zu bilden ist, während auf der rechten Seite die Koordinaten θ^p des Koordinatensystems K betrachtet werden müssen.

Faßt man die Ergebnisse dieses Abschnittes und des vorangegangenen zusammen, so stellt man aufgrund von Regel 3.15 fest:

> **Regel 6.1** *Bei der kovarianten Ableitung der Komponenten eines Tensors handelt es sich wiederum um die Komponenten eines Tensors.*

6.12.3 Vertauschen der Differentiationsreihenfolge

In diesem Abschnitt soll untersucht werden, unter welchen Bedingungen die Reihenfolge zweier kovarianter Ableitungen vertauscht werden darf, so daß

$$T_{m_1m_2...m_r}|_{m_{r+1}...m_{i-1}m_im_{i+1}...m_{k-1}m_km_{k+1}...m_n} = T_{m_1m_2...m_r}|_{m_{r+1}...m_{i-1}m_km_{i+1}...m_{k-1}m_im_{k+1}...m_n}$$

gilt. Dies ist offenbar dann der Fall, wenn die Differenz

$$\begin{aligned} R_{m_1m_2...m_n} &= T_{m_1m_2...m_r}|_{m_{r+1}...m_{i-1}m_im_{i+1}...m_{k-1}m_km_{k+1}...m_n} - \\ &- T_{m_1m_2...m_r}|_{m_{r+1}...m_{i-1}m_km_{i+1}...m_{k-1}m_im_{k+1}...m_n} \end{aligned} \qquad (6.74)$$

6.12. KOVARIANTE ABLEITUNG ALS TENSOR

gleich null ist.

Gemäß Regel 6.1 handelt es sich bei der kovarianten Ableitung der Komponenten eines Tensors wiederum um die Komponenten eines Tensors. Da in Gleichung (6.74) demnach die Differenz der Komponenten zweier Tensoren gebildet wird, sind die $R_{m_1 m_2 \ldots m_n}$ laut Aufgabe 3.14 ebenfalls die Komponenten eines Tensors. Ist ein Tensor R in einem speziellen Koordinatensystem $\bar{K}$ gleich null, dann verschwindet er wegen

$$R_{m_1 m_2 \ldots m_n} = \bar{a}_{m_1}^{\alpha_1} \bar{a}_{m_2}^{\alpha_2} \cdots \bar{a}_{m_n}^{\alpha_n} \bar{R}_{\alpha_1 \alpha_2 \ldots \alpha_n}$$

auch in jedem anderen Koordinatensystem K. Wählt man als spezielles Koordinatensystem $\bar{K}$ ein kartesisches, dann sind wegen Gleichung (3.57) alle Christoffelsymbole $\bar{\Gamma}_{pq}^l$ gleich null, da mit

$$x^1 = \bar{\theta}^1, \qquad x^2 = \bar{\theta}^2, \qquad x^3 = \bar{\theta}^3$$

die zweite Ableitung $\frac{\partial^2 x^i}{\partial \bar{\theta}^p \partial \bar{\theta}^q}$ verschwindet. Gemäß Gleichung (3.219) geht somit jede der kovarianten Ableitungen in eine partielle Ableitung über, und aus Gleichung (6.74) folgt in $\bar{K}$:

$$\bar{R}_{m_1 m_2 \ldots m_n} = \frac{\partial^{n-r} \bar{T}_{m_1 m_2 \ldots m_r}}{\partial \bar{\theta}^{m_{r+1}} \partial \bar{\theta}^{m_{r+2}} \ldots \partial \bar{\theta}^{m_{i-1}} \partial \bar{\theta}^{m_i} \partial \bar{\theta}^{m_{i+1}} \ldots \partial \bar{\theta}^{m_{k-1}} \partial \bar{\theta}^{m_k} \partial \bar{\theta}^{m_{k+1}} \ldots \partial \bar{\theta}^{m_{n-1}} \partial \bar{\theta}^{m_n}} - \frac{\partial^{n-r} \bar{T}_{m_1 m_2 \ldots m_r}}{\partial \bar{\theta}^{m_{r+1}} \partial \bar{\theta}^{m_{r+2}} \ldots \partial \bar{\theta}^{m_{i-1}} \partial \bar{\theta}^{m_k} \partial \bar{\theta}^{m_{i+1}} \ldots \partial \bar{\theta}^{m_{k-1}} \partial \bar{\theta}^{m_i} \partial \bar{\theta}^{m_{k+1}} \ldots \partial \bar{\theta}^{m_{n-1}} \partial \bar{\theta}^{m_n}}$$

Da es sich hier um einfache partielle Ableitungen handelt, darf die Reihenfolge der Ableitung nach $\bar{\theta}^{m_i}$ mit der nach $\bar{\theta}^{m_k}$ vertauscht werden; es folgt

$$\bar{R}_{m_1 m_2 \ldots m_n} = 0.$$

Wegen obiger Argumentation gilt dann in *jedem* Koordinatensystem K die Beziehung

$$R_{m_1 m_2 \ldots m_n} = 0,$$

so daß wegen Gleichung (6.74) die Reihenfolge der kovarianten Ableitung vertauscht werden darf.

Die zentrale Annahme bei dieser Herleitung war, daß ein kartesisches Koordinatensystem $\bar{K}$ existiert, was im dreidimensionalen Raum anschaulich gesehen selbstverständlich zu sein scheint. Der Schein trügt jedoch, wie man sich folgendermaßen überlegen kann:

Betrachtet man als Koordinaten eines zweidimensionalen Koordinatensystems die Winkel ϑ und φ eines Kugelkoordinatensystems bei festem Radius, so kann man jeden Punkt der Kugeloberfläche durch ein Wertepaar (ϑ, φ) beschreiben (Bei der Erdoberfläche würde man vom Breiten- und vom Längengrad sprechen). Es ist aber offensichtlich nicht möglich, ein zweidimensionales kartesisches Koordinatensystem anzugeben, mit dessen beiden Koordinaten sich alle Punkte der Kugeloberfläche beschreiben lassen. Lediglich ein dreidimensionales kartesisches Koordinatensystem kann dies leisten. Der Grund ist offensichtlich die Krümmung der Kugeloberfläche.

Mathematisch gesprochen handelt es sich bei der Kugeloberfläche um einen zweidimensionalen Riemannschen Raum, also um einen gekrümmten Raum. In diesem existiert kein kartesisches Koordinatensystem. Der zweidimensionale Riemannsche Raum ist aber eingebettet in einen dreidimensionalen Euklidischen Raum, in dem ein kartesisches Koordinatensystem existiert.

Dieses Beispiel läßt sich verallgemeinern. Es sind dann nicht nur zweidimensionale Riemannsche Räume denkbar, die in dreidimensionale Euklidische Räume eingebettet sind, sondern auch n-dimensionale Riemannsche Räume, die in Euklidische Räume noch höherer Dimension eingebettet sind.

Auch wenn man es sich mit dem „gesunden Menschenverstand" nicht vorstellen kann, ist also ein dreidimensionaler gekrümmter Raum möglich. In einem solchen Raum wäre es denkbar, daß ein Raumschiff immer „geradeaus" fliegt und trotzdem wieder am Startpunkt ankommt — so wie man auf der Erdoberfläche wieder am Startpunkt ankäme, wenn man immer geradeaus gehen könnte.

Die Differenz $R_{m_1 m_2 ... m_n}$ in Gleichung (6.74) läßt sich beim Riemannschen Raum dazu heranziehen, ein Maß für seine Krümmung zu definieren — ist dieser Tensor gleich null, so liegt keine Krümmung und damit ein Euklidischer Raum vor, was sich mit obigen Überlegungen deckt.

Für den Fall $r = 1$ und $n = 3$ definiert man beispielsweise ausgehend von

$$R_{m_1 m_2 m_3} = T_{m_1}|_{m_2 m_3} - T_{m_1}|_{m_3 m_2}$$

den Riemannschen Krümmungstensor $R^i{}_{m_1 m_2 m_3}$ als Koeffizienten der Vektorkomponenten T_i:

$$R_{m_1 m_2 m_3} = R^i{}_{m_1 m_2 m_3} \, T_i$$

Man kann dann zeigen, daß dieser Tensor vierter Stufe ausschließlich von den Christoffelsymbolen und nicht mehr von den Vektorkomponenten T_i abhängt. Da die Christoffelsymbole gemäß Gleichung (3.66) wiederum nur von den Metrikkoeffizienten abhängen, ist der Riemannsche Krümmungstensor nur von der Metrik des gewählten Raumes abhängig. Neben der Tatsache, daß $R^i{}_{m_1 m_2 m_3}$ für Euklidische Räume verschwindet, ist dies ein weiteres Indiz dafür, daß diese Größe tatsächlich die Krümmung des Raumes beschreiben kann.

In diesem Buch werden ausschließlich Euklidische Räume betrachtet, so daß die kovariante Ableitung stets vertauschbar ist. Es sei jedoch angemerkt, daß in der allgemeinen Relativitätstheorie statt des in der speziellen Relativitätstheorie benutzten vierdimensionalen Euklidischen Raumes ein Riemannscher Raum zugrunde gelegt wird.

Der Riemannsche Krümmungstensor spielt eine wichtige Rolle in der allgemeinen Relativitätstheorie. Deren Grundlagen zufolge beeinflußt die Massenverteilung im Riemannschen Raum den Krümmungstensor und damit die Metrik des Raumes. Lichtstrahlen werden deshalb an großen Massen abgelenkt; sie folgen einfach der Krümmung des Raumes.

6.13 Divergenz als Tensor

In diesem Abschnitt soll gezeigt werden, daß die Divergenz eines Tensors wieder einen Tensor ergibt. Ausgehend von der Definition des Tensors

$$T = T_{\alpha_1 \alpha_2 \ldots \alpha_n} \, \vec{g}^{\alpha_1} \vec{g}^{\alpha_2} \cdots \vec{g}^{\alpha_n}$$

erhält man:

$$\begin{aligned}
W &= Div\, T = \\
&= \nabla \cdot T = \\
&= \vec{g}^l \, \nabla_l \cdot T = \\
&= \vec{g}^l \cdot (T_{\alpha_1 \alpha_2 \ldots \alpha_n} \, \vec{g}^{\alpha_1} \vec{g}^{\alpha_2} \cdots \vec{g}^{\alpha_n})\big|_l = \\
&= T_{\alpha_1 \alpha_2 \ldots \alpha_n}\big|_l \; \vec{g}^l \cdot \vec{g}^{\alpha_1} \vec{g}^{\alpha_2} \vec{g}^{\alpha_3} \cdots \vec{g}^{\alpha_n} = \\
&= T_{\alpha_1 \alpha_2 \ldots \alpha_n}\big|_l \; g^{l\alpha_1} \vec{g}^{\alpha_2} \vec{g}^{\alpha_3} \cdots \vec{g}^{\alpha_n} - \\
&= T^l{}_{\alpha_2 \alpha_3 \ldots \alpha_n}\big|_l \; \vec{g}^{\alpha_2} \vec{g}^{\alpha_3} \cdots \vec{g}^{\alpha_n}
\end{aligned}$$

Wir lesen also ab:

$$W_{\alpha_2 \alpha_3 \ldots \alpha_n} = T^l{}_{\alpha_2 \alpha_3 \ldots \alpha_n}\big|_l \tag{6.75}$$

Man kann nun wieder weitere Indexpositionen analysieren und kommt zu dem Schluß, daß durch die Divergenzbildung stets alle Indizes außer dem ersten unverändert bleiben. Der erste Index hingegen ändert sich dadurch, daß zwischen dem Vektor $\vec{g}^l$ und dem ersten Basisvektor im tensoriellen Produkt das Skalarprodukt zu bilden ist. Zwei Fälle sind zu unterscheiden:

- Handelt es sich beim ersten Basisvektor im tensoriellen Produkt um den kovarianten Vektor $\vec{g}_{\beta_1}$ so entsteht somit $\delta^l_{\beta_1}$. Dies führt dazu, daß der erste kontravariante Index β_1 von T durch den kontravarianten Index l ersetzt wird.

  Hat T also ganz allgemein die Komponentendarstellung

  $$T^{\beta_1 \beta_2 \beta_3 \ldots \beta_q}{}_{\alpha_1 \alpha_2 \ldots \alpha_p},$$

  so gilt:

  $$W^{\beta_2 \beta_3 \ldots \beta_q}{}_{\alpha_1 \alpha_2 \ldots \alpha_p} = T^{l \beta_2 \beta_3 \ldots \beta_q}{}_{\alpha_1 \alpha_2 \ldots \alpha_p}\big|_l$$

- Handelt es sich beim ersten Basisvektor im tensoriellen Produkt um den kontravarianten Vektor $\vec{g}^{\alpha_1}$, so entsteht — wie oben gezeigt wurde — $g^{l\alpha_1}$. Dies führt dazu, daß der erste kovariante Index α_1 durch den kontravarianten Index l ersetzt wird.

  Hat T also ganz allgemein die Komponentendarstellung

  $$T_{\alpha_1 \alpha_2 \alpha_3 \ldots \alpha_p}{}^{\beta_1 \beta_2 \ldots \beta_q},$$

  so gilt:

  $$W^{\beta_1 \beta_2 \ldots \beta_q}{}_{\alpha_2 \alpha_3 \ldots \alpha_p} = T^{l \beta_1 \beta_2 \ldots \beta_q}{}_{\alpha_2 \alpha_3 \ldots \alpha_p}\big|_l$$

In beiden Fällen wird also der erste Index von T durch einen kontravarianten Index l ersetzt.

In Abschnitt 6.12 wurde gezeigt, daß es sich bei der kovarianten Ableitung von Tensorkomponenten wieder um Tensorkomponenten handelt (Regel 6.1). Damit ist für beide Fälle gezeigt, daß W ein Tensor ist. Es gilt:

> **Regel 6.2** *Die Divergenz eines Tensors n-ter Stufe liefert stets einen Tensor $n-1$-ter Stufe.*

6.14 Gradient als Tensor

In diesem Abschnitt soll gezeigt werden, daß der Gradient eines Tensors wieder einen Tensor liefert. Hierzu gehen wir vom Tensor

$$T = T_{\alpha_1\alpha_2\ldots\alpha_n}\,\vec{g}^{\alpha_1}\vec{g}^{\alpha_2}\cdots\vec{g}^{\alpha_n} \tag{6.76}$$

aus. Wir müssen nun zeigen, daß es sich bei

$$W = Grad\,T = \nabla T \tag{6.77}$$

ebenfalls um einen Tensor handelt.

Setzt man zunächst Gleichung (6.76) in Gleichung (6.77) ein, so erhält man:

$$\begin{aligned} W &= \nabla T = \\ &= \vec{g}^{\,l}\,\nabla_l T = \\ &= \vec{g}^{\,l}\left(T_{\alpha_1\alpha_2\ldots\alpha_n}\,\vec{g}^{\alpha_1}\vec{g}^{\alpha_2}\cdots\vec{g}^{\alpha_n}\right)\Big|_l = \\ &= T_{\alpha_1\alpha_2\ldots\alpha_n}\big|_l\,\vec{g}^{\,l}\vec{g}^{\alpha_1}\vec{g}^{\alpha_2}\cdots\vec{g}^{\alpha_n}\end{aligned}$$

Wir lesen also ab:

$$W_{l\alpha_1\alpha_2\ldots\alpha_n} = T_{\alpha_1\alpha_2\ldots\alpha_n}\big|_l \tag{6.78}$$

Anstelle von $T_{\alpha_1\alpha_2\ldots\alpha_n}$ hätte man auch von

$$T_{\alpha_1\alpha_2\ldots\alpha_{p-1}}{}^{i}{}_{\alpha_{p+1}\alpha_{p+2}\ldots\alpha_n}$$

ausgehen können. In diesem Falle erhält man für W:

$$\begin{aligned} W &= \nabla T = \\ &= \vec{g}^{\,l}\,\nabla_l T = \\ &= \vec{g}^{\,l}\left(T_{\alpha_1\alpha_2\ldots\alpha_{p-1}}{}^{i}{}_{\alpha_{p+1}\alpha_{p+2}\ldots\alpha_n}\,\vec{g}^{\alpha_1}\vec{g}^{\alpha_2}\cdots\vec{g}^{\alpha_{p-1}}\vec{g}_i\vec{g}^{\alpha_{p+1}}\cdots\vec{g}^{\alpha_n}\right)\Big|_l = \\ &= T_{\alpha_1\alpha_2\ldots\alpha_{p-1}}{}^{i}{}_{\alpha_{p+1}\alpha_{p+2}\ldots\alpha_n}\Big|_l\,\vec{g}^{\,l}\vec{g}^{\alpha_1}\vec{g}^{\alpha_2}\cdots\vec{g}^{\alpha_{p-1}}\vec{g}_i\vec{g}^{\alpha_{p+1}}\cdots\vec{g}^{\alpha_n}\end{aligned}$$

6.15. INVARIANZ DES ABSTANDES BEI ORTHOGONALER TRANSFORMATION

$$\Rightarrow W_{l\alpha_1\alpha_2\ldots\alpha_{p-1}}{}^i{}_{\alpha_{p+1}\alpha_{p+2}\ldots\alpha_n} = T_{\alpha_1\alpha_2\ldots\alpha_{p-1}}{}^i{}_{\alpha_{p+1}\alpha_{p+2}\ldots\alpha_n}\Big|_l \quad (6.79)$$

Je nachdem, von welcher Komponentendarstellung des Tensors T man ausgeht, erhält man also die beiden Komponentendarstellungen (6.78) bzw. (6.79) für W.

Betrachtet man die beiden Fälle näher, so stellt man fest, daß sie sich leicht verallgemeinern lassen. Stellt man den Tensor T nämlich durch die Tensorkomponenten $T^{\beta_1\beta_2\ldots\beta_q}_{\alpha_1\alpha_2\ldots\alpha_p}$ dar, so gilt stets:

$$W^{\beta_1\beta_2\ldots\beta_q}_{l\alpha_1\alpha_2\ldots\alpha_p} = T^{\beta_1\beta_2\ldots\beta_q}_{\alpha_1\alpha_2\ldots\alpha_p}\Big|_l \quad (6.80)$$

Unabhängig davon, in welcher Reihenfolge die Basisvekoren im tensoriellen Produkt auftreten, wird nämlich durch den Nablaoperator $\nabla = \vec{g}^l\,\nabla_l$ stets auf der linken Seite der Basisvektor $\vec{g}^l$ ans tensorielle Produkt angefügt. Somit tritt als erster Index der Komponenten von W stets der kovariante Index l auf.

Bei Gleichung (6.80) handelt es sich also um die allgemeingültige Komponentendarstellung der Gleichung $W = Grad\,T$. In Abschnitt 6.12, Regel 6.1 wurde bereits gezeigt, daß es sich bei $T^{\beta_1\beta_2\ldots\beta_q}_{\alpha_1\alpha_2\ldots\alpha_p}\Big|_l$ um die Komponenten eines Tensors handelt, wenn es sich bei $T^{\beta_1\beta_2\ldots\beta_q}_{\alpha_1\alpha_2\ldots\alpha_p}$ ebenfalls um Tensorkomponenten handelt. Letzteres ist erfüllt, da T ein Tensor ist. Somit ist W ebenfalls ein Tensor.

Damit ist gezeigt:

> **Regel 6.3** *Der Gradient eines Tensors n-ter Stufe liefert stets einen Tensor $n+1$-ter Stufe.*

6.15 Invarianz des Abstandes bei orthogonaler Transformation

In Abschnitt 3.36 wurde eine Transformation betrachtet, die die Eigenschaft hat, daß der Abstand zwischen einem Punkt A und dem Koordinatenursprung invariant ist. Nun soll gezeigt werden, daß durch dieselbe Transformation auch der Abstand zwischen zwei beliebigen Punkten A und B gleich dem Abstand zwischen den transformierten Punkten $\bar{A}$ und $\bar{B}$ ist.

Wie Gleichung (3.282)

$$\sum_i \underline{a}^i_k \underline{a}^i_l = \delta_{kl}$$

zeigt, eignet sich die Einsteinsche Summationskonvention nicht sehr gut zur Berechnung der Transformationskoeffizienten $\underline{a}^i_k$ und $\bar{a}^i_k$. Deshalb soll in diesem Abschnitt vollständig auf die Summationskonvention verzichtet werden — alle Summen werden explizit durch ein Summenzeichen gekennzeichnet.

Wir beginnen mit dem Abstand im ursprünglichen Koordinatensystem:

$$d(A,B) = \sum_i \left(\theta_A^i - \theta_B^i\right)^2 = \sum_i \left[\left(\theta_A^i - \theta_B^i\right)\left(\theta_A^i - \theta_B^i\right)\right] \tag{6.81}$$

Die Koordinaten θ^i kann man als Komponenten des Ortsvektors

$$\vec{r} = \theta^1\,\vec{e}_x + \theta^2\,\vec{e}_y + \theta^3\,\vec{e}_z$$

auffassen, so daß aus Gleichung (3.103) folgt:

$$\theta^i = \sum_k \underline{a}_k^i \bar{\theta}^k$$

Geht man davon aus, daß $\underline{a}_k^i$ unabhängig vom Ort ist, so kann man für zwei spezielle Punkte A und B schreiben:

$$\begin{aligned}\theta_A^i &= \sum_k \underline{a}_k^i \bar{\theta}_{\bar{A}}^k \\ \theta_B^i &= \sum_k \underline{a}_k^i \bar{\theta}_{\bar{B}}^k\end{aligned}$$

Wir setzen dies in Gleichung (6.81) ein und erhalten:

$$d(A,B) = \sum_i \left[\left(\sum_k \underline{a}_k^i \bar{\theta}_{\bar{A}}^k - \sum_l \underline{a}_l^i \bar{\theta}_{\bar{B}}^l\right)\left(\sum_m \underline{a}_m^i \bar{\theta}_{\bar{A}}^m - \sum_n \underline{a}_n^i \bar{\theta}_{\bar{B}}^n\right)\right]$$

Die Indizes wurden in den vier Termen unterschiedlich gewählt, damit man beim Ausmultiplizieren die Summenzeichen vor die Produkte kann:

$$d(A,B) = \sum_i \left[\sum_k \sum_m \underline{a}_k^i \underline{a}_m^i \bar{\theta}_{\bar{A}}^k \bar{\theta}_{\bar{A}}^m - \sum_k \sum_n \underline{a}_k^i \underline{a}_n^i \bar{\theta}_{\bar{A}}^k \bar{\theta}_{\bar{B}}^n - \sum_l \sum_m \underline{a}_l^i \underline{a}_m^i \bar{\theta}_{\bar{B}}^l \bar{\theta}_{\bar{A}}^m + \sum_l \sum_n \underline{a}_l^i \underline{a}_n^i \bar{\theta}_{\bar{B}}^l \bar{\theta}_{\bar{B}}^n\right]$$

Wir vertauschen nun die Summationsreihenfolge:

$$d(A,B) = \sum_k \sum_m \sum_i \underline{a}_k^i \underline{a}_m^i \bar{\theta}_{\bar{A}}^k \bar{\theta}_{\bar{A}}^m - \sum_k \sum_n \sum_i \underline{a}_k^i \underline{a}_n^i \bar{\theta}_{\bar{A}}^k \bar{\theta}_{\bar{B}}^n - \sum_l \sum_m \sum_i \underline{a}_l^i \underline{a}_m^i \bar{\theta}_{\bar{B}}^l \bar{\theta}_{\bar{A}}^m + \sum_l \sum_n \sum_i \underline{a}_l^i \underline{a}_n^i \bar{\theta}_{\bar{B}}^l \bar{\theta}_{\bar{B}}^n$$

$$\begin{aligned}\Rightarrow d(A,B) &= \sum_k \sum_m \left(\bar{\theta}_{\bar{A}}^k \bar{\theta}_{\bar{A}}^m \sum_i \underline{a}_k^i \underline{a}_m^i\right) - \sum_k \sum_n \left(\bar{\theta}_{\bar{A}}^k \bar{\theta}_{\bar{B}}^n \sum_i \underline{a}_k^i \underline{a}_n^i\right) - \\ &\quad - \sum_l \sum_m \left(\bar{\theta}_{\bar{B}}^l \bar{\theta}_{\bar{A}}^m \sum_i \underline{a}_l^i \underline{a}_m^i\right) + \sum_l \sum_n \left(\bar{\theta}_{\bar{B}}^l \bar{\theta}_{\bar{B}}^n \sum_i \underline{a}_l^i \underline{a}_n^i\right)\end{aligned}$$

Nun können wir viermal von Gleichung (3.282)

$$\sum_i \underline{a}_k^i \underline{a}_l^i = \delta_{kl}$$

Gebrauch machen:

$$d(A,B) = \sum_k \sum_m \delta_{km} \bar{\theta}_A^k \bar{\theta}_A^m - \sum_k \sum_n \delta_{kn} \bar{\theta}_A^k \bar{\theta}_B^n - \sum_l \sum_m \delta_{lm} \bar{\theta}_B^l \bar{\theta}_A^m + \sum_l \sum_n \delta_{ln} \bar{\theta}_B^l \bar{\theta}_B^n$$

Wegen des Kroneckersymbols kann jeweils eine Summation entfallen:

$$d(A,B) = \sum_k \bar{\theta}_A^k \bar{\theta}_A^k - \sum_k \bar{\theta}_A^k \bar{\theta}_B^k - \sum_l \bar{\theta}_B^l \bar{\theta}_A^l + \sum_l \bar{\theta}_B^l \bar{\theta}_B^l$$

$$\Rightarrow d(A,B) = \sum_k \left(\bar{\theta}_A^k \bar{\theta}_A^k - \bar{\theta}_A^k \bar{\theta}_B^k - \bar{\theta}_B^k \bar{\theta}_A^k + \bar{\theta}_B^k \bar{\theta}_B^k \right)$$

Die Summanden lassen sich nun als Quadrate von Differenzen schreiben:

$$d(A,B) = \sum_k \left(\bar{\theta}_A^k - \bar{\theta}_B^k \right)^2$$

Damit ist gezeigt:

$$d(A,B) = d(\bar{A}, \bar{B})$$

Die transformierten Punkte haben also denselben Abstand voneinander wie die ursprünglichen Punkte.

6.16 Ableitung von Determinanten

Eine Vorschrift zur Differentiation einer Determinante nach einem Parameter läßt sich aus der Definition der Determinante einer Matrix $\mathbf{A} = (a_{ik})$ der Ordnung n gewinnen. Diese lautet:

$$det\,\mathbf{A} = \sum_\Pi (-1)^{I(\Pi)} \cdot a_{1i_1} \cdot a_{2i_2} \cdots a_{ni_n} \qquad (6.82)$$

Hierbei ist über alle möglichen Permutationen

$$\Pi = \begin{pmatrix} 1 & 2 & \ldots & n \\ i_1 & i_2 & \ldots & i_n \end{pmatrix}$$

zu summieren. $I(\Pi)$ ist die Anzahl der Inversionen von Π. Wir nehmen nun an, daß die Matrizenelemente a_{ik} von mehreren Variablen abhängen; eine davon sei der Parameter x, nach dem die Determinante abgeleitet werden soll.

Mit Hilfe der Produktregel kann man durch vollständige Induktion zeigen, daß ein Produkt $f = f_1 \cdot f_2 \cdots f_n$ folgendermaßen abzuleiten ist:

$$\begin{aligned} \frac{\partial f}{\partial x} &= \frac{\partial f_1}{\partial x} \cdot f_2 \cdots f_n + \\ &+ f_1 \cdot \frac{\partial f_2}{\partial x} \cdots f_n + \\ &+ \ldots + \\ &+ f_1 \cdot f_2 \cdots \frac{\partial f_n}{\partial x} \end{aligned}$$

Wendet man diese Regel auf Gleichung (6.82) an, so erhält man:

$$\frac{\partial}{\partial x}(det\ \mathbf{A}) = \sum_{\Pi}(-1)^{I(\Pi)} \cdot \frac{\partial a_{1i_1}}{\partial x} \cdot a_{2i_2} \cdots a_{ni_n} +$$
$$+ \sum_{\Pi}(-1)^{I(\Pi)} \cdot a_{1i_1} \cdot \frac{\partial a_{2i_2}}{\partial x} \cdots a_{ni_n} +$$
$$+ \ldots +$$
$$+ \sum_{\Pi}(-1)^{I(\Pi)} \cdot a_{1i_1} \cdot a_{2i_2} \cdots \frac{\partial a_{ni_n}}{\partial x}$$

Die erste Summe unterscheidet sich von Gleichung (6.82) nur dadurch, daß a_{1i_1} durch $\frac{\partial a_{1i_1}}{\partial x}$ ersetzt ist. Man kann die Summe somit als Determinante interpretieren, bei der die erste Zeile die nach x abgeleiteten Größen enthält. Analog kann man die k-te Summe darstellen als Determinante, bei der die k-te Zeile die Ableitungen nach x erhält. Somit gilt:

$$\frac{\partial}{\partial x}(det\ \mathbf{A}) = \begin{vmatrix} \frac{\partial a_{11}}{\partial x} & \frac{\partial a_{12}}{\partial x} & \cdots & \frac{\partial a_{1n}}{\partial x} \\ a_{21} & a_{22} & \cdots & a_{2n} \\ \vdots & \vdots & \ddots & \vdots \\ a_{n1} & a_{n2} & \cdots & a_{nn} \end{vmatrix} + \begin{vmatrix} a_{11} & a_{12} & \cdots & a_{1n} \\ \frac{\partial a_{21}}{\partial x} & \frac{\partial a_{22}}{\partial x} & \cdots & \frac{\partial a_{2n}}{\partial x} \\ \vdots & \vdots & \ddots & \vdots \\ a_{n1} & a_{n2} & \cdots & a_{nn} \end{vmatrix} + \ldots + \begin{vmatrix} a_{11} & a_{12} & \cdots & a_{1n} \\ a_{21} & a_{22} & \cdots & a_{2n} \\ \vdots & \vdots & \ddots & \vdots \\ \frac{\partial a_{n1}}{\partial x} & \frac{\partial a_{n2}}{\partial x} & \cdots & \frac{\partial a_{nn}}{\partial x} \end{vmatrix}$$
(6.83)

Aufgrund des Laplaceschen Entwicklungssatzes ist bekannt, daß man $det\ \mathbf{A}$ folgendermaßen darstellen kann:

$$det\ \mathbf{A} = \sum_{k=1}^{n} a_{ik} \cdot A_{ik}$$

Hierbei wurde nach der i-ten Zeile entwickelt. A_{ik} ist die Adjunkte des Matrixelementes a_{ik}, also die mit dem Faktor $(-1)^{i+k}$ versehene Unterdeterminante dieses Elementes. Entwickelt man mit dieser Vorschrift in Gleichung (6.83) die i-te Determinante nach der i-ten Zeile, so erhält man schließlich:

$$\frac{\partial}{\partial x}(det\ \mathbf{A}) = \sum_{i=1}^{n}\sum_{k=1}^{n} \frac{\partial a_{ik}}{\partial x} \cdot A_{ik} \qquad (6.84)$$

6.17 Vollständig antisymmetrischer Tensor im n-dimensionalen Raum

Betrachtet man die Definitionen (3.77) und (3.154) für den vollständig antisymmetrischen Tensor dritter Stufe, so scheint eine Verallgemeinerung desselben daran zu scheitern, daß das Vektorprodukt auf den dreidimensionalen Raum beschränkt ist. Glücklicherweise ist das Vektorprodukt aber mit einem Skalarprodukt zu einem Spatprodukt verknüpft, so daß sich e_{ikl} gemäß

6.17. VOLLST. ANTISYMMETRISCHER TENSOR IM N-DIMENSIONALEN RAUM

Gleichung (6.58) als Determinante darstellen läßt. Um nun unabhängig von den Bezeichnungen x, y und z für die Koordinaten zu sein, die ja nur für Raumdimensionen kleiner gleich drei sinnvoll sind, stellen wir die k-te Komponente des Vektors $\vec{g}_i$ als Skalarprodukt dieses Vektors mit dem k-ten kartesischen Einheitsvektor dar, also als $\vec{g}_i \cdot \vec{e}_k$. Gleichung (6.58) lautet dann:

$$e_{ikl} = \begin{vmatrix} \vec{g}_i \cdot \vec{e}_1 & \vec{g}_k \cdot \vec{e}_1 & \vec{g}_l \cdot \vec{e}_1 \\ \vec{g}_i \cdot \vec{e}_2 & \vec{g}_k \cdot \vec{e}_2 & \vec{g}_l \cdot \vec{e}_2 \\ \vec{g}_i \cdot \vec{e}_3 & \vec{g}_k \cdot \vec{e}_3 & \vec{g}_l \cdot \vec{e}_3 \end{vmatrix}$$

Eine sinnvolle Verallgemeinerung dieser Definition ergibt sich dann offenbar folgendermaßen:

$$e_{i_1 i_2 \ldots i_n} = \begin{vmatrix} \vec{g}_{i_1} \cdot \vec{e}_1 & \vec{g}_{i_2} \cdot \vec{e}_1 & \ldots & \vec{g}_{i_n} \cdot \vec{e}_1 \\ \vec{g}_{i_1} \cdot \vec{e}_2 & \vec{g}_{i_2} \cdot \vec{e}_2 & \ldots & \vec{g}_{i_n} \cdot \vec{e}_2 \\ \vdots & \vdots & \ddots & \vdots \\ \vec{g}_{i_1} \cdot \vec{e}_n & \vec{g}_{i_2} \cdot \vec{e}_n & \ldots & \vec{g}_{i_n} \cdot \vec{e}_n \end{vmatrix} \qquad (6.85)$$

Dieser Definition zufolge ist im n-dimensionalen Raum lediglich ein vollständig antisymmetrischer Tensor n-ter Stufe definiert; die Stufe muß also mit der Raumdimension übereinstimmen. Um nachzuweisen, daß es sich bei $e_{i_1 i_2 \ldots i_n}$ tatsächlich um die Komponenten eines Tensors handelt, ist noch das Transformationsverhalten herzuleiten.

In einem Koordinatensystem $\bar{K}$ gilt offenbar:

$$\bar{e}_{k_1 k_2 \ldots k_n} = \begin{vmatrix} \vec{\bar{g}}_{k_1} \cdot \vec{e}_1 & \vec{\bar{g}}_{k_2} \cdot \vec{e}_1 & \ldots & \vec{\bar{g}}_{k_n} \cdot \vec{e}_1 \\ \vec{\bar{g}}_{k_1} \cdot \vec{e}_2 & \vec{\bar{g}}_{k_2} \cdot \vec{e}_2 & \ldots & \vec{\bar{g}}_{k_n} \cdot \vec{e}_2 \\ \vdots & \vdots & \ddots & \vdots \\ \vec{\bar{g}}_{k_1} \cdot \vec{e}_n & \vec{\bar{g}}_{k_2} \cdot \vec{e}_n & \ldots & \vec{\bar{g}}_{k_n} \cdot \vec{e}_n \end{vmatrix}$$

Für die Basisvektoren $\vec{\bar{g}}_{k_l}$ gilt gemäß Gleichung (3.95) das Transformationsverhalten

$$\vec{\bar{g}}_{k_l} = \underline{a}_{k_l}^{i_l} \vec{g}_{i_l},$$

so daß weiter folgt:

$$\bar{e}_{k_1 k_2 \ldots k_n} = \begin{vmatrix} \underline{a}_{k_1}^{i_1} \vec{g}_{i_1} \cdot \vec{e}_1 & \underline{a}_{k_2}^{i_2} \vec{g}_{i_2} \cdot \vec{e}_1 & \ldots & \underline{a}_{k_n}^{i_n} \vec{g}_{i_n} \cdot \vec{e}_1 \\ \underline{a}_{k_1}^{i_1} \vec{g}_{i_1} \cdot \vec{e}_2 & \underline{a}_{k_2}^{i_2} \vec{g}_{i_2} \cdot \vec{e}_2 & \ldots & \underline{a}_{k_n}^{i_n} \vec{g}_{i_n} \cdot \vec{e}_2 \\ \vdots & \vdots & \ddots & \vdots \\ \underline{a}_{k_1}^{i_1} \vec{g}_{i_1} \cdot \vec{e}_n & \underline{a}_{k_2}^{i_2} \vec{g}_{i_2} \cdot \vec{e}_n & \ldots & \underline{a}_{k_n}^{i_n} \vec{g}_{i_n} \cdot \vec{e}_n \end{vmatrix}$$

Taucht in einer Spalte einer Determinante überall derselbe Faktor auf, so läßt sich dieser vor die Determinante ziehen[6]:

$$\bar{e}_{k_1k_2...k_n} = \underline{a}_{k_1}^{i_1}\underline{a}_{k_2}^{i_2}\cdots\underline{a}_{k_n}^{i_n} \begin{vmatrix} \vec{g}_{i_1}\cdot\vec{e}_1 & \vec{g}_{i_2}\cdot\vec{e}_1 & \cdots & \vec{g}_{i_n}\cdot\vec{e}_1 \\ \vec{g}_{i_1}\cdot\vec{e}_2 & \vec{g}_{i_2}\cdot\vec{e}_2 & \cdots & \vec{g}_{i_n}\cdot\vec{e}_2 \\ \vdots & \vdots & \ddots & \vdots \\ \vec{g}_{i_1}\cdot\vec{e}_n & \vec{g}_{i_2}\cdot\vec{e}_n & \cdots & \vec{g}_{i_n}\cdot\vec{e}_n \end{vmatrix}$$

Durch Vergleich mit Gleichung (6.85) ergibt sich das Transformationsverhalten

$$\bar{e}_{k_1k_2...k_n} = \underline{a}_{k_1}^{i_1}\underline{a}_{k_2}^{i_2}\cdots\underline{a}_{k_n}^{i_n}\, e_{i_1i_2...i_n},$$

das für Tensoren n-ter Stufe typisch ist. Definiert man nun entsprechende kontravariante bzw. gemischte Komponenten so, daß sich alle Indizes mit Hilfe der Metrikkoeffizienten in gewohnter Weise heben und senken lassen, so ist klar, daß durch Gleichung (6.85) tatsächlich ein Tensor definiert wird.

Für rein kontravariante Komponenten folgt aus Gleichung (6.85):

$$e^{k_1k_2...k_n} = g^{k_1i_1}g^{k_2i_2}\cdots g^{k_ni_n}\, e_{i_1i_2...i_n} =$$

---

[6]Die Anwendung der Regel, daß man das Produkt einer Determinante mit einem Faktor bilden darf, indem man eine beliebige Spalte mit diesem Faktor multipliziert, ist noch so zu verallgemeinern, daß sie auch dann gilt, wenn der Faktor durch die Summationskonvention eine Summation auslöst. Diese Verallgemeinerung läßt sich ohne Verwendung der Summationskonvention wie folgt durchführen:

$$\sum_i a_i\, det(\vec{v}_1, \vec{v}_2, \ldots, \vec{v}_{k-1}, \vec{v}_k(i), \vec{v}_{k+1}, \ldots, \vec{v}_n)$$
$$= \sum_i det(\vec{v}_1, \vec{v}_2, \ldots, \vec{v}_{k-1}, a_i\, \vec{v}_k(i), \vec{v}_{k+1}, \ldots, \vec{v}_n)$$
$$= det\left(\vec{v}_1, \vec{v}_2, \ldots, \vec{v}_{k-1}, \sum_i a_i\, \vec{v}_k(i), \vec{v}_{k+1}, \ldots, \vec{v}_n\right)$$

Hierbei wurde angenommen, daß sowohl der Faktor a_i als auch die k-te Spalte der Determinante von i abhängen. Im ersten Schritt wurde dieser Faktor in die k-te Spalte hineingezogen, was zweifellos erlaubt ist, da erst nachträglich über i summiert wird. Durch diesen ersten Schritt entsteht offenbar eine Summe von Determinanten, die sich nur durch eine einzige Spalte, nämlich die k-te, voneinander unterscheiden. Bekanntlich darf man eine solche Summe durch eine einzige Determinante ersetzen, wenn man als k-te Spalte die Summe der k-ten Spalten der Einzeldeterminanten verwendet. Dies wurde im zweiten Schritt durchgeführt. Mit Hilfe der Einsteinschen Summationskonvention läßt sich der Schritt vom ursprünglichen Ausdruck zum letzten wie folgt schreiben:

$$a_i\, det(\vec{v}_1, \vec{v}_2, \ldots, \vec{v}_{k-1}, \vec{v}_k^i, \vec{v}_{k+1}, \ldots, \vec{v}_n) = det(\vec{v}_1, \vec{v}_2, \ldots, \vec{v}_{k-1}, a_i\, \vec{v}_k^i, \vec{v}_{k+1}, \ldots, \vec{v}_n)$$

Obwohl also über i summiert wird, läßt sich a_i wie ein gewöhnlicher Faktor in eine beliebige Spalte der Determinante hineinziehen.

6.17. VOLLST. ANTISYMMETRISCHER TENSOR IM N-DIMENSIONALEN RAUM

$$= \begin{vmatrix} g^{k_1 i_1} \vec{g}_{i_1} \cdot \vec{e}_1 & g^{k_2 i_2} \vec{g}_{i_2} \cdot \vec{e}_1 & \cdots & g^{k_n i_n} \vec{g}_{i_n} \cdot \vec{e}_1 \\ g^{k_1 i_1} \vec{g}_{i_1} \cdot \vec{e}_2 & g^{k_2 i_2} \vec{g}_{i_2} \cdot \vec{e}_2 & \cdots & g^{k_n i_n} \vec{g}_{i_n} \cdot \vec{e}_2 \\ \vdots & \vdots & \ddots & \vdots \\ g^{k_1 i_1} \vec{g}_{i_1} \cdot \vec{e}_n & g^{k_2 i_2} \vec{g}_{i_2} \cdot \vec{e}_n & \cdots & g^{k_n i_n} \vec{g}_{i_n} \cdot \vec{e}_n \end{vmatrix}$$

Bei der letzten Umformung wurde wieder ausgenutzt, daß man eine Determinante mit einem Faktor multiplizieren kann, indem man eine ihrer Spalten mit diesem Faktor multipliziert. Wir erhalten somit folgende Determinante für die kontravarianten Komponenten des vollständig antisymmetrischen Tensors:

$$e^{k_1 k_2 \ldots k_n} = \begin{vmatrix} \vec{g}^{k_1} \cdot \vec{e}_1 & \vec{g}^{k_2} \cdot \vec{e}_1 & \cdots & \vec{g}^{k_n} \cdot \vec{e}_1 \\ \vec{g}^{k_1} \cdot \vec{e}_2 & \vec{g}^{k_2} \cdot \vec{e}_2 & \cdots & \vec{g}^{k_n} \cdot \vec{e}_2 \\ \vdots & \vdots & \ddots & \vdots \\ \vec{g}^{k_1} \cdot \vec{e}_n & \vec{g}^{k_2} \cdot \vec{e}_n & \cdots & \vec{g}^{k_n} \cdot \vec{e}_n \end{vmatrix} \qquad (6.86)$$

Auch die Alternativdarstellung (6.63) für den vollständig antisymmetrischen Tensor läßt sich verallgemeinern, wenn man völlig analog zu Abschnitt 6.11 vorgeht.

Gemäß Gleichung (6.85) gilt

$$e_{12\ldots n} = det\, \mathbf{M}, \qquad (6.87)$$

wenn man die Matrix $\mathbf{M}$ folgendermaßen definiert:

$$\mathbf{M} = \begin{pmatrix} \vec{g}_1 \cdot \vec{e}_1 & \vec{g}_2 \cdot \vec{e}_1 & \cdots & \vec{g}_n \cdot \vec{e}_1 \\ \vec{g}_1 \cdot \vec{e}_2 & \vec{g}_2 \cdot \vec{e}_2 & \cdots & \vec{g}_n \cdot \vec{e}_2 \\ \vdots & \vdots & \ddots & \vdots \\ \vec{g}_1 \cdot \vec{e}_n & \vec{g}_2 \cdot \vec{e}_n & \cdots & \vec{g}_n \cdot \vec{e}_n \end{pmatrix} \qquad (6.88)$$

Offenbar tritt in der Matrix $\mathbf{M}^T \mathbf{M}$ in der i-ten Zeile und der k-ten Spalte folgender Ausdruck auf:

$$(\vec{g}_i \cdot \vec{e}_1)(\vec{g}_k \cdot \vec{e}_1) + (\vec{g}_i \cdot \vec{e}_2)(\vec{g}_k \cdot \vec{e}_2) + \ldots + (\vec{g}_i \cdot \vec{e}_n)(\vec{g}_k \cdot \vec{e}_n)$$

Da hier offenbar die kartesischen Komponenten des Vektors $\vec{g}_i$ mit denen des Vektors $\vec{g}_k$ multipliziert und aufsummiert werden, handelt es sich bei den Matrixelementen um das Skalarprodukt

$$\vec{g}_i \cdot \vec{g}_k = g_{ik}.$$

Damit gilt
$$\mathbf{M}^T \mathbf{M} = (g_{ik}),$$
und mit $g = det(g_{ik})$ folgt:
$$g = det\left(\mathbf{M}^T \mathbf{M}\right) = (det\,\mathbf{M}^T)(det\,\mathbf{M}) = (det\,\mathbf{M})^2$$
Wegen Gleichung (6.87) gilt also:
$$e_{12\ldots n} = \sqrt{g} \qquad (6.89)$$

Möchte man anstelle von
$$e_{12\ldots n}$$
einen Koeffizienten
$$e_{i_1 i_2 \ldots i_n}$$
gemäß $e_{i_1 i_2 \ldots i_n} = det\,\mathbf{M}_A$ berechnen, bei dem zwei Indizes gleich sind, so treten anstelle von Gleichung (6.88) in $\mathbf{M}_A$ zwei identische Spalten auf. Die Determinante von $\mathbf{M}_A$ ist somit gleich null, und es folgt:
$$e_{i_1 i_2 \ldots i_n} = 0$$

Möchte man anstelle von
$$e_{12\ldots k-1\;k\;k+1\ldots l-1\;l\;l+1\ldots n}$$
einen anderen Koeffizienten
$$e_{12\ldots k-1\;l\;k+1\ldots l-1\;k\;l+1\ldots n} = det\,\mathbf{M}_B$$
berechnen, bei dem die Reihenfolge zweier Indizes k und l vertauscht ist, so sind in Gleichung (6.88) die entsprechenden Spalten auszutauschen, um zu $\mathbf{M}_B$ zu gelangen. Dadurch ändert sich das Vorzeichen gemäß $det\,\mathbf{M}_B = -det\,\mathbf{M}$, und es folgt:
$$e_{12\ldots k-1\;l\;k+1\ldots l-1\;k\;l+1\ldots n} = -\sqrt{g}$$

Da sich bei jedem weiteren Austausch zweier Indizes das Vorzeichen erneut umdreht, erhält man zusammenfassend:
$$e_{i_1 i_2 \ldots i_n} = \begin{cases} +\sqrt{g} & \text{wenn } (i_1, i_2, \ldots, i_n) \text{ eine gerade Permutation von } (1, 2, \ldots, n) \text{ ist.} \\ -\sqrt{g} & \text{wenn } (i_1, i_2, \ldots, i_n) \text{ eine ungerade Permutation von } (1, 2, \ldots, n) \text{ ist.} \\ 0 & \text{sonst.} \end{cases}$$
$$(6.90)$$

An dieser Darstellung erkennt man die tiefere Bedeutung des Begriffes „vollständige Antisymmetrie": Das Vertauschen zweier beliebiger Indizes führt stets zu einem Vorzeichenwechsel.

6.17. VOLLST. ANTISYMMETRISCHER TENSOR IM N-DIMENSIONALEN RAUM

Auch für $e^{k_1 k_2 \ldots k_n}$ läßt sich eine entsprechende Beziehung angeben. Wegen Gleichung (6.86) gilt

$$e^{12\ldots n} = det\ \tilde{\mathbf{M}} \tag{6.91}$$

mit

$$\tilde{\mathbf{M}} = \begin{pmatrix} \vec{g}^1 \cdot \vec{e}_1 & \vec{g}^2 \cdot \vec{e}_1 & \ldots & \vec{g}^n \cdot \vec{e}_1 \\ \vec{g}^1 \cdot \vec{e}_2 & \vec{g}^2 \cdot \vec{e}_2 & \ldots & \vec{g}^n \cdot \vec{e}_2 \\ \vdots & \vdots & \ddots & \vdots \\ \vec{g}^1 \cdot \vec{e}_n & \vec{g}^2 \cdot \vec{e}_n & \ldots & \vec{g}^n \cdot \vec{e}_n \end{pmatrix}.$$

Offenbar sind die Komponenten in der i-ten Zeile und k-ten Spalte von $\tilde{\mathbf{M}}^T \tilde{\mathbf{M}}$ nun gleich

$$(\vec{g}^i \cdot \vec{e}_1)(\vec{g}^k \cdot \vec{e}_1) + (\vec{g}^i \cdot \vec{e}_2)(\vec{g}^k \cdot \vec{e}_2) + \ldots + (\vec{g}^i \cdot \vec{e}_n)(\vec{g}^k \cdot \vec{e}_n) = \vec{g}^i \cdot \vec{g}^k = g^{ik}.$$

Es gilt also:

$$\tilde{\mathbf{M}}^T \tilde{\mathbf{M}} = (g^{ik})$$
$$\Rightarrow det(g^{ik}) = (det\ \tilde{\mathbf{M}})^2$$

Da die Matrix (g^{ik}) die Inverse zur Matrix (g_{ik}) ist, liefern die jeweiligen Determinanten den Kehrwert. Es gilt also

$$(det\ \tilde{\mathbf{M}})^2 = \frac{1}{det(g_{ik})} = \frac{1}{g}.$$

Aus Gleichung (6.91) folgt somit

$$e^{12\ldots n} = \frac{1}{\sqrt{g}}.$$

Man kann nun völlig analoge Symmetrieüberlegungen anstellen wie oben und erhält:

$$e^{i_1 i_2 \ldots i_n} = \begin{cases} +\frac{1}{\sqrt{g}} & \text{wenn } (i_1, i_2, \ldots, i_n) \text{ eine gerade Permutation von } (1, 2, \ldots, n) \text{ ist.} \\ -\frac{1}{\sqrt{g}} & \text{wenn } (i_1, i_2, \ldots, i_n) \text{ eine ungerade Permutation von } (1, 2, \ldots, n) \text{ ist.} \\ 0 & \text{sonst.} \end{cases} \tag{6.92}$$

Als nächstes soll ein Zusammenhang zwischen den kovarianten und den kontravarianten Komponenten des vollständig antisymmetrischen Tensors hergeleitet werden.

Gemäß Gleichung (6.85) gilt

$$e_{i_1 i_2 \ldots i_n} = det\ \mathbf{M}_A \tag{6.93}$$

mit

$$M_A = \begin{pmatrix} \vec{g}_{i_1} \cdot \vec{e}_1 & \vec{g}_{i_2} \cdot \vec{e}_1 & \ldots & \vec{g}_{i_n} \cdot \vec{e}_1 \\ \vec{g}_{i_1} \cdot \vec{e}_2 & \vec{g}_{i_2} \cdot \vec{e}_2 & \ldots & \vec{g}_{i_n} \cdot \vec{e}_2 \\ \vdots & \vdots & \ddots & \vdots \\ \vec{g}_{i_1} \cdot \vec{e}_n & \vec{g}_{i_2} \cdot \vec{e}_n & \ldots & \vec{g}_{i_n} \cdot \vec{e}_n \end{pmatrix}.$$

Aus Gleichung (6.86) folgt

$$e^{k_1 k_2 \ldots k_n} = \det \mathbf{M}_B \tag{6.94}$$

mit

$$M_B = \begin{pmatrix} \vec{g}^{k_1} \cdot \vec{e}_1 & \vec{g}^{k_2} \cdot \vec{e}_1 & \ldots & \vec{g}^{k_n} \cdot \vec{e}_1 \\ \vec{g}^{k_1} \cdot \vec{e}_2 & \vec{g}^{k_2} \cdot \vec{e}_2 & \ldots & \vec{g}^{k_n} \cdot \vec{e}_2 \\ \vdots & \vdots & \ddots & \vdots \\ \vec{g}^{k_1} \cdot \vec{e}_n & \vec{g}^{k_2} \cdot \vec{e}_n & \ldots & \vec{g}^{k_n} \cdot \vec{e}_n \end{pmatrix}.$$

Offenbar erhält man für die p-te Zeile und q-te Spalte der Matrix $\mathbf{M}_A^T \mathbf{M}_B$ folgenden Ausdruck:

$$(\vec{g}_{i_p} \cdot \vec{e}_1)(\vec{g}^{k_q} \cdot \vec{e}_1) + (\vec{g}_{i_p} \cdot \vec{e}_2)(\vec{g}^{k_q} \cdot \vec{e}_2) + \ldots + (\vec{g}_{i_p} \cdot \vec{e}_n)(\vec{g}^{k_q} \cdot \vec{e}_n)$$

Da hier das Produkt der kartesischen Komponenten von $\vec{g}_{i_p}$ mit denen von $\vec{g}^{k_q}$ gebildet und aufsummiert wird, handelt es sich hierbei um das Skalarprodukt $\vec{g}_{i_p} \cdot \vec{g}^{k_q} = \delta_{i_p}^{k_q}$. Somit gilt

$$\mathbf{M}_A^T \mathbf{M}_B = \left(\delta_{i_p}^{k_q} \right).$$

Bildet man hiervon die Determinante, so ergibt sich:

$$\det \left(\delta_{i_p}^{k_q} \right) = \det \left(\mathbf{M}_A^T \mathbf{M}_B \right) = \det \mathbf{M}_A^T \det \mathbf{M}_B = \det \mathbf{M}_A \det \mathbf{M}_B$$

Mit den Gleichungen (6.93) und (6.94) folgt:

$$e_{i_1 i_2 \ldots i_n} e^{k_1 k_2 \ldots k_n} = \begin{vmatrix} \delta_{i_1}^{k_1} & \delta_{i_1}^{k_2} & \ldots & \delta_{i_1}^{k_n} \\ \delta_{i_2}^{k_1} & \delta_{i_2}^{k_2} & \ldots & \delta_{i_2}^{k_n} \\ \vdots & \vdots & \ddots & \vdots \\ \delta_{i_n}^{k_1} & \delta_{i_n}^{k_2} & \ldots & \delta_{i_n}^{k_n} \end{vmatrix} \tag{6.95}$$

6.18 Christoffelsymbole und Determinante des Metiktensors

Nachdem gemäß Gleichung (6.85) der vollständig antisymmetrische Tensor n-ter Stufe im n-dimensionalen Raum eingeführt wurde, läßt sich die Herleitung der Gleichung (6.66) verallgemeinern. Im folgenden soll die Einsteinsche Summationskonvention zunächst keine Gültigkeit besitzen.

6.18. CHRISTOFFELSYMBOLE UND DETERMINANTE DES METIKTENSORS

Gemäß Gleichung (6.85) gilt:
$$e_{12...n} = det(\vec{g}_1, \vec{g}_2, \ldots, \vec{g}_n)$$
Laut Gleichung (6.89) entspricht dies der Wurzel der Determinate der Metrikkoeffizienten:
$$\sqrt{g} = det(\vec{g}_1, \vec{g}_2, \ldots, \vec{g}_n) \tag{6.96}$$

Die Vorschrift (6.83) zur Ableitung von Determinanten, die besagt, daß man eine Determinante ableitet, indem man jeweils eine Zeile differenziert und die so entstehenden Determinanten aufaddiert, läßt sich auch auf Spalten übertragen. Eine Determinante ändert ihren Wert durch das Vertauschen von Zeilen und Spalten nämlich nicht. Auf diese Weise folgt weiter:

$$\frac{\partial \sqrt{g}}{\partial \theta^i} = \sum_{k=1}^{n} det\left(\vec{g}_1, \vec{g}_2, \ldots, \vec{g}_{k-1}, \frac{\partial \vec{g}_k}{\partial \theta^i}, \vec{g}_{k+1}, \vec{g}_{k+2}, \ldots, \vec{g}_n\right)$$

Gemäß Gleichung (3.56) gilt ohne Verwendung der Summationskonvention

$$\frac{\partial \vec{g}_k}{\partial \theta^i} = \sum_{m=1}^{n} \Gamma_{ki}^m \vec{g}_m,$$

so daß weiter folgt:

$$\frac{\partial \sqrt{g}}{\partial \theta^i} = \sum_{k=1}^{n} det\left(\vec{g}_1, \vec{g}_2, \ldots, \vec{g}_{k-1}, \sum_{m=1}^{n} \Gamma_{ki}^m \vec{g}_m, \vec{g}_{k+1}, \vec{g}_{k+2}, \ldots, \vec{g}_n\right)$$

Determinanten, die sich nur durch eine Spalte voneinander unterscheiden, darf man addieren, indem man sie durch eine einzige Determinante ersetzt, bei der die entsprechende Spalte der Summe der ursprünglichen Spalten entspricht. Somit ergibt sich:

$$\frac{\partial \sqrt{g}}{\partial \theta^i} = \sum_{k=1}^{n} \sum_{m=1}^{n} det(\vec{g}_1, \vec{g}_2, \ldots, \vec{g}_{k-1}, \Gamma_{ki}^m \vec{g}_m, \vec{g}_{k+1}, \vec{g}_{k+2}, \ldots, \vec{g}_n)$$

Tritt in der Spalte einer Determinate überall derselbe Faktor auf, dann darf man ihn auch vor die Determinante ziehen:

$$\frac{\partial \sqrt{g}}{\partial \theta^i} = \sum_{k=1}^{n} \sum_{m=1}^{n} \Gamma_{ki}^m \, det(\vec{g}_1, \vec{g}_2, \ldots, \vec{g}_{k-1}, \vec{g}_m, \vec{g}_{k+1}, \vec{g}_{k+2}, \ldots, \vec{g}_n)$$

Eine Determinante, bei der zwei Spalten identisch sind, liefert stets den Wert Null. Deshalb liefert in der Summe über m nur der Summand einen Beitrag, für den $m = k$ gilt:

$$\frac{\partial \sqrt{g}}{\partial \theta^i} = \sum_{k=1}^{n} \Gamma_{ki}^k \, det(\vec{g}_1, \vec{g}_2, \ldots, \vec{g}_{k-1}, \vec{g}_k, \vec{g}_{k+1}, \vec{g}_{k+2}, \ldots, \vec{g}_n)$$

Mit Gleichung (6.96) folgt schließlich

$$\frac{\partial \sqrt{g}}{\partial \theta^i} = \sum_{k=1}^{n} \Gamma_{ki}^k \sqrt{g},$$

wobei man unter Wiedereinführung der Einsteinschen Summationskonvention das Summenzeichen weglassen kann:

$$\frac{\partial \sqrt{g}}{\partial \theta^i} = \Gamma^k_{ki} \sqrt{g}$$

Damit ist gezeigt, daß Gleichung (6.66) nicht nur im dreidimensionalen Raum, sondern in Räumen beliebiger Dimension Gültigkeit hat.

6.19 Duale Tensoren

Der vollständig antisymmetrische Tensor n-ter Stufe bietet im n-dimensionalen Raum die Möglichkeit, weitere Tensoren zu bilden. Beispielsweise muß es sich im zweidimensionalen Raum bei den Komponenten

$$V_i^* = e_{ik} V^k$$

um die Komponenten eines Tensors erster Stufe handeln, wenn die V^k ebenfalls die Komponenten eines Tensors erster Stufe sind, da das verjüngende Produkt zweier Tensoren gemäß Aufgabe 3.16 von Seite 288 wieder einen Tensor liefert.

Gemäß Gleichung (6.90) folgt:

$$\begin{aligned} V_1^* &= e_{11} V^1 + e_{12} V^2 = \sqrt{g}\, V^2 \\ V_2^* &= e_{21} V^1 + e_{22} V^2 = -\sqrt{g}\, V^1 \end{aligned}$$

In kartesischen Koordinaten gilt außerdem $g_{ik} = \delta_{ik}$ und damit $g = 1$. Die kovarianten Komponenten stimmen dann mit den kontravarianten überein. Handelt es in diesem Fall bei $\binom{V_1}{V_2}$ um einen Vektor, dann muß auch $\binom{V_1^*}{V_2^*} = \binom{V_2}{-V_1}$ ein Vektor sein. Das Transformationsverhalten kann man wie folgt anhand eines Beispiels veranschaulichen:

Neben dem soeben betrachteten kartesischen Koordinatensystem K betrachten wir ein weiteres kartesisches Koordinatensystem $\bar{K}$, das gegenüber K lediglich um den Winkel $\pi/3$ gedreht sei. Die Transformation des Vektors

$$\vec{V} = \binom{V_1}{V_2} = \binom{1}{\sqrt{3}}$$

in $\bar{K}$ liefert dann

$$\vec{V} = \binom{\bar{V}_1}{\bar{V}_2} = \binom{2}{0},$$

wie in Abbildung 6.3 veranschaulicht wird. Wir bilden nun gemäß obiger Vorschrift die Vektoren

$$\vec{V}^* = \binom{V_2}{-V_1} = \binom{\sqrt{3}}{-1}$$

6.19. DUALE TENSOREN

und

$$\vec{\bar{V}}^* = \begin{pmatrix} \bar{V}_2 \\ -\bar{V}_1 \end{pmatrix} = \begin{pmatrix} 0 \\ -2 \end{pmatrix}.$$

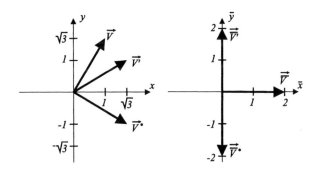

Abbildung 6.3: Beispiel

Abbildung 6.3 läßt sich dann entnehmen, daß $\vec{\bar{V}}^*$ aus $\vec{V}^*$ tatsächlich durch unsere Transformationsvorschrift, nämlich die Drehung hervorgeht. $\vec{V}^*$ weist also — wie oben bewiesen — das Transformationsverhalten eines Vektors auf.

Als Gegenbeispiel soll nun die Größe

$$\vec{V}' = \begin{pmatrix} V_2 \\ V_1 \end{pmatrix}$$

definiert werden, bei der die beiden Komponenten ohne Vorzeichenwechsel vertauscht sind. Dann erhält man

$$\vec{V}' = \begin{pmatrix} V_2 \\ V_1 \end{pmatrix} = \begin{pmatrix} \sqrt{3} \\ 1 \end{pmatrix}$$

und

$$\vec{\bar{V}}' = \begin{pmatrix} \bar{V}_2 \\ \bar{V}_1 \end{pmatrix} = \begin{pmatrix} 0 \\ 2 \end{pmatrix}.$$

Gemäß Abbildung 6.3 gelangt man von $\vec{V}'$ zu $\vec{\bar{V}}'$ durch eine andere Drehung als von $\vec{V}$ zu $\vec{\bar{V}}$ oder von $\vec{V}^*$ zu $\vec{\bar{V}}^*$. Die Größe

$$\vec{V}' = \begin{pmatrix} V_2 \\ V_1 \end{pmatrix}$$

weist also hinsichtlich der betrachteten Transformation nicht das Transformationsverhalten eines Vektors auf.

Die soeben vorgestellte Methode, im zweidimensionalen Raum aus einem Tensor erster Stufe mit Hilfe des vollständig antisymmetrischen Tensors zweiter Stufe wieder einen Tensor erster Stufe zu erzeugen, soll nun auf Tensoren zweiter Stufe übertragen werden. Gemäß

$$W_{ik} = e_{iklm} T^{lm}$$

benötigt man hierzu den vollständig antisymmetrischen Tensor vierter Stufe, so daß ein vierdimensionaler Raum zugrunde gelegt werden muß.

Wegen der aus Gleichung (6.90) folgenden Beziehung $e_{iklm} = -e_{kilm}$ folgt sofort

$$W_{ik} = -W_{ki},$$

so daß W ein antisymmetrischer Tensor ist. Von den insgesamt 16 Komponenten fallen die Diagonalelemente weg, und von den übrigen 12 können wegen dieser Beziehung nur die Hälfte, also sechs Komponenten unabhängig gewählt werden.

Beschränkt man sich nun auch auf antisymmetrische Tensoren T mit $T^{ik} = -T^{ki}$, so ergibt sich für diese sechs Komponenten:

$$\begin{aligned}
W_{12} &= \sqrt{g}(T^{34} - T^{43}) = 2\sqrt{g}T^{34} = -2\sqrt{g}T^{43} \\
W_{13} &= \sqrt{g}(T^{42} - T^{24}) = 2\sqrt{g}T^{42} = -2\sqrt{g}T^{24} \\
W_{14} &= \sqrt{g}(T^{23} - T^{32}) = 2\sqrt{g}T^{23} = -2\sqrt{g}T^{32} \\
W_{23} &= \sqrt{g}(T^{14} - T^{41}) = 2\sqrt{g}T^{14} = -2\sqrt{g}T^{41} \\
W_{24} &= \sqrt{g}(T^{31} - T^{13}) = 2\sqrt{g}T^{31} = -2\sqrt{g}T^{13} \\
W_{34} &= \sqrt{g}(T^{12} - T^{21}) = 2\sqrt{g}T^{12} = -2\sqrt{g}T^{21}
\end{aligned}$$

Um den Faktor 2 zu beseitigen, definiert man nun den Tensor $T^* = \frac{1}{2}W$ als den zu T dualen Tensor.

Für den Fall eines kartesischen Koordinatensystems mit $g = 1$ kann man also aus dem antisymmetrischen Tensor

$$(T_{ik}) = \begin{pmatrix} 0 & T_{12} & T_{13} & T_{14} \\ -T_{12} & 0 & T_{23} & T_{24} \\ -T_{13} & -T_{23} & 0 & T_{34} \\ -T_{14} & -T_{24} & -T_{34} & 0 \end{pmatrix}$$

den zugehörigen dualen Tensor

$$(T_{ik}^*) = \begin{pmatrix} 0 & T_{34} & -T_{24} & T_{23} \\ -T_{34} & 0 & T_{14} & -T_{13} \\ T_{24} & -T_{14} & 0 & T_{12} \\ -T_{23} & T_{13} & -T_{12} & 0 \end{pmatrix}$$

6.19. DUALE TENSOREN

konstruieren. Ohne diese vom vollständig antisymmetrischen Tensor ausgehenden Überlegungen wäre es kaum ersichtlich, wie man die Komponenten des Tensors T untereinander vertauschen und die Vorzeichen zuordnen muß, um wieder zu einem Tensor zu gelangen.

Zum Abschluß dieses Abschnittes wollen wir untersuchen, was passiert, wenn man zu einem gegebenen Tensor zweiter Stufe zweimal hintereinander den dualen Tensor bildet, also zunächst

$$T^*_{ik} = \frac{1}{2} e_{iklm} T^{lm}$$

und dann

$$W_{np} = \frac{1}{2} e_{npik} T^{*\,ik}.$$

Vertauscht man in der zweiten Gleichung die oberen Indizes mit den unteren, so daß man

$$W^{np} = \frac{1}{2} e^{npik} T^*_{ik}$$

erhält, so folgt zusammenfassend:

$$W^{np} = \frac{1}{4} e^{npik} e_{iklm} T^{lm} \tag{6.97}$$

Gemäß Gleichung (6.95) gilt:

$$e_{iklm}\, e^{npik} = \begin{vmatrix} \delta^n_i & \delta^p_i & \delta^i_i & \delta^k_i \\ \delta^n_k & \delta^p_k & \delta^i_k & \delta^k_k \\ \delta^n_l & \delta^p_l & \delta^i_l & \delta^k_l \\ \delta^n_m & \delta^p_m & \delta^i_m & \delta^k_m \end{vmatrix}$$

Im folgenden wird mehrfach von der Beziehung $\delta^i_i = 4$ Gebrauch gemacht, die im vierdimensionalen Raum gültig ist, da dann über i von 1 bis 4 summiert wird.

Wir entwickeln die Determinante nach der ersten Zeile und erhalten:

$$e_{iklm}\, e^{npik} = \delta^n_i \begin{vmatrix} \delta^p_k & \delta^i_k & 4 \\ \delta^p_l & \delta^i_l & \delta^k_l \\ \delta^p_m & \delta^i_m & \delta^k_m \end{vmatrix} - \delta^p_i \begin{vmatrix} \delta^n_k & \delta^i_k & 4 \\ \delta^n_l & \delta^i_l & \delta^k_l \\ \delta^n_m & \delta^i_m & \delta^k_m \end{vmatrix} +$$

$$+ \ 4 \begin{vmatrix} \delta_k^n & \delta_k^p & 4 \\ \delta_l^n & \delta_l^p & \delta_l^k \\ \delta_m^n & \delta_m^p & \delta_m^k \end{vmatrix} - \delta_i^k \begin{vmatrix} \delta_k^n & \delta_k^p & \delta_k^i \\ \delta_l^n & \delta_l^p & \delta_l^i \\ \delta_m^n & \delta_m^p & \delta_m^i \end{vmatrix} =$$

$$= \delta_i^n(\delta_k^p \delta_l^i \delta_m^k + \delta_k^i \delta_l^k \delta_m^p + 4\delta_l^p \delta_m^i - \delta_k^p \delta_l^k \delta_m^i - \delta_k^i \delta_l^p \delta_m^k - 4\delta_l^i \delta_m^p) -$$
$$- \ \delta_i^p(\delta_k^n \delta_l^i \delta_m^k + \delta_k^i \delta_l^k \delta_m^n + 4\delta_l^n \delta_m^i - \delta_k^n \delta_l^k \delta_m^i - \delta_k^i \delta_l^n \delta_m^k - 4\delta_l^i \delta_m^n) +$$
$$+ \ 4(\delta_k^n \delta_l^p \delta_m^k + \delta_k^p \delta_l^k \delta_m^n + 4\delta_l^n \delta_m^p - \delta_k^n \delta_l^k \delta_m^p - \delta_k^p \delta_l^n \delta_m^k - 4\delta_l^p \delta_m^n) -$$
$$- \ \delta_i^k(\delta_k^n \delta_l^p \delta_m^i + \delta_k^p \delta_l^i \delta_m^n + \delta_k^i \delta_l^n \delta_m^p - \delta_k^n \delta_l^i \delta_m^p - \delta_k^p \delta_l^n \delta_m^i - \delta_k^i \delta_l^p \delta_m^n) =$$
$$= (\delta_l^n \delta_m^p + \delta_l^n \delta_m^p + 4\delta_l^p \delta_m^n - \delta_l^p \delta_m^n - \delta_l^p \delta_m^n - 4\delta_l^n \delta_m^p) -$$
$$- \ (\delta_l^p \delta_m^n + \delta_l^p \delta_m^n + 4\delta_l^n \delta_m^p - \delta_l^n \delta_m^p - \delta_l^n \delta_m^p - 4\delta_l^p \delta_m^n) +$$
$$+ \ 4(\delta_m^n \delta_l^p + \delta_l^p \delta_m^n + 4\delta_l^n \delta_m^p - \delta_l^n \delta_m^p - \delta_m^p \delta_l^n - 4\delta_l^p \delta_m^n) -$$
$$- \ (\delta_m^n \delta_l^p + \delta_m^n \delta_l^p + 4\delta_l^n \delta_m^p - \delta_l^n \delta_m^p - \delta_m^p \delta_l^n - 4\delta_l^p \delta_m^n)$$

$$\Rightarrow e_{iklm} \, e^{npik} = 2\delta_l^n \delta_m^p - 2\delta_l^p \delta_m^n$$

Setzt man diese Beziehung in Gleichung (6.97) ein, so folgt:

$$W^{np} = \frac{1}{2}(\delta_l^n \delta_m^p - \delta_l^p \delta_m^n)T^{lm} =$$
$$= \frac{1}{2}(T^{np} - T^{pn})$$

Da T ein antisymmetrischer Tensor mit $T^{np} = -T^{pn}$ ist, gilt offenbar

$$W^{np} = T^{np}.$$

Wir sehen also, daß die zweimalige Bildung des dualen Tensors wieder den ursprünglichen Tensor liefert. Wenn es sich beim Tensor T^* um einen zu T dualen Tensor handelt, ist umgekehrt T zu T^* dual — erst aufgrund dieser Symmetrie ist es zulässig, von zwei zueinander dualen Tensoren zu sprechen.

6.20 Banachscher Fixpunktsatz

In Abschnitt 4.20.3 wurde die Nullstelle der durch Gleichung (4.258)

$$u(t_0) = t_0 - \left(t \pm \frac{|\vec{r} - \vec{r}_L(t_0)|}{c_0}\right)$$

definierten Funktion gesucht. Offenbar gilt für die Nullstelle die Gleichung

$$t_0 = f(t_0) \tag{6.98}$$

6.20. BANACHSCHER FIXPUNKTSATZ

mit

$$f(t_0) = t \pm \frac{|\vec{r} - \vec{r}_L(t_0)|}{c_0}. \tag{6.99}$$

Eine Gleichung der Form (6.98) nennt man Fixpunktgleichung, da für die richtige Lösung der Punkt t_0 durch die Funktion $f(t_0)$ auf sich selbst abgebildet wird, also fix bleibt.

Nach dem Banachschen Fixpunktsatz (s. z.B. [1], Band I, Satz 1.8) hat eine solche Fixpunktgleichung genau eine Lösung, wenn die durch die Funktion $f(t_0)$ beschriebene Abbildung kontrahierend ist. Kontrahierend ist die Abbildung genau dann, wenn die Ungleichung

$$|f(t_1) - f(t_2)| \leq K|t_1 - t_2| \tag{6.100}$$

für beliebige t_1 und t_2 erfüllt ist, wobei $K < 1$ gilt.

Im folgenden soll gezeigt werden, daß diese Bedingung tatsächlich erfüllt ist. Aus Gleichung (6.99) folgt:

$$|f(t_1) - f(t_2)| = \left| \frac{|\vec{r} - \vec{r}_L(t_1)|}{c_0} - \frac{|\vec{r} - \vec{r}_L(t_2)|}{c_0} \right| \tag{6.101}$$

Für die weitere Rechnung hilft die für Vektoren stets gültige Dreiecksungleichung

$$|\vec{a}| + |\vec{b}| \geq |\vec{a} + \vec{b}|$$

$$\Leftrightarrow |\vec{a}| \geq |\vec{a} + \vec{b}| - |\vec{b}|$$

weiter. Setzt man nämlich

$$\vec{a} + \vec{b} = \vec{r} - \vec{r}_L(t_1)$$

und

$$\vec{b} = \vec{r} - \vec{r}_L(t_2),$$

so folgt

$$\vec{a} = \vec{r}_L(t_2) - \vec{r}_L(t_1).$$

In diesem Fall lautet die Dreiecksungleichung:

$$|\vec{r}_L(t_2) - \vec{r}_L(t_1)| \geq |\vec{r} - \vec{r}_L(t_1)| - |\vec{r} - \vec{r}_L(t_2)|$$

Damit folgt aus Gleichung (6.101):

$$|f(t_1) - f(t_2)| \leq \frac{1}{c_0} |\vec{r}_L(t_2) - \vec{r}_L(t_1)| \tag{6.102}$$

In Abschnitt 4.20.3 beschreibt $\vec{r}_L(t_0)$ die Bahn einer Punktladung. Da deren Geschwindigkeit stets kleiner als die Lichtgeschwindigkeit ist, kann der zwischen zwei beliebigen Zeitpunkten t_1

und t_2 zurückgelegte Weg nie größer sein als $c_0|t_2 - t_1|$. Bezeichnet man die Maximalgeschwindigkeit des Teilchens mit $v_{max} < c_0$, so gilt demnach

$$|\vec{r}_L(t_2) - \vec{r}_L(t_1)| \leq v_{max}|t_2 - t_1|$$

Damit erhält man aus Ungleichung (6.102) schließlich:

$$|f(t_1) - f(t_2)| \leq \frac{v_{max}}{c_0}|t_2 - t_1|$$

Setzt man nun $K = \frac{v_{max}}{c_0}$, so ergibt sich die im Banachschen Fixpunktsatz auftretende Ungleichung (6.100) mit $K < 1$.

Bei $f(t_0)$ handelt es sich also tatsächlich um eine kontrahierende Abbildung, und die Fixpunktgleichung (6.98) hat genau eine Lösung t_x.

Der Banachsche Fixpunktsatz macht glücklicherweise auch eine Aussage darüber, wie man diesen Fixpunkt t_x findet.

Die Rekursionsgleichung

$$t_{n+1} = f(t_n) \tag{6.103}$$

konvergiert für Kontraktionen nämlich bei beliebigem Startwert t_0 gegen den Fixpunkt t_x, wenn $n \to \infty$ strebt.

Obwohl die Nullstellensuche in Gleichung (4.258) also zunächst sehr problematisch aussieht, ist sie in der Regel einfach zu bewerkstelligen, wenn die Rekursionsgleichung (6.103) schnell genug konvergiert.

6.21 Vierdimensionale Kugeln

In Abschnitt 4.20.6.1 wurde im Rahmen der vierdimensionalen Potentialtheorie die Oberfläche einer vierdimensionalen Kugel benötigt. Diese wollen wir nun berechnen, obwohl sich vierdimensionale Kugeln unserer Vorstellungskraft entziehen. Wir sind daher darauf angewiesen, die aus dem zwei- und dreidimensionalen Raum bekannten Sachverhalte zu verallgemeinern.

Zunächst müssen wir definieren, was wir unter einer vierdimensionalen Kugel verstehen wollen. Bei einer zweidimensionalen Kugel handelt es sich zweifellos um einen Kreis in der Ebene. Er wird dadurch gegeben, daß alle seine Punkte einen konstanten Abstand

$$r = \sqrt{x^2 + y^2}$$

zum Ursprung des Koordinatensystems besitzen. Eine Kugel im dreidimensionalen Raum ist analog dadurch gegeben, daß ihre Punkte einen konstanten Abstand

$$r = \sqrt{x^2 + y^2 + z^2}$$

6.21. VIERDIMENSIONALE KUGELN

vom Ursprung des Koordinatensystems besitzen. Bei vier Koordinaten (x,y,z,a) definiert man deshalb konsequenterweise eine vierdimensionale Kugel durch den konstanten Abstand

$$r = \sqrt{x^2 + y^2 + z^2 + a^2}$$

aller ihrer Punkte zum Ursprung.

Unter der Kugeloberfläche einer n-dimensionalen Kugel wollen wir den Inhalt des $(n-1)$-dimensionalen Randes dieser Kugel verstehen.

Um nun die Kugeloberfläche einer vierdimensionalen Kugel zu berechnen, beginnen wir damit, die „Oberfläche" einer zweidimensionalen Kugel, also eines Kreises zu bestimmen. Bei dieser „Kugeloberfläche" handelt es sich um den Umfang. Da dieser lediglich eindimensional ist, muß ein Parameter zu seiner Beschreibung ausreichen. Die die Kugeloberfläche beschreibende Gleichung

$$x^2 + y^2 = r^2$$

läßt sich durch den Ansatz

$$x = r \cos \alpha \qquad y = r \sin \alpha \qquad (6.104)$$

erfüllen. Für beliebige Werte von α erhält man ausschließlich Punkte

$$\vec{s}(\alpha) = x(\alpha)\vec{e}_x + y(\alpha)\vec{e}_y$$

auf der Kugeloberfläche. Der Kreisumfang berechnet sich gemäß Gleichung (1.47) als Kurvenlänge zu:

$$l = \int_{\alpha_{min}}^{\alpha_{max}} \left|\frac{d\vec{s}}{d\alpha}\right| d\alpha \qquad (6.105)$$

Die Ableitung des Vektors $\vec{s}$ lautet wegen Gleichung (6.104):

$$\frac{d\vec{s}}{d\alpha} = -r \sin \alpha \, \vec{e}_x + r \cos \alpha \, \vec{e}_y$$

Wegen $sin^2\alpha + cos^2\alpha = 1$ gilt

$$\left|\frac{d\vec{s}}{d\alpha}\right| = r.$$

Wir setzen dies in Gleichung (6.105) ein und erhalten:

$$l = \int_{\alpha_{min}}^{\alpha_{max}} r \, d\alpha$$

Als nächstes stellt sich die Frage, welchen Wertebereich α durchlaufen muß, damit der gesamte Kreisumfang abgedeckt wird. Betrachtet man Gleichung (6.104), so stellt man fest, daß es ausreichen würde, α von 0 bis π laufen zu lassen, wenn man x den gesamten Bereich zwischen $-r$ und r überstreichen lassen möchte. Wenn allerdings zusätzlich auch y alle Werte im Intervall

$[-r, r]$ annehmen soll, ist die gesamte Periode 2π erforderlich. Im Prinzip ist der Startwert von α dabei unerheblich; wir wählen als untere Integrationsgrenze den Wert Null:

$$l = \int_0^{2\pi} r \, d\alpha = 2\pi r$$

Dies ist der bekannte Kreisumfang. Der Rechenweg mag etwas umständlich erscheinen; er hat jedoch den Vorteil, daß man auf keine Zeichnung angewiesen ist, so daß er sich auch auf mehr als zwei Dimensionen erweitern läßt.

Den Rechenweg übertragen wir als nächstes auf dreidimensionale Kugeln. Auch hier versuchen wir, die Gleichung

$$x^2 + y^2 + z^2 = r^2$$

durch den Ansatz[7]

$$x = r \cos \alpha \qquad (6.106)$$

zu erfüllen, und erhalten

$$(r^2 \cos^2 \alpha) + (y^2 + z^2) = r^2.$$

Damit muß zwangsläufig

$$y^2 + z^2 = r^2 \sin^2 \alpha$$

gelten. Diese Gleichung wiederum läßt sich durch den Ansatz

$$y = (r \sin \alpha) \cos \beta \qquad z = (r \sin \alpha) \sin \beta \qquad (6.107)$$

erfüllen. Damit ist die zweidimensionale Kugeloberfläche durch zwei Parameter α und β beschrieben, so daß sich jeder ihrer Punkte durch

$$\vec{f}(\alpha, \beta) = x(\alpha, \beta)\vec{e}_x + y(\alpha, \beta)\vec{e}_y + z(\alpha, \beta)\vec{e}_z$$

beschreiben läßt.

Zur Berechnung der Oberfläche benötigen wir die partiellen Ableitungen dieses Vektors. Man errechnet:

$$\frac{\partial \vec{f}}{\partial \alpha} = -r \sin \alpha \, \vec{e}_x + r \cos \alpha \cos \beta \, \vec{e}_y + r \cos \alpha \sin \beta \, \vec{e}_z$$

$$\frac{\partial \vec{f}}{\partial \beta} = 0 \, \vec{e}_x - r \sin \alpha \sin \beta \, \vec{e}_y + r \sin \alpha \cos \beta \, \vec{e}_z$$

---

[7] Hier und im folgenden werden mehrfach Gleichungen der Form $A^2 + B^2 = C^2$ durch Ansätze vom Typ $A = C \cos \varphi$ und $B = C \sin \varphi$ gelöst, wobei A^2 bzw. B^2 aus mehreren Summanden bestehen können.

6.21. VIERDIMENSIONALE KUGELN

Für diese beiden Vektoren gilt offenbar

$$\frac{\partial \vec{f}}{\partial \alpha} \cdot \frac{\partial \vec{f}}{\partial \beta} = 0,$$

so daß wir Gleichung (6.13) zur Berechnung der Oberfläche heranziehen können:

$$A = \int_{\alpha_{min}}^{\alpha_{max}} \int_{\beta_{min}}^{\beta_{max}} \left|\frac{\partial \vec{f}}{\partial \alpha}\right| \left|\frac{\partial \vec{f}}{\partial \beta}\right| d\beta \, d\alpha \qquad (6.108)$$

$$\Rightarrow A = \int_{\alpha_{min}}^{\alpha_{max}} \int_{\beta_{min}}^{\beta_{max}} |r| \, |r \, sin \, \alpha| \, d\beta \, d\alpha$$

Als nächstes benötigen wir die Integrationsgrenzen. Wie schon im zweidimensionalen Fall bestimmen wir die Grenzen so, daß jeder Punkt der Kugeloberfläche genau einem Parametersatz entspricht.

Hierzu betrachten wir die Gleichungen (6.106) und (6.107). Damit x alle Werte zwischen $-r$ und r annehmen kann, muß α gemäß Gleichung (6.106) von 0 bis π laufen. Damit kann der Ausdruck $(r \, sin \, \alpha)$ in Gleichung (6.107) die Werte 0 bis r annehmen. Damit y und z dann jeweils den Wertebereich zwischen $-r$ und r überstreichen, muß β von 0 bis 2π laufen. Es folgt also weiter:

$$\begin{aligned}
A &= \int_0^\pi \int_0^{2\pi} r^2 \, sin \, \alpha \, d\beta \, d\alpha = \\
&= \int_0^\pi 2\pi \, r^2 \, sin \, \alpha \, d\alpha = \\
&= -2\pi \, r^2 \, [cos \, \alpha]_0^\pi = \\
&= -2\pi \, r^2 \, [-1 - 1] \\
&\Rightarrow A = 4\pi r^2
\end{aligned}$$

Damit ist die Oberfläche einer dreidimensionalen Kugel bestimmt, ohne daß wir auf geometrische Anschauungen oder gar Skizzen zurückgegriffen hätten.

Nun erfolgt die Verallgemeinerung auf den vierdimensionalen Fall. Analog zum zwei- und dreidimensionalen Fall versuchen wir, die Gleichung

$$x^2 + y^2 + z^2 + a^2 = r^2$$

durch den Ansatz

$$x = r \, cos \, \alpha \qquad (6.109)$$

zu lösen. Damit folgt zwangsläufig:
$$y^2 + z^2 + a^2 = r^2 \sin^2 \alpha$$
Damit stehen nur noch drei Terme auf der linken Seite. Wir setzen weiterhin an:
$$y = (r \sin \alpha) \cos \beta \tag{6.110}$$
Damit folgt automatisch:
$$z^2 + a^2 = [(r \sin \alpha) \sin \beta]^2$$
Der nächste Ansatz lautet konsequenterweise
$$z = [(r \sin \alpha) \sin \beta] \cos \gamma, \tag{6.111}$$
woraus schließlich folgt:
$$a = [(r \sin \alpha) \sin \beta] \sin \gamma \tag{6.112}$$
Damit sind alle Punkte
$$\vec{f}(\alpha, \beta, \gamma) = x(\alpha, \beta, \gamma)\vec{e}_x + y(\alpha, \beta, \gamma)\vec{e}_y + z(\alpha, \beta, \gamma)\vec{e}_z + a(\alpha, \beta, \gamma)\vec{e}_a$$
der Kugeloberfläche durch die drei Parameter α, β und γ charakterisiert.

Wir bilden — wie beim zwei- und dreidimensionalen Fall — die partiellen Ableitungen des Vektors $\vec{f}$:

$$\frac{\partial \vec{f}}{\partial \alpha} = -r \sin \alpha \, \vec{e}_x + r \cos \alpha \cos \beta \, \vec{e}_y + r \cos \alpha \sin \beta \cos \gamma \, \vec{e}_z + r \cos \alpha \sin \beta \sin \gamma \, \vec{e}_a$$

$$\frac{\partial \vec{f}}{\partial \beta} = 0 \, \vec{e}_x - r \sin \alpha \sin \beta \, \vec{e}_y + r \sin \alpha \cos \beta \cos \gamma \, \vec{e}_z + r \sin \alpha \cos \beta \sin \gamma \, \vec{e}_a$$

$$\frac{\partial \vec{f}}{\partial \gamma} = 0 \, \vec{e}_x + 0 \, \vec{e}_y - r \sin \alpha \sin \beta \sin \gamma \, \vec{e}_z + r \sin \alpha \sin \beta \cos \gamma \, \vec{e}_a$$

Offenbar sind diese drei Vektoren paarweise orthogonal; es gilt:

$$\frac{\partial \vec{f}}{\partial \alpha} \cdot \frac{\partial \vec{f}}{\partial \beta} = 0$$
$$\frac{\partial \vec{f}}{\partial \alpha} \cdot \frac{\partial \vec{f}}{\partial \gamma} = 0$$
$$\frac{\partial \vec{f}}{\partial \beta} \cdot \frac{\partial \vec{f}}{\partial \gamma} = 0$$

Dies können wir ausnutzen, um eine Integraldarstellung für die Oberfläche vierdimensionaler Gebiete zu definieren.

6.21. VIERDIMENSIONALE KUGELN

Im zweidimensionalen Fall können wir den Integranden $\left|\frac{d\vec{s}}{d\alpha}\right|$ in Gleichung (6.105) als die Länge einer kurzen Strecke interpretieren, die parallel zur Oberfläche verläuft.

Dementsprechend sind im dreidimensionalen Fall die Vektoren $\left|\frac{\partial \vec{f}}{\partial \alpha}\right|$ und $\left|\frac{\partial \vec{f}}{\partial \beta}\right|$ als die Längen zweier kurzer Strecken zu interpretieren, die ebenfalls parallel zur Oberfläche verlaufen. Da beide Strecken wegen

$$\frac{\partial \vec{f}}{\partial \alpha} \cdot \frac{\partial \vec{f}}{\partial \beta} = 0$$

orthogonal zueinander sind und somit ein Rechteck aufspannen, ergibt sich dessen Fläche als Produkt

$$\left|\frac{\partial \vec{f}}{\partial \alpha}\right| \left|\frac{\partial \vec{f}}{\partial \beta}\right|,$$

das als Integrand in Gleichung (6.108) wiederzufinden ist.

Konsequenterweise interpretieren wir im vierdimensionalen Fall die Vektoren $\left|\frac{\partial \vec{f}}{\partial \alpha}\right|$, $\left|\frac{\partial \vec{f}}{\partial \beta}\right|$ und $\left|\frac{\partial \vec{f}}{\partial \gamma}\right|$ wieder als Längen dreier Strecken. Da diese Strecken — wie oben gezeigt wurde — orthogonal zueinander liegen, liegt es nahe, in Anlehnung an ein Quadervolumen ihr Produkt als Integranden heranzuziehen. Wir definieren also den Flächeninhalt der Oberfläche eines vierdimensionalen Gebietes in Verallgemeinerung der Gleichungen (6.105) und (6.108) folgendermaßen:

$$A = \int_{\alpha_{min}}^{\alpha_{max}} \int_{\beta_{min}}^{\beta_{max}} \int_{\gamma_{min}}^{\gamma_{max}} \left|\frac{\partial \vec{f}}{\partial \alpha}\right| \left|\frac{\partial \vec{f}}{\partial \beta}\right| \left|\frac{\partial \vec{f}}{\partial \gamma}\right| \, d\gamma \, d\beta \, d\alpha \qquad (6.113)$$

Bestimmt man die Beträge, so folgt weiter:

$$A = \int_{\alpha_{min}}^{\alpha_{max}} \int_{\beta_{min}}^{\beta_{max}} \int_{\gamma_{min}}^{\gamma_{max}} |r| \, |r \, sin \, \alpha| \, |r \, sin \, \alpha \, sin \, \beta| \, d\gamma \, d\beta \, d\alpha$$

Als nächstes müssen wir wieder die Integrationsgrenzen bestimmen. Damit x alle Werte zwischen $-r$ und r annehmen kann, muß α gemäß Gleichung (6.109) von 0 bis π laufen. Damit kann der Ausdruck $(r \, sin \, \alpha)$ in den Gleichungen (6.110) bis (6.112) die Werte 0 bis r annehmen. Damit dann auch y alle Werte zwischen $-r$ und r annehmen kann, muß β gemäß Gleichung (6.110) von 0 bis π laufen. Als möglicher Wertebereich für den Ausdruck $[(r \, sin \, \alpha) \, sin \, \beta]$ in den Gleichungen (6.111) und (6.112) ergibt sich dann wieder 0 bis r. Da z und a ebenfalls alle Werte zwischen $-r$ und r durchlaufen müssen, ist schließlich γ zwischen 0 und 2π zu variieren. Wir erhalten also:

$$\begin{aligned} A &= \int_0^\pi \int_0^\pi \int_0^{2\pi} r^3 \, sin^2\alpha \, sin \, \beta \, d\gamma \, d\beta \, d\alpha = \\ &= \int_0^\pi \int_0^\pi 2\pi \, r^3 \, sin^2\alpha \, sin \, \beta \, d\beta \, d\alpha = \end{aligned} \qquad (6.114)$$

$$\begin{aligned}
&= -\int_0^\pi 2\pi\, r^3\, sin^2\alpha\, [cos\, \beta]_0^\pi\, d\alpha = \\
&= -\int_0^\pi 2\pi\, r^3\, sin^2\alpha\, [-1-1]\, d\alpha = \\
&= \int_0^\pi 4\pi\, r^3\, sin^2\alpha\, d\alpha = \\
&= \int_0^\pi 4\pi\, r^3 \left[\frac{1}{2} - \frac{1}{2}cos(2\alpha)\right] d\alpha = \\
&= 4\pi\, r^3\, \frac{\pi}{2}
\end{aligned}$$

Die Oberfläche einer vierdimensionalen Kugel ergibt sich damit zu

$$A = 2\pi^2\, r^3. \tag{6.115}$$

6.22 Mehrdimensionale Kugeln

Die im vorangegangenen Abschnitt ausgeführten Überlegungen lassen sich auch auf Kugeln beliebiger Dimension verallgemeinern. Vollzieht man nämlich jeden Schritt mit der Absicht, ihn zu verallgemeinern, nach, so wird offensichtlich, daß in Gleichung (6.114) für jede hinzugefügte Dimension ein zusätzlicher Sinusterm in einer um eins erhöhten Potenz auftritt. Für eine Kugel im n-dimensionalen Raum gilt also:

$$A_n = \int_0^\pi \cdots \int_0^\pi \int_0^{2\pi} r^{n-1}\, sin^{n-2}\alpha_1\, sin^{n-3}\alpha_2 \cdots sin^1 \alpha_{n-2}\, d\alpha_{n-1} \cdots d\alpha_2\, d\alpha_1 \tag{6.116}$$

Glücklicherweise hängen die einzelnen Faktoren von nur jeweils einer Integrationsvariablen ab, so daß die Integrationen separat durchgeführt werden können. Hierzu benötigen wir das Integral

$$\chi_n = \int_0^\pi sin^n\alpha\, d\alpha$$

Um dieses zu bestimmen, zerlegen wir den Integranden in das Produkt aus den Funktionen

$$u' = sin\, \alpha \quad \text{und} \quad v = sin^{n-1}\alpha.$$

Mit dem Zwischenergebnis

$$u = -cos\, \alpha \quad \text{und} \quad v' = (n-1)\, sin^{n-2}\alpha\, cos\, \alpha$$

erhält man durch partielle Integration:

$$\int_0^\pi sin^n\alpha\, d\alpha = -\left[cos\, \alpha\, sin^{n-1}\alpha\right]_0^\pi + \int_0^\pi (n-1)\, sin^{n-2}\alpha\, cos^2\alpha\, d\alpha$$

6.22. MEHRDIMENSIONALE KUGELN

Der erste Summand verschwindet, da die Sinusfunktion an den Grenzen den Wert 0 annimmt. Im zweiten Summand kann $cos^2\alpha = 1 - sin^2\alpha$ substituiert werden:

$$\int_0^\pi sin^n\alpha \, d\alpha = \int_0^\pi (n-1) \, sin^{n-2}\alpha \, d\alpha - \int_0^\pi (n-1) \, sin^n\alpha \, d\alpha$$

$$\Rightarrow \int_0^\pi sin^n\alpha \, d\alpha = \frac{n-1}{n} \int_0^\pi sin^{n-2}\alpha \, d\alpha$$

$$\Rightarrow \chi_n = \frac{n-1}{n} \chi_{n-2} \tag{6.117}$$

Damit läßt sich die Potenz im Integral Schritt für Schritt vermindern. Für $n = 1$ gilt offenbar

$$\chi_1 = \int_0^\pi sin\,\alpha \, d\alpha = -\left[cos\,\alpha\right]_0^\pi = -(-1 - 1) = 2$$

Aus Gleichung (6.117) folgt damit sukzessive für ungerade n:

$$\chi_1 = 2$$
$$\chi_3 = 2\frac{2}{3}$$
$$\chi_5 = 2\frac{2\cdot 4}{3\cdot 5}$$
$$\chi_7 = 2\frac{2\cdot 4\cdot 6}{3\cdot 5\cdot 7}$$

$$\chi_n = 2\frac{2\cdot 4\cdot 6\cdots(n-3)\cdot(n-1)}{3\cdot 5\cdot 7\cdots(n-2)\cdot n} \tag{6.118}$$

Für $n = 2$ gilt offenbar

$$\chi_2 = \int_0^\pi sin^2\alpha \, d\alpha = \int_0^\pi \frac{1}{2}(1 - cos(2\alpha)) \, d\alpha = \frac{\pi}{2}$$

Aus Gleichung (6.117) folgt damit sukzessive für gerade n:

$$\chi_2 = \frac{\pi}{2}$$
$$\chi_4 = \frac{\pi}{2}\frac{3}{4}$$
$$\chi_6 = \frac{\pi}{2}\frac{3\cdot 5}{4\cdot 6}$$
$$\chi_8 = \frac{\pi}{2}\frac{3\cdot 5\cdot 7}{4\cdot 6\cdot 8}$$

$$\chi_n = \frac{\pi}{2}\frac{3\cdot 5\cdot 7\cdots(n-3)\cdot(n-1)}{4\cdot 6\cdot 8\cdots(n-2)\cdot n} \tag{6.119}$$

Betrachtet man Gleichung (6.116), so stellt man fest, daß nur das Produkt der einzelnen χ_i von Interesse ist. Für zwei aufeinanderfolgende Faktoren folgt aus den Gleichungen (6.118) und (6.119), wenn man n als gerade Zahl annimmt:

$$\chi_n \cdot \chi_{n-1} = \frac{\pi}{2} \frac{3 \cdot 5 \cdot 7 \cdots (n-3) \cdot (n-1)}{4 \cdot 6 \cdot 8 \cdots (n-2) \cdot n} \, 2 \, \frac{2 \cdot 4 \cdot 6 \cdots (n-4) \cdot (n-2)}{3 \cdot 5 \cdot 7 \cdots (n-3) \cdot (n-1)} = \frac{2\pi}{n}$$

Analog folgt aus den Gleichungen (6.118) und (6.119), wenn n ungerade ist:

$$\chi_n \cdot \chi_{n-1} = 2 \, \frac{2 \cdot 4 \cdot 6 \cdots (n-3) \cdot (n-1)}{3 \cdot 5 \cdot 7 \cdots (n-2) \cdot n} \, \frac{\pi}{2} \frac{3 \cdot 5 \cdot 7 \cdots (n-4) \cdot (n-2)}{4 \cdot 6 \cdot 8 \cdots (n-3) \cdot (n-1)} = \frac{2\pi}{n}$$

Vergleicht man die letzten beiden Ergebnisse, so stellt man fest, daß für alle n die Beziehung

$$\chi_n \cdot \chi_{n-1} = \frac{2\pi}{n} \qquad (6.120)$$

gilt.

Aus Gleichung (6.116) läßt sich unmittelbar die Rekursionsgleichung

$$A_n = r \, A_{n-1} \int_0^\pi sin^{n-2}\alpha_1 \, d\alpha_1,$$

also

$$A_n = r \, A_{n-1}\chi_{n-2}$$

ablesen. Verschiebt man den Index um 1, so folgt:

$$A_{n-1} = r \, A_{n-2}\chi_{n-3}$$

Die letzten beiden Ergebnisse zusammengenommen liefern:

$$A_n = r^2 \chi_{n-2}\chi_{n-3} A_{n-2}$$

Hieraus folgt mit Gleichung (6.120):

$$A_n = r^2 \frac{2\pi}{n-2} A_{n-2}$$

Hieraus lassen sich sukzessive alle Oberflächeninhalte bestimmen. Startet man mit $n = 2$, so erhält man beginnend mit dem Kreisumfang als Oberfläche einer zweidimensionalen Kugel:

$$\begin{aligned} A_2 &= 2\pi r \\ A_4 &= 2\pi r \, r^2 \frac{2\pi}{2} = 2\pi^2 r^3 \\ A_6 &= 2\pi r \, r^2 \frac{2\pi}{2} r^2 \frac{2\pi}{4} = \pi^3 r^5 \end{aligned}$$

6.22. MEHRDIMENSIONALE KUGELN

$$A_n(r) = r^{n-1} \frac{(2\pi)^{n/2}}{2 \cdot 4 \cdot 6 \cdots (n-4) \cdot (n-2)} \quad \text{für gerade } n \quad (6.121)$$

Startet man hingegen mit $n = 3$, so erhält man beginnend mit der Kugeloberfläche einer gewöhnlichen dreidimensionalen Kugel:

$$\begin{aligned} A_3 &= 4\pi r^2 \\ A_5 &= 4\pi r^2 \, r^2 \frac{2\pi}{3} = \frac{8}{3}\pi^2 r^4 \\ A_7 &= 4\pi r^2 \, r^2 \frac{2\pi}{3} \, r^2 \frac{2\pi}{5} = \frac{16}{15}\pi^3 r^6 \end{aligned}$$

$$A_n(r) = 2r^{n-1} \frac{(2\pi)^{(n-1)/2}}{3 \cdot 5 \cdot 7 \cdots (n-4) \cdot (n-2)} \quad \text{für ungerade } n \quad (6.122)$$

Das Volumen einer n-dimensionalen Kugel erhält man sehr leicht, indem man zusätzlich zu den schon durchgeführten Integrationen über die $n-1$ Winkel noch über den Radius r integriert. Wir können also in den Gleichungen (6.121) und (6.122) r als Variable r_0 auffassen und von 0 bis zum Kugelradius r integrieren. Es gilt also:

$$V_n(r) = \int_0^r A_n(r_0) dr_0 = \begin{cases} r^n \frac{(2\pi)^{n/2}}{2 \cdot 4 \cdot 6 \cdots (n-4) \cdot (n-2) \cdot n} & \text{für gerade } n \\ 2r^n \frac{(2\pi)^{(n-1)/2}}{3 \cdot 5 \cdot 7 \cdots (n-4) \cdot (n-2) \cdot n} & \text{für ungerade } n \end{cases} \quad (6.123)$$

Damit sind sowohl das Volumen als auch die Oberfläche einer Kugel in einem Raum beliebiger Dimension bestimmt. Eine Alternativherleitung findet man bei Smirnow [14] Teil II, Abschnitt 101. Hier wird durch Schnitte der Kugel mit einer Hyperebene die Dimension der Kugel schrittweise um eins reduziert.

Übungsaufgabe 6.1   *Anspruch:* ● ● ○   *Aufwand:* ● ● ○

Zeigen Sie, daß sich das Volumen einer n-dimensionalen Kugel mit Hilfe der Gammafunktion folgendermaßen darstellen läßt:

$$V_n(r) = r^n \frac{2\,\pi^{n/2}}{n\,\Gamma\left(\frac{n}{2}\right)}$$

Gehen Sie hierzu wie folgt vor:

1. Betrachten Sie zunächst nur gerade Raumdimensionen n. Überlegen Sie sich, wie man den Nenner in Gleichung (6.123) mit Hilfe der Fakultät darstellen kann. Benutzen Sie dann die Beziehung $n! = \Gamma(n+1)$.

2. Betrachten Sie nun ungerade Raumdimensionen n. Wie kann jetzt der Nenner mit Hilfe der Fakultät dargestellt werden? Ersetzen Sie auch hier die Fakultät durch die Gammafunktion.

3. Formen Sie das Ergebnis so um, daß es dieselbe Form annimmt wie oben angegeben.

   Hinweis:

   Für die Gammafunktion gilt die Funktionalgleichung

   $$\Gamma(x+1) = x\,\Gamma(x)$$

   und der Legendresche Verdopplungssatz

   $$\Gamma(x)\,\Gamma\left(x+\frac{1}{2}\right) = \frac{\sqrt{\pi}}{2^{2x-1}}\Gamma(2x)$$

   (Siehe zum Beispiel [5]).

4. Wie läßt sich die Oberfläche einer n-dimensionalen Kugel mit Hilfe der Gammafunktion darstellen?

Kapitel 7

Lösung der Übungsaufgaben

Lösung zu Übungsaufgabe 1.1

Wir setzen das Produkt $\Phi \vec{V}$ anstelle von $\vec{V}$ einfach in die Definitionsgleichung (1.6) der Divergenz ein und erhalten:

$$div\left(\Phi \vec{V}\right) = \frac{\partial(\Phi V_x)}{\partial x} + \frac{\partial(\Phi V_y)}{\partial y} + \frac{\partial(\Phi V_z)}{\partial z}$$

Wir wenden die Produktregel an und erhalten:

$$\begin{aligned} div\left(\Phi \vec{V}\right) &= \Phi\frac{\partial V_x}{\partial x} + V_x\frac{\partial \Phi}{\partial x} + \Phi\frac{\partial V_y}{\partial y} + V_y\frac{\partial \Phi}{\partial y} + \Phi\frac{\partial V_z}{\partial z} + V_z\frac{\partial \Phi}{\partial z} = \\ &= \Phi\left(\frac{\partial V_x}{\partial x} + \frac{\partial V_y}{\partial y} + \frac{\partial V_z}{\partial z}\right) + \\ &+ V_x\frac{\partial \Phi}{\partial x} + V_y\frac{\partial \Phi}{\partial y} + V_z\frac{\partial \Phi}{\partial z} \end{aligned}$$

Der erste Summand ist offensichtlich gleich $\Phi \, div \, \vec{V}$, der zweite ist identisch mit dem Produkt

$$\vec{V} \cdot grad \, \Phi = (V_x \, \vec{e}_x + V_y \, \vec{e}_y + V_z \, \vec{e}_z) \cdot \left(\frac{\partial \Phi}{\partial x} \, \vec{e}_x + \frac{\partial \Phi}{\partial y} \, \vec{e}_y + \frac{\partial \Phi}{\partial z} \, \vec{e}_z\right),$$

so daß wir die gewünschte Beziehung (1.8) erhalten:

$$div\left(\Phi \vec{V}\right) = \Phi \, div \, \vec{V} + \vec{V} \cdot grad \, \Phi$$

Lösung zu Übungsaufgabe 1.2

Es gilt:

$$\begin{aligned}
grad\,(\Phi\,\Psi) &= \vec{e}_x \frac{\partial}{\partial x}(\Phi\,\Psi) + \vec{e}_y \frac{\partial}{\partial y}(\Phi\,\Psi) + \vec{e}_z \frac{\partial}{\partial z}(\Phi\,\Psi) = \\
&= \vec{e}_x \left(\frac{\partial \Phi}{\partial x}\Psi + \Phi \frac{\partial \Psi}{\partial x}\right) + \vec{e}_y \left(\frac{\partial \Phi}{\partial y}\Psi + \Phi \frac{\partial \Psi}{\partial y}\right) + \vec{e}_z \left(\frac{\partial \Phi}{\partial z}\Psi + \Phi \frac{\partial \Psi}{\partial z}\right) = \\
&= \Psi \left(\vec{e}_x \frac{\partial \Phi}{\partial x} + \vec{e}_y \frac{\partial \Phi}{\partial y} + \vec{e}_z \frac{\partial \Phi}{\partial z}\right) + \Phi \left(\vec{e}_x \frac{\partial \Psi}{\partial x} + \vec{e}_y \frac{\partial \Psi}{\partial y} + \vec{e}_z \frac{\partial \Psi}{\partial z}\right) = \\
&= \Psi\,grad\,\Phi + \Phi\,grad\,\Psi
\end{aligned}$$

Damit ist gezeigt, daß Gleichung (1.9) in kartesischen Koordinaten gilt.

Lösung zu Übungsaufgabe 1.3

Es gilt:

$$div(\vec{V}_1 \times \vec{V}_2) = div\left(\vec{e}_x(V_{1y}V_{2z} - V_{1z}V_{2y}) + \vec{e}_y(V_{1z}V_{2x} - V_{1x}V_{2z}) + \vec{e}_z(V_{1x}V_{2y} - V_{1y}V_{2x})\right)$$

Wendet man nun zur Auswertung der Divergenz die Kettenregel an, und sortiert man gleichzeitig die entstehenden Terme nach den nicht differenzierten Vektorkomponenten, so folgt:

$$\begin{aligned}
div(\vec{V}_1 \times \vec{V}_2) &= V_{2x}\left(\frac{\partial V_{1z}}{\partial y} - \frac{\partial V_{1y}}{\partial z}\right) + V_{2y}\left(\frac{\partial V_{1x}}{\partial z} - \frac{\partial V_{1z}}{\partial x}\right) + V_{2z}\left(\frac{\partial V_{1y}}{\partial x} - \frac{\partial V_{1x}}{\partial y}\right) + \\
&+ V_{1x}\left(\frac{\partial V_{2y}}{\partial z} - \frac{\partial V_{2z}}{\partial y}\right) + V_{1y}\left(\frac{\partial V_{2z}}{\partial x} - \frac{\partial V_{2x}}{\partial z}\right) + V_{1z}\left(\frac{\partial V_{2x}}{\partial y} - \frac{\partial V_{2y}}{\partial x}\right)
\end{aligned}$$

Durch Vergleich mit Gleichung (1.7) sieht man nun, daß in der Tat

$$div\left(\vec{V}_1 \times \vec{V}_2\right) = \vec{V}_2 \cdot rot\,\vec{V}_1 - \vec{V}_1 \cdot rot\,\vec{V}_2$$

gilt.

Lösung zu Übungsaufgabe 1.4

Die Koordinate ρ läßt sich finden, indem man die Gleichungen (1.19) und (1.20) quadriert und die Summe der Resultate bildet:

$$x^2 + y^2 = \rho^2 \left(cos^2\varphi + sin^2\varphi\right)$$

$$\Rightarrow \boxed{\rho = \sqrt{x^2 + y^2}} \tag{7.1}$$

Die prinzipiell ebenfalls mögliche Lösung $\rho = -\sqrt{x^2+y^2}$ wurde hierbei ausgeschlossen, da ρ definitionsgemäß positiv sein soll. Die Koordinate φ erhält man, indem man Gleichung (1.20) durch Gleichung (1.19) dividiert:

$$\frac{y}{x} = \tan\varphi$$

Beim Auflösen dieser Gleichung nach φ ist zu beachten, daß die Tangensfunktion im Bereich $0 \leq \varphi < 2\pi$ nicht eineindeutig ist. Die Arkustangensfunktion liefert nur Werte zwischen $-\pi/2$ und $+\pi/2$. Anhand einer Skizze der vier Quadranten überzeugt man sich schnell, daß die Umkehrung deshalb wie folgt lauten muß:

$$\boxed{\varphi = arctan\frac{y}{x} + \begin{cases} 0 & \text{für } x \geq 0 \text{ und } y \geq 0 \\ \pi & \text{für } x < 0 \\ 2\pi & \text{für } x \geq 0 \text{ und } y < 0 \end{cases}} \quad (7.2)$$

Die letzte Gleichung (1.21) bleibt natürlich erhalten:

$$z = z$$

Lösung zu Übungsaufgabe 1.5

Die Lösung erfolgt analog zu Aufgabe 1.4. Wir quadrieren zunächst die beiden Gleichungen (1.22) und (1.23). Indem man die Summe der Resultate bildet, wird φ eliminiert:

$$x^2 + y^2 = r^2 \sin^2\vartheta \quad (7.3)$$

Quadriert man nun auch noch Gleichung (1.24) und addiert das Ergebnis hinzu, so wird auch ϑ eliminiert:

$$x^2 + y^2 + z^2 = r^2$$

$$\Rightarrow \boxed{r = \sqrt{x^2 + y^2 + z^2}} \quad (7.4)$$

Dividiert man nun die Wurzel von Gleichung (7.3) durch Gleichung (1.24), so läßt sich auch ϑ bestimmen:

$$\frac{\sqrt{x^2+y^2}}{z} = \tan\vartheta$$

Wie schon in Aufgabe 1.4 ist auch hier zu beachten, daß die Tangensfunktion nicht eineindeutig ist:

$$\boxed{\vartheta = arctan\frac{\sqrt{x^2+y^2}}{z} + \begin{cases} 0 & \text{für } z \geq 0 \\ \pi & \text{für } z < 0 \end{cases}} \quad (7.5)$$

φ läßt sich bestimmen, indem man Gleichung (1.23) durch Gleichung (1.22) dividiert:

$$\frac{y}{x} = tan\,\varphi$$

$$\Rightarrow \boxed{\varphi = arctan\frac{y}{x} + \begin{cases} 0 & \text{für } x \geq 0 \text{ und } y \geq 0 \\ \pi & \text{für } x < 0 \\ 2\pi & \text{für } x \geq 0 \text{ und } y < 0 \end{cases}} \qquad (7.6)$$

Lösung zu Übungsaufgabe 1.6

Zur Lösung der Aufgabe setzt man lediglich

$$\vec{V} = V_r\,\vec{e}_r + V_\vartheta\,\vec{e}_\vartheta + V_\varphi\,\vec{e}_\varphi$$

und ∇ aus Gleichung (1.42) in den Ausdruck

$$\nabla \cdot \vec{V}$$

ein. Man erhält:

$$\begin{aligned}
\nabla \cdot \vec{V} &= \vec{e}_r \cdot \frac{\partial}{\partial r}\left(V_r\,\vec{e}_r + V_\vartheta\,\vec{e}_\vartheta + V_\varphi\,\vec{e}_\varphi\right) + \\
&+ \frac{1}{r}\,\vec{e}_\vartheta \cdot \frac{\partial}{\partial \vartheta}\left(V_r\,\vec{e}_r + V_\vartheta\,\vec{e}_\vartheta + V_\varphi\,\vec{e}_\varphi\right) + \\
&+ \frac{1}{r\,sin\,\vartheta}\,\vec{e}_\varphi \cdot \frac{\partial}{\partial \varphi}\left(V_r\,\vec{e}_r + V_\vartheta\,\vec{e}_\vartheta + V_\varphi\,\vec{e}_\varphi\right)
\end{aligned}$$

Nun ist zu bedenken, daß die Einheitsvektoren des Kugelkoordinatensystems nicht unabhängig von den Kugelkoordinaten sind. Wenn man beachtet, daß die Einheitsvektoren $\vec{e}_r$, $\vec{e}_\vartheta$ und $\vec{e}_\varphi$ paarweise senkrecht zueinander stehen, erhält man nach Anwendung der Produktregel:

$$\begin{aligned}
\nabla \cdot \vec{V} &= \frac{\partial V_r}{\partial r} + \frac{1}{r}\frac{\partial V_\vartheta}{\partial \vartheta} + \frac{1}{r\,sin\,\vartheta}\frac{\partial V_\varphi}{\partial \varphi} + \\
&+ \vec{e}_r \cdot \left(V_r\frac{\partial \vec{e}_r}{\partial r} + V_\vartheta\frac{\partial \vec{e}_\vartheta}{\partial r} + V_\varphi\frac{\partial \vec{e}_\varphi}{\partial r}\right) + \\
&+ \frac{1}{r}\,\vec{e}_\vartheta \cdot \left(V_r\frac{\partial \vec{e}_r}{\partial \vartheta} + V_\vartheta\frac{\partial \vec{e}_\vartheta}{\partial \vartheta} + V_\varphi\frac{\partial \vec{e}_\varphi}{\partial \vartheta}\right) + \\
&+ \frac{1}{r\,sin\,\vartheta}\,\vec{e}_\varphi \cdot \left(V_r\frac{\partial \vec{e}_r}{\partial \varphi} + V_\vartheta\frac{\partial \vec{e}_\vartheta}{\partial \varphi} + V_\varphi\frac{\partial \vec{e}_\varphi}{\partial \varphi}\right)
\end{aligned} \qquad (7.7)$$

Zur Lösung der Aufgabe benötigt man somit die partiellen Ableitungen der Einheitsvektoren nach den Kugelkoordinaten. Gemäß den Gleichungen (1.31) bis (1.33) gilt:

$$\vec{e}_r = \vec{e}_x \cos\varphi \sin\vartheta + \vec{e}_y \sin\varphi \sin\vartheta + \vec{e}_z \cos\vartheta$$
$$\vec{e}_\vartheta = \vec{e}_x \cos\varphi \cos\vartheta + \vec{e}_y \sin\varphi \cos\vartheta - \vec{e}_z \sin\vartheta$$
$$\vec{e}_\varphi = -\vec{e}_x \sin\varphi + \vec{e}_y \cos\varphi$$

Wir leiten diese drei Gleichungen nun nacheinander partiell nach r, ϑ und φ ab:

$$\frac{\partial \vec{e}_r}{\partial r} = 0$$
$$\frac{\partial \vec{e}_\vartheta}{\partial r} = 0$$
$$\frac{\partial \vec{e}_\varphi}{\partial r} = 0$$
$$\frac{\partial \vec{e}_r}{\partial \vartheta} = \vec{e}_x \cos\varphi \cos\vartheta + \vec{e}_y \sin\varphi \cos\vartheta - \vec{e}_z \sin\vartheta = \vec{e}_\vartheta$$
$$\frac{\partial \vec{e}_\vartheta}{\partial \vartheta} = -\vec{e}_x \cos\varphi \sin\vartheta - \vec{e}_y \sin\varphi \sin\vartheta - \vec{e}_z \cos\vartheta = -\vec{e}_r$$
$$\frac{\partial \vec{e}_\varphi}{\partial \vartheta} = 0$$
$$\frac{\partial \vec{e}_r}{\partial \varphi} = -\vec{e}_x \sin\varphi \sin\vartheta + \vec{e}_y \cos\varphi \sin\vartheta = \vec{e}_\varphi \sin\vartheta$$
$$\frac{\partial \vec{e}_\vartheta}{\partial \varphi} = -\vec{e}_x \sin\varphi \cos\vartheta + \vec{e}_y \cos\varphi \cos\vartheta = \vec{e}_\varphi \cos\vartheta$$
$$\frac{\partial \vec{e}_\varphi}{\partial \varphi} = -\vec{e}_x \cos\varphi - \vec{e}_y \sin\varphi$$

Während bei den ersten vier nicht-trivialen Gleichungen der letzte Schritt direkt aus den Gleichungen (1.31) bis (1.33) ersichtlich war, müssen wir in die letzte Gleichung $\vec{e}_x$ und $\vec{e}_y$ explizit einsetzen. Mit den Gleichungen (1.35) und (1.34) erhält man:

$$\frac{\partial \vec{e}_\varphi}{\partial \varphi} = -\vec{e}_r \cos^2\varphi \sin\vartheta - \vec{e}_\vartheta \cos^2\varphi \cos\vartheta + \vec{e}_\varphi \sin\varphi \cos\varphi -$$
$$- \vec{e}_r \sin^2\varphi \sin\vartheta - \vec{e}_\vartheta \sin^2\varphi \cos\vartheta - \vec{e}_\varphi \sin\varphi \cos\varphi$$
$$= -\vec{e}_r \sin\vartheta - \vec{e}_\vartheta \cos\vartheta$$

Die letzten 9 Ergebnisse kann man nun in Gleichung (7.7) einsetzen:

$$\nabla \cdot \vec{V} = \frac{\partial V_r}{\partial r} + \frac{1}{r}\frac{\partial V_\vartheta}{\partial \vartheta} + \frac{1}{r \sin\vartheta}\frac{\partial V_\varphi}{\partial \varphi} +$$
$$+ \vec{e}_r \cdot (0 + 0 + 0) +$$

$$+ \frac{1}{r} \vec{e}_\vartheta \cdot (V_r \, \vec{e}_\vartheta - V_\vartheta \, \vec{e}_r + 0) +$$
$$+ \frac{1}{r \sin \vartheta} \vec{e}_\varphi \cdot (V_r \, \vec{e}_\varphi \sin \vartheta + V_\vartheta \, \vec{e}_\varphi \cos \vartheta + V_\varphi \, [-\vec{e}_r \sin \vartheta - \vec{e}_\vartheta \cos \vartheta])$$
$$\Rightarrow \nabla \cdot \vec{V} = \frac{\partial V_r}{\partial r} + \frac{1}{r} \frac{\partial V_\vartheta}{\partial \vartheta} + \frac{1}{r \sin \vartheta} \frac{\partial V_\varphi}{\partial \varphi} + \frac{2}{r} V_r + \frac{\cos \vartheta}{r \sin \vartheta} V_\vartheta$$

Ein Vergleich mit Gleichung (1.38) zeigt, daß es offenbar zulässig ist, den Nablaoperator in Kugelkoordinaten aus Gleichung (1.37) abzulesen und zur Berechnung der Divergenz heranzuziehen.

Lösung zu Übungsaufgabe 1.7

1. Unter Anwendung der im Anhang 6.1 besprochenen Gleichung (6.5) auf die Definitionen (1.19) bis (1.21) erhält man die Tangentenvektoren:

$$\vec{g}_\rho = \frac{\partial x}{\partial \rho} \vec{e}_x + \frac{\partial y}{\partial \rho} \vec{e}_y + \frac{\partial z}{\partial \rho} \vec{e}_z = \vec{e}_x \cos \varphi + \vec{e}_y \sin \varphi$$
$$\vec{g}_\varphi = \frac{\partial x}{\partial \varphi} \vec{e}_x + \frac{\partial y}{\partial \varphi} \vec{e}_y + \frac{\partial z}{\partial \varphi} \vec{e}_z = -\vec{e}_x \, \rho \sin \varphi + \vec{e}_y \, \rho \cos \varphi$$
$$\vec{g}_{z'} = \frac{\partial x}{\partial z'} \vec{e}_x + \frac{\partial y}{\partial z'} \vec{e}_y + \frac{\partial z}{\partial z'} \vec{e}_z = \vec{e}_z$$

Durch Normieren erhält man die Einheitsvektoren:

$$\vec{e}_\rho = \vec{e}_x \cos \varphi + \vec{e}_y \sin \varphi$$
$$\vec{e}_\varphi = -\vec{e}_x \sin \varphi + \vec{e}_y \cos \varphi$$
$$\vec{e}_{z'} = \vec{e}_z$$

Multipliziert man die erste Gleichung mit $\cos \varphi$ und die zweite mit $-\sin \varphi$, so liefert die Summe

$$\vec{e}_x = \vec{e}_\rho \cos \varphi - \vec{e}_\varphi \sin \varphi.$$

Multipliziert man hingegen die erste Gleichung mit $\sin \varphi$ und die zweite mit $\cos \varphi$, so liefert die Summe

$$\vec{e}_y = \vec{e}_\rho \sin \varphi + \vec{e}_\varphi \cos \varphi.$$

Die dritte Gleichung läßt sich in trivialer Weise umkehren:

$$\vec{e}_z = \vec{e}_{z'}$$

2. Die Kettenregel liefert:

$$\frac{\partial \Phi}{\partial \rho} = \frac{\partial \Phi}{\partial x} \frac{\partial x}{\partial \rho} + \frac{\partial \Phi}{\partial y} \frac{\partial y}{\partial \rho} + \frac{\partial \Phi}{\partial z} \frac{\partial z}{\partial \rho} = \frac{\partial \Phi}{\partial x} \cos \varphi + \frac{\partial \Phi}{\partial y} \sin \varphi$$

$$\frac{\partial \Phi}{\partial \varphi} = \frac{\partial \Phi}{\partial x}\frac{\partial x}{\partial \varphi} + \frac{\partial \Phi}{\partial y}\frac{\partial y}{\partial \varphi} + \frac{\partial \Phi}{\partial z}\frac{\partial z}{\partial \varphi} = -\frac{\partial \Phi}{\partial x}\rho\,sin\,\varphi + \frac{\partial \Phi}{\partial y}\rho\,cos\,\varphi$$

$$\frac{\partial \Phi}{\partial z'} = \frac{\partial \Phi}{\partial x}\frac{\partial x}{\partial z'} + \frac{\partial \Phi}{\partial y}\frac{\partial y}{\partial z'} + \frac{\partial \Phi}{\partial z}\frac{\partial z}{\partial z'} = \frac{\partial \Phi}{\partial z}$$

Multipliziert man die erste Gleichung mit $cos\,\varphi$ und die zweite mit $-\frac{1}{\rho}\,sin\,\varphi$, so liefert die Summe

$$\frac{\partial \Phi}{\partial x} = \frac{\partial \Phi}{\partial \rho}\,cos\,\varphi - \frac{\partial \Phi}{\partial \varphi}\frac{1}{\rho}\,sin\,\varphi.$$

Multipliziert man die erste Gleichung mit $sin\,\varphi$ und die zweite mit $\frac{1}{\rho}\,cos\,\varphi$, so liefert die Summe

$$\frac{\partial \Phi}{\partial y} = \frac{\partial \Phi}{\partial \rho}\,sin\,\varphi + \frac{\partial \Phi}{\partial \varphi}\frac{1}{\rho}\,cos\,\varphi.$$

Die dritte Gleichung läßt sich wieder in trivialer Weise umkehren:

$$\frac{\partial \Phi}{\partial z} = \frac{\partial \Phi}{\partial z'}$$

3. Setzt man die Ergebnisse der vorangegangenen Aufgabenteile in die Definitionsgleichung (1.5) des Gradienten ein, so erhält man:

$$grad\,\Phi = \left(\frac{\partial \Phi}{\partial \rho}\,cos\,\varphi - \frac{\partial \Phi}{\partial \varphi}\frac{1}{\rho}\,sin\,\varphi\right)(\vec{e}_\rho\,cos\,\varphi - \vec{e}_\varphi\,sin\,\varphi) +$$
$$+ \left(\frac{\partial \Phi}{\partial \rho}\,sin\,\varphi + \frac{\partial \Phi}{\partial \varphi}\frac{1}{\rho}\,cos\,\varphi\right)(\vec{e}_\rho\,sin\,\varphi + \vec{e}_\varphi\,cos\,\varphi) + \frac{\partial \Phi}{\partial z'}\vec{e}_{z'} =$$
$$= \vec{e}_\rho\frac{\partial \Phi}{\partial \rho} + \vec{e}_\varphi\frac{\partial \Phi}{\partial \varphi}\frac{1}{\rho} + \vec{e}_{z'}\frac{\partial \Phi}{\partial z'}$$

Nachdem die Rechnungen vollendet sind, kann man auf eine Unterscheidung der Koordinate z des kartesischen und der Koordinate z' des Zylinder-Koordinatensystems verzichten, so daß man zu Gleichung (1.43) gelangt.

Lösung zu Übungsaufgabe 1.8

1. Um eine Parameterdarstellung für die Oberfläche des Torus zu finden, kann man in zwei Schritten vorgehen. Zunächst bestimmen wir den Mittelpunkt $\vec{r}_m$ des Kreises in Abhängigkeit vom Rotationswinkel φ. Es muß gelten:

$$\vec{r}_m = R\left(\vec{e}_x\,cos\,\varphi + \vec{e}_y\,sin\,\varphi\right)$$

Um ausgehend vom Mittelpunkt des Kreises zu den Punkten auf seiner Peripherie zu gelangen, muß man einerseits in z-Richtung weitergehen, andererseits auch radial nach außen. Deshalb bestimmt man zunächst den radialen Einheitsvektor $\vec{e}_r$. Er zeigt natürlich in dieselbe Richtung wie $\vec{r}_m$, so daß man $\vec{r}_m$ nur zu normieren braucht:

$$\vec{e}_r = \vec{e}_x \, cos \, \varphi + \vec{e}_y \, sin \, \varphi$$

Um nun vom Mittelpunkt zur Kreisperipherie zu gelangen, geht man völlig analog vor wie beim Schritt vom Koordinatenursprung zum Kreismittelpunkt:

$$\vec{f} = \vec{r}_m + a \left(\vec{e}_r \, cos \, \alpha + \vec{e}_z \, sin \, \alpha \right)$$

Damit erhält man für die Ortsvektoren $\vec{f}$ der Torusoberfläche:

$$\vec{f}(\varphi, \alpha) = \vec{e}_x \left(R \, cos \, \varphi + a \, cos \, \varphi \, cos \, \alpha \right) + \vec{e}_y \left(R \, sin \, \varphi + a \, sin \, \varphi \, cos \, \alpha \right) + \vec{e}_z \, a \, sin \, \alpha \quad (7.8)$$

Läßt man nun in Gedanken φ und α jeweils von 0 bis 2π laufen, so kann man jeden Punkt der Torusoberfläche erreichen. φ und α sind also die Parameter, während R und a konstant sind.

2. Um nun den Flächeninhalt der Torusoberfläche bestimmen zu können, benötigen wir gemäß Gleichung (1.50) den Betrag des Kreuzproduktes aus $\frac{\partial \vec{f}}{\partial \varphi}$ und $\frac{\partial \vec{f}}{\partial \alpha}$:

$$\left| \frac{\partial \vec{f}}{\partial \varphi} \times \frac{\partial \vec{f}}{\partial \alpha} \right| = |[\vec{e}_x (-R \, sin \, \varphi - a \, sin \, \varphi \, cos \, \alpha) + \vec{e}_y (R \, cos \, \varphi + a \, cos \, \varphi \, cos \, \alpha)] \times$$
$$\times \, [\vec{e}_x (-a \, cos \, \varphi \, sin \, \alpha) + \vec{e}_y (-a \, sin \, \varphi \, sin \, \alpha) + \vec{e}_z \, a \, cos \, \alpha]| =$$
$$= \left| \vec{e}_x \left[R \, a \, cos \, \varphi \, cos \, \alpha + a^2 \, cos \, \varphi \, cos^2 \alpha \right] + \right.$$
$$+ \, \vec{e}_y \left[R \, a \, sin \, \varphi \, cos \, \alpha + a^2 \, sin \, \varphi \, cos^2 \alpha \right] +$$
$$+ \, \vec{e}_z \left[R \, a \, sin^2 \varphi \, sin \, \alpha + a^2 \, sin^2 \varphi \, sin \, \alpha \, cos \, \alpha + \right.$$
$$+ \, R \, a \, cos^2 \varphi \, sin \, \alpha + a^2 \, cos^2 \varphi \, sin \, \alpha \, cos \, \alpha \bigg] \bigg|$$

Im Koeffizienten von $\vec{e}_z$ kann man von der Beziehung $sin^2 \varphi + cos^2 \varphi = 1$ Gebrauch machen:

$$\left| \frac{\partial \vec{f}}{\partial \varphi} \times \frac{\partial \vec{f}}{\partial \alpha} \right| = \left| \vec{e}_x \left[R \, a \, cos \, \varphi \, cos \, \alpha + a^2 \, cos \, \varphi \, cos^2 \alpha \right] + \right.$$
$$+ \, \vec{e}_y \left[R \, a \, sin \, \varphi \, cos \, \alpha + a^2 \, sin \, \varphi \, cos^2 \alpha \right] +$$
$$+ \, \vec{e}_z \left[R \, a \, sin \, \alpha + a^2 \, sin \, \alpha \, cos \, \alpha \right] \bigg| =$$
$$= \left[R^2 a^2 \, cos^2 \varphi \, cos^2 \alpha + 2 \, R \, a^3 \, cos^2 \varphi \, cos^3 \alpha + a^4 \, cos^2 \varphi \, cos^4 \alpha + \right.$$
$$+ \, R^2 a^2 \, sin^2 \varphi \, cos^2 \alpha + 2 \, R \, a^3 \, sin^2 \varphi \, cos^3 \alpha + a^4 \, sin^2 \varphi \, cos^4 \alpha +$$
$$+ \, R^2 a^2 \, sin^2 \alpha + 2 \, R \, a^3 \, sin^2 \alpha \, cos \, \alpha + a^4 \, sin^2 \alpha \, cos^2 \alpha \bigg]^{1/2} =$$
$$= \left[R^2 a^2 \, cos^2 \alpha + 2 \, R \, a^3 \, cos^3 \alpha + a^4 \, cos^4 \alpha + \right.$$

$$+ R^2 a^2 \sin^2\alpha + 2 R a^3 \sin^2\alpha \cos\alpha + a^4 \sin^2\alpha \cos^2\alpha\big]^{1/2} =$$
$$= \big[R^2 a^2 + 2 R a^3 \cos\alpha + a^4 \cos^2\alpha\big]^{1/2} =$$
$$= \big[(R a + a^2 \cos\alpha)^2\big]^{1/2}$$

Damit erhalten wir:
$$\left|\frac{\partial \vec{f}}{\partial \varphi} \times \frac{\partial \vec{f}}{\partial \alpha}\right| = R a + a^2 \cos\alpha$$

Wir wenden nun Gleichung (1.50) an, wobei als Integrationsgrenzen für φ und α jeweils 0 und 2π einzusetzen sind:

$$\int_A dA = \int_0^{2\pi} \int_0^{2\pi} \left|\frac{\partial \vec{f}}{\partial \varphi} \times \frac{\partial \vec{f}}{\partial \alpha}\right| d\alpha \, d\varphi =$$
$$= \int_0^{2\pi} \int_0^{2\pi} \left(R a + a^2 \cos\alpha\right) d\alpha \, d\varphi =$$
$$= \int_0^{2\pi} \left(2\pi R a + a^2 [\sin\alpha]_0^{2\pi}\right) d\varphi =$$
$$= \int_0^{2\pi} (2\pi R a) \, d\varphi$$

Wir erhalten somit als Flächeninhalt der Torusoberfläche:
$$\int_A dA = 4\pi^2 R a$$

3. Während man dieses Ergebnis unter Umständen als Produkt aus den beiden Kreisumfängen $2\pi R$ und $2\pi a$ hätte erraten können, ist dies beim dritten Aufgabenteil sicher nicht möglich. Man kann sich leicht überlegen, daß wir bei diesem Torus, dessen Inneres abgeschnitten wurde, über α von $-\pi/2$ bis $\pi/2$ integrieren müssen. Dann erhält man natürlich nur die äußere Fläche, so daß man den zylinderförmigen Flächenanteil $(2\pi R) \cdot (2 a)$ hinzuaddieren muß. Man erhält also:

$$\int_A dA = 4\pi R a + \int_0^{2\pi} \int_{-\pi/2}^{\pi/2} \left|\frac{\partial \vec{f}}{\partial \varphi} \times \frac{\partial \vec{f}}{\partial \alpha}\right| d\alpha \, d\varphi =$$
$$= 4\pi R a + \int_0^{2\pi} \int_{-\pi/2}^{\pi/2} \left(R a + a^2 \cos\alpha\right) d\alpha \, d\varphi =$$
$$= 4\pi R a + \int_0^{2\pi} \left(\pi R a + a^2 [\sin\alpha]_{-\pi/2}^{\pi/2}\right) d\varphi =$$
$$= 4\pi R a + \int_0^{2\pi} \left(\pi R a + 2 a^2\right) d\varphi =$$
$$= 4\pi R a + 2\pi^2 R a + 4\pi a^2$$

$$\Rightarrow \int_A dA = \left(4\pi + 2\pi^2\right) R\, a + 4\pi\, a^2$$

4. Für $R = 0$ geht der beschriebene Körper in eine Kugel vom Radius a über, so daß sich die Kugeloberfläche $4\pi\, a^2$ ergibt.

Lösung zu Übungsaufgabe 1.9

Mit $\vec{f} = x\,\vec{e}_x + y\,\vec{e}_y + z\,\vec{e}_z$ und den für Kugelkoordinaten gültigen Gleichungen (1.22) bis (1.24) folgt:

$$\frac{\partial \vec{f}}{\partial r} = \cos\varphi\, \sin\vartheta\, \vec{e}_x + \sin\varphi\, \sin\vartheta\, \vec{e}_y + \cos\vartheta\, \vec{e}_z \tag{7.9}$$

$$\frac{\partial \vec{f}}{\partial \vartheta} = r\cos\varphi\, \cos\vartheta\, \vec{e}_x + r\sin\varphi\, \cos\vartheta\, \vec{e}_y - r\sin\vartheta\, \vec{e}_z \tag{7.10}$$

$$\frac{\partial \vec{f}}{\partial \varphi} = -r\sin\varphi\, \sin\vartheta\, \vec{e}_x + r\cos\varphi\, \sin\vartheta\, \vec{e}_y \tag{7.11}$$

Hieraus folgt:

$$\begin{aligned}\frac{\partial \vec{f}}{\partial \vartheta} \times \frac{\partial \vec{f}}{\partial \varphi} &= \vec{e}_x\, r^2 \cos\varphi\, \sin^2\vartheta + \vec{e}_y\, r^2 \sin\varphi\, \sin^2\vartheta + \\ &\quad + \vec{e}_z \left(r^2\cos^2\varphi\, \sin\vartheta\, \cos\vartheta + r^2\sin^2\varphi\, \sin\vartheta\, \cos\vartheta\right) = \\ &= \vec{e}_x\, r^2 \cos\varphi\, \sin^2\vartheta + \vec{e}_y\, r^2 \sin\varphi\, \sin^2\vartheta + \vec{e}_z\, r^2 \sin\vartheta\, \cos\vartheta \end{aligned} \tag{7.12}$$

Mit den Gleichungen (1.35), (1.34) und (1.36) folgt weiter:

$$\begin{aligned}\frac{\partial \vec{f}}{\partial \vartheta} \times \frac{\partial \vec{f}}{\partial \varphi} &= (\vec{e}_r \cos\varphi\, \sin\vartheta + \vec{e}_\vartheta \cos\varphi\, \cos\vartheta - \vec{e}_\varphi \sin\varphi)\, r^2 \cos\varphi\, \sin^2\vartheta + \\ &\quad + (\vec{e}_r \sin\varphi\, \sin\vartheta + \vec{e}_\vartheta \sin\varphi\, \cos\vartheta + \vec{e}_\varphi \cos\varphi)\, r^2 \sin\varphi\, \sin^2\vartheta + \\ &\quad + (\vec{e}_r \cos\vartheta - \vec{e}_\vartheta \sin\vartheta)\, r^2 \sin\vartheta\, \cos\vartheta = \\ &= \vec{e}_r \left(r^2 \cos^2\varphi\, \sin^3\vartheta + r^2 \sin^2\varphi\, \sin^3\vartheta + r^2 \sin\vartheta\, \cos^2\vartheta\right) + \\ &\quad + \vec{e}_\vartheta \left(r^2 \cos^2\varphi\, \sin^2\vartheta\, \cos\vartheta + r^2 \sin^2\varphi\, \sin^2\vartheta\, \cos\vartheta - r^2 \sin^2\vartheta\, \cos\vartheta\right) + \\ &\quad + \vec{e}_\varphi \left(-r^2 \sin\varphi\, \cos\varphi\, \sin^2\vartheta + r^2 \sin\varphi\, \cos\varphi\, \sin^2\vartheta\right) = \\ &= \vec{e}_r\, r^2 \sin\vartheta \end{aligned}$$

Gemäß Gleichung (1.51) folgt hieraus sofort

$$d\vec{A} = \vec{e}_r\, r^2 \sin\vartheta\, d\vartheta\, d\varphi,$$

womit Gleichung (1.56) bestätigt wird.

Wegen der Gleichungen (7.9) und (7.12) gilt:
$$\frac{\partial \vec{f}}{\partial r} \cdot \left(\frac{\partial \vec{f}}{\partial \vartheta} \times \frac{\partial \vec{f}}{\partial \varphi} \right) = r^2\, cos^2\varphi\, sin^3\vartheta + r^2\, sin^2\varphi\, sin^3\vartheta + r^2\, sin\,\vartheta\, cos^2\vartheta = r^2\, sin\,\vartheta$$

Mit Gleichung (1.53) folgt hieraus direkt
$$dV = r^2\, sin\,\vartheta\, dr\, d\vartheta\, d\varphi,$$
womit auch Gleichung (1.57) bestätigt wird.

Für die Kugeloberfläche gilt unter Zuhilfenahme von Gleichung (1.56):
$$\begin{aligned} A &= \int dA = \int \vec{e}_r \cdot d\vec{A} = \\ &= \int_0^{2\pi} \int_0^{\pi} r^2\, sin\,\vartheta\, d\vartheta\, d\varphi = \\ &= 2\pi \int_0^{\pi} r^2\, sin\,\vartheta\, d\vartheta = \\ &= -2\pi\, r^2 \left[cos\,\vartheta \right]_0^{\pi} \\ &\Rightarrow A = 4\pi\, r^2 \end{aligned}$$

Da für die Kugeloberfläche $r = R$ gilt, erhält man schließlich:
$$A = 4\pi\, R^2$$

Das Kugelvolumen erhält man unter Zuhilfenahme von Gleichung (1.57):
$$\begin{aligned} V &= \int dV = \\ &= \int_0^{2\pi} \int_0^{\pi} \int_0^{R} r^2\, sin\,\vartheta\, dr\, d\vartheta\, d\varphi = \\ &= 2\pi \int_0^{\pi} \int_0^{R} r^2\, sin\,\vartheta\, dr\, d\vartheta = \\ &= 2\pi\, \frac{R^3}{3} \int_0^{\pi} sin\,\vartheta\, d\vartheta = \\ &= -2\pi\, \frac{R^3}{3} \left[cos\,\vartheta \right]_0^{\pi} \end{aligned}$$

$$\Rightarrow V = \frac{4}{3}\pi R^3$$

Lösung zu Übungsaufgabe 1.10

1. Wir gehen von der in Aufgabe 1.8 hergeleiteten Parameterdarstellung (7.8) der Torusoberfläche aus. Wenn man nun anstelle des konstanten Radius a einen veränderlichen Radius r annimmt, so lassen sich durch die drei Parameter $r \in [0, a]$, $\varphi \in [0, 2\pi]$ und $\alpha \in [0, 2\pi]$ alle Punkte des Torus beschreiben.

$$\vec{f}(r, \varphi, \alpha) = \vec{e}_x \left(R \cos \varphi + r \cos \varphi \cos \alpha \right) + \vec{e}_y \left(R \sin \varphi + r \sin \varphi \cos \alpha \right) + \vec{e}_z\, r \sin \alpha \tag{7.13}$$

Gemäß Gleichung (1.54) läßt sich das Volumen des Torus dann berechnen als:

$$\int_V dV = \int_0^{2\pi} \int_0^{2\pi} \int_0^a \left| \frac{\partial(x,y,z)}{\partial(r,\varphi,\alpha)} \right| dr\, d\varphi\, d\alpha \tag{7.14}$$

Wir benötigen also die Determinante $\left|\frac{\partial(x,y,z)}{\partial(r,\varphi,\alpha)}\right|$. Wegen Gleichung (7.13) gilt:

$$\frac{\partial(x,y,z)}{\partial(r,\varphi,\alpha)} = \begin{vmatrix} \cos \varphi \cos \alpha & -R \sin \varphi - r \sin \varphi \cos \alpha & -r \cos \varphi \sin \alpha \\ \sin \varphi \cos \alpha & R \cos \varphi + r \cos \varphi \cos \alpha & -r \sin \varphi \sin \alpha \\ \sin \alpha & 0 & r \cos \alpha \end{vmatrix} =$$

$$= r \cos \varphi \cos^2 \alpha \left(R \cos \varphi + r \cos \varphi \cos \alpha \right) +$$
$$+ r \sin \varphi \sin^2 \alpha \left(R \sin \varphi + r \sin \varphi \cos \alpha \right) +$$
$$+ r \sin \varphi \cos^2 \alpha \left(R \sin \varphi + r \sin \varphi \cos \alpha \right) +$$
$$+ r \cos \varphi \sin^2 \alpha \left(R \cos \varphi + r \cos \varphi \cos \alpha \right) =$$
$$= r \cos \varphi \left(R \cos \varphi + r \cos \varphi \cos \alpha \right) +$$
$$+ r \sin \varphi \left(R \sin \varphi + r \sin \varphi \cos \alpha \right) =$$
$$= r R \left(\cos^2 \varphi + \sin^2 \varphi \right) + r^2 \cos \alpha \left(\cos^2 \varphi + \sin^2 \varphi \right)$$

$$\Rightarrow \frac{\partial(x,y,z)}{\partial(r,\varphi,\alpha)} = r R + r^2 \cos \alpha$$

Wir setzen dieses Ergebnis in Gleichung (7.14) ein und erhalten:

$$\int_V dV = \int_0^{2\pi} \int_0^{2\pi} \int_0^a \left(r R + r^2 \cos \alpha \right) dr\, d\varphi\, d\alpha =$$
$$= \int_0^{2\pi} \int_0^{2\pi} \left(\frac{a^2}{2} R + \frac{a^3}{3} \cos \alpha \right) d\varphi\, d\alpha =$$

$$= \int_0^{2\pi} \left(\pi\, a^2\, R + 2\pi \frac{a^3}{3} \cos\alpha \right) d\alpha =$$

$$= 2\pi^2\, a^2\, R + \frac{2}{3}\pi\, a^3 \left[\sin\alpha \right]_0^{2\pi}$$

Für das Volumen des Torus erhalten wir also:

$$\int_V dV = 2\pi^2\, a^2\, R$$

Dies entspricht offenbar dem Produkt aus Querschnittsfläche $\pi\, a^2$ und mittlerem Torusumfang $2\pi\, R$.

2. In Aufgabe 1.8 hatten wir bereits festgestellt, daß man den im dritten Teil beschriebenen Körper erhält, wenn man α nur von $-\pi/2$ bis $\pi/2$ laufen läßt. Der Rechenweg entspricht somit dem soeben durchgeführten, wobei die Integrationsgrenzen entsprechend zu ändern sind:

$$\int_V dV = \int_{-\pi/2}^{\pi/2} \int_0^{2\pi} \int_0^a \left(r\, R + r^2 \cos\alpha \right) dr\, d\varphi\, d\alpha =$$

$$= \int_{-\pi/2}^{\pi/2} \int_0^{2\pi} \left(\frac{a^2}{2} R + \frac{a^3}{3} \cos\alpha \right) d\varphi\, d\alpha =$$

$$= \int_{-\pi/2}^{\pi/2} \left(\pi\, a^2\, R + 2\pi \frac{a^3}{3} \cos\alpha \right) d\alpha =$$

$$= \pi^2\, a^2\, R + \frac{2}{3}\pi\, a^3 \left[\sin\alpha \right]_{-\pi/2}^{\pi/2}$$

Als Volumen des Körpers ergibt sich also:

$$\int_V dV = \pi^2\, a^2\, R + \frac{4}{3}\pi\, a^3$$

3. Für $R = 0$ geht der beschriebene Körper in eine Kugel vom Radius a über, so daß sich das Kugelvolumen $\frac{4}{3}\pi\, a^3$ ergibt.

Lösung zu Übungsaufgabe 1.11

Wir setzen in Gleichung (1.8)

$$\Phi = \Phi_2$$

und

$$\vec{V} = grad\, \Phi_1,$$

so daß wir folgenden Ausdruck erhalten:

$$div\, (\Phi_2\, grad\, \Phi_1) = \Phi_2\, div\, grad\, \Phi_1 + (grad\, \Phi_1) \cdot (grad\, \Phi_2) =$$

$$= \Phi_2\, \Delta\Phi_1 + (grad\, \Phi_1) \cdot (grad\, \Phi_2)$$

Den auf der linken Seite entstandenen Ausdruck $\Phi_2\, grad\, \Phi_1$ fassen wir als neuen Vektor $\vec{V}$ auf und machen vom Gaußschen Satz (1.58) Gebrauch:

$$\oint_{\partial V} \Phi_2\, (grad\, \Phi_1) \cdot d\vec{A} = \int_V [\Phi_2\, \Delta \Phi_1 + (grad\, \Phi_1) \cdot (grad\, \Phi_2)]\ dV$$

Das Integral auf der rechten Seite können wir in zwei Integrale zerlegen, so daß wir die gewünschte Formel (1.60) erhalten:

$$\int_V (\Delta \Phi_1) \Phi_2\, dV = \oint_{\partial V} \Phi_2\, (grad\, \Phi_1) \cdot d\vec{A} - \int_V (grad\, \Phi_1) \cdot (grad\, \Phi_2)\, dV$$

Lösung zu Übungsaufgabe 1.12

Wir leiten die Definitionsgleichung (1.91) für die Ladung

$$Q = \int_V \rho\, dV$$

nach der Zeit ab und erhalten unter der Bedingung, daß sich das Integrationsgebiet V zeitlich nicht ändert:

$$\frac{dQ}{dt} = \int_V \dot{\rho}\, dV$$

Mit Hilfe der Kontinuitätsgleichung (1.82) folgt weiter:

$$\frac{dQ}{dt} = -\int_V div\, \vec{J}\, dV$$

Nun läßt sich der Gaußsche Integralsatz (1.58) anwenden, und man erhält:

$$\frac{dQ}{dt} = -\oint_{\partial V} \vec{J} \cdot d\vec{A}$$

Da der Flächenvektor $d\vec{A}$ nach außen zeigt, wir aber an dem in das Volumen hineinfließenden Strom

$$I = \int \vec{J} \cdot d\vec{A}$$

interessiert sind, ist die rechte Seite trotz des Minuszeichens gleich dem Strom I:

$$\frac{dQ}{dt} = I$$

Damit ist die Allgemeingültigkeit von Gleichung (1.95) gezeigt.

Lösung zu Übungsaufgabe 1.13

Die aus dem Volumen V herausfließende Leistung läßt sich wegen Gleichung (1.114) darstellen als

$$P = \int_{\partial V} (\vec{E} \times \vec{H}) \cdot d\vec{A},$$

da der Flächenvektor $d\vec{A}$ aus dem Volumen herauszeigt. Da wir einen Zusammenhang zu den im Volumen gespeicherten Energien herstellen wollen, ist es naheliegend, das Flächenintegral mit dem Gaußschen Satz (1.58) in ein Raumintegral umzuwandeln:

$$P = \int_V div(\vec{E} \times \vec{H})\, dV$$

Mit Hilfe von Gleichung (1.10) folgt weiter:

$$P = \int_V \left(\vec{H} \cdot rot\, \vec{E} - \vec{E} \cdot rot\, \vec{H} \right) dV$$

Setzt man nun die Maxwellschen Gleichungen (1.77) und (1.78) ein, so erhält man:

$$P = \int_V \left(-\vec{H} \cdot \dot{\vec{B}} - \vec{E} \cdot (\vec{J} + \dot{\vec{D}}) \right) dV$$

$$\Rightarrow P = -\int_V \vec{H} \cdot \dot{\vec{B}}\, dV - \int_V \vec{E} \cdot \vec{J}\, dV - \int_V \vec{E} \cdot \dot{\vec{D}}\, dV \qquad (7.15)$$

Die Verlustleistung aus Gleichung (1.112) erkennen wir im zweiten Integral schon wieder, aber die anderen beiden Integrale sind nicht sofort als $\dot{W}_{el}$ bzw. $\dot{W}_{magn}$ zu erkennen. Deshalb folgt hier eine Zwischenrechnung. Aus Gleichung (1.111) folgt

$$\dot{W}_{magn} = \frac{1}{2}\frac{d}{dt}\int_V \vec{B} \cdot \vec{H}\, dV = \frac{1}{2}\int_V \left(\dot{\vec{B}} \cdot \vec{H} + \vec{B} \cdot \dot{\vec{H}} \right) dV.$$

An dieser Stelle greift nun die Annahme aus der Aufgabenstellung, daß die Materialgrößen skalar und zeitlich konstant sein sollen:

$$\dot{W}_{magn} = \frac{1}{2}\int_V \left(\mu \dot{\vec{H}} \cdot \vec{H} + \mu \vec{H} \cdot \dot{\vec{H}} \right) dV = \int_V \mu \dot{\vec{H}} \cdot \vec{H}\, dV = \int_V \dot{\vec{B}} \cdot \vec{H}\, dV$$

In derselben Weise kann man zeigen, daß für konstante ϵ die Beziehung

$$\dot{W}_{el} = \int_V \dot{\vec{D}} \cdot \vec{E}\, dV$$

gilt. Aus Gleichung (7.15) folgt dann mit Hilfe der letzten beiden Gleichungen:

$$P = -\dot{W}_{magn} - P_{verl} - \dot{W}_{el}$$

Damit ist Gleichung (1.115) hergeleitet. Für die Interpretation der Gleichung betrachtet man besser die in das Volumen *hinein*fließende Leistung $-P$. Diese führt dann offenbar zur zeitlichen Änderung der elektrischen Energie W_{el} sowie der magnetischen Energie W_{magn}. Der Rest P_{verl} wird in Wärme umgesetzt. Beim Poyntingschen Satz handelt es sich also um den Energiesatz der elektromagnetischen Feldtheorie. Man spricht ihm deshalb eine sehr große Allgemeingültigkeit zu, während den Energieformeln (1.110) und (1.111) spezielle Annahmen für ϵ und μ zugrunde liegen (die hier angenommene Isotropie des Materials ist allerdings nicht zwingend, wie zum Beispiel in [8] gezeigt wird).

Lösung zu Übungsaufgabe 1.14

Das Potential der Punktladung läßt sich gemäß Gleichung (1.186) darstellen als

$$\Phi = \frac{Q}{4\pi\epsilon r}.$$

Daraus folgt unmittelbar

$$grad\ \Phi = -\frac{Q}{4\pi\epsilon r^2}\ \vec{e}_r,$$

so daß sich der Integrand folgendermaßen darstellen läßt:

$$\Phi\ grad\ \Phi = \frac{-Q^2}{(4\pi\epsilon)^2 r^3}\ \vec{e}_r$$

Für eine kugelförmige Integrationsfläche mit dem Radius R gilt, da dieser Integrand nicht von φ und ϑ abhängt:

$$\int \Phi\ (grad\ \Phi) \cdot d\vec{A} = \int \Phi\ (grad\ \Phi) \cdot \vec{e}_r\ dA = \Phi\ (grad\ \Phi) \cdot \vec{e}_r \int dA = \frac{-Q^2}{(4\pi\epsilon)^2 R^3}\ 4\pi R^2 = \frac{-Q^2}{4\pi\epsilon^2 R}$$

Offensichtlich geht dieser Ausdruck für $R \to \infty$ gegen null, obwohl die Integrationsfläche unendlich groß wird, da der Integrand schnell genug abnimmt.

Lösung zu Übungsaufgabe 1.15

Geht man von Gleichung (6.19)

$$-\oint_{\partial V} \Phi\ \vec{J} \cdot d\vec{A} = \int_V \vec{J} \cdot \vec{E}\ dV$$

aus, und wählt man als Gebiet V das komplette Material endlicher Leitfähigkeit, so bleiben als Rand ∂V lediglich drei Flächen übrig:

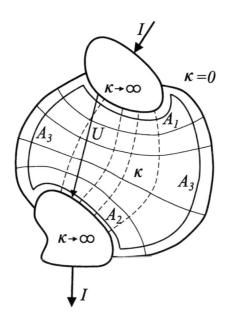

Abbildung 7.1: Ohmscher Widerstand

1. A_1 ist die Oberfläche der ersten, ideal leitfähigen Elektrode, wobei der Flächenvektor vom Gebiet V gesehen nach außen (Abbildung 7.1) zeigt.

2. A_2 ist die Oberfläche der zweiten, ideal leitfähigen Elektrode, wobei der Flächenvektor vom Gebiet V gesehen nach außen (Abbildung 7.1) zeigt.

3. A_3 ist die Oberfläche des Materials mit endlicher Leitfähigkeit κ.

Wir erhalten also:
$$\int_V \vec{J} \cdot \vec{E}\, dV = -\int_{A_1} \Phi\, \vec{J} \cdot d\vec{A} - \int_{A_2} \Phi\, \vec{J} \cdot d\vec{A} - \int_{A_3} \Phi\, \vec{J} \cdot d\vec{A}$$

Senkrecht zur Oberfläche A_3 können keine Ströme fließen, da diese das leitfähige Material dann verlassen würden. Auf der Fläche A_3 steht die Stromdichte also stets senkrecht zum Flächenvektor, und das dritte Integral verschwindet. Da die beiden Elektroden ideal leitend sind, ist das Potential Φ auf ihrer Oberfläche konstant, so daß man es jeweils vor das Integral ziehen kann:
$$\int_V \vec{J} \cdot \vec{E}\, dV = -\Phi_1 \int_{A_1} \vec{J} \cdot d\vec{A} - \Phi_2 \int_{A_2} \vec{J} \cdot d\vec{A}$$

Unter Berücksichtigung der Zählpfeilrichtung des Stromes und der Richtung der Flächenvektoren erhält man
$$\int_{A_1} \vec{J} \cdot d\vec{A} = -I$$

und
$$\int_{A_2} \vec{J} \cdot d\vec{A} = I,$$
so daß weiter folgt:
$$\int_V \vec{J} \cdot \vec{E}\, dV = \Phi_1 I - \Phi_2 I$$

Die Potentialdifferenz $\Phi_1 - \Phi_2$ ist gleich der Spannung U, die am Widerstand anliegt, so daß wir schließlich die aus der Theorie konzentrierter Bauelemente bekannte Formel für den Zusammenhang zwischen Leistung, Spannung und Strom erhalten:

$$\int_V \vec{J} \cdot \vec{E}\, dV = U I$$

Damit geht die Definition (1.224) automatisch in die Widerstandsdefinition (1.220) über:

$$R = \frac{\int_V \vec{J} \cdot \vec{E}\, dV}{\left[\int_A \vec{J} \cdot d\vec{A}\right]^2} = \frac{U I}{I^2} = \frac{U}{I}$$

Lösung zu Übungsaufgabe 1.16

1. Werden auf die beiden Bandleiter jeweils entgegengesetzte Ladungen aufgebracht, so entsteht ein elektrisches Feld zwischen den Leitern. Zwischen beiden liegt eine Spannung an, die die Potentialdifferenz angibt. Deshalb kann das Potential in y-Richtung nicht konstant sein. Man versucht daher, keine x-Abhängigkeit anzunehmen.

   Da nur der Raum mit $0 < x < a$ und $0 < y < b$ von Interesse ist und dieser Raum quellen-, also ladungsfrei ist, ist die Laplacegleichung zu lösen:

   $$\Delta \Phi = 0$$

   Aufgrund der Längshomogenität muß die Ableitung nach z verschwinden; dasselbe gilt wegen unseres Ansatzes für die Ableitung nach x. Damit vereinfacht sich die Laplacegleichung zu:

   $$\frac{d^2 \Phi}{dy^2} = 0$$

   Diese Gleichung läßt sich durch zweimaliges Integrieren lösen:

   $$\Phi = K_A\, y + K_B$$

   Die Integrationskonstanten K_A und K_B hängen von den auf den Leitern befindlichen Ladungen ab.

2. Zunächst bestimmen wir aus dem Potential das elektrische Feld:

$$\vec{E} = -grad\ \Phi = -K_A\ \vec{e}_y$$

$$\Rightarrow \vec{D} = \epsilon\ \vec{E} = -\epsilon\ K_A\ \vec{e}_y$$

Um den Kapazitätsbelag berechnen zu können, muß man annehmen, daß der obere Bandleiter die Ladung Q und der untere die Ladung $-Q$ trägt. Wir müssen nun einen Zusammenhang zwischen der Ladung Q und dem elektrischen Feld herstellen[1]. Da es sich bei den beiden Bandleitern um elektrisch ideal leitende Wände handelt, tragen sie demzufolge eine Flächenladung σ bzw. $-\sigma$. Im speziellen gilt für den oberen Bandleiter:

$$Q = \int_0^l \int_0^a \sigma\ dx\ dz$$

Gemäß Gleichung (1.178) gilt für elektrisch ideal leitende Wände

$$D_n = \sigma$$

Für den oberen Bandleiter zeigt die Normalkomponente in negative y-Richtung — wir erhalten also:

$$\sigma = \epsilon\ K_A$$

Da σ weder von x noch von z abhängt, läßt sich die Integration leicht durchführen:

$$Q = l\ a\ \epsilon\ K_A$$

$$\Rightarrow Q' = \epsilon\ K_A\ a$$

Daraus folgt:

$$K_A = \frac{Q'}{\epsilon\ a}$$

Das Potential lautet also:

$$\Phi = \frac{Q'}{\epsilon\ a} y + K_B$$

---

[1] Ein anderer Weg, den Zusammenhang zwischen Q und $\vec{D}$ herzustellen, könnte in der direkten Auswertung des Gaußschen Satzes der Elektrostatik bestehen. Man würde dann eine quaderförmige Hüllfläche um den oberen Leiter legen und annehmen, daß das Feld außerhalb der ideal leitenden Wände verschwindet. Damit erhielte man

$$Q = \int \vec{D} \cdot d\vec{A} = -D_y\ a\ l,$$

wobei die Vorder- und Rückseite der Hüllfläche keinen Beitrag liefert, weil dort das elektrische Feld parallel zur Hüllfläche verläuft. Man erhält so zwar das richtige Ergebnis, muß aber folgenden Widerspruch zur Kenntnis nehmen: Der Potentialunterschied zwischen den beiden Platten müßte wegen $\Phi = -\int \vec{E} \cdot d\vec{s} + const.$ auch im Außenraum zu einem elektrischen Feld $\vec{E}$ führen, was unserer ursprünglichen Annahme eines feldfreien Außenraumes widerspricht. Wir sehen also, daß bei der Anwendung ideal leitender Wände Grund zur Vorsicht geboten ist. Wenn nicht weitere Annahmen über ideal leitende Wände getroffen werden, muß ihre Anwendung auf den Rand des zu untersuchenden Gebietes beschränkt bleiben. Darauf beschränkte sich auch die Definition in Abschnitt 1.2.5. Die andere Seite ist dann quasi „tabu".

Man könnte nun die Konstante K_B willkürlich festlegen, indem man das Potential auf einer der beiden Elektroden vorgibt, aber letztendlich ist nur die Spannung U, also die Potentialdifferenz zwischen den beiden Leitern von Interesse:

$$U = \Phi(y=b) - \Phi(y=0) = \frac{Q'}{\epsilon\, a} b$$

3. Aus dem letzten Ergebnis ergibt sich unmittelbar der Kapazitätsbelag:

$$C' = \frac{Q'}{U} = \epsilon\, \frac{a}{b}$$

4. Gegenüber der Elektrostatik tritt in der Magnetostatik quellenfreier Gebiete $\vec{H}$ an die Stelle des elektrischen Feldes $\vec{E}$. Zwangsläufig ist dann auf magnetisch ideal leitenden Wänden, auf denen $\vec{H}_t = 0$ gilt, das Potential Ψ konstant. Wir haben also bei $x = 0$ und $x = a$ jeweils eine Äquipotentialfläche. Würden wir nun wie im ersten Aufgabenteil annehmen, daß das Potential von x unabhängig ist, dann wäre es in der gesamten Bandleitung konstant. Diese Triviallösung (Das Potential ist bis auf eine Konstante eindeutig bestimmt — diese kann man daher gleich null setzen) ist uninteressant für uns, so daß wir statt dessen annehmen, daß das Potential nicht von y abhängt. Analog zu oben erhält man dann als Lösung der Laplacegleichung

$$\Delta \Psi = 0$$

die Beziehung

$$\Psi = K_A\, x + K_B.$$

Daraus folgt:

$$\vec{H} = -grad\, \Psi = -K_A\, \vec{e}_x$$

5. Gemäß Gleichung (1.107) gilt für Flächenströme die Beziehung

$$I = \int J_F\, dx.$$

Die Randbedingung (1.179) besagt, daß die Flächenstromdichte J_F der tangentialen magnetischen Erregung entspricht:

$$H_t = J_F$$

Unter Berücksichtigung der Orientierungen gilt für den oberen Bandleiter offenbar $H_t = -H_x$, so daß weiter folgt:

$$I = -\int_0^a H_x\, dx = K_A\, a$$

$$\Rightarrow K_A = \frac{I}{a}$$

$$\Rightarrow \vec{H} = -\frac{I}{a} \vec{e}_x$$

$$\Rightarrow \vec{B} = \mu\, \vec{H} = -\mu\, \frac{I}{a} \vec{e}_x$$

6. Für den magnetischen Fluß gilt:
$$\Phi = \int_A \vec{B} \cdot d\vec{A}$$
Im vorliegenden Fall gilt $d\vec{A} = -\vec{e}_x\, dy\, dz$, und wir erhalten:
$$\Phi = -\int_0^l \int_0^b \vec{B} \cdot \vec{e}_x\, dy\, dz = l\, \mu\, \frac{I}{a}\, b$$
$$\Rightarrow \Phi' = \mu\, I\, \frac{b}{a}$$
Aus der letzten Gleichung folgt:
$$L' = \frac{\Phi'}{I} = \mu\, \frac{b}{a}$$

Lösung zu Übungsaufgabe 1.17

1. Zu unterscheiden sind die drei rechteckigen Teilgebiete mit $0 < y < b$ bzw. $b < y < c$ bzw. $c < y < d$. In den ersten beiden Fällen werten wir die erste Maxwellsche Gleichung (1.86) aus, wobei wir über ein Rechteck integrieren, dessen untere, rechte und linke Seite mit der magnetisch ideal leitenden Wand zusammenfällt, während die obere Kante bei y liegt. Auf den Teilkurven, die mit magnetisch ideal leitenden Wänden zusammenfallen, verschwindet die Tangentialkomponente des magnetischen Feldes, so daß das Kurvenintegral keinen Beitrag liefert. Auf diese Weise erhält man für Raumteil 1 mit $0 < y < b$
$$H_x\, a = J_0\, a\, y \qquad \Rightarrow H_x = J_0\, y$$
und für Raumteil 2 mit $b < y < c$
$$H_x\, a = J_0\, a\, b \qquad \Rightarrow H_x = J_0\, b.$$
Für das letzte Teilgebiet — Raumteil 3 — integrieren wir der Einfachheit wegen über ein Rechteck, dessen obere, linke und rechte Seite mit der magnetisch ideal leitenden Wand übereinstimmen. Dann gilt für $c < y < d$:
$$H_x\, a = J_0\, a\, (d-y) \qquad \Rightarrow H_x = J_0\, (d-y)$$

2. Die soeben durchgeführte Berechnung der Feldkomponente H_x stellt sicher, daß die Randbedingung $H_t = 0$ auf der magnetisch ideal leitenden Wand erfüllt ist. Für $y = b$ ist die Stetigkeitsbedingung erfüllt, wie man leicht durch Einsetzen prüft. Für $y = c$ erhält man durch Einsetzen die Beziehung
$$J_0\, b = J_0\, (d-c) \qquad \Rightarrow b = d - c.$$
Beide Leiter müssen also gleich dick sein, damit die Aufgabe korrekt gestellt ist, was gleichbedeutend damit ist, daß der hinfließende Strom gleich dem zurückfließenden sein muß — dies muß in der Magnetostatik immer der Fall sein, wenn das Gebiet ausschließlich von magnetisch ideal leitenden Wänden umgeben ist, da dann auf dem Rand $\oint \vec{H} \cdot d\vec{s} = 0$ gilt.

3. Aus Gleichung (1.111) erhält man den Energiebelag, wenn man die Integration in z-Richtung unterläßt:

$$W'_{magn} = \frac{1}{2} \int_A \vec{B} \cdot \vec{H} \, dA = \frac{\mu_0}{2} \int_A |\vec{H}|^2 \, dA = \frac{\mu_0}{2} \int_A H_x^2 \, dA$$

Für Raumteil 1 erhält man:

$$W'_{magn1} = \frac{\mu_0}{2} \int_0^b \int_0^a J_0^2 \, y^2 \, dx \, dy = \frac{\mu_0}{2} J_0^2 \, a \frac{b^3}{3}$$

In Raumteil 2 gilt:

$$W'_{magn2} = \frac{\mu_0}{2} \int_b^c \int_0^a J_0^2 \, b^2 \, dx \, dy = \frac{\mu_0}{2} J_0^2 \, a \, b^2 (c - b)$$

Für Raumteil 3 erhält man schließlich:

$$W'_{magn3} = \frac{\mu_0}{2} \int_c^d \int_0^a J_0^2 \, (d-y)^2 \, dx \, dy = -\frac{\mu_0}{2} \int_{d-c}^0 \int_0^a J_0^2 \, u^2 \, dx \, du = \frac{\mu_0}{2} J_0^2 \, a \frac{(d-c)^3}{3}$$

Wegen des Ergebnisses des zweiten Aufgabenteils folgt somit $W'_{magn3} = W'_{magn1}$, was aufgrund der Symmetrie der Anordnung verständlich ist.

4. Mit

$$L' = 2 \frac{W'_{magn}}{I^2}$$

und $I = J_0 \, a \, b$ folgt:

$$L'_{ext} = 2 \frac{W'_{magn2}}{I^2} = \mu_0 \frac{c-b}{a}$$

und

$$L'_{int} = 2 \frac{W'_{magn1} + W'_{magn3}}{I^2} = 2 \, \mu_0 \frac{b}{3a}$$

5. Um aus dem Fluß $\Phi = \iint B_x \, dy \, dz$ dessen Belag zu bestimmen, unterläßt man wieder die Integration in z-Richtung und erhält

$$\Phi' = \int_b^c \mu_0 \, J_0 \, b \, dy = \mu_0 \, J_0 \, b(c-b)$$

6. Es folgt:

$$L'_\Phi = \frac{\Phi'}{I} = \mu_0 \frac{c-b}{a}$$

Wie man sieht, liefert die Definition der Induktivität über den magnetischen Fluß lediglich die äußere Induktivität:

$$L'_\Phi = L'_{ext}$$

Dies folgt unmittelbar aus der von der Induktivitäts-Definition über die magnetische Energie ausgehenden Herleitung dieser Definition in Abschnitt 1.3.11.3. Zu beachten ist, daß die Herleitung deswegen angewandt werden darf, weil auf der Grenzfläche zwischen Leiter und äußerem Medium keine Normalkomponente des magnetischen Feldes auftritt, so daß in Abschnitt 1.3.11.3 gemäß Fußnote 49 das Flächenintegral über die Fläche A_1 wegfällt.

Lösung zu Übungsaufgabe 2.1

1. Betrachtet man Abbildung 2.1, so ist klar, daß der ins Gebietsinnere zeigende Normalenvektor gleich dem Vektor $\vec{e}_y$ ist. Somit gilt:

$$\frac{\partial \Phi}{\partial n} = \vec{e}_n \cdot (grad\ \Phi) = \vec{e}_y \cdot \left(\frac{\partial \Phi}{\partial x} \vec{e}_x + \frac{\partial \Phi}{\partial y} \vec{e}_y \right) = \frac{\partial \Phi}{\partial y}$$

2. Um diesen Ausdruck in das u-v-Koordinatensystem zu transformieren, wendet man die Kettenregel an:

$$\frac{\partial \Phi}{\partial n} = \frac{\partial \Phi}{\partial u} \frac{\partial u}{\partial y} + \frac{\partial \Phi}{\partial v} \frac{\partial v}{\partial y}$$

Mit den Gleichungen (2.11) und (2.13) folgt:

$$\frac{\partial \Phi}{\partial n} = \frac{\partial \Phi}{\partial u} \frac{v}{2\ (u^2 + v^2)} + \frac{\partial \Phi}{\partial v} \frac{u}{2\ (u^2 + v^2)}$$

Für die betrachtete erste Seitenfläche gilt $u = 0$, so daß weiter folgt:

$$\frac{\partial \Phi}{\partial n} = \frac{\partial \Phi}{\partial u} \frac{1}{2\ v}$$

Für den Bereich $0 < v < b$ lautet die Randbedingung $\frac{\partial \Phi}{\partial n} = 0$ also

$$\frac{\partial \Phi}{\partial u} = 0.$$

3. Um denselben Rechenweg bei der Seitenfläche mit $u = a$ durchführen zu können, benötigt man zunächst einen Normalvektor. Einen Tangentialvektor erhält man gemäß Anhang 6.1 leicht als

$$\vec{t} = \frac{\partial}{\partial v}(x\ \vec{e}_x + y\ \vec{e}_y)$$

Mit den Gleichungen (2.2) und (2.3) folgt:

$$\vec{t} = -2v\ \vec{e}_x + 2u\ \vec{e}_y$$

Berücksichtigt man, daß der Normalenvektor ins Innere des Gebietes zeigen soll und daß $\vec{n} \cdot \vec{t} = 0$ gelten muß, so lautet ein möglicher Normalenvektor:

$$\vec{n} = -2u\ \vec{e}_x - 2v\ \vec{e}_y$$

Durch Normierung erhält man:

$$\vec{e}_n = \frac{-u\ \vec{e}_x - v\ \vec{e}_y}{\sqrt{u^2 + v^2}}$$

Damit gilt:

$$
\begin{aligned}
\frac{\partial \Phi}{\partial n} &= \vec{e}_n \cdot \left(\frac{\partial \Phi}{\partial x} \vec{e}_x + \frac{\partial \Phi}{\partial y} \vec{e}_y \right) = \\
&= -\frac{\partial \Phi}{\partial x} \frac{u}{\sqrt{u^2 + v^2}} - \frac{\partial \Phi}{\partial y} \frac{v}{\sqrt{u^2 + v^2}} = \\
&= -\left(\frac{\partial \Phi}{\partial u} \frac{\partial u}{\partial x} + \frac{\partial \Phi}{\partial v} \frac{\partial v}{\partial x} \right) \frac{u}{\sqrt{u^2 + v^2}} - \left(\frac{\partial \Phi}{\partial u} \frac{\partial u}{\partial y} + \frac{\partial \Phi}{\partial v} \frac{\partial v}{\partial y} \right) \frac{v}{\sqrt{u^2 + v^2}}
\end{aligned}
$$

Wendet man nun die Gleichungen (2.10) bis (2.13) an, so erhält man:

$$
\begin{aligned}
\frac{\partial \Phi}{\partial n} &= -\left(\frac{\partial \Phi}{\partial u} \frac{u}{2(u^2 + v^2)} + \frac{\partial \Phi}{\partial v} \frac{-v}{2(u^2 + v^2)} \right) \frac{u}{\sqrt{u^2 + v^2}} - \\
&\quad - \left(\frac{\partial \Phi}{\partial u} \frac{v}{2(u^2 + v^2)} + \frac{\partial \Phi}{\partial v} \frac{u}{2(u^2 + v^2)} \right) \frac{v}{\sqrt{u^2 + v^2}} = \\
&= -\frac{\partial \Phi}{\partial u} \frac{1}{2\sqrt{u^2 + v^2}}
\end{aligned}
$$

Für die zweite Seitenfläche gilt $u = a$, so daß für $0 < v < b$ die Randbedingung $\frac{\partial \Phi}{\partial n} = 0$ übergeht in

$$\frac{\partial \Phi}{\partial u} = 0.$$

Für beide Seitenflächen lautet die Randbedingung also

$$\frac{\partial \Phi}{\partial u} = 0.$$

Daß die Richtungsableitung in Normalenrichtung mit der Ableitung entlang der Koordinate u zusammenfällt, ist dadurch bedingt, daß für die Aufgabenstellung ein sehr spezielles Koordinatensystem gewählt wurde.

4. Die in Gleichung (2.14) angegebene Lösung Φ erfüllt die Randbedingung

$$\frac{\partial \Phi}{\partial u} = 0$$

trivialerweise, da sie überhaupt nicht von u abhängt. Dasselbe gilt für die Deckflächen bei $z = 0$ und $z = d$, auf denen $\frac{\partial \Phi}{\partial z} = 0$ gilt, da Φ nicht von z abhängt.

Lösung zu Übungsaufgabe 2.2

1. Ausgangspunkt ist die Definitionsgleichung für das magnetische Potential:

$$\vec{H} = \vec{H}_t + \vec{H}_n = -grad\ \Psi$$

Hierbei wurde $\vec{H}$ in einen zum Rand senkrechten Vektor $\vec{H}_n$ und einen zum Rand parallelen Vektor $\vec{H}_t$ zerlegt.

Stellt der Rand eine magnetisch ideal leitende Wand dar, dann gilt $H_t = 0$. Dies ist nur dann möglich, wenn Ψ auf dem Rand konstant ist:

$$\Psi = const.$$

Liegt hingegen eine elektrisch ideal leitende Wand vor, dann gilt gemäß Abschnitt 1.3.3.2 $H_n = 0$. In diesem Falle folgt:

$$H_n = \vec{H} \cdot \vec{e}_n = -(grad\ \Psi) \cdot \vec{e}_n = -\frac{\partial \Psi}{\partial n}$$

$$\Rightarrow \frac{\partial \Psi}{\partial n} = 0$$

2. Wenn man das Potential Ψ auf den magnetisch ideal leitenden Wänden willkürlich vorgibt, dann erhält man mit Hilfe der im vorigen Aufgabenteil hergeleiteten Bedingungen für ideal leitende Wände:

$$\Psi = 0 \quad \text{bei } u = 0, \quad 0 \le v \le b \tag{7.16}$$

$$\Psi = \Psi_0 \quad \text{bei } u = a, \quad 0 \le v \le b \tag{7.17}$$

$$\frac{\partial \Psi}{\partial n} = 0 \quad \text{bei } v = 0, b \quad 0 \le u \le a \tag{7.18}$$

3. Aus dem Ansatz

$$\Psi = A + B\,u + C\,v + D\,u\,v$$

folgt mit Randbedingung (7.16) die Beziehung

$$A = C = 0.$$

Nimmt man nun noch Randbedingung (7.17) zu Hilfe, so folgt:

$$\Psi_0 = B\,a + D\,a\,v$$

Da diese Gleichung für alle v mit $0 \le v \le b$ gelten soll, muß $D = 0$ gelten; es folgt

$$B = \frac{\Psi_0}{a}.$$

Insgesamt erhält man also wegen Gleichung (2.8):

$$\Psi = \Psi_0 \frac{u}{a} = \frac{\Psi_0}{\sqrt{2}a} \sqrt{\sqrt{x^2 + y^2} + x}$$

4. An elektrisch ideal leitenden Wänden ist die Tangentialkomponente H_t der magnetischen Erregung gleich der Flächenstromdichte J_F. Somit erhält man:

$$I = \int \vec{J} \cdot d\vec{A} = \int J_F\, ds = \int H_t\, ds = \int_0^{a^2} H_x|_{y=0}\, dx \qquad (7.19)$$

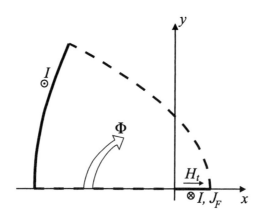

Abbildung 7.2: Orientierung des magnetischen Flusses und der Ströme

Aus

$$\vec{H} = -\mathrm{grad}\,\Psi = -\frac{\Psi_0}{\sqrt{2}a}\left(\frac{1+\frac{2x}{2\sqrt{x^2+y^2}}}{2\sqrt{\sqrt{x^2+y^2}+x}}\,\vec{e}_x + \frac{\frac{2y}{2\sqrt{x^2+y^2}}}{2\sqrt{\sqrt{x^2+y^2}+x}}\,\vec{e}_y\right) \qquad (7.20)$$

folgt für $x > 0$:

$$H_x|_{y=0} = -\frac{\Psi_0}{\sqrt{2}a}\frac{1+1}{2\sqrt{2x}} = -\frac{\Psi_0}{2a}\frac{1}{\sqrt{x}}.$$

Setzt man dies in Gleichung (7.19) ein, so erhält man:

$$I = -\frac{\Psi_0}{2a}\left[2\sqrt{x}\right]_0^{a^2} = -\Psi_0$$

Abbildung 7.2 zeigt die Orientierung des Stromes I bzw. der Flächenstromdichte J_F sowie der Tangentialkomponente H_t.

5. Als Durchtrittsfläche für den magnetischen Fluß wählen wir die Fläche auf der x-Achse, die zwischen den beiden Leitern liegt. Somit gilt:

$$\Phi = \int \vec{B} \cdot d\vec{A} = \mu \int \vec{H} \cdot d\vec{A} = \mu\, d \int_{-b^2}^{0} H_y|_{y=0}\, dx \qquad (7.21)$$

Aus Gleichung (7.20) folgt:

$$H_y = -\frac{\Psi_0}{\sqrt{2}a} \frac{y}{2\sqrt{x^2+y^2}\sqrt{\sqrt{x^2+y^2}+x}} =$$

$$= -\frac{\Psi_0}{\sqrt{2}a} \frac{y\sqrt{\sqrt{x^2+y^2}-x}}{2\sqrt{x^2+y^2}\sqrt{x^2+y^2-x^2}} =$$

$$= -\frac{\Psi_0}{\sqrt{2}a} \frac{\sqrt{\sqrt{x^2+y^2}-x}}{2\sqrt{x^2+y^2}}$$

Für $y = 0$ folgt hieraus:

$$H_y\big|_{y=0} = -\frac{\Psi_0}{\sqrt{2}a} \frac{\sqrt{|x|-x}}{2|x|}$$

Uns interessieren nur Werte $x < 0$, so daß $x = -|x|$ gilt:

$$H_y\big|_{y=0} = -\frac{\Psi_0}{\sqrt{2}a} \frac{\sqrt{-2x}}{-2x} = -\frac{\Psi_0}{2a} \frac{1}{\sqrt{-x}}$$

Setzt man dies in Gleichung (7.21) ein, so erhält man:

$$\Phi = -\frac{\Psi_0\,\mu\,d}{2a}\left[-2\sqrt{-x}\right]_{-b^2}^{0} = \frac{\Psi_0\,\mu\,d}{a}(-b) = -\frac{\Psi_0\,\mu\,d\,b}{a}$$

Abbildung 7.2 zeigt die Orientierung des magnetischen Flusses Φ.

6. Aus den Ergebnissen der letzten beiden Aufgabenteile erhält man

$$L = \frac{\Phi}{I} = \frac{\Phi}{-\Psi_0} = \mu\,\frac{d\,b}{a}.$$

Lösung zu Übungsaufgabe 2.3

1. Die genannte Gerade läßt sich in Abhängigkeit vom reellen Parameter t wie folgt schreiben:

$$z = x + jy = t + jy_0$$

Für w erhält man damit:

$$w = \frac{1}{z} = \frac{1}{t+jy_0} = \frac{t-jy_0}{t^2+y_0^2}$$

Die Gleichung eines Kreises nimmt eine besonders einfache Gestalt an, wenn der Mittelpunkt des Kreises im Ursprung liegt. Da der Mittelpunkt des Kreises gegeben ist, können wir das Koordinatensystem entsprechend verschieben:

$$\tilde{w} = w + \frac{1}{2y_0}j =$$
$$= \frac{(t-jy_0)2y_0 + j(t^2+y_0^2)}{(t^2+y_0^2)2y_0} =$$
$$= \frac{2y_0 t + j(t^2+y_0^2-2y_0^2)}{2y_0(t^2+y_0^2)}$$
$$\Rightarrow \tilde{w} = \frac{2y_0 t + j(t^2-y_0^2)}{2y_0(t^2+y_0^2)}$$

Wir zerlegen $\tilde{w}$ gemäß $\tilde{w} = \tilde{u} + j\tilde{v}$ nach Real- und Imaginärteil:

$$\tilde{u} = \frac{2y_0 t}{2y_0(t^2+y_0^2)}$$
$$\tilde{v} = \frac{t^2-y_0^2}{2y_0(t^2+y_0^2)}$$

Wenn es sich beim Bild der Geraden um einen Kreis um den Mittelpunkt bei $w = -\frac{j}{2y_0}$ handelt, dann müßte es sich nun beim Bild in der $\tilde{w}$-Ebene um einen Kreis mit Mittelpunkt im Ursprung handeln. Der Ausdruck $\tilde{u}^2 + \tilde{v}^2$ müßte dann konstant sein, was wir nun kontrollieren wollen:

$$\tilde{u}^2 + \tilde{v}^2 = \frac{4y_0^2 t^2 + t^4 - 2y_0^2 t^2 + y_0^4}{4y_0^2(t^2+y_0^2)^2} =$$
$$= \frac{2y_0^2 t^2 + t^4 + y_0^4}{4y_0^2(t^2+y_0^2)^2} =$$
$$= \frac{(t^2+y_0^2)^2}{4y_0^2(t^2+y_0^2)^2} =$$
$$= \frac{1}{4y_0^2}$$

Man erhält also tatsächlich einen konstanten Radius $R = \frac{1}{2y_0}$. Damit ist nachgewiesen, daß alle Bildpunkte auf einem Kreis liegen. Es bleibt zu zeigen, daß beim Durchlaufen der Variable t von $-\infty$ bis $+\infty$ tatsächlich auch alle Punkte des Kreises durchlaufen werden. Nach einer kurzen Kurvendiskussion stellt man fest, daß $\tilde{u}(t)$ und $\tilde{v}(t)$ die in Abbildung 7.3 dargestellten Verläufe haben. Da $\tilde{u}$ nur Werte im Bereich zwischen $-R$ und $+R$ annehmen kann, darf man folgende Koordinatentransformation durchführen:

$$\tilde{u} = R \sin \varphi$$

Wegen $\tilde{u}^2 + \tilde{v}^2 = R^2$ muß dann offenbar

$$\tilde{v} = \pm R \cos \varphi$$

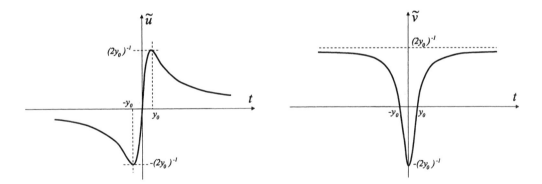

Abbildung 7.3: Real- und Imaginärteil von $\tilde{w}$

gelten. Bei $\tilde{u}(t)$ und $\tilde{v}(t)$ handelt es sich also um eine Periode der Sinus- bzw. Kosinusfunktion, die über die gesamte t-Achse „verschmiert" wurde. Durchläuft t die Werte $-\infty$ bis $+\infty$, dann werden also dieselben $(\tilde{u}, \tilde{v})$-Paare durchlaufen, wie wenn φ von $-\pi$ bis $+\pi$ laufen würde. Die Gerade wird also tatsächlich auf einen vollständigen Kreis abgebildet.

2. Wir gehen zunächst von der reellen Achse in der $\tilde{z}$-Ebene aus, die auf einen Kreis in der $\tilde{w}$-Ebene abgebildet werden soll. Um einen Kreis mit dem Radius R zu erhalten, müssen wir — dem Ergebnis des letzen Aufgabenteiles folgend — diese Gerade um $(2R)^{-1}$ entlang der imaginären Achse verschieben. Wir erhalten also mit

$$z = \tilde{z} + j\frac{1}{2R}$$

den in Abbildung 7.4 dargestellten Übergang von der $\tilde{z}$- zur z-Ebene. Wendet man nun die im Aufgabenteil 1 analysierte Abbildung

$$w = \frac{1}{z}$$

an, so erhält man einen Kreis in der — ebenfalls in Abbildung 7.4 dargestellten — w-Ebene. Um den Kreismittelpunkt in den Ursprung zu verlegen, wendet man schließlich die Transformation

$$\tilde{w} = w + jR$$

an. Zusammenfassend lautet die gesuchte Abbildung also

$$\tilde{w} = \frac{1}{\tilde{z} + j\frac{1}{2R}} + jR = \frac{jR\tilde{z} + \frac{1}{2}}{\tilde{z} + j\frac{1}{2R}}$$

3. Wie in Aufgabenteil 2 gezeigt wurde, existiert eine konforme Abbildung, die die obere Halbebene auf das Innere eines Kreises abbildet. Die Umkehrung bildet somit das

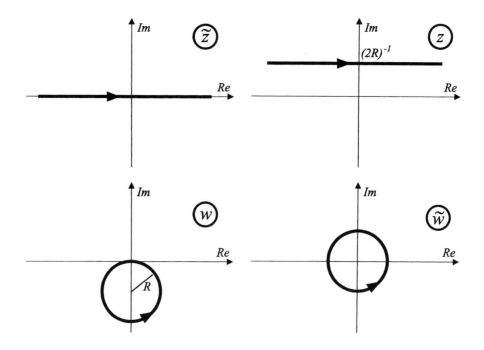

Abbildung 7.4: Zwischenschritte bei der Abbildung der reellen Achse auf einen Kreis

Innere eines Kreises auf die obere Halbebene ab. Man kann deshalb in Gedanken die in Abschnitt 1.3.8.4 behandelte Anordnung auf die obere Halbebene abbilden, wobei die Ströme auf dem Zylindermantel dann Strömen auf der reellen Achse entsprechen. Aus der Lösung des Randwertproblemes für die obere Halbebene erhält man dann die Lösung des Randwertproblemes für die untere Halbebene durch Spiegelung. Man kann beide Lösungen zusammenfügen, wobei der doppelte Strom auf der reellen Achse entsteht. Möchte man denselben Strom wie beim Randwertproblem erhalten, so sind die Potentiale und Felder in beiden Halbebenen mit 1/2 zu multiplizieren. Die so entstehende Lösung des Ganzraumproblemes in der $\tilde{z}$-Ebene kann man dann wieder in die $\tilde{w}$-Ebene zurücktransformieren, wo dann natürlich innerhalb des Kreises die Hälfte des Feldes entsteht, das beim ursprünglichen Randwertproblem auftrat.

Verallgemeinernd kann man feststellen, daß ein Randwertproblem immer dann die doppelten Felder und Potentiale liefert wie das zugehörige Ganzraumproblem bei gleicher Ladung/gleichem Strom, wenn sich das Gebiet mit Hilfe konformer Abbildungen auf eine Halbebene abbilden läßt.

Lösung zu Übungsaufgabe 2.4

1. Als Bild der Originalanordnung wählen wir das in Abbildung 2.6 dargestellte Rechteck (Natürlich wäre es auch möglich gewesen, eine Bildmenge zu betrachten, die gegenüber der in Abbildung 2.6 dargestellten beliebig gedreht oder verschoben ist). Da die Punkte $z = -d/2$, $z = -w/2$, $z = w/2$ und $z = d/2$ auf die Eckpunkte des Rechtecks abgebildet werden sollen, lautet die Schwarz-Christoffel-Transformation:

$$u = A \int_0^z \frac{dz}{\sqrt{z + \frac{d}{2}}\sqrt{z + \frac{w}{2}}\sqrt{z - \frac{w}{2}}\sqrt{z - \frac{d}{2}}} + B \qquad (7.22)$$

Hier wurde u statt w als Bildgröße eingeführt, da der Buchstabe w schon als Mittelleiterbreite vergeben ist.

2. Da wir Abbildung 2.5 als komplexe Zahlenebene interpretieren, ist zu beachten, daß in der Funktionentheorie nur *ein* unendlich ferner Punkt existiert. Somit fallen die Punkte bei $z = +\infty$ und bei $z = -\infty$ zusammen. Die beiden Außenleiter werden also quasi im Unendlichen kurzgeschlossen und tauchen deshalb in Abbildung 2.6 als eine einzige Kondensatorplatte auf.

3. Das auftretende Integral läßt sich wie das Integral in Gleichung (6.56) schreiben, wenn man $\alpha = w/2$ und $\beta = d/2$ setzt. Gleichung (6.56) läßt sich also anwenden, wenn man

$$k = \frac{\alpha}{\beta} = \frac{w}{d}$$

setzt. Wir setzen nacheinander die Wertepaare

- $z = -d/2$, $u = b$
- $z = -w/2$, $u = b + ja$
- $z = w/2$, $u = ja$
- $z = d/2$, $u = 0$

ein und erhalten unter Zuhilfenahme von Gleichung (6.56):

$$b = A\frac{K - jK'}{d/2} + B \qquad (7.23)$$

$$b + ja = A\frac{K}{d/2} + B \qquad (7.24)$$

$$ja = A\frac{-K}{d/2} + B \qquad (7.25)$$

$$0 = A\frac{-K - jK'}{d/2} + B \qquad (7.26)$$

Subtrahiert man Gleichung (7.26) von Gleichung (7.25), so erhält man:

$$ja = A\frac{jK'}{d/2} \Rightarrow A = a\frac{d}{2K'}$$

Setzt man dies in Gleichung (7.26) ein, so folgt:

$$B = a\frac{K}{K'} + ja$$

Setzt man diesen Ausdruck in Gleichung (7.23) oder (7.24) ein, so ergibt sich:

$$b = a\frac{K}{K'} - ja + a\frac{K}{K'} + ja$$

$$\Rightarrow \frac{b}{a} = 2\frac{K}{K'}$$

Es ist nicht möglich, a und b absolut zu bestimmen, da der Kapazitätsbelag ausschließlich vom Verhältnis beider Größen bestimmt wird.

4. Offenbar gilt:

$$C'_{Plattenkondensator} = \epsilon_0 \frac{b}{a} = 2\epsilon_0 \frac{K}{K'}$$

Das Innere des Plattenkondensators stellt lediglich das Bild der oberen Halbebene der Koplanarleitung dar. Deshalb trägt die Koplanarleitung bei gleicher Spannung zwischen Innenleiter und Außenleitern die doppelte Ladung wie der Plattenkondensator. Somit ist der Kapazitätsbelag der Koplanarleitung doppelt so groß:

$$C'_{Koplanarleitung} = 2C'_{Plattenkondensator} = 4\epsilon_0 \frac{K}{K'}$$

5. Legt man für die obere Halbebene ϵ_{r1} zugrunde, so erhält man:

$$C'_{Plattenkondensator1} = 2\epsilon_0 \epsilon_{r1} \frac{K}{K'}$$

Das E-Feld im Plattenkondensator ändert sich bei gleicher Spannung durch das Dielektrikum nicht. Deshalb kann das tangentiale elektrische Feld im Spalt zwischen den Leitern ebenfalls nicht von der Permittivität abhängen.

Berechnet man also völlig analog den Kapazitätsbelag

$$C'_{Plattenkondensator2} = 2\epsilon_0 \epsilon_{r2} \frac{K}{K'},$$

der von der unteren Halbebene verursacht wird, so ergibt sich exakt dasselbe tangentiale elektrische Feld im Spalt. Beide Felder passen also an der Schnittfläche zusammen — die

Stetigkeitsbedingungen sind erfüllt. Den Kapazitätsbelag der Koplanarleitung erhält man als Parallelschaltung beider Teilkapazitäten:

$$C'_{Koplanarleitung,inhom.} = C'_{Plattenkondensator1} + C'_{Plattenkondensator2} =$$
$$= 2\epsilon_0\epsilon_{r1}\frac{K}{K'} + 2\epsilon_0\epsilon_{r2}\frac{K}{K'} =$$
$$= 4\epsilon_0\epsilon_{r,eff}\frac{K}{K'}$$

Hierbei wurde
$$\epsilon_{r,eff} = \frac{\epsilon_{r1} + \epsilon_{r2}}{2}$$
definiert.

6. Das Potential im Plattenkondensator errechnet sich zu
$$\Phi = \frac{U_0}{a}t$$

Hierbei wurde u gemäß $u = v + jt$ in Real- und Imaginärteil zerlegt.

7. Wegen $\vec{E} = -grad\,\Phi$ gilt mit $z = x + jy$ in der z-Ebene
$$E_x = -\frac{d\Phi}{dx},$$
woraus mit der Kettenregel folgt:
$$E_x = -\frac{d\Phi}{dt}\frac{dt}{dx} = -\frac{U_0}{a}\frac{dt}{dx} \qquad (7.27)$$

Wir benötigen also t in Abhängigkeit von x. Diese Abhängigkeit ist durch die Transformationsvorschrift (7.22)
$$u = A\int_0^z \frac{dz}{\sqrt{z+\frac{d}{2}}\sqrt{z+\frac{w}{2}}\sqrt{z-\frac{w}{2}}\sqrt{z-\frac{d}{2}}} + B,$$

also durch
$$\frac{du}{dz} = \frac{A}{\sqrt{z+\frac{d}{2}}\sqrt{z+\frac{w}{2}}\sqrt{z-\frac{w}{2}}\sqrt{z-\frac{d}{2}}}$$

vorgegeben. Da wir nur reelle Werte $z = x$ mit $w/2 < x < d/2$ betrachten, schreiben wir, um die Wurzelargumente positiv zu machen:
$$\frac{du}{dx} = \frac{A}{\sqrt{x+\frac{d}{2}}\sqrt{x+\frac{w}{2}}\sqrt{x-\frac{w}{2}}\,j\,\sqrt{\frac{d}{2}-x}}$$

Wir setzen $A = a\frac{d}{2K'}$ von oben ein und erhalten:

$$\frac{du}{dx} = \frac{ad}{2jK'\sqrt{\left(x^2 - \frac{w^2}{4}\right)\left(\frac{d^2}{4} - x^2\right)}}$$

Zerlegt man u wie schon im vorigen Aufgabenteil gemäß $u = v + jt$ in Realteil und Imaginärteil, so folgt

$$\frac{dv}{dx} = 0$$

und

$$\frac{dt}{dx} = -\frac{ad}{2K'\sqrt{\left(x^2 - \frac{w^2}{4}\right)\left(\frac{d^2}{4} - x^2\right)}}.$$

Dies setzen wir in Gleichung (7.27) ein und erhalten:

$$E_x = \frac{U_0 d}{2K'\sqrt{\left(x^2 - \frac{w^2}{4}\right)\left(\frac{d^2}{4} - x^2\right)}}$$

8. Integration von $w/2$ bis $d/2$ liefert:

$$\int_{w/2}^{d/2} E_x \, dx = \frac{U_0 d}{2K'} \int_{w/2}^{d/2} \frac{dx}{\sqrt{\left(x^2 - \frac{w^2}{4}\right)\left(\frac{d^2}{4} - x^2\right)}}$$

Das hier auftretende Integral entspricht für $\alpha = w/2$ und $\beta = d/2$ dem Integral ξ_2 in Gleichung (6.54), das gemäß Gleichung (6.55) den Wert

$$\xi_2 = \frac{K(k')}{\beta}$$

annimmt. Es gilt also

$$\int_{w/2}^{d/2} E_x \, dx = \frac{U_0 d}{2K'} \frac{K(k')}{d/2} = U_0,$$

was zu zeigen war.

Lösung zu Übungsaufgabe 2.5

1. Um zur komplexen Darstellung der Maxwellgleichungen zu gelangen, ist jede Zeitableitung einer Größe durch eine Multiplikation dieser Größe mit $j\omega$ zu ersetzen. Wenn man für quellenfreie Gebiete außerdem in den Gleichungen (1.77) bis (1.80) $\vec{J} = 0$ und $\rho = 0$ setzt, ergibt sich:

$$rot\ \vec{H} = j\omega\ \vec{D}$$
$$rot\ \vec{E} = -j\omega\ \vec{B}$$
$$div\ \vec{B} = 0$$
$$div\ \vec{D} = 0$$

Für homogen gefüllte Gebiete ($\epsilon = const.$, $\mu = const.$) erhält man:

$$rot\ \vec{H} = j\omega\epsilon\ \vec{E} \qquad (7.28)$$
$$rot\ \vec{E} = -j\omega\mu\ \vec{H} \qquad (7.29)$$
$$div\ \vec{H} = 0 \qquad (7.30)$$
$$div\ \vec{E} = 0 \qquad (7.31)$$

2. Wir bilden die Rotation von Gleichung (7.28) und setzen Gleichung (7.29) ein:

$$rot\ rot\ \vec{H} = j\omega\epsilon\ (-j\omega\mu\ \vec{H})$$
$$\Rightarrow grad\ div\ \vec{H} - \Delta\vec{H} = \omega^2\epsilon\mu\ \vec{H}$$

Mit Gleichung (7.30) folgt daraus

$$\Delta\vec{H} + \omega^2\epsilon\mu\ \vec{H} = 0.$$

Analog kann man die Rotation von Gleichung (7.29) bilden und Gleichung (7.28) einsetzen:

$$rot\ rot\ \vec{E} = -j\omega\mu\ (j\omega\epsilon\ \vec{E})$$
$$\Rightarrow grad\ div\ \vec{E} - \Delta\vec{E} = \omega^2\epsilon\mu\ \vec{E}$$

Mit Gleichung (7.31) folgt daraus

$$\Delta\vec{E} + \omega^2\epsilon\mu\ \vec{E} = 0.$$

Sowohl für $\vec{E}$ als auch für $\vec{H}$ erhält man also die Helmholtzgleichung mit

$$k = \omega\sqrt{\mu\epsilon} \qquad (7.32)$$

3. Die Helmholtzgleichung für das elektrische Feld läßt sich zerlegen in:

$$\frac{\partial^2 E_x}{\partial x^2} + \frac{\partial^2 E_x}{\partial y^2} + \frac{\partial^2 E_x}{\partial z^2} + k^2\ E_x = 0$$
$$\frac{\partial^2 E_y}{\partial x^2} + \frac{\partial^2 E_y}{\partial y^2} + \frac{\partial^2 E_y}{\partial z^2} + k^2\ E_y = 0$$
$$\frac{\partial^2 E_z}{\partial x^2} + \frac{\partial^2 E_z}{\partial y^2} + \frac{\partial^2 E_z}{\partial z^2} + k^2\ E_z = 0$$

4. Aufgrund der vorgegebenen z-Abhängigkeit der Felder gilt:

$$\frac{\partial E_x}{\partial z} = -jkE_x$$

$$\frac{\partial E_y}{\partial z} = -jkE_y$$

$$\frac{\partial E_z}{\partial z} = -jkE_z$$

$$\frac{\partial^2 E_x}{\partial z^2} = -k^2 E_x$$

$$\frac{\partial^2 E_y}{\partial z^2} = -k^2 E_y$$

$$\frac{\partial^2 E_z}{\partial z^2} = -k^2 E_z$$

Damit vereinfachen sich die ersten beiden skalaren Gleichungen zu:

$$\frac{\partial^2 E_x}{\partial x^2} + \frac{\partial^2 E_x}{\partial y^2} = 0$$

$$\frac{\partial^2 E_y}{\partial x^2} + \frac{\partial^2 E_y}{\partial y^2} = 0$$

Die dritte skalare Gleichung ist wegen des Ansatzes $E_z = 0$ trivialerweise erfüllt. Durch den gewählten Ansatz wurde offenbar erreicht, daß im zweidimensionalen Querschnitt der Leitung die zweidimensionale Laplacegleichung

$$\Delta \vec{E} = 0$$

gilt.

5. Die zweidimensionale Laplacegleichung

$$\Delta \vec{E} = 0$$

läßt sich wie folgt schreiben, wenn man sie unter Berücksichtigung von $E_z = 0$ zur dreidimensionalen ergänzt:

$$grad\ div\ \vec{E} - rot\ rot\ \vec{E} = 0$$

Wegen $div\ \vec{E} = 0$ gilt somit

$$rot\ rot\ \vec{E} = 0.$$

Da stets $rot\ grad\ \Phi = 0$ gilt, läßt sich diese Gleichung durch den Ansatz $\vec{E} = -grad\ \Phi$ erfüllen.

Den Querschnitt einer homogen gefüllten Leitung kann man in der Leitungstheorie somit mit den Methoden der Elektrostatik behandeln. Insbesondere läßt sich der Kapazitätsbelag und der Induktivitätsbelag so gewinnen, wie es aus der Elektro- bzw. Magnetostatik bekannt ist. Folglich ergibt sich auch in der Leitungstheorie der Zusammenhang (2.89) $L'\ C' = \mu\ \epsilon$.

6. Wir nehmen an, daß die Gleichungen (7.28) bis (7.31) für $\vec{E} = \vec{E}_1$ und $\vec{H} = \vec{H}_1$ erfüllt sind, und müssen zeigen, daß dies auch für $\vec{E} = \vec{E}_2$ und $\vec{H} = \vec{H}_2$ der Fall ist.

Die Transformationsvorschrift (2.79) lautet:

$$\vec{E}_2 = -\sqrt{\frac{\mu}{\epsilon}}\, \vec{e}_z \times \vec{H}_1$$

Wir setzen $\vec{H}_1$ aus Gleichung (7.29) ein und erhalten:

$$\begin{aligned}
\vec{E}_2 &= -\sqrt{\frac{\mu}{\epsilon}}\, \vec{e}_z \times \frac{rot\, \vec{E}_1}{-j\omega\mu} = \\
&= \frac{1}{j\omega\sqrt{\mu\epsilon}}\left(\vec{e}_x\left(\frac{\partial E_{1z}}{\partial x} - \frac{\partial E_{1x}}{\partial z}\right) + \vec{e}_y\left(\frac{\partial E_{1z}}{\partial y} - \frac{\partial E_{1y}}{\partial z}\right)\right) = \\
&= \frac{1}{j\omega\sqrt{\mu\epsilon}}\left(\vec{e}_x\frac{\partial E_{1z}}{\partial x} + \vec{e}_y\frac{\partial E_{1z}}{\partial y} + \vec{e}_z\frac{\partial E_{1z}}{\partial z} - \vec{e}_x\frac{\partial E_{1x}}{\partial z} - \vec{e}_y\frac{\partial E_{1y}}{\partial z} - \vec{e}_z\frac{\partial E_{1z}}{\partial z}\right) = \\
&= \frac{1}{j\omega\sqrt{\mu\epsilon}}\left(grad\, E_{1z} - \frac{\partial \vec{E}_1}{\partial z}\right)
\end{aligned}$$

In der Aufgabenstellung wurde erwähnt, daß in der Leitungstheorie im Raum zwischen den Leitern ein Transversalfeld angenommen wird. Hier gilt deshalb $E_{1z} = 0$:

$$\vec{E}_2 = -\frac{1}{j\omega\sqrt{\mu\epsilon}}\frac{\partial \vec{E}_1}{\partial z}$$

Wegen

$$\vec{E}(z) = \vec{E}(0)e^{-jkz}$$

gilt $\frac{\partial \vec{E}_1}{\partial z} = -jk\,\vec{E}_1$, so daß weiter folgt:

$$\vec{E}_2 = \frac{k}{\omega\sqrt{\mu\epsilon}}\,\vec{E}_1$$

Mit Hilfe des Ergebnisses (7.32) des zweiten Aufgabenteils folgt:

$$\vec{E}_2 = \vec{E}_1$$

Analog gehen wir für das Magnetfeld vor: Wir setzen $\vec{E}_1$ aus Gleichung (7.28) in die Transformationsvorschrift (2.80) ein und erhalten:

$$\vec{H}_2 = \sqrt{\frac{\epsilon}{\mu}}\,\vec{e}_z \times \frac{rot\,\vec{H}_1}{j\omega\epsilon} =$$

$$= \frac{1}{j\omega\sqrt{\mu\epsilon}} \left(\vec{e}_x \left(\frac{\partial H_{1z}}{\partial x} - \frac{\partial H_{1x}}{\partial z} \right) + \vec{e}_y \left(\frac{\partial H_{1z}}{\partial y} - \frac{\partial H_{1y}}{\partial z} \right) \right) =$$

$$= \frac{1}{j\omega\sqrt{\mu\epsilon}} \left(\vec{e}_x \frac{\partial H_{1z}}{\partial x} + \vec{e}_y \frac{\partial H_{1z}}{\partial y} + \vec{e}_z \frac{\partial H_{1z}}{\partial z} - \vec{e}_x \frac{\partial H_{1x}}{\partial z} - \vec{e}_y \frac{\partial H_{1y}}{\partial z} - \vec{e}_z \frac{\partial H_{1z}}{\partial z} \right) =$$

$$= \frac{1}{j\omega\sqrt{\mu\epsilon}} \left(grad\ H_{1z} - \frac{\partial \vec{H}_1}{\partial z} \right)$$

Mit $H_{1z} = 0$ und der gegebenen z-Abhängigkeit folgt:

$$\vec{H}_2 = \frac{jk}{j\omega\sqrt{\mu\epsilon}} \vec{H}_1$$

Mit Hilfe von Gleichung (7.32) ergibt sich:

$$\vec{H}_2 = \vec{H}_1$$

Elektrisches und magnetisches Feld bleiben durch die Transformation völlig unverändert. Wenn die Maxwellgleichungen für das alte Feld $\vec{E}_1, \vec{H}_1$ erfüllt sind, gelten sie trivialerweise natürlich auch für das „neue" Feld $\vec{E}_2, \vec{H}_2$.

Unsere Transformationsvorschriften (2.79) und (2.80) entpuppen sich also als Formeln, mit deren Hilfe man in der Leitungstheorie aus dem elektrischen Feld das magnetische Feld gewinnen kann und umgekehrt:

$$\vec{E} = -\sqrt{\frac{\mu}{\epsilon}}\, \vec{e}_z \times \vec{H} \qquad (7.33)$$

$$\vec{H} = \sqrt{\frac{\epsilon}{\mu}}\, \vec{e}_z \times \vec{E} \qquad (7.34)$$

Lösung zu Übungsaufgabe 2.6

1. Wir ersetzen in den Maxwellgleichungen (1.77) bis (1.80) einfach die Zeitableitung durch eine Multiplikation mit $j\omega$ und setzen

$$\vec{D} = \epsilon\, \vec{E}, \qquad \vec{J} = \kappa\, \vec{E}, \qquad \vec{B} = \mu\, \vec{H}.$$

Auf diese Weise erhalten wir:

$$rot\, \vec{H} = (\kappa + j\omega\epsilon)\, \vec{E}$$
$$rot\, \vec{E} = -j\omega\mu\, \vec{H}$$
$$div(\mu\, \vec{H}) = 0$$
$$div(\epsilon\, \vec{E}) = \rho$$

Nimmt man nun an, daß die Materialeigenschaften ortsunabhängig sind, und bildet man die Divergenz der ersten Gleichung, so folgt:

$$div \left[(\kappa + j\omega\epsilon) \vec{E}\right] = 0$$

$$\Rightarrow div \vec{E} = 0$$

In diesem Fall vereinfachen sich die Gleichungen also zu:

$$rot \vec{H} = (\kappa + j\omega\epsilon) \vec{E} \qquad (7.35)$$
$$rot \vec{E} = -j\omega\mu \vec{H} \qquad (7.36)$$
$$div \vec{H} = 0 \qquad (7.37)$$
$$div \vec{E} = 0 \qquad (7.38)$$

2. Setzt man den Ansatz

$$\vec{E} = \vec{E}(0) \, e^{-jkz} = -e^{-jkz} \, grad \, \Phi$$

in Gleichung (7.38) ein, so folgt wegen Gleichung (1.8):

$$-e^{-jkz} \, div \, grad \, \Phi - (grad \, \Phi) \cdot grad \left(e^{-jkz}\right) = 0$$

Wegen $E_z = 0$ gilt

$$\vec{E} = -e^{-jkz} \, grad \, \Phi = -e^{-jkz} \left(\frac{\partial \Phi}{\partial x} \vec{e}_x + \frac{\partial \Phi}{\partial y} \vec{e}_y\right), \qquad (7.39)$$

so daß $grad \, \Phi$ und $grad \left(e^{-jkz}\right)$ senkrecht zueinander stehen. Es folgt also

$$-e^{-jkz} \, div \, grad \, \Phi = 0$$

oder

$$\Delta \Phi = 0.$$

Analog führt das Einsetzen des Ansatzes

$$\vec{H} = -e^{-jkz} \, grad \, \Psi$$

zur Laplacegleichung

$$\Delta \Psi = 0.$$

Wir müssen nun noch feststellen, auf welche Gleichung die ersten beiden Maxwellgleichungen führen. Man erhält unter Verwendung der Gleichungen (7.39) und (1.7):

$$rot \vec{E} = -rot \left(e^{-jkz} \, grad \, \Phi\right) = -rot \left(e^{-jkz} \frac{\partial \Phi}{\partial x} \vec{e}_x + e^{-jkz} \frac{\partial \Phi}{\partial y} \vec{e}_y\right) =$$

$$= -\vec{e}_x \left(jk \, e^{-jkz} \frac{\partial \Phi}{\partial y}\right) - \vec{e}_y \left(-jk \, e^{-jkz} \frac{\partial \Phi}{\partial x}\right) - \vec{e}_z \left(\frac{\partial^2 \Phi}{\partial y \partial x} - \frac{\partial^2 \Phi}{\partial x \partial y}\right) e^{-jkz}$$

Wir sehen, daß die z-Komponente wegfällt, was wegen Gleichung (7.36) im Einklang mit der Annahme $H_z = 0$ steht. Es folgt:

$$\text{rot } \vec{E} = jk\, e^{-jkz} \left(\frac{\partial \Phi}{\partial x} \vec{e}_y - \frac{\partial \Phi}{\partial y} \vec{e}_x \right) \tag{7.40}$$

Wegen $H_z = 0$ gilt:

$$\vec{H} = -e^{-jkz}\, \text{grad } \Psi = -e^{-jkz} \left(\frac{\partial \Psi}{\partial x} \vec{e}_x + \frac{\partial \Psi}{\partial y} \vec{e}_y \right)$$

Setzt man diese beiden Ergebnisse in Gleichung (7.36) ein, so erhält man:

$$jk\, e^{-jkz} \left(\frac{\partial \Phi}{\partial x} \vec{e}_y - \frac{\partial \Phi}{\partial y} \vec{e}_x \right) = j\omega\mu\, e^{-jkz} \left(\frac{\partial \Psi}{\partial x} \vec{e}_x + \frac{\partial \Psi}{\partial y} \vec{e}_y \right)$$

Wir erhalten also die beiden folgenden Abhängigkeiten zwischen Φ und Ψ:

$$jk\, \frac{\partial \Phi}{\partial x} = j\omega\mu\, \frac{\partial \Psi}{\partial y} \tag{7.41}$$

$$jk\, \frac{\partial \Phi}{\partial y} = -j\omega\mu\, \frac{\partial \Psi}{\partial x} \tag{7.42}$$

Nun widmen wir uns der anderen Maxwellgleichung (7.35). Analog zu Gleichung (7.40) erhält man

$$\text{rot } \vec{H} = jk\, e^{-jkz} \left(\frac{\partial \Psi}{\partial x} \vec{e}_y - \frac{\partial \Psi}{\partial y} \vec{e}_x \right),$$

so daß aus Gleichung (7.35) unter Verwendung von Gleichung (7.39) folgt:

$$jk\, e^{-jkz} \left(\frac{\partial \Psi}{\partial x} \vec{e}_y - \frac{\partial \Psi}{\partial y} \vec{e}_x \right) = -(\kappa + j\omega\epsilon)\, e^{-jkz} \left(\frac{\partial \Phi}{\partial x} \vec{e}_x + \frac{\partial \Phi}{\partial y} \vec{e}_y \right)$$

Dies zerfällt in die beiden Gleichungen:

$$jk\, \frac{\partial \Psi}{\partial x} = -(\kappa + j\omega\epsilon)\, \frac{\partial \Phi}{\partial y} \tag{7.43}$$

$$jk\, \frac{\partial \Psi}{\partial y} = (\kappa + j\omega\epsilon)\, \frac{\partial \Phi}{\partial x} \tag{7.44}$$

Die ersten beiden Maxwellgleichungen sind nun übergegangen in die vier Gleichungen (7.41) bis (7.44). Multipliziert man Gleichung (7.41) mit jk, und setzt Gleichung (7.44) ein, so folgt:

$$-k^2\, \frac{\partial \Phi}{\partial x} = j\omega\mu\, (\kappa + j\omega\epsilon)\, \frac{\partial \Phi}{\partial x}$$

Damit läßt sich k bestimmen:

$$k = \sqrt{\omega^2 \mu \epsilon - j\omega\mu\kappa} = \sqrt{\omega^2 \mu \left(\epsilon - j\frac{\kappa}{\omega}\right)}$$

An dieser Stelle kann man natürlich auch eine komplexe Dielektrizitätskonstante

$$\underline{\epsilon} = \epsilon + \frac{\kappa}{j\omega}$$

definieren, so daß man folgende Ausbreitungskonstante erhält:

$$k = \omega \sqrt{\mu \underline{\epsilon}} \tag{7.45}$$

Wie man leicht nachprüft, führen die anderen beiden Gleichungen (7.42) und (7.43) auf denselben Zusammenhang. Mit der soeben bestimmten Ausbreitungskonstante kann man die Gleichungen (7.41) und (7.42) folgendermaßen schreiben:

$$\frac{\partial \Phi}{\partial x} = \sqrt{\frac{\mu}{\underline{\epsilon}}} \frac{\partial \Psi}{\partial y}$$

$$\frac{\partial \Phi}{\partial y} = -\sqrt{\frac{\mu}{\underline{\epsilon}}} \frac{\partial \Psi}{\partial x}$$

Diese beiden Gleichungen vermitteln offenbar den Zusammenhang zwischen den Komponenten des elektrischen und denen des magnetischen Feldes:

$$E_x = \sqrt{\frac{\mu}{\underline{\epsilon}}} H_y$$

$$E_y = -\sqrt{\frac{\mu}{\underline{\epsilon}}} H_x$$

Unter Berücksichtigung von

$$\vec{e}_z \times \vec{H} = H_x \vec{e}_y - H_y \vec{e}_x$$

kann man die beiden Gleichungen zusammenfassen zu:

$$\vec{E} = -\sqrt{\frac{\mu}{\underline{\epsilon}}} \vec{e}_z \times \vec{H} \tag{7.46}$$

Wir sehen also, daß die ersten beiden Maxwellgleichungen zur Verallgemeinerung von Gleichung (7.33) für verlustbehaftete Medien führen. Die letzten beiden Maxwellschen Gleichungen hingegen führen — wie oben gezeigt wurde — auf die für die Elektrostatik und das stationäre Strömungsfeld bzw. für die Magnetostatik typischen Laplacegleichungen

$$\Delta \Phi = 0$$

und

$$\Delta \Psi = 0.$$

Es spricht also nichts dagegen, den Kapazitäts-, Induktivitäts- und Ableitungsbelag mit Hilfe statischer Methoden zu berechnen und diese dann in der Leitungstheorie zu verwenden.

3. Das elektrische Feld $\vec{E}$ in Abhängigkeit von $\vec{H}$ haben wir gemäß Gleichung (7.46) bereits ermittelt. Um die Umkehrung zu erhalten, bilden wir von links das Vektorprodukt mit $\vec{e}_z$:

$$\vec{e}_z \times \vec{E} = -\sqrt{\frac{\mu}{\epsilon}}\, \vec{e}_z \times (\vec{e}_z \times \vec{H}) = -\sqrt{\frac{\mu}{\epsilon}}\left[\vec{e}_z\,(\vec{e}_z \cdot \vec{H}) - \vec{H}\,(\vec{e}_z \cdot \vec{e}_z)\right]$$

Da $\vec{H}$ keine z-Komponente aufweist, folgt:

$$\vec{H} = \sqrt{\frac{\epsilon}{\mu}}\, \vec{e}_z \times \vec{E} \qquad (7.47)$$

4. In der Gleichung

$$G' = \frac{I'_{quer}}{U}$$

ist I'_{quer} der Strombelag, der in der Transversalebene vom einen Leiter zum anderen fließt, während U die Spannung zwischen den Leitern angibt. Gemäß Abbildung 2.7 gilt

$$U = \int_{C_3} \vec{E} \cdot d\vec{s}$$

und

$$I_{quer} = \int_0^l \oint_{C_1} \vec{J} \cdot \vec{e}_{n1}\, ds\, dz,$$

wenn man keine z-Abhängigkeit des Stromes annimmt, wie es beim stationären Strömungsfeld zulässig ist. Der Strombelag ergibt sich daraus durch Division durch l:

$$I'_{quer} = \oint_{C_1} \vec{J} \cdot \vec{e}_{n1}\, ds = \kappa \oint_{C_1} \vec{E} \cdot \vec{e}_{n1}\, ds$$

Wir erhalten also:

$$G' = \frac{\kappa \oint_{C_1} \vec{E} \cdot \vec{e}_{n1}\, ds}{\int_{C_3} \vec{E} \cdot \vec{e}_{t3}\, ds} \qquad (7.48)$$

Nun substituieren wir das elektrische Feld mit Hilfe von Gleichung (7.46). Offenbar benötigen wir sowohl das Skalarprodukt $\vec{E} \cdot \vec{e}_{n1}$ als auch $\vec{E} \cdot \vec{e}_{t3}$:

$$\begin{aligned}
\vec{E} \cdot \vec{e}_{n1} &= -\sqrt{\frac{\mu}{\epsilon}}\, \vec{e}_{n1} \cdot (\vec{e}_z \times \vec{H}) = \\
&= -\sqrt{\frac{\mu}{\epsilon}}\, \vec{H} \cdot (\vec{e}_{n1} \times \vec{e}_z) = \\
&= \sqrt{\frac{\mu}{\epsilon}}\, \vec{H} \cdot \vec{e}_{t1}
\end{aligned}$$

$$\begin{aligned}
\vec{E} \cdot \vec{e}_{t3} &= -\sqrt{\frac{\mu}{\epsilon}}\, \vec{e}_{t3} \cdot (\vec{e}_z \times \vec{H}) = \\
&= -\sqrt{\frac{\mu}{\epsilon}}\, \vec{H} \cdot (\vec{e}_{t3} \times \vec{e}_z) = \\
&= \sqrt{\frac{\mu}{\epsilon}}\, \vec{H} \cdot \vec{e}_{n3}
\end{aligned}$$

Der jeweils letzte Schritt erfolgte unter Berücksichtigung der in Abbildung 2.7 gewählten Zählpfeilrichtungen. Setzt man diese beiden Ergebnisse in Gleichung (7.48) ein, so folgt:

$$G' = \frac{\kappa \oint_{C_1} \vec{H} \cdot \vec{e}_{t1}\, ds}{\int_{C_3} \vec{H} \cdot \vec{e}_{n3}\, ds}$$

5. Durch Multiplikation mit Gleichung (2.87) ergibt sich unmittelbar:

$$L'\, G' = \mu\, \kappa \qquad (7.49)$$

Mit Hilfe des bereits bewiesenen Zusammenhangs (2.89)

$$C'\, L' = \epsilon\, \mu \qquad (7.50)$$

folgt

$$\frac{G'}{C'} = \frac{\kappa}{\epsilon}.$$

Lösung zu Übungsaufgabe 3.1

1. Um Einheitsvektoren zu erhalten, kann man von den Gleichungen (3.36) bis (3.38) ausgehen:

$$\begin{aligned}
\vec{g}_r &= \cos\varphi\, \sin\vartheta\, \vec{e}_x + \sin\varphi\, \sin\vartheta\, \vec{e}_y + \cos\vartheta\, \vec{e}_z \\
\vec{g}_\vartheta &= r\cos\varphi\, \cos\vartheta\, \vec{e}_x + r\sin\varphi\, \cos\vartheta\, \vec{e}_y - r\sin\vartheta\, \vec{e}_z \\
\vec{g}_\varphi &= -r\sin\varphi\, \sin\vartheta\, \vec{e}_x + r\cos\varphi\, \sin\vartheta\, \vec{e}_y
\end{aligned}$$

Wir bilden die Beträge:

$$|\vec{g}_r| = 1 \tag{7.51}$$
$$|\vec{g}_\vartheta| = r \tag{7.52}$$
$$|\vec{g}_\varphi| = r\, sin\, \vartheta \tag{7.53}$$

Dividiert man nun den Basisvektor durch seinen Betrag, so erhält man den jeweiligen Einheitsvektor:

$$\boxed{\begin{aligned}\vec{e}_r &= cos\, \varphi\, sin\, \vartheta\, \vec{e}_x + sin\, \varphi\, sin\, \vartheta\, \vec{e}_y + cos\, \vartheta\, \vec{e}_z \\ \vec{e}_\vartheta &= cos\, \varphi\, cos\, \vartheta\, \vec{e}_x + sin\, \varphi\, cos\, \vartheta\, \vec{e}_y - sin\, \vartheta\, \vec{e}_z \\ \vec{e}_\varphi &= -sin\, \varphi\, \vec{e}_x + cos\, \varphi\, \vec{e}_y\end{aligned}} \tag{7.54, 7.55, 7.56}$$

2. Um den zweiten Teil der Aufgabe zu lösen, müssen wir diese Gleichungen nach $\vec{e}_x$, $\vec{e}_y$ und $\vec{e}_z$ auflösen. Hierzu eliminieren wir aus den ersten beiden Gleichungen $\vec{e}_z$, indem wir die erste mit $sin\, \vartheta$ und die zweite mit $cos\, \vartheta$ multiplizieren und die Summe bilden:

$$sin\, \vartheta\, \vec{e}_r + cos\, \vartheta\, \vec{e}_\vartheta = cos\, \varphi\, \vec{e}_x + sin\, \varphi\, \vec{e}_y \tag{7.57}$$

Nun läßt sich $\vec{e}_y$ eliminieren, indem man diese Gleichung mit $cos\, \varphi$ multipliziert, Gleichung (7.56) mit $sin\, \varphi$ multipliziert und die Differenz der resultierenden Gleichungen bildet:

$$cos\, \varphi\, sin\, \vartheta\, \vec{e}_r + cos\, \varphi\, cos\, \vartheta\, \vec{e}_\vartheta - sin\, \varphi\, \vec{e}_\varphi = \vec{e}_x \left(cos^2\varphi + sin^2\varphi\right)$$

$$\Rightarrow \boxed{\vec{e}_x = cos\, \varphi\, sin\, \vartheta\, \vec{e}_r + cos\, \varphi\, cos\, \vartheta\, \vec{e}_\vartheta - sin\, \varphi\, \vec{e}_\varphi} \tag{7.58}$$

Setzt man diese Gleichung in Gleichung (7.57) ein, so erhält man:

$$sin\, \vartheta\, \vec{e}_r + cos\, \vartheta\, \vec{e}_\vartheta = cos^2\varphi\, sin\, \vartheta\, \vec{e}_r + cos^2\varphi\, cos\, \vartheta\, \vec{e}_\vartheta - sin\, \varphi\, cos\, \varphi\, \vec{e}_\varphi + sin\, \varphi\, \vec{e}_y$$

$$\Rightarrow sin^2\varphi\, sin\, \vartheta\, \vec{e}_r + sin^2\varphi\, cos\, \vartheta\, \vec{e}_\vartheta = -sin\, \varphi\, cos\, \varphi\, \vec{e}_\varphi + sin\, \varphi\, \vec{e}_y$$

$$\Rightarrow \boxed{\vec{e}_y = sin\, \varphi\, sin\, \vartheta\, \vec{e}_r + sin\, \varphi\, cos\, \vartheta\, \vec{e}_\vartheta + cos\, \varphi\, \vec{e}_\varphi} \tag{7.59}$$

Der letzte Schritt besteht darin, die Gleichungen (7.58) und (7.59) in Gleichung (7.54) einzusetzen, um $\vec{e}_z$ zu erhalten:

$$\begin{aligned}\vec{e}_r =\ & cos^2\varphi\, sin^2\vartheta\, \vec{e}_r + cos^2\varphi\, sin\, \vartheta\, cos\, \vartheta\, \vec{e}_\vartheta - sin\, \varphi\, cos\, \varphi\, sin\, \vartheta\, \vec{e}_\varphi + \\ +\ & sin^2\varphi\, sin^2\vartheta\, \vec{e}_r + sin^2\varphi\, sin\, \vartheta\, cos\, \vartheta\, \vec{e}_\vartheta + sin\, \varphi\, cos\, \varphi\, sin\, \vartheta\, \vec{e}_\varphi + \\ +\ & cos\, \vartheta\, \vec{e}_z\end{aligned}$$

$$\Rightarrow cos^2\vartheta\, \vec{e}_r = sin\, \vartheta\, cos\, \vartheta\, \vec{e}_\vartheta + cos\, \vartheta\, \vec{e}_z$$

$$\Rightarrow \boxed{\vec{e}_z = cos\, \vartheta\, \vec{e}_r - sin\, \vartheta\, \vec{e}_\vartheta} \tag{7.60}$$

Lösung zu Übungsaufgabe 3.2

1. Als ersten Schritt zur Lösung dieser Aufgabe bestimmen wir die kovarianten Basisvektoren mit Hilfe von Gleichung (3.4):

$$\vec{g}_k = \frac{\partial x^i}{\partial \theta^k} \vec{e}_i$$

Wir ordnen die Koordinaten den θ^k wie folgt zu:

$$\theta^1 = \rho, \qquad \theta^2 = \varphi, \qquad \theta^3 = z \qquad (7.61)$$

Mit den Transformationsgleichungen für Zylinderkoordinaten (1.19) bis (1.21)

$$\begin{aligned} x &= \rho \cos \varphi \\ y &= \rho \sin \varphi \\ z &= z \end{aligned}$$

folgt:

$$\vec{g}_\rho = \vec{g}_1 = \frac{\partial x}{\partial \rho} \vec{e}_x + \frac{\partial y}{\partial \rho} \vec{e}_y + \frac{\partial z}{\partial \rho} \vec{e}_z = \vec{e}_x \cos \varphi + \vec{e}_y \sin \varphi \qquad (7.62)$$

$$\vec{g}_\varphi = \vec{g}_2 = \frac{\partial x}{\partial \varphi} \vec{e}_x + \frac{\partial y}{\partial \varphi} \vec{e}_y + \frac{\partial z}{\partial \varphi} \vec{e}_z = -\vec{e}_x \, \rho \sin \varphi + \vec{e}_y \, \rho \cos \varphi \qquad (7.63)$$

$$\vec{g}_z = \vec{g}_3 = \frac{\partial x}{\partial z} \vec{e}_x + \frac{\partial y}{\partial z} \vec{e}_y + \frac{\partial z}{\partial z} \vec{e}_z = \vec{e}_z \qquad (7.64)$$

Durch Betragsbildung erhält man:

$$|\vec{g}_\rho| = 1 \qquad (7.65)$$
$$|\vec{g}_\varphi| = \rho \qquad (7.66)$$
$$|\vec{g}_z| = 1 \qquad (7.67)$$

Wir dividieren nun die kovarianten Basisvektoren durch ihre Beträge und erhalten:

$$\boxed{\begin{aligned} \vec{e}_\rho &= \cos \varphi \, \vec{e}_x + \sin \varphi \, \vec{e}_y \\ \vec{e}_\varphi &= -\sin \varphi \, \vec{e}_x + \cos \varphi \, \vec{e}_y \\ \vec{e}_z &= \vec{e}_z \end{aligned}} \qquad \begin{aligned} (7.68) \\ (7.69) \\ (7.70) \end{aligned}$$

Die letzte Gleichung ist nur deswegen trivial, weil der Vektor $\vec{e}_z$ des Zylinderkoordinatensystems mit dem Vektor $\vec{e}_z$ des kartesischen Koordinatensystems übereinstimmt. Strenggenommen hätte man für beide Koordinatensysteme zunächst unterschiedliche Bezeichnungen der z-Koordinaten und Einheitsvektoren wählen müssen, so daß erst als Ergebnis dieser Berechnung die Gleichheit festzustellen gewesen wäre.

2. Wir multiplizieren nun die erste Gleichung mit $cos\,\varphi$, die zweite mit $sin\,\varphi$ und bilden die Differenz der Resultate:

$$cos\,\varphi\,\vec{e}_\rho - sin\,\varphi\,\vec{e}_\varphi = \vec{e}_x\left(cos^2\varphi + sin^2\varphi\right)$$

$$\boxed{\vec{e}_x = cos\,\varphi\,\vec{e}_\rho - sin\,\varphi\,\vec{e}_\varphi} \qquad (7.71)$$

Einsetzen dieses Ergebnisses in Gleichung (7.68) liefert:

$$\vec{e}_\rho = cos^2\varphi\,\vec{e}_\rho - sin\,\varphi\,cos\,\varphi\,\vec{e}_\varphi + \vec{e}_y\,sin\,\varphi$$

$$\Rightarrow sin^2\varphi\,\vec{e}_\rho = -sin\,\varphi\,cos\,\varphi\,\vec{e}_\varphi + \vec{e}_y\,sin\,\varphi$$

$$\Rightarrow \boxed{\vec{e}_y = sin\,\varphi\,\vec{e}_\rho + cos\,\varphi\,\vec{e}_\varphi} \qquad (7.72)$$

Lösung zu Übungsaufgabe 3.3

Um den Gradienten aus Gleichung (3.14) zu bestimmen, ist es erforderlich, die kontravarianten Basisvektoren zu bestimmen. Diese erhält man aus den kovarianten Basisvektoren mit Hilfe der Metrikkoeffizienten.

Die kovarianten Basisvektoren hatten wir bereits in Aufgabe 3.2 bestimmt. Aus den Gleichungen (7.62) bis (7.64) folgt durch Betragsbildung:

$$\vec{g}_\rho = \vec{g}_1 = |\vec{g}_\rho|\,\vec{e}_\rho = \vec{e}_\rho \qquad (7.73)$$
$$\vec{g}_\varphi = \vec{g}_2 = |\vec{g}_\varphi|\,\vec{e}_\varphi = \rho\,\vec{e}_\varphi \qquad (7.74)$$
$$\vec{g}_z = \vec{g}_3 = |\vec{g}_z|\,\vec{e}_z = \vec{e}_z \qquad (7.75)$$

Als nächstes bestimmen wir die Metrikkoeffizienten aus Gleichung (3.27):

$$g_{ik} = \vec{g}_i \cdot \vec{g}_k$$

Aus dieser Gleichung erhält man unter Verwendung der Basisvektoren aus den Gleichungen (7.62) bis (7.64):

$$(g_{ik}) = \begin{pmatrix} 1 & 0 & 0 \\ 0 & \rho^2 & 0 \\ 0 & 0 & 1 \end{pmatrix} \qquad (7.76)$$

Mit Gleichung (3.25) bzw. (3.24) folgt durch Matrizeninversion sofort:

$$(g^{ik}) = \begin{pmatrix} 1 & 0 & 0 \\ 0 & \frac{1}{\rho^2} & 0 \\ 0 & 0 & 1 \end{pmatrix} \qquad (7.77)$$

Die kontravarianten Basisvektoren erhält man nun aus Gleichung (3.18)

$$\vec{g}^i = g^{ik}\,\vec{g}_k,$$

indem man die Metrikkoeffizienten aus Gleichung (7.77) einsetzt:

$$\vec{g}^1 = \vec{g}_1$$
$$\vec{g}^2 = \frac{1}{\rho^2}\,\vec{g}_2$$
$$\vec{g}^3 = \vec{g}_3$$

Die Gleichungen (7.73) bis (7.75) ermöglichen es uns nun, die kontravarianten Basisvektoren in Abhängigkeit von den Einheitsvektoren darzustellen:

$$\vec{g}^1 = \vec{e}_\rho \qquad (7.78)$$
$$\vec{g}^2 = \frac{1}{\rho}\,\vec{e}_\varphi \qquad (7.79)$$
$$\vec{g}^3 = \vec{e}_z \qquad (7.80)$$

Dies läßt sich unmittelbar in Gleichung (3.14)

$$grad\,\Phi = \frac{\partial \Phi}{\partial \theta^i}\vec{g}^i$$

einsetzen, was auf das Ergebnis

$$\boxed{grad\,\Phi = \frac{\partial \Phi}{\partial \rho}\,\vec{e}_\rho + \frac{1}{\rho}\frac{\partial \Phi}{\partial \varphi}\,\vec{e}_\varphi + \frac{\partial \Phi}{\partial z}\,\vec{e}_z} \qquad (7.81)$$

führt. Daraus kann man ablesen, daß der Nablaoperator in Zylinderkoordinaten folgende Darstellung hat:

$$\boxed{\nabla = \vec{e}_\rho\,\frac{\partial}{\partial \rho} + \vec{e}_\varphi\,\frac{1}{\rho}\frac{\partial}{\partial \varphi} + \vec{e}_z\,\frac{\partial}{\partial z}} \qquad (7.82)$$

Lösung zu Übungsaufgabe 3.4

Zur Bestimmung der Divergenz in Zylinderkoordinaten dient Gleichung (3.60):

$$div\ \vec{V} = \frac{\partial V^k}{\partial \theta^k} + V^k\ \Gamma^l_{kl}$$

Wir benötigen also die kontravarianten Komponenten V^k sowie die Christoffelsymbole Γ^l_{kl}. Letztere lassen sich aus Gleichung (3.69)

$$\Gamma^n_{in} = \frac{1}{2}\ g^{nn}\ \frac{\partial g_{nn}}{\partial \theta^i}$$

bestimmen, da die Matrix der Metrikkoeffizienten eine Diagonalmatrix ist. Gemäß Gleichung (7.76) handelt es sich bei g_{22} um den einzigen Koeffizienten g_{nn}, der von einer Koordinate θ^i abhängt. Er hängt von $\theta^1 = \rho$ ab, so daß Γ^2_{12} das einzige Christoffelsymbol ist, das ungleich null ist. Wegen der Gleichungen (7.76) und (7.77) gilt:

$$\Gamma^2_{12} = \frac{1}{2}\ g^{22}\ \frac{\partial g_{22}}{\partial \theta^1} = \frac{1}{2}\ \frac{1}{\rho^2}\ 2\ \rho = \frac{1}{\rho} \tag{7.83}$$

Die Komponenten V^k erhält man aus den physikalischen Komponenten, indem man den Vektor $\vec{V}$ einmal in Abhängigkeit von den kovarianten Basisvektoren und einmal in Abhängigkeit von den Einheitsvektoren darstellt:

$$V_\rho\ \vec{e}_\rho + V_\varphi\ \vec{e}_\varphi + V_z\ \vec{e}_z = V^1\ \vec{g}_1 + V^2\ \vec{g}_2 + V^3\ \vec{g}_3$$

Setzt man nun die Basisvektoren $\vec{g}_i$ aus den Gleichungen (7.73) bis (7.75) ein, so folgt:

$$V_\rho\ \vec{e}_\rho + V_\varphi\ \vec{e}_\varphi + V_z\ \vec{e}_z = V^1\ \vec{e}_\rho + V^2\ \rho\ \vec{e}_\varphi + V^3\ \vec{e}_z$$

Durch skalare Multiplikation mit $\vec{e}_\rho$, $\vec{e}_\varphi$ bzw. $\vec{e}_z$ erhält man:

$$V^1 = V_\rho \tag{7.84}$$

$$V^2 = \frac{V_\varphi}{\rho} \tag{7.85}$$

$$V^3 = V_z \tag{7.86}$$

Diese Gleichungen sowie Gleichung (7.83) lassen sich in Gleichung (3.60) einsetzen:

$$\begin{aligned} div\ \vec{V} &= \frac{\partial V^k}{\partial \theta^k} + V^k\ \Gamma^l_{kl} \\ &= \frac{\partial V^1}{\partial \theta^1} + \frac{\partial V^2}{\partial \theta^2} + \frac{\partial V^3}{\partial \theta^3} + V^1\ \Gamma^2_{12} \end{aligned}$$

$$\Rightarrow \boxed{div\ \vec{V} = \frac{\partial V_\rho}{\partial \rho} + \frac{1}{\rho}\ \frac{\partial V_\varphi}{\partial \varphi} + \frac{\partial V_z}{\partial z} + \frac{1}{\rho}\ V_\rho} \tag{7.87}$$

Lösung zu Übungsaufgabe 3.5

Grundlage für die Berechnung der Rotation in Zylinderkoordinaten ist Gleichung (3.79):

$$rot\ \vec{V} = e^{kli} \frac{\partial V_i}{\partial \theta^l}\ \vec{g}_k$$

Da e^{kli} nur dann ungleich null ist, wenn i, k und l paarweise unterschiedlich sind, folgt:

$$\begin{aligned} rot\ \vec{V} &= \vec{g}_1 \left(e^{123} \frac{\partial V_3}{\partial \theta^2} + e^{132} \frac{\partial V_2}{\partial \theta^3} \right) + \\ &+ \vec{g}_2 \left(e^{213} \frac{\partial V_3}{\partial \theta^1} + e^{231} \frac{\partial V_1}{\partial \theta^3} \right) + \\ &+ \vec{g}_3 \left(e^{312} \frac{\partial V_2}{\partial \theta^1} + e^{321} \frac{\partial V_1}{\partial \theta^2} \right) \end{aligned} \qquad (7.88)$$

Wegen Gleichung (6.64) gilt

$$e^{123} = \frac{1}{\sqrt{g}},$$

wobei g die Determinante der Matrix (g_{ik}) ist, so daß aufgrund der aus Gleichung (7.76) zu folgernden Beziehung $g = \rho^2$ gilt:

$$e^{123} = \frac{1}{\rho}$$

Unter Zuhilfenahme der Symmetriebeziehungen (3.80) folgt aus Gleichung (7.88):

$$\begin{aligned} rot\ \vec{V} &= \vec{g}_1 \frac{1}{\rho} \left(\frac{\partial V_3}{\partial \theta^2} - \frac{\partial V_2}{\partial \theta^3} \right) + \\ &+ \vec{g}_2 \frac{1}{\rho} \left(\frac{\partial V_1}{\partial \theta^3} - \frac{\partial V_3}{\partial \theta^1} \right) + \\ &+ \vec{g}_3 \frac{1}{\rho} \left(\frac{\partial V_2}{\partial \theta^1} - \frac{\partial V_1}{\partial \theta^2} \right) \end{aligned} \qquad (7.89)$$

Die kovarianten Vektorkomponenten V_i erhält man genauso wie in Aufgabe 3.4 die kontravarianten:

$$\vec{V} = V_\rho\ \vec{e}_\rho + V_\varphi\ \vec{e}_\varphi + V_z\ \vec{e}_z = V_1\ \vec{g}^1 + V_2\ \vec{g}^2 + V_3\ \vec{g}^3$$

Setzt man nun die Basisvektoren $\vec{g}^i$ aus den Gleichungen (7.78) bis (7.80) ein, so folgt:

$$V_\rho\ \vec{e}_\rho + V_\varphi\ \vec{e}_\varphi + V_z\ \vec{e}_z = V_1\ \vec{e}_\rho + V_2\ \frac{1}{\rho}\ \vec{e}_\varphi + V_3\ \vec{e}_z$$

$$\begin{aligned} V_1 &= V_\rho \\ V_2 &= \rho\ V_\varphi \\ V_3 &= V_z \end{aligned}$$

Einsetzen dieser Gleichungen sowie der kovarianten Basisvektoren aus den Gleichungen (7.73) bis (7.75) in Gleichung (7.89) liefert:

$$rot\ \vec{V} = \vec{e}_\rho \frac{1}{\rho}\left(\frac{\partial V_z}{\partial \varphi} - \rho \frac{\partial V_\varphi}{\partial z}\right) + \vec{e}_\varphi \left(\frac{\partial V_\rho}{\partial z} - \frac{\partial V_z}{\partial \rho}\right) + \vec{e}_z \frac{1}{\rho}\left(\frac{\partial (\rho V_\varphi)}{\partial \rho} - \frac{\partial V_\rho}{\partial \varphi}\right)$$

$$\Rightarrow \boxed{rot\ \vec{V} = \vec{e}_\rho \left(\frac{1}{\rho}\frac{\partial V_z}{\partial \varphi} - \frac{\partial V_\varphi}{\partial z}\right) + \vec{e}_\varphi \left(\frac{\partial V_\rho}{\partial z} - \frac{\partial V_z}{\partial \rho}\right) + \vec{e}_z \left(\frac{\partial V_\varphi}{\partial \rho} + \frac{1}{\rho}V_\varphi - \frac{1}{\rho}\frac{\partial V_\rho}{\partial \varphi}\right)} \quad (7.90)$$

Lösung zu Übungsaufgabe 3.6

Ausgangspunkt ist Gleichung (3.86):

$$div\ \vec{V} = \frac{1}{\sqrt{g}}\frac{\partial}{\partial \theta^k}\left(\sqrt{g}\ V^k\right)$$

Wegen Gleichung (7.76) gilt

$$g = det(g_{ik}) = \rho^2,$$

so daß weiter folgt:

$$div\ \vec{V} = \frac{1}{\rho}\left[\frac{\partial}{\partial \theta^1}\left(\rho V^1\right) + \frac{\partial}{\partial \theta^2}\left(\rho V^2\right) + \frac{\partial}{\partial \theta^3}\left(\rho V^3\right)\right]$$

Der Weg zur Bestimmung der V^k ist derselbe wie in Aufgabe 3.4, so daß wir die Ergebnisse (7.84) bis (7.86) übernehmen können:

$$div\ \vec{V} = \frac{1}{\rho}\left[\frac{\partial}{\partial \rho}(\rho V_\rho) + \frac{\partial}{\partial \varphi}(V_\varphi) + \frac{\partial}{\partial z}(\rho V_z)\right]$$

$$div\ \vec{V} = \frac{\partial V_\rho}{\partial \rho} + \frac{1}{\rho}V_\rho + \frac{1}{\rho}\frac{\partial V_\varphi}{\partial \varphi} + \frac{\partial V_z}{\partial z}$$

Dies ist dasselbe Ergebnis wie in Aufgabe 3.4, der Rechenweg ist hier jedoch kürzer, da keine Christoffelsymbole zu berechnen sind.

Lösung zu Übungsaufgabe 3.7

1. Setzt man $\theta^1 = u$, $\theta^2 = v$, $x^1 = x$ und $x^2 = y$, so folgen aus Gleichung (3.17)

$$\vec{g}^k = \frac{\partial \theta^k}{\partial x^i}\vec{e}^i$$

die Beziehungen

$$\vec{g}^1 = \frac{\partial u}{\partial x}\vec{e}_x + \frac{\partial u}{\partial y}\vec{e}_y, \qquad (7.91)$$

$$\vec{g}^2 = \frac{\partial v}{\partial x}\vec{e}_x + \frac{\partial v}{\partial y}\vec{e}_y. \qquad (7.92)$$

Mit $g^{ik} = \vec{g}^i \cdot \vec{g}^k$ erhält man:

$$(g^{ik}) = \begin{pmatrix} \left(\frac{\partial u}{\partial x}\right)^2 + \left(\frac{\partial u}{\partial y}\right)^2 & \frac{\partial u}{\partial x}\frac{\partial v}{\partial x} + \frac{\partial u}{\partial y}\frac{\partial v}{\partial y} \\ \frac{\partial u}{\partial x}\frac{\partial v}{\partial x} + \frac{\partial u}{\partial y}\frac{\partial v}{\partial y} & \left(\frac{\partial v}{\partial x}\right)^2 + \left(\frac{\partial v}{\partial y}\right)^2 \end{pmatrix}$$

Unter Zuhilfenahme der Cauchy-Riemannschen Differentialgleichungen folgt weiter:

$$(g^{ik}) = \begin{pmatrix} \left(\frac{\partial u}{\partial x}\right)^2 + \left(\frac{\partial u}{\partial y}\right)^2 & 0 \\ 0 & \left(\frac{\partial u}{\partial x}\right)^2 + \left(\frac{\partial u}{\partial y}\right)^2 \end{pmatrix}$$

Eine einfache Matrizeninversion liefert:

$$(g_{ik}) = \begin{pmatrix} \left[\left(\frac{\partial u}{\partial x}\right)^2 + \left(\frac{\partial u}{\partial y}\right)^2\right]^{-1} & 0 \\ 0 & \left[\left(\frac{\partial u}{\partial x}\right)^2 + \left(\frac{\partial u}{\partial y}\right)^2\right]^{-1} \end{pmatrix}$$

Die Determinante lautet somit:

$$g = det(g_{ik}) = \left[\left(\frac{\partial u}{\partial x}\right)^2 + \left(\frac{\partial u}{\partial y}\right)^2\right]^{-2}$$

Damit ist gezeigt, daß die in Kapitel 2 eingeführte Definition (2.26) ein Spezialfall der Definition (3.85) ist und sich somit mit dieser verträgt.

2. Aus den Gleichungen (7.91) und (7.92) folgt:

$$|\vec{g}^1| = \sqrt{\left(\frac{\partial u}{\partial x}\right)^2 + \left(\frac{\partial u}{\partial y}\right)^2} = g^{-1/4}$$

$$|\vec{g}^2| = \sqrt{\left(\frac{\partial v}{\partial x}\right)^2 + \left(\frac{\partial v}{\partial y}\right)^2} = g^{-1/4}$$

Im letzten Schritt wurde wieder von den Cauchy-Riemannschen Differentialgleichungen Gebrauch gemacht. Mit den erhaltenen Beträgen lassen sich die Einheitsvektoren leicht angeben:

$$\vec{e}_u = \frac{\vec{g}^1}{|\vec{g}^1|} = g^{1/4}\vec{g}^1$$

$$\vec{e}_v = \frac{\vec{g}^2}{|\vec{g}^2|} = g^{1/4}\vec{g}^2$$

Aus Gleichung (3.14) folgt hiermit:

$$grad\ \Phi = \frac{\partial \Phi}{\partial \theta^i}\ \vec{g}^i = \frac{\partial \Phi}{\partial u}\ \vec{g}^1 + \frac{\partial \Phi}{\partial v}\ \vec{g}^2 = g^{-1/4}\left(\frac{\partial \Phi}{\partial u}\ \vec{e}_u + \frac{\partial \Phi}{\partial v}\ \vec{e}_v\right)$$

Dies entspricht Formel (2.33).

Lösung zu Übungsaufgabe 3.8

Da die in den beiden Abschnitten 2.3.4 und 3.5.1 behandelten Abbildungen sich durch die Vertauschung von x mit u und y mit v voneinander unterscheiden, führt die Anwendung der Definition (2.26)

$$g = \left[\left(\frac{\partial u}{\partial x}\right)^2 + \left(\frac{\partial u}{\partial y}\right)^2\right]^{-2}$$

in Abschnitt 2.3.4 dazu, daß die *Umkehrfunktion* der in Abschnitt 3.5.1 behandelten Abbildung betrachtet wird. Für die Umkehrfunktion ergibt sich für g gemäß Anhang 6.6 der Kehrwert von dem Wert g, den man für die ursprüngliche Funktion errechnet hätte. Damit ist die Aufgabe bereits gelöst; im folgenden soll trotzdem bestätigt werden, daß die Anwendung der zu Gleichung (2.26) „inversen" Definition

$$g = \left[\left(\frac{\partial x}{\partial u}\right)^2 + \left(\frac{\partial x}{\partial v}\right)^2\right]^{-2}$$

dann auf dasselbe Ergebnis wie in Abschnitt 3.5.1 führt.

Aus Gleichung (2.41) folgt

$$\frac{\partial x}{\partial u} = \frac{1}{\sqrt{2}} \frac{\frac{2u}{2\sqrt{u^2+v^2}} + 1}{2\sqrt{\sqrt{u^2+v^2}+u}} = \frac{1}{2\sqrt{2}} \frac{\sqrt{\sqrt{u^2+v^2}+u}}{\sqrt{u^2+v^2}}$$

und

$$\frac{\partial x}{\partial v} = \frac{1}{\sqrt{2}} \frac{\frac{2v}{2\sqrt{u^2+v^2}}}{2\sqrt{\sqrt{u^2+v^2}+u}} = \frac{1}{2\sqrt{2}} \frac{\sqrt{\sqrt{u^2+v^2}-u}}{\sqrt{u^2+v^2}}.$$

Setzt man dies oben ein, so erhält man:

$$g = \left[\frac{1}{8}\frac{\sqrt{u^2+v^2}+u}{u^2+v^2} + \frac{1}{8}\frac{\sqrt{u^2+v^2}-u}{u^2+v^2}\right]^{-2} = \left[\frac{1}{4\sqrt{u^2+v^2}}\right]^{-2} = 16\left(u^2+v^2\right) = 16\left(x^2+y^2\right)^2$$

In diesem Falle führt die Umbenennung von x in u und y in v auf dasselbe Ergebnis für g wie in Abschnitt 3.5.1, da jetzt in beiden Fällen dieselbe Abbildung und nicht die jeweilige Umkehrfunktion betrachtet wurde.

Lösung zu Übungsaufgabe 3.9

Da wir Gleichung (3.87)

$$\Delta\Phi = \frac{1}{\sqrt{g}}\frac{\partial}{\partial\theta^k}\left(\sqrt{g}\, g^{ki}\frac{\partial\Phi}{\partial\theta^i}\right)$$

als Basis zur Berechnung des Laplaceoperators in Zylinderkoordinaten verwenden, genügt es, die Metrikkoeffizienten g^{ik} aus Gleichung (7.77) und die Determinante $g = \rho^2$ der Metrikkoeffizientenmatrix aus Gleichung (7.76) einzusetzen:

$$\Delta\Phi = \frac{1}{\rho}\left[\frac{\partial}{\partial\rho}\left(\rho\frac{\partial\Phi}{\partial\rho}\right) + \frac{\partial}{\partial\varphi}\left(\rho\frac{1}{\rho^2}\frac{\partial\Phi}{\partial\varphi}\right) + \frac{\partial}{\partial z}\left(\rho\frac{\partial\Phi}{\partial z}\right)\right]$$

$$\Rightarrow \boxed{\Delta\Phi = \frac{\partial^2\Phi}{\partial\rho^2} + \frac{1}{\rho}\frac{\partial\Phi}{\partial\rho} + \frac{1}{\rho^2}\frac{\partial^2\Phi}{\partial\varphi^2} + \frac{\partial^2\Phi}{\partial z^2}} \qquad (7.93)$$

Lösung zu Übungsaufgabe 3.10

1. Der erste Teil der Aufgabe läßt sich einfach lösen, indem man die Gleichungen (1.19) bis (1.21) einerseits und die Gleichungen (1.22) bis (1.24) andererseits gleichsetzt:

$$\rho\cos\varphi' = r\cos\varphi\sin\vartheta$$
$$\rho\sin\varphi' = r\sin\varphi\sin\vartheta$$
$$z = r\cos\vartheta$$

Quadriert man die ersten beiden Gleichungen und bildet die Summe der Resultate, so erhält man:

$$\rho^2 = r^2\sin^2\vartheta$$
$$\Rightarrow \rho = r\sin\vartheta \qquad (7.94)$$

Dividiert man sie hingegen durch einander, so erhält man:

$$\tan\varphi' = \tan\varphi$$

Diese Gleichung ist für

$$\varphi' = \varphi$$

erfüllt. Damit lautet die gesuchte Vorschrift:

$$\boxed{\begin{aligned}\rho &= r\sin\vartheta \\ \varphi' &= \varphi \\ z &= r\cos\vartheta\end{aligned}} \qquad \begin{aligned}(7.95)\\(7.96)\\(7.97)\end{aligned}$$

2. Für den zweiten Teil der Aufgabe müssen diese Gleichungen nach den Kugelkoordinaten aufgelöst werden. Diese Umkehrung der Gleichungen findet man leicht, indem man die erste und die dritte Gleichung quadriert und die Ergebnisse addiert:

$$\rho^2 + z^2 = r^2$$

$$\Rightarrow \boxed{r = \sqrt{\rho^2 + z^2}} \qquad (7.98)$$

Dividiert man hingegen Gleichung (7.95) durch Gleichung (7.97), so erhält man:

$$\frac{\rho}{z} = \tan \vartheta$$

$$\Rightarrow \boxed{\vartheta = \arctan\frac{\rho}{z} + \begin{cases} 0 & \text{für } z \geq 0 \text{ und } \rho \geq 0 \\ \pi & \text{für } z < 0 \\ 2\pi & \text{für } z \geq 0 \text{ und } \rho < 0 \end{cases}} \qquad (7.99)$$

Gleichung (7.96) läßt sich trivialerweise direkt umkehren:

$$\varphi = \varphi'$$

Damit ist der zweite Aufgabenteil gelöst.

3. Um den dritten Aufgabenteil zu lösen, zieht man Gleichung (3.93)

$$\vec{\bar{g}}_k = \bar{a}_k^l \vec{g}_l$$

heran. Benötigt werden also die kovarianten Basisvektoren $\vec{g}_l$ des Zylinderkoordinatensystems sowie die Koeffizienten $\bar{a}_k^l$. Es empfiehlt sich, die Indizes l der Vektoren $\vec{g}_l$ und der Koordinaten θ^l in derselben Weise zuzuordnen wie in Aufgabe 3.2, in der die Basisvektoren bereits berechnet wurden. Dann brauchen wir in den Gleichungen (7.61) und (7.65) bis (7.67) lediglich Querstriche sowie bei φ einen Strich hinzuzufügen:

$$\bar{\theta}^1 = \rho, \qquad \bar{\theta}^2 = \varphi', \qquad \bar{\theta}^3 = z$$

$$|\vec{\bar{g}}_\rho| = 1$$
$$|\vec{\bar{g}}_{\varphi'}| = \rho$$
$$|\vec{\bar{g}}_z| = 1$$

Aus den letzten drei Gleichungen folgt unmittelbar:

$$\vec{\bar{g}}_1 = \vec{\bar{g}}_\rho = |\vec{\bar{g}}_\rho|\, \vec{e}_\rho = \vec{e}_\rho \qquad (7.100)$$
$$\vec{\bar{g}}_2 = \vec{\bar{g}}_{\varphi'} = |\vec{\bar{g}}_{\varphi'}|\, \vec{e}_{\varphi'} = \rho\, \vec{e}_{\varphi'} \qquad (7.101)$$
$$\vec{\bar{g}}_3 = \vec{\bar{g}}_z = |\vec{\bar{g}}_z|\, \vec{e}_z = \vec{e}_z \qquad (7.102)$$

Ebenso empfiehlt es sich, für die Basisvektoren $\vec{g}_k$ des Kugelkoordinatensystems und für die Kugelkoordinaten θ^k dieselben Indizes k zu übernehmen wie in Aufgabe 3.1. Dann lassen sich die Gleichungen (3.35)

$$\theta^1 = r, \qquad \theta^2 = \vartheta, \qquad \theta^3 = \varphi$$

sowie die Gleichungen (7.51) bis (7.53) direkt übernehmen, aus denen folgt:

$$\vec{g}_r = \vec{e}_r \qquad (7.103)$$
$$\vec{g}_\vartheta = r\,\vec{e}_\vartheta \qquad (7.104)$$
$$\vec{g}_\varphi = r\,\sin\vartheta\,\vec{e}_\varphi \qquad (7.105)$$

Schließlich greifen wir noch auf den im ersten Aufgabenteil hergeleiteten Zusammenhang zwischen Kugel- und Zylinderkoordinaten zurück (Gleichungen (7.95) bis (7.97)):

$$\rho = r\,\sin\vartheta$$
$$\varphi' = \varphi$$
$$z = r\,\cos\vartheta$$

Mit den oben definierten Koordinaten läßt sich schreiben:

$$\bar{\theta}^1 = \theta^1\,\sin\theta^2$$
$$\bar{\theta}^2 = \theta^3$$
$$\bar{\theta}^3 = \theta^1\,\cos\theta^2$$

Gemäß Gleichung (3.92)

$$\bar{a}_k^l = \frac{\partial \bar{\theta}^l}{\partial \theta^k}$$

lassen sich hieraus die benötigten Koeffizienten $\bar{a}_k^l$ bestimmen:

$$\begin{array}{lll}
\bar{a}_1^1 = \sin\theta^2 = \sin\vartheta & \bar{a}_2^1 = \theta^1\cos\theta^2 = r\cos\vartheta & \bar{a}_3^1 = 0 \\
\bar{a}_1^2 = 0 & \bar{a}_2^2 = 0 & \bar{a}_3^2 = 1 \\
\bar{a}_1^3 = \cos\theta^2 = \cos\vartheta & \bar{a}_2^3 = -\theta^1\sin\theta^2 = -r\sin\vartheta & \bar{a}_3^3 = 0
\end{array} \qquad (7.106)$$

Nun haben wir alles, was wir zur Auswertung von Gleichung (3.93)

$$\vec{g}_k = \bar{a}_k^l \vec{\bar{g}}_l$$

benötigen. Ausführlich geschrieben gilt nämlich:

$$\vec{g}_1 = \bar{a}_1^1\,\vec{\bar{g}}_1 + \bar{a}_1^2\,\vec{\bar{g}}_2 + \bar{a}_1^3\,\vec{\bar{g}}_3$$
$$\vec{g}_2 = \bar{a}_2^1\,\vec{\bar{g}}_1 + \bar{a}_2^2\,\vec{\bar{g}}_2 + \bar{a}_2^3\,\vec{\bar{g}}_3$$
$$\vec{g}_3 = \bar{a}_3^1\,\vec{\bar{g}}_1 + \bar{a}_3^2\,\vec{\bar{g}}_2 + \bar{a}_3^3\,\vec{\bar{g}}_3$$

Setzt man hier die Ergebnisse (7.106) ein, so folgt:
$$\begin{aligned}\vec{g}_1 &= sin\,\vartheta\,\vec{\bar{g}}_1 + cos\,\vartheta\,\vec{\bar{g}}_3 \\ \vec{g}_2 &= r\,cos\,\vartheta\,\vec{\bar{g}}_1 - r\,sin\,\vartheta\,\vec{\bar{g}}_3 \\ \vec{g}_3 &= \vec{\bar{g}}_2\end{aligned}$$

Dies ist die Lösung des dritten Aufgabenteils.

4. Um den vierten Aufgabenteil zu lösen, muß man nur noch die Gleichungen (7.100) bis (7.102) und (7.103) bis (7.105) einsetzen:
$$\begin{aligned}\vec{e}_r &= sin\,\vartheta\,\vec{e}_\rho + cos\,\vartheta\,\vec{e}_z \\ r\,\vec{e}_\vartheta &= r\,cos\,\vartheta\,\vec{e}_\rho - r\,sin\,\vartheta\,\vec{e}_z \\ r\,sin\,\vartheta\,\vec{e}_\varphi &= \rho\,\vec{e}_{\varphi'}\end{aligned}$$

Mit Gleichung (7.94) folgt hieraus schließlich:
$$\begin{aligned}\vec{e}_r &= sin\,\vartheta\,\vec{e}_\rho + cos\,\vartheta\,\vec{e}_z \\ \vec{e}_\vartheta &= cos\,\vartheta\,\vec{e}_\rho - sin\,\vartheta\,\vec{e}_z \\ \vec{e}_\varphi &= \vec{e}_{\varphi'}\end{aligned}$$

Wir sehen, daß eine Unterscheidung zwischen dem Zylinderkoordinaten-Winkel φ' und dem Winkel φ in Kugelkoordinaten nicht nötig ist. Wir können also auch schreiben:

$$\vec{e}_r = sin\,\vartheta\,\vec{e}_\rho + cos\,\vartheta\,\vec{e}_z \qquad (7.107)$$
$$\vec{e}_\vartheta = cos\,\vartheta\,\vec{e}_\rho - sin\,\vartheta\,\vec{e}_z \qquad (7.108)$$
$$\vec{e}_\varphi = \vec{e}_\varphi \qquad (7.109)$$

5. Um den letzten Aufgabenteil zu lösen, müssen wir diese drei Gleichungen nach $\vec{e}_\rho$, $\vec{e}_\varphi$ und $\vec{e}_z$ auflösen. Um $\vec{e}_z$ zu eliminieren, multiplizieren wir die erste Gleichung mit $sin\,\vartheta$, die zweite mit $cos\,\vartheta$. Die Summe der resultierenden Gleichungen lautet dann:
$$sin\,\vartheta\,\vec{e}_r + cos\,\vartheta\,\vec{e}_\vartheta = \left(sin^2\vartheta + cos^2\vartheta\right)\vec{e}_\rho$$
$$\Rightarrow \boxed{\vec{e}_\rho = sin\,\vartheta\,\vec{e}_r + cos\,\vartheta\,\vec{e}_\vartheta} \qquad (7.110)$$

Um hingegen $\vec{e}_\rho$ zu eliminieren, multiplizieren wir Gleichung (7.107) mit $cos\,\vartheta$ und (7.108) mit $sin\,\vartheta$. Die Differenz der Ergebnisse lautet dann:
$$cos\,\vartheta\,\vec{e}_r - sin\,\vartheta\,\vec{e}_\vartheta = \left(cos^2\vartheta + sin^2\vartheta\right)\vec{e}_z$$
$$\Rightarrow \boxed{\vec{e}_z = cos\,\vartheta\,\vec{e}_r - sin\,\vartheta\,\vec{e}_\vartheta} \qquad (7.111)$$

Gleichung (7.109) läßt sich schließlich in trivialer Weise umkehren:
$$\vec{e}_\varphi = \vec{e}_\varphi$$

Lösung zu Übungsaufgabe 3.11

Setzt man die Gleichungen (3.134) und (3.107) in die Beziehung $V_i|_k = g_{il}V^l|_k$ ein, so folgt:

$$\begin{aligned}
V_i|_k &= \bar{a}_i^m \bar{a}_l^n \bar{g}_{mn} \underline{a}_p^l \bar{a}_k^q \bar{V}^p|_q \\
&= \bar{a}_i^m \delta_p^n \bar{g}_{mn} \bar{a}_k^q \bar{V}^p|_q \\
&= \bar{a}_i^m \bar{g}_{mp} \bar{a}_k^q \bar{V}^p|_q \\
&= \bar{a}_i^m \bar{a}_k^q \bar{V}_m|_q
\end{aligned}$$

Dies bestätigt die Gültigkeit von Gleichung (3.136).

Multipliziert man die soeben erhaltene Gleichung mit $\underline{a}_l^i \underline{a}_n^k$, so folgt:

$$\underline{a}_l^i \underline{a}_n^k V_i|_k = \delta_l^m \delta_n^q \bar{V}_m|_q \quad \Rightarrow \quad \bar{V}_l|_n = \underline{a}_l^i \underline{a}_n^k V_i|_k$$

Damit ist auch Gleichung (3.137) hergeleitet.

Setzt man die Gleichungen (3.134) und (3.108) in die Beziehung $V^i|^k = g^{kl}V^i|_l$ ein, so folgt:

$$\begin{aligned}
V^i|^k &= \underline{a}_m^k \underline{a}_n^l \bar{g}^{mn} \underline{a}_p^i \bar{a}_l^q \bar{V}^p|_q \\
&= \underline{a}_m^k \delta_n^q \bar{g}^{mn} \underline{a}_p^i \bar{V}^p|_q \\
&= \underline{a}_m^k \bar{g}^{mq} \underline{a}_p^i \bar{V}^p|_q \\
&= \underline{a}_m^k \underline{a}_p^i \bar{V}^p|^m
\end{aligned}$$

Dies bestätigt die Gültigkeit von Gleichung (3.138).

Multipliziert man die soeben erhaltene Gleichung mit $\bar{a}_i^l \bar{a}_k^n$, so folgt:

$$\bar{a}_i^l \bar{a}_k^n V^i|^k = \delta_p^l \delta_m^n \bar{V}^p|^m \quad \Rightarrow \quad \bar{V}^l|^n = \bar{a}_i^l \bar{a}_k^n V^i|^k$$

Damit ist auch Gleichung (3.139) hergeleitet.

Setzt man die Gleichung (3.107) und die soeben verifizierte Gleichung (3.138) in die Beziehung $V_i|^k = g_{il}V^l|^k$ ein, so folgt:

$$\begin{aligned}
V_i|^k &= \bar{a}_i^m \bar{a}_l^n \bar{g}_{mn} \underline{a}_p^l \underline{a}_q^k \bar{V}^p|^q \\
&= \bar{a}_i^m \delta_p^n \bar{g}_{mn} \underline{a}_q^k \bar{V}^p|^q \\
&= \bar{a}_i^m \bar{g}_{mp} \underline{a}_q^k \bar{V}^p|^q \\
&= \bar{a}_i^m \underline{a}_q^k \bar{V}_m|^q
\end{aligned}$$

Dies bestätigt die Gültigkeit von Gleichung (3.140).

Multipliziert man die soeben erhaltene Gleichung mit $\underline{a}_l^i \bar{a}_k^n$, so folgt:

$$\underline{a}_l^i \bar{a}_k^n V_i|^k = \delta_l^m \delta_q^n \bar{V}_m|^q \quad \Rightarrow \quad \bar{V}_l|^n = \underline{a}_l^i \bar{a}_k^n V_i|^k$$

Damit ist auch Gleichung (3.141) hergeleitet.

Lösung zu Übungsaufgabe 3.12

1. Setzt man die Gleichungen (3.103) und (3.130) in den Ausdruck (3.60) ein, um alle Größen ohne Querstrich zu eliminieren, so folgt:

$$\begin{aligned} div\,\vec{V} &= \frac{\partial(\underline{a}_i^k \bar{V}^i)}{\partial \theta^k} + (\underline{a}_i^k \bar{V}^i)\left(\underline{a}_m^l \frac{\partial \bar{a}_k^m}{\partial \theta^l} + \underline{a}_m^l \bar{a}_k^n \bar{a}_l^p \bar{\Gamma}_{np}^m\right) \\ &= \left(\frac{\partial \underline{a}_i^k}{\partial \bar{\theta}^p} \bar{V}^i + \frac{\partial \bar{V}^i}{\partial \bar{\theta}^p} \underline{a}_i^k\right) \frac{\partial \bar{\theta}^p}{\partial \theta^k} + \underline{a}_i^k \bar{V}^i \underline{a}_m^l \frac{\partial \bar{a}_k^m}{\partial \bar{\theta}^p} \frac{\partial \bar{\theta}^p}{\partial \theta^l} + \delta_i^n \bar{V}^i \delta_m^p \bar{\Gamma}_{np}^m \\ &= \frac{\partial \underline{a}_i^k}{\partial \bar{\theta}^p} \bar{V}^i \bar{a}_k^p + \frac{\partial \bar{V}^i}{\partial \bar{\theta}^p} \underline{a}_i^k \bar{a}_k^p + \underline{a}_i^k \bar{V}^i \underline{a}_m^l \frac{\partial \bar{a}_k^m}{\partial \bar{\theta}^p} \bar{a}_l^p + \bar{V}^i \bar{\Gamma}_{im}^m \\ &= \frac{\partial \bar{V}^i}{\partial \bar{\theta}^i} + \bar{V}^i \bar{\Gamma}_{im}^m + \bar{V}^i \left(\frac{\partial \underline{a}_i^k}{\partial \bar{\theta}^p} \bar{a}_k^p + \underline{a}_i^k \frac{\partial \bar{a}_k^p}{\partial \bar{\theta}^p}\right) \end{aligned}$$

Den Klammerausdruck kann man gemäß der Kettenregel auch als

$$\frac{\partial \left(\underline{a}_i^k \bar{a}_k^p\right)}{\partial \bar{\theta}^p}$$

schreiben. Wegen

$$\underline{a}_i^k \bar{a}_k^p = \delta_i^p$$

ist diese Ableitung gleich null, und man erhält:

$$div\,\vec{V} = \frac{\partial \bar{V}^i}{\partial \bar{\theta}^i} + \bar{V}^i \bar{\Gamma}_{im}^m$$

Damit ist gezeigt, daß der Ausdruck (3.60) invariant ist.

2. Gemäß Gleichung (3.134) gilt

$$V^i|_k = \underline{a}_l^i \bar{a}_k^m \bar{V}^l|_m.$$

Setzt man hier $k = i$, so folgt:

$$V^i|_i = \underline{a}_l^i \bar{a}_i^m \bar{V}^l|_m = \delta_l^m \bar{V}^l|_m = \bar{V}^l|_l$$

Wir sehen also, daß der Ausdruck für die Divergenz invariant ist, da $V^i|_i = \bar{V}^i|_i$ gilt. Da wir im zweiten Aufgabenteil die schon bekannten Transformationsregeln für die kovariante Ableitung anwenden konnten, war der Rechenweg hier deutlich einfacher als im ersten Aufgabenteil, wo die komplizierte Transformationsvorschrift für das Christoffelsymbol benutzt werden mußte.

Lösung zu Übungsaufgabe 3.13

Zunächst verwenden wir die Abkürzung

$$\vec{D} = \vec{B} \times \vec{C}, \qquad (7.112)$$

so daß

$$\vec{A} \times (\vec{B} \times \vec{C}) = \vec{A} \times \vec{D} \qquad (7.113)$$

gilt. Gleichung (7.112) läßt sich gemäß Gleichung (3.166) folgendermaßen darstellen:

$$\vec{D} = e^{mik} B_i C_k \vec{g}_m$$

Für Gleichung (7.113) erhält man hingegen wegen Gleichung (3.167):

$$\vec{A} \times (\vec{B} \times \vec{C}) = e_{lnp} A^n D^p \vec{g}^l$$

Ersetzt man nun in der vorletzten Gleichung m durch p, so lassen sich die kontravarianten Komponenten D^p direkt ablesen und in die letzte Gleichung einsetzen:

$$\vec{A} \times (\vec{B} \times \vec{C}) = e_{lnp} A^n e^{pik} B_i C_k \vec{g}^l$$

Die Anwendung der Gleichung (6.60) liefert nun:

$$\begin{aligned}\vec{A} \times (\vec{B} \times \vec{C}) &= (\delta^i_l \delta^k_n - \delta^i_n \delta^k_l) A^n B_i C_k \vec{g}^l = \\ &= A^k B_l C_k \vec{g}^l - A^i B_i C_l \vec{g}^l = \\ &= (A^k C_k) B_l \vec{g}^l - (A^i B_i) C_l \vec{g}^l\end{aligned}$$

Gemäß Abschnitt 3.19.1 handelt es sich bei den Klammerausdrücken um Skalarprodukte, und es folgt

$$\vec{A} \times (\vec{B} \times \vec{C}) = \vec{B}(\vec{A} \cdot \vec{C}) - \vec{C}(\vec{A} \cdot \vec{B}).$$

Lösung zu Übungsaufgabe 3.14

Zur Lösung dieser Aufgabe gehen wir von den Komponenten

$$W^{\alpha_1 \alpha_2 \ldots \alpha_n}$$

und

$$X^{\alpha_1 \alpha_2 \ldots \alpha_n}$$

aus. Wenn es sich bei W um einen Tensor n-ter Stufe handelt, müssen folgende Gleichungen gelten:

$$W^{\alpha_1 \alpha_2 \ldots \alpha_{p-1}}{}_i{}^{\alpha_{p+1} \ldots \alpha_n} = g_{ik} W^{\alpha_1 \alpha_2 \ldots \alpha_{p-1} k \alpha_{p+1} \ldots \alpha_n} \tag{7.114}$$

$$\bar{W}^{\alpha_1 \alpha_2 \ldots \alpha_n} = \bar{a}^{\alpha_1}_{\beta_1} \cdot \bar{a}^{\alpha_2}_{\beta_2} \cdots \bar{a}^{\alpha_n}_{\beta_n} W^{\beta_1 \beta_2 \ldots \beta_n} \tag{7.115}$$

Ebensolche Gleichungen gelten, wenn X ein Tensor ist:

$$X^{\alpha_1 \alpha_2 \ldots \alpha_{p-1}}{}_i{}^{\alpha_{p+1} \ldots \alpha_n} = g_{ik} X^{\alpha_1 \alpha_2 \ldots \alpha_{p-1} k \alpha_{p+1} \ldots \alpha_n} \tag{7.116}$$

$$\bar{X}^{\alpha_1 \alpha_2 \ldots \alpha_n} = \bar{a}^{\alpha_1}_{\beta_1} \cdot \bar{a}^{\alpha_2}_{\beta_2} \cdots \bar{a}^{\alpha_n}_{\beta_n} X^{\beta_1 \beta_2 \ldots \beta_n} \tag{7.117}$$

Die Summe $T = W + X$ beider Tensoren W und X erhält man gemäß Regel 3.25, indem man ihre Komponenten addiert:

$$T^{\alpha_1 \alpha_2 \ldots \alpha_n} = W^{\alpha_1 \alpha_2 \ldots \alpha_n} + X^{\alpha_1 \alpha_2 \ldots \alpha_n} \tag{7.118}$$

Nach Regel 3.25 ist es unerheblich, welches Koordinatensystem man betrachtet, so daß man für ein durch einen Querstrich gekennzeichnetes Koordinatensystem erhält:

$$\bar{T}^{\alpha_1 \alpha_2 \ldots \alpha_n} = \bar{W}^{\alpha_1 \alpha_2 \ldots \alpha_n} + \bar{X}^{\alpha_1 \alpha_2 \ldots \alpha_n} \tag{7.119}$$

Ebenso ist es laut Regel 3.25 gleichgültig, welche Position die Indizes haben. Man kann also beispielsweise auch schreiben:

$$T^{\alpha_1 \alpha_2 \ldots \alpha_{p-1}}{}_i{}^{\alpha_{p+1} \ldots \alpha_n} = W^{\alpha_1 \alpha_2 \ldots \alpha_{p-1}}{}_i{}^{\alpha_{p+1} \ldots \alpha_n} + X^{\alpha_1 \alpha_2 \ldots \alpha_{p-1}}{}_i{}^{\alpha_{p+1} \ldots \alpha_n} \tag{7.120}$$

Um zu zeigen, daß T ein Tensor n-ter Stufe ist, wenden wir Regel 3.15 von Seite 254 an. Wir müssen also zunächst zeigen, daß sich jeder Index mit Hilfe der Metrikkoeffizienten g_{ik} senken läßt. Hierzu addieren wir die Gleichungen (7.114) und (7.116):

$$W^{\alpha_1 \alpha_2 \ldots \alpha_{p-1}}{}_i{}^{\alpha_{p+1} \ldots \alpha_n} + X^{\alpha_1 \alpha_2 \ldots \alpha_{p-1}}{}_i{}^{\alpha_{p+1} \ldots \alpha_n}$$
$$= g_{ik} W^{\alpha_1 \alpha_2 \ldots \alpha_{p-1} k \alpha_{p+1} \ldots \alpha_n} + g_{ik} X^{\alpha_1 \alpha_2 \ldots \alpha_{p-1} k \alpha_{p+1} \ldots \alpha_n}$$
$$= g_{ik} \left(W^{\alpha_1 \alpha_2 \ldots \alpha_{p-1} k \alpha_{p+1} \ldots \alpha_n} + X^{\alpha_1 \alpha_2 \ldots \alpha_{p-1} k \alpha_{p+1} \ldots \alpha_n} \right)$$

Hieraus liest man durch Vergleich mit den Gleichungen (7.118) und (7.120) sofort ab:

$$T^{\alpha_1 \alpha_2 \ldots \alpha_{p-1}}{}_i{}^{\alpha_{p+1} \ldots \alpha_n} = g_{ik} T^{\alpha_1 \alpha_2 \ldots \alpha_{p-1} k \alpha_{p+1} \ldots \alpha_n}$$

Damit ist gezeigt, daß sich alle Indizes mit g_{ik} senken lassen. Nun muß bewiesen werden, daß auch das Transformationsverhalten dem eines Tensors entspricht. Hierzu addiert man die Gleichungen (7.115) und (7.117):

$$\bar{W}^{\alpha_1\,\alpha_2...\alpha_n} + \bar{X}^{\alpha_1\,\alpha_2...\alpha_n} = \bar{a}^{\alpha_1}_{\beta_1}\cdot\bar{a}^{\alpha_2}_{\beta_2}\cdots\bar{a}^{\alpha_n}_{\beta_n}\,W^{\beta_1\,\beta_2...\beta_n} + \bar{a}^{\alpha_1}_{\beta_1}\cdot\bar{a}^{\alpha_2}_{\beta_2}\cdots\bar{a}^{\alpha_n}_{\beta_n}\,X^{\beta_1\,\beta_2...\beta_n}$$
$$= \bar{a}^{\alpha_1}_{\beta_1}\cdot\bar{a}^{\alpha_2}_{\beta_2}\cdots\bar{a}^{\alpha_n}_{\beta_n}\left(W^{\beta_1\,\beta_2...\beta_n} + X^{\beta_1\,\beta_2...\beta_n}\right)$$

Hieraus läßt sich durch Vergleich mit den Gleichungen (7.118) und (7.119) ablesen:

$$\bar{T}^{\alpha_1\,\alpha_2...\alpha_n} = \bar{a}^{\alpha_1}_{\beta_1}\cdot\bar{a}^{\alpha_2}_{\beta_2}\cdots\bar{a}^{\alpha_n}_{\beta_n}\,T^{\beta_1\,\beta_2...\beta_n}$$

Die Komponenten von T zeigen also auch das für Tensoren typische Transformationsverhalten. Bei T handelt es sich somit um einen Tensor n-ter Stufe.

Lösung zu Übungsaufgabe 3.15

Die Lösung dieser Aufgabe erfolgt völlig analog zu der von Aufgabe 3.14. Wir betrachten jetzt allerdings das tensorielle Produkt

$$T = W\,X$$

Betrachtet man nun wieder die kontravarianten Komponenten, so erhält man:

$$T = \left(W^{\alpha_1\,\alpha_2...\alpha_n}\,\vec{g}_{\alpha_1}\vec{g}_{\alpha_2}\cdots\vec{g}_{\alpha_n}\right)\left(X^{\alpha_{n+1}\,\alpha_{n+2}...\alpha_{n+m}}\,\vec{g}_{\alpha_{n+1}}\vec{g}_{\alpha_{n+2}}\cdots\vec{g}_{\alpha_{n+m}}\right) =$$
$$= W^{\alpha_1\,\alpha_2...\alpha_n}\,X^{\alpha_{n+1}\,\alpha_{n+2}...\alpha_{n+m}}\,\vec{g}_{\alpha_1}\vec{g}_{\alpha_2}\cdots\vec{g}_{\alpha_{n+m}}$$

$$\Rightarrow T^{\alpha_1\,\alpha_2...\alpha_{n+m}} = W^{\alpha_1\,\alpha_2...\alpha_n}\,X^{\alpha_{n+1}\,\alpha_{n+2}...\alpha_{n+m}} \qquad (7.121)$$

Anstatt nur kontravariante Komponenten zu betrachten, hätte man natürlich auch einen oder mehrere kovariante Indizes annehmen können. Man hätte dann beispielsweise

$$T^{\alpha_1\,\alpha_2...\alpha_{p-1}}{}_i{}^{\alpha_{p+1}...\alpha_{n+m}} = W^{\alpha_1\,\alpha_2...\alpha_{p-1}}{}_i{}^{\alpha_{p+1}...\alpha_n}\,X^{\alpha_{n+1}\,\alpha_{n+2}...\alpha_{n+m}} \qquad (7.122)$$

mit $1 \leq p \leq n$ oder

$$T^{\alpha_1\,\alpha_2...\alpha_{p-1}}{}_i{}^{\alpha_{p+1}...\alpha_{n+m}} = W^{\alpha_1\,\alpha_2...\alpha_n}\,X^{\alpha_{n+1}\,\alpha_{n+2}...\alpha_{p-1}}{}_i{}^{\alpha_{p+1}...\alpha_{n+m}} \qquad (7.123)$$

mit $n < p \leq n+m$ erhalten. Ebenso hätte man auch ein anderes Koordinatensystem wählen können, so daß anstelle von Gleichung (7.121) die Beziehung

$$\bar{T}^{\alpha_1\,\alpha_2...\alpha_{n+m}} = \bar{W}^{\alpha_1\,\alpha_2...\alpha_n}\,\bar{X}^{\alpha_{n+1}\,\alpha_{n+2}...\alpha_{n+m}} \qquad (7.124)$$

gilt. Wir müssen nun zunächst zeigen, daß sich in Gleichung (7.121) jeder obere Index mit Hilfe der Metrikkoeffizienten g_{ik} senken läßt. Da W ein Tensor ist, gilt:

$$W^{\alpha_1\,\alpha_2...\alpha_{p-1}}{}_i{}^{\alpha_{p+1}...\alpha_n} = g_{ik}\,W^{\alpha_1\,\alpha_2...\alpha_{p-1}\,k\,\alpha_{p+1}...\alpha_n}$$

Dies setzt man in Gleichung (7.122) ein, so daß man erhält:

$$T^{\alpha_1 \alpha_2 \dots \alpha_{p-1}}{}_i{}^{\alpha_{p+1} \dots \alpha_{n+m}} = g_{ik} \, W^{\alpha_1 \alpha_2 \dots \alpha_{p-1} \, k \, \alpha_{p+1} \dots \alpha_n} \, X^{\alpha_{n+1} \, \alpha_{n+2} \dots \alpha_{n+m}}$$

Durch Vergleich mit Gleichung (7.121) folgt hieraus:

$$T^{\alpha_1 \alpha_2 \dots \alpha_{p-1}}{}_i{}^{\alpha_{p+1} \dots \alpha_{n+m}} = g_{ik} \, T^{\alpha_1 \alpha_2 \dots \alpha_{p-1} \, k \, \alpha_{p+1} \dots \alpha_{n+m}}$$

Wir sehen also, daß sich der p-te Index für $1 \leq p \leq n$ so senken läßt, wie es für Tensoren typisch ist. Wir müssen jetzt zeigen, daß dies auch für $n < p \leq n+m$ gilt. Da X ein Tensor ist, gilt:

$$X^{\alpha_{n+1} \, \alpha_{n+2} \dots \alpha_{p-1}}{}_i{}^{\alpha_{p+1} \dots \alpha_{n+m}} = g_{ik} \, X^{\alpha_{n+1} \, \alpha_{n+2} \dots \alpha_{p-1} \, k \, \alpha_{p+1} \dots \alpha_{n+m}}$$

Setzt man dies in Gleichung (7.123) ein, so folgt:

$$T^{\alpha_1 \alpha_2 \dots \alpha_{p-1}}{}_i{}^{\alpha_{p+1} \dots \alpha_{n+m}} = W^{\alpha_1 \alpha_2 \dots \alpha_n} \, g_{ik} \, X^{\alpha_{n+1} \, \alpha_{n+2} \dots \alpha_{p-1} \, k \, \alpha_{p+1} \dots \alpha_{n+m}}$$

Wir vergleichen wieder mit Gleichung (7.121) und erhalten:

$$T^{\alpha_1 \alpha_2 \dots \alpha_{p-1}}{}_i{}^{\alpha_{p+1} \dots \alpha_{n+m}} = g_{ik} \, T^{\alpha_1 \alpha_2 \dots \alpha_{p-1} \, k \, \alpha_{p+1} \dots \alpha_{n+m}}$$

Wir sehen also, daß sich auch für $n < p \leq n+m$ der p-te Index so senken läßt, wie es für Tensoren typisch ist. Damit ist gezeigt, daß sich alle Indizes mit Hilfe der Metrikkoeffizienten g_{ik} senken lassen. Gemäß Regel 3.15 ist damit der erste Teil unseres Beweises, daß T ein Tensor ist, abgeschlossen. Jetzt ist noch zu zeigen, daß T das für Tensoren typische Transformationsverhalten zeigt. Dies ist einfach zu zeigen. Da W und X Tensoren sind, gelten folgende Transformationsvorschriften:

$$\bar{W}^{\alpha_1 \alpha_2 \dots \alpha_n} = \bar{a}^{\alpha_1}_{\beta_1} \cdot \bar{a}^{\alpha_2}_{\beta_2} \cdots \bar{a}^{\alpha_n}_{\beta_n} \, W^{\beta_1 \beta_2 \dots \beta_n}$$

$$\bar{X}^{\alpha_{n+1} \, \alpha_{n+2} \dots \alpha_{n+m}} = \bar{a}^{\alpha_{n+1}}_{\beta_{n+1}} \cdot \bar{a}^{\alpha_{n+2}}_{\beta_{n+2}} \cdots \bar{a}^{\alpha_{n+m}}_{\beta_{n+m}} \, X^{\beta_{n+1} \, \beta_{n+2} \dots \beta_{n+m}}$$

Diese beiden Gleichungen lassen sich in Gleichung (7.124) einsetzen, so daß folgende Gleichung entsteht:

$$\bar{T}^{\alpha_1 \alpha_2 \dots \alpha_{n+m}} = \bar{a}^{\alpha_1}_{\beta_1} \cdot \bar{a}^{\alpha_2}_{\beta_2} \cdots \bar{a}^{\alpha_n}_{\beta_n} \, W^{\beta_1 \beta_2 \dots \beta_n} \, \bar{a}^{\alpha_{n+1}}_{\beta_{n+1}} \cdot \bar{a}^{\alpha_{n+2}}_{\beta_{n+2}} \cdots \bar{a}^{\alpha_{n+m}}_{\beta_{n+m}} \, X^{\beta_{n+1} \, \beta_{n+2} \dots \beta_{n+m}}$$

Ein Vergleich mit Gleichung (7.121) liefert:

$$\bar{T}^{\alpha_1 \alpha_2 \dots \alpha_{n+m}} = \bar{a}^{\alpha_1}_{\beta_1} \cdot \bar{a}^{\alpha_2}_{\beta_2} \cdots \bar{a}^{\alpha_{n+m}}_{\beta_{n+m}} \, T^{\beta_1 \beta_2 \dots \beta_{n+m}}$$

Damit ist gezeigt, daß die kontravarianten Komponenten von T die Transformationsgesetze für Tensoren erfüllen. Gemäß Regel 3.15 ist damit unser Beweis abgeschlossen; T ist ein Tensor. Das tensorielle Produkt zweier Tensoren liefert also immer einen Tensor.

Lösung zu Übungsaufgabe 3.16

Wie schon in den Aufgaben 3.14 und 3.15 gehen wir wieder von den kontravarianten Komponenten zweier Tensoren W und X aus. Bei W handle es sich um einen Tensor n-ter Stufe, bei X um einen Tensor m-ter Stufe. Das verjüngende Produkt lautet dann:

$$T = \left(W^{\alpha_1 \alpha_2 \ldots \alpha_{n-1} q}\, \vec{g}_{\alpha_1}\vec{g}_{\alpha_2}\ldots\vec{g}_{\alpha_{n-1}}\vec{g}_q\right) \cdot \left(X^{r\, \alpha_n\, \alpha_{n+1}\ldots\alpha_{n+m-2}}\, \vec{g}_r\vec{g}_{\alpha_n}\vec{g}_{\alpha_{n+1}}\ldots\vec{g}_{\alpha_{n+m-2}}\right)$$

Gemäß Regel 3.26 ist nun das Skalarprodukt der beiden Basisvektoren zu bilden, die am nächsten am Multiplikationspunkt stehen:

$$T = g_{qr}\, W^{\alpha_1 \alpha_2 \ldots \alpha_{n-1} q}\, X^{r\, \alpha_n\, \alpha_{n+1}\ldots\alpha_{n+m-2}}\, \vec{g}_{\alpha_1}\vec{g}_{\alpha_2}\ldots\vec{g}_{\alpha_{n-1}}\vec{g}_{\alpha_n}\vec{g}_{\alpha_{n+1}}\ldots\vec{g}_{\alpha_{n+m-2}}$$

In Komponentenschreibweise gilt also:

$$T^{\alpha_1 \alpha_2 \ldots \alpha_{n+m-2}} = g_{qr}\, W^{\alpha_1 \alpha_2 \ldots \alpha_{n-1} q}\, X^{r\, \alpha_n\, \alpha_{n+1}\ldots\alpha_{n+m-2}} \tag{7.125}$$

Hätte man einen Index von W als kovarianten Index angenommen, so hätte man analog erhalten:

$$T^{\alpha_1 \alpha_2 \ldots \alpha_{p-1}}{}_i{}^{\alpha_{p+1}\ldots\alpha_{n+m-2}} = g_{qr}\, W^{\alpha_1 \alpha_2 \ldots \alpha_{p-1}}{}_i{}^{\alpha_{p+1}\ldots\alpha_{n-1} q}\, X^{r\, \alpha_n\, \alpha_{n+1}\ldots\alpha_{n+m-2}} \tag{7.126}$$

Hierbei gilt $1 \leq p < n$. Ebenso hätte man einen Index von X als kovarianten Index annehmen können:

$$T^{\alpha_1 \alpha_2 \ldots \alpha_{p-1}}{}_i{}^{\alpha_{p+1}\ldots\alpha_{n+m-2}} = g_{qr}\, W^{\alpha_1 \alpha_2 \ldots \alpha_{n-1} q}\, X^{r\, \alpha_n\, \alpha_{n+1}\ldots\alpha_{p-1}}{}_i{}^{\alpha_{p+1}\ldots\alpha_{n+m-2}} \tag{7.127}$$

Hierbei gilt $n \leq p \leq n+m-2$. Ebenso wäre die Betrachtung eines anderen Koordinatensystems möglich gewesen:

$$\bar{T}^{\alpha_1 \alpha_2 \ldots \alpha_{n+m-2}} = \bar{g}_{qr}\, \bar{W}^{\alpha_1 \alpha_2 \ldots \alpha_{n-1} q}\, \bar{X}^{r\, \alpha_n\, \alpha_{n+1}\ldots\alpha_{n+m-2}} \tag{7.128}$$

Als erstes zeigen wir, daß man alle Indizes von T mit Hilfe der Metrikkoeffizienten g_{ik} senken kann. Da W ein Tensor ist, gilt:

$$W^{\alpha_1 \alpha_2 \ldots \alpha_{p-1}}{}_i{}^{\alpha_{p+1}\ldots\alpha_{n-1} q} = g_{ik}\, W^{\alpha_1 \alpha_2 \ldots \alpha_{p-1}\, k\, \alpha_{p+1}\ldots\alpha_{n-1} q}$$

Dies kann man in Gleichung (7.126) einsetzen, so daß man erhält:

$$T^{\alpha_1 \alpha_2 \ldots \alpha_{p-1}}{}_i{}^{\alpha_{p+1}\ldots\alpha_{n+m-2}} = g_{qr}\, g_{ik}\, W^{\alpha_1 \alpha_2 \ldots \alpha_{p-1}\, k\, \alpha_{p+1}\ldots\alpha_{n-1} q}\, X^{r\, \alpha_n\, \alpha_{n+1}\ldots\alpha_{n+m-2}}$$

Durch Vergleich mit Gleichung (7.125) folgt daraus:

$$T^{\alpha_1 \alpha_2 \ldots \alpha_{p-1}}{}_i{}^{\alpha_{p+1}\ldots\alpha_{n+m-2}} = g_{ik}\, T^{\alpha_1 \alpha_2 \ldots \alpha_{p-1}\, k\, \alpha_{p+1}\ldots\alpha_{n+m-2}}$$

Wir sehen also, daß sich die ersten $n-1$ Indizes (wegen $1 \leq p < n$) von T mit Hilfe von g_{ik} senken lassen.

Nun ist zu zeigen, daß dies auch für die übrigen Indizes gilt. Da X ein Tensor ist, gilt:

$$X^{r\,\alpha_n\,\alpha_{n+1}\ldots\alpha_{p-1}}{}_i{}^{\alpha_{p+1}\ldots\alpha_{n+m-2}} = g_{ik}\, X^{r\,\alpha_n\,\alpha_{n+1}\ldots\alpha_{p-1}\,k\,\alpha_{p+1}\ldots\alpha_{n+m-2}}$$

Dies setzen wir in Gleichung (7.127) ein:

$$T^{\alpha_1\,\alpha_2\ldots\alpha_{p-1}}{}_i{}^{\alpha_{p+1}\ldots\alpha_{n+m-2}} = g_{qr}\, W^{\alpha_1\,\alpha_2\ldots\alpha_{n-1}\,q}\, g_{ik}\, X^{r\,\alpha_n\,\alpha_{n+1}\ldots\alpha_{p-1}\,k\,\alpha_{p+1}\ldots\alpha_{n+m-2}}$$

Durch Vergleich mit Gleichung (7.125) folgt daraus:

$$T^{\alpha_1\,\alpha_2\ldots\alpha_{p-1}}{}_i{}^{\alpha_{p+1}\ldots\alpha_{n+m-2}} = g_{ik}\, T^{\alpha_1\,\alpha_2\ldots\alpha_{p-1}\,k\,\alpha_{p+1}\ldots\alpha_{n+m-2}}$$

Wir sehen also, daß sich alle Indizes von T mit Hilfe der Metrikkoeffizienten senken lassen. Gemäß Regel 3.15 ist nun noch zu zeigen, daß die Komponenten von T die für Tensoren typischen Transformationsvorschriften erfüllen. Aufgrund der Tensoreigenschaft von W und X gilt:

$$\bar{W}^{\alpha_1\,\alpha_2\ldots\alpha_{n-1}\,q} = \bar{a}^{\alpha_1}_{\beta_1}\cdot\bar{a}^{\alpha_2}_{\beta_2}\cdots\bar{a}^{\alpha_{n-1}}_{\beta_{n-1}}\cdot\bar{a}^q_s\, W^{\beta_1\,\beta_2\ldots\beta_{n-1}\,s}$$

$$\bar{X}^{r\,\alpha_n\,\alpha_{n+1}\ldots\alpha_{n+m-2}} = \bar{a}^r_t\cdot\bar{a}^{\alpha_n}_{\beta_n}\cdot\bar{a}^{\alpha_{n+1}}_{\beta_{n+1}}\cdots\bar{a}^{\alpha_{n+m-2}}_{\beta_{n+m-2}} X^{t\,\beta_n\,\beta_{n+1}\ldots\beta_{n+m-2}}$$

Diese beiden Gleichungen lassen sich in Gleichung (7.128) einsetzen:

$$\bar{T}^{\alpha_1\,\alpha_2\ldots\alpha_{n+m-2}} = \bar{g}_{qr}\,\bar{a}^{\alpha_1}_{\beta_1}\cdot\bar{a}^{\alpha_2}_{\beta_2}\cdots\bar{a}^{\alpha_{n-1}}_{\beta_{n-1}}\cdot\bar{a}^q_s\, W^{\beta_1\,\beta_2\ldots\beta_{n-1}\,s}\,\bar{a}^r_t\cdot\bar{a}^{\alpha_n}_{\beta_n}\cdot\bar{a}^{\alpha_{n+1}}_{\beta_{n+1}}\cdots\bar{a}^{\alpha_{n+m-2}}_{\beta_{n+m-2}} X^{t\,\beta_n\,\beta_{n+1}\ldots\beta_{n+m-2}}$$

Wegen Gleichung (3.110) gilt

$$\bar{g}_{qr} = \underline{a}^i_q \underline{a}^k_r\, g_{ik},$$

so daß weiter folgt:

$$\bar{T}^{\alpha_1\,\alpha_2\ldots\alpha_{n+m-2}} = g_{ik}\,\underline{a}^i_q \underline{a}^k_r\,\bar{a}^q_s\,\bar{a}^r_t\,\cdot$$
$$\cdot\,\bar{a}^{\alpha_1}_{\beta_1}\cdot\bar{a}^{\alpha_2}_{\beta_2}\cdots\bar{a}^{\alpha_{n-1}}_{\beta_{n-1}}\cdot\bar{a}^{\alpha_n}_{\beta_n}\cdot\bar{a}^{\alpha_{n+1}}_{\beta_{n+1}}\cdots\bar{a}^{\alpha_{n+m-2}}_{\beta_{n+m-2}}\, W^{\beta_1\,\beta_2\ldots\beta_{n-1}\,s}\, X^{t\,\beta_n\,\beta_{n+1}\ldots\beta_{n+m-2}}$$

Aufgrund von Gleichung (3.100) gilt

$$\underline{a}^i_q\,\bar{a}^q_s = \delta^i_s$$

und

$$\underline{a}^k_r\,\bar{a}^r_t = \delta^k_t.$$

Deshalb erhält man:

$$\bar{T}^{\alpha_1\,\alpha_2\ldots\alpha_{n+m-2}} = g_{ik}\,\bar{a}^{\alpha_1}_{\beta_1}\cdot\bar{a}^{\alpha_2}_{\beta_2}\cdots\bar{a}^{\alpha_{n-1}}_{\beta_{n-1}}\cdot\bar{a}^{\alpha_n}_{\beta_n}\cdot\bar{a}^{\alpha_{n+1}}_{\beta_{n+1}}\cdots\bar{a}^{\alpha_{n+m-2}}_{\beta_{n+m-2}}\, W^{\beta_1\,\beta_2\ldots\beta_{n-1}\,i}\, X^{k\,\beta_n\,\beta_{n+1}\ldots\beta_{n+m-2}}$$

Mit Gleichung (7.125) folgt daraus:

$$\bar{T}^{\alpha_1\,\alpha_2\ldots\alpha_{n+m-2}} = \bar{a}^{\alpha_1}_{\beta_1}\cdot\bar{a}^{\alpha_2}_{\beta_2}\cdots\bar{a}^{\alpha_{n+m-2}}_{\beta_{n+m-2}}\, T^{\beta_1\,\beta_2\ldots\beta_{n+m-2}}$$

Dies ist das für Tensoren gültige Transformationsverhalten. Damit ist nach Regel 3.15 gezeigt, daß es sich bei T um einen Tensor handelt. Das verjüngende Produkt zweier Tensoren mit einer Stufe größer als null liefert also stets einen Tensor.

Lösung zu Übungsaufgabe 3.17

Wir drücken den Gradienten mit Hilfe des Nablaoperators aus und erhalten:

$$\begin{aligned} grad(\varphi\psi) &= \nabla(\varphi\psi) = \\ &= \vec{g}^i \nabla_i (\varphi\psi) = \vec{g}^i \, (\varphi\psi)|_i = \vec{g}^i \, (\varphi|_i \psi + \varphi\psi|_i) = \\ &= \psi \vec{g}^i \nabla_i \varphi + \varphi \vec{g}^i \nabla_i \psi = \psi \nabla\varphi + \varphi \nabla\psi \end{aligned}$$

$$\Rightarrow grad(\varphi\psi) = \psi \, grad \, \varphi + \varphi \, grad \, \psi$$

Lösung zu Übungsaufgabe 3.18

Zur Lösung dieser Aufgabe ist lediglich der Vektor durch seine Basisvektoren darzustellen und der Gradient gemäß Gleichung (3.142) mit Hilfe der kovarianten Ableitung auszudrücken:

$$\vec{V} \cdot grad \, \varphi = \left(V^k \, \vec{g}_k \right) \cdot \left(\varphi|_i \, \vec{g}^i \right) = \left(\vec{g}_k \cdot \vec{g}^i \right) V^k \, \varphi|_i = \delta_k^i \, V^k \, \varphi|_i$$

$$\Rightarrow \vec{V} \cdot grad \, \varphi = V^i \, \varphi|_i$$

Lösung zu Übungsaufgabe 3.19

Wir ersetzen die Divergenz durch das Skalarprodukt mit dem Nablavektor und drücken den Vektor durch die kovarianten Basisvektoren aus:

$$div(\varphi \vec{V}) = \nabla \cdot \left(\varphi \vec{V} \right) = \left(\vec{g}^i \nabla_i \right) \cdot \left(\varphi V^k \vec{g}_k \right) = \left(\vec{g}^i \cdot \vec{g}_k \right) \nabla_i \left(\varphi V^k \right) = \delta_k^i \left(\varphi V^k \right) \Big|_i$$

$$\Rightarrow div(\varphi \vec{V}) = \left(\varphi V^i \right) \Big|_i$$

Dieses Zwischenergebnis hätte man auch direkt erhalten können, wenn man den Vektor $\varphi \vec{V}$ als Argument in den Ausdruck (3.146) für die Divergenz eingesetzt hätte, statt mit dem Nablaoperator zu beginnen.

Nun ist die Produktregel anzuwenden:

$$div(\varphi \vec{V}) = \varphi|_i \, V^i + \varphi \, V^i|_i$$

Gemäß dem Ergebnis von Übungsaufgabe 3.18 ist der erste Term gleich $\vec{V} \cdot grad \, \varphi$, und mit Gleichung (3.146) folgt:

$$div(\varphi \vec{V}) = \vec{V} \cdot grad \, \varphi + \varphi \, div \, \vec{V}$$

Lösung zu Übungsaufgabe 3.20

Wegen Gleichung (3.166) gilt für ein Kreuzprodukt folgende Indexdarstellung:

$$\vec{A} \times \vec{B} = e^{mik} A_i B_k \vec{g}_m$$

Setzt man nun $\vec{A} = \vec{V} = V_i\,\vec{g}^i$ und $\vec{B} = \text{grad}\,\varphi = \varphi|_k \vec{g}^k$, so kann man sofort die kovarianten Komponenten der Vektoren $\vec{A}$ und $\vec{B}$ ablesen:

$$\vec{V} \times \text{grad}\,\varphi = e^{mik}\, V_i\, \varphi|_k\, \vec{g}_m$$

Lösung zu Übungsaufgabe 3.21

Zur Lösung dieser Aufgabe setzen wir in Gleichung (3.152) anstelle des Vektors $\vec{V}$ den gestreckten bzw. gestauchten Vektor $\varphi\,\vec{V}$ ein:

$$\text{rot}(\varphi\,\vec{V}) = e^{kli}\,(\varphi\,V_i)|_l\,\vec{g}_k$$

Wir wenden die Produktregel an und erhalten:

$$\text{rot}(\varphi\,\vec{V}) = e^{kli}\,\varphi|_l\,V_i\,\vec{g}_k + e^{kli}\,\varphi\,V_i|_l\,\vec{g}_k$$

Durch Vergleich mit Gleichung (3.152) sieht man sofort, daß es sich beim zweiten Term um den Ausdruck $\varphi\,\text{rot}\,\vec{V}$ handelt:

$$\text{rot}(\varphi\,\vec{V}) = e^{kli}\,\varphi|_l\,V_i\,\vec{g}_k + \varphi\,\text{rot}\,\vec{V}$$

Um nun den ersten Term mit dem Ergebnis aus Aufgabe 3.20 vergleichen zu können, benennt man die Indizes um:

$$\text{rot}(\varphi\,\vec{V}) = e^{mki}\,\varphi|_k\,V_i\,\vec{g}_m + \varphi\,\text{rot}\,\vec{V} = -e^{mik}\,\varphi|_k\,V_i\,\vec{g}_m + \varphi\,\text{rot}\,\vec{V}$$

Durch Vergleich mit dem Ergebnis aus Aufgabe 3.20 erhält man direkt:

$$\text{rot}(\varphi\,\vec{V}) = \varphi\,\text{rot}\,\vec{V} - \vec{V} \times \text{grad}\,\varphi$$

Lösung zu Übungsaufgabe 3.22

1. Zunächst berechnen wir das Skalarprodukt $\vec{B} \cdot \text{Grad}\,\vec{A}$:

$$\begin{aligned}
\vec{B} \cdot \text{Grad}\,\vec{A} &= \vec{B} \cdot \nabla \vec{A} = \\
&= B^i \vec{g}_i \cdot \left(\vec{g}^k \nabla_k (A^l \vec{g}_l)\right) = \\
&= B^i \delta_i^k A^l|_k \vec{g}_l
\end{aligned}$$

$$\Rightarrow \vec{B} \cdot Grad\ \vec{A} = B^i A^l|_i \vec{g}_l \qquad (7.129)$$

Als nächstes widmen wir uns dem Vektorprodukt $\vec{B} \times rot\ \vec{A}$, wobei die Gleichungen (3.168), (3.151) und (6.60) angewandt werden:

$$\begin{aligned}
\vec{B} \times rot\ \vec{A} &= e_{lnp} B^n (rot\ \vec{A})^p \vec{g}^l = \\
&= e_{lnp} B^n e^{pki} A_i|_k \vec{g}^l = \\
&= \left(\delta_l^k \delta_n^i - \delta_n^k \delta_l^i\right) B^n A_i|_k \vec{g}^l
\end{aligned}$$

$$\Rightarrow \vec{B} \times rot\ \vec{A} = B^i A_i|_k \vec{g}^k - B^k A_i|_k \vec{g}^i = B^i A_i|_k \vec{g}^k - B^k A^i|_k \vec{g}_i$$

Addiert man Gleichung (7.129) zu dieser Beziehung, so folgt:

$$\vec{B} \cdot Grad\ \vec{A} + \vec{B} \times rot\ \vec{A} = B^i A_i|_k \vec{g}^k - B_i A^i|_k \vec{g}^k$$

Der Ausdruck auf der rechten Seite stimmt gemäß Gleichung (3.266) mit $\left(Grad\ \vec{A}\right) \cdot \vec{B}$ überein, so daß die Beziehung (3.271) verifiziert ist.

2. Aus Gleichung (3.271) folgt unmittelbar

$$(Grad\ \vec{A}) \cdot \vec{B} + (Grad\ \vec{B}) \cdot \vec{A} = \vec{B} \cdot Grad\ \vec{A} + \vec{B} \times rot\ \vec{A} + \vec{A} \cdot Grad\ \vec{B} + \vec{A} \times rot\ \vec{B},$$

so daß sich Gleichung (3.267) in der Alternativform

$$\boxed{grad(\vec{A} \cdot \vec{B}) = \vec{B} \cdot Grad\ \vec{A} + \vec{B} \times rot\ \vec{A} + \vec{A} \cdot Grad\ \vec{B} + \vec{A} \times rot\ \vec{B}} \qquad (7.130)$$

schreiben läßt.

Lösung zu Übungsaufgabe 3.23

Gleichung (3.291) lautet für $\varphi = 0$ und $v_2 = -1$:

$$\begin{pmatrix} x \\ y \end{pmatrix} = \begin{pmatrix} 1 & 0 \\ 0 & -1 \end{pmatrix} \begin{pmatrix} \bar{x} \\ \bar{y} \end{pmatrix}$$

Somit gilt:

$$\begin{aligned} x &= \bar{x} \\ y &= -\bar{y} \end{aligned}$$

Wir sehen also, daß es sich bei der Transformation um eine Spiegelung an der x-Achse handelt. Wie bereits erwähnt wurde, handelt es sich bei Spiegelungen ebenfalls um orthogonale Transformationen.

Lösung zu Übungsaufgabe 3.24

Mit den genannten Annahmen ergibt sich aus Gleichung (3.275):

$$\bar{\theta}^i = K\,\theta^i + \bar{b}^i \tag{7.131}$$

Für zwei spezielle Punkte $\bar{A}$ und $\bar{B}$ gilt also wegen der Ortsunabhängigkeit von K und von $\bar{b}^i$:

$$\bar{\theta}^i_A = K\,\theta^i_A + \bar{b}^i$$
$$\bar{\theta}^i_B = K\,\theta^i_B + \bar{b}^i$$

Dies setzt man in Gleichung (3.273) ein:

$$d(\bar{A}, \bar{B}) = \sqrt{\sum_i \left(\left[K\,\theta^i_A + \bar{b}^i\right] - \left[K\,\theta^i_B + \bar{b}^i\right]\right)^2}$$

$$\Rightarrow d(\bar{A}, \bar{B}) = \sqrt{\sum_i K^2\,(\theta^i_A - \theta^i_B)^2}$$

Man kann nun K^2 vor die Summe ziehen und erhält:

$$d(\bar{A}, \bar{B}) = |K|\,\sqrt{\sum_i (\theta^i_A - \theta^i_B)^2}$$

Mit Gleichung (3.272) folgt:

$$d(\bar{A}, \bar{B}) = |K|\,d(A, B)$$

Wir sehen nun, daß der Abstand zwischen den ursprünglichen Punkten A und B nur dann gleich dem Abstand zwischen den transformierten Punkten $\bar{A}$ und $\bar{B}$ ist, wenn man $|K| = 1$ setzt. Anhand von Gleichung (7.131) erkennt man, daß für $K = 1$ geometrisch gesehen eine Verschiebung vorliegt, während für $K = -1$ zunächst eine Punktspiegelung am Koordinatenursprung und anschließend eine Verschiebung stattfindet.

Lösung zu Übungsaufgabe 4.1

Die Position eines gleichförmig bewegten Teilchens läßt sich allgemein darstellen als

$$\vec{s} = \vec{s}_0 + (t - t_0)\,\vec{u}.$$

Wir setzen nun den Anfangspunkt $\vec{s}_0 = z_0\,\vec{e}_z$ und die Geschwindigkeit $\vec{u} = \frac{\vec{e}_x + \vec{e}_z}{2}\,c_0$ ein und erhalten:

$$\vec{s} = \vec{e}_x\,\frac{c_0(t - t_0)}{2} + \vec{e}_z\left(z_0 + \frac{c_0(t - t_0)}{2}\right)$$

Dies ist die Flugbahn des Teilchen in K. Um die Flugbahn in $\bar{K}$ zu erhalten, setzen wir die hieraus ablesbaren Gleichungen

$$x(t) = \frac{c_0(t-t_0)}{2} \tag{7.132}$$
$$y(t) = 0 \tag{7.133}$$
$$z(t) = z_0 + \frac{c_0(t-t_0)}{2} \tag{7.134}$$

in die Gleichungen (4.26) bis (4.29) ein:

$$\bar{x} = \frac{c_0(t-t_0)}{2}$$
$$\bar{y} = 0$$
$$\bar{z} = \frac{z_0 + \frac{c_0(t-t_0)}{2} - vt}{\sqrt{1-\frac{v^2}{c_0^2}}}$$
$$\bar{t} = \frac{t - \frac{v}{c_0^2}\left(z_0 + \frac{c_0(t-t_0)}{2}\right)}{\sqrt{1-\frac{v^2}{c_0^2}}}$$

Wegen $v = \frac{\sqrt{3}}{2} c_0$ gilt

$$\sqrt{1-\frac{v^2}{c_0^2}} = \frac{1}{2},$$

so daß sich die Gleichungen wie folgt vereinfachen:

$$\bar{x} = \frac{c_0(t-t_0)}{2} \tag{7.135}$$
$$\bar{y} = 0 \tag{7.136}$$
$$\bar{z} = 2z_0 + c_0(t-t_0) - 2vt \tag{7.137}$$
$$\bar{t} = 2t - \frac{v}{c_0^2}2z_0 - \frac{v}{c_0}(t-t_0) \tag{7.138}$$

Anstelle von $\bar{x}(t)$, $\bar{y}(t)$ und $\bar{z}(t)$ benötigen wir nun $\bar{x}(\bar{t})$, $\bar{y}(\bar{t})$ und $\bar{z}(\bar{t})$, so daß t eliminiert werden muß. Hierzu lösen wir die letzte Gleichung nach t auf:

$$t = \frac{\bar{t} + \frac{v}{c_0^2}2z_0 - \frac{vt_0}{c_0}}{2 - \frac{v}{c_0}}$$

Dies setzen wir in die Gleichungen (7.135) bis (7.137) ein:

$$\bar{x} = \frac{c_0\bar{t} + \frac{v}{c_0}2z_0 - vt_0}{4 - 2\frac{v}{c_0}} - \frac{c_0t_0}{2}$$
$$\bar{y} = 0$$
$$\bar{z} = 2z_0 - c_0t_0 + (c_0 - 2v)\frac{\bar{t} + \frac{v}{c_0^2}2z_0 - \frac{vt_0}{c_0}}{2 - \frac{v}{c_0}}$$

Nachdem überall die Vorgabe $v = \frac{\sqrt{3}}{2} c_0$ eingesetzt wurde, erhält man:

$$\bar{x} = \frac{c_0 \bar{t} + \sqrt{3} z_0 - \frac{\sqrt{3}}{2} c_0 t_0}{4 - \sqrt{3}} - \frac{c_0 t_0}{2}$$

$$\bar{y} = 0$$

$$\bar{z} = 2z_0 - c_0 t_0 + (1 - \sqrt{3})\frac{c_0 \bar{t} + \sqrt{3} z_0 - \frac{\sqrt{3}}{2} c_0 t_0}{2 - \frac{\sqrt{3}}{2}}$$

Den Bruch in der ersten Gleichung erweitern wir mit $4 + \sqrt{3}$, den in der letzten mit $2(4 + \sqrt{3})$:

$$\bar{x} = \frac{(4 + \sqrt{3})c_0 \bar{t} + (4\sqrt{3} + 3)z_0 - \left(2\sqrt{3} + \frac{3}{2}\right) c_0 t_0}{13} - \frac{c_0 t_0}{2}$$

$$\bar{y} = 0$$

$$\bar{z} = 2z_0 - c_0 t_0 + 2(4 + \sqrt{3} - 4\sqrt{3} - 3)\frac{c_0 \bar{t} + \sqrt{3} z_0 - \frac{\sqrt{3}}{2} c_0 t_0}{13}$$

Man erhält schließlich:

$$\bar{x}(\bar{t}) = \frac{(4 + \sqrt{3})c_0 \bar{t} + (4\sqrt{3} + 3)z_0 - \left(2\sqrt{3} + 8\right) c_0 t_0}{13}$$

$$\bar{y}(\bar{t}) = 0$$

$$\bar{z}(\bar{t}) = \frac{(2 - 6\sqrt{3})c_0 \bar{t} + (2\sqrt{3} + 8)z_0 - (\sqrt{3} + 4)c_0 t_0}{13}$$

Dies ist die Flugbahn des Teilchens in $\bar{K}$. Man kann daraus sofort die Geschwindigkeit

$$\vec{\bar{u}} = \frac{d\vec{\bar{s}}}{d\bar{t}} = \frac{d\bar{x}}{d\bar{t}}\vec{e}_x + \frac{d\bar{y}}{d\bar{t}}\vec{e}_y + \frac{d\bar{z}}{d\bar{t}}\vec{e}_z$$

ablesen:

$$\vec{\bar{u}} = \frac{4 + \sqrt{3}}{13} c_0 \vec{e}_x + \frac{2 - 6\sqrt{3}}{13} c_0 \vec{e}_z \tag{7.139}$$

Da sich das Koordinatensystem $\bar{K}$ in z-Richtung schneller bewegt als das Teilchen, ist die z-Komponente von $\vec{\bar{u}}$ negativ.

Lösung zu Übungsaufgabe 4.2

1. Die Relativbewegung der beiden Koordinatensysteme zueinander entspricht exakt der in Abschnitt 4.1 betrachteten. Wir können deshalb die Formeln (4.30) bis (4.33)

$$x = \bar{x}$$

$$y = \bar{y}$$
$$z = \frac{\bar{z} + v\bar{t}}{\sqrt{1 - \frac{v^2}{c_0^2}}}$$
$$t = \frac{\bar{t} + \frac{v}{c_0^2}\bar{z}}{\sqrt{1 - \frac{v^2}{c_0^2}}}$$

direkt übernehmen und erhalten mit

$$\bar{x}_{S1} = \bar{x}_0, \quad \bar{y}_{S1} = 0, \quad \bar{z}_{S1} = 0, \quad \bar{t}_{S1} = \bar{t}_{S1}$$

folgende transformierte Koordinaten:

$$x_{S1} = \bar{x}_0 \tag{7.140}$$
$$y_{S1} = 0 \tag{7.141}$$
$$z_{S1} = \frac{v\bar{t}_{S1}}{\sqrt{1 - \frac{v^2}{c_0^2}}} \tag{7.142}$$
$$t_{S1} = \frac{\bar{t}_{S1}}{\sqrt{1 - \frac{v^2}{c_0^2}}} \tag{7.143}$$

2. Der Weg s, den das Licht vom Sender zum Beobachter in $(0,0,0)$ zurückzulegen hat, beträgt in K gemäß dem Satz des Pythagoras:

$$s = \sqrt{x_{S1}^2 + y_{S1}^2 + z_{S1}^2} = \sqrt{\bar{x}_0^2 + \frac{v^2 \bar{t}_{S1}^2}{1 - \frac{v^2}{c_0^2}}} \tag{7.144}$$

Wegen

$$c_0 = \frac{s}{t_{E1} - t_{S1}}$$

folgt hieraus:

$$t_{E1} = t_{S1} + \frac{1}{c_0}\sqrt{\bar{x}_0^2 + \frac{v^2 \bar{t}_{S1}^2}{1 - \frac{v^2}{c_0^2}}}$$

$$\Rightarrow t_{E1} = \frac{\bar{t}_{S1}}{\sqrt{1 - \frac{v^2}{c_0^2}}} + \frac{1}{c_0\sqrt{1 - \frac{v^2}{c_0^2}}}\sqrt{\left(1 - \frac{v^2}{c_0^2}\right)\bar{x}_0^2 + v^2 \bar{t}_{S1}^2} \tag{7.145}$$

3. Der zweite Lichtblitz unterscheidet sich vom ersten lediglich durch den Zeitpunkt $\bar{t}_{S2}$, so daß man völlig analog erhält:

$$t_{E2} = \frac{\bar{t}_{S2}}{\sqrt{1 - \frac{v^2}{c_0^2}}} + \frac{1}{c_0\sqrt{1 - \frac{v^2}{c_0^2}}}\sqrt{\left(1 - \frac{v^2}{c_0^2}\right)\bar{x}_0^2 + v^2 \bar{t}_{S2}^2} \tag{7.146}$$

4. Als nächstes berechnen wir die Zeitdifferenz $T = t_{E2} - t_{E1}$ als Differenz der Gleichungen (7.146) und (7.145), wobei wir für $\bar{t}_{S2} - \bar{t}_{S1}$ die Abkürzung $\bar{T}$ schreiben:

$$T = \frac{\bar{T}}{\sqrt{1-\frac{v^2}{c_0^2}}} + \frac{1}{c_0\sqrt{1-\frac{v^2}{c_0^2}}}\left(\sqrt{\left(1-\frac{v^2}{c_0^2}\right)\bar{x}_0^2 + v^2\bar{t}_{S2}^2} - \sqrt{\left(1-\frac{v^2}{c_0^2}\right)\bar{x}_0^2 + v^2\bar{t}_{S1}^2}\right)$$

$$\Rightarrow \frac{T}{\bar{T}} = \frac{1}{\sqrt{1-\frac{v^2}{c_0^2}}} + \frac{1}{c_0\sqrt{1-\frac{v^2}{c_0^2}}} \frac{\sqrt{\left(1-\frac{v^2}{c_0^2}\right)\bar{x}_0^2 + v^2\left(\bar{t}_{S1}+\bar{T}\right)^2} - \sqrt{\left(1-\frac{v^2}{c_0^2}\right)\bar{x}_0^2 + v^2\bar{t}_{S1}^2}}{\bar{T}}$$

5. Der Grenzwert des soeben berechneten Ausdrucks läßt sich beispielsweise mit der Regel von l'Hospital bestimmen, da sowohl Zähler als auch Nenner gegen null streben. Die Ableitung des Nenners ist gleich 1, so daß weiter folgt:

$$\lim_{\bar{T}\to 0}\frac{T}{\bar{T}} = \frac{1}{\sqrt{1-\frac{v^2}{c_0^2}}} + \frac{1}{c_0\sqrt{1-\frac{v^2}{c_0^2}}}\lim_{\bar{T}\to 0}\frac{v^2\left(\bar{t}_{S1}+\bar{T}\right)}{\sqrt{\left(1-\frac{v^2}{c_0^2}\right)\bar{x}_0^2 + v^2\left(\bar{t}_{S1}+\bar{T}\right)^2}}$$

$$\Rightarrow \lim_{\bar{T}\to 0}\frac{T}{\bar{T}} = \frac{1}{\sqrt{1-\frac{v^2}{c_0^2}}} + \frac{1}{c_0\sqrt{1-\frac{v^2}{c_0^2}}}\frac{v^2\,\bar{t}_{S1}}{\sqrt{\left(1-\frac{v^2}{c_0^2}\right)\bar{x}_0^2 + v^2\,\bar{t}_{S1}^2}} \qquad (7.147)$$

6. Wir benötigen nun die Radialgeschwindigkeit des Senders in K. Der Abstand zwischen Sender und Empfänger beträgt analog zu Gleichung (7.144):

$$s = \sqrt{x^2 + z^2} = \sqrt{x_{S1}^2 + v^2 t^2}$$

Leitet man dies nach der Zeit t ab[2], so erhält man die Radialgeschwindigkeit v_r:

$$v_r = \frac{ds}{dt} = \frac{v^2 t}{\sqrt{x_{S1}^2 + v^2 t^2}}$$

Wir betrachten nun den Sendezeitpunkt t_{S1} und erhalten:

$$v_r = \frac{v^2 t_{S1}}{\sqrt{x_{S1}^2 + v^2 t_{S1}^2}}$$

Wenn wir nun in Gleichung (7.147) $\bar{t}_{S1}$ eliminieren wollen, müssen wir zunächst t_{S1} in Abhängigkeit von $\bar{t}_{S1}$ ausdrücken. Mit Hilfe der Gleichungen (7.140) und (7.143) folgt somit weiter:

$$v_r = \frac{v^2 \bar{t}_{S1}}{\sqrt{1-\frac{v^2}{c_0^2}}\sqrt{\bar{x}_0^2 + \frac{v^2 \bar{t}_{S1}^2}{1-\frac{v^2}{c_0^2}}}} = \frac{v^2 \bar{t}_{S1}}{\sqrt{\left(1-\frac{v^2}{c_0^2}\right)\bar{x}_0^2 + v^2\bar{t}_{S1}^2}}$$

---

[2]Anstelle der formalen Ableitung kann man sich den Zusammenhang zwischen v_r und v auch anhand einer einfachen geometrischen Skizze klarmachen.

Diesen Ausdruck erkennen wir sofort in Gleichung (7.147) wieder, so daß sich Gleichung (7.147) schreiben läßt als:
$$\lim_{\bar{T}\to 0} \frac{T}{\bar{T}} = \frac{1+\frac{v_r}{c_0}}{\sqrt{1-\frac{v^2}{c_0^2}}}$$

Dies ist offenbar der Kehrwert des in Gleichung (4.53) bestimmten Verhältnisses der Momentanfrequenzen. Dies stimmt mit unserer Anschauung überein, nach der die Momentanfrequenz umgekehrt proportional zur momentanen Periodendauer sein muß.

Lösung zu Übungsaufgabe 4.3

Gemäß Gleichung (4.60) erhalten wir die Longitudinalgeschwindigkeit als
$$\bar{u}_\| = \frac{u_\| - v}{1 - \frac{vu_\|}{c_0^2}}$$

Setzt man die Vorgaben
$$u_\| = u_z = \frac{c_0}{2}$$
und
$$v = \frac{\sqrt{3}}{2}c_0$$
ein, so erhält man
$$\bar{u}_z = \bar{u}_\| = \frac{\frac{c_0}{2} - \frac{\sqrt{3}}{2}c_0}{1 - \frac{\sqrt{3}}{4}} = c_0 \frac{2 - 2\sqrt{3}}{4 - \sqrt{3}}.$$

Wir erweitern mit $4 + \sqrt{3}$ und erhalten:
$$\bar{u}_z = c_0 \frac{8 - 8\sqrt{3} + 2\sqrt{3} - 6}{13} = c_0 \frac{2 - 6\sqrt{3}}{13}$$

Die Transversalkomponenten der Geschwindigkeit erhält man aus Gleichung (4.59):
$$\vec{\bar{u}}_\perp = \vec{u}_\perp \frac{\sqrt{1 - \frac{v^2}{c_0^2}}}{1 - \frac{vu_\|}{c_0^2}}$$

Wegen $u_y = 0$ folgt daraus sofort
$$\bar{u}_y = 0.$$

Für die x-Komponente gilt hingegen, wenn man $u_\| = u_z = \frac{c_0}{2}$, $v = \frac{\sqrt{3}}{2}c_0$ und $u_x = \frac{c_0}{2}$ einsetzt und $\sqrt{1 - \frac{v^2}{c_0^2}} = \frac{1}{2}$ berücksichtigt:
$$\bar{u}_x = \frac{c_0}{2} \frac{\frac{1}{2}}{1 - \frac{\sqrt{3}}{4}} = c_0 \frac{1}{4 - \sqrt{3}}$$

Auch hier erweitern wir mit $4 + \sqrt{3}$:

$$\bar{u}_x = c_0 \frac{4 + \sqrt{3}}{13}$$

Zusammenfassend erhalten wir also

$$\vec{\bar{u}} = \frac{4 + \sqrt{3}}{13} c_0 \vec{e}_x + \frac{2 - 6\sqrt{3}}{13} c_0 \vec{e}_z;$$

dasselbe Ergebnis wie in Aufgabe 4.1. Der Ort, an dem sich das Teilchen momentan befindet, ist also unerheblich, wenn man nur die Geschwindigkeiten betrachtet.

Lösung zu Übungsaufgabe 4.4

Der Einfachheit wegen beginnen wir mit Gleichung (4.65):

$$\bar{a}_\| = \frac{a_\| \left(1 - \frac{v^2}{c_0^2}\right)^{3/2}}{\left(1 - \frac{vu_\|}{c_0^2}\right)^3}$$

Löst man diese gemäß

$$a_\| = \bar{a}_\| \frac{\left(1 - \frac{vu_\|}{c_0^2}\right)^3}{\left(1 - \frac{v^2}{c_0^2}\right)^{3/2}}$$

nach $a_\|$ auf, so ist die auf der rechten Seite auftretende Geschwindigkeit $u_\|$ so zu eliminieren, daß nur noch in $\bar{K}$ definierte Größen auftreten.

Den Ausdruck im Zähler kennen wir aus Gleichung (4.62), so daß wir diese hier einsetzen:

$$a_\| = \bar{a}_\| \frac{\left(1 - \frac{v^2}{c_0^2}\right)^{3/2}}{\left(1 + \frac{v \bar{u}_\|}{c_0^2}\right)^3}$$

Damit ist schon die erste der beiden herzuleitenden Gleichungen, nämlich Gleichung (4.67), verifiziert.

Als nächstes ist Gleichung (4.64)

$$\vec{\bar{a}}_\perp = \vec{a}_\perp \frac{1 - \frac{v^2}{c_0^2}}{\left(1 - \frac{vu_\|}{c_0^2}\right)^2} + a_\| \vec{u}_\perp \frac{v}{c_0^2} \frac{1 - \frac{v^2}{c_0^2}}{\left(1 - \frac{vu_\|}{c_0^2}\right)^3}$$

nach $\vec{a}_\perp$ aufzulösen. Einfaches Umstellen liefert:

$$\vec{\bar{a}}_\perp = \vec{a}_\perp \frac{\left(1 - \frac{vu_\parallel}{c_0^2}\right)^2}{1 - \frac{v^2}{c_0^2}} - a_\parallel \vec{u}_\perp \frac{v}{c_0^2} \frac{1}{1 - \frac{vu_\parallel}{c_0^2}}$$

Um im zweiten Term $a_\parallel$ und $\vec{u}_\perp$ eliminieren zu können, so daß nur noch auf $\bar{K}$ bezogene Größen auftreten, setzen wir die inzwischen verifizierte Gleichung (4.67) sowie Gleichung (4.63) ein:

$$\vec{\bar{a}}_\perp = \vec{a}_\perp \frac{\left(1 - \frac{vu_\parallel}{c_0^2}\right)^2}{1 - \frac{v^2}{c_0^2}} - \bar{a}_\parallel \frac{\left(1 - \frac{v^2}{c_0^2}\right)^{3/2}}{\left(1 + \frac{v\,\bar{u}_\parallel}{c_0^2}\right)^3} \vec{\bar{u}}_\perp \frac{\sqrt{1 - \frac{v^2}{c_0^2}}}{1 + \frac{v\bar{u}_\parallel}{c_0^2}} \frac{v}{c_0^2} \frac{1}{1 - \frac{vu_\parallel}{c_0^2}} =$$

$$= \vec{a}_\perp \frac{\left(1 - \frac{vu_\parallel}{c_0^2}\right)^2}{1 - \frac{v^2}{c_0^2}} - \bar{a}_\parallel \vec{\bar{u}}_\perp \frac{v}{c_0^2} \frac{\left(1 - \frac{v^2}{c_0^2}\right)^2}{\left(1 + \frac{v\,\bar{u}_\parallel}{a_0^2}\right)^4} \frac{1}{1 - \frac{vu_\parallel}{c_0^2}}$$

Setzt man nun wieder Gleichung (4.62) ein, so folgt:

$$\vec{\bar{a}}_\perp = \vec{a}_\perp \frac{1 - \frac{v^2}{c_0^2}}{\left(1 + \frac{v\bar{u}_\parallel}{c_0^2}\right)^2} - \bar{a}_\parallel \vec{\bar{u}}_\perp \frac{v}{c_0^2} \frac{1 - \frac{v^2}{c_0^2}}{\left(1 + \frac{v\bar{u}_\parallel}{c_0^2}\right)^3}$$

Damit ist auch Gleichung (4.66) hergeleitet.

Lösung zu Übungsaufgabe 4.5

Vergleicht man die Gleichungen (4.85) und (4.86) miteinander, so stellt man fest, daß man in letzterer lediglich $\vec{E}$ durch $j\,\vec{H}$ und $\vec{B}$ durch $-j\,\vec{D}$ zu ersetzen hat, um vom Tensor $\mathbf{F}^*$ zum Tensor $\mathbf{f}$ zu gelangen. Da es sich bei $\mathbf{F}^*$ und $\mathbf{f}$ um Tensoren handelt, gelten für beide Größen dieselben Transformationsformeln mit denselben Transformationskoeffizienten. Deshalb ist es zulässig, in den Gleichungen (4.97), (4.98), (4.99) und (4.100) die genannten Ersetzungen von $\vec{E}$ durch $j\,\vec{H}$ und von $\vec{B}$ durch $-j\,\vec{D}$ vorzunehmen.

Aus Gleichung (4.97) folgt damit:

$$j\,\vec{\bar{H}}_\parallel = j\,\vec{H}_\parallel = \left(j\,\vec{H} - j\,\vec{v} \times \vec{D}\right)_\parallel$$

$$\Rightarrow \boxed{\vec{\bar{H}}_\parallel = \vec{H}_\parallel = \left(\vec{H} - \vec{v} \times \vec{D}\right)_\parallel} \qquad (7.148)$$

Aus Gleichung (4.98) folgt:

$$j\,\vec{H}_\perp' = \frac{1}{\sqrt{1-\frac{v^2}{c_0^2}}}\left(j\,\vec{H}_\perp - j\,\vec{v}\times\vec{D}_\perp\right) = \left(\frac{j\,\vec{H} - j\,\vec{v}\times\vec{D}}{\sqrt{1-\frac{v^2}{c_0^2}}}\right)_\perp$$

$$\Rightarrow\boxed{\vec{H}_\perp' = \frac{1}{\sqrt{1-\frac{v^2}{c_0^2}}}\left(\vec{H}_\perp - \vec{v}\times\vec{D}_\perp\right) = \left(\frac{\vec{H} - \vec{v}\times\vec{D}}{\sqrt{1-\frac{v^2}{c_0^2}}}\right)_\perp} \qquad (7.149)$$

Die Ersetzungen in Gleichung (4.99) liefern:

$$-j\,\vec{D}_\parallel' = -j\,\vec{D}_\parallel = \left(-j\,\vec{D} - j\,\frac{1}{c_0^2}\,\vec{v}\times\vec{H}\right)_\parallel$$

$$\Rightarrow\boxed{\vec{D}_\parallel' = \vec{D}_\parallel = \left(\vec{D} + \frac{1}{c_0^2}\,\vec{v}\times\vec{H}\right)_\parallel} \qquad (7.150)$$

Gleichung (4.100) liefert schließlich:

$$-j\,\vec{D}_\perp' = \frac{1}{\sqrt{1-\frac{v^2}{c_0^2}}}\left(-j\,\vec{D}_\perp - j\,\frac{1}{c_0^2}\,\vec{v}\times\vec{H}_\perp\right) = \left(\frac{-j\,\vec{D} - j\,\frac{1}{c_0^2}\,\vec{v}\times\vec{H}}{\sqrt{1-\frac{v^2}{c_0^2}}}\right)_\perp$$

$$\Rightarrow\boxed{\vec{D}_\perp' = \frac{1}{\sqrt{1-\frac{v^2}{c_0^2}}}\left(\vec{D}_\perp + \frac{1}{c_0^2}\,\vec{v}\times\vec{H}_\perp\right) = \left(\frac{\vec{D} + \frac{1}{c_0^2}\,\vec{v}\times\vec{H}}{\sqrt{1-\frac{v^2}{c_0^2}}}\right)_\perp} \qquad (7.151)$$

Lösung zu Übungsaufgabe 4.6

Die Aufgabe läßt sich am einfachsten lösen, wenn man in den Gleichungen (7.148), (7.149), (7.150) und (7.151) die Feldgrößen des Koordinatensystem K durch die des Koordinatensystems $\tilde{K}$ und umgekehrt ersetzt sowie gleichzeitig das Vorzeichen von $\vec{v}$ umdreht. Dies ist zulässig, da die beiden Koordinatensysteme wegen des Relativitätsprinzips bis auf die Orientierung von $\vec{v}$ gleichberechtigt sind. Auf diese Weise erhält man:

$$\boxed{\vec{H}_\| = \vec{\tilde{H}}_\| = \left(\vec{H} + \vec{v}\times\vec{D}\right)_\|}\qquad(7.152)$$

$$\boxed{\vec{H}_\perp = \frac{1}{\sqrt{1-\frac{v^2}{c_0^2}}}\left(\vec{\tilde{H}}_\perp + \vec{v}\times\vec{D}_\perp\right) = \left(\frac{\vec{\tilde{H}} + \vec{v}\times\vec{D}}{\sqrt{1-\frac{v^2}{c_0^2}}}\right)_\perp}\qquad(7.153)$$

$$\boxed{\vec{D}_\| = \vec{\tilde{D}}_\| = \left(\vec{D} - \frac{1}{c_0^2}\vec{v}\times\vec{H}\right)_\|}\qquad(7.154)$$

$$\boxed{\vec{D}_\perp = \frac{1}{\sqrt{1-\frac{v^2}{c_0^2}}}\left(\vec{\tilde{D}}_\perp - \frac{1}{c_0^2}\vec{v}\times\vec{H}_\perp\right) = \left(\frac{\vec{D} - \frac{1}{c_0^2}\vec{v}\times\vec{H}}{\sqrt{1-\frac{v^2}{c_0^2}}}\right)_\perp}\qquad(7.155)$$

Lösung zu Übungsaufgabe 4.7

1. Aus $\vec{D} = \epsilon\,\vec{E}$ folgt unmittelbar

$$\vec{D}_\| = \epsilon\,\vec{E}_\|.$$

Setzt man nun die Gleichungen (7.150) und (4.97) ein, so folgt

$$\vec{\tilde{D}}_\| = \epsilon\,\vec{\tilde{E}}_\|. \qquad(7.156)$$

Analog folgt aus $\vec{B} = \mu\,\vec{H}$ unmittelbar

$$\vec{B}_\| = \mu\,\vec{H}_\|.$$

Hier kann man die Gleichungen (4.99) und (7.148) einsetzen, was auf

$$\vec{\tilde{B}}_\| = \mu\,\vec{\tilde{H}}_\| \qquad(7.157)$$

führt.

2. Wegen $\vec{D} = \epsilon\,\vec{E}$ gilt automatisch auch

$$\vec{D}_\perp = \epsilon\,\vec{E}_\perp.$$

Setzt man hier die Gleichungen (7.151) und (4.98) ein, so folgt:

$$\frac{\vec{D}_\perp + \frac{1}{c_0^2}\vec{v}\times\vec{H}_\perp}{\sqrt{1-\frac{v^2}{c_0^2}}} = \epsilon\,\frac{\vec{E}_\perp + \vec{v}\times\vec{B}_\perp}{\sqrt{1-\frac{v^2}{c_0^2}}} \tag{7.158}$$

Analog gilt wegen $\vec{B} = \mu\,\vec{H}$ die Beziehung

$$\vec{B}_\perp = \mu\,\vec{H}_\perp,$$

so daß mit den Gleichungen (4.100) und (7.149) folgt:

$$\frac{\vec{B}_\perp - \frac{1}{c_0^2}\vec{v}\times\vec{E}_\perp}{\sqrt{1-\frac{v^2}{c_0^2}}} = \mu\,\frac{\vec{H}_\perp - \vec{v}\times\vec{D}_\perp}{\sqrt{1-\frac{v^2}{c_0^2}}} \tag{7.159}$$

Da in der Aufgabenstellung gefordert war, $\vec{D}_\perp$ in Abhängigkeit von $\vec{E}_\perp$ und $\vec{H}_\perp$ anzugeben, muß $\vec{B}_\perp$ aus den Gleichungen (7.158) und (7.159) eliminiert werden.
Aus Gleichung (7.159) folgt:

$$\vec{v}\times\vec{B}_\perp = \frac{1}{c_0^2}\,\vec{v}\times(\vec{v}\times\vec{E}_\perp) + \mu\,\vec{v}\times\vec{H}_\perp - \mu\vec{v}\times(\vec{v}\times\vec{D}_\perp)$$

Wegen

$$\begin{aligned}\vec{v}\times(\vec{v}\times\vec{E}_\perp) &= v^2\vec{e}_z\times(\vec{e}_z\times(E_x\vec{e}_x + E_y\vec{e}_y)) = \\ &= v^2\vec{e}_z\times(E_x\vec{e}_y - E_y\vec{e}_x) = \\ &= v^2(-E_x\vec{e}_x - E_y\vec{e}_y) = \\ &= -v^2\,\vec{E}_\perp\end{aligned}$$

und des analogen Ergebnisses

$$\vec{v}\times(\vec{v}\times\vec{D}_\perp) = -v^2\,\vec{D}_\perp$$

folgt weiter:

$$\vec{v}\times\vec{B}_\perp = -\frac{v^2}{c_0^2}\,\vec{E}_\perp + \mu\,\vec{v}\times\vec{H}_\perp + \mu v^2\,\vec{D}_\perp$$

Dieses Ergebnis kann man nun in Gleichung (7.158) einsetzen, und man erhält:

$$\vec{D}_\perp + \frac{1}{c_0^2}\vec{v}\times\vec{H}_\perp = \epsilon\,\vec{E}_\perp - \epsilon\,\frac{v^2}{c_0^2}\,\vec{E}_\perp + \mu\epsilon\,\vec{v}\times\vec{H}_\perp + \mu\epsilon\,v^2\,\vec{D}_\perp$$

$$\Rightarrow \vec{D}_\perp\left(1-\mu\epsilon\,v^2\right) = \epsilon\left(1-\frac{v^2}{c_0^2}\right)\vec{E}_\perp + \left(\vec{v}\times\vec{H}_\perp\right)\left(\mu\epsilon - \frac{1}{c_0^2}\right) \tag{7.160}$$

Analog kann man auch Gleichung (7.158) nach $\vec{D}_\perp$ auflösen:

$$\vec{v} \times \vec{D}_\perp = -\frac{1}{c_0^2} \vec{v} \times (\vec{v} \times \vec{H}_\perp) + \epsilon \vec{v} \times \vec{E}_\perp + \epsilon \vec{v} \times (\vec{v} \times \vec{B}_\perp) =$$

$$= \frac{v^2}{c_0^2} \vec{H}_\perp + \epsilon \vec{v} \times \vec{E}_\perp - \epsilon v^2 \vec{B}_\perp$$

Setzt man dieses Ergebnis in Gleichung (7.159) ein, so erhält man:

$$\vec{B}_\perp - \frac{1}{c_0^2} \vec{v} \times \vec{E}_\perp = \mu \vec{H}_\perp - \mu \frac{v^2}{c_0^2} \vec{H}_\perp - \mu \epsilon \vec{v} \times \vec{E}_\perp + \mu \epsilon v^2 \vec{B}_\perp$$

$$\Rightarrow \vec{B}_\perp \left(1 - \mu \epsilon v^2\right) = \mu \left(1 - \frac{v^2}{c_0^2}\right) \vec{H}_\perp + \left(\vec{v} \times \vec{E}_\perp\right) \left(\frac{1}{c_0^2} - \mu \epsilon\right) \quad (7.161)$$

3. Wir betrachten zunächst die aus $\vec{J} = \kappa \vec{E}$ folgende Gleichung

$$\vec{J}_\parallel = \kappa \vec{E}_\parallel.$$

Einsetzen der Gleichungen (4.116) und (4.97) liefert:

$$\frac{\vec{J}_\parallel - \vec{v}\rho}{\sqrt{1 - \frac{v^2}{c_0^2}}} = \kappa \vec{E}_\parallel$$

$$\Rightarrow \vec{J}_\parallel = \vec{v}\rho + \kappa \sqrt{1 - \frac{v^2}{c_0^2}} \, \vec{E}_\parallel \quad (7.162)$$

Aus

$$\vec{J}_\perp = \kappa \vec{E}_\perp$$

folgt schließlich mit den Gleichungen (4.115) und (4.98):

$$\vec{J}_\perp = \kappa \, \frac{\vec{E}_\perp + \vec{v} \times \vec{B}_\perp}{\sqrt{1 - \frac{v^2}{c_0^2}}} \quad (7.163)$$

4. Die Gleichungen (7.156) und (7.160) können für den Fall eines bewegten Mediums als Verallgemeinerung der Gleichung $\vec{D} = \epsilon \vec{E}$ gelten, die nur für ruhende Medien gilt.

Analog sind die Gleichungen (7.157) und (7.161) die Verallgemeinerung der Gleichung $\vec{B} = \mu \vec{H}$.

Die Beziehungen (7.162) und (7.163) stellen schließlich die Verallgemeinerung des Ohmschen Gesetzes $\vec{J} = \kappa \vec{E}$ dar.

Für $\vec{v} = 0$ gehen die verallgemeinerten Materialgleichungen in ihre ursprüngliche Form über. Auch wenn man als Medium Luft betrachtet ($\epsilon = \epsilon_0$, $\mu = \mu_0$, $\kappa = 0$, $\rho = 0$), gehen die Materialgleichungen erwartungsgemäß in ihre ursprüngliche Form über.

Auffallend ist, daß im Falle bewegter Medien im allgemeinen keine Parallelität mehr zwischen $\vec{D}$ und $\vec{E}$, zwischen $\vec{B}$ und $\vec{H}$ bzw. zwischen $\vec{J}$ und $\vec{E}$ vorliegt.

Lösung zu Übungsaufgabe 4.8

1. Wegen $H_z = 0$ gilt

$$\vec{J'} = rot\, \vec{H} = -\vec{e}_x \frac{\partial H_y}{\partial z} + \vec{e}_y \frac{\partial H_x}{\partial z} + \vec{e}_z \left(\frac{\partial H_y}{\partial x} - \frac{\partial H_x}{\partial y} \right).$$

Für die x- und y-Komponente erhält man somit jeweils

$$J'_x = -\frac{\partial H_y}{\partial z} = -Kx \left(-\frac{3}{2}\right) \frac{2(z-z')}{[x^2 + y^2 + (z-z')^2]^{5/2}} = 3K \frac{x(z-z')}{[x^2 + y^2 + (z-z')^2]^{5/2}}$$

bzw.

$$J'_y = \frac{\partial H_x}{\partial z} = -Ky \left(-\frac{3}{2}\right) \frac{2(z-z')}{[x^2 + y^2 + (z-z')^2]^{5/2}} = 3K \frac{y(z-z')}{[x^2 + y^2 + (z-z')^2]^{5/2}}.$$

Durch Anwendung der Quotientenregel findet man

$$\frac{\partial H_y}{\partial x} = K \frac{[x^2 + y^2 + (z-z')^2]^{3/2} - x \frac{3}{2} [x^2 + y^2 + (z-z')^2]^{1/2} 2x}{[x^2 + y^2 + (z-z')^2]^3}$$

$$\Rightarrow \frac{\partial H_y}{\partial x} = K \left([x^2 + y^2 + (z-z')^2]^{-3/2} - 3x^2 [x^2 + y^2 + (z-z')^2]^{-5/2} \right)$$

bzw.

$$\frac{\partial H_x}{\partial y} = K \frac{-[x^2 + y^2 + (z-z')^2]^{3/2} + y \frac{3}{2} [x^2 + y^2 + (z-z')^2]^{1/2} 2y}{[x^2 + y^2 + (z-z')^2]^3}$$

$$\Rightarrow \frac{\partial H_x}{\partial y} = K \left(-[x^2 + y^2 + (z-z')^2]^{-3/2} + 3y^2 [x^2 + y^2 + (z-z')^2]^{-5/2} \right).$$

Somit ergibt sich

$$J'_z = \frac{\partial H_y}{\partial x} - \frac{\partial H_x}{\partial y} =$$

$$= K \left(2 [x^2 + y^2 + (z-z')^2]^{-3/2} - 3(x^2 + y^2) [x^2 + y^2 + (z-z')^2]^{-5/2} \right) =$$

$$= K [x^2 + y^2 + (z-z')^2]^{-5/2} \left(2x^2 + 2y^2 + 2(z-z')^2 - 3x^2 - 3y^2 \right)$$

$$\Rightarrow J'_z = K \frac{-x^2 - y^2 + 2(z-z')^2}{[x^2 + y^2 + (z-z')^2]^{5/2}}$$

2. Zunächst integrieren wir die x-Komponente:
$$J_x = \int_{-\infty}^{+\infty} J'_x \, dz' = -\int_{-\infty}^{+\infty} 3K \frac{xu \, du}{[x^2 + y^2 + u^2]^{5/2}}$$

Hierbei wurde $u = z' - z$ substituiert. Offenbar ist der Integrand eine ungerade Funktion, so daß sich für beliebige x, y und z die Beziehung
$$J_x = 0$$
ergibt.

In derselben Weise gehen wir bei der y-Komponente vor:
$$J_y = \int_{-\infty}^{+\infty} J'_y \, dz' = -\int_{-\infty}^{+\infty} 3K \frac{yu \, du}{[x^2 + y^2 + u^2]^{5/2}}$$

Offenbar ist der Integrand wieder eine ungerade Funktion, so daß sich für beliebige x, y und z die Beziehung
$$J_y = 0$$
ergibt.

Bei der z-Komponente ist die Lage nicht ganz so offensichtlich. Mit der Abkürzung $A^2 = x^2 + y^2$ und der Substitution $u = z' - z$ erhält man folgendes Integral:
$$J_z = \int_{-\infty}^{+\infty} J'_z \, dz' = K \int_{-\infty}^{+\infty} \frac{2u^2 - A^2}{[A^2 + u^2]^{5/2}} du$$

Unter Anwendung der Hinweise folgt:
$$J_z = K \left(2 \left[\frac{u^3}{3A^2(u^2 + A^2)^{3/2}} \right]_{-\infty}^{+\infty} - A^2 \left[\frac{A^2 u + \frac{2}{3} u^3}{A^4(u^2 + A^2)^{3/2}} \right]_{-\infty}^{+\infty} \right)$$

$$\Rightarrow J_z = K \left[\frac{-u}{(u^2 + A^2)^{3/2}} \right]_{-\infty}^{+\infty}$$

Für $A \neq 0$ gilt offenbar
$$J_z = 0,$$
da der Integrand für alle u endlich bleibt.

Für $A = 0$ hingegen erhält man
$$J_z = \int_{-\infty}^{+\infty} J'_z \, dz' = K \int_{-\infty}^{+\infty} \frac{2u^2 \, du}{[u^2]^{5/2}}$$

An dieser Stelle ist zu beachten, daß der Nenner nur für positive u durch u^5 ersetzt werden darf, da er auch für negative u stets positiv ist. Der Integrand ist also eine gerade Funktion, und man erhält:
$$J_z = 2K \int_0^{+\infty} \frac{2 \, du}{u^3} = 4K \left[\frac{-1}{2u^2} \right]_0^{\infty} \to \infty$$

Es fließt also nur bei $x = y = 0$ ein Strom.

Lösung zu Übungsaufgabe 4.9

Zur Lösung dieser Aufgabe ziehen wir Gleichung (4.29) heran:

$$\bar{t} = \frac{t - \frac{v}{c_0^2} z}{\sqrt{1 - \frac{v^2}{c_0^2}}}$$

Mit $v = \frac{\sqrt{3}}{2} c_0$ folgt daraus:

$$\bar{t} = 2 \left(t - \frac{\sqrt{3}}{2} \frac{z}{c_0} \right) \qquad (7.164)$$

Das Ereignis „Start des Teilchens" ist durch den Ort

$$(x, y, z) = (0, 0, z_0)$$

und die Zeit

$$t = t_0$$

bestimmt. Setzt man dies in Gleichung (7.164) ein, so erhält man:

$$\bar{t}_0 = 2 t_0 - \sqrt{3} \frac{z_0}{c_0} \qquad (7.165)$$

Als nächstes ist der Zeitpunkt t_1 zu bestimmen, für den $x = z_0$ gilt. Aus Gleichung (7.132)

$$x(t) = \frac{c_0 (t - t_0)}{2}$$

folgt:

$$z_0 = \frac{c_0 (t_1 - t_0)}{2}$$

$$\Rightarrow t_1 = 2 \frac{z_0}{c_0} + t_0 \qquad (7.166)$$

Dieses Ergebnis setzen wir zur Kontrolle in Gleichung (7.134) ein:

$$z(t_1) = \left(z_0 + \frac{c_0 (t_1 - t_0)}{2} \right) = 2 z_0$$

In der Tat erreicht das Teilchen also zum Zeitpunkt t_1 den Punkt $(x, y, z) = (z_0, 0, 2z_0)$.
Als letztes bestimmen wir $\bar{t}_1$, indem wir die für das Ereignis „Ankunft des Teilchens bei $(x, y, z) = (z_0, 0, 2z_0)$" geltenden Werte in Gleichung (7.164) einsetzen:

$$\bar{t}_1 = 2 \left(t_1 - \frac{\sqrt{3}}{2} \frac{2 z_0}{c_0} \right)$$

$$\Rightarrow \bar{t}_1 = 4\frac{z_0}{c_0} + 2\,t_0 - 2\sqrt{3}\frac{z_0}{c_0}$$

$$\Rightarrow \bar{t}_1 = (4 - 2\sqrt{3})\frac{z_0}{c_0} + 2\,t_0 \tag{7.167}$$

Um die geforderten Ausdrücke zu berechnen, bietet es sich an, zunächst die Faktoren $\sqrt{1 - \frac{u^2}{c_0^2}}$ und $\sqrt{1 - \frac{\bar{u}^2}{c_0^2}}$ zu berechnen. Es gilt:

$$u^2 = \left(\frac{c_0}{2}\right)^2 + \left(\frac{c_0}{2}\right)^2 = \frac{c_0^2}{2}$$

Daraus folgt:

$$\sqrt{1 - \frac{u^2}{c_0^2}} = \sqrt{1 - \frac{1}{2}} = \frac{1}{\sqrt{2}} \tag{7.168}$$

Aus Gleichung (7.139) folgt:

$$\bar{u}^2 = \left(\frac{4+\sqrt{3}}{13}c_0\right)^2 + \left(\frac{2-6\sqrt{3}}{13}c_0\right)^2 = c_0^2\frac{16 + 8\sqrt{3} + 3 + 4 - 24\sqrt{3} + 108}{13^2} = c_0^2\frac{131 - 16\sqrt{3}}{169}$$

Es folgt:

$$\sqrt{1 - \frac{\bar{u}^2}{c_0^2}} = \sqrt{\frac{169 - (131 - 16\sqrt{3})}{169}} = \frac{\sqrt{38 + 16\sqrt{3}}}{13}$$

Mit dem Hinweis folgt:

$$\sqrt{1 - \frac{\bar{u}^2}{c_0^2}} = \frac{4\sqrt{2} + \sqrt{6}}{13} \tag{7.169}$$

Aus den Gleichungen (7.165) bis (7.169) lassen sich die gesuchten Ausdrücke bilden:

$$t_0\sqrt{1 - \frac{u^2}{c_0^2}} = \frac{t_0}{\sqrt{2}}$$

$$\bar{t}_0\sqrt{1 - \frac{\bar{u}^2}{c_0^2}} = \left(2\,t_0 - \sqrt{3}\frac{z_0}{c_0}\right)\left(\frac{4\sqrt{2} + \sqrt{6}}{13}\right) =$$

$$= t_0\frac{8\sqrt{2} + 2\sqrt{6}}{13} - \frac{z_0}{c_0}\frac{4\sqrt{6} + 3\sqrt{2}}{13}$$

$$t_1\sqrt{1 - \frac{u^2}{c_0^2}} = \sqrt{2}\frac{z_0}{c_0} + \frac{t_0}{\sqrt{2}}$$

$$\bar{t}_1\sqrt{1 - \frac{\bar{u}^2}{c_0^2}} = \left((4 - 2\sqrt{3})\frac{z_0}{c_0} + 2\,t_0\right)\left(\frac{4\sqrt{2} + \sqrt{6}}{13}\right) =$$

$$= t_0\frac{8\sqrt{2} + 2\sqrt{6}}{13} + \frac{z_0}{c_0}\frac{16\sqrt{2} + 4\sqrt{6} - 8\sqrt{6} - 6\sqrt{2}}{13} =$$

$$= t_0 \frac{8\sqrt{2}+2\sqrt{6}}{13} + \frac{z_0}{c_0}\frac{10\sqrt{2}-4\sqrt{6}}{13}$$

$$\Delta\tau = (t_1-t_0)\sqrt{1-\frac{u^2}{c_0^2}} = \sqrt{2}\frac{z_0}{c_0}$$

$$\Delta\bar{\tau} = (\bar{t}_1-\bar{t}_0)\sqrt{1-\frac{\bar{u}^2}{c_0^2}} = \frac{z_0}{c_0}\frac{13\sqrt{2}}{13} = \sqrt{2}\frac{z_0}{c_0}$$

Wir sehen nun, daß die ersten beiden Ausdrücke nicht gleich sind. Somit ist $t_0\sqrt{1-\frac{u^2}{c_0^2}}$ nicht invariant gegenüber der Lorentztransformation. Auch der dritte Ausdruck stimmt nicht mit dem vierten überein, so daß $t_1\sqrt{1-\frac{u^2}{c_0^2}}$ ebenfalls nicht invariant ist. Die Differenz beider Ausdrücke $\Delta\tau = (t_1-t_0)\sqrt{1-\frac{u^2}{c_0^2}}$ hingegen, also die Eigenzeit, ist eindeutig invariant gegenüber der Lorentztransformation, da sie in beiden Koordinatensystemen denselben Wert liefert — die letzten beiden Ausdrücke betragen beide $\sqrt{2}\frac{z_0}{c_0}$. Wir sehen hier den Sachverhalt, der bereits in Abschnitt 4.19.5 ausgeführt wurde, an einem Beispiel bestätigt: Um eine invariante Zeit zu erhalten, genügt es nicht, die Zeit des mit dem Teilchen mitbewegten Koordinatensystems $\tilde{K}$ zu betrachten. Deren Nullpunkt hängt nämlich von K und $\tilde{K}$ ab. Statt dessen muß die Differenz zwischen zwei solchen Zeitpunkten betrachtet werden, um eine invariante Größe zu erhalten.

Lösung zu Übungsaufgabe 4.10

1. Die Komponenten $\mathbf{R}^i = \mathbf{x}^i - \mathbf{x}_L^i$ sind durch das Ereignis $(\mathbf{x}^1,\mathbf{x}^2,\mathbf{x}^3,\mathbf{x}^4) = (x,y,z,jc_0t)$, das die Messung der Feldstärke beschreibt, sowie den vierdimensionalen Ortsvektor der Punktladung $(\mathbf{x}_L^1,\mathbf{x}_L^2,\mathbf{x}_L^3,\mathbf{x}_L^4) = (0,0,vt_0,jc_0t_0)$ bestimmt:

$$\mathbf{R}^1 = x$$
$$\mathbf{R}^2 = y$$
$$\mathbf{R}^3 = z - vt_0$$
$$\mathbf{R}^4 = jc_0(t-t_0)$$

Wegen $\dot{\mathbf{R}} = \frac{\partial}{\partial t_0}\mathbf{R}$ bzw. $\ddot{\mathbf{R}} = \frac{\partial^2}{\partial t_0^2}\mathbf{R}$ gilt:

$$\dot{\mathbf{R}}^1 = 0$$
$$\dot{\mathbf{R}}^2 = 0$$
$$\dot{\mathbf{R}}^3 = -v$$
$$\dot{\mathbf{R}}^4 = -jc_0$$

$$\ddot{\mathbf{R}}^1 = 0$$

$$\ddot{\mathbf{R}}^2 = 0$$
$$\ddot{\mathbf{R}}^3 = 0$$
$$\ddot{\mathbf{R}}^4 = 0$$

2. Wegen $\ddot{\vec{\mathbf{R}}} = 0$ vereinfacht sich Gleichung (4.265) wie folgt:

$$\mathbf{f}^{ik} = \frac{c_0 Q}{4\pi}\left[-\left(\mathbf{R}^k\,\dot{\mathbf{R}}^i - \mathbf{R}^i\,\dot{\mathbf{R}}^k\right)\frac{\dot{\vec{\mathbf{R}}}\cdot\ddot{\vec{\mathbf{R}}}}{\left(\dot{\vec{\mathbf{R}}}\cdot\vec{\mathbf{R}}\right)^3}\right]_{t_0=t_x}$$

Gemäß Gleichung (4.85) gilt $\mathbf{f}^{13} = H_y$, so daß man mit den Ergebnissen des ersten Aufgabenteils erhält:

$$H_y = \frac{c_0 Q}{4\pi}\left[-(-x(-v))\frac{v^2 - c_0^2}{[-vz + v^2 t_0 + c_0^2(t-t_0)]^3}\right]_{t_x} =$$

$$= -\frac{xvQ}{4\pi}\left[\frac{c_0^3 - v^2 c_0}{[vz - c_0^2 t + t_0(c_0^2 - v^2)]^3}\right]_{t_x} =$$

$$= -\frac{xvQ}{4\pi}\left[\frac{1 - \frac{v^2}{c_0^2}}{\left[\frac{v}{c_0}z - c_0 t + c_0 t_0\left(1 - \frac{v^2}{c_0^2}\right)\right]^3}\right]_{t_x} =$$

$$= -\frac{xvQ}{4\pi}\frac{1 - \frac{v^2}{c_0^2}}{\left[\frac{v}{c_0}z - c_0 t + c_0 t_x\left(1 - \frac{v^2}{c_0^2}\right)\right]^3}$$

3. Mit den Ergebnissen aus Aufgabenteil 1 schreibt man $\vec{\mathbf{R}}\cdot\vec{\mathbf{R}} = 0$ folgendermaßen:

$$x^2 + y^2 + (z - vt_0)^2 - c_0^2(t - t_0)^2 = 0$$

Dies ist offenbar eine quadratische Gleichung für t_0. Wir bringen sie in ihre Normalform:

$$x^2 + y^2 + z^2 - 2zvt_0 + v^2 t_0^2 - c_0^2 t^2 + 2c_0^2 t t_0 - c_0^2 t_0^2 = 0$$

$$\Leftrightarrow t_0^2(v^2 - c_0^2) + t_0(2c_0^2 t - 2zv) + x^2 + y^2 + z^2 - c_0^2 t^2 = 0$$

$$\Leftrightarrow t_0^2 + t_0 2\frac{zv - c_0^2 t}{c_0^2 - v^2} + \frac{c_0^2 t^2 - x^2 - y^2 - z^2}{c_0^2 - v^2} = 0$$

Wir erhalten die Lösung:

$$t_0 = \frac{c_0^2 t - zv}{c_0^2 - v^2} \pm \sqrt{\frac{(c_0^2 t - zv)^2}{(c_0^2 - v^2)^2} - \frac{c_0^2 t^2 - x^2 - y^2 - z^2}{c_0^2 - v^2}}$$

Indem man den zweiten Term unter der Wurzel mit $c_0^2 - v^2$ erweitert, erhält man:

$$t_0 = \frac{c_0^2 t - zv \pm \sqrt{(c_0^2 t - zv)^2 - (c_0^2 - v^2)(c_0^2 t^2 - x^2 - y^2 - z^2)}}{c_0^2 - v^2} =$$

$$= \frac{c_0^2 t - zv}{c_0^2 - v^2} \pm$$

$$\pm \frac{\sqrt{c_0^4 t^2 - 2c_0^2 tzv + z^2 v^2 - c_0^4 t^2 + c_0^2(x^2 + y^2 + z^2) + v^2 c_0^2 t^2 - v^2(x^2 + y^2 + z^2)}}{c_0^2 - v^2} =$$

$$= \frac{c_0^2 t - zv \pm \sqrt{-2c_0^2 tzv + c_0^2(x^2 + y^2 + z^2) + v^2 c_0^2 t^2 - v^2(x^2 + y^2)}}{c_0^2 - v^2}$$

Im Hinblick auf die in der Aufgabenstellung angegebene Form empfiehlt es sich, $x^2 + y^2$ auszuklammern:

$$t_0 = \frac{c_0^2 t - zv \pm \sqrt{c_0^2 z^2 - 2c_0^2 tzv + v^2 c_0^2 t^2 + (x^2 + y^2)(c_0^2 - v^2)}}{c_0^2 - v^2} =$$

$$= \frac{t - \frac{v}{c_0^2} z \pm \frac{1}{c_0}\sqrt{z^2 - 2tzv + v^2 t^2 + (x^2 + y^2)\left(1 - \frac{v^2}{c_0^2}\right)}}{1 - \frac{v^2}{c_0^2}} =$$

$$= \frac{t - \frac{v}{c_0^2} z \pm \frac{1}{c_0}\sqrt{(z - vt)^2 + (x^2 + y^2)\left(1 - \frac{v^2}{c_0^2}\right)}}{1 - \frac{v^2}{c_0^2}}$$

Damit ist gezeigt, daß Gleichung (4.266) gültig ist.

4. Um zu zeigen, daß für das positive Vorzeichen $t_0 > t$ und für das negative $t_0 < t$ gilt, multiplizieren wir Gleichung (4.266) mit $1 - \frac{v^2}{c_0^2}$:

$$t_0\left(1 - \frac{v^2}{c_0^2}\right) = t - \frac{v}{c_0^2} z \pm \frac{1}{c_0}\sqrt{(z - vt)^2 + (x^2 + y^2)\left(1 - \frac{v^2}{c_0^2}\right)}$$

Damit man nun t_0 direkt mit t vergleichen kann, addieren und subtrahieren wir rechts jeweils einmal $t\frac{v^2}{c_0^2}$:

$$t_0\left(1 - \frac{v^2}{c_0^2}\right) = t\left(1 - \frac{v^2}{c_0^2}\right) + t\frac{v^2}{c_0^2} - \frac{v}{c_0^2} z \pm \frac{1}{c_0}\sqrt{(z - vt)^2 + (x^2 + y^2)\left(1 - \frac{v^2}{c_0^2}\right)}$$

Wenn nun das Vorzeichen der Wurzel tatsächlich darüber entscheiden sollte, ob $t_0 > t$ oder $t_0 < t$ gilt, dann müßte die mit $\frac{1}{c_0}$ multiplizierte Wurzel betragsmäßig stets größer sein als der Term

$$+t\frac{v^2}{c_0^2} - \frac{v}{c_0^2} z = (vt - z)\frac{v}{c_0^2}$$

vor der Wurzel. Es müßte also stets gelten:

$$\frac{1}{c_0}\sqrt{(z-vt)^2 + (x^2+y^2)\left(1-\frac{v^2}{c_0^2}\right)} > |vt-z|\frac{|v|}{c_0^2}$$

Diese Ungleichung wäre zweifellos gültig, wenn

$$\frac{1}{c_0}|z-vt| > |vt-z|\frac{|v|}{c_0^2}$$

erfüllt wäre, denn Werte von x und y, die ungleich null sind, können die Wurzel lediglich weiter vergrößern.

Die letzte Ungleichung ist wegen $|v| < c_0$ automatisch erfüllt, so daß das Vorzeichen der Wurzel tatsächlich darüber entscheidet, ob $t_0 > t$ oder $t_0 < t$ gilt. Da t_x auf retardierte Größen führen muß, gilt:

$$t_x = \frac{t - \frac{v}{c_0^2}z - \frac{1}{c_0}\sqrt{(z-vt)^2 + (x^2+y^2)\left(1-\frac{v^2}{c_0^2}\right)}}{1 - \frac{v^2}{c_0^2}}$$

5. Das Ergebnis des letzten Aufgabenteiles setzen wir in das des zweiten Aufgabenteils ein und erhalten:

$$H_y = -\frac{xvQ}{4\pi}\frac{1-\frac{v^2}{c_0^2}}{\left[\frac{v}{c_0}z - c_0 t + c_0 t - \frac{v}{c_0}z - \sqrt{(z-vt)^2 + (x^2+y^2)\left(1-\frac{v^2}{c_0^2}\right)}\right]^3} =$$

$$= \frac{xvQ}{4\pi}\frac{1-\frac{v^2}{c_0^2}}{\left[(z-vt)^2 + (x^2+y^2)\left(1-\frac{v^2}{c_0^2}\right)\right]^{3/2}}$$

Damit erhält man

$$H_y = \frac{xvQ}{4\pi}\frac{1}{\sqrt{1-\frac{v^2}{c_0^2}}\left[\frac{(z-vt)^2}{1-\frac{v^2}{c_0^2}} + x^2 + y^2\right]^{3/2}}$$

Dies entspricht der y-Komponente der Darstellung (4.135).

Lösung zu Übungsaufgabe 4.11

1. Gemäß Anhang 6.20 konvergiert für $v < c_0$ die in Gleichung (6.103) gegebene Folge

$$t_{n+1} = f(t_n)$$

gegen den Grenzwert t_x.

Da $t_x < t$ gelten muß, ist in Gleichung (6.99) das Minuszeichen zu wählen. Es gilt also:

$$f(t_0) = t - \frac{|\vec{r} - \vec{r}_L(t_0)|}{c_0}$$

Für die gegebene Flugbahn der Ladung gilt:

$$x_L = y_L = 0, \quad z_L = a\,cos(\omega t_0)$$

Setzt man die Zahlenwerte ein, so erhält man:

$$\frac{f(t_0)}{1\,s} = 10 - \frac{\sqrt{(4 \cdot 10^7)^2 + \left[2 \cdot 10^8 - 1 \cdot 10^7 \cdot cos\left(\frac{t_0}{2\,s}\right)\right]^2}}{3 \cdot 10^8}$$

$$\Rightarrow \frac{f(t_0)}{1\,s} = 10 - \sqrt{\frac{4}{225} + \left[\frac{2}{3} - \frac{cos\left(\frac{t_0}{2\,s}\right)}{30}\right]^2}$$

Wählt man nun willkürlich den Startwert $t_0 = 0\,s$, so folgt hiermit durch Anwendung der Rekursionsvorschrift $t_{n+1} = f(t_n)$:

$$\begin{aligned}
t_1 &= 9.352783739\,s \\
t_2 &= 9.318954343\,s \\
t_3 &= 9.318401974\,s \\
t_4 &= 9.318392959\,s \\
t_5 &= 9.318392811\,s \\
t_6 &= 9.318392809\,s \\
t_7 &= 9.318392809\,s
\end{aligned}$$

Wir sehen also, daß die Folge gegen den Wert

$$t_x \approx 9.31839\,s$$

konvergiert.

2. Die Geschwindigkeit der Ladung ist durch

$$\frac{dz_L}{dt_0} = -a\,\omega\,sin(\omega t_0)$$

gegeben. Für die gegebenen Werte erreicht die Ladung also eine Maximalgeschwindigkeit von

$$a\,\omega = 5 \cdot 10^9\,\frac{m}{s}.$$

Dieser Wert ist größer als die Lichtgeschwindigkeit. Die Aufgabenstellung ist damit unphysikalisch. Außerdem wurde im Anhang 6.20 Konvergenz der Folge gegen den eindeutig bestimmten Wert t_x nur für den Fall $v < c_0$ gezeigt. Dies ist hier nicht gegeben, so daß die Folge nicht notwendigerweise konvergieren muß.

Lösung zu Übungsaufgabe 4.12

1. Die Größen c_0 und ϵ_0 haben in allen Inertialsystemen denselben Wert; sie sind Skalare, also invariante Größen. Dasselbe gilt für die Ladung Q, was in Abschnitt 4.11 gezeigt wurde. Lediglich die Beschleunigung $\vec{a}$ ist somit zu verallgemeinern. Ersetzt man sie durch den Vierervektor der Beschleunigung, so erhält man:

$$P = \frac{Q^2}{6\pi\epsilon_0 c_0^3} \vec{\mathbf{a}} \cdot \vec{\mathbf{a}} \qquad (7.170)$$

Mit Hilfe der Gleichungen (4.235) und (4.219) läßt sich diese Gleichung auch in die in der Physik üblichere Form

$$P = \frac{Q^2}{6\pi\epsilon_0 c_0^3 m_0^2} \frac{d\vec{\mathbf{p}}}{d\tau} \cdot \frac{d\vec{\mathbf{p}}}{d\tau}$$

bringen.

2. Gemäß Gleichung (4.235) gilt

$$\vec{\mathbf{a}} \cdot \vec{\mathbf{a}} = \left(\frac{d\vec{\mathbf{u}}}{d\tau}\right)^2.$$

Nimmt man die Definition der Eigenzeit (4.216) hinzu, so folgt

$$\vec{\mathbf{a}} \cdot \vec{\mathbf{a}} = \frac{1}{1 - \frac{u^2}{c_0^2}} \left(\frac{d\vec{\mathbf{u}}}{dt}\right)^2. \qquad (7.171)$$

Die Ableitung des Vierervektors der Geschwindigkeit erhält man aus Gleichung (4.217) mit Hilfe der Kettenregel:

$$\frac{d\vec{\mathbf{u}}}{dt} = \frac{\vec{a}\sqrt{1 - \frac{u^2}{c_0^2}} - (\vec{u} + jc_0\vec{g}_4)\frac{-\frac{2u}{c_0^2}\frac{du}{dt}}{2\sqrt{1 - \frac{u^2}{c_0^2}}}}{1 - \frac{u^2}{c_0^2}} =$$

$$= \frac{\vec{a}}{\sqrt{1 - \frac{u^2}{c_0^2}}} + (\vec{u} + jc_0\vec{g}_4)\frac{\vec{u} \cdot \vec{a}}{c_0^2\left(1 - \frac{u^2}{c_0^2}\right)^{3/2}}$$

Im letzten Schritt wurde die Beziehung (4.227) ausgenutzt. Quadrieren dieser Gleichung, d.h. Bildung des Skalarproduktes mit sich selbst, liefert:

$$\left(\frac{d\vec{\mathbf{u}}}{dt}\right)^2 = \frac{a^2}{1 - \frac{u^2}{c_0^2}} + (u^2 - c_0^2)\frac{(\vec{u} \cdot \vec{a})^2}{c_0^4\left(1 - \frac{u^2}{c_0^2}\right)^3} + 2\frac{(\vec{u} \cdot \vec{a})^2}{c_0^2\left(1 - \frac{u^2}{c_0^2}\right)^2} =$$

$$= \frac{a^2}{1 - \frac{u^2}{c_0^2}} + \frac{(\vec{u} \cdot \vec{a})^2}{c_0^2\left(1 - \frac{u^2}{c_0^2}\right)^2}$$

Setzt man dieses Ergebnis in Gleichung (7.171) ein, so folgt aus Gleichung (7.170):

$$P = \frac{Q^2}{6\pi\epsilon_0 c_0^3}\left(\frac{a^2}{\left(1-\frac{u^2}{c_0^2}\right)^2} + \frac{(\vec{u}\cdot\vec{a})^2}{c_0^2\left(1-\frac{u^2}{c_0^2}\right)^3}\right)$$

Dieses Ergebnis deckt sich mit Gleichung (4.345). In letzterer steht allerdings $\vec{v}$ anstelle von $\vec{u}$, da bei der Herleitung der Gleichung (4.281) von einer ruhenden Ladung in einem mit der Geschwindigkeit $\vec{v}$ bewegten Koordinatensystem ausgegangen wurde, während wir hier von einer mit der Geschwindigkeit $\vec{u}$ bewegten Ladung ausgegangen sind, ohne das Koordinatensystem zu wechseln.

3. Bei der relativistischen Verallgemeinerung von physikalischen Gleichungen muß sichergestellt sein, daß

    - die betrachtete Gleichung in einem Inertialsystem tatsächlich exakt gültig ist und
    - alle Größen der verallgemeinerten Gleichung invariant sind.

Der erste Punkt war durch die Gültigkeit von Gleichung (4.339) für momentan ruhende Ladungen erfüllt. Bezüglich des zweiten Punktes ist hervorzuheben, daß wir stillschweigend davon ausgegangen waren, daß die linke Seite von Gleichung (7.170), also die gesamte abgestrahlte Leistung, invariant gegenüber Lorentztransformationen ist. Ist nicht sichergestellt, daß alle Größen der verallgemeinerten Gleichung invariant — also Skalare, Vierervektoren oder Tensoren — sind, dann können natürlich willkürliche Ergebnisse entstehen. Strenggenommen hätten wir also vor der Lösung dieser Aufgabe zeigen müssen, daß P in der Tat invariant ist; da wir aber nun das richtige Ergebnis erhalten haben, können wir dies im nachhinein diagnostizieren.

Lösung zu Übungsaufgabe 4.13

1. Der vierdimensionale Ortsvektor des Beobachtungsortes sei

$$\vec{\mathbf{r}} = x\vec{g}_1 + y\vec{g}_2 + z\vec{g}_3 + jc_0 t\vec{g}_4$$

Die Punktladung bewege sich mit der Geschwindigkeit v entlang der z-Achse, so daß für ihren Ortsvektor gilt:

$$\vec{\mathbf{r}}_\mathbf{L} = vt_L\vec{g}_3 + jc_0 t_L\vec{g}_4$$

Somit folgt:
$$\vec{\mathbf{R}} = x\vec{g}_1 + y\vec{g}_2 + (z - vt_L)\vec{g}_3 + jc_0(t - t_L)\vec{g}_4 \qquad (7.172)$$

Beobachtungsort und -zeitpunkt sind fest, so daß die Differentiation nach der Zeit einer Ableitung nach t_L entspricht:

$$\dot{\vec{\mathbf{R}}} = \frac{\partial \vec{\mathbf{R}}}{\partial t_L} = -v\vec{g}_3 - jc_0\vec{g}_4 \qquad (7.173)$$

$$\ddot{\mathbf{R}} = 0 \tag{7.174}$$

2. Gleichung (4.356) lautet:

$$\mathbf{f}^{13} = \frac{Q}{2\pi^2} \int \frac{\mathbf{R}^3 \, \dot{\mathbf{R}}^1 - \mathbf{R}^1 \, \dot{\mathbf{R}}^3}{|\vec{\mathbf{R}}|^4} \, d\mathbf{x}_L^4$$

Einsetzen der Gleichungen (7.172) und (7.173) liefert:

$$\mathbf{f}^{13} = \frac{Q}{2\pi^2} \int \frac{-x\,(-v)}{[x^2 + y^2 + (z - vt_L)^2 - c_0^2(t - t_L)^2]^2} \, d\mathbf{x}_L^4$$

3. Nun gilt $\mathbf{x}_L^4 = jc_0 t_L$ bzw. $\frac{d\mathbf{x}_L^4}{dt_L} = jc_0$, so daß eine entsprechende Variablensubstitution liefert:

$$\mathbf{f}^{13} = \frac{Q}{2\pi^2} \int \frac{x\,v}{[x^2 + y^2 + (z - vt_L)^2 - c_0^2(t - t_L)^2]^2} \, jc_0 \, dt_L$$

Wir setzen nun als Abkürzung

$$\mathbf{f}^{13} = \frac{jc_0 x v Q}{2\pi^2} \xi \tag{7.175}$$

mit

$$\xi = \int \frac{1}{[x^2 + y^2 + (z - vt_L)^2 - c_0^2(t - t_L)^2]^2} \, dt_L. \tag{7.176}$$

Man beachte, daß die Integration nun über komplexe Werte der Zeit t_L durchzuführen ist. Dies soll uns jedoch nicht weiter stören, da es sich hier um eine rein mathematische Betrachtung handelt. Wichtig ist lediglich, daß in den endgültigen Formeln reelle Werte für die Zeit einzusetzen sind, da nur diese physikalisch sinnvoll sind. In Zwischenrechnungen sind komplexe Werte durchaus legitim.

Bei diesem Integral stört zunächst die Tatsache, daß die Integrationsvariable t_L im Nenner in zwei verschiedenen Klammern auftritt. Diesen Mißstand wollen wir nun beseitigen. Wir kürzen ab:

$$N = x^2 + y^2 + (z - vt_L)^2 - c_0^2(t - t_L)^2$$

und erhalten:

$$\begin{aligned} N &= x^2 + y^2 + z^2 - 2zvt_L + v^2 t_L^2 - c_0^2 t^2 + 2c_0^2 t t_L - c_0^2 t_L^2 \\ &= x^2 + y^2 + z^2 - c_0^2 t^2 + t_L(-2zv + 2c_0^2 t) - t_L^2(c_0^2 - v^2) \end{aligned}$$

Hier können wir nun eine quadratische Ergänzung vornehmen. Interpretiert man nämlich die beiden letzten Terme als

$$2AB - A^2,$$

so kann man sie durch Addition von $-B^2$ zu $-(A-B)^2$ ergänzen:

$$N = x^2 + y^2 + z^2 - c_0^2 t^2 - (A-B)^2 + B^2 \tag{7.177}$$

Wir müssen also nur noch B bestimmen. Offenbar gilt

$$AB = t_L(-zv + c_0^2 t) \tag{7.178}$$

sowie

$$A^2 = t_L^2(c_0^2 - v^2).$$

Daraus folgt

$$A = \pm t_L \sqrt{c_0^2 - v^2} \tag{7.179}$$

Setzt man dies in Gleichung (7.178) ein, so folgt weiter:

$$B = \pm \frac{c_0^2 t - zv}{\sqrt{c_0^2 - v^2}} \tag{7.180}$$

Wir setzen nun die Gleichungen (7.179) und (7.180) in Gleichung (7.177) ein und erhalten:

$$N = x^2 + y^2 + z^2 - c_0^2 t^2 - \left(t_L \sqrt{c_0^2 - v^2} - \frac{c_0^2 t - zv}{\sqrt{c_0^2 - v^2}} \right)^2 + \frac{(c_0^2 t - zv)^2}{c_0^2 - v^2}$$

Bevor wir dieses Ergebnis wieder in Gleichung (7.176) einsetzen, kürzen wir weiter ab:

$$N = a^2 - u^2$$

$$a^2 = x^2 + y^2 + z^2 - c_0^2 t^2 + \frac{(c_0^2 t - zv)^2}{c_0^2 - v^2} \tag{7.181}$$

$$u = t_L \sqrt{c_0^2 - v^2} - \frac{c_0^2 t - zv}{\sqrt{c_0^2 - v^2}} \tag{7.182}$$

Bei der letzten Gleichung handelt es sich um eine Variablensubstitution mit

$$\frac{du}{dt_L} = \sqrt{c_0^2 - v^2},$$

so daß aus Gleichung (7.176) folgt:

$$\xi = \frac{1}{\sqrt{c_0^2 - v^2}} \int \frac{du}{[a^2 - u^2]^2} \tag{7.183}$$

4. Gemäß Gleichung (7.181) gilt:

$$a = \pm\sqrt{x^2 + y^2 + z^2 - c_0^2 t^2 + \frac{(c_0^2 t - zv)^2}{c_0^2 - v^2}}$$

Um diesen Ausdruck auf die in der Aufgabenstellung gegebene Form zu bringen, formen wir ihn wie folgt um:

$$\begin{aligned}
a &= \pm\frac{1}{\sqrt{c_0^2 - v^2}}\sqrt{(c_0^2 - v^2)(x^2 + y^2 + z^2 - c_0^2 t^2) + (c_0^2 t - zv)^2} = \\
&= \pm\frac{\sqrt{(c_0^2 - v^2)(x^2 + y^2) + c_0^2 z^2 - c_0^4 t^2 - v^2 z^2 + v^2 c_0^2 t^2 + c_0^4 t^2 - 2c_0^2 vzt + z^2 v^2}}{\sqrt{c_0^2 - v^2}} = \\
&= \pm\frac{\sqrt{(c_0^2 - v^2)(x^2 + y^2) + c_0^2 z^2 + v^2 c_0^2 t^2 - 2c_0^2 vzt}}{\sqrt{c_0^2 - v^2}} = \\
&= \pm\frac{\sqrt{(c_0^2 - v^2)(x^2 + y^2) + c_0^2 (z - vt)^2}}{\sqrt{c_0^2 - v^2}}
\end{aligned}$$

Da im Integral ausschließlich a^2 auftritt, ist es gleichgültig, für welches Vorzeichen von a man sich entscheidet. Wir wählen deshalb:

$$a = \frac{\sqrt{(c_0^2 - v^2)(x^2 + y^2) + c_0^2 (z - vt)^2}}{\sqrt{c_0^2 - v^2}} \tag{7.184}$$

5. Offenbar hat der Integrand in Gleichung (7.183) bei $u = +a$ und $u = -a$ jeweils eine Singularität. Für $u = +a$ folgt mit Hilfe des Ergebnisses des letzten Ausgabenteils aus Gleichung (7.182):

$$\frac{1}{\sqrt{c_0^2 - v^2}}\sqrt{(c_0^2 - v^2)(x^2 + y^2) + c_0^2 (z - vt)^2} = t_L \sqrt{c_0^2 - v^2} - \frac{c_0^2 t - zv}{\sqrt{c_0^2 - v^2}}$$

$$\Rightarrow \sqrt{(c_0^2 - v^2)(x^2 + y^2) + c_0^2 (z - vt)^2} = t_L(c_0^2 - v^2) - (c_0^2 t - zv)$$

$$\begin{aligned}
\Rightarrow t_L(c_0^2 - v^2) &= \sqrt{(c_0^2 - v^2)(x^2 + y^2) + c_0^2 (z - vt)^2} + c_0^2 t - zv = \\
&= \sqrt{(c_0^2 - v^2)(x^2 + y^2) + c_0^2 (z - vt)^2} + (c_0^2 - v^2) t + (v^2 t - zv)
\end{aligned}$$

Man sieht nun, daß die Wurzel größer ist als $|c_0(z - vt)|$, was wiederum größer ist als der Betrag $|v(vt - z)|$ des letzten Terms. Somit entscheidet das Vorzeichen der Wurzel darüber, ob $t_L > t$ oder $t_L < t$ gilt. Im vorliegenden Fall führt $u = +a$ auf $t_L > t$, während $u = -a$ auf $t_L < t$ führt.

Die Singularität bei $\mathbf{x}_L^4 = \mathbf{x}_{L-}^4$ bzw. bei $t_x = t_L < t$, um die in mathematisch negativem Sinn zu integrieren ist, wird somit auf die Singularität bei $u = -a$ abgebildet. Man kann sich leicht davon überzeugen, daß bei den Transformationen von $\mathbf{x}_L^4$ über t_L zu u der Umlaufsinn erhalten bleibt.

Als Integrationsweg ist somit ein Umlauf um $u = -a$ mit mathematisch negativem Umlaufsinn zu wählen.

6. Um das gesuchte Integral in Gleichung (7.183) mit Hilfe des Residuensatzes zu berechnen, führt man eine Partialbruchzerlegung des Integranden

$$f(u) = \frac{1}{[a^2 - u^2]^2}$$

durch:

$$f(u) = \frac{A}{u-a} + \frac{B}{(u-a)^2} + \frac{C}{u+a} + \frac{D}{(u+a)^2}$$

Somit gilt:

$$\frac{1}{[a^2 - u^2]^2} = \frac{A}{u-a} + \frac{B}{(u-a)^2} + \frac{C}{u+a} + \frac{D}{(u+a)^2}$$

Beim Koeffizienten C handelt es sich um den gesuchten Koeffizienten, nämlich das Residuum von $f(u)$ an der Stelle $u = -a$; der Vollständigkeit halber sollen aber alle Koeffizienten bestimmt werden.

Hierzu multiplizieren wir die letzte Gleichung mit $(u-a)^2(u+a)^2 = (u^2 - a^2)^2$:

$$1 = A(u-a)(u+a)^2 + B(u+a)^2 + C(u+a)(u-a)^2 + D(u-a)^2 \qquad (7.185)$$

Man könnte nun alle Klammern ausmultiplizieren, um die Koeffizienten von u^0, u^1, u^2 und u^3 zu bestimmen. Ein Koeffizientenvergleich führte dann auf 4 Gleichungen mit den vier Unbekannten A, B, C und D. Dieser Weg ist jedoch aufwendig, so daß wir nun einen Trick anwenden. Die letzte Gleichung muß nämlich für alle u gelten, also auch für $u = a$ und $u = -a$. Setzt man diese Werte ein, so erhält man

$$1 = B(2a)^2$$

bzw.

$$1 = D(-2a)^2.$$

Damit erhält man:

$$B = D = \frac{1}{4a^2}$$

Mit etwas Glück hätte man den gesuchten Koeffizienten C erhalten, was leider nicht passiert ist. Wir benötigen also noch einen weiteren Trick, der darin besteht, daß man Gleichung (7.185) nach u ableitet:

$$0 = A((u+a)^2 + (u-a)2(u+a)) + B2(u+a) + C((u-a)^2 + (u+a)2(u-a)) + D2(u-a)$$

Auch diese Gleichung muß für alle u gültig sein. Wir setzen also wieder $u = a$ bzw. $u = -a$ und erhalten:

$$0 = A(2a)^2 + B4a \Rightarrow A = -B/a$$

$$0 = C(-2a)^2 - D4a \Rightarrow C = D/a$$

Wir setzen die Ergebnisse

$$B = D = \frac{1}{4a^2}$$

von oben ein und erhalten

$$A = -\frac{1}{4a^3}$$

bzw.

$$C = \frac{1}{4a^3}.$$

Das Residuum von $f(u)$ an der Stelle $u = -a$ ist also offenbar gleich $\frac{1}{4a^3}$. Das gesuchte Umlaufintegral erhält man nun wegen des Residuensatzes unter Berücksichtigung des mathematisch negativen Umlaufsinnes durch Multiplikation mit $-2\pi j$:

$$\int \frac{du}{[a^2 - u^2]^2} = \frac{-2\pi j}{4a^3} = \frac{-\pi j}{2a^3} \tag{7.186}$$

7. Aus den Ergebnissen (7.183), (7.184) und (7.186) folgt:

$$\xi = \frac{1}{\sqrt{c_0^2 - v^2}} \frac{-\pi j}{2} \frac{\sqrt{c_0^2 - v^2}^3}{\sqrt{(c_0^2 - v^2)(x^2 + y^2) + c_0^2(z - vt)^2}^3}$$

$$\Rightarrow \xi = -\frac{j\pi}{2\sqrt{c_0^2 - v^2}\left[x^2 + y^2 + \frac{(z-vt)^2}{1-\frac{v^2}{c_0^2}}\right]^{3/2}} \tag{7.187}$$

Setzt man dies in Gleichung (7.175) ein, so folgt schließlich:

$$\mathbf{f}^{13} = \frac{xvQ}{4\pi} \frac{1}{\sqrt{1-\frac{v^2}{c_0^2}}\left[x^2 + y^2 + \frac{(z-vt)^2}{1-\frac{v^2}{c_0^2}}\right]^{3/2}} \tag{7.188}$$

Gemäß Gleichung (4.85) gilt $\mathbf{f}^{13} = H_y$:

$$H_y = \frac{xvQ}{4\pi} \frac{1}{\sqrt{1-\frac{v^2}{c_0^2}} \left[x^2 + y^2 + \frac{(z-vt)^2}{1-\frac{v^2}{c_0^2}}\right]^{3/2}} \tag{7.189}$$

8. Betrachtet man nun Gleichung (4.356), so ist klar, daß $\mathbf{f}^{ik}$ gleich null ist, wenn sowohl i als auch k gleich 1 oder 2 sind. In diesem Fall sind nämlich sowohl $\dot{\mathbf{R}}^i$ als auch $\dot{\mathbf{R}}^k$ gleich null. Es gilt also:

$$\mathbf{f}^{11} = \mathbf{f}^{12} = \mathbf{f}^{21} = \mathbf{f}^{22} = 0$$

Gemäß Gleichung (4.85) ist dies äquivalent zur Aussage

$$H_z = 0. \tag{7.190}$$

Nun widmen wir uns dem nächsten Koeffizienten $\mathbf{f}^{14}$. Gemäß Gleichung (4.356) gilt unter Berücksichtigung der Gleichungen (7.172) bis (7.173):

$$\begin{aligned}
\mathbf{f}^{14} &= \frac{Q}{2\pi^2} \int \frac{\mathbf{R}^4 \dot{\mathbf{R}}^1 - \mathbf{R}^1 \dot{\mathbf{R}}^4}{|\vec{\mathbf{R}}|^4} d\mathbf{x}_L^4 = \\
&= \frac{Q}{2\pi^2} \int \frac{-x(-jc_0)}{[x^2 + y^2 + (z-vt_L)^2 - c_0^2(t-t_L)^2]^2} jc_0 \, dt_L = \\
&= -\frac{c_0^2 xQ}{2\pi^2} \xi
\end{aligned}$$

Wegen Gleichung (4.85) gilt $\mathbf{f}^{14} = jc_0 D_x$, so daß unter Berücksichtigung von Gleichung (7.187) gilt:

$$D_x = -\frac{c_0 xQ}{j2\pi^2} \xi = \frac{xQ}{4\pi} \frac{1}{\sqrt{1-\frac{v^2}{c_0^2}} \left[x^2 + y^2 + \frac{(z-vt)^2}{1-\frac{v^2}{c_0^2}}\right]^{3/2}} \tag{7.191}$$

Der nächste betrachtete Koeffizient ist $\mathbf{f}^{23}$. Gemäß Gleichung (4.356) gilt unter Berücksichtigung der Gleichungen (7.172) bis (7.173):

$$\begin{aligned}
\mathbf{f}^{23} &= \frac{Q}{2\pi^2} \int \frac{\mathbf{R}^3 \dot{\mathbf{R}}^2 - \mathbf{R}^2 \dot{\mathbf{R}}^3}{|\vec{\mathbf{R}}|^4} d\mathbf{x}_L^4 = \\
&= \frac{Q}{2\pi^2} \int \frac{-y(-v)}{[x^2 + y^2 + (z-vt_L)^2 - c_0^2(t-t_L)^2]^2} jc_0 \, dt_L = \\
&= \frac{jc_0 yvQ}{2\pi^2} \xi
\end{aligned}$$

Wegen Gleichung (4.85) gilt $\mathbf{f}^{23} = -H_x$, so daß unter Berücksichtigung von Gleichung (7.187) gilt:

$$H_x = -\frac{jc_0yvQ}{2\pi^2}\xi = -\frac{yvQ}{4\pi}\frac{1}{\sqrt{1-\frac{v^2}{c_0^2}}\left[x^2+y^2+\frac{(z-vt)^2}{1-\frac{v^2}{c_0^2}}\right]^{3/2}} \quad (7.192)$$

Der vorletzte betrachtete Koeffizient ist $\mathbf{f}^{24}$. Gemäß Gleichung (4.356) gilt unter Berücksichtigung der Gleichungen (7.172) bis (7.173):

$$\begin{aligned}
\mathbf{f}^{24} &= \frac{Q}{2\pi^2}\int \frac{\mathbf{R}^4\,\dot{\mathbf{R}}^2 - \mathbf{R}^2\,\dot{\mathbf{R}}^4}{|\vec{\mathbf{R}}|^4}\,d\mathbf{x}_L^4 = \\
&= \frac{Q}{2\pi^2}\int \frac{-y\,(-jc_0)}{[x^2+y^2+(z-vt_L)^2-c_0^2(t-t_L)^2]^2}\,jc_0\,dt_L = \\
&= \frac{-c_0^2 y Q}{2\pi^2}\xi
\end{aligned}$$

Wegen Gleichung (4.85) gilt $\mathbf{f}^{24} = jc_0 D_y$, so daß unter Berücksichtigung von Gleichung (7.187) gilt:

$$D_y = -\frac{c_0 yQ}{j2\pi^2}\xi = \frac{yQ}{4\pi}\frac{1}{\sqrt{1-\frac{v^2}{c_0^2}}\left[x^2+y^2+\frac{(z-vt)^2}{1-\frac{v^2}{c_0^2}}\right]^{3/2}} \quad (7.193)$$

Schließlich ist der Koeffizient $\mathbf{f}^{34}$ zu berechnen. Gemäß Gleichung (4.356) gilt unter Berücksichtigung der Gleichungen (7.172) und (7.173):

$$\begin{aligned}
\mathbf{f}^{34} &= \frac{Q}{2\pi^2}\int \frac{\mathbf{R}^4\,\dot{\mathbf{R}}^3 - \mathbf{R}^3\,\dot{\mathbf{R}}^4}{|\vec{\mathbf{R}}|^4}\,d\mathbf{x}_L^4 = \\
&= \frac{Q}{2\pi^2}\int \frac{jc_0(t-t_L)(-v) - (z-vt_L)(-jc_0)}{[x^2+y^2+(z-vt_L)^2-c_0^2(t-t_L)^2]^2}\,jc_0\,dt_L = \\
&= \frac{Q}{2\pi^2}\int \frac{-jc_0vt + jc_0z}{[x^2+y^2+(z-vt_L)^2-c_0^2(t-t_L)^2]^2}\,jc_0\,dt_L = \\
&= \frac{-c_0^2(z-vt)Q}{2\pi^2}\xi
\end{aligned}$$

Wegen Gleichung (4.85) gilt $\mathbf{f}^{34} = jc_0 D_z$, so daß unter Berücksichtigung von Gleichung (7.187) gilt:

$$D_z = -\frac{c_0(z-vt)Q}{j2\pi^2}\xi = \frac{(z-vt)Q}{4\pi}\frac{1}{\sqrt{1-\frac{v^2}{c_0^2}}\left[x^2+y^2+\frac{(z-vt)^2}{1-\frac{v^2}{c_0^2}}\right]^{3/2}} \qquad (7.194)$$

Aufgrund der Antisymmetriebeziehung $\mathbf{f}^{ik} = -\mathbf{f}^{ki}$ sind damit alle Komponenten des Tensors $\mathbf{f}$ bestimmt.

Wir fassen nun die Ergebnisse (7.191), (7.193) und (7.194) zusammen und erhalten:

$$\vec{D} = \frac{Q}{4\pi}\frac{x\vec{e}_x + y\vec{e}_y + (z-vt)\vec{e}_z}{\sqrt{1-\frac{v^2}{c_0^2}}\left[x^2+y^2+\frac{(z-vt)^2}{1-\frac{v^2}{c_0^2}}\right]^{3/2}}$$

Ebenso fassen wir die Ergebnisse (7.192), (7.189) und (7.190) zusammen und erhalten:

$$\vec{H} = \frac{vQ}{4\pi}\frac{x\vec{e}_y - y\vec{e}_x}{\sqrt{1-\frac{v^2}{c_0^2}}\left[x^2+y^2+\frac{(z-vt)^2}{1-\frac{v^2}{c_0^2}}\right]^{3/2}}$$

Ein Vergleich mit Gleichung (4.134) bzw. (4.135) zeigt, daß unser Ergebnis richtig ist.

Lösung zu Übungsaufgabe 6.1

1. Der Nenner im Falle gerader Raumdimensionen n lautet:

$$2 \cdot 4 \cdot 6 \cdots (n-4) \cdot (n-2) \cdot n$$

Er erinnert an die Fakultät, wobei jedoch offenbar jeder zweite Faktor fehlt. Wenn man jeden vorhandenen Faktor durch 2 dividiert, so erhält man tatsächlich eine Fakultät, nämlich:

$$1 \cdot 2 \cdot 3 \cdots \left(\frac{n}{2}-2\right)\cdot\left(\frac{n}{2}-1\right)\cdot\frac{n}{2} = \left(\frac{n}{2}\right)!$$

Insgesamt liegen $n/2$ Faktoren vor, so daß eine Division jedes einzelnen Faktors durch 2 mit einer Division des Nenners durch $2^{n/2}$ gleichzusetzen ist. Der Nenner läßt sich deshalb darstellen als

$$2 \cdot 4 \cdot 6 \cdots (n-4) \cdot (n-2) \cdot n = 2^{n/2}\left(\frac{n}{2}\right)! \qquad (7.195)$$

Damit gilt für gerade n:
$$V_n(r) = r^n \frac{(2\pi)^{n/2}}{2^{n/2}\left(\frac{n}{2}\right)!} = r^n \frac{\pi^{n/2}}{\left(\frac{n}{2}\right)!}$$

Aufgrund der Hinweise gilt
$$\left(\frac{n}{2}\right)! = \Gamma\left(\frac{n}{2}+1\right) = \frac{n}{2}\Gamma\left(\frac{n}{2}\right),$$

so daß man die gesuchte Formel erhält:
$$V_n(r) = r^n \frac{2\,\pi^{n/2}}{n\,\Gamma\left(\frac{n}{2}\right)}$$

2. Für ungerade n lautet der Nenner in Gleichung (6.123):
$$3 \cdot 5 \cdot 7 \cdots (n-4) \cdot (n-2) \cdot n$$

Dieser Ausdruck erinnert wieder an die Fakultät. Die fehlenden Faktoren erhält man, wenn man in Gleichung (7.195) n durch $n-1$ ersetzt. Dividiert man also $n!$ durch den hierdurch entstehenden Ausdruck, so erhält man zwangsläufig den gesuchten Ausdruck für den Nenner:
$$3 \cdot 5 \cdot 7 \cdots (n-4) \cdot (n-2) \cdot n = \frac{n!}{2^{(n-1)/2}\left(\frac{n-1}{2}\right)!}$$

Aus Gleichung (6.123) folgt damit:
$$V_n(r) = 2r^n \frac{(2\pi)^{(n-1)/2}\,2^{(n-1)/2}\left(\frac{n-1}{2}\right)!}{n!} = r^n \frac{2^n\,\pi^{(n-1)/2}\left(\frac{n-1}{2}\right)!}{n!}$$

Mit dem Hinweis $n! = \Gamma(n+1)$ erhält man:
$$V_n(r) = r^n \frac{2^n\,\pi^{(n-1)/2}\,\Gamma\left(\frac{n+1}{2}\right)}{\Gamma(n+1)} \tag{7.196}$$

3. In dieser Gleichung kommt die Gammafunktion sowohl mit dem Argument $x = (n+1)/2$ als auch mit dem doppelten Argument $n+1$ vor. Dies animiert uns zur Anwendung des Legendreschen Verdopplungssatzes:
$$\frac{\Gamma(x)}{\Gamma(2x)} = \frac{\sqrt{\pi}}{2^{2x-1}\,\Gamma\left(x+\frac{1}{2}\right)}$$

Es gilt also:
$$\frac{\Gamma\left(\frac{n+1}{2}\right)}{\Gamma(n+1)} = \frac{\sqrt{\pi}}{2^n\,\Gamma\left(\frac{n}{2}+1\right)}$$

Setzt man dies in Gleichung (7.196) ein, so folgt weiter:

$$V_n(r) = r^n \frac{2^n\, \pi^{(n-1)/2}\, \sqrt{\pi}}{2^n\, \Gamma\left(\frac{n}{2}+1\right)} = r^n \frac{\pi^{n/2}}{\Gamma\left(\frac{n}{2}+1\right)}$$

Mit dem Hinweis $\Gamma(x+1) = x\, \Gamma(x)$ ergibt sich schließlich:

$$V_n(r) = r^n \frac{2\, \pi^{n/2}}{n\, \Gamma\left(\frac{n}{2}\right)} \qquad (7.197)$$

Wir erhalten also tatsächlich dasselbe Ergebnis wie in Aufgabenteil 1. Gegenüber Gleichung (6.123) hat diese Darstellung somit den Vorteil, daß keine Fallunterscheidung für gerade und ungerade Raumdimensionen n nötig ist.

4. Am Ende von Abschnitt 6.22 wurde festgestellt, daß man das Kugelvolumen aus der Kugeloberfläche durch Integration über r erhält. Konsequenterweise leiten wir deshalb Gleichung (7.197) nach r ab, um die Kugeloberfläche zu erhalten. Damit folgt:

$$A_n(r) = r^{n-1} \frac{2\, \pi^{n/2}}{\Gamma\left(\frac{n}{2}\right)}$$

Kapitel 8

Literatur

Das Literaturverzeichnis dieses Buches stellt nur eine kleine Auswahl dar, um für den Leser überschaubar zu bleiben. Es wurde versucht, für jeden behandelten Aspekt ein bis zwei Referenzen anzugeben, so daß viele andere gute Darstellungen unberücksichtigt bleiben. Auch ältere Bücher wurden bewußt aufgenommen, da diese oft prinzipielle Probleme intensiver diskutieren, die die verschiedenen Theorien der theoretischen Physik mit sich brachten.

Mathematische Grundlagen Als Nachschlagewerk und mathematische Formelsammlung kann das „Taschenbuch der Mathematik" [5] dienen. Einige in den Ingenieurwissenschaften benötigte mathematische Gebiete, die in anderen Büchern oft nicht dargestellt werden, sind in „Höhere Mathematik für Ingenieure" [1] zu finden. Auch das mehrbändige Werk „Lehrgang der höheren Mathematik" [14] enthält eine ausführliche Darstellung wichtiger mathematischer Zusammenhänge. Eine fundierte, aber trotzdem sehr anwendungsbezogene Darstellung der Distributionentheorie findet man in [2].

Feldtheoretische Grundlagen Die Grundlagen der elektromagnetischen Feldtheorie sind in „Elektromagnetische Feldtheorie für Ingenieure und Physiker" [10] sehr ausführlich dargestellt. Die „Theoretische Elektrotechnik und Elektronik" [15] stellt außerdem Bezüge zu anderen Gebieten der Elektrotechnik her. Für einen Überblick über die Feldtheorie ist die „Begriffswelt der Feldtheorie" [6] gut geeignet; hier werden auch numerische Methoden erläutert und Ausblicke auf andere Gebiete der Physik gewährt.

Tensoren Eine ausführliche Darstellung des Tensorkalküls ist in „Vektoren, Tensoren, Spinoren" [16] zu finden. Eine kompaktere Form stellt die „Tensorrechnung für Ingenieure" [17] dar.

Lorentztransformation und Relativitätstheorie In „Vorlesungen über theoretische Physik" [8] sind die Grundlagen der speziellen Relativitätstheorie erklärt, wobei Band 1 auf die Mechanik eingeht, während in Band 3 die Elektrodynamik inklusive ihrer vierdimensionalen Form behandelt wird. Stärker auf die Relativitätstheorie konzentriert ist die „Theorie von Raum, Zeit und Gravitation" [13], in der auch die Brücke zur allgemeinen Relativitätstheorie geschlagen wird. Das Lehrbuch „Einführung in die spezielle und allgemeine Relativitätstheorie" [12] zeichnet sich durch die enge Verbindung von solider Theorie mit experimenteller Untermauerung aus. Nicht zuletzt seien die gut verständlichen, kompakt dargestellten „Grundzüge der Relativitätstheorie" [7] von Albert Einstein, dem Schöpfer dieser Theorie, erwähnt.

Elektrodynamik und andere Gebiete der theoretischen Physik Ein hervorragendes Grundlagen-Buch ist „Theoretische Physik" [11], in dem verschiedene Gebiete der theoretischen Physik kompakt und verständlich dargestellt sind. Trotz der Abdeckung mehrerer Fachgebiete enthält der Band viele Ideen, die in vergleichbaren Werken nicht zu finden sind, und ist deshalb als Einführung in weiterleitende Gebiete wie z. B. die allgemeine Relativitätstheorie empfehlenswert. In „Elektrodynamik" [9] wird besonderer Wert auf die mikroskopischen Ursachen makroskopischer Einflüsse gelegt. Die vierdimensionale, invariante Darstellung der Theorie basiert hier zwar auf dem Gaußschen Maßsystem, es sind aber Hinweise zur Überführung in das internationale Maßsystem mit den SI-Einheiten vorhanden. Das gleichnamige Buch „Elektrodynamik" [4] basiert auch auf dem cgs-System. Es stellt zahlreiche Bezüge zur Optik her. Ein Standardwerk der Physik ist die „Klassische Elektrodynamik" [3]. Die Menge der darin analysierten physikalischen Phänomene rund um die Elektrodynamik ist äußerst umfangreich.

Literaturverzeichnis

[1] K. Burg, H. Haf und F. Wille: „Höhere Mathematik für Ingenieure", B. G. Teubner, Stuttgart, 2002. (Bd. I: 5. Aufl. 2001, Bd. II: 4. Aufl. 2002, Bd. III: 4. Aufl. 2002, Bd. IV: 2. Aufl. 1994, Bd. V: 2. Aufl. 1993).

[2] I. M. Gelfand und G. E. Schilow: „Verallgemeinerte Funktionen (Distributionen)", Band 1. Deutscher Verlag der Wissenschaften, Berlin, 1960.

[3] J. D. Jackson: „Klassische Elektrodynamik", Walter de Gruyter, Berlin, New York, 3. Auflage, 2002.

[4] T. Fließbach: „Elektrodynamik", Bibliographisches Institut & F. A. Brockhaus AG, Mannheim, Leipzig, Wien, Zürich, 1994.

[5] I. N. Bronstein und K. A. Semendjajew: „Taschenbuch der Mathematik", Verlag Harri Deutsch, Thun und Frankfurt am Main, 24. Auflage, 1989.

[6] A. J. Schwab: „Begriffswelt der Feldtheorie", Springer-Verlag, Berlin, Heidelberg, New York, Barcelona, Hongkong, London, Mailand, Paris, Tokio, 6. Auflage, 2002.

[7] A. Einstein: „Grundzüge der Relativitätstheorie", Springer-Verlag, Berlin, Heidelberg, New York, Barcelona, Hongkong, London, Mailand, Paris, Tokio, 6. Auflage, 2002.

[8] A. Sommerfeld: „Vorlesungen über theoretische Physik", Dieterich'sche Verlagsbuchhandlung, Wiesbaden, 1948.

[9] H. Mitter: „Elektrodynamik", Bibliographisches Institut & F. A. Brockhaus AG, Mannheim, Wien, Zürich, 2. Auflage, 1990.

[10] G. Lehner: „Elektromagnetische Feldtheorie für Ingenieure und Physiker", Springer-Verlag, Berlin, Heidelberg, New York, Barcelona, Budapest, Hongkong, London, Mailand, Paris, Santa Clara, Singapur, Tokio, 3. Auflage, 1996.

[11] E. Rebhan: „Theoretische Physik", Band 1. Spektrum Akademischer Verlag, Heidelberg, Berlin, 1. Auflage, 1999.

[12] H. Goenner: „Einführung in die spezielle und allgemeine Relativitätstheorie", Spektrum Akademischer Verlag, Heidelberg, Berlin, Oxford, 1. Auflage, 1996.

[13] V. Fock: „Theorie von Raum, Zeit und Gravitation", Akademie-Verlag, Berlin, 1960.

[14] W. I. Smirnow: „Lehrgang der höheren Mathematik", Deutscher Verlag der Wissenschaften, Berlin, 1955.

[15] K. Küpfmüller und G. Kohn: „Theoretische Elektrotechnik und Elektronik", Springer-Verlag, Berlin, Heidelberg, New York, Barcelona, Hong Kong, London, Mailand, Paris, Singapur, Tokio, 15. Auflage, 2000.

[16] S. Kästner: „Vektoren, Tensoren, Spinoren", Akademie-Verlag, Berlin, 1960.

[17] E. Klingbeil: „Tensorrechnung für Ingenieure", Bibliographisches Institut & F. A. Brockhaus AG, Mannheim, Wien, Zürich, 1989.

Tabellenverzeichnis

1.1	Mehrfache Anwendung von Differentialoperatoren	5
1.2	Integrale über räumliche Bereiche und Integralsätze	30
1.3	Grundlegende Gleichungen der Feldtheorie	50
1.4	Fünfkomponentenwellen	69
1.5	Potentialansätze	71
1.6	Analogie zwischen Elektrostatik, Magnetostatik und stationärem Strömungsfeld	71
1.7	Grundlösung der Poissongleichung, Spiegelungsmethode	95
2.1	Transformation verschiedener Ausdrücke von der z-Ebene in die w-Ebene	151
2.2	Vollständiges elliptisches Integral erster Gattung	158
3.1	Metrikkoeffizienten und Basisvektoren	196
3.2	Gradient, Divergenz und Rotation	213
3.3	Kartesische Koordinaten, Zylinder- und Kugelkoordinaten	221
3.4	Einheitsvektoren in kartesischen Koordinaten, Zylinder- und Kugelkoordinaten	222
3.5	Differentialoperatoren in kartesischen Koordinaten, Zylinder- und Kugelkoordinaten	223
3.6	Transformationsverhalten von Vektoren und Metrikkoeffizienten	229
3.7	Eigenschaften der kovarianten Ableitung	238
3.8	Differentialoperatoren	241
3.9	Invariante Darstellung von Produkten	247
3.10	Kovariante Ableitung von Tensoren zweiter Stufe	271
3.11	Rechenregeln für die Komponenten von Tensoren beliebiger Stufe	277

3.12 Möglichkeiten bei der Anwendung von Differentialoperatoren auf Produkte . . . 299

3.13 Anwendung von Differentialoperatoren auf Produkte 305

3.14 Orthogonale Transformation 305

4.1 Lorentztransformation 340

4.2 Transformation der Feldkomponenten 358

4.3 Induktionsgesetze für $v \ll c_0$ 401

4.4 Relativistische Mechanik 433

4.5 Vierdimensionale Maxwellgleichungen 436

4.6 Bewegte Punktladung 450

Naturkonstanten

Dielektrizitätskonstante des Vakuums	$\epsilon_0 = 8.854187817 \cdot 10^{-12} \, \frac{As}{Vm}$
Permeabilitätskonstante des Vakuums	$\mu_0 = 4\pi \cdot 10^{-7} \, \frac{Vs}{Am}$
Vakuumlichtgeschwindigkeit	$c_0 = 2.99792458 \cdot 10^8 \, \frac{m}{s}$
Ruhemasse des Elektrons	$m_e = 9.1094 \cdot 10^{-31} \, kg$
Ruhemasse des Protons	$m_p = 1.67262 \cdot 10^{-27} \, kg$
Ruhemasse des Neutrons	$m_n = 1.67493 \cdot 10^{-27} \, kg$
Atomare Masseneinheit	$m_u = 1.66054 \cdot 10^{-27} \, kg$
Elementarladung	$e = 1.6022 \cdot 10^{-19} \, C$

Index

Abbildung
  der reellen Achse auf Polygone, 153–163
  konforme, *siehe* Konforme Abbildung
  kontrahierende, *siehe* Kontrahierende Abbildung
  von Polygonen auf die reelle Achse, 153–163
Abendrot, 468–469
Ableitung
  kontravariante, *siehe* Kontravariante Ableitung
  kovariante, *siehe* Kovariante Ableitung
  partielle, *siehe* Partielle Ableitung
  Richtungs-, 27–29
  von Determinanten, 547–548
  von Integralen, *siehe* Parameterintegral, Ableitung
  von Vektorfeldern, 2–29
Ableitungsbelag, 122–124
  und Induktivitätsbelag, 172–173
  und Kapazitätsbelag, 172–173
Ablenkung
  von Lichtstrahlen, 542
  von Teilchenstrahlen, 103–104
Abstand
  Invarianz
    bei orthogonaler Transformation, 545–547
Abstrahlung, *siehe* Strahlungsverluste
Addition, *siehe* Summe
Additionstheorem
  der Geschwindigkeiten, 334–337
Adjunkte, 548
Allgemeine Lorentztransformation, 314–315
Allgemeine Relativitätstheorie, 542
Allgemeingültigkeit
  der Maxwellgleichungen, 40, 81, 362
  des Induktionsgesetzes, 401–402
Analogie
  von Magnetostatik und Elektrostatik, 61
  von stationärem Strömungsfeld und Elektrostatik, 58
Analysis
  Vektor-, 2–29
Analytische Funktion, 139–140, 518–524
  Polynom, 523–524
  Potenzfunktion, 518–519
  Produkt, 521–522
  Rationale Funktion, 523–524
  Summe, 520–521
  Umkehrfunktion, 514–516
  Verkettung, 522–523
Anisotropie, 37
Anordnung
  komplementäre, 166
Ansatz
  Potential-, *siehe* Potentialansatz
  Separations-, *siehe* Separationsansatz
Antenne, 451
Antennentheorie, 166
Antisymmetrischer Tensor, 349
  vollständig, *siehe* Vollständig antisymmetrischer Tensor
Äquipotentialfläche, 53, 92–94
Äquivalente Leitschichtdicke, 70–72, 76
Äquivalenz
  von Masse und Energie, 426–428
Assoziativgesetz, 281, 285, 287
  bei der Einsteinschen Summationskonvention, 528–530
Aufgaben
  Lösung, 573 ff
Ausbreitungsfähige Welle, 66–67
Ausbreitungskonstante, 174
Ausfallswinkel, 77
Außenraumproblem, 53–55
Äußere Induktivität, 122

Avanciertes Potential, 90, 444

Babinetsches Prinzip, 166
Banachscher Fixpunktsatz, 560–562
Bandleitung, 123–124, 358–362
　als bewegter Plattenkondensator, 358–362
　Induktivitätsbelag, 123–124
　Kapazitätsbelag, 123–124
Basisvektor
　eines krummlinigen Koordinatensystems, 502
　kontravarianter, *siehe* Kontravarianter Basisvektor
　kovarianter, *siehe* Kovarianter Basisvektor
Transformation
　bei konformer Abbildung, 516–517
　in krummlinige Koordinaten, 225–227
Bauelemente
　konzentrierte, 116
Belag
　Ableitungs-, *siehe* Ableitungsbelag
　Induktivitäts-, *siehe* Induktivitätsbelag
　Kapazitäts-, *siehe* Kapazitätsbelag
　Ladungs-, *siehe* Ladungsbelag
　Widerstands-, *siehe* Widerstandsbelag
Beschleunigte Punktladung
　Abstrahlung, *siehe* Strahlungsverluste
　elektrisches Feld, 449–450
　elektromagnetisches Feld, 441–444, 446–450
　magnetisches Feld, 446–448
　Viererpotential, 438–441
Beschleunigung
　Transformation, 338–339
　Vierervektor, 428–429
Beugung, 78
Bewegte Integrationsfläche, 387–393
Bewegte Körper
　Induktionsgesetz, 378–402
Bewegte Ladung, *siehe* Bewegte Punktladung
Bewegte Punktladung
　elektrisches Feld, 365–367, 449–450
　elektromagnetisches Feld, 365–367, 441–444, 446–450
　magnetisches Feld, 365–367, 446–448
　und Biot-Savartsches Gesetz, 373–378
　Viererpotential, 438–441
Bewegter Plattenkondensator
　als Bandleitung, 358–362
Bewegung
　gleichförmige, 316
Bewegungsgleichung, 474
Bildladung, *siehe* Spiegelladung
Biot-Savartsches Gesetz, 367–373
　und bewegte Ladungen, 373–378
Blauer Himmel, *siehe* Himmelsblau
Blauverschiebung, 329
Brechungsgesetz, 78

Cauchy-Riemannsche Differentialgleichungen, 139–140
Christoffelsymbol, 207–211
　Transformationsverhalten, 235–236
Coulomb-Eichung, 60
Cut-Off-Frequenz, 66–67

Dämpfungskonstante, 174
Darstellung
　invariante, *siehe* Invariante Darstellung
Dauermagnet, *siehe* Permanentmagnet
Delta-Distribution
　Diracsche, *siehe* Diracsche Delta-Distribution
Delta-Funktion
　Diracsche, *siehe* Diracsche Delta-Distribution
Determinante, 547–548
　Ableitung, 547–548
　Adjunkte, *siehe* Adjunkte
　Funktional-, 24–25
　Laplacescher Entwicklungssatz, *siehe* Laplacescher Entwicklungssatz
　und Spatprodukt, 503
　Unter-, *siehe* Unterdeterminante
Dielektrische Medien, 362–364
Dielektrische Verschiebungsdichte, *siehe* Elektrische Verschiebungsdichte
Dielektrizitätskonstante, 37
　effektive, *siehe* Effektive Dielektrizitätskonstante
　komplexe, *siehe* Komplexe Dielektrizitätskonstante

INDEX

Differential- und Integralform
  der Maxwellgleichungen, 81
Differential- und Integralrechnung
  Hauptsatz, 508–509
Differentialform
  der Maxwellschen Gleichungen, 36–38
Differentialoperatoren, 2–3
  Anwendung auf Produkte, 299–303
  Linearität, 4
  mehrfache Anwendung, 4–7, 294–298
  Transformation, 7–19
Differentiation, *siehe* Ableitung
Dilatation
  Zeit-, *siehe* Zeitdilatation
Dipol
  Elementar-, *siehe* Elementardipol
  Hertzscher, *siehe* Hertzscher Dipol
  magnetischer, 102–104
Diracsche Delta-Distribution, 30–34, 83–85, 88–90
  angewandt auf Funktionen, 33–34
  dreidimensionale, 83
Diracsche Delta-Funktion, *siehe* Diracsche Delta-Distribution
Dirichletsche Randbedingung, 53–57
Dirichletsches Randwertproblem, 53–57
Distribution, 30–34
  Diracsche Delta-, *siehe* Diracsche Delta-Distribution
  reguläre, 31
  singuläre, 31
Distributivgesetz, 281, 285, 287
  bei der Einsteinschen Summationskonvention, 528–530
div, *siehe* Divergenz
Div, *siehe* Divergenz, eines Tensors zweiter Stufe
$div\, grad$, 5–6
$Div\, Grad$, 296–297
$div\, rot$, 6
$div(\vec{A} \times \vec{B})$, 301–302
$div(\varphi\, \vec{V})$, 304
Divergenz
  als Tensor, 543–544
  als Tensor nullter Stufe, 260
  eines Tensors beliebiger Stufe, 293
  eines Tensors zweiter Stufe, 280, 293
  eines Vektorfeldes, 3
  eines Vektorproduktes, 301–302
  Heben und Senken von Indizes, 543–544
  in krummlinigen Koordinaten, 205–209
  in Kugelkoordinaten, 14–16, 211–213
  in Zylinderkoordinaten, 213, 219
  mit kovarianter Ableitung, 240
  mit Nablaoperator, 290
  Transformationsverhalten, 543–544
Doppelschicht, 42
Dopplereffekt, 326–333
Drahtschleife, *siehe* Leiterschleife
Drehmatrix, 309–311
Drehung, 311
  bei der Lorentztransformation, *siehe* Lorentztransformation, Drehungen
Dreibandleitung
  koplanare, *siehe* Koplanare Dreibandleitung
Dreiecksungleichung, 561
Dreiervektor, 341
Dualer Tensor, 363, 556–560
Dualität
  elektrisches und magnetisches Feld, 163–173
Durchflutungsgesetz, 38, 59

E-Welle, 66–67
Ebene Welle, 77
Effektive Dielektrizitätskonstante, 161
Eichung
  Coulomb-, *siehe* Coulomb-Eichung
  Lorentz-, *siehe* Lorentz-Eichung
Eigenzeit, 415–421
Einbettung, 542
Eindeutigkeit
  des Potentials in der Elektrostatik, 53–57
Eindringtiefe, 70–72
Einfallswinkel, 77
Einheit
  imaginäre, *siehe* Imaginäre Einheit
Einheitsvektoren
  in Kugelkoordinaten, 12–13, 200–201
  in Zylinderkoordinaten, 201
Einsteinsche Summationskonvention, 182–185

Assoziativgesetz, 528–530
Distributivgesetz, 528–530
Kettenregel, 203–204
Kommutativgesetz, 528–530
Produkte, 528–530
Produktregel, 202–203
Elektrisch ideal leitende Wand, *siehe* Wand, elektrisch ideal leitend
Elektrische Feldstärke, 36
   Stetigkeit der Tangentialkomponente, 40–42
Elektrische Flußdichte, *siehe* Elektrische Verschiebungsdichte
Elektrische Leitfähigkeit, *siehe* Leitfähigkeit
Elektrische Verschiebungsdichte, 36
   Stetigkeit der Normalkomponente, 43–44
Elektrischer Elementardipol, *siehe* Elementardipol
Elektrischer Widerstand
   ohmscher, *siehe* Ohmscher Widerstand
   spezifischer, *siehe* Spezifischer elektrischer Widerstand
Elektrisches Feld
   Dualität, *siehe* Dualität, elektrisches und magnetisches Feld
   einer beschleunigten Punktladung, *siehe* Beschleunigte Punktladung, elektrisches Feld
   einer bewegten Punktladung, *siehe* Bewegte Punktladung, elektrisches Feld
   einer gleichförmig bewegten Punktladung, *siehe* Gleichförmig bewegte Punktladung, elektrisches Feld
   einer Punktladung, 78–81
   einer schwingenden Punktladung, *siehe* Schwingende Punktladung, elektrisches Feld
   Energie, 47–48
   Transformation, *siehe* Transformation, des elektrischen Feldes
Elektrodynamik
   Mehrdeutigkeit, 66–70
Elektromagnetische Welle
   transversale, *siehe* TEM-Welle
Elektromagnetisches Feld
   einer beschleunigten Punktladung, *siehe* Beschleunigte Punktladung, elektromagnetisches Feld
   einer bewegten Punktladung, *siehe* Bewegte Punktladung, elektromagnetisches Feld
   einer gleichförmig bewegten Punktladung, *siehe* Gleichförmig bewegte Punktladung, elektromagnetisches Feld
   einer schwingenden Punktladung, *siehe* Schwingende Punktladung, elektromagnetisches Feld
   Transformation, *siehe* Transformation, des elektromagnetischen Feldes
Elektronenoptik, 103–104
Elektrostatik
   Eindeutigkeit des Potentials, 53–57
   Energie, Spannung und Ladung, 510–512
   Gaußscher Satz der, 39
   inhomogene Medien, 510–511
   Koexistenz mit Magnetostatik, 171
   Laplacegleichung, 53
   Poissongleichung, 51
   Potentialansatz, 51–57
   und Leitungstheorie, 171–173
   Wegunabhängigkeit
     von Spannungen, 51–57
Elementardipol, 451
Elliptisches Integral
   vollständiges
     erster Gattung, *siehe* Vollständiges elliptisches Integral, erster Gattung
Energie, 47–48, 413–414
   des elektrischen Feldes, 47–48
   des magnetischen Feldes, 47–48
   im elektrostatischen Feld
     Spannung und Ladung, 510–512
   im magnetostatischen Feld
     magn. Fluß und Strom, 513–514
   und Masse, 426–428
Energiedichte, 48
Energiefluß, 48
Energiesatz, 587–588
Entwicklungssatz, 2
   Laplacescher, *siehe* Laplacescher Entwicklungssatz

INDEX

Ereignis, 314–315
Erhaltung
    der Ladung, *siehe* Ladungserhaltung
Erregung
    Koerzitiv-, *siehe* Koerzitiverregung
    magnetische, *siehe* Magnetische Erregung
Erregungstensor, 345–346
Ersatzladung, *siehe* Spiegelladung
Ersatzschaltbild
    Leitungs-, *siehe* Leitungstheorie
Erste Greensche Integralformel, 27
Erster Kirchhoffscher Satz, 59
Euklidischer Raum, 542
Eulersche Formel, 35
Evaneszente Welle, 66–67
Experiment
    Heringsches, *siehe* Heringsches Experiment

Faltungsintegral, 84
Faradaysches Gesetz, *siehe* Induktionsgesetz
Feld
    Dualität, *siehe* Dualität, elektrisches und magnetisches Feld
    elektrisches, *siehe* Elektrisches Feld
    elektromagnetisches, *siehe* Elektromagnetisches Feld
    elektrostatisches
        Koexistenz mit magnetostatischem Feld, 171
    magnetisches, *siehe* Magnetisches Feld
    magnetostatisches
        Koexistenz mit elektrostatischem Feld, 171
    Quellen-, *siehe* Quellenfeld
    Wirbel-, *siehe* Wirbelfeld
    zeitharmonisches, 64–65
Feldstärke
    elektrische, *siehe* Elektrische Feldstärke
    magnetische, *siehe* Magnetische Erregung
Feldstärketensor, 347
Feldtheorie
    Gaußscher Satz der, 39
Feldtypen, 66
Feldverdrängung, *siehe* Skineffekt
Feldwellenwiderstand, 69–70
    im Vakuum, 453

Fernfeld, 326, 329–330, 466
Fixpunkt, 561
Fixpunktgleichung, 561
Fixpunktsatz
    Banachscher, *siehe* Banachscher Fixpunktsatz
Flächeninhalt, 23, 506–507
Flächenintegral, 21–23, 503–507
    erster Art, 21–22, 506
    zweiter Art, 22, 503–506
Flächenladungsdichte, 30, 44, 46–47
Flächenstromdichte, 44–45, 72
Fluß
    Energie-, *siehe* Energiefluß
    magnetischer, *siehe* Magnetischer Fluß
Flußdichte
    elektrische, *siehe* Elektrische Verschiebungsdichte
    magnetische, *siehe* Magnetische Flußdichte
    Remanenz-, *siehe* Remanenzflußdichte
Fokussierung
    von Teilchenstrahlen, 103–104
Forminvarianz, *siehe* Kovarianz
Freier Index, 185
Fundamentallösung
    der Poissongleichung, 83–85
    der Wellengleichung, 88–89
Fünfkomponentenwelle, 67–68
Funktion
    analytische, *siehe* Analytische Funktion
    Diracsche Delta-, *siehe* Diracsche Delta-Distribution
    Gamma-, *siehe* Gammafunktion
    Greensche, *siehe* Greensche Funktion
    Grund-, 33
    holomorphe, *siehe* Analytische Funktion
    rationale, *siehe* Rationale Funktion
    reguläre, *siehe* Analytische Funktion
    Test-, 33
    Umkehr-, *siehe* Umkehrfunktion
    verallgemeinerte, *siehe* Distribution
Funktional, 31
Funktionaldeterminante, 24–25

Gammafunktion, 571–572
Ganzraumproblem, 83, 90, 93

Gaußscher Integralsatz, 26
  bei n Dimensionen, 477
Gaußscher Satz der Feldtheorie, 39
Gebiet
  Rand, 26
  stromdurchflossenes
    in der Magnetostatik, 59–60
  stromfreies
    in der Magnetostatik, 60–61
Gemischt kontravariant-kovariante Tensorkomponente, 249
Gemischt kovariant-kontravariante Tensorkomponente, 249
Geometrische Optik, 76–78
Geschwindigkeit
  Additionstheorem, 334–337
  Materie-abhängig, *siehe* Materie-abhängige Geschwindigkeit
  Transformation, 334–337
  Vierervektor, 415–421
Geschwindigkeitsabhängigkeit
  der Masse, 406–409
Gesetz
  Assoziativ-, *siehe* Assoziativgesetz
  Distributiv-, *siehe* Distributivgesetz
  Durchflutungs-, *siehe* Durchflutungsgesetz
  Faradaysches, *siehe* Induktionsgesetz
  Induktions-, *siehe* Induktionsgesetz
  Kommutativ-, *siehe* Kommutativgesetz
  Ohmsches, *siehe* Ohmsches Gesetz
  von Biot-Savart, *siehe* Biot-Savartsches Gesetz
Gleichberechtigung
  von Inertialsystemen, 319
Gleichförmig bewegte Punktladung
  elektrisches Feld, 365–367
  elektromagnetisches Feld, 365–367, 482–483
  magnetisches Feld, 365–367
  und Biot-Savartsches Gesetz, 373–378
Gleichförmige Bewegung, 316
Gleichheit
  von Tensoren, 283
grad, *siehe* Gradient
Grad, *siehe* Gradient, eines Vektors
grad div, 5, 7, 294–295

$grad(\vec{A} \cdot \vec{B})$, 302–303
$grad(\varphi\, \psi)$, 303
Gradient
  als Tensor, 544–545
  als Tensor erster Stufe, 258–260
  eines skalaren Feldes, 3
  eines Skalarproduktes, 302–303
  eines Tensors beliebiger Stufe, 293–294
  eines Tensors zweiter Stufe, 293–294
  eines Vektors, 280
  Heben und Senken von Indizes, 544–545
  in krummlinigen Koordinaten, 185–189
  in Kugelkoordinaten, 10–14, 198–200
  in Zylinderkoordinaten, 201
  mit kovarianter Ableitung, 239–240
  mit Nablaoperator, 290–291
  Transformation, *siehe* Transformation, des Gradienten
Greensche Funktion, 90–104
  des freien Raumes, 93
Greensche Integralformel
  erste, *siehe* Erste Greensche Integralformel
  zweite, *siehe* Zweite Greensche Integralformel
Grenzflächen, 40 ff
Grenzfrequenz, 66–67
Grundfunktion, 33
Grundlösung, *siehe* Fundamentallösung
Grundwelle, 66–67

H-Welle, 66–67
Halbebene
  Parallelschaltung, *siehe* Parallelschaltung zweier Halbebenen
Hauptsatz
  der Differential- und Integralrechnung, 508–509
Hauptwert, 157, 176
  und imaginäre Einheit, 486–488
Heben von Indizes
  in Tensorgleichungen, 265–267
  Tensoren, 249–254
Helmholtzgleichung, 34–35, 64–65, 76
  Mehrdeutigkeit, 66–70
  Separationsansatz, 34–35, 65–66
Heringsches Experiment, 488–494

INDEX

und Induktionsgesetz, 490–494
Hertzscher Dipol, 451, 465–466
   und schwingende Punktladung, 465–466
Himmelsblau, 468–469
Hin- und Rücktransformation
   Tensoren, 252
Hinlaufende Welle, 69–70, 174, 176
Hintransformation
   Tensoren, 252
Hohlleiter
   Rechteck-, 65–70
Holomorphe Funktion, *siehe* Analytische Funktion
Hypothese
   Uhren-, *siehe* Uhrenhypothese
Hysterese, 37

Ideal leitende Wand, *siehe* Wand, ideal leitend
   elektrisch, *siehe* Wand, elektrisch ideal leitend
   magnetisch, *siehe* Wand, magnetisch ideal leitend
Ideale Spannungsquelle, 485
Imaginäre Einheit, 486–488
   und Hauptwert, 486–488
Impuls, 49, 404–405
   Transformation, 412–414
   Vierervektor, 422–426
Index
   freier, 185
   heben, *siehe* Heben von Indizes
   senken, *siehe* Senken von Indizes
   Summations-, 185
   umbenennen, *siehe* Umbenennen, von Indizes
Indizes, *siehe* Index
Induktion
   magnetische, *siehe* Magnetische Flußdichte
   unipolare, 381–384, 386
Induktionsfluß
   magnetischer, *siehe* Magnetischer Fluß
Induktionsgesetz, 38–39
   Allgemeingültigkeit, 401–402
   für bewegte Körper, 378–402
   mit Materie-abhängiger Geschwindigkeit, 384–385

und Heringsches Experiment, 490–494
und magnetischer Fluß, 387–402
Induktivität, 113–114
   Äquivalenz der Definitionen, 120–122
   äußere, 122
   Berechnung, 137–139
      mit konformer Abbildung, 152
   Definition
      Allgemeingültigkeit, 110–122
      über Energie, 115–116
      über Spannung und Strom, 113–114
   innere, 122
Induktivitätsbelag, 114, 122–124
   einer Bandleitung, 123–124
   und Ableitungsbelag, 172–173
   und Kapazitätsbelag, 163–173
Inertialsystem, 313
   Gleichberechtigung, 319
Infinitesimal kurzes Stromelement, 377–378
Influenzierte Ladung, 94
Innenraumproblem, 53–54
Innere Induktivität, 122
Integral
   Ableitung, *siehe* Parameterintegral, Ableitung
   Faltungs-, *siehe* Faltungsintegral
   Flächen-, *siehe* Flächenintegral
   Kurven-, *siehe* Kurvenintegral
   Parameter-, *siehe* Parameterintegral
   Raum-, *siehe* Raumintegral
   Riemannsches, *siehe* Riemannsches Integral
   Umlauf-, *siehe* Umlaufintegral
   vollständiges elliptisches
      erster Gattung, *siehe* Vollständiges elliptisches Integral, erster Gattung
Integrale, 19–29
Integralform
   der Maxwellschen Gleichungen, 38–39
   des Poyntingschen Satzes, 48
Integralformel
   erste Greensche, *siehe* Erste Greensche Integralformel
   zweite Greensche, *siehe* Zweite Greensche Integralformel
Integralsätze, 26–29

Integralsatz
  erster Greenscher, *siehe* Erste Greensche Integralformel
  von Gauß, *siehe* Gaußscher Integralsatz
  von Stokes, *siehe* Stokesscher Integralsatz
  zweiter Greenscher, *siehe* Zweite Greensche Integralformel
Integration
  von Vektorfeldern, 2–29
Integrationsfläche, bewegte, 387–393
Invariante Darstellung, 189, 243 ff
  der Maxwellgleichungen, *siehe* Maxwellsche Gleichungen, vierdimensionale Form
  des Skalarproduktes, 245
  des Vektorproduktes, 245–247
Invarianz, 189, 243 ff
  der Ladung, 356
  des Abstandes
    bei orthogonaler Transformation, 545–547
  Form-, *siehe* Kovarianz
  von Tensorgleichungen, 262–265
Inversion, 547
Ionenoptik, 103–104
Isotropie, 37

Kapazität, 110–111
  Äquivalenz der Definitionen, 116–119
  Berechnung, 137–139
    mit konformer Abbildung, 152
  Definition
    Allgemeingültigkeit, 110–122
    über Energie, 115–116
    über Ladung und Spannung, 110–111
Kapazitätsbelag, 111, 122–124
  einer Bandleitung, 123–124
  einer koplanaren Dreibandleitung, 161–163
  einer koplanaren Zweibandleitung, 156–161
  und Ableitungsbelag, 172–173
  und Induktivitätsbelag, 163–173
Kausalitätsprinzip, 90, 444
Kettenregel, 7–19
  Einsteinsche Summationskonvention, 203–204
Kirchhoffsche Formel, 90

  vierdimensionale, 435
Kirchhoffsche Sätze, 59
Koerzitiverregung, 37
Koexistenz
  elektro- und magnetostatisches Feld, 171
Kommutativgesetz, 281, 292
  bei der Einsteinschen Summationskonvention, 528–530
Komplementäre Anordnung, 166
Komplementärer Modul, *siehe* Vollständiges elliptisches Integral, erster Gattung, komplementärer Modul
Komplexe Amplitude, 47
Komplexe Dielektrizitätskonstante, 70–72
Komponente
  Normal-, *siehe* Normalkomponente
  Tangential-, *siehe* Tangentialkomponente
  Tensor-, *siehe* Tensorkomponente
  Vektor-, *siehe* Vektorkomponente
Kondensator
  längshomogener, 111
  Parallelschaltung, 485–486
  Platten-, *siehe* Plattenkondensator
Konforme Abbildung, 139–153, 518–524
  des elektrischen Feldes, *siehe* Transformation, des elektrischen Feldes
  des Gradienten, *siehe* Transformation, des Gradienten
  des Stromes, *siehe* Transformation, des Stromes
  Eigenschaften, 139–142
  Induktivitätsberechnung, 152
  Kapazitätsberechnung, 152
  Transformation
    der Basisvektoren, 516–517
    der Laplacegleichung, 140–142
  Widerstandsberechnung, 139–152
  Winkeltreue, 140
Konstanten
  Natur-, 678
Konstanz
  der Lichtgeschwindigkeit, 256
Kontinuitätsgleichung, 37
Kontrahierende Abbildung, 561
Kontraktion
  Längen-, *siehe* Längenkontraktion

INDEX

Kontravariante Ableitung, 270
Kontravariante Tensorkomponente, 249
Kontravariante Vektorkomponente, 196
Kontravarianter Basisvektor, 196
Kontravarianter Metrikkoeffizient, 196
Konzentrierte Bauelemente, 116
Koordinaten
    krummlinige, *siehe* Krummlinige Koordinaten
    Kugel-, *siehe* Kugelkoordinaten
    orthogonale, *siehe* Orthogonales Koordinatensystem
    Polar-, *siehe* Polarkoordinaten
    Zylinder-, *siehe* Zylinderkoordinaten
Koordinateninvariante Darstellung, *siehe* Invariante Darstellung
Koordinatensystem
    orthogonales, *siehe* Orthogonales Koordinatensystem
    Wahl, 125–138
Koordinatentransformation, *siehe* Transformation
Koplanare Dreibandleitung, 161–163
    Kapazitätsbelag, 161–163
Koplanare Zweibandleitung, 156–161
    Kapazitätsbelag, 156–161
Koplanarleitung, *siehe* Koplanare Dreibandleitung
Kovariante Ableitung
    als Tensor, 534–540
    des Metriktensors, 270–272
    des vollständig antisymmetrischen Tensors, 276–279
    Divergenz, 240
    eines Skalars, 233–235
    eines Tensors
        beliebiger Stufe, 272–273
        zweiter Stufe, 267–270
    Gradient, 239–240
    Heben und Senken von Indizes, 534–536
    im engeren Sinne, 270
    im weiteren Sinne, 270
    Produktregel, 234–235, 273–276
    Rotation, 241–243
    Transformationsverhalten, 237–239, 536–540
    Vertauschen der Reihenfolge, 540–541
    von Vektorkomponenten, 230–233
    als Tensor zweiter Stufe, 254–255
Kovariante Form
    der Maxwellschen Gleichungen, *siehe* Maxwellsche Gleichungen, vierdimensionale Form
Kovariante Tensorkomponente, 249
Kovariante Vektorkomponente, 196
Kovarianter Basisvektor, 196
Kovarianter Metrikkoeffizient, 196
Kovarianz, 262, 289
Kraft, 49, 402 ff
    auf Ladung, 49, 402–403
    Transformationsverhalten, 409–412
    Vierervektor, 428–429
Kreuzprodukt, *siehe* Vektorprodukt
Kronecker-Symbol, 191–192, 195
Krummlinige Koordinaten
    Basisvektor, 502
    Divergenz, 205–209
    Gradient, 185–189
    Laplaceoperator, 220
    Rotation, 213–216
    Transformation, 224–225
        der Basisvektoren, 225–227
        der Metrikkoeffizienten, 229–230
        von Vektorkomponenten, 228
Krümmung
    des Raumes, 542
Krümmungstensor, 542
Kugel
    n-dimensionale, *siehe* n-dimensionale Kugel
    mehrdimensionale, *siehe* n-dimensionale Kugel
    vierdimensionale, *siehe* Vierdimensionale Kugel
Kugelkoordinaten, 9
    Divergenz, 14–16, 211–213
    Einheitsvektoren, *siehe* Einheitsvektoren, in Kugelkoordinaten
    Gradient, 10–14, 198–200
    Laplaceoperator, 17, 224
    Nablaoperator, 17
    Rotation, 16, 216–217

und Zylinderkoordinaten, 227
Kurve
   Tangentenvektor, 501–502
Kurvenintegral, 19–21
Kurzes Stromelement, 377–378

Ladung
   als Skalar, 356
   beschleunigte, *siehe* Beschleunigte Punktladung
   bewegte, *siehe* Bewegte Punktladung
   Bild-, *siehe* Spiegelladung
   Erhaltung, *siehe* Ladungserhaltung
   Ersatz-, *siehe* Spiegelladung
   Flächen-, *siehe* Flächenladungsdichte
   gleichförmig bewegte, *siehe* Gleichförmig bewegte Punktladung
   influenzierte, 94
   Invarianz, 356
   Kraft, 49, 402–403
   Oberflächen-, *siehe* Flächenladungsdichte
   Punkt-, *siehe* Punktladung
   schwingende, *siehe* Schwingende Punktladung
   Spiegel-, *siehe* Spiegelladung
   Transformation, *siehe* Transformation, der Ladung
   Viererkraft, 429–432
Ladungsbelag, 97, 111
Ladungsdichte
   Flächen-, *siehe* Flächenladungsdichte
   Linien, *siehe* Linienladungsdichte
   Raum-, *siehe* Raumladungsdichte
Ladungserhaltung, 37
Ladungsverteilung
   Potential, 81–83
Lagrangesche Identität, 2, 507
Landau-Symbol, 55
Längenkontraktion, 324–326
Längshomogener Kondensator, 111
Laplacegleichung
   beim stationären Strömungsfeld, 58
   in der Elektrostatik, 53
   Lösung, 126–129
   Separationsansatz, 126–127
   Transformation

   durch konforme Abbildung, 140–142
Laplaceoperator, 6–7
   in krummlinigen Koordinaten, 220
   in Kugelkoordinaten, 17, 224
   in Zylinderkoordinaten, 224
   skalarer, 6
   vektorieller, 7
Laplacescher Entwicklungssatz, 548
Larmorsche Formel, 468
Leistung, 414
   Schein-, *siehe* Scheinleistung
   Verlust-, *siehe* Verlustleistung
   Wirk-, *siehe* Wirkleistung
Leitende Wand
   ideal, *siehe* Wand, ideal leitend
Leiterschleife, 488–489
   im Magnetfeld, 379–381, 385–386
   unendlich dünne, 383–384
Leitfähigkeit, 37
Leitschichtdicke
   äquivalente, *siehe* Äquivalente Leitschichtdicke
Leitung, 111
   Band-, *siehe* Bandleitung
   Koplanar-, *siehe* Koplanarleitung
Leitungsersatzschaltbild, *siehe* Leitungstheorie
Leitungsstrom, 38
Leitungsstromdichte, 36
Leitungstheorie, 171–180
   und Elektrostatik, 171–173
Leitungswellenwiderstand, 175–176
Lenzsche Regel, 114
Licht, 76–78
   Streuung, *siehe* Streuung
   Wellenfront, 313
Lichtgeschwindigkeit, 63–64
   als größtmögliche Geschwindigkeit, 319
   im Vakuum, 64
   Konstanz, 256
Lichtpunkt, 479
Lichtstrahl, 77–78
   Ablenkung, *siehe* Ablenkung von Lichtstrahlen
Liénard-Wiechertsche Potentiale, 440
Liénardsche Formel, 473–474
Linearität

INDEX

von Differentialoperatoren, 4
Linienladungsdichte, 30, 93
Literaturverzeichnis, 673 ff
Lorentz-Dirac-Gleichung, 474
Lorentz-Eichung, 63
Lorentz-Faktoren, 432
Lorentztransformation, 313 ff
    allgemeine, 314–315
    Drehungen, 320–323
    spezielle, 315–320
        Transformationskoeffizienten, 318
    Verschiebungen, 320–323
Lösung
    der Helmholtzgleichung, 34–35, 65–66
    der Laplacegleichung, 126–129
    der Poissongleichung, 83
    der Übungsaufgaben, 573 ff
    der vierdimensionalen Poissongleichung, 475–482
    dreidimensionale Wellengleichung, 87–90
    eindimensionale Wellengleichung, 85–86
    Fundamental-, *siehe* Fundamentallösung
    Grund-, *siehe* Fundamentallösung

Magnetfeld, *siehe* Magnetisches Feld
Magnetisch ideal leitende Wand, *siehe* Wand, magnetisch ideal leitend
Magnetische Erregung, 36
    Stetigkeit der Tangentialkomponente, 44–45
Magnetische Feldstärke, *siehe* Magnetische Erregung
Magnetische Flußdichte, 36
    Stetigkeit der Normalkomponente, 45
Magnetische Induktion, *siehe* Magnetische Flußdichte
Magnetischer Dipol, 102–104
Magnetischer Elementardipol, *siehe* Elementardipol
Magnetischer Fluß, 39
    und Induktionsgesetz, 387–402
Magnetischer Induktionsfluß, *siehe* Magnetischer Fluß
Magnetischer Multipol, 100–104
Magnetischer Quadrupol, 102–104
Magnetischer Sextupol, 102

Magnetisches Feld
    Dualität, *siehe* Dualität, elektrisches und magnetisches Feld
    einer beschleunigten Punktladung, *siehe* Beschleunigte Punktladung, magnetisches Feld
    einer bewegten Punktladung, *siehe* Bewegte Punktladung, magnetisches Feld
    einer gleichförmig bewegten Punktladung, *siehe* Gleichförmig bewegte Punktladung, magnetisches Feld
    einer schwingenden Punktladung, *siehe* Schwingende Punktladung, magnetisches Feld
    Energie, 47–48
    veränderliches
        und Leiterschleife, 379–381, 385–386
Magnetostatik, 59–61
    Analogie zur Elektrostatik, 61
    Energie, magn. Fluß und Strom, 513–514
    Koexistenz mit Elektrostatik, 171
    Potentialansatz, 59–61
    Stromdurchflossene Gebiete, 59–60
    Stromfreie Gebiete, 60–61
Masse, 49, 356, 402 ff
    Geschwindigkeitsabhängigkeit, 406–409
    Ruhe-, *siehe* Ruhemasse
    und Energie, 426–428
    Zeitabhängigkeit, 404–409
Materialgleichungen, 37–38, 364
Materie-abhängige Geschwindigkeit
    Induktionsgesetz, 384–385
Matrix
    Dreh-, *siehe* Drehmatrix
Maxwellsche Gleichungen
    Allgemeingültigkeit, *siehe* Allgemeingültigkeit der Maxwellgleichungen
    Differential- und Integralform, 81
    Differentialform, 36–38
    Integralform, 38–39
    vierdimensionale Form, 339–349
        für dielektrische Medien, 362–364
        für elektromagnetisches Feld, 344–349
        für permeable Medien, 362–364
        für Viererpotential, 339–344
Mechanik

relativistische, 426
Medium
    dielektrisches, *siehe* Dielektrische Medien
    permeables, *siehe* Permeable Medien
Mehrdeutigkeit
    Elektrodynamik, 66–70
    Helmholtzgleichung, 66–70
Mehrdimensionale Kugel, *siehe* n-dimensionale Kugel
Mehrfache Anwendung
    von Differentialoperatoren, 4–7, 294–298
Metrikkoeffizient, 196
    kontravarianter, *siehe* Kontravarianter Metrikkoeffizient
    kovarianter, *siehe* Kovarianter Metrikkoeffizient
    partielle Ableitung, 209–211
    Transformation
        in krummlinige Koordinaten, 229–230
Metriktensor, 256–257
    kovariante Ableitung, 270–272
    und vollständig antisymmetrischer Tensor, 532–534
Minkowski-Diagramm, 497
Mode matching method, 127
Modes, 66
Modul, *siehe* Vollständiges elliptisches Integral, erster Gattung, Modul
Morgenrot, 468–469
Multipol
    magnetischer, *siehe* Magnetischer Multipol

n-dimensionale Kugel, 568–572
    Oberfläche, 568–571
    Volumen, 571
Nablaoperator, 2–3, 17–19, 289–294
    Divergenz, 290
    Gefahren bei der Anwendung, 17–19
    Gradient, 290–291
    im Tensorkalkül, 289–294
    in Kugelkoordinaten, 17
    in Zylinderkoordinaten, 201
    Rotation, 291
Nablavektor, *siehe* Nablaoperator
Naturkonstanten, 678
Neumannsche Randbedingung, 53–57

Neumannsches Randwertproblem, 53–57
Normalkomponente
    der elektrischen Verschiebungsdichte
        Stetigkeit, 43–44
    der magnetischen Flußdichte
        Stetigkeit, 45
    der Stromdichte
        Stetigkeit, 45–46

Oberfläche
    einer n-dimensionalen Kugel, 568–571
    einer vierdimensionalen Kugel, 477, 563–568
    eines Torus, 23
Oberflächenladung, *siehe* Flächenladungsdichte
Ohmscher Widerstand, 112–113
    Äquivalenz der Definitionen, 119
    Berechnung
        mit konformer Abbildung, 139–152
    Definition
        Allgemeingültigkeit, 110–122
        über Energie, 115–116
        über Spannung und Strom, 112–113
Ohmsches Gesetz, 112
    in Differentialform, 37
Operator
    Differential-, *siehe* Differentialoperatoren
    Laplace-, *siehe* Laplaceoperator
    Nabla-, *siehe* Nablaoperator
Optik
    Elektronen-, 103–104
    geometrische, *siehe* Geometrische Optik
    Ionen-, 103–104
Ort
    Vierervektor, 414–415
Orthogonale Transformation, 305–311
    Invarianz
        des Abstandes, 545–547
Orthogonales Koordinatensystem, 14, 197, 199
Orthogonalreihenentwicklung, 127

Paradoxa, 485 ff
Paradoxon
    Uhren-, *siehe* Uhrenparadoxon
    Zwillings-, *siehe* Uhrenparadoxon
Parallelschaltung

INDEX

zweier Halbebenen, 99
zweier Kondensatoren, 485–486
Parameterintegral
    Ableitung, 508–510
Partielle Ableitung
    der Metrikkoeffizienten, 209–211
    des vollständig antisymmetrischen Tensors, 276–279
    Transformationsverhalten, 237
Permanentmagnet, 37, 488–489
Permeabilitätskonstante, 37
Permeable Medien, 362–364
Permittivität, *siehe* Dielektrizitätskonstante
Permutation, 547
Phasor, *siehe* Komplexe Amplitude
Plattenkondensator, 358–362
    bewegter, *siehe* Bewegter Plattenkondensator
Point matching method, 127
Poissongleichung
    Fundamentallösung, 83–85
    in der Elektrostatik, 51
    Lösung, 83
    vierdimensionale
        Lösung, 475–482
        und dreidimensionale Wellengleichung, 434–435
Polarisation, 70
Polarkoordinaten, 310–311
Polygon
    Abbildung auf reelle Achse, *siehe* Abbildung, von Polygonen auf die reelle Achse
Polynome
    als analytische Funktionen, 523–524
Potential
    avanciertes, *siehe* Avanciertes Potential
    Eindeutigkeit in der Elektrostatik, 53–57
    einer beliebigen Ladungsverteilung, 81–83
    einer Punktladung, 78–81
    Liénard-Wiechertsches, 440
    retardiertes, *siehe* Retardiertes Potential
    skalares, 51–63
    Vektor-, 59–60, 62 ff
    Vierer-, *siehe* Viererpotential
Potentialansatz
    bei der Wellengleichung, 62–70
    beim Rechteckhohlleiter, 65–70
    beim stationären Strömungsfeld, 57–59
    in der Elektrostatik, 51–57
    in der Magnetostatik, 59–61
Potentialdifferenz, 52–53
Potentialtheorie, 57
    vierdimensionale, *siehe* Vierdimensionale Potentialtheorie
Potenzfunktion
    als analytische Funktion, 518–519
Power-Loss-Methode, 76
Poyntingscher Satz, 48
Poyntingvektor, 48
Prinzip
    Babinetsches, *siehe* Babinetsches Prinzip
Produkt
    analytischer Funktionen, 521–522
    Anwendung von Differentialoperatoren, 299–303
    Kreuz-, *siehe* Vektorprodukt
    Skalar-, *siehe* Skalarprodukt
    Spat-, *siehe* Spatprodukt
    tensorielles, *siehe* Tensorielles Produkt
    und Einsteinsche Summationskonvention, 528–530
    Vektor-, *siehe* Vektorprodukt
    verjüngendes, *siehe* Verjüngendes Produkt
Produktansatz, *siehe* Separationsansatz
Produktregel
    für kovariante Ableitung, *siehe* Kovariante Ableitung, Produktregel
    und Einsteinsche Summationskonvention, 202–203
Punktladung
    beschleunigte, *siehe* Beschleunigte Punktladung
    bewegte, *siehe* Bewegte Punktladung
    elektrisches Feld, 78–81
    gleichförmig bewegte, *siehe* Gleichförmig bewegte Punktladung
    Kraft, *siehe* Kraft, auf Ladung
    Potential, 78–81
    schwingende, *siehe* Schwingende Punktladung
    Symmetrie, 78–79

Quadrupol
    magnetischer, 102–104
Quasi-TEM-Welle, 180
Quellenfeld, 60

Rand eines Gebietes, 26
Randbedingung
    an ideal leitenden Wänden, *siehe* Wand, ideal leitend
    Dirichletsche, 53–57
    im Unendlichen, 55
    Neumannsche, 53–57
    Vereinfachung, 125–138
Randwertproblem, 93
    Dirichletsches, 53–57
    Neumannsches, 53–57
Rationale Funktion
    als analytische Funktion, 523–524
Raum
    Euklidischer, *siehe* Euklidischer Raum
    Krümmung, *siehe* Krümmung des Raumes
    Riemannscher, *siehe* Riemannscher Raum
Raumintegral, 24–25
    über Viererstromdichte, 435–438
Raumladungsdichte, 30, 36, 82
    beim stationären Strömungsfeld, 58
Rayleigh-Streuung, 468–469
Rechteck
    Abbildung auf reelle Achse, *siehe* Abbildung, von Polygonen auf die reelle Achse
Rechteckhohlleiter
    Potentialansatz, 65–70
Reflexionsgesetz, 77–78
Regel
    Lenzsche, 114
Reguläre Distribution, 31
Reguläre Funktion, *siehe* Analytische Funktion
Reihenentwicklung, 127
Rekursionsgleichung, 562
Relativistische Mechanik, 426
Relativitätstheorie
    allgemeine, *siehe* Allgemeine Relativitätstheorie
    spezielle, *siehe* Spezielle Relativitätstheorie
Remanenzflußdichte, 37

Residuensatz
    in der vierdimensionalen Potentialtheorie, 479–481
Retardiertes Potential, 90, 444
Richtungsableitung, 27–29
Riemannsche Summe, 19, 25
Riemannscher Krümmungstensor, *siehe* Krümmungstensor
Riemannscher Raum, 542
Riemannsches Integral, 19, 25
rot, *siehe* Rotation
rot grad, 6
rot rot, 6–7, 297–298
$rot(\vec{A} \times \vec{B})$, 299–301
$rot(\varphi \vec{V})$, 304
Rotation
    als Tensor erster Stufe, 261–262
    eines Tensors beliebiger Stufe, 294
    eines Vektorfeldes, 3
    eines Vektorproduktes, 299–301
    in krummlinigen Koordinaten, 213–216
    in Kugelkoordinaten, 16, 216–217
    in Zylinderkoordinaten, 218
    mit kovarianter Ableitung, 241–243
    mit Nablaoperator, 291
Rote Sonne, *siehe* Abendrot
Rotverschiebung, 329
Rücklaufende Welle, 69–70, 174, 176
Rücktransformation
    Tensoren, 252
Ruhelänge, 325
Ruhemasse, 356, 425

Scheinleistung, 47
Schleife
    Draht-, *siehe* Leiterschleife
    Leiter-, *siehe* Leiterschleife
Schlitzleitung, *siehe* Koplanare Zweibandleitung
Schwarz-Christoffel-Transformation, 153–163
Schwingende Punktladung, 450–466
    elektrisches Feld, 460–464
    elektromagnetisches Feld, 460–465
    magnetisches Feld, 465
    und Hertzscher Dipol, 465–466
Selbstinduktivität, *siehe* Induktivität

INDEX

Senken von Indizes
    in Tensorgleichungen, 265–267
    Tensoren, 249–254
Separation der Veränderlichen, 80, 128, 406
Separationsansatz, 34–35, 126–127
    bei der Helmholtzgleichung, 34–35, 65–66
    bei der Laplacegleichung, 126–127
Sextupol
    magnetischer, 102
Singuläre Distribution, 31
Sinus amplitudinis, 524
Skalar
    als Tensor nullter Stufe, 255–256
    kovariante Ableitung, 233–235
    Ladung, 356
Skalares Feld
    Gradient, 3
Skalares Potential, 51–63
Skalarprodukt, 1–2
    Gradient, 302–303
    invariante Darstellung, 245
Skineffekt, 70–72
Sonne
    Abendrotrot, *siehe* Abendrot
    Morgenrot, *siehe* Morgenrot
Spannung, 40
    als Potentialdifferenz, 52–53
    Umlauf-, *siehe* Umlaufspannung
    Wegunabhängigkeit
        in der Elektrostatik, 51–57
Spannungsquelle
    ideale, *siehe* Ideale Spannungsquelle
Spatprodukt, 2, 24, 503, 530–534
    und Determinanten, 503
    und vollständig antisymmetrischer Tensor, 530–534
Spektrallinien, 329
Spektrum, 329
Spezielle Lorentztransformation, 315–320
    Transformationskoeffizienten, 318
Spezielle Relativitätstheorie, 313 ff
Spezifische elektrische Leitfähigkeit, *siehe* Leitfähigkeit
Spezifischer elektrischer Widerstand, 37–38
Spiegelladung, 92–94
Spiegelstrom, 100

Spiegelung, 311
    am Kreis, 94
    an der Kugel, 94
Spiegelungsmethode, 94
    bei Antennen, 451
Stationäres Strömungsfeld, 57–59
    Analogie zur Elektrostatik, 58
    Kirchhoffsche Sätze, 59
    Ladungsdichte, 58
    Laplacegleichung, 58
    Potentialansatz, 57–59
    Verlustleistung, Spannung und Strom, 512–513
Stetigkeit
    der Normalkomponente
        der elektrischen Verschiebungsdichte, 43–44
        der magnetischen Flußdichte, 45
        der Stromdichte, 45–46
    der Tangentialkomponente
        der elektrischen Feldstärke, 40–42
        der magnetischen Erregung, 44–45
Stetigkeitsbedingungen, 40–46
Stokesscher Integralsatz, 26–27
Strahl, *siehe* Teilchenstrahl
Strahlung
    einer beschleunigten Ladung, *siehe* Strahlungsverluste
Strahlungsdämpfung, *siehe* Strahlungsverluste
Strahlungsverluste, 466–474
Streufeld, 111
Streukapazität, 111
Streuung, 468–469
Strom, 40
    Leitungs-, *siehe* Leitungsstrom
    Transformation, *siehe* Transformation, des Stromes
    Verschiebungs-, *siehe* Verschiebungsstrom
    Wirbel-, *siehe* Wirbelströme
Stromdichte, 30, 36
    Flächen-, *siehe* Flächenstromdichte
    Leitungs-, *siehe* Leitungsstromdichte
    Stetigkeit, *siehe* Stetigkeit, der Normalkomponente, der Stromdichte
    Transformation, *siehe* Transformation, der Stromdichte

Verschiebungs-, *siehe* Verschiebungsstromdichte
Vierer-, *siehe* Viererstromdichte
Stromdurchflossene Gebiete
  in der Magnetostatik, 59–60
Stromelement
  infinitesimal kurzes, 377–378
Stromfreie Gebiete
  in der Magnetostatik, 60–61
Stromstärke, *siehe* Strom
Strömungsfeld
  stationäres, *siehe* Stationäres Strömungsfeld
Stromverdrängung, *siehe* Skineffekt
Stufe
  eines Tensors, 248–249
Summationsindex, 185
Summationskonvention
  Einsteinsche, *siehe* Einsteinsche Summationskonvention
Summe
  analytischer Funktionen, 520–521
  Riemannsche, *siehe* Riemannsche Summe
  von Tensoren, 283–284
Superposition, 66, 78, 81, 451
Symbol
  Christoffel-, *siehe* Christoffelsymbol
  Kronecker-, *siehe* Kronecker-Symbol
  Landau-, *siehe* Landau-Symbol
Symmetrie
  bei der Punktladung, 78–79
Symmetrischer Tensor, 349
System
  Inertial-, *siehe* Inertialsystem

Tangentenvektor
  einer Kurve, 501–502
Tangentialkomponente
  der magnetischen Erregung
    Stetigkeit, 44–45
  des elektrischen Feldes
    Stetigkeit, 40–42
TE-Welle, 66–70
Teilchenstrahl
  Ablenkung, *siehe* Ablenkung von Teilchenstrahlen

Fokussierung, *siehe* Fokussierung von Teilchenstrahlen
Telegraphengleichung, 175
TEM-Welle, 69–70, 77–78, 180, 466
Tensor
  Addition, 283–284
  antisymmetrischer, *siehe* Antisymmetrischer Tensor
  beliebiger Stufe
    Divergenz, 293
    Gradient, 293–294
    kovariante Ableitung, 272–273
    Rotation, 294
  Divergenz, 543–544
  dualer, *siehe* Dualer Tensor
  Erregungs-, *siehe* Erregungstensor
  erster Stufe
    Gradient, 258–260
    Rotation, 261–262
  Feldstärke-, *siehe* Feldstärketensor
  Gleichheit, 283
  -Gleichungen, *siehe* Tensorgleichungen
  Gradient, 544–545
  Heben von Indizes, 249–254
  Hin- und Rücktransformation, 252
  -Komponente, *siehe* Tensorkomponente
  kovariante Ableitung, 534–540
  Krümmungs-, *siehe* Krümmungstensor
  Metrik-, *siehe* Metriktensor
  Nablaoperator, 289–294
  nullter Stufe, 255–256
    Divergenz, 260
  Produkt
    tensorielles, *siehe* Tensorielles Produkt
    verjüngendes, *siehe* Verjüngendes Produkt
  Senken von Indizes, 249–254
  Stufe, 248–249
  Summe, 283–284
  symmetrischer, *siehe* Symmetrischer Tensor
  Transformationsverhalten, 250
  vollständig antisymmetrischer, *siehe* Vollständig antisymmetrischer Tensor
  zweiter Stufe
    Divergenz, 280, 293

INDEX 695

Gradient, 293–294
    kovariante Ableitung, 267–270
    kovariante Ableitung von Vektorkomponenten, 254–255
    Transformationsverhalten, 249
Tensorgleichungen, 262, 283, 288–289
    Heben von Indizes, 265–267
    Invarianz, 262–265
    Senken von Indizes, 265–267
Tensorielles Produkt, 279–286
Tensorkomponente, 247–249
    gemischt kontravariant-kovariant, *siehe* Gemischt kontravariant-kovariante Tensorkomponente
    gemischt kovariant-kontravariant, *siehe* Gemischt kovariant-kontravariante Tensorkomponente
    kontravariante, *siehe* Kontravariante Tensorkomponente
    kovariante, *siehe* Kovariante Tensorkomponente
Testfunktion, 33
TM-Welle, 66–70
Torus
    Oberfläche, 23
    Volumen, 25
Transformation
    der Basisvektoren
        bei konformen Abbildungen, 516–517
        in krummlinige Koordinaten, 225–227
    der Beschleunigung, 338–339
    der Divergenz, 543–544
    der Geschwindigkeit, 334–337
    der kovarianten Ableitung, 237–239, 536–540
    der Kraft, 409–412
    der Ladung, 355–358
    der Laplacegleichung
        durch konforme Abbildung, 140–142
    der Metrikkoeffizienten
        in krummlinige Koordinaten, 229–230
    der partiellen Ableitung, 237
    der Stromdichte, 355–358
    des Christoffelsymbols, 235–236
    des elektrischen Feldes
        durch konforme Abbildung, 142–147
    des elektromagnetischen Feldes, 349–354
    des Gradienten, 544–545
        durch konforme Abbildung, 142–147
    des Impulses, 412–414
    des Stromes
        durch konforme Abbildung, 148–152
    eines Tensors zweiter Stufe, 249
    in krummlinige Koordinaten, 224–225
    Lorentz-, *siehe* Lorentztransformation
    orthogonale, *siehe* Orthogonale Transformation
    Schwarz-Christoffel-, 153–163
    von Differentialoperatoren, 7–19
    von Tensoren, 250
    von Vektorkomponenten
        in krummlinige Koordinaten, 228
Transformationskoeffizienten, 225 ff
    der speziellen Lorentztransformation, 318
Transversale elektromagnetische Welle, *siehe* TEM-Welle
Trennung der Variablen, *siehe* Separationsansatz bzw. Separation der Veränderlichen

Übungsaufgaben
    Lösung, 573 ff
Uhrenhypothese, 495–499
Uhrenparadoxon, 494–499
Umbenennen
    von Indizes, 193
Umkehrfunktion
    einer analytischen Funktion, 514–516
Umlaufintegral, 21
Umlaufspannung, 113
Unendlich dünne Leiterschleife, 383–384
Unipolare Induktion, 381–384, 386
Unterdeterminante, 548

Vakuum
    Feldwellenwiderstand, 453
Vakuumlichtgeschwindigkeit, 64
Variablenseparation, *siehe* Separationsansatz bzw. Separation der Veränderlichen
Variation der Konstanten, 408
Vektor
    Basis-, *siehe* Basisvektor

Dreier-, *siehe* Dreiervektor
Einheits-, *siehe* Einheitsvektoren
Gradient, 280
Nabla-, *siehe* Nablaoperator
Poynting-, *siehe* Poyntingvektor
Vierer-, *siehe* Vierervektor
Wellen-, *siehe* Wellenvektor
Vektoranalysis, 2–29
Vektorfeld
  Ableitung, 2–29
  Divergenz, 3
  Gradient, *siehe* Gradient, eines Vektors
  Integration, 2–29
  Rotation, 3
Vektorkomponente
  kontravariant, *siehe* Kontravariante Vektorkomponente
  kovariant, *siehe* Kovariante Vektorkomponente
  kovariante Ableitung, 230–233
  Transformation
    in krummlinige Koordinaten, 228
Vektorpotential, 59–60, 62 ff
Vektorprodukt, 1–2
  Divergenz, 301–302
  invariante Darstellung, 245–247
  Rotation, 299–301
Verallgemeinerte Funktion, *siehe* Distribution
Veränderliches Magnetfeld
  und Leiterschleife, 379–381, 385–386
Verdrängung
  Feld-, *siehe* Skineffekt
  Strom-, *siehe* Skineffekt
Vereinfachung von Randbedingungen, 125–138
Verjüngendes Produkt, 286–288
Verkettung
  analytischer Funktionen, 522–523
Verlustleistung, 48, 76
  im stationären Strömungsfeld
    Spannung und Strom, 512–513
Verschiebung
  bei der Lorentztransformation, *siehe* Lorentztransformation, Verschiebungen
Verschiebungsdichte
  dielektrische, *siehe* Elektrische Verschiebungsdichte
  elektrische, *siehe* Elektrische Verschiebungsdichte
Verschiebungsstrom, 38
Verschiebungsstromdichte, 36
Vierdimensionale Form
  der Maxwellschen Gleichungen, *siehe* Maxwellsche Gleichungen, vierdimensionale Form
Vierdimensionale Kugel, 562–568
  Oberfläche, 477, 563–568
Vierdimensionale Poissongleichung, *siehe* Poissongleichung, vierdimensionale
Vierdimensionale Potentialtheorie, 434 ff
  Residuensatz, 479–481
Viererbeschleunigung, 428–429
Vierergeschwindigkeit, 415–421
Viererimpuls, 422–426
Viererkraft, 428–429
  auf Ladung, 429–432
Viererpotential, 342–344
  einer beschleunigten Punktladung, *siehe* Beschleunigte Punktladung, Viererpotential
  einer bewegten Punktladung, 438–441
Viererstromdichte, 343–344
  Raumintegral, 435–438
Vierervektor, 341
  der Beschleunigung, 428–429
  der Geschwindigkeit, 415–421
  der Kraft, 428–429
  der Stromdichte, *siehe* Viererstromdichte
  des Impulses, 422–426
  des Ortes, 414–415
Vollständig antisymmetrischer Tensor
  beliebiger Stufe, 548–556
  dritter Stufe, 257–258
  im n-dimensionalen Raum, 548–556
  kovariante Ableitung, 276–279
  partielle Ableitung, 276–279
  und Metriktensor, 532–534
  und Spatprodukt, 530–534
Vollständiges elliptisches Integral
  erster Gattung, 158–163, 524–528
  komplementärer Modul, 158–163
  Modul, 158–163
Volumen

einer n-dimensionalen Kugel, 571
eines Torus, 25

Wahl des Koordinatensystems, 125–138
Wand
    elektrisch ideal leitend, 46–47, 73
    in der Magnetostatik, 74
    ideal leitend, 46–47, 73–75
        Dualität, 165–166
        Vertauschen, 165–166
    magnetisch ideal leitend, 47, 73–75
    beim stationären Strömungsfeld, 75
    in der Elektrostatik, 74
Wegunabhängigkeit
    von Spannungen
        in der Elektrostatik, 51–57
Welle
    ausbreitungsfähige, *siehe* Ausbreitungsfähige Welle
    ebene, *siehe* Ebene Welle
    evaneszente, *siehe* Evaneszente Welle
    Fünfkomponenten-, *siehe* Fünfkomponentenwelle
    Grund-, *siehe* Grundwelle
    hinlaufende, *siehe* Hinlaufende Welle
    rücklaufende, *siehe* Rücklaufende Welle
    TE-, *siehe* TE-Welle
    TEM-, *siehe* TEM-Welle
    TM-, *siehe* TM-Welle
    transversale elektromagnetische, *siehe* TEM-Welle
Wellenfront
    des Lichtes, 313
Wellengleichung, 62–70
    dreidimensionale
        Lösung, 87–90
    und vierdimensionale Poissongleichung, 434–435
    eindimensionale
        Lösung, 85–86
    Fundamentallösung, 88–89
    Potentialansatz, 62–70
Wellenvektor, 76–78
Wellenwiderstand
    Feld-, *siehe* Feldwellenwiderstand
    Leitungs-, *siehe* Leitungswellenwiderstand

Weltlinie, 497
Widerstand
    ohmscher, *siehe* Ohmscher Widerstand
    spezifischer, *siehe* Spezifischer elektrischer Widerstand
Widerstandsbelag, 112–113, 122–124
Winkeltreue
    konformer Abbildungen, 140
Wirbelfeld, 60
Wirbelströme, 383–384
Wirkleistung, 47

Zeit
    Eigen-, *siehe* Eigenzeit
Zeitabhängigkeit
    der Masse, 404–409
Zeitdilatation, 323–324
Zeitharmonisches Feld, 64–65
Zweibandleitung
    koplanare, *siehe* Koplanare Zweibandleitung
Zweite Greensche Integralformel, 29
Zweiter Kirchhoffscher Satz, 59
Zwillingsparadoxon, *siehe* Uhrenparadoxon
Zylinderkoordinaten, 9
    Divergenz, 213, 219
    Einheitsvektoren, *siehe* Einheitsvektoren, in Zylinderkoordinaten
    Gradient, 201
    Laplaceoperator, 224
    Nablaoperator, 201
    Rotation, 218
    und Kugelkoordinaten, 227

Weitere Titel bei Teubner

Horst-Günter Rubahn
Nanophysik und Nanotechnologie

2002. 246 S. Br. € 24,90
ISBN 3-519-00331-7

Inhalt: Mesoskopische und mikroskopische Physik - Strukturelle, elektronische und optische Eigenschaften - Organisiertes und selbstorganisiertes Wachstum von Nanostrukturen - Charakterisierung von Nanostrukturen - Dreidimensionalität - Anwendungen in Optik, Elektronik und Bionik

Klaus Sibold
Theorie der Elementarteilchen

2001. 197 S. Br. € 19,95
ISBN 3-519-03252-X

Inhalt: Grundbegriffe der Quantenfeldtheorie - Symmetrien - Die Elektromagnetische Wechselwirkung - Die schwache Wechselwirkung - Die starke Wechselwirkung: QCD - Renormierung - Experimentelle Tests - Offene Fragen - Einheiten - Die Dirac-Gleichung - Vektorfelder

B. G. Teubner
Abraham-Lincoln-Straße 46
65189 Wiesbaden
Fax 0611.7878-400
www.teubner.de

Stand 1.10.2002. Änderungen vorbehalten. Erhältlich im Buchhandel oder im Verlag.

Weitere Titel bei Teubner

Czeslik/Seemann/Winter
Basiswissen Physikalische Chemie

2001. XVIII, 454 S. mit 160 Abb.
Br. EUR 39,00
ISBN 3-519-03544-8

Inhalt: Aggregatzustände - Thermodynamik - Aufbau der Materie - Statistische Thermodynamik - Grenzflächenerscheinungen - Elektrochemie - Reaktionskinetik - Molekülspektroskopie

Bechmann/Schmidt
Einstieg in die Physikalische Chemie für Nebenfächler

2001. 303 S. Br. € 24,00
ISBN 3-519-00352-X

Inhalt: Heterogene Gleichgewichte - Chemische Thermodynamik - Reaktionskinetik - Elektrochemie - Lösungen zu den Übungsaufgaben

Rudolf Holze
Elektrochemisches Praktikum

2001. 302 S. Br. € 32,00
ISBN 3-519-03614-2

Inhalt: Übersicht zur elektrochemischen Praxis - Elektrochemie ohne Stromfluss - Elektrochemie mit Stromfluss und Stoffumsatz - Elektrochemische Analytik - Untersuchungen mit nicht-klassischen Methoden - Elektrochemische Energieumwandlung und -speicherung - Technische Elektrochemie

B. G. Teubner
Abraham-Lincoln-Straße 46
65189 Wiesbaden
Fax 0611.7878-400
www.teubner.de

Stand 1.10.2002. Änderungen vorbehalten.
Erhältlich im Buchhandel oder im Verlag.